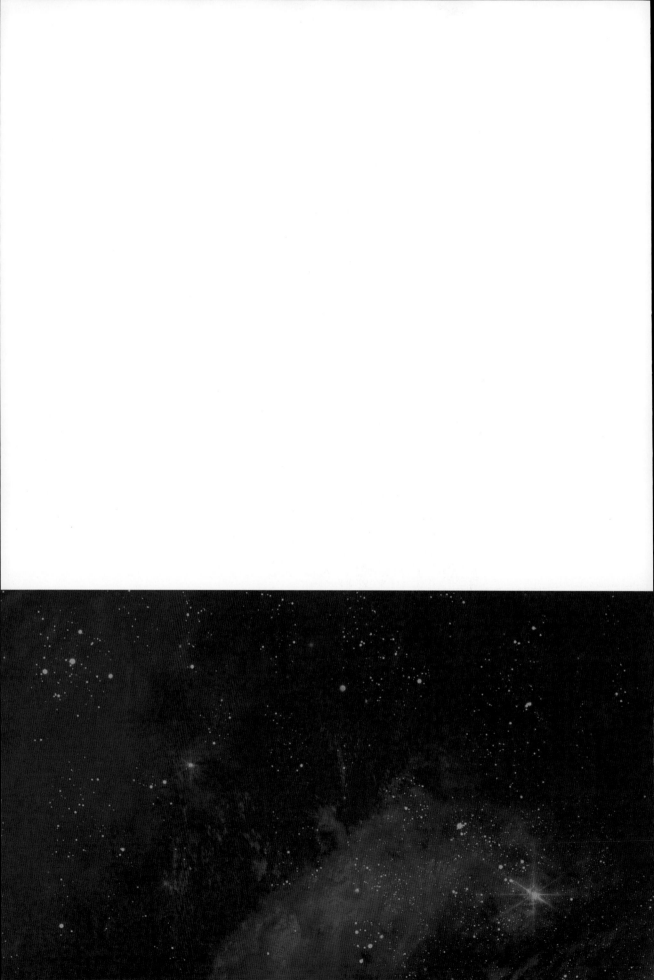

海底科学与技术丛书

# 洋底动力学

## 应用篇

MARINE GEODYNAMICS
FOR APPLICATION

李三忠　戴黎明　赵淑娟
曹花花　乔璐璐　廖　杰　等/编著

科学出版社
北　京

## 内 容 简 介

本书介绍了洋底流固耦合、洋底壳幔耦合、洋底深浅耦合三大方面的理论及数值模拟方法，以及不同耦合过程的应用实例。本书以地球系统科学思想为指导，构建了从浅部海洋沉积物输运、盆地成藏-成矿、地震-海啸过程，到深部俯冲过程、洋中脊增生、深海盆地过程之间的多圈层耦合技术体系，深入介绍了深部地幔柱-俯冲系统与浅部动力地形之间的耦合机制。这是一本既有基础知识，又有前沿研究成果的教学参考书。

本书资料系统、图件精美、内容深入浅出，适合从事海底科学研究的专业人员和大专院校师生阅读和应用。部分前沿内容也可供对古气候动力学、地貌学、海洋地质学、地球物理学、构造地质学、大地构造学、地球系统科学感兴趣的广大科研人员及多学科交叉人员参考。

**图书在版编目(CIP)数据**

洋底动力学．应用篇／李三忠等编著．—北京：科学出版社，2021.9
(海底科学与技术丛书)
ISBN 978-7-03-069873-5

Ⅰ.①洋…　Ⅱ.①李…　Ⅲ.①海洋地质学-动力学　Ⅳ.①P736.12

中国版本图书馆 CIP 数据核字（2021）第 192831 号

责任编辑：周　杰／责任校对：樊雅琼
责任印制：肖　兴／封面设计：无极书装

科学出版社 出版
北京东黄城根北街 16 号
邮政编码：100717
http://www.sciencep.com

北京汇瑞嘉合文化发展有限公司 印刷
科学出版社发行　各地新华书店经销

*

2021 年 9 月第　一　版　开本：787×1092 1/16
2021 年 9 月第一次印刷　印张：39 1/4
字数：930 000

**定价：398.00 元**

（如有印装质量问题，我社负责调换）

# 序

地球科学近年来对秒级尺度的地震已有深入研究，对百万年尺度的造山运动、10亿年来的板块迁移也有较系统的重建与研究。不同时间尺度分辨率的年代学发展，提升了对千年尺度、万年尺度地质事件的识别能力，然而，迄今人类还是难以认知秒级到百万年级跨时间尺度的连续地质演变过程。计算机科学的发展为跨越时间障碍提供了机遇，数值模拟手段的应用给系统地连续刻画多时间尺度的地质演变过程带来了前所未有的绝好机会。因此，现今地球科学开始深度认知地球的秒级尺度地震动力学过程与百万年尺度造山运动的构造动力学过程的关联，其发展迎来了新曙光。

然而，地球系统是复杂的，由多个子系统构成，这些子系统具有不同的物理状态（气、液、固、超临界等，脆性、塑性、黏弹性、黏性等流变状态）、物理属性（温度、黏度、密度、孔隙度、渗透率等）和化学组成特性（成分、反应、相变）与过程（交代、脱水、脱碳、熔融、结晶、变形、变位），而且不同的子系统各有其动力学演变行为、机制和规律，因此，整体地球系统研究需要开展跨越多时间尺度的同时需要跨越不同相态系统和多空间尺度系统的过程分析，这种跨越性研究迄今存在重重障碍。不过，构建统一的地球系统动力学模型指日可待。为了未来多学科交叉、更精深地认知地球系统，有必要在关注地球表层动力系统研究的同时，侧重突破对地球系统运行有关键作用的固体地球系统动力学问题。

《洋底动力学》分为多卷，为全面认知复杂地球系统而撰写，是以构建整体地球系统为目标而编著的一组教材，工程量巨大，但面向未来，总体集中围绕海底过程及其动力学机制而展开。洋底动力学学科主要内容包括两部分：①地球浅表系统，涉及与物理和化学风化、剥蚀与流体动力侵蚀、搬运、沉积等过程密切相关的从源到汇、从河流到河口并跨陆架到深海的风化动力学、剥蚀动力学、沉积动力学、地貌动力学，特别是涉及与人类活动密切相关的河口海岸带、海底边界层关键带的过程和机制，需要开展广泛深入的总结与研究；②地球深部系统，构建跨地壳、岩石圈地幔、软流圈、下地幔等多个圈层的物质–能量交换过程、机制的海底固体圈层地球动力学，包括不同分类和级别的岩石圈动力学、地幔动力学、俯冲动力学、变质动力学、岩浆动力学、成矿动力学、海底灾害动力学以及宇宙天体多体动力学问题等内容。

《洋底动力学》隶属《海底科学与技术丛书》，受众是地质学和海洋地质学或一些交叉学科的多层次学生与研究人员，而不仅仅是针对地球物理学和地球动力学专门工作者撰写的关于地球动力机制的著述，但书中也不乏一些深入的数值模拟与结果的地质解释概述，它是多个学科领域研究人员沟通的桥梁，也是深入理解地球系统运行规律的工具。

当今，地球科学正进入动力学探索阶段，其最宏伟的目标就是建立整体全时地球系统动力学理论，然而，迄今板块构造理论还没有完全解决动力驱动问题，也没有建立固体圈层的板块动力与流体圈层的动力过程之间的耦合机制，更没有系统揭示板块构造出现之前的固体地球圈层运行规律，特别是传统地球动力学研究并不涉及地表系统流体圈层运行及其与固体圈层的相互作用，因而，迫切需要一个学科桥梁来桥接这个流固耦合方面的缺失知识环节。板块构造动力学问题，迄今仍是板块构造理论的三大难题之一，依然停留在探索研究假说和模拟验证阶段。为了推动相关研究，李三忠教授团队长期学习研究积累，在广泛收集前人已有成果基础上，结合最新动态，耗时巨大，整理编著了这组著作。

传统认为，地幔对流是板块运动的驱动力。但迄今，这仍是一个争论问题，仍然在探索、研究与讨论中的主要问题。不可否认，它可能是驱动地表系统和深部地质过程的基本营力之一。然而，关于地幔对流的本质及其根本机制如何，它又如何控制驱动地质过程等，迄今依然缺乏深刻理解和了解。当然，并不是所有过程都受到地幔对流的影响，但只有当地学研究者对此深入了解时，才会理解何时这些过程产生了关联，进而发现和理解那种相关又是什么。

关于现今地幔对流存在的争议，大部分的焦点争论通过改进模型便可解决，有些争论是合理的，但也有一些争论是无用的。关键是面对现实和实质问题，将来如何探索、积累与发展。

基于这些原因，提供一本可以被地球科学学习者和研究者理解或超越现有地幔对流或地球驱动力认知的书籍是值得的。这就意味着这本书需要有基本的数理基础和运算，但是，要面对未来、开拓新领域、创造新知识，就必须考虑、也要给予一定深度的必备数理知识和思维，以提供引导。所以，该套书可以供本科生到博士生等跨度很大的群体阅读，读者各取所需，可跳跃着阅读，都应有所收获，因此，服务多层次读者也是该套书的初衷。

该套书对基本参数有时以相当简单的术语提出和表达，有时也以深入的数学或者细节清楚地标出，其中无疑也有一些较艰深的数理问题及方程式推导。特别是，以往大量地球动力学专著多被视为地球物理学范畴，高深公式及推导太多，故而很少有地质学者精读。为此，期望该套书能达到让广大地球科学工作者，尤其地质科学工作者，喜读又都能理解的目的。

但是该套书不只是围绕固体圈层动力学问题，它另外一个特点是，还有大篇幅阐述恢复古地表系统的地质、地球化学、地球物理的新方法，为深时地球系统科学构建提供了工具；也关注水圈等圈层中相关的地质过程，如从源区、河流、河口、海岸带到大陆架、深海的沉积物输运动力学，以往，很少研究关注到这些地表系统过程还能与深部地幔动力学相关，即使知道相关，也不知从何处下手来揭示两者的关联。该书为这些新领域的研究提供了新工具和新思路。这些新发展应当也是油气工业部门感兴趣的，不仅是层序地层学由定性向定量发展跨出的一大步，而且由二维走向四维，这是突破板块构造理论囿于固体圈层、建立地球系统科学理论的必然途径，有望催生新的地学革命。

计算机科学快速迅猛发展、计算能力超常规快速提升到 E 级计算的当今，大数据挖掘、可视化分析、人工智能、虚拟现实和增强现实展示等新技术不断融合，推动不断发现现象间新关联的信息时代背景下，地质学家们和海洋地质学家等共同参与地球深浅部动力机制计算及论证显得尤为重要与必要。

总之，天体地球在不停地运动，在地球演变历史的长河中，其基本组成物质——不同深度的固体岩石材料常处在随时间而发生流变的状态下，因而从流变学角度重新认知大陆，乃至大洋，是当今大陆动力学和洋底动力学要共同承担的重大任务。从最本质的宇宙、天体、物理、化学、生物基础理论和定律出发，在地质条件约束下和地质思维考虑中，认识地球系统动力机制及其地质的连续过程，是动力学研究的根本。进行跨时间尺度、跨空间尺度、跨相态的动态多物理量约束下的复杂地球系统动力学探索研究与构建洋底动力学理论是洋底动力学学科要追求的目标。

中国科学院院士

2020 年 4 月 30 日

# 前　　言

“洋底动力学”（Marine Geodynamics）自 2009 年在两篇姊妹篇论文中提出，至今已整整十年。在这十年间，地球系统科学也从口号、理念快速进入动力学数值模拟时代，大规模数值模拟将地球系统科学推动到了状态清楚、过程明确、动力透明的认知层面。十年间，我们不曾懈怠，不断积累，不断收集整理，并系统化洋底动力学相关的零零总总。国际著名学者们也以“工匠精神”不断深入而精细研究，提出了很多新概念、新理念，超越了概念的争论或宣传，持续不断深耕细作和创新编写了一些相关专著或教材，但一些专著依然存在缺陷和视野不足。今天新学科著作《洋底动力学》终于在团队多年共同努力下，付梓出版，本套书以系统而整体的形象面世，以反映当代洋底动力学的全面成就，书中试图以洋底为窗口，构建整体地球系统科学框架和知识体系。

洋底动力学是以传统地质学理论、板块构造理论为基础，在地球系统科学思想的指导下，以海洋科学、海洋地质、海洋地球化学与海洋地球物理、数值模拟等尖新探测和处理技术为依托，侧重研究伸展裂解系统、洋脊增生系统、深海盆地系统和俯冲消减系统的动力学过程，以及不同圈层界面和圈层之间的物质与能量交换、传输、转变、循环等相互作用的过程，为探索海底起源和演化、保障人类开发海底资源等各种海洋活动、维护海洋权益和保护海洋环境服务的学科（李三忠等，2009a）。可见，洋底动力学旨在研究洋底固态圈层的结构构造、物质组成和时空演化规律，也研究洋底固态圈层，如岩石圈、软流圈、土壤圈，与其他相关圈层，如水圈、冰冻圈、大气圈、生物圈、地磁圈之间的相互作用和耦合机理，以及由此产生的资源、灾害和环境效应。

洋底动力学学科主体包括两部分：表层沉积动力学（Sediment Dynamics）和固体圈层动力学（Solid Geodynamics），两个核心部分同等重要，因为沉积动力和洋底动力过程共同塑造着这个蓝色星球。其目标是将表层地球系统过程与深部壳幔动力过程有机结合起来，并使之成为地质研究人员参与地球系统动力学研究的新切入点。在地质学领域，地球系统的思想应当追踪到地震地层学和层序地层学的建立与发展。层序地层学被认为是 20 世纪 70 年代油气工业界和沉积学领域的一次革命，它将气候变化、海平面变化、沉积物输运与沉积、地壳沉降、固体圈层的构造作用等过程有机地紧密结合起来。与此同时，古海洋学在1968年开启的DSDP之后逐步建立起来，为认知古全球变化性和深时地球系统拓展了思路，构建了大气圈、水圈、生物圈、人类圈和地圈之间的关联，也被誉为海洋地质学领域的另一场革命。其实，基于海底调查而于1968年建立的板块构造理论也开始渗入到各个地学分支学科，该理论是海洋地质学领域的第一场革命，同时是一场范围更广的地学领域理论统一的革命，被誉为第二次地学革命（第一次地学革命是唯物论战胜唯心论）。在轰轰烈烈的板块革命期间，中国错失良机，没有参与到以板块理论指导下的对地球各个角落广泛对比的研究中，但就是在这场革命后期，广为普通民众关注的全球变暖或全球变化研究浪潮中，地球科学家潜意识中开启了对地球系统的研究。为此，特别需要大力培养具有全球视野并系统化认识地球的综合性人才，以抢占构建地球系统理论的新机遇。

地球系统科学理念到20世纪90年代逐渐明晰，凸显了中国古人的“天人合一”思想，众多学科开始推行“宜居地球“的发展理念，甚至拓展到宇宙中探索“宜居星球”和星际生命，地球系统科学因而被广泛倡导。然而，迄今为止，无论是层序地层学、古海洋学还是地球系统科学都依然处于对地球表层系统的定性描述或半定量阶段，甚至有的还停留在理念思考上，没有真正实现对状态、过程和动力的定量描述、模拟、分析，这其中的原因就是自然科学的分科研究碎片化。如今，国内外都开始注意到这些不足之处，积极构建有机关联这些圈层间相互作用的新技术，在高速发展的计算机技术、计算方法、人工智能、大数据、物联网等基础上，大力发展智能勘探技术，开发相关数值模拟技术和物理模拟技术，依托这些强大的软、硬件工具，研究地幔或软流圈、岩石圈、水圈、大气圈和生物圈之间相互作用和耦合过程与机理，为建立跨海陆、跨圈层、跨相态、跨时长的动态多物理量约束下的复杂地球系统动力学技术、方法与理论，将所有圈层耦合一体的洋底动力学应是一个关键切入点。

《洋底动力学》分为多卷，包括先出版的系统篇、动力篇、技术篇、模拟篇、应用篇和计划中的资源篇、灾害篇和环境篇以及战略篇，主要从物理学、化学、生物学、地质学等学科的动力学基本原理的角度对《海底科学与技术丛书》中《海底构造原理》理论的深度解释，是深度认知《海底构造系统》各系统结构、过程和动力的理论指导，也有助于对《区域海底构造》中各海域特征的深度理解，同时介绍了开展相关调查的技术方法。本书力求系统，试图集方法性、技术性、操作性、基础性、理论性、前沿性、应用性、资料性、启发性为一体，但当今洋底动力学调查研究技术，特别是数值模拟方法、数值-物理一体化模拟技术等发展迅猛，本书难以全面反映当前研究领域的最高水平，权且作为入门教材，供大家参考。

本书初稿由李三忠、戴黎明、乔璐璐、王光增、曹现志、廖杰、朱俊江、刘鑫等完成，最终统稿由李三忠、刘博完成。具体分工撰写章节如下：第一章 1.1 节由乔璐璐教授编写，1.2 节由王光增副教授编写，1.3 节朱俊江教授、刘鑫副教授编写，1.4 节由戴黎明副教授编写，1.5 和 1.6 节由李三忠教授编写；第二章 2.1 节李三忠教授、廖杰教授、赵淑娟副教授编写，2.2 节李三忠教授、曹花花副教授编写，2.3 节李三忠教授编写；第三章 3.1 节李三忠教授、曹花花副教授编写，3.2 节由李三忠教授、刘鑫副教授、曹花花副教授、赵淑娟副教授编写，3.3 节由曹现志博士编写。

书中很多技术只是引导读者入门的基础知识或者高度简化的概括，相关数学、物理学、化学等高深知识，还需要读者自己查找专门书籍学习，为了方便读者延伸阅读，与《海底科学与技术丛书》的其他几本教材不同。这里强调的技术主要是开展洋底动力学研究的常用技术，但为了系统化，有所取舍。

为了全面反映学科内容，我们有些部分引用了前人优秀的综述论文成果、书籍和图件，精选并重绘了 2000 多幅图件，书中涉及的内容庞大，编辑时非常难统一风格，难免有未能标注清楚的，对一些基本概念的不同定义也未深入进行剖析，有些为了阅读的连续性，一些繁杂的引用也不得不删除，请读者多多谅解。

在本套书即将付梓之时，编者感谢初期为此书做了大量内容整理工作的其他团队青年教师和研究生们，他们是王誉桦、王鹏程、周洁、刘一鸣等博士后和唐长燕博士；尤其是，兰浩圆、刘金平、赵浩等博士生和甄立冰、王宇、王亮亮、李法坤、陶圩、马晓倩等硕士生们为初稿图件的清绘做出了很大贡献。同时，感谢专家和编辑的仔细校改和提出的许多建设性修改建议，本套书公式较多而复杂，他们仔细一一校对，万分感激。也感谢编者们家人的支持，没有他们的鼓励和帮助，大家不可能全身心投入教材的建设中。

特别感谢中国海洋大学的前辈们，他们的积累孕育了这一系列的教材；也特别感谢中国海洋大学从学校到学院很多同事和各级领导长期的支持和鼓励，编者本着为学生提供一本好教材的本意、初心，整理编辑了这一系列教材，也以此奉献给学校、学院和全国同行，因为这里面有他们的默默支持、大量辛劳、历史沉淀和学术结晶。我们也广泛收集并消化吸收了当代国际上部分最先进成果，将其核心要义纳入本书，供广大地球科学的研究人员和业余爱好者参考。由于编者知识水平有限，不足在所难免，引用遗漏也可能不少，敬请读者及时指正、谅解，我们团队将不断提升和修改。

最后，要十分感谢青岛海洋科学与技术试点国家实验室海洋矿产资源评价与探测技术功能实验室对本书出版的资助。感谢海底科学与探测技术教育部重点实验室及以下项目对本书出版给予的联合资助：国家自然科学基金（91958214）、国家海洋局重大专项（GASI-GEOGE-01）、山东省泰山学者攀登计划、国家重点研发计划项目（2016YFC0601002、2017YFC0601401）、国家自然科学基金委员会-山东海洋科学中心联合项目（U1606401）、国家自然科学基金委员会国家杰出青年基金项目（41325009）、国家实验室深海专项（预研）（2016ASKJ 3）和国家科技重大专项项目（2016ZX05004001-003）等。

2021 年 3 月 20 日

# 目　录

# 第1章　洋底流固耦合模拟应用

洋底流固耦合研究长期以来一直是海洋地质学的一道难题。洋底流固耦合是跨圈层的重要地质过程，包括河口-深海的泥沙输运、沉降沉积过程及其对海底盆地地貌的修饰过程、陆架沉积盆地中的油气输运过程、水合物形成与分解过程、海底滑坡过程、洋底金属成矿与岩浆过程、地震与海啸的耦合过程、俯冲脱水-脱碳过程、俯冲形变导致的深时环流变迁过程、流体参与的洋陆过渡带形变过程、软流圈-岩石圈相互作用中的流固耦合过程、海底热液成矿过程，等等。本章围绕多种多样的洋底流固耦合方式，系统整理集成相关最新应用成果，以启迪未来研究。

## 1.1　海洋沉积物输运动力学

海洋沉积物输运动力学是地球表层系统的重要动力学过程之一，它不仅塑造了地球表面陆地和海底的地貌，而且还改变着长期或短期的地球环境，并控制了深时和现今全球变化、沉积体系、层序格架、沉积矿产资源分布和相关地质灾害。海洋沉积物主要受控于河口海岸带水体动力过程、浅海陆架到深海大洋动力过程，且与洋底构造格局和岩石圈动力过程有密切联系，一方面板块构造理论解释了洋底古沉积物分布与变迁的原因，另一方面也可以运用沉积物分布、类型、运移特征、沉积相组合等来查明板块构造环境、运动规律、演化历史。海洋沉积物输运动力学，即是从动态的观点来研究沉积物的形成过程以及沉积物与海洋间发生的各种物理、化学和生物作用。尤其是运用现代观测技术和数值模拟手段对沉积过程及其各项参数进行定量描述，可以“将今论古”地解释历史沉积过程和板块演化。由于沉积物的运移很大程度上依赖于海洋动力环境特征，因此海洋沉积物输运动力学具有多学科交叉的特点，并逐步由河口、近海、陆架发展到深海沉积动力学研究。

本节主要从现代观测和数值模拟角度出发，分别介绍海洋沉积动力环境特征、海洋沉积物输运数值模拟以及河口海岸、陆架近海和深水环境的沉积物输运过程。

## 1.1.1 水动力环境及数值模拟

海水在各种动力作用下发生运动，波浪、潮汐和海流是海洋动力的基本要素。

### 1.1.1.1 波浪

（1）基本概念

在风和其他外力作用下，海水质点以其原有平衡位置为中心点做周期性的起伏运动，称为波浪。波浪运动的实质是海水表面以波动形式传播，水质点并不随波向前运动，而是作圆周运动。一个完整的波浪由波峰、波谷、波高、波长、周期、波速等要素组成（图1-1）。在实际的海洋中，波动是一种十分复杂的现象，在很多情况下，都不是真正的周期性变化。

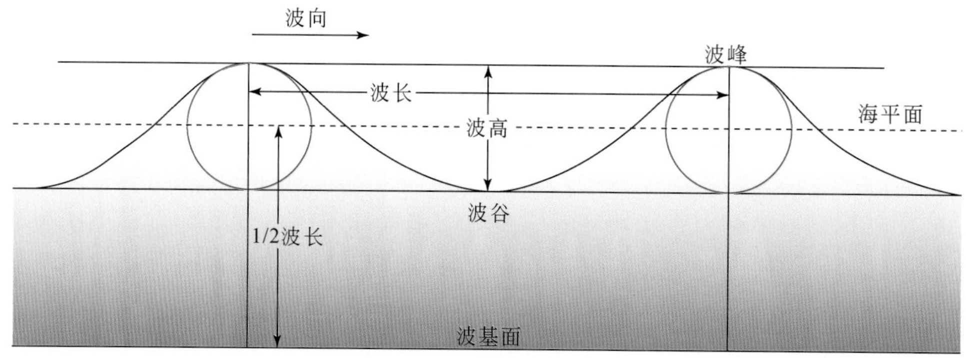


图1-1　波浪要素

中国近海冬季盛行偏北向浪，夏季盛行偏南向浪，春秋季为过渡季节。渤海年平均浪高为0.3～0.6m，黄海和东海在0.6～1.2m，南海在0.6～0.8m，西沙以南海区约1.4m。季节上，冬季各个海区平均风应力较大，平均浪高也达到最大；夏季各个海区平均浪高有所降低，但是在台风的影响下，中国南部海区浪高增加，最大可达8～10m。风浪周期冬季最长，大部分海区在4～5s，而在夏季只有3s左右。

（2）控制方程

波浪模型从第一代的波能平衡模型（Gelci et al.，1956）、第二代的频谱模型（Hasselmann，1962），发展到如今的第三代波浪模型，如适用于近海的SWAN模型、XBEACH模型及适用于大洋的WAM和WAVEWATCH模型。以SWAN波浪模型为例，该模型以动谱密度为未知变量，并考虑了由地形及水流引起的浅水和折射效应，由障碍物引起的波浪绕射、风生浪、白浪、底面摩擦与波浪破碎引起的能量衰减以及非线性波-波相互作用等。模型的控制方程为动谱密度的守恒方程，在笛卡

儿坐标下其表达形式为

$$\frac{\partial N}{\partial t} + \frac{\partial}{\partial x}C_x N + \frac{\partial}{\partial y}C_y N + \frac{\partial}{\partial \sigma}C_\sigma N + \frac{\partial}{\partial \theta}C_\theta N = \frac{S}{\sigma} \tag{1-1}$$

式中，$N(\sigma,\ \theta)=\dfrac{E(\sigma,\ \theta)}{\sigma}$ 为动谱密度函数，$E(\sigma,\ \theta)$ 为能量密度函数；$\sigma$ 为波浪的相对频率；$C_x$、$C_y$ 分别为波浪在 $x$–$y$ 方向的传播速度；$C_\sigma$ 和 $C_\theta$ 分别为波浪在 $\sigma$ 和 $\theta$ 方向的传播（变形）速度。

式（1-1）中左端第一项为动谱密度随时间的变化，第二、第三项为动谱密度在 $x$–$y$ 方向的传播，第四、第五项为波浪受地形及水流作用在 $\sigma$ 和 $\theta$ 方向的变形。右端 $S$ 为以动谱密度表示的源项，可以表示为

$$S = S_{\text{in}} + S_{\text{ds}} + S_{\text{nl}} \tag{1-2}$$

式中，$S_{\text{in}}$ 为风浪的生成、发展；$S_{\text{ds}}$ 为底面摩擦、白浪、波浪破碎导致的能量损失；$S_{\text{nl}}$ 为波–波相互作用。

#### 1.1.1.2 潮汐和海流

（1）基本概念

在天体（主要是月球和太阳）引潮力的作用下，海水在垂直方向上周期性地起伏或涨落运动，称为潮汐，海水在水平方向上的流动称为潮流。

潮汐要素是描述潮汐曲线的参数（图 1-2）。在潮汐运动中，海面涨到最高位置时，称为高潮，其高度（一般由基准面起算）为高潮高；海面落到最低位置时，称为低潮，其高度为低潮高。相邻的高潮高和低潮高之差称为潮差。涨潮时潮位不断

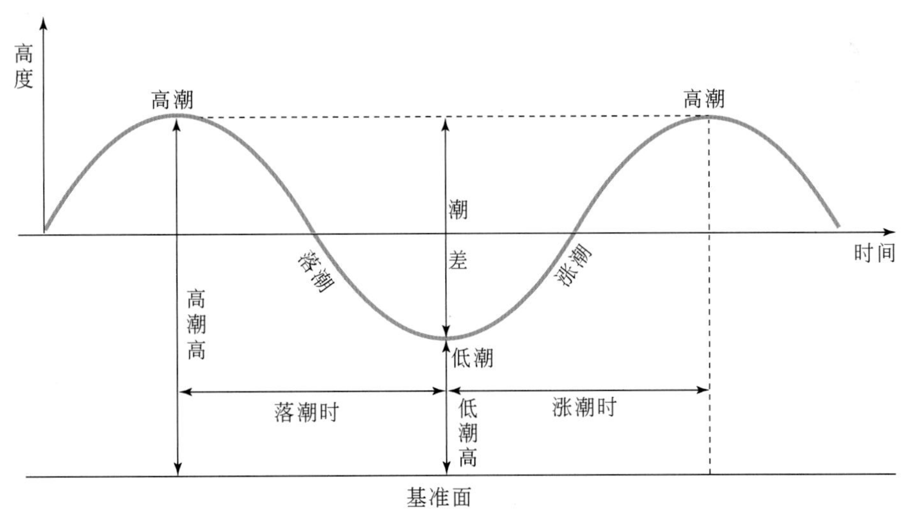


图 1-2　潮汐要素

增高，达到一定的高度以后，潮位短时间内不涨也不退，称为平潮，平潮的中间时刻为高潮时；当潮位退到最低的时候，与平潮情况类似，也发生潮位不退不涨的现象称为停潮，停潮的中间时刻为低潮时。从低潮到高潮海面逐渐升高的过程称为涨潮，从低潮时到高潮时的时间间隔称为涨潮时；从高潮到低潮海面逐渐降低称为落潮，从高潮时到低潮时的时间间隔，称为落潮时。

近岸海域潮差大小可影响水深变化，进而对海洋动力要素产生重要影响并实现对海岸地貌的塑造。中国近海潮差最小仅有几十厘米，最大近10m。渤海、黄海受到海岸线的影响，产生旋转的潮波系统，南黄海潮流沙脊群观测到最大潮差9.39m。在东海，受地形影响，琉球群岛附近潮差约1.5m，靠近中国大陆潮差明显增大，浙江温州附近实际潮差可达8m。南海潮差比东海小，广东沿岸潮差一般在1～3m。

海流是因太阳辐射、蒸发、降水等不均匀而形成的密度不同的水团，在风应力、科氏力、引潮力、压强梯度力等作用下大规模相对稳定地流动。它是海水的主要运动形式之一。海流的空间尺度可从数百米到全球范围。海流的流速大小不一，有的地区可达1m/s，有的仅为0.001～0.01m/s。海流是三维的，其在水平方向和垂直方向上都存在。由于真实海洋的水平尺度远大于垂直尺度，故水平方向上的流动要比垂直方向上的流动强。所以，习惯上把水平方向上的运动狭义地称为海流。

在行星风系作用下，大洋表层海水形成环流系统，一个环流又可由数个海流组成（图1-3）。在南北半球都存在一个与副热带高压对应的大环流，北半球的为顺时针，南半球的为逆时针；它们之间为赤道逆流；太平洋与大西洋在北半球都存在强盛的西边界流，太平洋中称为黑潮，大西洋中称为湾流，南半球的西边界流较弱，主要有巴西暖流与东澳大利亚暖流。此外北太平洋与北大西洋西侧都有从高纬南下的寒流。印度洋南部环流特征总体上与南太平洋、南大西洋类似，但印度洋北部为季风性环流，冬夏两个半年流向相反。南极大陆沿岸是南极绕极流。

中国东部海域海流总体上由北上的暖流流系和南下的沿岸流系组成，形态上构成气旋式环流（图1-4）。暖流流系在陆架海域自南向北运动，包括黑潮、台湾暖流、对马暖流、黄海暖流；沿岸流系分布在近岸水域，包括渤海沿岸流、苏北沿岸流和浙闽沿岸流等。南海环流系统主要受季风影响，表现出季风漂流和西向强化的特点。

（2）控制方程

早在20世纪50年代，美国、苏联以及欧洲国家等的学者就开始研发海洋模式；20世纪60年代末，美国地球物理流体动力学实验室（GFDL）开发了大洋环流模式（Ocean General Circulation Model，OGCM），推动了基于海洋原始方程组的数值解来模拟三维大洋环流的研究。20世纪80年代中期，POM（Princeton Ocean Model）（Blumberg and Mellor，1987）数值模型产生，后来发展成适用于浅水环境（河流、

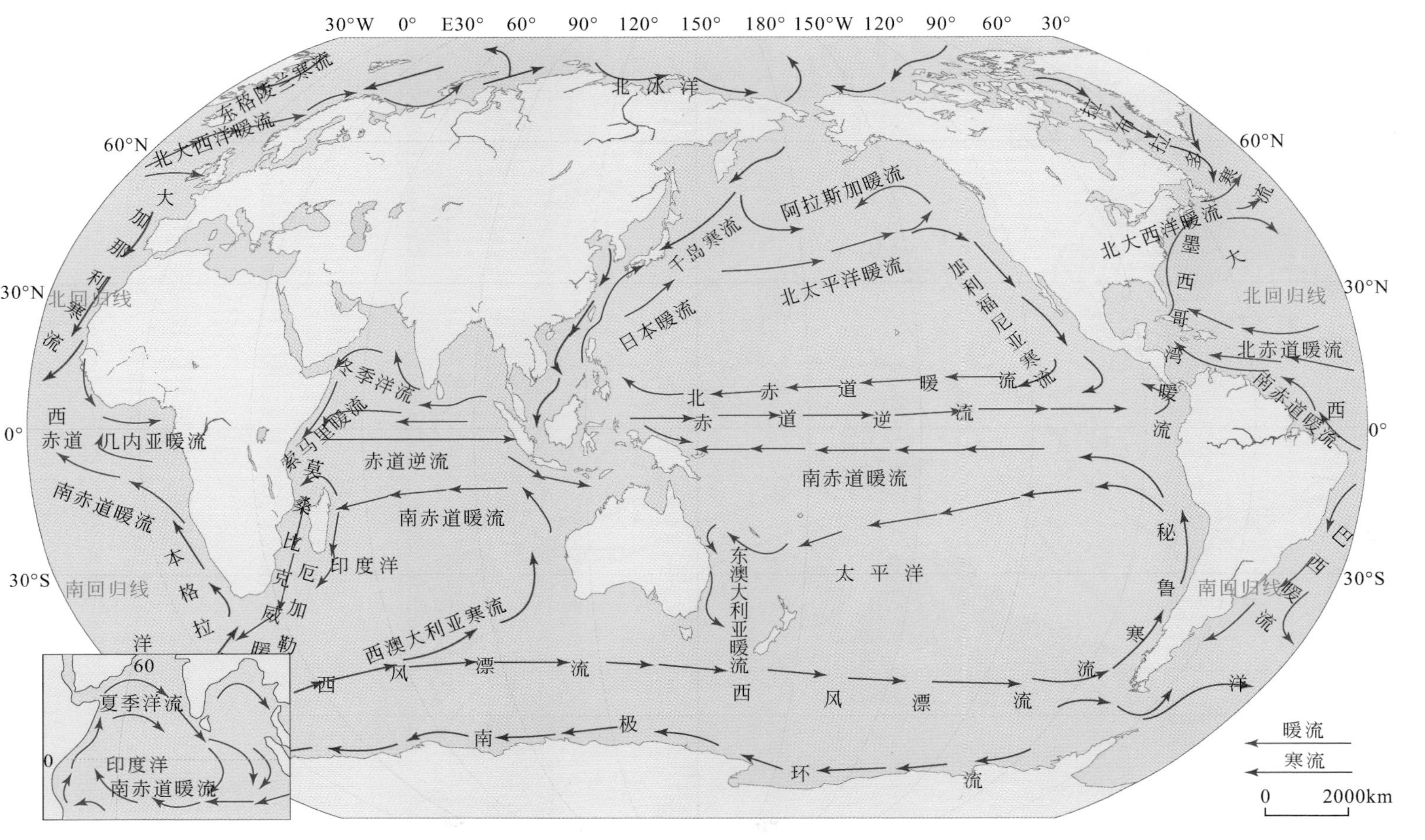

图 1-3　全球大洋表层环流

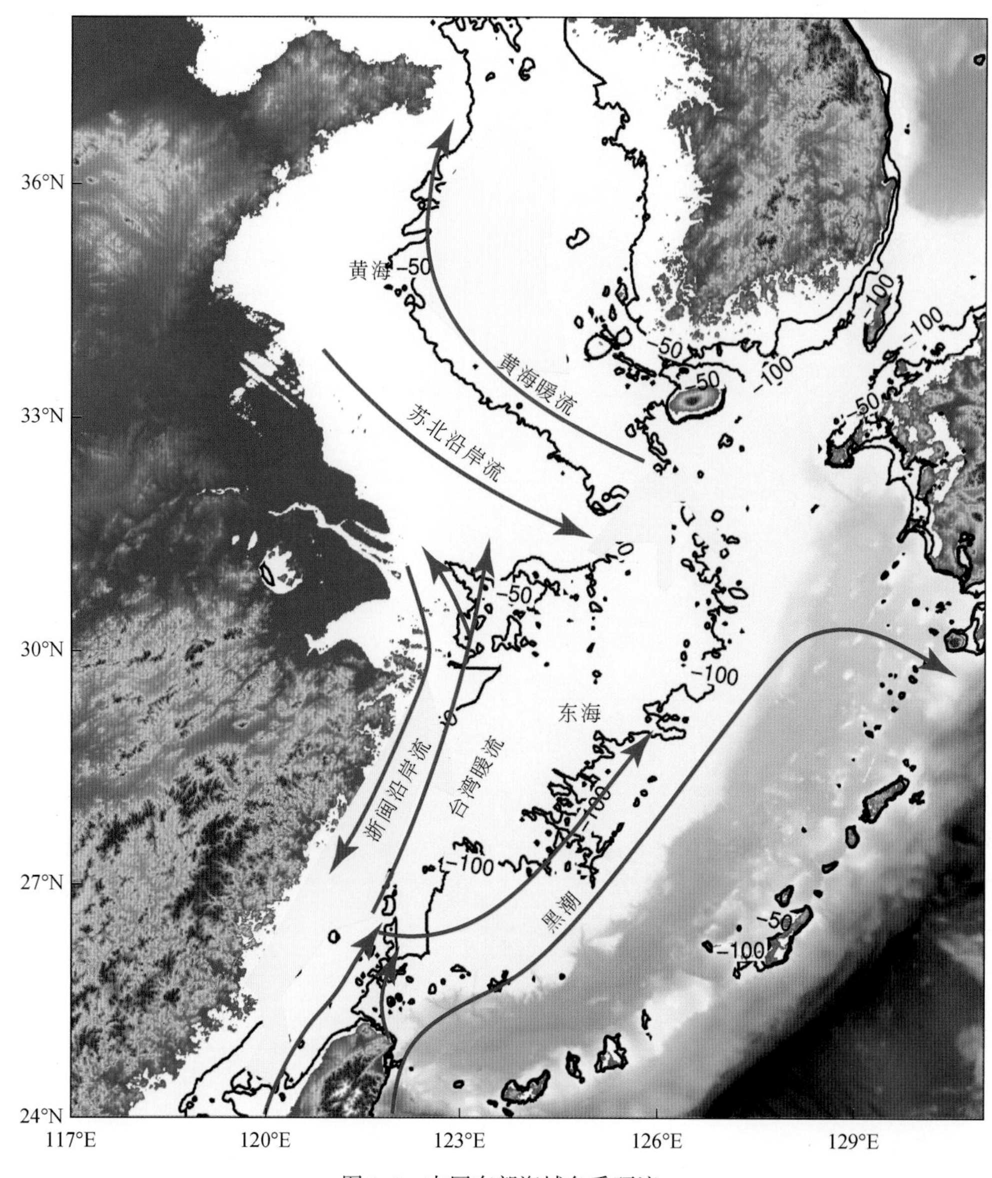


图 1-4　中国东部海域冬季环流

海湾、河口和近岸以及水库和湖泊）的版本 ECOM（Estuarine Coastal Ocean Model）。如今，比较常用的海洋动力数值模型主要包括适用于近海曲折岸线的 FVCOM（Finite-Volume Coastal Ocean Model）数值模型、区域海洋 ROMS（Regional Ocean Modeling System）模型等。另外，还有模块化海洋模型 MOM4、麻省理工学院广义坐标模型 MITgcm、美国海军近岸海洋模型 NCOM、适用于大洋的混合坐标海洋模型 HYCOM 等。这些海洋模型采用不同的物理框架，包括能量守恒、体积或质量守恒，引入或不引入 Boussinesq 近似、湍封闭方程，以及内外模分离等不同方案；模型垂向采用深度 $Z$ 坐标，或随地形变化及其混合坐标，或层化及其混合坐标等；对海洋模型的参数化研究，人们发展了能够反映更多物理海洋过程的参数化方案，包括多种湍流混合、波致混合、潮混合、内波效应、中尺度涡混合与输运效应，以及海气通量等。此外，通过对海洋模式的不断发展，人们拓展了模拟海洋过程多空间尺度变化的功能，即不但能模拟海洋三维温盐流大尺度变化，还能模拟中尺度甚至次中尺度变化。

以 ECOM 模型（Blumberg，1996）为例，基于静压假定和 Boussinesq 近似的三维连续方程、动量方程及温盐方程表示为

$$\nabla \cdot \vec{V} + \frac{\partial W}{\partial z} = 0 \tag{1-3}$$

$$\frac{\partial U}{\partial t} + \vec{V} \cdot \nabla U + W\frac{\partial U}{\partial z} - fV = -\frac{1}{\rho_0}\frac{\partial P}{\partial x} + \frac{\partial}{\partial z}\left(K_{\mathrm{M}}\frac{\partial U}{\partial z}\right) + F_x \tag{1-4}$$

$$\frac{\partial V}{\partial t} + \vec{V} \cdot \nabla V + W\frac{\partial V}{\partial z} + fU = -\frac{1}{\rho_0}\frac{\partial P}{\partial y} + \frac{\partial}{\partial z}\left(K_{\mathrm{M}}\frac{\partial V}{\partial z}\right) + F_y \tag{1-5}$$

$$\rho g = -\frac{\partial P}{\partial z} \tag{1-6}$$

$$\frac{\partial \theta}{\partial t} + \vec{V} \cdot \nabla \theta + W\frac{\partial \theta}{\partial z} = \frac{\partial}{\partial z}\left(K_{\mathrm{H}}\frac{\partial \theta}{\partial z}\right) + F_\theta \tag{1-7}$$

$$\frac{\partial S}{\partial t} + \vec{V} \cdot \nabla S + W\frac{\partial S}{\partial z} = \frac{\partial}{\partial z}\left(K_{\mathrm{H}}\frac{\partial S}{\partial z}\right) + F_S \tag{1-8}$$

式中，$\vec{V}$ 表示水平方向流速矢量（$U$，$V$），$U$，$V$ 和 $W$ 分别为水平方向和垂直方向流速；$t$ 为时间，$\theta$ 为位温（在浅水中为现场温度）；$S$ 为盐度；$\rho_0$ 为参考密度；$\rho$ 为现场密度；$g$ 为重力加速度；$P$ 为压力；科氏参数的纬向变化量 $f$ 由 $\beta$ 平面近似引入；$F_x$，$F_y$，$F_\theta$ 和 $F_S$ 分子扩散项可以写成

$$F_x = \frac{\partial}{\partial x}\left[2A_{\mathrm{M}}\frac{\partial U}{\partial x}\right] + \frac{\partial}{\partial y}\left[A_{\mathrm{M}}\left(\frac{\partial U}{\partial y} + \frac{\partial V}{\partial x}\right)\right] \tag{1-9a}$$

$$F_y = \frac{\partial}{\partial x}\left[2A_{\mathrm{M}}\frac{\partial V}{\partial y}\right] + \frac{\partial}{\partial x}\left[A_{\mathrm{M}}\left(\frac{\partial U}{\partial y} + \frac{\partial V}{\partial x}\right)\right] \tag{1-9b}$$

$$F_{\theta,S} = \frac{\partial}{\partial x}\left[A_{\mathrm{H}}\frac{\partial(\theta,S)}{\partial x}\right] + \frac{\partial}{\partial y}\left[A_{\mathrm{H}}\frac{\partial(\theta,S)}{\partial y}\right] \tag{1-9c}$$

式中，$A_{\mathrm{M}}$ 和 $A_{\mathrm{H}}$ 分别为运动学和热力学水平扩散系数；$K_{\mathrm{M}}$ 和 $K_{\mathrm{H}}$ 分别为运动学和热力学垂向湍扩散系数，采用 Mellor-Yamada（1974）二阶湍封闭方案，得到

$$\frac{\partial q^2}{\partial t} + \vec{V} \cdot \nabla q^2 + W\frac{\partial q^2}{\partial z} = \frac{\partial}{\partial z}\left(K_q\frac{\partial q^2}{\partial z}\right) + 2K_{\mathrm{M}}\left[\left(\frac{\partial U}{\partial z}\right)^2 + \left(\frac{\partial V}{\partial z}\right)^2\right] + \frac{2g}{\rho_0}K_{\mathrm{H}}\frac{\partial \rho}{\partial z} - \frac{2q^3}{B_1 l} + F_q \tag{1-10}$$

$$\frac{\partial(q^2 l)}{\partial t} + \vec{V} \cdot \nabla(q^2 l) + W\frac{\partial(q^2 l)}{\partial z} = \frac{\partial}{\partial z}\left[K_q\frac{\partial}{\partial z}(q^2 l)\right] + lE_1K_{\mathrm{M}}\left[\left(\frac{\partial U}{\partial z}\right)^2 + \left(\frac{\partial V}{\partial z}\right)^2\right] + \frac{lE_1 g}{\rho_0}K_{\mathrm{H}}\frac{\partial \rho}{\partial z} - \frac{q^3}{B_1}\widetilde{W} + F_l \tag{1-11}$$

式中，$q^2/2$ 为湍动能；$l$ 为湍宏观尺度；$\widetilde{W}=1+E_2$，$E_2=1.33$，远离海面处 $\widetilde{W}=1$。定义函数为

$$\widetilde{W}=1+E_2\left(\frac{l}{\kappa L}\right)^2 \tag{1-12}$$

式中，$\kappa$ 为卡曼常数。

其中，

$$(L)^{-1}=(\eta-z)^{-1}+(H+z)^{-1} \tag{1-13}$$

因此，垂直混合系数 $K_M$，$K_H$，$K_q$ 可以分别表示为

$$K_M=lqS_M,\ K_H=lqS_H,\ K_q=lqS_q \tag{1-14}$$

基于封闭假设（Mellor and Yamada，1982），$B_1$ 和 $E_1$ 分别取值 16.6 和 1.8，函数 $S_M$，$S_H$ 和 $S_q$ 可以通过解析解得到（Galperin et al.，1988）。

（3）边界条件

A. 自由表面边界条件

在自由表面 $z=\eta(x,\ y)$ 处

$$\rho_0 K_M\left(\frac{\partial U}{\partial z},\frac{\partial V}{\partial z}\right)=(\boldsymbol{\tau}_{ox},\boldsymbol{\tau}_{oy})$$

$$\rho_0 K_H\left(\frac{\partial \theta}{\partial z},\frac{\partial S}{\partial z}\right)=(\dot{H},\dot{S})$$

$$q^2=B_1^{2/3}u_{\tau s}^2$$

$$q^2 l=0$$

$$W=U\frac{\partial \eta}{\partial x}+V\frac{\partial \eta}{\partial y}+\frac{\partial \eta}{\partial t} \tag{1-15}$$

式中，$\boldsymbol{\tau}_{ox}$，$\boldsymbol{\tau}_{oy}$ 为与摩擦速度 $u_{\tau s}$ 有关的表面风矢量；$B_1^{2/3}$ 为从湍封闭关系中得到的经验常数。$\dot{H}$ 为海表面净热通量，净盐通量 $\dot{S}=S(0)(\dot{E}-\dot{P})/\rho_0$，$(\dot{E}-\dot{P})$ 为表面淡水蒸发降水净通量，其中，$S(0)$ 为表面盐度。

B. 底边界 $z=-H(x,\ y)$ 处

$$\rho_0 K_M\left(\frac{\partial U}{\partial z},\frac{\partial V}{\partial z}\right)=(\boldsymbol{\tau}_{bx},\boldsymbol{\tau}_{by})$$

$$q^2=B_1^{2/3}u_{\tau b}^2$$

$$q^2 l=0$$

$$W_b=-U_b\frac{\partial H}{\partial x}-V_b\frac{\partial H}{\partial y} \tag{1-16}$$

式中，$H(x,\ y)$ 为底地形；$u_{\tau b}$ 为与底摩擦应力相关的摩擦速度。底应力用对数法则确定

$$\vec{\boldsymbol{\tau}}_b=\rho_0\vec{\boldsymbol{U}}_{\tau,b}^2=\rho_0 C_d|\vec{\boldsymbol{U}}_c|\vec{\boldsymbol{U}}_c \tag{1-17}$$

拖曳系数

$$C_d = \left[\frac{1}{\kappa}\ln(H + z_b)/z_0\right]^{-2} \tag{1-18}$$

式中，$z_b$和 $V_b$为最接近底部网格点的高度和速度；$\kappa$ 为 Karman 常数；实际计算中取 $C_d$为［式（1-18）］和 0.0025 两者中较大的值；参数 $z_0$取决于局地底粗糙度。

在固边界和海底，$\theta$ 和 $S$ 的法向梯度为零，即在这些边界没有扩散和对流的温盐通量通过。

C. 侧开边界条件

1）温盐入流边界：根据开边界条件指定。

温盐出流边界：

$$\frac{\partial}{\partial t}(\theta, S) + U_n \frac{\partial}{\partial n}(\theta, S) = 0 \tag{1-19}$$

式中，$n$ 为边界的法向坐标。

2）水位开边界条件可以由实测水位或者嵌套的大区域计算水位，还可以通过开边界调和常数预报水位

$$\eta = \eta_0 + \sum_{i=1}^{n}\left[A_i\cos\left(\frac{2\pi}{T_i}t - \theta_i + V_0\right)\right] \tag{1-20}$$

式中，$\eta_0$ 为平均海平面；$t$ 为时间；$T_i$ 为第 $i$ 个分潮的周期；$A_i$为第 $i$ 个分潮的振幅；$\theta_i$为第 $i$ 个分潮的迟角；$V_0$ 为天文初相角；$n$ 为开边界分潮个数。

### 1.1.1.3 底剪切应力

底剪切应力是海底沉积物起动、运移的关键因素。波流共同作用下的底剪切应力要远远大于纯流作用下的底剪应力，其根据 Grant 和 Medson（1979）的论述计算。

首先，波流联合作用下的最大底应力表示为

$$\tau_{b,max} = \tau_c + \tau_w \tag{1-21}$$

式中，$\tau_c$ 为平均分量；$\tau_w$ 为最大扰动分量。它们都是浪流的函数，不考虑稳定应力分量 $\tau_c$ 对 $\tau_w$ 的作用。

近底波浪的轨道速度 $u_w$ 根据线性波理论确定为

$$u_w = \frac{a\omega}{\sinh kh} \tag{1-22}$$

式中，$h$ 为水深；$a$ 和 $\omega$ 分别为波浪振幅和频率；$k$ 满足频散关系

$$\omega^2 = gk\tanh kh \tag{1-23}$$

通过（1-22）和（1-23）确定

$$u_w = \frac{a}{\sinh kh}\sqrt{gk\tanh kh} \tag{1-24}$$

因此，根据

$$\tau_w = \rho u_{*w}^2 = \frac{1}{2}\rho f_w u_w^2 \tag{1-25}$$

可以确定 $\tau_w$ 和 $u_{*w}$。其中，$f_w$ 为依赖于底物理粗糙度 $k_b$ 和近底位移振幅 $A_b = u_w/\omega$ 的波浪摩擦因子。$f_w$ 的值用 Grant 和 Madsen（1979）拟合的经验表达式

$$f_w = \begin{cases} 0.13\,(k_b/A_b)^{0.40}, & k_b/A_b < 0.08 \\ 0.23\,(k_b/A_b)^{0.62}, & 0.08 < k_b/A_b < 1.00 \\ 0.23, & k_b/A_b > 1.00 \end{cases} \tag{1-26}$$

确定 $u_{*w}$ 后利用一个迭代过程来确定距底高度 $z_r$ 处的 $C_d$。给定 $C_d$ 一个初始值，于是剪切速度

$$u_{*b} = \sqrt{C_d}\,u_c \tag{1-27}$$

定义波浪联合作用下的剪切速度

$$u_{*cw} = \sqrt{\tau_{b,\max}/\rho} \tag{1-28}$$

根据（1-21）

$$u_{*cw} = \sqrt{u_{*w}^2 + u_{*b}^2} \tag{1-29}$$

定义波浪边界层和物理底粗糙度联合作用下的底粗糙度

$$k_{bc} = k_b\left(24\,\frac{u_{*cw}}{u_w}\,\frac{A_b}{k_b}\right)^{\beta} \tag{1-30}$$

其中，

$$\beta = 1 - \frac{u_{*b}}{u_{*cw}} \tag{1-31}$$

因此，可以用粗糙度来确定波浪边界层上常应力层中的速度剖面

$$u = \frac{u_{*b}}{k}\ln\left(\frac{z+h}{k_{bc}/30}\right) \tag{1-32}$$

在参考高度 $z = -h + z_r$ 处解得速度，并得到新的拖曳系数

$$C_d = \left[\frac{\kappa}{\ln(30z_r/k_{bc})}\right]^2 \tag{1-33}$$

将新得到的 $C_d$ 与旧值相比较，重复该过程直至两者之差小于某个小值（如 $10^{-7}$）。通过这个过程取最后一步的 $u_{*cw}$ 求得波流联合作用下的底应力 $\tau_{b,\max}$，将最后的 $C_d$ 与原始底摩擦系数相比较，取其中的较大值，作为后续流场计算时的底摩擦系数。

### 1.1.2 海洋沉积物输运数值模拟

#### 1.1.2.1 海洋沉积物基本概念

海洋沉积物是指海洋中由母岩的风化作用、生物作用和某些火山等作用形成的能够被搬运或者尚未固结成岩的物质，主要包括陆源碎屑、生物骨屑和介壳、火山灰、陨石等。因此，海洋沉积物具有物质来源丰富、沉积过程复杂、组成成分多样等特征。本节主要阐述现代陆源碎屑沉积物的运移过程和数值模拟方法。

岩石风化所产生的经海流、风、波浪、冰川及重力作用移动后沉积下来的固体矿物颗粒碎屑，常称为泥沙，是河口、近岸、陆架沉积物的主要来源。通常根据泥沙颗粒的运动形式，将其分为悬移质与推移质两大类，而推移质又可进一步细分为接触质、跃移质和层移质（钱宁和万兆惠，1991）。海水中随水流漂浮前进的泥沙，称为悬移质。沿海床底部移动（滚动、滑动）的泥沙，称为推移质。两者间随着环境动力条件的变化，可进行交换、转化。江河输送的泥沙，悬移质占主要部分，尤其是冲积平原上较大的河流中悬移质数量往往要占到总输沙量的95%以上。

泥沙运移过程非常复杂，且涉及的关键参数和物理要素非常多，包括泥沙密度、粒径、沉降速度、临界剪切应力、起动流速、海床泥沙性质、沉积物厚度，等等，仅其中一个要素即可因河口、海岸、陆架、深海的不同水文动力环境而构建不同的理论公式，甚至某些关键参数在实际海洋中尚未得到精确测量。泥沙输运过程的数值模拟是在水动力要素求解的基础上，叠加悬浮泥沙浓度等参数，也是以边界条件闭合控制方程组的方式求解变量。其中，控制方程组及主要参数基于泥沙动力学理论。泥沙理论的研究始于Brahms（1753），他提出了泥沙的起动流速与泥沙重量的1/6次方成正比。Duboys（1879）首次提出了推移质运动的拖曳力理论，对悬移质的研究则始于Schmidt（1925），Shields（1936）通过无量纲拖曳力和颗粒雷诺数，建立了著名的均匀沙起动Shields曲线。此后众多学者对泥沙理论的研究做出了重要贡献。目前，较为常见的包含了泥沙输运模块的数值模型有ECOMSED、HAMSOM、EFDC、ROMS、Delft3D、FVCOM等，以及应用方便的商业化软件，如美国陆军工程兵团水道实验站的SWM、荷兰Delft水利研究所的TRISULA和DELWAQ、丹麦水力研究所的MIKE软件等。这里仅针对现代动力环境下悬移质和推移质运动给出基本方程和经验公式。

#### 1.1.2.2 悬移质输运数值模拟

悬移质粒径较细，主要由细砂、粉砂及黏土组成，粗、中砂含量较低。通常，悬浮颗粒的运动可以分为黏性和非黏性（图 1-5）。前者通常是颗粒中值粒径小于 4μm 的泥或黏土，被认为具有黏性，易发生絮凝沉降作用；后者指中值粒径大于 64μm，具有微弱黏性的悬浮体（Wang and Andutta，2013）。悬浮颗粒是海洋沉积物的前身，是形成海洋沉积物的过渡状态。

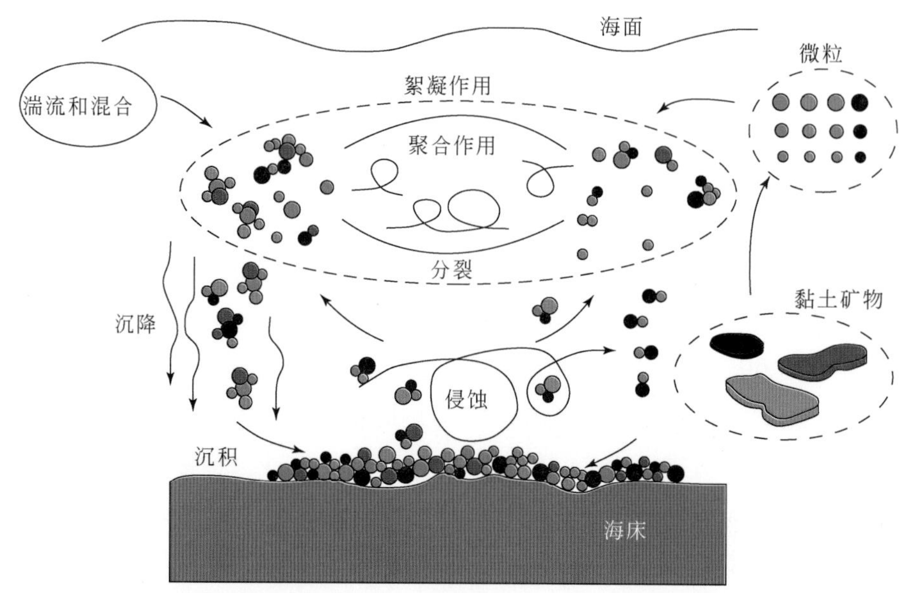


图 1-5　黏性泥沙颗粒的沉积、再悬浮过程（Wang and Andutta，2013）

悬移质运动可以用三维对流扩散方程描述

$$\frac{\partial C}{\partial t}+\frac{\partial UC}{\partial x}+\frac{\partial VC}{\partial y}+\frac{\partial (W-W_{s})C}{\partial z}=\frac{\partial}{\partial x}\left(A_{H}\frac{\partial C}{\partial x}\right)+\frac{\partial}{\partial y}\left(A_{H}\frac{\partial C}{\partial y}\right)+\frac{\partial}{\partial z}\left(K_{H}\frac{\partial C}{\partial z}\right) \tag{1-34}$$

式中，$C$ 为悬浮泥沙浓度；$W_s$ 为泥沙颗粒沉降速度。

在自由表面及底层边界条件分别为

$$K_{H}\frac{\partial C}{\partial z}=0,\quad z\to\eta \tag{1-35}$$

$$K_{H}\frac{\partial C}{\partial z}=E-D,\quad z\to -H \tag{1-36}$$

式中，$E$ 和 $D$ 分别为沉积物的再悬浮通量和沉积通量。

（1）非黏性沉积物

通常，非黏性沉积物的再悬浮采用 van Rijn（1984）方法进行计算，即悬浮输运只会发生在底剪切速度大于临界剪切速度（由 $D_{50}$ 计算）时。应用 Shields 河床运动法则，计算沉积物起动的临界底剪切速度

$$U_{*\mathrm{crbed}}=[(s-1)gD_{50}\theta_{cr}]^{1/2} \tag{1-37}$$

式中，$s$ 为泥沙的相对密度；$g$ 为重力加速度；$D_{50}$ 为泥沙中值粒径；$\theta_{cr}$ 为临界

Shields 参数。

非黏性悬浮泥沙的沉积通量可表示为

$$D_2 = -W_{s,2}C_2 \tag{1-38}$$

式中，$D_2$为沉积通量；非黏性泥沙的沉降速度 $W_{s,2}$始于对单颗粒泥沙沉降的研究，目前常用的计算方法有

①张瑞瑾（1961）公式

$$W_s = \sqrt{\left(13.95\frac{v}{d_s}\right)^2 + 1.09\frac{r_s - r}{r}gd_s} - 13.95\frac{v}{d_s} \tag{1-39}$$

式中，$r$，$r_s$，$d_s$，$v$ 分别为水的容重、泥沙的容重、悬浮泥沙的中值粒径、黏滞系数。

②Stokes（1850）沉降速度公式

$$W_s = \frac{1}{18}\frac{(\rho_s - \rho)gd^2}{\rho v} \tag{1-40}$$

式中，$\rho_s$，$\rho$，$d$，$v$ 分别为泥沙的密度、水的密度、泥沙的粒径、水的运动黏性系数。

（2）黏性沉积物

根据 ECOMSED 数值模型，对于黏性沉积物，在定常的应力下，只有有限的沉积物能从黏性底质中再悬浮进入水体。根据 Gailani 等（1991），从黏性沉积底质中再悬浮的细颗粒泥沙量 $\varepsilon$（mg/cm$^2$）为

$$\varepsilon = \frac{a_0}{T_d^m}\left(\frac{\tau_b - \tau_c}{\tau_c}\right)^n \tag{1-41}$$

式中，$a_0$ 为取决于底质特性的常数；$T_d$ 为沉积后的时间（天）；$\tau_b$ 为底应力（dyn/cm$^2$）①；$\tau_c$ 为侵蚀临界应力（dyn/cm$^2$）；$m$，$n$ 为取决于沉积环境的常数。

悬浮泥沙的黏性特征导致了离散细颗粒物的聚合，形成大小和沉降速度不同的絮凝体。由于悬浮物浓度和内部切应力的变化都会影响絮凝体的大小和沉降速度，因此，很难在水体中描述其沉积通量。Krone（1962）公式

$$D_1 = -W_{s,1}C_1P_1 \tag{1-42}$$

式中，$D_1$为沉积通量［g/（cm$^2$·s）］；$W_{s,1}$为黏性絮凝体的沉降速度（cm/s）；$C_1$为沉积物-水界面附近的黏性悬浮沉积物浓度（g/cm$^3$）；$P_1$为沉降概率。

在不同的浓度和切应力下，大量的实验结果表明，黏性絮凝体的沉降速度取决于絮凝体形成的泥沙浓度和水体剪切应力的乘积，即

① 1dyn=1×10$^{-5}$N。

$$W_{s,1}=\alpha(C_1G)^{\beta} \tag{1-43}$$

式中，$W_{s,1}$，$C_1$和 $G$ 的单位分别为 m/day，mg/L 和 dyn/cm$^2$。对于海水环境下的再悬浮，Burban（1990）的试验结果表明，$\alpha$ 和 $\beta$ 的值分别为 2.42 和 0.22。

水体剪切应力 $G$，由水动力模块计算

$$G=\rho K_{M}\left[\left(\frac{\partial u}{\partial z}\right)^2+\left(\frac{\partial v}{\partial z}\right)^2\right]^{\frac{1}{2}} \tag{1-44}$$

式中，$K_M$ 为垂向湍黏性；$\rho$ 为悬浮介质的密度。沉积概率（$P_1$）将絮凝体的大小和近底湍流对沉积率的作用参数化。

#### 1.1.2.3 推移质输运数值模拟

自法国的 Duboys 在 1879 年提出第一个推移质输沙率公式以来，已有一百多年的历史。据不完全统计，目前各种推移输沙率公式已超过 50 个，在以潮流为主的近海海洋环境中，由于问题的复杂性，不同泥沙输运公式计算的输沙率量值相互之间有差别，有时甚至相差很大。但这些公式计算的输沙方向基本一致，并且一般情况下，计算方向与示踪沙实验或地形迁移方向一致。

黄才安和奚斌（2000）总结了各类输沙率公式，并得出其统一形式。

未考虑启动流速（即水流强度较大）时

$$\varphi=d_1\left[\frac{h}{d}\right]^{d_2}\left[\frac{\omega}{\left[\frac{\gamma_s}{\gamma}-1\right]gd}\right]^{d_3}\left[\frac{V}{\left[\frac{\gamma_s}{\gamma}-1\right]gd}\right]^{d_4}J^{d_5} \tag{1-45}$$

考虑启动流速时

$$\varphi=e_1\left[\frac{h}{d}\right]^{e_2}\left[\frac{\omega}{\left[\frac{\gamma_s}{\gamma}-1\right]gd}\right]^{e_3}\left[\frac{V-V_c}{\left[\frac{\gamma_s}{\gamma}-1\right]gd}\right]^{e_4}J^{e_5} \tag{1-46}$$

式中，$\omega$ 为推移质在静水中的沉降速度；$V_c$ 为起动流速；$V$ 为平均流速；$\gamma$ 为水的容重；$J$ 为能坡；$d$ 为泥沙粒径；$h$ 为水深，$\gamma_s$ 为泥沙颗粒容重；$d_1$，$d_2$，$d_3$，$d_4$，$d_5$，$e_1$，$e_2$，$e_3$，$e_4$和 $e_5$均为常数，当其取不同的数值时，便变为表 1-1 所列各类公式。

**表 1-1　各类推移质输沙率公式**

| 序号 | 公式作者 | 公式原始形式 | 式（1-45）中的系数和指数 | | | | |
|---|---|---|---|---|---|---|---|
| | | | $d_1$ | $d_2$ | $d_3$ | $d_4$ | $d_5$ |
| 1 | Meyer-Peter 等（1934） | $0.4\frac{g_b^{2/3}}{d}=\frac{(\gamma_q)^{2/3}J}{d}-17$ | 1.492 | 1 | 0 | 1 | 1.5 |
| 2 | Shields（1936） | $\frac{g_b}{qJ\gamma}=10\frac{\tau-\tau_c}{(\gamma_s-\gamma)d}$ | 2.287 | 2 | 0 | 1 | 2 |

续表

| 序号 | 公式作者 | 公式原始形式 | 式（1-45）中的系数和指数 | | | | |
|---|---|---|---|---|---|---|---|
| | | | $d_1$ | $d_2$ | $d_3$ | $d_4$ | $d_5$ |
| 3 | Goncharov（1938） | $g_b = A\gamma_s d\left[\frac{V}{V_c}\right]^3\left[\frac{d}{h}\right]^{0.1}(V-V_c)$ | 0.675*A* | −0.6 | 0 | 4 | 0 |
| 4 | Schoklitsch（1943） | $g_b = 2500J^{3/2}(q-q_c)$ | 0.735 | 1 | 0 | 1 | 1.5 |
| 5 | Meyer-Peter和Muller（1948） | $\varphi = 8(\theta'_1-0.047)^{3/2}$ | 0.0675 | 0 | 0 | 2.25 | 0.375 |
| 6 | Einstein-Brown（1950） | $\frac{g_b}{\gamma_s d\omega} = 40\left[\frac{\tau}{(\gamma_s-\gamma)d}\right]^3$ | 8.904 | 3 | 1 | 0 | 3 |
| 7 | Kalinske-Brown（1950） | $\frac{g_b}{\gamma_s dU_*} = 10\left[\frac{\tau}{(\gamma_s-\gamma)d}\right]^2$ | 2.860 | 2.5 | 0 | 0 | 2.5 |
| 8 | Levi（1957） | $\frac{g_b}{\gamma_s Vh} = 0.002\left[\frac{V}{\sqrt{gd}}\right]^3\left[\frac{d}{h}\right]^{1.25}\left[1-\frac{V_c}{V}\right]$ | 0.004 24 | −0.25 | 0 | 4 | 0 |
| 9 | Laursen（1958） | $\frac{g_b}{\gamma_s Vh} = 10.5\left[\frac{d}{h}\right]^{7/6}\left[\frac{\tau_2}{\tau_c}-1\right]\left[\frac{U_*}{\omega}\right]^{1/4}$ | 3.141 | −0.25 | −0.25 | 3 | 0.25 |
| 10 | Shinohara和Tsubaki（1959） | $H = 25(\theta\theta'_2)^{0.65}(\sqrt{\theta\theta'_2}-0.8\theta_c)$ | 0.129 | 0.77 | 0 | 2.3 | 1.15 |
| 11 | Barekyan（1962） | $g_b = 0.187\frac{\gamma_s\gamma}{\gamma_s-\gamma}qJ\frac{V-V_c}{V_c}$ | 0.100 | 0.83 | 0 | 2 | 1 |
| 12 | Yalin（1963） | $\frac{g_b}{\gamma_s dU_*} = 0.635s\left[1-\frac{1}{as}\ln(1+as)\right]$ | 6.181 | 1.5 | 0 | 0 | 1.5 |
| 13 | 窦国仁（1963） | $g_b = \frac{0.048}{C_o}\gamma_s d(V-V_c)\left[\frac{V^3}{V_c^3}-1\right]$ | 0.0324 | 0 | 0 | 3 | 0.5 |
| 14 | Chang等（1965） | $g_b = K_t V(\tau-\tau_c)$ | 0.606$K_t$ | 1 | 0 | 1 | 1 |
| 15 | Pernecker和Vollmers（1965） | $\frac{\gamma_s-\gamma}{\gamma_s}\frac{g_b}{\tau U_*} = 25\frac{\tau}{(\gamma_s-\gamma)d}-1$ | 7.149 | 2.5 | 0 | 0 | 2.5 |
| 16 | Egizaroff（1965） | $\frac{g_b}{\gamma_s qJ^{1/2}} = K\zeta\left[\frac{\tau-\tau_c}{\tau_c}\right]$ | 12.12*KY* | 2 | 0 | 1 | 1.5 |
| 17 | Bagnold（1966） | $g_b = \frac{\gamma_s}{\gamma_s-\gamma}\frac{e_b}{\tan\alpha}\tau V$ | $\frac{0.606e_b}{\tan\alpha}$ | 1 | 0 | 1 | 1 |
| 18 | Erkek（1967） | $\varphi = 10\theta^{10/3}$ | 1.884 | 3.33 | 0 | 0 | 3.33 |
| 19 | Graf和Acaroglu（1968） | $\varphi = 10.34\theta^{2.52}$ | 2.927 | 2.52 | 0 | 0 | 2.52 |
| 20 | Ashida和Michiue（1972） | $\varphi = 17\theta_2^{3/2}\left[1-\frac{\theta_c}{\theta}\right]\left[1-\frac{U_{*c}}{U_*}\right]$ | 0.0375 | −0.5 | 0 | 3 | 0 |

续表

| 序号 | 公式作者 | 公式原始形式 | 式（1-45）中的系数和指数 | | | | |
|---|---|---|---|---|---|---|---|
| | | | $d_1$ | $d_2$ | $d_3$ | $d_4$ | $d_5$ |
| 21 | Ackers 和 White（1973） | $\frac{g_b}{\gamma_s Vd}=0.025\left[\frac{1}{0.17}\sqrt{\theta'_2}-1\right]^{1.5}$ | 0.0168 | -0.25 | 0 | 2.5 | 0 |
| 22 | 窦国仁（1974） | $g_b=\frac{0.1}{C_o^2}\frac{\gamma_s\gamma}{\gamma_s-\gamma}(V-V_c)\frac{V^3}{g\omega}$ | 0.0606 | 1 | -1 | 2 | 1 |
| 23 | Engelund 和 Fredsoe（1976） | $\Phi=11.6(\theta'_1-\theta_c)(\theta'_1-0.7\theta_c)$ | 0.0978 | 0 | 0 | 2.25 | 0.375 |
| 24 | 王世夏（1979） | $g_b=\frac{1}{200}d(V-V_c)\left[\frac{V^3}{V_c^3}-1\right]$ | 0.00337 | -0.5 | 0 | 4 | 0 |
| 25 | Chang（1980） | $\Phi=6.62(\theta-0.03)^5\theta^{-3.9}$ | 3.816 | 1.1 | 0 | 0 | 1.1 |
| 26 | Bagnold（1980） | $g_b=kh^{-2/3}d^{-1/2}(\tau V-(\tau V)_c)^{1.5}$ | $\frac{38.9k}{d^{0.42}}$ | 0.83 | 0 | 1.5 | 1.5 |
| 27 | Ranga Raju 等（1981） | $\Phi=60\theta'^3_2$ | 0.132 | -1 | 0 | 6 | 0 |
| 28 | van Rijin（1984） | $\frac{g_b}{\gamma_s Vh}=\frac{0.005}{\left[\frac{h}{d}\right]^{1.2}}\left[\frac{V-V_c}{\left[\frac{\gamma_s}{\gamma}-1\right]gd}\right]^{2.4}$ | 0.005 | 0.2 | 0 | 3.4 | 0 |
| 29 | Yang（1984） | $\frac{g_b}{\gamma_s Vh}=M\left[\frac{VJ}{\omega}-\frac{V_cJ}{\omega}\right]^N$ | $M$ | 1 | $-N$ | $N+1$ | $N$ |
| 30 | Smart（1984） | $g_b=4.2\gamma_s dV\frac{\tau-\tau_c}{(\gamma_s-\gamma)d}S^{0.6}$ | 2.545 | 1 | 0 | 1 | 1.6 |
| 31 | Low（1989） | $g_b=110\gamma_s d\frac{U_*^6}{\omega^5}$ | 24.49 | 3 | -5 | 0 | 3 |
| 32 | 郭俊克（1989） | $\Phi=11.4\theta^{3/2}\left[1-\frac{\theta_c}{\theta}\right]^2$ | 15.379 | 1.5 | 0 | 0 | 1.5 |
| 33 | Pacheco-Ceballos（1989） | $g_b=A\gamma_s(\theta-\theta_c)^{1.5}Jq$ | 0.472$A$ | 2.5 | 0 | 1 | 2.5 |
| 34 | 高建恩（1993） | $\frac{\gamma_s-\gamma}{\gamma}\Phi=\frac{0.01}{0.63}\left[Fr(\theta-\theta_c)\frac{V}{U_{*c}}\right]^{3/2}$ | 0.0197 | 0.75 | 0 | 3 | 1.5 |
| 35 | 范宝山（1995） | $\varphi=2(\theta'_2-\theta_c)(6\theta'_2-0.9)$ | 0.0265 | -0.5 | 0 | 3 | 0 |
| 36 | 赵连白和袁美琦（1995） | $\Phi=5\theta^2$ | 1.837 | 2 | 0 | 0 | 2 |

注：①式中 $\theta$，$\theta'_1$ 和 $\theta'_2$ 分别为 $\tau$，$\tau'_1$ 和 $\tau'_2$ 的无因次形式；②所有 $\gamma_s/\gamma$ 均取 2.65；③凡用到 $\tau_c$ 处，近似取 $\tau_c 0.05(\gamma_s-\gamma)d$；④凡用到 $V_c$ 处，皆以沙莫夫公式计算。

资料来源：黄才安和奚斌，2000

### 1.1.3 河口海岸泥沙运动

#### 1.1.3.1 河口

（1）基本特征

河口是一个与海自由相通的半封闭海岸水体，一直延伸到河流中受潮流影响的范围，在这一水体中，海水被来自陆域盆地的淡水显著冲淡（Pritchard，1967）。

河道中河水受潮流顶托出现水位波动的最远点，也就是震动幅度为零的地方，称为潮区界。上溯的潮流流速恰好与河水流速抵消处，称为潮流界。河流入海口，即拦门沙坝、浅滩的外缘，通常称之为口门，由此向海方向，海洋动力逐渐占优势。潮区界、潮流界、口门三个分界点将河口分为三段：近口段、河口段和口外海滨段（图 1-6）。近口段主要受径流控制，水位受潮汐影响有波动，水流为单向，由淡水主导，呈现单一的河流地貌特征；河口段受潮流、径流共同控制，水位有规律地涨落，水流为双向，表现出盐淡水混合的特征，由于拦门沙的存在而产生河口分岔，并形成河口沙岛；河口的口外海滨段，是从口门外到滨海浅滩的前缘坡折处，主要受海洋动力控制，水位有规律地涨落，盐水主导，形成水下三角洲和浅滩。河口沉积物分布，主要受控于地形、地貌和动力条件等，当潮流作用为主时，形成潮成砂体；当波浪作用为主时，形成顺湾口展布的海岸沙堤，河口湾被沿岸砂体阻拦呈半封闭状态，形成河口湾潟湖。

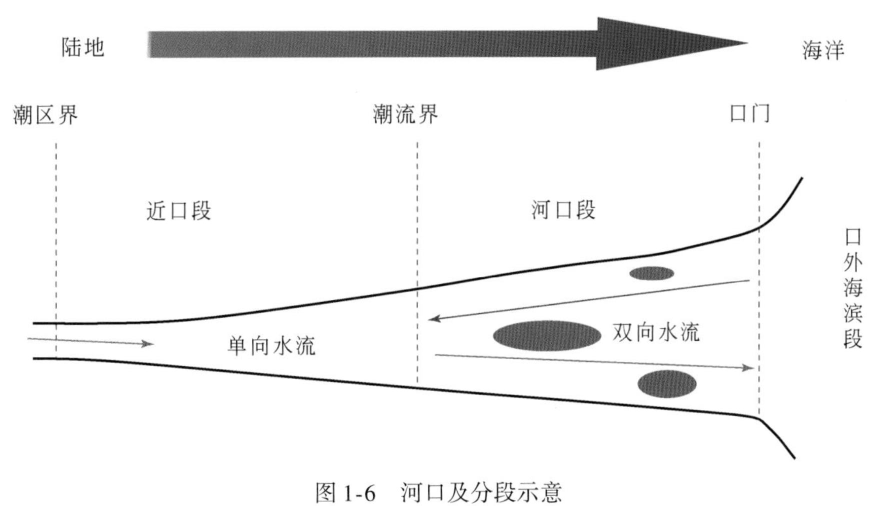


图 1-6　河口及分段示意

河流携带泥沙入海，在口门附近因水流展宽，加之潮流顶托，水流速度减慢，河水携带泥沙在河口大量沉积而形成河口砂坝，即拦门沙。由于拦门沙的存在，导致入海河流分岔，形成分支河道。入海河流所携带的陆源沉积物在入海河口附近堆积所形成的三角形沉积体即为三角洲，其包括三角洲平原（水上部分）、三角洲前缘和前三角洲（水下部分）。

（2）河口泥沙异重流

根据河流入海时河流水体与周围海水之间的密度差异，将河流入海的传输方式分为三种（Bates，1953），分别是异轻流（河流水体密度低于周围海水，浮于水面上）、等密度流（河流水体密度与周围海水密度相同）和异重流（河流水体密度高于周围海水密度，沿海床流动）（图 1-7）。海洋环境中异重流形成的临界密度是 36～43kg/m$^3$（体积浓度为 1.3%～1.7%）（Mulder and Syvitski，1995），且随着海水温度、盐度等因素的变化，这一临界值可能进一步变小，在对流沉降条件下，形成异重流的临界密度约为 1kg/m$^3$（体积浓度约为 0.04%）（Parsons et al.，2001）。

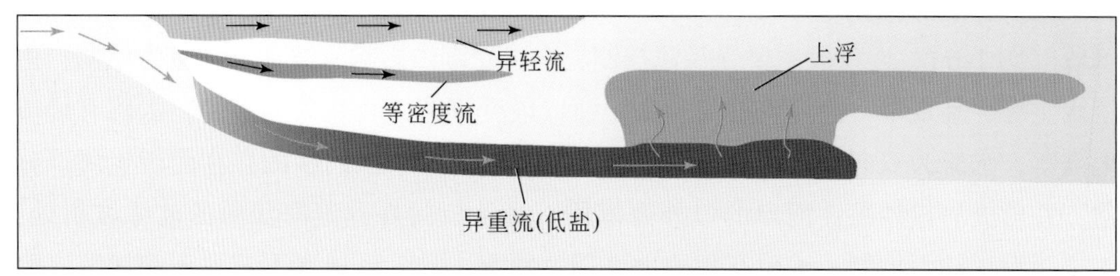


图 1-7　河口入海流体分布剖面（唐武等，2016）

全球从陆地搬运到大洋的沉积物有 95% 来自河流。对全球 147 条河流的统计结果表明，71% 的河流可以形成高频率—中频率（每年至每千年）的异重流，另有 13 条河流形成异重流的频率是 1000～10 000 年，而另外 29 条河流则不能形成异重流（Mulder and Syvitski，1995）。同时，特殊条件可增加异重流形成的几率，如特殊地质背景（软沉积和易侵蚀沉积多，如黄河）、极端地质事件、长期洪泛引起的海水稀释以及河口坝侵蚀等。异重流作用是河流物质直接向浅海、陆架和陆坡的搬运或过路的过程，主要由最初包含淡水的紊流所控制（Mulder et al.，2003）。

黄河是中国第二大河，以水少沙多、入海流路频繁改道等为特征，历史上平均每年向海输送的泥沙量超过 10 亿 t，河流水体年平均含沙量为 25kg/m$^3$，在汛期可达到 220kg/m$^3$。异重流是河口泥沙向海快速输送的主要形式，黄河口也因此成为研究和观测河口泥沙异重流的典型区域。然而，据 2000～2006 年数据统计，黄河入海泥沙量降至约每年 1.5 亿 t，仅是 20 世纪 50 年代的 15% 左右，导致黄河口泥沙异重流发生的频率大大降低，多发生在事件性泥沙入海过程中，如调水调沙过程等。

Wright 等（1986，1988）将异重流在斜坡上传输时受力平衡的简易方程描述如下

$$(\tau_b + \tau_s) + \rho_h g' h' \sin\beta = 0 \tag{1-47}$$

式中，$\tau_b$ 和 $\tau_s$ 分别代表异重流底、表层剪切力；$\rho_h$ 是异重流流体密度；$h'$ 为异重流层的厚度；$\beta$ 为斜坡坡度；$g'$ 为异重流重力加速度，表达为

$$g' = g(\rho_h - \rho_a)/\rho_a \tag{1-48}$$

式中，$\rho_a$ 为环境流体密度。底层剪切力 $\tau_b$ 表达为

$$\tau_b = -K_b\rho_h U_h | U_h | \tag{1-49}$$

式中，$K_b$是底层斜坡拖曳系数；$U_h$为异重流沿斜坡向下流速。表层剪切力 $\tau_s$ 表达为

$$\tau_s = -K_s\rho_h(U_h - U_s) | U_h - U_s | \tag{1-50}$$

式中，$K_s$是异重流表层界面间的无量纲拖曳系数；$U_s$为异重流上覆水体的流速。

### 1.1.3.2 海岸地貌

海岸地貌演化（图 1-8）是沉积物输运和堆积的直接结果，海岸带地区的泥沙运动对海洋生态环境、海岸带综合管理等具有重要意义。

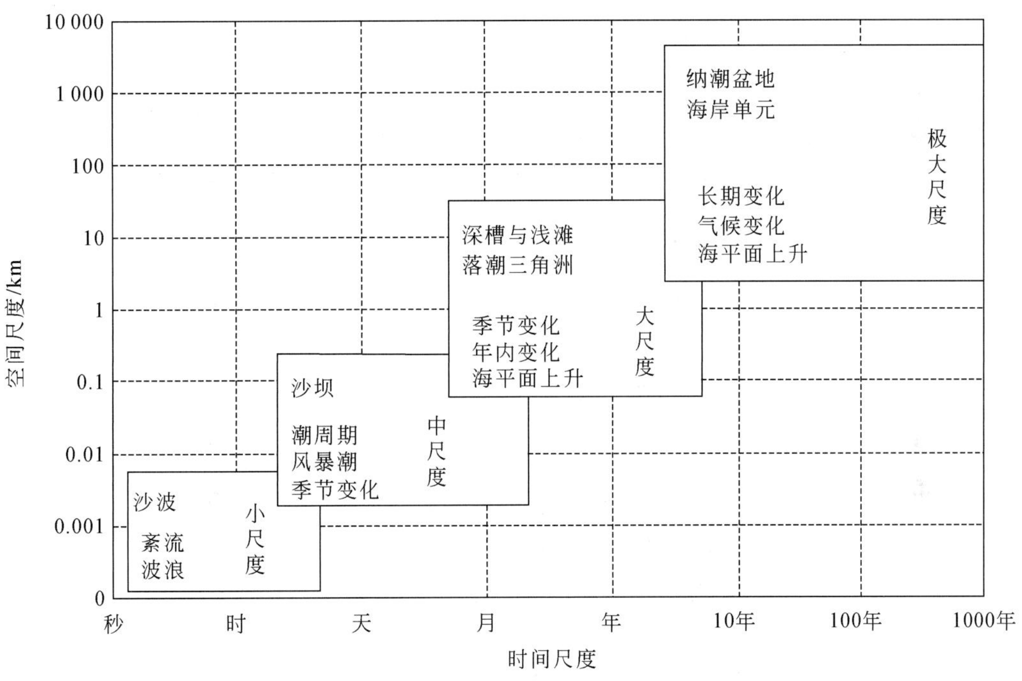


图 1-8　海岸地貌时空尺度（陆永军和季荣，2009）

荷兰的 Delft3D、丹麦 DHI 的 MIKE 等软件可以实现地貌演化的数值模拟，其包括了底床状态、水动力（海流和波浪）、泥沙输运和地形更新等 4 个模块。海床高程 $z_b$变化的控制方程为

$$(1-\varepsilon)\frac{\partial z_b}{\partial t} + \frac{\partial S_{bx}}{\partial x} + \frac{\partial S_{by}}{\partial y} = D - E \tag{1-51}$$

式中，$\varepsilon$ 为孔隙度；$S_{bx}$ 和 $S_{by}$ 是 $x$ 和 $y$ 方向的推移质输沙；$t$ 是时间；$D$ 是悬沙沉积速率；$E$ 是悬沙侵蚀速率。

海岸环境中潮流运动的时间尺度比地貌演变的时间尺度小 1 ~ 2 个量级，计算相当小的海底地形变化也需要进行长时间的水动力计算，因此，对海岸地貌演变的数值模拟，往往消耗极长的时间，而长时间的数值计算容易造成误差的累积。Roelvink（2006）提出地貌加速因子的概念，即在每个水动力时间步长上产生的地形变化，乘以一个适当的地貌加速因子 $R$，以加速地貌演变，譬如，取 $R$ 等于 10，则运算 1 个月可模拟 10 个月内的地貌演变，该方法已被成功应用于潮汐汊道系统地貌演化的数值模拟研究（谢东风等，2010），有效提高了地貌计算效率。另外，由于地貌演化的时间尺度相对较大，在此期间，一些长周期的因素，如地壳垂向运动、沉积物压实、海平面变化、沉积来源的变化等，也会起重要作用（高抒，2011）。因此，地貌演化的数值模拟不能只是简单地对沉积物输运导致的冲淤变化进行累加，需要以适当的方式将长周期因素包含在内。吴超羽等（2006）基于长周期动力形态模型（PRD-LTMM），在模拟珠江三角洲地貌演化时，在地形迭代的计算中加入了长周期因素，使计算结果与钻孔揭示的不同时期的地面高程相符。

### 1.1.4 陆架泥沙运动

#### 1.1.4.1 悬浮泥沙分布

陆架悬浮泥沙浓度的水平和垂直分布，主要受控于海流、波浪及其季节变化，以及水深地形。以东海陆架为例，悬浮泥沙浓度分布表现为近岸高、远岸低的特征（图 1-9）：夏季表层最大可达 6.5mg/L，底层最大可达 17mg/L；冬季浓度明显高于夏季，近岸海域 50m 以浅，水体垂向混合均匀，悬浮泥沙浓度最大可达 330mg/L，底层的高浓度区域相对于表层分布范围要大。夏季底层浙闽南部海域出现了高悬沙浓度区，可能与跨陆架输运有关。

从垂直分布特征来看（图 1-10），表层悬浮泥沙含量低于底层，冬季近岸垂向混合较好，含量远高于夏季。一般天气条件下，在夏季，悬浮泥沙含量均<20mg/L，受台湾暖流影响海域悬浮泥沙含量最大可达 12mg/L，受黑潮影响海域则含量较低，均<0.5mg/L；在冬季，受浙闽沿岸流影响海域含量最高，可达 300mg/L 以上，受台湾暖流影响海域悬浮泥沙含量约 12mg/L，与夏季相近，而受黑潮影响海域的含量较低，基本<1mg/L。

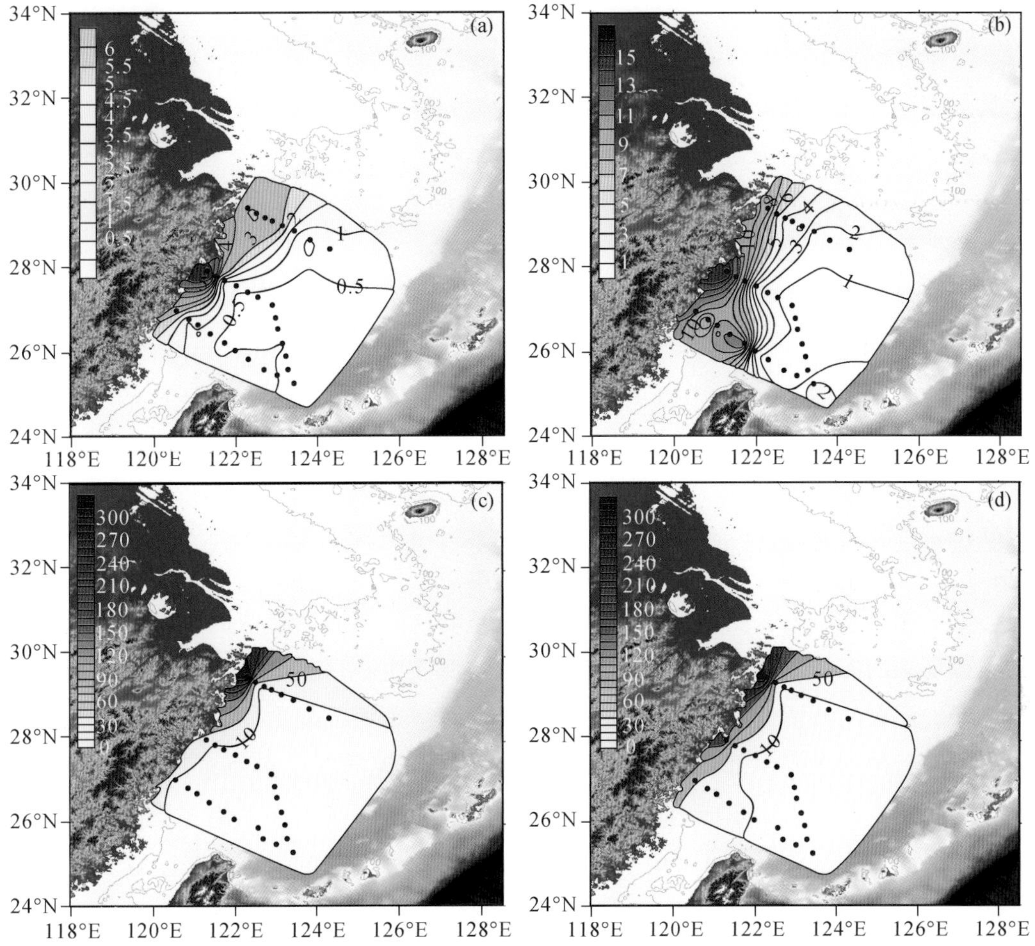

图-9 东海陆架夏季（a）和（b）和冬季（c）和（d）表（左列）、底（右列）层悬浮体浓度水平分布
（刘世东等，2018）

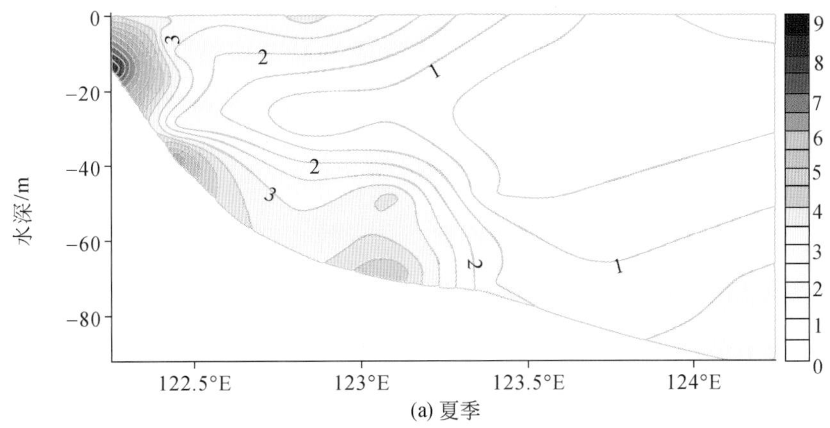


(a) 夏季

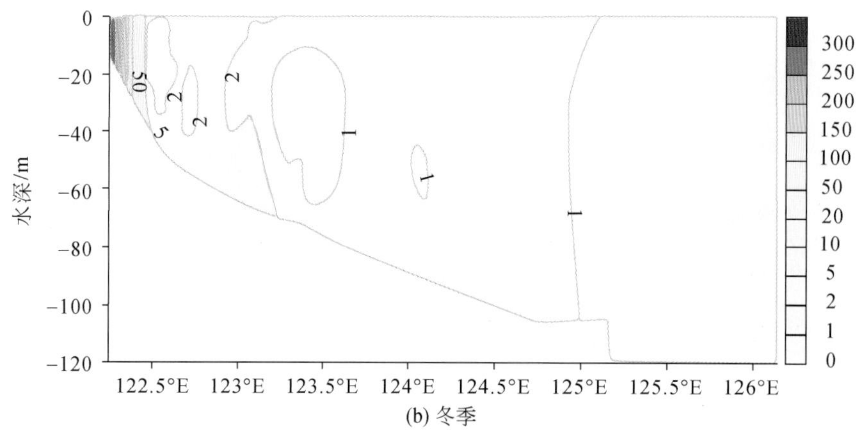

(b) 冬季

图 1-10　东海北部断面夏季和冬季悬浮体浓度垂直分布（刘世东等，2018）

### 1.1.4.2　陆架泥质区

末次冰消期以来，受全球海平面变化的影响，陆架海所接收的巨量陆源细颗粒物质在复杂的海洋动力作用下，形成了不同的泥质沉积区，其沉积速率高、沉积连续性好、记录的环境信息丰富。如在渤海、黄海、东海陆架上发育的多个斑块状泥质沉积区，包括渤海中部泥质沉积区、南黄海中部泥质区、黄海东部泥质沉积区、北黄海泥质沉积区、山东成山头外的楔状泥质沉积区、济州岛西南泥质沉积区和浙闽沿岸泥质沉积区等（图 1-11）。对泥质区形成发育机制的研究，是全球变化在陆架区高分辨率响应研究的关键。另外，泥质区的细颗粒物质可以吸附大量营养盐（如碳、氮、磷），从而成为营养盐物质的富集区，因此对于浅海物质循环而言，陆架泥质沉积区的形成过程和机制是重要的科学问题。

早先，Hu（1984）根据渤海、黄海、东海陆架的流系指出，在黄海暖流的西边存在三个正压气旋环流：第一个出现在北黄海西部，第二个出现在南黄海中部，第三个出现在济州岛西南，并注意到这三个涡旋在夏季均具有冷水性质。有学者认为，在这三个涡旋中部存在的上升流将导致这些地区产生泥质沉积，并进一步认为陆架上凡是有上升流出现的地方必形成泥质沉积，这与正压气旋环流底部的 Ekman 卷吸有关（Qu and Hu，1993）。后来，基于数值模型研究发现，泥质沉积与该海域的弱潮流能有关（朱玉荣，2001）。同时，海洋环流的平流输沙作用对泥质区的形成也起到重要作用（乔璐璐等，2014；Gao et al.，2016）。目前，关于泥质区的形成发育机制仍有争议。

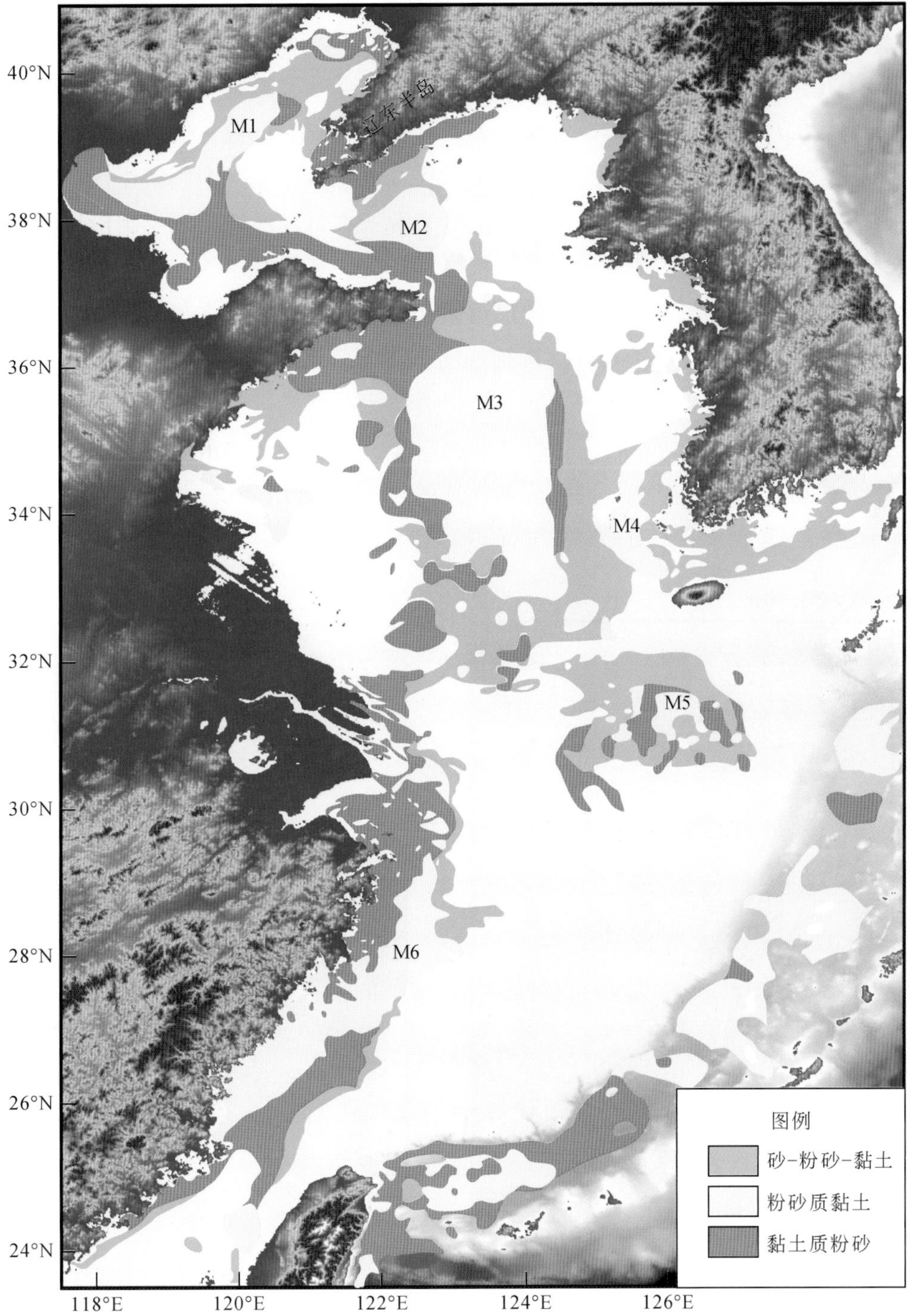


图 1-11 渤海、黄海、东海泥质沉积区分布示意（据李广雪等，2005 修改）

M1：渤海中部泥质沉积区；M2：北黄海泥质沉积区；M3：南黄海中部泥质区；M4：黄海东部泥质沉积区；M5：济州岛西南泥质沉积区；M6：浙闽沿岸泥质沉积区

#### 1.1.4.3 物质输运“源-汇”过程

冬半年，太阳辐射减弱，冬季风增强，中国东部陆架海垂向混合作用也随之加强。最典型的环流特征是沿岸流发育强盛，其主要特点是低温、低盐且携带高含量悬浮泥沙向南运动，主要包括山东半岛沿岸流、苏北沿岸流和浙闽沿岸流。山东半岛沿岸流来自渤海，黄河物质是主要的泥沙来源，大量泥沙在山东半岛沿岸和南黄海泥质区的西北部沉积，造成该海域沉积厚度较大。苏北沿岸流主要起源于南黄海西南部的老黄河三角洲，这里是除现代黄河和长江之外的第三大物源区。悬浮泥沙经苏北沿岸流沿长江口外浅滩50m等深线向东海北部运动，是东海北部泥质区形成的主要物源，可扩散到冲绳海槽北部。浙闽沿岸流及其携带的悬浮泥沙主要发源于长江口，冬季悬浮泥沙含量较高，是向浙闽沿岸泥质区输运物质的主要季节。高温高盐的黄海暖流和台湾暖流，携带较低含量的悬浮体向北运动，分别阻挡苏北近岸和浙闽近岸高含量悬浮体向外海扩散（图1-12）。

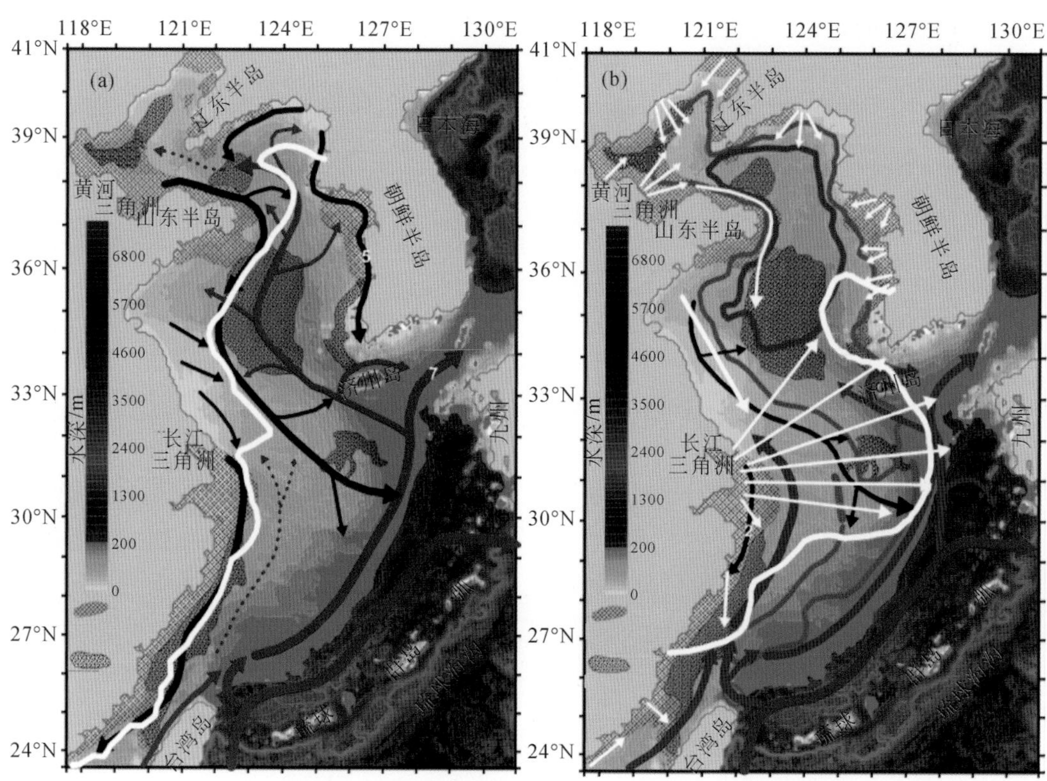


图1-12 冬半年及夏半年中国陆架海悬浮体输运格局（Li et al.，2016）

(a) 冬半年沉积动力模式，陆架水体垂向混合作用强烈，无明显分层现象。黑色线是沿岸流系统，是悬浮泥沙输运的通道，同时在流动过程中发生沉积。红色线条是暖流系统，其悬浮泥沙含量极低。白线指盐度32psu边界线。(b) 夏半年沉积动力模式，陆架水体垂向混合作用弱，分层现象明显。黑线代表沿岸流，蓝线代表台湾暖流及其分支，红线代表黑潮，浅灰色线为15℃等温线，深灰色线为10℃等温线，指示冷水团存在，白色箭头为冲淡水扩散方向

夏半年，由于太阳辐射强且夏季风作用较弱，水体的分层特征很明显，水体上层和下层的环流结构及悬浮泥沙运动存在很大差异，因此夏季的环流及其沉积作用要比冬半年复杂得多。下层水体有冷水团出现是夏半年水文动力环境的主要特点。其中，南黄海、北黄海和东海北部均存在冷水团，存在多个冷中心。北黄海冷水团基本是黄海暖流余脉被冷却的产物，南黄海冷水团水源具有多样性，基本是沿岸流水体和黄海暖流冷却水的残留体，而东海北部冷水团与苏北沿岸流水体混合有关。冷水团及其温度锋面可捕获泥沙，并对泥质区发育有所贡献。夏半年表层水文环境最重要的特征是长江冲淡水的存在，其携带长江入海高含量悬浮体向东北方向输运，悬浮泥沙扩散甚至可影响到黄海和东海外陆架（图 1-12）。

### 1.1.5 深海陆源碎屑沉积物运动

在深水环境中，大洋本身通过海洋生物与化学作用积累了各种生物软泥及自生矿物，还有来自地球外部的宇宙物质和地球内部的火山物质等。尽管钙质软泥和硅质软泥等生物来源沉积物是深海大洋沉积物的主要贡献者，但陆源碎屑物质通过连续和不连续过程也可以搬运至深水大洋，形成深海陆源沉积，包括浊流沉积、等深流沉积、海洋冰川沉积和风运沉积等，主要分布在陆坡和陆隆，少量分布于深海盆地。

沉积物重力流是由陆缘向深水搬运物质、形成深海陆源沉积的重要方式之一。沉积物重力流是呈现塑性变形及内部组构完全重组的沉积物流（图 1-13）。沉积物重力流与滑动的区别是前者内部完全变形；与流体重力流、雾状层的区别是碎屑物

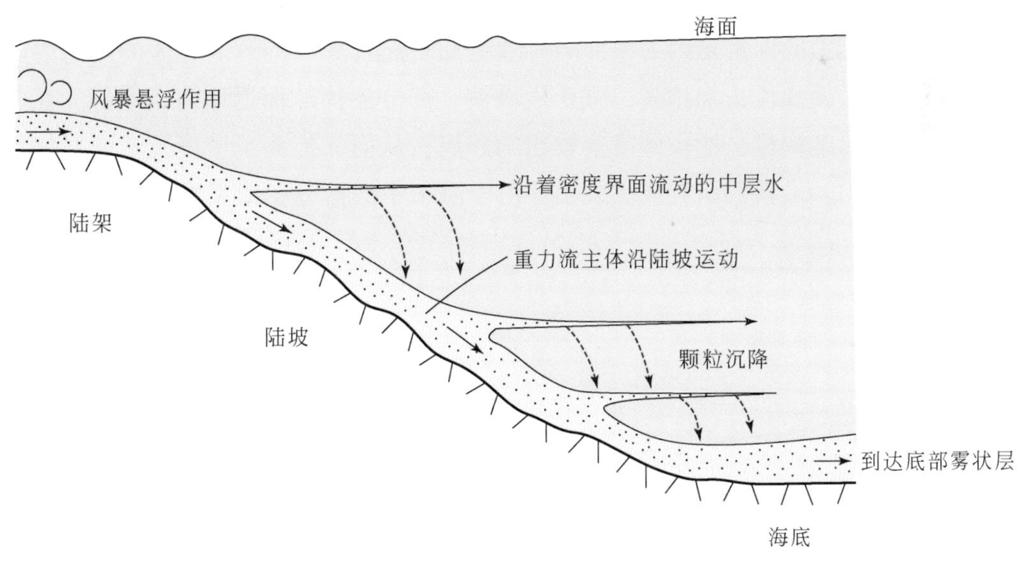


图 1-13　沉积物重力流沿坡运动

相对于水的作用不同，沉积物重力流由碎屑物所驱动，而流体重力流和雾状层则由水驱动。沉积物重力流又可分为碎屑流（泥石流）、颗粒流、液化沉积物流及浊流。每种沉积物重力流内碎屑的支撑机理不同，形成的沉积物也具有不同的沉积构造及组构。由于碎屑流与高密度浊流中颗粒之间有相互作用，使得运动过程较为复杂，属于非牛顿流体范畴，其控制方程更为复杂，目前研究相对较少，而与低密度浊流相关的数值模拟研究相对较多。

#### 1.1.5.1 浊流沉积

（1）沉积特征

浊流是大陆边缘沉积作用中最重要的一种沉积物重力流，其载有大量悬浮物且十分浑浊，悬浮物质包括砂、粉砂、泥质物，有时还挟带砾石。浊流在海底峡谷、陆隆及深海平原分布广泛，形成的沉积体规模巨大，宽度可至数十千米，长度可达数百千米。由于动力大、紊流强烈，浊流具有极强的搬运能力，既可搬运砾石和岩块，又可使大量砂级碎屑呈悬浮状态移动，搬运距离可达上千千米。

浊流形成的必要条件是有大量碎屑物堆积在较陡的斜坡（陆坡）附近，或有高悬浮载荷的大河延伸到陆架边缘。触发机制是阵发性事件，如坍塌、滑坡、风暴潮、海啸及地震等。

浊流分为头、体、尾三区，或 5 个变形部分。头部含沙量高、粒度大、流速快，具有很强的侵蚀破坏能力；其体部为泥沙的载体，涡动力可以把泥沙悬起，在流速加快时，沿途还会席卷底部的泥沙；尾部含沙量低，颗粒细（图 1-14）。沿深海峡谷流动的浊流约几千米，厚数米至数百米。浊流头部的压力大于周围水体，驱动浊流前进。头部压力的保持是因为尾部的有效运动距离比头部的远。底床的摩擦力及前进方向的阻力使浊流头部抬高，并产生破波，部分流体从而返回体、尾部。在此过程中也释放出细颗位，使头部富集较粗的碎屑，从而又提高了密度及流速，故具有很强的侵蚀力。最新的研究成果表明，由于海水中的盐分扩散系数比浊流中的泥

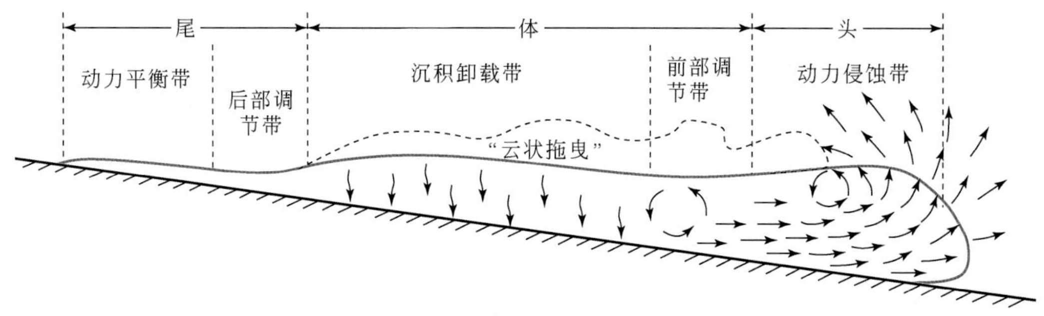


图 1-14　浊流的动力作用带结构（据姜辉，2010 修改）

沙扩散系数大，在浊流运动过程中，其淡水间隙流会被逐渐替换为盐水间隙流，因此浊流头部位置处的密度会不断增大，同时泥沙颗粒与周围水体密度差的减小也会维持浊流所挟带的泥沙保持悬浮状态，从而使得浊流能够长距离运动（Zhao et al., 2019）。浊流沉积通常按头、体、尾依次沉积，同时，其沉积物也先粗后细地依次沉积，细粒物往往超覆叠置在粗粒物之上，并且比粗粒物运送更远。因此，每一个浊流沉积体，在垂向上和横向上沉积物粒度都是由粗到细递变。

（2）控制方程

浊流可分为高密度浊流和低密度浊流，前者沉积物含量为 50 ~ 250kg/m$^3$，后者的含量为 0.025 ~ 3kg/m$^3$。高密度浊流属于非牛顿流体范畴，目前研究相对较少。典型的低密度浊流对应的流动过程可采用直接数值模拟（direct numerical simulation, DNS）、大涡模拟（large-eddy simulation，LES）、不可压缩流体雷诺平均 Navier-Stokes（Reynold-Averaged Navier-Stokes simulations，RANS，简称 N-S）方程等方法进行模拟。DNS 方法能够直接求解 N-S 方程，可以得到所有尺度上的随机流动，揭示丰富的湍流结构信息，但该方法计算量极大，目前只能应用于一些低雷诺数的简单浊流过程，而难以解决高雷诺数及复杂地貌上的浊流过程。LES 方法是首先对湍流流场中的小尺度涡进行过滤，导出大涡所满足的方程，而后再在大涡方程的基础上模拟解析小涡。该方法其能够较好地反映浊流头部和周围海水界面处的 Kelvin-Helmholtz 滚动结构，但是计算量巨大。RANS 方法是通过对流动过程中所涉及的物理量（如速度、浓度等）进行雷诺平均后进行求解的模拟方法，但雷诺平均的 N-S 方程组不闭合，目前最常用的方法是通过引入浮力修正的 $k$-$\varepsilon$ 模型来闭合方程组。利用 RANS 与 $k$-$\varepsilon$ 模型相结合的三维数值模型是一种有效的模拟手段，通过构建精细网格，该模型能够预测复杂地貌上的雷诺平均速度和密度结构，并且可以适用较大的尺度范围（王星星等，2018）。RANS 质量和动量守恒方程的张量形式如下

$$\frac{\partial u_i}{\partial x_i} = 0 \tag{1-52}$$

$$\frac{\partial u_i}{\partial t} = \frac{\partial(u_i u_j)}{\partial x_j} = -\frac{\partial P}{\rho \partial x_i} + \frac{\partial}{\partial x_j}\left(\upsilon_{\mathrm{t}} \frac{\partial u_i}{\partial x_j}\right) + \left(\frac{\rho_{\mathrm{s}} - \rho}{\rho}\right) c g_i \tag{1-53}$$

式中，$u_i$，$u_j$ 为 $x_i$，$x_j$ 方向上的雷诺平均速度；$t$ 为时间；$P$ 为雷诺平均压力；$\rho$，$\rho_{\mathrm{s}}$ 分别为环境流体密度和沉积物密度；$c$ 为悬浮沉积物的雷诺平均体积比浓度；$g$ 为重力加速度，$g_i$ 表示张量；$\upsilon_{\mathrm{t}}$ 为涡黏度系数。通过求解经浮力项修正的湍流 $k$-$\varepsilon$ 模型，得

$$\upsilon_{\mathrm{t}} = 0.09 \frac{k^2}{\varepsilon} \tag{1-54}$$

式中，$k$ 为湍流动能；$\varepsilon$ 为湍流动能耗散率。

沉积物质量守恒方程为

$$\frac{\partial c}{\partial t}+\frac{\partial[(u_j-\upsilon_s\delta_{j2})]}{\partial x_j}=\frac{\partial}{\partial x_j}\left(\frac{\upsilon_t}{\mathrm{Sc}_t}\frac{\partial c}{\partial x_j}\right) \tag{1-55}$$

式中，$\upsilon_s$ 为沉积物颗粒的沉降速度；$\delta_{j2}$ 为克罗内克符号；$\mathrm{Sc}_t$ 为施密特系数。

浊流运动过程中，可用 Exner 方程动态跟踪底部边界上由于颗粒物的沉积、再悬浮及推移质搬运所引起的海底高度随时间的变化，方程如下

$$\rho_k(1-\lambda)\frac{\partial y_{bk}}{\partial t}=-\nabla(\rho_k F_k \bar{q}_{bk})+\rho_k \mathrm{De}_k-\rho_k F_k E_k \tag{1-56}$$

式中，$y_{bk}$为海床高度（单位 m）；$\lambda$ 为沉积物的孔隙率；$F_k$为海床交换层处 $k$ 相沉积物所占的比例；$E_k$为 $k$ 相再悬浮沉积物所占的比例；$\mathrm{De}_k$为颗粒物的沉积速度（单位 m/s），其表达式为

$$\mathrm{De}_k=C_{bk}\nu_{sk} \tag{1-57}$$

式中，$C_{bk}$为颗粒物在海床上的体积比浓度；$\nu_{sk}$ 为 $k$ 相沉积物的沉降速度。

#### 1.1.5.2 等深流沉积

等深流理论的提出是沉积学继浊流理论后的又一重大发现，研究等深流沉积对开发深水油气资源具有重要的意义。等深流又称等高流，发育在深水环境，它是大洋盆地中沿等深线作水平流动的一种大洋底流，主要分布在 2000～5000m 深的海底。等深流形成的沉积物称等积物，已成岩者则称为等积岩。现代海洋调查表明，95% 以上的等深流沉积发育在深海环境中，可见等积物是一种深水相沉积物。等积物按粒度与成因可划分为三类：①泥质等积物；②粉砂-砂质等积物；③滞留砾石质等积物。等积物的成分多种多样，有陆源碎屑、生物碎屑和火山碎屑等。

#### 1.1.5.3 雾状层

大洋雾状层（又名雾浊层，marine nepheloid layer）是指大洋水体中相对浑浊的水层，层内悬浮体含量明显高于上下相邻一侧或两侧的水体。雾状层在时间和空间上是变动的，但有一定的时空稳定性，厚度从数十米到千米以上。高悬沙浓度的雾状层多与大洋底层经向温盐环流共生。大西洋底层西边界流区及大西洋东侧、太平洋东侧的底层流区都存在覆盖陆隆区的雾状层。

雾状层的悬浮体含量（多为 0.01～0.5mg/L）较上覆水体（<0.01mg/L）高得多，但较近岸水体（>1mg/L）又低得多。根据 2005 年在西太平洋海山区水深 5100m 站位的温度、盐度和悬浮体浓度的观测，水深 200m 以上构成表层雾状层；在 4500m 以下悬浮体含量明显超过上覆水体，构成近底雾状层（杨作升和李云海，

2007）（图 1-15）。雾状层的悬浮体成分为矿物碎屑和有机碎屑，矿物碎屑是陆源成因，有机碎屑则为浮游生物骨屑、球粒和有机质。雾状层内的固体物质既可来自表层水体中的沉降作用，也可来自底层流、生物及内潮的侵蚀再悬浮作用和浊流细尾部的加入，其中以再悬浮来源为主。

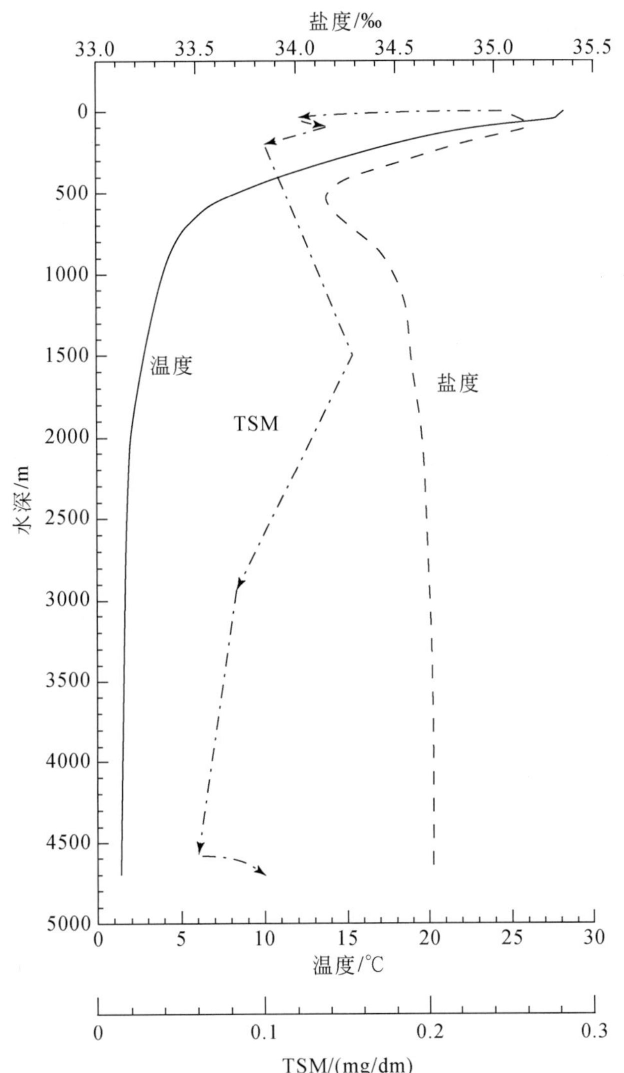


图 1-15　太平洋站位测到的表层雾状层（200m 以浅）和底层雾状层（4500m 以深）
（杨作升和李云海，2007）
TSM 表示总悬浮体浓度

尽管雾状层所搬运的悬浮体浓度很低，流速缓慢，但由于厚度、面积（数千平方公里）很大，故搬运量大，对陆隆及深海平原的沉积作用有巨大影响。

### 1.1.6 深海内波沉积

内波是一种水下波，它存在于两个密度不同的水层界面上，或存在于具有密度梯度的水层之内。内波是海洋中广泛存在的一种波动，它的振幅、周期、传播速度及存在深度的变化范围很大。内波的产生是由于扰动源的存在和海水的“稳定层化”。当内波的周期等于日潮或半日潮时，这种特殊类型的内波称为内潮汐。近年来，学者们开始关注内波对海底沉积物的改造作用，认为沉积物的双向交错层理是内波沉积特有的构造。发生在海水密度界面上或具有密度梯度的水体之内的内波，与发生在海面上的表面波，在本质上具有一定的相似性，其波动过程同样都遵循着一般意义上的波动理论。因而，内波沉积中的反向沉积构造的形成机理，可以用波动理论进行解释。同时，通过对内波沉积中双向交错层理形成机理的研究，可以判断流体当时的运动状态，对于内波的识别具有重要意义（王瑞等，2013）。

内波是发生在稳定分层海水中的波动，频率介于惯性频率 $f$ 和 Brunt-Vatsala 频率 $N$ 之间。频率较高的内波，其恢复力主要是重力和浮力之差，频率较低的主要是地转偏向力。海洋在一定深度上存在着温跃层和盐跃层，并导致密跃层的出现，并且跃层上下相对密度差仅约为 0.1%，所以只要很小的扰动，便可引起“轩然大波”。内波的相速一般不到 1m/s，但印度洋内波的传播速度已被证实为 2 ~ 3m/s（方欣华和王景明，1986），内波波长近百米至几十千米，周期为几分钟至几小时，波幅高达几米到近百米的量级。

假设在无限深水域处（$h \to \infty$），引入速度势 $\varphi$，设速度 $\boldsymbol{V}$ 在直角坐标系中的三个分量分别为 $u=-\frac{\partial \varphi}{\partial x}$、$v=-\frac{\partial \varphi}{\partial y}$、$w=-\frac{\partial \varphi}{\partial z}$。忽略水的黏滞性和压缩性，令 $z=\zeta(x, y, t)$，周期为 $T$，圆频率为 $\omega$，波数为 $k$，波长为 $\lambda$，振幅为 $a$，设水深为 $h$，在水底，水的法向速度为 0，所以

$$\left.\frac{\partial \varphi}{\partial z}\right|_{z=-h}=0 \tag{1-58}$$

在自由面上，令 $z=\zeta(x, y, t)$，对小振幅波，振幅 $a$ 远小于 $\lambda$，即 $\frac{a}{\lambda} \ll 1$。又考虑到小振幅波自由面 $z=\zeta$ 对水平面 $z=0$ 偏离很小，所以

$$\zeta=-\left.\frac{1}{g} \frac{\partial \varphi}{\partial t}\right|_{z=0} \tag{1-59}$$

自由面上，$f(x, y, z, t)=\zeta(x, y, t)-z=0$，于是

$$\frac{\mathrm{d}f}{\mathrm{d}t}=\frac{\partial\zeta}{\partial t}+u\frac{\partial\zeta}{\partial x}+v\frac{\partial\zeta}{\partial y}-w=0 \tag{1-60}$$

忽略微量和结合公式（1-59），得到

$$\left(\frac{\partial\varphi}{\partial z}+\frac{1}{g}\frac{\partial^2\varphi}{\partial t^2}\right)_{z=0}=0 \tag{1-61}$$

式（1-58）~式(1-61）构成了小振幅波的边界条件。

利用小振幅波的边界条件，在二维情况下，解得质点的各速度分量为

$$u=-\frac{\partial\varphi}{\partial x}=-a\omega\,\mathrm{e}^{kz}\cos(kx-\omega t) \tag{1-62}$$

$$w=-\frac{\partial\varphi}{\partial z}=-a\omega\,\mathrm{e}^{kz}\sin(kx-\omega t) \tag{1-63}$$

通过计算，可得

$$\zeta=a\cos(kx-\omega t) \tag{1-64}$$

$$\omega^2=kg \tag{1-65}$$

由式（1-62）和式（1-63）得到，在波峰 $\zeta=a$ 和波谷 $\zeta=-a$ 处，$\cos(kx-\omega t)=\pm 1$，质点速度水平分量 $u$ 达最大值；在 $\zeta=0$ 处，速度的垂直分量达到最大值。另外，随着深度的增加，速度呈指数衰减，很快变小，利用式（1-62）和式（1-63），由 $u=\frac{\mathrm{d}x}{\mathrm{d}t}$ 和 $w=\frac{\mathrm{d}z}{\mathrm{d}t}$，可分别得到

$$x=x_0+a\mathrm{e}^{kz_0}\sin(kx_0-\omega t) \tag{1-66}$$

$$z=z_0-a\mathrm{e}^{kz_0}\cos(kx_0-\omega t) \tag{1-67}$$

消去 $t$，得质点运动的轨迹方程

$$(x-x_0)^2+(z-z_0)^2=a^2\mathrm{e}^{2kz_0} \tag{1-68}$$

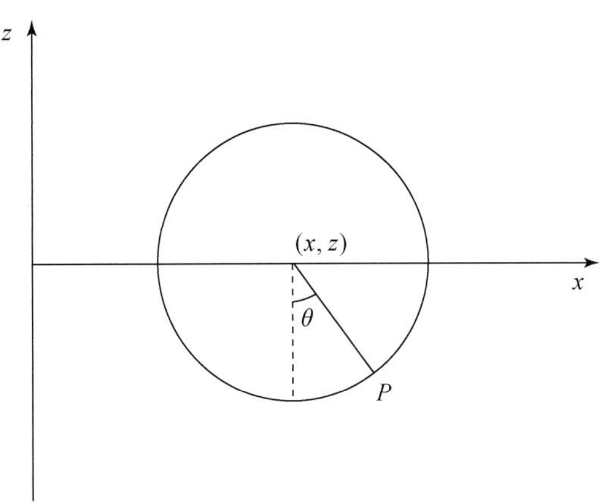


图 1-16　无限深水域处质点运动模式（据汤艳芬和张才国，1997 修改）

可见，在平衡点（$x_0$，$z_0$）附近，质点将作以平衡点为圆心，以 $a\mathrm{e}^{kx_0}$ 为半径

的圆周运动。如图 1-16 所示，设质点在 $t$ 时刻位于 $P$ 点，则由式（1-66）和式（1-67），得到

$$\mathrm{tg}\theta = \frac{x - x_0}{z - z_0} = \mathrm{tg}(kx - \omega t), \quad \theta = kx - \omega t \tag{1-69}$$

显然，质点绕（$x_0$，$z_0$）作顺时针的圆周运动，质点位于圆的顶点时向右运动，对照式（1-60）可知，该点在水波波峰处；在圆的最低点即波谷处，质点向左运动，于是可以绘出水面各质点运动的图像。

令谐波的周期为 $T$，则谐波的传播速度为 $c=\frac{\lambda}{T}=\frac{\omega}{k}$（$k$ 为波数），将式（1-61）代入，得波速为 $c = \sqrt{\frac{g\lambda}{2\pi}}$。上式说明，波长越长的波动传播速度越大。

综上，内波作为深水小振幅波，其质点运动模式和表面波极为相似，均为以某一平衡点为圆心，某一长度为半径的圆周运动。王青春（2005）也认为内波和表面波的主要差异仅在于单位海水质点的恢复力，表面波海水质点恢复力为 $g$，内波海水质点恢复力为 $(\rho_1 - \rho_2)g/\rho_2$（$\rho_1$，$\rho_2$ 为密度界面上下水体的密度）。因而，内波也具有相似于表面波的运动特征，只是由于密跃层上下水体的密度差不如空气和水的密度差那样明显，所以这种不对称性并不是那么强烈。

从能量的观点来看，波幅与重力的平方根成反比，因此，在能量相同的条件下，内波波幅可以是表面波的 20～30 倍，波幅达数十米乃至百米的内波并不罕见。基于内波和表面波质点运动模式的相似性，不难发现内波的波形曲线也为一条短幅旋轮线。

假设一个固结在地球上和地球一起运动的直角坐标系，原点位于平均海平面上，$x_1$、$x_2$轴位于此平均海平面，分别指向东和北，$z$ 轴垂直向上，由于海洋中海水的温度和盐度都是空间函数，因而海水的密度也是时间和空间的函数，大部分海域中海水的密度水平梯度很小，故将 $\rho(x_1, x_2, z)$ 简化为 $\rho(z)$，不计压缩性的影响，$\rho(z)$ 随深度的增大而增加，故海水处于静力稳定状态，且为密度存在垂向梯度的层化流体，即 $\mathrm{d}\rho(z)/\mathrm{d}z < 0$。

当坐标系内 $z$ 处的一小团海水受到外界扰动源扰动而向下运动时，由于历时短，可以看作绝热无扩散过程，此小团海水保持它的密度不变。在某一时刻，运动停止于 $z + \Delta z$ 处，此时，该小团海水的密度将小于周围海水的密度，重力和浮力的合力不为 0，该小团海水不能达到平衡状态而向上运动；当到达平衡位置时，该小团海水由于惯性将继续向上运动，此时，周围海水的密度将大于该小团海水的密度，运动停止并向下运动，若不计阻力，这团海水将不停地以 $z$ 为平衡位置往复运动，频率为 $N$。这样海水的层结就不会为外界扰动而发生改变。可以用指标 $E =-\frac{1}{\rho}\frac{\mathrm{d}\bar{\rho}}{\mathrm{d}z}$ 作

为海水层化稳定性的度量，$E$ 值越大，海水层化越稳定。设小团海水在铅直方向偏移了位移 $\zeta$ ，$t$ 为时间，经推导可得 $N^2=-\frac{g}{\rho}\frac{\mathrm{d}\bar{\rho}}{\mathrm{d}z}$ ，即 $\frac{\mathrm{d}^2\zeta}{\mathrm{d}t^2}+N^2\zeta=0$。可以发现上式是弦振动方程，$N$ 为振动的圆频率（以弧度/单位时间为单位）。但是，只有在浅层海水中可以近似地忽略压缩性对海水层化稳定度（$E$）及浮力频率（$N$）的影响，在较深的水层需要考虑压缩性对它们的影响，两者均发生改变。

深水处，海水质点的运动模式同表面波一样，为以某一平衡点为圆心、某一长度为半径的圆周运动，并且海水受到外界扰动源扰动向下运动时，依据“稳定层化原理”，其将以某一处为平衡位置不停地往复运动。综合来看，海水将一边作上下的往复运动，一边作自身的圆周运动，纵向上质点轨迹的连线，将和表面波波形曲线相类似，为一短幅旋轮线。这也正好符合了前人研究认为的，内波在纵向上有一定结构，内波如图 1-17 所示。

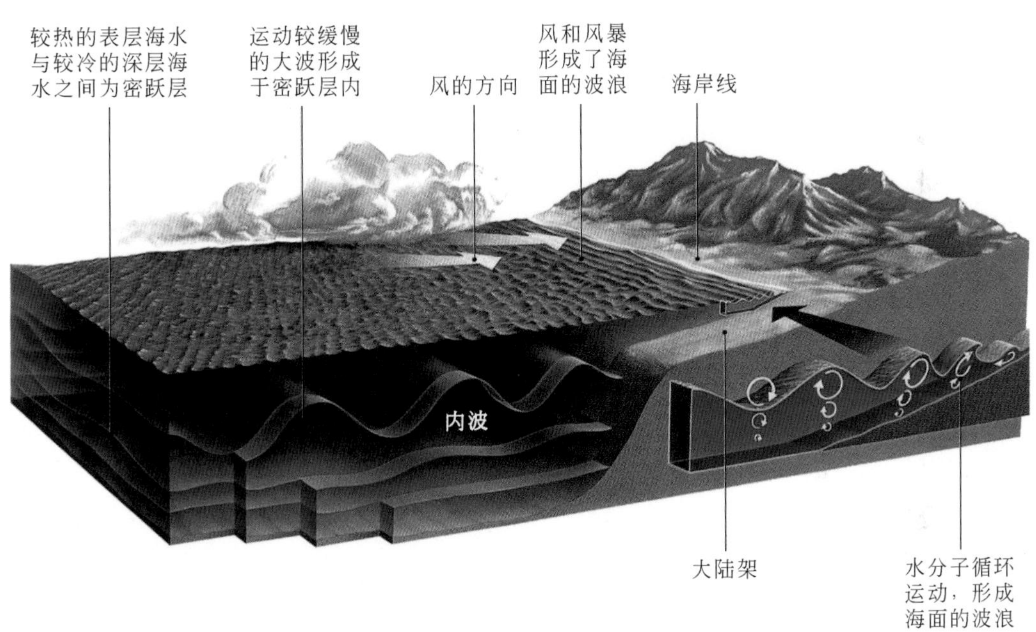


图 1-17　内波示意

当小团海水运动到海底处时，便会携带一部分细粒沉积物质继续向上运动。小团海水往复运动的恢复力为重力和浮力的合力。向上运动时，由于海水密度的变化，浮力由大变小，导致海水对细粒沉积物的搬运能力也降低，在浮力和重力的相互作用下，细粒沉积物将重新沉积。

不考虑其他外部因素的影响，底部沉积物随海水质点作圆周运动的同时，由于浮力的变化将重新沉积。海水质点的圆周运动存在一定特殊性，沉积物在圆周运动一周期内的 $1/4T$ 和 $3/4T$ 处的下部沉积量少，而在其他位置沉积量偏多。这是由于

$1/2T$ 到 $3/4T$ 之间和 $3/4T$ 到 $T$ 之间沉积物沉积的位置相同，两次沉积下来的沉积物相互叠加造成的。有的位置沉积物量多，有的位置沉积物量少，长此以往，沉积物堆积成小丘状，大量的小丘状沉积体连成一片便形成了大规模的沉积物波。

内波的振幅、周期、传播速度及其存在深度的变化范围很大，因此内波质点对沉积物的搬运能力存在诸多不确定性，形成沉积物波的形态各异。而周期条件一定时，底流流速的变化对沉积也有一定的影响。前人研究认为，密度界面之上，波谷处水的运动方向与内波传播方向相同，波峰处水的运动方向与内波传播方向相反，而在密度界面之下，情况则相反。因此，沉积物并不会按照设想的竖直轨迹进行沉积，而是整体发生偏移。内波引起的底流水平流速反比于密度界面距海底的高度，且波谷相对于波峰更接近于海底，故在同一高度，波谷下方的水动力条件比波峰要强，最终波谷下方沉积物的偏移程度大于波峰下方沉积物的偏移程度，导致沉积物搬运的总趋势和内波前进的方向相反。如此形成的沉积构造具有一定的指向意义，且内波较大的振幅使得波峰波谷处水流速度差异很大，对底部沉积作用明显。沉积物在同一时期规律的内波环境下，经几个周期的反复叠加后便形成双向交错层理。双向交错层理是内波沉积特有的构造。

## 1.2 盆地动力学与成藏-成矿数值模拟

沉积物的汇集区域多为沉积盆地，为此，认识沉积盆地动力学是理解更长时间尺度沉积-构造耦合过程的必经途径。无论是岩石圈伸展减薄形成裂谷盆地，还是板块俯冲汇聚形成“沟-弧-盆”体系，垂向运动都是大陆边缘重要的地质现象和不可或缺的研究内容。本节着重定量或半定量阐述大陆边缘盆地的垂向运动过程，以分析盆地构造沉降和隆升剥蚀历史。盆地的沉降和隆升等构造运动与成藏、成矿过程息息相关，不仅可以形成裂缝、断层、不整合面等油气或矿液输导和运移的通道，也可为其运移提供驱动力。故本节后半部分，对油气和矿液的运移过程进行了梳理和总结。

### 1.2.1 沉积盆地的沉降史分析

构造沉降是盆地形成的直接原因，没有沉降就没有盆地。随着计算机的大规模应用，国内外专家学者在盆地形成与演化的定量模拟等方面开展了大量研究，主要集中于拉张背景下形成的伸展盆地和挤压背景下形成的前陆盆地上。这里仅对伸展盆地的沉降历史进行总结。现普遍认为伸展盆地的形成与其底部岩石圈的伸展减薄和软流圈热物质的上涌有关，如位于被动大陆边缘的裂谷盆地和位于主动大陆边缘的弧后盆地等。

### 1.2.1.1 理论模型

早在 20 世纪 80 年代，在未考虑沉积载荷的情况下，基于地壳均衡原理，前人就已提出岩石圈伸展的不同模型。McKenzie（1978）认为岩石圈伸展减薄时，其伸展量不随深度变化，提出用均匀伸展模型（uniform extension model）来模拟伸展盆地的形成。Royden 和 Keen（1980）则认为，整个岩石圈伸展减薄并不均匀，在一定深度会发生拆离，而且受深部岩浆侵入的影响，地表温度以及岩石圈地温梯度也会发生变化，拆离面上、下岩石圈的地温梯度也存在差异。于是，他们提出了伴随岩脉侵入的非均匀伸展模型（non-uniform extension with dike model）（图 1-18）。基于以上研究，Hellinger 和 Sclater（1983）以及 Rowley 和 Sahagian（1986）也提出了相应的非均匀伸展模型，但整体与 Royden 和 Keen 的模型相差不大。

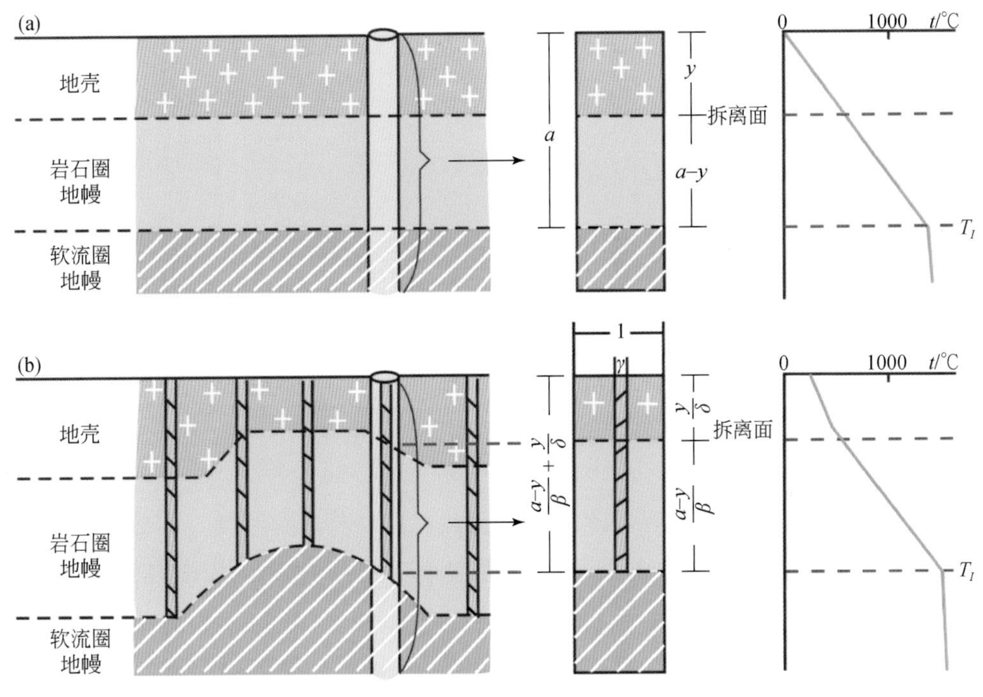


图 1-18　岩石圈伸展模型示意（Royden and Keen，1980）

（a）拉张前大陆岩石圈处于平衡状态，拆离面位于深度 $y$ 处，岩石圈初始厚度为 $a$，底界深度 $T_1$＝1350℃；（b）岩石圈非均匀伸展并有岩脉侵入，拆离面上下岩石圈拉张因子分别为 $\delta$ 和 $\beta$，受岩脉影响岩石圈温度升高，拆离面上下地温梯度存在明显差异

鉴于大陆边缘的裂谷盆地和弧后盆地的形成通常都伴随有火山作用，这里着重阐述伴随岩脉侵入的非均匀伸展模型。Royden 和 Keen（1980）把裂谷盆地的构造沉降史分为两个阶段，即初始沉降阶段（initial subsidence，$S_i$）和热沉降阶段（thermal subsidence，$S_t$）。前者发生于岩石圈伸展减薄、破裂和软流圈物质上涌时或

其后不久，是热膨胀引起岩石圈密度变化而发生均衡调整的结果。这个阶段通常基底沉降速率大，持续时间短，沉积作用多受生长断层控制，且火山作用较为频繁和剧烈，常伴随着强烈的热异常。后者是岩石圈热异常冷却衰减向热平衡过渡的结果。这个阶段持续时间通常较长，基底沉降速率随时间呈指数衰减，最后达到热平衡时，沉降速率衰减为零。在不考虑水和沉积物（即载荷作用）导致的载荷沉降情况下，伸展盆地的理论构造沉降量（$S$）就等于初始沉降和热沉降之和，即

$$S = S_i + S_t \tag{1-70}$$

其中，初始沉降包括：①岩石圈受热膨胀，密度变小所导致的高程变化（$E_1$）；②地壳拉伸减薄，轻的地壳物质被重的软流圈地幔物质取代，均衡调整导致的高程变化（$E_2$）。其数学表达式如下

$$S_i = E_1 + E_2 \tag{1-71}$$

$$E_1 = \frac{T_1 a\alpha \Delta H}{2(1 - aT_1)},\text{其中 } \Delta H = \left[\left(1 - \frac{1}{\beta}\right) + \left(\frac{y^2}{a^2} - \frac{2y}{a}\right)\left(\frac{1}{\delta} - \frac{1}{\beta}\right)\right](1 - \gamma) + \gamma \tag{1-72}$$

当 $y \geqslant t_c$ 时，

$$E_2 = \frac{-(\rho_m - \rho_c)}{\rho_m(1 - \alpha T_1)} t_c\left(1 - \frac{1}{\delta} + \frac{\gamma}{\delta}\right)\left(1 - \frac{\alpha T_1 t_c}{2a}\right) \tag{1-73}$$

当 $y < t_c$ 时，

$$E_2 = \frac{-(\rho_m - \rho_c)}{\rho_m(1 - \alpha T_1)}\left\{y\left(1 - \frac{1}{\delta} + \frac{\gamma}{\delta}\right)\left(1 - \frac{\alpha T_1 y}{2a}\right) + (t_c - y)\left(1 - \frac{1}{\beta} + \frac{\gamma}{\beta}\right)\left[1 - \frac{\alpha T_1}{2a}(y + t_c)\right]\right\} \tag{1-74}$$

式中，$\Delta H$ 是地幔深部输入到岩石圈的非均衡热；$a$ 为岩石圈厚度（125km）；$\alpha$ 为热膨胀系数（$3.2\times10^{-5}$/℃）；$T_1$ 是岩石圈底界温度（1350℃）；$y$ 为滑脱面深度；$\delta$ 为拆离面上部岩石圈拉张因子；$\beta$ 为拆离面下部岩石圈拉张因子；$\gamma$ 为岩石圈内岩脉的比例系数；$\rho_m$ 为地幔的平均密度（3.3g/cm$^3$）；$\rho_c$ 为地壳的平均密度（2.9g/cm$^3$）；$t_c$ 为地壳初始厚度（35km）。受地壳初始厚度的影响，裂陷初期地壳通常会拉伸减薄，但地幔物质均衡补偿导致的高程变化（$E_2$）并非总为负值，这也是有些盆地裂陷初期出现抬升剥蚀的原因。根据 McKenzie（1978）的模型，当初始地壳厚度小于 18km 时，裂陷初期多表现为隆升，而当初始地壳厚度大于 18km 时，裂陷初期常表现为沉降。

显然，公式（1-71）并不包含时间项，这与前人认为初始沉降在地质历史时期中只需很短的时间即可完成有关。对于热沉降而言，其不仅与地壳的均衡伸展、地幔岩浆侵入以及壳下热衰减等热过程有关，同时还受岩石圈热扩散系数 $k$（8×

$10^{-3}cm^2/s$）的影响，因而需要经过漫长的地质时期才能完全冷却沉降。其表达式如下

$$S_t = U_0 + U_t \tag{1-75}$$

$$U = \frac{T_1 a\alpha}{(1 - aT_1)} \frac{4}{\pi^2} \sum_{n=1}^{\infty} \frac{x_{2n+1}}{(2n+1)^2} e^{\left[\frac{-(2n+1)^2\pi^2 kt}{a^2}\right]} \tag{1-76}$$

$$\begin{aligned} x_n = \gamma + \Big\{ (1-\gamma)\Big[ (\delta - \beta)\sin n\pi\Big(1 - \frac{y}{a\delta}\Big) \\ + \beta \sin n\pi \Big[1 - \frac{y}{a\delta} - \Big(\frac{1}{\beta} - \frac{y}{a\beta}\Big)\Big]\Big]\frac{(-1)^{n+1}}{n\pi}\Big\} \end{aligned} \tag{1-77}$$

式中，$U$ 为地质历史时期高于地壳最终均衡高程的高程函数；$U_0$ 和 $U_t$ 分别代表地壳裂陷开始（$t=0$）和冷却 $t$ 时间后 $U$ 的高程；$S_t$为热沉降；$x_n$为与均衡伸展、岩浆侵入和壳下衰减三个热过程有关的初始热分布傅里叶系数，$n$ 不具有实际意义。

#### 1.2.1.2 地质模型

显然，理想模型没有考虑水或沉积载荷的影响，且求解过程相当繁琐，有没有一种更为实际的方法呢？由上述理论模型可知，地球内动力作用可以导致岩石圈沉降，形成可容空间，这些可容空间通常会被水体充填。由于沉积作用，以上水域会被沉积物部分或全部充填，水体或沉积物自身的重量会导致基底进一步下沉，形成被动沉降，即载荷沉降（$S_l$），最后地壳达到均衡。对于载荷沉降，前人提出了局部和区域挠曲均衡补偿两种模型，并由此推导出了简化的沉降公式。

（1）Airy 局部均衡补偿模型

该模型认为，当盆地基底因某种动力作用发生沉降时，地壳表面形成的空间将被水体或沉积物充填，这样上覆载荷重量的增加会导致下伏地壳产生响应，进行均衡补偿。根据该均衡原理，岩石圈可以分为厚度和密度不同的层（如水层、沉积物、地壳和上地幔等），这些层浮于黏性软流圈地幔之上［图 1-19（a）］。假设软流圈内部存在一个恒压面，且该恒压面可以对上覆物质质量变化做出快速响应，并达到平衡状态，那么该面之上单位面积所承受的岩石柱重量必然相等。如果沉积载荷只对下伏岩石柱产生影响，那么上覆载荷质量发生变化只导致载荷下伏岩石柱做出均衡补偿，其他部位不受影响，这种均衡就是局部均衡补偿［图 1-19（b）］。

图 1-19 中，$h_w$为盆地的水深，$h_s$代表沉积物的充填厚度，$h_c$和 $h_m$分别代表地壳和恒压面上覆地幔的厚度。$\rho_w$、$\rho_s$、$\rho_c$ 和$\rho_m$ 分别表示水、沉积物、地壳和地幔的密度。那么，根据局部均衡补偿原理，恒压面以上不同层的厚度和密度符合以下公式

$$\rho_w \Delta h_w + \rho_s \Delta h_s + \rho_c \Delta h_c + \rho_m \Delta h_m = 0 \tag{1-78}$$

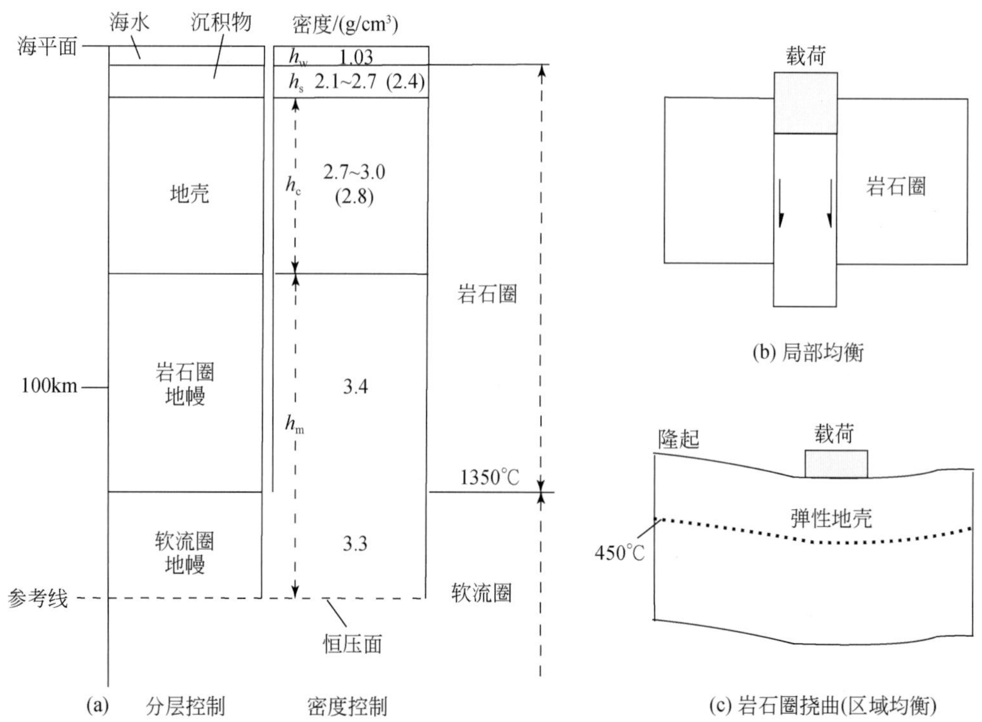


图 1-19 均衡原理示意（据 Einsele，1992 修改）

（a）岩石圈分层和密度控制模型；（b）局部均衡模型；（c）区域挠曲均衡模型

根据局部均衡理论模型可知，地壳在很短的时间内就会发生伸展减薄，假设减薄后的地壳不可压缩，其上部被水和沉积物充填时，地壳的密度和厚度就不会发生变化，而只是下伏地幔厚度发生调整，故在式（1-78）中，$\rho_c \Delta h_c$ 为零。那么，假定早期水深为 $h_w$ 的水体全部被厚度为 $h_s$ 的沉积物充填，由于水体与沉积物之间存在密度差，沉积物沉积之后，地幔下降 $\Delta S_l$，显然，$\Delta S_l = \Delta h_m$，又 $\rho_w h_w - \rho_s h_s + \rho_m \Delta S_l = 0$ 且 $\Delta S_l = h_s - h_w$，则

$$\Delta S_l = \frac{\rho_s - \rho_w}{\rho_m - \rho_w} h_s \tag{1-79}$$

事实上，无论水体是否被沉积物完全充填，式（1-79）都成立，这里不再推导。假定水体全部被沉积物填充，那么，相对于固定海平面或其他基准面的盆地沉降量（$S$）就等于构造沉降量（$S_t$）和载荷沉降量（$S_l$）之和，显然也等于沉积物厚度（$h_s$），即

$$S = S_t + S_l = h_s \tag{1-80}$$

与式（1-79）联立，则

$$S_t = \frac{\rho_m - \rho_s}{\rho_m - \rho_w} h_s \tag{1-81}$$

显然，无论盆地总沉降量，还是构造沉降量，都与沉积物厚度有关。由于沉积物厚度（$h_s$）在各种校正之后数值上等于埋藏史中基底的埋深，故在恢复埋藏史基础上，就可以恢复单井的构造沉降史。通过对比实际构造沉降史信息与理论模拟得到的构造沉降信息，可以探讨盆地的形成机理和发育演化模式。

（2）区域挠曲均衡补偿模式

岩石圈，尤其上地壳，具有一定的刚度，多表现为弹性或黏弹性，可在横向上传递应力和应变，因而沉积载荷通常会导致区域性挠曲。这种均衡补偿并不限于负载点上，在其附近一定范围内都会发生，故称为区域挠曲均衡。该模式认为，沉积载荷的一部分由地幔的浮力来承担，另一部分则由岩石圈承载，由于负载并非由一个点来承担，故挠曲模型求出的负载沉降，要比局部均衡补偿模型小一些，而且各点的沉降幅度与其距载荷点的距离有关［图 1-19（c）］。

为衡量这两种模型计算结果的差异，挠曲模型引入了基底响应系数（$C$，又称均衡程度）。若负载地形挠曲的波长很短，与载荷的最大高度相比，载荷点附近挠曲很小，则对于这种规模的载荷，岩石圈表现出很强的刚性，基本没有挠曲（$C\approx 1$）；若岩石圈以长波长挠曲支撑沉积盆地，则 $C$ 从 0 到 1 变化，这取决于该处载荷的补偿程度，其表达式如下

$$C=\frac{\rho_m-\rho_s}{\rho_m-\rho_s+\frac{D}{g}\left(\frac{2\pi}{\lambda}\right)^4} \tag{1-82}$$

式中，$\lambda$ 为载荷导致岩石圈挠曲的波长；$g$ 为重量加速度；$2\pi/\lambda$ 为波数（Watts，1989）；$D$ 为弹性或挠曲刚度，是与岩石圈杨氏模量（$E$）、泊松比（$\sigma$）和有效弹性厚度（$T_e$）有关的函数，可通过布格重力异常波长频谱分析来估算（Dorman and Lewis，1972）

$$D=\frac{ET_e^3}{12(1-\sigma^2)} \tag{1-83}$$

Bond 和 Kominz（1984）综合非构造因素，在获得基底总沉降量的基础上，总结出了区域均衡条件下的沉降量公式。当忽略古水深和海平面变化对构造沉降量的影响时，表达式如下

$$S_t=C\frac{\rho_m-\rho_s}{\rho_m-\rho_w}h_s \tag{1-84}$$

对比式（1-81）和式（1-84）可知，简化条件下，区域均衡补偿与局部均衡补偿条件下估算的构造沉降量，只差一个基底响应系数。在获得基底响应系数的条件下，可以用式（1-84）取代式（1-81），来计算盆地的实际构造沉降量。

#### 1.2.1.3 影响因素

由上述公式可知，沉积物厚度是重建盆地沉降历史、估算盆地沉降量和构造沉降量的重要参数。但需要注意的是，盆地演化过程中，并不是所有的盆地都会被沉积物质完全充填，海平面的周期性升降也会对沉积层厚度产生影响，压实作用以及地层的抬升剥蚀，都会使地层的厚度减小。因此，通过现今地层厚度求得的沉降曲线，并不能真实地反映沉降历史，需要首先进行古水深、海平面变化、压实以及剥蚀等方面的校正。

（1）古水深和海平面变化校正

沉积物沉积时的古水深，决定了沉积界面相对于基准面（如海平面）的位置。地质历史时期，盆地通常存在一定的水深，不同沉积单元的水深也存在差异，尤其是深水相带，水深对沉降量的计算不容忽视。鉴于局部均衡理论解决沉积物或水等载荷变化更为简便且容易理解，这里仅基于局部均衡理论，进行相关公式推导。

与式（1-79）推导过程类似，假设海平面为基准海平面（即衡量地质历史时期海平面如何变化的参考海平面，如现今海平面），沉积物正常沉积且水体被填满时，地层厚度为 $h_s$［图 1-20（a）］，那么，由于水的密度比沉积物小，当沉积作用减少或中断，导致部分水体（$h_w$）未被充填时，地幔会上升 $\Delta h_m$［图 1-20（b）］。如果此时的沉积层厚度为 $h'_s$，那么，根据局部均衡理论

$$h_s = h'_s + h_w + \Delta h_m \text{ 且 } h'_s\rho_s + h_w\rho_w + \Delta h_m\rho_m = h_s\rho_s \tag{1-85}$$

$$\Delta h_m = \frac{\rho_s - \rho_w}{\rho_m - \rho_s} h_w \tag{1-86}$$

显然，古水深的存在会导致盆地沉降量减小，且古水深越深对盆地沉降量的影响越大。古水深的确定通常依赖底栖生物和微体化石、沉积相及地球化学标志等资料，但这些资料通常只能定性地确定深水或浅水环境，且不确定因素很多，所以当沉积物为浅海或浅湖（如几米至几十米深）沉积时，古水深常忽略不计，或根据现今浅水环境给定一个常数值。

层序地层学研究表明，古今海平面变化很大，全球性的沉积旋回受全球海平面变化控制。在沉降量估算时，一般以现今海平面为参考面，但古水深则是以当时海平面为基准的，故需要进行海平面变化校正。鉴于地质历史时期的海平面是波动的，且沉积物供给情况也可能发生变化，因而需要分不同情况进行探讨。

1）假定古海平面相对于基准海平面下降了 $\Delta h_{SL}$，且可容空间被沉积物完全充填，厚度为$h''_s$，由于可容空间减小，$h''_s$必然要小于$h_s$，因而地幔会上升 $\Delta h_m$［图 1-20（c）］。根据局部均衡理论

$$h''_s = h_s - \Delta h_{SL} - \Delta h_m \text{ 且 } h''_s\rho_s + \Delta h_m\rho_m = h_s\rho_s \tag{1-87}$$

则

$$\Delta h_{m} = \frac{\rho_{s}}{\rho_{m} - \rho_{s}} \Delta h_{SL} \tag{1-88}$$

事实上，由于海平面降低，沉积受阻，厚度为 $h''_{s}$ 的沉积物，亦可为早期沉积剥蚀后的产物，但不管怎样，其结果都满足式（1-88）。当然，海平面降低，也有可能出现沉积作用减少或中断导致水体未完全填充的情况，由于与沉积物相比，水的密度更小，这种情况地幔会进一步上升。公式推导如下

$$h''_{s} = h_{s} - \Delta h_{SL} - \Delta h_{m} - h_{w} \text{ 且 } \quad h''_{s}\rho_{s} + \Delta h_{m}\rho_{m} + h_{w}\rho_{w} = h_{s}\rho_{s} \tag{1-89}$$

则

$$\Delta h_{m} = \frac{\rho_{s}}{\rho_{m} - \rho_{s}} \Delta h_{SL} + \frac{\rho_{s} - \rho_{w}}{\rho_{m} - \rho_{s}} h_{w} \tag{1-90}$$

2）假定古海平面相对于基准海平面上升了 $\Delta h_{SL}$，且沉积物保持正常沉积，那么，此时沉积物厚度应与基准海平面且正常沉积充填时一致，为$h_{s}$。显然，由于上覆水体深部自身重力影响，地幔会下降 $\Delta h_{m}$，且这种沉降仅是由于水体自身重量导致的［图 1-20（d）］，故根据局部均衡原理

$$\Delta h_{m} = \frac{\rho_{w}}{\rho_{m} - \rho_{w}} \Delta h_{SL} \tag{1-91}$$

海平面上升的同时，同样可能伴随沉积加速、减缓甚至中断的现象。这些情况比较复杂，下面主要进行定性阐述。与正常沉积相比，由于存在沉积减速或中断，沉积物厚度必然会减小（小于 $h_{s}$）。鉴于沉积物的密度比水大，地幔与正常沉积时相比，必然有所上升，但该结果与基准海平面下正常沉积时无法对比，取决于海平面上升后的古水深和沉积物厚度之间的关系。通常，沉积物厚度越薄，地幔越可能上升，反之，则可能下降。对于加速沉积而言，由于沉积物的密度比水大，势必会导致地幔进一步沉降。若沉积物恰好沉积至基准海平面［图 1-20（e）］，此时，沉积物厚度增加的厚度与地幔下降的距离相等，都为 $\Delta h_{m}$，根据局部均衡原理

$$\Delta h_{m} = \frac{\rho_{w}}{\rho_{m} - \rho_{s}} \Delta h_{SL} \tag{1-92}$$

可见，海平面上升通常会导致沉降增加，而海平面下降则会导致沉降减小。在进行海平面校正时，古海平面相对于现今海平面的变化曲线，一般参考 Haq 等（1987）的海平面变化曲线，但 Miller 等（2005）研究表明，Haq 等（1987）的曲线并不准确。因为如果地层时间存在误差，曲线上读取的数据会有很大差异。因此，在实际研究中，如果海平面变化不能确定的情况下，其对沉降的影响可以忽略。

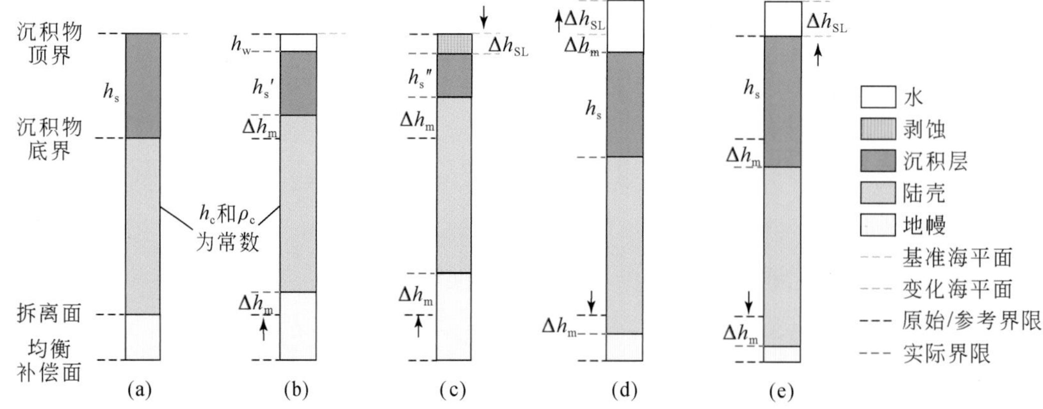


图 1-20　古水深及海平面变化对盆地沉降的影响示意（据 Einsele，1992 修改）

（2）古厚度恢复

由上述地质模型可知，沉积地层厚度是恢复盆地沉降历史的关键。但遗憾的是，由于地层压实，甚至抬升剥蚀，某一地层单元现今实测的厚度已经不是其沉积时的厚度。因此，需要进行古厚度恢复。正常地层古厚度恢复只需要进行压实校正，而受剥蚀地层则包含残余地层压实校正与被剥蚀地层厚度恢复两部分。

A. 压实校正

压实作用是最重要的成岩作用之一，通常包括沉积物固体部分的体积变化和孔隙流体的排出过程。压实过程中，沉积物的固体部分颗粒会趋于紧密排列，其内部的孔隙流体逐渐被排出，最终导致沉积物体积减小，密度增大，如机械压实。机械压实过程中，通常假设：①地层骨架体积和横向宽度在压实过程中始终保持不变，地层体积减小仅与地层孔隙减少有关，且仅体现在地层厚度的纵向变化上；②压实过程不可逆，压实程度是地层埋深的单向函数，当抬升剥蚀地层重新沉降埋深不超过其古埋深时，地层压实程度不变。前人基于以上假设提出了很多模型，目前较为常见的是压实模拟实验法和回剥模拟法。

a. 压实模拟实验法

这种方法通常通过实验室内控温、控压实验模拟砂岩和泥岩等沉积层曾经受的自然压实过程，进而得到不同岩石压实率随压力和温度变化的规律。最后，通过这种关系估算某一地层任一地质时期的古厚度。其数学表达式如下

$$h_i = \frac{h_p}{(1 - k_p)}(1 - k_i) \tag{1-93}$$

式中，$h_p$ 和 $k_p$ 分别代表地层现今的厚度和压实率；$h_i$ 和 $k_i$ 为地层某一地质历史时期的厚度和压实率。需要注意的是，由于地层通常存在多种岩性，而不同岩性的压实率存在差异，故多岩性地层需分别计算古厚度，最终取其总值。此外，用这种方法

恢复地层的古厚度时，要确定地层现今的埋深是否为该层形成以来的最大埋深，若其最大埋深比现今的大（但未超过最大压实率的极限深度），即地层可能遭受抬升剥蚀，则不能用现今埋深计算古厚度。

b. 回剥模拟法

回剥法是盆地沉降史模拟最为常用的一种方法。其原理是：依据沉积压实原理，按地层年代由新到老逐层回剥。在每一层古厚度恢复时，需考虑沉积压实、地层剥蚀、古水深和海平面变化的影响，直至剥完为止［图 1-21（a）］。最终得到各地层埋深与地质年代之间的关系，即沉降或埋藏史曲线。在恢复各层古厚度的基础上，结合式（1-81）或式（1-84），就可以获得相应的构造沉降史曲线［图 1-21（c）］。

研究表明，正常压实情况下，沉积地层的孔隙度与深度通常存在指数关系［图 1-21（b）］，其基本形式如下式

$$\varphi(z) = \varphi_0 \cdot e^{-Cz} \tag{1-94}$$

式中，$z$ 为沉积物的埋藏深度（单位为 m）；$\varphi(z)$ 为沉积物在深度 $z$ 处的孔隙度；$\varphi_0$ 为沉积物沉积时的原始孔隙度（%）；$C$ 为沉积物的压实常数，反映了孔隙度随深度的变化梯度。一般而言，不同岩性具有其特征的 $\varphi_0$ 和 $C$ 值，可通过测井曲线求取，如孔隙度测井，如其不稳定或不存在，也可用声波时差或密度测井数据。在获得孔隙度与深度的关系后，就可以依据上述压实假设，对某一地层进行压实校正，恢复其不同地质历史时期的古厚度。

具体步骤如图 1-21（b）所示，假设现今地层水平，剖面上任一厚度为 $h$ 的地层顶、底界埋深分别为 $z_1$ 和 $z_2$，则有 $h = z_2 - z_1$，设其孔隙度–深度函数为 $\varphi(z)$，那么，该地层的骨架厚度 $h_s$ 为

$$h_s = \int_{z_1}^{z_2}(1 - \varphi(z)) = h - \sum_{i=1}^{n} \frac{\varphi_{0i}}{C_i} P_i[e^{-C_i z_2} - e^{-C_i z_1}] \tag{1-95}$$

式中，$\varphi_{0i}$、$C_i$ 和 $P_i$ 分别代表地层中第 $i$ 种岩性的地表孔隙度、压实常数和岩性含量百分比；$n$ 为地层中的岩性总数。当这段地层顶界埋深恢复到 $z'_1$ 时，相应的底界埋深为 $z'_2$。基于压实前后地层骨架厚度不变原则，则有

$$\int_{z'_1}^{z'_2}(1 - \varphi(z)) = h_s \tag{1-96}$$

上式中，$h_s$ 已知，$z'_1$ 等于上覆地层恢复后的底界，据公式（1-95），利用迭代法，就可求出 $z'_2$ 的近似值，那么恢复后的地层厚度 $h' = z'_2 - z'_1$［图 1-21（a）（b）］。对于任一地层剥去第一层后，其下伏各地层在这一时期的顶界和底界埋深，都可以用式（1-95）求取，而下伏各地层在这一时期的古厚度就是其顶、底界埋深的差值。这样依次回剥，就可以恢复出各地层在不同地质历史时期的古厚度［图 1-21（a）］。

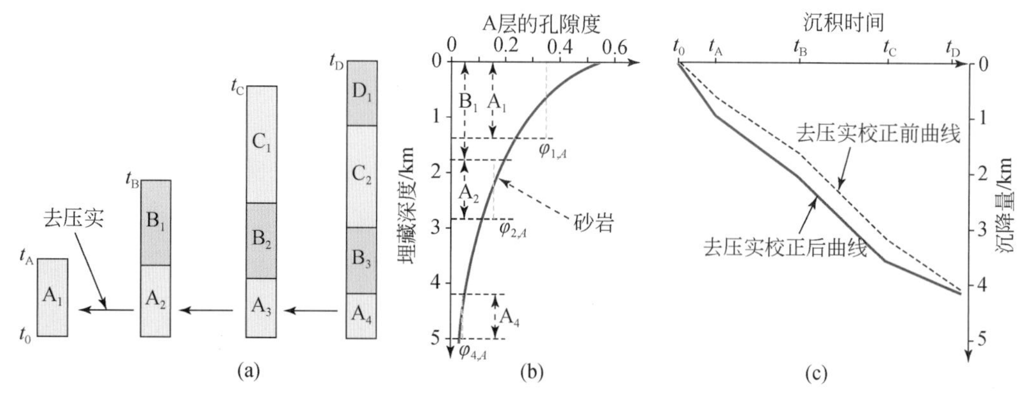


图 1-21　A 层砂岩回剥法去压实过程

（a）去压实过程中的地层厚度变化；（b）去压实过程中孔隙度-深度变化曲线；（c）去压实校正前后沉降史曲线（据周祖翼和李春峰，2008 修改）

上述两种方法都是基于正常压实情况下地层岩石骨架不变这一假设，但对某些岩类，如泥岩或黏土岩则有所不同，在压实成岩过程中，黏土物质可能脱去层间水导致固体骨架减小。此外，在压实过程中，随着孔隙度和渗透率的降低，还可能出现流体排出受阻的现象，孔隙度不随沉积物埋深的增加而减少，即欠压实现象。显然，这两种情况下，以上两种方法已不再适用。这时，通常采用超压技术或物质平衡法来恢复古厚度。

c. 超压技术法

超压指孔隙流体压力与相同深度静水压力的差值，也称异常高压，通常是由于孔隙流体流出不畅，使其承担部分岩石骨架压力所致。超压多出现在泥岩中，会引起泥岩欠压实，而砂岩层则通常不会出现欠压实。超压技术主要适用于欠压实带或超压不为零的地层，如泥岩。与回剥模拟法逐层回剥相比，超压技术法是一种正演恢复古厚度的方法。其数学模型主要包括古超压方程和古厚度方程两部分。

地下岩石由岩石固体骨架和孔隙流体组成。设目标层（通常为欠压实层）上覆沉积物的总厚度为 $H$，平均密度为$\bar{\rho}$，平均孔隙度为$\bar{\varphi}$，孔隙流体平均密度为 $\bar{\rho}_{\mathrm{f}}$，所承受的压力为 $P$，岩石骨架平均密度为$\bar{\rho}_{\mathrm{s}}$，所承担有效应力为 $\sigma$，目标层任一孔隙介质所承受的上覆沉积物的总载荷为 $S$。根据力学知识可知，正常压实情况下，地层骨架有效压力为

$$\sigma = S - P = \bar{\rho} gH - \bar{\rho}_{\mathrm{f}} gH = [\bar{\rho}_{\mathrm{s}}(1 - \bar{\varphi}) + \bar{\rho}_{\mathrm{f}} \bar{\varphi} - \bar{\rho}_{\mathrm{f}}] gH \tag{1-97}$$

由式（1-94）可知，孔隙度和深度存在指数关系，设 $\varphi_1$ 为埋深 $H$ 处的渗透率，$\varphi_0$ 为初始孔隙度，$\bar{C}$ 为岩石的平均压实系数，则有

$$\sigma = \frac{-G_\sigma}{\bar{C}}\ln\left(\frac{\varphi_1}{\varphi_0}\right) \quad 且 \quad \frac{\partial\sigma}{\partial\varphi_1} = \frac{-G_\sigma}{\bar{C}} \cdot \frac{1}{\varphi_1} \tag{1-98}$$

其中，$G_\sigma = [\bar{\rho}_s(1-\bar{\varphi}) + \bar{\rho}_f\bar{\varphi} - \bar{\rho}_f]$，定义为骨架的有效应力梯度。设目标层（欠压实层）的厚度为 $h$，该地层中点处骨架厚度为$h_s$，岩石骨架密度为$\rho_s$，孔隙度为$\varphi$，流体密度为$\rho_f$，异常超压为$P_a$，则目标层中点所受的力为

$$\begin{aligned} S &= \sigma + \rho_f g\left(H + \frac{h}{2}\right) + P_a \\ &= [\bar{\rho}_s(1-\bar{\varphi}) + \bar{\rho}_f\bar{\varphi}]gH + [\rho_s(1-\bar{\varphi}) + \rho_f\varphi]g\frac{h}{2} \end{aligned} \tag{1-99}$$

上式对时间 $t$ 求导，整理得

$$\frac{\partial P_a}{\partial t} = G_\sigma\frac{\partial H}{\partial t} - \frac{G_\sigma}{\bar{C}} \cdot \frac{1}{h_s} \cdot \frac{(1-\varphi)^2}{\varphi_1} \cdot \frac{\partial h}{\partial t} \tag{1-100}$$

式（1-100）即为目标层的古压力方程，设目标层上部和下部各存在一个欠压实薄层［图 1-22（a）］，厚度、超压、渗透率以及流体黏度分别为 $h_1$ 和$h_2$、$P_{a1}$ 和 $P_{a2}$ 、$K_1$ 和 $K_2$ 以及 $\mu_1$ 和$\mu_2$，单位分别为 m、Pa、$\mu m^2$和 cP①，根据达西定律，则有

$$\frac{\partial h}{\partial t} = -\left[\frac{K_1}{\mu_1} \cdot \frac{P_a - P_{a1}}{\frac{h+h_1}{2}} + \frac{K_2}{\mu_2} \cdot \frac{P_a - P_{a2}}{\frac{h+h_2}{2}}\right] \tag{1-101}$$

上式表示流体从欠压实层的中点分别向上覆和下伏欠压实层中点处流动的情况，由于流体是流出的，所以上式整体为负值。为简化上式，通常假定目标层上、下边界附近古超压为零，仅考虑流体流出到目标层边界附近的情况，则古厚度公式可以整理为

$$\frac{\partial h}{\partial t} = -\left[\frac{K_1}{\mu_1} + \frac{K_2}{\mu_2}\right] \cdot \frac{P_a}{\frac{h}{2}} \tag{1-102}$$

上式最为关键的参数为超压地层的顶界和底界的渗透率，可以通过测井数据获得。在利用式（1-100）求得目标层古超压之后，从目标层开始往上对时间差分，就可以计算相应的古厚度值。这样向上逐层计算到现今，就可以得到古厚度的模拟值。这个模拟值可能与实际厚度不一致，这时需要调整计算地层的骨架厚度，进行第二次从古到今的计算；直至模拟的古厚度值（$h_0^*$）与现今厚度值（$h_0$）之差小于误差值（$\varepsilon$）［图 1-22（b）］。

d. 物质平衡法

物质平衡法也是求取欠压实或剥蚀地层古厚度的一种方法。庞雄奇（1993）把

① $1 cP = 10^{-3} Pa \cdot s$。

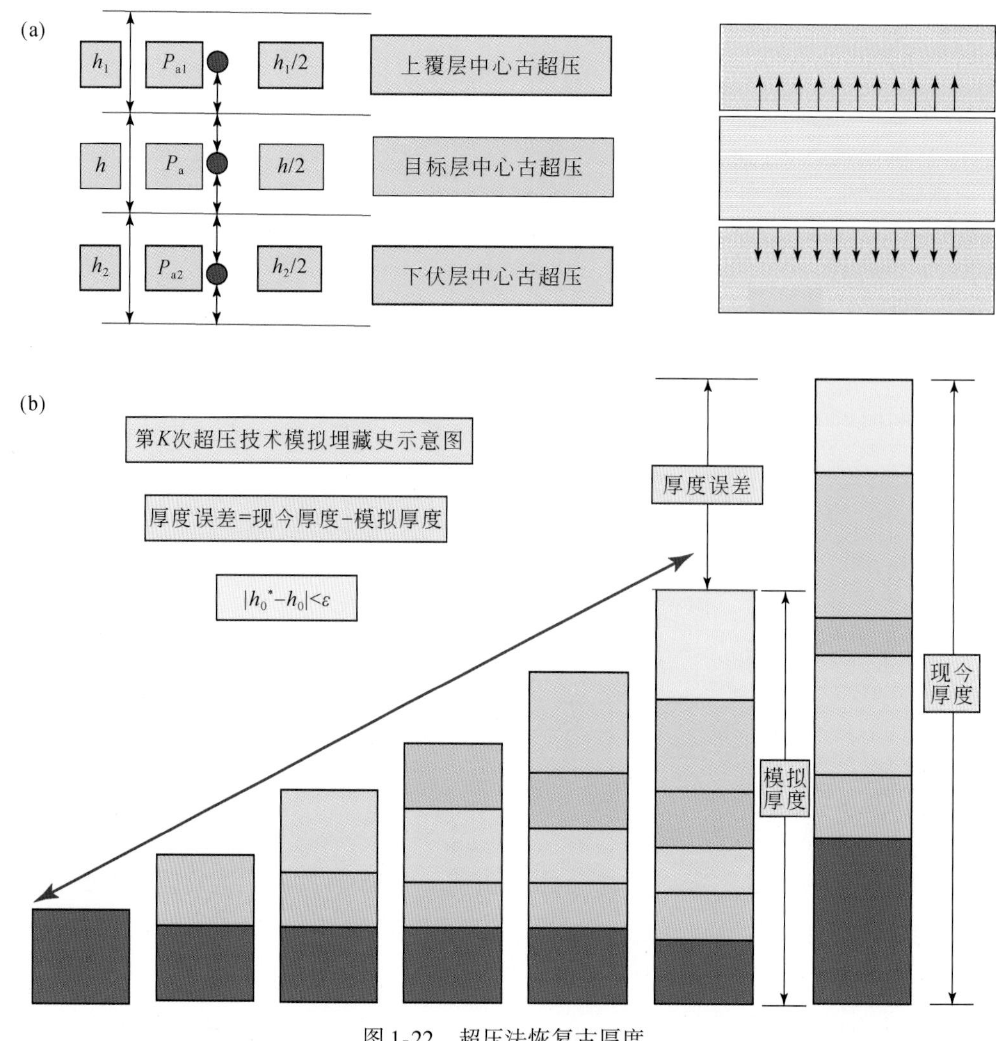


图 1-22　超压法恢复古厚度

（a）目标层古超压与上下欠压实岩层的关系示意；（b）利用超压技术逐步恢复古厚度示意

埋深（$z$）、年代（$t$）和岩性百分含量（$R$）三个影响因素校正后的地层界面上、下的物性差，完全归因于地层剥蚀或异常压实，并假设地层压实过程中不与外界发生物质交换，只单向向外排水。基于以上物质平衡假设，就可以通过地层物性差异，来估算地层古厚度、剥蚀厚度和异常压力，这种估算方法称为物质平衡法。

这种方法推导过程较为复杂，不仅需要很多参数，工作量也很大，有兴趣的读者可以查阅庞雄奇（1993）相应内容，这里不再详述。

以上 4 种古厚度恢复方法各有利弊，其中，回剥模拟法和超压技术法最为常用。前者主要针对正常压实的地层，后者则更适用于欠压实地层。由于通常情况下，地层并非都是欠压实或正常压实的，故可采用两者结合的方法恢复古厚度，首先利用回剥模拟法恢复古厚度，然后利用超压技术法进行修正，进而得到更为准确的古厚度值。

B. 剥蚀校正

沉降和沉积是裂陷盆地的主要特征，但在盆地发育演化过程中，由于区域应力场或沉积载荷等因素的变化，盆地的发育演化也常伴随着大规模的隆升和剥蚀现象，这种现象在主动大陆边缘更为普遍。因此，在恢复古厚度时，沉积地层是否遭受剥蚀也是必须考虑的环节。对于遭受剥蚀的地层而言，只有恢复其剥蚀量，才能得到真厚度，因此，剥蚀校正也是盆地沉降史分析的重要环节。

剥蚀量恢复的方法很多，较为常用方法的有基于地层对比的构造趋势外延法和参考层或邻近层比值法、基于沉积速率的沉积–剥蚀速率法和沉积波动方程法、基于测井数据的声波时差法和孔隙度法、基于古热史分析的镜质体反射率差值法和磷灰石裂变径迹分析法，以及基于物质密度或浓度差的地层物质平衡法或天然气平衡浓度法。

a. 地层对比法

研究表明，在一定范围内，同一时期沉积地层的厚度变化在横向上具有一定的规律性（厚度相等或线性变化）。基于这一原理，根据地震资料中同一地层或邻近地层厚度的变化趋势，可以恢复地层遭受剥蚀前的原始厚度，进而恢复其剥蚀量。如参考层或邻近层厚度比值法和构造趋势外延法都属于这一类型。

首先是参考层厚度或邻近层厚度比值法。牟中海等（2002）认为同一构造层内，同一地层的横向变化率或相邻地层的厚度比值应该一致。基于这一原理，当未剥蚀区地层厚度已知时，根据邻近地层厚度比值或同一地层厚度变化趋势，即可推算该地层遭受剥蚀前的厚度，再减去残余地层厚度，即得剥蚀量。

设 A 井中层 1（参考层）被剥蚀厚度为$h_e$，残余厚度为$h_r$，下伏（相邻层）层 2 未遭受剥蚀，厚度为$h'_a$；其附近 B 井中层 1 和层 2 皆未遭受剥蚀，厚度分别为$h_b$和$h'_b$；C 井中层 1 也未遭受剥蚀，厚度为$h_c$；B 井与 A 井和 C 井的距离分别为$L_{ab}$和$L_{bc}$，则根据参考层厚度比率法和邻近层厚度比值法，推算的剥蚀厚度表达式分别为（图 1-23）

$$h_e = \frac{h_c - h_b}{L_{bc}} \cdot L_{ab} + h_b - h_r \tag{1-103}$$

或

$$h_e = \frac{h_b}{h'_b} \cdot h'_a - h_r \tag{1-104}$$

其次为构造趋势外延法，也称地质外推法或趋势面分析法，是一种主要利用地震剖面变化趋势来恢复剥蚀量的方法。地壳隆升剥蚀时，常形成区域或局部风化剥蚀界面，而稳定沉积的地层厚度在横向上常存在一定的变化规律。这些信息在品质较好的地震反射同相轴上可以得到很好的体现。因此，可以根据地震反射波振幅和

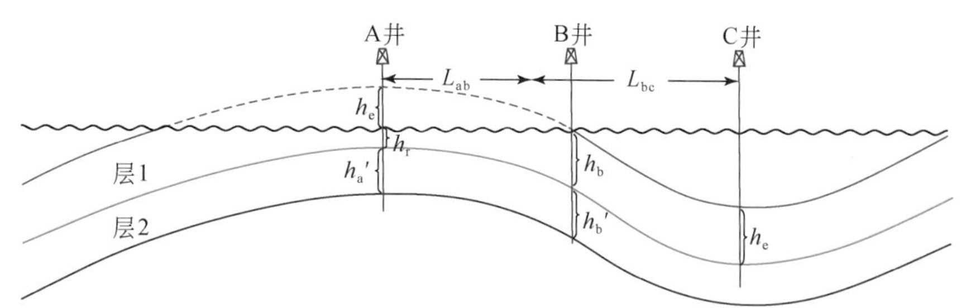


图 1-23　参考层厚度变化率法示意（据牟中海等，2002 修改）

连续性的变化，大致估算沉积地层的区域变化趋势。

具体实施步骤如下：根据剥蚀区邻近区域残余地层的产状特征及厚度变化趋势，利用未剥蚀地层［如图 1-24（a）中的 a 点］和沉积边界［即地层原始厚度为零的点，对应于图 1-24（a）中的 c 点］内插，或未剥蚀地层两点［如图 1-24（b）中的 a 点和 b 点］之间的厚度差外插，得到地层厚度的变化趋势，来推测被剥蚀区的剥蚀量［如图 1-24（a）中的 b 点和（b）中的 c 点］。这种方法操作简便，对地震反射特征清晰、同相轴连续的局部角度不整合地层尤为适合；而对于平行不整合、起伏在横向上变化不定以及全区皆存在很大剥蚀量的地层，则不适用。

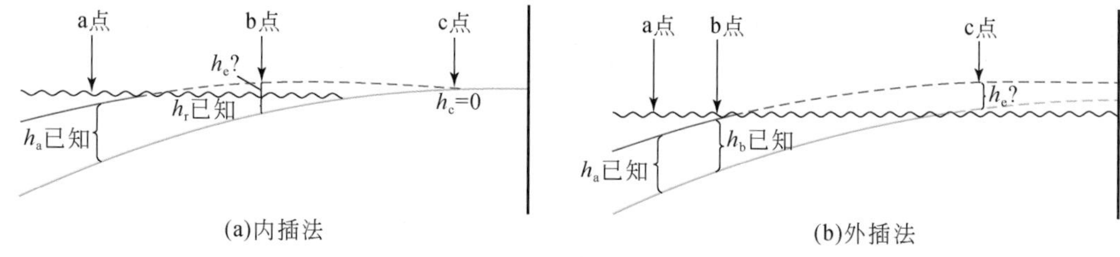


图 1-24　构造趋势外延法恢复剥蚀厚度（牟中海和罗丘泽，2001）

显然，无论参考层或相邻层厚度比值法，还是构造趋势外延法，都是以沉积地层的规律性变化为依据，只是前者基于井资料进行数值计算，后者依据地震资料进行作图推断。两者可看作是同一方法的两个方面，且都具有方法简便、可操作性强的特点。需要注意的是，以上方法只适用于具有局部角度不整合地层的剥蚀量估算，而不能用于平行不整合或区域性角度不整合地层的剥蚀量估算。

b. 沉积速率法

对于平行不整合，地层对比法显然不适用，只有了解地层沉积和剥蚀的过程，才能恢复其剥蚀量。前人提出了两种通过沉积速率恢复剥蚀量的方法：一种为沉积–剥蚀速率法；另一种为沉积波动方程法。

沉积–剥蚀速率法首先要确定剥蚀面的时间结构，通常包括两部分：被剥蚀地层沉积所用的时间和剥蚀所用的时间。在确定时间结构的基础上，如果已知被剥蚀岩层的沉积速率和剥蚀速率，就可以估算出被剥蚀地层的厚度。

为了简化计算，Guidish 等（1985）提出了不整合过程的三种可能方式：①不整合面为既无沉积又无剥蚀的沉积间断面［图 1-25（a）］，常发生在没有强烈褶皱，但振荡运动强烈的沉积区；②不整合过程为沉积速率和剥蚀速率相同的地质过程［图 1-25（b）］；③不整合过程中，被剥蚀地层的沉积速率与不整合前地层的沉积速率相等，而地层被剥蚀的速率等于不整合后地层的沉积速率［图 1-25（c）］。显然，以上三种不整合方式皆为近似过程，在做选择时，应以研究区的构造运动特征（主要是升降运动）为基础。

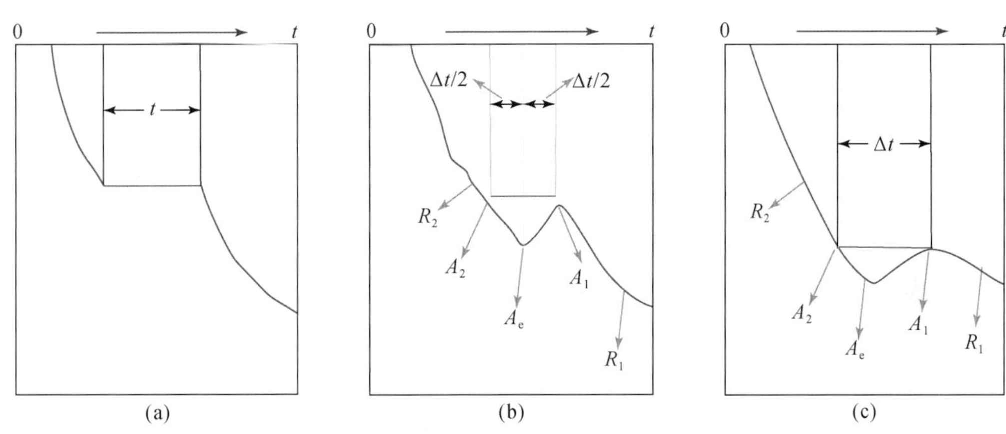


图 1-25 模拟井的三种沉降模式（据 Guidish 等，1985）

（a）既无沉积又无剥蚀；（b）沉积速率和剥蚀速率相同；（c）被剥蚀地层的沉积速率与不整合前地层沉积速率相同，而被剥蚀地层的剥蚀速率与不整合后地层的沉积速率相同

设 $h_e$ 为剥蚀厚度，$A_e$ 为剥蚀开始的时间，$A_1$ 和 $A_2$ 为不整合面上、下沉积物的年龄，$R_1$ 和 $R_2$ 为不整合面上、下沉积物的沉积速率，则有

$$h_e = R_1 \cdot (A_e - A_1) \quad \text{其中，} A_e = \frac{A_1 \cdot R_1 + A_2 \cdot R_2}{R_1 + R_2} \tag{1-105}$$

以上公式中，沉积物年龄可以通过各类测年方法获得，而沉积速率和剥蚀速率则分别可以用宇宙尘埃特征元素法（周瑶琪，2000）和宇宙成因核素法（Lal，1991）求取。值得注意的是，以上剥蚀速率和地层的绝对年龄有时很难准确测得，所以这种方法适用于地层研究较为深入的地区。

沉积波动方程分析法计算剥蚀量，与沉积–剥蚀速率法有很大不同，首先根据不同地质时期残余地层的沉积速率直方图建立沉积波动方程，然后基于波动方程来推测长时间尺度沉积间断面所剥蚀的地层厚度，是一种由已知推测未知的过程。

这种方法由苏联学者 Шпилвман（施比伊曼）首次提出，他认为现今盆地中所看到的似周期而非周期的沉积旋回和沉积韵律现象，是若干个具有一定周期和振幅的沉积波动过程叠加的结果。

如果能从现今残余地层的各类资料出发，找到一条曲线代表沉积-剥蚀过程的波动方程 $F(t)$，就可以通过波动方程对地质时间积分，求取任一时刻的地层厚度以及剥蚀厚度（施比伊曼等，1994）

$$h_0 = \int_0^t F(t) \tag{1-106}$$

$$h_e = \sum_1^n \int_{t_i}^{t'_i} F(t) \tag{1-107}$$

式中，$h_0$ 为现今地层厚度；$h_e$ 为剥蚀厚度；$t$ 为目标层地质年龄；$t_i$ 和 $t'_i$ 分别为第 $i$ 段沉积间断开始和结束的时间；$n$ 为目标地层沉积过程中遭受剥蚀的次数。

刘国臣等（1994）对建立波动方程的步骤进行了阐述。首先，选择研究区间，综合利用录井、测井和综合柱状图等资料，对区间各组段的现今地层厚度进行统计，绘制岩性-厚度剖面；其次，综合各类资料确定以上各组段及沉积间断的绝对年龄，将岩性-厚度剖面转化为岩性-时间剖面，并且通过各类压实校正方法，恢复以上各组段残余地层的原始厚度，除以相应的沉积时间，即可得到不同组段的沉积速率，并绘制沉积速率直方图；然后，利用滑动平均的方法，调整滑动窗口，将沉积速率直方图进行数学处理，使之成为具有不同周期和振幅的波动曲线；最后，根据波动曲线函数，对任一不整合时间段进行积分，即可求得相应的剥蚀量。

这种方法可以解决盆地演化过程中多期次构造活动所引起的地层剥蚀问题，也可以恢复无沉积记录时间段的沉积-剥蚀过程，但对地层年代框架精度要求较高，往往需要地层古生物专家的协助。

c. 测井数据法

在正常压实情况下，沉积岩的一些物性参数，如声波时差、孔隙度、密度等，随深度的变化是连续的。如果某个不整合面存在地层剥蚀，且剥蚀后再沉积的上覆地层厚度小于被剥蚀地层厚度，在深度剖面上，上述物性参数将存在不连续性。将以上物性参数从不连续面向上延伸至古地表，就能恢复古厚度，进而求出剥蚀量。常见的有孔隙度法和声波时差法。

首先是孔隙度法。正常情况下，在一定深度范围内（小于 4000m），碎屑岩的原生孔隙会随着埋深的增加而呈指数衰减，其衰减关系见式（1-94）。这种衰减具有不可逆性，即使后期地层遭受抬升剥蚀，其原生孔隙也不会因埋深变浅而改变。根据式（1-94），何将启等（2002）将不整合面之下碎屑岩孔隙度 $\varphi(z)$ 与剥蚀面的

埋深之间的关系修改为

$$\varphi(z)=\varphi_0\cdot e^{-C(z+h_e)} \tag{1-108}$$

式中，$h_e$ 为剥蚀厚度。在已知初始孔隙度 $\varphi_0$ 和压实系数 $C$ 的情况下，只要获得剥蚀面处孔隙度数据，就可以用二元迭代法求出剥蚀厚度$h_e$。需要注意的是，为了避免大的误差，这里的 $\varphi_0$ 一般取最优化法处理后的平均值。

对于声波时差法而言，其本质与孔隙度法类似。Magara（1976）认为，在正常压实情况下，泥岩的压实作用是不可逆的，其压实程度与上覆载荷厚度或埋深有关。孔隙度是泥岩压实程度的重要参数，而声波测井资料则可以反映地层孔隙度的大小。因此，根据正常的压实趋势，应用声波测井资料，可以推算沉积层的压实程度。

Magara（1976）认为，在对数坐标系中，泥岩声波时差（$\Delta t$）与埋深（$h$）表现为一条直线，两者关系满足下述关系式

$$\Delta t=\Delta t_0\cdot e^{-bh} \tag{1-109}$$

式中，$\Delta t_0$ 为声波在地表未固结泥岩中的传播时间，理论值为 620～650μs/m；$b$ 为指数衰变常数，也是正常压实曲线的斜率。显然，当埋深无穷大时，上式中声波时差为零，这与实际情况不符。为解决这一问题，Henry（1996）在上式右侧添加了常数 c，即声波在岩石基质中的传播时间。但刘景彦等（2000）发现，根据 Henry 的模型，埋深为零时，声波时差值并不等于 $\Delta t_0$，故对其进行了进一步改进，表达式如下

$$\Delta t=(\Delta t_0-c)\Delta e^{-bh}+c \tag{1-110}$$

式中，参数 $c$ 与 Henry 模型中的意义相同，是受地层的岩石类型、孔隙度及孔隙流体等因素控制的参数，其大小一般在 128～223μs/m。无论是浅层还是深层，上式都可以很好地与实际值相匹配。在对数坐标系中，正常压实的泥岩中 $\Delta t$ 与 $h$ 通常表现为一条起点为（$\Delta t_0$，0）的连续直线［图 1-26（a）］；地层遭受剥蚀（剥蚀厚度 $H_1$）时，由于压实过程是不可逆的，声波时差与埋深的关系不变，但起点变为（$\Delta t_1$，0），显然 $\Delta t_1<\Delta t_0$［图 1-26（b）］；当剥蚀区再次接受沉积（厚度为 $H_2$），且新沉积的地层厚度（或压力）小于剥蚀厚度（或剥蚀前地层压力）时，即 $H_2<H_1$，由于剥蚀面下伏地层的压实程度没有随后续沉降而改变，声波时差曲线在不整合面处会分为两段，这时将不整合以下泥岩层的压实趋势线上延至 $\Delta t_0$ 处，即为古地表，古地表与不整合面之间的距离即为剥蚀厚度［图 1-26（c）］。

需要注意的是，当不整合面上覆沉积厚度（或压力）大于剥蚀厚度（或压力）时，不管是砂岩还是泥岩，其压实趋势都会发生改变，故无法准确估算剥蚀量的大小。此外，这种方法还受到多种因素的影响，如岩性、断层、异常高压、测井曲线质量以及多次构造运动等因素，定量性通常较差，不易准确估计。

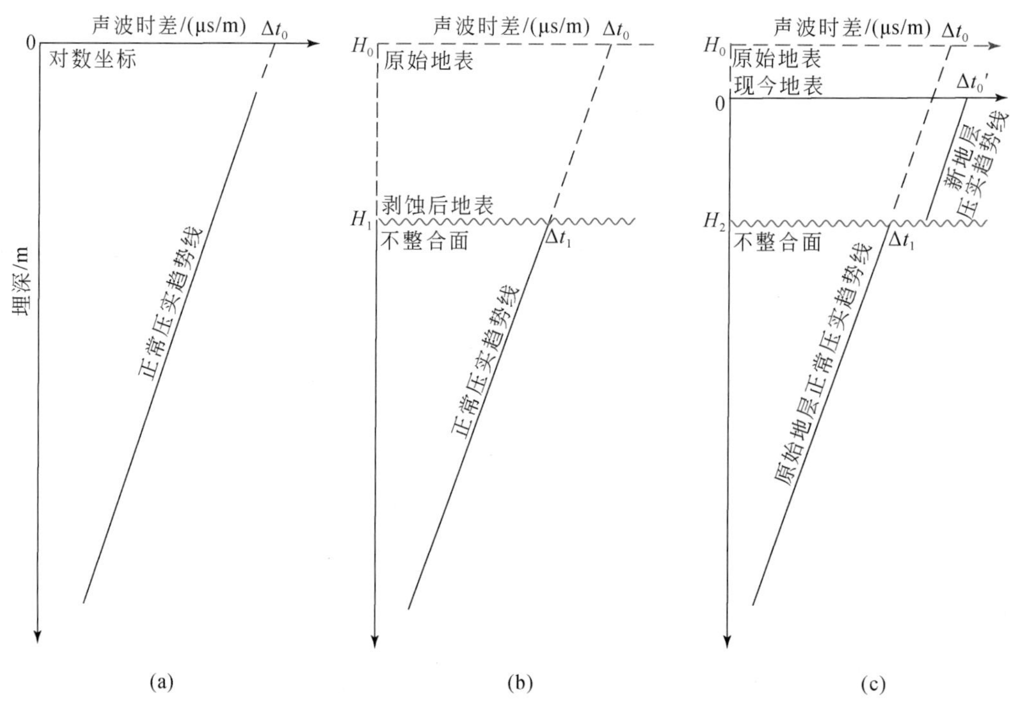


图 1-26 泥岩声波时差法恢复古厚度（据牟中海等，2000 修改）

（a）正常压实；（b）地层正常压实后遭受剥蚀且未沉积；（c）地层正常压实后遭受剥蚀后接受新沉积。$\Delta t$ 为声波在原始地表未固结地层中的传播时间；$\Delta t'$ 为声波在现今地表未固结地层中的传播时间

d. 古热史分析法

一般来说，随着埋藏深度的不断增大，一套连续沉积的地层温度会逐渐升高，这必然导致其内部各种温标物质产生响应。古热史分析法就是基于以上各类古温标响应而建立的一套古热史分析方法。总的来说，古热史分析方法已经较为成熟，操作也较为简单，是沉积盆地地层剥蚀量定量计算首选方法之一。古温标种类很多，如镜质体反射率（$R_0$）、沥青反射率（$R_b$）、磷灰石裂变径迹（AFT）、流体包裹体和热变指数，等等。理论上，所有古温标都可用于计算不整合面处地层剥蚀量，而且原理基本一样，即借助古地温梯度来计算剥蚀量。其中，最为常用的指标是镜质体反射率和磷灰石裂变径迹。

磷灰石是一种广泛分布的常见副矿物，可以用于研究不同类型地质体的隆升和埋藏历史。磷灰石裂变径迹（AFT）是$^{238}$U 自发裂变产生的碎片在磷灰石晶体中滑移造成的晶体损伤。这种晶体损伤不断产生的同时，早期生成的裂变径迹受到温度（60～120℃）等因素影响，会逐渐退火而缩短。Laslett 等（1987）研究表明，磷灰石裂变径迹退火率 $r(r=L/L_0)$ 是温度和时间的函数

$$\left\{\left[\frac{(1-r^2)}{2.7}\right]^{0.35}-1\right\}/0.35=-4.87+0.000\,168T(\ln t+28.12) \qquad (1\text{-}111)$$

式中，$T$ 为绝对温度，单位为 K；$t$ 为时间，单位为 s；$L_0$ 为磷灰石裂变径迹的初始长度，通常约 16μm；$L$ 为该径迹在温度 $T$ 下，经历 $t$ 时间退火后的长度，单位为 μm。由上式可见，磷灰石颗粒内部裂变径迹的分布特征，可以记录地质历史时期，其所在地层所经受的热过程。在稳态热流条件下，盆地内某处的古地温 $T(t)$ 与其当时所处位置的古热流 $Q(t)$ 和古埋深［$Z(t)$］等因素有关，即 $T(t)=f[Q(t), Z(t)]$，而大地热流值以及古埋深的变化，则可以用来反演沉积盆地沉降和隆升等一系列地质过程。因此，磷灰石裂变径迹分析已成为模拟沉积盆地沉降、隆升和剥蚀历史以及热史等岩石低温热年代学过程的重要手段。磷灰石裂变径迹法恢复地层剥蚀量主要包括两种：一种是最优化法；另一种为古地温梯度法。

在最优化法中，对于沉积过程中存在抬升剥蚀的盆地，其热流因子 $\beta$［与古热流 $Q(t)$ 有关］和剥蚀量 $h_e$［与埋藏史 $Z(t)$ 有关］是未知量，将这些未知量作为控制变量，进行地层埋藏史和热史模拟，计算该热史条件下，磷灰石裂变径迹分布的理论值 $F(l)$。然后，计算该理论值与实测值 $P(l)$ 之间的方差 SS。研究表明，SS 是热流因子 $\beta$ 和地层剥蚀量 $h_e$ 的单峰函数，SS 极小值所对应的 $\beta$ 和 $h_e$，即为真实（或接近真实）热流因子和地层剥蚀量

$$\min SS = f(h_e, \beta) \tag{1-112}$$

对于古地温梯度法而言，在测得径迹年龄、径迹长度和长度分布特征等参数后，采用磷灰石裂变径迹退火模型，如扇形退火模型或多元动力学退火模型，就可求取样品最高古地温和达到最高古地温时的古地温梯度。研究表明，除了热液流体、岩浆活动外，沉积物所经历的热事件，一般是由埋藏和基底热流引起的。在竖直方向上，对一口井或一套地层系统采样，通过磷灰石裂变径迹分析，即可获得古地温曲线和相应的地温梯度，将该曲线与该套地层的现今地温曲线相比较，根据地温梯度的特征，就可以判断热事件的可能原因（图 1-27）。

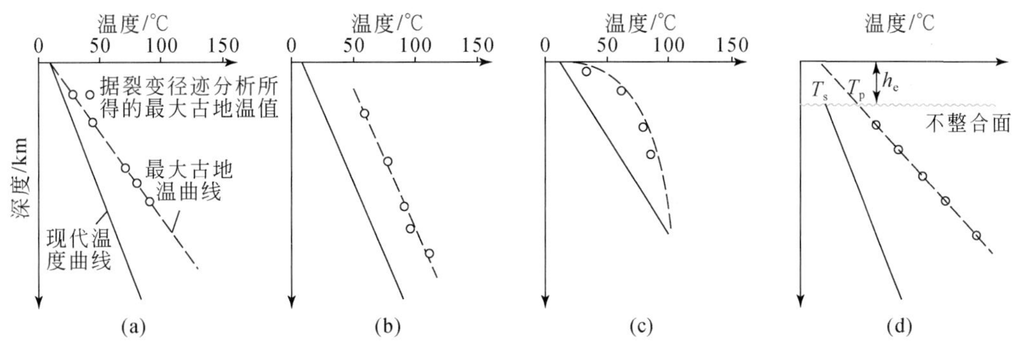


图 1-27　不同热事件地温梯度特征和剥蚀量的计算图解（据周祖翼等，1994；袁玉松等，2008 修改）
（a）加热由基底热流的升高引起；（b）加热由埋藏引起，这种情况下，剥蚀量可直接由冷却温度除以地温梯度算出；（c）加热由地层浅部的热液流体引起；（d）当加热由（a）、（b）两种作用共同引起时剥蚀量的计算示意

若地层受热和随后的热冷却事件，是由地层埋藏及随后的抬升和剥蚀作用所引起的，则地层达到最大古温度以来的地温梯度保持不变，那么根据磷灰石裂变径迹数据，求得的冷却温度除以地温梯度，就可求得地层的剥蚀量［图 1-27（b）］。若地层受热是由埋藏和基底热流升高共同导致的，则古地温梯度就会大于现今的地温梯度，其地层剥蚀量 $h_e$ 则需要通过下式来计算

$$h_e = \frac{(T_p - T_s)}{dT/dZ} \tag{1-113}$$

式中，$T_p$为古地温剖面在不整合面处的最高古地温值；$T_s$ 为地层达到最大古地温时的古地表温度值；$dT/dZ$ 是最高古地温时的古地温梯度［图 1-27（d）］（袁玉松等，2008；朱传庆等，2017）。

显然，最优化法操作较为繁琐，且无法判断热事件的成因，现在专家学者更倾向于使用磷灰石裂变径迹地温梯度法求剥蚀厚度。

镜质体是沉积岩中最常见的固态有机质，其反射率的大小反映了有机质成熟与否，是含油气盆地有机质演化史分析最为常用的指标。随着地层埋深的增大和温度的升高，有机质成熟度也会随之升高，且不会因温度降低或地层抬升剥蚀而减小。因此，镜质体反射率（$R_0$）能够记载地层中有机质最高热演化程度的信息，因而可用来反演地层最大埋深时的地温，即最高古地温 $T_p$。

研究表明，连续沉积地层中的镜质体反射率（$R_0$）与其埋深（$h$），以及埋深与最高地温（$T_p$）之间，分别存在以下关系

$$\ln R_0 = a_1 + b_1 h \quad 和 \quad T_p = a_2 + b_2 h \tag{1-114}$$

式中，$a_1$、$a_2$ 和 $b_1$、$b_2$ 皆为常数，同时，$b_2$ 也能反映目标层的古地温梯度。当地层发生抬升剥蚀，且目标层 $R_0$ 没有被后期沉积所补偿时，由于镜质体反射率演化的不可逆性，目标层的 $R_0$ 不会改变，其反映的 $T_p$ 也不会改变。虽然这时 $T_p$ 所对应的埋深 $h$ 减小，但研究表明，其斜率 $b_2$ 并未发生改变，依然可以反映地层剥蚀前的地温梯度，即古地温梯度。因而，可以用镜质体反射率来恢复目标层剥蚀前的最高古地温和古地温梯度。这也是利用镜质体反射率恢复地层剥蚀量的基础。

Dow（1977）认为，不整合面上、下镜质体反射率的突变或跳跃，完全是由该处地层剥蚀所导致的，基于式（1-114）和不整合面上、下镜质体反射率的差值，就可以估算地层的剥蚀量。但研究表明，由于镜质体演化的不可逆性，在目标层所遭受的剥蚀未被后期沉积补偿前，不整合面以下的镜质体反射率保持不变，与不整合面以上的镜质体反射率并无关联，故利用不整合面上、下镜质体反射率的差值只能得到部分剥蚀厚度，也就是说 Dow 的方法存在缺陷。

何生和王青玲（1989）、胡圣标等（1999）和佟彦明等（2005）认为，应将不整合面下伏的镜质体反射率或古地温外推至古地表温度或古地表镜质体反射率值

（通常为0.2%）处，进而找到目标层古地表所对应的位置，该位置与不整合面之间的距离即为剥蚀量。显然，以上学者计算剥蚀量的原理基本一致，其中，以胡圣标等（1999）的最高古地温法最为常见。该方法首先利用 Easy $R_0\%$ 平行化学反应模型，将 $R_0$ 转化为最高古地温；然后，以构造层为单位，利用式（1-114），求得各构造层的古地温梯度和相应的古地表温度；最后，利用不整合面处最高古地温和古地表温度的差值除以最高古地温时的地温梯度，来计算剥蚀厚度，其表达式见式（1-113），这里不再重复。

需要注意的是，虽然古热史学方法操作较为简单，且可以较为准确地恢复不同构造层的剥蚀厚度，但受古温标物质固有属性的限制，无论镜质体反射率法，还是裂变径迹分析法，都只能计算地层达到最高古地温以来形成的不整合面上的地层剥蚀量，对于超过最高古地温或闭合温度的地层不适用。

e. 平衡浓度或密度法

顾名思义，这种方法是基于地层密度差或者某种物质的浓度差来确定不整合面及其剥蚀厚度的方法。这种方法较为繁琐，并不常见。目前，主要有地层物质平衡法和天然气平衡浓度法两种。

同一岩性的沉积物，随着埋深的增大，其物性会连续变化。现实地层剖面岩性并不统一，且个别层段还可能存在欠压实或剥蚀等现象，这时层与层之间的物性就会变得不连续。庞雄奇（1993）认为，可以把经过岩性（$r$）、埋深（$h$）和年代（$t$）校正后的地层不整合界面上、下存在的密度差，完全归咎于地层剥蚀，并通过以下公式求解地层的剥蚀量（$h_e$）

$$h_e = \frac{2\Delta\rho_{ab}}{\rho'_{0a}(r \cdot h_0, t) + \rho'_{0b}(r \cdot h_0, t)} \tag{1-115}$$

式中，$\Delta\rho_{ab}$ 为界面 A 上、下的密度差，$\rho'_{0a}(r \cdot h_0, t)$ 和 $\rho'_{0b}(r \cdot h_0, t)$ 分别为界面 A 上、下密度函数在界面接触点处的一阶导数。

天然气平衡浓度是指由于浓度差，天然气由高浓度地层向低浓度地层扩散运移最终达到平衡时的浓度。李明诚和李伟（1996）认为，天然气扩散的时间是连续的，但该时间的扩散地层可能是不连续的（即存在剥蚀面）；如果根据地质时间（$t$）计算出的平衡浓度值（$C$），小于根据地层厚度计算出的平衡浓度值（$C_n$），则该差值可能与地层的缺失有关，这时，可以用下式来估算剥蚀厚度（$h_e$）

$$h_e = h\frac{C_n - C}{C_0 - C_n} \tag{1-116}$$

式中，$h$ 为扩散地层的厚度，单位为 m；$C_0$ 为源岩初始扩散的浓度，单位为$m^3/m^3$。这种方法适用性较差，且需要考虑的因素很多。通常适用于具有相同有效扩散系数的水平地层，且要求单一非稳态的扩散源。此外，该方法也未考虑地层温度和压力等因素对天然气扩散的影响。显然，这是不实际的，因此，该方法并不常用。

综上所述，剥蚀量计算的各类方法，都有其自身的适用范围和优缺点，其中，以古热史方法和地层对比法最为常用，测井数据法中的声波时差法也较为常见。为更准确地恢复地层剥蚀量，如果条件允许，可多种方法同时使用，以相互印证。

#### 1.2.1.4 埋藏史恢复

埋藏史恢复就是重塑现今各地层在不同地质时期的埋藏深度和厚度的过程。在古水深、海平面变化校正以及各构造层古厚度恢复的基础上，结合各地层顶、底界深度和对应的地质年代，利用地层回剥法作图，即可得到盆地的埋藏史（图 1-28）。地层埋藏史恢复是盆地模拟的基础，也是恢复烃源岩生烃史、排烃史的前提。

由图 1-28 可知，有无剥蚀，地层的埋藏史曲线有很大的不同。不存在剥蚀的地层，持续沉降，埋藏史曲线即为沉降史曲线［图 1-28（a）］；而存在剥蚀的地层，恢复埋藏史首先要恢复剥蚀量，其埋藏史曲线不仅可以指示沉降的过程，也能够揭示抬升剥蚀的信息［图 1-28（b）］。

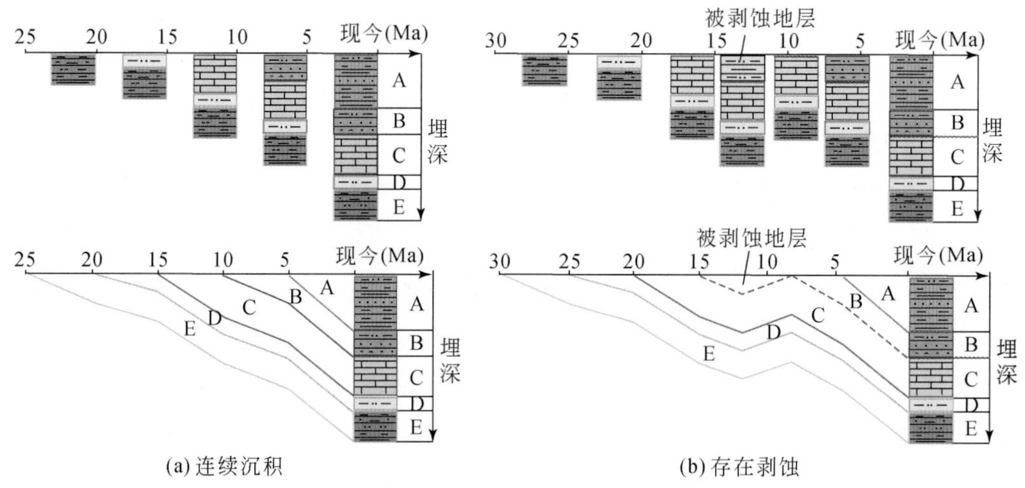


图 1-28 回剥法恢复埋藏史示意

### 1.2.2 成藏、成矿流体运移过程

无论是石油、天然气还是携带各类成矿元素的流体，都具有流动性，在各种驱动力作用下，都会通过地壳中具有一定孔隙空间和渗透性的介质（输导层或导矿构

造）移动，最终在合适的位置聚集或富集成藏。石油、天然气或成矿流体在地壳中运移的过程，称为油气或成矿流体的运移。根据油气或矿液的运移特征，整个运移过程可分为两个阶段，不同阶段流体的运移方式、动力和输导通道等因素存在很大差异。本节主要阐述油气与矿液的运移过程以及构造活动对成藏和成矿过程的影响。

#### 1.2.2.1　油气运移

对于油气而言，其运移过程可以分为初次运移和二次运移两个阶段。初次运移是指油气从烃源岩向输导层运移的过程。二次运移是指油气进入输导层后的一切运移过程。研究表明，初次运移和二次运移在运移相态、动力与阻力、通道和时期等多个方面，存在很大的不同，故从以下几个方面进行研究。

（1）初次运移

A. 相态

油气初始运移的相态是指油气在地下发生初次运移时的物理状态，既可呈油相、气相运移，也可溶于油、水和气中呈油溶相、水溶相和气溶相运移。研究表明，油气以何种相态运移与烃源岩的埋深、温压条件、所含有机质类型、孔隙水以及生烃量等多种因素有关。随着埋深的加大，泥页岩类烃源岩的各种物理参数都会发生变化，并最终影响油气的运移状态。

埋深小于1.5km时，泥质烃源岩所遭受的温度（<60℃）和压力影响较小，有机质处于未成熟阶段（即生物化学生气阶段，$R_0 < 0.5\%$），大部分有机质转化为大分子干酪根，小部分被降解为小分子生物气。这时，烃源岩的孔隙度较大，地层水较多，可作为好的载体，因此，生物气的初始运移可能以水溶相为主；随着埋深的增加（1.5～4.0km），由于温度（60～180℃）和压力的增加，有机质处于低成熟阶段（即热催化生油阶段，$0.5\% < R_0 < 1\%$），干酪根受热大量转化为液态烃类物质，这个时期是主要的生油时期。另外，由于压实成岩作用，烃源岩孔隙度减小，孔隙水不足以溶解所有烃类，这时石油主要以游离油相运移，而气态烃则多溶于液态烃中呈油溶相运移；当埋深超过4.0～6.0km，地温达到180～250℃时，有机质就会进入高成熟阶段（即热裂解生凝析气阶段，$1\% < R_0 < 2\%$），剩余的干酪根继续裂解形成少量水和低分子气态烃类等。同时，由于地温升高，早期形成的液态烃也开始裂解，导致液态烃急剧减少，而低分子气态烃类剧增。这时，烃类主要以游离气相运移，其中油多溶于气中以气溶油运移；当埋深超过6.0～7.0km，温度大于250℃时，烃源岩受高温、高压作用，有机质演化进入过成熟阶段（即深部高温生气阶段，$R_0>2\%$），这时残余的干酪根和早期生成的液态烃与重烃气体，都会裂解为热力学上稳定的甲烷气，天然气则呈游离气相运移。

B. 动力与阻力

油气从烃源岩层向输导层运移时需要驱动力。研究表明，油气初次运移的驱动力主要包括正常压实产生的瞬时剩余压力，黏土矿物脱水、流体热增压、有机物生烃等因素导致的欠压实地层中的异常高压，以及由于浓度差或盐度差导致的扩散作用和渗析作用等。毛细管压力则既可能表现为驱动力，也可能表现为阻力。

a. 瞬时剩余压力

正常压实情况下，当上覆沉积载荷增加时，烃源岩遭受压实，孔隙体积会减小，这时孔隙流体就会承受部分上覆岩石骨架压力（即有效压应力），导致孔隙排出一定的孔隙流体，直至多余的有效压应力全由颗粒支撑，孔隙流体压力重新等于其上覆静水柱形成的静水压力。以上由流体承担的多余有效压应力，即为剩余流体压力。剩余流体压力就是正常压实过程中产生的异常高压，但这种异常高压随着流体的排出会快速减小并消失，因此，又称为瞬时剩余压力。

当地层水平时，最大剩余流体压力的大小与其上覆新增沉积物的厚度和密度有关，其值等于新增沉积载荷重量（$S=\rho_{b0}gl_0$）与新增孔隙水静水压力（$p=\rho_w gl_0$）之差

$$E = S - p = (\rho_{b0} - \rho_w)gl_0 \tag{1-117}$$

式中，$E$ 为剩余流体压力，Pa；$\rho_{b0}$ 为新增沉积载荷密度，kg/m$^3$；$\rho_w$ 为孔隙流体密度，kg/m$^3$；$l_0$ 为新增沉积载荷厚度，m；$g$ 为重力加速度，为 9.8m/s$^2$。由于新增沉积载荷与新增静水压力之差，等于上覆新增岩石骨架所承受的有效压应力［式（1-97）］，因此，最大剩余流体压力也等于上覆新增沉积物的有效压应力。

从烃源岩成岩作用上看，这种正常压实导致的瞬时剩余压力主要发生在成岩作用早期，可能与生物化学生气阶段相当。在连通的孔隙系统中，新产生的烃类与水一起，在瞬时剩余压力下，克服毛细管压力，以水溶相连续排出；在不连续的孔隙系统中，则会产生持续的异常高压，直至突破岩石的破裂极限，烃类才能沿新生微裂缝排出，从而表现为幕式排烃。

研究表明，正常压实条件下，泥岩骨架比砂岩骨架更为脆弱，上覆载荷增加时，其孔隙变化更快，流体承担的瞬时剩余流体压力更大。因而，在瞬时压力的驱动下，砂泥互层剖面上，泥岩中的流体往往会优先向上或向下朝砂岩流动，而砂岩内的流体则无法进入泥岩，只能侧向流动。当然，若泥岩层厚度不均或倾斜时，也可能存在一定范围的侧向流动。

b. 欠压实导致的异常高压

压实过程中，由于孔隙流体的排出，泥岩中很多孔隙（尤其边缘部位）会逐渐闭合。但随着埋深的增大，温压条件的改变，会导致泥岩内黏土矿物大量脱水

和有机质大量生烃，从而形成大量流体。由于泥岩边缘部位孔隙闭合，上述流体排出受阻，孔隙无法随上覆载荷的增加而减小［图1-29（a)］，导致其内流体承担了高于相应深度静水压力的异常压力（即部分上覆岩石骨架的有效压应力）［图1-29（c)］，而使岩石骨架承担了较低的有效压应力［图1-29（b)］，这种现象就是欠压实。

由于沉积物总载荷（$S$）由岩石骨架颗粒和孔隙流体共同承担，骨架颗粒有效压应力（$\sigma$）与孔隙流体压力（$p$）呈消长关系［图1-29（b）（c)］。异常压力的求解过程见式（1-100）。

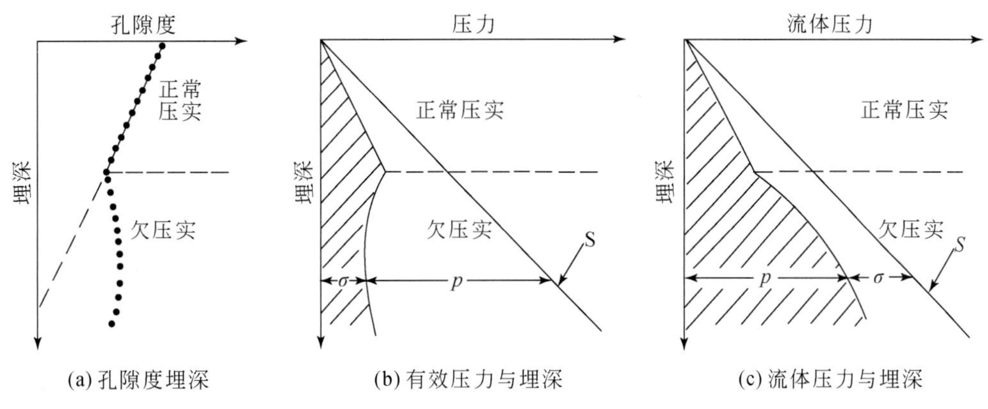


图1-29　异常压实泥岩孔隙度、有效压力和流体压力与埋深关系

c. 扩散作用和渗析作用

在烃源岩中，烃类的扩散作用是在岩石孔隙的水介质中进行的，由于烃源岩水介质中的烃浓度大于围岩中的烃浓度，在浓度差的作用下，烃类物质就会向围岩扩散。这种扩散作用对小分子烃类，尤其是气态烃类更有意义。虽然烃类物质的扩散作用效率很低，但只要存在浓度差，扩散作用就会进行，所以通过扩散作用运移的烃类总量不容忽视。李明成（2004）认为，烃源岩埋深很大变得非常致密时，流体的渗流作用很弱，扩散作用几乎是烃类初次运移的唯一方式。李思田（2004）认为，烃类在地下扩散，满足如下数学表达式

$$\frac{\partial C}{\partial t}=\nabla(D\,\nabla C)-v\,\nabla C+I \tag{1-118}$$

式中，$C$ 为烃类物质的浓度，g/L；$\nabla C$ 为烃源岩与围岩的烃类浓度差，g/L；$D$ 为烃类的扩散系数，$m^2$/L；$v$ 为流体在孔隙中的平均流速，m/L；$I$ 为源汇项。

渗析作用是指在渗透压差的作用下，流体通过半透膜从盐度低的一侧向盐度高的一侧运移的现象。随着盐度差消失，渗析作用逐渐停止。在压实作用下，由于流体总是从泥岩向两侧砂岩排出，砂岩内会留下更多的盐分，造成泥岩孔隙水中的盐

度低于相邻砂岩的盐度；在泥岩内部，由于边部优先排水，导致边部过滤下更多盐分，因而边部盐度高于中部。在渗析作用下，流体就会由泥岩内部向边部运移再向两侧砂岩运移。这种作用主要发生于热裂解生凝析气阶段之前，后期由于盐度相近，基本不再发生渗析作用。

d. 毛细管力

在地下亲水介质中，毛细管力通常表现为阻力，但在烃源岩初次排烃时，也可能表现为驱动力。由于烃源岩的孔隙远小于输导层孔隙，在烃源岩与输导层的接触面上，就形成了指向输导层的毛细管压力差，驱使烃类向输导层移动。但当烃类以游离相运移时，烃类又会受到毛细管阻力的作用。

综上所述，促使油气初次运移的力有很多种，烃源岩演化的不同阶段，受烃源岩成岩阶段和有机质演化程度等因素的影响，主要排烃动力存在差异。在浅层，有机质成熟度低，排烃量少，而烃源岩孔隙度高，原生孔隙水多，烃类主要在压实作用下以水溶相排出烃源岩；在中-深层，高成熟度的有机质大量排烃，且黏土矿物脱水，易于形成异常高压，当超过烃源岩的强度时，就会产生微裂隙，流体在异常高压作用下，以涌流的方式幕式排出烃源岩层。

C. 初次运移的通道和主运移期

初次运移的通道主要包括较大的孔隙、微层理面、构造裂缝和断层、微裂隙及干酪根网络等。其中，较大的孔隙和微层理面是有机质未成熟-低成熟阶段的主要途径。在有机质成熟-过成熟阶段，由于有机质的排出和异常压力的作用，微裂隙和干酪根网络大量发育，并与微层理面一起组成了油气初次运移的三维通道网络。构造裂缝和微裂隙的形成与区域应力有关，其本身就是输导通道，可能连通烃源岩和输导层，因此，无论在油气初次运移还是二次运移中，其都是重要通道。此外，无论构造裂缝、断层还是微裂缝，都具有周期性开闭的特点，因此，这种通道多表现为幕式排烃。

烃源岩初次运移时期是指烃源岩从开始排烃到终止排烃的整个时期，主要受烃源岩成岩作用、有机质演化等条件制约。对于泥岩而言，烃源岩的晚期压实阶段对应着有机质的成熟期，且具有一定的通道和动力条件，为油气初次运移的主要时期。

（2）二次运移

与初次运移不同，从根本上讲，二次运移受地壳运动控制。地壳运动不仅为油气的二次运移提供了各种通道，也决定了构造应力、水动力、浮力等油气二次运移动力的存在与否和如何演变。这些应力的差异会导致盆地产生相对的高势区和低势区，并驱使油气从高势区向低势区运移。

A. 二次运移的相态

研究表明，即使石油以水溶相或气溶相由烃源岩进入输导层，也会因为环境条件的改变，变为游离相，因此，游离相是石油二次运移的主要方式，甚至是唯一方式。天然气的二次运移相态与初次运移基本相同，可以通过水溶相、油溶相、气相甚至扩散相运移。天然气能通过扩散相运移，是不同于液态石油二次运移的最大特点。

B. 二次运移的动力与阻力

相比于初次运移，油气二次运移受到的力具有很大的不同，水动力、浮力和构造应力成为主要动力，而阻力依然主要是毛细管力和岩石颗粒间的吸附力，水动力在一定情况下也可以表现为阻力。

a. 水动力

输导层中通常都充满水，油气进入输导层后，会与水一起组成孔隙流体。因此，水的流动必然会对油气运移产生影响。对于水溶相的油气而言，水动力尤为重要。地层中的水动力主要包括两种：一种是由差异压实导致的压实水动力，通常会使水流从盆地中心向盆缘流动；另一种是重力作用导致的重力水动力，水流方向与压实水动力相反。

其中，压实水动力与沉积物的压实排水有关，多在盆地演化早期的持续沉降和差异压实过程中出现，但随着盆地演化进入后期，盆地沉降逐渐停滞以及进一步的成岩作用，盆地压实作用越来越弱，因而，压实水动力也会逐渐减小。相比而言，盆地演化后期的构造运动则可能导致地层倾斜并形成褶皱或断层，盆缘地层往往遭受剥蚀并与大气水相通，水流方向变为由盆地周缘向盆地中心流动。这两种作用是在盆地演化过程中先后出现的，方向相反。烃类密度比水要小，在浮力的作用下总是向上运动，这就导致水动力可能是动力，也可以是阻力，压实水动力主要表现为动力，而重力水动力则常表现为阻力。水动力并不是一直存在的，在盆地演化晚期，盆地地下水通常会处于静水状态，没有能量的交换，也就不存在水动力。

b. 浮力

在地下水环境中，由于油、气、水三者之间存在密度差，游离态的油气在水中会受到浮力作用。浮力是油气以游离态二次运移的主要动力，其公式可以表示为

$$F = V_h(\rho_w - \rho_h)g \tag{1-119}$$

式中，$F$ 为浮力，N；$V_h$ 为烃类（即油或气）的体积，$m^3$；$\rho_w$ 为地层水的密度，$kg/m^3$；$\rho_h$ 为烃类的密度，$kg/m^3$；$g$ 为重力加速度，$9.8m/s^2$。那么，高度为 $H_h$ 的油或气，在单位面积上所受到的浮力（即压强 $p_f$）为

$$p_f = H_h(\rho_w - \rho_h)g \tag{1-120}$$

可见，油（或气）与水之间密度差越大，油（或气）柱越高，则其单位面积所受的浮力越大。

c. 构造应力

地壳运动产生的地应力即为构造应力。构造应力可以使岩石骨架产生压缩或回弹，这种形变必然会影响岩石骨架孔隙内的流体，使其压力升高或降低，从而产生应力泵作用，促使油气发生运移，这是油气二次运移的重要机制和动力。构造应力可以导致地层发生倾斜、褶皱、断裂甚至抬升剥蚀形成不整合，这不仅可以为油气二次运移提供通道，也为油气在浮力和水动力作用下发生二次运移提供了构造条件，是促进油气二次运移的根本因素。

d. 毛细管力

研究表明，输导层岩石骨架内部，孔隙表面多为润湿的，游离相的油气在其中运移，实际是非润湿相驱替润湿相的过程，必然会受到毛细管力的作用。对于孔隙半径和喉道半径不同的孔隙而言，油气所受的毛细管阻力实际上就是不同孔径的毛细管压力差，可表示为

$$p_c = 2\sigma\left(\frac{1}{r_c} - \frac{1}{r_r}\right) \tag{1-121}$$

式中，$p_c$ 为毛细管力，N/m$^2$；$\sigma$ 为界面张力，N/m；$r_c$ 为孔喉半径，m；$r_r$ 为孔隙半径，m。油气运移通过孔隙喉道时，毛细管力会与浮力相抗衡，两者压力差（$\Delta p$）可表示为

$$\Delta p = p_f - p_c = H_h(\rho_w - \rho_h)g - 2\sigma\left(\frac{1}{r_c} - \frac{1}{r_r}\right) \tag{1-122}$$

使上式为零，则可得到油气开始上浮的临界油（或气）柱高度 $H_0$

$$H_0 = 2\sigma\left(\frac{1}{r_c} - \frac{1}{r_r}\right) / (\rho_w - \rho_h)g \tag{1-123}$$

当浮力小于毛细管阻力时，$\Delta p \leqslant 0$，即$H_h \leqslant H_0$，浮力不足以使油气变形进入喉道［图 1-30（a）］；随着浮力等外力的增大，$\Delta p>0$，即$H_h>H_0$，浮力克服孔喉半径差导致的毛细管阻力，油珠变形进入喉道［图 1-30（b）］；随着喉道两侧半径差的减小，油气所受的毛细管力逐渐减小，$\Delta p$ 增大，油气很容易通过喉道［图 1-30（c）］；油珠通过喉道后，由于孔喉半径差变为负值，毛细管力转为动力，推动油珠离开喉道［图 1-30（d）］。以上 4 个连续的状态就是油气二次运移的基本过程。需要注意的是，在岩石孔隙系统中，由于油-水和气-水的界面张力受温压条件改变的影响，毛细管力并不是固定的，在运用时，需要综合考虑环境条件的影响。

e. 吸附力

吸附是一种流体与固体颗粒分子之间相互作用的界面现象，与界面分子间不饱

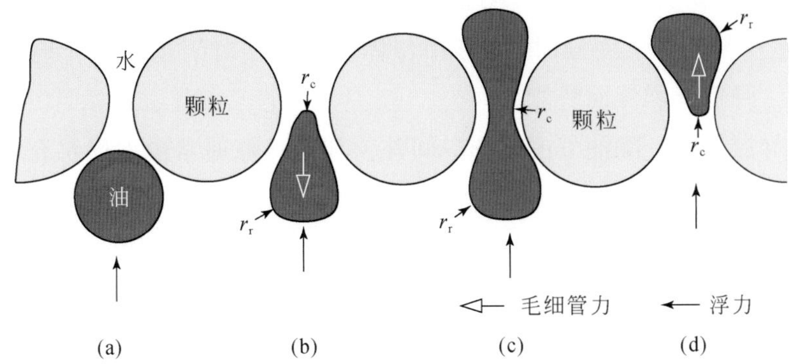


图 1-30　油气在储集层运移的浮力和毛细管力（蒋有录和查明，2006）

（a）浮力小于毛细管力，油珠未进喉道；（b）浮力逐渐克服毛细管力，油珠进入喉道；（c）毛细管力减小，油珠进入喉道；（d）毛细管力变为动力，推动油珠通过喉道

和力场和不稳定电场有关。吸附力的大小与输导层岩性、结构、粒度、矿物组成以及烃类的性质有关。通常油气与岩石颗粒的两相接触界面越大，吸附作用越强。泥质烃源岩等细粒沉积物颗粒比表面积比更大，故比粗粒碎屑岩有更大的吸附力。这也是烃源岩中残留油气比粗粒碎屑岩多的原因之一。吸附力总是吸附烃类分子并阻碍其运动，因此，吸附力在运移过程中始终表现为阻力。

C. 流体势

a. 流体势的概念

显然，油气运移过程中所受的作用力类型很多，给模拟油气运移和聚集带来了一定的困难。为解决这一问题，Hubbert（1940）在石油地质中首次引入了流体势的概念。Dahlberg（1995）和 England 等（1987）对其概念进行了完善，并将流体势定义为：从基准面传递单位体积流体到研究点所必须做的功，或相对于基准面单位体积流体所具有的总势能。流体势反映的是水动力、浮力和毛细管力对地下流体运动状态的共同作用，可以更为方便地定量描述油气运聚，因而得到了广泛应用。

一般来说，地下流体主要受重力、弹性力、表面张力、惯性力和黏滞力等作用力影响。由于惯性力和黏滞力与流体的运动速度有关，而流体在地下流动非常缓慢，故可忽略。因此，影响地下流体势能的作用力主要为重力、弹性力和表面张力三种。选定某一地质时期沉积表面（即古地表）作为基准面，设地球表面气压为一个大气压，则地下孔隙流体势可表示为

$$\Phi = -\rho g h + \int_{1}^{p} \frac{\mathrm{d}p}{\rho(p)} + \frac{2\sigma\cos\theta}{r} \tag{1-124}$$

式中，$\Phi$ 为流体势，J；$h$ 为地层埋深，m；$p$ 为埋深 $h$ 处流体的压力，Pa；$\rho(p)$ 为流体密度随地层压力变化的函数，$kg/m^3$；$\rho$ 为流体在埋深 $h$ 处的密度，$kg/m^3$；$g$ 为重

力加速度，m/s²；$\sigma$ 为界面张力，N/m；$\theta$ 为润湿角；$r$ 为埋深 $h$ 处岩石孔隙毛细管半径，m。上式等号右侧三项分别对应于单位体积流体相对于基准面（地表）所具有的重力势能、弹性能和界面势能。

对于输导层而言，除油气占据的空间外，其他孔隙通常由地层水充填。地层水不具有两相界面，故不存在界面张力。油气虽然存在界面张力，但由于岩石是亲水的，润湿角很小，因而可近似认为 $\cos\theta_{w/o}$ 和 $\cos\theta_{w/g}$ 等于 1。此外，水和油的密度随压力变化很小，也可以近似忽略不计。根据式（1-124），水、油和气的势能可分别表示为

$$\Phi_w = -\rho_w gh + p_w \tag{1-125}$$

$$\Phi_o = -\rho_o gh + p_w + \frac{2\sigma_{w/o}}{r} \tag{1-126}$$

$$\Phi_g = -\rho_g gh + \int_1^p \frac{dp}{\rho_g(p)_w} + \frac{2\sigma_{w/g}}{r} \tag{1-127}$$

式中，$\Phi_w$、$\Phi_o$ 和 $\Phi_g$ 分别水、油和气的势能，J；$\rho_g(p)_w$ 为天然气密度随地层压力（流体压力）变化的函数，kg/m³；$\rho_w$ 和 $\rho_o$ 分别为水和油的密度，kg/m³；$g$ 为重力加速度，m/s²；$\sigma_{w/o}$ 和 $\sigma_{w/g}$ 分别为油–水和气–水界面张力，N/m。如果地下某一点，水的密度和油或气的密度 $\rho_h$ 已知，则油气势可以统一为

$$\Phi_h = -\rho_h gh + p_w + \frac{2\sigma_{w/h}}{r} \tag{1-128}$$

b. 流体势的地质意义

流体势由地下流体所受的应力场特征所决定，利用流体势也可求取流体在静水和动水中的受力情况。由于流体势为单位体积流体运移到研究点所做的功，那么，就某一点的流体势对埋深求导或微分，就可以得到流体在该点所受的合力（$F$）

$$F = -\nabla\Phi = \frac{d\Phi}{dh} \tag{1-129}$$

式中，$\nabla$为哈米顿算符。对于水本身而言，其在地下某点的水势大小，仅取决于该点的位置和压力。当水静止时，水势在整个空间都是常数，这时每个质点所受的合力为零，所以流体处于平衡状态。在正常情况下，$\Phi_w$ 为零，代入式（1-129）可知，$F$ 为零。根据式（1-125），则有 $p_w = \rho_w gh$。当流体流动时，水势不为零，对式（1-125）取微分

$$F_w = -\nabla\Phi_w = -\nabla p_w + \rho_w g \tag{1-130}$$

对于处于静水或动水条件下的烃类而言，由于静水条件下，$p_w = \rho_w gh$，动水条件下，$F_w = -\nabla p_w + \rho_w g$，代入式（1-128）的导数，则可得烃类物质在地下某一位置静水和动水中所受的合力 $F_{hs}$ 和 $F_{hm}$

$$F_{hs} = -(\rho_w - \rho_h)g + 2\sigma_{w/h}\nabla\left(\frac{1}{r}\right) \tag{1-131}$$

$$F_{hm} = -(\rho_w - \rho_h)g + F_w + 2\sigma_{w/h}\nabla\left(\frac{1}{r}\right) \tag{1-132}$$

显然，以上两式存在两个相同的项，第一项和最后一项，分别表示净浮力和毛细管力，而在动水环境下，则多出一个水动力项。这说明，在静水条件下，烃类主要受净浮力和毛细管压力作用，而在动水条件下，则还受到水动力的影响。以上表达式与前面油气二次运移的动力和阻力一致，这进一步验证了流体势的有效性。

c. 流体势参数的选取和计算

由式（1-128）可知，流体势的求取需要古埋深、古流体压力、油和气的密度以及毛细管压力等参数。根据研究区实际油样或气样进行地下温压校正，油和气的密度即可获得。由于通常选择某一地质时期沉积表面（即古地表）作为流体势的基准面，古埋深就是埋藏史恢复求得的地层厚度，压力比较复杂，可以参考庞雄奇（1995）建立的压力计算模型求取。

求取毛细管力则同时需要界面张力 $\sigma$ 和孔喉半径 $r$ 两个参数。前人研究表明，原油与地层水之间的界面张力与两者的密度差有关，而孔喉半径可用原油所处位置的孔隙度（$\varphi$）和渗透率 $k$ 表示（庞雄奇，2003）

$$\sigma = 38.379\Delta\rho^{0.0994} \tag{1-133}$$

$$r = \sqrt{\frac{8k}{\varphi}} \tag{1-134}$$

式中，$\Delta\rho$ 为地层水密度与原油密度之差。将以上参数，代入式（1-122），即可求出流体在不同深度的流体势。

D. 二次运移的通道、距离及主运移期

与油气在烃源岩中的初次运移通道不同，油气二次运移的通道主要为连通孔隙、裂隙、断层和不整合面。其中，储集层中的连通孔隙和裂缝是油气二次运移的基本通道。断层与连通孔隙和裂隙不同，其内部通常包含复杂的结构，有利于油气的垂向运移和横向配置，是油气垂向运移的主要通道。不整合面则代表地层曾经经历过区域构造运动或沉积间断，其下伏地层往往形成高孔、高渗的古风化壳，是油气长距离侧向运移的重要通道。在油气二次运移过程中，以上三种通道通常并不孤立存在，它们相互联系，构成了油气二次运移的优势运移网络，即输导体系。

油气二次运移的距离取决于其输导体系类型、区域构造条件、岩性岩相变化及油气运移的动力条件等。就油气田数量而言，大中型油气田通常发育在盆地 100km

范围内。从储量上看，油气主要分布在油源 50km 范围内，且油田数量和储量都具有随距离增大而减小的趋势。

油气二次运移以烃源岩大量排烃为前提，故大量生烃的同时或之后，油气的大规模二次运移才会发生。现通常认为，油气在输导层中的主运移期，为大量生烃期后第一次大规模构造运动时期或主要生烃期。

#### 1.2.2.2 成矿物质运移

地壳中的物质和能量通常通过流体搬运和传输，各类矿床也是如此。成矿流体是成矿物质的载体，它既能汲取、溶解和包含各类成矿物质，也能将其运移、输导至有利的构造部位，并富集成矿。研究表明，成矿流体由深部向上运移至地壳浅部沉淀大致分为两个阶段，与油气的两次运移对应，矿液两阶段运移又称为成矿流体的二阶运移理论（周济元和余祖成，1983）。

（1）成矿流体类型和运移介质

成矿流体，又称含矿热液，既可以是含矿熔浆，也可以是气水溶液。按其成因可分为岩浆侵入热液、火山–次火山热液、地下水热液和变质热液等。这些热液在各种应力的驱动下，自地壳深部或上地幔由各类运移介质输送到合适的成矿地段形成矿床。

矿液的运移介质是指地下流体的运移路径，也就是导矿和配矿构造。导矿构造是含矿熔浆或溶液（自地壳深部或上地幔）进入矿田范围内的通道，如深大断裂。配矿构造则为成矿流体从导矿构造向成矿地段运移的构造形迹。对成矿流体运移最为有利的配矿构造行迹是导矿断裂上盘向上分叉的断裂或透水层等。容矿构造，亦称储矿构造，是成矿流体的最终聚集地。就成矿流体运移而言，研究对象为导矿构造和配矿构造，即断裂和渗透性岩层，多数情况下导矿和配矿构造本身无矿体，只存在某些矿化痕迹，这些痕迹可用来追索邻近地段的矿田或矿床（图 1-31）。

压汞实验表明，介质孔隙的相对发育程度是决定介质导矿性和成矿流体运移强弱的重要因素。由于成矿流体运移数值模拟旨在研究成矿流体在地层和断层中的运移规律，并不苛求每个介质点的受力状况和每个成矿流体质点的运动状况，故在模拟成矿流体的运移特征时，通常将岩层和断层等导矿构造假设为成矿流体只能同向运移且阻力不变的均匀连续理想介质，而把流经孔隙空间的成矿流体假想为充满运移空间的理想流体（黄继钧和王国芝，2014）。

A. 渗透性岩层的流通性

渗透性岩层中的孔隙系统使其具备储存和运输流体的能力，这种能力受岩石孔隙度和渗透率的影响。在数值模拟中，通常把渗透性岩层看作均匀介质。均匀介质是指颗粒均匀分布、孔隙均匀发育的介质。其流通性与介质性质、压力梯度以及矿

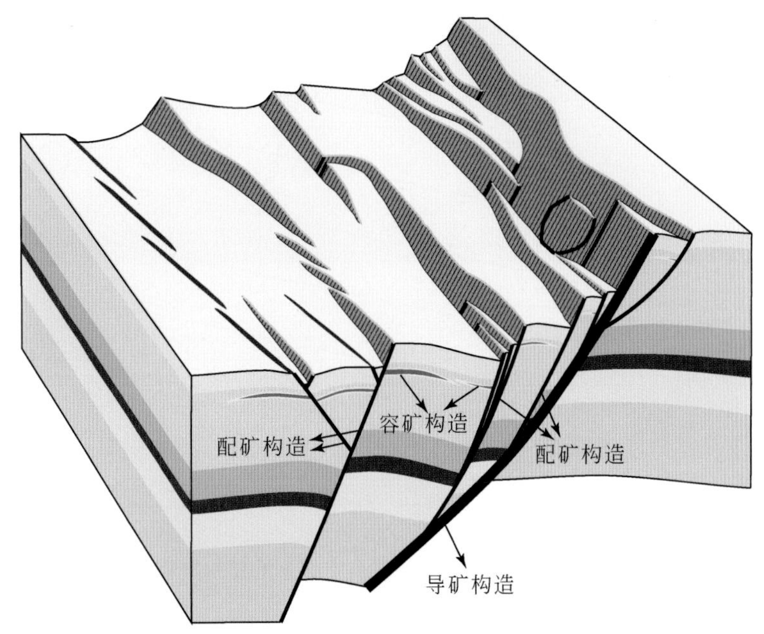


图 1-31　导矿、配矿、容矿构造关系（黄继钧和王国芝，2014）

液组分和黏度等因素有关。若忽略交代作用对矿液运移的影响，则均匀介质渗透系数（$k_r$）表达式（周济元和余祖成，1983）为

$$k_r = \frac{q_r \mu}{hT} \cdot \frac{dL}{dp} \tag{1-135}$$

式中，$q_r$为均匀介质中矿液流量；$h$ 为垂直压力梯度方向的高度（连通矿液柱的高度）；$T$ 为运移介质水平截面的高度；$\frac{dL}{dp}$ 为压力梯度的倒数；$\mu$ 为矿液黏度；$L$ 为运移介质的长度。当矿液在均匀介质中流动时，其流动方向常受地应力的影响，矿液可能沿岩层向上运移，也可能向两侧流动。

B. 断裂介质的流通性

断裂构造是矿液运移的最有利通道。与上述渗透性岩层不同，断裂介质不能看作均匀介质。断裂构造附近裂隙发育，矿液的流通性在平行和垂直断裂方向存在很大差异。流体的流通性与断裂的力学性质和内部结构（片理、劈理、构造透镜体及裂隙发育程度、排列方向）等因素有关。设岩层中有一组相互平行的裂隙，两者间距为 $A$，裂缝宽度为 $W_A$，裂隙与总的压力梯度方向的夹角为 $\alpha$（图 1-32），则此组断裂的渗透系数表达式（周济元和余祖成，1983）为

$$k_f = \frac{q_f \mu}{hT} \cdot \frac{dL}{dp} = \frac{W_A{}^3 \cos^2\alpha}{12A} \tag{1-136}$$

断裂内部结构的非均质性，导致同一断裂不同方向的流通性也不相同。断裂介

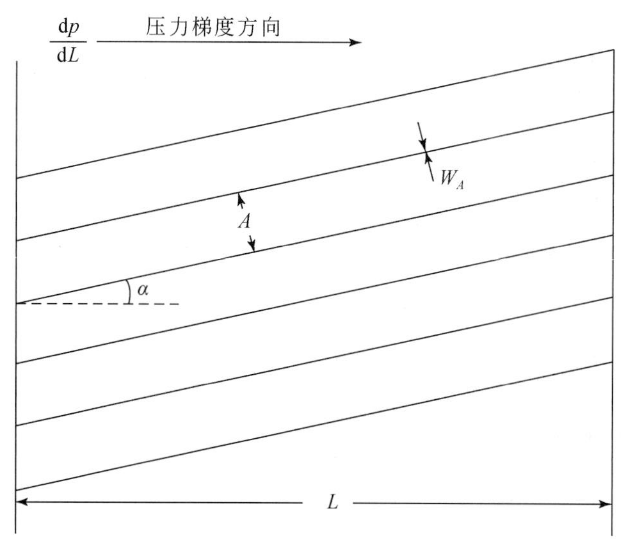


图 1-32　具有 A 组裂隙岩石流通性示意（余祖成和刘承志，1988）

质正交方向流通性之比，称为断裂介质正交流通比，是衡量断层介质导矿性的重要物理参数。其表达式如下

$$k = \frac{k_{\mathrm{pf}}}{k_{\mathrm{cf}}} = \mathrm{ctg}^2\alpha \tag{1-137}$$

式中，$k_{\mathrm{pf}}$ 为平行断裂方向介质的流通性，即 $k_{\mathrm{f}}$；$k_{\mathrm{cf}}$ 为垂直断裂方向介质的流通性。不同力学性质断裂的介质流通性有差别（图 1-33）。

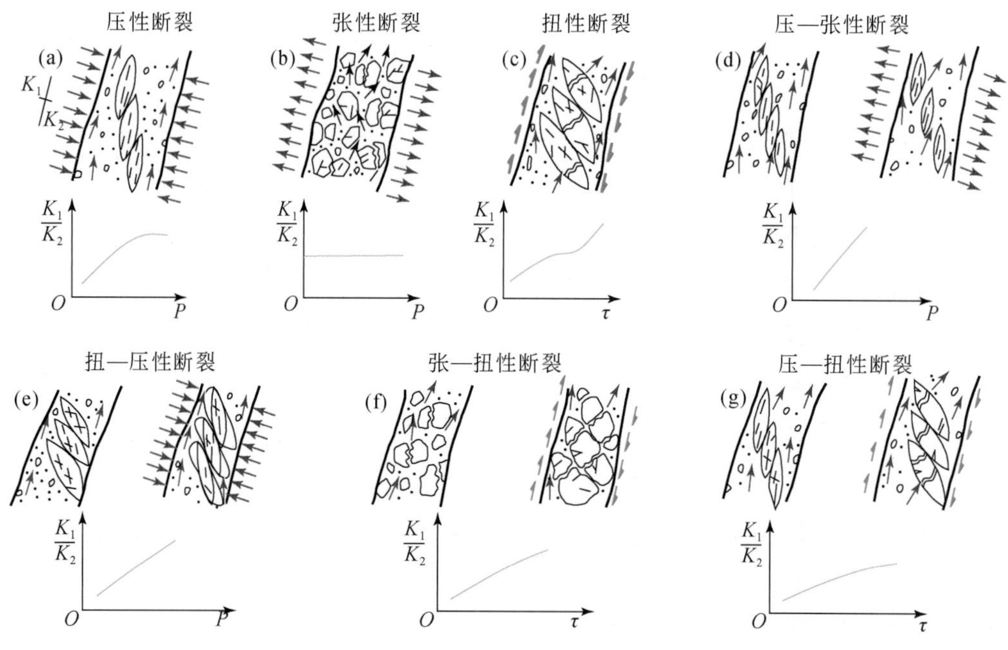


图 1-33　断层力学性质和断层介质流体性关系（周济元和余祖成，1983）

C. 裂隙–基质介质的流通性

现实中断裂和地层介质，通常不会独立存在，更为可能的是具有裂隙的渗透性地层，这种岩层称为裂隙–基质介质。矿液在裂隙–基质介质中的流通性，相当于基质介质流通性和断裂介质流通性的总和。在 $A \gg W_A$ 时，即裂缝的存在不改变整个基质的横截面积时，裂隙–基质介质的总渗透率 $k_{fr}$ 为

$$k_{\mathrm{fr}} = k_{\mathrm{r}} + k_{\mathrm{f}} = \frac{q_{\mathrm{r}}\mu}{hT} \cdot \frac{\mathrm{d}L}{\mathrm{d}p} + \frac{{W_A}^3 \cos^2\alpha}{12A} \tag{1-138}$$

上式主要适用于流体渗透性在平行和垂直断裂方向上存在很大差异的断裂–基质介质，如存在压性和扭性断裂的地层［图 1-33（a），（c）～（g）］。对于张性断裂而言，由格列菲斯破裂理论可知，流体渗透性在平行和垂直断裂方向上并无太大差异［图 1-33（b）］，故上式并不适用。鉴于其各方向渗透性较为统一，故可用均匀介质流通性的线性函数表示

$$k_{\mathrm{f}} = \frac{Cq_{\mathrm{r}}\mu}{hT} \cdot \frac{\mathrm{d}L}{\mathrm{d}p} \tag{1-139}$$

式中，$C$ 为张性断裂系数，可用实验确定。

对于受到多期构造运动的地层而言，其断裂面相互交切，断裂系统复杂。这种岩层的渗透率应该是岩层和各方向断裂渗透率之和。若忽略断裂面对介质性质的影响，其渗透系数可表示为

$$k_{\mathrm{fr}} = k_{\mathrm{r}} + \sum_1^n k_{i\mathrm{f}} = \frac{q_{\mathrm{r}}\mu}{hT} \cdot \frac{\mathrm{d}L}{\mathrm{d}p} + \frac{{W_A}^3 \cos^2\alpha}{12A} + \frac{{W_B}^3 \cos^2\beta}{12B} + \cdots \tag{1-140}$$

式中，$k_{if}$ 为第 $i$ 组断裂的渗透率；$A$，$B$…和 $\alpha$，$\beta$…分别代表第 $i$ 组裂隙之间的间隙及断裂与压力梯度方向的夹角。若考虑矿液与介质发生某种交代作用，或与孔隙流体进行交换而影响矿液运移速度时，上式还需加上阻滞常数。

（2）矿液运移的驱动力

地壳中的物质和能量，通常需要通过流体搬运和传输，矿液也是如此。从动力学角度理解，元素的迁移包括元素物理化学状态的转变和空间运移以及能量的转换和释放。这种能量的转换与释放是与地球区域性应力积累与作用过程、构造的发生发展以及岩浆和矿液的驱动侵入等多个过程存在内在联系的统一力学现象。因此，研究热液迁移必须与地质构造的动力学环境、构造应力场联系起来（黄继钧和王国芝，2014）。研究表明，矿液运移的驱动力包含矿液自身内动力、岩石围压、构造应力、重力作用、扩散作用和温度梯度驱动等。其中，构造应力是最为重要的驱动力。

A. 矿液自身的内压力

流体处于地球深部（超）高压状态时，其本身蕴藏着巨大的内能。一旦其所处应力条件发生改变，如发生构造运动，则会引发突发式的瞬时运动。这时，大规模

热液在其自身压力下就可以把通道打开向上流动。但需要注意的是，由于岩石围压的存在，仅矿液内压力通常不足以导致地层发生破裂并驱使矿液向上流动。

B. 地层围压

受上覆岩石重力作用影响，地下深处岩石常具有很大的围压。在上覆沉积物质量增加和压实过程中，由于盆地不同部位沉降幅度和岩相等因素存在差异，导致地层中存在静压力差。在静压力差的作用下，地层的层间水（包括热液）会向压力小的方向运移，即由盆地中心向盆缘运移。当地下岩石受构造运动影响产生裂隙时，封闭的裂隙产生瞬间会形成真空状态，与周围围岩产生压力差，这种围压差可以导致地下流体挤入或吸入裂隙并向上流动，即真空虹吸现象。

C. 重力作用

当大气降水或者地表水与深部高孔、高渗的介质连通时，在地形高差引起的重力驱动下，会向下渗透到地下数千千米甚至更深的位置，表现为向心流的特点。本节主要探讨地下含矿热液而非大气降水或地表水的运移，故重力作用在这里不做探讨。

D. 构造应力

李四光（1999）、翟裕生（1993）等众多学者认为，热液活动与构造运动密不可分，热液活动的过程也是各类含矿构造形迹发育演化的过程。在以上过程中，热液并不简单地靠自身内应力或岩层围压挤入现成的裂隙中，一般都需要构造应力的参与。因此，构造应力是矿液运移过程中最为重要的驱动力。

在地应力作用下，当应力差积累超过岩石弹性限度时，就会形成褶皱或断裂。断裂一经产生，应力就会降低，在矿液内应力和岩石围压的作用下，就会形成压力梯度，并驱动矿液沿压力梯度方向运移。当断裂沟通矿源、运移域和成矿域后，矿液便由高应力、高位能、高温度部位向低应力、低位能、低温度部位运移，并在适宜的构造部位聚集成矿（周济元，1994）。

研究表明，矿液的运移势和能量与构造应力有关。设矿液在地下某处所受的最大构造主应力和最小构造主应力分别为 $\sigma_1$ 和 $\sigma_3$，则矿液在介质中运移的运移势和应变能分别为（王成金和王义强，1995）

$$v = -\frac{\alpha k_0}{\eta}(\sigma_1 + \sigma_3)\,\mathrm{e}^{\sigma_1 - \sigma_3} \tag{1-141}$$

$$U = \frac{1}{2E}(\sigma_1^2 + \sigma_3^2 - 2\sigma_1\sigma_3) \tag{1-142}$$

式中，$v$ 为矿液流速，$\alpha$ 为介质压缩系数；$\eta$ 为矿液黏度；$k_0$为经验值，是与介质流通有关的系数；$U$ 为单位体积应变能；$E$ 为弹性模量；$(\sigma_1 + \sigma_3)$ 和$(\sigma_1 - \sigma_3)$ 分别为最大和最小构造主应力之和与之差，两者共同决定了矿液流速的大小。$(\sigma_1 + \sigma_3)$ 的正负分别代表扩张和收缩，收缩代表压力升高，矿液往外流；而扩张则表明应力降低，矿液向内流。($\sigma_1 - \sigma_3$) 决定了应变能的大小和压力梯度，矿液的运移趋势是在压力差的趋势下从高压部位向低压部位运移，由高应变能向低应变能部位运移。

(3) 矿液的二阶运移和运移势

周济元和余祖成（1983）认为，流体运移是在一定动力作用下，矿液从矿源通过一定的运移方式，经过一定的运移过程和阶段迁移至成矿部位的整个过程。根据矿液特征、运移介质、驱动力等方面的差异，与油气运移类似，矿液的运移也分为两个阶段，即成矿流体的二阶运移。在矿液运移过程中，地下任意点在某一瞬间所具有的驱动矿液运移的能力，就叫矿液运移势，不同运移阶段矿液的运移势存在差异。

A. 流体二阶运移特征

矿液的一阶运移是成矿流体借助深部断裂从矿源向上运移的过程，主要指矿液在导矿构造和配矿构造下部的运移。这时矿液处于深部高温、高压状态下，蕴含着巨大能量［图 1-34（a)］。因此，内能是该阶段的主要驱动力。运移介质为沿控矿断裂带分布的断层介质［图 1-34（b)］。流体随断裂介质连续渗流至断裂弯曲、分叉和交叉部位时，由于空间增大、矿液发生减压、降温，使其携带能力下降，矿物开始沉淀，形成沿断层破碎带分布的矿液包（或囊），矿液运移的一阶运移结束［图 1-34（c)］。

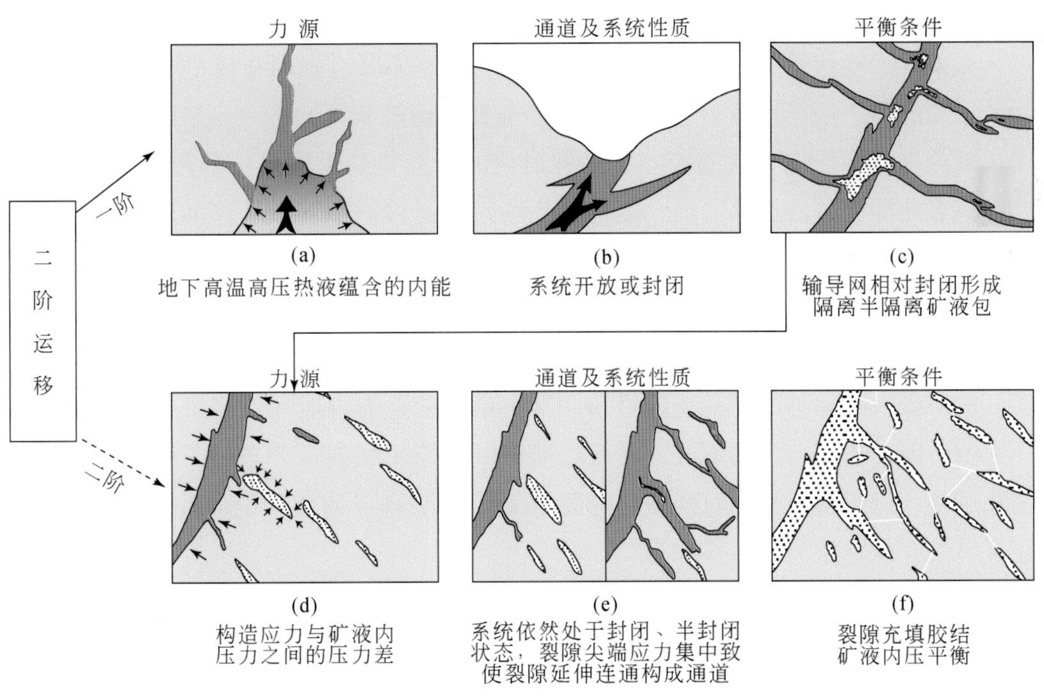


图 1-34　热液矿床矿液二阶运移机制示意（周济元和余祖成，1983）

矿液的二阶运移是指矿液包形成后，到矿液在构造应力作用下再次运移至成矿区的过程，这个过程相当于矿液沿配矿构造运移至成矿带的过程。这时矿液温度逐渐下降，呈中、低温状态，驱动力由内能转变为构造应力与周围孔隙流体内压力之间压力差［图 1-34（d）］，而运移介质则为控矿断裂带上部的断裂介质及与其相联通的渗透性岩层［图 1-34（e）］。在这一阶段，幕式构造应力使断裂带逐渐与附近孔隙联通，因而该阶段流体运移也具有幕式特点。这种矿液的幕式运移方式有助于矿液充分反应，沉淀聚集，最后形成工业矿体［图 1-34（f）］。

B. 矿液的运移势

周济元和余祖成（1983）曾对矿液的运移势进行了数值模拟，一般来说，矿液运移势是矿液的内能、位能、组分浓度以及运移介质的应力状态等变量的函数，即

$$H=\Phi(U,h,\sigma_x,\sigma_y,\sigma_z,n_1,n_2,\cdots) \tag{1-143}$$

$$\begin{aligned}\mathrm{d}H=&\left(\frac{\partial H}{\partial U}\right)h\sigma N\mathrm{d}U+\left(\frac{\partial H}{\partial h}\right)U\sigma N\mathrm{d}h+\sum\nolimits_1^N\frac{\partial H}{\partial n_i}Uh\sigma N\mathrm{d}n_i\\&+\left(\frac{\partial H}{\partial \sigma_x}\right)Uh\,N\sigma_y\,\sigma_z\mathrm{d}\sigma_x+\left(\frac{\partial H}{\partial \sigma_y}\right)Uh\,N\sigma_x\,\sigma_z\mathrm{d}\sigma_y\\&+\left(\frac{\partial H}{\partial \sigma_z}\right)Uh\,N\sigma_x\,\sigma_y\mathrm{d}\sigma_z\end{aligned} \tag{1-144}$$

式中，$U$ 为矿液内能；$h$ 为矿液在任意点的位能；$n_i$ 为第 $i$ 个组分的浓度；$N$ 为矿液所包含的组分总数；$\sigma_x$、$\sigma_y$、$\sigma_z$ 为平行 $x$、$y$、$z$ 轴方向的应力。

如果矿液运移量级较小，某些因素影响可忽略不计，这时矿液的运移势可理解为矿液内压力。根据矿液一、二阶运移的主要驱动机制可知，一、二阶运移势分别受矿液内能和构造应力状态控制。这种简化的运移势是上述坐标的可导连续函数，其递减方向即为矿液运移方向，而运移势场则为运移域中各点运移的集合。运移势的定解条件及各个成矿性系数，因成矿元素的物化性质、成矿地质环境而异，但同类型热液矿床运移势一般性表达公式和运移势场的解析式基本一致。

C. 一阶运移势

由矿液一阶运移的运移特征可知，其主要驱动力为内能和位能所产生的矿液内压力差，而构造应力作用不大，其运移域为沿主控矿断裂带分布的断裂介质区。为简化运移，设运势面为随时间变化的面，按照 N. Yoshiji 渗流理论，对于已知边界的正交异性介质，渗流的运移势为

$$F(y)H(y)=-\int_{\partial D}[G_{(x,y)}\,N^{x}H(x)-G^{n}_{1\,(x,y)}H(x)]\mathrm{d}\alpha_x \tag{1-145}$$

式中，$D$ 为矿液的运移域；$\partial D$ 为 $D$ 的边界；$F(y)$ 为点源 $y$ 的运移势修正函数，其值随点源 $y$ 的位置变化而变化。通常，点源 $y$ 位于 $D+\partial D$ 外时，$F(y)$ 为 0，即点源 $y$ 处的矿液无法运移；而当点源 $y$ 位于 $\partial D$ 和 $D$ 内时，$F(y)$ 则为 0.5 和 1，表明点源 $y$

能够运移。$G^n_{1(x,y)}$ 为点源 $y$ 引起的 $x$ 点沿向量 $\boldsymbol{n}$ 的运移速度。使用符号 $G^n_{1(x,y)}$ 表示由点 $y$ 沿向量 $\boldsymbol{n}$ 在点 $x$ 处引起的运移势。

设介质流通性系数 $K_{ij}$ 同向不变，则正交异性介质矿液二维运移问题的特解 $G_{(\varepsilon,0)}$ 和 $G^n_{1(\varepsilon,0)}$ 分别为

$$G_{(\varepsilon,0)} = \frac{1}{2\pi\sqrt{\lambda h}} - \lg\frac{1}{r} \text{ 和 } G^n_{1(\varepsilon,0)} = \frac{1}{2\pi\sqrt{\lambda}} \cdot \frac{\boldsymbol{n}_1\varepsilon_1 + \boldsymbol{n}_2\varepsilon_2}{r^2} \tag{1-146}$$

式中，$r^2 = {\varepsilon_1}^2 + \frac{1}{\lambda}{\varepsilon_2}^2$；$\lambda$ 为断裂介质正交方向的流通性比值。

对于位于已知边界上的点源 $y$ 来说，式（1-145）可变为

$$\frac{1}{2}H_{(x_0)} = -\int_{\partial D}[G_{(x_0,y)}N^q H(y) - G^n_{1(x_0,y)}H(y)]\mathrm{d}\alpha_y \tag{1-147}$$

若边界条件适当，上式则变可为 Frednolm 型积分方程，用式（1-145）可求得运移域 $D$ 中各点的运移势。一般求解运移势，其边界条件往往使积分方程难以求得精确解，此时，可用离散化方法将已知边界分割成 $N$ 个小区间 $\Delta S_i(i=1, 2, 3, \cdots)$，$x_i$、$\Delta S_i$，式（1-145）则变为

$$\frac{1}{2}H_{(x_i)} = -\sum_{j=1}^{N}[G_{(x_i/x_j)}N_{\boldsymbol{n}}H(y\,x_j) - G^n_{1(x_i,x_j)}H(x_j)]\Delta S_i \tag{1-148}$$

上式表示求解运移势场的线性方程。对运移域 $D$ 内各点可按式（1-148）建立方程，联立求解全域方程组，即可求得运移势场。

D. 二级运移势

与一阶运移不同，矿液的二阶运移驱动力为构造应力，运移通道为控矿断裂带上部的断裂介质及与其相联通的渗透性岩层。当多孔介质受构造应力作用时，着力点位于固体颗粒的接触点上，使孔隙变形、容积缩小，此时充满孔隙的理想流体便会产生内压力，并处处垂直于孔壁［图 1-35（a）］。根据 Fyfe 试验［图 1-35（b）］，多孔介质孔隙流体内压力的关系式为

$$\sigma_1 = S_1 - p \tag{1-149}$$

$$\sigma_3 = S_3 - p \tag{1-150}$$

$$S_n = \frac{1}{2}(S_1 + S_3) - \frac{1}{2}(S_1 - S_3)\cos 2\theta \tag{1-151}$$

$$T_r = \frac{1}{2}(S_1 - S_3)\sin 2\theta \tag{1-152}$$

式中，$\sigma_1$、$\sigma_3$ 分别为作用于样品上的最大和最小有效应力；$S_1$、$S_3$ 分别为施加在样品上的最大和最小外力；$p$ 为空隙流体压力；$S_n$ 和 $T_r$ 是样品内与最大外力 $S_1$ 呈 $\theta$ 角的面（断裂或裂缝面）上所遭受的正压力和剪切力。结合上述公式，也可以推算出该面上所遭受的有效正应力和剪应力

$$\sigma_n = \frac{1}{2}[(S_1 - p) + (S_3 - p)] - \frac{1}{2}[(S_1 - p) - (S_3 - p)]\cos 2\theta = S_n - p \tag{1-153}$$

$$\tau = \frac{1}{2}[(S_1 - p) + (S_3 - p)]\sin 2\theta = T_r \tag{1-154}$$

因此，空隙流体压力会降低样品任意截面上的正应力，但不会影响剪应力。此外，当介质受张力作用时，由于断裂张开之前，多孔介质孔隙变形引起的体积变化并不大，故其内部孔隙流体内压力基本不受影响。

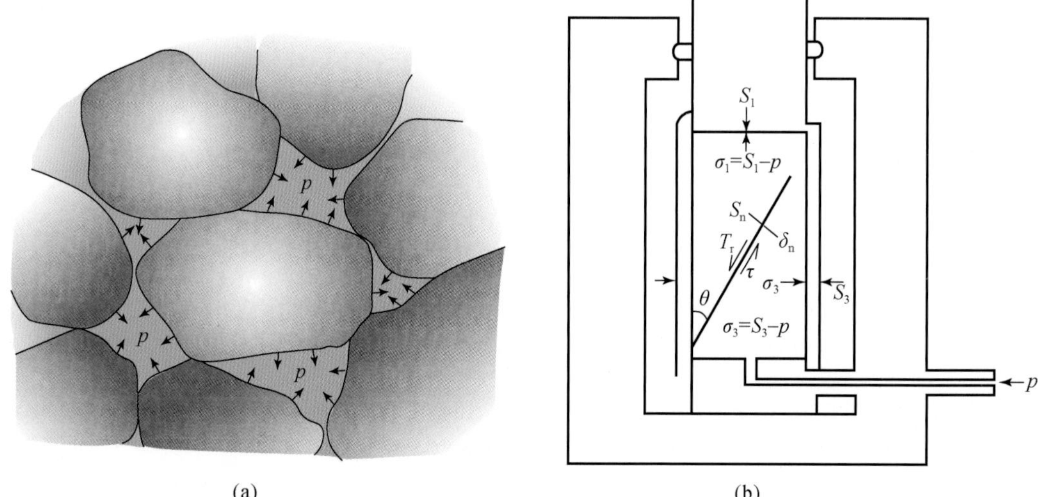


图 1-35　介质应力与孔隙液体压力关系示意（Fyfe et al.，1978）

（a）理想流体产生的内压力，处处垂直于孔壁；（b）多孔介质孔隙流体内压力的关系

当矿液由运移域进入成矿域之后，由于成矿域内各处主应力和（$\sigma_1+\sigma_3$）以及主应力差（$\sigma_1-\sigma_3$）并不相同。这样根据式［式（1-149）和式（1-150）或式（1-153）和式（1-154）］，选用合适的断裂介质渗透系数和压力系数，就可以根据式（1-141）和式（1-142），分别求出矿液的二阶运移势和应变能。

## 1.3　地震-海啸触发机制

### 1.3.1　地震触发机制

诸如 2011 年东日本大地震（Mw 9.0）等地球上所有的巨大地震（$M>8.5$）都无一例外地发生在俯冲带弧前的海底之下。俯冲系统弧前巨大逆冲断层带在倾向上具有显著的分段性。美国学者（Lay et al.，2012）将其分为四段（A-D 段），其中 A 段的范围是从海沟处到约 15km 深度处，B 段的范围大致从 15km 深度处到 35km 深度处，C 段的范围位于 35 ~ 55km 处，而 D 段比较特殊，大致位于 30 ~ 45km 处。A 段是海啸型地震的发育场所；B 段中，弧前巨大地震的同震位移较大，但辐射出的高频能量较少；C 段中虽然弧前巨大地震的同震位移较小，但辐射出的高频能量较多，同时发育有众多规模较小的弧前逆冲型地震；D 段中主要发育低频地震以及慢滑移事件，是断层脆韧性过渡带的标志。需要指出的是，D 段似乎只发育在一些特定的俯冲系统中，在这些俯冲系统中，较年轻的大洋岩石圈以较缓的倾角发生俯冲。

西北太平洋俯冲带（包括北琉球俯冲带和日本俯冲带）的精细三维构造特征已经得到了较好的约束，这使得人们有机会对西北太平洋俯冲带弧前大地震的触发机制进行深入探讨，并以此类比于全球俯冲系统弧前巨大逆冲型地震。

（1）北琉球俯冲系统弧前大地震

显著的构造横向不均匀性存在于北琉球俯冲带弧前的巨大逆冲断层带处（图 1-36），其 P 波速度（$V_P$）、S 波速度（$V_S$）、泊松比、P 波衰减（$Q_P$）和 S 波衰减（$Q_S$）特征基本一致（Liu and Zhao，2014）。

发生在北琉球俯冲带弧前海域之下的大地震（震级 ≥6.0）主要位于高波速、低衰减（高 $Q$ 值）异常体内部，或者其边缘部位，并往往毗邻显著的低波速、高衰减（低 $Q$ 值）异常体（图 1-36）。该俯冲带西部的九州地区也得到了类似的结果（Wang and Zhao，2006）。此外，在北琉球俯冲带弧前巨大逆冲断层带内的高速异常体处，一般具有较低的准静态滑移率（Yamashita et al.，2012），这表明这些高速异常体可能代表了断层带内的强耦合部位。三维地震反射数据揭示出，在纪伊半岛以南的弧前巨大逆冲断层带中，存在一明显的低速层，并被认为代表了断层的弱耦合部位（Bangs et al.，2009）。

目前尚不清楚弧前巨大逆冲断层带上的高波速、低衰减异常体以及低波速、高衰减异常体的成因。在南海海槽附近的菲律宾海板块之上，存在着三条显著的海山链，依次为九州-帕劳洋脊、纪南海山链以及伊豆-小笠原岛弧。九州-帕劳洋脊分割了较为年轻的四国海盆以及较为古老的西菲律宾海海盆（Okino et al.，1999；Deschamps and Lallemand，2002）。地震勘探结果显示，在九州岛弧前海域之下，九州-帕劳洋脊的西北延伸处，存在一不规则的 P 波速度异常体，被认为是俯冲的九州-帕劳洋脊（Nishizawa et al.，2009）。此外，Nishizawa 等（2009）在该 P 波速度异常体以北，1968 年 7.5 级地震震源区附近发现了高速异常体。二维地震反射剖面成果显示，在四国岛弧前海域之下，存在一俯冲的海山，该海山可能属于四国海盆停止扩张之后岩浆活动所形成的纪南海山链的一部分（Okino et al.，1999；Kodaira

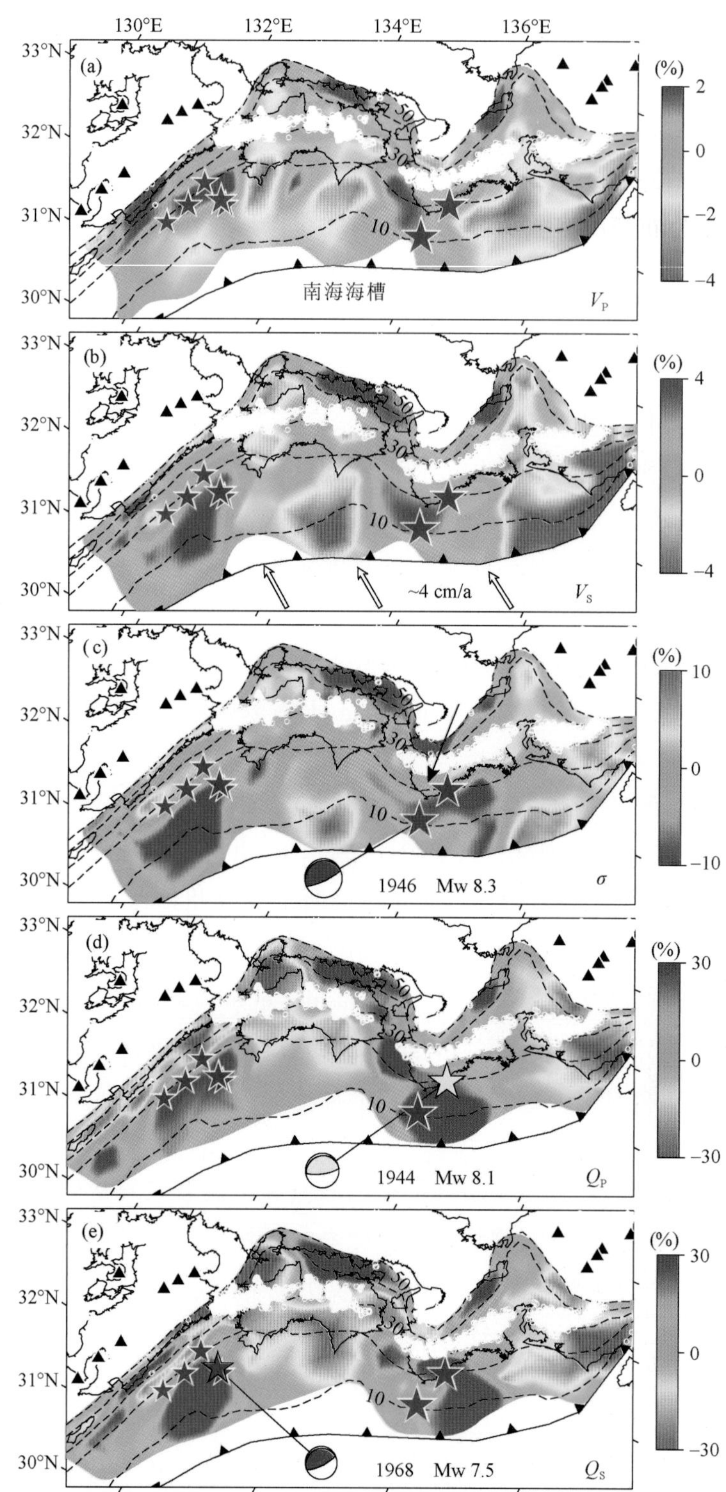


图 1-36　北琉球俯冲系统弧前巨大逆冲断层带处地震波速度、泊松比和衰减层析成像结果与弧前大地震之间的关系（据 Liu and Zhao，2014 修改）

（a）P 波速度异常，（b）S 波速度异常，（c）泊松比异常，（d）P 波衰减异常，（e）S 波衰减异常。五角星代表大地震，白色箭头代表板块运动速度

et al., 2002)。Zenisu 洋脊作为该岛弧的一个分支，大致平行于南海海槽展布。地震反射与折射构造探查表明，在北琉球俯冲带弧前增生楔之下存在一俯冲的洋脊，该洋脊大致平行于 Zenisu 洋脊（Park et al., 2004）。

上述这些俯冲的海山以及洋脊的大致位置与北琉球俯冲带弧前巨大逆冲断层带处高速异常体的分布情况基本吻合。该区弧前巨大逆冲断层带中的高波速、低衰减异常体可能代表了俯冲的海山或板块表面的隆起部位。

断层的滑动，除了表现为传统意义上的地震之外，还表现为许多慢地震事件，沿着断层面，两者的空间展布位置存在明显差异（Obara and Kato, 2016）（图 1-37）。虽然这些慢地震与传统意义上的地震存在差异，但是慢地震和弧前巨大逆冲型地震可以具有相同的滑移机制（图 1-38）。由于弧前巨大逆冲型地震发生的周期较长，观测数据较少，而慢地震发生的频率较高，周期较短，这也许有助于揭示出巨大地震背后的物理过程。慢地震对断层带中应力的变化非常敏感，因而成为断层带应力变化的主要指示剂。断层带中周期性的应力变化增加了巨大逆冲型地震发生的可能性。细致地检测慢地震的发生可为预警巨大地震的发生提供新的信息。

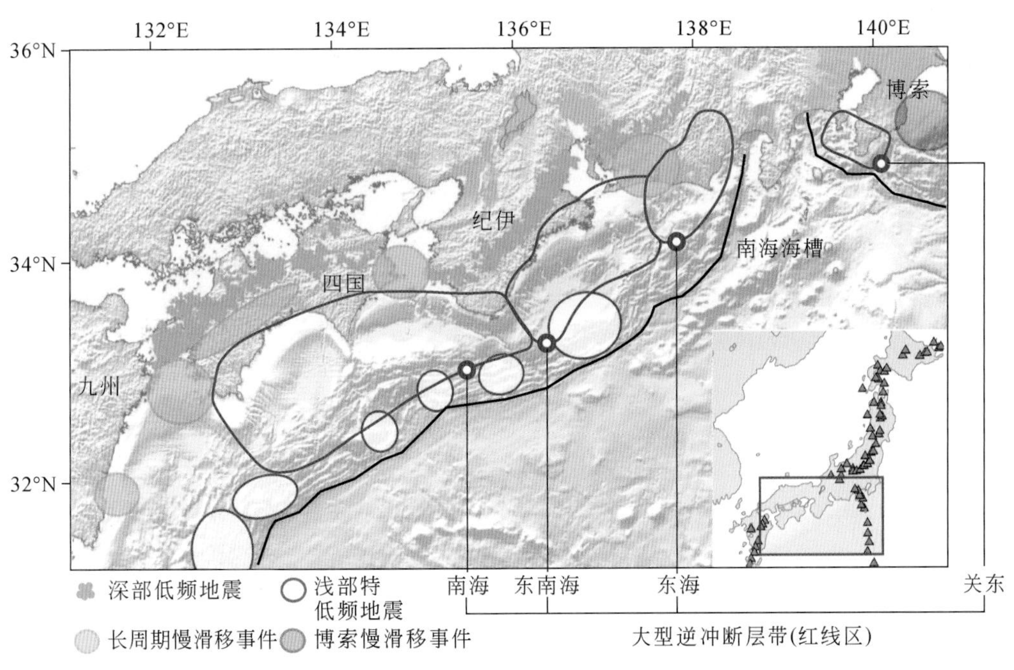


图 1-37　北琉球俯冲系统弧前巨大逆冲断层带处不同类型地震平面展布

（据 Obara and Kato, 2016 修改）

通过对比日本海沟处的沉积物厚度与弧前巨大逆冲断层带处的速度层析成像结果发现，在高速异常体附近，沉积物厚度较薄；而在低速异常体附近，沉积物较厚（Huang and Zhao，2013）。弧前巨大逆冲断层带中的低速异常体或许是由俯冲的沉积物以及俯冲板块的脱水作用所形成（Zhao et al.，2011）。除了由于板块之间的相互作用使得在高速异常体（强耦合部位）处发生应力集中外，这些与高速异常体相毗邻的低速异常体内部所富含的流体，控制了断层处的孔隙流体压力，从而在板块边界型逆冲大地震的成核过程中也起到了重要作用。这与岛弧陆内大地震的成核过程基本相一致（Zhao et al.，1996，2000；Cheng et al.，2011；Tong et al.，2012）。

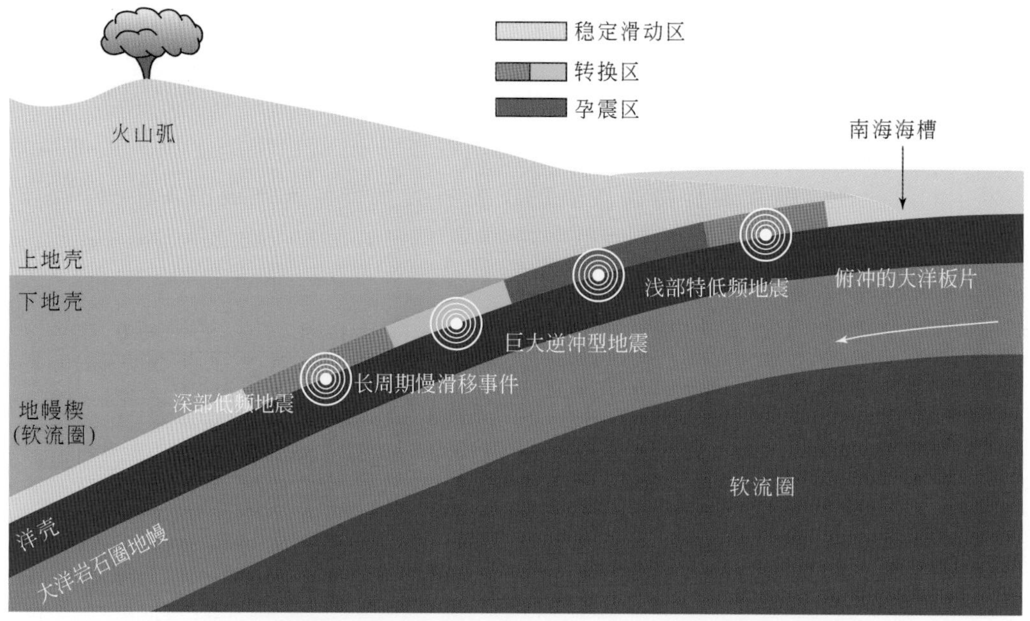


图 1-38　北琉球俯冲系统弧前巨大逆冲断层带处不同类型地震展布关系剖面

（据 Obara and Kato，2016 修改）

（2）日本俯冲系统弧前大地震

图 1-39 和图 1-40 展示了日本俯冲带弧前巨大逆冲断层带处的地震波速度和衰减层析成像结果（Liu et al.，2014），该处存在显著的构造横向不均匀性，其 P 波速度（$V_P$）、S 波速度（$V_S$）、P 波衰减（$Q_P$）、S 波衰减（$Q_S$）以及 $Q_P/Q_S$ 特征基本一致。2011 年东北日本大地震（Mw 9.0）的震源位于一明显的高波速、低衰减（高 $Q$ 值）异常体边缘，在该高波速、低衰减异常体南北两侧，则表现为低波速、高衰减（低 $Q$ 值）异常。

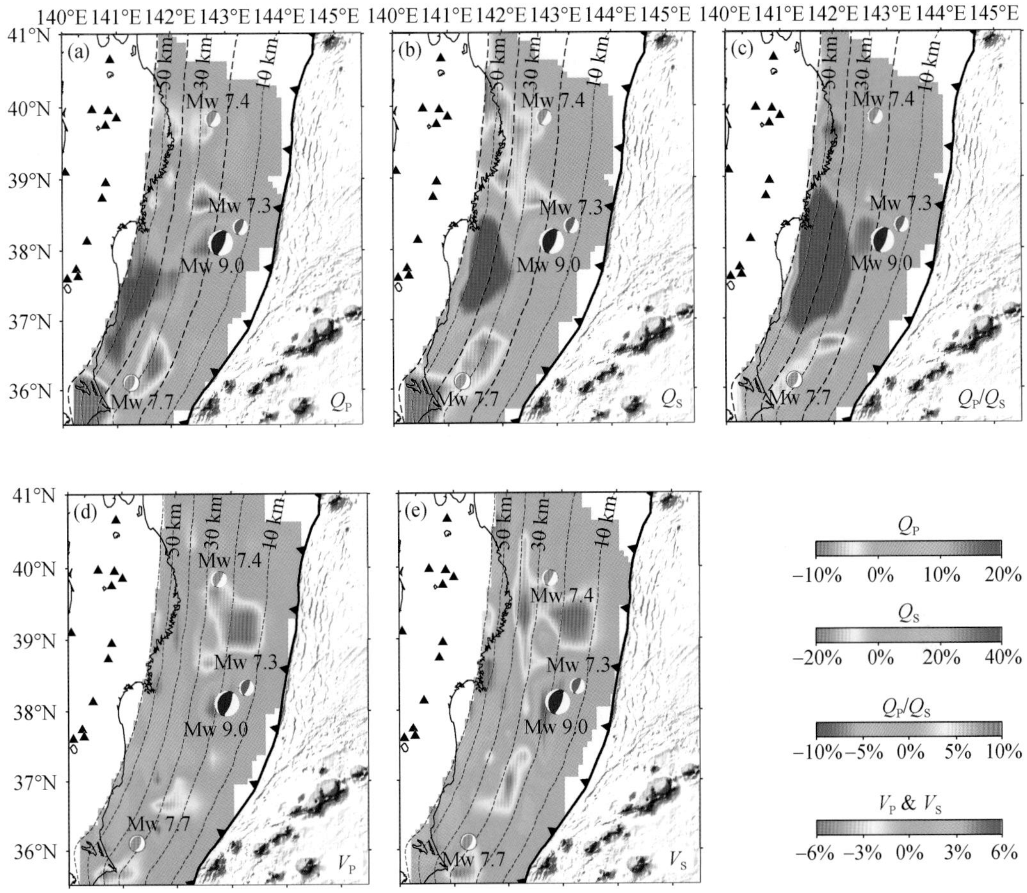

图 1-39　日本俯冲系统弧前巨大逆冲断层带处地震波速度、衰减和 $Q_P/Q_S$ 层析成像结果与 2011 年弧前大地震之间的关系（据 Liu et al.，2014 修改）

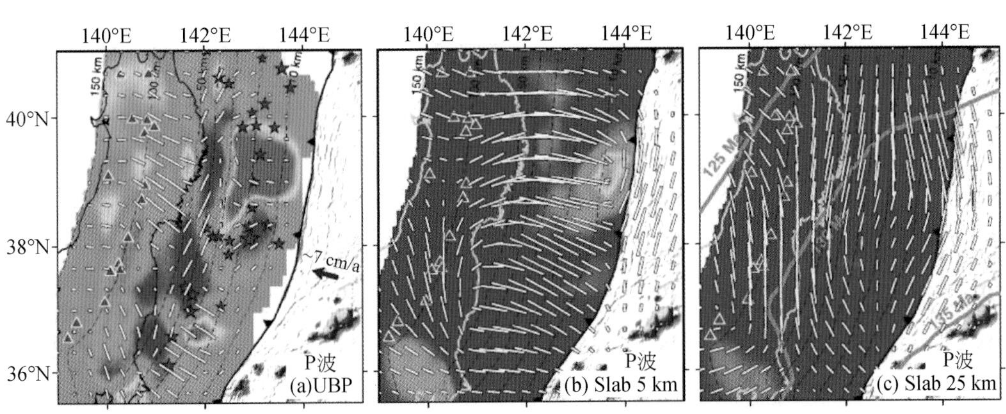

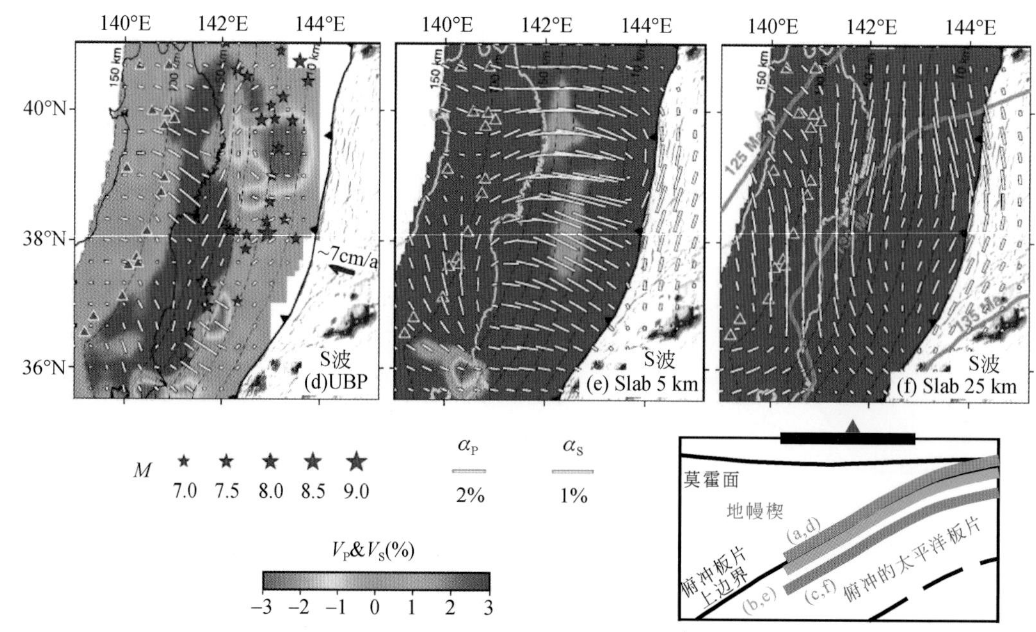


图 1-40 日本俯冲系统弧前巨大逆冲断层带处地震波各向异性层析成像结果与弧前大地震之间的关系（据 Liu and Zhao，2017 修改）

1900～2012 年，大部分发生在日本俯冲带弧前海域之下的大地震（$M_{JMA} \geq$ 7.0），位于该高 $Q$ 值、高波速异常体内部，或者其边缘部位，毗邻于其南北两侧显著的低 $Q$ 值、低波速异常体。将所得层析成像结果与板块边界处的滑移亏损量相比较（Suwa et al.，2006；Hashimoto et al.，2009），发现滑移亏损量较大的部位与 2011 年东日本大地震（Mw 9.0）震源处显著的高 $Q$ 值、高波速异常体的分布情况基本相吻合。此外，一些发生在板块边界处的逆冲型大地震的同震滑移分布情况与该高 $Q$ 值、高波速异常体的分布也大致相同。因此，2011 年东日本大地震（Mw 9.0）震源处的高 $Q$ 值、高波速异常体代表了俯冲的太平洋板片与上覆鄂霍次克板块之间的强耦合部位，而其南北两侧的低 $Q$ 值、低波速异常体则可能代表了两板块之间的弱耦合部位。该高 $Q$ 值、高波速异常体可能由俯冲的海山或海底隆起地形所形成，而其南北两侧的低 $Q$ 值、低波速异常体则可能是由俯冲的海底沉积物以及俯冲板块的脱水作用所导致的（Zhao et al.，2011）（图 1-41）。

与 1944 年和 1946 年发生在南海海槽俯冲带的 7.9 级和 8.0 级逆冲型大地震相类似的是，2011 年 9.0 级东日本大地震的同震滑移分布情况（Simons et al.，2011；Koketsu et al.，2011），表现出不仅仅局限在震源所在的高 $Q$ 值、高波速异常体内的特征。这可能是由于断层上低 $Q$ 值、低波速异常体的弱耦合性，使得断层破裂面可以相对容易地在这些低 $Q$ 值、低波速异常体内扩张而不受到很大的约束，从而引发巨大地震。

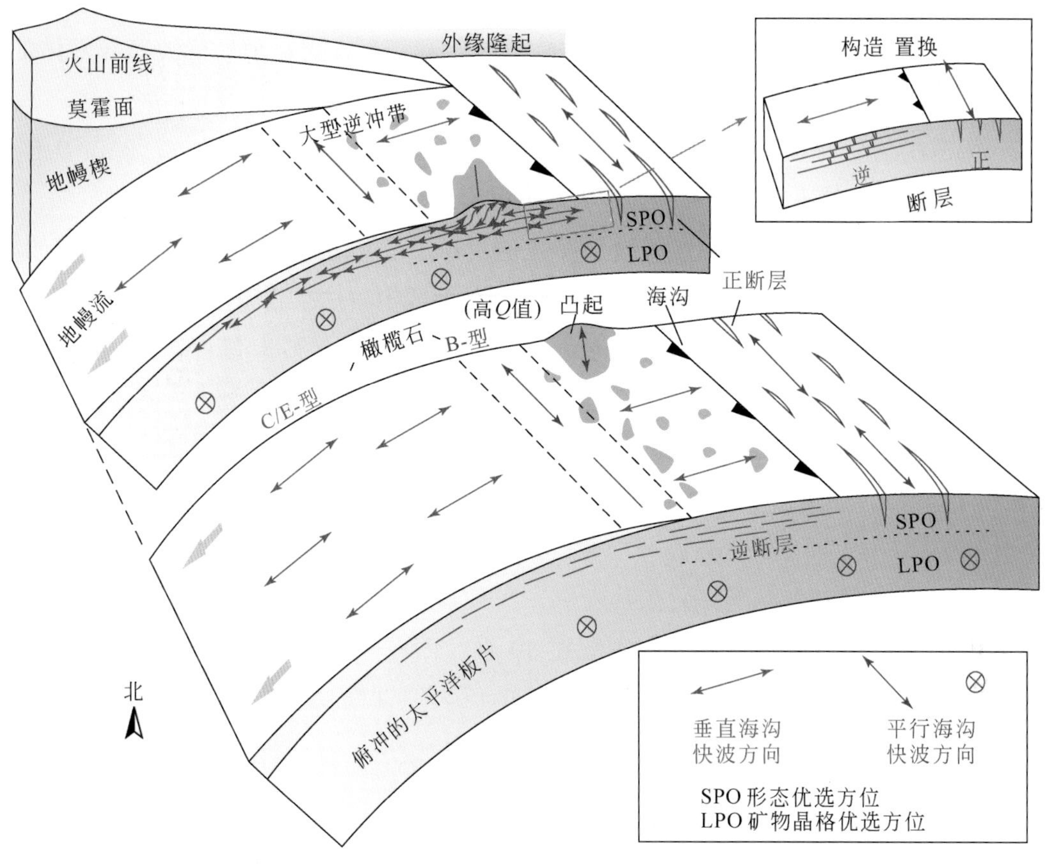


图 1-41　日本俯冲系统弧前巨大逆冲断层带处构造特征示意

（据 Liu and Zhao，2017 修改）

综上所述，西北太平洋俯冲带弧前巨大逆冲断层带处巨大地震的发生，可能需要满足以下三个主要条件（图 1-41）。

1）需要能量的大量积累。这就需要在俯冲板块边界处存在较为显著的强耦合部位。板块之间的相对运动，可以使得应力在强耦合部位不断积累，从而为巨大地震的发生积累能量。

2）积累与释放能量的广泛空间。地震自相似性原则（Aki，1967）表明，引发地震的断层破裂面越大，震级就越大，地震所释放的能量也就越大。研究表明，在弧前巨大逆冲断层带处，断层破裂面的大小在一定程度上受控于断层面上强、弱耦合部位的分布情况。当断层面上一个（或一组）强耦合部位的周边存在广泛的弱耦合部位时，断层破裂面的发育受到的约束相对较小，从而为巨大地震的能量释放提供足够的空间。

3）流体改变临界条件触发地震。由于海底沉积物的俯冲以及俯冲板块的脱水作用，使得板块边界处富含流体。流体增多增大了断层处孔隙流体的压力，减小了摩擦系数，从而对弧前巨大逆冲型地震的孕育成核起到重要作用。这也是西北太平洋俯冲带弧前巨大逆冲型地震的震源位置往往毗邻显著的低 $Q$ 值、低波速异常体的原因。

正是在满足了上述三个主要条件的基础上，2011 年东日本大地震（Mw 9.0）以及其他的俯冲带巨大地震得以发生。

当然，弧前大地震的触发机制依旧是前沿课题，仍存在着众多的争论。例如，对于弧前巨大逆冲断层带中的高波速、高 $Q$ 值异常体的成因，还存在争论。一些学者使用剩余地形和剩余重力异常来约束日本俯冲系统前弧上覆板块的构造特征（Bassett et al., 2016）（图 1-42）。这些数据揭示出，在上覆板块中，存在一条北东-南西向构造带。横跨该构造带，岩石密度自南向北有明显的增加。由此，认为该构造带是西南日本地区中央构造线的东缘，分隔了靠岸一侧（北侧）的花岗岩体与靠海一侧（南侧）的俯冲增生楔。在该构造带北侧，弧前巨大逆冲断层带中发育有众多历史大地震，而在其南侧，大地震较少。2011 的日本 9.0 级大地震的同震位移距离，在该构造带北侧超过 40 米，而在其南侧，位移则较少。由此，认为是上覆板块的岩石构造特征控制了弧前巨大逆冲断层带中的耦合性特征及其发震过程。

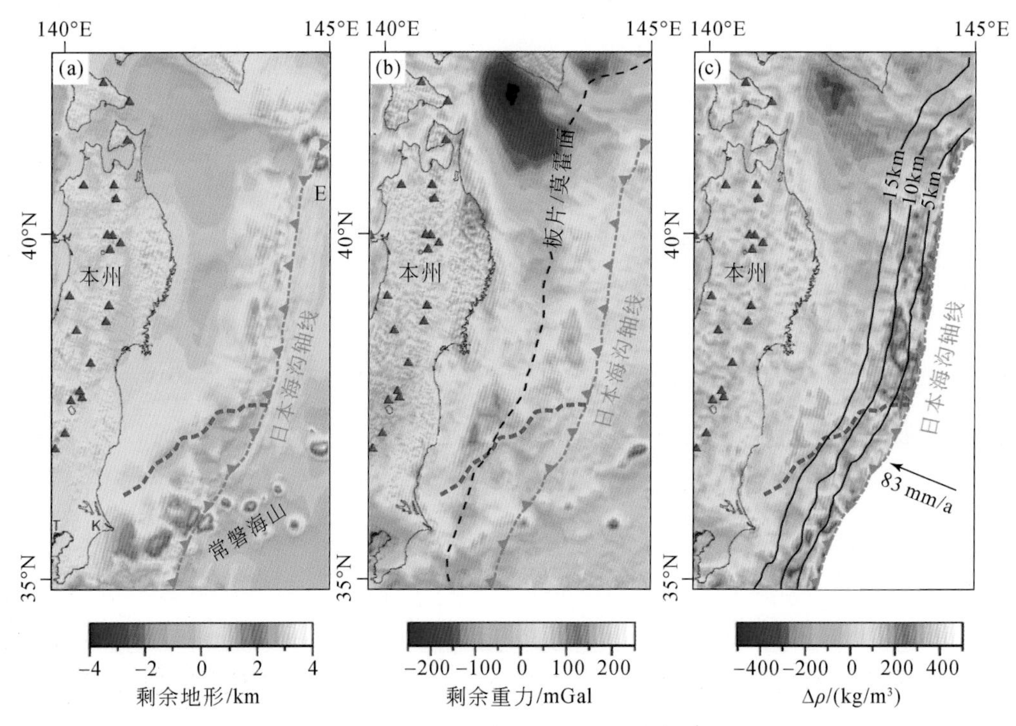


图 1-42　日本俯冲系统弧前（a）剩余地形、（b）剩余重力和（c）密度异常（据 Bassett et al.，2016 修改）

在东太平洋智利俯冲带地区开展的地震层析成像研究表明（Hicks et al.，2012）（图 1-43），在弧前 25km 深度处存在显著的高 $V_P$ 和高 $V_P/V_S$ 异常，这与布格重力异常数据相吻合。这是一个高速异常体，可能是俯冲的纳斯卡板块上的海山。弧前大地震在该高速异常体周边成核。该发现意味着俯冲构造可能有助于弧前大型地震的成核，即使它们随后可能会阻碍同震滑动和余震活动（图 1-44）。

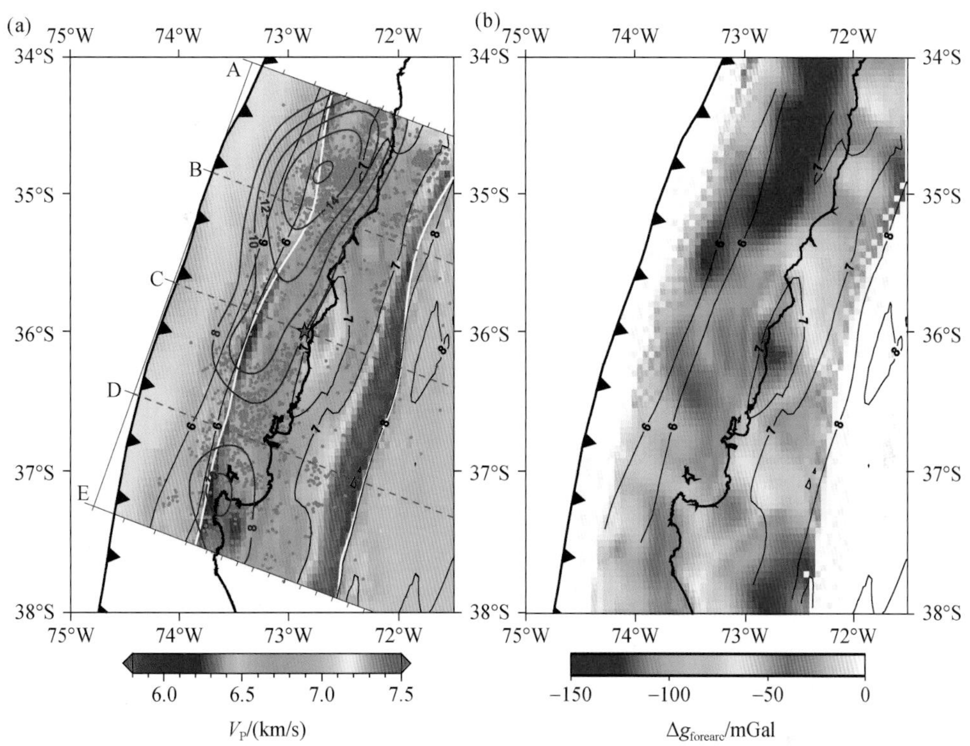


图 1-43　智利俯冲系统弧前（a）P 波速度层析成像和（b）布格重力异常
（据 Hicks et al.，2012 修改）

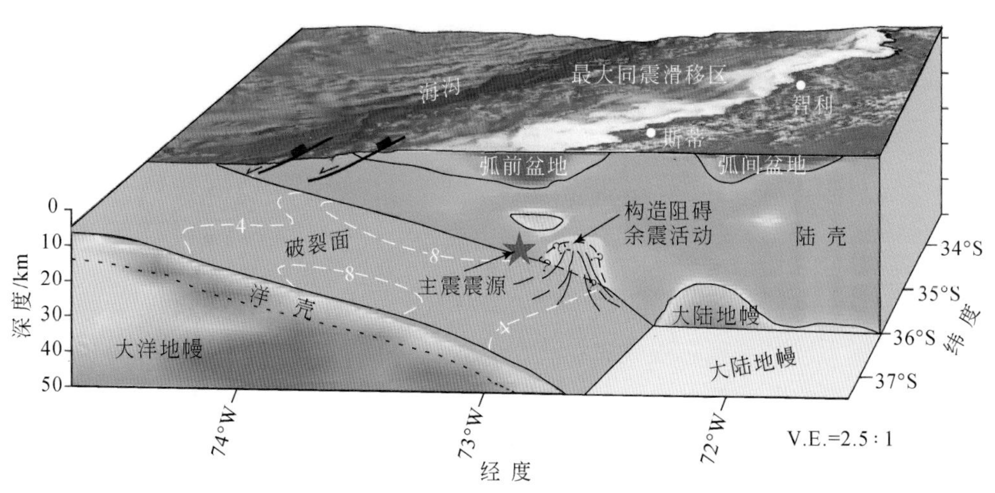


图 1-44　智利俯冲系统弧前巨大逆冲断层带处构造特征示意
（据 Hicks et al.，2012 修改）

此外，海山俯冲是否会导致弧前逆冲型大地震的发生，也依然存在争论（Wang and Bilek，2011，2014）。断层强度越大，则断层面内的摩擦系数越高，断层滑动时克服摩擦阻力做功释放出的热就越多，反之亦然。一些学者（Gao and Wang，2014）通过拟合俯冲系统弧前地表热流值来约束弧前巨大逆冲断层带的强度，发现在视摩擦系数越高的弧前巨大逆冲断层带中，所产生的最大地震震级反而越小（图1-45），由此认为较为光滑的断层面容易导致弧前巨大逆冲型地震的发生。

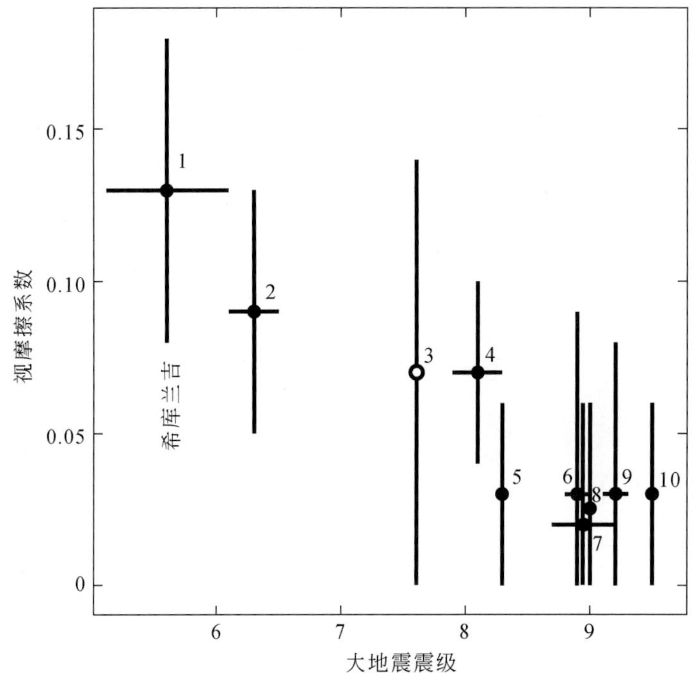


图1-45　俯冲系统弧前巨大逆冲断层带视摩擦系数与大地震震级关系

（据Gao and Wang，2014修改）

1. 北希库朗伊；2. 马尼拉；3. 哥斯达黎加；4. 克马德克；5. 南海海槽；6. 堪察加；7. 北卡斯凯迪亚；8. 日本；9. 苏门答腊；10. 中南智利

### 1.3.2　海啸触发与传播机制

海啸的英文是“Tsunami”，这一词语来自日文，是港湾内波的意思。海啸是一种海洋表面重力波，是具有强大破坏力的海浪（图1-46）。除了地震以外，海底火山爆发或海底塌陷滑坡等也能引起海啸。因此，根据海啸产生的原因分类，可划分为地震海啸、滑坡海啸、火山海啸和“气象海啸”（图1-47）。“气象海啸”是一种不常见的海啸波，这种长波主要因飓风、台风通过等引起，包括雷电、大气重力波、大气压跳跃和风波（Antony，2011）。由深海地震引起的海啸称为地震海啸，地震时海底地层发生断裂，部分地层出现猛烈上升或下沉，造成从海底到海面的整个水层发生剧烈抖动（图 1-46）。海啸波长为数百至数千千米，因为这远远大于海洋深度，所以海啸是一个浅水波。海啸形成后，海啸在海洋中从一点传播到另一点的速度和时间由海洋深度确定，频率为 10 分钟到 2 小时左右，大约以每小时数百千米的速度向四周海域传播，在深度为 4000～5000m 的开阔大洋，海啸传播速度为 200～220m/s。在广阔的海洋区域中，海啸的传播几乎无衰减，因此海啸只需要一天时间就能穿过大型海洋盆地，且洋中脊可以作为海啸波的波导管，一旦进入大陆架，由于海水深度急剧变浅，使波浪高度骤然增加，有时可达二三十米，从而对沿海地区造成严重灾害（表 1-2，表 1-3）。

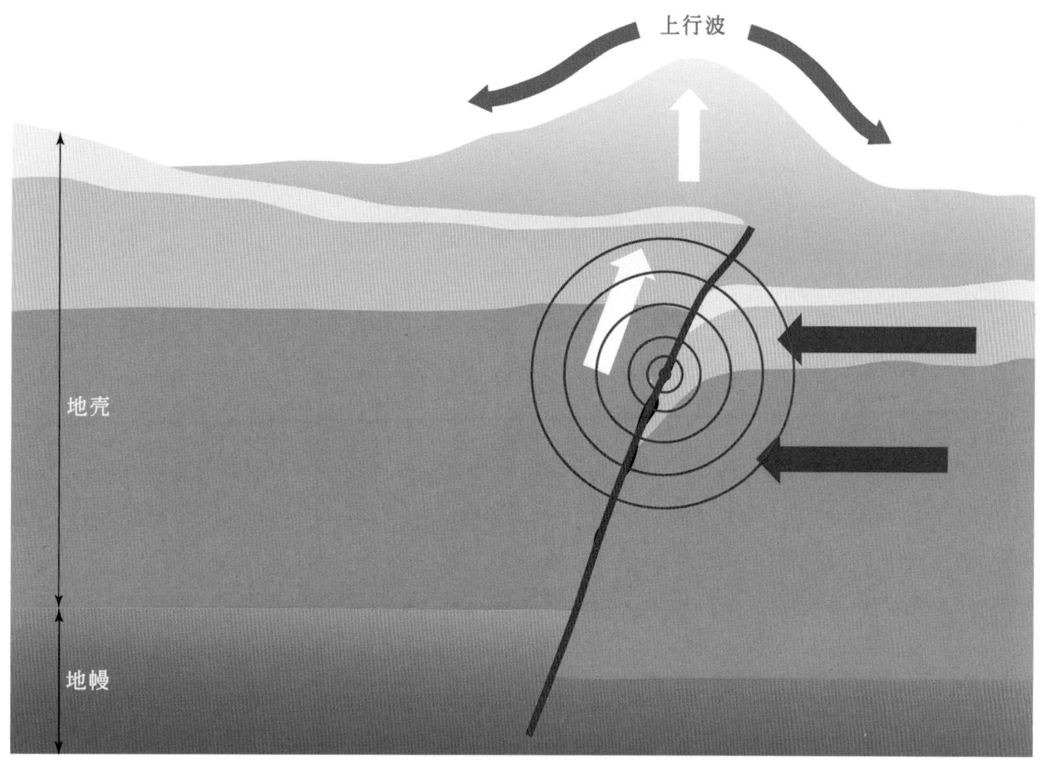


图 1-46　逆断层作用导致海啸的示意

（https://science. howstuffworks. com/nature/natural-disasters/tsunami2. htm）

地震海啸的产生一般受三个条件控制：第一是震源断层条件，构造地震是产生海啸的最主要的地震类型，地震引起海底垂直方向上的剧烈变形，才能产生海啸；第二是震源水深条件，在深水区发生的地震更容易产生海啸；第三是震级、震源深度条件，震级大于 6.5，震源较浅的地震易于产生海啸（陈颙，2002）。

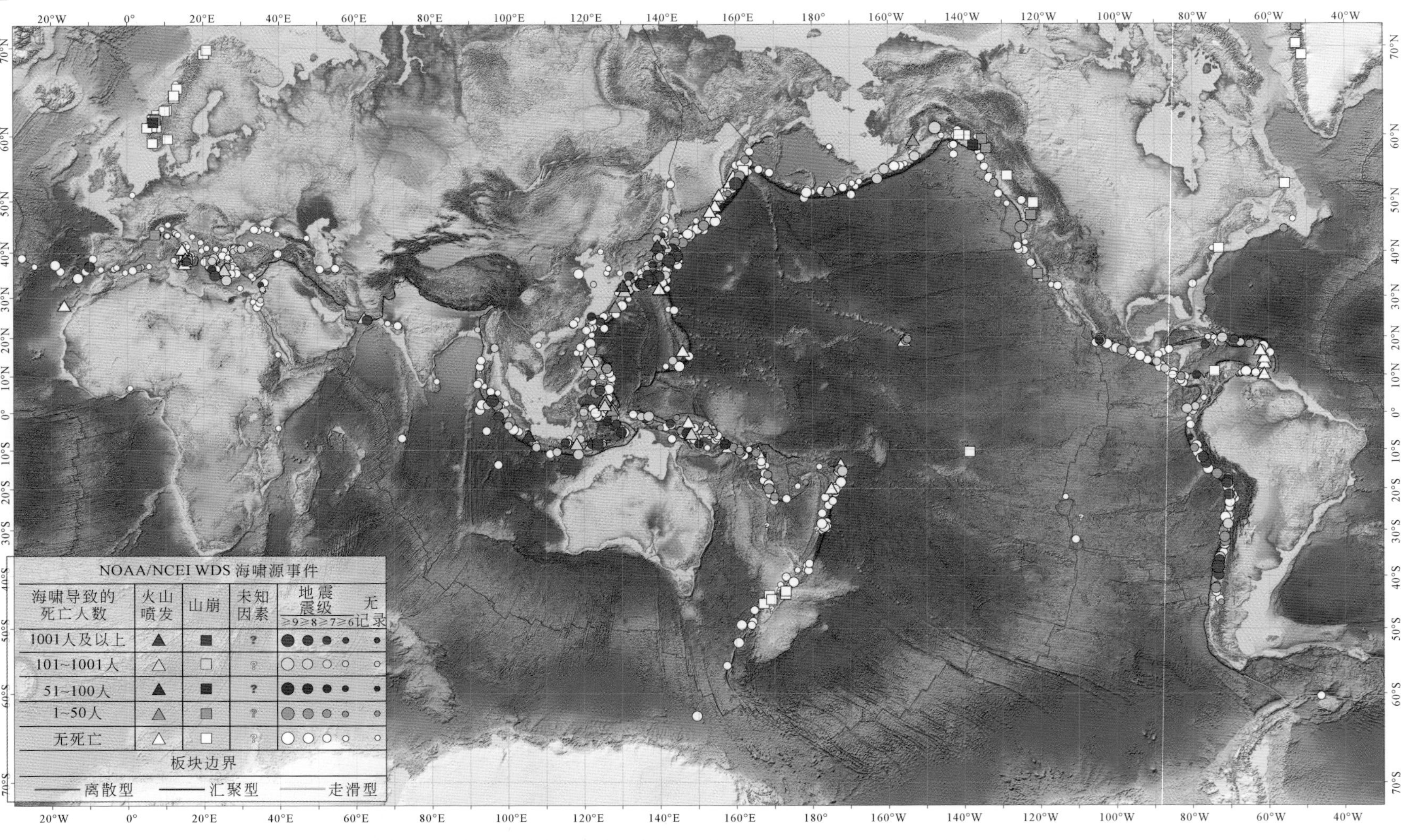

图 1-47　全球不同成因海啸分布(https://www.ngdc.noaa.gov/hazard/tsu.shtml)

海啸的浪高是海啸最重要的特征，经常用观测到的海啸浪高的对数作为海啸大小的度量，称为海啸的等级（表 1-2，陈颙，2002）。如果用 $H$（单位为 m）代表海啸的浪高，则海啸的等级 $M$ 为

$$M = \log_2 H \tag{1-155}$$

**表 1-2　海啸浪高及等级**

| 地震震级（$M$） | 产生海啸的等级 | 海啸的最大浪高/m |
|---|---|---|
| 6 | -2 | ≤0.3 |
| 6.5 | -1 | 0.5～0.7 |
| 7 | 0 | 1.0～1.5 |
| 7.5 | 1 | 2～3 |
| 8 | 2 | 4～6 |
| 8.5 | 4 | 16～24 |
| 8.75 | 5 | ≥24 |

资料来源：陈颙，2002

**表 1-3　历史上破坏巨大的海啸**

| 日期 | 发源地 | 浪高/m | 成因 | 备注 |
|---|---|---|---|---|
| 1600 B. C. | Santorin | | 海底火山喷发 | 地中海沿岸受到破坏 |
| 1755.11.01 | 大西洋东部 | 5～10 | 地震 | 摧毁里斯本 |
| 1868.08.13 | 秘鲁-智利 | >10 | 地震 | 破坏夏威夷、新西兰 |
| 1883.08.27 | Krakatau | 40 | 海底火山喷发 | 30 000 人死亡 |
| 1896.06.15 | Honshu | 24 | 地震 | 26 000 人死亡 |
| 1933.03.02 | Honshu | >20 | 地震 | 3000 人死亡 |
| 1946.04.01 | 阿留申群岛 | 10 | 地震 | 159 人死亡，损失 2500 万美元 |
| 1960.05.13 | 智利 | >10 | 地震 | 智利：909 死亡，834 人失踪；日本：120 人死亡 |
| 1964.03.28 | 阿拉斯加 | 6 | 地震 | 加利福尼亚州死亡 119 人，损失 1.04 亿美元 |
| 1992.12.02 | 印度尼西亚 | 26 | 地震 | 137 人死亡 |
| 1992.09.02 | 尼加拉瓜 | 10 | 地震 | 170 人死亡，500 人受伤，13 000 人无家可归 |

资料来源：陈颙，2002

海啸预警是一个非常具有挑战性的任务，虽然能够分析超级地震引起的大海啸发生规律，但是人类对地震发生规律的认识水平还是很低，需要继续加强对地震发生的规律性与地震预测预报的研究（陈运泰，2014）。近 20 年来的两次超级大地震引起的海啸都给人类带来了巨大的灾难，如 2004 年 12 月 26 日苏门答腊-安达曼 $M$ 9.1 地震

及印度洋超级海啸，2011 年东日本 $M$w 9.0 地震及海啸引起的日本福岛核泄漏。

局地地震海啸的预警时间相对短很多，如 2011 年东日本大地震海啸，地震 15 分钟后，海啸波便到达了日本东北部的东海岸，因此，要使海啸预警成为真正有效的减灾工具，需要加密海域内的地震与海啸的观测台网，增强对局地海啸的预警与应对措施的研究工作（陈运泰，2014）。

尽管这几次大的海啸没有对中国造成影响，但是中国不能忽略南海及周边存在海啸的风险。中国最早关于海啸的记载可以追溯到汉朝，据《汉书・元帝纪》记载，元帝初元二年（公元前 47 年）秋七月（西汉末期），“一年中地再动，北海水溢，流杀人民。”从汉朝至今，有关海啸的记录约有 30 次（任智源，2015）。Lau 等（2010）收集了中国南海东北区域的海啸历史记录，建立了相关的数据库。Sun 等（2013）通过研究西沙群岛的地质资料，发现了公元 1024 年前后南海发生海啸的证据。根据美国地质调查局的研究报告，南海马尼拉海沟和东海琉球海沟被认为是极易发生地震海啸的区域（Kirby，2006）。特别是马尼拉海沟，近几年地震活动频繁，且由于欧亚大陆板块以 70mm/a 的速度向菲律宾海板块之下俯冲，此区域发生海底地震的可能性极大。该俯冲带地震诱发的海啸波会使台湾、福建、广东和海南等中国沿海地区以及南海周边国家，直接暴露在海啸波的威胁之下，因此，研究马尼拉海沟地震引发的海啸并建立相应的预警系统，对中国沿海地区以及南海周边国家海啸灾害的防灾减灾具有重大意义（任智源，2015）。

在地震海啸方面，在政府间海洋学委员会的框架下，世界各国政府已经建立了较完善的预警体系，目前共有 4 个区域性海啸预警系统，分别为：太平洋海啸预警系统（PTWS）、印度洋海啸预警系统（IOTWS）、加勒比海啸预警系统（CARIBE EWS）和东北大西洋与地中海海啸预警系统（NEAMTWS）。美国在 1948 年组建了夏威夷地震海啸预警系统，联合国教科文组织政府间海洋学委员会（IOC）于 1965 年成立了太平洋海啸预警系统（ICG/IT-SU）（图 1-48）。此外，还有许多区域级和国家级海啸预警系统，中国 1983 年加入太平洋海啸预警系统国际协调组后，中国国家海洋环境预报中心也开展了海啸预警报业务，同时与太平洋海啸警报中心等多个国际海啸组织建立了合作关系，基本具备发布海啸预警的能力（侯京明等，2013）。

（1）海啸预警系统组成

1948 年美国在夏威夷檀香山（Honolulu）附近的地震观测台组建了地震海啸预警系统，该系统业务仅限于夏威夷群岛。1960 年智利大海啸和 1964 年阿拉斯加大海啸期间，预警系统在减轻这两次海啸在夏威夷地区的灾害中起到了非常显著的效益。在美国地震海啸预警系统的基础上，太平洋海啸预警系统于 1965 年成立。目前，太平洋海啸预警中心（PTWC）由美国、澳大利亚、加拿大、智利、中国、日本、法国、俄罗斯、朝鲜、墨西哥、新西兰等 26 个国家和国际组织构成，是国际海

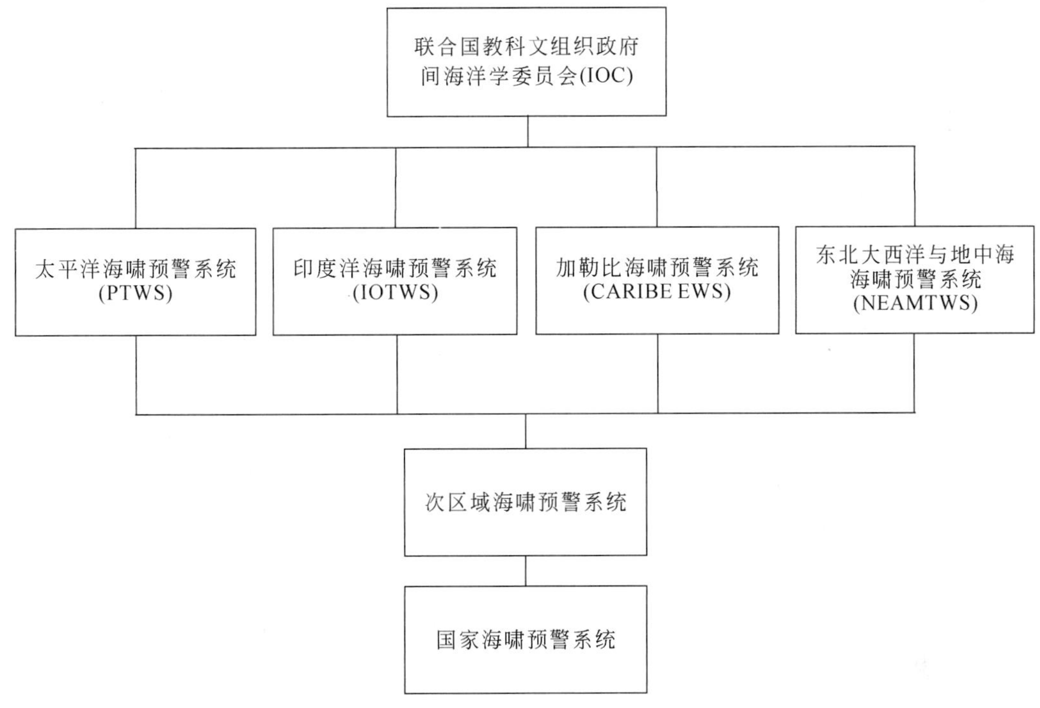


图 1-48　全球海啸预警系统基本框架（据侯京明等，2013）

啸预警系统的运行中心。参加国际海啸预警系统的成员国主要是太平洋沿岸国家和太平洋上的一些岛屿国家，该系统的主要任务是，测定发生在太平洋海域及其周边地区能够产生海啸的地震位置及其大小，如果地震的位置和大小达到了产生海啸的标准，需向各成员国发布海啸预警信息。国际海啸预警系统由地震与海啸监测系统、海啸预警中心和信息发布系统构成，其中，地震与海啸监测系统主要包括地震台站、地震台网中心、海洋潮汐台站（图 1-49）。

典型的海啸预警系统主要由三部分组成：①陆地预警指挥中心；②无线电、卫星通信系统；③海洋深处的海啸监测系统。

以上三部分有机的组合，能够实现监测、通信、预警、服务自动化，做到高速、实时的海啸监测（图 1-49）。如美国海啸预警系统，由所属海洋站、舰船、浮标、卫星等自动化仪器实现对海洋灾害资料的自动监测，并通过小孔径地面接收站实时传输到预警中心。全球各海域定时观测的海洋资料可以在预警中心实时显示，预警中心同时启动海啸数值模型进行定量计算，客观地做出海洋灾害的预报预警，最后，全球各海域可以通过卫星、舰船收集、处理，实时获得预警资料（http://www.tsunami.net.cn/gjhxyjxt-gaishu.htm）。

（2）海啸数值模拟

数值模拟是研究地震及波浪传播等自然过程和现象的科学方法，模拟地震海啸

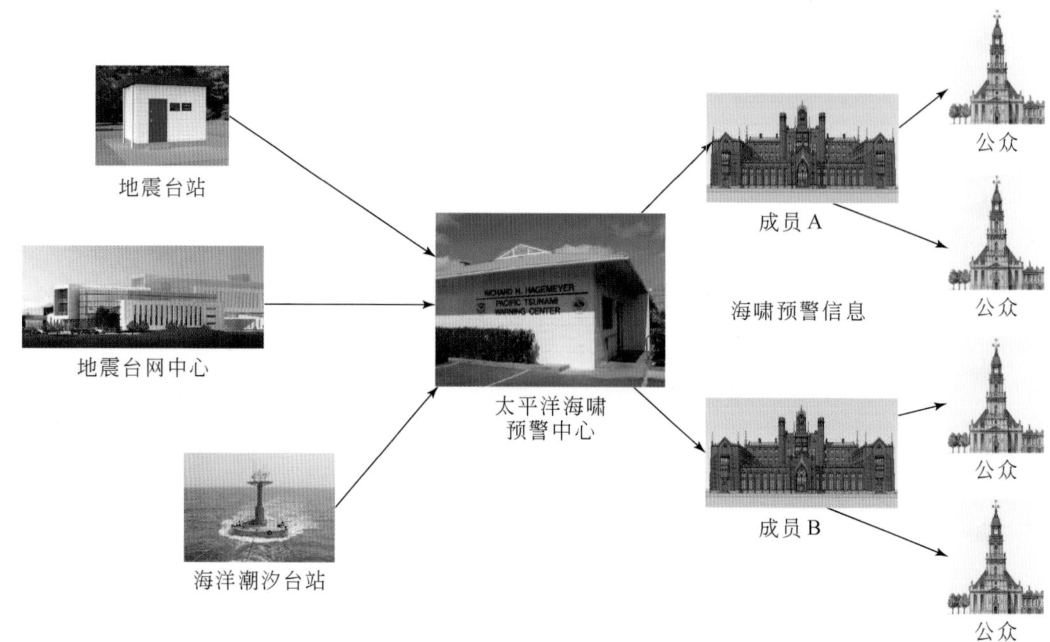


图 1-49　国际海啸预警系统示意

资料来源：http://www.tsunami.net.cn/gjhxyjxt-gaishu.htm

过程需综合海底地震和波浪传播两个过程。海啸的数值模型可以分为两类：第一类是基于非线性浅水方程的数值模拟；另一类是基于 Boussinesq 方程的数值模型，用于模拟海啸波的色散效应（任智源，2015）。成熟的海啸数值模式有多种，如国家海洋环境预报中心使用的 CTSU、日本气象厅使用的 TUNAMI、美国康奈尔大学开发的 COMCOT（Liu et al.，1998；鲍献文等，2013；赵联大等，2015）。COMCOT 是美国康奈尔大学在前人工作基础上研发的海啸数值模拟模式，后经相关学者多次改进趋于成熟，该模式已成功用于 1960 年智利海啸、2004 年苏门答腊海啸、2006 年台湾南部海啸、2010 年智利海啸、2011 年日本海啸等的数值模拟，为该领域较为经典和实用的数值模拟模式之一（赵联大等，2015）。

基于非线性浅水方程的数值模型主要有 MOST、GeoClaw、COMCOT 和 TUNAMI 等。MOST 模型由 NOAA/PMEL 和南加利福尼亚大学开发，被 NCT（National Center for Tsunami Research）采用为标准模型，可以计算海啸对阿拉斯加、加利福尼亚和夏威夷等产生的影响（Titov and Gonzalez，1997；Titov and Synolakis，1998）。它对产生阶段采用 Okada 模型，传播过程采用球坐标下的非线性浅水波方程作为控制方程，考虑了科氏力的影响，物理频散由有限差分的数值频散格式来近似（任智源，2015）。

对于海啸的生成，传统上采用的方法是瞬时响应方法，即将断裂带滑移引起的海底地形变化直接作为水面变化处理，这个水面的变化就是初始的海啸波（Manshinha and Smylie，1971）。目前，许多海啸数值模型均采用这种方法，如COMCOT、TUNAMI和GeoClaw等。对较大的海底地震而言，板块断裂时间和地形演变时间并不长，例如，2010智利地震断裂时间最长为150s，2011年东日本大地震断裂时间最长160s（Shao et al.，2011），而它引起的海底抬升时间均为十几秒（任智源，2015）。如果用瞬时响应模型来模拟这些海啸，对结果的影响并不大。

海啸生成和传播的数值模拟主要使用高阶Boussinesq水波模型（Madsen，2002；Wang and Liu，2013；刘桦等，2015）。在笛卡儿坐标系中，$xoy$平面位于静水面，$z$轴垂直向上，将连续性方程和欧拉方程投影到自由液面，得到水平二维水波模型的控制方程（Madsen et al.，2002；Wang and Liu，2013）。具体控制方程如下

$$\frac{\partial \widetilde{V}}{\partial t} + g\nabla\eta + \frac{1}{2}\nabla\left[\widetilde{V}\cdot\widetilde{V} - \widetilde{w}^2(1+\nabla\eta\cdot\nabla\eta)\right] = 0 \tag{1-156}$$

其中，$\eta(x, y, t)$为波面函数，$\widetilde{V}$为辅助速度变量，表示为

$$\widetilde{V} = \langle \widetilde{U}, \widetilde{V} \rangle = \widetilde{u} + \widetilde{w}\nabla\eta \tag{1-157}$$

底面边界条件为

$$w_{\mathrm{b}} + u_{\mathrm{b}}\cdot\nabla h = -h_t \tag{1-158}$$

式中，$\nabla = (\partial/\partial x, \partial/\partial y, 0)$为水平梯度算子；$\widetilde{u}$和$\widetilde{w}$分别为自由表面水平速度和垂向速度，$u_{\mathrm{b}}$和$w_{\mathrm{b}}$分别为底面水平速度和垂向速度；$h(x, y, t)$为水深；$h_t$表示水深随时间的变化率。对于势流问题，速度势函数满足Laplace方程，由Laplace方程的级数解得速度场的表达式

$$u(x,y,z,t) = \cos(z\nabla)\,u_0 + \sin(z\nabla)\,w_0 \tag{1-159}$$

$$w(x,y,z,t) = \cos(z\nabla)\,w_0 - \sin(z\nabla)\,u_0 \tag{1-160}$$

其中，sin-和cos-级数算子定义为

$$\cos(z\nabla) \equiv \sum_{n=0}^{\infty}(-1)^n\frac{z^{2n}}{(2n)!}\nabla^{2n} \tag{1-161}$$

$$\sin(z\nabla) \equiv \sum_{n=0}^{\infty}(-1)^n\frac{z^{2n+1}}{(2n+1)!}\nabla^{2n+1} \tag{1-162}$$

为了提高截断模型的色散性以及模拟速度垂线分布的精度，引入$\hat{\boldsymbol{u}}$和$\hat{\boldsymbol{w}}$这两个定义在$z=\hat{z}$上的水平流速矢量和垂向流速分量。这里，$\hat{z}$是相对水深等值面的$z$坐标。得到$\hat{\boldsymbol{u}}$和$\hat{\boldsymbol{w}}$的表达式为

$$\hat{\boldsymbol{u}}(x,y,t) = \cos(\hat{z}\nabla)\,u_0 + \sin(\hat{z}\nabla)\,w_0 \tag{1-163}$$

$$\widehat{\boldsymbol{w}}(x,y,t)=\cos(\hat{z}\nabla)\,w_0-\sin(\hat{z}\nabla)\,u_0 \tag{1-164}$$

通过级数求逆的办法，速度场可以表示为

$$u(x,y,z,t)=\cos((z-\hat{z})\,\nabla)\,\hat{u}+\sin((z-\hat{z})\,\nabla)\,\widehat{\boldsymbol{w}}+\Gamma_u\,\nabla\hat{z} \tag{1-165}$$

$$w(x,y,z,t)=\cos((z-\hat{z})\,\nabla)\,\hat{w}+\sin((z-\hat{z})\,\nabla)\,\widehat{\boldsymbol{u}}+\Gamma_w\,\nabla\hat{z} \tag{1-166}$$

其中，

$$\Gamma_u\equiv(z-\hat{z})(\cos((z-\hat{z})\,\nabla)\,\nabla\cdot\widehat{\boldsymbol{u}}+\sin((z-\hat{z})\,\nabla)\,\nabla\widehat{\boldsymbol{w}}) \tag{1-167}$$

$$\Gamma_w\equiv(z-\hat{z})(\cos((z-\hat{z})\,\nabla)\,\nabla\cdot\widehat{\boldsymbol{w}}+\sin((z-\hat{z})\,\nabla)\,\nabla\widehat{\boldsymbol{u}}) \tag{1-168}$$

对水波模型的线性色散性、非线性传递函数和线性浅化等基本特性，进行全面的理论分析，结果表明：取 $\hat{z}=-0.2h$，可给出最佳的相速度；而 $\hat{z}=-0.5h$，可给出最佳的速度垂向剖面；若以 2% 的相对误差作为控制标准，前者的有效模拟范围可达 $kh<39$，而后者的有效模拟范围也可达 $kh<25$（$k$ 为波数，$h$ 为水深）（刘桦等，2015）。采用有限差分方法建立数值模型，在由时间步 $n$ 求解时间步 $n+1$ 时，$\boldsymbol{\eta}^n$，$\widetilde{V}^n$为已知量，需要确定$\widetilde{w}$和$\widetilde{u}$用于时间步进方程，可以得到用$\hat{u}$，$\hat{w}$表达的$\widetilde{u}$，$\widetilde{w}$，记作

$$A_1[\widehat{\boldsymbol{u}}]+B_1[\widehat{\boldsymbol{w}}]=[\widetilde{u}] \tag{1-169}$$

$$-B_1[\widehat{\boldsymbol{u}}]+A_1[\widehat{\boldsymbol{w}}]=[\widetilde{w}] \tag{1-170}$$

由定义知，

$$\widetilde{V}=\widetilde{u}+\widetilde{w}\,\nabla\boldsymbol{\eta}=(A_1-[\nabla\boldsymbol{\eta}]\,B_1)[\widehat{\boldsymbol{u}}]+(B_1+[\nabla\boldsymbol{\eta}]\,A_1)[\widehat{\boldsymbol{w}}] \tag{1-171}$$

对底面边界条件，可以写成矩阵形式：$A_2[\widehat{\boldsymbol{u}}]+B_2[\widehat{\boldsymbol{w}}]=-h_t$ (1-172)

联立 $\widetilde{V}$ 的定义和底面边界条件，求解基本未知量 $\widehat{\boldsymbol{u}}$ 和 $\widehat{\boldsymbol{w}}$，即

$$\begin{pmatrix}A_1-[\nabla\boldsymbol{\eta}]\,B_1 & B_1+[\nabla\boldsymbol{\eta}]\,A_1\\ A_2 & B_2\end{pmatrix}\begin{pmatrix}[\widehat{\boldsymbol{u}}]\\ [\widehat{\boldsymbol{w}}]\end{pmatrix}=\begin{pmatrix}[\widetilde{V}]\\ -h_t\end{pmatrix} \tag{1-173}$$

求得基本未知量 $\widehat{\boldsymbol{u}}$ 和 $\widehat{\boldsymbol{w}}$ 后，利用上式计算 $\widetilde{u}$ 和 $\widetilde{w}$，其中 $A_1$ 和 $B_1$ 为系数。

Madsen 等（2002）针对水平一维问题，为了获得高精度的数值解，模型保留了 5 阶的空间导数项，采用 7 点中心差分格式，对于时程积分采用 5 阶 Cash-Karp-Runge-Kutta 格式，为了消除高频的数值不稳定性，每隔 20 ~ 30 时间步，使用一次 Savitsky-Golay 光滑。

海底地震是造成海啸的主要地震类型，赵曦等（2007）将这种海底运动概括为

$$\zeta(x,t)=2AC\text{sech}^2(Cx)\tanh(Cx)\sin(\pi t/2\tau)\quad -L/2\leqslant x\leqslant L \tag{1-174}$$

式中，$L$ 表示海底运动的水平尺度；$A$ 和 $C$ 为地震参数。水平尺度和错距 $S$ 可依据能量法得到。海底运动时间 $\tau$ 表示从地震发生到地震停止之间经历的时间。以太平洋平均水深 4000m 为例，取 4000m 作为模拟深海海啸的特征水深；选取 800m 作为模拟浅海海啸的特征水深。计算域范围远大于底面运动的水平尺度，两端为开边界并设置消波区消除反射波浪。采用海底地震概化模型和高阶 Boussinesq 水波模型，模拟了不同震级时表面波动的基本形态。数值结果表明，当震级小于里氏 7.5 级时，海面形成向左和向右传播的波列，波浪色散性显著。当震级大于里氏 7.5 级时，波面呈“N”形，为典型的 N 波，两侧分别为波峰在前的 N 波（Leading-elevation N-wave，LEN）和波谷在前的 N 波（Leading-depression N-wave，LDN）。对于深海地震（水深 4000m），海啸波的相对波高小于 $10^{-4}$；对于浅海地震（水深 800m），海啸波的相对波高小于 $10^{-3}$。对于相对波高量级为 $O$（$10^{-4}$）的海啸波来说，由孤立波理论估计算得到的波长量级为 $O$（$10^{2}$）km，但大震级的海底地震激发的 N 波波长为 $O$（10）—$O$（$10^{2}$）km。这说明，简单地将孤立波或具有孤立特性的 N 波，作为海啸波的输入来研究海啸波的爬高，是值得商榷的。

采用平面二维高阶 Boussinesq 水波模型，模拟 2004 年印度洋海啸的生成、传播以及爬高过程，计算域包括印度洋海啸地震断裂带、苏门答腊岛和泰国等地区，计算域四周设置消波区，消除由边界反射的波浪。地形数据来自 1 弧分全球地表地形模型 ETOPO1，包含了陆地地形和海洋水深数据。数值模拟结果表明，大约在地震后 13min，海啸波到达苏门答腊岛附近，约 2h 海啸波到达泰国附近，与印度洋海啸时间波浪到达时间吻合（图 1-50）。印度洋海啸中受灾最严重的印度尼西亚班达亚齐地区，距震源仅 200km，地震后 20min 左右波谷先到达岸边，几分钟后 3m 多的波峰到达（图 1-50）。这与海啸目击者的描述相同，海啸来临之前，海水大幅后退，露出大片的沙滩，当波峰到达，猛烈的波浪高达数米（任智源，2015；刘桦等，2015）。

海啸传播主要通过海啸波在水体中运动，波前从源区向四周传播，主要依赖源区的特征和几何形态。实际上，海啸波波长远远大于大洋的最大深度，不考虑大洋深度时，海啸波的行为被认为是浅水波（Antony，2011）。非常长的海啸波传播速度可以近似表达为

$$C = \sqrt{gH} \tag{1-175}$$

式中，$C$ 是震相速度；$g$ 是重力加速度；这里的 $H$ 表示如下

$$H = D + \eta \tag{1-176}$$

式中，$D$ 是水深，$\eta$ 是波高。海啸波速和波高关系见图 1-51。

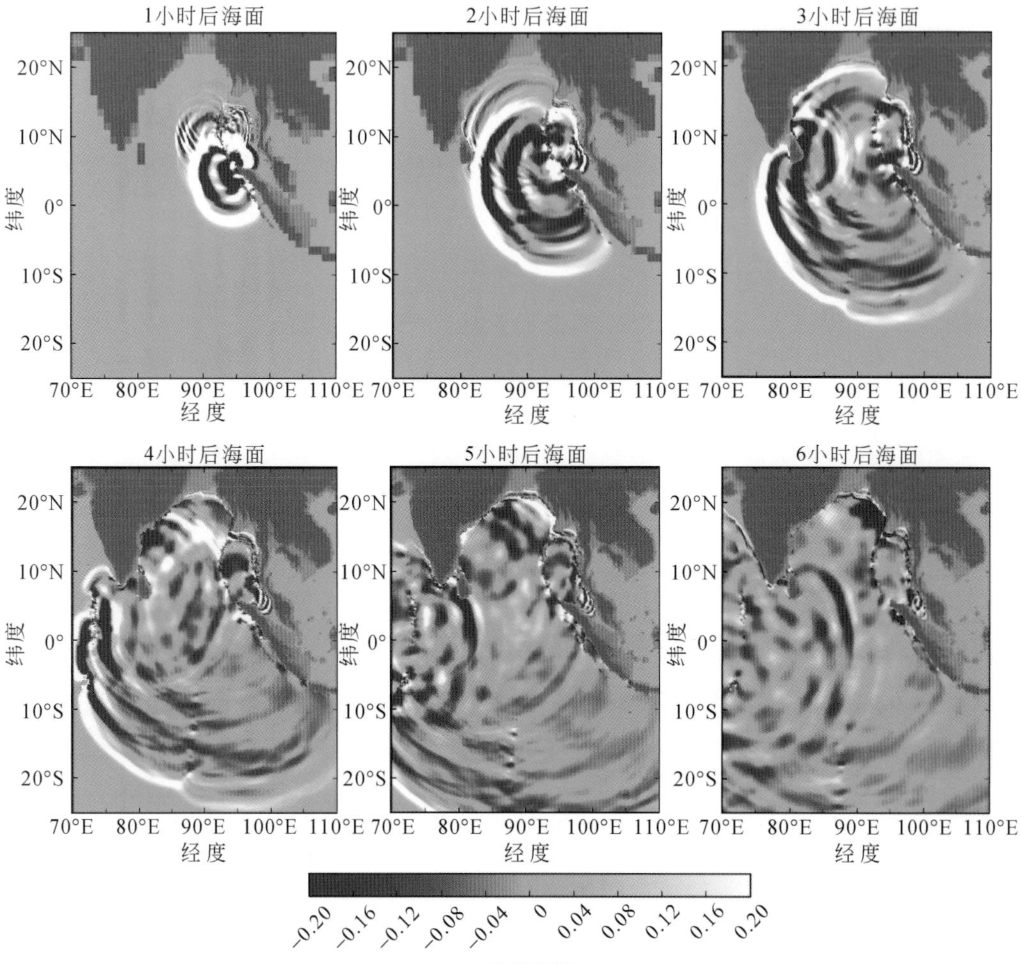

1小时后海面　2小时后海面　3小时后海面

4小时后海面　5小时后海面　6小时后海面

海面升降

图 1-50　印度洋海啸发生后 6 小时传播演化过程（任智源，2015）

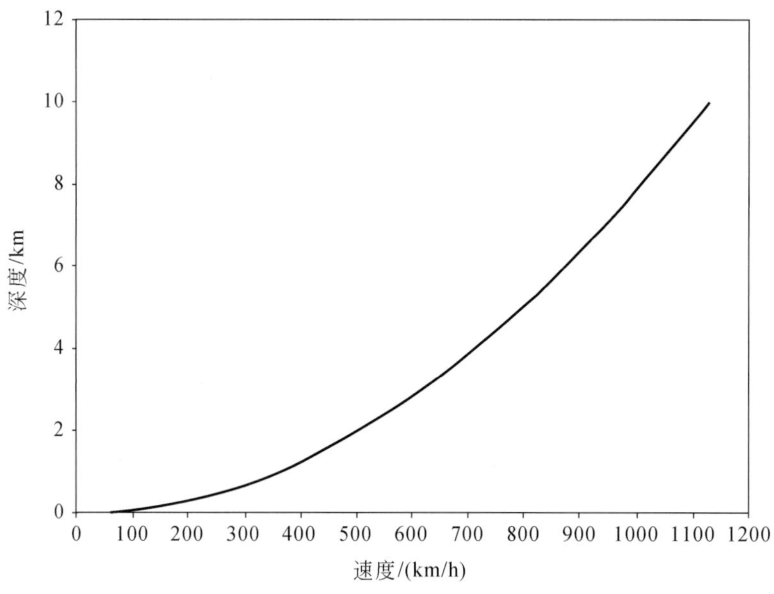


图 1-51　海啸波波速和波高的关系（Antony，2011）

更加准确的表达式如下（Nirupama 等，2007）

$$C_g = \sqrt{gD}\left(1 - \frac{2\pi^2\mu}{3}\right) \tag{1-177}$$

其中：

$$\mu \equiv \frac{D^2}{\lambda^2} \tag{1-178}$$

式中，$\lambda$ 为波长；$\mu$ 为频率频散。

由风产生的海啸波既有震相速度又有群速度，到达任何一点的群速度，可以表达为

$$C_g = \sqrt{gD}\left(1 - \frac{K^2 D^2}{2}\right) \tag{1-179}$$

式中，$K$ 为波数。

根据波长和周期，海啸波的速度可以表达为

$$C = \frac{L}{T} \tag{1-180}$$

$$T = \frac{L}{\sqrt{gH}} \tag{1-181}$$

在海啸波传播过程中，认为 $T$ 是稳定不变的，因此，波长是正比于水深与波高之和的开方的（图 1-52）。海啸波的传播速度公式是一个简化的公式：$c = \sqrt{gH}$，实际上波速依赖于波长和下面的这一表达公式

$$C = \sqrt{\frac{g \times \tanh(kH)}{k}} \tag{1-182}$$

其中，$k = 2\pi/L$，波长越短传播越慢（图 1-52）。群速度是依赖频率变化的，群速度变化，可以表达如下

$$C_g = \left(\frac{\omega}{2k}\right)\left(1 + \frac{2kH}{\sinh 2kH}\right) \tag{1-183}$$

式中，$\omega$ 是角频率；$k$ 是波数；$H$ 是大洋深度。

（3）海啸识别和控制系统

由于实时获取海啸地震的各种参数非常困难，也很难实时利用近岸海平面变化数据，美国国家大气海洋管理局和太平洋海洋管理实验室专门针对海啸的深大洋海啸评价和报告，联合发展了大浮标观测网络系统（DART）（Bernard，2005）。

DART 是开阔大洋的锚系系统，主要由海底压力记录系统组成，可以识别 1cm 变化的海啸波以及海水表面的浮标组成，浮标可以实时与卫星进行通信（图 1-53）。系统中的底部压力记录器拥有高精度的准确性和分辨率。固定海底的海啸计是由数

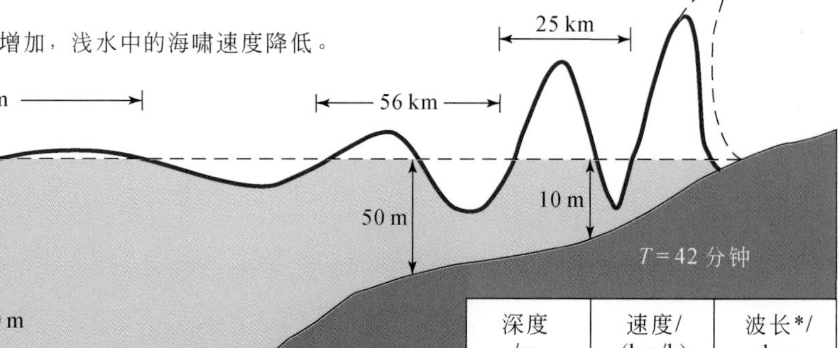

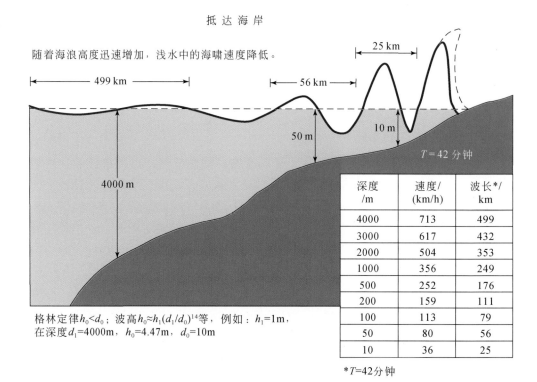

| 深度/m | 速度/(km/h) | 波长*/km |
|---|---|---|
| 4000 | 713 | 499 |
| 3000 | 617 | 432 |
| 2000 | 504 | 353 |
| 1000 | 356 | 249 |
| 500 | 252 | 176 |
| 200 | 159 | 111 |
| 100 | 113 | 79 |
| 50 | 80 | 56 |
| 10 | 36 | 25 |

格林定律$h_0<d_0$；波高$h_0\approx h_1(d_1/d_0)^{14}$等，例如：$h_1$=1m，在深度$d_1$=4000m，$h_0$=4.47m，$d_0$=10m

*$T$=42分钟

图 1-52　海啸靠近浅水区域波高和波长变化示意（Antony，2011）

字石英压力传感器（测量温度和压力）、微处理器、通信系统、电池提供的电力系统和压力舱室组成。来自固定海底压力传感器的压力数值，能够通过声学发射器传到表面浮标。DART 记录了实时的海啸波，数据来自海啸计，记录海岸效应并提供准确的海啸预测（图 1-54）。海啸浮标系统的目标就是快速识别潜在破坏性的海啸和减少错误的海啸预报。通过一系列海啸预警浮标的观测，可提供可靠准确的海啸预警。

然而，通过海水表面的浮标系统预警海啸是远远不够的，轨道卫星识别海啸提供了一个快速的方法。2004 年印度洋海啸依靠了卫星观测和识别，如图 1-55 展示了 2004 年印尼海啸发生后两小时海啸波的空间分布和波高变化情况。通过海啸发生后的振幅空间变化也能大致分析海啸的空间变化和传播，从而确定海啸波破坏强的地区（Murty，2004）（图 1-56，图 1-57）。此外，卫星上安装的热传感器还可用来观测海啸发生后的热异常，从而分析海啸波的破坏区域（Saraf et al.，2004）（图 1-58）；卫星上高分辨率的辐射计测量异常（Saraf et al.，2004），也可用来分析海啸的空间影响范围和随时间的变化（图 1-59）。

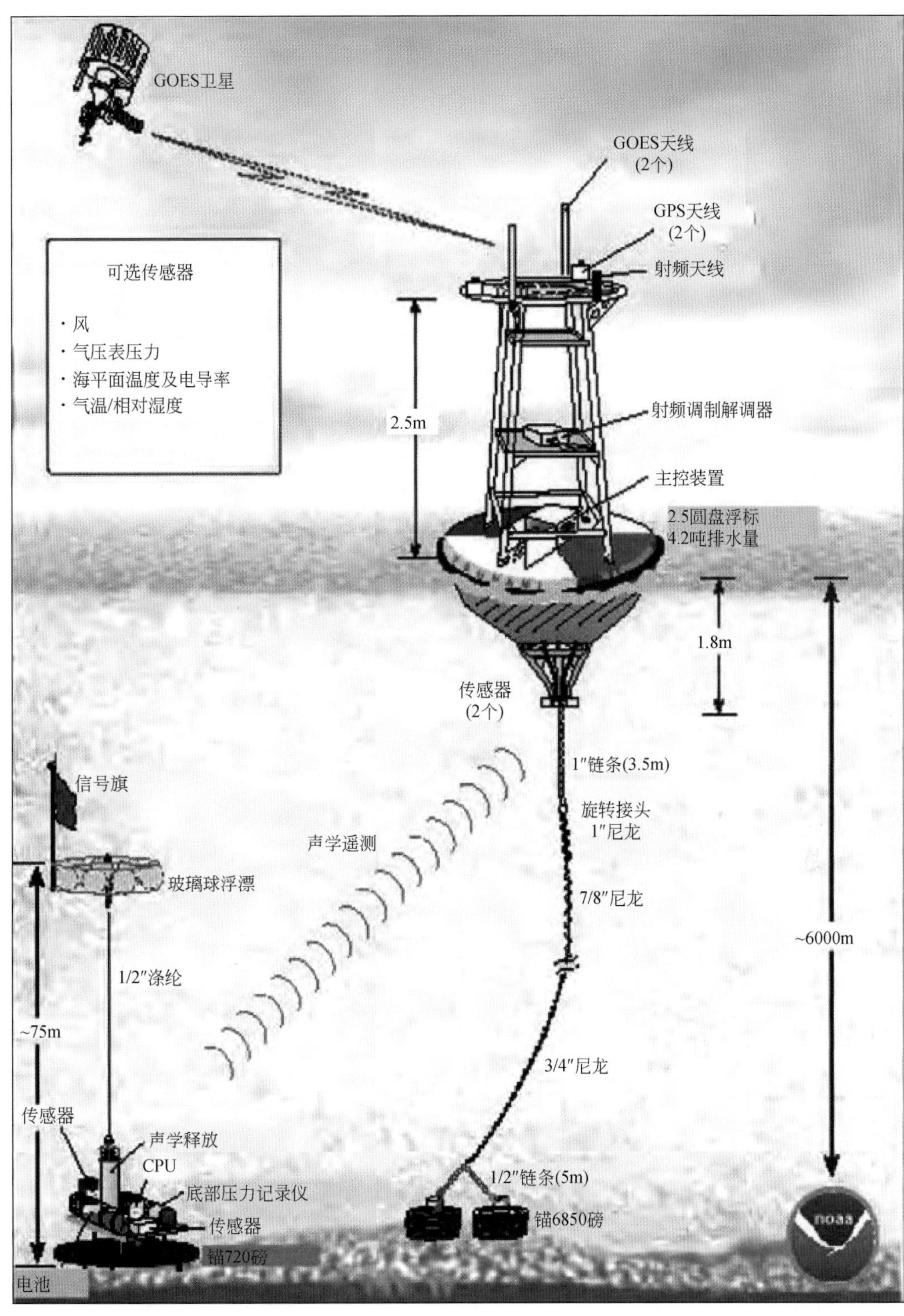


图 1-53　开阔大洋监测海啸的浮标观测网络系统（DART）（Antony，2011）

1 磅=0. 453 592kg

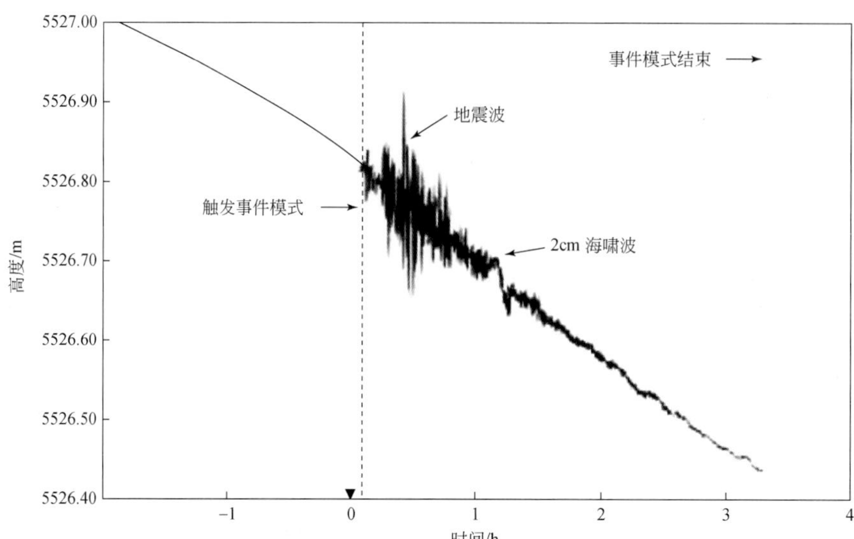


图 1-54 利用大浮标观测系统识别的海啸记录（Antony，2011）

地震发生时间：格林尼治时间 2003 年 11 月 17 日 06 点 43 分 06 秒

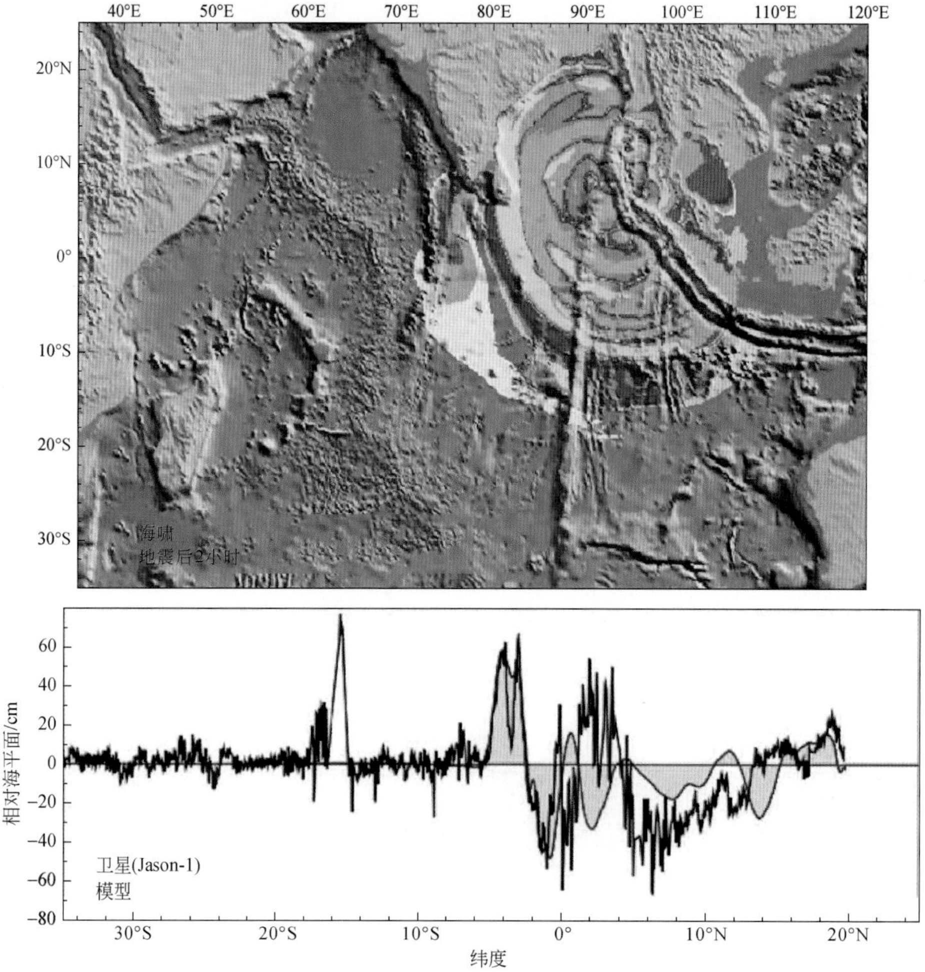

图 1-55 利用地球轨道卫星获取 2004 年印尼海啸后 2 小时的空间分布和波高

（Antony，2011）

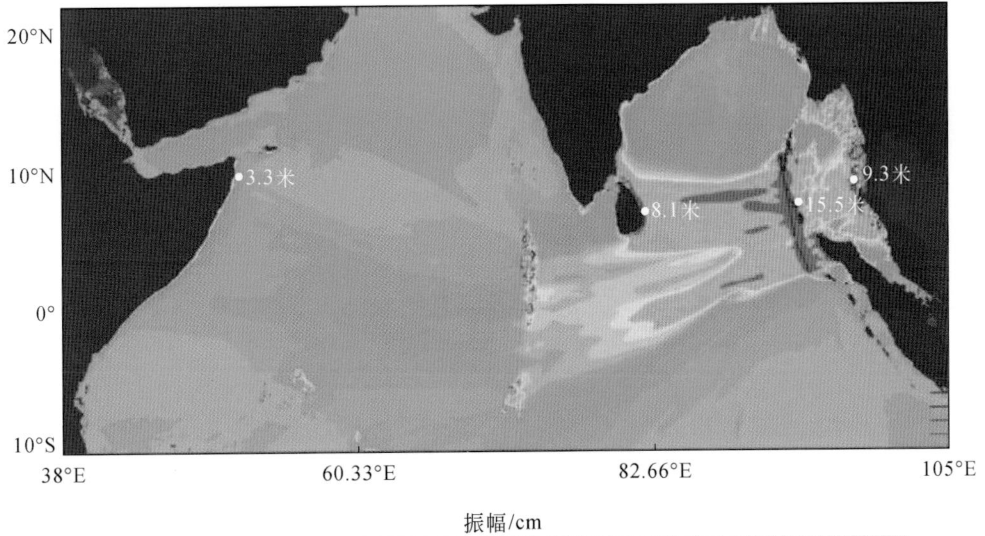


图 1-56　2004 年 12 月 26 日印度洋海啸最大振幅分布（Murty，2004）

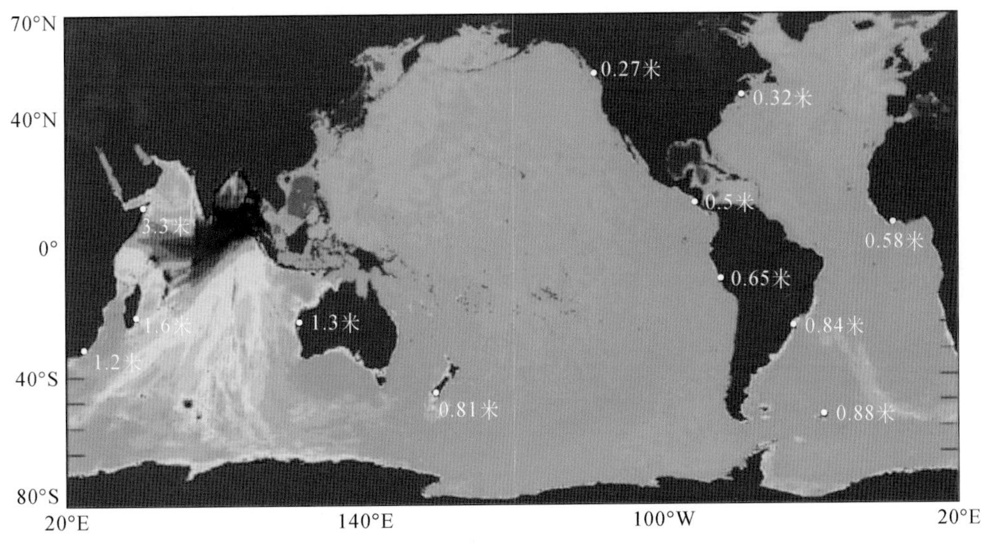


图 1-57　2004 年 12 月 26 日印度洋海啸最大振幅在世界大洋中的分布（Murty，2004）

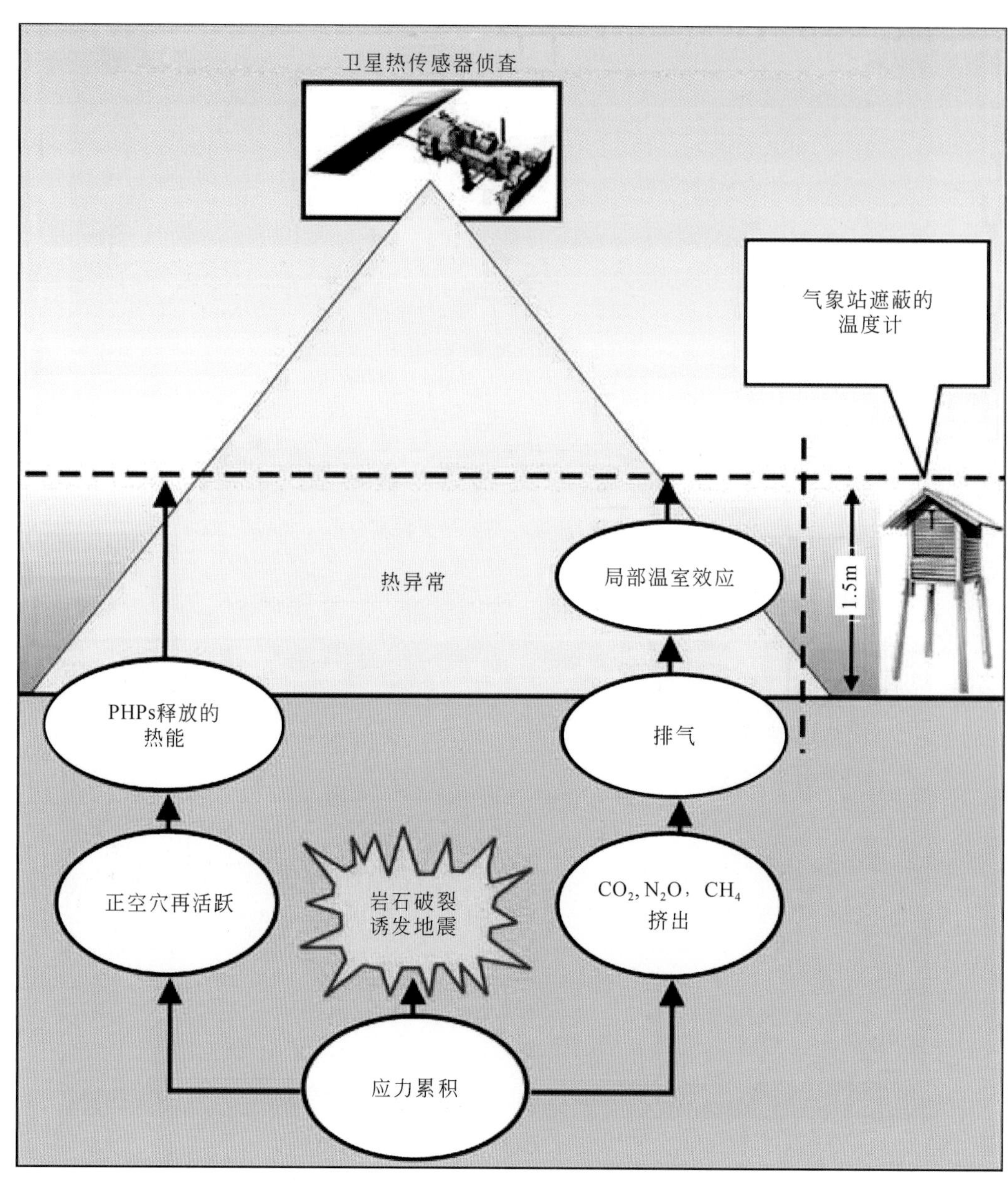


图 1-58　2004 年印度洋海啸卫星观测热异常（Saraf et al.，2004）

PHPs：正空穴对

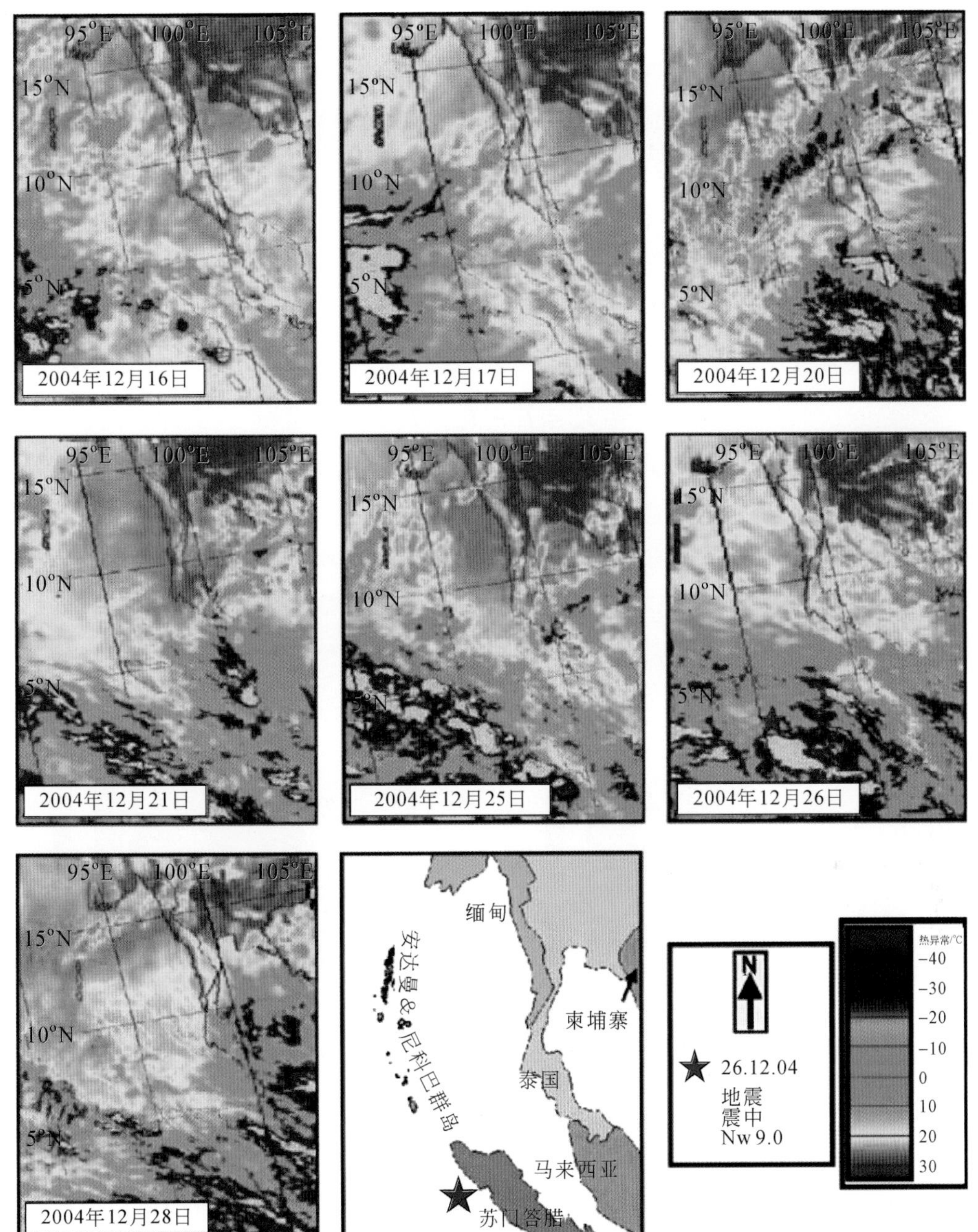


图 1-59　美国国家海洋大气管理局高分辨率的辐射计测量异常（Saraf et al.，2004）

（4）海啸的预警

大多数海啸是由于海洋内部大地震诱发的，地震发生后很短的时间内，强震台网就可以确定该地震的震中位置、震级以及震源深度等参数。为了更好地监测海啸，强震台网由布置在海底的宽带三分量强震仪组成，在同一地点，同时布设高精度、高性能的压力传感器，以测量频率极低的海啸波。地震波的速度要比海啸的速度快很多，假定地震和海啸同时发生，地震波将把海啸远远地甩在后面，完全可以利用这个时差，对海啸做出预报和预警。全球通信系统可以将海啸的信息实时地传送到海啸可能要到达的国家或地区，及时通过警报等措施疏散民众。如果观测点距离地震震中 1000km，地震波和海啸波的走时将会有一个多小时的时差。如果地震发生后，可立即判断出海啸的发生，而不需要对观测点的二次识别，则海啸的预警时间就比较充分；如果地震发生后，海洋观测点监测到海啸，海啸的预警时间则可以由海洋观测点的位置到预警陆地的海啸走时决定。地震海啸预警时间的理论计算值 $T_w$ 可以表达为

$$T_w = T_t - T_e - T_o \tag{1-184}$$

式中，$T_t$ 为海啸到海洋和海岸的强震台网的走时；$T_e$ 为地震波相应的走时；$T_o$ 为所有其他各种因素耗时，如地震定位所需要的时间。前两部分完全可以从理论上计算

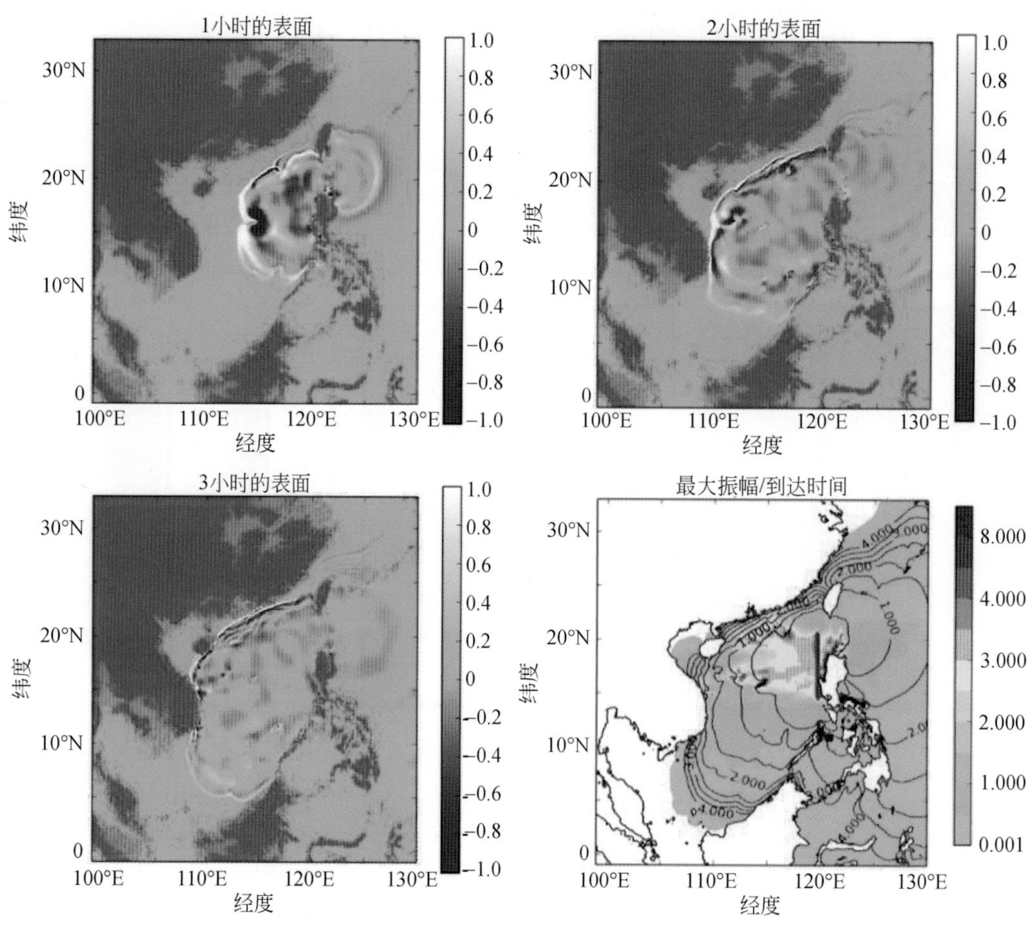


图 1-60　假定南海东部发生海啸后 3 小时传播演化过程（刘桦等，2015）

得到，$T_o$ 可能涉及许多不确定因素，是最难确定的。如果 $T_w$ 出现负值，则意味着海啸发生在"盲区"，在预警系统没有启动时海啸已经到来。"盲区"的确定取决于 $T_e$ 与 $T_o$。通常，海啸发生在深海区域，一般会有足够的时间预警，如在中国南海东部海沟发生一次地震，引起的海啸在 3 个小时内的传播过程以及对中国东南沿海的影响，都可以快速预警（图 1-60）。

## 1.4 俯冲脱水–脱碳机制

俯冲不仅引起海啸，最为关键的是长期俯冲过程中的脱水、脱碳等会影响全球物质循环、长期气候演变。特别是，在超大陆形成期间，全球俯冲带最长，俯冲脱水、脱碳更为显著。超大陆聚合过程中，各陆块的俯冲拼合过程会以多种不同的方式影响碳元素的循环（Kerr，1998；Condie et al.，2000）（图 1-61）。

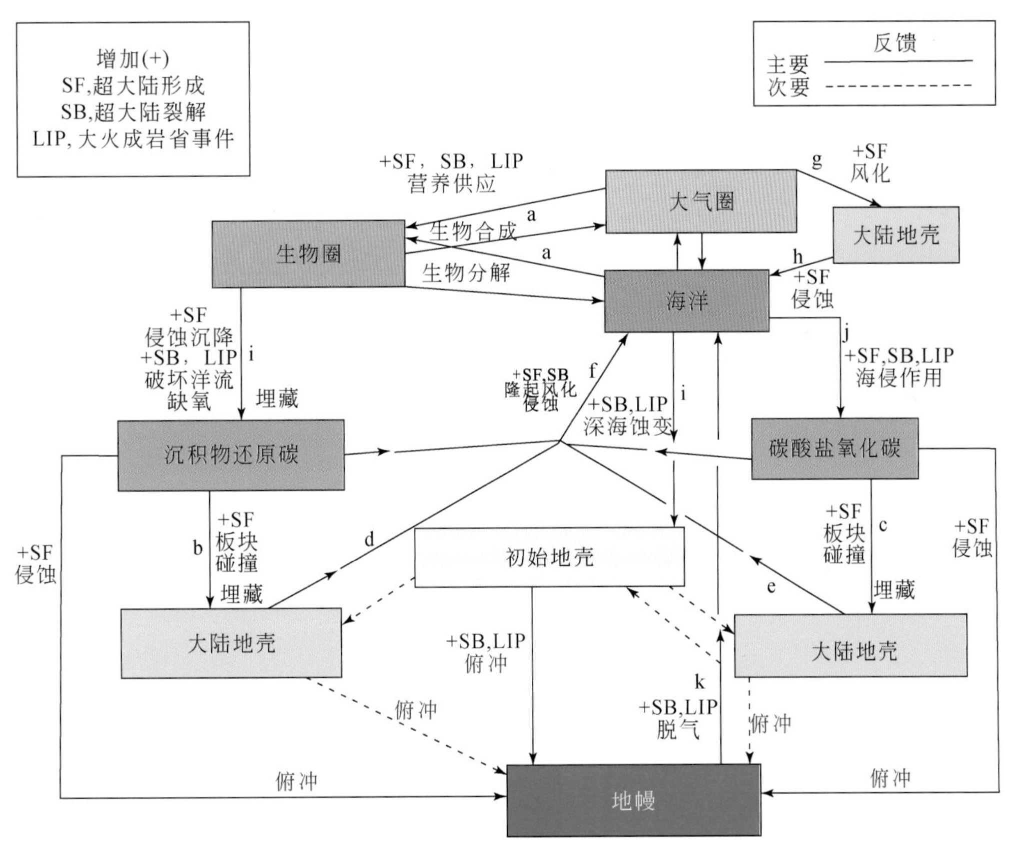


图 1-61　俯冲、超大陆和大火成岩省事件影响地球碳储库（Condie et al.，2016）

每一个方格代表了一种碳储库。新生地壳=洋壳+洋底高原+大洋岛弧。

标有字母的路径对应正文中的讨论

(1) 超大陆聚合

在大陆碰撞带，陆壳内沉积的有机质和碳酸盐岩发生俯冲深埋和/或遭受热破坏，从而使得大陆碰撞带成为二氧化碳汇聚的首要源区（图 1-61 路径 b 和 c）（Bickle，1996）。超大陆地形的持续隆升，将加速沉积岩及相应岩石中碳元素的侵蚀（图 1-61 路径 d 和 e）。由此产生的碳源是否会改变海水的 $\delta^{13}C$，取决于再循环回海洋（图 1-61 路径 f）的还原碳（$\delta^{13}C$ 20% 至 40%）与氧化碳（$\delta^{13}C$ 0%）的比例。例如，如果碳酸盐和有机碳都以超大陆形成前大致相同的比例再循环，则海水的 $\delta^{13}C$ 不会改变（Des Marais et al.，1992）。

随着超大陆越来越大，其表面积不断增加，表层岩石的风化作用会将大气中的二氧化碳从大气中转移到大陆上（图 1-61 路径 g），最终，通过侵蚀作用（图 1-61 路径 h）返回到海洋。持续的侵蚀还将释放更多营养物质（例如，磷），增加生物生产力（图 1-61 路径 h 和 a）。营养物质和二氧化碳的下沉，可以降低大气中的二氧化碳水平，有利于形成较凉爽的气候，增强海洋环流，从而增加营养物质的上涌和海洋生产力。

随着陆地面积与海洋面积之间比值的增加，会造成二氧化碳浓度急剧下降以及反照率的日益增加，这一系列变化将会导致大范围的冰川作用。上述因素共同促使有机碳相对于碳酸盐的埋藏速度增加，从而可能导致海水中的 $\delta^{13}C$ 值升高。然而，超大陆形成期间，碰撞造山带的抬升，可以使早期亏损 $\delta^{13}C$ 的碳元素得到循环。例如，大约 55Ma 的海相碳酸盐中 $\delta^{13}C$ 急剧下降，这与印度和青藏碰撞时喜马拉雅造山带的初始抬升相吻合，可能反映了亏损 $\delta^{13}C$ 碳元素的再循环（Beck et al.，1995）。此外，Pangea 超大陆形成的最后阶段，超大陆边缘受到挤压作用，也会导致陆地明显隆升和侵蚀。Faure 等（1995）认为，这种增强的侵蚀作用可能是造成海水中 $\delta^{13}C$ 在 250Ma 明显下降的原因。因此，在超大陆形成期间，海水中 $\delta^{13}C$ 的含量变化反映了碳埋藏和碳循环之间的平衡关系。

部分学者认为，天然气水合物也是引起全球气候变化的一个可能因素，并存在两种可能的作用方式（Kvenvolden，1999）。一种观点认为：在温暖的气候条件下，天然气水合物发生分解，导致甲烷或其氧化当量的二氧化碳直接进入海洋-大气系统，这将为全球变暖提供强有力的推动作用。另一种观点则认为：在海平面下降时，大陆边缘的天然气水合物将吸收周围的热量并释放甲烷，从而导致全球降温，同时，这种降温作用可能发生在冰期或超大陆的形成过程中。然而，就目前的天然气水合物储量而言，以上两种方式所释放和吸收的热量，都不足以导致全球范围的气候变化或海平面变化（Bratton，1999；Kvenvolden，1999）。假设前寒武纪天然气水合物大量存在，超大陆的形成会使得海平面下降，天然气水合物分解，并引发生物成因碳转换为二氧化碳进入大气，同时提升有机碳和碳酸盐埋藏速率，并促进温室效应，导致气候变暖（Haq，1998）。另外，由于天然气水合物还含有亏损 $\delta^{13}C$ 的碳（平均约60%），所以它们可能会抵消有机碳埋藏导致的 $^{13}C$ 增加。伴随着超大陆形成过程中海平面的下降，大陆架碳酸盐岩和成熟碎屑沉积物沉积减少，而新形成的大陆架区会形成大量蒸发岩。近海或超大陆内部的淡水盆地则往往形成有机碳沉降（Berner，1983）。

总体而言，超大陆的形成导致了较快的侵蚀和沉积速率（图1-61 路径 i），增加了有机碳埋藏速率，导致大陆架碳酸盐沉积减少。最终的结果是，超大陆的形成有利于较高比例的有机碳酸盐沉积和埋藏。如果这种情况属实，那么在超大陆形成过程中，海水中应该形成碳同位素正异常。然而，事实表明，目前并没有这一情况的记录，这表明其他作用过程可能掩盖了这种影响。

（2）超大陆裂解

超大陆裂解过程中形成了一系列狭窄的新生洋盆，具有小规模的洋底对流循环能力和热液活动扩张中心（Kerr，1998；Condie et al.，2016），加剧了深海洋盆的缺氧（图1-61 路径 i）。同时，新生大陆裂谷边缘的高地、陡崖被快速侵蚀，为裂谷盆地提供沉积物，海进过程也促进了稳定大陆架上有机碳和碳酸盐岩的埋藏。然而，浅海相碳酸盐沉积量（图1-61 路径 j）主要取决于海洋氧化还原环境的分层，因为还原环境不利于碳酸盐沉淀。如果缺氧的深层海水侵入大陆架，它将促进大陆架上的有机碳埋藏，包括黑色页岩的沉积和天然气水合物的积累。这一系列过程反过来会导致大气中氧气的增加。超大陆裂解过程中，洋中脊长度的增加会加速地幔脱碳，特别是增加地幔源的二氧化碳（图1-61 路径 k）。这些过程使得大气中二氧化碳浓度增加和海平面上升，促使气候变暖，导致风化速率增加（图1-61 路径 g）（Berner R A and Berner E K，1997），以及海水水体成层化和深水缺氧（图1-61 路径 i）。海洋中碳酸盐含量的增加和洋中脊系统的增长，也将提高深海蚀变对海水碳酸盐的去除速度（图1-61 路径 i）。这一系列变化同时提高了作为有机物掩埋的碳的比例，使得 $^{12}C$ 优先进入有机碳，从而导致海水 $\delta^{13}C$ 的升高（Melezhik et al.，1999）。

大火成岩省（LIP）事件与超大陆裂解密切相关，因此，上述超大陆裂解的大部分特征也适用于全球 LIP 事件。事实上，LIP 事件可以被视为正向的反馈循环，以改变碳循环和伴随超大陆裂解的古气候。在 LIP 事件中，海平面上升可能会引发海侵事件（图1-61 路径 i）。洋底高原可局部限制洋流（Kerr，1998），从而促进海洋水体局部分层，并导致缺氧（图1-61 路径 i）。而地幔柱火山活动和伴随的广泛热液活动，会将二氧化碳释放到大气-海洋系统中（Caldeira and

Rampino, 1991; Kerr, 1998)。二氧化碳通量的增加，会加剧气候变暖，并提高风化速度（图1-61路径g)。在LIP事件中，海洋中普遍存在缺氧现象时，如果海洋温度不足以分解水合物，则天然气水合物可能大量形成。

LIP事件期间的生物生产力受到多种因素的影响，如二氧化碳浓度升高，热液活动导致的营养盐通量增加［如$CO_2$、$CH_4$、磷、铁和痕量金属（Sb、As、Se)］，以及二氧化碳升高导致的温室效应、气候变暖和气温升高（图1-61路径a)。碳酸盐沉积的增加主要受控于化学风化和海侵作用（图1-61路径j）的增强。海底热液活动的增强会增加深海蚀变的速度，反过来，也会增加海水中碳酸盐的去除速率（图1-61路径l)。热液活动增强将伴随大量二氧化硫释放到海洋中，进而会降低海洋的pH，其净效应是溶解海洋中的碳酸盐，特别是在高温热液喷口附近（Kerr, 1998)。然而，海洋中更多的酸性物质也会溶解碳酸盐，进一步降低海洋pH。海洋生产力的提高，海洋海侵和缺氧水域的扩大，尤其是大陆架面积的增大（图1-61路径i)（Larson, 1991b)，都会使得有机质埋藏得到加强。

总之，与LIP事件有关的现象，促进了有机碳和碳酸盐中碳的形成和沉积。在地球演化历史上，应该没有其他地质现象比超大陆汇聚和裂解留下更大规模的印记。超大陆旋回记录了超大陆形成和裂解过程中的板块构造及冷却、对流的地幔驱动变化。超大陆生长过程中，造山和伴随的气候变化，与大陆之间的碰撞密切相关。随着超大陆的形成与裂解，陆块之间的联系随之变化，为生物的进化提供不断变化的生态环境。长期的海平面变化也受控于超大陆的拼合和裂解。全球气候变化则受到大陆表面积和LIP相关火山气体排放量的影响。其同位素年龄的阶段式分布则与不同时间的超大陆拼合有关。综上所述，似乎任何具有板块构造的行星，都应该具有超大陆循环周期，这对行星演化历史，包括大气-海洋系统和生物圈的演化都有重大影响。

## 1.4.1 俯冲脱碳过程

### 1.4.1.1 俯冲碳循环

从板块构造角度来说，俯冲脱碳是地球表面的含碳物质，通过板块俯冲作用进入地球内部，由于环境条件的变化，发生含碳物质的相转换及迁移，最终导致地球内部部分含碳物质又重新回到地表过程（Berner, 2003)（图1-62)。

虽然在十几年到几千年的时间尺度上，大气圈、水圈和生物圈中的流体化学由近地表储库之间的碳通量决定，但超过数亿年到数十亿年的流体化学则是通过地球

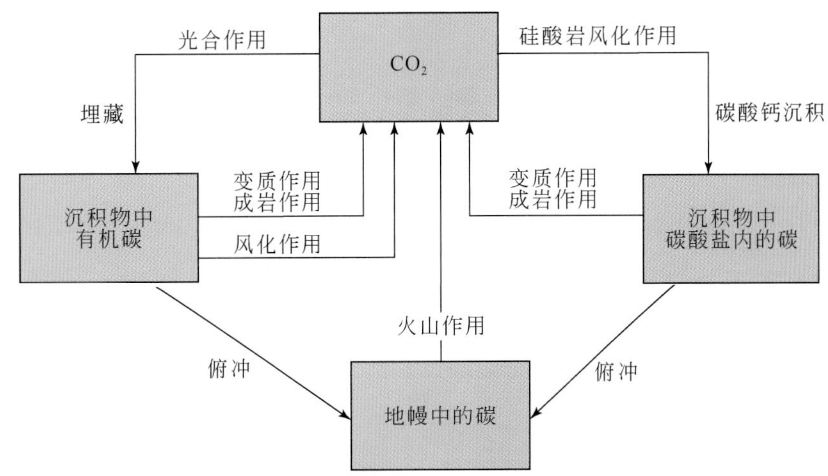

图 1-62　长时期的碳循环（据 Berner et al.，2003 修改）

内部，更确切地说，是由地幔和大气层之间的碳化学作用来维持（Berner，1999）。这是由于地壳中碳的总估计量大于大气圈中碳的总量（Dasgupta et al.，2010），并且碳在地幔中的滞留时间在 1～4Gyr（Dasgupta 等，2006）。

碳在地球演化历史中占有重要地位，它能够影响地球的热量史。例如，微量碳酸化熔体可以从深部提取高度不相容的放射性生热元素（Dalou et al.，2009；Dasgupta et al.，2009b）、地幔和地核内部分化的碳能够影响碳酸盐-硅酸盐（Blundy et al.，2000；Dalou et al.，2009）和金属（Dalou et al.，2009；Buono et al.，2013）体系中的元素分配、气候长期演变（Kasting et al. Catling，2003）及生命起源与演化。

碳循环过程包括碳富集、脱碳以及储存过程。在时间跨度上，地球中碳富集和碳储存从冥古宙的岩浆海到现代板块构造时期经历了一系列的复杂过程（图 1-63），包括岩浆海与早期大气的相互作用过程、球粒陨石的加入过程等。在现代板块构造体制下，地球内部获得碳的主要途径是含碳物质伴随俯冲进入地幔，关键因素是岩石圈岩石脱碳、脱碳熔融反应的相对位置和俯冲岩石圈物质的深度-温度路径。如果在较浅的深度，脱碳、脱碳熔融反应的相对位置比俯冲岩石圈更冷，则人们认为这种俯冲过程中脱碳是低效的，大部分含碳物质从俯冲板片剥离，并通过弧岩浆作用释放到大气层。另外，如果俯冲板片俯冲达到亚弧深度，俯冲岩石经历比脱碳反应低的温度，则岩石圈中的碳不会通过火山弧中的岩浆作用释放，并参与更深的循环和地幔过程。Dasgupta（2013）还提出另一种碳进入地幔的途径，即核幔相互作用，以及在“水”的加入后，地核熔体可能反向释放（图 1-64）。

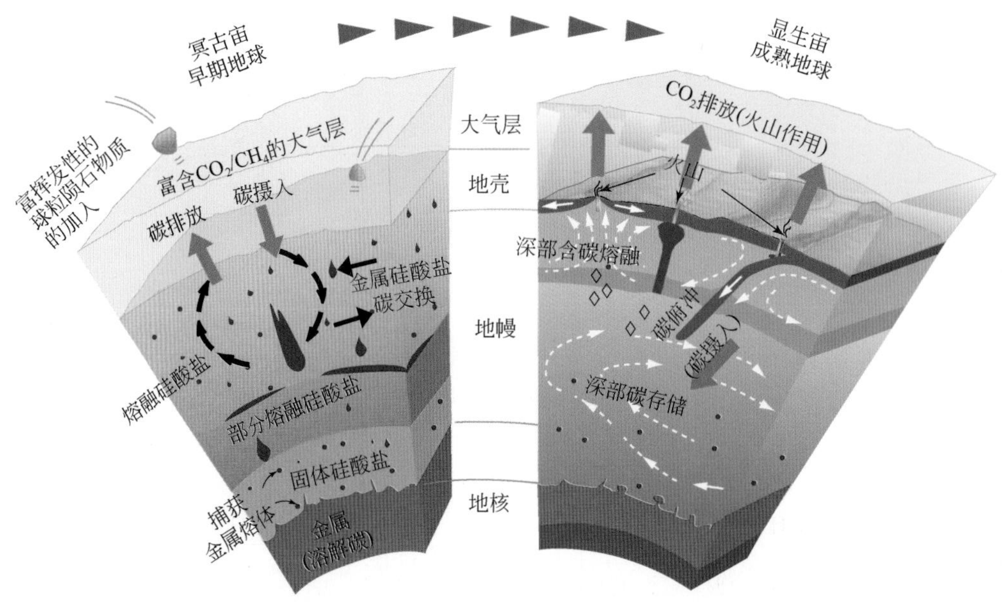


图 1-63　从岩浆海到现代板块构造的系列深部过程示意（Dasgupta，2013）

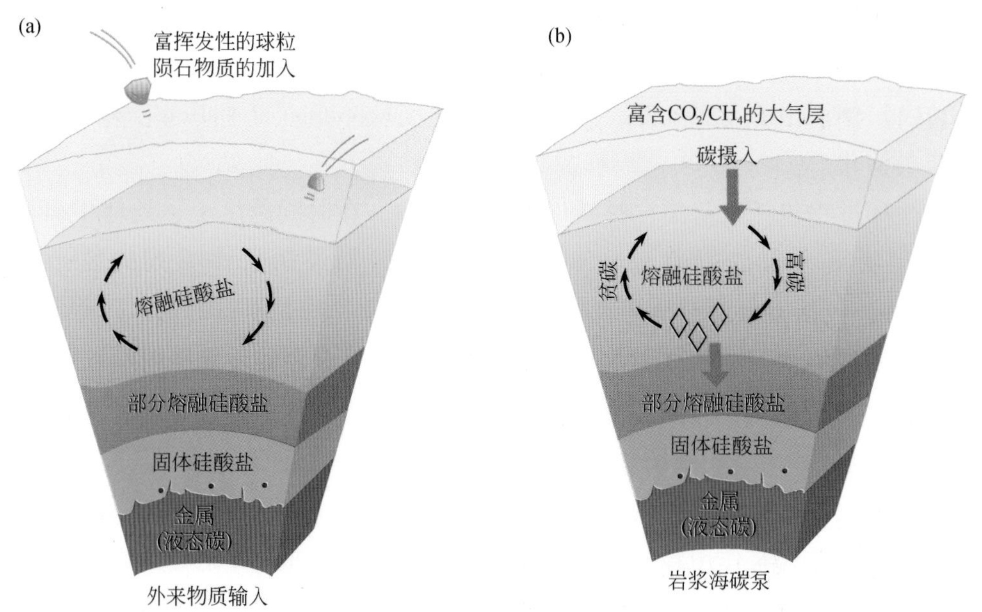

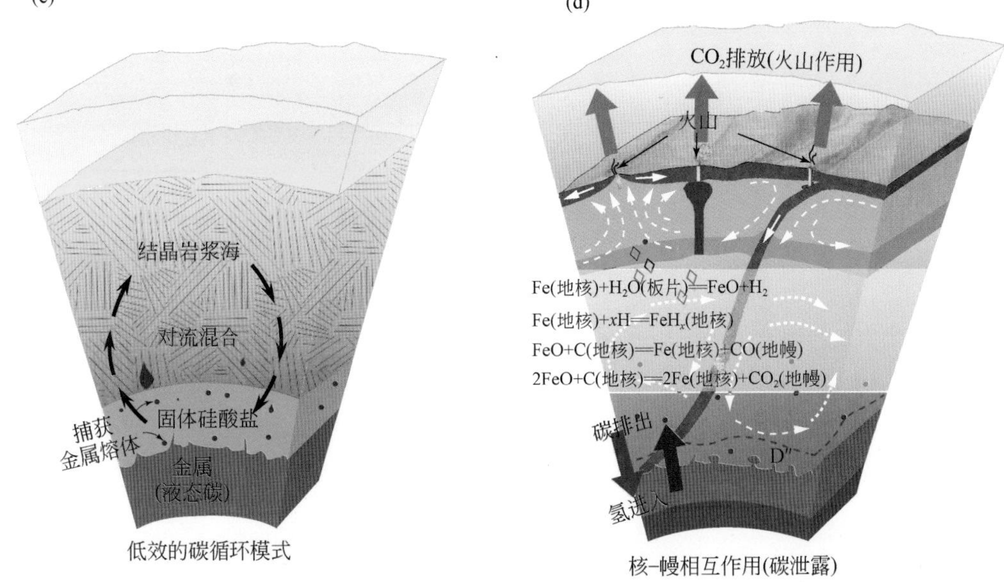


图 1-64　从岩浆海到现代板块构造的深部过程可解释地幔继承碳储库（Dasgupta，2013）

由于现代俯冲边缘物理化学特征的极端变异性，量化俯冲带的碳通量比较困难（图 1-65）。Jarrard（2003）提出，全球沉积物和地壳中每年有 $3.7\times10^{12}$ mol 的 $CO_2$ 发生俯冲，其中，沉积物仅有 $1.2\times10^{12}$ mol $CO_2$/a（~32%）。Hilton 等（2002）估计输入通量为 $3.46\times10^{12}$ mol $CO_2$/a，其中，洋壳中的通量为 $2.12\times10^{12}$ mol $CO_2$/a（~61%）；剩余的来自沉积碳酸盐和沉积有机物组合，占 $1.34\times10^{12}$ mol $CO_2$/a（~39%）。Dasgupta（2013）估计，沉积物和洋壳的碳通量为 $4.1\times10^{12}$ ~ $6.5\times10^{12}$ mol $CO_2$/a，并提出在大洋岩石圈俯冲板片上地幔部分的通量为 $0.4\times10^{12}$ ~ $0.8\times10^{12}$ mol $CO_2$/a，因此，总输入通量范围为 $4.5\times10^{12}$ ~ $7.3\times10^{12}$ mol $CO_2$/a。Bebout（2007）估计，碳的输入通量为 $4.0\times10^{12}$ ~ $8.8\times10^{12}$ mol $CO_2$/a，包含沉积物和洋壳部分但无地幔部分，与 Dasgupta（2013）的估计值相似，略高于 Hilton 等（2002）（$3.46\times10^{12}$ mol $CO_2$/a）和 Jarrard（2003）（$3.47\times10^{12}$ mol $CO_2$/a）的估计。因此，通过在地幔岩中加入 $0.4\times10^{12}$ ~ $0.8\times10^{12}$ mol $CO_2$/a 的方法进行调整，上述 4 项研究的估计值（即 $3.9\times10^{12}$ ~ $9.6\times10^{12}$ mol $CO_2$/a）显示出一些相似性。在这些估计值中，沉积物中的碳占碳输入总量的 20% ~40%。

图 1-65 显示了文中讨论的碳通量的全球估计值（mol C/a），强调各种通量估计的不确定性，这里显示火山弧回返率（输入/输出）是 16% ~80%，表明需要对碳循环的输入和输出通量进行更合理的约束。

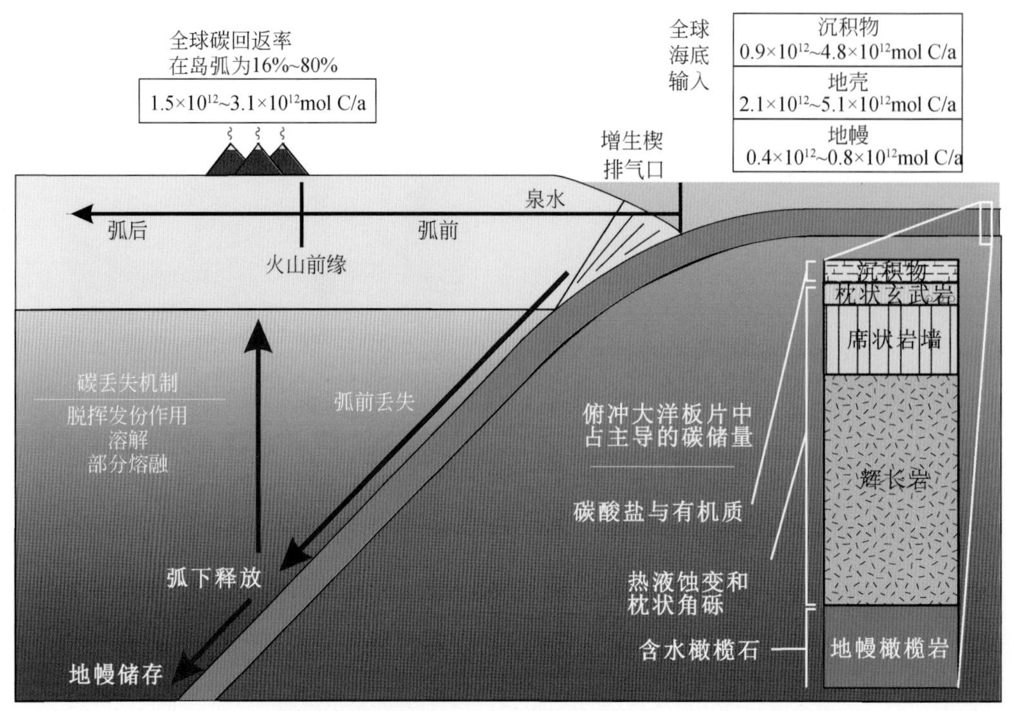


图 1-65　洋-陆俯冲带脱碳机制示意（据 Cook-Kollars et al.，2014 修改）

#### 1.4.1.2　俯冲脱碳的主控因素

（1）瑞利-泰勒不稳定性

简单来说，瑞利-泰勒不稳定性（Rayleigh-Taylor instabilities）发生在非稳定的密度分层的状况下，譬如较重的液体位于较轻的液体之上。重力作用加速了一层液体侵入另一层液体的进程，产生了湍流及随之发生的湍流混合界面过程。泰勒研究了具有自由表面的流体在与表面垂直方向上的加速流动现象。瑞利则研究了自由表面以上的液体在重力方向上具有足够的加速度问题，因此这种现象被称为瑞利-泰勒不稳定性。如果水平的液体表面处于静止状态，会在重力作用下形成规则的小波纹，释放产生驻波震荡波。如果允许下表面液体自由下落，这种不稳定性可能会消失。如果以比重力大的加速度下降，则过渡到稳定态。同样，如果上表面液体有大于重力的向下加速度，可能会过渡到不稳定状态。

讨论两种液体表面的不稳定性时，考虑两种密度 $\rho_1$ 和 $\rho_2$ 间的界面，并假定相对于界面的水平轴以加速度 $g_1$ 垂直向上加速。除了 $-g_1\rho_1 y$ 和 $-g_1\rho_2 y$，相对于加速度的运动方程与静态方程相同。速度势能为

$$\phi_1 = A\mathrm{e}^{-Ky+nt}\cos Kx \tag{1-185}$$

$$\phi_2 = -A\mathrm{e}^{Ky+nt}\cos Kx \tag{1-186}$$

表面分离的方程式为

$$\eta = AKn^{-1}\mathrm{e}^{nt}\cos Kx \tag{1-187}$$

上层流体压力为

$$p_1 = p - (g + g_1)\rho_1 y + \rho_1 \cdot \phi_1 \tag{1-188}$$

式中，$p$ 代表表面压力，$g$ 为重力加速度，同样，下层流体压力

$$p_2 = p - (g + g_1)\rho_2 y + \rho_2 \cdot \phi_2 \tag{1-189}$$

在表面

$$-(g + g_1)(\rho_2 - \rho_1)y = (\rho_1 + \rho_2)nA\mathrm{e}^{nt}\cos Kx \tag{1-190}$$

式（1-187）的变式为

$$n^2 = -K(g + g_1)\frac{(\rho_2 - \rho_1)}{(\rho_2 + \rho_1)} \tag{1-191}$$

如果 $g+g_1$ 为负值，这种情况下速度势为

$$\phi_1 = (A\mathrm{e}^{nt-Ky} + B\mathrm{e}^{-nt-Ky})\cos Kx \tag{1-192}$$

$$\phi_2 = -(A\mathrm{e}^{nt+Ky} + B\mathrm{e}^{-nt+Ky})\cos Kx \tag{1-193}$$

实验研究表明，在充足水源和碳源的条件下，在 900～1050℃和 1. 6～3. 2GPa，俯冲板片中的金云母和含 C—O—H 的二辉橄榄岩释放的流体可以有效助熔地幔楔。含水相矿物为金云母和角闪石，且金云母普遍存在，但角闪石在 3. 1GPa、900℃和 2. 7GPa、1050℃的固相线处会消失，角闪石反应消耗斜方辉石，并同时释放水。从低压到高压，可以依次观察到无碳酸盐-含角闪石组合、含碳酸盐-角闪石组合、无角闪石-含碳酸盐组合。当 $T$>1050℃时，无碳酸盐组合熔融产生粗安岩，而白云岩的固相线则超出碳酸盐岩组合的固相线。碳酸盐转变为白云石的条件是<1. 9Ga、900℃和<2. 1GPa、1050℃；形成菱镁矿的条件是>2. 4GPa、900℃和>2. 7GPa、1050℃；在这些界限之间，则构成菱镁矿+白云石的二元碳酸盐域。含碳流体和地幔楔橄榄岩反应会形成一种有浮力的低密度相（角闪石、碳酸盐矿物、碳酸盐熔体）的“冷幔柱”并产生瑞利-泰勒不稳定性。这种冷幔柱是 $CO_2$ 和 $H_2O$ 的重要来源，也是诱发岛弧岩浆活动一系列过程的原因之一（图 1-66）。最终，水化的俯冲混杂岩（hydrated subducting melange）从俯冲板片分离，进入对流楔。

Gerya 和 Yuen（2003a）用二维数值模型（2D）模拟了俯冲板片边界在热-化学对流作用中的这种超临界不稳定状况，模型参数见表 1-4。实验研究了在富水层和地幔楔之间的中度（$\Delta\rho$ =140kg/m$^3$，$R_\rho$=3. 5）和高度（$\Delta\rho$ =220kg/m$^3$，$R_\rho$=5. 6）初始密度比。由于俯冲通道中蛇纹石化的岩石混合导致沉积物（2700～3200kg/m$^3$）和洋壳（3100～3200kg/m$^3$）的标准密度会变化，进而影响 $\Delta\rho$ 和 $R_\rho$（初始浮力比）变化。$\Delta\rho$ 和 $R_\rho$ 的初始值不考虑熔融的影响以及冷幔柱的早期生长阶段。冷幔柱在地幔楔的发育过程中，由熔融引起的密度比和浮力比也都在增长，$\Delta\rho$ 最大可达 400kg/m$^3$，$R_\rho$ 最大可达 10。

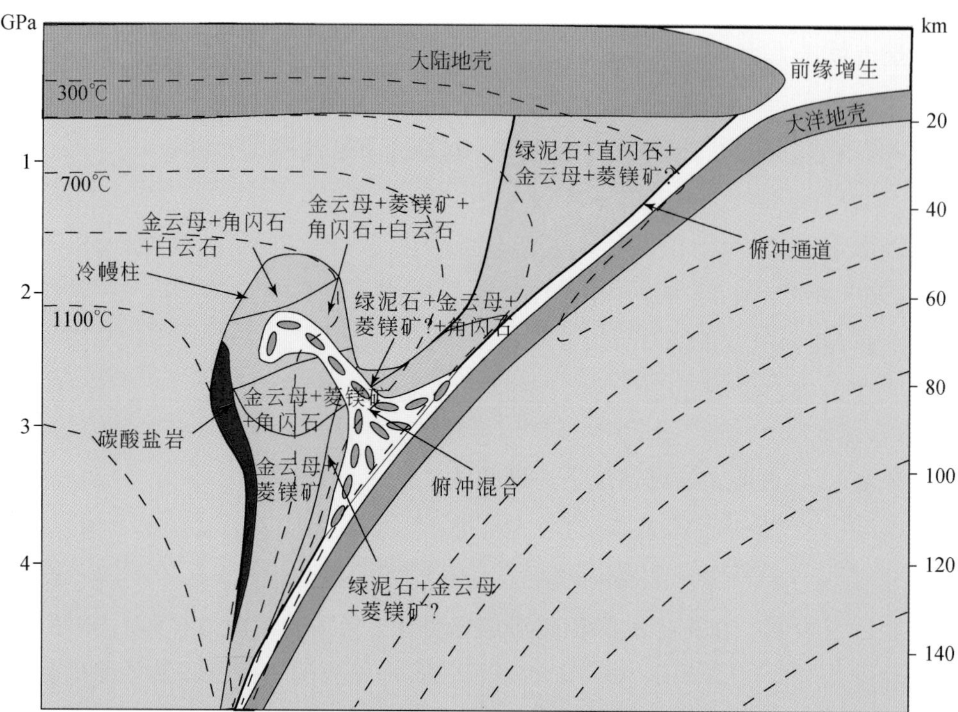


图 1-66　42Ma 时俯冲板片与地幔楔碳转移的相变关系（据 Tumiati et al.，2013 修改）

冷幔柱（注意，这里的冷幔柱定义不同于俯冲板片拆沉导致的冷幔柱定义，也有人称为"沉积地幔柱"，实际为底辟构造）通过渗滤流体交代地幔楔，使其含有来自碳酸盐的溶解碳。纺锤形图案代表含有碳酸盐的混杂岩。冷幔柱受到碳酸盐熔体的影响而进入地幔楔内部

**表 1-4　所选数值的实验参数**

| 模型 | 含水参数 | 俯冲板片的年龄/Ma | 剪切带温度 | 洋壳密度 $\rho_0$ /(kg/m³) | 沉积岩密度 $\rho_0$ /(kg/m³) | 初始/固体最大 $R_\rho^b$ | 各阶段产生冷幔柱的时间/深度/(Myr/km) |
|---|---|---|---|---|---|---|---|
| 1（plut） | $A=0.05$，$B=0$ | 80 | 在所有温度下 | 3200 | 3000 | 3.5/9.9 | 32/174，34/133 |
| 2（plad） | $A=0.05$，$B=0$ | 80 | $T>600$K | 3200 | 3000 | 3.5/9.9 | 未产生 |
| 3（plae） | $A=0.05$，$B=0$ | 80 | 无剪切加热 | 3200 | 3000 | 3.5/9.9 | 未产生 |
| 4（plai） | $A=0.05$，$B=0$ | 80 | 比板内更低 | 3200 | 3000 | 3.5/9.9 | 未产生 |
| 5（pluy） | $A=0.05$，$B=0$ | 80 | 无剪切加热 | 3100 | 2700 | 5.6/10 | 19/73，29/190 |
| 6（pluu） | $4=0.10$，$B=0$ | 80 | 在所有温度下 | 3100 | 2700 | 5.6/10 | 19/71，24/185，28/109 |
| 7（pluv） | $A=0.05$，$B=0$ | 60 | 在所有温度下 | 3100 | 2700 | 5.6/10 | 20/63，24/86，28/118 |
| 8（plux） | $A=0.05$，$B=0$ | 80 | 无剪切加热 | 3100 | 2700 | 5.6/10 | 20/126 |
| 9（pluz） | $A=0.05$，$B=0$ | 100 | 在所有温度下 | 3100 | 2700 | 5.6/10 | 21/79 |
| 10（plab） | $A=0.10$，$B=1$ | 80 | 在所有温度下 | 3100 | 2700 | 5.6/10 | 19/53，22/156 |

资料来源：Gerya 和 Yuen，2003

模拟结果（图 1-67）显示，在板片俯冲的初始阶段，模型运行小于 25Myr 地幔楔开始逐渐水化（浅亮蓝色+浅灰蓝色）。此时，水化地幔可分为蛇纹石化的地幔楔（浅灰蓝色）以及位于软流圈无蛇纹石化的水化橄榄岩带（浅亮蓝色）。受质量守恒控制，这两种不同属性的水化地幔层被一个狭窄的区域分开。狭窄区域也造成蛇纹石化俯冲通道的楔形闭合，从而引起通道内蛇纹石化地幔、沉积岩和洋壳的二次流动。这些岩石在通道中的混合，有助于俯冲板片顶部富水层的形成（图 1-67）。从 25Myr 到 34Myr，水化橄榄岩（浅亮蓝色）上表面组成成分的变化以及与上部无水软流圈之间的密度差异，能够驱动产生瑞利-泰勒不稳定性，并最终导致“冷幔柱”的形成。同时，通过不同模拟结果对比发现，控制“冷幔柱”形成的主要参数，除密度差异以外，还有板片俯冲过程中产生的剪切热以及地幔楔蛇纹石化产生的潜热（图 1-68，图 1-69）。

（2）$H_2O$ 流体驱动脱碳

Scambelluri 等（2016）研究了利古里亚阿尔卑斯山西部 Voltri 地块的榴辉岩化蛇纹岩、大理岩和碳酸盐化蛇纹岩的俯冲演化。其岩石的主要元素组成和 C—O 同位素组成显示出各层之间的流体交换行为，基于岩相学、主微量元素含量和碳酸盐碳氧同位素的研究证明，在 2 ~ 2.5GPa、550℃下（弧前区的 $P$-$T$ 条件），蛇纹岩脱水释放 $H_2O$ 流体，引发周围大理岩中白云石的分解，将碳释放到流体中，C—O—H 流体与蛇纹岩的相互作用形成高压碳酸盐化超镁铁质结构。

具体如图 1-70 所示，蛇纹石释放的富水流体中含有硅质流体（蓝色箭头），驱动白云石+$SiO_2$（aq）══透辉石+$CO_2$的反应［图 1-70（a）］。白云石分解，二氧化碳释放，进入流体，使得流体由富水流体转变为 C—O—H 流体（橙色箭头）。C—O—H 流体与含橄榄石的高压蛇纹岩相互作用，导致硅酸盐矿物的碳酸盐化，C—O—H 流体进入碳酸盐+橄榄石岩脉［图 1-70（b）］。由于俯冲带处存在碳酸盐矿物结晶、C—O—H 流体和超镁铁质岩石反应，因此这一过程有高压混合碳酸盐化蛇纹岩出现。高压混合碳酸盐化蛇纹岩代表板片或者上覆地幔的碳汇。这证明了碳储存在蛇纹岩的新生高压碳酸盐矿物中，会影响大尺度的碳俯冲（主要是弧前区）。

图 1-71 显示的是俯冲带中 $H_2O$ 和 C 的储存序列。在高 $P$-$T$ 条件下，初始反应的蛇纹石脱水，富 $H_2O$ 流体释放，流体迁移驱动碳酸盐岩层，发生碳酸盐的溶解和脱碳（Ague and Nicolescu，2014）。在高压蛇纹岩中，脱水-脱碳产生的 C—O—H 流体，与硅酸盐相反应，驱动橄榄石和单斜辉石的碳酸盐化。若橄榄石和透辉石反应耗尽，C—O—II 流体将继续充填（flushing）超铁镁质岩石，导致叶蛇纹石碳酸盐化和 40% ~50% 的碳酸盐结晶。俯冲板片界面蛇纹石化的超铁镁质岩中，高压混合碳酸盐化蛇纹岩（蛇绿碳酸岩）形成，使得岩石中可以储存 25wt. % $CO_2$。

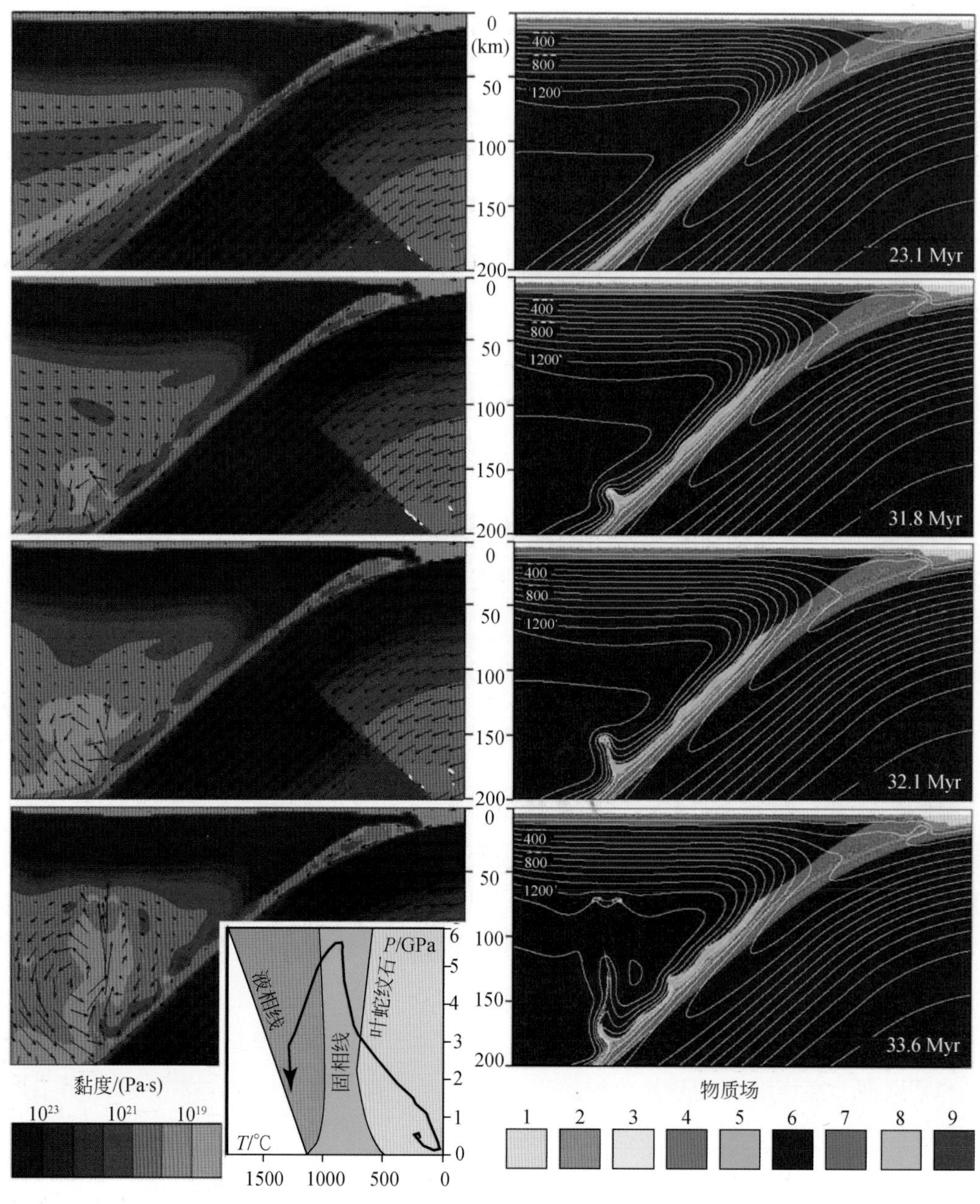


图 1-67　板片俯冲期间地幔楔几何形态的发育（Gerya and Yuen，2003）

模型具有中等初始浮力比 $R_\rho$ =3.5，右图：温度场和岩石类型分布的演化，颜色代码：1. 模型顶部的软弱层，2 和 3 分别代表沉积物和部分熔融的沉积物，4 和 5 分别代表洋壳（玄武岩和辉长岩）部分熔融，6. 无水地幔，7. 蛇纹石化地幔，8. 含水但未蛇纹石化的地幔（超过蛇纹石稳定域，见左侧 P-T 插图），9. 部分熔融水化地幔。左图：黏度（颜色代码）和速度场（箭头）。与构成冷幔柱的典型 P-T 轨迹（黑色实线）相比，P-T 图显示出蛇纹石稳定边界（蓝色实线）、湿固相线（红色实线）和液相线（品红色实线）。P-T 图的颜色代码对应于蛇纹石稳定域（浅灰蓝色）、富水未蛇纹石化域（浅亮蓝色）、部分熔融域（浅红色）和全部熔融域（白色）

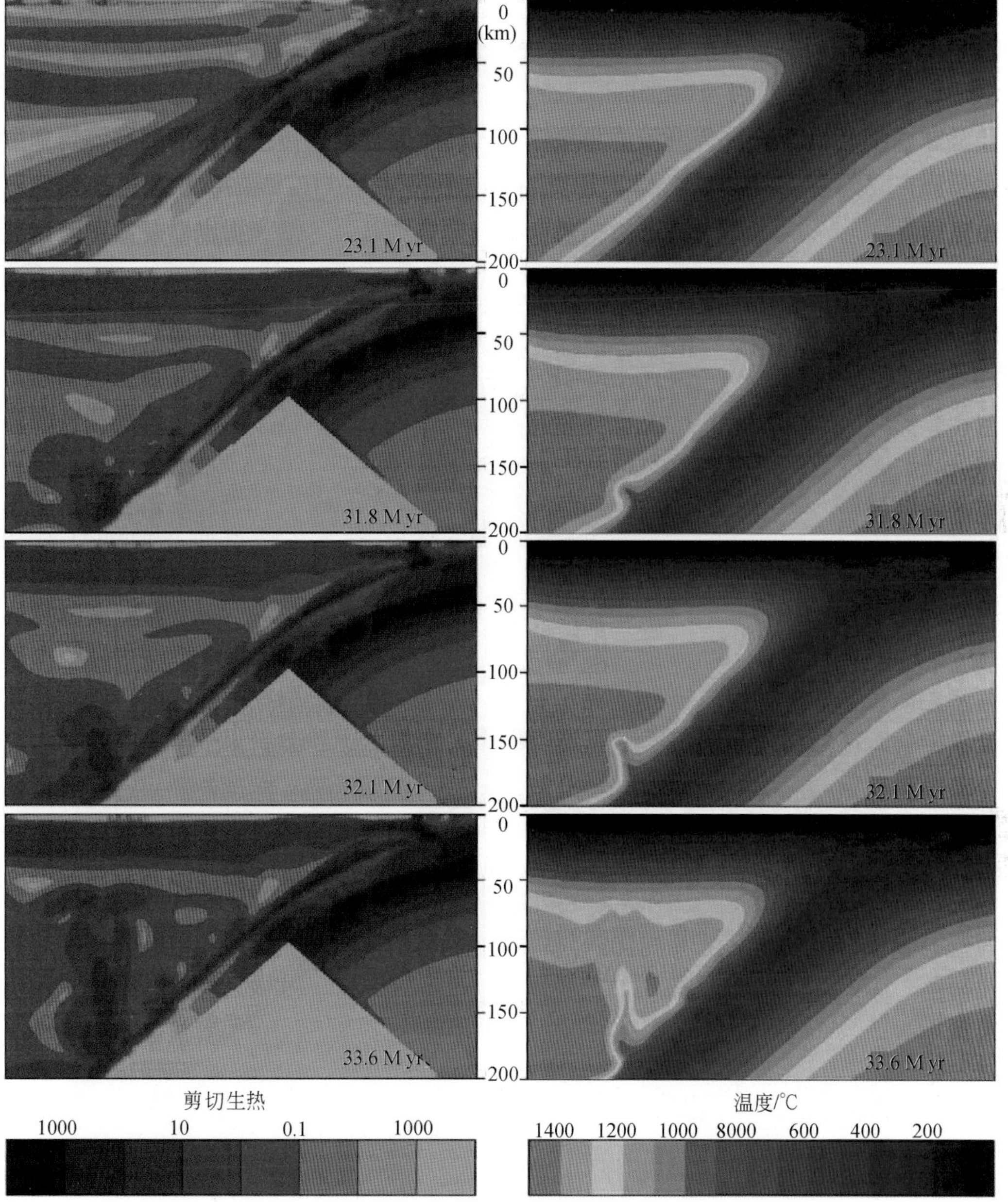


图 1-68　俯冲脱水过程中温度场（左列）和剪切热分布（右列）特征

（Gerya and Yuen，2003）

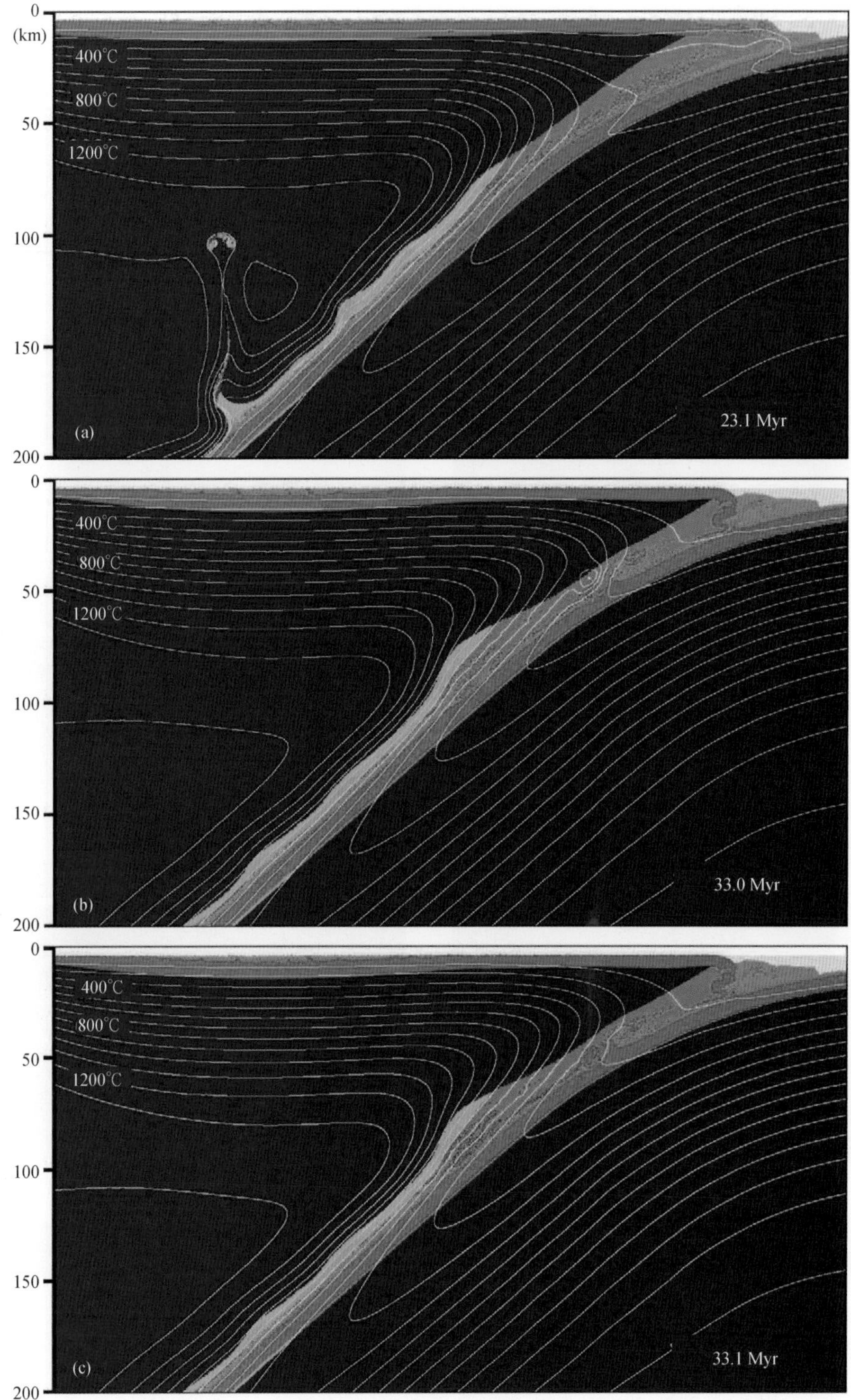


图 1-69　数值模拟实验中黏性耗散对冷幔柱发育的影响（Gerya and Yuen，2003）

模型具有中等初始浮力比 $R_\rho=3.5$ 的条件，（a）所有温度中都包含黏性热；（b）黏性热（=剪切热），仅用于 600K 以上的温度；（c）不考虑剪切热

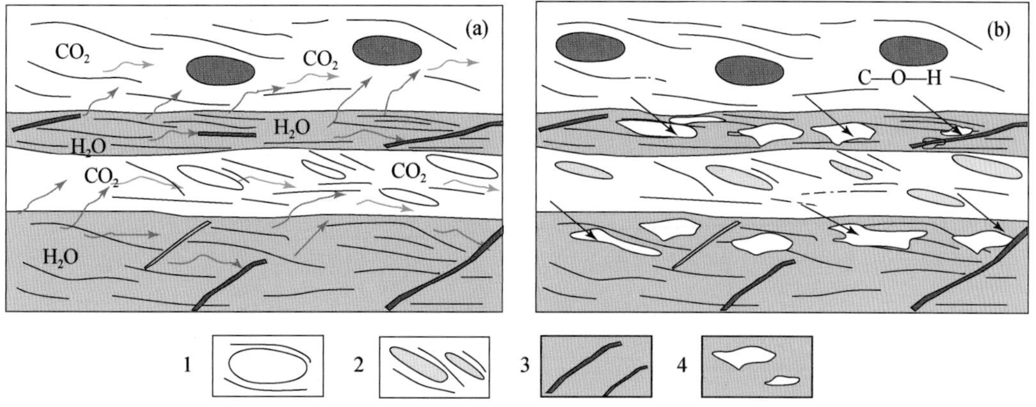


图 1-70　蛇纹岩和大理岩之间的流体交换以及流体组成的变化示意（Scambelluri et al.，2016）

1：含有豆荚状榴辉岩的红色石榴子石大理岩（深灰色）；2：混合岩区的白云石（和绿色石榴子石）大理岩层，灰色体代表透辉石替代的斑状白云石；3：伴随有高压变质橄榄岩脉的纯叶蛇纹石蛇纹岩（棕色条纹）；4：高压混合碳酸盐化蛇纹岩，白色区域代表新生白云石在蛇纹岩高压硅酸盐相外延生长。蓝色箭头：最初由蛇纹石释放的含水流体；橙色箭头：由于透辉石在白云石外延生长导致 $CO_2$ 从大理岩中释放；黑色箭头：C—O—H 流体回流和高压蛇纹岩的碳酸盐化

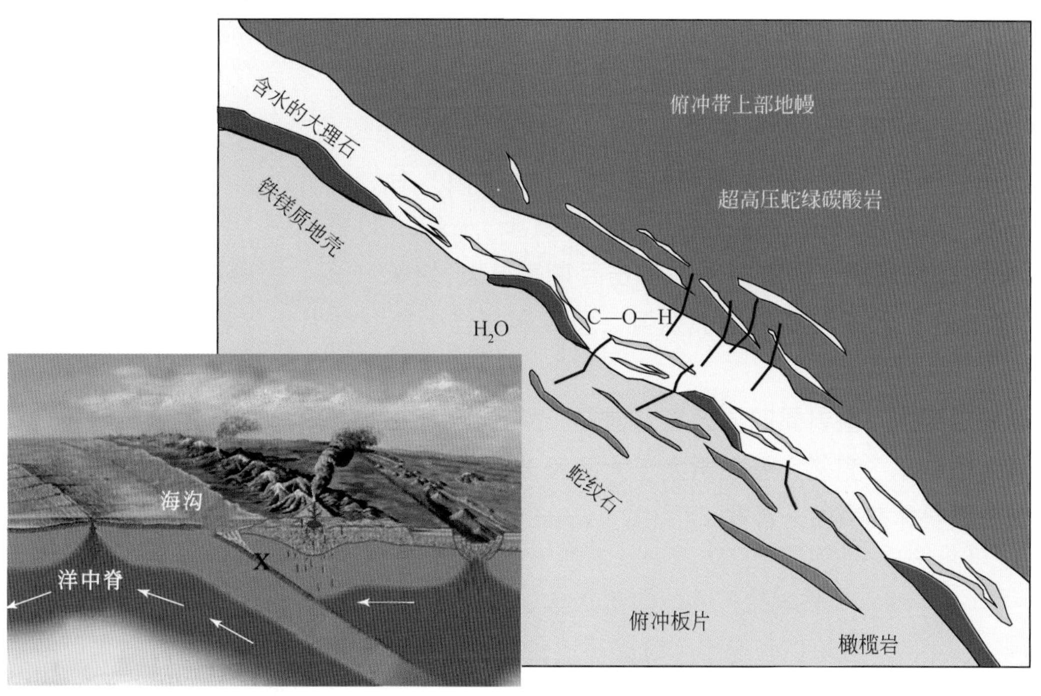


图 1-71　俯冲板片和弧前蛇纹岩碳酸盐化过程（Scambelluri et al.，2016）

由此可见，蛇纹岩在俯冲带弧前区的碳循环过程中起着关键性作用。一方面，蛇纹石脱水释放富含 $H_2O$ 的流体，并向相邻含碳酸盐岩提供 $H_2O$，通过增强碳酸

盐溶解和脱碳，提高碳的迁移率。另一方面，蛇纹石与 C—O—H 流体的反应，将硅酸盐矿物转化为碳酸盐矿物，从含水-碳流体循环中截留碳。这种机制解释了俯冲大洋板块和沉积物释放的碳量以及从火山弧返回大气之间的碳量之间的不平衡性。

Cook-Kollars 等（2014）在意大利阿尔卑斯山西部 Lago di Cignana 等地采集的样品，是侏罗纪时期的大洋变质沉积岩，它们经历的 *P-T* 峰值为 1.5 ~ 3.0GPa 和 330 ~ 550℃，类似于大多数现今俯冲带区域的沉积物俯冲经过弧前区的条件。该区碳酸盐样品中的碳显示了 $\delta^{13}C$ 的升高，为-25‰ ~ -22‰的海洋有机物的典型值，其值高达-10‰，符合脱挥发份的预期效果，即原始的还原性碳作为 $CH_4$ 释放到流体中。碳酸盐的 $\delta^{18}O_{VSMOW}$ 从+17‰到+22‰，显著低于典型的海洋碳酸盐值（+28‰ ~ +30‰），可能也反映与硅酸盐相的交换。这些都表明，变质沉积岩脱水驱动脱碳反应，将碳酸盐中的 $\delta^{18}O_{VSMOW}$ 变为现今值。这表明驱动碳酸盐脱碳的 $H_2O$ 流体来源具有多样性。

### 1.4.1.3 俯冲脱碳过程的数值模拟

在实验和数值模拟中，$H_2O$ 在俯冲环境中的物理化学性质影响，已经有了成熟的研究，而俯冲带脱碳过程研究则相对较少。已有研究成果显示，在岛弧火山活动中，沉积物、碳酸盐岩、有机质贡献了大部分碳输出，剩余的 20% 来自 MORB 型来源的碳（Sano and Marty，1995）。在高压-超高压变质岩区，碳酸盐化橄榄岩、榴辉岩以及微粒金刚石和石墨中，都检测到含碳流体存在的证据（van Roermund et al.，2002）。此类研究只是定性研究了俯冲脱碳过程，对于脱碳动力学的力学过程及其机制，则需要借助数值模拟方法。Gonzalez 等（2016）运用数值模拟方法量化了俯冲板片的脱碳行为，评估了沉积地幔柱（熔融和密度驱动，即前文的冷幔柱）作为 $CO_2$ 转移机制的可行性，并将脱碳过程的俯冲条件进行了参数化。

（1）模型参数

模型遵循岩石热力学基本方程（Petrini et al.，2001；Gerya and Yuen，2003a；Gerya et al.，2006；Gorczyk et al.，2007a）。与先前不同的是：在矿物固溶模型中（表 1-5）加入了碳酸盐矿物，而氧化物总组分（表 1-6）也加入了 $CO_2$。外部因素，例如，年龄、板块扩张速率和海洋环境变化，会导致水平方向和垂直方向岩石的不均一性，为计算方便，蚀变玄武岩、辉长岩、橄榄岩以及沉积物的氧化物总组分取平均值。除此之外，初始模型设计与脱水模型相同。计算过程中依据特定的热力学数据（表 1-6）和吉布斯自由能最小化方法，运用 PERPLE_X 软件（Connolly，2005），来计算不同温压条件下的稳定矿物。

**表 1-5　俯冲新老岩石的（仅 $H_2O$）氧化物重量百分比组成**　（单位:%）

| 氧化物 | 沉积物 | | 洋壳 | | 地幔 | |
|---|---|---|---|---|---|---|
| | 新 | 老 | 新 | 老 | 新 | 老 |
| $SiO_2$ | 58. 57 | 61. 10 | 46. 6 | 47. 62 | 44. 05 | 45. 55 |
| $Al_2O_3$ | 11. 91 | 12. 43 | 15. 26 | 14. 48 | 4. 03 | 4. 03 |
| FeO | 5. 21 | 5. 43 | 9. 84 | 10. 41 | 7. 47 | 7. 47 |
| MgO | 2. 48 | 2. 59 | 6. 54 | 6. 92 | 37. 42 | 37. 42 |
| CaO | 5. 95 | 6. 21 | 12. 66 | 13. 39 | 3. 18 | 3. 18 |
| $Na_2O$ | 2. 43 | 2. 54 | 2. 03 | 2. 15 | 0. 33 | 0. 33 |
| $K_2O$ | 2. 04 | 2. 13 | 0. 55 | 0. 58 | 0. 03 | 0. 03 |
| $H_2O$ | 7. 29 | 7. 60 | 2. 63 | 2. 78 | 1. 98（max） | 1. 98（max） |
| $CO_2$ | 3. 01 | — | 2. 9 | — | 1. 5（max） | — |

资料来源：Gonzalez 等，2016

**表 1-6　热力学解决方案模型及相图计算和岩石特性提取的数据**

| 矿物相 | 化学式 | 文献来源 |
|---|---|---|
| 绿泥石 | $(Mg_xFe_wMn_{1-x-w})_{5-y+z}Al_{2(1+y\_z)}Si_{3-y+z}O_{10}(OH)_8$, $x+w\leqslant 1$ | Holland 等（1998） |
| 方解石 | $CaCO_3$ | |
| 叶蛇纹石 | $Mg_{x(48-y)}Fe_{(1-x)(48-y)}Al_{8y}Si_{34-y}O_{85}(OH)_{62}$ | Padron-Navarta 等（2013） |
| 滑石 | $(Mg_xFe_{1-x})_{3-y}Al_{2y}Si_{4-y}O_{10}(OH)_2$ | Holland 和 Powell（1998） |
| 长石 | $K_yNa_xCa_{1-x-y}Al_{2-x-y}Si_{2+x+y}O_8$, $x+y\leqslant 1$ | Fuhrmanand Lindsley（1988） |
| 斜角闪石 | $Ca_{2-2w}Na_{z+2w}(Mg_xFe_{1-x})_{3+2y+2}Al_{3-3y-w}Si_{7+w+y}O_{22}(OH)_2$，$w+y+z\leqslant 1$ | Wei 和 Powell（2003），White 和 Charles（2003） |
| 钙钠榴石 | $Al_2Si_2O_7(OH)_2\cdot H_2O$ | |
| 菱镁矿 | $Mg_xFe_{1-x}CO_3$ | Holland 和 Powell（1998） |
| 云母 | $K_yCa_xNa_{1-x-y}(Mg_{1-v}Fe_v)_zMg_wTi_wAl_{3+x-w-z}Si_{3-x+z}O_{10}(OH)_2$，$x+y\leqslant 1$，$w+z\leqslant y$ | Auzanneau 等（2009） |
| 石英 | $SiO_2$ | |
| 黑云母 | $K(Mg_xFe_yMn_{1-x-y})_{3-u-v-w}Fe^{3+}_wTi_uAl_{1+v}Si_{3-v}O_{10}(OH)_{2-2u}$, $x+y\leqslant 1$，$u+v+w\leqslant 1$ | Tajcmanova 等（2009） |
| 单斜辉石 | $Na_{y+w}(CaMg_xFe^{2+}_{(1-x)})_{1-y-w}Al_yFe^{3+}_wSi_2O_6$ | Holland 和 Powell（1996） |
| 尖晶石 | $Mg_xFe_{1-x}Al_2O_3$ | |
| 斜方辉石 | $(Mg_xFe_{1-x})_{2-y}Al_{2y}Si_{2-y}O_6$ | Holland 和 Powell（1996） |
| 方解石 | $CaCO_3$ | |
| 白云石 | $CaMg_xFe_{1-x}(CO_3)_2$ | Holland 和 Powell（1998） |
| 硬石膏 | $SiO_2$ | |
| 辉石 | $SiO_2$ | |

续表

| 矿物相 | 化学式 | 文献来源 |
| --- | --- | --- |
| 橄榄石 | $Mg_{2x}Fe_{2y}$，$Mn_{2(1-x-y)}SiO_4$，$x+y\leqslant 1$ | Holland 和 Powell（1998） |
| 流体 | $(H_2O)_x(CO_2)_{1-x}$ | Connolly 和 Trommsdorff（1991） |
| 石榴石 | $Fe_{3x}Ca_{3y}Mg_{3z}Mn_{3(1-x-y-z)}Al_2Si_3O_{12}$，$x+y+z\leqslant 1$ | Holland 和 Powell（1998） |
| 水镁石 | $Mg_xFe_{1-x}(OH)_2$ | |
| 方镁石 | $Mg_xFe_{1-x}O$ | |

注：除非另有说明，否则热力学数据取自2002年修订的Holland和Powell（1998）资料。组成变量$w$，$x$，$y$和$z$可能在0到1之间变化，并通过吉布斯自由能最小化确定为压力和温度的函数（Connolly，2009）。

资料来源：Gonzalez 等，2016

（2）计算方法及公式

基于有限差分和粒子网格法（marker-in-cell），建立有限元差分数值模型，再计算求解质量、动量、能量守恒方程。而关于C—O—H流体的计算，也与脱水模型类似。值得注意的是，新加入熔融过程的公式，求解熔体中$CO_2$的溶解度。熔岩中最大$CO_2$含量用下列等式参数化

$$CO_2\text{wt.}\% = f(P, H_2O\text{wt.}\%) = (-0.01108\times[H_2O\text{wt.}\%]+0.03969)\times P^2_{(GPa)} + (0.10328\times[H_2O\text{wt.}\%]+0.41165)\times P_{(GPa)} \quad (1\text{-}194)$$

式中，$P$是熔体的压力，在1.5GPa和3GPa之间有效；$H_2O$ wt.%是熔体中的水含量。

（3）结果分析

该研究结果表明，俯冲动力学过程对于$CO_2$转移具有重要的控制作用。最显著的脱碳过程是源自俯冲初始阶段的年轻洋壳（20Ma）混入下陆壳；第二种情况是，俯冲板片与上覆岩石圈地幔耦合，得到性质较弱的岩石混合（20Ma；4～6cm/a），产生大量混杂岩，导致弧前区大规模脱碳；第三种脱碳情况，$CO_2$进入具有浮力的上升“沉积地幔柱”，交代上覆地幔楔。

以下几种模型是在不同模式条件下的脱碳过程。

A. 参考模型：稳定俯冲，无沉积地幔柱（底辟）发育

模型参数设置：俯冲板片年龄为60Ma，汇聚速度为6cm/a，$\lambda_{fluid}=0.1$，$\lambda_{melt}=0.001$。俯冲开始时，板块与侵蚀增生楔底部耦合，大量上部洋壳和沉积物进入海沟。大约运行到3.8Myr时，蚀变大洋玄武岩和沉积物的混杂岩开始发生部分熔融，形成火山弧。弧前下方混杂岩形成的俯冲通道中发生脱水作用，脱水主要来自蚀变玄武岩。在叶蛇纹石稳定域内，地幔橄榄岩发生蛇纹石化。弧前脱碳广泛发育，主要来自沉积物。弧下的$CO_2$迁移量小于1wt.%，同样来源于蚀变玄武岩。在上覆地幔楔中，从蚀变玄武岩和沉积物释放的$CO_2$［图1-72（c）］形成碳酸盐化橄榄岩的

透镜体［图1-72（d）］。模型运行的俯冲时间到8.19Myr时，碳酸盐化橄榄岩被地幔楔角流（wedge corner flow）拖曳下去。根据热力学数据库，温度升高的碳酸盐化橄榄岩发生脱碳［图1-72（c）］。

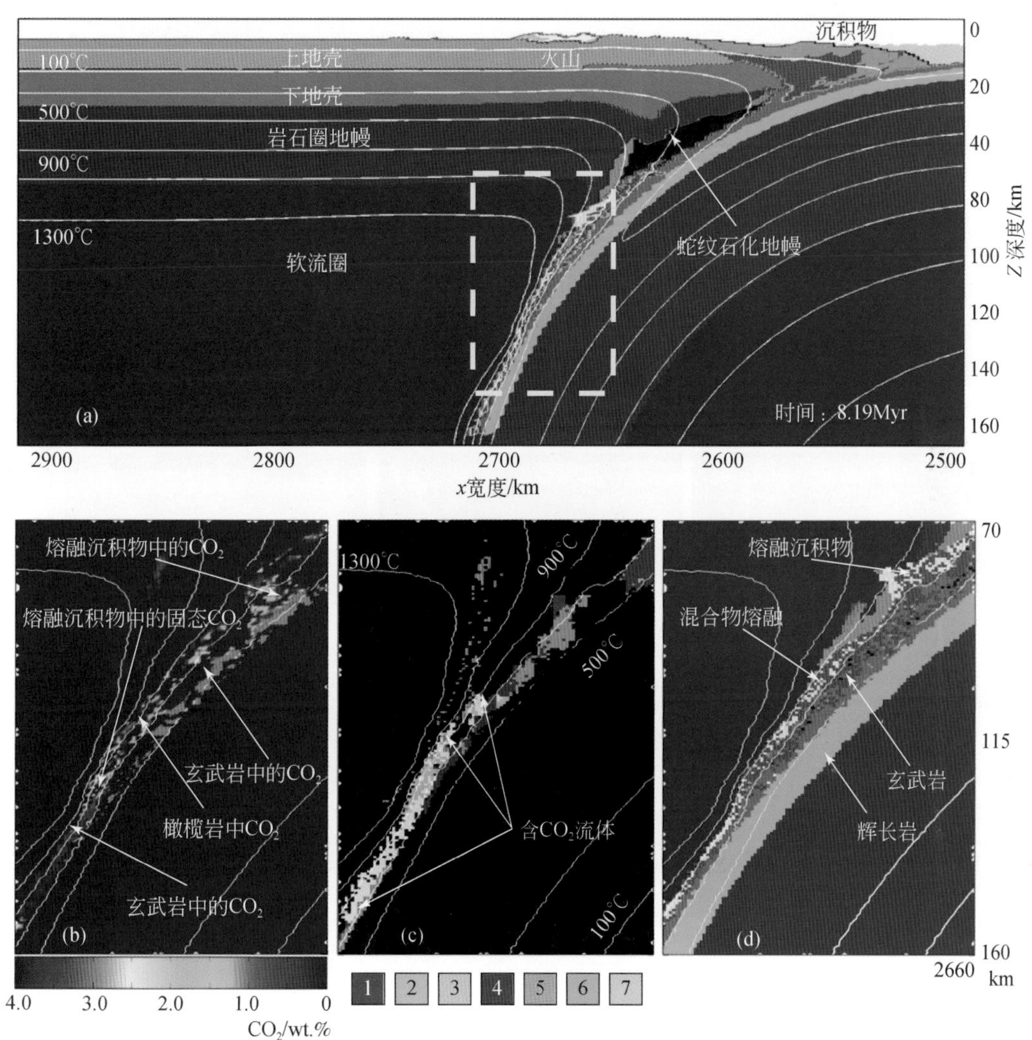


图1-72　俯冲带模型运行到8.19Myr时的脱碳过程（Gonzaleza et al.，2016）

模型的初始条件为俯冲板块年龄为60Ma，汇聚速度为6cm/a，$\lambda_{fluid}=0.1$，$\lambda_{melt}=0.001$，（a）整个俯冲带，黄色方框表示俯冲板片表面的放大图，即（b～d）显示的区域；（b）物质场；（c）自由流体分布，数字1～4代表含$H_2O$流体依次来自橄榄岩、辉长岩、沉积物和蚀变玄武岩，5～7代表含$CO_2$流体依次来自碳酸盐化橄榄岩、沉积物和碳酸盐化玄武岩；（d）$CO_2$在流体、固体和沉积物熔体中的浓度。$CO_2$主要存在于沉积物熔体或者蚀变玄武岩和沉积物释放的流体中，从碳酸盐化橄榄岩（c）中释放的$CO_2$流体滞留在地幔楔中

俯冲过程稳定了15Myr，俯冲过程稳定，沉积物、蚀变玄武岩或者碳酸盐化橄榄岩中几乎不再发生脱碳，只有辉长岩在弧前发生脱水。在弧下以及更深部位，$CO_2$在蚀变玄武岩和碳酸盐化橄榄岩中保持稳定［图1-73（b）（d）］。这些岩石含有大约

1.5wt.%的$CO_2$［图1-73（d）］，不再发生任何脱碳反应，而是进入到更深部地幔［图1-73（c）］。

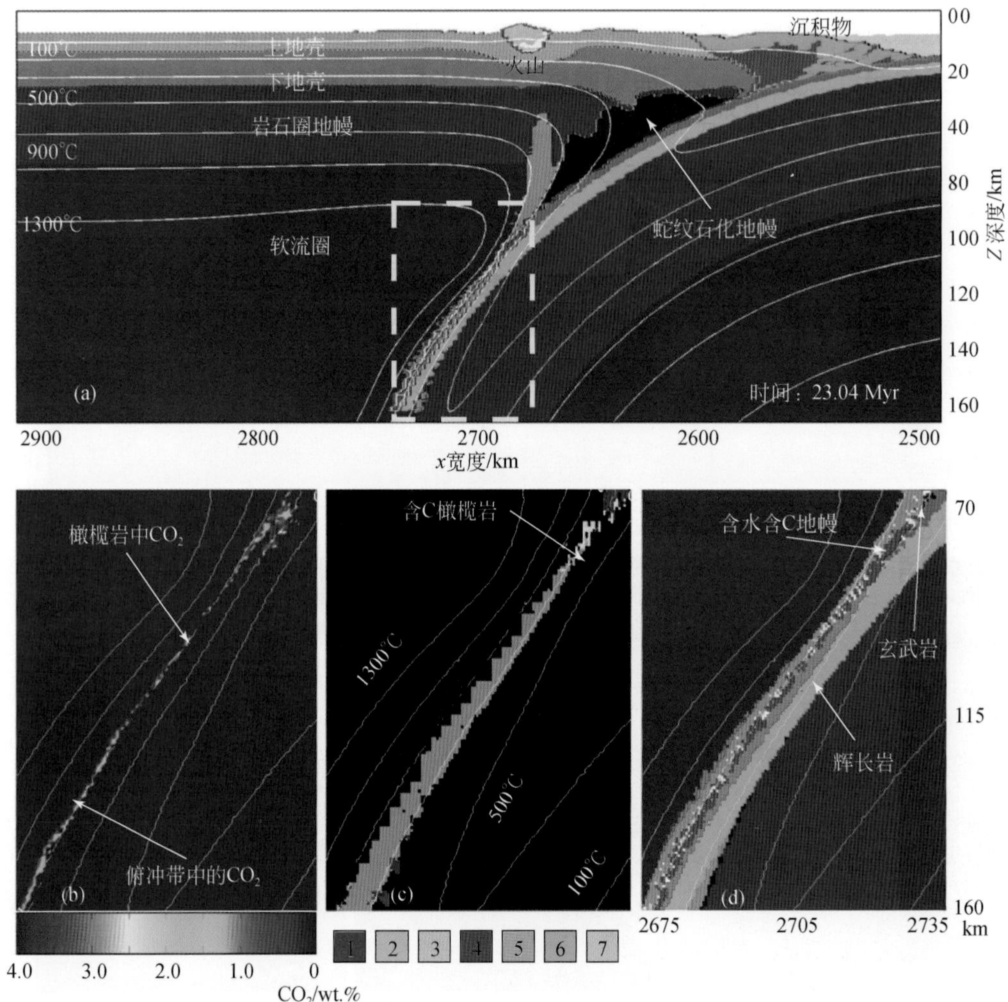


图1-73　俯冲带模型运行到23.04Myr时的脱碳过程（Gonzaleza et al.，2016）

模型边界条件为俯冲板块年龄为60Ma，汇聚速度为6cm/a，$\lambda_{fluid}=0.1$，$\lambda_{melt}=0.001$，（a）图中黄色方框表示俯冲板片表面的放大图［（b）~（d）］；（b）岩石组成；（c）自由流体分布（参见图1-74的图例注释）；（d）$CO_2$在流体、固体和沉积物熔体中的浓度。图像表明了流体不再释放，而是稳定俯冲进入深部地幔，$CO_2$保留在达到部分熔融程度的蚀变玄武岩中

B. 不同俯冲速率和俯冲板片年龄的脱碳过程对比

这里，洋壳的俯冲专指不同岩石混合以及蚀变玄武岩伴随少量沉积物进入下地壳的过程。这个过程主要发生在20Ma年轻大洋板片的俯冲过程中。其特征是早期俯冲开始就在弧前和弧下位置持续地脱水/脱碳［图1-74（c）和（f）］。俯冲开始时，洋壳和上覆陆壳之间以摩擦耦合占主导［图1-74（a）］。汇聚速度为1~3cm/a

的模型，在俯冲开始时，蚀变玄武岩伴随少量沉积物俯冲至下陆壳深度。升高的温度和持续的低压驱动蚀变玄武岩脱碳，脱碳位置发生在弧前和主弧之间［图 1-74（e）~（g）］。脱碳源区横向累计总面积约为 300km²、260km²、195km²，分别对应 1 ~3cm/a 的汇聚速率［图 1-74（e）］。与汇聚速度为 1 ~2cm/a 的模型相比，3cm/a 的模型形成了火山弧。形成火山弧的岩浆源于部分熔融的玄武岩和沉积物，由浮力驱动的沉积地幔柱［图 1-75（b），（d）］进入温度更高的对流楔中发生熔融。

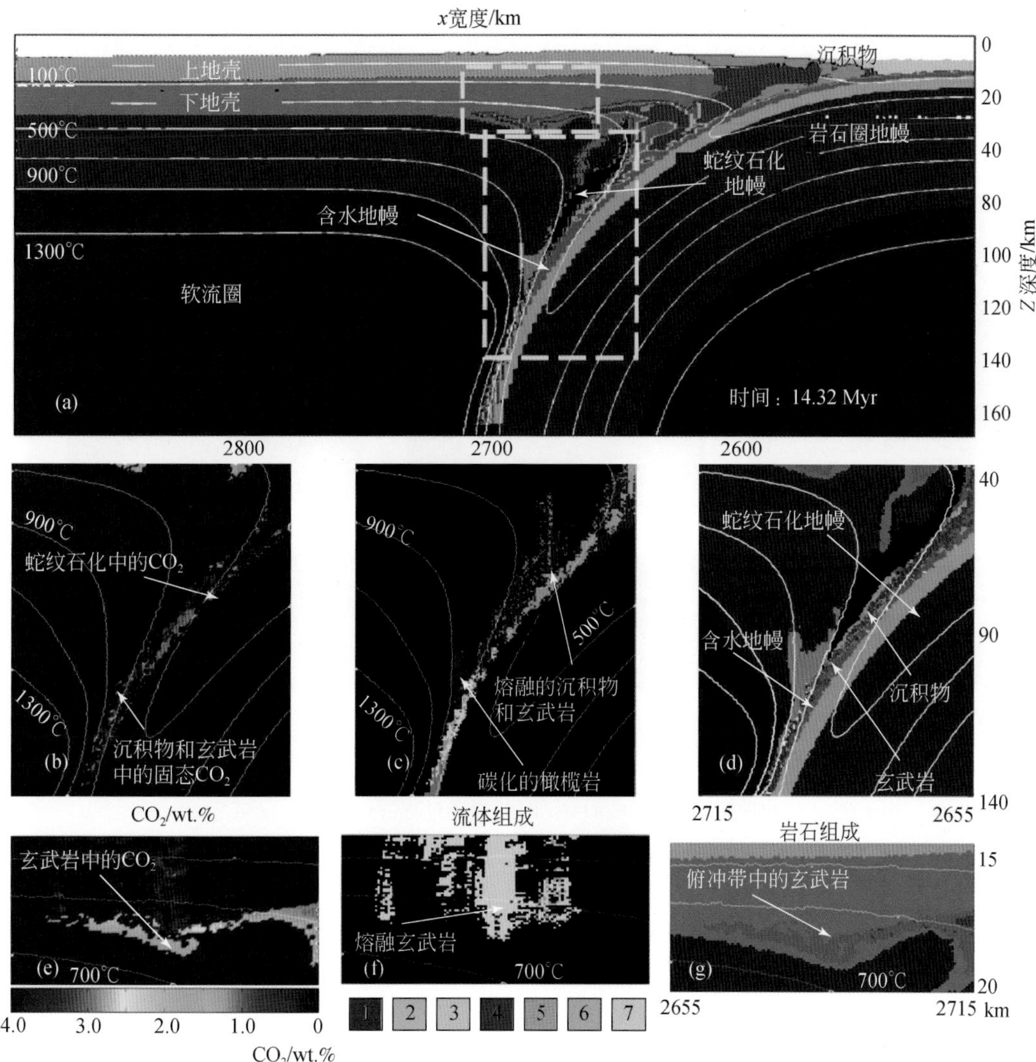


图 1-74　俯冲带模型运行 14.32Myr 时的脱碳过程（Gonzaleza et al., 2016）

模型边界条件为俯冲板片年龄为 20Ma，汇聚速度为 3cm/a，$\lambda_{fluid}=0.1$，$\lambda_{melt}=0.001$，（a）图中较小黄色方框表示俯冲进入下陆壳部分的放大图，较大黄色方框表示俯冲板片表面的放大图，（b）~（d）为深俯冲板片的放大图；（e）~（f）为下陆壳中俯冲进入的玄武岩放大图；（b）和（e）为岩石组成；（c）和（f）为由流体释放的流体分布（参见图 1-74 的图例注释）；（d）和（g）为 $CO_2$ 在流体、固体和沉积物熔体中的浓度，这种模型代表了陆壳和年轻洋壳的碰撞以及刮擦下来的玄武岩发育过程；（f）为低压高温导致蚀变的玄武岩脱碳；（b）~（d）说明弧前位置沉积物和玄武岩发生脱碳以及橄榄岩的碳酸盐化

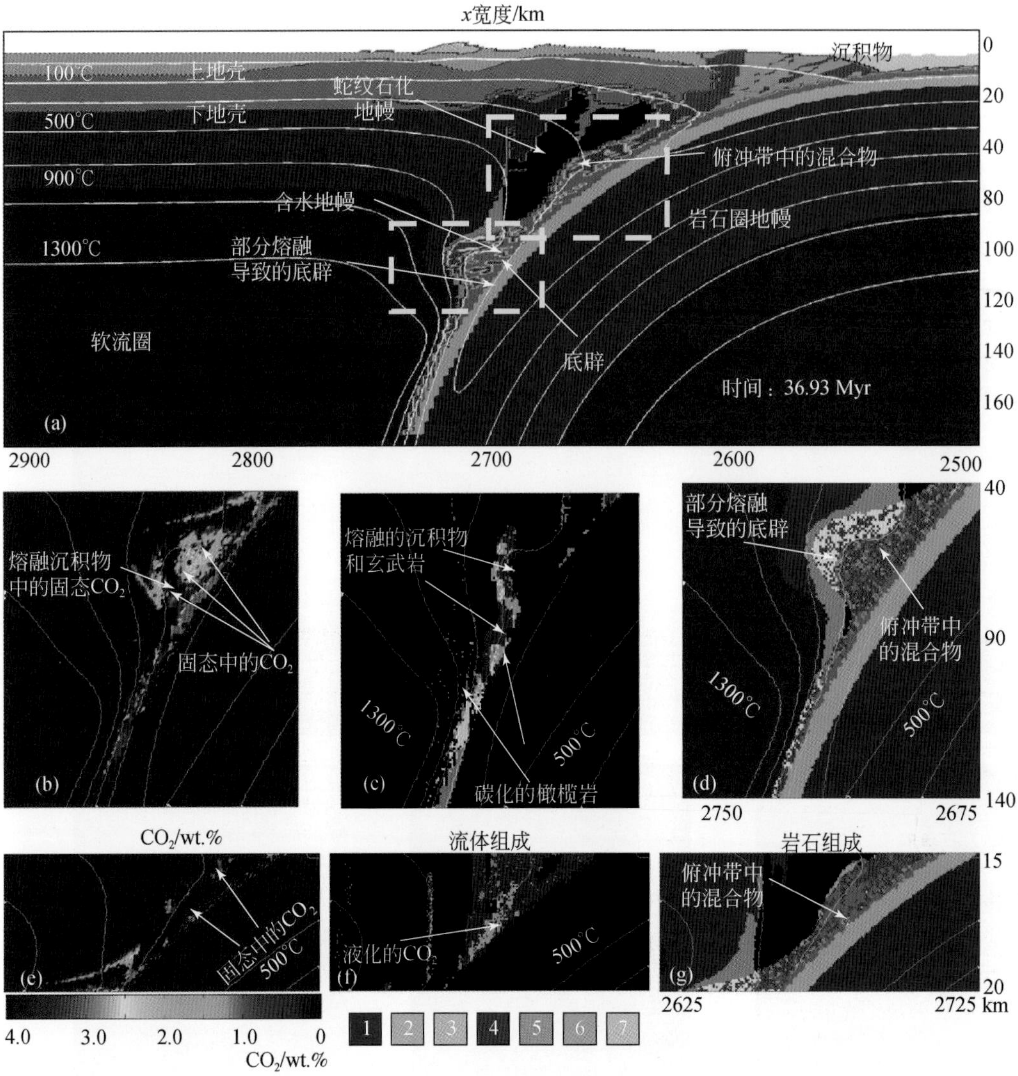

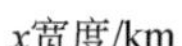


图 1-75　俯冲带模型运行 36.93Myr 时的脱碳过程（Gonzaleza et al.，2016）

模型边界条件为俯冲板片年龄为 20Ma，汇聚速度为 3cm/a，(b) ~ (d) 为沉积地幔柱的放大图，(e) ~ (f) 为响应深部沉积地幔柱构造的浅部底辟构造放大图，(b) 和 (e) 为岩石组成，(c) 和 (f) 为自由流体分布（参见图 1-72 的图例注释），(d) 和 (g) 为 $CO_2$ 在流体、固体和沉积物熔体中的浓度

在俯冲板片年龄为 20Ma 的系列模拟中，汇聚速度为 4 ~ 6cm/a 的模型会形成俯冲通道内的增生楔，即大量由沉积物、蚀变玄武岩和下陆壳成分组成的混杂岩。在 4cm/a 模型的初始阶段，模型运行到 10Myr 之前，由于弧前楔缺乏润滑，产生强烈摩擦耦合［图 1-76（a），红色箭头表示］，这导致一部分大陆岩石圈地幔发生俯冲［图 1-76（a）］。由于稳定俯冲，弧前和弧下深度大量脱水脱碳［图 1-76（b）］。从 48.19Myr 到模型结束，逐渐以脱水为主［图 1-76（c）］。混杂岩延伸到约 60km 深度处［图 1-76（a）］，使得部分陆壳增厚。部分熔融底辟形成，火山弧在汇聚速率

为 4cm/a 和 5cm/a 的模型中分别于 57.57Myr 和 43.69Myr 时形成，岩浆成分为地幔熔体和部分熔融的沉积物、蚀变玄武岩的混合物。

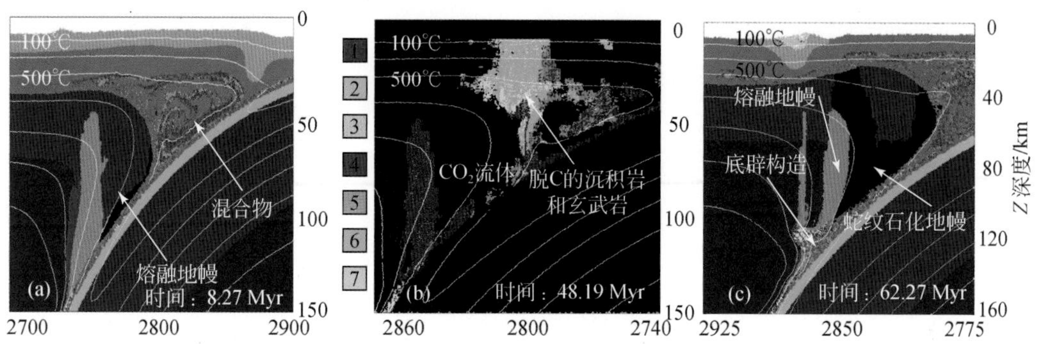


图 1-76　俯冲板片年龄为 20Ma，汇聚速度为 4cm/a 的俯冲带脱碳过程（Gonzaleza et al.，2016）

（a）早期阶段板片发生较强摩擦耦合，下陆壳、沉积物和蚀变玄武岩发生机械混合，因缺乏蛇纹石化导致大陆岩石圈地幔的双俯冲（红色箭头）；（b）深部 $H_2O$ 的释放占主导，而在混杂岩中则是脱碳普遍存在；（c）地幔楔蛇纹石化后开始稳定俯冲

其中，汇聚速度为 6cm/a 的模型独有的特点是，运行到 19.44Myr 时，上覆陆壳的快速脱水脱碳和熔融弱化［图 1-77（a）］，导致区域性伸展，软流圈涌入。而在浅部，软流圈的涌入造成上覆板片的高地温梯度，使得沉积物和蚀变玄武岩发生部分熔融［图 1-77（b）］，从而导致延伸到 60km 的混杂岩遭到破坏，留下一个约 40km 深度的略微增厚的地壳楔［图 1-77（c）］。部分熔融混杂岩的残余体位于下陆壳，长约 200km，富水地幔岩石圈在其下部［图 1-77（c）］。俯冲运行到 47.47Myr 时，由于涌入的软流圈干橄榄岩的补充，俯冲回到挤压状态，伸展作用停止［图 1-77（c）］。

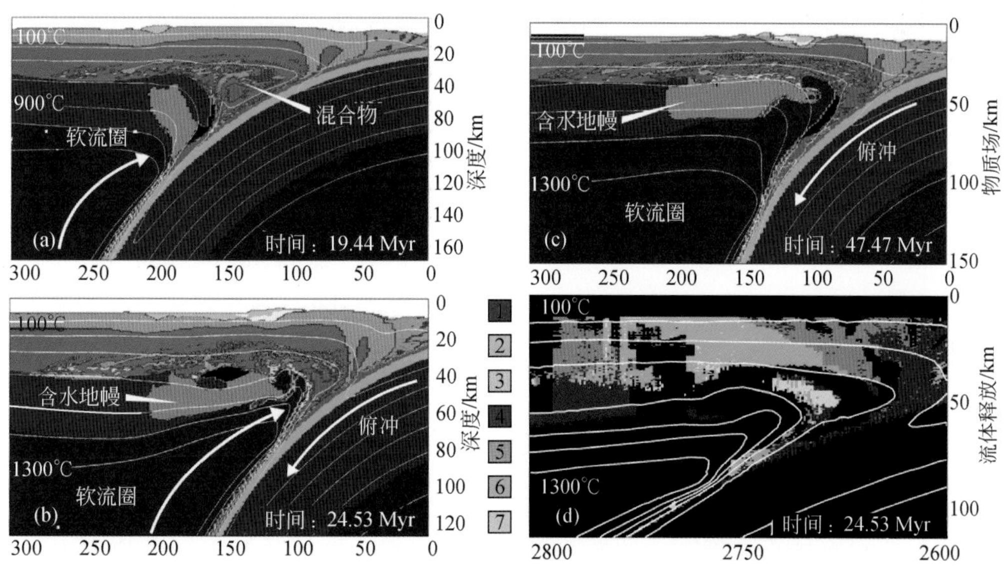


图 1-77　俯冲板片年龄为 20Ma，汇聚速度为 6cm/a 的俯冲带脱碳过程（Gonzaleza et al.，2016）

（a）早期阶段发育大量混杂岩；（b）软流圈侵入弱化的富水地幔和蛇纹石化地幔，并发生板片回卷；（c）板片回卷导致混杂岩消失，下陆壳成为一个包含下陆壳、沉积物、部分熔融的沉积物以及蚀变玄武岩的混杂体；（d）软流圈的高热流导致弧前区的沉积物发生脱碳

C. 底辟构造（沉积地幔柱）

模型中特别关注的是从俯冲板片表面发育的俯冲混杂岩的底辟构造，目的是研究有浮力的沉积地幔柱脱碳过程。

当洋壳和上覆板块发生强烈摩擦耦合导致增生楔底部侵蚀时，会发生刺穿岩石圈的底辟。增生楔的底部侵蚀会在俯冲板片顶部形成混杂岩。混杂岩到达软流圈深度时，沉积物或混杂岩的部分熔融导致产生有浮力的底辟，其能进入对流楔，并进一步熔融。提取（析出）的部分熔融熔体，导致陆壳弱化。刺穿岩石圈的底辟穿透岩石圈地幔，需要两个条件：①熔融提取，导致上覆陆壳弱化；②低密度沉积物进入海沟，成为俯冲混杂岩的主要组成部分。模型中，通过无量纲参数 $\lambda_{fluid}$ 和 $\lambda_{melt}$ 模拟板块耦合程度，并使用 Gerya 和 Meilick（2011）的 ‘irev’ 模型（$\lambda_{fluid}=0.1$；$\lambda_{melt}=0.001$），来作为底辟构造形成的条件。

a. 固定底辟

在绝大多数模型中都会发育固定底辟。汇聚速率 3cm/a、板片年龄 20Ma 的模型（图 1-74，图 1-75）是其中之一。在俯冲的前 17.5Myr 过程中，由于增生楔的俯冲侵蚀，大量沉积物进入海沟。运行 28.96Myr 后，少量混杂岩部分熔融，但沉积物熔融的量不足以产生足够大的密度差异来促使冷幔柱的形成［图 1-75（b）］。当进一步俯冲时，在大约 90km 深处形成未熔融物质的俯冲通道［图 1-75（b）］。此时，两个特定区域会发生脱碳过程：一个区域是底辟进入地幔时，在 700℃等温线处发生的脱碳反应［图 1-75（b）］，导致富水地幔碳酸盐化［图 1-75（b）（d）］。碳酸盐化橄榄岩被地幔楔中的角流捕获，再次发生脱碳反应；另一个区域对应于沉积物脱碳区，其主要发生在沿着 500℃等温线的 80km 以浅的部位［图 1-75（e）~（f）］。

b. 刺穿岩石圈的底辟

刺穿岩石圈的底辟在不同板块年龄和速率的模型中都可出现（40Ma 及 4cm/a、60Ma 及 2cm/a、60Ma 及 3cm/a、80Ma 及 3cm/a、80Ma 及 6cm/a）。这些模型的共同点是底辟（冷幔柱）的上升速率很快。其中，最短的（40Ma 及 4cm/a）累积时长为 14Myr，最长的（80Ma 及 3cm/a）累积时长为 24Myr。这些刺穿岩石圈底辟的共同特征是高角度的板片俯冲，并伴随增生楔底部的侵蚀，且大量沉积物进入海沟（图 1-78）。

在俯冲板块年龄为 60Ma、汇聚速度为 3cm/a 的模型中，模型运行 10.62Myr 时，沉积物熔体开始侵入大陆岩石圈［图 1-78（a）（e）］，形成刺穿岩石圈的底辟。该底辟能够导致上覆陆壳伸展，诱发海沟后退，并使得增生楔推覆体发生堆垛现象［图 1-79（a）］。$CO_2$ 的迁移也主要通过沉积地幔柱以及沉积物熔体进入陆壳。

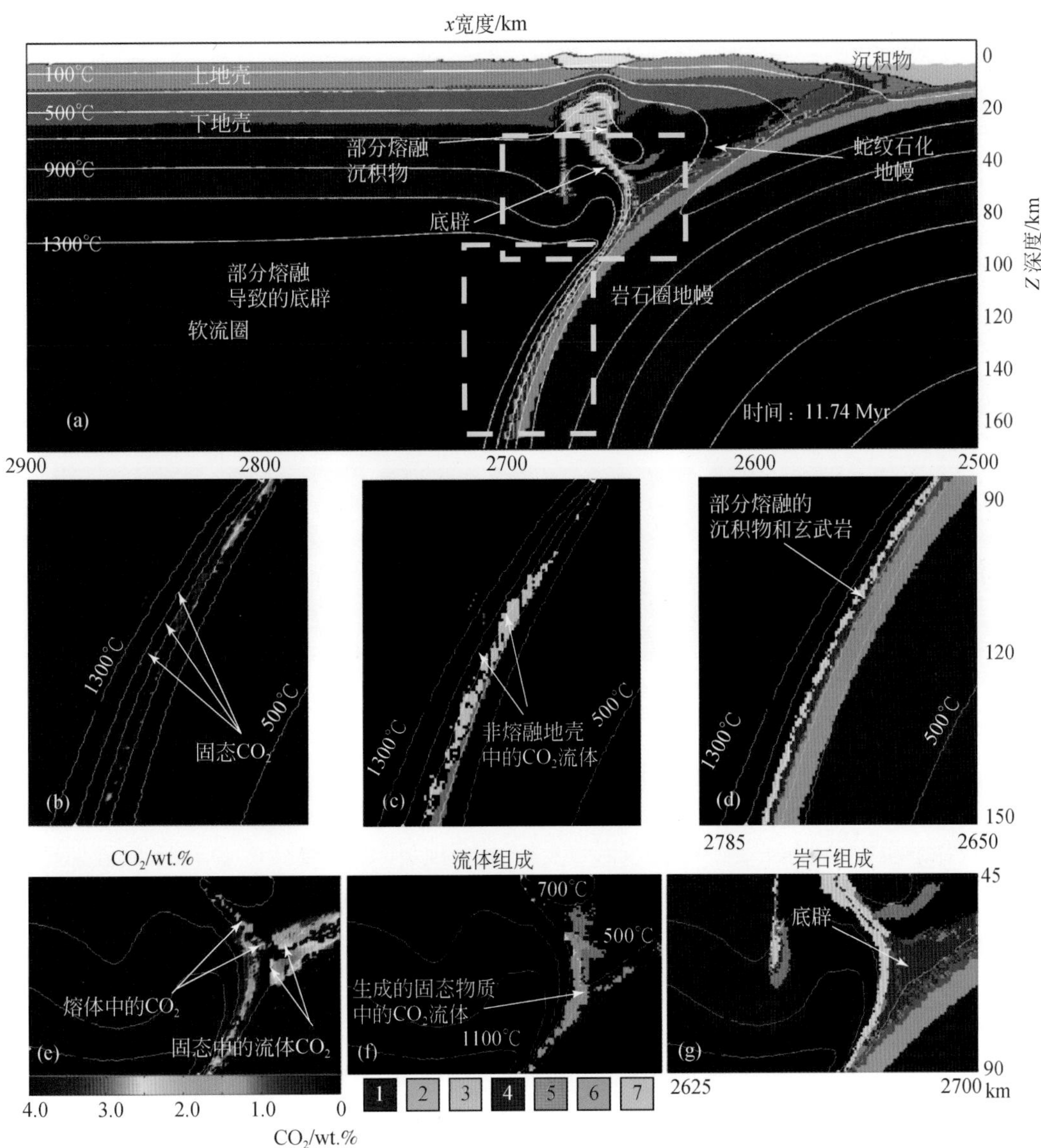


图 1-78　数值模型模拟刺穿岩石圈的底辟发育过程（Gonzaleza et al.，2016）

模型初始边界条件为俯冲板块年龄为 60Ma，汇聚速度为 3cm/a，（a）14.74Myr 时模型整体，（b）～（d）深部俯冲板片表面的放大图，（e）～（g）底辟构造的放大图，（e）～（f）沉积物熔融导致 $CO_2$ 迁移，（g）$CO_2$ 流体只产生在低于 700℃的变沉积岩中，（b）和（e）为岩石组成，（c）和（f）流体分布（参见图 1-72 的图例注释），（d）和（g）为 $CO_2$ 在流体、岩石和沉积物熔融产生的熔体中的浓度，（d）$CO_2$ 随没有经历部分熔融的玄武岩俯冲进入更深部的地幔

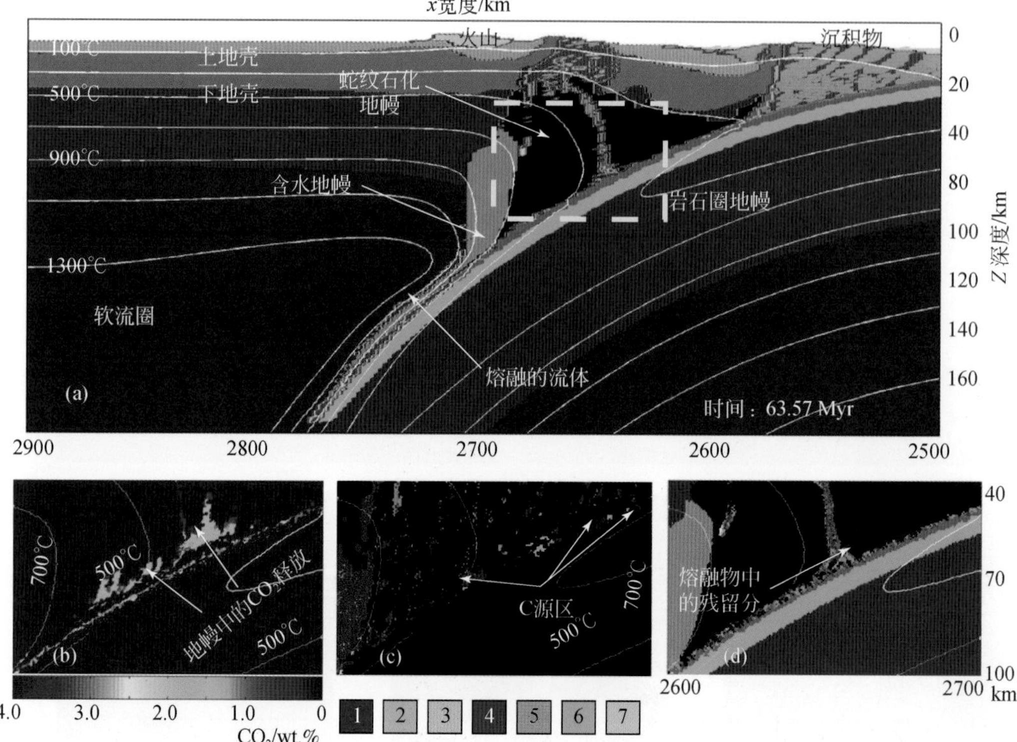


图 1-79　数值模型模拟了弧前地幔脱碳的演化（Gonzaleza et al.，2016）

模型初始边界条件为俯冲板片年龄为 60Ma，汇聚速度为 3cm/a，（a）模型运行 63.56Myr 时俯冲带的演化，（b）~（d）蛇纹石碳酸盐化的俯冲板片表面放大图，（d）蛇纹石化橄榄岩的碳酸盐化程度，（b）俯冲板片表面成分以及碳酸盐化橄榄岩的流体来源，（c）从脱碳沉积物中释放的 $CO_2$ 流体分布

c. 碳酸盐化地幔

弧前地幔的碳酸盐化发生在两种不同的情况下。

第一种情况只发生在俯冲深度超过 100km 的洋壳之上的薄层中，由于蚀变玄武岩和沉积物中 $CO_2$ 含量的限制，在俯冲板片-地幔界面，仅形成碳酸盐化橄榄岩的小透镜体。碳酸盐化橄榄岩被对流楔捕获，因温度升高而发生脱碳［图 1-75（c）粉红色］。沿俯冲板片表面产生少量 $CO_2$ 流体。结果在俯冲板片-地幔界面之上，产生薄的碳酸盐化橄榄岩地层。模型运行 21.13Myr 后，俯冲角度减小，导致俯冲板片-地幔楔的地热梯度在 100 ~ 120km 的深度下降了 200℃。由于俯冲板片-地幔表面温度逐渐降低，脱碳停止。

第二种情况是在弧前地幔中的俯冲板片发生脱碳。$CO_2$ 流体来自沉积物和蚀变玄武岩，当流体渗透通过地幔橄榄岩时被岩石吸收。在冷的蛇纹石化地幔中，除非后来受热异常影响，否则 $CO_2$ 可以在橄榄岩内保持稳定［图 1-79（d）］。

以上模型，通过改进热力学数据库，引入了碳酸盐化相变过程（变质玄武岩、变质沉积物和变质橄榄岩），也将 $H_2O-CO_2$ 流体加入到了现有的模型。模型通过改变板块年龄和汇聚速度，评估其对俯冲板块脱碳的影响。拥有特定的 $\lambda_{fluid}$ 和 $\lambda_{melt}$ 增加的俯冲带年龄及速度，可以保留碳酸盐，即俯冲带更老更稳定时，碳酸盐在弧下可以完全保留。

非线性效应是 $CO_2$ 脱碳的最大贡献者，包括：

1）年平均速率为 3 ~ 6cm 的年轻俯冲板片俯冲时，下陆壳形成大型混杂岩；

2）底辟构造侵入到温度较高的地幔楔中；

3）伸展期间或俯冲初期热软流圈沿俯冲板片流入。

其中，最强烈的脱碳发生在热的年轻板片中，当其俯冲至下陆壳时，或者当浮力驱动的底辟构造借助软流圈的流动而进入浅部进入伸展区域时。

### 1.4.2 俯冲脱水过程

流固耦合的另一种形式是俯冲脱水。在俯冲带，大量的水被携带进入地幔。在俯冲作用下，水通过一系列变质反应，从俯冲板片中释放出来，生成的流体进入地幔楔，发生水化作用，改变地幔楔的化学及物理性质，使地幔楔发生相应的弱化和熔融，并随之改变俯冲带的动力学与热力学结构。水的加入促进了岛弧火山岩、俯冲带地震、大陆增生事件以及地幔中地球化学元素的长期演化。研究进一步证实，水在岛弧火山岩主量和微量元素的熔融过程中起了决定性作用；层析成像结果同时显示，脱水改变了地幔楔的结构，并导致了转换相地幔楔的水化作用。

高压实验量化了水对地震波速、衰减率和流变学方面的影响，为俯冲带结构和演化模式提供了至关重要的制约因素。同时，计算模型也证实了地幔楔在俯冲带动力学演化中的重要性以及水加入导致的流变学弱化的必要性。

地球内部水的循环过程一直都是地球动力学研究的重要课题之一，因为水进入到地幔中，会影响地幔多尺度对流的固流体黏度，从而进一步影响地球内部的动力演化过程。在现今板块构造体制下，大洋板块在俯冲之前就能够发生水化作用（Contreras-Reyes et al.，2011；van Avendonk et al.，2011），在深部地幔条件下，含水矿物和名义上无水相矿物能够处于稳定状态（Fumagalli et al.，2001；Ohtani et al.，2004）。这说明俯冲带可以将大量的水带入地幔深处，并通过热点、岛弧岩浆作用等流出地球内部（Litasov and Ohtani，2007），构成全球水循环的重要环节。由此可见，俯冲带的水化和脱水过程是地球内部水循环的一个重要组成，也是影响火山弧的岩浆活动及其挥发份循环的关键过程（图 1-80）。

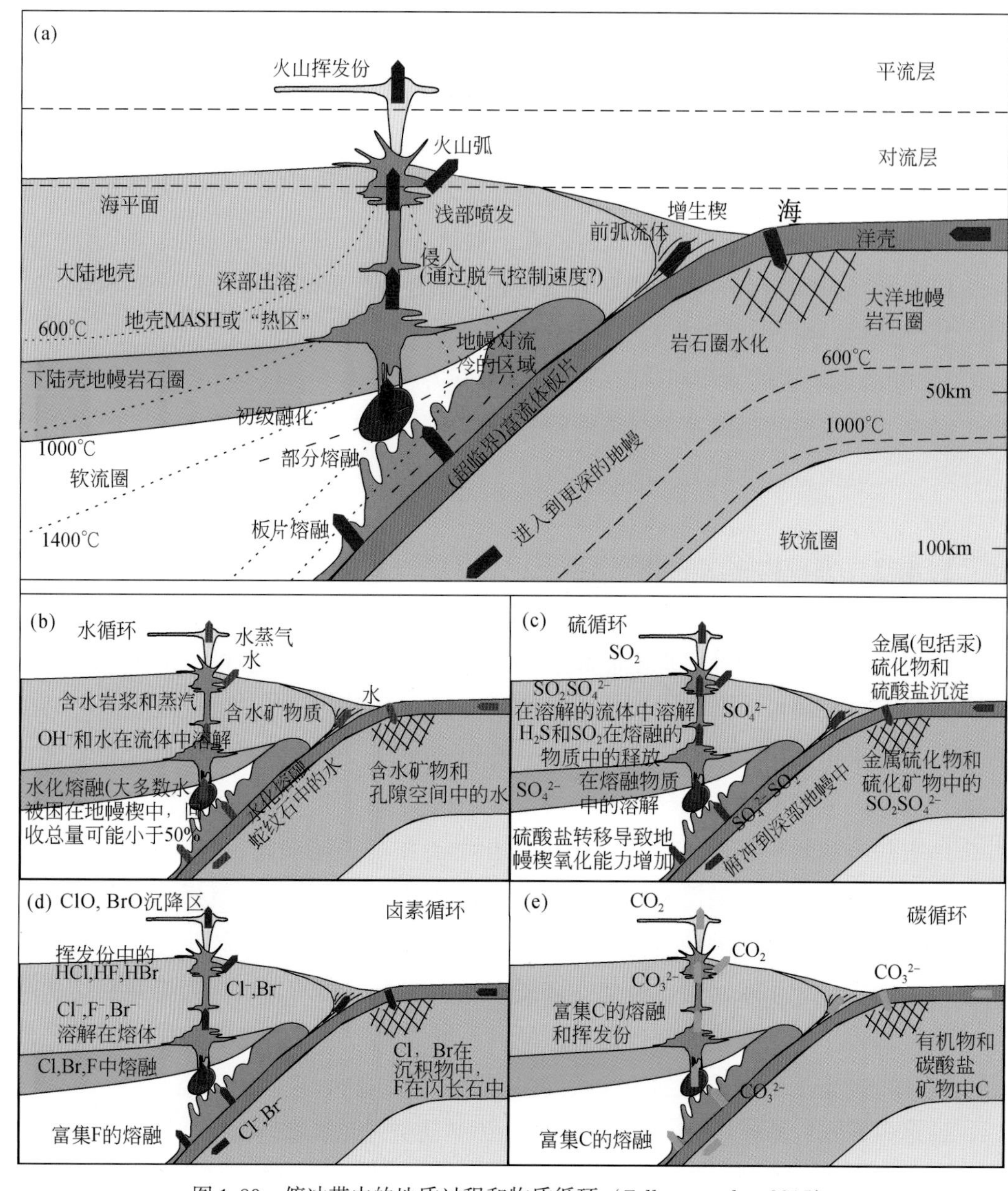


图 1-80　俯冲带中的地质过程和物质循环（Zellmer et al.，2015）

（a）从俯冲板片脱水到岛弧岩浆脱气以及进入到大气的气体循环，（b）水循环，（c）硫循环，（d）卤族元素循环，（e）碳循环等

一般认为，脱水作用是在俯冲进入弧下深度时发生的，由于角闪岩相向榴辉岩相转变时，角闪石分解而释放出水，这些水引发了上覆地幔楔的部分熔融。但随后的实验岩石学研究表明，以硬柱石、硬绿泥石、多硅白云母、黝帘石-斜黝帘石为代表的含水矿物在弧下深度是稳定的（Poli and Schmidt，2002），能够把数量可观的水通过俯冲地壳迁移到超过角闪石稳定深度的地幔中。根据对超高压变质地体的研

究，这些含水矿物在柯石英和金刚石稳定域都是稳定的。热力学计算进一步约束了超高压条件下泥质岩和基性岩中含水矿物的稳定性及其与地壳俯冲/折返过程中温度-压力变化的关系（Clarke et al.，2006；Wei and Clarke，2011）。通过含水矿物分解，俯冲板片发生脱水作用释放出水，导致俯冲板片本身或者上覆地幔楔发生部分熔融。因此，确定俯冲板片矿物脱水的深度和水迁移到地幔楔中的机理，是理解俯冲带岩浆作用的关键因素（郑永飞等，2016）。

俯冲带水循环的意义重大，俯冲带中脱水流体能够引起岩石的弱化和相变，对整个俯冲碰撞动力学的演化具有非常重要的影响，甚至会影响全球的水循环和其他元素循环（图 1-80）。

#### 1.4.2.1 俯冲板片中水的赋存方式

在俯冲过程中，板片会携带大量的水进入俯冲带，但是这些流体是以怎样的方式随俯冲板片进入到俯冲带？这里根据前人的研究，总结出两种俯冲带流体赋存方式：

（1）孔隙水和沉积矿物结合水

俯冲带中的海底沉积物主要由陆源碎屑组成，且为多孔岩石（Hermann and Rubatto，2009），多孔岩石中的孔隙可以赋存大量的自由水，即孔隙水。在其俯冲过程中，孔隙的垮塌可导致自由水的逃逸，并可触发俯冲带地震。根据全球俯冲沉积物的矿物组成分析，矿物结构水约占其总摩尔质量的 7%，这部分水，以水分子（$H_2O$）或羟基（OH—）的形式存在于矿物晶格之中，在俯冲过程中，可伴随温压条件的变化得以释放。

（2）玄武岩、橄榄岩的蛇纹石化

蛇纹石化是地球上最重要的水岩相互作用之一，是洋壳地质过程的重要组成部分。它是指中、低温热液对含镁岩石交代而产生蛇纹石的一种水岩蚀变作用。大规模玄武岩、橄榄岩的蛇纹石化过程主要发生在洋中脊、海沟外缘隆起带和俯冲带处。

首先，在洋中脊处，岩浆驱动的水热流体通过洋中脊断层或转换断层，交代地幔橄榄岩形成蛇纹岩。

其次，在海沟处，从海沟轴到外缘隆起的 100km 内，分布着大量的正断层，这些断层甚至可深切洋幔，流体可顺着这些正断层渗入，交代洋壳或者洋幔，形成一些含水矿物，即蛇纹石化。

最后，在俯冲带内部，由于重力作用，俯冲洋壳不断挠曲可进一步诱发大量的正断层，表现为俯冲带深部正断型地震的发生（图 1-81）。在这种情况下，从含水矿物中释放的水，不但可以向上运移，导致地幔楔的蛇纹石化或软流圈地幔的部分熔融，而且也可以在压力的作用下沿着正断层进入俯冲板片的内部，并导致洋壳或洋幔的蛇纹石化，这部分的含水矿物可以伴随板片的不断俯冲进入更深部的软流圈地幔，为深部脱水过程提供物质条件。

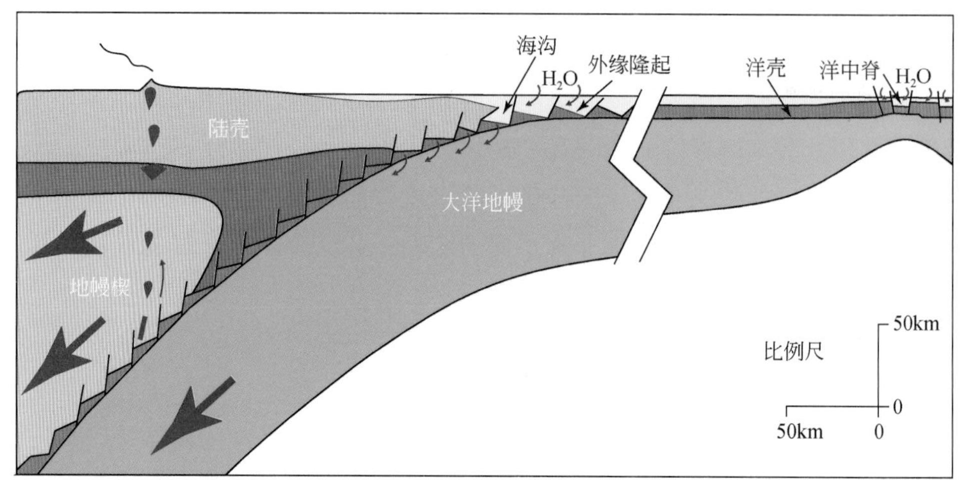


图 1-81　俯冲板片在脱水之后流体的去向

### 1.4.2.2　俯冲脱水过程的三个阶段

随着俯冲过程温度压力的持续增高，岩石或矿物会释放流体，形成俯冲带的脱水现象。俯冲板片脱水多寡和脱水深度，都有很大的变化范围。根据全球俯冲带平均脱水量数据显示（Hacker，2008），俯冲板片中大约 46% 的水以自由水的形式从岩石孔隙中排出；另有 19% 的水，在低于 4GPa 压力下，因蛇纹石化而从俯冲洋壳中被排出，并可引起地幔的部分熔融；剩余 35% 的水，以名义上无水矿物的形式，俯冲至软流圈深度（图 1-82）。根据名义上无水矿物的储存水能力，水在地幔矿物中的总和可达到大洋水总量的 2 ~ 8 倍，被视为地球的第二大水库。

一般而言，俯冲洋壳的脱水过程可分为三个阶段（图 1-83）。

第一阶段：20km 以浅，来源于海相沉积物的脱水过程。俯冲沉积物中贮存的水主要是孔隙水。如图 1-85 所示，在俯冲带的浅部，海相沉积物中孔隙流体压力增大，受到较高压力和温度的影响时，会使得孔隙破裂，并弱化岩石矿物的强度，最终导致岩石发生脆性断裂，释放出大量自由流体。这部分流体将沿着压力梯度的方向，进入到低温含水矿物中（如洋壳中的沸石和绿纤石），或最终沿着先存裂隙或断裂，排出流向地表（Bradley et al.，2013）。

第二阶段：20 ~ 100km 深度，来源于俯冲沉积物和洋壳的脱水。

不同热结构特征的俯冲带控制了不同深度脱水量的多少。一般而言，俯冲带可以分为 4 种热结构类型。

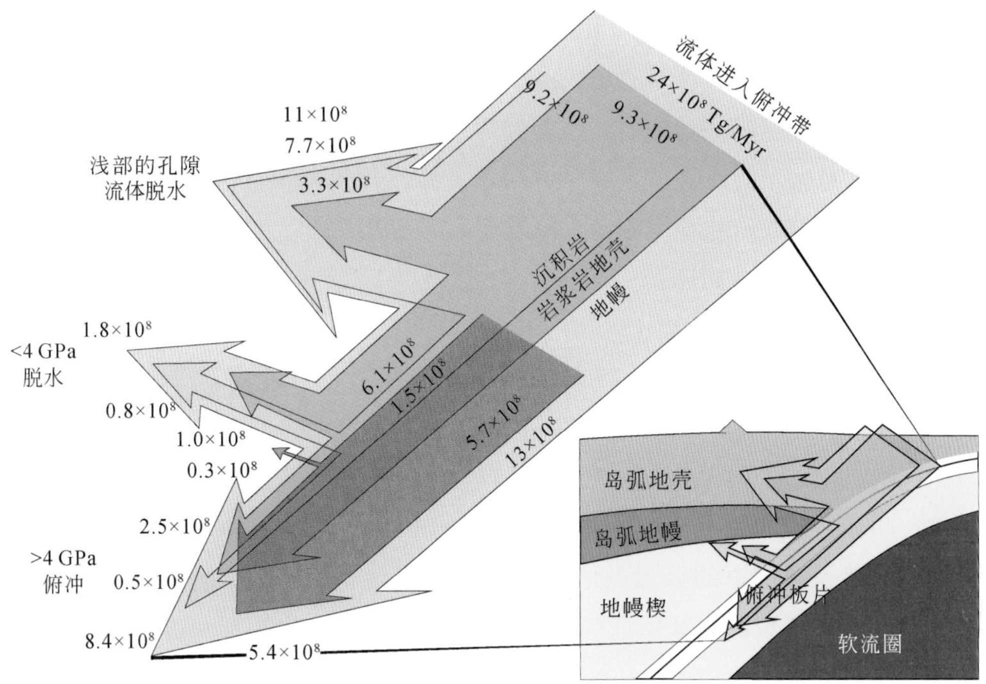


图 1-82　板块在俯冲带中不同深度的脱水量（Bradley et al.，2013）

箭头的宽度与脱水之后的流体通量成比例，以 Tg/Myr 表示。大洋岩石圈俯冲的 $H_2O$（24×10$^8$ Tg/Myr）中，有 46%（11×10$^8$ Tg/Myr）是由孔隙的封闭所驱除，另有 19%（4.6×10$^8$ Tg/Myr）是由<4GPa 压力下的脱挥发份（devolatilization）所驱除，另有 35%（8.4×10$^8$ Tg/Myr）到达了弧下地幔深度

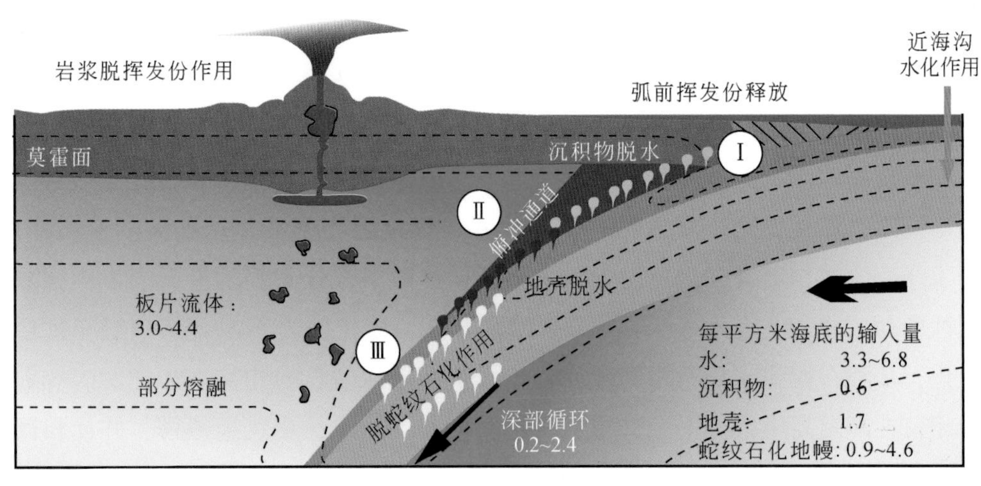


图 1-83　俯冲带水循环过程示意（Rüpke et al.，2004）

水在俯冲板片沉积物、地壳和地幔之间进行循环。板片内流体释放经历了三个阶段（Ⅰ、Ⅱ、Ⅲ）。图中的虚线表示温度变化

1）超冷俯冲带（地温梯度<5℃/km）。

2）冷俯冲带（地温梯度 5～10℃/km）。像堪察加半岛、日本东北部、伊豆-小笠原岛弧之下的冷俯冲带，具有更大的脱水深度与蛇纹石化稳定深度，而日本南海海槽之下则较浅。冷俯冲带中的低压低温含水矿物随板片俯冲转变成角闪石等高压含水矿物，并有大量的水迁移到 80～160km 的弧下深度释放，冷俯冲具有更大的洋壳脱水深度与叶蛇纹石化稳定深度，能够将水带到更深处，并为岛弧火山作用提供地幔源区（郑永飞等，2016）。

3）暖俯冲带（地温梯度 15～20℃/km）。

4）热俯冲带（地温梯度>25℃/km）。热俯冲板片可能在进入地幔楔之前释放大部分流体，并对地幔部分熔融进程无效（Peacock and Wang，1999；Peacock，2001）。因此，弧前地幔楔的水化作用和热俯冲更强。郑永飞等（2016）详细阐述了冷、热俯冲带的脱水行为，并认为在热俯冲带的板片俯冲过程中，由于板片上界面比较热，洋壳中的低温低压含水矿物随板片俯冲到大约小于 80km 深度下发生分解，绝大多数的水在弧前深度就已经释放出来，在弧下深度则释放相对较少的水。

同样，Wada 和 Wang（2009）通过热力学参数、板块年龄、俯冲速率等参数进行了数值模拟，其结果显示，俯冲带的洋壳脱水深度与蛇纹石化稳定最大深度，都与俯冲带的冷热相关。

第三阶段：大于 100km，来源于洋壳-洋幔共同的变质脱水。

俯冲带更大深度的脱水过程，与洋壳-洋幔的变质反应有关。图 1-84 显示在大于 100km 深度释放的流体，在压力梯度下，向上流入到地幔楔，而触发弧熔融。弧岩浆的化学成分表明，俯冲带内的元素成分，由流体从俯冲带携带进入到弧熔融区域，因此，俯冲工厂内的元素循环与水循环密切相关。另外，板片不断俯冲进入更深部的软流圈地幔，为深部脱水过程提供了物质条件。无论是从岩石孔隙或裂隙释放的矿物水，还是洋壳中释放的化学结构水，都是因为俯冲作用相关的变质作用，改变了洋壳的矿物组合，以及由于深水循环导致洋中脊处年轻的玄武岩发生强烈的热液蚀变，这样就使得洋壳-洋幔的孔隙度升高，洋壳的岩石组合从顶层至底层发生变化，从沸石相到绿纤石相到绿片岩相；俯冲更深时，岩相甚至为榴辉岩相和麻粒岩相，在高温高压条件下，岩相不稳定发生变质脱水，交代地幔楔，并使得部分熔融部位加深（Florence and Spear，1993）。

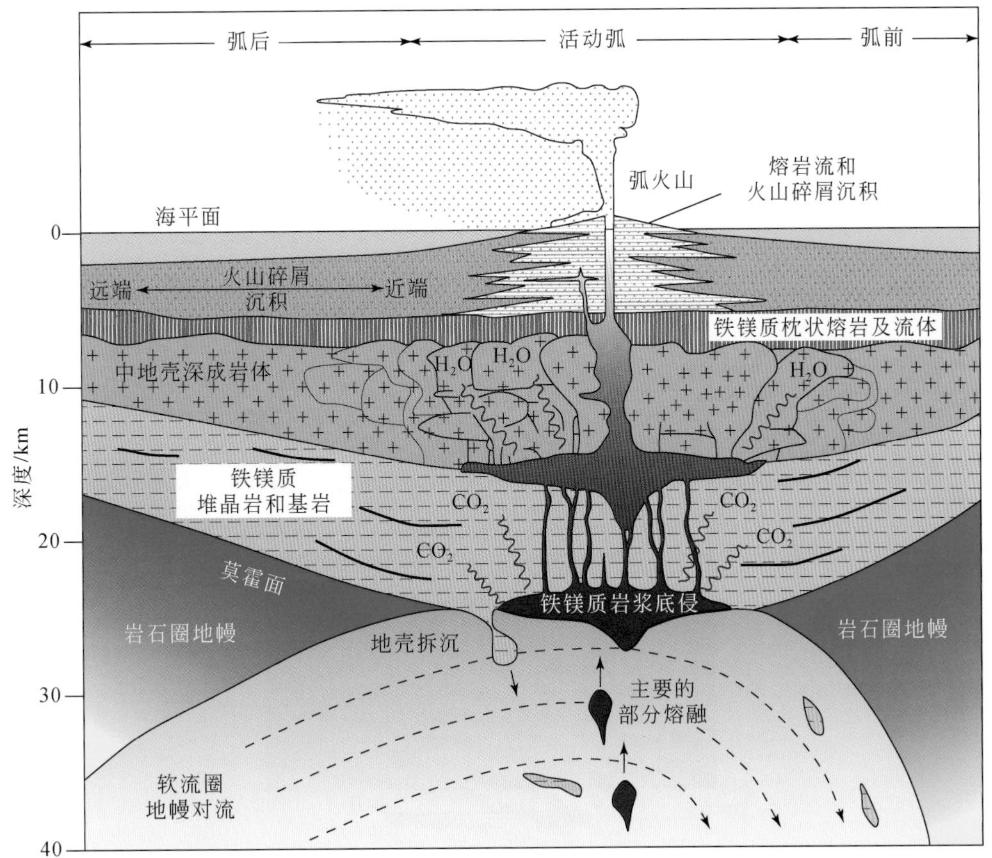


图 1-84　100km 深处俯冲脱水的流体进入到地幔楔顶部而触发的岛弧深部熔融模式（Stern，2002）

### 1.4.2.3　俯冲水压过程的动力学机制

双水化带（DHZ）俯冲脱水的数值模拟揭示，俯冲板片将大量的水从表层向下携带到地幔深度，为全球水循环做出了重大贡献。储存在板片中的一部分流体，在中层深度（70～300km）被挤出，此时发生脱水反应。然而，尽管脱出来的水会大大影响岩石的物理性质参数，但是在脱水期间，流体的流动路径以及与岩石之间的相互作用并不清楚，所以需要运用数值模拟的方法，构建板片俯冲的动力学模型。动力学数值模拟是定量化研究俯冲带板片脱水过程的重要手段。前人的研究大多基于热动力学模型，一般不包含流体活动及其影响，这些模型与地质概念模型之间也存在较大差异。

下面将重点采用两个数值模型，探讨包含水化-脱水俯冲的数值模型。首先，简要介绍相关数值模拟方法；然后，设计了一组大洋板片俯冲的数值模型，探讨俯冲带中的物质运移、流体-熔体活动以及动力学演化；最后，结合实际地质情况对数值模拟结果进行分析，并阐明脱水之后板片中的流体流动，对中深层地震、地壳的部分熔融以及全球水循环产生的重大影响。

（1）数值模型边界条件

基于俯冲带脱水过程的动力学背景，模型如图 1-85（a）所示，模型的初始长度为 3000km，深度为 600km；差分采用不均匀网格，其中，近海沟的 300km×60km 范围内采用 2km×2km 加密网格，其余部分为变网格。模型内部右侧 1750km 处施加

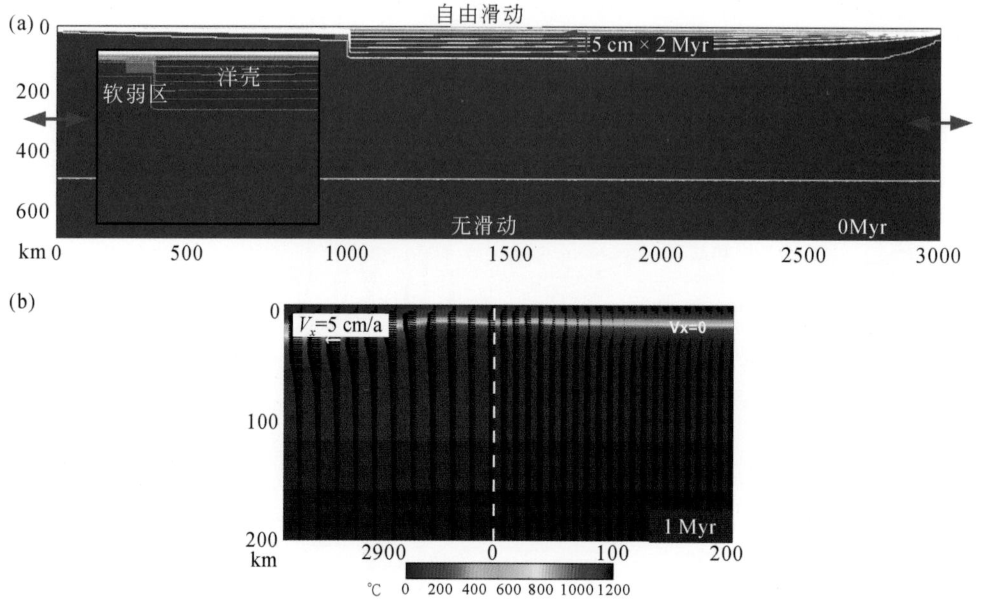


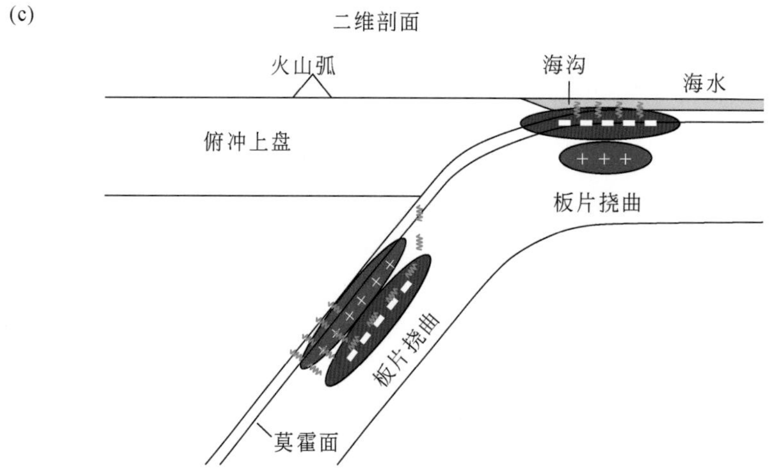


图 1-85　俯冲脱水过程的数值模拟模型（Faccenda et al.，2012）

（a）初始模型几何和边界条件，白线是等温线，插图表示开始俯冲的水化转换边界，右边和上覆板块的箭头表示前 2Myr 的板块运动汇聚速率为 5cm/a，垂直方向上的双箭头表示周期边界条件；（b）热流场（彩色）和固体速度场（箭头）垂直于周期边界；（c）表示由弯曲和非弯曲区域的压力驱动的流体流动剖面：红色“+”表示挤压，处于构造超压状态，蓝色“-”表示伸展，处于构造负压状态

5cm/a 的左向速率，以模拟俯冲速率。模型的左右上边界为自由滑移，底边界无滑移。通过在大洋岩石圈与大陆岩石圈之间预设薄弱带（表 1-7，表 1-8），以达到大洋向大陆之下俯冲的目的，整个模拟是在重力驱动的环境下（$g=9.81\mathrm{m/s^2}$）进行。基于有限差分和 marker-in-cell 技术，建立有限元差分数值模型，计算求解质量、动量、能量守恒方程。图 1-85（b）所示为当施加初始运动学边界条件时，模型运行 1Myr 后计算区域的垂直边界周围的温度和速度场的解。图 1-85（c）表示的是板块在弯曲和非弯曲之间的应力分析。

**表 1-7　参数描述**

| 变量 | 描述 | 取值 | 单位 |
|---|---|---|---|
| $\Phi$ | 多孔性 | 0.01 | |
| $K$ | 渗透 | $10^{-18}$ | $\mathrm{m^2}$ |
| $V_s$，$V_f$ | 固体，流体速度矢量 | — | m/s |
| $\rho_s$ | 固体密度 | 见表 1-8 | $\mathrm{kg/m^3}$ |
| $\rho_f$ | 流体密度 | 1000 | $\mathrm{kg/m^3}$ |
| $\eta_s$ | 黏弹塑性固体剪切黏度 | 见表 1-8 | Pa · s |
| $\eta_f$ | 流体剪切黏度 | $10^{-4}$ | Pa · s |
| $\boldsymbol{G}$ | 重力矢量 | $g_x=0$；$g_z=9.81$ | $\mathrm{m/s^2}$ |
| $P_s$ | 固体压力 | — | Pa |
| $P_{lith}$ | 岩石静压 | — | Pa |
| $P_{test}=P_s-P_{lith}$ | 构造压力 | — | Pa |
| $\overline{P}_f$ | 非静水（测压）流体压力 | — | Pa |
| $T$ | 时间 | — | s |
| $Z$ | 深度 | — | m |
| $Z_L$ | 大洋岩石圈厚度 | 90 | km |
| $T_0$ | 板表面温度 | 273 | K |
| $T_1$ | $Z_L$处的板片温度 | 1573 | K |
| $D$ | 热扩散系数 | $10^{-6}$ | $\mathrm{m^2/s}$ |
| $\lambda$ | 固体导热系数 | 见表 1-8 | W/(m · K) |
| $C_p$ | 固体热容 | 1000 | J/(kg · K) |
| $A$ | 固体热膨胀 | $3\times10^{-5}$ | $\mathrm{K^{-1}}$ |
| $B$ | 固体压缩性 | $1\times10^{-5}$ | $\mathrm{MPa^{-1}}$ |
| $G$ | 剪切模量 | 见表 1-8 | GPa |

续表

| 变量 | 描述 | 取值 | 单位 |
| --- | --- | --- | --- |
| $C$ | 挤压力 | 1 | MPa |
| $\sin\varphi_{strong}$ | $\varepsilon$ 脆性处的摩擦角=0 | 见表 1-8 | — |
| $\sin\varphi_{weak}$ | $\varepsilon$ 脆性处的摩擦角≥$\varepsilon$ 脆性_弱 | 见表 1-8 | — |
| $\varepsilon_{brittle}$ | 脆性有限应变 | — | — |
| $\varepsilon_{brittle\_weak}$ | 最大塑性弱化的脆性有限应变阈值 | 1 | — |
| $\varepsilon_{brittle\_serp}$ | 蛇纹石化的脆性有限应变阈值 | 0.02 | — |
| $NAM_{H_2O}$ | 名义上无水矿物（NAM）的含水量 | 1000～2000 | wt. ppm |

注：1ppm=$1\times10^{-6}$。

资料来源：Faccenda 等，2012

**表 1-8　体材料性质**

| 岩石类型 | $\rho_s$ | $k$[a] | 流变定律[b] | $G$ | $\sin\varphi_{strong}$ | $\sin\varphi_{weak}$ |
| --- | --- | --- | --- | --- | --- | --- |
| 玄武岩 | 3300 | $1.18+\frac{474}{T+77}$ | 湿石英岩 | 25 | 0 | 0 |
| 辉长岩 | 3300 | $1.18+\frac{474}{T+77}$ | 斜长石 AN75 | 25 | 0.5 | 0.4 |
| 岩石圈-岩石圈干地幔 | 3300 | $0.73+\frac{1293}{T+77}$ | 干橄榄石 | 67 | 0.5 | 0.4 |
| 含水地幔 | 3300 | $0.73+\frac{1293}{T+77}$ | 湿橄榄石 | 25 | 0.5 | 0.4 |
| 蛇纹石化地幔 | 3200 | $0.73+\frac{1293}{T+77}$ | 湿橄榄石 | 25 | 0.3 | 0.3 |

[a] Clauser 和 Huenges（1995）；[b] 流变定律据 Ranalli（1995）。

资料来源：Faccenda 等，2012

（2）水化与脱水过程模拟

确定洋壳的水化程度为 8km 厚的洋壳，最初发生均匀水化（化学结构水：2km 厚的上洋壳玄武岩，含水 4wt. %；6km 厚的下洋壳辉长岩，含水为 1.4wt. %），但是，根据 Faccenda 等（2009）研究，板片地幔的蛇纹石化厚度为 5～10km。当岩石圈地幔超过有限脆性变形（$\varepsilon_{brittle\_serp}=0.02$）限度时，岩石蛇纹石化，在这些 $P$-$T$ 条件下，并且含有约 2wt. % 的结构水（15% 的水是蛇纹石化的），该值代表了蛇纹石化程度。通过 Faccenda 等（2009）的高空间分辨率（0.5km）断层以及蛇纹石化程度研究，这种方法可以以相对较低的（2km）数值分辨率，模拟岩石圈地幔水合的程度和模式。相比之下，在中等深度，塑性行为不活跃，冷板片内部的蛇纹石化，则是由于过剩流体与其迁移的干岩石之间的反应形成的。

水化岩石的含水量和洋壳中发生的脱水反应用 PERPLE_X 软件（Connolly，2005）计算。脱水反应过程主要是根据叶蛇纹石脱水表现，利用 WS1997 脱水曲线和 SP1998 脱水曲线［如果取自 Wunder 和 Schreyer（1997），就用 WS1997 曲线；如果取自 Schmidt 和 Poli（1998），就用 SP1998 曲线］。在叶蛇纹石稳定的 *P-T* 条件下，含水量就是水合地幔橄榄岩的含水量。相反，当叶蛇纹石不稳定时，岩石被转变成湿橄榄岩，即名义上无水矿物。由于在高密封压力下，名义上无水矿物的完整数据库尚不可用，所以这些阶段（$NAM_{H_2O}$）的含水量，在各种模型中，均设定为 1000 或 2000wt. ppm 恒定值（Bolfan-Casanova，2005）（表 1-7）。流体通过不同的水化/脱水反应，以流体–粒子形式储存方式保存，其中，固体粒子的水含量与由 PERLPE_X 或 $NAM_{H_2O}$ 预测的含水量之间的差异，超过 1000wt. ppm。

（3）参考模型

图 1-86 所示的是参考模型的演变过程（俯冲板块的年龄是 70 ~ 0Ma）。在俯冲过程中，洋壳及沉积物发生脱水作用，进而引起上覆地幔楔物质的水化蚀变，并伴随着地幔的部分熔融。在俯冲的成熟阶段（>10Myr），于 200 ~ 250km 深度上，蛇纹石化地幔开始发生分解，洋壳连续脱水（Schmidt and Poli，1998）。研究发现，通过水合相岩石分解产生的流体会顺着压力梯度发生迁移。

压力梯度产生的原因是，板片在俯冲带中的弯曲和非弯曲阶段受到的力不同［图 1-85（c）］。在非弯曲阶段，板片顶部主要处于构造超压状态，应力主要集中在莫霍面；而下方受拉伸，处于构造欠压状态［图 1-87（a）］。根据压力梯度分析得出流体超压（超静水压力）梯度和负压（次静水压力）梯度，欠压梯度方向垂直于板片的方向［图 1-87（b）］，而流体超压梯度方向平行于板片的方向［图 1-87（c）］。因此，在板片上方因处于构造超压状态的蛇纹石分解，释放的流体向上迁移进入地幔楔，或者向下渗入更深的深度，在一定的温压条件下，释放的流体在通过地壳以及地幔时，可能会造成损耗。在图 1-86 的俯冲运行至 13Myr 的时候，可看到双水化带，这是因为在 660km 不连续面之下，板片发生形变，阻碍流体汇聚，这样，在 50 ~ 250km 深度脱水区域，形成构造应力的变动，同时形成构造超压和欠压梯度。因此，在运行大于 10Myr 的成熟俯冲阶段，水化过程接近稳定状态，形成水化平面约有 200km 长，与俯冲板片顶面形成的水化带，共同形成双水化带（即 DHZ，图 1-86）。随后（>13Myr 时），双水化带的厚度随着大洋板片向下俯冲深度的减小而减小，甚至最后顶、底面发生合并。

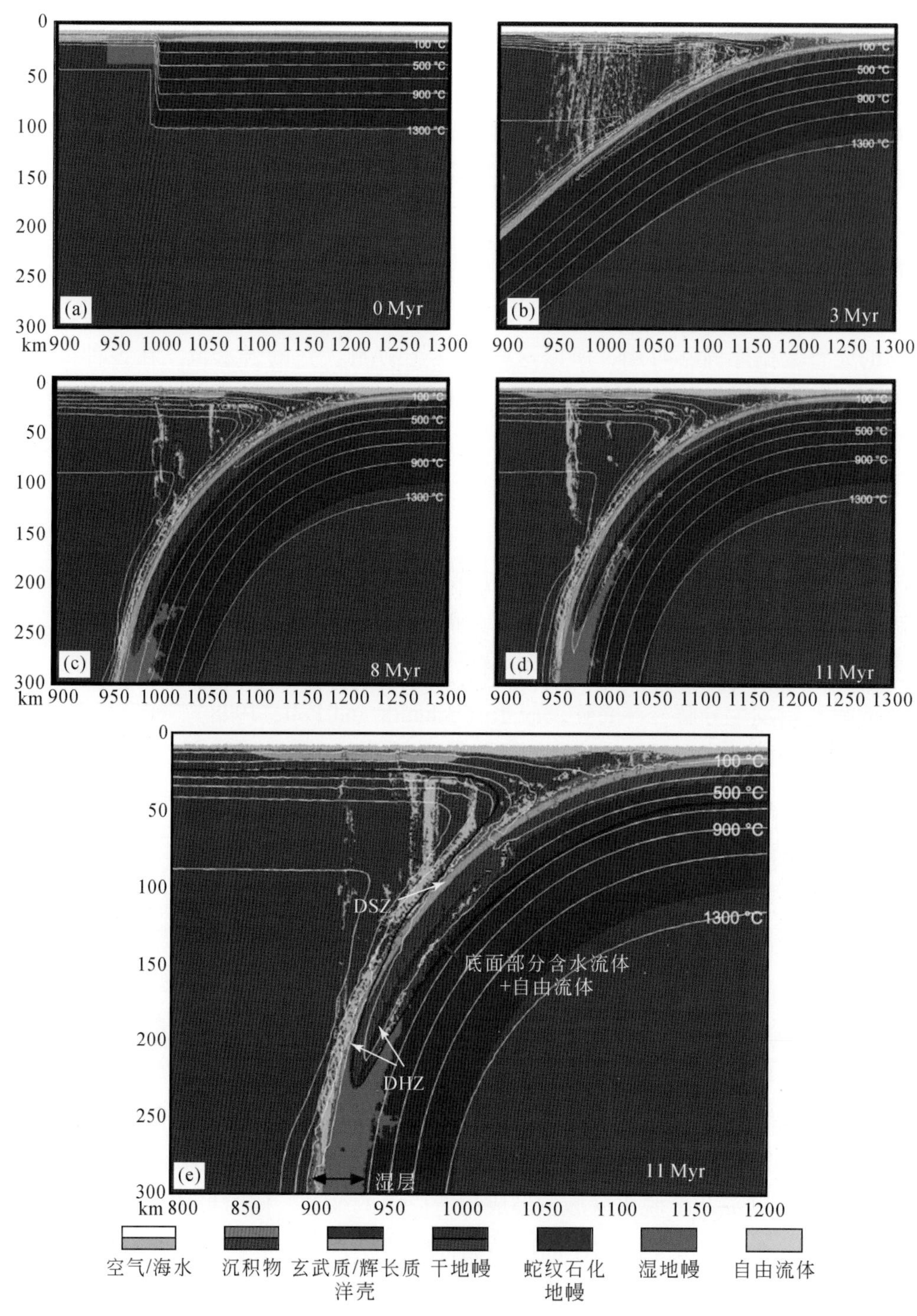


图 1-86　水化与脱水过程参考模型模拟的演化（Faccenda et al.，2012）

流体汇聚和板片再水化过程主要发生在岩石圈中部地幔层（500±50℃）。（e）图中的俯冲板片，在双地震带（DSZ，Double Seismic Zone）深度，其年龄是52Ma，在一定的温压条件下，其洋壳发生脱水。在双水化带区域（DHZ），板片低面储存的自由流体是过量水，因为地幔岩石中的水是饱和的，已经达到蛇纹石化脱水量的上限（2wt. %）。暗红线是SP1998，白线是等温线

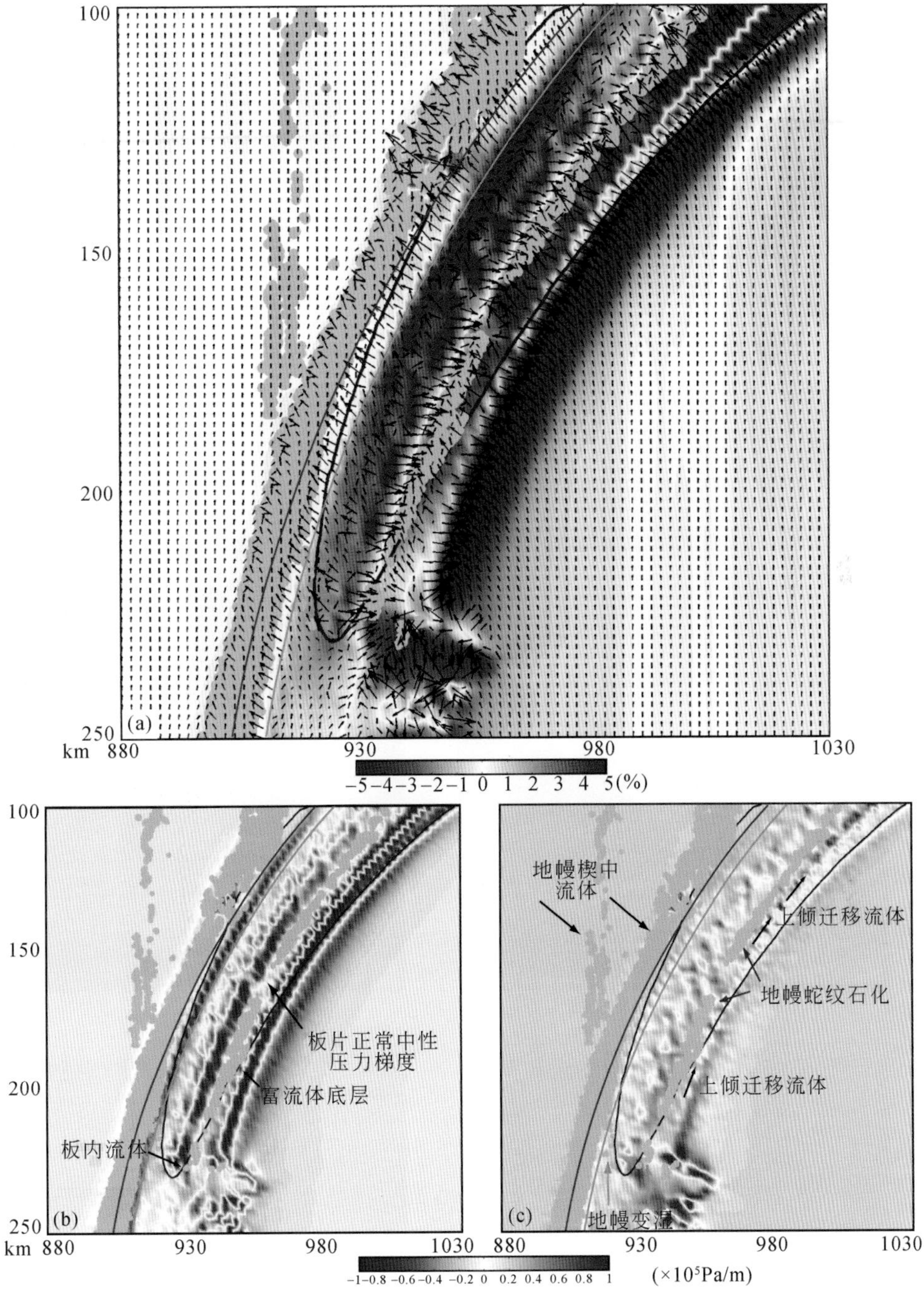


图 1-87　在非弯曲区域上构造压力和非静水压力的流体压力梯度（Faccenda et al.，2012）

（a）构造压力，值的大小相对于岩石静压力而变化，黑色箭头表示在欧拉网格上计算的（节点间距为2km）非静水压力流体压力梯度（$\nabla P_f$），（b，c）为沿垂直于板片方向（b）和平行于板片方向（c）且绕倾斜（60°）板片旋转得出的非静水压力梯度。蓝色对应于次静水压力梯度，而红色表示超静水压梯度，青色点是标志点（maker），暗红线是 SP1998，浅绿色和深绿色的线条分别是莫霍面和下洋壳

（4）不同板块年龄的设置

相对于参考模型，把板片年龄作为一个控制变量进行相应的数值模拟。图 1-88 展示的是具有不同年龄板的水化模型，图中显示年龄较老的板片向下俯冲的速率更大，而且俯冲角度比较平缓，但事实上，板片年龄和倾角之间没有相关性（Goes et al.，2011；Sdrolias and Müller，2006），这也表明，2D 模型不能完全真实地反映板片俯冲过程，其特征应该更加复杂。

与参考模型相比，年轻板片的底面长度非常短，延伸长度小于 100 千米［图 1-88（a）（b）］，几乎难以形成双水化带（DHZ，double hydrated zone）。相比之下，年龄较老的板块却形成比较厚的 DHZ［图 1-88（c）（d）］，而且双水化带的底面在 500±50℃ 的温度下形成。其原因是在该深度下，年龄较老的板片中形成强烈的次静水压力梯度。达到 660 千米不连续点后，年轻的、几乎垂直下插的大洋板片的俯冲几乎停止，这是因为板片的负浮力很小。因此，板片几乎没有发生变形，蛇纹石化岩石分解，产生的流体很少向上迁移到岩石圈地幔中。不管俯冲过程是否停止，双水化带的厚度会随板片的年龄增加而增加。

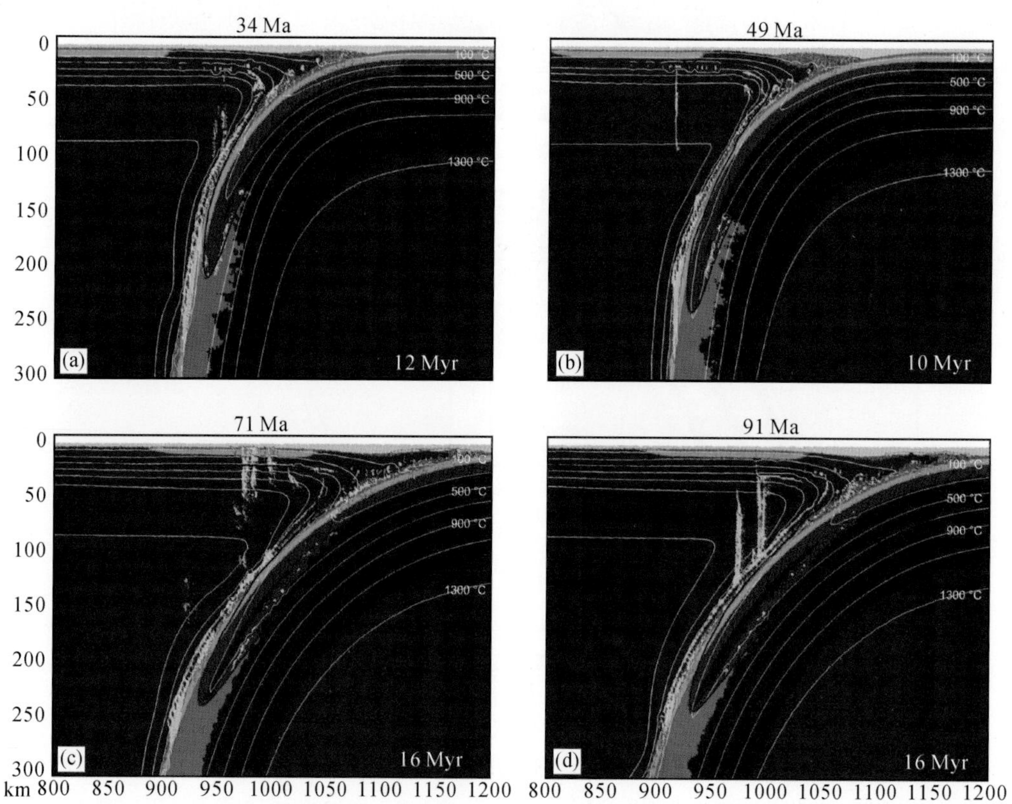


图 1-88 相对于参考模型在中间深度的俯冲板片的数值模型演化（Faccenda et al.，2012）

每个面板右下角的白色数字是自数字实验开始以来模型运行的时间（即模式年龄）。颜色刻度如图 1-88 所示。白线是等温线，暗红线是 SP1998

(5) 名义上无水矿物的高含水量

名义上无水矿物是指化学分子式中没有氢元素，但是在其晶格缺陷中可以储存氢和氧的矿物。名义上无水矿物的水含量对地幔动力学过程有重要的影响。

在板片脱水的深度，湿洋壳和地幔的 $NAM_{H_2O}$ 可能高于参考模型中设定的 1000wt. ppm（Bolfan-Casanova，2005），因此，这里也对 2000wt. ppm 的含水量，进行了数值模拟［图 1-89（b）（c）］。与参考模型相对比（使用 SP1998 脱水曲线），叶蛇纹石分解，释放出更多的流体，流体随裂隙渗入地幔岩石圈中，加湿地幔而被损耗，故只有少量的流体向上进入地幔楔，用于地幔水循环，这说明以 NAM 为主要矿物的上地幔是一个巨大的潜在水储库。当 $NAM_{H_2O}$ 为定量，脱水曲线是控制变量时，使用 WS1997 脱水曲线时，会在板片下方出现清晰的蛇纹石化层［图 1-89（b）］，这是因为当与使用 SP1998 脱水曲线的模型相比时，板内流体会出现更强的流动，地幔发生脱水［图 1-89（c）］，因此，名义上无水矿物中的结构水可以降低橄榄石的力学强度，减低黏度，弱化板片，引起部分熔融，破坏克拉通地幔的稳定性。

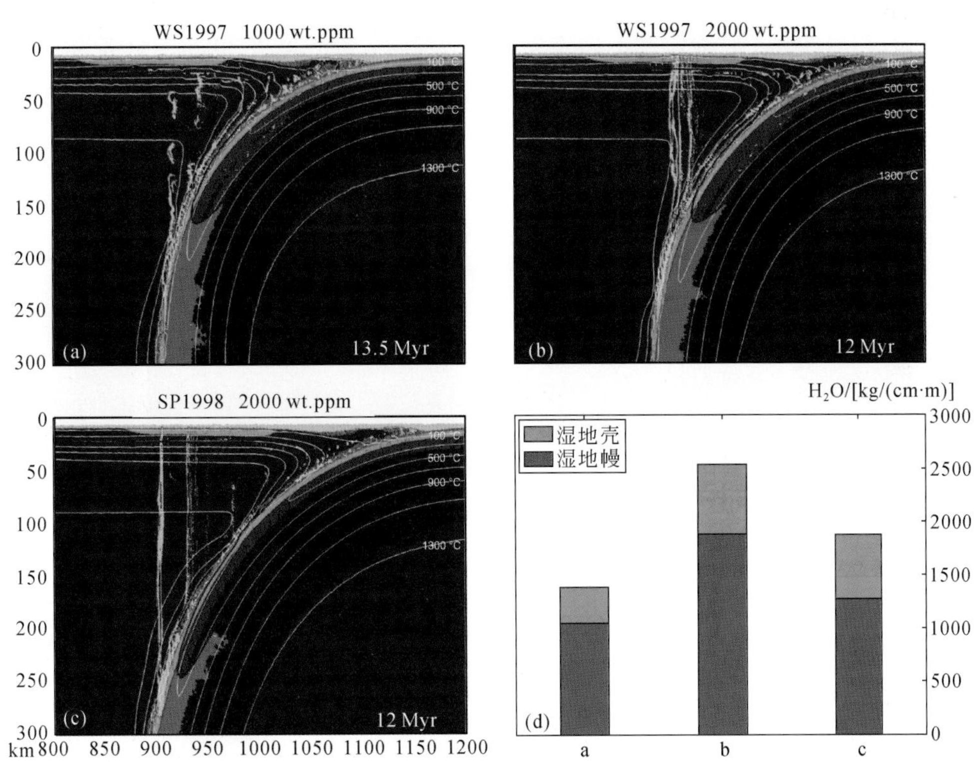


图 1-89 不同的蛇纹石脱水曲线和大洋岩石圈水化程度的数值模型（Faccenda et al.，2012）

（a～c）深红线是 WS1997 和 SP1998，而 1000wt. ppm 和 2000wt. ppm 表示湿洋壳和地幔的 $NAM_{H_2O}$。白线是等温线。

（d）图 a、b 和 c 中模型的 5～15Myr 时间窗口中，平均输送到过渡区域的水量

上述模型表明，在岩石圈地幔中，俯冲板片受温压条件的改变而释放流体，这

种机制导致双水化带的形成，同时，双水化带顶、底面的特征会引起中深层地震。模拟俯冲板片脱水的过程，可以更好地了解俯冲带水循环，有助于更好地了解地球地幔和大气层的化学演化。

### 1.4.2.4 俯冲脱水及部分熔融的数值模拟

现今发表的各种地球科学研究都表明，含水流体及熔体在俯冲过程中很重要（Stern，2002）。这包括低黏度增生楔构造、地壳俯冲的不对称性、地幔楔的小尺度对流、热化学地幔柱发育、岩浆的产生和地壳的生长，都与流体、熔体密切相关（Gerya et al.，2002，2006，2008；Gerya and Yuen，2003a）。为了系统地研究流体–熔体的动力学机制，Gerya（2011）运用数值模拟的方法，通过使用洋陆俯冲带耦合的岩石–热力学数值模型，进行了一系列2D数值模拟实验，探讨划分了5种俯冲地球动力学方案。

（1）方法与模型

初始模型空间宽度设置为4000km，深度为200km（图1-90）。交错网格分辨率为2041×201，设置了$10^8$个随机分布的标志点。设定洋壳厚度为7km，其中水化玄武岩厚2km，辉长岩厚5km。软流圈和上地幔为无水橄榄岩。陆壳厚度30km，全部为酸性岩。设置俯冲带的初始条件是一条具有低塑性［$\sin(\varphi)=0.1$］的流变软弱剪切带（湿橄榄岩）。模型表面设置低密度（$1kg/m^3$空气、$1000kg/m^3$水）、低黏度（$10^{18}$Pa·s）的空气和海水层。具体参数见表1-9。俯冲大洋板块规定内部速度场。除了底边界外，

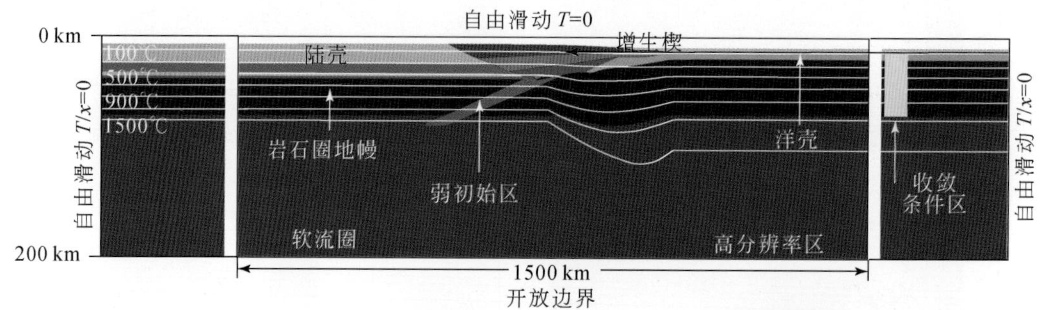


| | | |
|---|---|---|
| 空气 | 干地幔岩石圈 | 干熔融地幔 |
| 海水 | 干软流圈 | 湿熔融地幔 |
| 沉积层 | 含水地幔 | 熔融沉积物 |
| | 弱初始剪切区 | |
| 陆壳 上 | 花岗岩(源自沉积物) | 熔融地壳 |
| 陆壳 下 | 玄武岩(源自橄榄岩) | |
| 洋壳 上(玄武质) | 英安岩-B(源自玄武岩) | 熔融玄武岩 |
| 洋壳 下(辉长质) | 英安岩-G(源自辉长岩) | 熔融辉长岩 |

图1-90 模型的初始设置（Gerya and Meilick，2011）

交错网格分辨率为2041×201，$10^8$个随机分布的标志点。俯冲带区域（1500～3000km）的步长是1km×1km，以外区域5km×1km。不同颜色代表不同物质（即岩石类型或熔体）

**表 1-9　数值实验中使用的物理参数**

| 物质 | $\rho_0$ /(kg/m$^3$) | $k$/[W/(m·K)] (当 $T_K$,$P_{MPa}$) | $T_{solid}$/K(当 $P_{MPa}$) | $T_{liquidus}$/K (当 $P_{MPa}$) | 潜热 /(kJ/kg) | 放射热/ (μW/m$^3$) | 流变律 |
|---|---|---|---|---|---|---|---|
| 沉积,火山沉积物[a] | 2600(固体)<br>2700(熔融) | $(0.64+807/(T_K+77))\times\exp(0.00004\cdot P_{MPa})$ | $889+17900/(P+54)+20200/(P+54)^2$ 当 $P<1200$MPa,$831+0.06P$ 当 $P>1200$MPa | $1262+0.09P$ | 300 | 2 | 湿石英岩,$C=10$MPa,$\sin(\varphi_{dry})=0.15$ |
| 上陆壳[a] | 2700(固体)<br>2400(熔融) | $(0.64+807/(T_K+77))\times\exp(0.00004\cdot P_{MPa})$ | $889+17900/(P+54)+20200/(P+54)^2$ 当 $P<1200$MPa,$831+0.06P$ 当 $P>1200$MPa | $1262+0.09P$ | 300 | 1 | 湿石英岩,$C=10$MPa,$\sin(\varphi_{dry})=0.15$ |
| 下陆壳[a] | 2700(固体)<br>2400(熔融) | $(1.18+474/(T_K+77))\times\exp(0.00004\cdot P_{MPa})$ | $973-70400/(P+354)+77800000/(P+54)^2$ 当 $P<1600$MPa,$935+0.0035P+0.0000062P^2$ 当 $P>1600$MPa | $1423+0.105P$ | 380 | 1 | 湿石英岩,$C=10$MPa,$\sin(\varphi_{dry})=0.15$ |
| 上洋壳(玄武岩)[a] | 3000(固体)<br>2900(熔融) | $(1.18+474/(T_K+77))\times\exp(0.00004\cdot P_{MPa})$ | $973-70400/(P+354)+77800000/(P+54)^2$ 当 $P<1600$MPa,$935+0.0035P+0.0000062P^2$ 当 $P>1600$MPa | $1423+0.105P$ | 380 | 0.25 | 湿石英岩,$C=10$MPa,$\sin(\varphi_{dry})=0.1$ |
| 下洋壳(辉长岩)[a] | 3000(固体)<br>2900(熔融) | $(1.18+474/(T_K+77))\times\exp(0.00004\cdot P_{MPa})$ | $973-70400/(P+354)+77800000/(P+54)^2$ 当 $P<1600$MPa,$935+0.0035P+0.0000062P^2$ 当 $P>1600$MPa | $1423+0.105P$ | 380 | 0.25 | 斜长石 $An_{75}$,$C=10$MPa,$\sin(\varphi_{dry})=0.6$ |
| 火山岩来自湿熔融地幔和俯冲玄武岩及辉长岩[a] | 3000(固体)<br>2900(熔融) | $(1.18+474/(T_K+77))\times\exp(0.00004\cdot P_{MPa})$ | $973-70400/(P+354)+77800000/(P+54)^2$ 当 $P<1600$MPa,$935+0.0035P+0.0000062P^2$ 当 $P>1600$MPa | $1423+0.105P$ | 380 | 0.25 | 湿石英岩,$C=10$MPa,$\sin(\varphi_{dry})=0.15$ |
| 岩石圈-软流圈干地幔[a] | 3300(固体)<br>2900(熔融) | $(0.73+1293/(T_K+77))\times\exp(0.00004\cdot P_{MPa})$ | $1394+0.132899P-0.000005104P^2$ 当 $P<10000$MPa<br>$2212+0.030819(P-10000)$ 当 $P>10000$MPa | $2073+0.114P$ | 400 | 0.022 | 干橄榄石,$C=10$MPa,$\sin(\varphi_{dry})=0.6$ |
| 岩石圈-软流圈湿地幔[a] | 3000(蛇纹石化)<br>3200(含水)<br>2900(熔融) | $(0.73+1293/(T_K+77))\times\exp(0.00004\cdot P_{MPa})$ | $1240+49800/(P+323)$ 当 $P<2400$MPa,$1266-0.0118P+0.0000035P^2$ 当 $P>2400$MPa | $2073+0.114P$ | 400 | 0.022 | $10^{18}$(Pa·s)湿橄榄石,$C=10$MPa,$\sin(\varphi_{dry})=0.1$ |
| 参考文献[b] | 1,2 | 3,9 | 4,5,6,7,8 | 4 | 1,2 | 1 | 10 |

[a] 其他属性(全部岩石类型):$C_p=1000$J/(kg·K),$\alpha=3\times10^{-5}$/K,$\beta=1\times10^{-5}$/MPa。

[b] 1,Turcotte 和 Schubert(2002);2,Bittner 和 Schmeling(1995);3,Clauser 和 Huenges(1995);4,Schmidt 和 Poli(1998);5,Hess(1989);6,Hirschmann(2000);7,Johannes(1985);8,Poli 和 Schmidt(2002);9,Hofmeister(1999);10,Ranalli(1995)。

边界条件均为自由滑移，底边界为可渗透条件（Gorczyk et al.，2007）。

（2）结果分析

实验运用 $\lambda_{fluid}$ 和 $\lambda_{melt}$ 两个参数的独立变化，划分成不同的俯冲地球动力学模型（图 1-91）。总的来说，可划分为 5 种俯冲地球动力学模型。

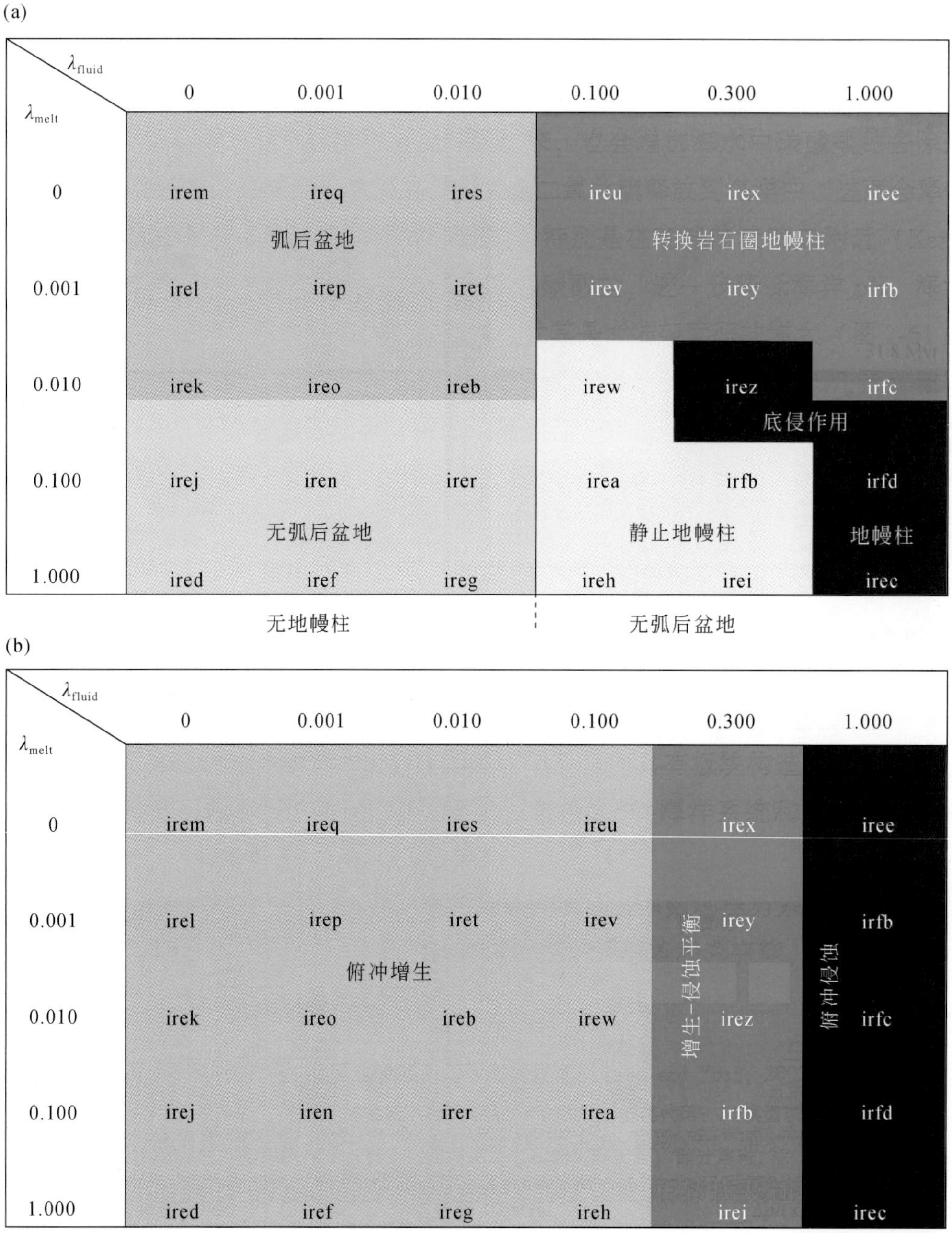
(a)
λfluid
λmelt
0 0.001 0.010 0.100 0.300 1.000
0 irem ireq ires ireu irex iree
弧后盆地
转换岩石圈地幔柱
0.001 irel irep iret irev irey irfb
0.010 irek ireo ireb irew irez irfc
底侵作用
0.100 irej iren irer irea irfb irfd
无弧后盆地
静止地幔柱
地幔柱
1.000 ired iref ireg ireh irei irec
无地幔柱
无弧后盆地
(b)
λfluid
λmelt
0 0.001 0.010 0.100 0.300 1.000
0 irem ireq ires ireu irex iree
0.001 irel irep iret irev irey irfb
俯冲增生
增生-侵蚀平衡
俯冲侵蚀
0.010 irek ireo ireb irew irez irfc
0.100 irej iren irer irea irfb irfd
1.000 ired iref ireg ireh irei irec

图 1-91 俯冲地球动力学模型分类（Gerya and Meilick，2011）

（a）模型关于弧后盆地和沉积地幔柱发育的分类；（b）模型关于俯冲增生和侵蚀方面的分类

A. 无弧后扩张中心和沉积地幔柱的稳定俯冲（iren）

稳定俯冲的特征在于 $\lambda_{fluid}$ 值较小，对浅部岩石的弱化作用较大，使得弱化的沉积物堆叠在海沟上方，在弧前盆地下形成增生楔［图 1-92（a）（c）］。俯冲板片脱水导致上覆板块水化，在板片界面处形成蛇纹石化通道，俯冲的沉积物、玄武岩与部分水化地幔，混杂成构造混杂岩［图 1-93（d）］。

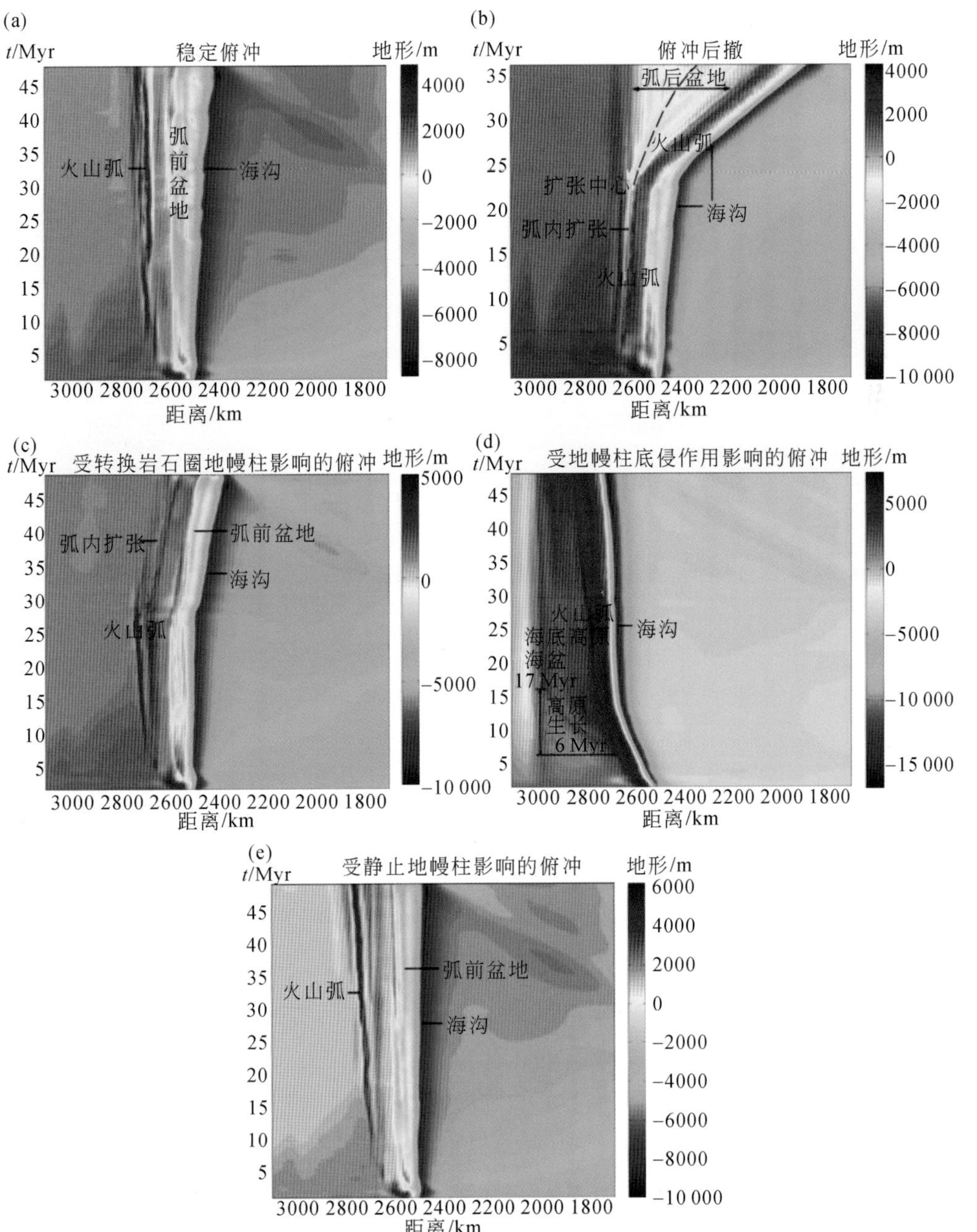


图 1-92　5 种俯冲动力学模型随时间演化的地形变化（Gerya and Meilick，2011）

构造混杂岩继续向下俯冲以及板片的深部脱水，导致软流圈深度的板片顶部形成富水层，水的加入降低了岩石的熔融温度，使得俯冲板片上方发生部分熔融，控制了岛弧地表处火山的生长［图 1-92（d）和图 1-93（a）］。火山岩来源主要为水化地幔熔融，混杂的玄武岩和沉积物贡献较小。

增生楔的生长过程是由初始的洋壳俯冲导致沉积物在弧前区堆积［图 1-93（b）］。随着俯冲的进行，沉积物逐渐向陆壳一侧挤压，导致沉积物和陆壳之间的角度变陡［图 1-93（c）］。增生楔中靠近推覆体的部分逐渐被拖曳进入海沟，地表表现为拗陷形的弧前盆地［图 1-93（a）（d）］。

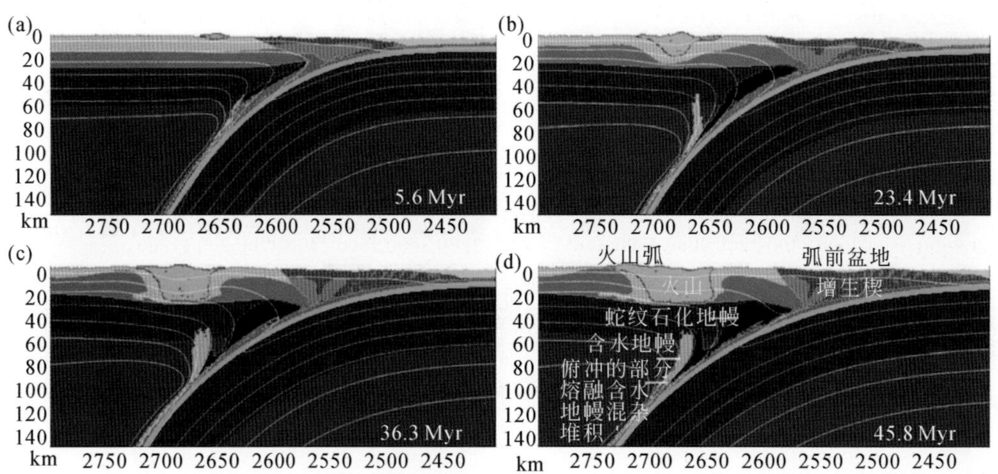


图 1-93　稳定俯冲的参考模型（Gerya and Meilick，2011）

（a）~（d）模型随时间演变的代表性阶段，$\lambda_{fluid}=0.001$，$\lambda_{melt}=0.1$，图 1-91 中的 iren 模型

B. 有集中的弧后扩张中心和没有冷幔柱的俯冲后撤（irep）

当 $\lambda_{fluid}$ 和 $\lambda_{melt}$ 值都较小时，含水流体和熔体的弱化作用都很显著。俯冲的洋壳在 70km 处脱水，导致上方地幔楔水化，并且发生部分熔融，在地表表现为火山弧的生长。水化地幔部分熔融产生的玄武质岩浆弱化岩石圈，使得大洋岩石圈伸展减薄，热而干的软流圈上升［图 1-92（a）（b）］。随着俯冲的继续进行，含水流体弱化俯冲界面，熔体弱化地幔楔，使得板片解耦，俯冲板片后撤，地表表现为海沟后撤，在弧内区域形成新的扩张中心［图 1-92（c）］。由于弧内扩张中心的发育，后期发育成弧后扩张中心［图 1-94（b）］，经过 23Myr 后，地幔开始减压熔融［图 1-92（c）］。弧前区域，俯冲板片产生的含水流体和地幔楔中的水化地幔脱水，导致岩石圈地幔强烈蛇纹石化，区域随俯冲过程增大，最后，使得整个大洋岩石圈地幔水化［图 1-92（d）］。

当 $\lambda_{fluid}\geqslant 0.1$ 时，含水流体弱化能力较弱，此时板片耦合较强，使得大量沉积

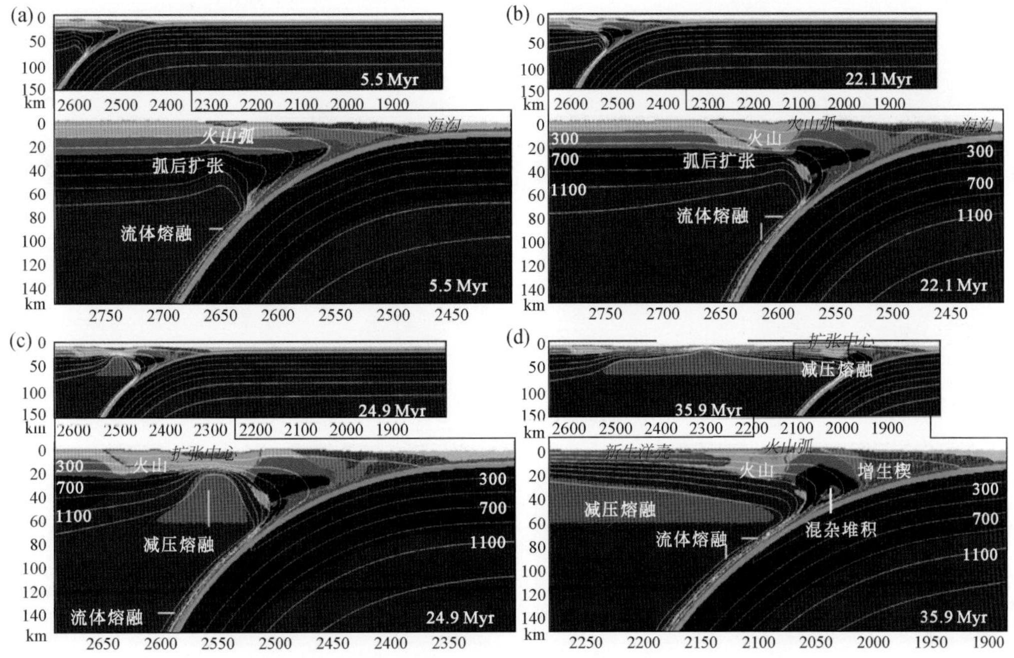


图 1-94　俯冲后撤的参考模型（Gerya and Meilick，2011）

（a）~（d）模型随时间演变的代表性阶段，$\lambda_{fluid}=0.001$，$\lambda_{melt}=0.001$，图 1-91 中的 irep 模型

物进入俯冲带内部，引发俯冲板片上方密度较小的沉积地幔柱的发育，分为下述几种类型。

C. 具有穿刺岩石圈的上升地幔柱的俯冲（irev）

俯冲板片的上部洋壳（玄武岩）在 70km 处发生部分熔融，形成初始冷幔柱［图 1-95（a），11.1Myr 时］。俯冲沉积物和水化地幔加入到冷幔柱中，也开始发生部分熔融，并开始在地表产生新生洋壳［图 1-95（b）（c），25.7Myr 时］。在熔体提取（析出）过程中，冷幔柱顶部对大陆岩石圈的弱化作用，使得冷幔柱能够穿过大陆岩石圈地幔，并且侵入到上陆壳，进而产生弧内扩张和海沟后撤［图 1-92（c）］，大陆岩石圈部分变薄，冷幔柱的岩浆以平板侵入的方式进入到伸展的下陆壳中［图 1-95（d）（e）］。最终，在火山弧下方，部分熔融的冷幔柱（主要为沉积物和玄武岩熔体）冷却形成深成岩［图 1-95（f），46.3Myr 时］。

D. 横向拓展穿刺岩石圈的地幔柱的俯冲（irfd）

板片强耦合造成大陆板块强烈的俯冲侵蚀以及大陆板块的隆起。但是，此模型中的熔体，弱化上覆大陆岩石圈地幔的能力弱，使得沉积地幔柱不能向上侵入陆壳，而是在大陆岩石圈之下水平发育，并与热的软流圈地幔发生热交换而进一步发生部分熔融［图 1-96（a）（b）］。沉积地幔柱的横向生长在地表表现为大面积的火山形成。但随着俯冲的继续进行，进入海沟的沉积物质减少，不足以离开俯冲板

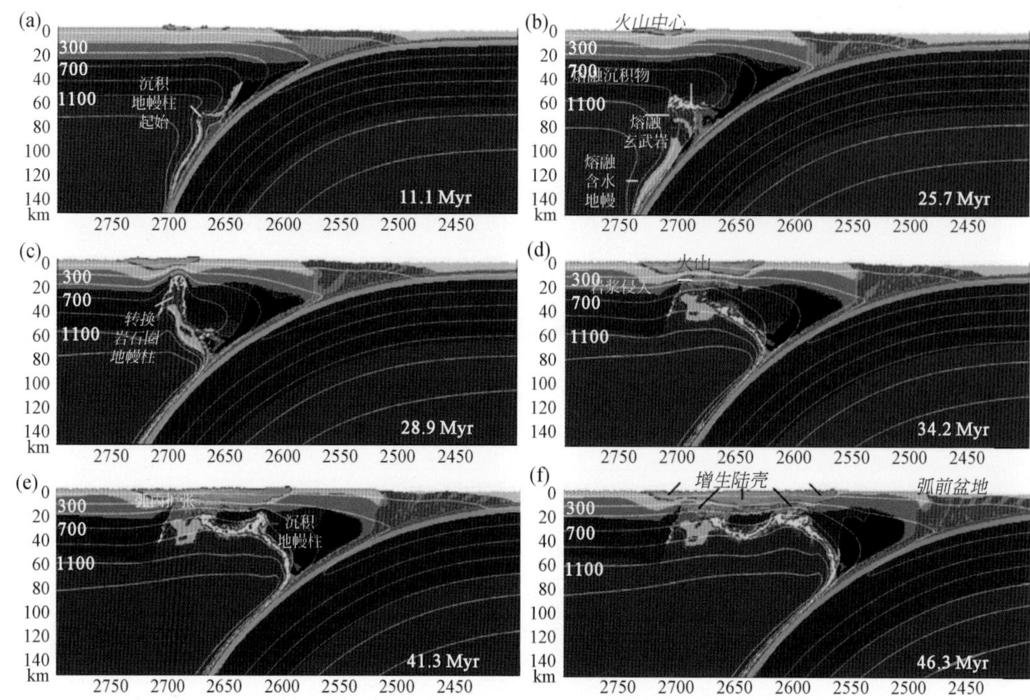


图 1-95　跨岩石圈地幔柱俯冲的参考模型（Gerya and Meilick，2011）

（a）~（d）模型随时间演变的代表性阶段，$\lambda_{fluid}=0.1$，$\lambda_{melt}=0.001$，图 1-91 中的 irev 模型

片，而是留在了蛇纹石化通道和通道底部发育的涡流中。

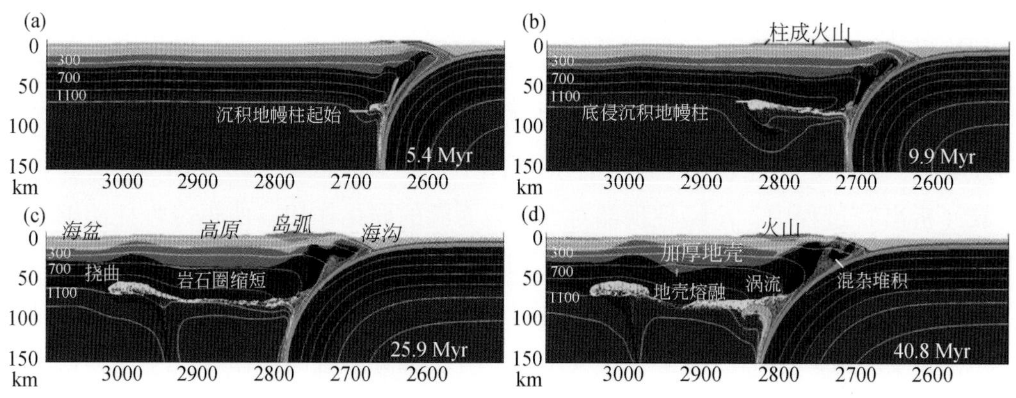


图 1-96　横向拓展的跨岩石圈冷幔柱的俯冲参考模型（Gerya and Meilick，2011）

（a）~（d）模型随时间演变的代表性阶段，$\lambda_{fluid}=1$，$\lambda_{melt}=0.1$，图 1-91 中的 ired 模型

E. 横向受限穿刺岩石圈的冷幔柱的俯冲（irea）

与上一个模型相似，但是沉积地幔柱的水平生长不超过 70km，这是由于其长度由沉积物进入俯冲带的体积量所决定，随着板片界面水流体弱化能力减弱而减少。

## 1.5 俯冲形变机制

俯冲板片与上覆板块的耦合程度可以控制上下板块的俯冲和变形。俯冲形变是流变学强度不同的岩石圈–软流圈之间流固耦合或相互作用的反映。目前关于大陆岩石圈造山过程的主要争论集中于：如何将地壳浅部的变形与深部岩石圈地幔乃至软流圈地幔过程联系起来。例如，在印度板块与欧亚板块碰撞的背景下，有人认为青藏陆壳变形是由于其机械耦合到印度板块的下地壳和上地幔的俯冲运动所致，然而，地表和地球物理观测显示，喜马拉雅山脉的上地壳与下地壳和上地幔之间是解耦的。欧洲的阿尔卑斯山和比利牛斯山脉也有类似的关系。在卡拉布里亚俯冲带，俯冲板片（非洲）比卡拉布里亚俯冲板片大一个数量级，在过去的5Myr[①] 期间，该俯冲带比海沟处的俯冲速度，即俯冲板片在地幔中消失的速度慢3倍，造成海沟后撤；但上覆相对固定的欧亚板块会抑制海沟运动。这种大尺度的约束条件可以控制俯冲的运动学、动力学以及上覆板块的变形。以上种种实例表明，俯冲板片、上覆板块以及它们之间接触带的流变学结构，对于碰撞板块的应力分布和大陆岩石圈的俯冲至关重要。

在海沟后撤式或前进式俯冲过程中，上覆板块会随着海沟的运动发生内部变形。这种变形可以是伸展变形，例如，第勒尼安海、斯科舍海、爱琴海、北斐济盆地、劳海盆等弧后盆地的打开；也可以压缩变形，例如，安第斯山脉和日本北部造山带与碰撞带的形成。早期研究提出了不同的机制来解释上覆板块变形。这些机制包括板片回卷在俯冲带界面处导致的海沟吸引（trench sunction）、俯冲引起的正向地幔流、势能过剩造成的上覆板块断裂。关于俯冲带的统计调查发现，弧后变形（伸展或压缩）与海沟迁移（后撤或前进）相关。数值模拟研究也表明，俯冲体系中，上覆板块的伸展变形由俯冲引发的地幔回流引起。

### 1.5.1 弧前区构造变形

弧前区边界宽阔，演化复杂，沿着倾向存在不同的分带（Gulick et al.，1998；Park et al.，2002；Kopp and Kukowski，2003；Polonia et al.，2007）。沿着单条俯冲边缘，增生段到侵蚀段也差异发育，使得海沟横向变化，走向上分段。沉积和侵蚀可同时发生（Bangs et al.，2006；Polonia et al.，2007；Kopp et al.，2011），且依赖于

① 本书中，Myr指时间段。

沉积物的供应和板块结构（Lawrie and Hey，1981；Planert et al.，2010）。因此，俯冲带端元分类（增生与侵蚀）不能应用于整个俯冲型板缘（Clift and Vannucchi，2004），从增生到侵蚀的快速过渡，会导致俯冲带沿走向分段。因此，俯冲带分类要考虑时间因素对板缘结构演变的影响，进而明确导致地震耦合（seismic coupling）的差异变化。

#### 1.5.1.1 沿倾角分段

地震成像技术揭示，汇聚大陆边缘分为增生楔前缘、外楔、内楔（图1-97），解释了许多关于增生和侵蚀环境之间的结构性差异（von Huene et al.，2009）。尽管在物质通量（mass flux）变化上，两种环境存在显著差异，但是在地震周期中，相应的结构分段表现相似。增生楔前缘由增生模式下的海沟沉积物或者侵蚀模式下的大陆坡碎屑岩组成，结构松散，不能有效保存板块汇聚的弹性应变（Moore and Saffer，2001）。其特征是在富含流体的环境中，具有低地震活动性，并且发生永久变形。

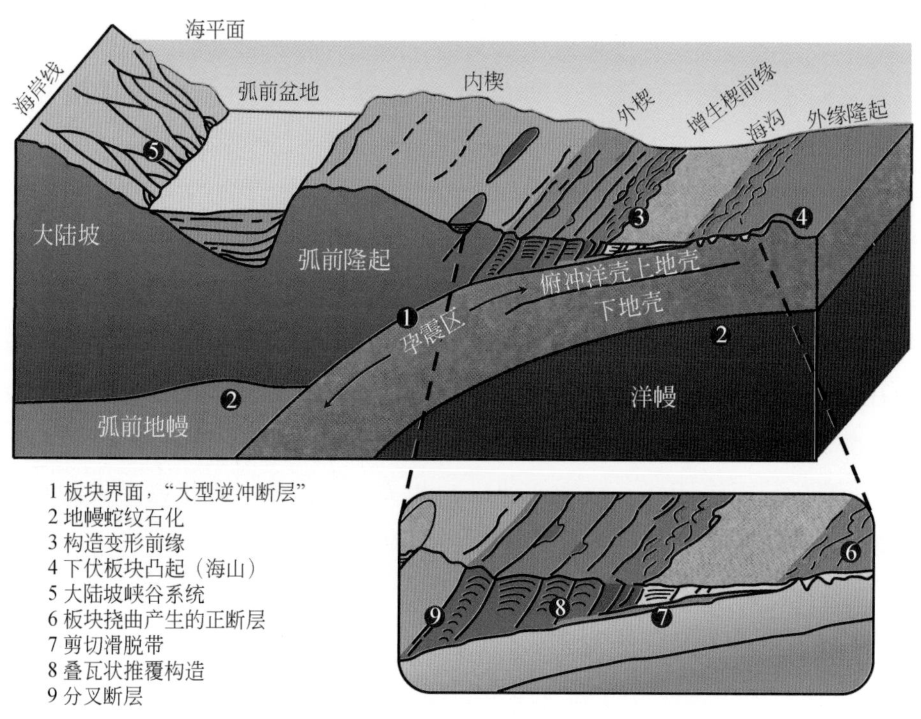


图1-97　汇聚大陆边缘的弧前区构造单元（Kopp，2013）

地震活动集中在5～50km深处的孕震区，但是边界会发生变化。沿倾向的分带包括外缘隆起、海沟、增生楔前缘、外楔、内楔、弧前盆地和大陆坡

（1）挤压性增生楔前缘：边界条件改变的指标

增生和侵蚀环境的增生楔前缘宽度可达30km（von Huene et al.，2009），位于深海海沟处，由海洋沉积物和部分上覆板块物质组成，可随着边界条件的变化而迅速发生

改变（Lallemand et al., 1992；Dominguez et al., 1998；Lallemand and Funiciello, 2009）。因此，增生楔前缘反映了当前的俯冲状态。俯冲板块结构可以调节上覆板块的地形地貌，导致正面侵蚀，即海山通过增生楔前缘时，会造成其地形扰动。大型海湾的出现标志着增生楔前缘已经部分或完全被侵蚀（von Huene, 2008）。

图 1-98 给出的是一个日本海海山俯冲的例子，襟裳（Erimo）海山正进入海沟（Nishizawa et al., 2009）。其西北部，已经完全俯冲的海山，造成变形前缘的局部向陆后撤，以及下部斜坡的削蚀作用，在那里，增生楔前缘被侵蚀。但这些特征存在时间很短，增生楔前缘会重新恢复至海山俯冲前的形态。靠近印度尼西亚巽他海峡的地方，前缘沉积物增生，导致变形前缘增生脊发育，增生楔前缘向海方向快速扩展（图 1-99），并导致变形前缘错移。增生楔前缘会增加板块界面剪切带的压力，从而增

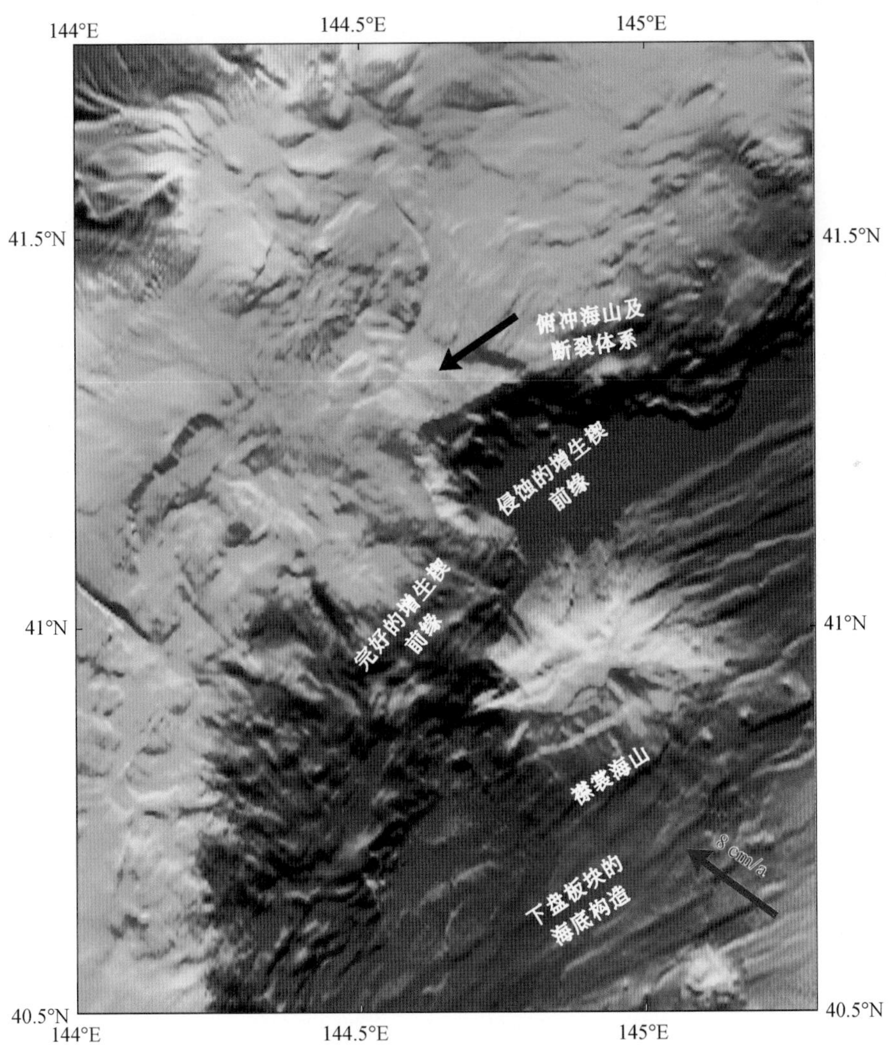


图 1-98　海山俯冲进入日本海沟（Kopp, 2013）

高分辨率的测深数据展示了襟裳海山在上覆板块下方引起的地形效应。在襟裳海山西北部，一座完全俯冲的海山已将增生楔前缘完全侵蚀

加孔隙流体压力，并降低板间摩擦（von Huene et al.，2009）。在大规模地震中，地震破裂带可能会通过增生楔前缘向上传播，并到达海沟附近，这对海啸的形成具有重要意义（Gulick et al.，2011；Ide et al.，2011）。

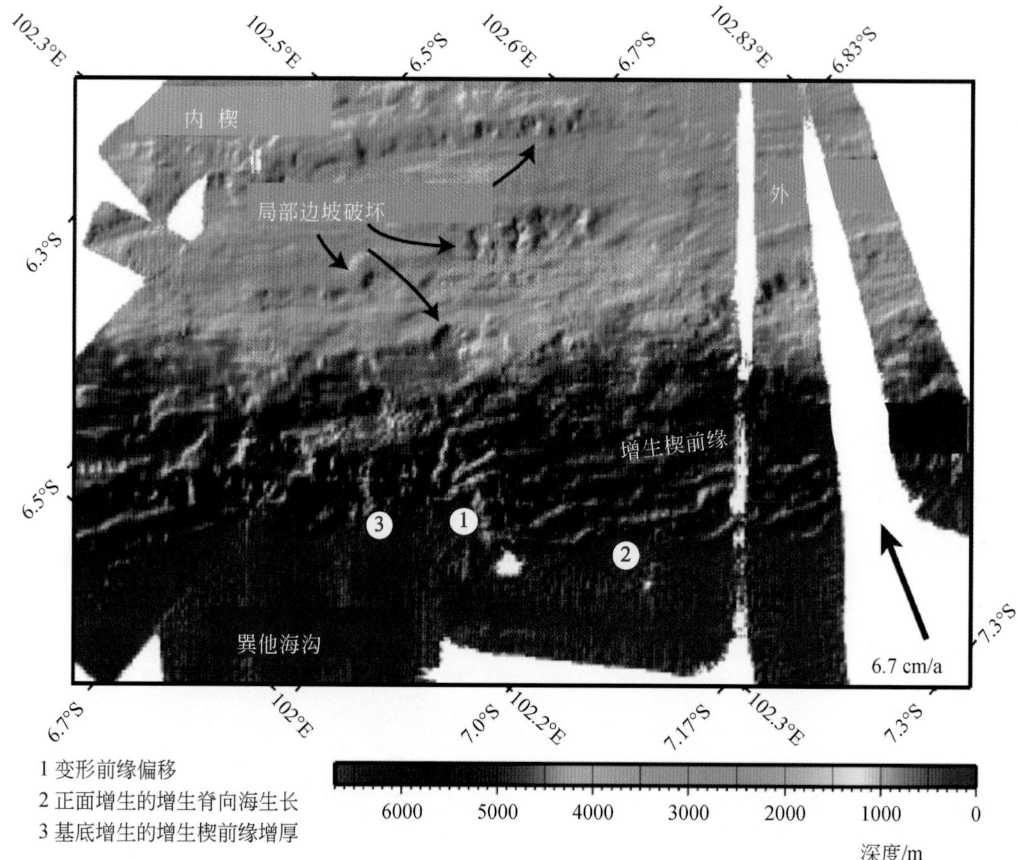


图 1-99　巽他海峡高分辨率多波束测深地形（Kopp，2013）

从东南部正面增生到西北部基底增厚的物质转移造成了变形前缘 8km 的错移。基底增厚导致增生楔前缘增厚和水深变浅

朝弧一侧，挤压性增生楔前缘并入外楔（图 1-97），可能代表增生环境中的增生楔或者侵蚀为主环境中的破碎岛弧物质。两种环境中的地震波速类似，因此无法用地震记录区分。在沉积环境中，沉积物从增生楔前缘进入海沟，使外楔向海生长，并以逆冲叠瓦状构造的形式增厚（Gutscher et al.，1998；Gulick et al.，2004）。从增生楔前缘到外楔地震波速显著增加表明物质的刚性程度增加。例如，在图 1-100 中，智利中部海域地震波速从增生楔前缘的 3.2km/s 增加到外楔的 4.2km/s。折射地震剖面模型得到的地震波速可以将俯冲带沿倾向分带。不同区带划分的依据是岩性变化。因此，地震波速可以作为划分和定义外楔范围的依据。除地震波速变化外，地震波的衰减也是衡量岩性变化的指标。广角地震数据的振幅数据显示，美洲中部哥

斯达黎加附近海域的地震波发生了衰减（图 1-101）（Christeson et al.，2000），记录了岩性从增生楔前缘的沉积岩到外楔的火山碎屑岩的过渡。通常，较小的 $Q_P$ 值表示外楔强烈破碎的基岩。在侵蚀环境中，外楔向海方向经受海水压力，基底岩石侵蚀破裂，地震波速度衰减（Ranero et al.，2008）。

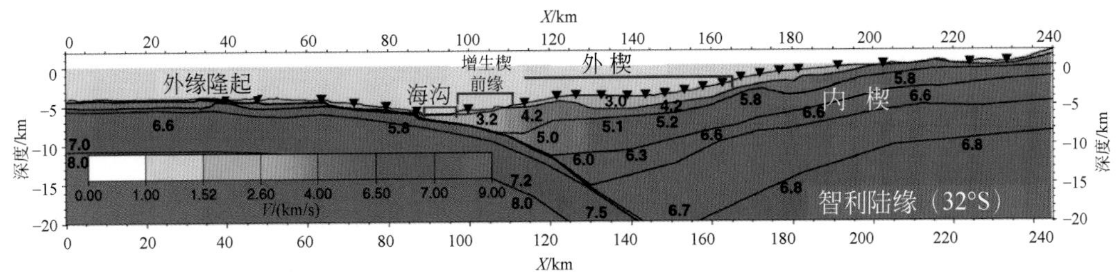


图 1-100　智利中部海域海底广角 OBS 数据的地震折射正演模型（Kopp，2013）

黑色三角形表示弧前海底站点位置。地震波速数据单位是 km/s。从增生楔前缘到外楔地震波速明显增加，反映了从沉积增生楔前缘到外楔基岩的转变

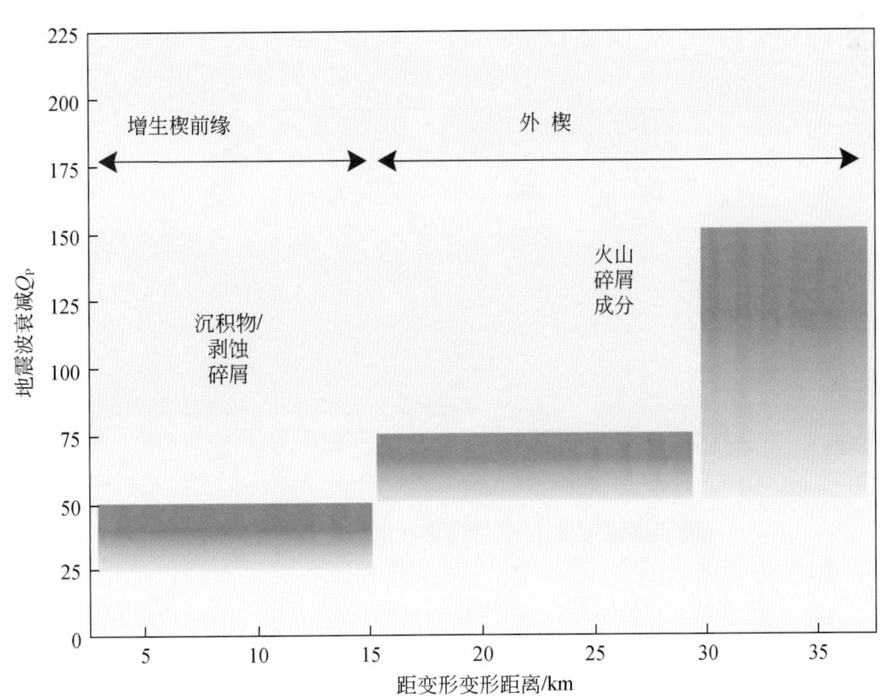


图 1-101　美洲中部哥斯达黎加附近海域的地震波衰减（Kopp，2013）

从增生楔前缘到外楔，$Q_P$ 值的增加表明，地震波衰减与从沉积物主导的增生楔前缘到火山碎屑岩为主的外楔的岩性变化有关，与地震波速逐渐增加的结果一致

（2）触发海啸的分叉断层

部分大陆边缘的大陆坡可能会发生破裂。在巽他海沟边缘，从增生楔前缘到外楔被断层分割，分叉断层（splay fault）是逆断层，与深俯冲带相连，并以高角度拦截海

底沉积物等（Park et al.，2002；Collot et al.，2008）（图 1-97）。由于断层倾角向海一侧变陡，且活动断层可能是引发海啸的重要机制（Melnick et al.，2012），因此，分叉断层系统的识别和地震成像，对容易发生海啸的区域来说非常关键。

（3）内楔和弧前盆地：控制海底地貌特征

内楔一般都存在于弧前盆地靠海一侧（Dickinson and Seely，1979；Fisher，1979；Dickinson，1982；McNeill et al.，2000；Chapp et al.，2008）。这些盆地通常深达几千米，形成沉积物的圈闭构造。图 1-102 显示了爪哇岛附近弧前盆地大陆坡处的峡谷系统将陆源物质输入盆地。较大的“分支”峡谷沿着浅部大陆坡发育，在大陆坡下部分出更多的沟渠。这可以保证盆地横向上的沉积物供应比较均匀，只有少数几个大峡谷会导致盆地中出现明显的沉积扇。陆源沉积物的供应足以填平盆地，使得盆地的凹陷形成深海阶地。目前，深海弧前盆地形成的动力学机制仍然存在争议（Fuller et al.，2006），推测为地震导致沉降和基底侵蚀所致。弧前外缘隆起（outer forearc high）可能被推覆在盆地之上，在弧前外缘隆起和弧前盆地过渡区形成反冲断层。

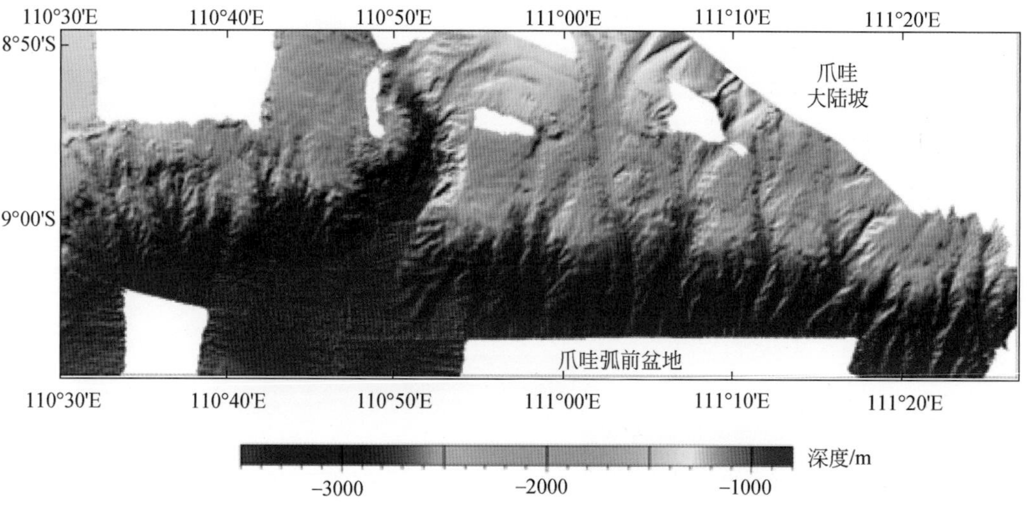


图 1-102　印度尼西亚爪哇南部高分辨率多波束地形（Kopp，2013）

呈网状分布的峡谷覆盖整个大陆坡，将陆源物质输入弧前盆地。较大的峡谷主要分布在大陆坡向海岸线一侧的浅部，而临近弧前盆地大陆坡陡峭的地方，峡谷发生分叉

（4）与弧前结构相关的同震滑动分布

地震间歇期弹性应变储存在内楔到外楔的过渡区域，该区域与俯冲推力速度减弱的区域重叠。同震期间累积应变释放，会导致增生楔前缘因孔隙流体压力增加而变形。海啸地震在增生楔前缘到外楔的过渡区形成，孕震带很浅（Kanamori and Kikuchi，1993；Bilek and Lay，2002；Ammon et al.，2006；Lay and Bilek，2007；

Lay，2011）。俯冲带事件性的巨大推力，会导致较大面积的破裂，使得孕震带更深，达到 15～35km（Lay，2012）。在 35～55km 深度范围内，内楔下方会破裂成更小、更孤立的岩片。外楔到增生楔前缘的过渡终止处，即孕震带的上倾端，同震滑动分布与弧前结构都有很好的对应关系（Fuller et al.，2006；Métois et al.，2012）。

#### 1.5.1.2 板块界面

增生和侵蚀环境下控制物质输入的关键因素是上下板块之间沉积物通道的搬运量（Moore，1989）（图 1-97）。板块界面是一条被海沟沉积物或剥蚀岩屑填充的低速剪切带。原始的俯冲通道模型并不清楚板块界面的结构细节，直到有了现代剖面的观察，板块界面才得以清晰地认识。俯冲通道的厚度变化归因于俯冲板块的结构等因素，但搬运量的定量计算仍很困难。不论是增生型陆缘还是侵蚀型陆缘，俯冲通道平均厚度都为～1±0.5km。1km 的海沟沉积物厚度是许多陆缘的标准值（Clift and Vannucchi，2004），若超过这个值，沉积物就会发生侧向加积，而多余沉积物会俯冲消减，直到厚度稳定在 1km。不过智利南部陆缘的地震资料显示，有约 3km 厚的沉积物进入海沟（Polonia et al.，2007）。这些定义似乎都很简单，但是更深的地震资料揭示，板块界面的复杂变化还与海山俯冲有关（McIntosh et al.，2007），增厚沉积岩片的产生和上覆增生楔被流体破坏等因素有关。

剪切滑脱带物理特性的分段大致与上覆板块的分段对应。剪切带物理性质沿着俯冲通道在空间上发生变化，强度、压实和摩擦会随着深度的增加而增加，直到上覆压力足以使得孕震区发生弹性变形（Calahorrano et al.，2008）。俯冲冲断带孕震区的上倾尖灭区，由于增生楔前缘和俯冲通道的物质弱化，地震活动相对缺乏。平滑的断层界面则是断裂大面积传播、产生高强度地震的必要条件。

#### 1.5.1.3 沿走向分段

俯冲带可简单分为增生型、中间型和侵蚀型三种（Clift and Vannucchi，2004），这种分类并不能准确地描述沿上述陆缘走向物质通量的变化。泥沙的输入、板块界面处剪切带厚度以及板块汇聚速度，都对物质输送有一定影响。从长时间尺度上来看，沉积物供应稳定；但在很短距离内，阻碍沉积物供应发生的条件可能会变化，例如，智利近海的胡安·费尔南德斯海脊顶部的俯冲，引起海沟和弧前隆起，不仅阻挡了海沟沉积物沿海沟轴向的运移，也导致智利大陆边缘南北向物质通量的变化。由于汇聚速度和滑脱带输运能力受俯冲基底地形控制，增生和沉积，不论在空间上还是时间上，都是瞬时过程。空间变化通常是由俯冲板片结构变化引起的，例如，海山、无震海岭或者洋底高原的初始俯冲。还有“远场变化”，例如，气候变化、造山运动、海平面变化，随时间推移，也会影响沉积物量，但不是突变。基底地形俯冲、可忽略的沉积物供应和高汇聚速率之间的相互作用，也可以极大地影响弧前地形和物质通量。

#### 1.5.1.4 俯冲基底地形：对俯冲带变形及上覆板块的影响

在通过变形前缘时，海底地形将导致上覆板块的软弱增生楔前缘发生变形，以抵抗俯冲作用的进行。这种影响达到几千米时，可以通过高分辨率的测深数据观测到。图 1-103 显示的是探索者破碎带进入苏门答腊海沟的地形地貌，这里，4 条高达 1.9km 的独立海脊俯冲进入苏门答腊增生楔之下，改变了上覆板块的海底地形。变形前缘的扭折和错移，受海脊进入点的影响，并导致了增生楔前缘的侵蚀（图 1-103）(Kopp et al., 2008）。而消除海脊影响后，苏门答腊海沟的沉积物可以重建下陆坡和增生楔前缘。世界范围内海底基底俯冲的很多实例都有类似特征（Bangs et al., 2006；Kopp et al., 2008；Font and Lallemand, 2009；Bell et al., 2010）。

海沟地貌结构种类繁多：从海底的火山构造单元，如海山、大火成岩省、无震海岭，到地壳结构，如断裂带、断层、海脊、海槽、洋底高原。洋底高原，尤其是海山（个别海山仰冲），在俯冲过程中保存完好（Kodaira et al., 2000；Bangs et al., 2006）。海山俯冲对弧前区有重要影响，深沟说明海山已侵蚀到了增生楔前缘。局部的海底隆起则表示已俯冲的局部地形，可以破坏大型逆冲断层的平滑表面，并导致增生楔前缘和外楔破裂等。

单个海山可以引起增生楔前缘的变形和侵蚀，而洋底高原则对整个大陆边缘都有影响。图 1-104 比较了不同环境下洋底高原俯冲的不同阶段和俯冲大洋板片与上覆板块的相互作用。

爪哇东部陆缘［图 1-104（a）］处于洋底高原俯冲的早期阶段，其中，Roo 海隆的初始俯冲导致海沟侵蚀、下陆坡倾角变大、不均匀的隆起和变形。与洋底高原俯冲相关的正面侵蚀，可以将增生楔前缘全部侵蚀掉，导致爪哇中部近海地形的倾角变陡［图 1-104（a）］，使得爪哇陆缘沿走向发生分段，西部增生，东部侵蚀，两段之间的过渡部分长度不超过 100km。对上覆板块产生的构造影响有两种模式：后隆（backstop）之上的 Roo 海隆地壳碎片堆垛［图 1-104（a）］或者基底地壳碎片堆垛造成后隆的隆升［图 1-104（b）］。

洋底高原进一步的俯冲阶段为现今希库朗基洋底高原沿着新西兰北岛以东的希库朗基海沟的俯冲［图 1-104（b）］。希库朗基洋底高原是白垩系大火成岩省，厚度为10～15km（Davy and Wood, 1994），俯冲导致新西兰北岛的拉库马拉（Raukumara）半岛以及东岬海岭（East Cape Ridge）和海沟之间的弧前区隆起（Luschen et al., 2011）［图 1-104（b）］。加厚的洋壳俯冲到上覆板块顶端之下，上覆板块的末端向

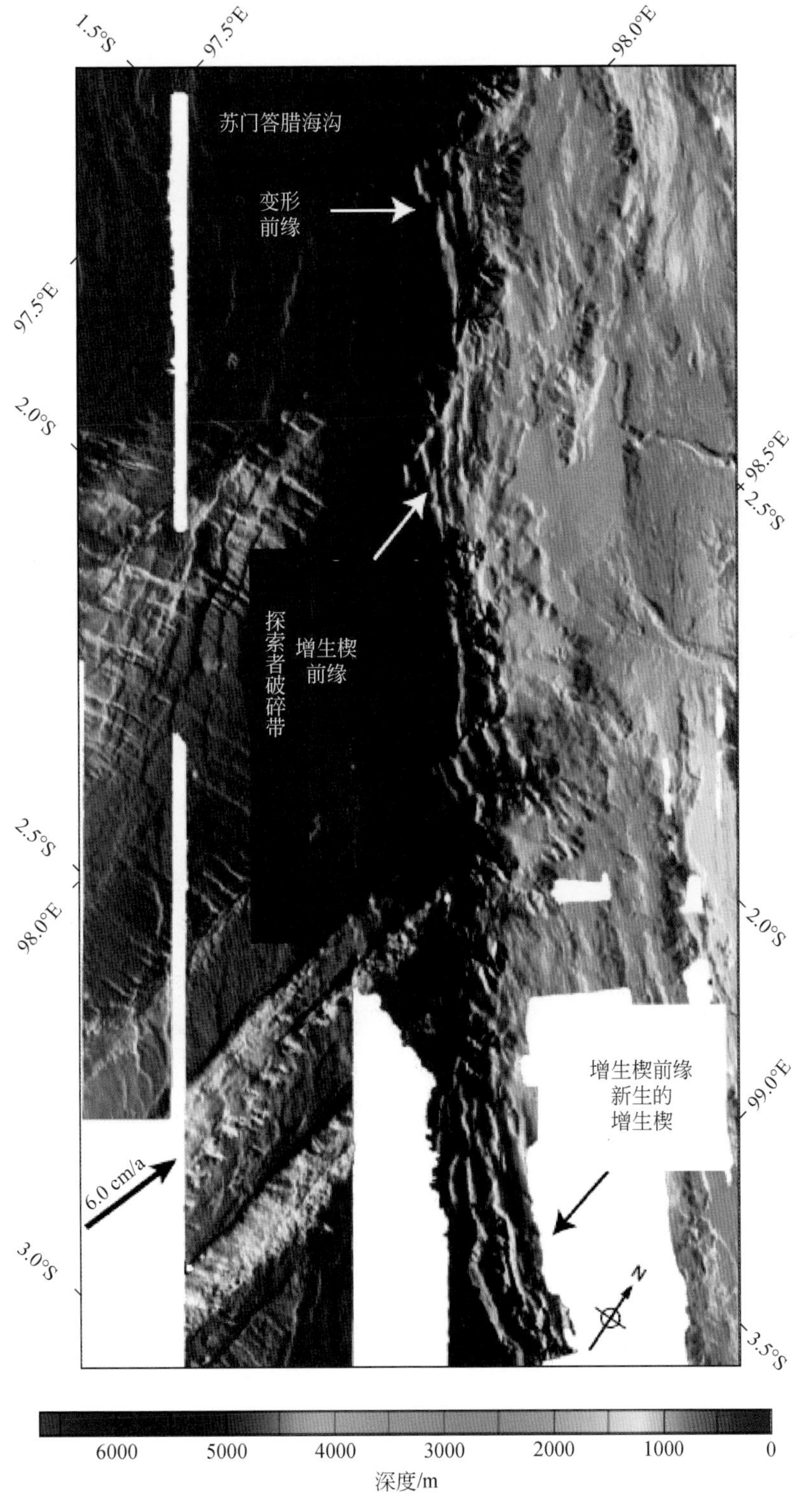


图 1-103　探索者破碎带进入苏门答腊海沟的地形（Kopp，2013）

探索者破碎带包含 4 条独立的海脊，宽度 5 ~ 40km，高出周围海底 1.9km。海脊的俯冲导致变形前缘发生明显的错移，海脊俯冲开始后，增生楔前缘已发生侵蚀，而不受海脊影响的区域则出现新生的增生楔

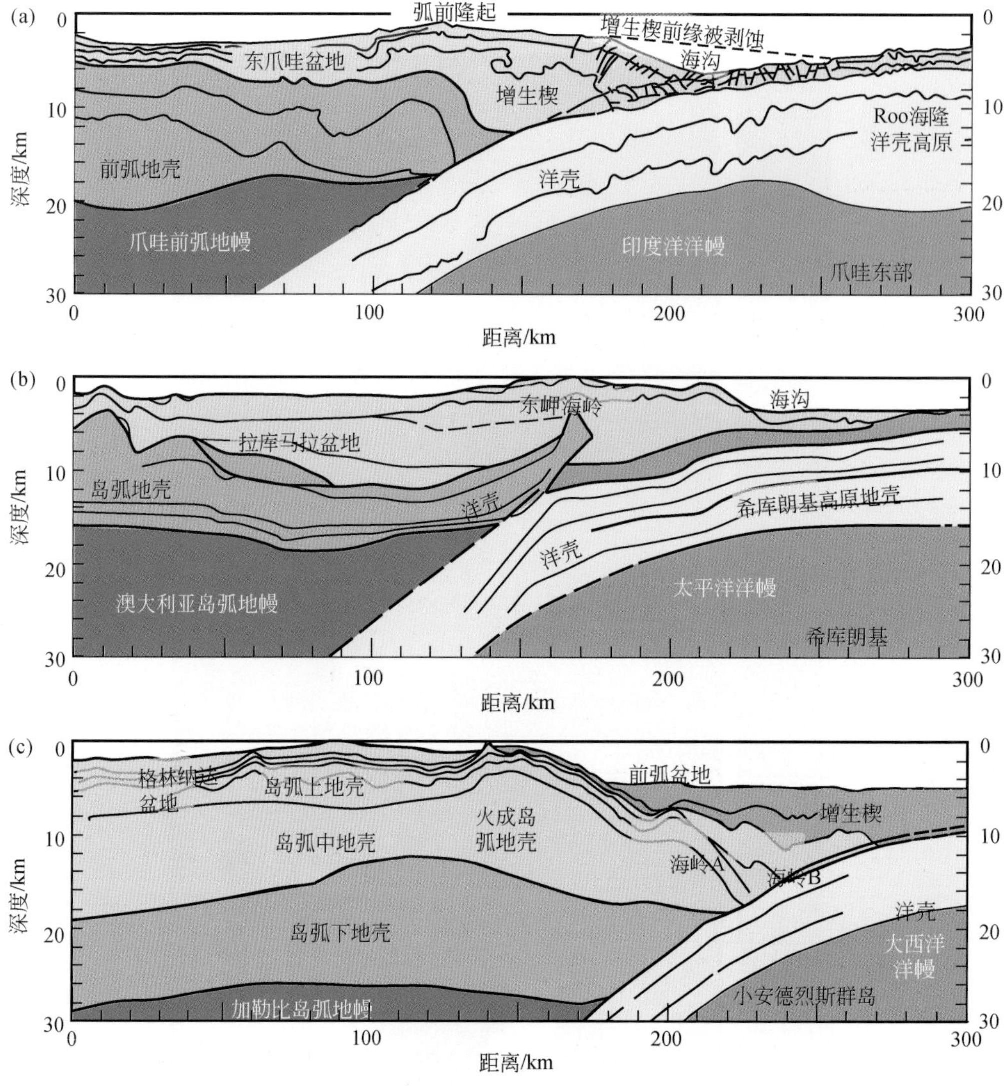


图 1-104　受不同阶段洋底地形俯冲的三条俯冲带的比较（Kopp，2013）

爪哇东部边缘（a）经历了洋底高原俯冲的早期阶段，其中 Roo 海隆的初始俯冲导致增生楔前缘的侵蚀和弧前的隆起。希库朗基陆缘（b），增厚的洋壳俯冲到东岬海岭之下，造成上覆板块的变形和隆升。当希库朗基高原被推入拉库马拉盆地之下时，较老的上覆洋壳被推到上方。在小安德烈斯群岛中部边缘（c），由不同单元（海岭 A 和 B）导致的不同俯冲基底地形形成了后隆（backstop）。当第二个单元（海岭 A）到达时，初始的后隆被抬升，形成了海岭 B

上抬升，使得东岬海岭隆起。这样一来，使得下陆坡（lower slope）过于陡峻，物质崩塌进入俯冲通道，再次被抬升，使俯冲带物质转移接近零。希库朗基边缘，弧前盆地发生沉降，形成目前已知最深的弧前盆地之一（Kopp，2013）。

通常，海沟斜坡（trench slope）的沉降和塌陷，多是由于海沟后撤和弧前地壳进入地幔循环所致（Clift and Vannucchi，2004），但 Scherwath 等（2010）认为，这些原因都未考虑地壳基底底侵的重要作用，这意味着高估了俯冲带陆源物质的输入通量。沿所罗门岛–翁通爪哇高原的俯冲带，厚达7km的洋壳和沉积物保存在上覆板块中，占了整个翁通爪哇高原地壳厚度的20%（Mann and Taira，2004）。

小安德烈斯陆缘则是基底地形俯冲的最后阶段[图1-104（c）]。在小安德烈斯群岛中部的弧前区，增生楔在始新世就已形成。沿着16°N，大约三分之一的沉积物是正向增生（frontally accreted），剩下的沉积物被俯冲到靠近变形前缘的增生楔下。其增生楔宽约为125km，是一个很低的后隆，邻近的基底之上有两个1～6km高的隆升脊，其物质来源可能是一个增生的无震海岭（Bangs et al.，2003）。当第二个构造单元到达时，朝向火山弧的后隆抬升，形成向弧的构造脊（arcward ridge），并逐渐发生变形。琉球弧缘也观察到强烈的弧前地壳变形（Font and Lallernand，2009），弧前基底垂向收缩与琉球岛弧基底断裂、板片隆升同时发生。

## 1.5.2 弧后区构造变形

### 1.5.2.1 俯冲带弧后变形的重要模型

俯冲过程中，板块相互作用往往会导致弧后变形。沿着全球6万km的海沟，可以观察到弧后变形样式从强烈伸展（弧后扩张为主，如马里亚纳海槽）到强烈挤压（弧后挤压为主，如智利弧）（Uyeda and Kanamori，1979）的转换。如何理解俯冲带不同弧后变形过程的差异及其控制因素，仍然是研究俯冲带动力学的主要问题之一。早期关于俯冲带弧后变形的研究认为，上覆板块是一个刚性块体，因此，刚性的上覆板块和俯冲链（海沟和俯冲链用于指示板块边界）以及与地幔之间的相对运动关系（上覆板块和海沟各自的绝对运动速度$V_{up}$和$V_t$），就可用来分析弧后变形过程（图1-105），并提出了三种弧后变形模型。

全球俯冲带地质数据统计分析发现，上覆板块朝向海沟的运动以及弧后扩张之间存在相关性（Hyndman，1972；Chase，1978），由此，Jarrard（1986）测试了与俯冲过程和弧后裂解相关的26个参数。其中，①$V_{up}$被认为是预测应变状态最好的预测因子，并认为“上覆板块控制模型”控制了弧后变形过程（图1-106）；②俯冲板片在负浮力的作用下，可能会自发地回卷引起上覆板块移动，从而诱发弧后扩张，即“俯冲板片回卷模型”，控制板块后撤的主要影响因素主要依赖于板片年龄；③第三种模型认为，软流圈流体的流动在板片一侧产生的附加压力（Shemenda，1994），可能会造成板片在垂直于海沟方向上发生迁移，即“地幔流诱发模型”。下面分别介绍三种模型的基本计算公式。

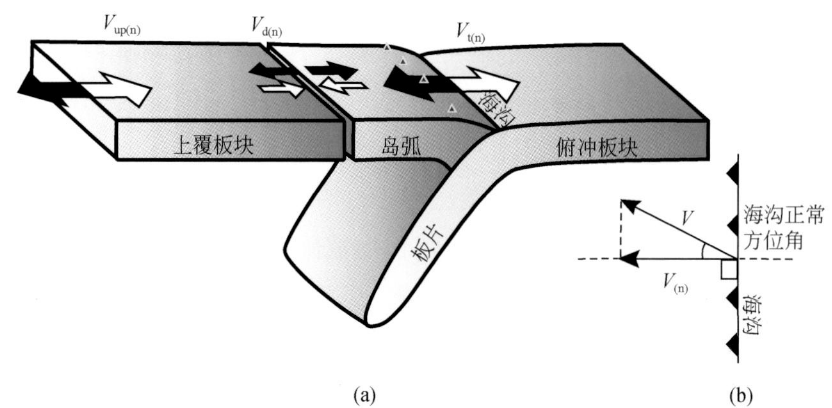


图 1-105　俯冲带构造模型（Heuret and Lallemand，2005）

（a）俯冲带构造模式。$V_{up}$：上覆板块的绝对运动速度，$V_t$：海沟的绝对运动速度，$V_d$：弧后形变速度（后同）。白色和黑色箭头分别代表速度的正负方向。（b）垂直于海沟方向的速度分量（$V_{up}$，$V_t$或$V_d$）。$V$：速度；$V_{(n)}$：垂直于海沟方向的速度分量

（1）上覆板块控制模型

上覆板块运动主要通过两种力影响俯冲链：①作用在板块表面的抽吸力（$F_{up}$），该力使上覆板块与俯冲板片相互作用，使得上覆板块迁移到板片顶部；②板片锚固力（$F_a$）是软流圈反作用黏滞阻力，该力能够阻止由$F_{up}$引起的板片/海沟发生任意侧向迁移运动。$F_a$可以看作一个水动力，通过黏性流体从椭球面稳定边缘作用到板片上，是在板片俯冲深度范围内$V_{up}$和平均地幔黏度（$\mu$）相关的函数

$$F_a = -6\pi\mu C V_{up} \tag{1-195}$$

式中，$C$是关于板片宽度和长度的函数。

弧后变形是由于上覆板块相对于固定海沟的绝对运动造成的，即推动海沟运动的力$F_{up}$，与阻止海沟运动的力$F_a$之间的平衡力造成的，相对于固定海沟，上覆板块后撤诱发弧后扩张，而上覆板块前移则诱发弧后收缩（图 1-106）。$V_{up}$决定$V_d$和$V_t$达到最大值，可以看到两种不同的情况：一种是“板片完全固定”（Uyeda and Kanamor，1979），锚固力强度达到最大值，海沟不动（$V_t=0$），上覆板块所有的运动都会诱发弧后变形（$V_d=V_{up}$）；另一种是“板片自由滑移”，既没有锚固力，也没有弧后变形（$V_d=0$），但是还存在主应力$F_{up}$，海沟随上覆板块同步运动（$V_t=V_{up}$）。介于这两种极端情况之间，俯冲带会对应“部分锚固板片”。形变速率和海沟运动速度是关于锚固力效应的函数，得出

$$V_{up} = V_t + V_d \tag{1-196}$$

总之，如果弧后变形和海沟运动主要是由上覆板块相对于固定海沟的绝对运动速度所决定，则可以预测：①上覆板块后撤与弧后扩张有关，反之亦然；②$V_d$随$V_{up}$

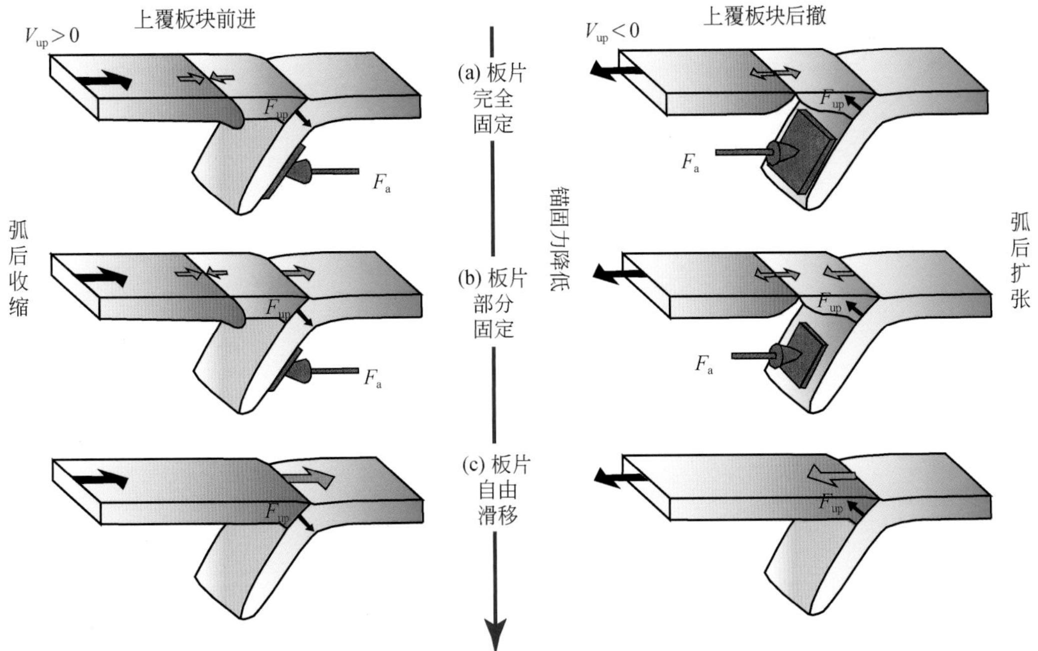


图 1-106 “上覆板块控制模型”示意（Heuret and Lallemand.，2005）

$F_{up}$：相对于上覆板块绝对运动的抽吸力，主要作用在板片的表面，使得上覆板块和俯冲链相互作用；$F_a$：板片锚固力。（a）板片完全固定：海沟固定不动（$V_t=0$），上覆板块所有的绝对运动都会诱发弧后变形（$V_d=V_{up}$）；（b）板片部分固定：上覆板块和海沟的绝对运动速度以及弧后变形速度（$V_d+V_t=V_{up}$）可以看作锚固力强度的函数。（c）板片自由滑移：海沟伴随上覆板块运动（$V_t=V_{up}$），但无弧后变形（$V_d=0$）

增加；③$V_d$和$V_t$的值不能超过$V_{up}$。

（2）俯冲板片回卷模型

相对于周围地幔，俯冲岩石圈的负浮力（板片拉力$F_{sp}$）被认为是地球板块构造运动的主要驱动力（Forsyth and Uyeda，1975；Chapple and Tullis，1977；Carlson et al.，1983），板片拉力与板片的年龄有关

$$F_{sp}=K\Delta\rho LA^{1/2} \tag{1-197}$$

式中，$\Delta\rho$是板片与地幔之间的密度差；$L$是板片长度；$A$是板片的年龄；$K$是常数。

板片拉力和板片弯曲力矩（$M_b$）会导致海沟/板片自发地朝大洋迁移，海沟/板片的迁移速率主要取决于板片年龄（随$A$增加），这一过程叫作“俯冲板片的回卷”（Molnar and Atwater，1978；Dewey，1980；Garfunkel et al.，1986），“板片回卷”过程会伴随着弧后的扩张变形（图 1-107）。根据“板片回卷模型”得出：①大洋俯冲带存在一个普遍特征是海沟向大洋方向迁移；②板片年龄越老，越冷，俯冲链越容易发生板片回卷；③弧后扩张更容易在年龄较老的板片之上发生。

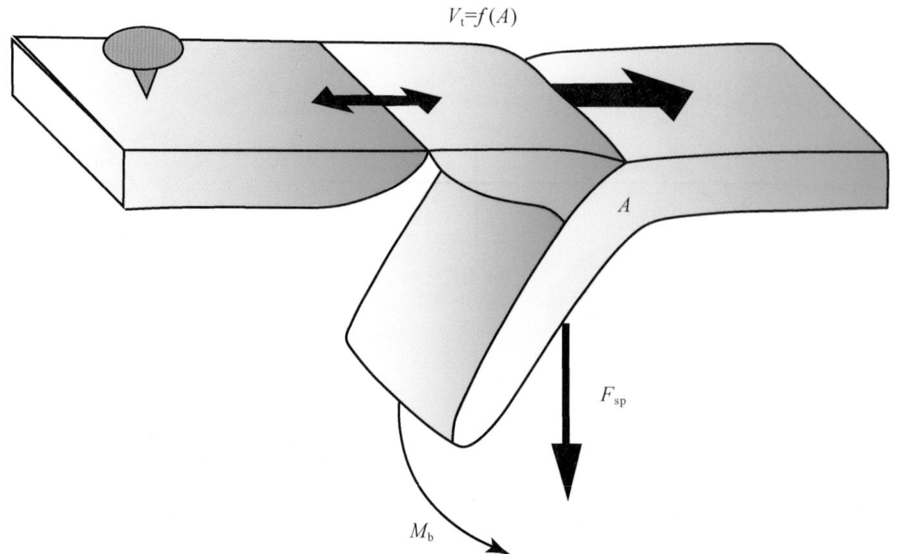


图 1-107 “板片回卷模型”示意（Heuret and Lallemand，2005）

$F_{sp}$：板片拉力；$M_b$：板片弯曲力矩；$A$：板片年龄。

在本模型中，上覆板块设置为固定不动

（3）地幔流诱发模型

围绕板片的软流圈地幔和驱动板片运动的流体，可能是板片/海沟迁移的原因之一（Shemenda，1994）：作用于板片一侧因地幔流动产生的附加压力（$F_m$），可能会使板片沿垂直于海沟走向发生迁移（图 1-108）。作用在板片上的地幔流动存在三种类型（图 1-109 箭头所指的方向）：①与岩石圈向西漂移有关的全球性地幔向东流动（Nelson and Temple，1972；Doglioni，1993）；②区域性流动，例如，由于太平洋

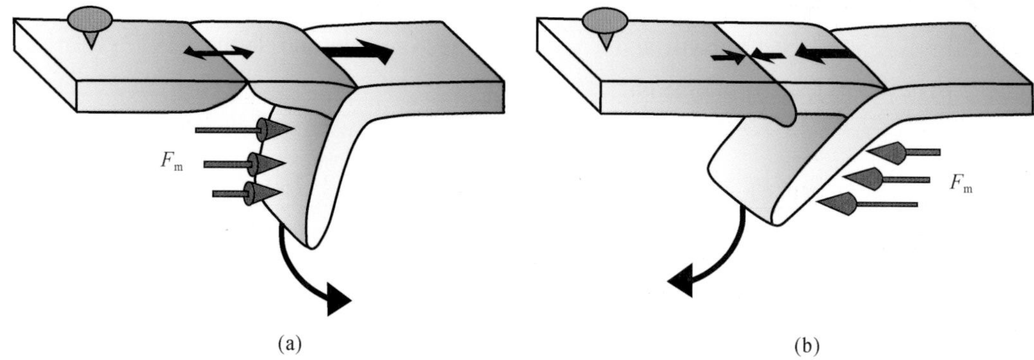


图 1-108 “地幔流诱发模型”（Heuret and Lallemand.，2005）

$F_m$：作用于板片一侧因地幔流动产生的垂直于海沟走向的附加压力。模型中设置上覆板块固定不动。（a）地幔流动和附加压力 $F_m$ 推动上覆板块一侧的板片，导致海沟后撤和弧后扩张。（b）地幔流动和压力推动俯冲板片一侧，导致海沟前移和弧后收缩

区域性收缩，其下部上地幔的全球性逃逸趋势（Garfunkel et al.，1986；Lallemand，1998）；③局部地幔流动，例如，在回卷板片边缘以及撕裂带附近形成的地幔反向流（Alvarez，1982；Russo and Silver，1994）。

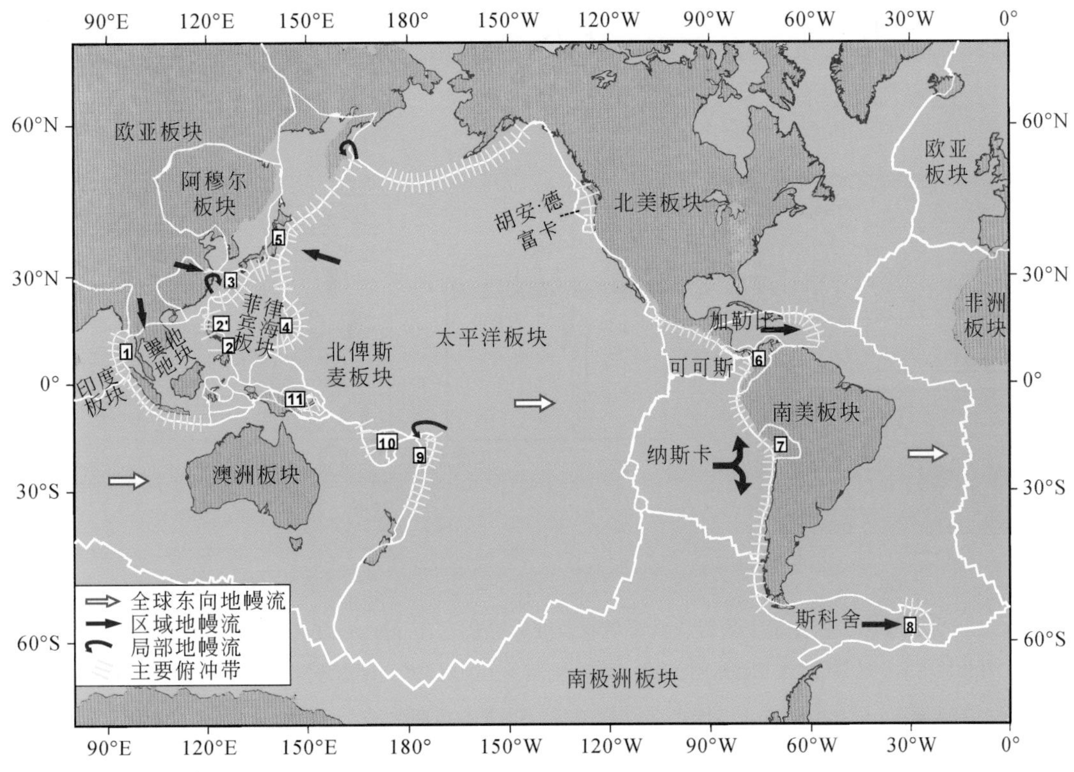


图 1-109　全球大洋俯冲带和主要板块边界分布（Heuret and Lallemand.，2005）

1～11：研究过程中涉及的不同“弧-地块体系”：1. 安达曼弧（Andaman Arc）；2. Visayas 地块；2′. 吕宋地块；3. 琉球弧；4. 马里亚纳弧；5. 本州（Honshu）；6. 北安第斯地块；7. 安第斯山脉；8. 桑威奇群岛；9. 汤加弧（Tonga Arc）；10. 新赫布里底弧（New Hebrides Arc）；11. 南俾斯麦板块（South Bismarck Plate）

### 1.5.2.2　弧后变形样式及其控制性因素

通过对全球俯冲带上覆板块已发生地震的震源机制，进行半定量对比，可以识别出，从强烈拉张（E3 类，弧后扩张）逐渐过渡到强烈挤压（C3 类，弧后收缩）的 7 种弧后变形样式（图 1-110）。其中，从 E3 到 E1，剪切震源机制作用逐渐占据主导，且伸展应变越来越小。0 级主要是走滑震源机制或几乎是中性应力场，上覆板块内部无地震发生。从 C1 到 C3，主要是压性震源机制，压应度越来越大。另外，还需考虑附加条件来描述两种极端情况：弧后扩张出现在所有 E3 类俯冲带中（E2 类俯冲带仅发生于裂解阶段），所有 C3 类俯冲带都发生了岩石圈规模的弧后逆冲推覆。这 7 种弧后变形样式与俯冲带动力学过程密切相关，影响俯冲带的主控因素包括：

1）上覆板块厚度、密度及运动速率等；

2）板块强度与地幔流变学特征（如板块年龄、俯冲速度和角度等）（Ranalli et al.，2000；Mahatsente and Ranalli，2004；Negredo et al.，2004）；

3）俯冲板片强度与海沟迁移（Billen and Hirth，2007；Funiciello et al.，2008）；

4）地幔流动过程。

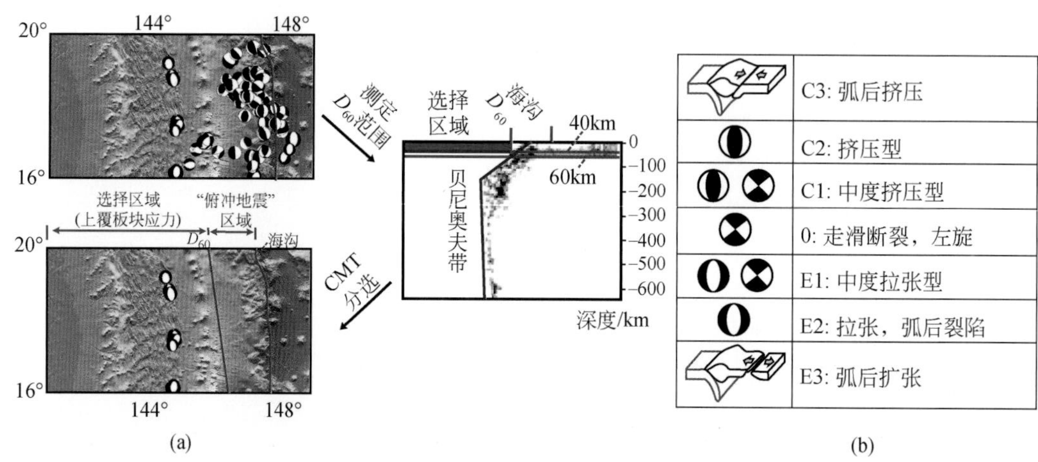


图 1-110　俯冲带上覆板块震源机制及变形样式（Heuret and Lallemand，2005）

（a）上覆板块内发生地震的主要震源机制：在 0 ~ 40km 深度发生的地震中，距离海沟最小距离 $D_{60}$ 的主要震源点都被提取（$D_{60}$ = 海沟与板片穿过 60km 等深线的点的距离），选取的地震都发生在上覆板片之内，有效避免了板片附近因俯冲挤压而发生的地震。（b）弧后应变分类

（1）上覆板块运动厚度、密度及速率

数值及物理模拟研究结果显示，上覆板块的厚度、密度是控制俯冲带动力学过程的一个重要影响因素。上覆板块厚度能够显著地影响俯冲带应力场的分布特征（图 1-111）。同时，增厚的上覆板块也能够减小俯冲板片回卷的速度。一般而言，上覆板块的厚度和密度呈正相关，如果上覆板块的密度小于地幔密度，即上覆板块具有正浮力，那么，在这种情况下，俯冲带内从上覆板块到俯冲板片，存在一个横向压力梯度，这个压力梯度能够推动俯冲板片的快速后撤，并减小俯冲板片的俯冲角度。而伴随俯冲板片的快速后撤，地幔楔中的地幔对流和上覆板块的运动速度同时被加强，由此，可导致弧后变形的产生。与此相反，在负密度差作用下，相反的压力梯度能够减弱海沟后撤的速率，并导致上覆板块遭受挤压。

根据全球俯冲带统计分析的结果，75% 的大洋俯冲带上覆板块相对于海沟的绝对运动速度都与弧后变形形式具有良好的对应关系：上覆板块后撤与弧后扩张相关（E1 ~ E3 级），上覆板块向前推进与弧后收缩相关（C1 ~ C3 级）。由此可见，全球

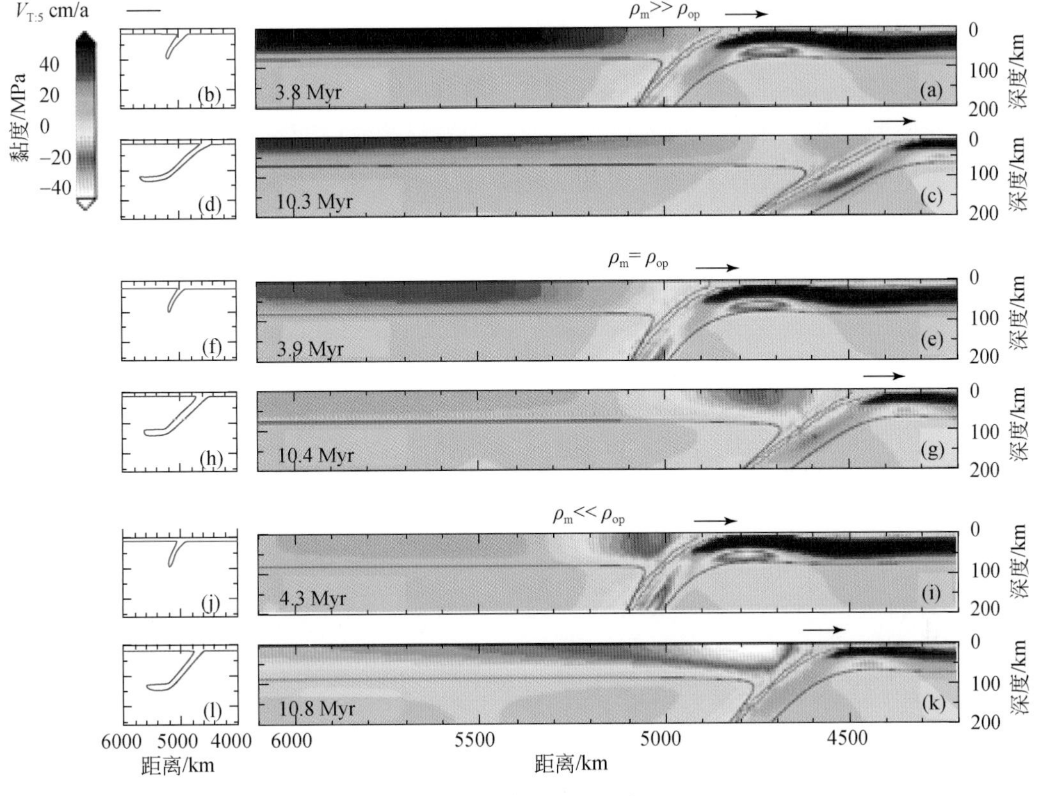


图 1-111　上覆板块密度对俯冲过程的影响（Holt et al., 2015）

趋势表明，上覆板块的快速移动会产生强烈的弧后变形（图 1-112）。但也有例外，如新赫布里底群岛发生的弧后变形，将北斐济盆地的弧后扩张与快速向前推进的太平洋板块联系起来（近 100mm/a），但这可能跟新赫布里底群岛区域的板块构造太复杂，以至于不能选择一个相对单一的上覆板块来研究该地区的弧后变形有关（Pelletier et al., 1998）。日本–千岛俯冲带上强烈的弧后收缩(C1 ~ C3 级）与上覆板块的后撤相关，但这也是一种特殊的情况，因为东亚大地构造环境具有不确定性以及上覆板块的后撤速度太慢（最大 20mm/a，这与设置参考模型的精度值相近），导致发生了相互矛盾的结果。同样，还有几个特殊情况（墨西哥、卡斯凯迪亚、日本南海海槽和阿拉斯加），因 $V_{up(n)}$（最大 25mm/a）很小，伴随一些弥散性变形（E1 和 C1 级）。

正如 Otsuki（1989）所做的研究，在 $V_{up(n)}$ 与 $V_{d(n)}$ 的交会图中，这两个模型（“板片自由滑移”和“板片完全固定”模型）可以作为参考，来检测单个锚固力的影响是否可解释观察到的变形或是否需要额外的机制。所有俯冲带的位置都是根据两条对应的参考线划定的，即“完全固定板片”线（$V_{d(n)} = V_{up(n)}$）和“自由滑移板片”线（$V_{d(n)} = 0$），划分成两个主要区域［图 1-113（a）］。两线之间是“上覆板块控制变形场”，在该场中，弧后变形可以用阻力的合力来解释，即锚固力、板片拉力以及地幔流动诱发力之间的合力阻碍板片随上覆板块运动。阻力是在“自由滑移板片”线到“完全固定板片”线方向上逐渐增加的。两线外界区域对应于“板片俯冲回卷模型”和“地幔流诱发模型”所不能解释的弧后变形行为。其对应现象表现为，弧后变形速率大于上覆板块的后撤速率，或弧后变形样式与 $V_{up(n)}$ 预测的相反。这说明弧后变形过程至少有一部分是独立于上覆板块迁移运动的，控制这部分变形的机制可能是板片拉力或地幔流动引发的力。

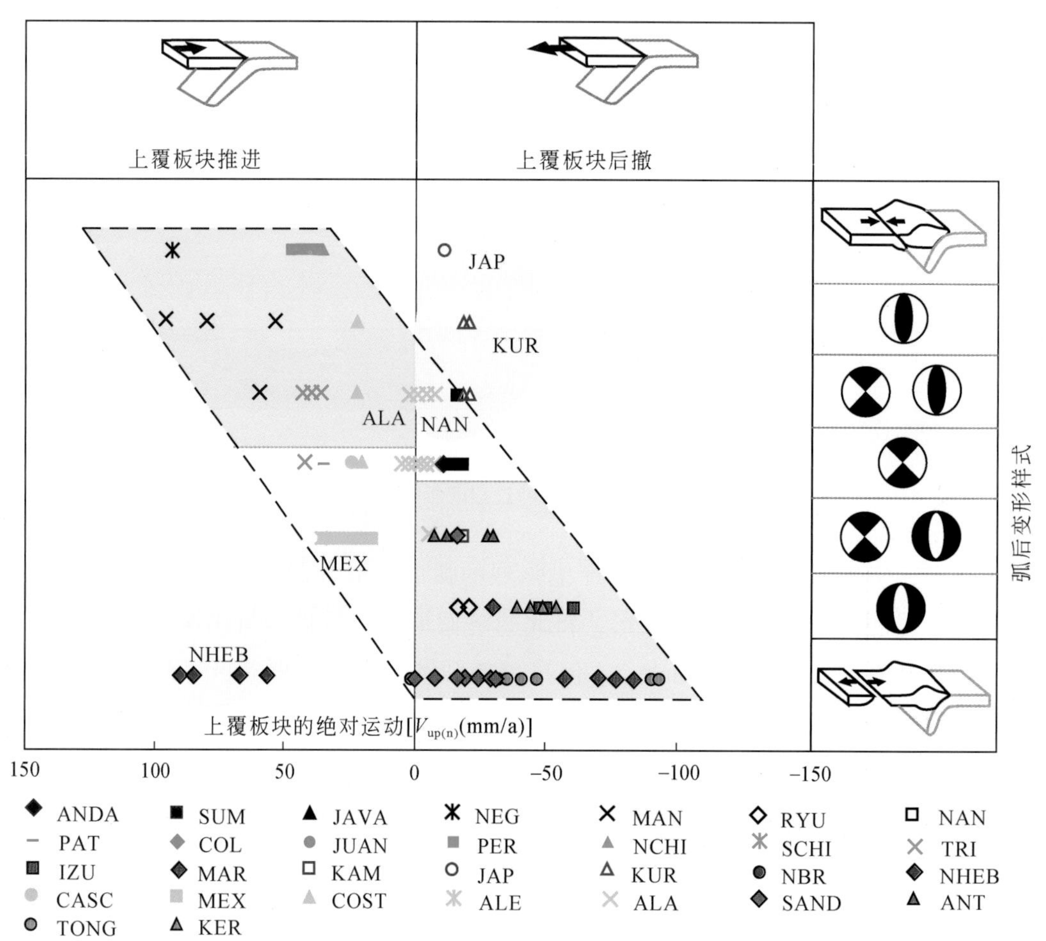


图 1-112　弧后变形形式与上覆板块绝对运动速度在垂直于海沟方向上的法向分量（$V_{up(n)}$）的交会图（Heuret and Lallemand，2005）

蓝色区域：表示弧后变形形式与上覆板块绝对运动速度关系具有一致性（弧后扩张和上覆板块后撤以及弧后收缩与上覆板块向前移动之间的对应关系）的俯冲带。红色区域：表示弧后变形形式与上覆板块绝对运动速度关系不一致。虚线界定的是全球趋势，即随着上覆板块后撤速度的增加，弧后扩张更剧烈，反之亦然。俯冲带名称：ANDA-安达曼；SUM-苏门答腊；JAVA-爪哇；NEG-内格罗斯；MAN-马尼拉；RYU-琉球；NAN-南开；MAR-马里亚纳；IZU-伊豆-博宁；JAP-日本；KUR-千岛；KAM-堪察加；ALE-阿留申；ALA-阿拉斯加；CASC-卡斯卡迪亚；MEX-墨西哥；COST-哥斯达黎加；COL-哥伦比亚；PER-秘鲁；NCHI-北智利；JUAN-费尔南德斯；SCHI-南智利；TRI-智利三节点；PAT-巴塔哥尼亚；ANT-安德烈斯；SAND-桑威奇；KER-克马德克；TONG-汤加；NHEB-新赫布里底

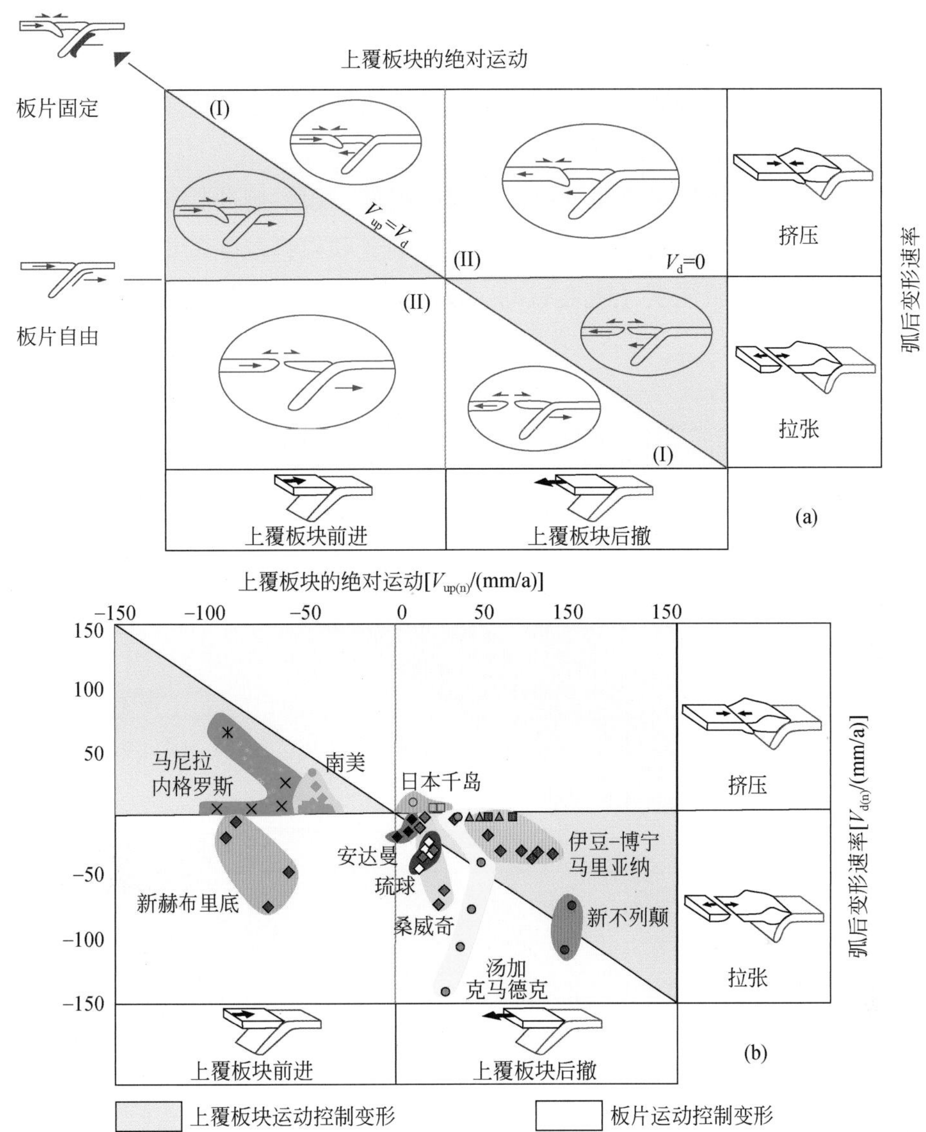


图 1-113　上覆板块绝对运动速度影响的定量检测（Heuret and Lallemand.，2005）

（a）俯冲带相对于两条参考线的位置，即“完全固定板片”线（$V_{d(n)}=V_{up(n)}$）与“自由滑动板片”（$V_{d(n)}=0$）线，是根据 $V_{d(n)}$ 与 $V_{up(n)}$ 的交汇图分析得出的。参考线限定俯冲带区域是从“板片运动控制变形”（板片/海沟不随上覆板块运动）到“上覆板块运动控制变形”（板片/海沟伴随上覆板块运动）的区域。板片/海沟独立于上覆板块运动可发生：(I）只受 $V_{up(n)}$ 速度影响的过渡变形，(II）与上覆板块相对海沟绝对运动方向预期相反的弧后变形形式。(b）弧后变形速度（$V_{d(n)}$）与上覆板块绝对运动速度 $V_{up(n)}$ 垂直于海沟方向分量的交汇图

从图 1-113（b）中可以看到（共 80 个俯冲带弧后变形数据，包括 E3 和 E2 类的弧后扩张，C3 和 C2 类的弧后压缩，以及精确的弧后变形速率数据），几乎 60% 的研究区位于“上覆板块控制弧后变形”模型中，其余的 40% 主要位于俯冲相关的弧后扩张区域（马里亚纳等俯冲带除外），即“板片俯冲后撤诱发弧后变形模式”，

如汤加、桑威奇（Sandwich）、琉球、安达曼和新不列颠等俯冲带。另外，还有一些特殊的俯冲带，如新赫布里底和日本-千岛板块俯冲变形，与应变状态和上覆板块绝对运动之间的全球趋势所预测的相反，可对应“地幔流诱发模型”。

（2）板块强度与地幔流变学

伴随实验测试对橄榄岩流变学特征认识的提高，很多俯冲板块动力学模型结合多重流变学结构，解释说明了俯冲过程中扩散蠕变和位错蠕变的形成机制，以及高应力环境下的塑性屈服强度（图1-114）。

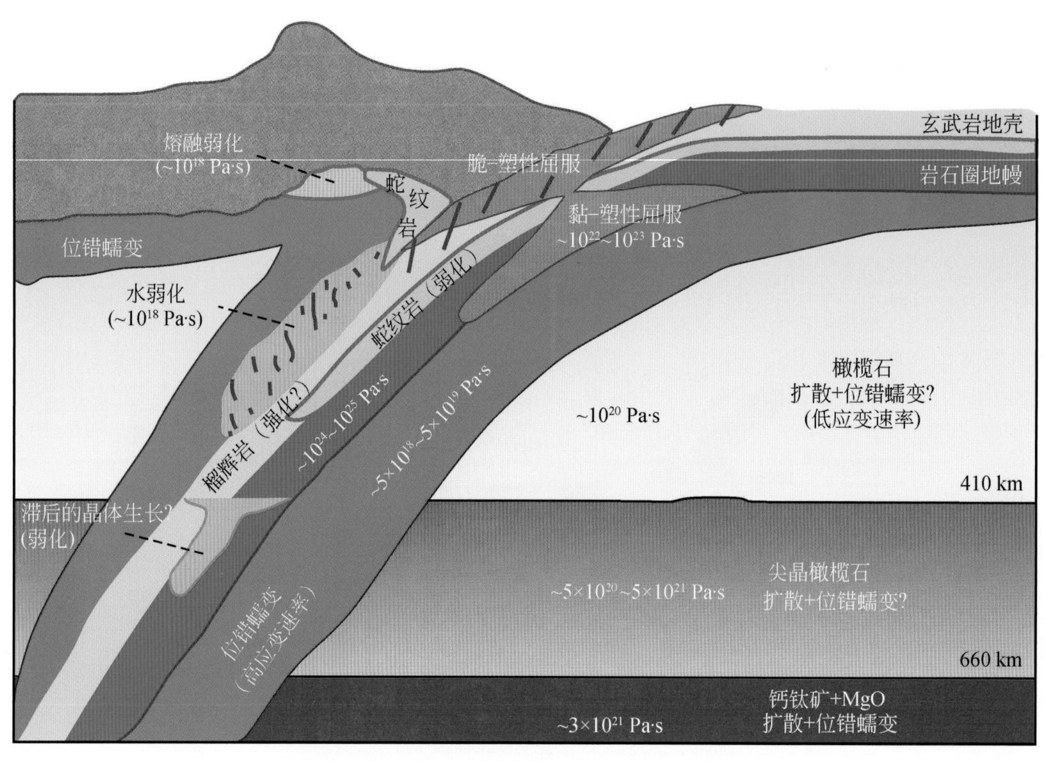


图1-114　俯冲带黏度结构（Billen，2008）

同时，这些模型使得俯冲板片的黏度高出周缘地幔5~7个量级，并由于位错蠕变对高应变带（俯冲板片和周缘地幔接触带）的反应，导致俯冲板片周缘的剪切黏度降低（Billen and Hirth，2007）。例如，Cizkova等（2002）的模拟结果显示，在海沟固定不动（$V_t=0$）的情况下，具有较高能干性（黏度值）的俯冲板片，在上地幔具有较小的倾角，而且伴随时间的演化，倾角将越来越小，但由于三者之间（俯冲板片、上地幔和下地幔）黏度上的差异，这部分俯冲板片即使具有较高的回卷速率，也很难滞留在660km地幔转换带上（图1-115）。该模拟结果与观察到的俯冲速率、海沟运动速率之间具有较好的一致性。同时，地幔的流动过程也是影响板块俯冲形态的主要因素。在有地幔流动的情况下，俯冲板片在上、下地幔转换带具有趋向于平板俯冲的趋势；而在无地幔流动的情况下，俯冲板片更加趋向于弯曲或褶皱。

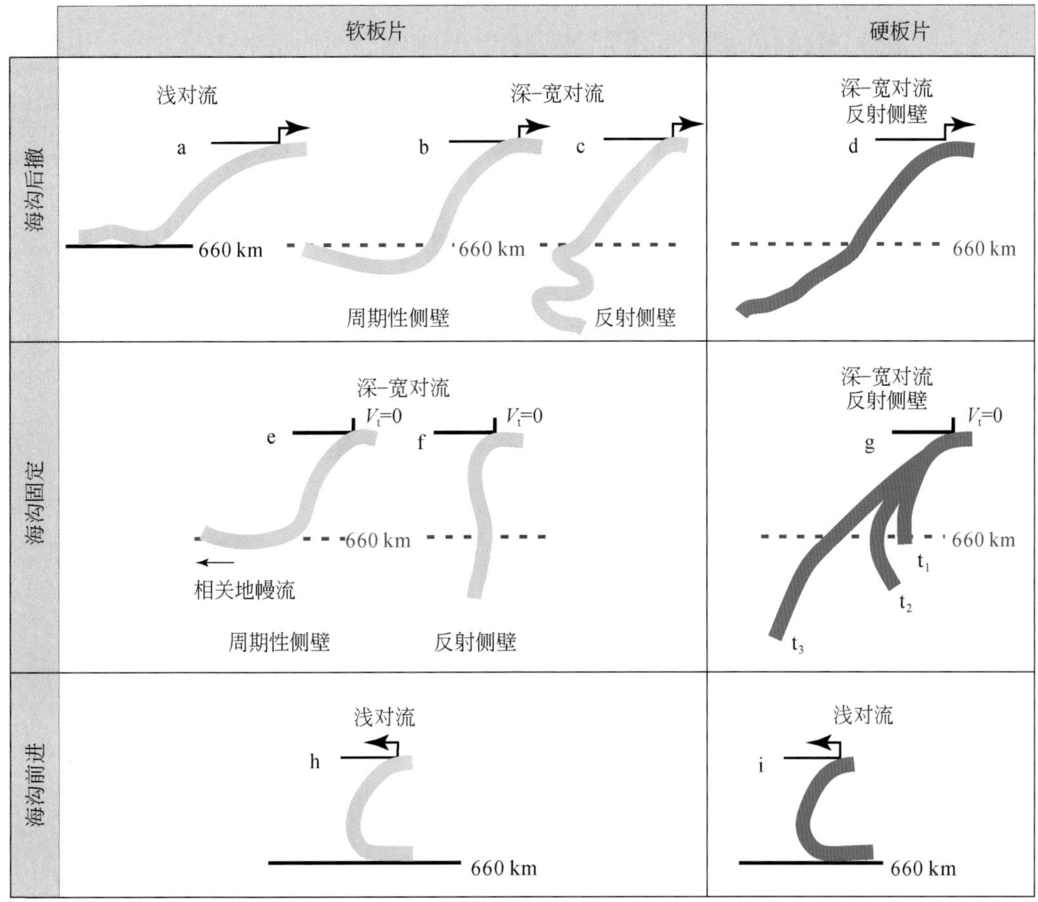


图 1-115　不同条件下俯冲板块的形态特征（Billen，2008）

箭头指示海沟的运动方向

（3）俯冲板片强度与海沟迁移

全球地震学及地震层析成像的研究成果显示，不同（或相同）俯冲带的俯冲板片在地幔中从滞留在地幔转换带到毫无阻碍地进入下地幔，展示出不同的形态特征。而控制这种俯冲形态特征的因素有很多，包括了俯冲板片的强度、俯冲速度、海沟运动模式、俯冲板片的后撤速率等，但哪一种因素起到了主控作用并不清楚，只能说是多种因素联合作用的结果。

那么，海沟运动是如何控制俯冲带动力学过程的呢？物理和数值模拟结果显示，在不同的板块与地幔黏度比影响下，海沟的运动模式及与之相关的板片俯冲形态均有较大的差异（图 1-116）。

1）当俯冲板片开始俯冲，并与下地幔接触之前，所有模型均发生海沟后撤的现象；在俯冲板片到达上下地幔交界面后，黏度比较低的模型（$\eta'=66.217$）中，海沟继续后撤；黏度比稍高的模型（$\eta'=378.709$）中，海沟逐渐出现前进的现象；黏度比更高的模型（$\eta'=378.709$），则表现出海沟持续前进运动。

2）受海沟运动的影响，板片的俯冲形态及地幔对流方式也各有不同。同时，对不同模型统计分析的结果显示，海沟后撤速率与板片强度这两个参数，还可以用来决定俯冲板片是滞留在地幔转换带，还是毫无阻碍的进入下地幔中（Zhong and Gurnis，1995）。

3）受海沟运动的影响，板片的俯冲形态为“地幔流诱发模式”。当俯冲板片的黏度不高于$10^{23}$Pa·s时，不管海沟后撤速率多大，板片都将滞留在地幔转换带中。但当俯冲板片的黏度高于$10^{23}$Pa·s时，海沟的快速后撤能够导致俯冲板片的滞留，而慢速后撤则会导致板片进入下地幔。

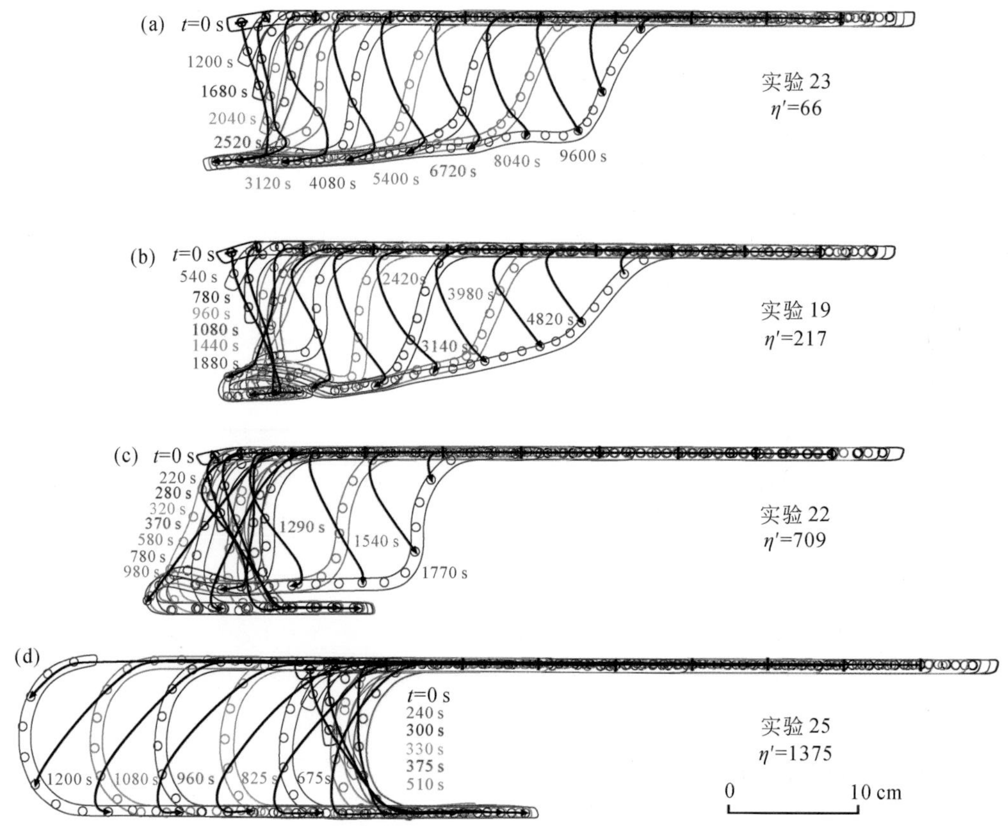


图 1-116　不同黏度比与板块俯冲形态及海沟运动方向间的关系

（http://xueshu.baidu.com/s?wd=paperuri%3A%281b5f4f38a774fda5c7543bcdc98a7943%29&filter=sc_long_sign&tn=SE_xueshusource_2kduw22v&sc_vurl=http%3A%2F%2Fonlinelibrary.wiley.com%2Fdoi%2F10.1029%2F2007GC001656%2Ffull&ie=utf-8&sc_us=15383866889318921747）

（4）地幔流动与弧后变形间的关系

俯冲带是岩石圈与软流圈之间物质和能量的交互场所，其诱发了地幔物质的不断循环。前人一系列关于俯冲过程的数值或物理模型发现，伴随俯冲板片不断进入地幔，两者间（俯冲板片和地幔）的黏度上的差异，会驱动一个与时间、黏度相关的三维地幔对流循环。

这个三维地幔循环的特征表现为，在平行板块俯冲方向上形成两个垂向的极向流和一个环绕俯冲板块的环向流。其中，极向流分别位于仰冲和俯冲板片的下部，即地幔楔中和俯冲板片的下部，它们的形成与板片下沉过程有关，影响因素包括俯冲速度、角度、俯冲的形态以及地幔楔的大小。最新层析成像结果显示，俯冲的太平洋板块在600km的滞留可能导致大地幔楔中存在一个大的极向流。

在三维空间中，由于俯冲板片的宽度有限，在板块迁移过程中（俯冲板片的回卷），能够导致地幔围绕俯冲板片边缘或凸出部位作水平环形运动，即环向流。其发育规模及强度，与地幔的黏度和俯冲板片俯冲拖曳力的大小密切相关，而与俯冲板片自身属性无关。

这两种地幔流动方式能够解释很多与俯冲相关的特殊现象。例如极向流与俯冲带弧后地区的牵引力有关，其能够驱使上覆板块的变形行为（Schellart and Moresi，2013）。环向流能够促使俯冲带弯曲，影响俯冲带的温度结构和火山活动，并控制地幔混合过程。

那么，这两种流是如何影响弧后变形过程的呢？物理模拟结果显示（Schellart and Moresi，2013），俯冲板片快速后撤过程中，地幔的环向流动会产生强烈的海沟水平正向速度梯度，而这个速度梯度对弧后扩张过程起到重要的控制作用。当假设上覆板块为自由移动时（图1-117），弧后后缘100km以深的速度，比其上部板块速度要小，这意味着底部剪切力能够阻碍上覆板块的运动（可称之为负剪应力）。

与之相对，弧后前缘之下0～100km的区域，海沟水平正向速度垂向上表现为逐渐增加的分布特征。这意味着，底部剪切力（可称之为正剪应力）能够加速上覆板块向海沟运动。当假设上覆板块固定时，其后缘下方不存在速度梯度变化，即剪应力可忽略不计，但前缘下方从浅至深存在一个正的速度梯度，能够推动上覆板块向海沟运动。

由以上两种情况可见，在板块俯冲后撤过程中，上覆板块底部存在着一个梯度变化的剪应力，这个应力在后缘是负值或可忽略不计，而在海沟处则是正的［图1-117（a）（b）］，两者的差值可导致弧后地区张性偏应力的增强，并促进弧后的不断扩张。据此，可得出这样一个结论：板块后撤过程所引发的环形地幔流，是弧后扩张的主要驱动力［图1-117（a）］，主要发生在狭窄的俯冲带和靠近外侧的板片边缘。这种由地幔环流驱动的弧后扩张现象，在斯科舍海、北斐济海盆、劳海盆、爱琴海等均有表现。此外，由板块俯冲过程所引发的极向地幔流，是上覆板块驱动海沟后撤和上覆板块弧后收缩的主要驱动力［图1-117（b）］。

(a) 俯冲板片驱动的海沟后撤（窄小板片或者板片边缘处）（小而移动的上覆板块）

环形地幔流诱发了上覆板块之下向海沟方向的强速度梯度
速度梯度形成的底部拖曳力牵引上覆板块前沿向海沟方向运动,而板块后部运动迟缓
差异拖曳力驱动着上覆板块偏张力的形成以及板块向海沟方向的运动
俯冲界面表现为较低的偏正应力
平均$V_{up\perp}<V_{t\perp}$

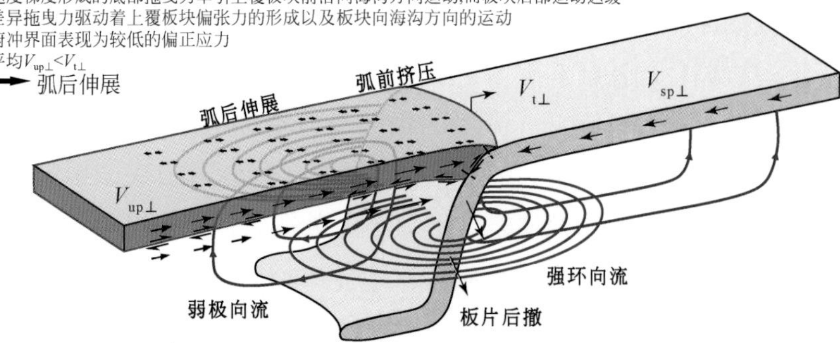


(b) 俯冲板片驱动的海沟后撤(窄小板片或者板片边缘处)(大而固定的上覆板块)

环形地幔流诱发了上覆板块之下向海沟方向的强速度梯度
速度梯度诱导的拖曳力牵引上覆板块前沿向海沟方向运动,而其余部分则阻碍板块的运动
差异拖曳力和上覆板块的相对固定性导致了上覆板块偏张力的形成
俯冲界面表现为较低的偏正应力
平均$V_{up\perp}<V_{t\perp}$

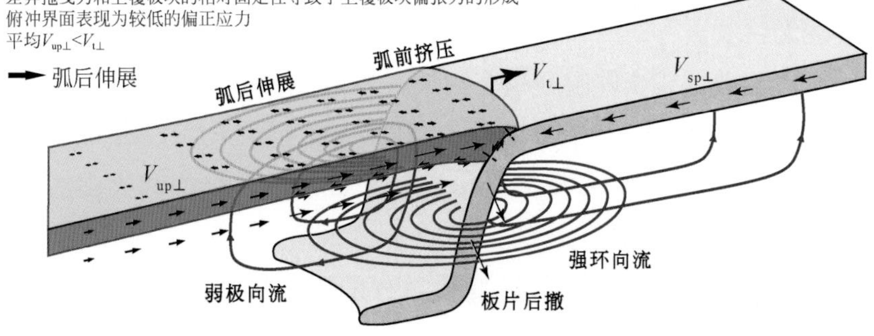


(c) 上覆板块驱动的海沟后撤(宽俯冲带的中心)

极向地幔流诱发了上覆板块之下向海沟方向的地幔流
地幔流产生的底部拖曳力驱动上覆板块运动
相对固定的俯冲带轴部
平均$V_{up\perp}>V_{t\perp}$
上覆板块和俯冲带轴部碰撞
俯冲界面表现为强烈的挤压应力

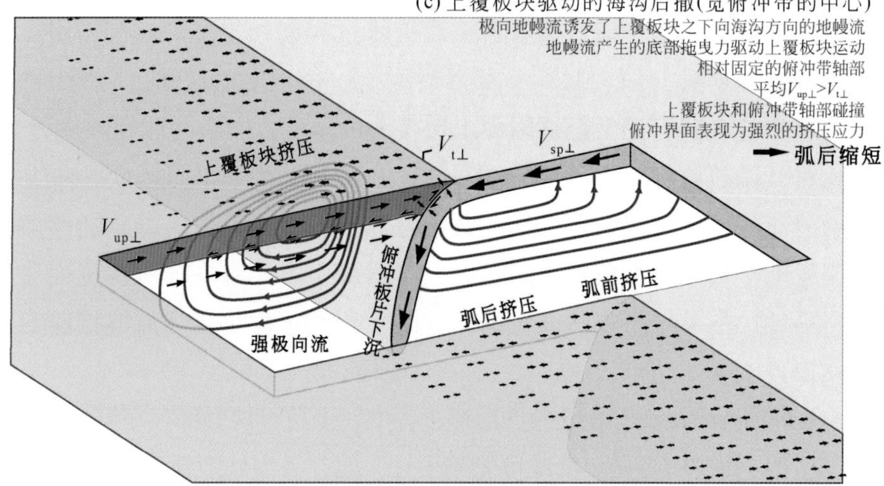


图 1-117　用于解释俯冲带上覆板块变形的概念模型（Schellart and Moresi，2013）

（a）俯冲板片驱动的海沟回拉（pull-back）模型，其中，弧后伸展最终由板片回卷触发的环形地幔回流驱动。（a）中的概念模型适用于较小且相对活动的上覆板块，而（b）中的概念模型适用于较大且相对固定的上覆板块。（c）上覆板驱动的海沟后撤（push-back）模型，其中，弧后缩短最终是由上覆板块下方的板片下沉引起的极向地幔流驱动的。请注意，在模型中，弧前挤压和缩短主要是由俯冲带交界处和地幔楔鼻前部岩石圈底部相反的剪切应力引起的，并且受到俯冲带交界处正应力的调节

## 1.6 深海热液羽状流与物质输运

流固耦合的另一种形式就是热液喷口（黑烟囱）。热液喷口喷出的黑烟带有多种金属离子，因而表现为黑色。其喷出到海水中后的分布如何受海底海流变化影响，结构组成变化如何，也都可以通过调查获得，GEOTRACER 计划已经在这方面获得一些突破。此外，数值模拟也可以加深对该过程的理解，进而为探索相关的深海沉积矿产提供科学支撑。另外，对海底部分的热液系统，从海水下渗到加热增温，最后集中到热液管道中喷出，其流体变化也是值得模拟的。

### 1.6.1 热液系统基底多相流体流模拟

成矿热液系统常常表现出沸腾的迹象。在某些类型的矿床中，例如，低硫型浅成低温热液 Au-Ag 矿脉，沸腾作用通常导致矿石矿物（金属矿物）的沉淀，而在另一些矿床中，沸腾作用可能使整个系统处于较有利的温压条件下。然而，在其余的一些矿床中，它可能不利于矿石的形成，与金属富集几乎没有直接的因果关系。

针对不同矿床类型的热液系统，量化沸腾作用在其空间和时间范围的影响程度以及所导致的动力学演化强度，可以帮助确定沸腾作用的参与程度，从而成为有价值的经济地质学工具。然而，尽管对共存流体相（水、油和气）同时流动的数值模拟是油气勘探和油藏管理中常用的关键工具（Gerritsen and Durlofsky，2005），但在该工具研究和开发过程中，尚未发现类似该方法的矿产资源模块。这有相当一部分原因是由于热液矿床的地质背景更难以用地球物理方法来解决，因此，流体流动模拟对象的总体几何结构往往不清楚。

不过，最近出现了合适的模拟方法，并且已经在热液系统研究中有了一些应用。目前的模拟方法是了解和认识特定温场变化的有力工具。O'Sullivan 等（2001）展示了其最新观点，Pruess（1990）给出了基本模拟方法的总结。所谓的高焓地热系统通常在沸腾条件下运行，在水文学上相当于热液系统（Hedenquist et al.，1992）。然而，高温热液系统中流体共存（特别是蒸汽+液体）系统的研究成果还很少。

随着适用于多相流体流动的新算法和模拟宽泛范围温度（$T$）、压力（$P$）和成分（$X$）状态方程的最新开发，大量前所未有的物理与真实地质相结合的新研究正在涌现。这里，“多相”是指同时流动通过相同体积可渗透岩石的多个流体相，不涉及流体的若干时间段。

本节先回顾岩浆-热液环境中多相流体的数值模拟进展，以归纳影响流体-流体之间不混溶区范围和动力学的基本因素。特别是，主要总结 Hayba 和 Ingebritsen（1997）的论文以及 Hurwitz 等（2003）的见解，他们强调大规模围岩渗透率对热液沸腾系统的形成、结构和动力学方面的显著作用。模拟结果如何与流体包裹体数据结合使用，从而定量重构成矿热液系统演化过程，对此将用 Kostova 等（2004）的一个例子来展示。最后，将展示 Geiger 等（2005b）的一些研究结果，主要是关于岩浆-热液体系中盐水流体的多相流动，并探讨潜在的未来研究方向。

这里所总结的研究，仅限于纯水或 $H_2O$-NaCl 流体的流动。其他流体系统（如 $H_2O$-$CO_2$，$H_2O$-NaCl-$CO_2$）中的多相流动，可能在其他类型的成矿系统中更加重要，如造山型金矿以及复杂流体参与的深部岩浆系统（铁氧化物铜金矿床）。已有证据表明，突然的物理变化可能诱发流体相分离（Oliver et al.，2006）。由于缺乏足够的流动算法和状态方程，对这些系统中的相分离，目前尚未进行系统的数值检验。

（1）模拟方法

多相流体的流动，可以用一组耦合的非线性方程来描述，这些方程主要应用于具有复杂几何形状的多孔介质（岩石和裂缝）中的流体。由于分析解决方案只能用于理想化的系统（Young，1993），所以数值模拟通常是选择性使用的研究手段。下面简要回顾控制方程，并简要介绍这些方程如何解算。更多详细的相关信息，可以从相关参考文献中获得（Faust and Mercer，1979a，1979b；Hayba and Ingebritsen，1994；Geiger et al.，2006a）。

（2）离散化模型

原则上，系统中的每个相关因素点都能够求解控制方程。然而实际上，由于计算机存储器和计算速度的有限性，无法实现无数个因素点的计算。因此，时间和空间尺度上的离散化地质模型应运而生，主要是选择离散点和连续的有限持续时间间隔来求解方程。

图 1-118 显示了一条断裂带的简单矩阵地质模型。这一几何学模型主要采用三角函数程序实现离散化，该程序构建了一组共享角顶的三角形。三角形的大小会自动调整以捕捉模型中两个单位“矩阵”和“断裂”的空间范围。如果在该离散化模型中模拟流体流动，则方程将在三角形的节点（即角顶）和/或在积分点（即三角形内的点）处求解。原则上，不规则的三角形组可提供最大的几何灵活性。然而，在热液模拟中，大多数计算机代码使用矩形网格，因为这便于各个独立的解算法更简单直接地实施。

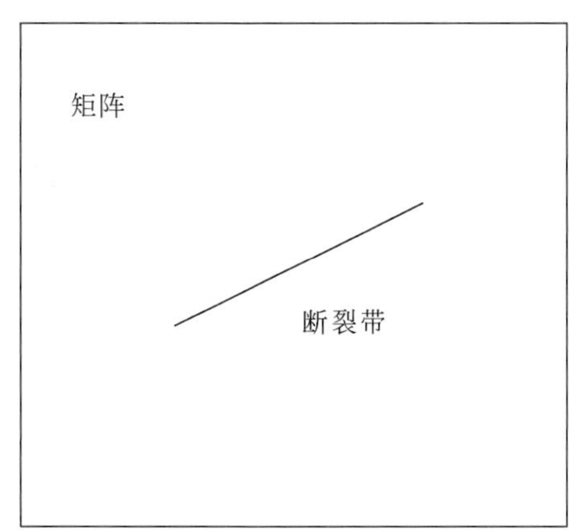

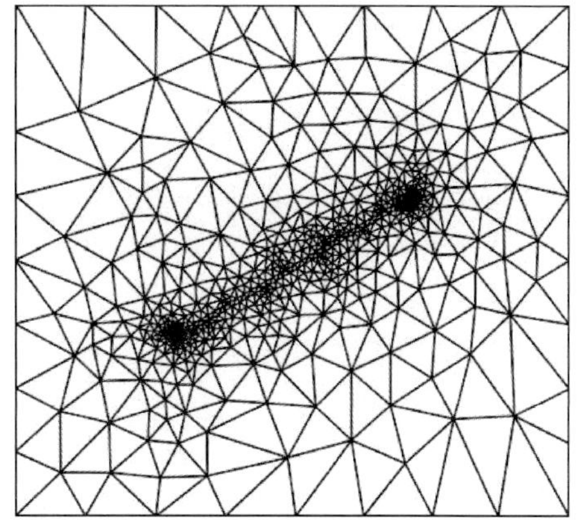

图 1-118　具有三角形元素的简单离散化模型（据 Geiger et al., 2004 修改）

（3）质量守恒方程

最基本的方程遵循质量守恒。对于以液体为唯一流体相的简单地下水模型，假设液态水的密度恒定且孔隙率恒定，则对于给定体积的多孔岩石，流体的质量守恒可以表示为

$$\phi \frac{\partial S_1}{\partial t} = -\nabla \cdot v_1 + q_1 \tag{1-198}$$

式中，$\phi$ 是岩石孔隙度；$S_1$是孔隙中流体的饱和度（体积分数）（下标 l 表示液相）；$t$ 代表时间；$v_1$是流体流动的达西速度；$q_1$代表了体积中产生或消耗的不同流体的源项，如通过泵送或化学反应生成的流体。流体密度常数没有出现在这个等式中，主要是由于它同时存在于方程两侧，可以省略。

如果流体密度和岩石孔隙度是可变因素，式（1-198）将变成

$$\frac{\partial}{\partial t}(\phi \rho_1 S_1) = -\nabla \cdot (\rho_1 v_1) + q_1 \tag{1-199}$$

式中，$\rho_1$是流体密度常数。如果液相和气相流体（下标 v 表示气相）同时存在（如沸腾的热液系统），则方程表示为

$$\frac{\partial}{\partial t}[\phi(\rho_1 S_1 + \rho_v S_v)] = -\nabla \cdot (\rho_1 v_1) - \nabla \cdot (\rho_v v_v) + q_1 + q_v \tag{1-200}$$

（4）动能守恒方程

动能守恒的经典公式由达西定律表示。不受重力影响的不可压缩独立相流体中，动能最简单的情况表达如下

$$v_1 = -\frac{k}{\mu}\nabla P \tag{1-201}$$

式中，$k$ 和 $\mu$ 都属于流体的物质属性，$k$ 代表岩石的固有渗透率［单位为 $m^2$，1D（达西）$\approx 1\times10^{-12}m^2$］；$\mu$ 是流体的动力黏度（单位为 Pa · s）；$P$ 是压力。如果考虑

重力，则必须由称为水头的特性来代替。

在两相流体混合流动的情况下，同时伴随密度和重力效应时，通常将各个相位 i（即 l 或 v）的速度计算为

$$v_i = -k\frac{k_{ri}}{\mu_i}[\nabla p - \rho_i g] \tag{1-202}$$

式中，$k_r$是所谓的相对渗透率。在多相混合物中，各相的流动阻力取决于它们在孔隙空间中的相对量，同时也取决于它们的润湿性质、温度、压力等。$g$ 是引力常数。然后，在质量守恒方程［式（1-201）］中，可以对速度 $V_i$ 插入各个相位的达西定律。

（5）节能方程

温度变化是由热量传导、不同体积对流的流入和流出，以及相变吸收/释放所致。这可以由能量守恒方程来解释，通常用流体的比焓 $h_l$来表示。对于单相不可压缩流体，能量守恒方程与质量守恒方程非常相似，只是岩石之间的热量交换，因此岩石的比焓必须包括在内。假设岩石基质和孔隙中流体之间的热平衡时间比模拟的典型时间步长要短，则节能方程表达为

$$\frac{\partial}{\partial t}[(1-\phi)h_r + \phi S_l h_l] = -\nabla \cdot v_l h_l + \nabla \cdot (K\nabla T) + Q \tag{1-203}$$

式中，$K$ 是岩石的热扩散率；$Q$ 是热能的来源项。如果只有低温液体存在于孔隙中，则可以简化为随着时间变化导致的热容量的温度变化。因为液体和岩石的等压热容定义为 $C_p = (\partial h/\partial T)_p$，在低温下基本恒定。因此，这个演变过程可以描述为

$$[(1-\phi)C_{p,r} + \phi C_{p,l}]\frac{\partial T}{\partial t} = -\nabla \cdot v_l h_l + \nabla \cdot (K\nabla T) + Q \tag{1-204}$$

原则上，如果计算出右侧，然后再除以左侧方括号中的项，则可以在时间步长上解决温度变化的这个等式。然后，将其与当前模拟时间步长 $\Delta t$ 相乘，作为方程中无限小的 $\partial t$ 的近似值，以获得温度变化 $\Delta T$。

如果考虑沸腾、冷凝和密度变化，情况会变得更加复杂。表达式变成

$$\frac{\partial}{\partial t}[(1-\phi)\rho_r h_r + \phi(S_l\rho_l h_l + S_v\rho_v h_v)] = -\nabla \cdot (\rho_l v_l h_l) - \nabla \cdot (\rho_v v_v h_v) + \nabla \cdot (K\nabla T) + Q \tag{1-205}$$

Faust 和 Mercer（1979a）全面讨论了这个方程在某些情况下需要考虑的一些附加条件。在这个等式中，左边的偏导数不能再像式（1-203）那样以简单的方式被分解，因为左边与右边的饱和度是彼此吻合的，一旦被拆解，交叉项会增大。此外，温度导数变得强烈依赖于温度，可以在水的沸腾曲线处发散并且彼此耦合，例如，$\partial S/\partial T$ 与 $\partial H/\partial T$ 强耦合。因此，求解 $\Delta T$ 需要使用迭代法来找到解决方案。

（6）压力变化计算

压力随时间变化的步骤，可以以各种方式计算。例如，TOUGH2（Pruess，1990）和 HYDROTHERM（Hayba and Ingebritsen，1994）等几种代码使用了同一种方法。其中，上述表达式的各种导数用于迭代算法中，以找到满足所有控制方程的解。另一种方法是解耦传质、温度和压力变化的计算（Geiger et al.，2006a）。然后，压力计算则可以从可压缩性 $\beta$ 的定义中导出

$$\beta=\frac{1}{\rho}\frac{\partial\rho}{\partial P} \tag{1-206}$$

可以重新表达为

$$\partial P=\frac{1}{\rho\beta}\partial\rho \tag{1-207}$$

对于有限的变化 Δ，而不是无穷小的变化 ∂，可以表示为

$$\Delta P=\frac{1}{\rho\beta}\Delta\rho \tag{1-208}$$

因此，压力变化是对密度变化的响应。后者是对由于流体流入和流出体积差异而导致的质量变化，以及由于温度和/或盐度变化而导致的密度变化的响应。假设基质岩石是不可压缩的并且没有因矿物反应而发生变化，这就形成了最常规的描述：

$$\phi\,\rho_{\mathrm{f}}\beta_{\mathrm{f}}\frac{\partial P}{\partial t}=\nabla\cdot\left[k\left(\frac{k_{\mathrm{r,l}}}{\mu_{\mathrm{l}}}\rho_{\mathrm{l}}+\frac{k_{\mathrm{r,v}}}{\mu_{\mathrm{v}}}\rho_{\mathrm{v}}\right)\nabla P\right]+k\left(\frac{k_{\mathrm{r,l}}}{\mu_{\mathrm{l}}}\rho_{\mathrm{l}}^{2}+\frac{k_{\mathrm{r,v}}}{\mu_{\mathrm{v}}}\rho_{\mathrm{v}}^{2}\right)g\,\nabla z+\phi\left(\alpha_{\mathrm{f}}\frac{\partial T}{\partial t}-\gamma_{\mathrm{f}}\frac{\partial X}{\partial t}\right) \tag{1-209}$$

注意，$\rho_{\mathrm{f}}=S_{\mathrm{l}}\rho_{\mathrm{l}}+S_{\mathrm{v}}\rho_{\mathrm{v}}$ 是相位平均流体密度，而 $\beta_{\mathrm{f}}$ 和 $\alpha_{\mathrm{f}}$ 分别是混合物的可压缩性和热膨胀性。$\gamma_{\mathrm{f}}$ 是 Geiger 等（2006a）提出的术语，命名为“化学膨胀性”，并解释了盐度为 $X$ 的密度变化。由于蒸汽在加压时会凝结成液体，液体在减压时蒸发，潜热释放或消耗，这样可以计算孔隙中不同独立相相对比例的可压缩性或膨胀性。Grant 和 Sorey（1979）给出了液体蒸汽-水混合物可压缩性的详细推导。他们指出，固有的可压缩性比单个相的加权可压缩性高几个数量级，甚至远高于纯蒸气的可压缩性。

（7）求解方程

上面讨论的热量和质量传输的控制方程只能在表示时间和空间地质模型的离散点处线性化。这些离散点通常由有限差分（Faust and Mercer，1979b）、有限元、综合有限差分（Narasimhan and Witherspoon，1976）或有限元和有限体积法等不同类型的方法计算（Geiger et al.，2006a）。

在计算效率和灵活性方面，上述每种方法都具有明显的优势和劣势，但均可以表示几何复杂的地质结构。Geiger 等（2006）详细介绍和讨论了这些不同的方法，他们认为，由此产生的离散方程，形成了一个（可能耦合的）代数方程组。另外，

边界条件，例如，陆地表面处的固定压力和温度及初始条件、静水压力分布和地热温度梯度，都需要设定才能求解代数方程组。

离散方程和边界条件可以写成矩阵形式 $\boldsymbol{Ax}=\boldsymbol{b}$。$\boldsymbol{A}$ 是包含离散化代数方程组的稀疏矩阵，$\boldsymbol{x}$ 是解矢量（如用于流体压力、温度），$\boldsymbol{b}$ 是包含边界和初始条件的右侧矢量。矩阵 $\boldsymbol{A}$ 必须在每个时间步骤被倒置，以获得给定边界和初始条件 $\boldsymbol{b}$ 的解 $\boldsymbol{x}$。请注意，一旦模拟结果随时间改变，则初始条件将被前一时间步的相应结果所取代。很明显，更高效的矩阵解算方法，将促使人们采用更多的方式来反演矩阵 $\boldsymbol{A}$，从而意味着地质模型的精细空间离散化和/或时间离散化。目前，可用的最有效的矩阵解算器是代数多重网格解算器。在模型几何化的过程中，它们不需要关于地质问题的信息，同时，计算时间与矩阵 $\boldsymbol{A}$ 的大小呈线性关系（Stueben，2001）。

### 1.6.2 热液系统中的渗透性和热演化

岩浆-热液系统中流体流动的重要驱动因素是浮力、热压力、岩浆流体的释放以及接触变质流体的释放。驱动热液系统演化的最重要物理因素是：岩浆热供应和渗透结构（Cathles，1977；Hayba and Ingebritsen，1997；Hurwitz et al.，2003）。

围岩渗透性决定了冷却侵入体的热传递是通过传导（低渗透性）还是对流（中等和高渗透性）方式进行。约 $10^{-16}\mathrm{m}^2$ 的渗透率是两种热传导体系之间的转换边界（Cathles，1977，1990；Hayba and Ingebritsen，1997；Hurwitz et al.，2003）。根据经验，低渗透性围岩位于深度>5km 处。在达到岩石静岩压力时，这种低渗透性围岩在岩体被侵入过程中会产生接触变质带，流体整体流量相当小，并且从侵入体向外定向流动，时间尺度比较长（$10^4\sim10^5$a）（Hanson，1995，1996）。高渗透性围岩通常被浅成侵入体侵入，同时，以大量流体驱动围岩层中的地下水对流，并面向侵入体及其之上产生强大的流动作用。在此种侵入作用中，热液蚀变区发育良好，典型的接触变质带不存在。压力接近于静水压力，时间尺度短（$10^3\sim10^4$a）（Cathles，1977；Hayba and Ingebritsen，1997）。

岩浆-热液系统较远端部分的浅成低温热液矿床，常常表现出在流体热量和质量输运区域，形成流体共存的现象（“沸腾”）。因此，总体渗透率可能至少为中等，这与多数伸展构造环境中的观察结果一致。如图 1-119所示，只有系统的渗透率在非常窄的范围内时，才能形成广泛的沸腾区，并且沸腾发生时的垂直间隔，会对系统尺度的渗透性产生严格限制。

在靠近冷却岩浆的岩浆-热液系统的近端部分，渗透性问题似乎有所不同。例如，斑岩型铜矿床的矿化是由岩浆释放出的沸腾液体所形成（Heinrich，2007）。虽然岩浆本身是不可渗透的，但是它可以导致岩浆外部流体发生对流，使得溶出的岩浆流体在处于接近静岩压力时，很可能在岩浆中形成气泡，同时在系统的最高点聚集形成穹形或快速上升的岩浆房。高的流体压力会导致结晶岩石发生破裂，并通过水压致裂产生渗透性。在突变的压力和温度梯度下，释放的岩浆流体穿过该裂缝网络并沉淀矿物。在短短几十到几百米之间，会发生独特的静岩压力到静水压力的转变，以及数百摄氏度的温度变化。在岩浆-热液系统演化的后期阶段，大气降水的对流作用会产生一定的影响。大气降水对矿化作用的影响程度还有待于定量分析，数值模拟可能对解决这一问题会起到关键作用。

（1）热传递的渗透性、排放、补给和效率

当温度达到 350 ~ 400℃ 时，岩石的渗透率将会显著下降（Cathles，1983；Fournier，1999）。在这个温度区间内，岩石开始变得塑性，流体通道趋于闭合。然而，流体压力过高、变形、矿物反应等，仍可能产生瞬变渗透。但在温度高于 400℃ 的岩浆中，渗透率则较低。热传导主要通过已结晶的外部岩石进行传导，而岩浆对流仅局限于内部的熔融部分。这意味着，在温度低于 ~400℃ 的最外层区域，任何冷却热源的流体流动都可能发生。热的固结岩浆内部热量将通过传导作用运输到流体流动区域（图 1-119）。

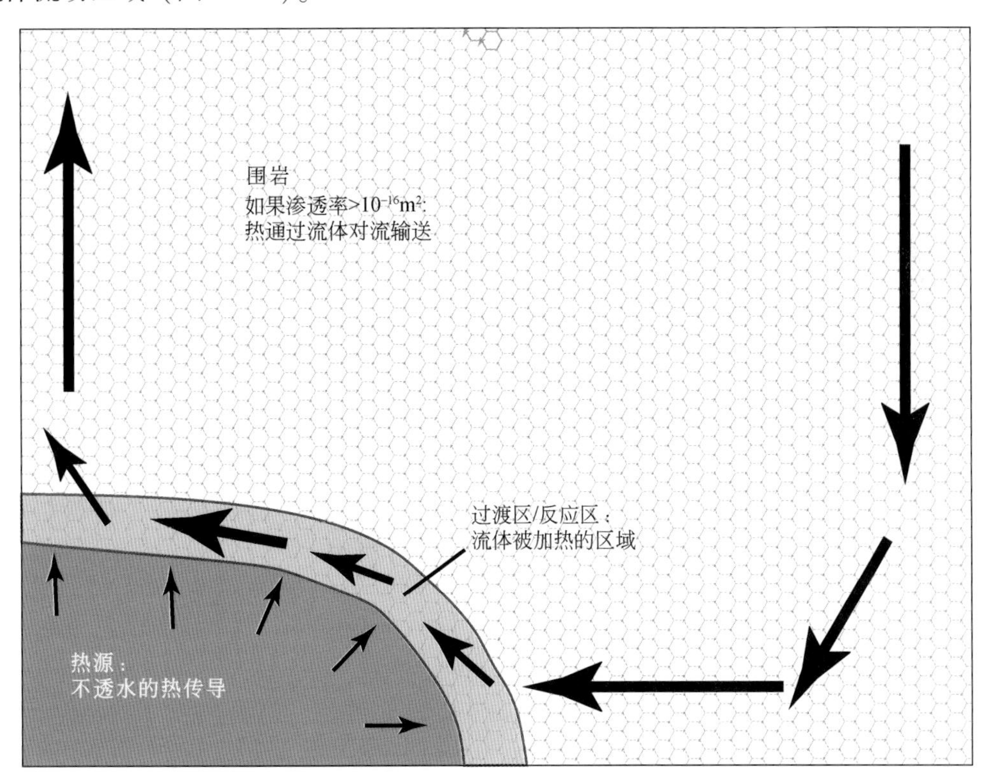


图 1-119　透水多孔岩石在不透水热源附近的传热模式（Driesner and Geiger，2007）

在热源（如岩浆侵入体）内部，传热是通过传导慢速进行的。在“反应区”，当已经冷却的材料在温度低于约 400℃ 且变得可渗透时，就会在“反应区”中吸收热量

因此，流体在流动过程中能得到多少热量是一个本质问题，即热量从热源内部传输到流体流动区域所依赖的渗透边界速度有多快，这应该与流体流动的速度有关（Cathles，1993；Jupp and Schultz，2000，2004）。其基本原理相当简单：如果流体流速过快，由于供热跟不上，它会保持相对较冷的状态；如果流体流动非常缓慢，则流体传热将得到优化。然而，流体离开热源的温度并不能说明它在热液系统的顶部区域中就保持多高的温度。然而，反过来却是成立的。如果流体流速很快，通过传导损失的热量会很少。如果流体流动缓慢，它将倾向于失去热量，并且温度分布将接近当地的地热温度。图 1-120 给出了这个原理的说明，即驱动力和流速之间的关系。对于给定的围岩渗透率结构，在无明显地形影响的情况下，流速是上升流体热量的函数，因为热液循环的主要驱动力是经过加热而膨胀产生的浮力流。

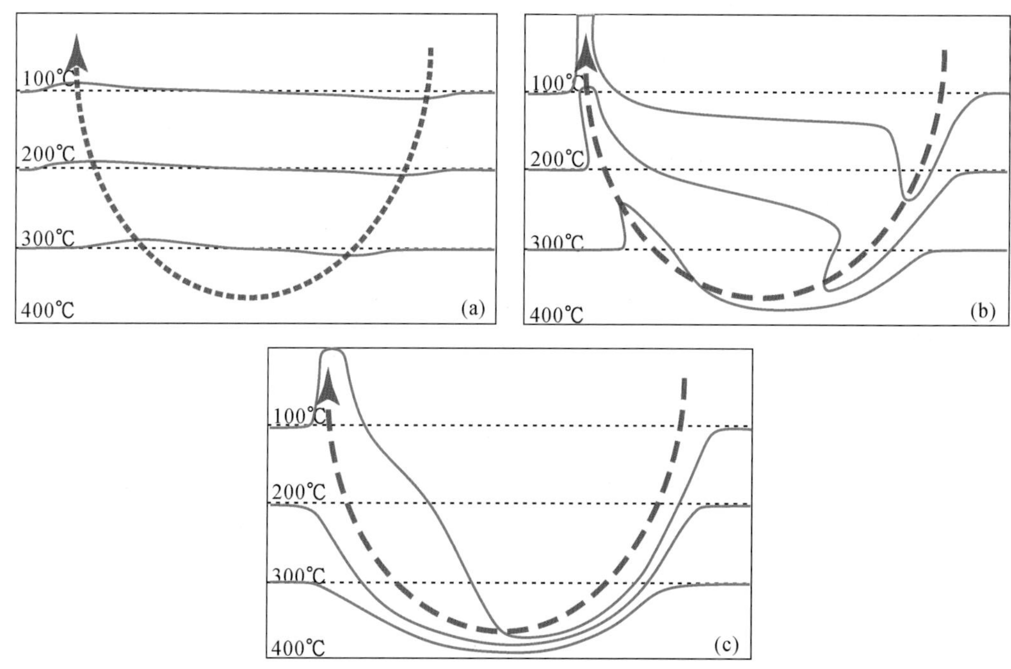


图 1-120 常见对流单元的热结构（Driesner and Geiger，2007）

假定下边界表示 400℃附近的自然渗透/不渗透边界，通过热传导从下方引入热量。所有数据示意的都是对流最热阶段。（a）非常低的流速。对流输送热量可忽略不计，等温线显示导热温度分布均匀，只能看到较小的局部扰动。在下行区域，它们表现出轻微的凹陷，在上行区域，它们表现出轻微的凸起。在热液环境中，这是典型的渗透能力接近传导/对流边界，即接近 $10^{-16}m^2$。（b）中等流速。初始等温线（点状）的扰动变得更加明显。流体流动速度太快，无法实现静态热平衡。在上升路径中的热损失有限，并且会形成明显的热液异常。流速足够慢的情况下，可以在深度上发生显著的流体加热。典型的热液系统接近 $10^{-15}m^2$ 的体积渗透率。（c）较高流速。底部的传导性加热无法跟上上部流体散热的速度，流体也不会变得非常热。即使在上升热流区域，也会有少量热量损失到围岩中去，流体的温度适中

更为定量地说，驱动力将是下行/再补给区域的冷的水头和上行区域的热的水

头之间的差值，除以两个水头/压力范围之间的距离（当然，不是严格限定的距离，因为下行和上行区域还存在一些水平扩展）。上溢区域的流体越热，其密度（以及热的水头的值）越小，流体的流动速度越快。流体速度也将受到流经的不同岩石类型渗透性的控制。根据达西定律，岩石的渗透率将控制流体水头中给定梯度的速度。速度也与流体的动态黏度成反比，而黏度又是温度的函数。通常，黏度将随着温度的升高而降低，然而，当温度高于临界点时，低密度水也会导致黏度增加。

热结构是自行变化的。一方面，流体速度与渗透率、流体黏度的倒数、流体水头的梯度（以及流体温度）呈正相关性；另一方面，流体温度与流体速度也会呈现一定的负相关性，这必然会抵消并导致流体速度的“自控制”。由于黏度是流体的物理性质，控制温度的“地质”因素是所涉及岩石的渗透率（可能是温度的函数）和热导率。各种岩石类型之间传导率的变化与渗透率的潜在数量级变化相比是很小的。因此，围岩渗透率是控制热源周围热液系统热结构和演化的最主要参数。

（2）冷侵入体上方的热演化模式

所有的数值研究都强调了渗透率的主导作用，并研究了热液流场对岩体冷却的影响。通过数值模拟及参数变化的研究表明，冷侵入体上方热液系统的热演化遵循相当简单的模式，并且这些发现表明详细的流体包裹体研究能够系统重建大规模渗透性的结构。

40 多年前，Cathles（1977）与 Norton 和 Knight（1977）开创性地研究了多孔介质模拟的一般模式，建立了由冷侵入体周围流体流动引起的一般热演化模式。由于模拟算法的简化，沸腾只被模拟为急剧的液体–蒸气快速相变，并且这可能导致浅成低温热液 Au-Ag 矿床中急剧沸腾的误解。后来 Hayba 和 Ingebritsen（1997）对两相（液体+蒸气）流动进行了描述，这种情况得到了改善。他们模型的一般几何形状与 Cathles（1977）的相似，包括一个 2km 高和 750m 宽的小岩体（图 1-121）。

除了两相处理外，Hayba 和 Ingebritsen（1997）还对一个温度依赖性渗透性岩体进行了在 360～400℃从韧性到脆性转变的模拟。模拟结果表明，岩体在 400℃以上基本不渗透。围岩被视为具有各向同性渗透性的均质多孔介质。在这些条件下，热演化本质上只是围岩渗透率的函数。图 1-122 中展示了三种不同的围岩渗透率情形下，热液在岩体上方（图 1-121 中展示的岩体）持续上升流动的过程中温度–深度随时间的变化。

图 1-123 显示了这些系统最热阶段的相应流量模式。在图 1-122（a）和图 1-123（a）中，对于 $10^{-14}m^2$（10mD）的围岩渗透率，最明显的结果是该系统不能达到高于 250℃的温度。该系统的演化以热量向侵入体上方进行以对流为主导的运移为开始标志，随后在 1500～400m 迅速形成温度分带，并且这种温度分带基本上是非常独立的。在较浅的深度，温度的高低与“沸腾曲线的深度”有关。热液羽状流具有

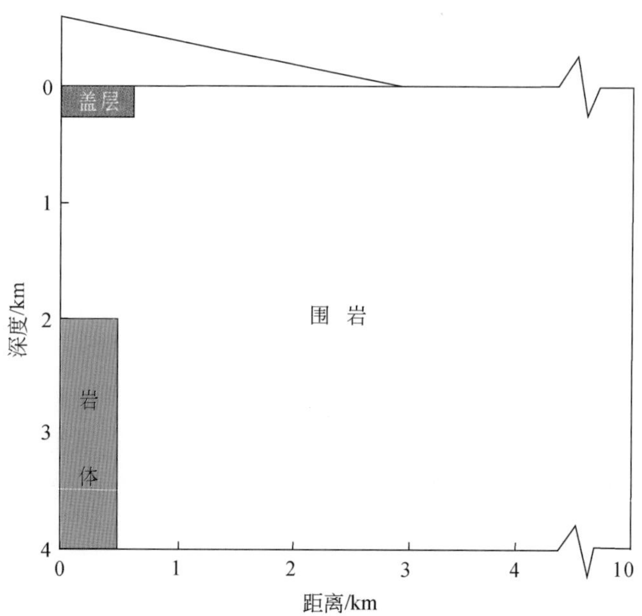


图 1-121 冷侵入体数值模拟的通用几何模型（Driesner and Geiger，2007）

围岩渗透率通常被认为是各向同性的。Cathles（1977）对岩体和围岩采用了相同的渗透率，Norton 和 Knight（1977）使用了基本上非渗透的岩体，并对岩体应用了依赖温度的渗透率函数。通常给定底部边界一个恒定的热通量，而左侧是非流动边界。顶部通常是恒定的温度或压力边界。Hayba 和 Ingebritsen（1997）则研究了地形和盖层的数值模拟

较窄的形状，仅在其顶部有一些扩展［图 1-123（a）］。

在 $10^{-15}m^2$（1mD）的围岩渗透率下，发育最热的热液系统［图 1-122（b）和图 1-123（b）］。在上行区域的岩体底部升温的初始阶段之后，温度-深度曲线遵循水沸腾曲线下降至接近 2km 的深度。在最热的阶段，与 $10^{-14}m^2$ 的围岩渗透率情况相比，热液羽状流在底部更宽，并且更集中于顶部［图 1-123（b）］。岩石的热力沿"深度沸腾曲线"持续，直到深部热源枯竭。然后，系统从下方开始冷却，并且沸腾区域被限制到越来越浅的深度。

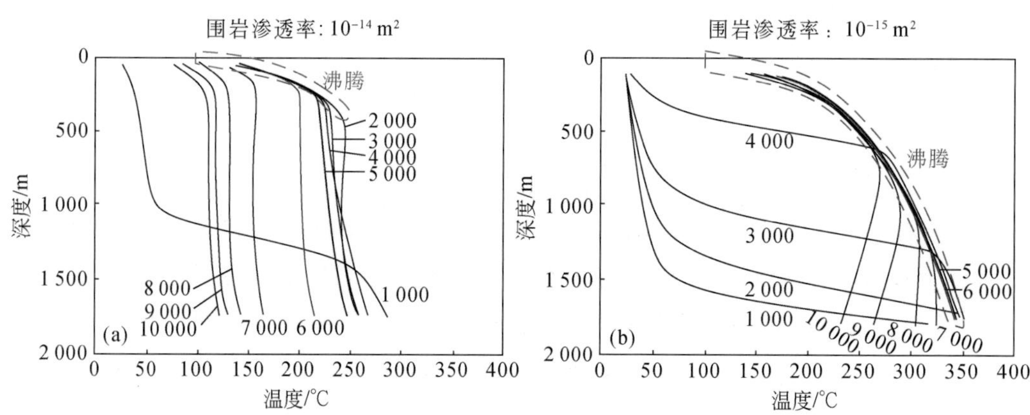

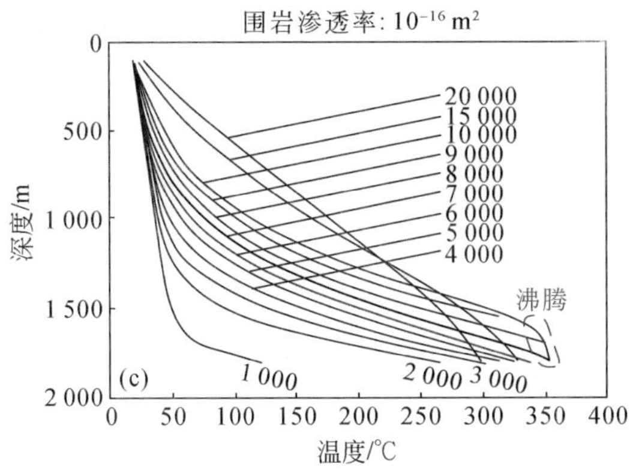


图 1-122　冷侵入体之上热液系统的温度-深度变化与整体围岩渗透率的函数（Driesner and Geiger，2007）
曲线表示侵入岩的存在年龄，单位为年。图示为 Hayba 和 Ingebritsen（1997）利用 HYDROTHERM 程序所做的模拟

在 $10^{-16}m^2$（0. 1mD）的围岩渗透率下，热传递的对流贡献显著降低，导热分量变得重要。相应地，热接触变质带形成，从而不形成热液羽状流或热液羽状流死亡［图 1-123（c）］。上行区域的加热要慢得多［图 1-123（c）］，随着时间的推移，温度几乎变成了深度的线性函数。直线斜率纯粹是热传导输运的稳态解，而微曲率则表示一个小的对流分量与等温线向下后退的结合。

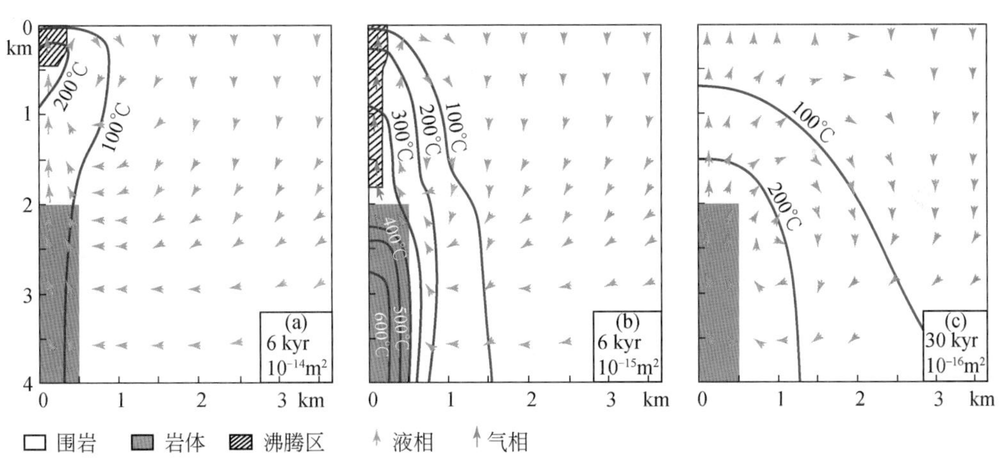


图 1-123　热液系统最热阶段的流动模式、热结构和沸腾区域（Driesner and Geiger，2007）
从左到右围岩渗透率分别为 $10^{-14}$m、$10^{-15}$m 和 $10^{-16}m^2$。与图 1-122 对比

显然，以上三种情况的模式非常不同。在岩浆固结系统中，存在足够大的垂直间隔，可以很好地看到三种不同的模式演化，因此可以很好地区分它们的特点。然而，热液系统特别是成矿热液系统，常常以裂缝作为主要的流体通道，而在离散裂缝中的流动是否可以明显地改变以上结论，这一问题尚不清楚。本节的后面提供一个将以上模型用于铅锌矿床研究的实例，表明裂隙中的流体流动可能不会改变这一

总体情况。

许多地热系统在浅层具有低渗透岩石作为一种不透水的盖层。Hayba 和 Ingebritsen（1997）的模拟表明，这种盖层岩石充当了水文屏障，可以抑制或促进垂向扩展的沸腾区发展。Hayba 和 Ingebritsen（1997）的研究还表明，这可能会导致低温热液环境的压力估算误差难以确定。

如果压力估计值实际上是基于流体-沸腾关系的话，那么压力的测定则是准确的。在这种情况下，冷却系统中被侵蚀的盖层岩石会导致深度估计错误。但是，如果流体包裹体不能代表沸腾，那么除非有关于古深度的地质信息，否则压力值也将是未知的。

地形的影响很重要。成矿热液系统往往与仰冲盘岩浆作用有关，而这种岩浆作用通常会产生高度超过其周围地形 3km 的大型复合火山。火山区的地下水覆盖了较深的次火山侵入岩，这可能对热液系统在深度上的演化具有相当大的影响。Hayba 和 Ingebritsen（1997）模拟了侵入体之上高度为 0.55km、坡度为 20°的地形对热液系统的影响。模拟结果显示，这种情况抑制了热液羽状流达到火山顶部。向下的流动导致热的热液羽状流朝火山底部侧向逸出。沸腾区的发育和规模取决于火山底部是否存在低渗透性盖层岩石［图 1-124（b）（c）］。在无盖层岩石［图 1-124（c）］，且温度高于 300℃的情况下，沸腾被限制在岩体附近一个相当小的区域内。而在发育盖层岩石的情况下［图 1-124（b）］，岩体和盖层岩石之间会形成一个相当宽的沸腾区，且在盖层岩石的正下方会产生高度饱和的蒸汽。同时，由于相对渗透率的影响，液相在该区域中基本静止，局部甚至可以形成明显的下溢分量，并且紧靠盖层岩石下方的部分沸腾区可以充当热源。

Hurwitz 等（2003）对地形的影响进行了更为全面的研究。其模型中的高度更高（高 1.5km，坡度 30°），岩浆热源更宽（3km）且更深（在“火山”顶部以下 5km）。他们还研究了各种渗透率结构的影响，包括简单的各向异性渗透率模型和高渗透率通道、不同的热量输入以及在未确定地下水流量条件下的不同补给量。在这种情况下，早期研究的一些关键结论仍然有效。另外，热传导主导和热对流主导所造成的热传输边界可用于具有高（各向同性）渗透率的系统。在压力接近水头、热渗透率约为 $10^{-16}m^2$的热液系统中，发现了热传导主导和热对流主导的热传递边界。当围岩渗透率接近 $10^{-15}m^2$时，最热和最广泛的热液系统发育。热液羽状流可以到达地下水位（在水中 1bar① 的等压面），然后遵循一个“沸腾曲线与深度”的温度-压力分布规律，这与低地形的情况（Hayba and Ingebritsen，1997）难以区分。与低地

① $1bar=10^5Pa$。

形的一个主要区别是，火山喷发时的地下水流量可能会将地下水位压制到火山表面以下数百米处。在这种情况下，沸腾区之上会形成一个相当大的覆盖层，这可能对热液矿床的成矿潜力有重要影响。

高渗透率（$\geqslant 10^{-14}m^2$）系统同与之相当的低地形、岩浆浅层侵入的系统不同，前者的沸腾仅限于系统的底部，一般在300～350℃的温度范围内。由于上层冷水的高压，系统通常保持液态。100℃等温线位于或接近地表，在大多数地形地貌系统中，通常位于地下水位之下1～2km、100～200Pa压力下。因此，深部沸腾区的温度大多是侵入体深度与地下水位之间距离的函数，后者主要受到近地表渗透率分布和降水补给的影响。

侵入岩的侵位深度和岩体大小的影响也不容忽视。从深层岩体中向上移动的热流体，在到达地表的过程中加热了大量的岩石。在这种情况下，系统中渗透率为$10^{-15}m^2$的大部分围岩，仍然能够形成一个沸水柱［图1-124（d）］。遗憾的是，Hayba和Ingebritsen（1997）没有提供这些模拟的温度深度变化。因此，这里使用的HYDROTHERM计算程序模拟了温度和深度的变化规律。结果显示，渗透率为$10^{-15}m^2$的块状围岩的沸腾区延伸至地表以下仅1km处，而图1-124（a）中所示的较浅层侵入岩的沸腾区为2km。对于$10^{-14}m^2$的渗透率，围岩的沸腾区最高在其上部500m［类似于图1-122（a）］。

较大和/或较热的岩体可以使其热液系统维持较长时间。然而，较宽的顶部表面会影响对流的几何形状，并可能在侵入过程中形成多个单元，每一个单元都可能产生沸腾区。它们的垂直范围遵循围岩渗透率的模拟模式，但前提是各自的对流在空间和时间上足够稳定，从而形成这种热结构。

多个岩体侵入也会导致一些复杂性。如果围岩已经被早期侵入作用加热，那么上升流体会减少其对周围环境的热量损失，并且达到最高温度的速度也会更快。与非预热的情况相比，最低持续沸腾区的渗透率（$10^{-15.5}m^2$）比未预热情况下的渗透率（$10^{-15}m^2$）要低。然而，在Hayba和Ingebritsen（1997）给出的图表中，预热系统在浅层深度似乎不会沸腾，这表明，如果岩石被早期的对流热液系统预热，它们可能会冷却得更快。

新侵入岩体的侵入时间和位置决定了新的热液系统是否可以利用预热，尤其是对面积较窄的、高渗透率围岩。Hayba和Ingebritsen（1997）没有研究裂缝的作用，其他研究也未报道过裂缝在热液系统沸腾区发育中所起的作用，至少没有模拟离散裂缝网络中流体的流动。为了弄清楚裂缝的作用，这里针对侵入岩体中心的上方，进行了一系列HYDROTHERM模拟（即图1-121半空间模型的左边缘）。

令人惊讶的是，与均质多孔介质岩石相比，这个高渗透率区域的热演化只显示出微小的变化。对于$10^{-14}m^2$的围岩渗透率，与均质情况相同，上升流区域温度不高于约

250℃。同样，沸腾作用仅发生在热液系统最上方的几百米范围内，并且在沸腾区向下1500m的范围内温度的变化几乎保持恒定。

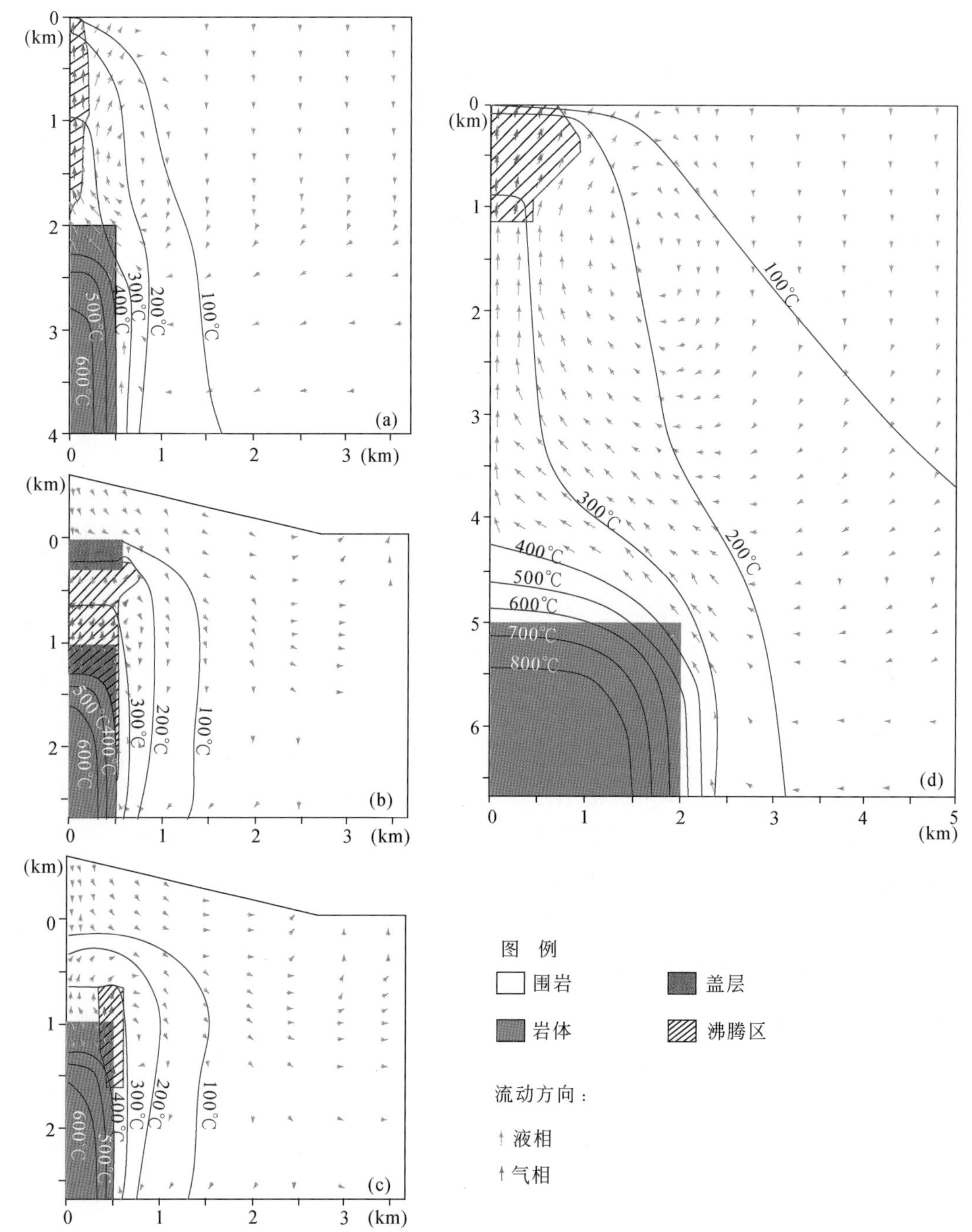


图 1-124　地形、岩体深度和大小以及盖层存在与否对围岩渗透率为 $10^{-15}$ m 的热液系统的影响（Driesner and Geiger，2007）

在渗透率均匀分布的情况下，围岩渗透率为$10^{-15}m^2$时，最热的热液系统发育。另外，温度曲线长时间遵循沸腾曲线。然而，在这种情况下，沸腾区不会达到~1000m以上的深度。在这个深度以下，温度低于纯均一介质的情形，并且没有达到沸腾曲线。相对于均匀渗透率情况的其他差异不包括较短的加热阶段以及在冷却阶段较不显著的负的地温梯度模式。

虽然这些模拟可能是一个合理的一级指标，但这里并不认为它们完全概括了离散的窄裂缝在建模时会出现的所有特征。以上模拟假设岩石基质和流体之间处于热平衡。如果裂缝较窄，但不同裂隙之间的距离较大，它们之间岩石基质的热平衡将需要一段时间，这可能比模拟中使用的单个时间步要长得多（Pruess，1990）。

（3）流体包裹体数据和模拟预测对比

西太平洋地区活动地热系统的研究揭示，这些主要沸腾系统与浅成低温热液矿床之间有许多相似之处。Hedenquist 等（1992）总结了许多关键特征，并证明在地热井中测量的温度-深度分布与在同一系统中从流体包裹体获得的数据一致。与油井测量提供的快照不同，流体包裹体也记录了早阶段的热历史。

对于浅成低温热液脉型矿床的流体包裹体研究，很少发现具有岩石尺度的数据及足够长的剖面上的特征和分布，因此无法与现代系统中的温度-深度分布进行有意义的比较（Vikre，1985；Simmons et al.，1988）。Simmons 等（1988）将流体包裹体数据与其他地球化学数据结合起来，认为这能够产生相当详细的沉积物成因模型。然而，他们并没有开展定量数值模拟。

但是，保加利亚马德安的 Oligocene 热液脉型 Pb-Zn 矿床（Kostova et al.，2004）的研究显示，定量数值模拟可以帮助解释流体包裹体数据。位于伸展构造西南边缘的6条10~20km长的断裂带，是变质核杂岩的组成部分，其内部发育许多脉型矿床，热源可能是一个深度尚未确定的岩体，或者是快速膨胀的侵入杂岩，形成了显著的热梯度。岩石共生组合显示，早期为石英-黄铁矿阶段，中期为大量石英-方铅矿形成阶段，末期为石英±碳酸盐±硫酸盐的共生（图1-125）。长期以来，Bonev（1977，1984）和 Piperov 等（1977）一直认为，流体的沸腾是矿化的主导过程，同时导致了方铅矿中大型初始包裹体形成。该系统中的流体通常是低盐度的，主要含有4wt.%~5wt.%的 NaCl。

基于 Hayba 和 Ingebritsen（1997）的$10^{-15}m^2$渗透率模拟结果，Kostova 等（2004）认为，流体包裹体数据可以直接绘制到 Hayba 和 Ingebritsen（1997）的图1-121上，并且显示了不同阶段的共生矿物组合如何随热液系统热演化［图1-124（b）］。早阶段的石英-黄铁矿矿化显示出最陡的地热梯度，并代表在单相液体条件下系统的早期升温。热液系统在整个垂直剖面整体处于沸腾时，形成了石英-方铅矿-闪锌矿组合。最后，在系统冷却时，形成了晚期的石英-碳酸盐相。此时，系统下部处于单相液体条件下，

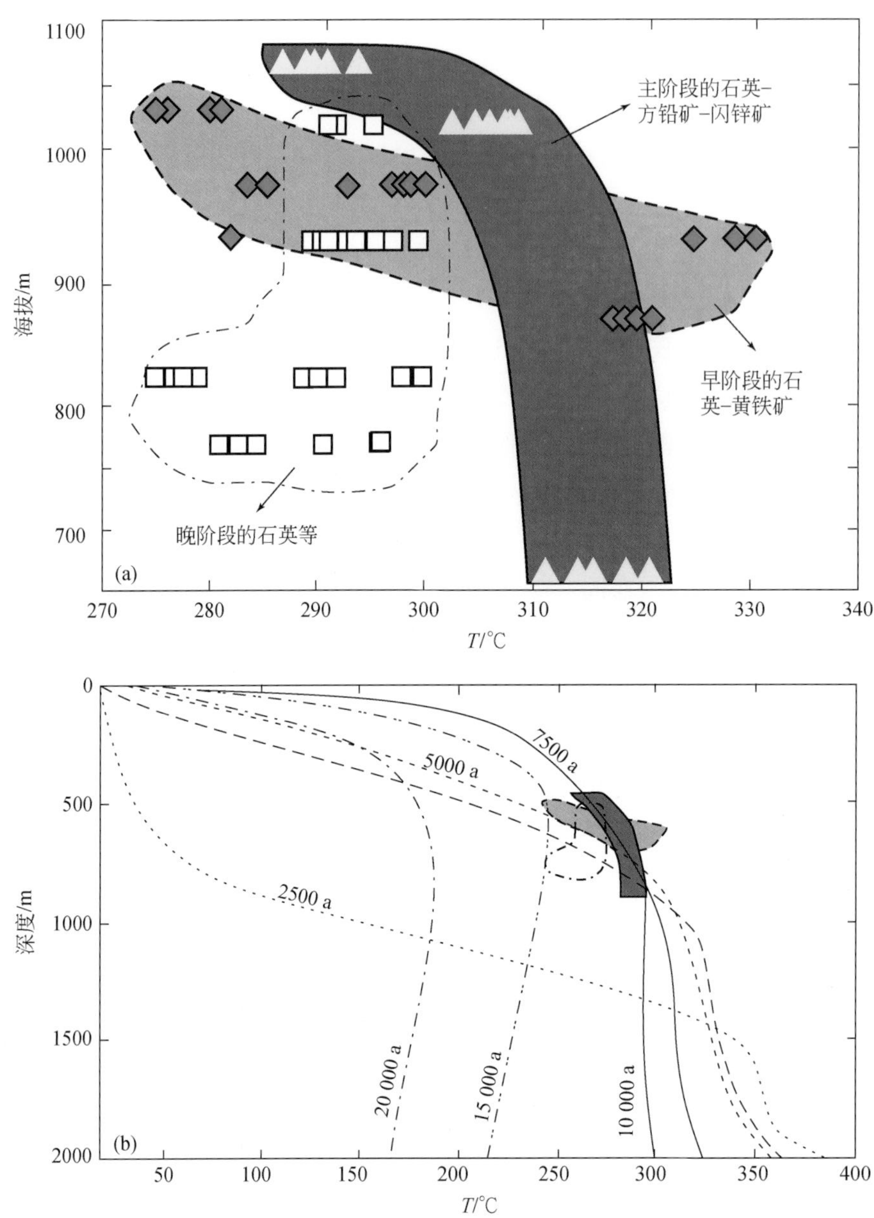


图 1-125　不同状态下温度与高度/深度之间的关系（Driesner and Geiger，2007）

（a）Madan 地区 Yuzhna Petrovitsa 矿床的浅成低温热液 Pb-Zn 脉中，三个不同阶段的共生流体包裹体均一化温度与现今地形海拔的函数关系（Kostova et al.，2004）；（b）在 $10^{-15}\,m^2$ 渗透率的多孔岩石基质中，冷却岩体上方的热液系统中温度-深度曲线模拟的热演化场（Hayba and Ingebritsen，1997），其中，数字是岩体就位后的时间（单位 a）。早期石英-黄铁矿共生组合在系统升温过程中形成非常强的热梯度，而主阶段石英-方铅矿-闪锌矿矿化形成于整个系统的长期沸腾阶段（纯黑色曲线）。需要注意的是，具有经济价值的矿化是上升流体在处于～1000m 深度附近时开始形成的，同时显示明显的冷却曲率。热力学模型表明，方铅矿和闪锌矿的沉淀主要是对这种冷却的反映，即沸腾之后的物理结果，而不是直接的化学作用。在流体包裹体中测得的低盐度会将实际位置向更大的深度移动而上部仍处于沸腾状态。由于测量的流体盐度较低，与用纯水相状态方程得到的数值模拟模型的比较似乎是可接受的。在此背景下的垂直区间上，纯水的沸腾曲线和5wt.% NaCl水溶液的沸腾曲线几乎没有差别。

利用LA-ICPMS分析流体中的金属浓度、来自矿物缓冲剂的pH和$f_{S_2}$限制以及由Barret和Anderson（1988）提供的溶解度关系，Kostova等（2004）认为沸腾过程主要通过控制温度深度分布，导致主要阶段矿化发生，方铅矿和闪锌矿响应冷却而沉淀［图1-126（a）（b）］。沸腾的直接化学后果似乎只在基体金属沉淀中起到很小的作用。一个特别有趣的结果是，晚期流体盐度变得更高，因此，方铅矿和闪锌矿的溶解度增加。LA-ICPMS分析显示，自热液系统底部向上，Pb和Zn浓度先是逐渐增加，随后又随热液深度变浅，金属浓度急剧降低［图1-126（c）（d）］。

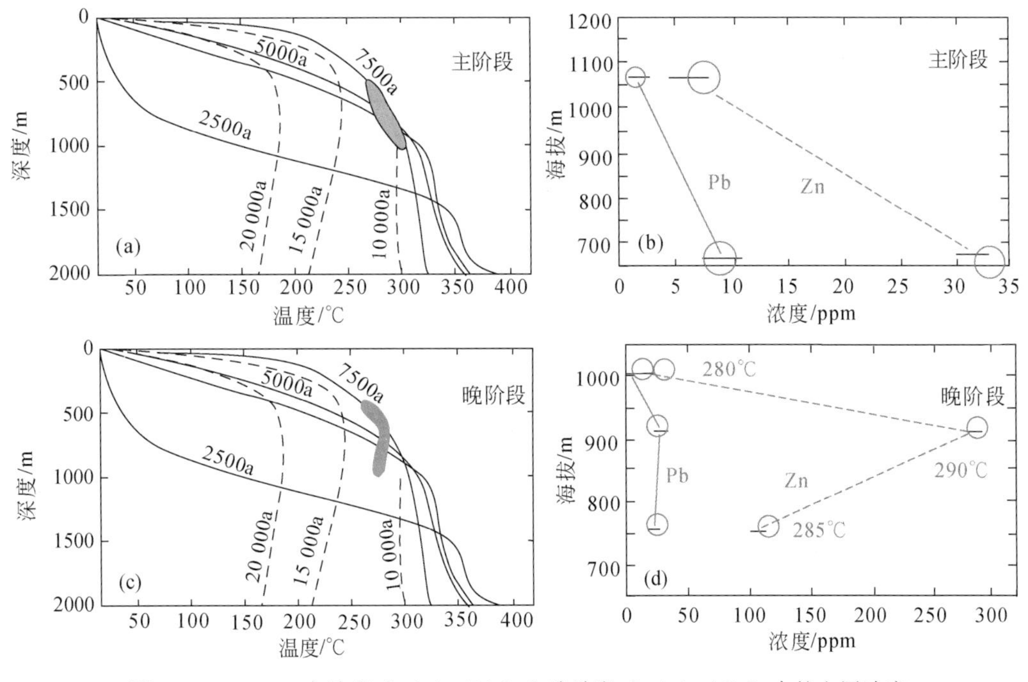


图1-126 Madan主阶段［（a）（b）］和晚阶段［（c）（d）］中的金属浓度

（Driesner and Geiger，2007）

（a）（c）：Hayba和Ingebritsen（1997）提出的热液系统的温度曲线和流体包裹体的均一温度（灰色区域）。（b）（d）：测得的LA-ICPMS流体包裹体数据（黑色矩形）与Driesner等（2005）建模获得的溶解度相比。假设初始流体成分与来自矿床最深部样品中的流体成分一致，该流体沿着模拟的温度曲线在矿脉中上升，并且与围岩和矿脉矿物缓冲剂处于完全平衡状态

由于晚阶段从下方开始冷却，进入的流体通过正热梯度上升，加热溶解方铅矿和闪锌矿，之后在系统的上部重新沉淀，流体沿着沸腾曲线被迫冷却。这一结果解释了主阶段方铅矿和闪锌矿中的广泛溶解以及出现流体包裹体均一温度与模型预测一致的晚阶段闪锌矿的现象（Bonev and Kouzmanov，2002）。方铅矿和闪锌矿的质

量再分配程度似乎相当小，这与流体流动模拟的预测非常吻合，这个阶段非常短暂，需要绘制矿石矿物中溶解结构的垂向分布和晚阶段闪锌矿的出现情况来进一步验证该模型。

Kostova 等（2004）的结果证明了定量流体的流动模拟和针对具有典型特征的流体包裹体的研究，可以联合实现成矿热液系统的定量重建，这种重建包括其热动态演化。比较容易学习的仿真程序，例如 HYDROTHERM，应该成为这类工作的常规工具。这些调查的下一步将是使用一套完整的计算机代码，评估流体多相系统中 $CO_2$、$H_2S$ 和其他气体的气液分配的化学影响。

### 1.6.3　岩浆–热液体系中含盐的流体流动

众多的流体包裹体研究表明，斑岩型铜矿岩浆–热液系统中的流体通常是盐水。目前，普遍认为盐水流体主要来自于岩浆。向水中加入盐将大大拓宽流体相分离所需的压力和温度范围。盐水系统中液体和气体之间的密度差异，可能比纯水状态的密度差异大，即使在高温下也是如此（Heinrich，2007）。由于这两个原因，蒸汽柱的总浮力可能会高于纯水状态。可以预料，盐水系统的流体动力学可能与低盐度的地热系统有很大不同，且更加复杂，因为蒸汽通过物理过程可以与液体分离。此外，蒸汽和卤水的 $P$-$T$-$X$ 路径，对于形成各种类型的矿床至关重要（Heinrich，2007）。

Geiger 等（2006a，2006b）发布了在与岩浆–热液系统相关条件下，模拟盐水系统中多相流体流动的计算软件，并获得了首个结果。该软件包含一个新的精确的相关系数模型，即 $H_2O$-NaCl 流体的相关系、体积特性和焓（在 0 ~ 1000℃，1 ~ 5000bar 和0 ~ 100wt. % NaCl 有效）（Driesner，2007；Driesner and Heinrich，2007），以及一种新的有限元和有限体积组合方案，来有效地处理这种双组分系统中的多相流体流动。

使用这个软件，Geiger 等（2005a）概述了常见地壳条件下流体的可能流动模式。但最近尚未发表的研究表明两相条件下，蒸汽饱和浓度被高估，因此还需要对软件进行一些修订。下文所示的模拟（Geiger et al.，2005b；Driesner et al.，2006）是用原始方案完成的，并不代表自然状况。尽管如此，热演化和相态的序列通常还是可以被正确预测。这里展示了两种模拟的结果，以说明当前的发展状况以及这种研究可能产生的潜在结果。

Kissling（2005a，2005b）提出了另一种基于 TOUGH2 模拟程序的模拟方案，但是使用 Palliser 和 McKibbin（1998a，1998b，1998c）的 NaCl-$H_2O$ 流体性质的模型，该模型已知显示非物理行为，如在某些 $T$-$P$-$X$ 条件下，热容为负。第一个应用包括一维测试场景，包括单相条件下的相分离和对流。

Geiger 等（2005b）调查了岩石渗透率和地形对深部岩体（5～8km 深处）周围热液系统发育的影响，该深部岩体内部的斑岩呈“手指状”从中心向表面延伸 2km（图 1-127）。假定该模型左右对称，那么左侧模型边界被视为没有流动边界，水平距离为 20km，最大深度为 12km。半宽度为 5km 的岩浆房被设置在 5～8km 深度，半宽度为 200m 的斑岩脉向上突出 2km。在一次模拟中，1km 高、坡度 20° 的火山出现在模拟中。模型域通过～12 000 个三角形有限元的非结构化网格进行空间离散化处理，在岩浆房及其上方增强分辨率。该岩浆房分为两个区域：从岩浆房中部（对应图 1-125 中 6.5km 的深度）到底部无渗透。较低分辨率的初步研究表明，这对整体的对流模式没有影响，并且若将该区域从流量计算中去除，可节省大量的计算时间。尽管如此，完整的岩浆房几何结构仍然被纳入热模型中以直接导热冷却，而不是假定时间相关的热通量。

上部的围岩具有各向同性渗透率。对于岩浆房，需要引入温度、压力相关的渗透率，以模拟水力压裂和矿物沉淀造成的裂隙堵塞，以维持斑岩中的两相条件。过程如下：在 700℃ 固相线温度对应的渗透率 $10^{-20}m^2$ 和 360℃ 脆性–韧性转变温度对应的渗透率 $10^{-15}m^2$ 之间，进行渗透率的线性插值。后者的值也适用于 360℃ 以下。若求解流体压力之后，流体压力超过静岩压力，加上岩石在有限元网格内节点处的抗拉强度，计算每个有限元中存储的流体体积，该体积大于静岩压力下存储的流体体积，并通过释放这些多出的体积量来调整渗透率。当多余的流体压力降低并小于静岩压力时，将有限元的渗透率恢复到正常的温度相关值。在温度高而渗透率较低的脆–韧性转换区，水压破裂通常会发生多次，这可以模拟由于矿物沉淀和韧性变形导致的裂隙再生及裂隙封闭。

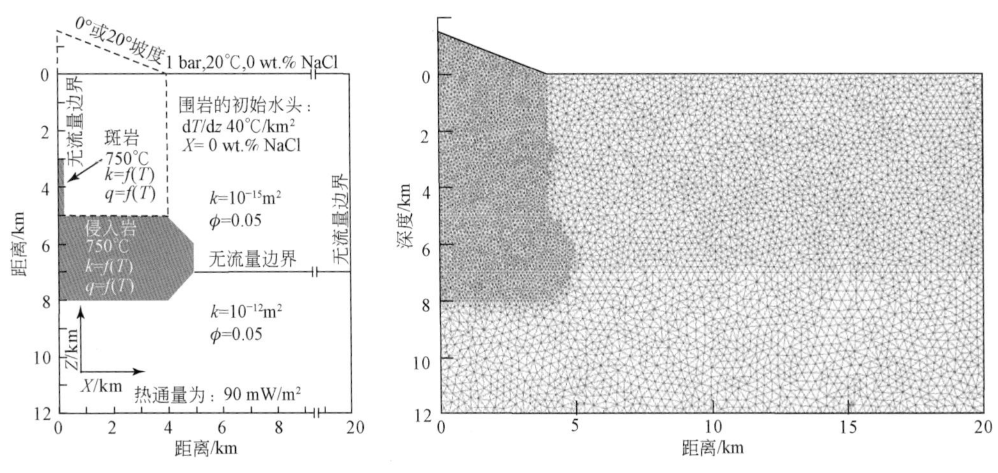


图 1-127　模型的几何形状和参数（Driesner and Geiger，2007）

左：虚线框区域如图 1-128 和图 1-129 所示；右：Geiger 等（2005）在岩浆热液系统模拟中使用的有限元单元网格

将侵入体温度设定为750℃，且由于传导和热液对流作用使得侵入体被冷却。一旦熔体中一种含量有限的元素达到饱和，5wt.%的含该元素的熔体中将会出溶出盐度为10wt.%的流体，并被送入指状斑岩的基部。

具有平坦地形和渗透率为$10^{-15}m^2$的均质各向同性围岩的岩浆–热液系统是最简单的。从纯水系统的经验来看，这将产生最热的系统。图1-128显示了岩浆房上方区域的一系列快照。这里绘制了流体密度，图1-128右列显示了沿着左列所示的相应模型的左侧边缘上升时，流体在相图中的路径。

在岩浆侵入后1.2万年［图1-128（a）］，已经发展出了两个具有类似温度深度剖面的热柱。右侧的羽状流最初形成于岩体边缘，沿倾斜界面的强热梯度促使热浮力流体快速上升。上升流体的沸腾只发生在其上部~1000m处。该羽状流逐渐向内移动，最终加入中央羽状流。长条状斑岩已经结晶，其上三分之二处于水头下，与之相关的热异常已缩小至岩浆房顶部的小隆起。沿着模型左侧，流体沿着图1-128（b）所示的*T-P-X*路径流动。在岩浆房内，流体具有与岩浆相同的岩石压力，任何自由流体都是密度为$400kg/m^3$的单一相。

当通过水压致裂区释放时，流体在几十到几百米范围内经历从近静岩压力到近静水压力（从相图中的点1到点2）的转变。在相图中，10wt.%的NaCl流体将在~550℃（点2）温度下到达气+液共存面。这种相分离不是严格意义上的沸腾，而是卤水从类似气相的流体中冷凝出来。羽状流中的热流体停留在相图（位于点2和3之间）的气+液区域中，位于模型的顶部。饱和度表明气体体积占优势。解释如下：在该压力、温度和物质组成条件下，气体容积率非常大。卤水可能形成部分几乎不活动的孤立液滴，即由于NaCl-$H_2O$体系的热力学，该条件下的流体流动主要受气相流量的影响。然而，由于这些模拟是使用较早的算法进行的，而这些算法往往会高估蒸气饱和度，所以需要谨慎对待这一结果。在模型的顶部附近，羽状流会凝结成一层薄薄的地下水（位于点3和点4之间），这可能是在模型顶部人为设置的边界条件所致。实际上，温泉区是其地表的表现。

在3万年前［图1-128（c）（d）］，最初位于岩体右侧边缘的羽状流与中部羽状流合并，只剩下一个热异常。沸腾的小部分仍然留在这个残余异常的最上部。上升流体沿着类似于1.2万年时的左侧边界移动，在中间深度［图1-128（d）中的点7和8之间］出现的气相+石盐区域除外。这意味着压力非常低，可能是人为高估了羽状流中的蒸汽饱和度。这个功能是否会在未来改进算法后的模拟中出现，有待进一步研究。

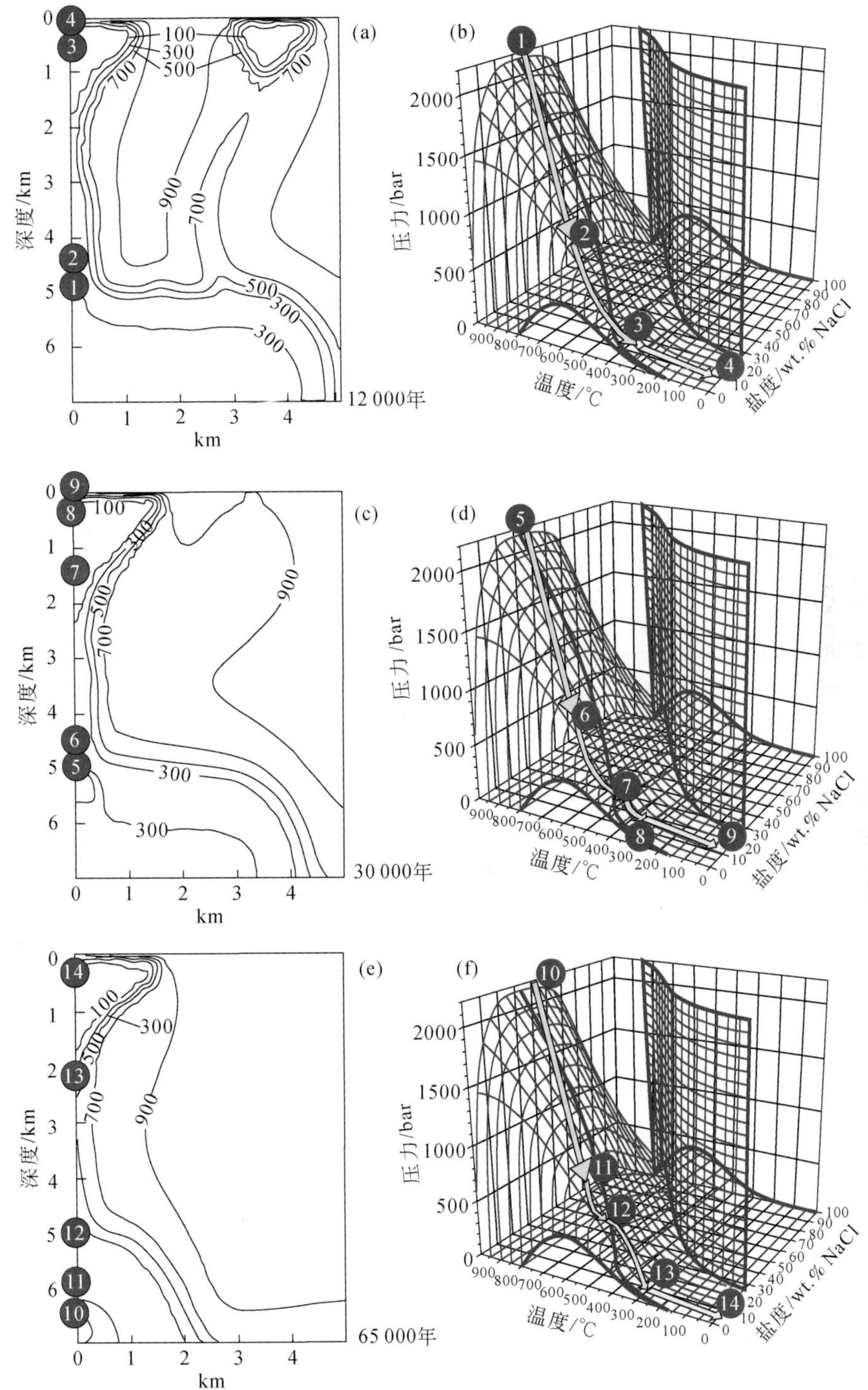


图 1-128　岩浆–热液系统的演化（Driesner and Geiger，2007）

演化过程中具有 $10^{-15}m^2$ 的恒定围岩渗透率，并包括完整的 NaCl-$H_2O$ 相图和流体性质。左侧图版显示了图 1-127 中虚线框中的流体密度分布（单位为 $kg/m^3$，在两相区域中给出了混合物的密度）。右侧图版显示流体通过 NaCl-$H_2O$ 相图沿左图的左侧上升

在后阶段，相图中的流体路径发生了显著变化，以6.5万年为例说明［图1-128（e）（f）］。剩余岩浆房非常小，在岩浆房与地表之间距离的三分之一处，上升的流体离开气+液共存面，作为低密度单相流体“收缩”，并随着其在点12和13之间上升和冷却而变得密度更高。压力在较浅的深度处降低，导致流体进入二次沸腾区（点13）。这也是将Au从岩浆房运输到浅成低温环境的很好方式（Heinrich et al.，2004）。流体二次沸腾将有利于Au的沉淀。然而，由于这些条件只持续了短短几千年，因此可能难以形成很好的浅成低温热液Au矿床。

具有火山形态和均质各向同性且围岩渗透率为$10^{-15}m^2$的岩浆热液系统，其火山形态（图1-129）在1.2万年时降低了中部羽状流的顶部。第二羽状流几乎被废弃。利于金运输的“气相收缩”路径在3.0万年［图1-129（c）中的点7和8，（d）］发育并保持相对稳定，持续至6.5万年［图1-129（e）（f），点13和14之间］。流体没有突破气相+石盐相区域，并且在火山下方形成一个与地下冷水混合的、空间上相当稳定但波动的界面。正如Hayba和Ingebritsen（1997）所述，这是流体混合发生金属沉淀的有利区，如科罗拉多州Creede浅成低温热液型矿床。

这两个模拟结果显示了NaCl-$H_2O$流动模型如何识别单个条件改变（如火山）的影响。纯水模型不会出现诸如在高温和高压下沸腾或气相收缩等关键特征。因此，岩浆热液模拟很有前景，它们能够重现自然界中观察到的一级尺度现象，而且参数只受很少关键变量的制约，特别是系统的渗透率结构，这将有效缩小或限定某些矿床类型的形成范围。实际上，目前为止所获得的结果表明，至少在系统尺度上的渗透率结构代表热演化的独特标志，进一步通过精细的流体包裹体研究，这个热演化可以得到重建。

理想情况下，这种类型的模拟可能成为研究瞬态过程的常规工具，并起到类似于过去几十年在理解岩石学静态问题中相图的作用。特别是，具有图形用户界面相对易于学习的计算机程序实用性非常强，读者可以购买美国地质调查局的HYDROTHERM计算机程序（Hayba and Ingebritsen，1994）（可在http://water.usgs.gov/software/hydrotherm.html下获得）。在电脑上运行的标准图形用户界面（“HYDROTHERM 2D交互式”）更易于使用。目前，已经用该软件计算了本节中提出的许多最基本的结果。HYDROTHERM具有足够多的分析工具，尽管仅限于纯水应用，但它提供了一种很好的方法来评估热液研究中多种可能情形。结合精细的流体包裹体研究，这些模拟可以帮助证实并推断真实的流动物理路径。

在~300℃的低温区，更复杂的流体系统以及在某些情况下的二次输运（reactive transport），可以用LBNL的TOUGH系列程序模拟。然而，这些程序相当昂贵，且不易学习，但确实比HYDROTHERM有优势，并且好维护。

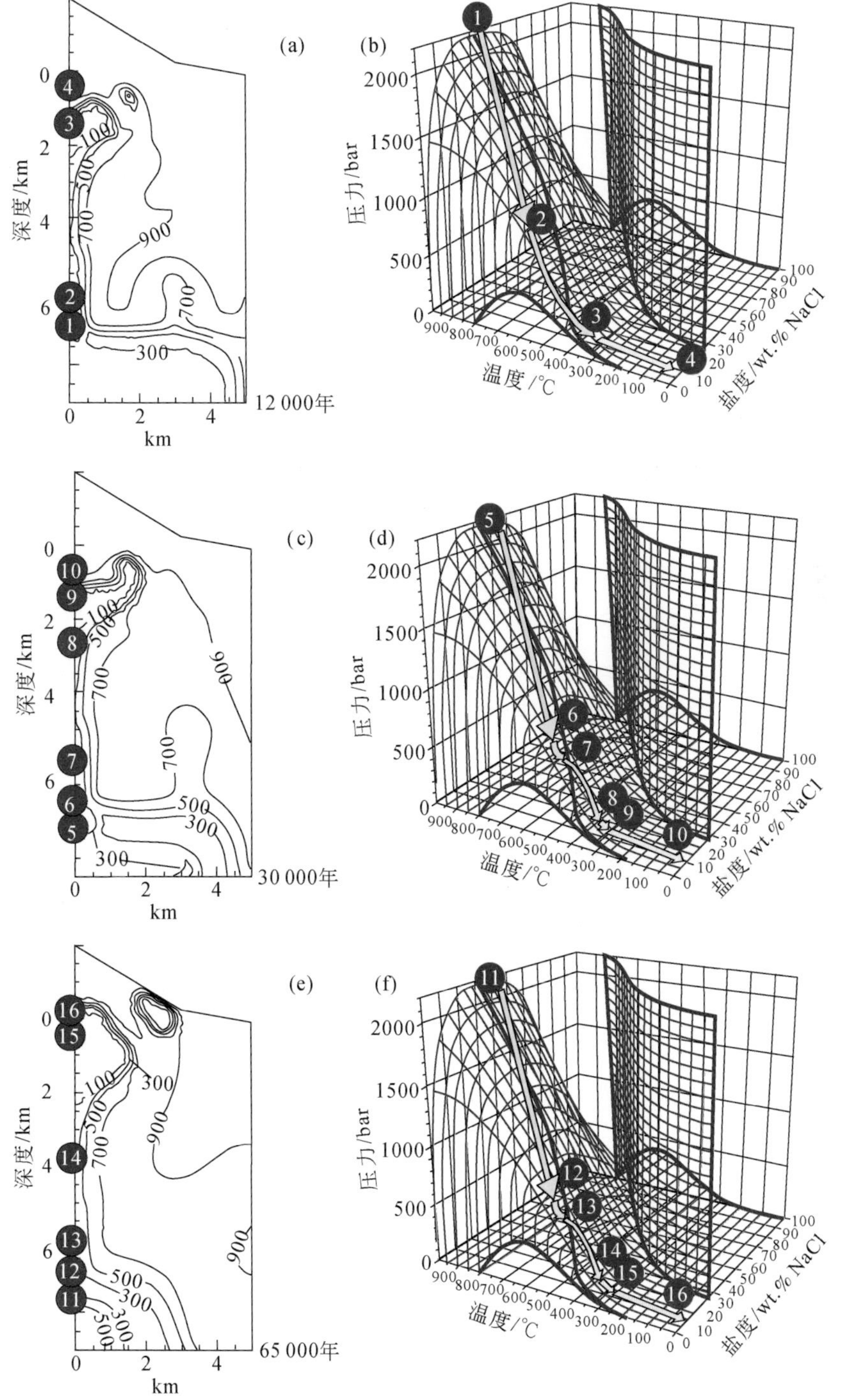


图 1-129　岩浆-热液系统的演化（Driesner and Geiger，2007）

在火山下具有 $10^{-15}$ m$^2$ 的恒定围岩渗透率，包括完整的 NaCl-$H_2O$ 相图和流体性质。左侧图版显示了图 1-127 中虚线框中的流体密度分布（单位为 kg/m$^3$，在两相区域中给出了混合物的密度）。右侧的图版显示流体通过 NaCl-$H_2O$ 相图沿左图的左侧上升

尽管取得了首批可喜的成果，并且可用模型的数量和模拟能力日益增加，但未来一个重要的问题是基准的定义，从而可以验证这些代码是否的确可以正确模拟热液过程。另外，不久的将来，一些紧迫的研究需求如下。

1）已知材料特性的准确性对模拟结果的准确性起着至关重要的作用。因此，需要对流体相平衡（特别是多组分系统，如 $H_2O$-NaCl-$CO_2$）进行实验研究。

2）岩石在高温下的固有渗透率的实际行为，或者在热液条件下的多相流体流动的相对渗透率函数仍是未知。尽管对于高温下给定的渗透率函数可以获得较好的模拟结果，但尚不清楚各种岩石在这些条件下的行为，这阻碍了真实的预测模拟。

3）需要在高分辨率下研究离散断层的影响以及它们如何影响流动模型。

4）目前的模拟程序缺乏流体加压与岩石力学之间的反馈。

5）为了定量地了解矿化分带的形成，需要将二次输运模拟方案与最先进的流动模拟程序结合起来。

6）最重要的任务可能是在模拟中识别可测试的预测结果，在理想的情况下，甚至可能允许刚刚提到的未知数的“现场校准”。

### 1.6.4 热液系统水体中流体流动模式变化

自 20 世纪 70 年代海底热液系统发现以来，许多载人潜水器和无人潜水器已经深入了解其潜在的物理和化学过程。过去几十年的持续观测，深度揭示了瞬态和复杂的流动系统。海底物理过程，包括复杂化学流体的剧烈对流、卤水流体的超临界相分离，还包括矿物溶解和沉淀在内的高温流体-岩石相互作用。观测数据提出了一些关键的科学问题，其中一个问题涉及黑烟囱的温度：岩浆房的温度高达 1200℃，但为何所排的流体的最高温度通常不会高于 400℃。此外，黑烟囱热液温度的时空变化仍然是当前激烈争论的关键问题。一些黑烟囱的出水温度在几十年内保持不变，而另一些则表现出强烈的变化或黑烟囱熄灭，迄今不知其原因。

在空间上，黑烟囱的出口温度可以在几十米的范围内变化。数值模拟可以帮助解释海底物理过程及观测资料。一般在二维顶部开放的多孔介质中建对流模型，原因有两个。首先，许多地方深层环流主要是二维的，在洋中脊扩张轴的平面上，裂隙渗透率最大。其次，扩张轴上方缺乏沉积物，使得流体可以自由流入和流出洋壳。然而，由于物理和化学条件的极端复杂性，所有数值研究都必须进行简化，即使在二维情况下也是如此。

大多数研究采用 Boussinesq 假设，即密度的变化并不显著改变流体的性质，且黏滞性等保持不变。其中，流体密度变化仅在浮力项中考虑。除 Boussinesq 假设外，Rosenberg 等（1993）认为，温度和假定黏度与密度变化的函数为线性，是恒定的。

尽管有这些简化，但他们证实，排泄区比补给区小得多，并且表明在洋中脊脊轴处的热液对流，可能永远不会达到稳定状态。Wilcock（1998）采用稳态方法，为流体的密度、黏度和热容量添加非线性项，并包括非 Boussinesq 项。如此，最大通风温度比采用均匀流体特性获得的通风温度高出 50%，并且流动模式包括更多的再循环。

此外，Wilcock（1998）认为，开放热液系统出口的极限温度是底部温度的 65%。Rabinowicz 等（1999）同样采用稳态方法，表明这个因子与瑞利数无关。通过采用多孔介质的倾斜基底，Rabinowicz 等（1999）最多能将出口温度增加到底部温度的 85%。但 Rabinowicz 等（1999）和 Wilcock（1998）的稳态方法对低瑞利数的计算是有限的。

采用二阶精确有限体积方案，Boussinesq 近似和恒定黏度，Cherkaoui 和 Wilcock（1999）建立了时间依赖、高瑞利数、顶部开放的对流系统。他们描述了瑞利数最高达 1100 的对流特性。在如此高的瑞利数下，不稳定的流动和热传输显示出周期性、准周期性到混沌性模式的一系列分叉。Straus 等（1977）研究表明，与具有线性化特性的 Boussinesq 方法相比，考虑非 Boussinesq 项和使用非线性水特性大大增强了对流的不稳定性。最近，Jupp 和 Schultz（2000）在顶部开放的对流系统中，考虑了非 Boussinesq 项以及真实的流体特性。基于使用 HYDROTHERM 纯 $H_2O$ 软件包（Hayba and Ingebritsen，1994）进行的模拟发现，最大的黑烟囱温度约为 400℃，这可以完全由 $H_2O$ 的非线性、温度和压力依赖性来解释。

所有这些数值研究都极大地促进了人们对顶部开放的热对流系统流体流动模式的理解。然而，无法解释观察到的黑烟囱气体温度的空间和瞬态变化。稳态方法仅限于低瑞利数系统。通常，热膨胀系数、可压缩性、黏度和热容被假定为恒定值，尽管属于洋中脊热液系统中的温度和压力范围内，它们仍然非线性变化了几个数量级，并在临界温度附近达到峰值。这大大增强了水饱和多孔介质中对流的不稳定性。

Jupp 和 Schulz（2000）确实考虑了所有的非线性，但仍然发现了稳态温度解。他们的研究采用了一阶精度有限差分法（Hayba and Ingebritsen，1994）和相对粗糙的网格。这种数值方法抹掉了锋利的对流前缘，在数值上稳定了对流系统，并可能导致人为的稳态解。

这里，考虑 $H_2O$ 的全部非线性特性，包括热膨胀和压缩对流动瞬变的影响。另外，使用在空间中二阶精度的数值方法，在高分辨率网格上执行计算，如此，能够探测到新的动力学特征，这可能解释洋中脊热液系统的一系列显著的观测结果。

对于合理的渗透率值，对流比先前报道的应强得多。海底对流的不稳定行为本身可以解释在海底测量到的温度变化。渗透性结构不需要任何几何复杂性，也不需要在观测范围内产生温度变化等瞬时事件，例如，裂隙或岩浆加入。流体性质的非线性不仅解释了排放流体的温度，而且还说明了其瞬态变化。然而，诸如地震等事件可能会对渗透性结构产生深远影响，并且通过增加渗透率使系统从稳定对流转变为非稳定对流。

此外，由于黏度变化较大，上升的热液羽状流的前端可能变得不稳定，并可能分裂成两股羽状流。这种现象被称为泰勒-萨夫曼（Taylor-Saffman）法，但迄今从未在热液对流系统中有过这种现象报道，下面将展示在哪种情况下会出现这种现象，并讨论数值模拟结果。

（1）控制方程

通过多孔介质的体积流量，通常用达西定律描述（Bear，1972）

$$v=-\frac{k}{\mu_{\mathrm{f}}}(\nabla p-\rho_{\mathrm{f}}\boldsymbol{g}) \tag{1-210}$$

式中，$v$ 是达西流速；$k$ 是渗透率；$\mu_{\mathrm{f}}$ 是流体的动力黏度；$p$ 是压力；$\rho_{\mathrm{f}}$是流体的密度；$\boldsymbol{g}$ 是重力加速度矢量。多孔介质中单相流体的质量平衡，可以用连续性方程来表示

$$\phi\frac{\partial\rho_{\mathrm{f}}}{\partial t}=-\nabla\cdot(v\rho_{\mathrm{f}}) \tag{1-211}$$

假设岩石的可压缩性比流体的可压缩性低几个数量级。$\rho_{\mathrm{f}}$是温度（$T$）和压力（$p$）的函数；写出方程的偏导数方程（1-214），根据 $p$ 和 $T$，将方程（1-213）代入方程（1-211），给出了压力场的以下表达式

$$\phi\rho_{\mathrm{f}}\left(\beta_{\mathrm{f}}\frac{\partial p}{\partial t}-\alpha_{\mathrm{f}}\frac{\partial T}{\partial t}\right)=\nabla\cdot\rho_{\mathrm{f}}\left(\frac{k}{\mu_{\mathrm{f}}}(\nabla p-\rho_{\mathrm{f}}\boldsymbol{g})\right) \tag{1-212}$$

式中，$\alpha_{\mathrm{f}}$是流体的热膨胀系数；$\beta_{\mathrm{f}}$是其可压缩性。假定岩石和流体之间局部热平衡，单相条件下温度场的对流-扩散方程可写为

$$(\phi\rho_{\mathrm{f}}c_{\mathrm{pf}}+(1-\phi)\rho_{\mathrm{r}}c_{\mathrm{pr}})\frac{\partial T}{\partial t}=\nabla K\nabla T-\nabla\cdot(\rho_{\mathrm{f}}c_{\mathrm{pf}}vT) \tag{1-213}$$

式中，$c_{\mathrm{pf}}$是比热；$K$ 是热导率。该公式忽略了绝热项，因此，该方案假设 $c_{\mathrm{pf}}$在单个时间步长内是恒定的。但对于单相流体，这个误差很小。表 1-10 总结了本节使用的所有符号。

**表 1-10　本节所用符号**

| 变量 | 物理参数 | 值 | 单位 |
|---|---|---|---|
| $\alpha_{\mathrm{f}}$ | 流体膨胀性 | $-\frac{1}{\rho_{\mathrm{f}}}\frac{\partial\rho_{\mathrm{f}}}{\partial T}$ | $℃^{-1}$ |
| $\beta_{\mathrm{f}}$ | 流体可压缩性 | $\frac{1}{\rho_{\mathrm{f}}}\frac{\partial\rho_{\mathrm{f}}(*)}{\partial p}$ | $\mathrm{Pa}^{-1}$ |

续表

| 变量 | 物理参数 | 值 | 单位 |
| --- | --- | --- | --- |
| $\epsilon$ | 指数项 | 3.0 | — |
| $\kappa$ | 热扩散率 | $1\times10^{-6}$ | $m^2/s$ |
| $\lambda$ | 不稳定宽度 | 式（1-216） | m |
| $\lambda_c$ | $\lambda$ 的阈值 | 式（1-217） | m |
| $\lambda_m$ | 最大增长 $\lambda$ | 式（1-218） | m |
| $\mu_f$ | 流体黏度 | EOS（Haar et al.，1984） | Pa·s |
| $\rho_f$ | 流体密度 | EOS（Haar et al.，1984） | $kg/m^3$ |
| $\rho_r$ | 岩石密度 | 2700 | $kg/m^3$ |
| $\phi$ | 孔隙度 | 0.1 | — |
| $A$ | 对流单元的长宽比 | $D/(2H)$ | — |
| $c_{pf}$ | 流体等压热容 | EOS（Haar et al.，1984） | J/(kg·℃) |
| $c_{pr}$ | 岩石等压热容 | 880 | J/(kg·℃) |
| $D$ | 临近上流区距离 | — | m |
| $g$ | 重力加速度 | $\|g\|=9.8$ | $m/s^2$ |
| $H$ | 垂直范围模型 | $1000^{(*)}$ | m |
| $k$ | 渗透率 | $10^{-14(*)}$ | $m^2$ |
| $K$ | 导热系数 | 2.0 | W/(m·℃) |
| $p$ | 压力 | 式（1-212） | Pa |
| $T$ | 温度 | 式（1-213） | ℃ |
| $v$ | 达西流速 | 式（1-210） | m/s |
| $t$ | 无量纲时间 | — | — |
| $U$ | 一维垂直速度 | — | m/s |
| $v_c$ | 临界速度 | 式（1-214） | m/s |

注：EOS=状态方程。

资料来源：Coumou 等，2006

（2）数值方法

采用 IAPS-84 纯水状态方程（Haar et al.，1984），来确定 $\mu_f$，$\alpha_f$，$\beta_f$，$c_{pf}$，$\rho_f$和焓。式（1-212）和式（1-213）是强非线性的，因此，所有流体性质都是 $p$ 和 $T$ 的非线性函数。它们具有混合双曲线（对流）和抛物线（扩散）特性。使用混合有限元-有限体积（FE-FV，finite element-finite volume）方法（Geiger et al.，2006a，2006b），在面向对象的 C++代码复杂系统平台 CSP（Complex System Platform）的框架内，求解方程组。有限体积方法在求解对流型问题时很有效，而有限元方法在解决扩散型问题时表现更好。在有限元-有限体积方法中，式（1-212）的压力解与能量守恒方程式［式（1-213）］解耦。明确的有限体积方法可用来求解方程（1-213）

的对偶部分，而SAMG（Algebraic Multigrid Processes for Systems）多重网格求解器的隐式有限元方法可用来求解热和压力扩散的抛物线方程（Stuben，2002）。因此，耦合方程式（1-212）和式(1-213)，按顺序求解，但各个子方程的求解均利用目前使用最多的数值模拟方法。首先计算温度扩散。然后，使用来自前一时间步的速度，来解决热对流问题。

更新流体属性并计算压力场，从压力场中确定新的达西速度［式（1-213）］。Geiger（2006a，2006b）在复杂系统平台中，将这种有限元-有限体积方案进行了许多分析和数值基准测试，以验证其准确性和计算效率。

（3）模型设置

除非另有说明，将式（1-212）和式（1-213）联合用在3600m×1000m的矩形几何体上，其网格为50 000个均匀的三角形单元。在模拟过程中，渗透率$k$以及孔隙度$\phi$保持不变。顶部边界代表水深大约2.5km处的海底，导致恒定的压力$p=$ 25MPa。为了让热流体自由地通过顶部边界，这里使用混合热边界条件。上升流顶部边界的有限元模型中，垂直温度梯度被设置为零，允许任何温度的热液流体不受限制地流出。底部边界需要在10℃的固定温度下进水。流体只能通过其顶部边界离开或进入模型。所有其他边界都是无流动边界。底部边界保持在1000℃的固定温度。最初，多孔介质在水头下用10℃的饱和水。

尽管高度简化，但这种几何形状近似为一个沿着洋中脊脊轴的、具有高渗透性的垂直平面，其下方具有连续的岩浆房。二维模型常作为数值模拟的首选。然而，由于渗透率预计会比轴向渗透率高，对流可能主要是二维的。地震研究发现，岩浆房透镜沿快速扩张的洋中脊走向持续延伸达数千米。另外，在狭窄、沿轴线的补给区，沉淀的无水石膏可能会限制沿轴的热液对流。

（4）羽状流行为及影响因素

A. 早期对流模式：分裂的羽状流

在所有渗透性足够大的模拟中，已经观察到上升的热液羽状流的分裂。这里讨论$k=10^{-14}\mathrm{m}^2$的模拟结果（图1-130～图1-132）。在垂向热扩散的相对较短时间（约40年）之后，羽状流开始形成。最初，这些羽状流具有相似的宽度，但由于合并，羽状流宽度出现变化。由于羽状流向上的速度是其宽度的函数，所以，有些羽状流的增长速度比其他羽状流快。比邻近位置上升更快的羽状流，通常横向拓展，从而遮挡相邻的羽状流。被遮挡的小羽状流最终会与较大的羽状流合并。伴随着较大的羽状流扩散的横向流动，其顶部的热梯度变得更陡峭。由于黏度和密度在较短距离内变化，因此较陡的梯度在流体动力学上较不稳定。总之，羽状流本身变得更宽，前部不稳定。当前部足够陡峭并且羽状流的宽度足够宽时，这可以导致羽状流分流。图1-130显示了一个典型的羽状流分裂情况。

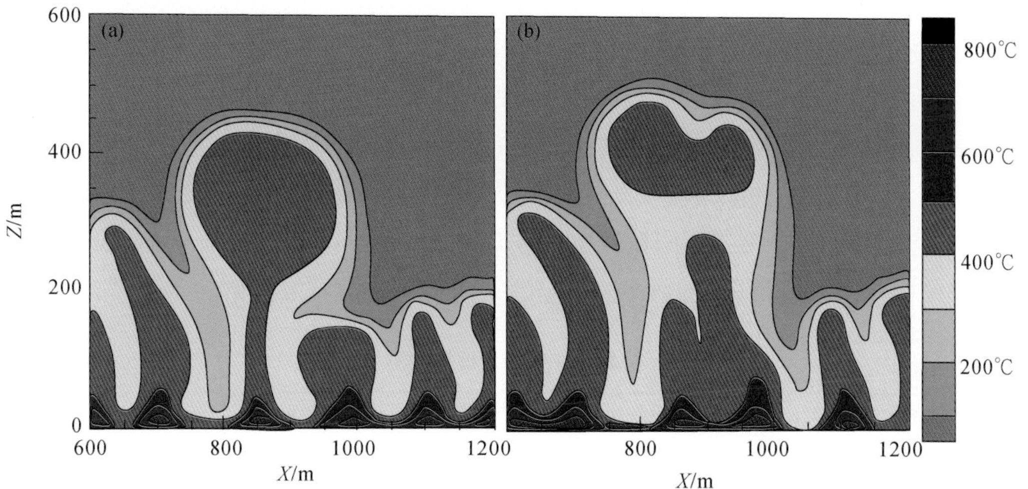


图 1-130　模型 2（表 1-11）的一段温度场（Coumou et al., 2006）

（a）$t=125$a，（b）$t=130$a

**表 1-11　模型 2 模拟方案**

| # | 尺寸<br>x×Z/km | $k/m^2$ | 流体性质<br>EOS，简化 | 对流 | | 排气 | | 羽状流<br>分裂 |
|---|---|---|---|---|---|---|---|---|
| | | | | 模式 | 长宽比 | 温度/℃ | 位置/m | |
| 1 | 3.6×1.0 | $10^{-13}$ | Haar 等，1984 | 不稳定 | — | 374±20 | ~60 | 是 |
| 2 | 3.6×1.0 | $10^{-14}$ | Haar 等，1984 | 不稳定 | 0.22 | 377±20 | ~60 | 是 |
| 3 | 3.6×1.0 | $10^{-15}$ | Haar 等，1984 | 稳定 | 0.26 | 387 | ~150 | |
| 4 | 3.6×1.0 | $10^{-14}$ | Haar 等，1984 | 不稳定 | 0.22 | 377±20 | ~60 | 是 |
| 5 | 3.6×1.5 | $10^{-14}$ | Haar 等，1984 | 不稳定 | 0.20 | 375±20 | ~60 | 是 |
| 6 | 7.2×2.0 | $10^{-14}$ | Haar 等，1984 | 不稳定 | 0.18 | 375±20 | ~100 | 是 |
| 7 | 3.6×1.0 | $10^{-14}$ | Haar 等，1984；$\beta_f=0$ | 不稳定 | (?) | (?) | (?) | 是 |
| 8 | 3.6×1.0 | $10^{-14}$ | Haar 等，1984；<br>$\alpha_f=0$［式（1-122）］ | 不稳定 | (?) | (?) | (?) | 是 |
| 9 | 3.6×1.0 | $10^{-14}$ | Haar 等，1984；<br>$\mu_f=3\times10^{-4}$ | 不稳定 | 0.2/0.3 | 50~400 | ~200 | |
| 10 | 3.6×1.0 | $10^{-14}$ | Haar 等，1984；<br>$\mu_f=3\times10^{-5}$ | 不稳定 | 0.14 | 50~400 | ~100 | |
| 11 | 3.6×1.0 | $10^{-14}$ | Boussinesq(*) | 不稳定 | 0.3 | 50~500 | ~250 | |
| 12 | 7.2×2.0 | $10^{-14}$ | Boussinesq(*) | 不稳定 | 0.23 | 50~450 | ~400 | |

注：不同模型几何形状、渗透率和使用的流体性质的复杂系统平台模拟结果。使用相同的数值方法获得所有结果：具有线性插值函数的 $70m^2$ 单元，二阶有限体积传输方案和一阶时间步长。对于此处未列出的参数，已使用表 1-10 中给出的值。除了具有初始线性地温梯度的模型 4 之外，所有模拟均从 2D 域内各处的冷水开始。（*）使用 Boussinesq 近似作为常数 $\mu_f$ 和 $\alpha_f$。（?）模拟的运行时间不足以进行精确确定。

资料来源：Coumou 等，2006

一系列羽状流分裂现象模拟研究采用了表 1-11 总结的一系列物理参数。这些模拟表明，当满足两个条件时，发生羽状流分裂。首先，对流需要有力，即 $k=10^{-14}\,m^2$。其次，冷流体和热流体之间的大黏度对比是必不可少的。1000℃热层下面的完全冷却层的初始条件，提供了非常大的初始黏度对比度。为了确定这些初始条件的影响，实施了一个以线性地温梯度开始的模拟（模拟4，表 1-11），这在模拟给出了类似的结果。表 1-12 总结了不同数值模拟方案最重要的结果。这些结果表明，观察到的现象是由 Taylor-Saffman 不稳定性引起的，而不是数值模拟假象。

**表 1-12　模型 2 模拟方案**

| # | 有限体积方案 | 有限元空间 离散化 | | 时间离散化 | | 羽状流分裂 |
|---|---|---|---|---|---|---|
| | 一阶/二阶 | 尺寸/$m^2$ | 插值 | 时间步长 | 一阶/二阶 | |
| 13 | 1 | 12 | 线性 | CFL | 1 | 是 |
| 14 | 1 | 70 | 线性 | CFL | 1 | 是 |
| 15 | 2 | 70 | 线性 | CFL | 1 | 是 |
| 16 | 2 | 70 | 二次方 | CFL | 1 | 是 |
| 17 | 2 | 70 | 线性 | 0.1× CFL | 1 | 是 |
| 18 | 2 | 70 | 线性 | 迭代式 | — | 是 |
| 19 | 2 | 70 | 二次方 | 迭代式 | — | 是 |
| 20 | 2 | 70 | 线性 | CFL | 2* | 是 |
| 21 | 2 | 70 | 二次方 | CFL | 2* | 是 |
| 22 | 1 | 600 | 线性 | CFL | 1 | |
| 23 | 1 | 600 | 二次方 | CFL | 1 | |

注：不同数值方法的 CSP 模拟结果。这里使用几种时间离散化方案以及不同的有限元插值函数来测试观察到的数值方案的羽状流分裂。所有模拟都使用 3600m×1000m 的几何形状，$k=10^{-14}\,m^2$，并包括了 $H_2O$ 中的所有非线性关系（Haar et al., 1984）。表 1-10 中给出的性质已被采用。

*预测校正器方案。

资料来源：Coumou 等，2006

B. 后期对流模式：温度变化

下面讨论标准几何结构（3600m×1000m）和 $k=10^{-14}\,m^2$（表 1-11 中的模拟 1）的对流特性。羽状流分裂只发生在热流体置换冷流体时。在大约 2000 年的时长里，对流非常不稳定，羽状流减弱，新的羽状流不断形成。在这段时间内，羽状流分裂对整个对流模式有着深远的影响，使其更加不规则。在晚些时候（$t=2000a$），系统变得更加稳定，并且形成间距有规律的羽状流。随着时间的推移，它们的位置保持相对稳定。尽管如此，该系统的一些部分瞬间变得不稳定，导致羽状流偶尔崩溃和新的羽状流增加。图 1-131 显示了这种情况，系统的一部分变得不稳定。显然，羽状流分裂可以再次观察到。这种“半稳态”对流模式通常持续数千年。将对流单元

的纵横比定义为 $A=D/(2H)$，其中，$D$ 是相邻羽状流之间的平均水平距离，$H$ 是模型的垂直范围。$A$ 的典型值为 ~0.22。靠近顶部，向上移动，管状羽状流显示颈缩。虽然羽状流的平均宽度为 200m，但在顶部，它们的宽度通常仅为 ~60m。

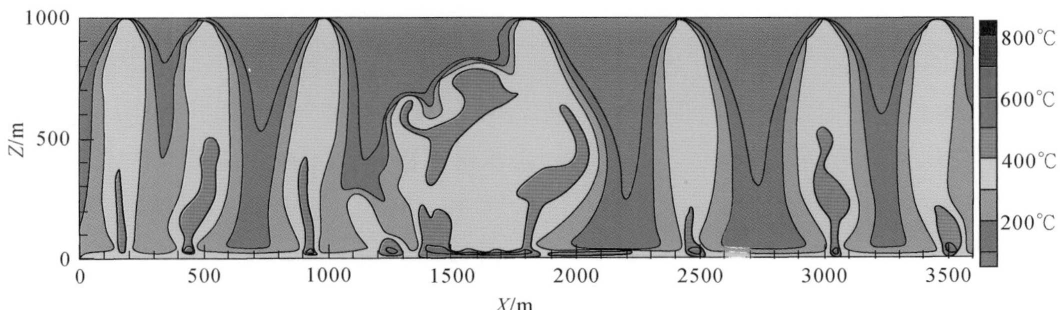


图 1-131　$t=3000$a 后模型 2（表 1-11）的温度（Coumou et al.，2006）

系统的一部分变得不稳定并且可以观察到羽状流分裂

尽管羽状流的位置相对平稳，但离开顶部边界的流体温度随时间而变化。它们的平均温度为 377℃，存在振幅为 ~40℃ 的振荡（图 1-132）。振荡的周期在几十年左右。

温度最大值约为 395℃，通常流体最低温度是 ~365℃，但它们可以降至 ~250℃。这是不稳定的对流模式的直接后果。每个高温上升流区都以脉动方式运行。在有规律的时间间隔内，底部边界处会出现相对较热的水流，并且会迅速向上移动。

除了这种相对规律的振荡外，图 1-132 中还可以观察到两次剧烈的温度下降，持续时间大约为 10a。这是由于局部增加的冷海水流入热液羽状流引起的。羽状流

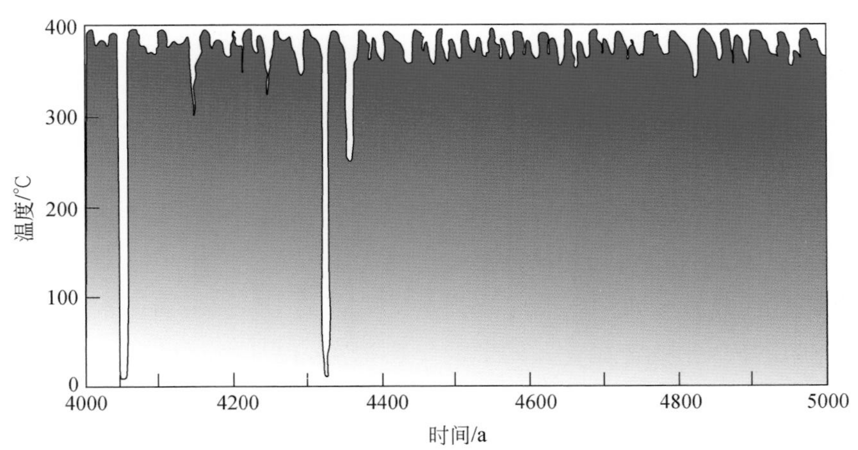


图 1-132　从顶部边界处流出的高温流体的温度（模型 2，表 1-12）（Coumou et al.，2006）

测量范围为 1000a 的时间段，取顶部边界长度为 50m 处的有限元节点的平均温度

保持其水平位置，但在相对较短的时间内，不再达到顶部边界。这个过程是由补给和排放的逆向平衡造成的。排出区暂时变成流入区，而相邻的羽状流则以不断增加的排出速率排出。

C. 渗透率的影响

对于 $k=10^{-13}\mathrm{m}^2$（模拟1，表1-11），流量非常不规则，连续发生羽状流分裂。模拟经过2000a时长后，没有出现“半稳定状态”。只有在相对较短的时期（~10a），流体在海底的相同位置排放。之后，羽状流变得不稳定，并在对流系统中消失。在这段时间内，羽状流的出口温度仍然在~365℃和~395℃之间波动，非常类似于 $k=10^{-14}\mathrm{m}^2$ 的情形。然而，振荡时间要短得多。相对于 $k=10^{-14}\mathrm{m}^2$ 的数量级是数十年而言，$k=10^{-13}\mathrm{m}^2$ 的数量级是几年。它的上升流区很窄，一般约为100m宽。这比在 $k=10^{-14}\mathrm{m}^2$ 时200m宽的羽状流要小得多。但是，聚焦在顶部边界附近的流动不那么明显，使得流出区具有相似的尺寸（~60m）。

在 $k=10^{-15}\mathrm{m}^2$（模拟3，表1-11）时，根本不会发生羽状流分裂。对流模式的演变完全不同。经过1500年的垂直热扩散，对流开始，并且在 $t=8600\mathrm{a}$ 时建立了稳态对流系统。对流单元的纵横比为 $A=0.26$。流出顶部边界的流体温度为387℃，并且随时间保持恒定。对流系统在 $k=10^{-15}\mathrm{m}^2$ 时变得最热，这与Hayba和Ingebritsen（1994）对大陆岩浆-热液系统的模拟结果非常吻合。

D. 岩浆房深度的影响

许多模拟还测试了较大的水平和垂直模型尺寸的影响（模拟5~6，表1-11）。增加模型的垂直尺寸会降低对流单元的纵横比 $A$。换句话说，羽状流变得更细长。对于具有较大垂直尺寸的模型（模拟5~6，表1-11），离开顶部边界的流体温度与 $Z=1000\mathrm{m}$ 的流体温度非常相似。理论上由于流体在流经较大距离的过程中会因扩散和膨胀而损失热量，因此流体的温度最终会降低。但是，底部的压力越大，上升流的温度越高。

正如Jupp和Schultz（2004）所论证的那样，上升流温度将使对流单元的总功率输出最大化。功率输出最大化时，上升流温度随着压力的增加而增加。因此，模拟5~6（表1-11）中较高的底部压力，将导致上升流温度升高，这似乎可以补偿由于沿上升流路径扩散和扩展引起的热量损失。

E. 流体黏度（$\mu_\mathrm{f}$）的影响

大量模拟工作用来确定简化 $\mu_\mathrm{f}$ 的影响（模拟9~12，表1-11），假设 $\mu_\mathrm{f}$ 常数会抑制羽状流分裂。羽状流对 $\mu_\mathrm{f}$ 十分灵敏，当 $\mu_\mathrm{f}=3\times10^{-5}\mathrm{Pa\cdot s}$（模拟10，表1-11）时，形成相对较窄的羽状流。$\mu_\mathrm{f}$ 越大，羽状流的宽度越大。在所有情况下（模拟9~12，表1-11），上边界都可以观测到无缩颈。这导致流体离开系统的区域更大，温度范围为50~500℃。尽管对流是不稳定的，但利用非线性流体特性进行模拟工作观察到的上升流区域中的脉动行为并不明显。图 1-133 对比了模拟 2 和模拟 11 的喷出温度，模拟 11 利用 Boussinesq 假设，即密度对温度和恒定黏度具有线性依赖性。在模拟 2 中，所有流体在 350～400℃的温度下都离开顶部边界，反映了瞬态变化。对于模拟 11，流体在 50～500℃的温度范围内流出顶部边界，反映了空间变化而非瞬态变化。

（5）羽状流分裂机制及模拟

A. 羽状流分裂理论

当低黏性流体取代高黏性流体时，会发生羽状流分裂或黏性指进（vicous fingering）。两种不相容流体在孔隙介质中流动的过程已经得到了系统研究。通常，当一种流体取代另外一种时，流体密度比和黏度比、流动方向和强度会共同引发指进。两种不相容流体在一维情况下，可以得到临界速度 $\boldsymbol{v}_c$，超过临界速度，移动的羽状流头部变得不稳定。对于温度差异引起的浮力驱动的流动，假设热扩散可以忽略，可以得到临界速度 $\boldsymbol{v}_c$。

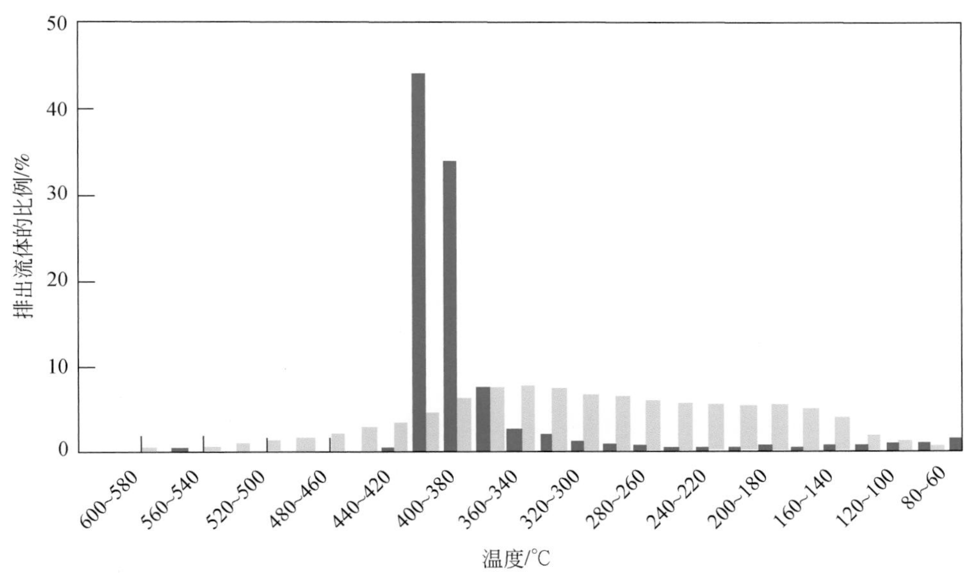


图 1-133　流体出口顶界的温度分布（Coumou et al.，2006）

纵轴代表了从温度为横轴温度值的顶界上涌出的流体比例，测量周期为 3000a。蓝条代表的是模拟 2 的结果（表 1-11），模拟 2 考虑到了流体的非线性性质，黄条代表的是模拟 11 的结果，利用了 Boussinesq 流体

当上涌的羽状流被冷的水体取代时，对应的临界速度 $\boldsymbol{v}_c$为

$$\boldsymbol{v}_c=\frac{k\boldsymbol{g}(\rho_c-\rho_h)}{\mu_c-\mu_h} \tag{1-214}$$

在这种情况下，$\boldsymbol{v}_c$可以看作临界面速度，在临界面之上不稳定性增强，羽状流开始分裂。其中，下标 h 和 c 分别代表了低黏度和低密度的热流体和高黏度、高密度的低温流体。

随着流体密度差的增加，临界速度也会增加。但是，对于浮力驱动的对流系统，密度差不是那么重要，因为速度本身就和密度呈比例。黏度的变化影响更为明显，式（1-214）表明，当黏度差趋近于零时，临界速度趋近于无穷大。假设 $\mu$ 是常数，对 $H_2O$ 的非线性流体性质进行的模拟结果与式（1-214）一致，这表明羽状流分裂不会发生。

图 1-134 展示的是 $\nu_c$ 与不同压强下对应温度的相关图（$P=25$MPa、$P=30$MPa、$P=35$MPa），同时也展示了一维情况下冷热流体交界处的达西流速。交界面处热液流体垂向的达西速度［式（1-210）］可以近似表述为：$\nu=kg(\rho_c-\rho_h)/\mu_h$。将该公式与式（1-214）进行比较，可以发现，如果 $\mu_c \geqslant 2\mu_h$，那么 $\nu \geqslant \nu_c$。这种情况对于40℃的上涌热流和10℃的冷流是符合的。这里讨论的系统温度差更大。所以，$\nu$ 应该比 $\nu_c$ 大一个数量级。由于 $\nu$ 和 $\nu_c$ 都与 $k$ 成比例关系，因此黏性指进应该发生在所有的渗透率情况下，与数值结果不一致。但是，这是不正确的，因为相比对流作用，扩散作用更重要。如果考虑扩散作用，那么式（1-214）只有在 $t=0$ 的时候成立。随后，扩散会抹掉热锋面。锋面的倾斜度决定了不稳定性形成的最小宽度。锋面越陡，产生不稳定性的宽度越窄。Tan 和 Homsy（1986）研究了黏度随溶解度变化的一维水平流体，得到了 $t=0$ 的分析解和 t≥0 的数值解。同理，也可以得到热流置换冷流时，一维垂向流的一阶近似解（图 1-134 的插图）。假设 $\mu_f$ 随温度的衰减可以用指数公式表述为

$$\mu_f \approx e^{-\epsilon T} \tag{1-215}$$

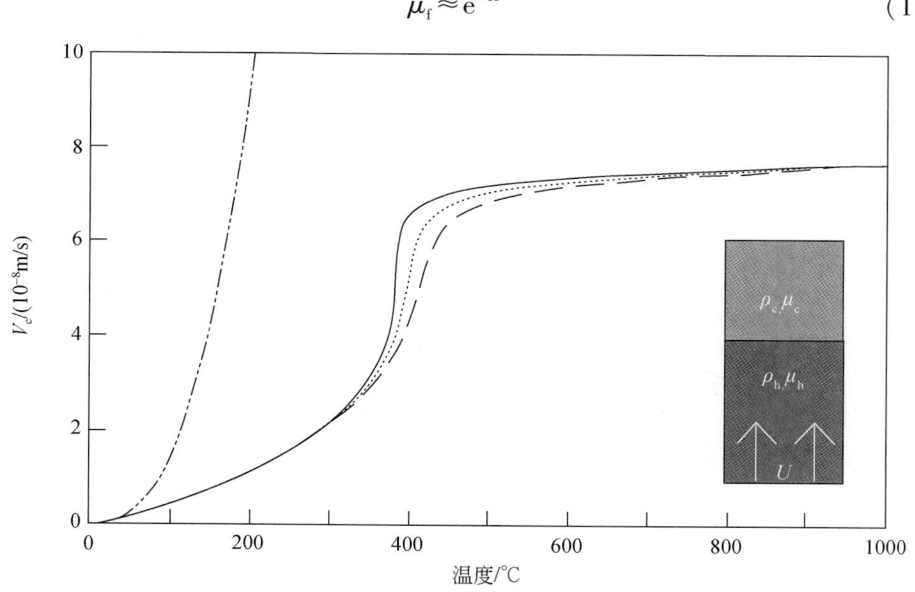


图 1-134　不同压强下临界速度（$\nu_c$）与温度（$T$）的相关图（Coumou et al.，2006）

$P=25$MPa（实线），$P=30$MPa（点线），$P=35$MPa（虚线）。另外，虚点线代表的是插图中描述的一维情况下的达西流速

当 $\epsilon=3$ 时，可以得到实际水黏滞度的合理拟合。然后，可以得到所谓的准稳态近似。这是建立在扰动增长速率明显高于基态变化速率的基础上的。更详细的讨论和公式推导可以参考 Tan 和 Homsy（1986）的论述。于是，可以得到下面的公式

$$\lambda_c^0=\frac{8\pi\kappa}{\epsilon U} \tag{1-216}$$

$$\lambda_m^0=\frac{8\pi\kappa}{(2\sqrt{5}-4)\epsilon U} \tag{1-217}$$

式中，$\lambda$ 是不稳定性宽度。下标 c 和 m 分别指不稳定性最小和最大宽度。换言之，$\lambda_c$是可以形成的最小羽状流，而$\lambda_m$是可以形成的最宽羽状流。上标 0 指的是无量纲的参数倍数$t^*=0$，于是

$$t=t^*\frac{\kappa}{U^2} \tag{1-218}$$

在公式［式（1-216）~式（1-218）］中，$U$ 是羽状流的上升流速度，$\kappa$ 是热扩散度。式（1-216）和式（1-217）表明，如果 $\epsilon=3$，只对比较小的 $\kappa/U$ 比值，$\lambda_c$和$\lambda_m$的值才会比模型小。佩克莱（Peclet）数（$Pe$）可以定义为对流传输和扩散传输之间的比值，最终的数值较大（$Pe\geqslant10^3$）。对于 $10^{-6}m^2$的实际热扩散率，需要较大的渗透率（$k=10^{-14}$）。当时间大于$t^*=0$ 时，无法得到分析解。

图 1-135 给出了 $\epsilon=3$，$U=1\times10^{-7}$ m/s，$\kappa=1\times10^{-6}$ m²/s 的数值解（Tan and Homsy，1986）。该图主要展示了不同 $t^*$ 对应的不稳定性相对增长速率。每条曲线的

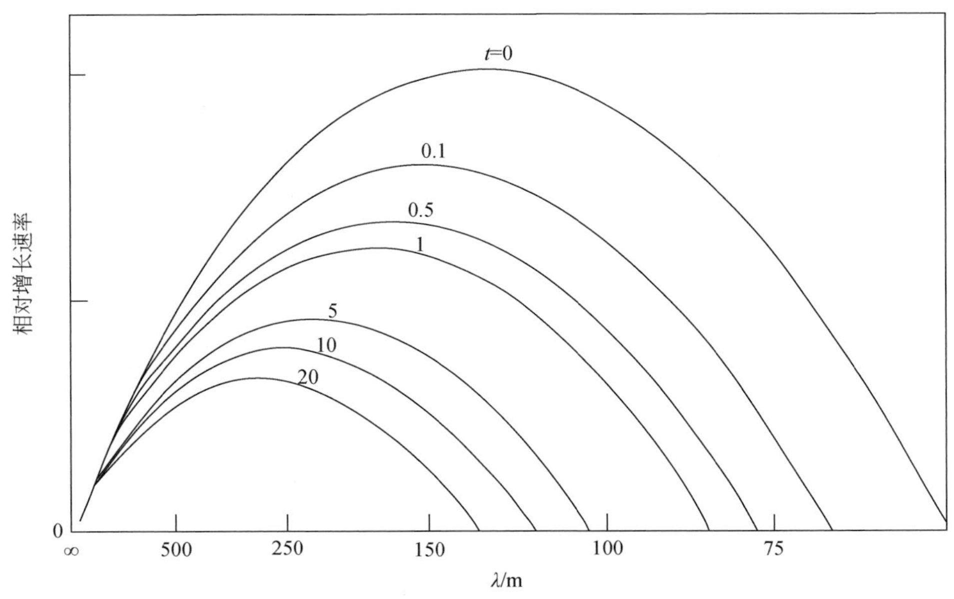


图 1-135　不同无量纲时间 $t^*$ 对应的不稳定性相对增长速率与不稳定性宽度相关曲线（Coumou et al.，2006）

曲线与 $x$ 轴的焦点为$\lambda_c$，曲线的最大值为$\lambda_m$。最大增长速率的宽度随倍数增加而增加。值得注意的是，横轴是反向且非线性的

最大值为$\lambda_m$，曲线与$x$轴的交点，即不稳定性增长率为零所对应的值为$\lambda_c$。从图中可以看出，由于初始陡锋面的扩散，时间越长，不稳定性的宽度越大。

B. 分离羽状流的定量化

如图 1-135 所示，由于热锋面的扩散，随着$t$增加，$\lambda_c$和$\lambda_m$逐渐增大。在水平对流主导的流体系统中，热锋面的倾斜度受扩散时间和流体流动模式双重控制。正如前面所述，比相邻羽状流运行速度快的羽状流会沿横向延伸。伴随着延伸过程，羽状流的交叉流动，使得热锋面顶端变陡，进而变得不稳定。换言之，羽状流自身变宽，而不稳定性的最小宽度变小。同时，羽状流的宽度允许两个不稳定体的生长，羽状流尖端变得不稳定，进而开始分裂。在分裂之前，上升的羽状流的宽度至少为 2$\lambda_c$。这个过程是在对流开始之后才发生的，因此没有直接的解析比较值。但是，在一级近似中，可以把羽状流分裂之前，垂直于热锋面的温度界面，近似为一个解析的纯扩散公式

$$T(z)=\frac{T_{\max}-T_{\min}}{2}\text{erfc}\left(\frac{z}{2\sqrt{kt}}\right) \tag{1-219}$$

将式（1-219）与观测到的热锋面进行拟合，就可以得到无量纲的扩散时间$t^*$。图 1-130 展示了典型羽状流分裂前后的温度场。图 1-136 给出了羽状流分裂之前的热锋面。利用解析解对该热锋面进行最优拟合，对应的扩散时间为$t^*=2.8$。根据图 1-135，可以计算$t^*=2.8$时的$\lambda_c$和$\lambda_m$

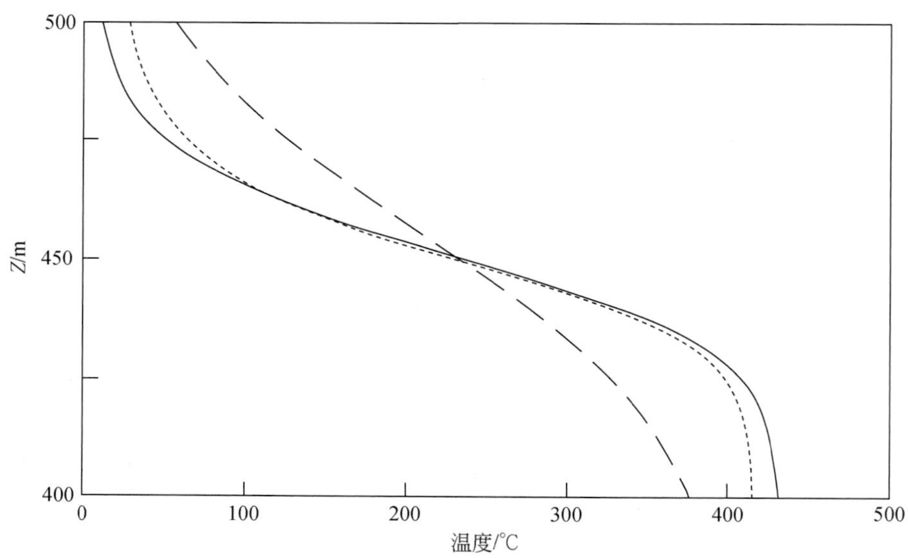


图 1-136　不同数值模型下，$x=800$m 位置处的羽状流的温度横截面（Coumou et al., 2006）
实线展示的是高分辨率网格（5000 要素，模拟 15，表 1-12）得到的二阶精确传播模型。点线给出的是同样高分辨率网格计算得到的一阶精确传播模型（模拟 14，表 1-12）。虚线代表的是一阶精度模型与低分辨率网格（6000 要素）结合得到的结果（模拟 22，表 1-12）。所有曲线用解析解进行拟合，分别得到无量纲时间$t^*=2.8$，$t^*=3.3$，$t^*=13.5$

$$\lambda_c^{2.8} \sim 85 \pm 10\text{m} \tag{1-220}$$

$$\lambda_m^{2.8} \sim 170 \pm 10\text{m} \tag{1-221}$$

这与数值观测结果一致。图 1-130 中描述的羽状流，分裂为两个宽度分别为 ~150m和 ~100m 的羽状流，这两个羽状流宽度都大于$\lambda_c$。由于宽度为 150m 的羽状流与$\lambda_m$近似，因此它的宽度越宽，上升速度越快。

由于上升速度明显高于 $v_c$，羽状流分裂宽度与预估值高度一致。因此，这些应该指示 Taylor-Saffman 指进而不是数值模拟导致的人为产物。在黏度为常数情况下，数值模型中的缺失也证实了这个结论。

C. 羽状流分裂的数值模拟

前述讨论存在一个问题，即为什么之前的数值模拟研究中没有观测到羽状流分裂。利用稳态方法，Wilcock（1998）和 Travis 等（1991）并没有得到这些瞬态过程，它们可能在高瑞利数的情况下才发生。低瑞利数模拟意味着低佩克莱数，最终导致$\lambda_c$值较大。

大部分研究假设流体不可压缩，热膨胀系数 $\alpha_f$和 $\mu_f$为常数。Jupp 和 Schultz（2000）模拟了水的完全非线性性质，仍然没观测到羽状流分裂。在前述讨论中，只有在热锋面足够陡的时候，才会发生羽状流分裂。同时，只有空间的一阶精确方案，才能消除温度梯度，人为地使其稳定下来。因此，只有保留尖锐热锋面的高阶精度的传输方案，才能模拟羽状流分裂。表 1-12 总结了标准地形（3600m×1000m）测试通过的不同数值模型（$k=10^{-14}\text{m}^2$）。图 1-137 比较了一阶和二阶传输模式以及两种水平的网格优化。结果表明，利用一级精确度或者降低空间分辨率，羽状流的锋面会变得更扩散。图 1-137（a）是二级精度传输模式和高精度网格的结果，而图 1-137（b）利用的是同样精度的网格，但是使用一级精度传输模式（模拟 14，表 1-12）。在这种模型中，羽状流分裂很少发生。在图 1-137（c）中，低分辨率网格明显降低了空间分辨率（~600m$^2$ 单元，线性有限元积分方程，模拟 22，表 1-12）。这会产生更为扩散的锋面及羽状流分裂的完全消失。图 1-136 展示了多低的精度模型可以使热锋面模糊。采取前述方法，可以产生更大的扩散时间和$\lambda_c$、$\lambda_m$。因此，一级精度模型可以明显降低羽状流分裂。利用低分辨率网格和一级精度模型可以消除这种现象。

因此，对以对流为主的近临界对流系统进行的精确模拟，可以获得：①水的完全非线性的物理性质；②高分辨率网格；③高级数值模型。

相比之下，以往研究多采用一级精度模型、较低的空间分辨率和固定的黏滞度。正如 Geiger 等（2006a，2006b）所提出的解决了双重有限元–有限体积（FE-FV）网格的温度–压力解耦算法，采用的不仅是空间二级精度，而且用了高分辨率网格。

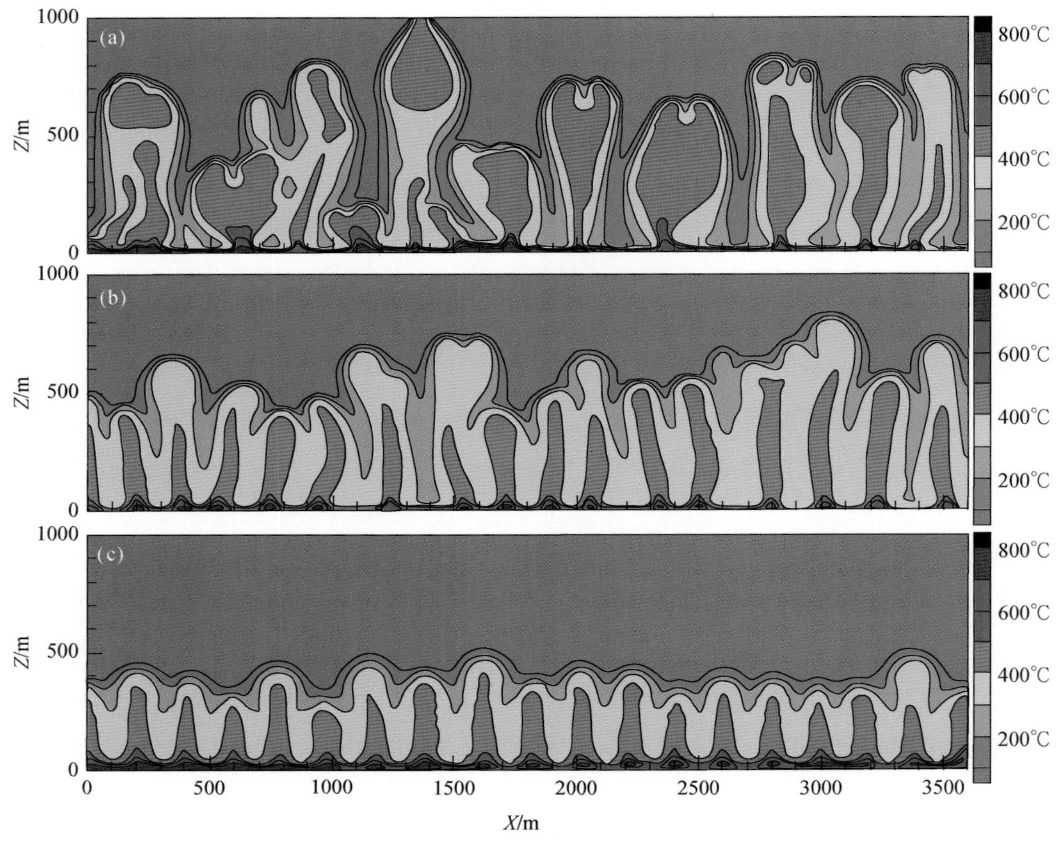


图 1-137　三种不同数值模型 200 年后的温度场（Coumou et al.，2006）

（a）二级精度传输和高分辨率网格；（b）一级精度传输和高分辨率网格；（c）一级精度传输和低分辨率网格

D. 黑烟囱喷口温度

尽管这里的通用模型并不能反映真实洋中脊热液系统的复杂性，但是模拟中出现的这些特征和自然系统中观测到的十分相似。这表明，水的性质与压力和温度的非线性关系，不仅决定了最大喷出温度，而且可以解释喷出温度的变化。模拟表明，对于相对适中的渗透率值，对流是不稳定的，黑烟囱会以持续变化的温度喷出。尽管缺乏理论依据，但是 Cherkaoui 和 Wilcock（1999）在高瑞利数 Boussinesq 模拟中观测到了类似的周期性行为。

对于在黑烟囱场中发生地震事件之后观测到的温度变化，这里提出了一个简单的物理解释：地震引起渗透率的增加，使得对流系统变得不稳定，脉冲式喷出伴随着温度的波动。久而久之，随着整体渗透率的降低，喷口温度逐渐稳定，裂隙阻塞，系统会进行自我调节。这可以解释为什么一些黑烟囱在十年周期内是以固定温度喷出，而其他的一些黑烟囱，尤其是地震之后产生的黑烟囱，喷出温度以周为单位变化。这里描述的温度基本上在更小的时间尺度上波动。尽管部分问题缺少足够的时间序列，但是这可能反映了其渗透率值比这里用到的高很多。其他用来解释温度变化的机制更为复杂，如周期性的传播破裂锋面或者岩浆补给等。目前，记录长期喷口温度的数据库是对东太平洋海隆（EPR）9°50′N，包括了从 1991～2002 年监测的结果。在此期间，流体温度变化范围为 350～395℃。显然，这些喷口经历了相分离，观测温度的范围和这里的模拟结果是匹配的。

E. 喷口空间变化

规律性间隔的、狭窄的管状上升流区的热液系统结构与实际观测基本一致。Tivey 等（2002）提供了海底热液结构一种可能的数据模型，他们推测主 Endeavour 区为这种狭窄的管状上升流区。与喷口流体温度会发生改变不同，这里的模型预计喷口位置是固定的。当 $k=10^{-14}m^2$时，喷口区设置是固定的。而当 $k=10^{-13}m^2$时，喷口区位置以十年为周期变化。羽状流分裂会导致在相对短时间内，单独的羽状流出现在表面两个不同的位置，之后，其中的一个羽状流坍塌。另外的机制中，随着补给逐渐增加，羽状流会在海底消失。这两种机制会短暂地或永远地导致黑烟囱消失。第一种会在喷口区内将单独的喷口消除，而第二种是将整个喷口区消除。但是，这些过程是否是真实发生的，值得进一步探讨。目前，已经停止喷发的喷口不是很多，但这可能是由缺乏足够的数据造成的。EPR 9°50′N 的管虫喷口是一个可能的数据参考，它已经停止喷发，而它附近的喷口仍然保持一定的温度，甚至温度还升高了。

F. 模型的局限

各向同性、均匀的渗透率分布是洋中脊顶部的理想化表现形式。洋中脊轴部的渗透率是无法测量的，预测值范围在 $10^{-13}\sim10^{-11}m^2$，这明显高于这里提到的渗透率。但是，这些估测是基于 Boussinesq 流体的简单管状模型。假如这种影响直接作用到管状模型中，那么估测值代表了典型洋中脊处的渗透率。另外，真实的渗透率是呈层状分布、各向异性的，尤其在叠加了高渗透结构的岩脉中，渗透率明显受温度控制。尽管一些研究者认为，热液流体流动开始的温度在 900～1000℃，但是，玄武岩在脆-韧性转换处，温度为 700～800℃时渗透性消失。另外，矿物沉淀引起的裂隙封闭也是影响渗透率的一个因素。底部恒定的温度界限假定了一个无限的热量供给。尽管可能会高估，但是这却是对快速扩张洋中脊最好的估计。向下传输的裂隙锋面将使流体与新鲜的热岩石接触。然而研究表明，如果运用真实的流体性质和精确的数值模型，各向同性的渗透率模型理论上可以真实地估计洋中脊附近的热液动力学。

通过运用纯水的状态方程代替海水的方程，使计算得到了大量简化。临界点之上的纯水是单一相超临界流体。当压力和温度高于纯水的临界点之上时，$NaCl-H_2O$ 流体会沸腾，进而分离出高盐卤水和低盐蒸汽。这对上面的结果有明显影响。未来研究需要将简单的模型推广到海水系统中。

总之，通过利用真实水性质对高渗透率的洋中脊轴部热液循环的高精度数值模拟，发现流体流动模式更无规律，对流比之前的推断更不稳定。上升的热羽状流分裂主要是由高温的低黏滞流体和低温的高黏滞流体分界面处黏性的Taylor-Saffman不稳定性导致的。分裂羽状流宽度的估计与数值模拟结果高度一致。尽管羽状流可以在同一个位置喷发几万年，但是喷出温度在年际尺度上是存在波动的，并且喷发可能会暂时性停止。对流的不稳定性可以解释几十年尺度上的温度变化，渗透率越高，波动周期越短。

灵敏度分析表明，如果想更真实地模拟临界温度和压力之上的高瑞利数对流，需要流体的非线性性质以及更高级别的传输模型和高分辨率网格。低精度的数值模型会把数值扩散过程中流体性质的尖锐梯度抹平，造成系统稳定的假象，但是这会隐藏很多突发性质，如 Taylor-Saffman 指进。

Coumou 等（2006）提出了新的、精确的二维模型数值模拟，其模拟与活跃在洋中脊高渗透性轴部的热液系统相似，并且和以前的模拟研究报道的流体流动模式相比，更加不规则，对流更加不稳定。首先，人们观察到了炽热的上升羽状流分裂。该现象是由高温的低黏度流体与低温的高黏度流体之间的界面处的黏性不稳定性引起的。这个 Taylor-Saffman 指进可能解释了黑烟囱的突然熄灭。其次，对于相对中等的渗透率，对流不稳定，会导致排气温度发生瞬时变化。这些波动的幅度通常为40℃，持续时间不超过数十年，具体取决于磁导率。尽管外部施加的事件（如岩墙侵入）是可能的机制，但并不需要它们来解释在自然系统中观察到的温度变化。模拟结果还提供了地震事件如何引起温度波动的简单解释：地震引起的渗透率增加将热液系统转移到不稳定状态，并伴随喷口处的温度波动。对这些高瑞利数对流系统的真实建模，不仅需要使用真实的流体特性，而且还需要使用能够处理高分辨率网格的高阶数值方法。精度较低的数值解会抹平尖锐的对流前缘，从而造成人为的系统稳定。

### 1.6.5 热液盐度变化

黑烟囱喷出流体的盐度变化，为海底相分离的发生提供了明显证据（Massoth et al., 1989；von Damm et al., 1995, 2003）。海水从海底进入洋壳，在往下流动的过程中被加热，然后在热液区的基部发生相分离，最后以热液流形式返回海底。在进行相分离时，似海水的流体会分离成低盐度、低密度的蒸汽相和高盐度、高密度的卤水相。盐的存在允许该过程在低于和高于海水临界点（29.8MPa，407℃，3.2wt.%）的压力-温度条件下进行。当相分离压力低于临界压力时，海水会沸腾，产生非常低盐度的蒸汽相和高盐度的卤水相。相反，在高于临界点的压力–温度条件下，取决于压力–温度条件，少量致密卤水将冷凝，留下具有高盐度的剩余蒸汽。在洋中脊相关文献中，这些不同类型的相分离通常被称为“亚临界”和“超临界”相分离。然而，这个术语严格来说，指的是海水流体，相分离的发生意味着各种盐度的流体都存在于地下，所以这个术语是矛盾的，因此使用“沸腾”和“凝结”这些代表实际物理过程的术语更合理（Liebscher and Heinrich，2007）。

一个关键问题是，为什么一些热液系统几十年内在时间和空间上都是化学稳定的，而另一些则不是（von Damm，1995；von Damm et al.，1997；Chiba et al.，2001）。在几个相对较浅的系统中，可以观察到低盐度流体（海水盐度的 5%～50%），其中，相分离推测主要通过沸腾产生（Massoth et al.，1989；Butterfield et al.，1990；von Damm et al.，1995；Oosting and von Damm，1996）。在其中的几个区域，已经观察到相隔数十米的黑烟囱同时排放低盐度和高盐度流体（Butterfield et al.，1990）。这种类型最极端的情况是 Brandon 喷口，在烟囱本身的海水临界点可能会发生相分离，导致卤水和蒸汽同时从同一个烟囱的不同孔口排出（von Damm et al.，2003）。除了这些剧烈的空间变化之外，在这些相对较浅的系统中已经观察到排气孔盐度随时间的快速变化。相反，在高压下冷凝产生相分离的系统中，迄今尚未观察到如此大的变化（Butterfield et al.，1994；James et al.，1995；Gallant and von Damm，2006）。在其中一些系统中，所有黑烟囱的喷口都具有相似的喷出盐度，几乎没有空间变化（James et al.，1995；Gallant and von Damm，2006）。在胡安·德富卡洋中脊的 Main Endeavour 区，所有黑烟囱喷口自发现以来，就一直喷出低盐度流体，变化很小（Seyfried et al.，2003）。另外，在大西洋中脊的 TAG 油田，在 12 年的时间内，仅测量到了高盐度流体，而低盐度气相则不存在（Chiba et al.，2001）。

为了理解包括相分离过程在内的海底对流的物理过程，需要数值模拟技术。由于物理机制过于复杂，无法用分析公式来解决，实验室实验又受到高压–温度条件的限制。因此，只使用不同于 $NaCl\text{-}H_2O$ 的二元流体体系进行的模拟实验，限制了它们的适用性（Cherkaoui and Wilcock，2001；Emmanuel and Berkowitz，2007）。然而，准确地捕捉这些系统在数值模型中的物理特性是具有挑战性的，因此，需要采取假设，以限制模型的物理现实性。

许多研究调查了单相流体流动，以了解黑烟囱热液系统的动力学和通用环流模式。这些数值研究中采用了所谓的 Boussinesq 近似，其中，密度项仅在浮力项中加以考虑，而在别处被忽略（Schoofs and Hansen，2000）。此外，尽管它们在黑烟囱系统的压力–温度范围内是非线性变化的，但通常认为，流体性质，如密度、黏度和热容，是恒定或线性化的（Cherkaoui and Wilcock，1999）。这些方法可以大大降低系统对流的趋势，而在黑烟囱系统中，实际上可以抑制主导的物理过程（Coumou et al., 2006）。后来的数值研究使用了真实的、非线性的流体特性，但将对流作为单相系统处理。做到这一点的一种方法是以纯水作为海水的代用品，在临界点以上的压力下，它始终是单相的（Jupp and Schultz，2000，2004；Coumou et al.，2006）。其他研究虽然也使用了海水的性质（即含 3.2wt.% NaCl 流体的 $H_2O$），但是通过对两相进行加权平均方法来把双相区流体作为单相流体（Fontaine and Wilcock，2007）。这些方法都没有包括相分离在内的两相流体流动，因此，不能解决黑烟囱流体的盐度变化和卤水层形成等问题。

迄今为止，针对黑烟囱系统多相过程的研究数量有限，没有一项研究包括高压-高温条件下相分离卤水流体的全部物理特性。热管解决方案中假设总流量为零，其中，液体和蒸汽分别以一维几何形状向下和向上运动。虽然热管解决方案大大简化了物理过程，并忽略了几何学，但这些模型是第一个模拟海底热液系统底部卤水层形成的模型（Seyfried et al.，2003）。其他研究采用二维方法，但排除了盐的影响（Lowell and Xu，2000），或仅通过传导处理热传递（Lewis and Lowell，2004）。Kawada 等（2004）研究了水-盐双相对流的二维数值假设，包括 Boussinesq 近似，两相的恒定和相等的黏度与热容，以及忽略潜热。尽管有其局限性，但该研究表明，低盐度（2.5wt.%）和高盐度（4.4wt.%）的流体可以在海底同时排出。

有两项数值研究已经为研究黑烟囱系统的对流提供了基础，这些系统使用了真实特性，包括将咸水分离成低盐度蒸汽和高盐度卤水。第一个是：NaCl-$H_2O$ 体系流体相特性的实际模型，它适用于在黑烟囱水热系统中遇到的全压力温盐度范围（Driesner and Heinrich，2007）。第二个是：基于压力-焓-盐度（PHX）的多相输送方案（图 1-138 和图 1-139），它取代了之前由 Geiger 等（2006a，2006b）编写的内部代码，而使用压力-温度-盐度（PTX）符号。与 PTX 方案相反，PHX 方案严格保存水和盐的质量及能量，因此，它在多相条件下更为精确。这些新颖的工具融合在复杂系统建模平台（CSMP）有限元有限体积模拟器（Matthai et al.，2007）中，能够对海底和大陆岩浆-热液系统以及地热和盆地油藏模拟，进行准确的多相模拟。

这项研究代表了 PHX 运输方案的第一个应用，在这个方案中，研究了在黑烟囱喷出流体中观察到的盐度变化。为了量化一级物理控制和相分离对对流的影响，使用具有均匀渗透性的洋中脊洋壳的二维简单几何模型表示。高分辨率网格用于解决多相条件下热和盐同时对流的问题。为探索不同渗透率、底部热通量和水深的对流，可保持从海底到岩浆房的距离不变。结果表明，将产生两种不同的对流方式，这取决于相分离是通过沸腾，还是通过卤水冷凝而发生。预测的相应喷出盐度及其在空间和时间上的变化，可以与自然系统的测量值相吻合。

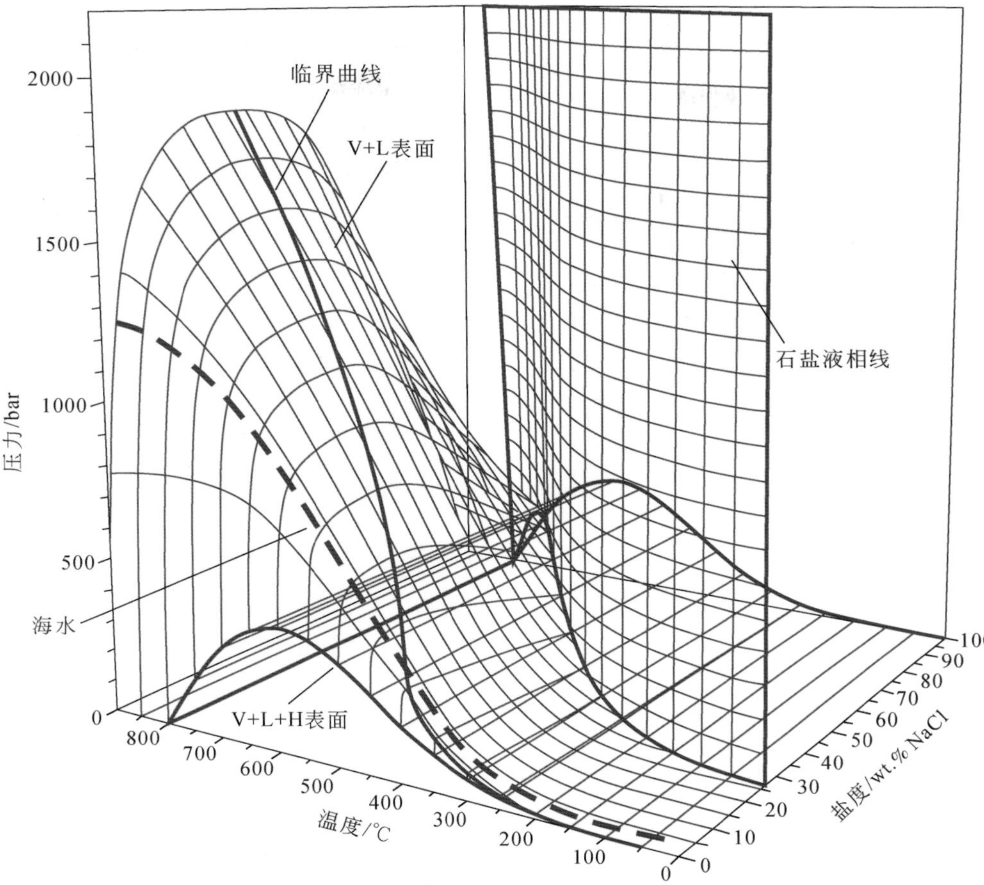

临界曲线
V+L表面
石盐液相线
海水
V+L+H表面
压力/bar
2000
1500
1000
500
0
温度/°C
800
700
600
500
400
300
200
100
0
盐度/wt.% NaCl
100
90
80
70
60
50
40
30
20
10
0

图 1-138　压力-温度-盐度空间系统 $H_2O$-NaCl 相图（Coumou et al., 2009）

相边界由 V+L 表面，V+L+H 表面，石盐液相线，临界曲线和 $H_2O$（黑点）的临界点表示

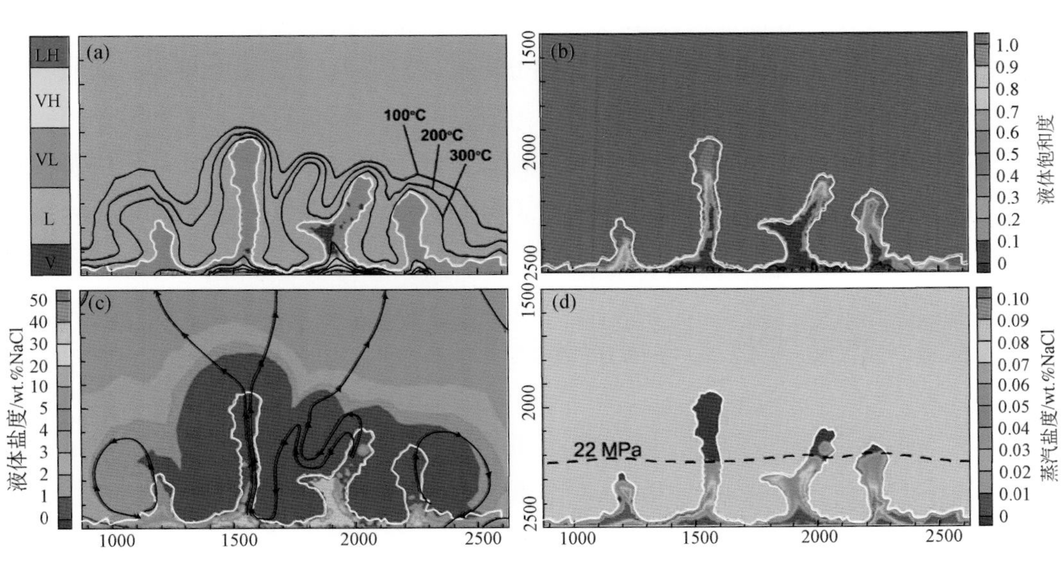

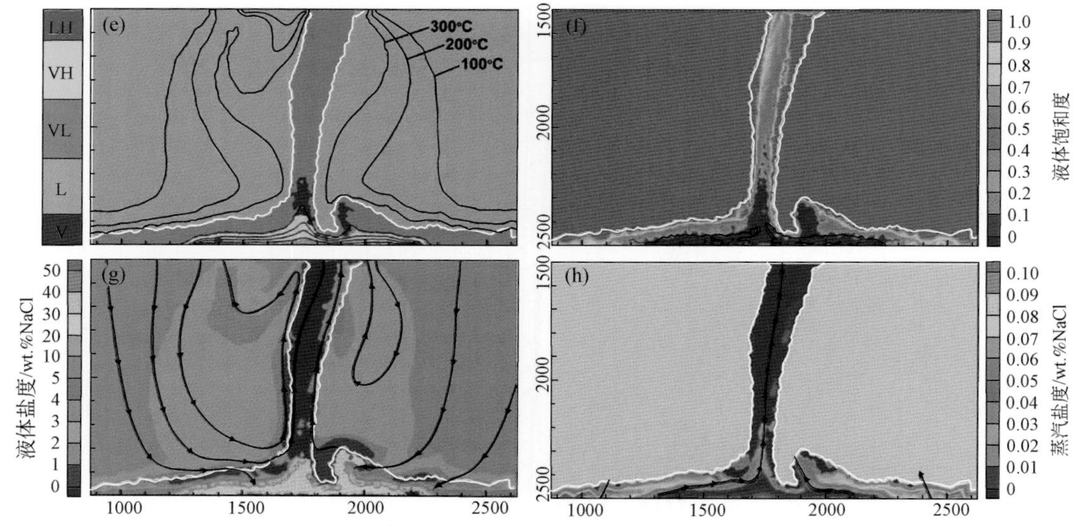


图 1-139　200 年（a-d）和 400 年（e-h）后模型 1 的结果（Coumou et al., 2009）

（a 和 e）每 100℃色相和等温线（黑线）的相态。LH，液体石盐；VH，蒸汽卤素；VL，汽液；L，液体；V，蒸汽。（b 和 f）颜色和盐岩饱和度为 0.1（黑线）的液体饱和度。（c 和 g）液体盐度和液体流动线。（d 和 h）蒸汽盐度和蒸气流动线。所有图中的白线表示单相（L）和其他相区之间的边界。c，d，g 和 h 中的灰色区域表示该阶段不存在。深度以海平面以下的米数表示

利用真实流体性质第一次提供了黑烟囱热液系统的完全瞬态二维数值模型，该模型允许发生 $H_2O$-NaCl 系统可能的所有相变，包括对流海水分离成低盐度蒸汽相和高盐度卤水相，因而可以在低于、接近和高于海水临界点的压力下研究对流、多相流和相分离。这里的模拟可以准确预测排放盐度的范围自然海水盐度的 5% 至 2.5 倍的情形。在 1500m 水深的低压系统中，在从热液池底部延伸到海底的沸腾区发生相分离。低盐度蒸汽和高盐度卤水可以同时排放，排放液体盐度的瞬时变化可以很快。在大约 3500m 水深的高压系统中，相分离被限制在靠近下方岩浆房的区域，而排出流体由低盐度蒸汽和近似海水的流体组成。因此，只要在地下发生相分离，来自这些系统的排放盐度在时间上更均匀，且总是低于海水盐度。只有关闭热源，在高压情况下才能开采卤水，使得其盐度大于海水盐度。这些数值结果与几种天然黑烟囱系统的长期观察结果非常吻合。

## 1.6.6　热液羽状流与物质输运

跨越不同地质背景的高温热液喷口，排放富含溶解铁（dFe）和锰（dMn）的流体，其浓度往往比深海海水中的浓度高出一百万倍。在海洋表层，铁是必不可少的，通常为初级生产者的微量营养元素。空气粉尘和大陆边缘作为铁的主要来源，

是过去全球尺度研究的焦点，而热液来源的铁主要沉淀成固相，以快速氧化后形成的多金属硫化物或羟基氧化物的形式沉积在近喷口的源区沉积物上层。因此，通常假定热液喷口向海洋提供的铁可以忽略。

然而，几次 GEOTRACES 研究的测量结果以及溶解态金属的分布，证实了热液来源的 Fe 从洋中脊到太平洋、大西洋、印度洋、南大洋和北冰洋的长距离输送。热液来源的 Fe 最终的稳定形式，包括在胶体粒径组分中形成小的无机纳米粒子以及有机配体络合物，可以保护 Fe 免于沉淀和重力沉降。对于颗粒态金属，热液研究强调靠近喷口的过程。以前只有一项研究报道称，沿着向西扩散的 $^3He$ 羽状流的核心部位上存在颗粒态 Fe（pFe），其覆盖在 15°S 附近的一个富金属沉积区，但是取样仅沿轴向外延伸了 80km。因此，远处热液羽状流中颗粒态金属的转变和横向范围相对被忽略了。

美国 GEOTRACES GP16 东太平洋纬向剖面的一个主要目标是，确定沿 15°S 东太平洋海隆羽状流轨迹排放的微量元素的长期归宿。从东太平洋海隆南部的洋中脊轴线（15°S，112.75°W）开始，在全球最大的已知热液 $^3He$ 羽状流为核心延伸的 4300km 的横断面上，抽取了 11 个全水深台站（图 1-140）。因为 $^3He_{xs}$ 在化学上是惰性的，所以在通过深海运输过程中，$^3He_{xs}$（xs 是非大气的 $^3He$）适当混合，可作为明确的热液输入示踪剂。最近，一项关于沿 GP16 剖面溶解态金属的研究表明，热液来源的 dFe 和 dMn 沿着整个羽状流长度发生了运输，并且尽管预期有清除作用，但显然 dFe 在大部分羽状流长度上是守恒的。

这里揭示了沿同一剖面的互补颗粒态 Fe 和 Mn 的分布（图 1-140），且还强调了以前未报告的 dFe 和 $^3He$ 等密度线，并且根据同位素和同步加速器形态成像技术推断，dFe 的这种垂向下降主要通过可逆交换与下沉的 pFe 来调和，因此，这可能有助于 Fe 与有机质的关联（图 1-141）。相比之下，由于 pMn 与低密度微生物胶囊的缔合，且缺乏 dMn 的有机和胶体形态，而不能穿过等密度环，因此，Mn 会抑制与沉降颗粒相的交换。Fe 和 Mn 的这种解耦，对热液羽状流中其他元素的含量以及铁从海洋中移除具有重要影响。

太平洋深处附近的高浓度颗粒态（>0.45μm）Fe 和 Mn 的整个 4300km 剖面上，均可以检测到微粒热液羽状流（图 1-140）。这是迄今为止最广泛的颗粒态热液羽状流，补充了先前报道的 $^3He$、dFe 和 dMn 羽状流分布。然而，当羽状流表现出羽化时，富含 Fe 和 Mn 的颗粒会在该羽状流中发生聚集性的移除。例如，在离轴第一个 200km 之内损失了>90% 的 pFe，而在整个剖面中 $^3He_{xs}$ 仅为原来的 $\frac{1}{3} \sim \frac{1}{2}$（图 1-141）。

总体而言，pFe 和 pMn 的损失与一级动力学降解一致，这表明其沿着羽状流长轴以几乎恒定的速率，从上方沉降在生物和/或在成岩颗粒上聚集。然而，近场

(<100km)粒子被快速降解，不适合单个指数函数（图1-141），这表明在近场环境中，高粒子浓度导致的自聚集，会使粒子以更快的速度从近羽状流端移除（图1-141）。

由环流模拟和浮标观测估计，15°S 附近的 2500m 水深的平流速率为 0.2 ~ 0.5cm/s，故从洋中脊轴部台站 18 到台站 36 的羽状流运输时间为 25 ~ 70 年。Fe、Mn 和$^3$He 的异常低浓度（图1-140）反映了连续羽状流发生了中断，可能是由于 112°W ~ 125°W 的反气旋环流所致。

重要的是，pFe 最大值相对于羽状流长轴上的$^3He_{xs}$在水深上增加了 350m（图1-140）。这意味着热液 pFe 在 ~5 ~ 10m/a（0.01 ~ 0.03m/d）处持续缓慢下沉，与 0.5μm 纯铁颗粒的斯托克斯（Stokesian）沉积一致。

相反，pMn 没有显示重力沉降行为（图1-140）。峰值 pMn 浓度保持接近于 dMn 和$^3He_{xs}$的深度，并且沿着密跃层为等密度混合。因此，尽管大多数 pMn 和 pFe 通过聚集在沉降颗粒之中或之上，以指数形式从羽状流中去除（图1-142），但是持续的含 pFe 和 pMn 羽状流在垂直下行过程中会解耦（图1-140 和图1-141），这表明含 Fe 和 Mn 的颗粒在尺寸、形状和比重方面有根本性的不同。

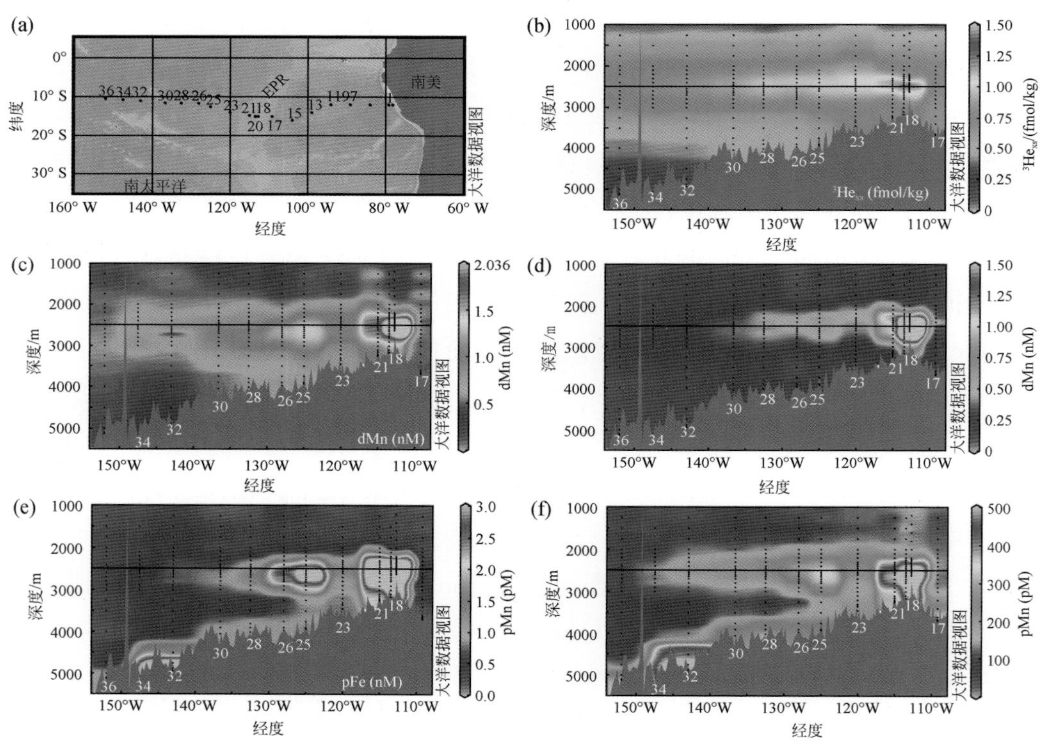


图1-140 沿美国 GEOTRACES GP16 东太平洋纬向剖面的插值浓度和台站分布（Fitzsimmons et al.，2017）

（a）与南美洲大陆和东太平洋海隆有关的台站位置和名称（颜色代表水深；绿色指示较浅水深）；(b)$^3$He 的浓度 fmol/kg；（c）溶解态铁的浓度（<0.2μm，nM）；（d）溶解态 Mn 的浓度（<0.2μm，nM）；（e）颗粒态Fe（>0.45μm，nM）；（f）颗粒态 Mn（>0.45μm，pM）。请注意，在每个面板中，都在2500m 处标有黑色参考线，以突出显示含铁羽状流的深度

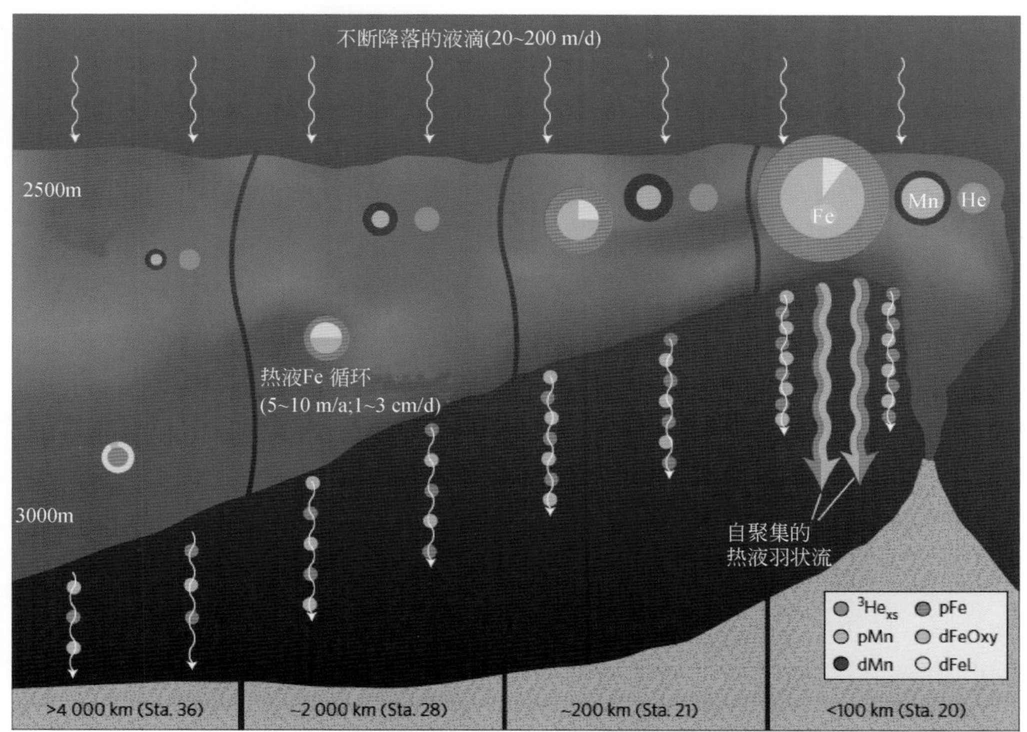


图 1-141　Fe、Mn 和 $^3He_{xs}$ 沿东太平洋海隆南部热液羽状流运输和转化（Fitzsimmons et al., 2017）

羽状流物理边界用灰色表示，代表轴外的非线性距离（标记在底部）。同心圆大小表示颗粒态和溶解态金属的相对浓度大小；圆圈大小代表相对浓度，但 Fe，Mn 和 $^3He_{xs}$ 的最大值定量不准确。饼图显示溶解态铁的化学形态。颗粒态铁和锰可以通过从上方聚集到沉降的颗粒上（白色箭头）和通过热液源颗粒的近场自聚集而被去除。请注意，Fe 相对于 Mn 和 $^3He_{xs}$ 下降，它们沿着略微加深的等值线混合

所有深海洋盆都记录了热液来源的溶解态金属。在海洋最大的已知热液羽状流中，从东太平洋海隆南部穿过太平洋西部，GEOTRACES 计划揭示，溶解态 Fe 和 Mn 输运跨越了太平洋宽度一半的距离。在这里，即使已经离开喷口 4000km，相同羽状流中的微粒 Fe 和 Mn 也超过了局地的背景浓度。与 $^3He$ 这种热液输入的非二次输运的示踪剂相比，溶解态 Fe 和颗粒态 Fe 的深度都增加了 350m 以上，但 Mn 没有显示类似的下降。单独的羽状流颗粒分析表明，颗粒态铁存在于低密度的有机质中，这与其 5～10m/a 缓慢的下沉速率相一致。化学形态和同位素组成分析表明，颗粒态铁由羟基氢氧化铁（$Fe^{3+}$）组成，而溶解态铁由纳米颗粒的羟基氢氧化铁（Ⅲ）和有机络合的铁相组成。羽状流溶解态铁的下降可以通过缓慢下沉颗粒的可逆交换来很好地解释，这可能是由有机化合物结合铁所导致的。在铁含量高的海洋环境中，溶解态铁的通量可能取决于溶解相稳定性和沉降颗粒交换可逆性之间的平衡。

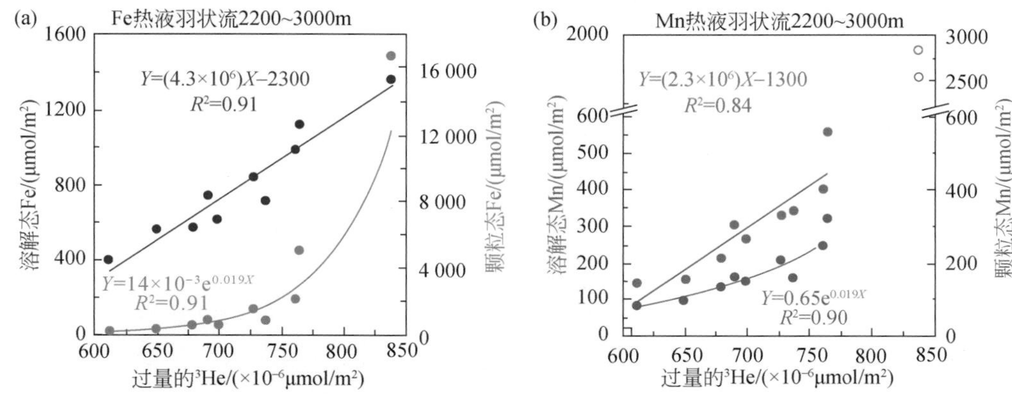


图 1-142　东太平洋海隆南部热液羽状流（2200～3000m）中溶解态和颗粒态金属存量与过量$^3$He之间的关系（Fitzsimmons et al., 2017）

（a，b）分别为 Fe 和 Mn 的详细信息。除台站 18（直接在通风口上方）外，所有台站均包含在内。台站 20 绘制为 Mn 的空心圆，因为这些点从远端羽状流趋势中消失。2200～3000m 的范围包含了羽状流中发生铁沉降的整个位置。$^3He_{xs}$与溶解态金属之间的线性关系表明，溶解态金属库存显然是守恒的（由混合/稀释控制），而颗粒态金属与$^3He_{xs}$之间的指数关系表明，颗粒态总去除深度>3000m

一般而言，这里阐述的可逆清除模型代表了海洋模型中 dFe 清除的参数化范式转换。当前的大多数全球生物地球化学铁模型，都将颗粒相的不可逆去除作为其主要的非生物溶解–颗粒相互作用。然而，这里的铁沉降速率，比典型的海洋沉积物沉降速率慢1000 倍（图 1-141），这表明 dFe 选择性地进入到悬浮的热液 pFe 相上或者解吸–吸附速率比很大。这里介绍的 Fe 循环建模将试图揭示决定热液源 dFe 的海洋滞留时间的转化率。未来的工作应该调查这种可逆清除过程是否也发生在其他含有高含量颗粒态 Fe 的海洋体系中，包括大陆边缘、高灰尘区域和海洋底部的雾状层。最终，这些边界系统的 dFe 全球海洋通量应该取决于溶解相中的稳定与沉降颗粒上可逆/不可逆清除之间的平衡。最重要的是，对 Fe 和 Mn 的解耦组分和沉降速率的观察表明，不同元素的化学清除途径是独特的。因此，海洋物种的水生化学受有机和无机成分控制的程度将决定未来的热力学系统如何将海洋过程建模。

# 第 2 章　洋底深浅耦合模拟应用

数值模拟是走向深海大洋海底研究的便捷途径。当今，对起源于深海海底构造研究的板块构造理论深化理解的需求，以及计算技术的飞跃发展，数值模拟技术发展迅速，研究群体不断扩大。通过数值模拟也大大提升了理论水平，同时，推动了海底资源、能源和灾害的预测与评估水平。本章针对洋底不同构造系统，探讨深部-浅部之间的构造耦合过程，从数值模拟角度，加深对板块构造理论的理解，实现对前人认知的集成和超越，并有所新发现。

## 2.1　伸展裂解系统动力学

### 2.1.1　裂谷、被动陆缘到洋陆转换带过程

#### 2.1.1.1　大陆裂谷

（1）定义及分类

早期的研究将裂谷定义为以正断层为界且有一定延伸的大型构造坳陷，并没有解释其发育模式和形成机制（Suess，1891；Willis，1937）。后来研究者将其发育模式归结为挤压和拉张模式，但一直存在争论（Willis，1937；Bullard，1936）。现今，大家普遍认为裂谷属于伸展构造，即使它可能在更大空间尺度上与早期、同期（如垂直同期造山带的碰撞谷）或者后期的挤压作用有关。

从形态学上来看，裂谷应该被定义为沿正断层走向延伸并以正断层为界的断陷（Ramberg and Moegan，1984；Rosendahl，1987）。然而，裂谷与火山活动、热液活动、岩石圈结构异常以及地震活动的密切联系，表明裂谷并不局限于上地壳深度，而是与岩石圈和软流圈的活动有关。Krenkel（1922）用来描述东非大裂谷的扩张型成因的“地裂运动”一词，本质上就是现代用法当中的“裂谷作用”。

Burke（1977）将裂谷定义为：岩石圈整体在拉张环境下发育成的断裂带的延伸。这种定义被美国地质学会引用并纳入地质学专业词典的修订版中，它将不同构

造背景下的裂谷定义为：

1）以正断层为界的狭长大陆凹槽及局部扩张的地堑，裂谷标志着岩石圈在拉张环境下发育出的断裂带；

2）区域性走滑断裂带。

本节的内容首先从当初的这些定义出发，但在接下来的内容中，再对其进行一些详细阐述和修正。

Burke（1977）或美国地质学会的定义所包含的裂谷形成的根本作用与裂谷作用类似，但是，在绝大多数裂谷中，并没有实验中证明的“断裂”（即贯穿岩石圈的一条完整的破裂）的存在。岩体形变模型表明，下地壳和岩石圈地幔更有可能发生韧性变形，并且在地幔物质的侵入逐渐发展成为海底扩张之前，也就是在地壳拉张和新的幔源玄武岩侵入达到平衡之前，岩石圈不会发生断裂。或许正因如此，才更应该重新定义一个真正的裂谷概念。岩石圈变形可能无法在垂向上均匀分布（Wernicke，1985），但是整个岩石圈必须都参与变形才能满足此处所定义的裂谷标准。

出于本书的目的，这里将大陆裂谷的定义修改为“与构造有关的狭长断陷，且整个岩石圈都在伸展背景上发生了变形”。裂谷系统被定义为一系列在构造上相互联系的裂谷。这些定义隐含地包括了在伸展过程中岩石圈的瞬态热变化以及永久性的结构/成分变化。请注意，对此定义的严格解释中未包括：

1）较小的伸展特征或简单的地堑，其整个岩石圈没有被伸展作用所改变；

2）高度伸展的地体，其没有形成狭长的构造断陷；

3）裂陷的被动大陆边缘，在这里，最初的构造断陷发展成洋盆。

这些特征与前文狭义的大陆裂谷不同，可能部分取决于伸展的幅度，如很小的绝对伸展量（比如在100km宽的区域内伸展量不到5%）可能不足以改变整个岩石圈，因此，只能形成几个简单的地堑。另一方面，较大的拉伸应变（比如大于100%的拉伸）可能需要强烈的岩石圈改造，以至于不属于狭长的构造断陷的范畴。

可见，裂谷的这种有限定义是任意的，并且所有这些构造特征的形成过程可能都是相似的。实际上，它们可能代表岩石圈伸展过程中的不同阶段。因此，本节将详细讨论高度伸展的地体和裂谷型被动陆缘。造成这种情况的原因有很多：

1）这里采用的定义和分类应主要用作理想化的模型，以帮助理解基本过程。

2）“真实的”大陆裂谷、高度伸展或超伸展的地体和裂谷型被动陆缘可以说是大陆伸展构造的相关变种，但通常无法仅通过形态和/或近地表地质数据来区分它们。在进行明确区分之前，可能需要进行广泛、详细的深部地球物理调查。

3）有时，但并非总是如此，特定的裂谷、高度伸展的地体或裂谷型被动陆缘可能是演化序列中的不同阶段，仔细研究它们的异同，有助于增加对大陆伸展的更多方面的基本了解。

(2) 密切相关的伸展构造

地堑和裂谷并不一定是同义词。裂谷的经典定义基本上包含了现在用于地堑的相同标准：长边由断层界定的一条狭长的、相对断陷的地壳。的确，大陆裂谷的两个最著名的例子是中欧裂谷系统的莱茵地堑和奥斯陆地堑，在历史上，它们首先被人们认识，并因其地堑状的地形特征而得名。裂谷型地堑（或更普遍的是半地堑，它们大多数沿裂谷的长轴方向显示相反的极性）是许多大陆裂谷的主要地表表现形式，其宽度通常在20~50km，这个尺度是脆性的大陆上地壳的典型厚度。相反，简单的地堑是较小的构造断陷，它们通常只有几米至几千米，并且是由较小的近地表伸展作用所形成，而不是由较深的岩石圈应变所产生的。

高度伸展的地体特征是，上地壳伸展程度约为100%，可能比裂谷中的典型伸展还大一个数量级。与裂谷中相对较窄、较深的盆地相比，这种伸展通常形成较宽、较浅的盆地（McKenzie，1978），即后来称的宽裂谷，相比之下狭长的裂谷被称为窄裂谷。在某些地方，高度伸展的地体暴露于穹形的隆起（即后来称的变质核杂岩）中，仅有很少伴生或不伴生有盆地，但尚不清楚这些隆起是与伸展作用有关的主要还是次要特征（Okaya and Thompson，1985，1986）。此外，高度伸展的地体并不总是与地壳和岩石圈的重大变化有关（Keller et al.，1990）。地壳和地幔之间的相互作用在高度伸展的地体中比在裂谷中分布的范围更宽，因此，不会导致明显的地球物理异常和火山特征。另一种情况是，在高度伸展的地体内的单个盆地可能与纵贯切穿地壳或岩石圈的剪切带（即后来称的拆离断层）有关，这些剪切带分割了深层伸展与浅层伸展（Wernicke，1985）。大陆裂谷伸展作用可能会叠加在高度伸展的地体上，这显著发生在美国西部许多地区新近纪的两个伸展阶段中（Morgan et al.，1986），即20世纪90年代以后人们集中研究的变质核杂岩及相邻断陷盆地。这种叠加可能使高度伸展的地体地壳特征难以与叠加型裂谷特征区别。不管是什么原因导致高度伸展的地体和裂谷之间的差异，这两种结构特征显然都是通过伸展作用而相互关联的，但是由于它们的地表差异，人们通常将它们独立进行研究。

大陆分离所形成的被动大陆边缘是存在差异性的，并且可以找到例子来证明其起源于大陆裂谷或高度伸展的地体。由于有时可以在相同的大陆边缘处沿走向找到对比示例，因此，裂谷和高度伸展的地体之间存在紧密的联系。裂谷和高度伸展的地体之间的根本区别也许仅仅是伸展的程度，即高度伸展的地体是高应变裂谷。但是，有些裂谷不经过高度伸展的地体阶段就演化成大陆边缘，对这种现象的解释说明，伸展程度并不是裂谷和高度伸展的地体之间的唯一基本区别。因此，裂谷和高度伸展的地体代表不同的伸展模式，但这些模式之间存在连续性。这种连续性以沿被动大陆边缘走向发生变化的火山和构造样式为代表。

主要伸展特征的定义如图 2-1 所示。Rosendahl（1987）提出了一种更全面、更详细的大陆裂谷结构术语，主要用于描述裂谷的浅层结构。由于本节的重点主要是在岩石圈尺度上对裂谷的理解，因此，这里不采用 Rosendahl 的详细术语，但对上地壳裂谷结构进行详细研究时，建议使用该术语。

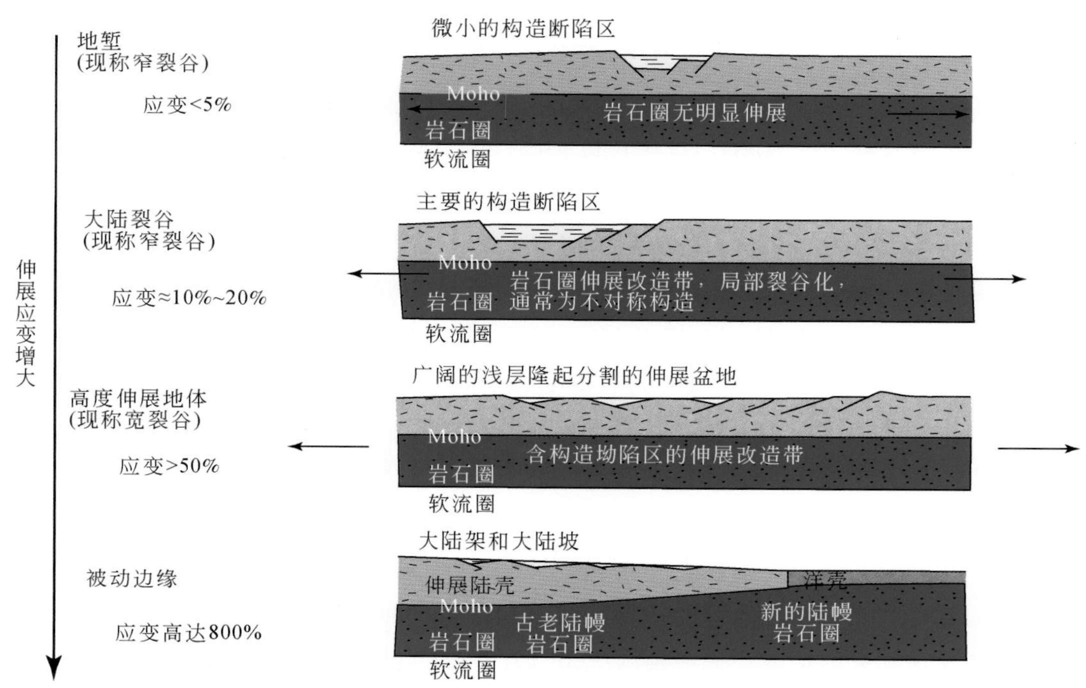


图 2-1　大陆裂谷成因或触发机制的高度简化端元模型（Olsen and Morgan，1995）

表 2-1 总结并定义了与大陆裂谷有关的重要术语。大陆裂谷的许多特征似乎与岩石圈伸展过程中的瞬态热现象有关，这将裂谷主要分为现今裂谷和古裂谷两类。现今裂谷被定义为具有与伸展有关的活跃构造或岩浆活动和/或来自岩石圈伸展扰动形成的瞬态热现象（高地表热流、热隆升、浅居里等温面、低上地幔地震速度等）的裂谷（Ramberg and Morgan，1984）。古裂谷（有时也称为“死亡”裂谷）被定义为死亡的（或休眠的）裂谷，没有残留的瞬态热现象（Neumann and Ramberg，1978；Ramberg and Neumann，1978；Ramberg and Morgan，1984）。古裂谷两个细分方法：废弃裂谷（failed arm），是由脊-脊-脊型（三支扩张分支）三节点的一个分支所形成的古裂谷，但没有发育成洋盆（Burke and Dewey，1973；Burke，1977）；另一种是古老台地中的古裂谷在其演化历史中的某个阶段，通过挤压作用而被重新活化，即拗拉谷（Milanovsky，1981）。

**表 2-1　描述大陆裂谷的常用术语**

| 术语 | 简短定义 | 参考文献 |
| --- | --- | --- |
| 大陆裂谷 | 与整个岩石圈伸展有关的狭长构造坳陷 | Olsen 和 Morgan（1995） |
| 裂谷系统 | 构造上相互联系的一系列裂谷 | Olsen 和 Morgan（1995） |
| 现今裂谷 | 存在裂谷构造活动和/或岩浆活动，并/或存在残留的瞬态热现象 | Morgan 和 Ramberg（1987） |
| 古裂谷 | 死亡（或休眠）的裂谷，没有残留的瞬态热现象 | Neumann 和 Ramberg（1978）；Ramberg 和 Nuemann（1978）；Morgan 和 Ramberg（1987） |
| 废弃裂谷 | 未演化成海盆的三节点分支 | Burke 和 Dewey（1973）；Burke（1977） |
| 拗拉谷 | 因挤压变形而重新活动的、古台地中的裂谷 | Milanovsky（1981） |
| 主动裂谷 | 响应软流圈上涌产生的裂谷 | Neumann 和 Ramberg（1978）；Sengör 和 Burke（1978）；Baker 和 Morgan（1981） |
| 被动裂谷 | 响应远程应力场产生的裂谷 | Morgan 和 Baker（1983）；Ramberg 和 Morgan（1984） |

长期以来，裂谷的成因或启动机制一直是地质学家思考的问题（Suess，1891），并且经常通过两个端元模型描述为主动裂谷和被动裂谷（Neumann and Ramberg，1978；Sengör and Burke，1978；Baker and Morgan，1981；Morgan and Baker，1983）。主动裂谷被定义为响应软流圈的热上涌而形成的裂谷，其中，裂谷的诱发应力与岩石圈和下伏软流圈的横向热密度变化存在直接或间接关系。在主动裂谷中，除了伸展导致的颈缩外，通过加热和吸收到软流圈的过程，岩石圈发生热变薄，因此进入岩石圈的软流圈体积超过了通过伸展作用而发生横向位移的岩石圈体积。所有现今裂谷都形成于新生代，即小于 65Ma，因为大陆岩石圈深处大的热扰动或“脉冲”的时间尺度为 50～100Myr，其受控于指数衰减的传导热传递过程。被动裂谷被定义为响应区域应力场而形成的裂谷，通常假定其起源于远程的板块边界应力。在被动裂谷中，岩石圈仅在伸展时变薄。图 2-2（a）说明了这两种相反的成因机制，图 2-2（b）展示了两种模型机制对岩石圈/软流圈边界演化的最直接影响。据此，人们认为主动裂谷中岩浆喷发形成的地层较早，而被动裂谷中岩浆喷发在正常盆地沉积地层形成之后再发生。

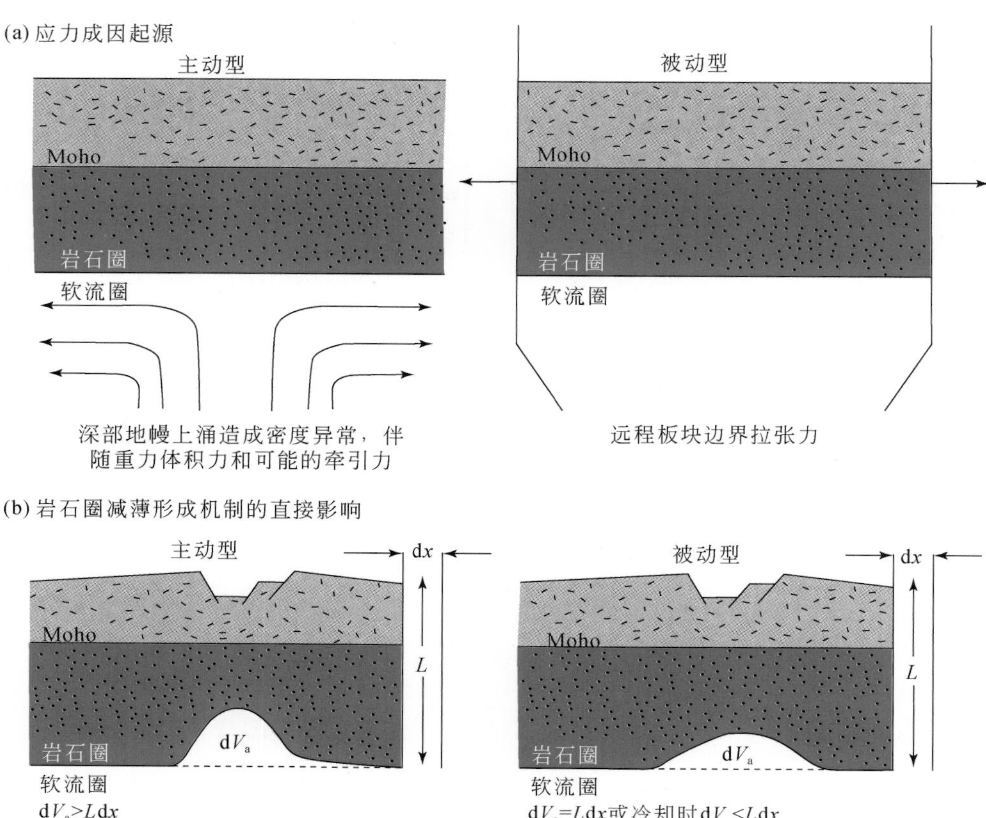


图 2-2　大陆裂谷作用的成因或启动机制的极简端元模型（Olsen and Morgan，1995）

裂谷的成因机制并不是造成裂谷区域岩石圈最终结构的唯一原因。响应于主动或被动岩石圈减薄，许多次要过程也可能改变岩石圈结构。其中的一些过程如图 2-3所示。由于岩石圈颈缩区较热的低密度软流圈与较冷的高密度岩石圈并存而产生横向密度不稳定性，岩石圈减薄区域的底部可能发生二次对流（Keen，1985；Buck，1986；Moretti and Froidevaux，1986）。另外，这种相同的密度异常可能会导致岩石圈地幔部分拆沉（Bird，1979；Turcotte and Emerman，1983）。除了由主应力场引起的减薄以外，这两个过程都倾向于使岩石圈减薄，并且使减薄岩石圈的区域加宽。在裂谷形成之前和形成期间，软流圈和岩石圈的上升以及岩石圈的加热通常会形成大量的幔源岩浆，这些岩浆可添加到地壳中。地幔岩石圈的化学性质也可以因该底侵过程而改变。与地壳和岩石圈伸展有关的体积应变关系，也可以因该过程而得到显著改变。

主动裂谷主要通过其特征性的地形起伏来识别，即坳陷或裂谷被抬高的侧翼或肩部所包围。地质和地球物理数据表明，裂谷肩部通常位于作为裂谷边界的大型正断层下盘。Vening-Meisnez（1950）研究了正断层位移如何导致地形起伏，假设载

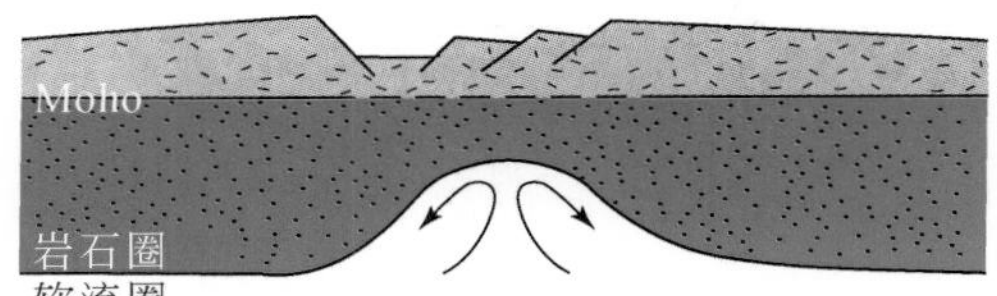


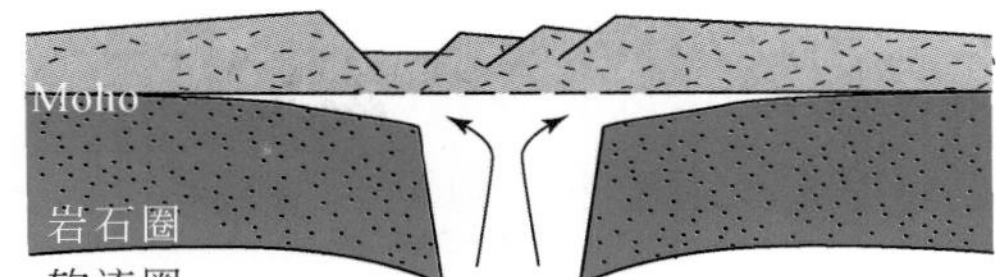


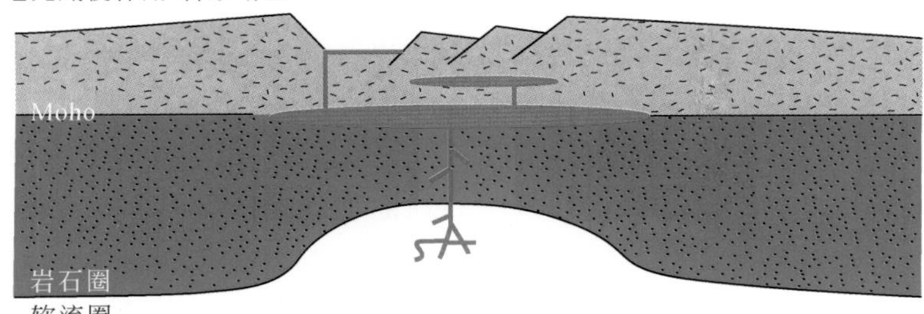


图 2-3　岩石圈减薄效应下影响岩石圈的次级过程（Olsen and Morgan，1995）

荷与软流圈上漂浮的切穿低密度地壳的断层有关。在式（2-1）中，隆升的支撑力取决于地壳厚度 $h_c$ 和地壳与地幔之间的密度差。为了量化模型，设想由断层切开的两个漂浮块体被分开，并且密度较大的上升流填充了它们之间的空间。如果块体是密度为 $\rho_c$ 的地壳，而上涌地幔的密度为 $\rho_m$，那么块体间的三角形部分将承受与其形状相关的浮力。下盘三角形上向上的力（$V_0$）为

$$V_0=\frac{g\,h_c^2\rho_c(\rho_m-\rho_c)}{2\,\rho_m\tan\theta} \tag{2-1}$$

式中，$g$ 是重力加速度；$h_c$ 是地壳厚度；$\theta$ 是切割块体的断层的倾角。将这个载荷施加到漂浮在地幔上的弹性薄板块边缘，将使板块产生垂向弯曲（vertical deflection）

$$\omega(x)=\frac{2V_0}{\rho_m g\alpha}\mathrm{e}^{-x/\alpha}\cos\frac{x}{2} \tag{2-2}$$

式中，$\alpha$ 是弹性板块的挠曲参数（flexural parameter）（见 Turcotte and Schubert，2002）。忽略从载荷的施加点到全地壳厚度区域的距离，最大挠曲发生在 $x=0$ 处，等于

$$\omega(0)=\frac{h_c^2\rho_c(\rho_m-\rho_c)}{\alpha\,\rho_m^2\tan\theta} \tag{2-3}$$

对于典型的（即中等热流）大陆区域，该模型似乎有效。对于这样的区域，假设 $h_c=30\text{km}$，$\alpha=60\text{km}$，$\rho_c=2900\text{km/m}^3$，$\rho_m=3300\text{kg/m}^3$，那么据式（2-3）计算的下盘抬升量是 1.6km。即使上盘盆地的沉积物填充载荷会减少下盘的抬升，模型拟

合值仍与观测到的大陆裂谷抬升幅度吻合。

该模型不适用于大洋裂谷，因为洋壳比陆壳薄很多且密度大。但是，洋中脊的地形起伏与大陆裂谷相当。设 $h_c = 6\text{km}$，$\alpha = 12\text{km}$，$\rho_c = 3000\text{km/m}^3$，其他值保持不变，那么式（2-3）预测最大下盘抬升量为 0.16km。这远小于大洋裂谷观测到的情况。

Vening-Meisnez（1950）认为，正断层位移所产生的载荷应该是合理的，但没有考虑地球表面位移所产生的载荷。此载荷比由莫霍面位移所引起的载荷更为重要。即使地壳厚度为零且岩石圈密度与软流层密度相同，正断层错动也可使地球表面弯曲并产生地形起伏。

基于岩石力学（Anderson，1951）可知，剪切位移应比地球深处的张裂位移容易发生。当断层发生剪切活动时，正断层的顶面和底面应保持接触。断层的位移将下盘块体向上推，将上盘块体向下挪。响应载荷的弯曲会导致弯曲的断层，因此目前尚不清楚如何针对断层位移的影响来定薄板块挠曲的近似值。Weissel 和 Karner（1989）通过断层上盘面与下盘面之间位移产生的重力差来解决这个问题。可以将位移量视为等于垂向位移量（垂直断距）乘以重力乘以密度的载荷。当重力差产生时，这些载荷使岩石圈发生弯曲。

使用 Weissel 和 Karner（1989）的方法，假设弹性薄板块的弯曲理论，可以得出表面弯曲的解析解。对于正断层使上盘下降的几何形状，载荷分布为

$$V(x)=\begin{cases}\rho g\tan\theta x, & 0<x<\Delta x\\ \rho g\tan\theta x_0, & x>\Delta x\end{cases} \tag{2-4}$$

式中，$x=0$ 是断层与下盘面的交点位置，而 $x=\Delta x$ 是断层与上盘面的交点位置。由于在位置 $x'$ 处的局部载荷 $V$ 而导致的位置 $x$ 处的垂直弯曲为

$$\omega(x)=\frac{V(x')\rho g}{4\alpha}\mathrm{e}^{-x/\alpha}\left(\cos\frac{(x'-x)}{\alpha}+\sin\frac{(x'-x)}{\alpha}\right) \tag{2-5}$$

$$x'\geqslant x$$

下盘的最大隆起发生在 $x=0$ 处，可以通过将式（2-5）从 $x=0$ 到 $x=\infty$ 进行积分

$$\omega(0)=\frac{\alpha\tan\theta}{4}\left\{\mathrm{e}^{-\Delta x/\alpha}\left(\sin\frac{\Delta x}{\alpha}-\cos\frac{\Delta x}{\alpha}\right)+1\right\} \tag{2-6}$$

Braun 和 Beaumont（1989）使用二维黏塑性层拓展的数值模型表明，该层的局部拓展变薄（颈缩）可以产生合理的裂谷肩部隆起。他们还通过两阶段过程来解释其结果，在该过程中，在无重力情况下，拉伸产生了一个低地形的盆地，但是有重力作用时，裂谷肩部则出现了（图 2-4）。

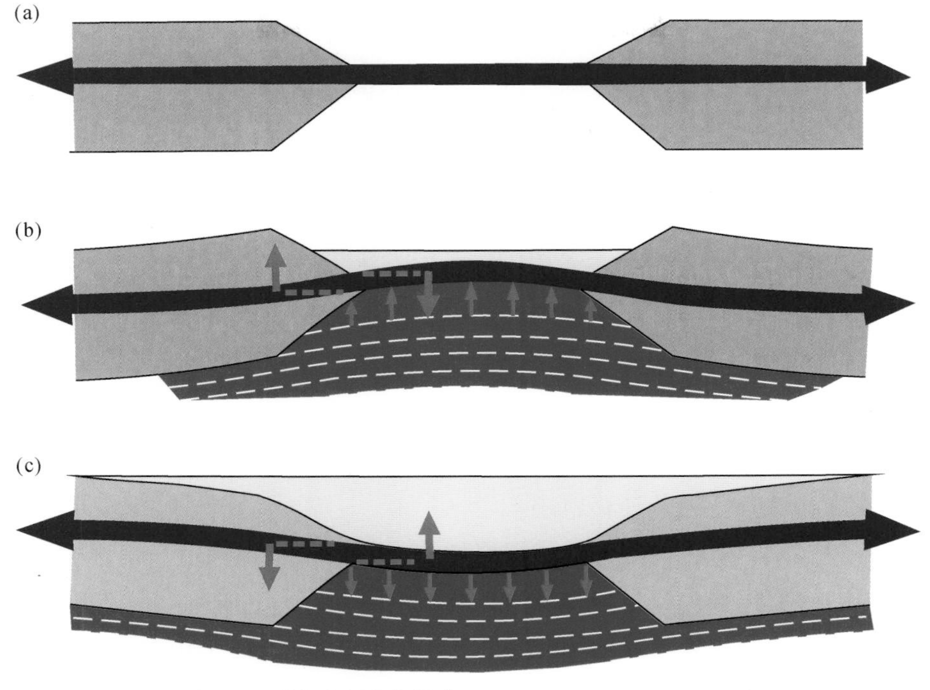


图 2-4　裂谷肩部隆起演化（Watts and Schubert，2007）

（a）岩石圈缩颈和（b）由于板块伸展引起地表下降的重力作用响应所引起的隆起机制。
（c）说明持续不断的沉积物输入（与热沉降相结合）导致曾经抬高的裂谷侧翼发生沉降。

（3）“假裂谷”和其他类裂谷热构造结构（thermo-tectonic structures）

几种主要的热构造特征表现出一些类似于裂谷的特征，这暗示其与大陆裂谷的继承关系，有时可能与裂谷相混淆。但是，由于无法满足前述定义的“真实”裂谷所特有的两个主要标准中的一个或两个，因此，其中许多并不被归类为裂谷：

1）主要的伸展型坳陷；

2）岩石圈整体厚度上的巨大变化。

如前所述，该类别很可能包括高度伸展的地体和被动边缘，但由于它们与基本的裂谷过程和演化关系密切，因此有必要进行讨论（图 2-1）。“假裂谷”类别中最明确的三个成员包括：拉分盆地、火山-构造坳陷和大陆溢流玄武岩省（图 2-5）。

拉分盆地与裂谷的区别在于与系统相关的伸展方向。在裂谷中，伸展方向大致垂直于构造断陷的轴线，而对于拉分盆地，伸展方向平行或近平行于断陷的轴线。这两种结构也起源于不同的构造环境：裂谷与伸展应力场有关，而拉分盆地与转换或走滑断层中的雁列式展布有关，其展布与断层位移具有相同的极性（图 2-5）。因此，拉分盆地结构通常出现在转换或走滑断层主控的区域，如圣·安德烈斯断层系统、加利福尼亚湾和死海。但是，遵循本节采用的标准，将拉分盆地与真实裂谷区分开的关键因素不是伸展方向，而是这些特征不是岩石圈尺度的结构。再者，如在前面讨论的地堑、裂谷和高度伸展的地体之间的细微区别一样，这里必须再次强调，此处采用的简要定义在某些方面是随意的，由于目前对相关岩石圈深部构造认识不足，某些大型构造特征可能难以分类。有人会争辩说，在死海转换系统中，埃拉特湾（Gulf of Elat）（Aqaba）的大型盆地可能是真正的裂谷盆地，但由于这些盆地下方的岩石圈深部结构存在不确定性，因此尚未得到证实。

火山–构造坳陷通常与主火山中心的迁移有关，伴随岩浆对地壳的改造和地表沉降。地表沉降主要是由于岩浆事件后的岩石圈冷却、火山口塌陷以及大面积岩浆溢流造成地表荷载所致，而不是由于地壳和/或下部岩石圈的伸展应力所形成。其没有平行或垂直于坳陷的主要伸展构造，并且下伏地壳通常也无明显的减薄，如爱达荷州的东部斯内克河平原（Eastern Snake River Plains），该地是现今位于黄石地区之下的地幔柱在15Myr内的迁移轨迹。

大陆溢流玄武岩省主要是镁铁质岩浆岩构成的大型岩浆构造，也称为“大火成岩省”（LIPs），它们在短时间内爆发（Coffin and Eldholm，1994）。大陆和大洋的大火成岩省，通常都归因于地幔柱或热点。大洋大火成岩省似乎由洋中脊处“正常”稳态的海底扩张之外的过程引起。大洋大火成岩省包括洋底高原、洋盆溢流玄武岩、火山型被动边缘、大型海脊和海山群。大陆溢流玄武岩省通常是广阔的、横向扩展的火山高原，常与区域性伸展作用有关，正如岩墙和火山口的排列所指示的那样，但其明显缺乏主要的狭长构造断陷。这些大火成岩省内压力低，因为只受地表流体的重力载荷。尽管大陆溢流玄武岩省通常不被列为裂谷–大洋演化的分支，但它们无疑是大陆伸展的产物，并且常常与裂谷系统、高度伸展的地体以及大陆破裂的其他表现形式有着明显的密切联系。例如，从盆岭省向北延伸的哥伦比亚河高原，阿法尔三叉裂谷交界处（triple-rift junction）的埃塞俄比亚溢流玄武岩省，以及与冈瓦纳裂解有关的南美、南非和南极洲的侏罗纪–白垩纪玄武岩。由于大量玄武岩覆盖了如此广阔的大陆地区，因此，对这些地区下部地壳和岩石圈的构造与历史的详细地球物理及地质勘探一直缓慢且困难。因此，裂谷过程和火山活动之间许多可能的相似性和关联性被掩盖了，至今仍不清楚。

“大洋裂谷”与大陆裂谷之间存在根本区别。在海底扩张学说和板块构造理论发展的早期，人们认识到，环绕世界的洋中脊系统，显然与各大陆的主要裂谷系统有关，且与之相连（Heezen，1960；Girdler，1964）。这种全球性的“破裂模式”被称为“全球裂谷系统”（World Rift System）。大西洋和印度洋洋中脊的最初发现，主要是基于水深观测，“大洋裂谷”集中于沿连续的洋中脊顶部看似构造活跃的中部山谷处。随后的研究大大拓宽了对大洋岩石圈伸展构造和火山作用的认识，它与复杂得多的大陆伸展过程不同。在当前的使用中，通常将大洋裂谷理解为沿洋中脊的顶部位置，此处在海底扩张期间产生的幔源岩浆会形成新的洋壳。从某种意义上说，大洋裂谷的两壁不是先存地壳岩石下滑的边界断层（如在定义中强调的形态-构造标准，特别是大陆裂谷的地堑状构造特征），而是更类似于包含上涌熔岩的火山口边缘。因此，大洋裂谷更符合美国地质调查局的定义：由地壳分离引起的断陷，而不是地壳内部的沉降所产生的断陷。它以上地幔火成岩为底面，基本上无地壳物质，如加利福尼亚湾和死海。

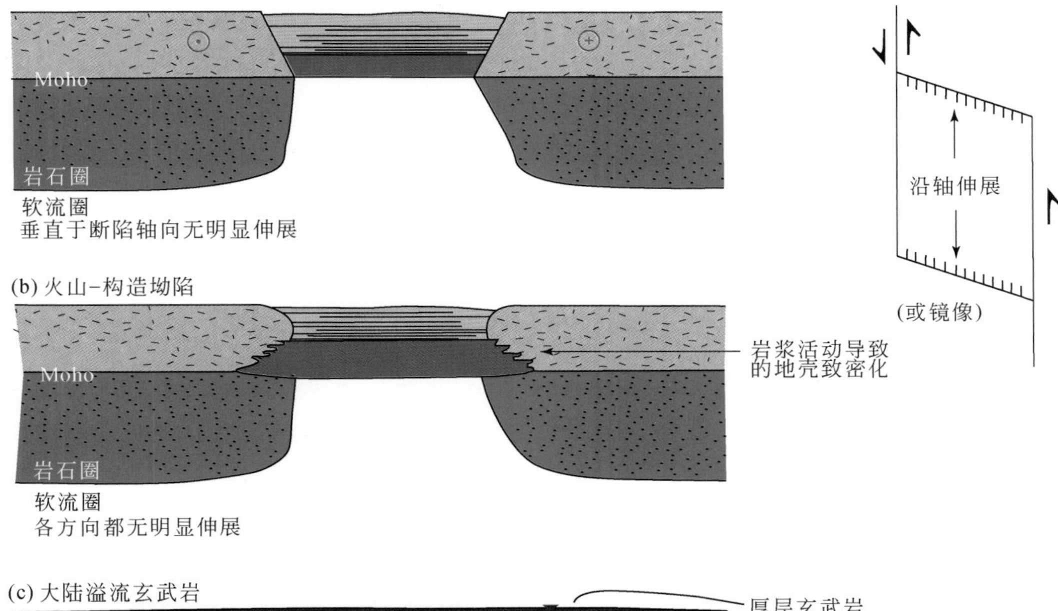


图 2-5　类裂谷的其他构造和岩浆构造（Olsen and Morgan，1995）

### 2.1.1.2　裂谷形成机制

（1）启动机制

裂谷的启动机制是核心问题。目前认为，裂谷的启动机制分为主动和被动两类（Sengör and Burke，1978）（图 2-6）。在被动机制假说中，远程岩石圈张力导致大陆岩石圈破裂，进而导致下地幔异常。在主动机制假说中，异常上地幔首先形成某种形式的对流上升，随后出现了隆起、火山作用和伸展作用。无论哪种方式，都涉及岩石圈的严重破坏。Kusznir 和 Park（1984）指出，只要岩石圈相对较热和较薄，那么对于大陆岩石圈的真实模型和偏斜张力的真实水平来说，这很容易发生。

被动机制假说主要取决于岩石圈中能够发生足够大的偏斜张力，从而引起岩石圈的严重破坏。张力不是局部起源的，而是归因于裂谷区域外的机制。岩石圈拉伸失败，则发生有限伸展。根据 McKenzie（1978）的沉积盆地成因理论，之后会发生垂向运动，以响应岩石圈整体减薄和软流圈上涌。伸展和断裂作用引起的地壳瞬时减薄导致了局部沉降，并伴随着软流圈上涌和岩石圈加热所导致的隆升。除了岩石圈与地壳厚度之比超过约 7.0（即正常岩石圈的地壳厚度小于约 16km，或正常陆壳的岩石圈厚度大于约 250km）的区域外，沉陷大于隆起。随后，随着岩石圈冷却和增厚，会发生缓慢的热沉降。

对被动机制假说的各种修正如下：

1）拉伸阶段有限的伸展速率（Jarvis and McKenzie，1980）增加了沉降量，降低了随后的热沉降。

2）断层和挠曲作用改变了盆地的几何形状（Watts et al.，1982）；

3）侧向热流引起轻微侧翼隆起，并降低热沉降（Watts et al.，1982）；

4）岩石圈上部和下部伸展量不同，破坏了伸展和热沉降之间的平衡，特别是岩石圈下部的更大伸展可以解释高异常的热沉降（Royden and Keen，1980）；

5）如果黏度小于 $10^{20}$ Pa · s，则在伸展岩石圈下方的软流圈会发生小规模对流，从而使岩石圈进一步减薄，软流圈隆起区扩大，从而调节差异伸展的作用（Keen，1987）；

6）上地壳伸展区可能与下地壳和岩石圈地幔部分韧性伸展区偏离，如在 Wernicke（1985）的简单剪切模型中所示，或以更复杂的形式参与到 Lister 等（1991）提出的拆离模型中。

被动机制假说及其修正模式解释了远离热点区的被动陆缘形成机制，以及某些裂谷构造的形成机制，如北海和苏伊士湾的构造。在这些示例中，正如预期的那样，伸展区域发生整体下沉，由于侧向导热或小尺度对流影响，可能会产生较小的侧面隆起。但是，被动机制假说尚难以解释与隆起或高原隆升或成岩隆升有关的现代大陆裂谷，如北美西部、东非或贝加尔湖。岩石圈下的下伏低密度异常区域支撑着区域隆起，这比简单岩石圈伸展所预期的密度要大得多。

主动机制假说解释了火山作用、高原隆升和裂谷作用，这些现象是由下伏上地幔异常热的低密度区域（热点）所产生的结果。热点可能起源于深度大于 400km 的狭窄地幔柱。一旦异常上地幔形成，过程进行如下：上升流引起局部熔融，从而导致火山作用；当低密度区域异常发育时，就会形成隆起，因此，穹隆和/或火山作用应该是第一个可检测的事件：隆起的穹顶及其深部的等静压补偿（deep isostatic compensation)，会引起岩石圈局部的偏斜张力；随着岩石圈由于加热而变薄，应力集中到地表附近相对较薄的强硬层中，从而导致伸展和断裂作用；局部张力可以由区域应力来补充，如由板块边界力引起的区域应力。

根据 McKenzie 和 Bickle（1988）提出的机理，软流圈物质的减压熔融，导致被动裂谷产生岩浆，随着岩石圈因拉伸而减薄，岩浆就会上涌。主动裂谷作用中，岩浆的形成可能主要是由于上升的地幔上部，或热的上地幔内的其他底侵上升流的减压熔融所致。尽管在主动裂谷的讨论中可能会过分强调 McKenzie-Bickle 机制，但它也可能在被动裂谷的较晚阶段出现。

两种假说都有潜在的问题没有解决。被动机制假说需要有足够大的张力，才能使相对较强的正常大陆岩石圈破裂。主动假说则需要有热点的形成。两种类型的机制之间似乎存在妥协。

对启动机制最明显的检验是对该区域演化的地质历史进行评估。对于主动机制，应首先检测到火山活动，并在裂谷作用之前先形成低密度的地幔，使其具有一定的初始地表隆起。从一开始，受影响的伸展区及其侧面就应表现出隆升而不是沉降，但裂谷断陷的底部可能会由于沉积物的堆积而沉降到海平面以下。另外，被动机制要求断层作用先于火山作用和区域性垂直运动发生，并且即使没有沉积物加载，伸展区域在所有阶段也都应表现出沉降，但局部的侧面隆起除外。

需要强调的是，主动和被动机制假说仅适用于裂谷系统的启动阶段，不适用于可能发生复杂相互作用过程的后续阶段。即使是启动阶段，这些端元假说可能还过于简单。例如，尽管早年苏联学者通常将贝加尔湖裂谷系统视为主动裂谷作用，但板块尺度上的北西–南东向的偏斜张力可能也有助于该裂谷系统的启动。

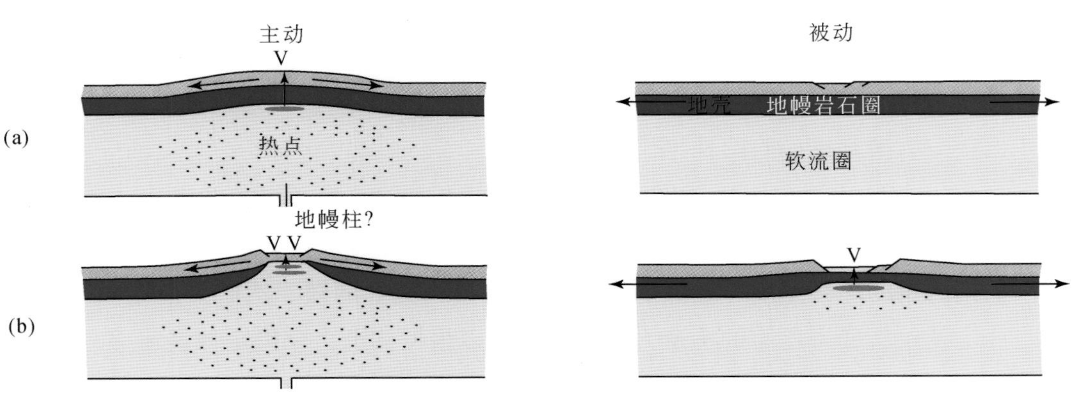


图 2-6　陆内裂谷的主动和被动形成机制（Bott，1995）

（a）两种机制的初始阶段，（b）两种机制的后期演化阶段。图中的点代表岩石圈地幔的高温、低密度区域；V 代表火山作用

(2) 岩石圈伸展模拟

岩石圈逐渐减薄是被动裂谷机制的基本特征，但也可能与主动裂谷的形成有关。通过连续介质模型已经对岩石圈的简单伸展机制有所了解，尤其是 McKenzie (1978) 的盆地成因模型。但这种类型的建模与实际不符，因为岩石圈的脆性区域被视为了塑性连续体，因此，上地壳主要断层无法包括在内，但是可以获得对伸展过程的几个方面的认识，包括时间和空间演变。已使用的两种主要方法是薄板近似法和二维建模数值方法（如有限元）。

岩石圈-软流圈边界标志着较热的、较软的软流圈和较冷的、较强的岩石圈之间的交界处，因此它是一个渐变边界，通常由接近部分熔融开始温度的任意等温线定义，如绝对熔融温度的90%。

大陆岩石圈的流变学可以归纳为连续向下的 4 个区域：

1) 上地壳以石英流变学为主，脆性断裂破裂，根据拜耳（Peierl）定律，其强度随深度增加；

2) 下地壳处温度可能高到足以产生幂律（power-law）黏性流动；

3) 上地幔顶部具有橄榄石流变学特性，若温度不太高，上地壳可发生脆性破裂；

4) 高温韧性岩石圈地幔，因幂律黏性流动而变形。

因此，在上地壳和上地幔顶部可能有两个强干区，被位于下地壳的一个薄弱层分隔。如果石英向斜长石占主导的流变学方向下倾，则在地壳内可能会出现一个更强干的脆性区。上地幔顶部的强干区在裂谷研究中特别重要，因为在冷的条件下，它对伸展作用的抵抗力最大。图 2-7 显示了一些岩石圈流变强度剖面。

岩石圈的强度可以定义为相对于其厚度的深度而积分的屈服强度。除矿物组成外，影响岩石圈强度的另两个因素是温度-深度剖面和地壳厚度。较高的温度和较厚的地壳都会导致其强度降低。当所受构造力超过岩石圈强度时，岩石圈就会发生整体破坏（Kusznir and Park，1984，1987）。随着施加力的进一步增加，伸展作用受控于取决于有效黏度的有限速率。

薄板近似法（England，1983；Houseman and England，1986；Buck，1991）假设岩石圈伸展的宽度与其厚度相比足够大，并且应变速率在整个岩石圈垂向上均一。根据假定的地壳厚度和地热剖面可以构建其流变学剖面。然后，根据流变曲线确定产生特定应变率所需的构造力。插值法可以根据构造力来确定伸展速率。

岩石圈伸展演变主要有三个过程：

首先，岩石圈变薄，进而变弱；这将导致减薄加速，从而产生狭窄的裂谷带，并可能导致大陆破裂。

其次，在绝热瞬间拉伸之后，岩石圈随着温度再平衡而冷却，在经过充分冷却后，强度会增加，这是因软弱的下地壳被富含橄榄石的上地幔代替所致。

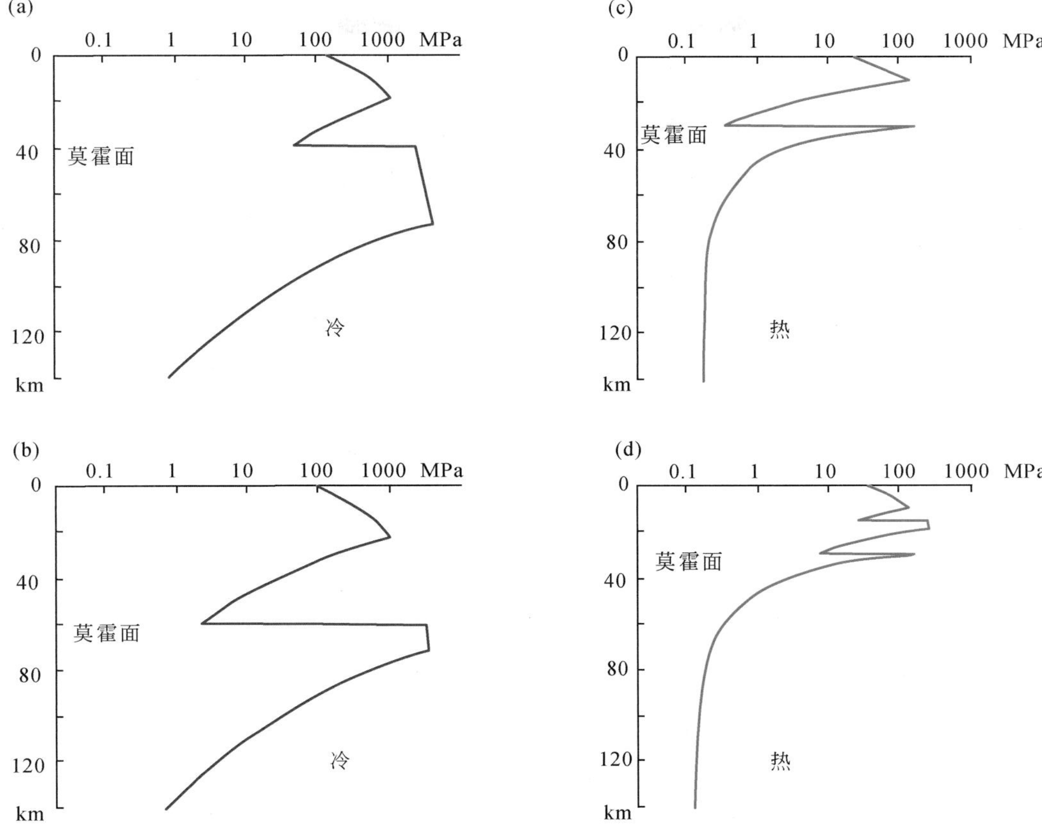


图 2-7　稳定地盾型岩石圈和强烈构造型岩石圈的大陆岩石圈流变曲线（Ranalli and Murphy，1987）

所有的流变剖面都表示出岩石圈的脆性区域。模型（a）至（c）假定花岗岩由石英流变代表其流变学特征的地壳和以橄榄岩流变代表其流变学特征的上地幔，模型（d）包含了一个基于中间物质组成的以斜长石流变代表其流变学特征的更下部地壳。模型（b）比模型（a）的地壳厚

再次，随着岩石圈和地壳减薄，密度-深度分布变化会产生局部载荷力（浮力），从而改变构造受力，引起形变。地壳减薄降低了拉张力，因此伸展作用受阻。另一方面，随着伸展作用的进行，低密度软流圈上升的反效果增强了变形。如果地壳异常厚，则地壳效应占主导，但是如果岩石圈异常厚，则软流圈效应占优势。

第二个和第三个过程可能使发生伸展的岩石圈更快速地增强，而不是由于减薄而变弱。这种应变硬化，可能会导致伸展作用停止，或者终止裂谷活动，或者使其横向移动以形成宽裂谷。Kusznir 和 Park（1987）强调了热效应在伸展作用受阻和裂谷区扩大中的作用。对于 $10^{-14}$/s（0.315/Ma）或更快的伸展速率，热强化是从属的，形成窄裂谷。对于 $10^{-16}$/s（0.003/Ma）的缓慢伸展，冷却是有效的，可能导致伸展作用的横向迁移，从而形成宽裂谷。相反，Buck（1991）强调了浮力在控制窄裂谷或宽裂谷成因的重要性。

模拟岩石圈伸展的另一种方法是，使用解析或数值（有限元）方法，对剖面进行二维建模。这种方法可以研究由于局部弱化（如地壳增厚不显著）而引起的颈缩不稳定性的演化。例如，Zuber 和 Parmentier（1986）使用了一个岩石圈模型，该模型由一个可以发生塑性变形的强干层组成，其覆盖在一个较软弱的黏性层之上，以显示不稳定性如何增长以形成与岩石圈减薄有关的裂谷带。他们预测裂谷带应为脆性层宽度的四倍左右。

二维方法还可研究多重颈缩。在多数大陆裂谷系统中，只有一条岩石圈破裂带，或者像东非那样可能有两条岩石圈破裂带。更为复杂的岩石圈破裂系统适用于北美西部的盆岭省。Fletcher 和 Hallet（1983）曾对一系列均匀间隔的岩石圈颈缩区域建模，相对坚硬的脆-韧性层下伏下部黏性岩石圈层，下部岩石圈层以幂律蠕变（$n=3$）而变形。研究表明，具有 10km 厚的上部脆性层，其岩石圈破裂的间隔为 25～60km。这与观察到的盆岭的间距非常吻合。Ricard 和 Froidevaux（1986）将该现象命名为“岩石圈布丁”。

Ricard 和 Froidevaux（1986）研究了更复杂流变的岩石圈布丁。Zuber 等（1986）研究表明，岩石圈在两个波长上都存在不稳定性，该岩石圈由一个强上地壳和一个强上地幔组成，二者由一个弱下地壳分隔开。将这些更复杂的模型应用于盆岭省构造后，表明上地壳以布丁状延伸，波长约为 40km，岩石圈上地幔部分以间距为 150～200km 的布丁伸展，而莫霍面未受扰动。然而，这可能不是正常大陆裂谷，因为那里的伸展量要小得多。

### 2.1.2 地幔柱相关裂解的数值模拟

陆内裂谷作用是一种基本的地球动力学过程，即岩石圈整体拉伸和减薄，最终导致大陆断裂（裂解或分裂）和新洋盆诞生。根据地幔上涌和裂谷运动中远程应力的相对性，裂谷作用通常被认为是主动型（Sengör and Burke，1978）或被动型拉张（McKenzie，1978）。

数值模拟和物理模拟实验在模拟裂谷演化过程方面取得了重大进展，但仍存在着许多未解之谜，比如：应力从裂谷边界断层到中部狭窄岩浆部位的迅速转变；岩浆和非岩浆裂谷分支的共存、沿裂谷轴向宽度发生显著变化的原因、火山边缘沿裂谷走向发生构造/岩浆作用分段的起源。这些问题当中，绝大部分都直接或间接地与构造模式的非对称 3D 特征相关，因此，3D 模型是必要的。

近来，数值模拟在技术和概念上已实现了三维化，增加了研究裂谷地球动力学过程的可能性。在动力学和流变学一致的结构中，一些地幔/岩石圈系统的 3D 超高分辨率模型的研究结果表明，上涌地幔柱与远程拉张力相结合，导致大陆会沿着界限清晰的裂谷盆地发生伸展定位，从而调和了被动（外部构造应力）和主动（地幔柱活动）两种裂谷的概念。

（1）3D 模型设计

A. 空间向量和分辨率

Koptev 等（2018）使用黏塑性 I3ELVIS 代码，生成了本节所呈现的模拟结果。此代码基于保守有限差异和标记内嵌技术（cell-in-marker）。该研究中常用的矩形模型箱由 297×297×133 节点组成（对应尺寸为 1500km×1500km×635km），空间分辨率约为每个网格单元 5km×5km×5km。这些模拟需要大量的计算工作。代码每步时解决一个包含三千万个自由度的代数方程组，并且传输数亿个随机分布的拉格朗日标记。实验的总模型时间为 40 ~ 100Myr，平均达 50 000 步时。模拟在带有 2.8GHz Intel Xeon CPU 内核的 SGI 共享（NUMA）节点集群上运行。每个模拟代表总共 5 年的 CPU 时间。

B. 模型内部结构

该模型区域的最上部增加了一个 30km 厚的“黏性空气”层，以使地壳的上表面接近自由表面。根据 Crameri 等（2012）建立的最佳参数，“黏性空气”的黏度为 $10^{18}$ Pa · s，密度为 1kg/$m^3$。该模型是一个垂向上由上地壳、下地壳和岩石圈地幔分层构成的大陆岩石圈模型。

地壳总厚度 36km，包括两层，每层 18km。上地壳的韧性流变并不重要，因为相应的 0 ~ 18km 区间深度，主要取决于岩石类型的脆性破裂机制。因此，在所有实验中，都以含水石英岩的流变学特征来描述长英质上地壳。相反，下地壳的实际流变受到温度和岩性的强力控制。此外，控制岩石圈层内机械耦合作用和岩石圈综合强度的下地壳流变特性（Burov and Diament，1995），已被认为可以影响大陆裂谷作用的方式，甚至在 3D 模型中也是如此。为了探索不同的耦合（去耦合）程度，该模型改变了莫霍面的温度，以获得含水石英岩的岩性（表 2-2）。然而，由于这种岩性不允许出现强耦合的情况，模型中还使用由斜长石流变学特征描述的超镁铁质下地壳，进行了强耦合实验（模型 2，表 2-2）。

地幔岩石圈的韧性流变（干橄榄石流动定律）受到干橄榄石位错和拜耳（Peierl）蠕变流控制，而热软流圈地幔（也符合干橄榄石流动定律）则主要发生扩散蠕变变形。岩石圈–软流圈边界的初始深度为 150km。

该模型通过在模型箱底部（635km）制造异常温度来代表地幔柱。继 Burov 和 Gerya（2014）以及 Koptev 等（2015，2016）之后，这个初始异常被模拟为一个半径为 200km 的半球。为了探究裂谷作用类型对地幔柱浮力变化的敏感性，在模型 13 和 14（表 2-2）中，将标准热力学岩石模型（Perple-X）（Connolly，2005）计算出的地幔柱密度减少了 30kg/$m^3$。假设地幔柱含有少量水分，其变形遵循湿橄榄石流动定律。如上所述，该模型有意地避免在地壳和岩石圈地幔中预先施加其他任何结构。

C. 初始温度分布和热边界条件

初始地热等温线是分段线性的，地表（≤30km，空气）的温度为0℃，莫霍面的温度为500～800℃（表2-2），岩石圈底部的温度为1300℃，模拟区域的底部（635km深）温度为1630℃。地幔当中产生的绝热温度梯度为0.5～0.7℃/km。地幔柱的初始温度为2000℃，比地幔柱与周围地幔之间的温度高300～370℃。这种相对较大的额外温度，与位于肯尼亚和坦桑尼亚的东非裂谷系东部分支以下410km不连续面20～40km凹陷的地震数据所显示的一致（Huerta et al.，2009），其中，低速异常显示了与非洲LLSVP（或称Tuzo）有关的上地幔热结构（Nyblade，2011）。模型的上表面（0℃）和底部（1630℃）使用恒温条件，并且对所有垂直边界使用绝热边界条件（即零热通量）。

**表2-2 数值实验控制参量**

| 模拟实验名称 | 控制参量 | | | |
|---|---|---|---|---|
| | 岩石圈性质 | | 水平扩张速度/(mm/a) | 地幔柱密度/(kg/m$^3$) |
| | 下地壳类型（流变学）WetQz-湿石英岩流动定律 $An_{75}$-斜长石流动定律 | 莫霍面温度/℃ | | |
| 1. R1 | 1（WetQz） | 700 | 3 | Perple_X |
| 2. R1. Lc=$An_{75}$ | 2（$An_{75}$） | 700 | 3 | Perple_X |
| 3. R1. $T_{Mh}$=500℃ | 1（WetQz） | 500 | 3 | Perple_X |
| 4. R1. $T_{Mh}$=600℃ | 1（WetQz） | 600 | 3 | Perple_X |
| 5. R1. $T_{Mh}$=800℃ | 1（WetQz） | 800 | 3 | Perple_X |
| 6. R1. $V_{ext}$=1.5 | 1（WetQz） | 700 | 1.5 | Perple_X |
| 7. R1. $V_{ext}$=2 | 1（WetQz） | 700 | 2 | Perple_X |
| 8. R1. $V_{ext}$=6 | 1（WetQz） | 700 | 6 | Perple_X |
| 9. R1. $T_{Mh}$=600℃+$V_{ext}$=1.5 | 1（WetQz） | 600 | 1.5 | Perple_X |
| 10. R1. $T_{Mh}$=800℃+$V_{ext}$=1.5 | 1（WetQz） | 800 | 1.5 | Perple_X |
| 11. R1. $T_{Mh}$=600℃+$V_{ext}$=6 | 1（WetQz） | 600 | 6 | Perple_X |
| 12. R1. $T_{Mh}$=800℃+$V_{ext}$=6 | 1（WetQz） | 800 | 6 | Perple_X |
| 13. R1. LightPlume | 1（WetQz） | 700 | 3 | Perple_X-30 |
| 14. R1. LightPlume+$V_{ext}$=6 | 1（WetQz） | 700 | 6 | Perple_X-30 |

资料来源：Koptev等，2018

D. 速度边界条件

模拟区域的右侧（东侧）和左侧（西侧）全长上使用恒定的、与时间无关的伸展率，来模拟弱构造应力作用。模型使用3mm/a 的半扩张速率进行参照实验，这是受地幔上涌影响的、断裂前大陆裂谷的代表值，如里奥格兰德和东非裂谷。通过在1.5 ~6mm/a 改变该参数值，来测试其影响（表 2-2）。模型选择了其上限，以保证沿模型边界产生的水平应力与“洋中脊推力”（每单位长度 $2\sim3\times10^{12}$ N）和“板块拉张力”（每单位长度 $4\sim6\times10^{12}$N）的应力处于同一量级。这确保模型不会超出大陆岩石圈板内构造典型远程应力的范围。模型的北侧和南侧使用自由滑动边界条件，使之自由扩展。根据模拟区域内的质量守恒，可以计算沿模型上下边界的垂向速度补偿。

（2）建模过程

A. 实验和关键变量参数

通过改变表征岩石圈性质（下地壳流变性质和莫霍面温度）、边界条件（半拉伸速率）和地幔柱密度的 4 个控制参数，测试了 14 个不同模型的实验设置（表 2-2）。

在参考实验（模型 1）中，莫霍面的初始温度为 700℃，导致上地壳和岩石圈地幔之间的流变解耦。相反，模型 2 由于对下地壳（基性）施加更强的流变而显示出强烈的流变耦合。莫霍面温度从 500℃到 800℃（模型 3 ~5）用来研究介于模型 1 和 2 之间的耦合情况。模型 6 ~8 说明了速度边界条件的影响：相对于参照模型 1（3mm/a)假定的速度边界条件，设定了较慢的（模型 6 和 7 分别为 1.5mm/a 和 2mm/a）和更快的（6mm/a；模型 8）的远场拉张应力。模型 8 ~12 表示莫霍面温度和拉伸速度的联合变化。在模型 13 中，将 Perple-X 得到的地幔柱密度降低了 $30kg/m^3$，以研究地幔柱化学浮力的影响。模型 14 结合了更轻的地幔柱和更快的远程拉张应力作用。

在描述结果之前应注意，为了评估获得的结果的稳健性，需要进行分辨率测试。分辨率的显著下降（高达每个网格单元 10km）导致了分散的小位移断裂作用。相反，中等分辨率实验（每个网格单元 7.5km）产生与这里使用的更高分辨率实验（每个网格单元 5km）下相似的定位模式。因此可以得出结论：局部的线性近平行断层是稳健的模型特征，因为它们系统地出现，与网格单元的大小无关。因此，一系列实验中采用的 5km 单元的分辨率是最佳的，并且进一步提高分辨率不会显著影响模型的诠释。

B. 基本方程

这里使用 3D 温度–形变耦合数字代码 I3ELVIS（Gerya and Yuen，2007；Gerya，2010）来求解欧拉坐标系中的动量、连续性和热守恒方程。物理性质由根据固定网格内插入的速度场移动的拉格朗日标记传递。大量标记最初分布在一个由很小

（≤1/2的标记网格距离）随机位移构成的精密正则标记网上。

动量方程以斯托克斯流动的形式近似表示

$$\frac{\partial\sigma'_{xx}}{\partial x}+\frac{\partial\sigma'_{xy}}{\partial y}+\frac{\partial\sigma'_{xz}}{\partial z}=\frac{\partial P}{\partial x}$$
$$\frac{\partial\sigma'_{yx}}{\partial x}+\frac{\partial\sigma'_{yy}}{\partial y}+\frac{\partial\sigma'_{yz}}{\partial z}=\frac{\partial P}{\partial y}-g\rho \tag{2-7}$$
$$\frac{\partial\sigma'_{zx}}{\partial x}+\frac{\partial\sigma'_{zy}}{\partial y}+\frac{\partial\sigma'_{zz}}{\partial z}=\frac{\partial P}{\partial z}$$

式中，$\sigma'_{ij}$为黏滞偏应力张量的分量，$ij$ 代指 $xyz$；$\rho$ 为密度（表 2-3），取决于岩石成分、温度（$T$）和压力（$P$）；$g$ 为重力加速度。

三维连续方程描述了不可压缩介质的质量守恒，即

$$\frac{\partial v_x}{\partial x}+\frac{\partial v_y}{\partial y}+\frac{\partial v_z}{\partial y}=0 \tag{2-8}$$

式中，$v_x$，$v_y$，$v_z$ 表示速度矢量的分量。

利用应力和应变率之间的黏性本构关系，计算偏应力张量的分量，如下所示

$$\sigma'_{ij}=2\eta\,\dot{\varepsilon}_{ij} \tag{2-9}$$

式中，$\eta$ 是非线性粘塑性变形的有效黏度；$\dot{\varepsilon}_{ij}$是应变率张量的分量

$$\dot{\varepsilon}_{ij}=\frac{1}{2}\left(\frac{\partial v_i}{\partial x_j}+\frac{\partial v_j}{\partial x_i}\right) \tag{2-10}$$

动能方程与热量守恒方程相结合

$$\rho\,C_{\mathrm{p}}\left(\frac{\partial T}{\partial t}\right)=-\frac{\partial q_x}{\partial x}-\frac{\partial q_y}{\partial y}-\frac{\partial q_z}{\partial z}+H_{\mathrm{r}}+H_{\mathrm{s}}+H_{\mathrm{a}} \tag{2-11}$$

式中，$C_{\mathrm{p}}$ 是热容；$H_{\mathrm{r}}$ 是辐射热量；$H_{\mathrm{s}}$ 是剪切生热；$H_{\mathrm{a}}$ 是等温压缩/解压（即绝热增温/冷却）的影响；$q_x$，$q_y$，$q_z$ 是热通量矢量的分量

$$q_x=-k\frac{\partial T}{\partial x},\ q_y=-k\frac{\partial T}{\partial y},\ q_z=-k\frac{\partial T}{\partial z} \tag{2-12}$$

式中，$k$ 是导热系数。

$H_{\mathrm{s}}$ 和 $H_{\mathrm{a}}$ 定义如下

$$H_{\mathrm{s}}=\sigma'_{xx}\dot{\varepsilon}_{xx}+\sigma'_{yy}\dot{\varepsilon}_{yy}+\sigma'_{zz}\dot{\varepsilon}_{zz}+2\,\sigma'_{xy}\dot{\varepsilon}_{xy}+2\,\sigma'_{yz}\dot{\varepsilon}_{yz}+2\,\sigma'_{xz}\dot{\varepsilon}_{xz} \tag{2-13}$$

$$H_a=T\alpha\left(v_x\frac{\partial P}{\partial x}+v_y\frac{\partial P}{\partial y}+v_z\frac{\partial P}{\partial z}\right) \tag{2-14}$$

式中，$\alpha$ 是热膨胀。

利用含水地幔熔融过程中最常见参数化法来解释部分熔融。假设熔融时熔体与矿物基质一起运移。忽略熔体渗透基质时的温度–形变影响，并且通过增加岩石熔融/结晶的有效热容量（$C_{\mathrm{peff}}$）和热膨胀（$\alpha_{\mathrm{eff}}$），将潜热的影响包含在内

**表 2-3　流变学和物质特性**

| 物质 | $\rho_0$ /(kg/m³) | 流变参数 | | | | | | | | | | | 热参数 | | |
|---|---|---|---|---|---|---|---|---|---|---|---|---|---|---|---|
| | | 流动定律 | 韧性 | | | | 脆性 | | | | | | $k$/[W/(m·K)] | $H_r$/(μW/m³) | $H_L$/(kJ/kg) |
| | | | $E$ /(kJ/mol) | $n$ | $A_D$ /(Pa$^n$·s) | $V$/[J/(MPa·mol)] | $C$/MPa $C_0$ | $C_1$ | $\sin(\varphi)$ $b_0$ | $b_1$ | $\varepsilon$ $\varepsilon_0$ | $\varepsilon_1$ | | | |
| 上地壳 | 2750 | 湿石英岩 (WetQz) | 154 | 2.3 | $1.97\times10^{17}$ | 0 | 10 | 3 | 0.6 | 0.3 | 0.0 | 0.25 | $0.64+807/(T+77)$ | 2.00 | 300 |
| 下地壳 1 | 2950 | 湿石英岩(WetQz) | 154 | 2.3 | $1.97\times10^{17}$ | 0 | 10 | 3 | 0.6 | 0.3 | 0.0 | 0.25 | 同上 | 1.00 | 300 |
| 下地壳 2 | 3000 | 斜长石($An_{75}$) | 238 | 3.2 | $4.80\times10^{22}$ | 0 | 10 | 3 | 0.6 | 0.3 | 0.0 | 0.25 | $1.18+474/(T+77)$ | 0.25 | 380 |
| 岩石圈-岩石圈地幔 | 3300 | 干橄榄石 | 532 | 3.5 | $3.98\times10^{16}$ | 1.6 | 10 | 3 | 0.6 | 0.3 | 0.0 | 0.25 | $0.73+1293/(T+77)$ | 0.022 | 380 |
| 地幔柱地幔 | 3200 | 湿橄榄石 | 470 | 4.0 | $5.01\times10^{20}$ | 1.6 | 3 | 3 | 0.1 | 0.0 | 0.0 | 0.25 | 同上 | 0.024 | 300 |
| 参考文献 | 1,2 | 3,4,5 | | | | | | | | | | | 6 | 1 | 1,2 |

注：$\rho_0$是压力为0.1MPa($P_0$)温度为298K($T_0$)条件下的基准密度，$E$ 为活化能，$n$ 是幂律指数，$A_D$ 是材料常数，$V$ 为活化体积，$C$ 是内聚力，$\varphi$ 是摩擦角，$\varepsilon$ 是应变；$C_0$、$C_1$，$b_0$、$b_1$ 和 $\varepsilon_0$、$\varepsilon_1$ 分别为根据线性软化定律获得的最大和最小内聚力、摩擦角的正弦值和形变量，$k$ 是热导率，$H_r$ 是岩石产热率，$H_L$ 岩石的熔化潜热量。

1-Turcotte 和 Schubert (2002)；2-Bittner 和 Schmeling (1995)；3-Ranalli (1995)；4-Kohlstedt 等(1995)；5-Burov (2011)；6-Clauser 和 Huengen (1995)。

所有岩石类型的比热容($C_p$)为1000J/(kg·K)；扩散蠕变到位错蠕变的转换压力($\sigma_{cr}$)是$3\times10^4$Pa (Gerya and Yuen,2007)。

根据热动力岩石学模型 Perple_X(Connolly,2005)，将地幔密度、热膨胀、绝热压缩系数和热容分别作为压力和温度的函数进行了计算。对地壳岩石，这里采用简单布西内斯克近似，即 $\rho=\rho_0[1-\alpha(T-T_0)][1+\beta(P-P_0)]$，其中，热膨胀系数($\alpha$)为$3\times10^{-5}$/K，绝热压缩系数($\beta$)为$1\times10^{-3}$/MPa。

对于地幔扩散蠕滑而言，蠕滑系数，即活化能($E$)为300 kJ/mol，材料常数的倒数($A$)为$1.92\times10^{-10}$/(MPa·s)，材料常数中包含的粒度依赖关系($n$)为1 (Caristan,1982；Karato and Wu,1993)。

对于拜耳机制而言，干橄榄石的蠕变系数，即活化能($E$)为540kJ/mol，材料常数的倒数($A_{Peierls}$)为$10^{-4.2}$/(Pa²·s)，转换压力($\sigma_{Peierls}$)为$9.1\times10^9$Pa，热导率($k$)为1，$q$ 为2 (Evans and Goetze,1979)；湿橄榄石的活化能($E$)为430kJ/mol，转换压力($\sigma_{Peierls}$)为$2.9\times10^9$Pa，其余参数与湿橄榄石一致(Katayama and Karato,2008)。

资料来源：Koptev 等，2018

$$C_{\text{peff}} = C_{\text{p}} + H_{\text{L}} \left( \frac{\partial M}{\partial T} \right)_{P=\text{常数}} \tag{2-15}$$

$$\alpha_{\text{eff}} = \alpha + \rho \frac{H_{\text{L}}}{T} H_{\text{L}} \left( \frac{\partial M}{\partial P} \right)_{T=\text{常数}} \tag{2-16}$$

式中，$H_{\text{L}}$是岩石熔融潜热；$M$ 是熔融体积指数。

岩石相变是通过密度的热力学公式实现的，$\rho=f(P, T)$，这是通过对地幔、地幔柱和岩石圈物质典型矿物组成的吉布斯自由能最优化获得的。为此，Perple_X 热力学算法和相关的岩石学数据（Connolly，2005）与式（2-7）和式（2-11）结合，来描述密度渐变和其他性质变化。Perple_X 使给定化学组成的吉布斯自由能最小化，得到给定 $P$-$T$ 条件下的平衡矿物组合

$$G = \sum_{i=1}^{m} \mu_i N_i \tag{2-17}$$

式中，$\mu_i$ 是化学势；$N_i$ 是构成矿物组合的 $i$ 矿物成分的摩尔数；$m$ 是矿物成分的总数。矿物成分已知，密度的计算很简单。对于地壳岩石，在这里使用简单的布西内斯克近似（表 2-3），因为这些岩石的相变对于这里探讨的地球动力学环境并不重要。

（3）黏塑性流变模型

扩散、位错和拜耳蠕变后，材料的有效黏度 $\eta_{\text{ductile}}$定义如下

$$\frac{1}{\eta_{\text{ductile}}} = \frac{1}{\eta_{\text{newt}}} + \frac{1}{\eta_{\text{powl}}} + \frac{1}{\eta_{\text{Peierls}}} \tag{2-18}$$

式中，$\eta_{\text{newt}}$和 $\eta_{\text{powl}}$分别通过牛顿扩散蠕变方程和幂律位错蠕变方程计算

$$\eta_{\text{newt}} = \frac{1}{2} \frac{A_{\text{D}}}{\sigma_{\text{cr}}^{n-1}} \exp\left( \frac{E+PV}{RT} \right) \tag{2-19}$$

$$\eta_{\text{powl}} = \frac{1}{2} \left( A_{\text{D}} \exp\left( \frac{E+PV}{RT} \right) \right)^{\frac{1}{n}} \cdot \dot{\varepsilon}_{\text{II}}^{\frac{1-n}{n}} \tag{2-20}$$

式中，$\dot{\varepsilon}_{\text{II}} = \sqrt{1/2\, \dot{\varepsilon}_{ij} \dot{\varepsilon}_{ij}}$ 是应变率张量的第二不变量；$R$ 是理想气体常数［8. 314J/(mol · K)］；$A_{\text{D}}$、$E$、$V$、$n$ 是实验确定的流动定律参数（表 2-3），分别表示材料常数、活化能、有效体积和应力指数；$\sigma_{\text{cr}}$是假定的扩散-位错过渡应力（表 2-3）。

拜耳机制（Evans and Goetze，1979）或指数蠕变，随着应力的增大会取代位错蠕变。根据拜耳蠕变，流动物质的黏度通常表示为

$$\eta_{\text{Peierls}} = \frac{1}{2} \frac{1}{A_{\text{Peierls}} \sigma_{\text{II}}} \exp\left[ \left( \frac{E+PV}{RT} \right) \times \left( 1 - \left( \frac{\sigma_{\text{II}}}{\sigma_{\text{Peierls}}} \right)^{k} \right)^{q} \right] \tag{2-21}$$

式中，$\sigma_{\text{II}}$ 是第二应力不变量，$\sigma_{\text{Peierls}}$是控制物质强度的应力值；$A_{\text{Peierls}}$、$k$、$q$ 是实验室实验所得的材料常数。

有效黏塑性流变是韧性流变和脆性/塑性流变的结合。为此，运用德鲁克-普拉

格屈服准则（Ranalli，1995）

$$\eta_{\text{plastic}} = \frac{\sigma_{\text{yield}}}{2\,\dot{\varepsilon}_{\text{II}}} \tag{2-22}$$

式中，$\sigma_{\text{yield}}$是屈服应力

$$\sigma_{\text{yield}} = C + P\sin(\varphi) \tag{2-23}$$

内聚力 $C$ 和内摩擦角 $\varphi$ 定义如下

$$C = C_0, \varepsilon < \varepsilon_0$$

$$C = C_1, \varepsilon > \varepsilon_1$$

$$C = C_0 + (C_0 - C_1)\frac{\varepsilon - \varepsilon_0}{\varepsilon_1 - \varepsilon_0}，当\varepsilon_0 < \varepsilon < \varepsilon_1时 \tag{2-24}$$

$$\sin(\varphi) = b_0, \varepsilon < \varepsilon_0$$

$$\sin(\varphi) = b_1, \varepsilon > \varepsilon_1$$

$$\sin(\varphi) = b_0 + (b_0 - b_1)\frac{\varepsilon - \varepsilon_0}{\varepsilon_1 - \varepsilon_0}，当\varepsilon_0 < \varepsilon < \varepsilon_1时 \tag{2-25}$$

式中，$\varepsilon$ 是塑性应变的第二不变量；$C_0$、$C_1$、$b_0$、$b_1$、$\varepsilon_0$、$\varepsilon_1$ 是塑性应变软化参数。

有了 $\eta_{\text{ductile}}$和 $\eta_{\text{plastic}}$，黏塑性流变按照一种类似圣诞树的方式分配给模型，其中，流变行为取决于在韧性域和脆性/塑性域之间获得的最小黏度或差异应力（Ranalli，1995）

$$\eta = \min(\eta_{\text{ductile}}, \eta_{\text{plastic}}) \tag{2-26}$$

模型所用材料的流变参数的完整列表见表 2-3。

（4）实验结果

A. 参考模型 1

对于选定的参数，当地幔柱物质在 0.5Myr 到达岩石圈底部时，参考模型（图 2-8，图 2-9）会产生快速的地幔上涌。地表地貌首先通过穹隆抬升发生响应［图 2-8（a）］，随后（<3Myr）很快被沉降和同期一系列狭长裂陷盆地相关的线性、局限性和近平行的正断层所取代［图 2-8（a），图 2-9（b）］。这些断层共同构成局部的线性裂谷，垂直于远场伸展方向横穿整个模型域，其中心部分明显变窄［图 2-8（a）］。

如 Burov 和 Gerya（2014）揭示，该模型表明，热地幔向上流动使这种应变局限在受弱的远场应力作用的横向均质岩石圈内。但是，这不会导致岩石圈尺度的即时破裂：局部变形仅限于脆性上地壳，而高强度的岩石圈地幔在施加拉张力的作用下，仍保持几乎未变形地缓慢流动。

下地壳中的韧性流导致模型域中心部分的地壳布丁化。随着下地壳的上升，似乎难以确定脆性变形的位置，这会导致脆性上地壳应变向相邻的未变形区域横向迁

移。这导致裂谷盆地依次打开［图 2-8（b），图 2-9（c）～（f）］，其边界始终是活动的正断层，这些断层总是出现在变薄且具有先存形变的地壳边缘。

裂谷盆地的打开速度比所施加的远场伸展速率快 3 倍：在<35Myr 时，形成了一支 600km 宽的裂谷，而在边界处施加的被动伸展量仅为 200km［图 2-8（b）］。这表明，对于地幔柱诱发的“主动–被动”裂谷，主动地幔上涌是快速裂谷作用的主要驱动力。

在模型演化的早期阶段，几乎所有地幔柱柱头物质的部分熔融都与地球化学数据一致，这说明西北埃塞俄比亚高原裂谷前的渐新世溢流玄武岩源于深地幔，也说明罗迪尼亚超大陆发生裂解前、华南基性–超基性岩墙和岩席以及澳大利亚的盖尔德纳（Gairdner）岩墙群（～825Ma）源于深地幔。

系统演化的下一阶段始于～60～65Myr，并伴随着岩石圈尺度断裂的形成，这与地幔柱物质通过岩石圈的初期和局部上涌有关。与前一阶段相反，整个岩石圈现在发生局部变形，在前一阶段形成的裂谷内的两支狭窄且平行的区域内出现颈缩和布丁化［图 2-8（c）］。随着模型的发展，这些窄裂谷中的一支进一步演化成一个扩张中心，而其他另一支的则逐渐衰减［图 2-8（d）］。

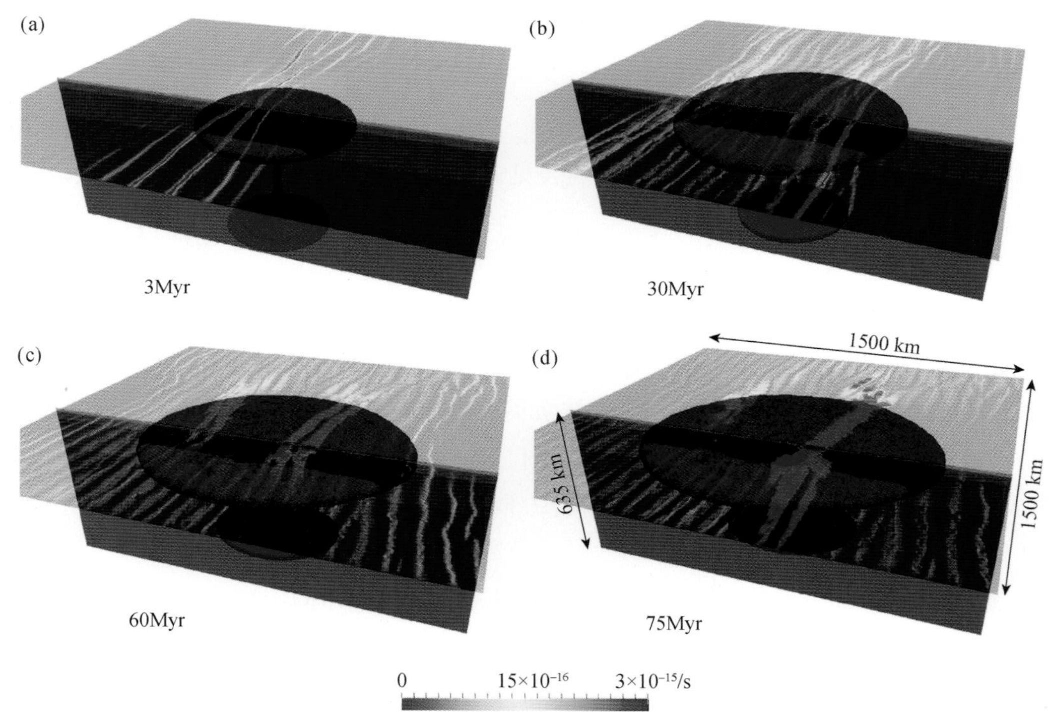


图 2-8　参考模型 1 实验演化的三维视图（Koptev et al.，2018）

（a）地幔柱快速上涌和上地壳脆性变形局部化；（b）主动和被动裂谷综合作用下 600km 宽裂谷的迅速扩张；（c）与局部地幔柱开始上涌相关的两支窄裂谷出现；（d）大陆岩石圈裂解和单支扩张带从地幔柱中心发生显著移位。地幔柱物质以深红色标记。蓝色到红色表示 10km 处（即上地壳）的应力速率

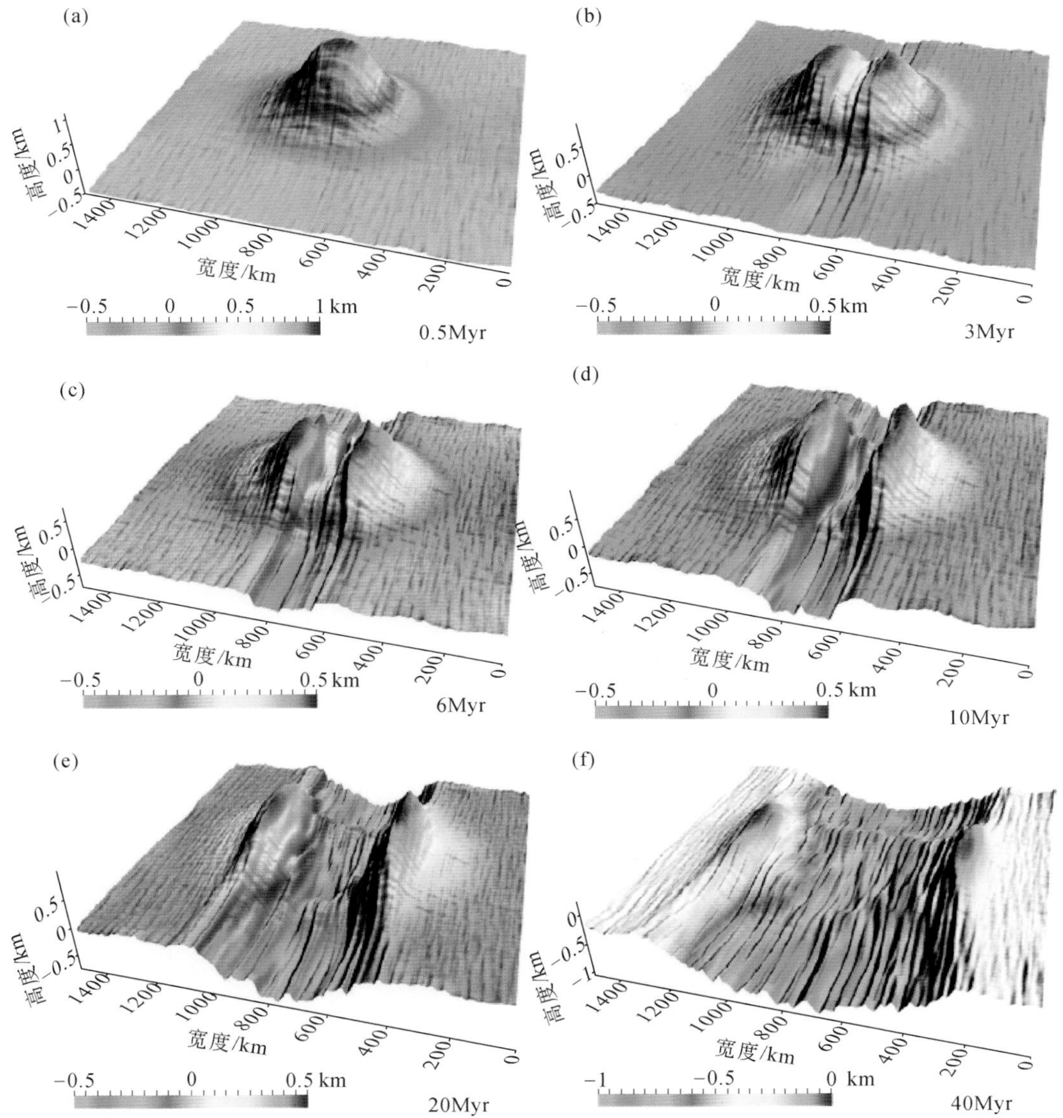


图 2-9　参考模型 1 的表面地形演化（Koptev et al.，2018）

穹状隆起（a）被裂陷盆地（b）的形成和沉降快速取代，与施加的外部伸展（半速率为 3mm/a）相比，盆地打开更快：在 40Myr 时，施加的被动伸展为 240km，然而变形带的宽度大于 700km

因此，在横向均质的岩石圈中，缓慢的外部伸展和活跃的地幔柱不能立即在岩石圈地幔中定位脆性变形。在最初的 60Myr 里，高强度的岩石圈地幔几乎保持不变，而高度局部化的脆性变形集中在上地壳中，韧性的下地壳则与地幔机械地分离。受韧性流变作用的下地壳在上地壳中的这种局部脆性变形，对应于变质核杂岩的伸展模式。上地壳变形沿正断层局部分布，这些正断层以上地壳中有序的、广泛的布丁为界，限制了一条宽阔的裂谷系统。每个局部事件都对应于变形向外迁移之前单个核杂岩的形成。进一步的模型演化表明，当地幔柱物质的局部上涌（~60~65Myr）触发了沿切穿整个岩石圈正断层的应变集中时，它会迅速转换为窄裂谷模式。裂解前的窄裂谷随后发生了始于~75Myr的裂谷后扩张作用。在此模型中，扩张轴从地幔柱头的中心发生横向偏移。

B. 下地壳斜长石流变学模型（模型2）

与参考模型1相比，模型2（图2-10，图2-11）的特征在于上地壳与岩石圈地幔之间的流变耦合，这是由于下地壳的斜长石流变性更强（表2-2）。这阻止了下地壳物质的韧性流动，并导致地壳和覆盖地幔柱柱头的岩石圈地幔发生弥散性的脆性变形。进一步的模型演化表明，经历弥散变形的区域逐渐扩大。结果，直到30~40Myr时，大量的小位移、平行和线性的断层波及了约1000km宽的地形略微抬高（~400m）的穹顶［图2-10（a），图2-11（a）］。

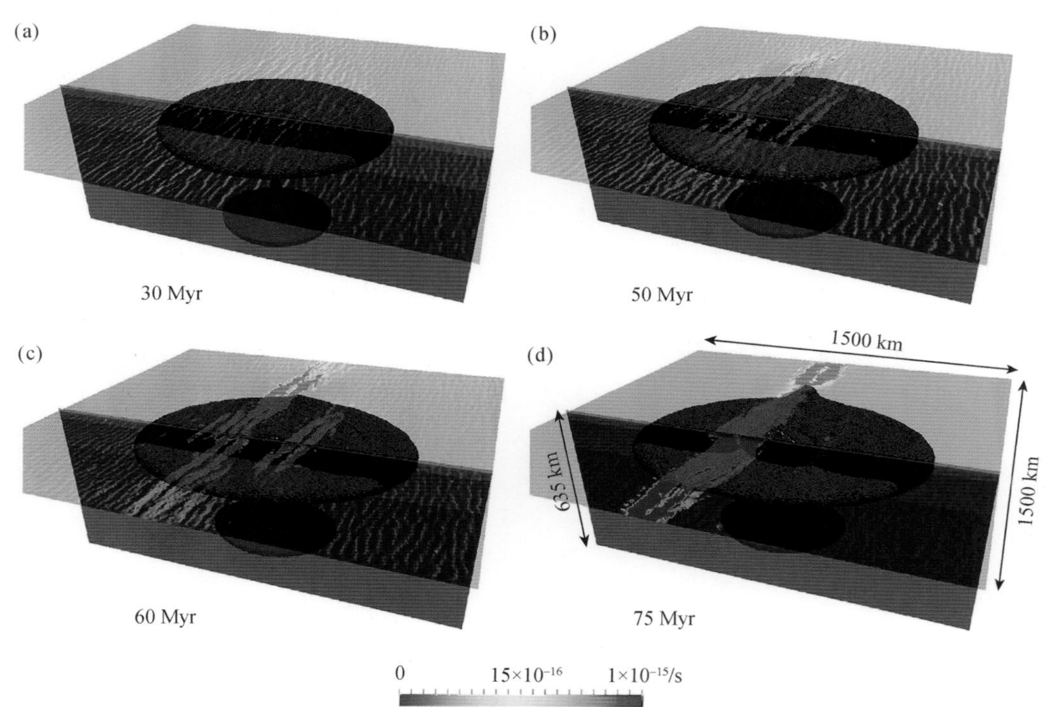


图2-10　具有基性下地壳模型（模型2）的实验演化三维视图（Koptev et al.，2018）

（a）横向扩展的地幔柱头之上高度线性分布的断层；（b）（c）沿两条扩张带分布的窄裂谷；（d）大陆岩石圈沿纵向扩张轴裂解，该轴穿过地幔柱的中心

Burov和Gerya（2014）研究表明，在无活动的地幔上升流情况下，大陆岩石圈的超慢速伸展，导致了广泛分布的小位移平行断层，这些断层并没有局限在任何特定区域内。但是，在相同的远场构造背景下，同时活动的地幔柱影响可导致应变渐进聚焦效应（progressive focusing）和局部非轴对称变形的放大效应，并导致大型高

度应变局部化（highly localized）断层的形成。模型结果表明，只有下地壳能够流动时，才会在表面发生这种快速形变。当下地壳与岩石圈地幔耦合时，初始伸展阶段不像 Burov 和 Gerya（2014）的结果那样集中。相反，弥散的正断层作用的第一阶段［图 2-10（a）］重现了由 Burov 和 Gerya（2014）进行的“无地幔柱”实验的变形，其先于地幔柱触发的裂解发生。

与参考模型 1 相似，系统演化的下一阶段（~50~55Myr）沿两个平行区域［图 2-10（b）（c）］显示局部变形，其特征是下部为局部地幔柱上升的狭窄地形坳陷［图 2-11（b）（c）］。这些窄裂谷中，只有一支演化为扩张中心［图 2-10（d）；图 2-11（d）~（f）］，而其他裂谷尽管初始成熟度明显较高，但都中止了活动。值得注意的是，地幔柱物质不会沿未来的破裂轴均匀地产生隆起作用（图 2-12 中 70Myr 的成分分布）。沿着未来破裂线的一个垂直横截面表明，固化的（solidified）地幔柱中部仍然附着在岩石圈底部，而两侧的分段显示出隆起和减压熔融［图 2-12（d）］。这些局部的熔融地带通过岩石圈上升到莫霍面深度，并导致了分离的地壳中岩浆房的发育，为未来“被动”边缘的火山中心提供了物源。

在模型演化的初始阶段，地壳和岩石圈地幔中同时发生的变形与解耦模型形成了鲜明的对比。受地幔柱的热影响，脆性应变分布区域广阔。参考模型 1 中裂谷盆地的打开，是由于上地壳局部应变横向迁移而发生的，与模型 1 相比，这里裂谷带的加宽，是由于岩石圈地幔下部地幔柱内热物质侧向流动导致的。结果，应变主要集中在盒子的中央部分，这有利于在随后的模型阶段缩小裂谷的准中心位置。因此，该模型预测，在流变耦合的岩石圈中，最初的宽裂谷之后是窄裂谷，该窄裂谷局限在最大的累积变形位置，靠近地幔柱源中心。相反，参考模型 1 中的系列核杂岩伸展模式并不有利于窄裂谷局限在特定位置，这似乎由深地幔柱内部复杂的内部过程所控制。在这种情况下，较窄的裂谷/扩张轴的最终位置可以相对于初始地幔柱冲击区域发生较大变化。

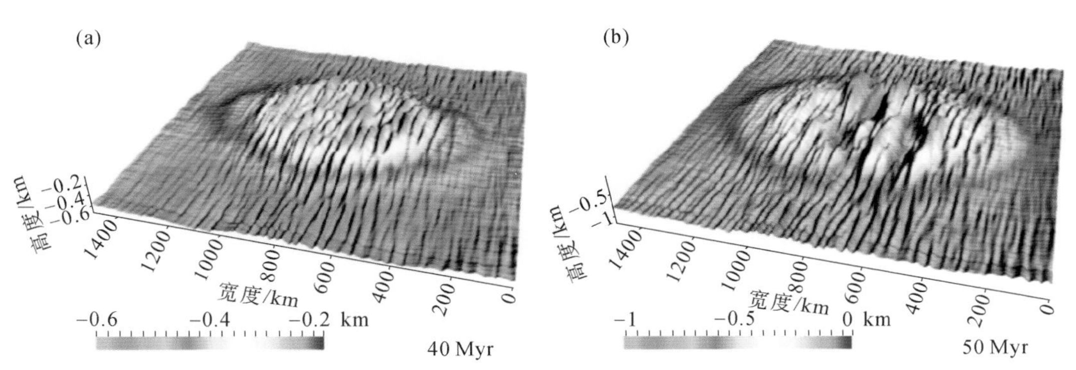

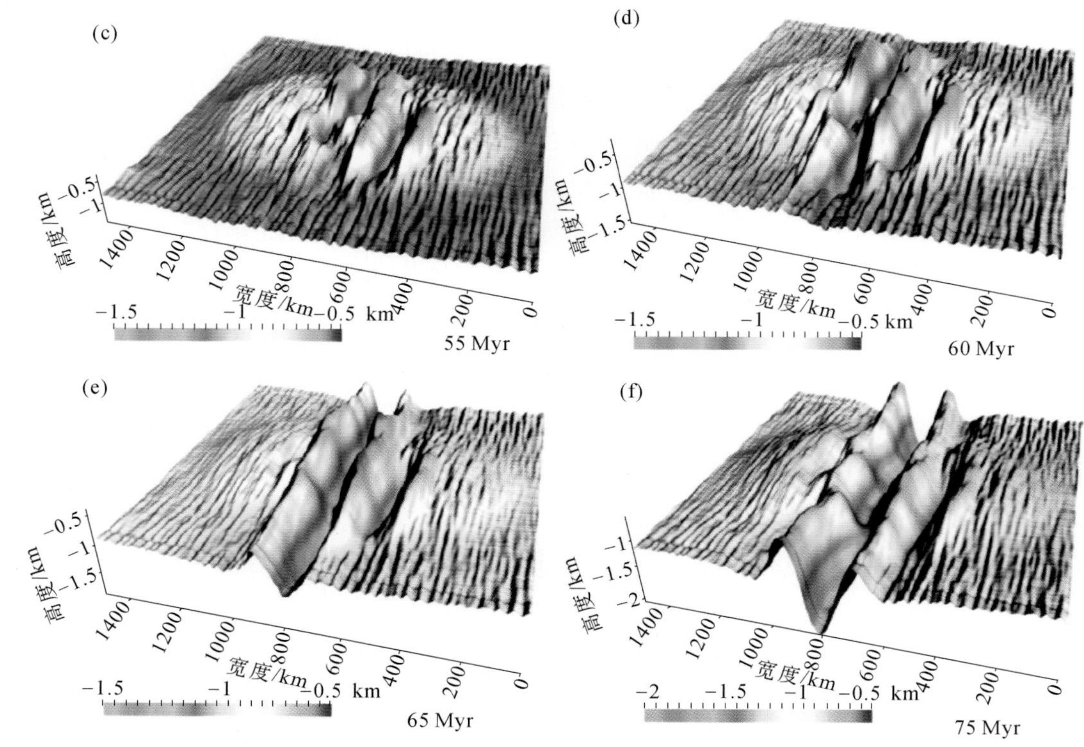


图 2-11　具有基性下地壳的模型（模型 2）的表面地形演化（Koptev et al., 2018）

（a）地幔柱诱发的中央穹状隆起上发育弥散的小位移断裂；（b）～（d）形成裂谷肩部围限的两支平行断陷；（e）～（f）其中一支裂谷构造继续演化形成扩张轴，而外一支衰退

（5）模拟结果的认识

在不超过远场驱动力的情况下，岩石圈拉张破裂很难量化建模。因为现存洋盆或薄弱带的传播以及岩浆活动参与的裂谷作用，会降低岩石圈破裂所需的有效应力，并使岩石圈局部弱化，导致其发生破裂。虽然前人 3D 模型证明，在弱远场负载情况下，非圆柱形地幔柱可在岩石圈中产生近圆柱形的裂谷结构，但这里更进一步获得了完整的大陆裂解模型。对大陆岩石圈与活动地幔柱深浅部相互作用导致的流变分层如何在三维空间内影响大陆裂解的几何学和动力学这一问题的详细调研发现，无论流变分层特征如何，地幔柱诱发的裂谷过程都发生在以下两个阶段：早期地壳裂谷阶段和晚期岩石圈缩颈阶段。

在流变解耦的岩石圈中，受下地壳物质的补偿韧性流影响，岩石圈初始脆性变形主要集中于上地壳，且被强烈局部化（即核杂岩伸展模式）。相反，上地壳与岩石圈地幔之间的流变耦合，则会在地幔柱柱头上部的地壳中，导致高度分散的脆性变形（即宽裂谷模式）。当地幔柱物质沿切穿整个岩石圈的深大断裂的高应变带局部上升时，无论核杂岩，还是宽裂谷作用，都会突然过渡为窄裂谷阶段。埃塞俄比亚主裂谷（The Main Ethiopian Rift）、美国西部的盆岭省（the Basin and Range Province）和东设得兰盆地（the East Shetland Basin），可能就是同时经受以上两种伸展阶段的自然实例。在初始对称且侧向均质环境中，沿着和横跨裂谷走向皆自发形成不对称的裂解模式，这似乎是地幔柱诱发裂谷的内在特征。

A. 两期大陆裂谷作用

裂谷边界正断层的伸展应变，迅速向裂谷内部与火山活动有关的狭窄区域内发生局部应变转移，这在埃塞俄比亚主裂谷中已经得到证实（Ebinger and Casey，2001）。研究表明，沿窄条状 Wonji 岩浆段的应变调整，可能与岩浆反复侵入造成的岩浆辅助裂谷作用有关（Kendall et al.，2005），而从边界断层到 Wonji 段的应变转换，可能受裂谷运动学变化（Boccaletti et al.，1999）或远场伸展方向与裂谷走向的夹角控制（Corti，2008，2009）。

然而，流变解耦模型 1 显示：从宽裂谷到沿窄条带状应变集中的快速转换，可能由地幔柱隆起引发的地壳尺度核杂岩变形模式向窄裂谷变形模式的转变引起［图 2-8（c）］。模型表明，这种过渡发生的时间，要比地壳中熔融地幔柱物质刺穿的时间早约 15Myr［图 2-8（d）］，并且不需要先前确定的裂谷运动学的倾斜不均匀性或变化。因此，埃塞俄比亚主裂谷的多期次演化，可以利用恒定远场伸展背景下，地幔柱与均质大陆岩石圈相互作用导致的自诱发过程解释。

强耦合岩石圈模型 2 中，宽裂谷之后形成的窄裂谷可与南部盆岭省相比较，其中，加利福尼亚湾和里奥格兰德裂谷（Rio Grande rifts）切穿了更老的弥散性正断层系。断层活动随时间的类似迁移，也可以在北海北部的东设得兰盆地中得到验证（Cowie et al.，2005）。

B. 沿着和横跨裂谷走向的分段作用

大陆裂解模式沿裂谷走向和垂直裂谷走向均具有非对称性，似乎是大多数 3D 实验的固有特征。模型 2 显示，地幔柱物质会沿未来的大陆裂解中心非均匀上升，这种非均匀上升导致了分离岩浆房的发育（图 2-12）。局部地壳岩浆房及其地幔来源，已通过东格陵兰岩墙群中岩浆流的磁组构研究得到验证。沿火山“被动”边缘走向上的构造-岩浆分段现象，可能与小尺度地幔对流有关，这与大西洋洋中脊慢速扩张的局部浮力驱动地幔流类似。模型 2 表明，岩浆存储的局部地壳带，可能与沿地幔柱上升通道走向上地壳局部减薄诱发的自身空间不规则性有关，这个过程不需要岩石圈密度和/或热各向异性的参与。

这种地幔柱的局部不均匀隆起，与地幔柱的地球物理和地球化学证据以及岩浆作用发生的时间顺序相匹配，但可能与板块运动不一致。例如，黄石热点西部的高熔岩平原（High Lava Plains），随时间推移不断向西北方向扩展，但这个方向与北美板块运动方向并不一致。模型 2 显示，地幔柱顶部沿走向从 35km 到 70km 逐渐下沉

[图2-12（d）]，这一现象说明：仅地幔柱和岩石圈相互作用，即可解释地幔柱相关火山活动随时间迁移的轨迹，而不需要地幔柱运动轨迹与板块运动一致。地幔柱物质自地幔柱中心末梢部位快速局部隆升，这与南大西洋海底向北扩张，直至特里斯坦达库尼亚热点（Tristan da Cunha hotspot）过程中发生的岩浆和构造事件的时间一致。

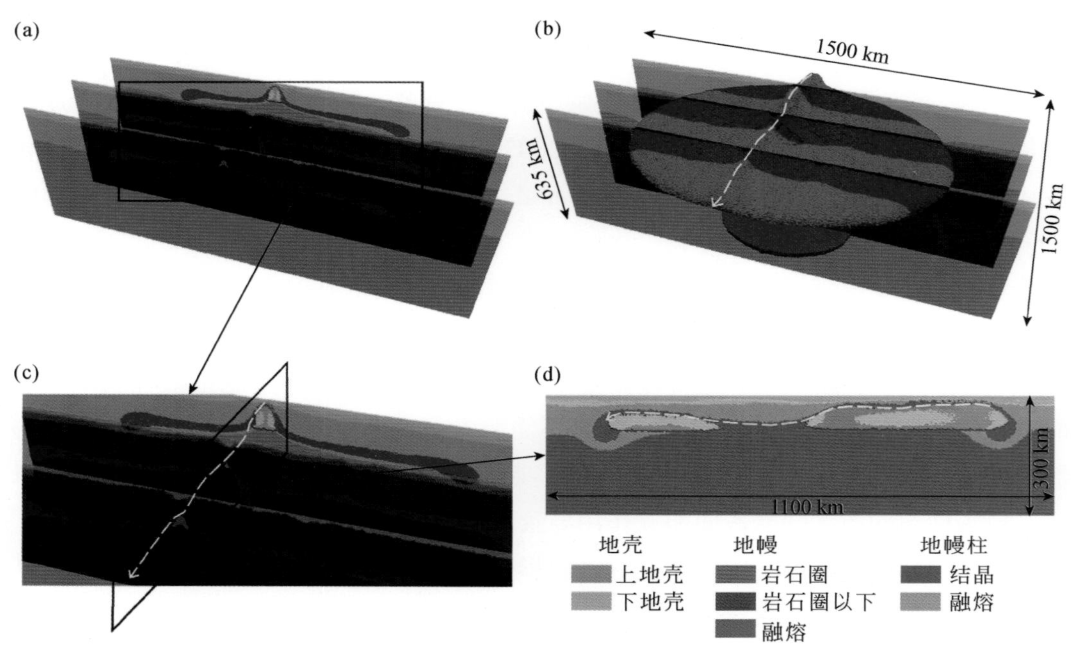


图2-12　具有基性下地壳的模型（模型2）（Koptev et al.，2018）

成分横截面（在70Myr处）显示，局部的地幔柱上升不仅横跨走向变化，而且沿着走向变化。黄线突出显示地幔柱顶点的位置；箭头指示其倾斜方向。地幔柱以红色显示。请注意，地幔柱顶点位置的垂直变化达到70～80km，这与基于磁组构研究的火山边缘分段的概念模型大致相符

本模型中，地幔柱物质沿着不同局部轴线差异隆起，形成了对比鲜明的不对称裂谷，以上复杂的不对称系统体现了横跨裂谷走向的分段作用。东非裂谷系统（The East African Rift System）就是地幔柱–岩石圈相互作用下形成不对称大陆裂谷的一个自然实例[图2-13（a）（b）]。坦桑尼亚克拉通两侧同时发育的非岩浆裂谷和岩浆裂谷分支，可能是地幔柱与克拉通相互作用的结果。然而，更为简单且初始对称的模型14[图2-13（c）（d）]，也重现了与东非裂谷中部相似的环境，而不需要侧向非均质的岩石圈，或相对于克拉通不对称分布的地幔。另一个简单（模型13）的大陆裂解结果，则与东非裂谷系中部非常匹配：都具有一条平直的东支和弯曲的西支，向南一直扩展至马拉维裂谷（Malawi Rift）[图2-13（a）]。

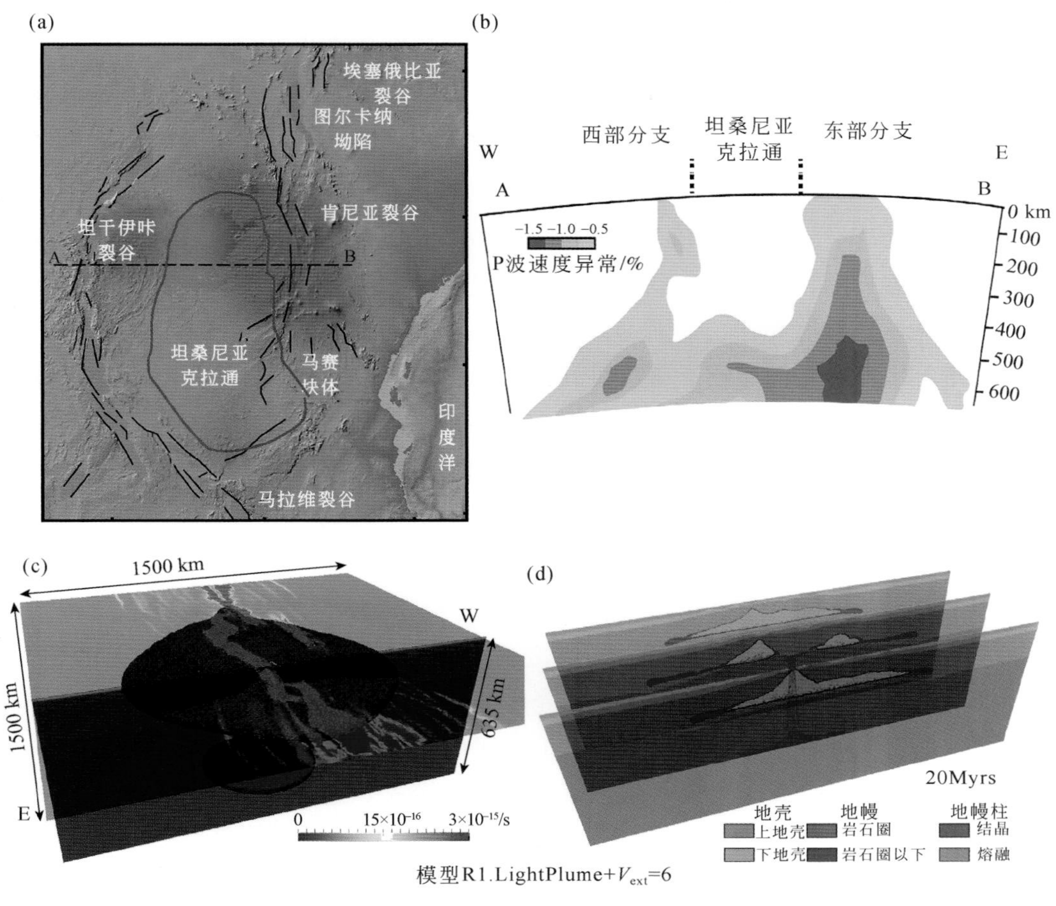


图 2-13　东非裂谷系统的构造特征及演化模拟（Koptev et al., 2018）

（a）东非裂谷系统中部的构造环境：坦桑尼亚克拉通被活跃的岩浆（东部）分支和非岩浆（西部）分支所包围。黑线代表主断层。灰线指示坦桑尼亚克拉通的边缘。红色表示通过 S 波层析成像在 200km 深度成像的低速带；（b）东西向地震 P 波速度地幔层析成像剖面，显示坦桑尼亚克拉通周围有两条热物质带：岩浆东部分支下为强烈的负异常，而非岩浆西部分支下为强度较低的负异常；（c）模型 14 主要特征的 3D 视图；（d）模型 14 的物质相分布的垂直横截面。请注意，在模型 14 初始设置方面，非常琐碎的过程演变成复杂的应变和物质相态模式，从而与观察到的东非裂谷分支很好地吻合起来

通常认为，裂谷/裂解模式的几何学很大程度上，受先存地壳和/或岩石圈各向异性或岩石圈-软流圈边界热地幔物质相对岩石圈各向异性的空间位置控制。然而，本模型产生裂谷的空间复杂性与天然裂谷中观察到的空间复杂性相似，而不需要先存地壳或岩石圈结构来控制裂谷的启动和演化。

C. 裂谷模式的一般讨论

Buck（1991）将大陆岩石圈的伸展分为三种模式：窄裂谷、宽裂谷和核杂岩模式。高强度的岩石圈地幔伸展引起局部脆性变形并形成窄裂谷。相反，莫霍面下部

地幔的韧性变形则会导致宽裂谷或核杂岩伸展模式。模拟结果表明，具有高强度上地幔的大陆岩石圈伸展作用，最初可能导致宽裂谷和核杂岩两种地壳变形模式。应用于均质岩石圈的超慢速远场伸展，似乎不足以使大断层深切至岩石圈地幔中。因此，初始伸展阶段，变形集中于上地壳和下地壳中的弥散性脆性应变（宽裂谷模式）中，或上地壳局部脆性变形位于韧性流动的下地壳之上（核杂岩模式）。热地幔柱物质参与的进一步伸展和/或局部上升，会导致应变集中，这种应变集中将最终切穿整个岩石圈，标志着向窄裂谷过渡。前人模型假定远场驱动力相当大（与此处应用的超慢速伸展相比，后者与现今裂谷的大地测量结果一致）和/或预设岩石圈薄弱带，因此，它们导致了莫霍面下部的脆性地幔中应变快速集中，以致这里不存在观察到的地壳初始伸展阶段。相比之下，本节实验预测在应变集中于窄裂谷之前，无论宽裂谷还是核杂岩模式中，地壳中都存在长期（可达 100Myr）的伸展变形。本模型中，如同 Burov 和 Gerya（2014）所提出的那样，超慢速伸展条件下，地幔柱物质上涌导致的热影响决定了侧向均质岩石圈中地壳的应变集中。然而，地幔柱诱发的扰动，不足以使断层在高强度岩石圈中拓展。因此，模型发育的最后阶段，在大陆以类似于窄裂谷的形式裂解之前，可能是持续时间很长的宽裂谷阶段，也可能是变质核杂岩阶段，这取决于地壳的流变性。盆岭构造和埃塞俄比亚主裂谷可能是经历以上两种连续伸展模式的例子，即在地壳弥散式伸展（宽裂谷模式）或在宽裂谷坳陷边界处发生局部断裂作用（核杂岩模式）之后，地壳以窄裂谷形式拓展。以大面积裂前火山作用［如北大西洋/拉布拉多–巴芬系统（North-Atlantic/Labrador-Baffin System）可达 $10^6$km］为特征的“被动”陆缘岩浆活动，比集中于海陆边界的同裂谷岩浆活动要早，这也与这两阶段伸展模式一致。

大量实例证明，板块耦合程度对伸展和挤压系统的变形过程具有重要影响。在本模型中，初始地壳变形样式，如依次发育的核杂岩变形或同期断层作用，受上地壳和岩石圈地幔流变耦合的控制。当存在软弱下地壳的解耦层时，受下地壳物质的补偿韧性流动影响，上地壳脆性应变被强烈局部化（核杂岩模式）。相反，强硬下地壳使上地壳与岩石圈地幔高效耦合，则会导致上地壳和下地壳中发生弥散性脆性变形（宽裂谷模式）。当然，各种中间情况也是可能的。例如，软弱的长英质下地壳底部温度降低，预计会导致核杂岩变形区域的宽度逐渐增加，以至于形成地热最冷的宽裂谷模式。这些结果与从模拟结果得出的推论一致。本模型显示，最终窄裂谷发育的位置，即裂解位置，受初始地壳变形模式的控制。

强硬下地壳有利于大陆分裂，与地幔柱柱头中心上部的最大累积变形区域相吻合。相反，较弱下地壳通常导致相对于初始地幔柱位置侧向偏移的裂解模式。在这种情况下，岩石圈地幔中的应变集中受部分熔融、结晶分异以及岩石圈–软流圈边界处地幔柱内部的其他反应过程控制，这导致地幔柱冲击形成的初始表面形变区域与大陆裂解的最终轴线之间出现明显偏移。

尽管在远场岩石圈伸展和地幔柱之间存在大陆裂解成因方面的争议，但之前的研究允许主动和被动模型相协调。这里证明了在存在地幔柱和弱远场伸展的情况下，岩石圈流变学垂直分层对大陆裂谷的发育模式和演化过程的影响。

1）不管岩石圈的初始流变分层特征如何，大陆裂谷作用始终存在两个阶段：早期的地壳裂谷阶段和晚期的岩石圈细颈化（分裂）阶段。地壳裂陷阶段会影响岩石圈裂解阶段，因为它会导致地壳裂前结构存在差异。

2）流变解耦的岩石圈，即存在软弱下地壳，有利于产生局部上地壳脆性应变的核杂岩伸展模式，而下地壳则受到韧性流变的补偿。相反，上地壳和岩石圈地幔之间的流变耦合则会导致分散式脆性变形，即宽裂谷模式。因此，地幔柱诱发的初始应变集中，不仅局限于脆性上地壳，还需要流变解耦的韧性下地壳参与。

3）地幔柱诱发的热扰动，不足以通过高强度岩石圈地幔产生快速断层作用。地壳经历长时间（可达 100Myr）宽裂谷或核杂岩伸展阶段之后，才出现切穿整个岩石圈的窄裂谷变形。这种大陆裂解模式向窄裂谷过渡的现象，与地幔柱物质的局部上升有关。核杂岩伸展模式之后的窄裂谷，似乎受深部地幔柱内部的复杂过程所控制，导致了大陆裂解轴相对于地幔柱初始冲击区域显著偏移。相反，宽裂谷理论有助于预测裂解轴的最终位置，与地幔柱源区中心上部最大累积变形区域更为接近这一现象。

4）大多数流变解耦岩石圈的模型表现出高度不对称的窄裂谷/扩张系统，这些系统可在初始对称和横向均一的实验装置中自发形成。这种自我诱发的不对称似乎形成于弱且恒定的远场伸展条件下，是与地幔柱-岩石圈相互作用相关的裂谷和裂解过程的固有特征。

### 2.1.3 小尺度对流与裂解

鉴于盆地的重要油气勘探潜力，其构造演化很受重视。很大程度上，油气的形成依赖于盆地沉积地层的沉积速率和温度，以上两因素受盆地的热历史影响显著。改变地球表层地貌的构造过程主要有两种：岩石圈的全球性减薄或增厚和上地壳不发生变形情况下下部岩石圈发生的热扰动。有研究证明，苏伊士湾的形成与下部韧性岩石圈的额外受热以及后续的全球性岩石圈减薄有关。以上温度上升的机理，可能跟岩石圈底部卷入的小尺度对流失稳有关。其意义不只是限于可更好地理解苏伊士湾的形成演化，还在于确认了构造过程中小尺度对流的重要性。

沉积盆地的很多地质或地球物理特征可以用岩石圈均匀伸展来解释。图 2-14 中的岩石圈由地壳和一部分上地幔组成。地壳密度要比其下部的地幔低，然而，下部韧性岩石圈的温度更低，因此密度和黏度都比岩石圈地幔要大。当不发生伸展之外的构造过程时，地壳和下部冷的韧性岩石圈会受到同等伸展而减薄。受局部均衡调整影响，地壳减薄会诱发拗陷，而下部韧性岩石圈的减薄则会伴随着可能比上部坳陷宽度还要大的隆升，因为深部质量异常的补偿并不仅限于局部位置，且下部韧性岩石圈的伸展可能并不比上部岩石圈伸展集中。因为其遵循区域均衡理论，一旦总伸展量和初始地壳厚度估计出来，就可确定唯一的地形异常曲线所围限面积的积分值，即裂谷沉降的水平积分值减去裂谷肩部隆起的积分值。构造变形之后，沉积物就会充填在中央坳陷，且由于底部拉伸的韧性岩石圈冷却对流，沉降将持续很长时间。

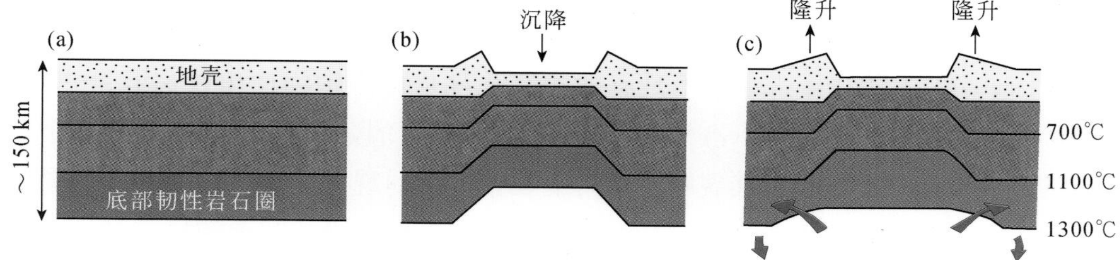


图 2-14　岩石圈均匀伸展的沉积盆地成因模型

（a）由地壳和冷的地幔物质组成的未变形岩石圈；（b）伸展的岩石圈：地壳和上地幔都发生了减薄，并且均衡调整诱发了坳陷地貌；（c）下部韧性岩石圈诱发下部地幔物质隆升，地幔对流则会诱发韧性岩石圈结构失稳。以上图中地形效应被夸大了，实线代表地幔等温线

就苏伊士湾这个特别的例子而言，其地貌特征与图 2-14 中的经典模式并不对应，因为裂谷两侧比预想的要高。裂谷肩部非常高的隆起暗示了深部韧性岩石圈的额外增温作用。这并不是新观点。比如，潘诺尼亚盆地（Pannonian Basin）中的差异伸展与附近喀尔巴阡山脉（Carpathian）的俯冲事件有关。但是苏伊士湾与其他活动构造区相去甚远，因此能够排除诱发岩石圈所需额外热源的大多数机理，小尺度对流导致的岩石圈下部韧性层失稳。

那么，什么因素导致了下部韧性岩石圈失稳呢？地幔的黏度与温度高度相关，因此，冷的上部岩石圈在中等应力下不能流动，仅其下部热的部分能够塑性变形。即使如此，下部韧性岩石圈要比其下部的地幔冷且重，因此，会在自重作用下下沉。下地幔的黏度越低，对流速率越快。水平地温梯度会加强失稳现象，并且能够在裂谷两翼产生很大程度的隆升。靠近被动大陆边缘的其他区域，如斯堪的纳维亚或东澳大利亚，可能也是附近区域洋盆打开导致了类似机理的隆升。

但是，岩石圈和软流圈边界处发生的对流过程，在其他很多环境中可能都很重要。陆-陆碰撞环境，如阿尔卑斯和喜马拉雅地区，其盆地形成过程或者整个岩石圈的变形行为与上述情况完全相反，在进一步促进山脉底部挤压方面，增厚的冷岩石圈具有很重要的作用，这一点在阿尔卑斯和加利福尼亚地区已经被地震层析所揭示。地幔中这种冷块体的下沉和失稳，可能终止挤压阶段，并且伴随地形隆升。本质上，整个岩石圈演化似乎受岩石圈和地幔之间对流控制。小尺度对流可以看作拉动岩石圈底部冷物质下沉的持续对流。这个过程可以为岩石圈和软流圈交接处提供热量，也可以控制大洋岩石圈加厚的速率，以修正古克拉通下部岩石圈的渐近厚度，或导致与热点相关的高温低黏度地区岩石圈的快速减薄。

### 2.1.4 大陆裂解到洋中脊扩张3D热力学模拟

大陆张裂、裂解到海底扩张是一个连续的伸展过程。早期的大陆张裂和裂解可能会影响后期的大洋扩张过程。目前，模拟研究从张裂、裂解到扩张的连续伸展过程的动力学模型依然较少。利用三维热力学耦合的粘-塑性动力学数值模型，本节探讨了连续的张裂、裂解和扩张过程，并分析了张裂对扩张过程的影响作用。模拟结果表明，初始大陆岩石圈的壳-幔耦合程度影响张裂和扩张：①在壳-幔强耦合模式，会形成大规模的岩石圈剪切带和快速裂陷。②在壳-幔弱耦合模式下（即解耦模式），即弱韧性下地壳与上地壳和岩石圈地幔力学解耦，会在地壳和岩石圈地幔中分别产生剪切带，并且发育具有三维特征的拆离断层，进而导致洋壳的不对称生长。在壳-幔弱耦合模型中可以形成复杂的洋中脊几何形状，如重叠或弯曲的洋中脊。③在耦合模型和解耦模型中分别建立了两类拆离断层，即大陆拆离断层和洋底拆离断层。大陆拆离断层在裂谷期由高角度正断层旋转而成，并在大陆裂解期间被岩浆作用终止。洋底拆离断裂形成于洋壳裂谷晚期-扩张早期，并主导着洋壳的不对称增生，揭示洋底拆离断层的生命周期。

从大陆裂谷到海底扩张的连续过程，是威尔逊旋回中的关键环节（Wilson，1966）。了解海底扩张过程对大陆裂谷作用的继承性，对于研究初始洋中脊演化至关重要，但现在仍面临巨大挑战（Lister et al.，1986；Taylor et al.，1999；Ebinger and Casey，2001；Nielse and Hopper，2004；Taylor et al.，2009；Gerya，2012）。与基于数值模拟和建模被广泛研究的大陆裂谷过程相比（Buck，1991；Buck et al.，1999；Huismans and Beaumont，2003；Corti，2008，2012），由于一些难以克服的困难，很少有人研究完整的大陆裂解-海底扩张过程。一个困难是长时间的伸展需要大的应变，才能从最初的完好大陆岩石圈演变至海底扩张的最终稳定状态，并且它包括许多复杂的地球动力学过程，例如，软流圈地幔的部分熔融、熔体提取和向地表渗流、新洋壳的岩浆增生和洋中脊脊轴的热液循环导致洋壳过冷（Gerya，2010，2013）。另一个困难是，海底扩张本身就是一个三维问题，因为沿着洋中脊存在很强的非均质性。超慢速扩张脊大多与扩张方向斜交，且由交替的岩浆和非岩浆段组成（Dick et al.，2003）。对称和不对称洋壳增生（即洋壳生长）沿缓慢扩张的洋中脊交替分布（Escartin et al.，2008）。叠接扩张中心和转换断层是洋中脊分段相互作用的两种常见方式。

这些洋中脊的三维特征自然需要3D模型描述。此外，直接自然观测的不足，使得裂谷拓展转变过程变得非常神秘。与广泛分布的大陆裂谷和洋中脊的例子不同，很少记录有大陆裂谷–海底扩张过渡过程的自然实例，其中，一些比较好的实例有西南太平洋中的伍德拉克盆地（Woodlark）（Taylor et al.，1999，2009）、拉普契夫海（Laptev Sea）（Franke et al.，2001；Engen et al.，2003）和红海–亚丁湾系统（Red Sea- Gulf of Aden System）（Leroy et al.，2010；Ligi et al.，2012；Brune and Autin，2013）。

正如通常所认为的那样，大陆裂谷并不是随机发生的，而是倾向于沿着岩石圈先存薄弱带（如断层带、缝合带、废弃裂谷和其他构造边界）发生。许多自然实例证明，裂谷发展通常沿着先存岩石圈结构发育，例如，东非裂谷（East African Rift）的西支（Nyblade and Brazier，2002；Corti et al.，2007）、埃塞俄比亚主裂谷（Corti，2009）和贝加尔裂谷（Baikal Rift）（Petit and Deverchere，2006）。早期形成的裂谷可能是未来裂谷发育和大陆裂解的模板。然而，大陆裂解过程中会产生大量非均质性，裂谷伸展可能会从初始裂谷走向（即先存构造走向）转变，就像埃塞俄比亚主裂谷一样（Keranen and Klemperer，2008；Corti，2009）。裂谷发育历史影响大陆裂解和海底扩张的程度几乎无法限制。此外，裂谷历史对大陆裂解和海底扩张的影响与转换断层的形成有关。广泛认同的转换断层形成的一种可能机制与先存岩石圈薄弱带的继承性有关。转换断层可能沿着与洋中脊几乎垂直的先存薄弱带形成和发育，例如，南美洲和非洲之间的赤道大西洋海岭的长转换断层（Wilson，1965）。被动大陆边缘与亚丁湾内的转换断层之间的对应关系也表明，某些转换断层的形成可能与先存构造的继承有关（d'Acremont et al.，2010）。

对称和不对称增生是洋中脊扩张的两种模式。洋中脊两侧大致对称分布的深海丘陵表现出对称洋壳增生的特征，而不对称洋壳增生的特征则沿着一侧发育主动拆离断层，大部分拆离断层在平面上具有三维弯曲（向洋中脊凸出）的几何学形态（Buck et al.，2005；Smith et al.，2006；Escartin et al.，2008）。总体而言，洋壳增生模式与扩张速率密切相关。慢速扩张有利于不对称增生，而快速扩张则有利于对称增生（Buck et al.，2005；Puthe and Gerya，2014）。然而，在小范围内，沿扩张速率略有变化的慢速扩张脊，可观察到对称和不对称洋壳交替增生，比如北大西洋洋中脊（Escartin et al.，2008）。这种情况下，交替出现的对称/不对称洋壳增生模式，很难仅通过扩张速率的变化来解释。Allken 等（2011）及 Allken 和 Huismans

(2012）基于相对简单的与温度无关的黏塑性流变学，利用三维数值模拟对上地壳大陆裂谷的拓展和相互作用进行了研究。这些研究中的伸展应变不足以达到大陆裂解的程度。基于三维数值模拟，前人对大陆裂谷的斜向拓展进行了研究（Brune et al.，2012；Brune and Autin，2013；Brune，2014）。尽管在这些模型中都出现了大陆裂解，但并没有对海底扩张（如洋壳增生）进行模拟。Gerya（2010，2013）及 Puthe 和 Gerya（2014）基于初始洋中脊或理想化的减薄大陆岩石圈，对三维转换断层启动（和发育）及其与洋中脊的相互作用进行了数值模拟。此外，还有其他几个关注不同阶段大陆裂解–海底扩张过程的三维数值模式（van Wijk，2005；van Wijk and Blackman，2005；Choi et al.，2008；Gregg et al.，2009），但整个过程几乎没被模拟。

在这里的研究中，旨在通过模拟完整的大陆裂解–海底扩张过程，来研究初始海底扩张过程对大陆裂解的继承性，并特别关注以上过程中两种洋壳增生的模式（对称和不对称增生）。大陆岩石圈的初始流变结构和先存薄弱带的几何学特征是两个关键参数。耦合和解耦流体结构可通过有/无强硬下地壳层来区分。依据先存薄弱带的几何学特征对以上两类模型进行了调研，一种是类 2D 的装置，即与面状伸展应力正交的长先存薄弱带贯通整个模型；另一种是类 3D 装置，即短的先存薄弱带仅切穿模型的一部分。薄弱带位置即上地壳或岩石圈地幔的最上部，对其影响也进行了研究。初步模拟结果表明，与主动拆离有关的非对称洋壳增生受解耦模型的青睐，而耦合模型通常会产生对称洋壳增生。同时，这里也将讨论拆离断层的启动、发育和终止，洋底拆离断层的弯曲几何形状，大陆裂谷在海底扩张过程中的继承性以及沿被动边缘发育的岩浆作用。

#### 2.1.4.1 数值方法和模型设置

（1）控制方程

这里采用基于保守有限差分和网格–粒子技术（也称标记内嵌技术）的 3D 热力耦合数值代码（Gerya，2013），求解不可压缩介质的质量、动量和能量守恒方程

$$\frac{\partial v_i}{\partial x_i}=0 \tag{2-27}$$

$$\frac{\partial \sigma_{ij}}{\partial x_j}-\frac{\partial P_i}{\partial x_i}=\rho g_i \tag{2-28}$$

$$\rho C_{\mathrm{p,eff}}\frac{\mathrm{d}T}{\mathrm{d}t}=\frac{\partial}{\partial x_i}\left(k\frac{\partial T}{\partial x_i}\right)+H_{\mathrm{r}}+H_{\mathrm{s}}+H_{\mathrm{a}} \tag{2-29}$$

式中，$v$ 是速度；$\sigma$ 是偏应力张量；$P$ 是总压力（平均正应力）；$\rho$ 是密度；$g$ 是重力加速度；$C_{\mathrm{p,eff}}$是有效热容量；$T$ 是温度；$k$ 是热量电导率；$H_{\mathrm{r}}$ 为放射性增温；$H_{\mathrm{s}}=$

$\sigma\dot{\varepsilon}$是剪切增温（偏应力和应变率的乘积）；$H_{\mathrm{a}}=T_{\mathrm{a}}\frac{\mathrm{d}P}{\mathrm{d}t}$为绝热增温。爱因斯坦符号用于指标 $\boldsymbol{i}$ 和 $\boldsymbol{j}$，它们表示三维空间向量 $\boldsymbol{i}=(x, y, z)$ 和 $\boldsymbol{j}=(x, y, z)$。在欧拉节点上，求解拉格朗日温度方程，并利用子网扩散操作，从节点到标记内插得到温度增量（Gerya and Yuen，2003，2007；Gerya，2010），这样可以确保节点和标记温度场间的物理一致性。温度平流则通过标记平流实现。多重网格方法用于加速高斯-赛德尔迭代的收敛性，以便对质量和动量守恒方程进行耦合求解。计算中还应用了基于共享存储的并行算法。

（2）岩石流变学的应用

这里的数值模型中应用了黏塑性流变学，并使用德鲁克-普拉格准则来确定黏性变形或塑性变形是否发生。当偏应力的第二不变量$\left(\sigma_{\mathrm{II}}=\left(\frac{1}{2}\sigma_{ij}\sigma_{ij}\right)^{\frac{1}{2}}\right)$小于塑性屈服准则（$\sigma_{\mathrm{y}}$）时，黏性蠕变在模型变形中占主导。表征扩散和位错蠕变之间竞争关系的有效蠕变黏度（Ranalli，1995）表示为 $\eta=\frac{1}{\left(\frac{1}{\eta_{\mathrm{diff}}}+\frac{1}{\eta_{\mathrm{disl}}}\right)}$，其中，$\eta_{\mathrm{diff}}$和 $\eta_{\mathrm{disl}}$的表达式为

$$\eta_{\mathrm{diff}}=\frac{1}{2}A_{\mathrm{d}}\sigma_{\mathrm{crit}}{}^{1-n}\exp\left(\frac{PV_{\mathrm{a}}+E_{\mathrm{a}}}{RT}\right) \tag{2-30}$$

$$\eta_{\mathrm{disl}}=\frac{1}{2}A_{\mathrm{d}}{}^{-\frac{1}{n}}\dot{\varepsilon}_{\mathrm{II}}{}^{\frac{1-n}{n}}\exp\left(\frac{PV_{\mathrm{a}}+E_{\mathrm{a}}}{nRT}\right) \tag{2-31}$$

式中，$A_{\mathrm{d}}$ 是预指数常数；$n$ 是应力/应变率指数；$V_{\mathrm{a}}$ 是活化体积；$E_{\mathrm{a}}$ 是活化能；$R$ 是理想气体常数［8.314J/(mol·K)］，$\sigma_{\mathrm{crit}}=10^4\mathrm{Pa}$ 是从扩散到位错蠕变的过渡应力(Turcott and Schubert，2002)，$\dot{\varepsilon}_{\mathrm{II}}=\left(\frac{1}{2}\dot{\varepsilon}_{ij}\dot{\varepsilon}_{ij}\right)^{\frac{1}{2}}$是应变率的第二个不变量。

扩散蠕变是以一种简化的方式实现的：①粒径假定为常数；②从扩散到位错的转变，假定蠕变发生在恒定的临界应力下，而与温度和压力无关。由于这里的模型中的偏应力幅度要比 $10^4$Pa 高很多，因此扩散蠕变在黏性变形过程中并不重要，对于位错蠕变被认为是主要机制的大陆岩石圈来说，这是相当典型的（Karato，1992，2010）。一旦达到屈服准则 $\sigma_{\mathrm{II}}>\sigma_{\mathrm{y}}$，有效黏度计算如下：

$$\eta=\frac{\sigma_y}{2\dot{\varepsilon}_{\mathrm{II}}}=\frac{C_{\mathrm{o}}+(P-P_{\mathrm{f}})\phi}{2\dot{\varepsilon}_{\mathrm{II}}} \tag{2-32}$$

其中，$C_{\mathrm{o}}$ 是内聚力，即当压力为零时岩石的残余强度；$\phi$ 是内摩擦系数；$P_{\mathrm{f}}$ 是静水压力；$\dot{\varepsilon}_{\mathrm{II}}$是应变率的第二不变量。塑性形变弱化可通过应变间隔 0.25～1.25 内内聚力线性降低（从 $C_{\mathrm{o}}^0$ 到 $C_{\mathrm{o}}^1$）和内部摩擦系数（从 $\phi^0$ 到 $\phi^1$）来实现。恒定的

塑性愈合速率（$10^{-13}$/s，与活动断层内的塑性应变速率相当）用于愈合失去活动性的裂缝（Gerya，2013）。在足够高的应力（$\sigma_{\mathrm{II}}$>200MPa）和低温（$T$<1100℃）下，Peierls 蠕变代替位错蠕变。这里的模型中，Peierls 蠕变可通过类似于塑性形变来实现，即使用方程式（2-33）计算给定 $\dot{\varepsilon}_{\mathrm{II}}$ 的平衡 $\sigma_{\mathrm{II}}$（Katayama and Karato，2008）

$$\dot{\varepsilon}_{\mathrm{II}}=A_{\mathrm{Pei}}\sigma_{\mathrm{II}}^{2}\exp\left\{-\frac{PV_{\mathrm{a}}+E_{\mathrm{a}}}{RT}\right\}\left[1-\left(\frac{\sigma_{\mathrm{II}}}{\sigma_{\mathrm{Pei}}}\right)^{m}\right]^{n_{\mathrm{Pei}}} \tag{2-33}$$

式中，$\sigma_{\mathrm{Pei}}=9.1\times10^{9}\mathrm{Pa}$；$A_{\mathrm{Pei}}=6.3\times10^{-5}/(\mathrm{Pa}^{2}\cdot\mathrm{s})$；$m=1$；$n_{\mathrm{Pei}}=2$ 是实验确定的参数（Katayama and Karato，2008）。因此，有效黏度为 $\eta=\dfrac{\sigma_{\mathrm{II}}}{2\dot{\varepsilon}_{\mathrm{II}}}$。

（3）岩浆相关过程的实现

岩浆相关的过程，即熔体生成、萃取、渗流和增生，在这里的模型中以简化的方式实施（Gerya，2013）。基于 Katz 等（2003）的参数化熔融模型，计算干地幔的熔融比率（$M$）

$$M=\left(\frac{T-T_{\mathrm{solidus}}}{T_{\mathrm{liquidus}}^{\mathrm{lherz}}-T_{\mathrm{solidus}}}\right)^{n_{\mathrm{cpx}}},T_{\mathrm{solidus}}<T<T_{\mathrm{cpx\text{-}out}} \tag{2-34}$$

$$M=M_{\mathrm{cpx\text{-}out}}+(1-M_{\mathrm{cpx\text{-}out}})\left(\frac{T-T_{\mathrm{cpx\text{-}out}}}{T_{\mathrm{liquidus}}-T_{\mathrm{cpx\text{-}out}}}\right)^{n_{\mathrm{cpx}}},T_{\mathrm{cpx\text{-}out}}<T<T_{\mathrm{liquidus}} \tag{2-35}$$

式中，$T_{\mathrm{solidus}}$，$T_{\mathrm{liquidus}}$和$T_{\mathrm{liquidus}}^{\mathrm{lherz}}$分别为地幔固相线、液相线和二辉橄榄岩液相线；$n_{\mathrm{cpx}}=n_{\mathrm{opx}}=1.5$ 为指数；$M_{\mathrm{cpx\text{-}out}}=\dfrac{0.15}{(0.5+8\times10^{-5}P)}$，$T_{\mathrm{cpx\text{-}out}}=M_{\mathrm{cpx\text{-}out}}^{n_{\mathrm{cpx}}^{1}}$（$T_{\mathrm{liquidus}}^{\mathrm{lherz}}-T_{\mathrm{solidus}}$）$+T_{\mathrm{solidus}}$分别为当单斜辉石（cpx）通过熔融耗尽后的熔融比率和温度，其中 $P$ 的单位为 MPa。式（2-35）表示地幔中的单斜辉石被耗尽且熔融消耗了绝大部分斜方辉石（opx）。

Gregg 等（2009）提出部分熔融发生于类似熔浆池的广阔区域内。熔体被萃取并储存在部分熔融区域的最上部。拉格朗日标记可示踪模型演化过程中萃取的熔体量。在每个时间步长内，基于以下公式萃取一定量的熔体

$$\delta M=M-\sum_{i=1}^{n}M_{i}^{\mathrm{ext}} \tag{2-36}$$

式中，$n$ 代表以前的提取事件；$M_{i}^{\mathrm{ext}}$表示每个时间步长内萃取的熔体。当萃取的熔体分数大于标准熔体分数（$\delta M<0$）时，表示岩石未熔融。萃取的熔体被瞬间输送到熔浆池的最浅部分，并形成一个岩浆房。这意味着熔体运输并未清晰地模拟，而是通过将熔浆池最浅部分的岩石类型转换为新的岩石类型（即熔融地幔到熔融玄武岩）来实现。转换标记的总体积与每个时间步长中提取的熔体总体积相匹配。在下一个时间步长中，萃取的熔体将被添加到岩浆房的底部。

如果玄武质岩浆在岩浆房中局部凝固，岩浆房壁的部位会自发形成洋壳（即岩

浆增生），只需简单地将玄武岩岩石类型从熔体转变为固体即可。这种简单的地壳增生算法并没有考虑岩浆区上方的火山喷发和侵入过程（Buck et al., 2005; Wanless and Shaw, 2012），也未考虑这些区域内是否发生内部对流、熔体分离和结晶分异等过程（Wanless and Shaw, 2012）。

基于式（2-37）的熔体分数，对部分熔融地幔物理参数的有效值（密度、热容量、热导率、热膨胀率和压缩系数）进行修改。在能量守恒方程中，通过进一步增加有效热容和热膨胀率来间接考虑由熔化/结晶平衡引起的潜热效应

$$X_{\text{eff}}=X_{\text{molten}}\times M+X_{\text{solid}}\times(1-M) \tag{2-37}$$

$$C_{\text{P,eff}}=Q_{\text{L}}\left(\frac{\partial M}{\partial T}\right)_{\text{P}}+C_{\text{P}} \tag{2-38}$$

$$\alpha_{\text{eff}}=\rho\frac{Q_{\text{L}}}{T}\left(\frac{\partial M}{\partial P}\right)_{\text{T}}+\alpha \tag{2-39}$$

式中，$X_{\text{eff}}$代表物理参数的有效值；$X_{\text{solid}}$和$X_{\text{liquid}}$分别为固态和液态状态下的值；$Q_{\text{L}}$为潜热。材料参数如表2-4和表2-5所示。

**表2-4　数值模拟中用到的物质参数[a]**

| 流动速率 | 上地壳[b] | 下地壳 | 地幔 | 地壳薄弱带 | 地幔薄弱带 | 参考文献[c] |
|---|---|---|---|---|---|---|
| | 湿石英岩 | 斜长石 | 干橄榄岩 | 湿石英岩 | 湿橄榄岩 | |
| $\rho/(\text{kg/m}^3)$ | 2750 | 3000 | 3300 | 2700 | 3200 | 1 |
| $C_o^0/\text{Pa}$ | $1\times10^7$ | $1\times10^7$ | $1\times10^7$ | $3\times10^6$ | $3\times10^6$ | 2 |
| $C_o^1/\text{Pa}$ | $3\times10^6$ | $3\times10^6$ | $3\times10^6$ | $3\times10^6$ | $3\times10^6$ | |
| $\phi_{\text{DCP}}^0$ | 0.258 | 0.6 | 0.6 | 0.1 | 0 | 2 |
| $\phi_{\text{DCP}}^1$ | 0.035 | 0 | 0 | 0.035 | 0 | |
| $\phi_{\text{CP}}^0$ | 0.4 | 0.4 | 0.64 | 0.2 | 0.2 | |
| $\phi_{\text{CP}}^1$ | 0.12 | 0.12 | 0.12 | 0.06 | 0.06 | |
| $E_a/(\text{J/mol})$ | $1.54\times10^5$ | $2.38\times10^5$ | $5.32\times10^5$ | $1.54\times10^5$ | $4.7\times10^5$ | 2 |
| $V_a/(\text{m}^3/\text{mol})$ | 0 | 0 | $1.6\times10^{-5}$ | 0 | 1.6 | 2 |
| $A_D/(\text{Pa}\cdot\text{s})$ | $1.97\times10^{19}$ | $4.8\times10^{22}$ | $3.98\times10^{16}$ | $1.97\times10^{19}$ | $5.01\times10^{20}$ | 2 |
| $n$ | 2.3 | 3.2 | 3.5 | 2.3 | 4 | 2 |
| $H_r/(\mu\text{W/m}^3)$ | 2.0 | 0.25 | 0.022 | 1.0 | 0.022 | 1 |
| $Q_L/(\text{kJ/kg})$ | 300 | 400 | 400 | 380 | 400 | 1，3 |

[a] 符号意义请看正文，其他适用于所有岩石的参数 $C_p=1000\text{kg/K}$，$\alpha=3\times10^{-5}/\text{K}$，$\beta=1\times10^{-5}/\text{MPa}$。

[b]在耦合流变模型中表示上地壳；在解耦模型中代表整个地壳。

[c] 1-（Turcotte and Schubert, 2002），2-（Ranalli, 1995）和3-（Bittner and Schmeling, 1995）。

资料来源：Liao和Gerya，2015

**表 2-5　温压相关的参数**

| 位置 | $T_{solidus}$ | 参考文献[b] |
|---|---|---|
| 地壳 | 当 $P<1200$MPa 时，$889+536.6/(0.03P+1.609)+18.21/(0.03P+1.609)^2$；当 $P>1200$MPa 时，$831.3+0.06P$ | 1，2 |
| 地幔 | $1358.85+0.1329P-5.104\times10^{-6}P^2$ | 3 |
| 水化地幔 | 当 $P<2400$MPa 时，$1239.8+1493.0/(0.03P+9.701)$；当 $P>1200$MPa 时，$1266.3-0.01184P+3.5\times10^{-6}P^2$ | 4 |
| 位置 | $T_{liquidus}$ | |
| 地壳 | $1262.0+0.09P$[a] | 1 |
| 地幔 | $2053.15+0.045P-2\times10^{-6}P^2(T_{liquidus})$；$1748.15+0.080P-3.2\times10^{-6}P^2(T^{lherz}_{liquidus})$ | 3 |
| 水化地幔 | $2073.15+0.114P$ | 5 |
| 位置 | $k/(W/m\cdot K)$ | |
| 地壳 | $(1.18+474/(T+77))\exp(0.00004P)$ | 6 |
| 地幔 | $(0.73+1293/(T+77))\exp(0.00004P)$ | 6 |
| 薄弱带 | $(0.73+1293/(T+77))\exp(0.00004P)$ | 6 |

[a] 压力单位为 $MPa^{-1}$；[b] 1-(Johannes，1985)，2-(Poli and Schmidt，2002) 和 3-(Katz et al.，2003)，4-(Schmidt and Poli，1998)，5-(Hess，1989) 和 6-(Clauser and Huenges，1995)。

资料来源：Liao 和 Gerya，2015

（4）模型设置

这里使用的数值模型为高分辨率（197×197×197）立方体［图 2-15（a）］，内含常规分散式节点（对应尺寸为 98km×98km×98km）和约 6000 万随机分布拉格朗日标记。模型箱的最上部施加一层 5km 厚的黏性空气层［$\rho=1kg/m^3$，$\eta=10^{18}Pa\cdot s$，$k=200W/(m\cdot K)$］，近似代表地壳的上表面为自由面（Schmeling et al.，2008；Crameri et al.，2012），而地壳和地幔层位于下部。在模型开发和相关的地壳表面变形过程中，当这些标记移动到指定水位（初始地壳表面以下 0.5km）以下时，黏性空气标记会转变为黏性水标记［$\rho=1000kg/m^3$，$\eta=10^{18}Pa\cdot s$，$k=200W/(m\cdot K)$］。水标记向沉积物进一步转化，则发生在规定的沉降面（初始地表以下 10km）以下。通过将岩石标记转换成黏性空气标记，瞬时侵蚀被规定在初始地壳表面以上 4km 处。

本模型中使用了两个不同的岩石圈流变耦合结构，即解耦流变结构（具有软弱下地壳）和耦合流变结构（具有强硬下地壳）［图 2-15（b）］。假设应变率恒定，计算得到的一阶初始强度包络线表示岩石圈强度（Afonso and Ranalli，2004；Burov and Watts，2006；Burgmann and Dresen，2008）。受成分、地温和地壳/地幔厚度影响，初始强度包络线会随区域不同而发生很大变化。除上地壳的流变学（通常用湿石英岩来表示）外，下地壳的流变学可以用干或湿的含长英质或镁铁质物质更多的岩石来表示，地幔可以用干或湿的橄榄石来表示，但两者很少被限定，这表明这里的模型中有大量的流变结构可以利用。在这里，解耦流变结构采用了软弱长英质地壳（用湿石英岩来描述）和强硬岩石圈地幔。虽然地壳是一个统一的层，但下部表现为韧性［图2-15（b）中的左图］。

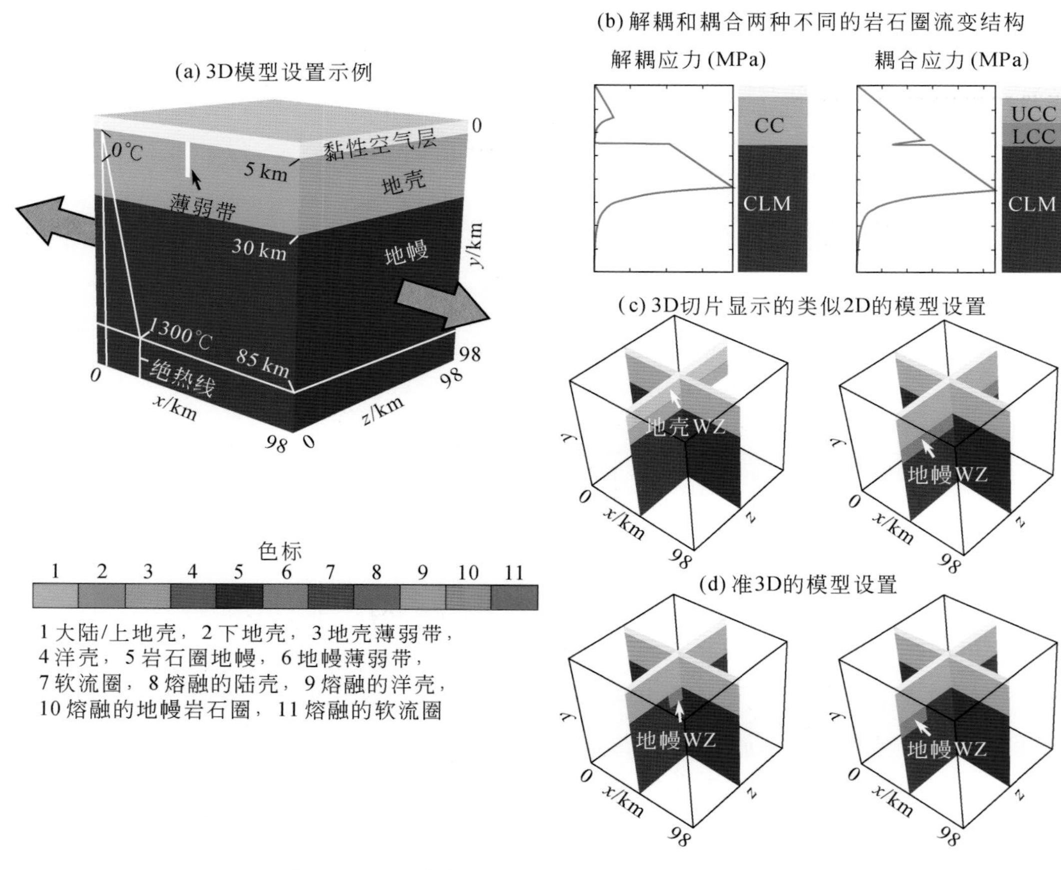


图2-15　初始模型设置（Liao and Gerya，2015）

（a）3D模型设置示例（对应于具有类似2D薄弱带的解耦流变结构），箭头显示边界伸展速度（在整个面上，半伸展率为1.5cm/a），规定黏性空气层以使地壳表面近似为自由面；（b）解耦和耦合两种不同的岩石圈流变结构，通过施加强硬的下地壳来实现耦合流变学。CC-陆壳，CLM-大陆岩石圈地幔，UCC-上陆壳，LCC-下陆壳，WZ-薄弱带；（c）3D切片显示的类似2D的模型设置，地壳薄弱带（左图）或地幔薄弱带（右图）垂直于伸展方向并贯穿整个模型（尺寸为2km×12.5km×98km）；（d）类似3D的模型设置，薄弱带不穿过整个模型（尺寸为2km×12.5km×24.5km）

由于耦合流变学，以斜长石代表的镁铁质强硬下地壳（厚度为12.5km）被强制耦合上地壳和上地幔耦合［图2-15（b）中的右图］。岩石圈地幔是均质的，可用干橄榄石来表示。主要塑性参数，即内摩擦系数（$\phi$），在解耦流变学和耦合流变学上并不相同。对于干破裂结晶岩而言，典型内摩擦系数（$\phi$）值从0.6（当$P>$200MPa时）到0.85（当$P<$200MPa时）变化（Byerlee，1978）。但是，如果涉及流体，$\phi$值可能会急剧下降。有效$\phi$值很大程度上与未约束的孔隙压力有关，变化很

大（Brace and Kohlstedt，1980；Buck，2006）。为充分解耦上地壳和上地幔，地壳和地幔分别采用了较低（$\phi=0.258$）和较高（$\phi=0.6$）内摩擦系数，而在耦合流变结构中，地壳和地幔都采用中等值($\phi=0.4$)。岩石性质见表2-4。

按照薄弱带的几何学特征，这里采用了两种不同的理想化模型设置，即类似2D和3D的设置［图2-15（c）（d）］。类似2D的设置中，与面状伸展应力正交的长先存薄弱带沿垂直于伸展方向［$z$方向，图2-15（c）］贯通整个模型；而类似3D的设置［图2-15（d）］中，先存薄弱带仅切穿模型的四分之一。薄弱带的位置即沿$z$轴方向在模型的一侧或中间［图2-15（d）］，在类似3D的模型中，也进行了研究。岩石圈的薄弱带既能够降低地壳强度，也可以降低地幔强度，并导致地壳或地幔减薄（Dunbar and Sawyer，1988）从而完成大陆裂解。这里的模型中，在上地壳或上地幔中设置了薄弱带，薄弱带也可能影响岩石圈变形（Sokoutis et al.，2007）。

沿着模型的整个左右边界，统一规定与时间无关的恒定伸展速度（半扩张速率为1.5cm/a）（图2-15）。上部和下部边界的补偿速度，分别通过基于黏性空气和地壳-地幔层的质量守恒公式计算得出（Liao and Gerya，2014）。模型正面和背面边界可自由滑动。岩石圈的初始温度在水平方向是均质的，沿垂直方向从表面的0℃线性增加到深度为85km（岩石圈底部）处的1300℃，在该点之下，地幔具有0.5℃/km的绝热温度梯度。上限（0℃）和下限（1306.5℃）采用恒温条件。绝热边界条件，即零导热通量，用于所有侧边界。

### 2.1.4.2 模拟结果

本节将介绍流变耦合/解耦、薄弱带几何形状和薄弱带位置对大陆裂谷和海底扩张的影响。下文将分别显示使用准2D设置（即长弱区）的建模结果，以及使用3D模型（即短弱区）的模型设置。在每个部分中，比较具有不同流变结构（耦合或解耦）和薄弱带位置（在上地壳或岩石圈地幔最顶部中）的模型。为了获得更好的可视化效果，已在3D快照中删除覆盖在地壳（或出露地幔）上的黏性空气和水，并用虚线绘制不同层之间的界面。

（1）准2D的模型设置

A. 解耦流变学

流变耦合模型的动态演化以有效黏度表示在图2-16和图2-18中，并进行了比较。在上地壳［图2-16（a）～（d）］或在上地幔最顶部［图2-16（e）～（h）］中，均实现了一个垂直于伸展方向的长而窄的薄弱带。由于薄弱带降低了上地壳/地幔的脆性强度，因此，应变迅速地局部化。在模型1中，地壳变薄在早期占主导地位，并产生了早期的裂谷。在较短的伸展时间后，地幔伸展成为主导，并破坏了岩石圈。一个有趣的现象是，地幔变薄集中在一个新位置，该位置在横向上与地壳变薄中心发生了偏移。结果，继承了地幔变薄带的最终扩张脊与早期已经死亡的地壳裂谷存在偏移。尽管在此模型中使用了准2D的设置，但是可以观察到模型变形的3D特征，例如，岩浆强度沿垂直于伸展方向发生变化［图2-16（d）］。

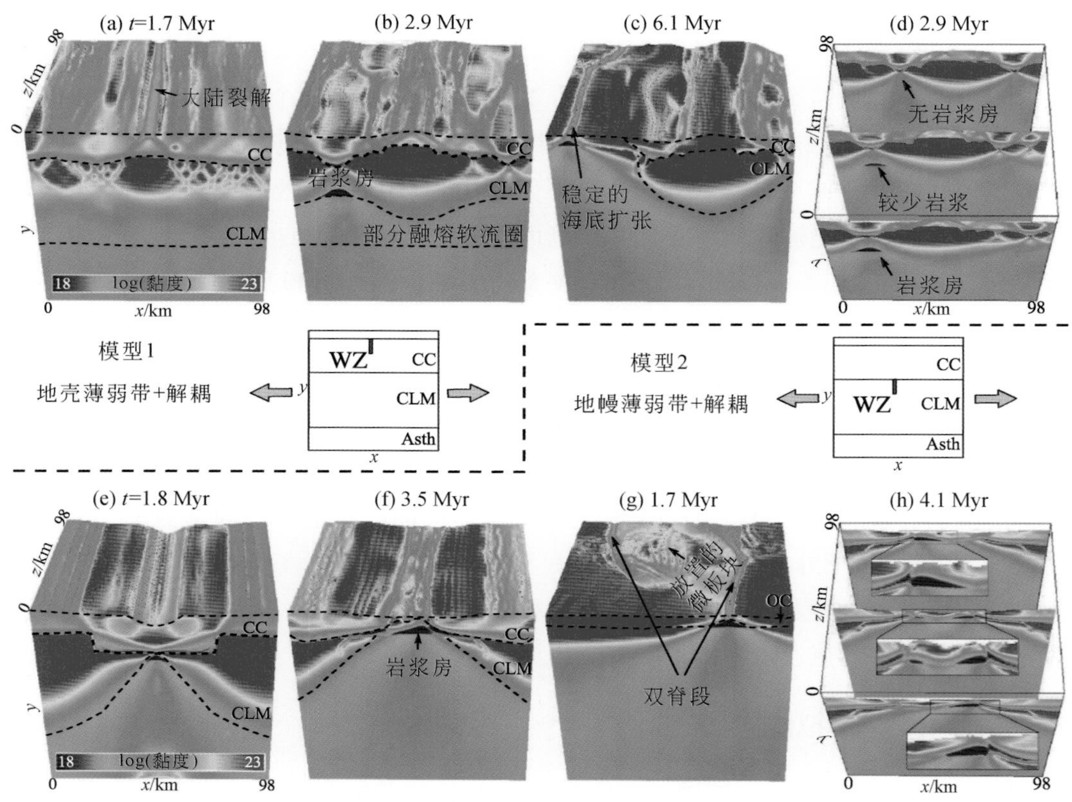


图2-16　岩石圈解耦流变学模型的动态演化（Liao and Gerya，2015）

研究了具有地壳弱区［（a）~（d）］和地幔弱区［（e）~（h）］的准2D的装置［关于薄弱区的位置，参见图2-15（c）］。二维切片［（d）和（h）］显示了模型变形沿z方向（垂直于伸展）的变化。请注意，尽管模型设置为准2D，但在两个模型中都观察到了变形的3D特征。OC-洋壳，WZ-薄弱带，CC-陆壳，CLM-大陆岩石圈地幔，Asth-软流圈。虚线表示不同岩石层之间的界面

在模型2中，岩石圈上地幔中有一个薄弱区，观察到了明显的模型演化［模型2，图2-16（e）~（h）］。从一开始，在先存的薄弱带基础上，岩石圈地幔减薄控制了岩石圈变形。在伸展作用初期，在薄弱带上方形成直的大陆裂谷，逐渐发展成两个叠接扩张中心（洋中脊）。在这两条洋中脊之间形成旋转的微板块。叠接扩张中心的形成与两条拆离断层的形成有关，它们沿着裂谷拓展方向和倾向相反［图2-16（f）（h）］。拆离断层导致板块不对称增生，并且两条相反方向的洋底拆离断层之间的偏移距离，会随着伸展而增加，从而形成两条独立的洋中脊［图2-18（b）］。在此模型中未形成转换断层。

B. 耦合流变学

在耦合流变模型中，使用坚硬的下地壳（厚度为12.5km），将上地壳和岩石圈地幔最上部进行机械耦合，具有地壳薄弱区的模型3和具有地幔薄弱区的模型4产生相似的伸展模式：从直的大陆裂谷演化形成大致呈直线的洋中脊。由于塑性应变减弱和剪切加热［图2-17（b）（f）］，在伸展初期［图2-17（a）（e）］形成对称的岩石圈共轭剪切带，后来变得不对称。共轭断层的一条分支占主导地位，并被上涌的地幔进一步旋转成低角度的大陆型拆离断层，沿洋–陆过渡带出露少量地幔岩石。在相对较短的时间内，两个模型都达到了海底扩张的稳定状态，并且洋中脊具有对称增生特征［图2-17（c）（g），图2-18（c）（d）］，该模型中不会导致洋壳拆离。但沿裂谷/洋中脊走向（垂直于伸展）略有变化［图2-17（d）（h）］。

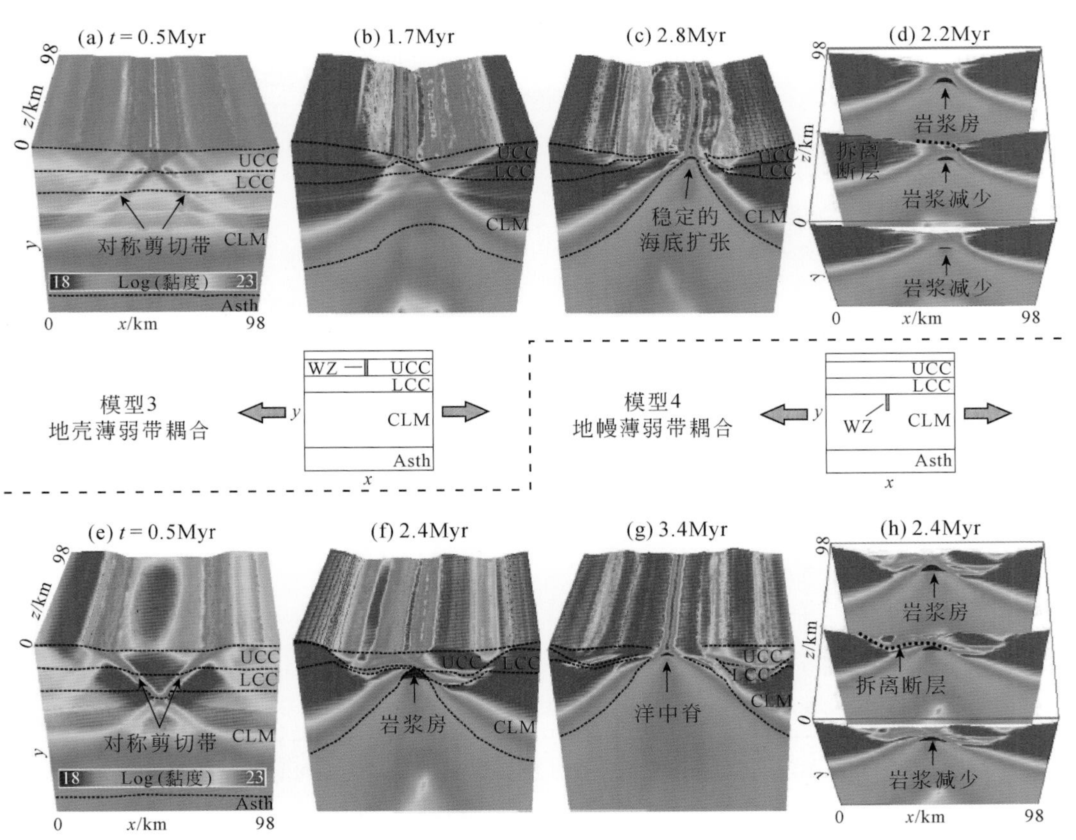


图2-17　岩石圈耦合流变结构的模型演化（Liao and Gerya，2015）

使用了准2D的地壳薄弱带［（a）~（d）］和地幔薄弱带［（e）~（h）］，大角度正断层已旋转为低角度拆离断层，WZ-薄弱带，UCC-大陆上地壳，LCC-大陆下地壳，CLM-大陆岩石圈地幔和Asth-软流圈，虚线表示不同岩层间的界面

C. 模型对比

解耦流变模型沿大陆裂谷走向，产生显著非均一性，从而导致明显的3D特征

[图 2-18（a）（b）]。与耦合流变模型相比，如软流圈熔融广泛时，解耦流变模型中的变形分布范围更大，并且模型需要更长的伸展时间才能达到海底扩张的稳定状态。在解耦流变模型中，岩石圈地幔的破裂早于地壳的破裂，表明伸展作用取决于深度（Huismans and Beaumont，2011）。在解耦流变模型中［图 2-18（e）］，例如，在模型 1 中，会产生大的岩浆房，这可能是由于岩石圈地幔快速减薄和软流圈上升幅度较大所引起的，例如，图 2-18（b）中广泛的熔融软流圈。一旦海底扩张达到稳定状态，洋壳的生长速率就变得恒定［图 2-18（f）］。由于（全）海底扩张速率等于侧边界上的（全）伸展速率（3cm/a），因此 ~100km$^3$/(Myr·km) 的稳定增长率（每千米长洋中脊的增长率）表明，对 30km/Myr 的全扩张速率来说，洋壳的平均厚度约为 3.3km。

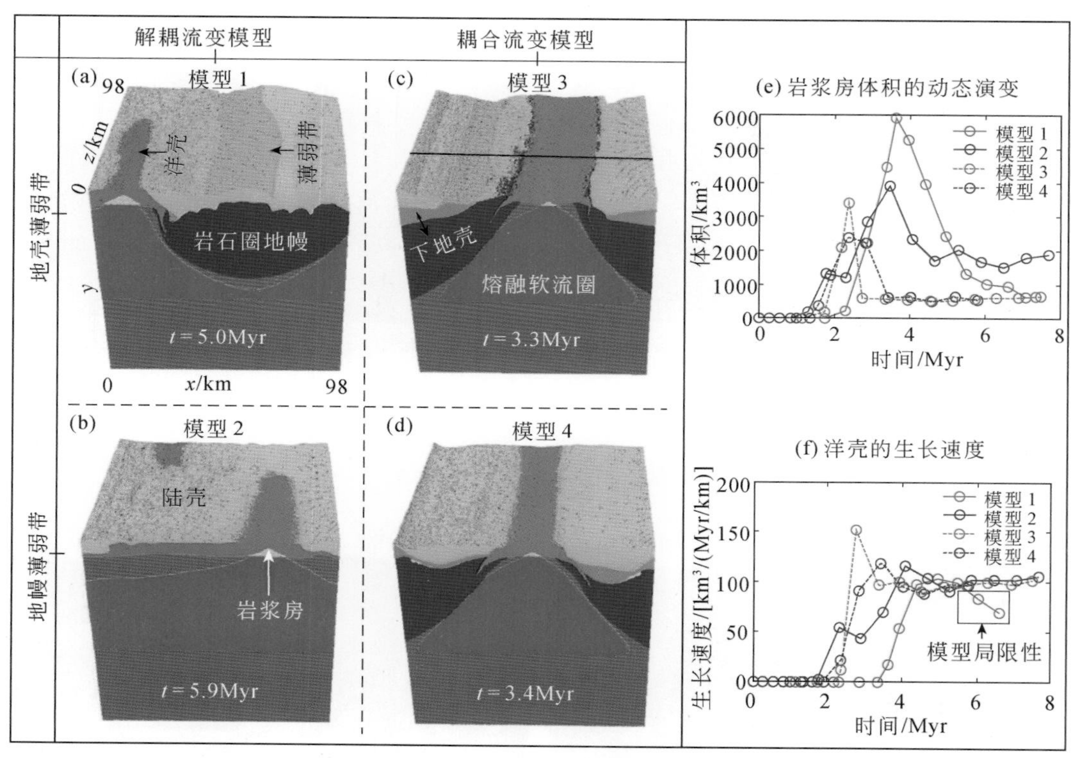


图 2-18 与准 2D 设置模拟结果的比较，岩石圈流变耦合/解耦和薄弱带的位置在不同模型中有所不同（Liao and Gerya，2015）

颜色代表不同类型的圈层［（a）~（d）］，图谱见图 2-15。（e）岩浆房体积的动态演变和（f）洋壳的生长速度也进行了比较。（c）中的黑线表示图 2-15 和图 2-16 中切片所在的位置。注意，解耦流变结构有助于促进不对称洋壳增生，而对称洋壳增生则青睐耦合流变结构

（2）准 3D 的模型设置

本节使用准 3D 的模型设置［图 2-15（d）］。地壳或地幔薄弱带没有沿整个模

型箱延伸，而是沿 $z$ 方向（垂直于伸展）具有 24.5km 的长度。与解耦流变学和地幔薄弱带模型的动态演化示于图 2-19。模型 5 具有位于该模型盒中一侧的薄弱带［图2-19（a）］，而模型 6 施加一个薄弱带在模型盒的中部位置［图2-19（e）］。在初始的薄弱带之后，由于岩石圈减薄而形成了大陆裂谷。熔融首先发生在薄弱带，这里岩石圈减薄量最大［图2-19（d）（h）］。熔体的存在进一步增强了岩石圈的减薄作用。海底扩张以渐进拓展方式演化，两种模式都产生弯曲的洋中脊（图2-19）。洋中脊的特征是不对称增生，并涉及大陆裂谷后期形成的活跃洋底拆离断层。与使用准 2D 薄弱带的模型相似，具有准 3D 薄弱带的解耦流变模型比耦合流变模型产生更大的岩浆房。解耦流变模型要求更长的时间才能达到稳态。由于结果与模型 1 相似，因此，未展示具有地壳薄弱带的模型。

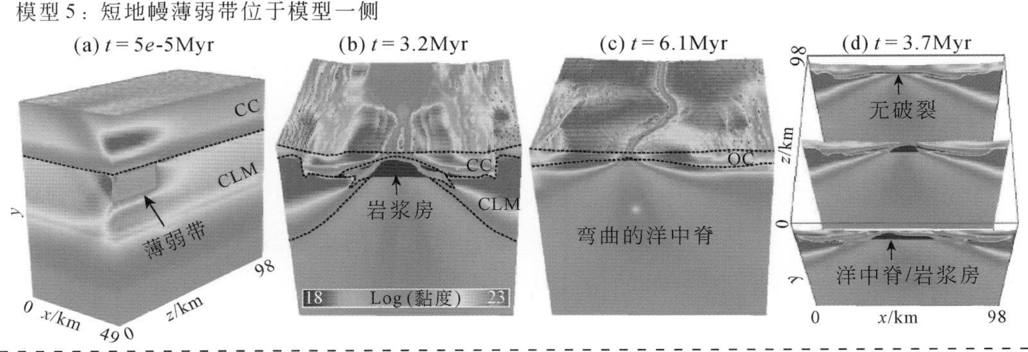


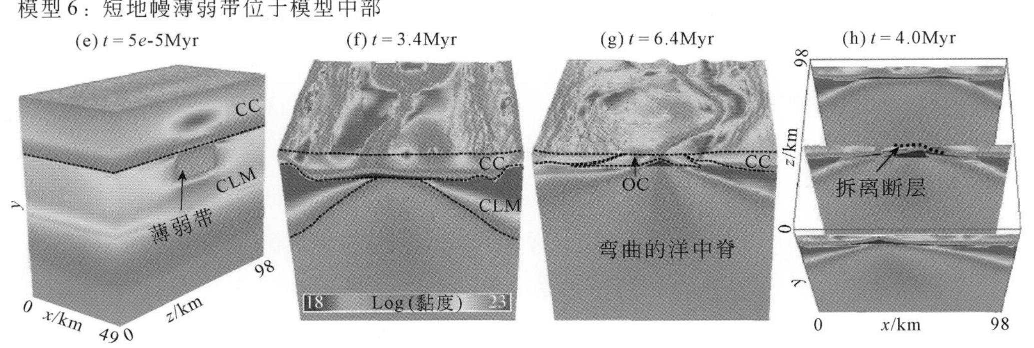


图 2-19　使用类似 3D 解耦流变模型的演化（Liao and Gerya，2015）

短地幔薄弱带位于模型的一侧［（a）～（d）］或中部［（d）～（h）］，两个模型［（d）（h）］中某个时间步长的切片，C-大陆地壳，CLM-大陆岩石圈地幔，OC-洋壳

根据这里的模拟结果，海底扩张对大陆裂解具有很强的依赖性，而大陆裂解则受岩石圈初始流变耦合/解耦（即有/无强硬的下地壳）的影响。流变耦合/解耦产生两种初期洋中脊发育方式：①耦合岩石圈流变结构促进洋壳的对称增生；②解耦

的岩石圈流变结构有利于形成主动拆离断层，从而形成不对称增生洋壳。在流变耦合模型中，可以产生岩石圈尺度的剪切带，岩石圈快速减薄，解耦模型则以与深度相关的方式扩展。

这个数值实验中共发育两类拆离断层。大陆型拆离断层发育于流变耦合模型中，主要发育于大陆裂谷阶段。在裂谷后期，密集的岩浆作用使这些断层终止。在大洋扩张阶段，则形成洋底拆离断层，从而造成洋壳不对称增生。岩浆活动也可以终止洋底拆离断层，将洋壳增生模式从非对称转变为对称。这里的3D模型中也可以观察到弯曲的洋底拆离断层。本节还讨论了海底扩张中有关大陆裂谷的继承问题。大陆裂谷期间会引起显著的非均一性，这些非均一性将影响洋脊发育。诸如废弃的大陆裂谷、反向拆离断层和洋中脊弯曲拓展等模拟现象，是大陆裂谷作用继承的典型特征。

## 2.2 洋脊增生系统动力学

自20世纪50年代末期首次用声学测深探测到大西洋中部存在着与海岸平行的洋中脊以来，海洋地质学家们已探明了大西洋、太平洋和印度洋中所有洋中脊的位置和形状，观察到洋中脊脊轴的地形，测量了洋中脊的扩张速率，并对洋中脊的几何形态和运动学规律做了充分的研究。

### 2.2.1 洋中脊动力学要素

最早对洋中脊动力学进行研究的是Sleep（1969）。他对洋中脊脊轴处中央U形裂谷的成因进行了动力学分析，开创了洋中脊动力学研究之先河。随后，陆续有不少研究洋中脊动力学的文章发表。目前，对洋中脊动力学的研究主要集中在下述几个方面：洋中脊脊轴地形的成因，洋中脊下部地幔的流动、熔融和熔体迁移，洋中脊处上升流动结构与洋中脊的分段性，岩石圈对洋中脊分段的影响，洋中脊断裂带与热应力。

（1）洋中脊脊轴地形

地球物理探测结果表明，不同扩张速率的洋中脊，脊轴地形不同。在半扩张速率>45mm/a的快速扩张脊（如EPR 3.5°S），脊轴地势较高；在半扩张速率25～45mm/a中速扩张脊（如EPR脊轴40°N处），脊轴地形平缓、地势较低；在半扩张速率5～25mm/a慢速扩张脊（如大西洋洋中脊30°N处），脊轴中心处存在着中央U形裂谷，活动火山带地势很低。

如前所述，Sleep早在1969年提出洋中脊下有一个狭窄通道，软流层沿此通道上升流动，由流动产生的压力差造成了中央 U 形裂谷，而通道壁受到流体剪应力的作用支撑着通道侧边的海丘。Nelson（1981）将岩石圈和软流圈的界面当作水平界面，计算地幔半空间因其顶部水平流动（相当于板块水平运动）造成的流场及应力场，并得出：因岩石圈底部的法向应力为零，故不能支撑脊轴两侧的海丘。他的模型缺点是：没有考虑岩石圈的伸展变薄、软流圈上升，使得岩石圈和软流圈的界面不是平的。因此，Morgan 和 Parmentier（1984）不同意 Nelson（1981）的结论。他们在 1984 年首先提出岩石圈在脊轴处由于伸展会变缓、地幔会上升流动或者岩浆会侵入，这种上升流动使得脊轴附近岩石圈的扩展速率分布产生变化。他们计算得出了由于脊轴处变化的上升运动以及水平运动造成的、半空间的流场与应力场，脊轴处的法向应力能够支撑脊轴地形。进而，Morgan（1987）又将岩石圈与软流圈的界面假设为不完全水平的界面，远处岩石圈扩张速率考虑为 $U$，脊轴附近扩张速率设定为从 0 到 $U$ 渐变，按误差函数分布，又计算了流场和应力场，得出与岩石圈底部法向应力相对应的脊轴地形分布，证明法向应力能支撑两侧海丘。Morgan（1987）同时也提出了另一种理论，即在部分熔融的地幔中，由于熔体的析出会造成剩余地幔体积的收缩，因而，导致 U 形脊轴地形的形成。他们将析出及收缩区理想化为一个圆形截面的柱状沉陷，设想此柱形沉陷区位于岩石圈底部以下深度 $D$ 处。他们计算了由于沉陷造成的黏性半空间的流场，进而结合岩石圈底部的法向应力综合计算，推测地形。计算表明，这种模式得到的结果也能很好地拟合脊轴地形。

Parmentier 等（1985）提出岩浆在脊轴处冷却，附着到板块上使得板块增厚，而板块拉张又使靠近脊轴处的板块变薄，拖拉力造成板块厚薄不均，因而形成偏向拉伸，产生拉力矩。该拉力矩使板块挠曲变形，从而产生脊轴地形，挠曲的程度取决于拉力矩和板块挠曲后的重力矩之间的平衡。这个模型是将板块看作悬空的薄板进行计算的，这与板块是浮在软流圈上的事实不符。Lin 和 Parmentier（1986）以及 Parmentier 等（1987）对上述模型进行了改进，假设缓慢变厚的板块是在非常软的地幔上，板块受水平应力的拉伸作用诱导产生剪应力，从而板块的运动受到剪应力和水平应力的共同作用。计算表明，上述模型将在脊轴处产生中心坳陷，而在两侧产生隆起。

目前，对脊轴地形成因的研究，尚局限于慢速扩张脊中央 U 形裂谷的形成机理方面，但还未有相关研究能够回答为何扩张速率不同形成的脊轴地形不同。

（2）洋中脊下地幔流动、熔融和熔体迁移

该项研究的重点在于建立一个地幔熔融、熔体析出和迁移的自协调模型。该模型试图解释为何新生火山带只有 2 ~ 3km 宽，即熔体在接近地表时要集中到这个窄区域内，并且要考虑地球化学的研究结果：在 65 ~ 80km 以上深处，是石榴石二辉橄榄岩稳定区，只有少量熔融发生；在以浅 20~65km，是尖晶石橄榄岩稳定区，多数熔融发生在此区域内；在 20km 以浅是斜长橄榄岩稳定区，只有少量熔融发生；洋中脊的底部是由 10%~15% 部分熔融的地幔组成的。该模型还要着重解决熔体是如何迁移的问题，即熔体是从一个狭窄区域产生后直接垂直上升到脊轴，还是在较宽的区域产生后经过横向运移到脊轴。

McKenzie（1984）最早建立了脊轴下地幔流动、熔融和熔体迁移的模型。他采用渗流模型，将尚未开始熔融的地幔、熔融发生后未出熔的地幔以及熔体析出后的残余地幔三者的运动当作相互作用，熔体受板块运动及浮力的驱动在地幔上进行相对运动，分别建立熔体速度与地幔速度各自符合的运动方程及质量变化方程，分别求解熔体的流场与地幔流场，得到脊轴下熔体和地幔各自流动的图像。计算表明，熔体是从宽阔区域产生，向狭窄区域集中的。该模型的缺点是没有考虑熔融区的精细结构，也没有考虑熔融过程，即没有考虑温度压力对熔融的影响。Morgan（1987）在 McKenzie（1984）工作的基础上进行适当改进，算出了不同压力梯度与浮力比情况下熔体的流场及地幔的流场，结果认为：熔体是从 90km 宽的区域熔融后，经横向迁移汇聚成 2~3km 宽的火山带，但该研究同样未能给出熔融区的精细结构。

Scott 和 Stevenson（1989）研究了熔体受浮力驱动的运移，其浮力是人为指定的与熔融程度及孔隙度有关的变量。他们建立了孔隙度与熔融程度各自适应的方程，求解出在不同扩张速率情况下孔隙度的等值线、熔融程度等值线以及熔体的流线。其结论是：6% 熔融比例产生的浮力可导致 40km 宽的熔融区。该模型的缺点是固相线深度以及浮力与熔融程度和孔隙度的关系式都是人为指定的，洋中脊下的热结构横向变化也被忽略了，这影响了结论的可信程度。

Buck 和 Su（1989）提出熔体的黏度不但随温度和压力变化，而且随孔隙度变化，即当孔隙度达到某临界值时，黏度会突然降低。他们还引进一个达西参考速度，建立了孔隙度、地幔流速以及达西参考速度之间的微分关系，计算了熔融量的分布、熔体的流线以及刚性岩石层底部的位置。其结论是：>15% 的熔体被地幔上升流运移到地壳底部，并在那里喷出形成大洋地壳。此结论意味着，熔体在这么浅的地方与其周围地幔岩石处于平衡状态，这显然与熔体实际喷发深度的岩石学证据相矛盾。

Sotin 和 Parmentier（1989）认为，地幔流动是由板块运动和浮力两部分共同驱动的。浮力包含热浮力及成分浮力。热浮力是因温度变化引起膨胀（或收缩），造成密度变化产生的；成分浮力是因熔体从部分熔融区析出，降低了 Fe/Mg 之比，且降低了残余地幔中石榴石的含量，使之密度降低，因此形成上重下轻的成分分层，产生了负浮力。他们计算了无热浮力也无成分浮力、有热浮力、无成分浮力、既有热浮力又有成分浮力，三种情况下的湿度等值线、熔融量等值线、熔体排空量等值线以及地幔的流线。

其结论是，成分分层作用对于地幔流动有显著影响，成分浮力单独可以增加或抑制地幔的上升速度；成分浮力和热浮力有可能造成相对抗的作用，这种对抗作用可以造成地壳厚度的脉动。

（3）洋中脊上升流动结构与洋中脊分段

洋中脊不是一条笔直的直线，而是分段错开的折线，段与段之间偏移的距离是与洋中脊扩张速率相关的。其偏移距离可以从与<20mm/a的慢扩张速率对应的200km到与中快扩张速率对应的600~1000km不等。为了研究洋中脊下部上升流动结构与洋中脊分段之间的关系，试图说明洋中脊的分段是由于脊轴下低黏度、富熔体区内浮力不稳定造成的，Whitehead（1984）采用物理模拟的方法，将水-甘油混合液快速注入装满纯甘油的容器底部缝隙中，混合液由于比纯甘油轻而上升，在上升中，因浮力不稳定，产生失稳现象。Whithhead（1984）由此推断，扩张中心下面的岩浆上升是呈波浪形的，因此洋中脊的分段是由重力失稳造成的。由于现在所有物理实验多数难以满足相似的演化规律，故此实验只有演示意义。

Parmentier和Morgan（1990）进行了地幔流动三维数值模拟。他们设想地幔流动是被板块扩张、热浮力及成分浮力三者驱动的，人为地将一个幅度为1%的正弦分布的析出速度加载在洋中脊脊轴处，采用快速傅里叶变换与有限差分相结合的方法，算得任一垂直于扩张脊轴的平面、最大和最小上升流所在平面、沿轴竖直平面以及20km深处水平面等5个平面内的流动结构、温度结构、熔体产出率分布以及熔体排空量的分布。这是迄今为止研究洋中脊脊轴下流动、熔体析出及脊轴分段的最好模型。但是，析出速度是人为指定的正弦分布形态，不是计算中自然形成的。因此，脊轴分段的波长依赖于所加析出速度的正弦波波长，也未能很好地解释洋中脊分段错开的原因。

（4）岩石圈对洋中脊分段的影响

Morgan和Parmentier（1985）将洋中脊脊轴当作岩石圈中的一个裂缝，运用断裂力学的方法研究裂纹扩展的机制：由脊轴处剩余地形产生的重力扩张力，使得裂缝扩展，而进入裂缝的黏性熔体流动造成的压力降，却会阻止裂缝的扩展。他们计算了在这两种力的共同作用下轴向拉应力与岩石圈拉伸强度的关系，结果得出：一段脊轴是否扩展生长，主要依赖于裂缝末端后面的洋中脊地形。这种研究只能解释洋中脊为什么沿轴向分段，而同样不能解释脊轴的分段错开。

（5）洋中脊断裂带与热应力

Sandwell（1986）研究了热应力与转换断层错断间距的关系。他将大洋岩石圈板块当作薄平板，研究板块在平面应力状态下（岩石圈上部因冷却受压缩、下部温度高受拉伸）的应力场。他将应力函数设定为傅里叶-贝塞尔级数，计算了沿脊轴方向的拉伸应力，并将此拉伸应力与随时间变化的板块拉伸强度进行对比，当拉伸应力超过拉伸强度时，即产生脊轴分段。

Parmentier 等（1986，1988，1990）把大洋岩石圈看作非等厚的薄平板（年轻时薄、年老时厚），研究此板块在热弯矩及热收缩两种热应力作用下的挠曲变形，进而将计算结果与地形以及大地水准异常进行对比，结果得出：断裂带的形成取决于热屈服应力，这种屈服应力直接影响垂直断裂带的大地水准异常。

综上所述，洋中脊动力学在多个方面都已取得进展，但在某些方面尚未有明确统一的认识，如①对脊轴分段及转换断层的成因，认识仍很肤浅；②对洋中脊下地幔流动及熔体迁移的研究，尚停留在牛顿黏性流体甚至理想流体渗流理论上，尚未考虑非线性影响。

### 2.2.2 转换断层成因数值模拟

大洋转换断层普遍存在于主要的洋脊增生系统，它们几乎垂直地将有位移的不同洋中脊分支连接起来。转换断层的一个重要几何特征是它们的长度不同，即不同的洋中脊分支之间的位移不同。自然界中转换断层的长度变化大（Boettcher and Jordan，2004；DeMets et al.，2010；Sandwell，1986；Shouten and White，1980；Stoddard and Stein，1988），从 0 千米（不存在位移的破碎带）到上千千米不等。最常见的转换断层长度在 100～200km，但是长度超过 200km 的转换断层也相当普遍，大约占大洋转换断层总数量的 40%。大洋转换断层的长度与洋中脊分支段落的长度无关，与扩张速率也无关（Sandwell，1986）。

前人提出了两种大洋转换断层可能的形成模式。

第一种模式是继承先存的裂谷构造而导致的板块破裂模式，是基于被动大陆边缘和大洋转换断层存在几何对应关系的发现提出的（Cochran and Martinez，1988；Lister et al.，1986；Wilson，1965）。例如，非洲西海岸与大西洋洋中脊的几何形态可以对比，即非洲西海岸的海岸线存在的错断位置对应着大型转换断层的存在。与伸展作用平行的早期脆弱带，也可以很大程度上促进正交的洋中脊-转换断层系统的形成（Marques et al.，2007；Marques，2012）。

第二种模式是板块增生模式，在该模式中转换断层可以自发生长（Gerya，2010，2013a，2013b）。这种模式提出，无论先存的薄弱带是否存在，正交的洋中脊-转换断层系统都能自发形成，这与洋中脊处大洋岩石圈增生导致的动力学不稳定状态有关（Gerya，2010，2013a，2013b）。这种动力学不稳定状态是诱发断裂构造形成的应变弱化作用导致的。这种动力学不稳定状态将任意的初始方向逐渐旋转至趋于平行伸展作用的方向，从而形成大洋转换断层（Gerya，2010，2013a，2013b）。

目前，数值模拟研究只能够模拟相对较短的大洋转换断层（<200km）的形成（Allken et al.，2012；Choi and Gurnis，2008；Gerya，2010，2012，2013a，2013b；Püthe and Gerya，2014），然而，对更长转换断层的形成和演化的模拟则不够清楚，还需要进一步的研究。在前人的数值模拟中，长度大的转换断层不能再现的一个可能原因是使用的计算区域较小（<200km，Allken et al.，2012；Gerya，2010，2013a，2013b；Liao and Gerya，2015），限制了模拟过程中形成构造的最大尺度。

另外，在模拟转换断层的成核作用时，大多数现有的模型普遍将两种扰动（热或成分）的变化范围设定在相对较小范围（Allken et al.，2012；Choi and Gurnis，2008；Gerya，2013a，2013b；Püthe and Gerya，2014），这在一定程度上直接限制了模型中形成的转换断层的长度。

Liao 和 Gerya（2015）在较大的计算域中，利用 3D 热数值模拟方法，模拟从斜向大陆裂谷到大洋转换断层出现的过程。为了启动这个过程，他们设置了一个斜向的岩石圈薄弱带（可移动带）。这个薄弱带比周围的大陆岩石圈更薄、更热，在流变学上也更易变形。该模型探讨了从大陆裂谷到岩石圈破裂再到洋中脊开始扩张，最后到自发地形成转换断层的整个过程（Liao and Gerya，2015）。他们重点模拟了长的转换断层形成过程，调试了模型中包括初始薄弱带的倾角、伸展速率、地幔位温、下地壳流变学和侧向边界条件在内的多个参数，模拟了斜向大陆裂谷在何种参数以及多长时间作用下可以形成转换断层。

（1）数值模拟方法

这里的模拟使用 I3ELVIS 三维黏弹性的数值模拟代码（Gerya，2013b），基于有限差分和网格-粒子法，求解不可压缩介质的质量、动量和能量守恒方程。模拟所使用的参数如表 2-6 所示。方程如下（说明见 2. 1. 4. 1 节）

$$\frac{\partial v_i}{\partial x_i}=0$$

$$\frac{\partial \sigma'_{ij}}{\partial x_j}-\frac{\partial P_i}{\partial x_i}=-\rho g_i$$

$$\rho C_{\mathrm{p}}\frac{\mathrm{d}T}{\mathrm{d}t}=\frac{\partial}{\partial x_i}\left(k\frac{\partial T}{\partial x_i}\right)+H$$

$$H=H_s+H_a+H_r+H_L$$

$$H_s=\sigma'_{ij}\in_{ij}$$

$$H_a=T\alpha\frac{\mathrm{d}P}{\mathrm{d}t}$$

**表 2-6 数值模拟使用的岩石参数**

| 参数 | 上地壳 | 下地壳 | | 地幔 | |
|---|---|---|---|---|---|
| 流变学 | 湿石英岩 | 湿石英岩 | 斜长石 | 干橄榄岩 | 湿橄榄岩 |
| 材料常数 $A/(\text{Pa}\cdot\text{s})$ | $1.97\times10^{17}$ | $1.97\times10^{17}$ | $4.80\times10^{22}$ | $3.98\times10^{16}$ | $5.01\times10^{20}$ |
| 活化能 $E_a/(\text{J/mol})$ | $1.54\times10^{5}$ | $1.54\times10^{5}$ | $2.38\times10^{5}$ | $5.32\times10^{5}$ | $4.70\times10^{5}$ |
| 激活体积 $V_a/(\text{m}^3/\text{mol})$ | 0 | 0 | 0 | $1.2\times10^{-5}$ | $0.8\times10^{-5}$ |
| 压力指数 $n$ | 2.3 | 2.3 | 3.2 | 3.5 | 4.0 |
| 应变弱化开始/结束 | 0/0.25 | 0/0.25 | 0/0.25 | 0/0.25 | 0/0.25 |
| 有效摩擦系数 $\mu$ | 0.6/0 | 0.6/0 | 0.6/0 | 0.6/0 | 0.1/0 |
| 内聚力 $C/\text{Pa}$ | $1\times10^{7}/3\times10^{6}$ | $1\times10^{7}/3\times10^{6}$ | $1\times10^{7}/3\times10^{6}$ | $1\times10^{7}/3\times10^{6}$ | $3\times10^{6}/3\times10^{6}$ |
| 放射生成热$/(\text{W/m}^3)$ | $2\times10^{-6}$ | $0.25\times10^{-6}$ | $0.25\times10^{-6}$ | $2.2\times10^{-8}$ | $2.2\times10^{-8}$ |

资料来源：Ammann 等，2018

（2）数值模型初始设置

参考模型的初始设置如图 2-20 所示，数值模型箱的大小为 1000km×264km×200km（分别沿 $x$，$y$ 和 $z$ 方向）。模型分辨率为 2km，对应 501×133×101 规则分布的节点。研究中测试了各种大小的模型（表 2-7）。超过 1 亿个随机分布的拉格朗日结点用于模拟材料的属性和温度。

数值模型包含数个成分层。模型顶部设置了一层厚度为 20km 的黏性空气层 [$\rho=1\text{kg/m}^3$，$\eta=10^{18}\text{Pa}\cdot\text{s}$，$k=200\text{W}/(\text{m}\cdot\text{K})$]，用于模拟模型的自由边界条件（Crameri et al.，2012）。模型设置上地壳、下地壳厚度分别为 20km 和 15km，在地壳之下、软流圈之上的岩石圈地幔厚度为 100km。模型还包括一个倾斜的、热的、薄的和流变学性质软弱的岩石圈薄弱带，即利用湿橄榄岩流变学与干橄榄岩的流变学特征，分别代替岩石圈和软流圈地幔的流变学特征，用于启动斜向的陆内裂谷作用（Brune，2014）。试验还测试了薄弱带不同倾角情况下的模型[图 2-20（c）]。

不同成分层的流变学特性和流变学参数见表 2-6。值得注意的是，地壳和地幔岩石圈之间的耦合受下地壳流变特性控制。在大部分模拟中，下地壳通过高流变性矿物（斜长石而不是湿石英）与下伏的岩石圈地幔物理耦合（表 2-7）。

（3）边界条件

模型的整个左、右边界（垂直 $x$ 轴方向）上都施加了水平拉力（图 2-20）。分别基于黏性的空气层和岩石圈的质量守恒原理，模型计算了整个物质层上、下边界的补偿速度（Liao and Gerya，2014）。模型的前、后边界为自由滑移边界。在一些数值模型实验中，模型通过设置缓冲区，从而探讨模型侧向边界的影响（表 2-7）。

表 2-7　数值模拟以及结果汇总

| 模型 | $T_{LAB}$/℃ | 全扩张速率/(cm/a) | 耦合性 | WZ 倾斜度/(°) | Z 轴模型宽度/km | 岩石圈厚度/km | 结果 |
|---|---|---|---|---|---|---|---|
| Mref | 1367.5 | 1.9 | 耦合 | 74 | 200 | 135 | 长转换断层 |
| M1a | 1367.5 | 1.9 | 耦合 | 54 | 200 | 135 | 单一洋脊 |
| M1b | 1367.5 | 1.9 | 耦合 | 34 | 200 | 135 | 单一洋脊 |
| M1c | 1367.5 | 1.9 | 耦合 | 14 | 200 | 135 | 单一洋脊 |
| M2a | 1367.5 | 3.2 | 耦合 | 74 | 200 | 135 | 长转换断层 |
| M2b | 1367.5 | 6.4 | 耦合 | 74 | 200 | 135 | 斜向洋脊 |
| M2c | 1367.5 | 12 | 耦合 | 74 | 200 | 135 | 单一洋脊 |
| M2d | 1267.5 | 12 | 耦合 | 74 | 200 | 135 | 单一洋脊 |
| M2e | 基于 M2c：慢应变软化（0.5/1.5）° | | | | | | 单一洋脊 |
| M2f | 基于 M2c：慢应变软化（1.5/2.5）° | | | | | | 单一洋脊 |
| M2g | 基于 M2d 和 M2f：慢应变软化和$T_{LAB}=1267.5$℃ | | | | | | 单一洋脊 |
| M3a | 1417.5 | 1.9 | 耦合 | 74 | 200 | 135 | 长转换断层 |
| M3b | 1317.5 | 1.9 | 耦合 | 74 | 200 | 135 | 长转换断层 |
| M4a | 1367.5 | 1.9 | 解耦 | 74 | 200 | 135 | 双转换断层 |
| M4b | 1367.5 | 3.2 | 解耦 | 74 | 200 | 135 | 双洋脊 |
| M4c | 基于 M4b：软流圈地幔的湿橄榄石流变学 | | | | | | 双洋脊 |
| M5a | 基于 Mref：设有横向缓冲区 | | | | | | 长转换断层 |
| M5b | 基于 M1a：设有横向缓冲区（软弱区倾斜度小） | | | | | | 单一洋脊 |
| M5c | 基于 M1a：设有横向缓冲区（快速扩张） | | | | | | 单一洋脊 |
| M6a | 1367.5 | 3.2 | 耦合 | 60 | 392 | 135 | 跃迁洋脊 |
| M6b | 1367.5 | 3.2 | 解耦 | 60 | 392 | 135 | 不规则转换断层 |
| M6c | 1367.5 | 3.2 | 解耦 | 60 | 392 | 200 | 单一洋脊 |
| M6d | 1417.5 | 3.2 | 解耦 | 67 | 298 | 135 | 双洋脊 |

[a] $T_{LAB}$：岩石圈-软流圈边界处的温度，WZ：薄弱带，ref：参考模型。

[b]倾斜度相对于延伸方向的法线进行测量。

[c]应变软化开始/结束。

资料来源：Ammann 等，2018

在参考模型中，设定在深度剖面上岩石圈的热结构为线性的：黏性的空气层和 20km 厚的地壳层的温度为 0℃；在正常大陆岩石圈厚度情况下的岩石圈-软流圈边界层（155km 深度）温度设定为 1367.5℃；岩石圈薄弱带的底部（120km）的温度设定为 1300℃。模型假定绝热地幔的温度梯度为 0.5℃/km。模型的上、下边界温度恒定，分别为 0℃ 和 1422℃，而其他的界面设定为绝热的。在其他测试模型中，岩石圈设置为不同的厚度（表 2-7），初始温度分布也不同。模型中假定地球表面是平直的，且左、右边界的扩张速率相同（相关模型的半扩张率为 0.95cm/a）。

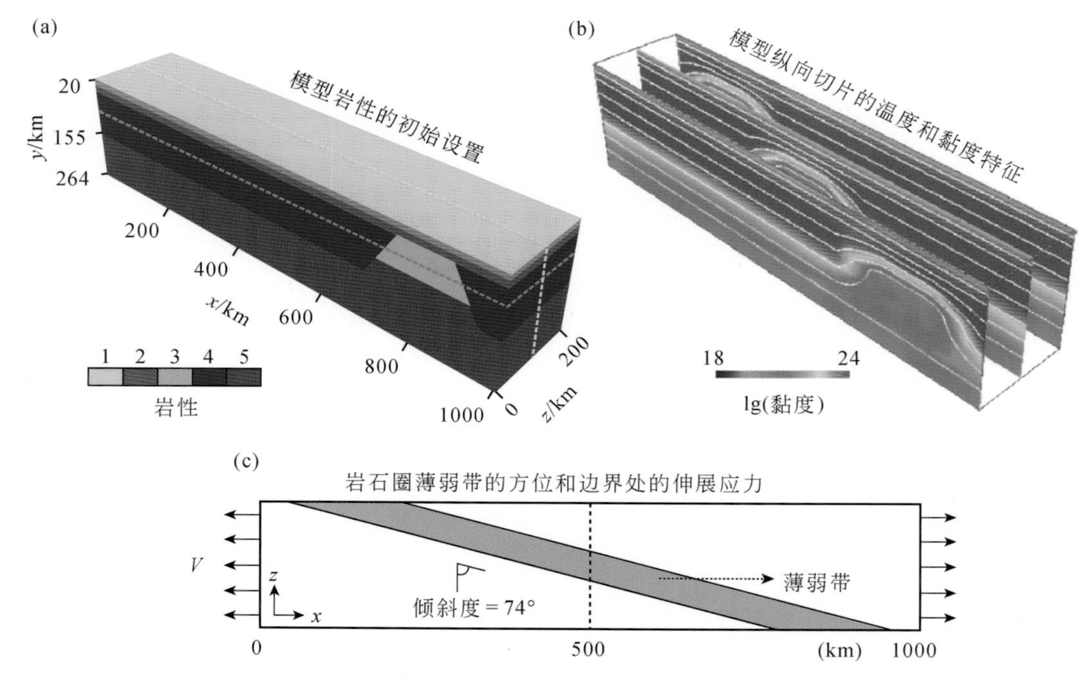


图 2-20　模型的初始设置（Ammann et al.，2018）

（a）岩性区域。1-上地壳，2-下地壳，3-薄弱带，4-岩石圈地幔，5-软流圈地幔；（b）模型纵向切片的温度和黏度特征，显示了薄弱带的分布位置，白线为最小间隔 200℃的等温线；（c）岩石圈薄弱带的方位和边界处的伸展应力

（4）结果分析

A. 扩张速率的影响

这组数值实验系统地提高了扩张速率（模型 M2a-M2c，表 2-7，图 2-21）。这些模型的全扩张速率（3.2cm/a、6.4cm/a 和 12cm/a）涵盖了从慢速扩张、中速扩张到快速扩张的范围。

慢速扩张的模型（最大全扩张速率为 3.2cm/a）会产生较长的转换断层［图 2-21（a）］,并且模型演化与参考模型相似。如果为中等扩张速率［全扩张速率 6.4cm/a，图 2-21（b）］，则会形成斜向的原始转换断层。斜向的原始转换断层的长度会动态减小。随着模型的演化，原始转换断层趋于消失，形成一条斜向的扩张脊。具有快速扩张速率的模型［（全扩张速率 12cm/a，图 2-21（c）］不会形成长转换断层，取而代之的是形成一条长的零位移转换断层［图 2-21（c）］。长的零位移转换断层通过弱界面破裂［图 2-21（c）］，其能够将大陆域与大洋域分离。随着模型的进一步演化，长的零位移转换断层消失，形成一条单一的扩张脊。该扩张脊底部的快速扩张使得软流圈热物质上涌，从而产生熔体。

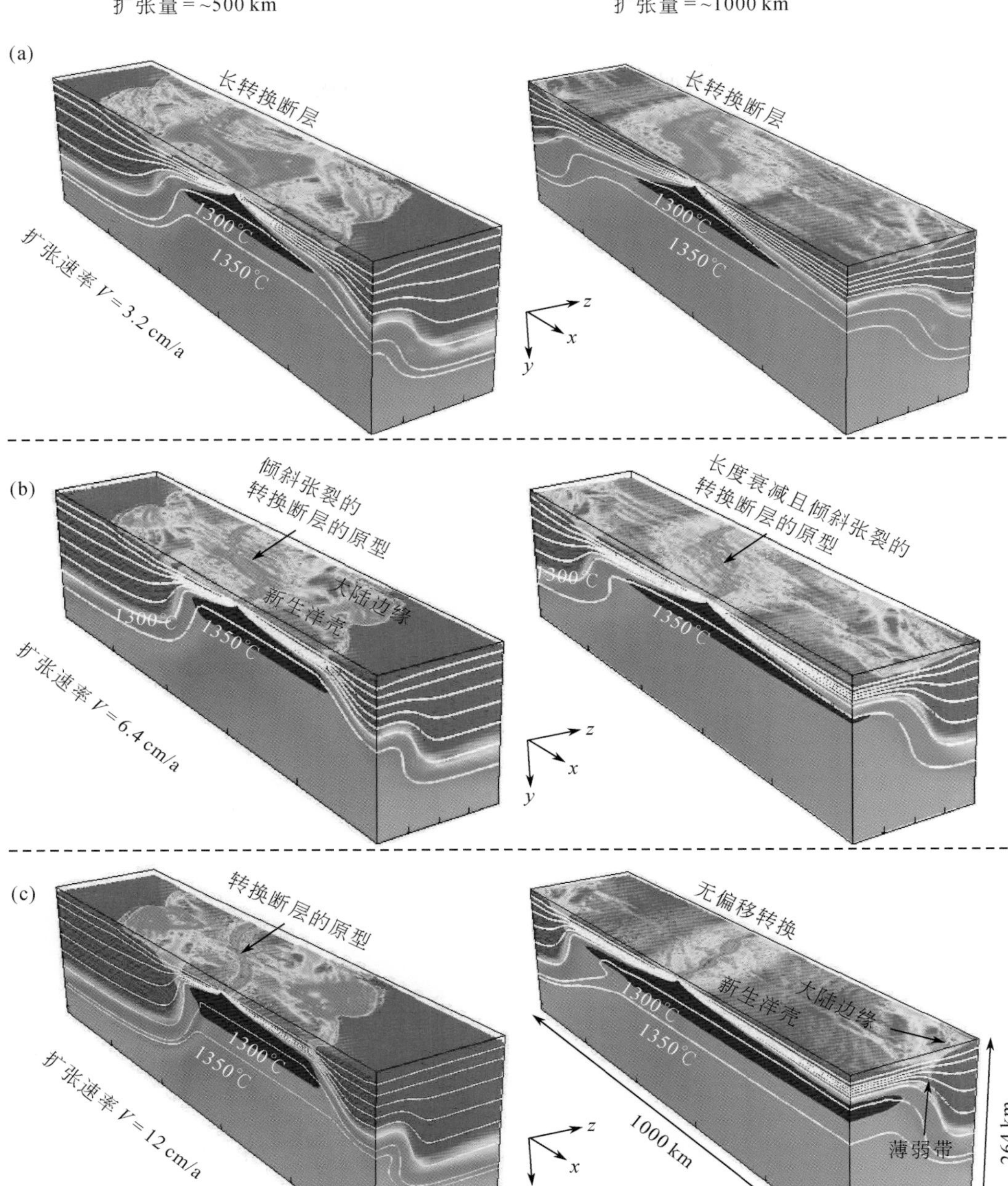


图 2-21　不同扩张率的模型模拟结果（Ammann et al.，2018）

（a）～（c）全扩张速率依次增大，从 3.2cm/a，6.4cm/a 到 12cm/a（分别对应 M2a，M2b，和 M2c 模型）。白线为间隔 200℃的等温线和 1350℃的等温线

基于快速扩张速率（12cm/a）的模型，进一步探索了较低的地幔潜热（M2d，表2-7）和较慢的应变软化（M2e-M2g，表2-7）。与先前模型中产生的强烈熔体相比［图2-8（c）］，地幔潜热（mantle potential temperature）（M2d）较低的模型中产生的岩浆要少得多，并在早期形成原始转换断层，其演化成了单条延伸约1000km的脊。使用较慢的应变软化（M2e-M2f，表2-7），模型不会产生长的转换断层，尽管较慢的应变软化有利于原始转换断层的形成（演化为单条脊）。第四个模型（M2g，表2-7）结合了较低的地幔潜热和较慢的应变软化。尽管原始转换断层是在早期形成的，但它未能形成稳定的长转换断层。

B. 横向边界条件的影响

在大多数模型中，前边界到后边界的整个模型域都指定了斜向薄弱带，其中，自由滑移边界条件可能会影响裂谷/扩张演化。为此，进行了额外的实验，在实验中通过沿前边界和后边界添加两个缓冲区（48km）及周围的大陆岩石圈，在 $z$ 方向上，扩展了模型域［表2-7，图2-22（a）］。这样，在横向上，斜向的薄弱区域被周围的岩石圈所界定，而不是被自由滑移边界所界定。

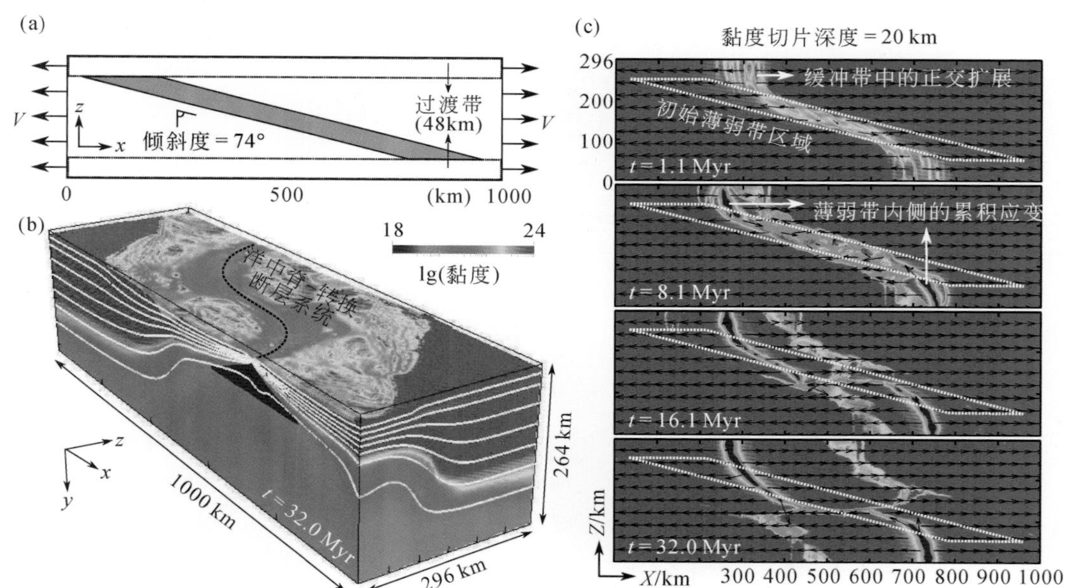


图2-22　基于参考模型的带有横向缓冲区的测试模型结果（Ammann et al.，2018）

（a）在平面视图中显示的缓冲区。（b）$t$=32.0 Myr时的模型快照，显示了一个长转换断层的形成。（c）洋中脊-转换断裂系统的时间演化。箭头是水平速度矢量

根据参考模型（模型M5a，图2-22）设计了第一个测试模型。总的来说，模型演化与参考模型相似，并且在该模型中形成了长转换断层［图2-22（b）］。在早期阶段，在缓冲区中显示出具有正断层的正交扩张［图2-22（c）］。与参考模型相似，

缓冲区的正断层在早期主要分布在薄弱区域的内侧［图 2-22（c）］。随着模型的进一步演化，两个脊段拓展，并且在模型域的中间形成了原始转换断层，该断层演化为成熟的转换断层。与参考模型相比，在这种情况下，形成的两段扩张脊更倾向于斜向扩张，这可能是由较宽的模型域引起的，因为洋中脊具有较长的拓展距离。

实验进行了两个具有较小的区域倾斜度和较快的扩张速率的模型（模型 M5b 和 M5c，表 2-7）。这里还观察到类似于没有缓冲区的模型，这两个模型中没有形成长的转换断层。

C. 具有多个参数的扩张模型测试

在这组实验中，模型中的多个参数发生了变化（表 2-7 和图 2-23）。首先，测试较宽的模型域（近两倍的宽度）、较小的薄弱带倾斜度（60°）以及地壳和地幔岩石圈耦合［模型 M6a，图 2-23（a）］。该模型显示的最显著特征是：在几十千米内

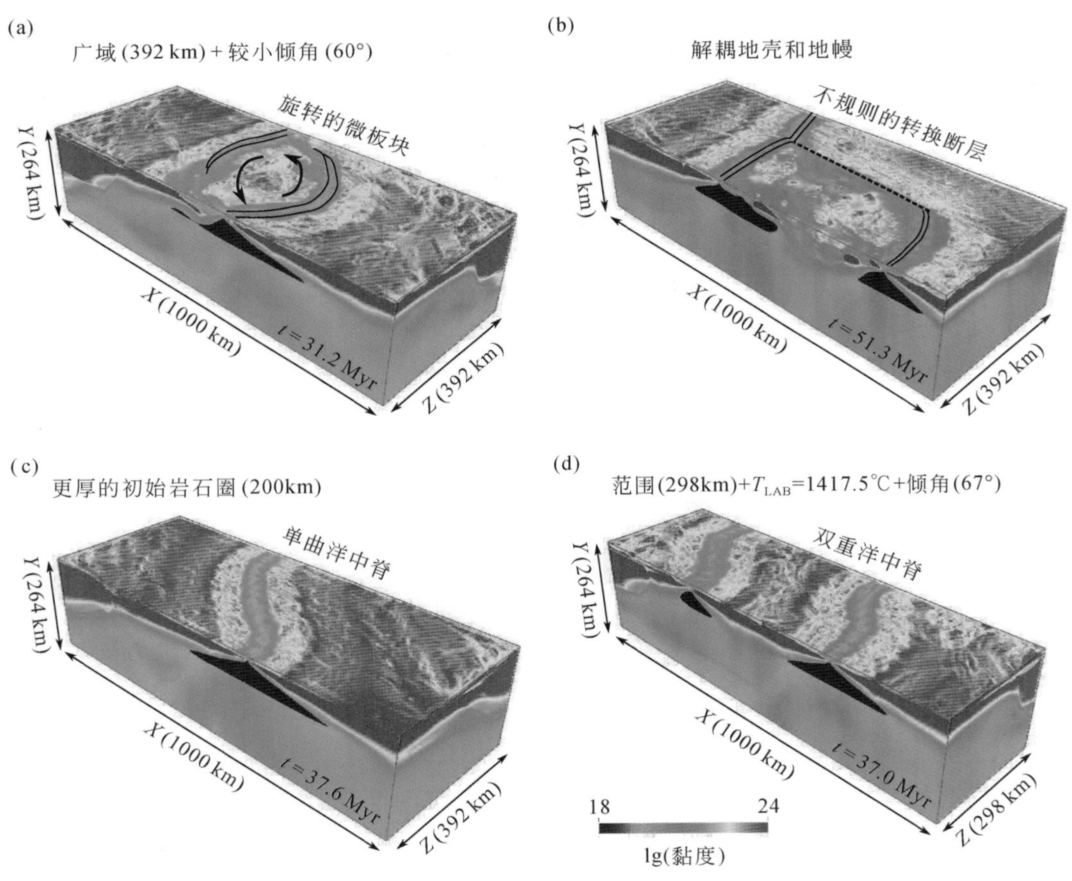


图 2-23　受多个参数影响的各种脊的几何形状（Ammann et al., 2018）

（a）模型 M6a 沿 *Z* 方向具有较宽的模型范围，且薄弱带的倾角较小。使用耦合的地壳和地幔岩石圈。（b）地壳和地幔岩石圈解耦的 M6b 模型（基于 M6a 模型）。（c）具有厚的初始岩石圈的 M6C 模型（基于模型中 M6b）。（d）具有较窄模型域的 M6d 模型，变化的薄弱带倾角和较高的地幔潜热

形成了两段叠接扩张中心，而没有形成转换断层。在细长的脊段之间，不对称的新洋壳产生了，形成了逆时针旋转的微板块。在自然界以及在海底扩张的模拟和数值模型中，广泛观察到叠接扩张中心和旋转的微板块。先前的研究发现，脊段的总长度与其偏移距离之间的较大比例会促进叠接扩张中心的形成，而较小比例则有利于形成转换断层（Acocella，2008）。

基于以上模型，对地壳与地幔岩石圈解耦的模型（所有其他参数相同）进行了测试［M6b，表 2-7 和图 2-23（b）］，该模型形成了双脊段和长转换断层。但是，洋中脊-转换断层系统不是以一种标准的方式发展的，因为一个脊段延伸到了转换断层之外。此外，还展示了以初始厚岩石圈（200km）、地壳和地幔岩石圈解耦模型的演化［M6c，表 2-7 和图 2-23（c）］。由于岩石圈-软流圈边界的地幔潜热与前面的模型相同，并且温度从地表到岩石圈-软流圈边界呈线性增加，因此较厚的岩石圈最初较冷。在此模型中，形成了单条弯曲的洋中脊，而不会产生转换断层。在最后一个测试模型［M6d，表 2-7 和图 2-23（d）］中，修改了模型域（沿 $z$ 轴 298km）、地幔潜热（1417.5℃）和弱区倾斜度（67°）。在该模型中，形成了没有转换断层的双扩张脊。

D. 转换断层演化：板块破碎与板块增生

数值实验记录了脊轴长（ridge-long）的转换断层系统的形成和演化，并就边缘几何形状与长转换断层和破碎带之间的相关性，将模型结果与自然观测结果进行了比较。如上述，采用其他两种可能的机制进一步讨论了这种斜向的裂谷/扩张模型：板块破碎（原有裂谷结构的继承性）和板块增生（由于动力不稳定而自发生长）（图 2-24）。

对于板块破碎机制（Wilson，1965）来说，先前的研究模拟了具有两条初始位移和扩张正交扰动的转换断层的形成，由于两段偏移扩张脊之间的剪切变形，形成了转换断层。相比之下，板块增生机制（动力不稳定性）提出了通过一条单一的直线型扩张洋中脊形成转换断层（Gerya，2010）。因此，其不需要继承已有的裂谷结构。上述模型与这两种机制都有相似之处。

首先，在早期斜向裂谷中，考虑了先存构造事件的继承性［图 2-24（a）］。洋中脊-转换断层系统的形成，主要与斜向裂谷有关。被动边缘的几何形状和长的转换断层/裂缝，显示出其对早期斜向裂谷和破裂的强烈继承性。

其次，观察到在地壳底部的解耦带中发育有拆离的对倾共轭大位移正断层，这是由于应变软化引起的动态不稳定特征所致。这些结构的出现是形成长转换断层的重要条件，因此，与板块增生机制是一致的。所不同的是，上述模型中产生的长转换断层，不是从单条直线洋中脊成核的，而是受斜向裂谷的影响很大，而斜向裂谷会引起明显的伸展-平行变形。因此，这里的模型显示了一种混合机制，涉及了继承和动态不稳定性的共同作用（图 2-24）。

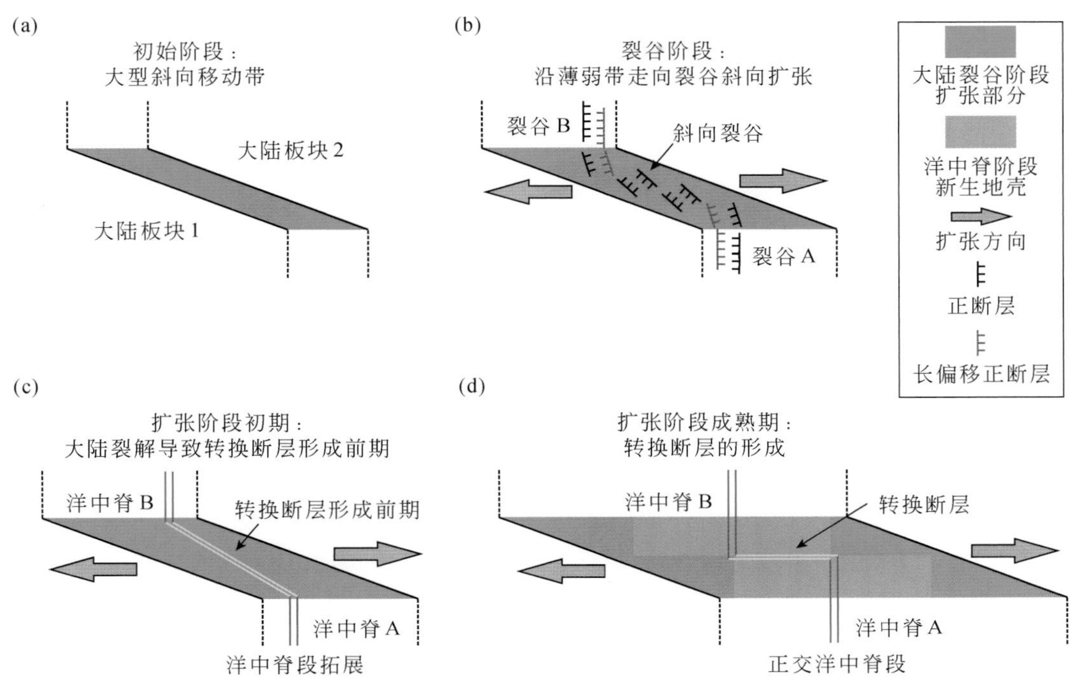


图 2-24　长转换断层演化的模式（Ammann et al.，2018）

（a）初始阶段强调大的斜向移动带，它是一个斜向的薄弱带。（b）裂谷阶段显示了薄弱区域内的斜向裂谷以及薄弱区域边缘的正交裂谷。（c）初期扩张期阶段揭示了大陆破裂后长而斜向的原始转换断层形成。（d）随着长转换断层的形成，进入成熟的扩张阶段

事实上，大洋转换断层的长度多变，从零位移的破碎带，到长度上千千米都可存在。先前的热力学模型，已经成功模拟了相对较短（几十千米）的转换断层的启动和演化，然而，针对长（数百千米）的转换断层的起源研究，还比较薄弱。

这里展示的研究，设定了一个存在斜向大陆裂谷和大洋岩石圈破裂的三维热力学模型，探讨了长转换断层的形成机制。其初始几何模型包括一层岩石圈地幔中的斜向薄弱带（自由移动带）。初始薄弱带的斜率、伸展速率、地幔位温、下地壳流变性和侧向边界条件，是上述实验研究的主要参数。通过调整模型的参数值，可以模拟稳定的海底扩张和长转换断层的形成。从斜断裂起始到稳定海底扩张的观察，追踪长转换断层的开始和演化，模型结果表明：

1）长度大于 200km 的转换断层，形成于斜向大陆裂谷向稳定的海底扩张过程中；

2）沿着大陆边缘走向的大断距、倾向与薄弱带相反的正断层的启动和拓展是转换断层形成的先决条件；

3）岩石圈薄弱带规模越大、伸展速率越小，更有利于长转换断层的出现；

4）下地壳的强度低，有利于多重洋中脊-转换断层系统的形成；

5）其他参数（地幔潜热、应变速率和侧向边界条件）在长转换断层的形成中起次要作用；

6）成熟的长转换断层，其热通量相对低。

## 2.2.3 洋中脊岩浆动力学模拟

### 2.2.3.1 洋中脊部分熔融作用的产生和迁移

洋中脊扩张中心是地球上最大的熔体生成区域。与地幔柱和大陆系统中的熔融体系相比，洋中脊扩张作用在时间上是相对连续的，而且熔体源区和地幔流的化学成分也相对均一。因此，洋中脊也许是模拟岩浆生成和迁移过程的最好场所。此类模型要解决地幔物质部分熔融形成的岩浆穿透地表，并固结成几千米宽的新洋壳所涉及的问题。然而，大多数有关洋中脊熔体生成和迁移规律的研究均基于地震、重力测量以及海底成像等间接的观测资料，而相对缺乏数值模拟方面的研究。

最早开展洋中脊熔体数值模拟研究的是 McKenzie（1984）。他采用渗流模型，将尚未开始熔融的地幔、熔融发生后未被熔融的地幔以及熔体析出后剩余地幔三者的运动当作相关联的运动，熔体受板块运动及浮力的驱动在地幔上做相对运动，分别建立熔体速度与地幔速度的运动公式及质量变化公式，求解熔体与地幔的流场，得到它们的流动图像。计算表明，熔体是从较宽区域产生向狭窄区域集中的，但该模型未考虑温度、压力对熔融的影响。

与此同时，Macdonald（1982）的研究揭示了一个最基本的事实，即在不同扩张速率的所有洋中脊处，90%以上的洋壳都形成于 1～2km 宽的狭窄新生火山岩带中，被研究者广为接受。在这个狭窄区域内岩浆的形成和运移主要有两种模型：①在洋中脊轴部，通过上升地幔流的方式集中在扩张中心之下（Rabinowicz et al.，1984；Whitehead et al.，1984；Crane，1985；Buck and Su，1989；Cordery and Phipps Morgan，1993；Barnouin and Parmentier，1997）；②在洋中脊下方数十到上百千米的宽阔区域内形成局部熔融，然后运移、汇聚集中到新火山岩带（Phipps Morgan，1987；Sparks and Parmentier，1991，1994；Aharonov et al.，1995；Kelemen and Dick，1995；Kelemen et al.，1995a，1995b）。为研究洋中脊狭窄的新生火山岩带形成的有关问题，国际研究机构实施了地幔电磁成像（MELT）项目，将地震仪、电测仪和磁力仪安放于海底，观测东太平洋海隆的变化（Team，1998）。观测结果对模拟岩浆是如何被携带到地表的两个模型作了检验，一个模型是，熔体形成于洋中脊下部的狭窄地带，并通过熔融过程产生的浮力垂直向上运移，由于熔融物质的排出，导致地幔密度降低；另一个模型是地幔的熔融度较低，但熔体出现在洋中脊附近广大的区域范围内，熔融物质首先向洋中脊下部的区域作水平运动，然后再由此处上涌。MELT 地震观测结果得到的熔融带位置及形态表明，至少在东太平洋海隆区熔体具有较宽的分布范围，在东太平洋海隆两侧几百千米范围内岩浆熔融聚集度为 1%~2%，此熔融度可扩展到洋底之下 100km 或更深处，显然，观测结果更支持第二种模型。

Scott 和 Stevenson（1989）研究熔体受浮力驱动的运动，此浮力是人为设定的与熔融程度及孔隙度有关的变量。他们建立了孔隙度和熔融程度各自的公式，求解出不同扩张速率下孔隙度和熔融程度的等值线及熔体的流线，得出 6% 部分熔融产生的浮力可导致 40km 宽的熔融区。该模型的缺点是固相线深度和浮力是人为设定的，也未考虑洋中脊下部热结构的横向变化。

Buck 和 Su（1989）提出熔体的黏度不但随温度、压力变化，而且随孔隙度变化。他们引入了达西参考速度，建立孔隙度、地幔流速以及达西参考速度之间的微分关系，计算了熔融量的分布、熔体的流线以及刚性岩石圈底部的位置，得出 > 15% 的熔体被地幔上升流运移到洋壳底部并在那里析出，形成洋壳。这意味着熔体在洋壳底部与其周围地幔岩石处于平衡状态，但这与熔体析出深度的岩石学证据相矛盾。

Sotin 和 Parmentier（1989）认为，地幔流动是由板块运动和浮力驱动的。浮力包括热浮力和成分浮力，前者是因温度变化引起膨胀（或收缩）造成密度变化产生的，后者是因熔体从部分熔融区析出，降低了 Fe/Mg 之比和残余地幔中石榴子石的含量，使地幔密度降低，形成上重下轻的成分分层所产生的负浮力。他们计算了三种情况下温度、熔融量和熔体排空量的等值线以及地幔的流线：① 无热浮力，也无成分浮力；② 有热浮力，无成分浮力；③ 既有热浮力，也有成分浮力，得出成分分层作用对地幔流动有显著影响，成分浮力单独可以增加或限制上升地幔的流速；成分浮力和热浮力可能产生对抗作用，造成洋壳厚度的变化。

目前，大多数研究者认为，扩张中心之下存在由离散板块被动拉张作用和局部板片浮力作用驱动的两种地幔流（Reid and Jackson，1981；Forsyth and Wilson，1984；Morgan and Forsyth，1988；Shen and Forsyth，1992）。被动板块驱动的地幔流形成在一个宽阔的上升流区和扩张中心之下以扩张轴为中心 100 ~ 300km 宽度的熔融区域（Reid and Jackson，1981）。扩张速率越大，熔融区域的宽度和熔体的生成量都随之增加。沿着扩张脊段的大部分区域，被动上升流和熔融作用是相对稳定的，但是在扩张轴出现位错的转换断层处，被动上升流和熔体量会减少（Forsyth and Wilson，1984；Shen and Forsyth，1992）。

在扩张中心之下，地幔流的浮力主要受控于热膨胀作用、孔隙中低密度熔体的存在以及熔体析出导致的组分变化。在地幔橄榄岩部分熔融的时候，Fe 元素优先进入熔体，因此剩余地幔亏损 Fe 元素，密度随之降低，浮力产生。Oxburgh 和 Parmentier（1977）研究揭示，25% 熔体析出之后剩余地幔的密度与温度上升 200℃ 热扩张导致的剩余地幔密度相当。洋中脊扩张轴正下方的地幔相比离轴位置的地幔，熔融程度更大。在洋中脊之下，随着熔融区域的地幔水平层状流动，重力控制的稳定密度分层逐步形成。

目前，对浮力流和熔融作用的大部分研究是二维的，揭示了热和化学成分变化引起的浮力，可以加大扩张中心之下地幔上升流的速率，但并不能改变洋中脊轴下地幔上升流的被动上升方式（Sotin and Parmentier，1989；Scott and Stevenson，1989；Cordery and Morgan，1992）。在这种情况下，由于熔体生成速率增大，使得地幔中出现显著比例的熔体，剩余地幔的浮力增大，使得地幔上升流变得更加集中。此时，如果地幔的渗透率足够低，则一定比例的熔体将保留在地幔中，扩张中心之下的熔融区域也将缩小到只有 20 ~ 40km 宽（Rabinowicz et al.，1984；Scott and Stevenson，1989；Cordery and Morgan，1992）。如果地幔的熔融比例升高（≥15%），那么熔体的黏度将大大降低，地幔上升流会局限在很窄的区域内，与新火山带的分布范围类似（Buck and Su，1989）。如果熔体产生区域高度集中，那么所有熔融作用都将在新火山带下方发生，从而不需要出现熔体的侧向迁移。然而熔体的相互连通性（Daines and Richter，1989）、微量元素（Johnson et al.，1990）和蛇绿岩（Ceuleneer，1992）的研究揭示，在地幔熔融比例非常低（小于 1%）的情况下，地幔孔隙中熔体量非常少。

随着计算科学的进步，地幔浮力流和地幔熔融作用的三维数值模拟成为可能。地幔浮力流的存在可以影响沿扩张轴方向熔体的生成量。熔体不均匀抽离所产生的成分浮力会导致地幔浮力流沿轴线被划分为较宽的增强上升流区域和较弱的上升流区域。在地幔浮力流增强的区域，地幔熔融程度大；而在地幔浮力流减弱位置，地幔熔融程度小，很少或者不产生熔体（Parmentier and Morgan，1990）。而热作用诱发的浮力也能够影响熔融作用的沿轴变化，可以进一步增强并集中地幔浮力流，但是不会显著影响到熔融区域的大小（Sparks and Parmentier，1993）。热浮力对洋中脊地幔熔融的主要影响是，能够导致远离扩张轴的热对流环边缘局部区域产生熔融作用。

最初的三维数值模拟研究揭示，一定比例残余熔体的存在可以汇聚形成狭窄的上升流，常沿着扩张轴分段分布（Jha et al.，1992）。然而，在以前的二维模拟研究中，上升流的分布范围却至少同新火山岩带的宽度是同一个数量级，因此需要一些新的机制来解释地幔浮力流迁移过程，并模拟如何形成实际观测到的新生地壳为一狭窄区域的现象。

沿晶体颗粒边界的微小通道的多孔流动（Waff and Bulau，1979；Watson，1982；Cooper and Kohlstedt，1986）和通过网状裂隙的流动（Spence and Turcotte，1985；Sleep，1988；Ryan，1988；Stevenson，1989）是熔体迁移的两种可能机制，这两种机制都必须在地幔的特定区域内才可以发生。

熔体在晶体颗粒间的边界处产生，因此最初会通过晶体颗粒周围的孔隙空间迁移。然而，在扩张中心近地表条件下，地幔是亚固相状态，熔体在晶体孔隙空间中迁移时将与固态的基质保持热平衡，熔体无法在温度低于固相线的孔隙中运移，在这种情况下，熔体必须通过断裂组成的通道在岩石圈运移。

Sparks 和 Parmentier（1991）基于对非渗透边界附近可变形多孔介质行为的研究，提出了扩张中心下方的软流圈中熔体侧向迁移的可能机制。在非渗透性边界附近的超熔体压力使得熔体在非渗透地幔之下的薄层中聚集。基质颗粒的膨胀使得孔隙空间增大，可以容纳更多的熔体，这种效应称为“释压作用”。由于非渗透性边界在靠近扩张中心的部位由扩张轴向外倾斜，它提供了熔体侧向迁移到地表的通道。研究显示，在熔体抽离过程中，非渗透性边界通道是否存在、位置和有效性取决于地幔的温度和流场分布。

在本节中，首先回顾了熔体萃取时的释压边界层模型，然后讨论了热、物质成分驱动的对流和熔体形成的三维数值模拟。在洋中脊扩张轴下，热浮力和成分诱发的浮力控制了地幔浮力流沿轴的速率变化，同时，热浮力驱动了与扩张方向一致的离轴对流环的形成。对流环对熔融区域的形态有很大的影响，最远可以使得远离扩张轴超过 100km 区域的地幔发生熔融，形成地幔浮力流。在浮力流边缘的释压边界层处熔体析出的效率最低，熔体相对较少，而且熔融区域也相对平坦。一旦这个区域析出熔体，那么产生的熔体将使得扩张轴方向的熔体量进一步变化。接下来，本节将主要讨论不同熔体迁移方式导致的沿扩张轴方向可能的洋壳厚度变化以及对地形和重力的影响。

（1）熔体多孔流动迁移

A. 多孔流动驱动力

前人早期研究已经提出了岩浆可以在地幔孔隙中迁移（Frank，1968；Sleep，1974；Turcotte and Ahern，1978），也提出和推导出了描述可变形地幔基质中应力作用的基本公式（McKenzie，1984；Richter and McKenzie，1984；Ribe，1985；Scott and Stevenson，1986；Spiegelman，1993a，1993b），如下

$$\frac{\partial \varphi}{\partial t}+\nabla[\varphi u_{\mathrm{f}}]=\Gamma \tag{2-40}$$

$$\frac{\partial \varphi}{\partial t}-\nabla[(1-\varphi) u_{\mathrm{s}}]=\Gamma \tag{2-41}$$

$$(1-\varphi)(\rho-\rho_f)g=\frac{\mu_f\varphi}{k}(u_f-u_s)-\mu_s\nabla\times\nabla\times u_s-\left(\zeta+\frac{4\mu_s}{3}\right)\nabla(\nabla\cdot u_s) \tag{2-42}$$

$$k=k_0\varphi^n \tag{2-43}$$

式中，$\Gamma$ 是熔体生成的速度；$t$ 是时间；$\varphi$ 为熔融比例；$\zeta$ 为地幔固熔体的黏度；$g$ 是重力加速度；$k$ 为固态基质的渗透系数；$k_0$ 为渗透关系常数；$u$ 是速度场；$\rho$ 是密度；$\mu$ 是剪切黏度；下标 s 和 f 分别对应熔融阶段的固态基质和熔体。

这里对整个公式做了布西奈斯克近似，忽略了式（2-42）中涉及的密度差异。式（2-40）和式（2-41）限定了熔体和残余地幔间的质量平衡关系。式（2-42）表达了固相和熔体的动力平衡。垂向上升流速度由其熔体的浮力驱动［式（2-42）等式左边］，而固态和熔体相的黏度则阻碍了上升流的运移［式（2-42）等式右边第一项］，这两项的关系符合刚性多孔介质中流体的达西定律。

式（2-42）等式右边的其他项表示了固体的黏滞性变形。式（2-43）描述了渗透系数同熔融比例的关系，$n$ 通常在式（2-40）和式（2-41）中也有体现（Cheadle，1989）。式（2-42）右边的第二项描述了不可压缩的地幔固态基质剪切变形时的应力大小。在扩张中心之下，向两侧扩散的地幔流形成了压力梯度，使得两侧的熔体可以向扩张轴方向迁移（Spiegelman and McKenzie，1987）。然而，由于在扩张中心之下地幔的应变率很小，不能够使黏度很大的地幔产生足够的应力，从而促使熔体向扩张轴集中。除非还有其他的机制驱动熔体侧向流动，例如，在局部应力作用下的破裂（Sleep，1984），或者是累积应变导致的各向异性渗透作用驱动（Morgan，1987），大多数情况下地幔中熔体的多孔流动基本上是垂直流动的。

式（2-42）的最后一项描述了固态阶段体积变化引发的应力改变。如果熔体从地幔中抽取出来，那么剩余的固态基质（即残余地幔）在压实作用下就会更致密。压实作用产生的应力大小与熔体的生成速率相关。在扩张中心之下，约 20% 的地幔熔融会形成约 60km 的上升流（Morgan，1987）。与熔体的浮力相比，缓慢的压实作用产生的应力较小（Ahern and Turcotte，1979），因此常常被忽略。然而，McKenzie（1984）指出，在地幔中单一方向超过一定长度时，压实作用积累的应力是相当重要的，不能被忽略。在地幔中，这个长度通常在数十米到 1km。

$$\delta_c=\sqrt{\frac{(\zeta+4\mu_s/3)k}{\mu_f}} \tag{2-44}$$

Ribe（1985）也指出当扩张中心的长度 $\delta_c$ 超过一定范围的时候［式（4-44）］，只要有大量熔体出现，压实作用产生的应力就是不可忽略的。在扩张中心下方的熔融区域，孔隙流在重力驱动下保持垂向迁移，渗流速度基本符合达西定律。此时，孔隙流快速的垂向迁移使得熔融比例维持在较小范围（Ahern and Turcotte，1979）。

压实应力还可以导致孤立波在多孔介质中传播（Richter and McKenzie，1984；

Barcilon and Richter，1986）。在熔融作用中出现的扰动使得熔体的熔融比例出现一个局部的极大值。这个极大值也通过孤立波的形式传播，从而影响地幔中其他区域的熔融比例，使得其他熔融比例较小区域的熔融比例升高。当通过慢速熔融的地幔基质时，例如，地幔上升流区，孤立波趋向于降低振幅（Scott and Stevenson，1986），所以在这些区域熔融速率出现小扰动不会耗费太多的时间，这也取决于到达熔融区顶部的岩浆量大小。然而，孤立波在通过熔体停滞区的时候会增强（Spiegelman，1993c），这表明在地幔固结边界处，地幔基质的变形应力发挥了重要作用。

B. 释压边界层

Sparks 和 Parmentier（1991）揭示，地幔的渗流能力随温度降低呈下降趋势，随着地幔中上升流的温度下降到固相线之下，熔体的固结或冻结降低了渗透性，那么熔体就不能继续存在于孔隙中。在这种情况下，将形成一层熔融比例高的薄层地幔，该层被上方非渗透性的地幔区、周边熔融比例稍低的区域和其下部垂向的渗流区域所包围。

一维模型结果表明，熔体的固结集中在一个界面上发生，那么上面在地幔中形成边界层的结果就很好理解（图 2-25）。如果橄榄岩在单变量控制下熔融，固结界

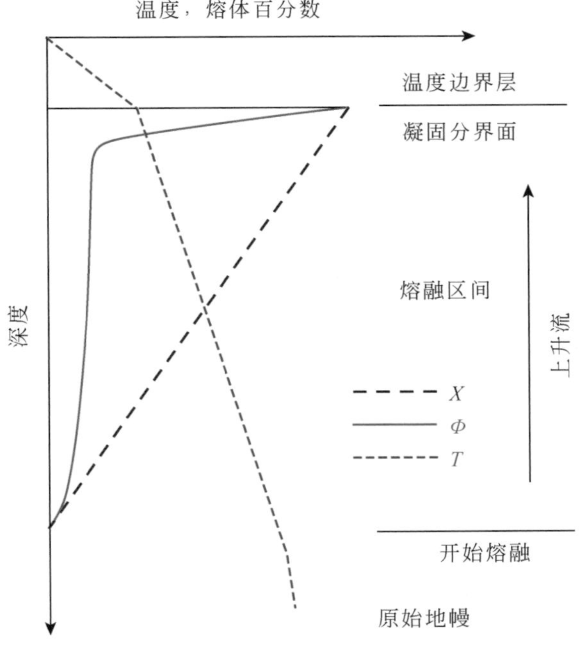


图 2-25　一维匀速地幔上升流的温度（$T$）、熔融程度（$X$）和熔融比例（$\varphi$）关系（Sparks and Parmentier，1991）

熔融过程是近似单变量控制，温度维持在固相线上，直到在界面附近热传导作用占主导。熔融速率是恒定的，因此熔融程度随着深度增加呈线性降低

面很可能会存在。所有孔隙内的熔体在通过界面的时候都将固结，此时渗透能力消失，熔体和固态基质的迁移速度变得相等。在界面以下的某个距离，熔体的迁移速率大于固体，因此，当熔体向界面靠近时，迁移速度必须减小，同时，固相迁移速度增大。速度梯度导致固态基质膨胀和释压。熔融区域的熔融比例由达西定律所限定的较小值过渡到固结界面处的最大熔融比例（图 2-25）。

式（2-42）可以依据固体和熔体两者的压强来推导，并且压强与压实率、整体黏度呈正比例关系（Scott and Stevenson，1986）。不同的压强驱动固体的压实或者释压。在熔融区域内，压实和抽离作用发生时，熔体中的压强小于固体中的压强；然而在固结边界附近，熔体中的压强大于固体中的压强，以至于固态基质处于释压状态。Fowler（1985）提出部分熔融区域的顶部有超压边界层存在，被认为是岩石圈破裂和随后岩浆喷发的一种启动机制。但是，如果超流体压力总是使得上覆的多孔介质产生裂缝，那么扩张中心处的新火山带将趋向于与熔融区域一样宽。

释压距离是由驱动熔体向上的浮力和阻碍固态基质变形的黏滞力之间的平衡控制的。如果基质能干性强，不容易快速变形，那么周边较大区域的熔体比例都会增加。熔体比例增加区域（释压边界层）的厚度可以用释压长度大小 $\delta$ 描述

$$\delta=\sqrt{\frac{(\zeta+4\mu_s/3)WX_0}{(\rho-\rho_f)g}} \tag{2-45}$$

式中，$W$ 为熔体-基质固溶体上升流的速度；$X_0$为该层下面熔融程度的最大值。

在式（2-45）中，释压长度大小是由浮力和压实应力的平衡决定的，在形式上也等同于“压实长度缩短”诱发的边界瞬时熔融效应（Ribe，1985）。

由于橄榄岩在不同的熔融温度下可以通过改变 Fe/Mg 比值影响熔体的熔融比例（Hess，1989），因此地幔中的固结作用不会立刻在凝固界面上发生，而是发生在距离凝固界面一定距离处，该距离的长度取决于固体地幔的热层流、热传导和固结过程中释放的潜热三者之间的平衡。这里可以利用能量平衡公式，估算超出固相区的熔体固结特征长度。以一维匀速上升流为例，其恒定速率 $W$、温度 $T$ 和特征固结长度可以表示为式（2-46）~式（2-49）

$$W\frac{dT}{dz}=\kappa\frac{d^2T}{dz^2}-\frac{L}{C_p}\gamma\left(\frac{dT}{dz}-\theta\right) \tag{2-46}$$

$$X=\gamma(T-T_{solidus}) \tag{2-47}$$

式中，$\theta$ 是地幔中固相线的斜率；$T$ 为温度；$z$ 为深度；$C_p$ 代表比热，$\gamma$ 为熔融关系常数；$L$ 为聚变潜热。$\gamma$ 将固相线温度之上稳定的熔体比例（$X$，代表熔融程度）与超过固相线的温度关联起来。式（2-46）中的一个解为

$$T(z)=C_1\exp\left[\frac{W}{\kappa}\left(1+\frac{L\gamma}{C_p}\right)z\right]+\frac{W}{\kappa}\frac{L\gamma}{C_p}\theta z+C_2 \tag{2-48}$$

式（2-48）中的 $C_1$ 和 $C_2$ 为积分常数，分别由上升流顶部和底部热通量的相关参数决定（Sparks and Parmentier，1991）。因此，特征固结长度也可以通过计算得出。在熔融区域，式（2-48）中的第二项占主导地位，温度随深度的增加呈线性增加，斜率在无衰减的固相线基础上发生微小变化。在固结区域，式（2-48）中第一项为主导，温度呈指数衰减。固结作用的特征长度大小 $\delta_{\mathrm{fr}}$ 为

$$\delta_{\mathrm{fr}}=\frac{\kappa}{W}\left(\frac{C_{\mathrm{p}}}{C_{\mathrm{p}}+L\gamma}\right) \tag{2-49}$$

在上述的单变量熔融过程中，固结长度为零。如果固结长度 $\delta_{\mathrm{fr}}$ 大于压实长度 $\delta$，在边界层附近熔融作用将终止，同时，固态基质的变形应力不再重要，这种情况类似于熔融区域内压实应力的作用，因为熔体分布在数千米以上的区域，熔融产生的变形压实应力很小。当二者长度大小相等时，在大量熔体固结之前，非渗透边界的黏滞效应显著，基质的膨胀效应出现。当上升流的速度为 3cm/a 时，固结长度 $\delta_{\mathrm{fr}}$ 约为 1km。因此，在地幔降压熔融的大多数情况下，释压层中可以存在一定程度的熔体。

因为释压层沿着熔融区域的顶部形成，因此对于扩张中心的熔体抽离是非常重要的。随着与扩张中心的距离加大，冷却作用逐渐影响到整个熔体–固相基质系统，熔融区域的顶部斜坡也逐渐远离扩张轴。释压边界层理论适用于所有的上升流模型，无论是被动上升流模型还是浮力上升流模型，这个现象都大体相同。在释压层中，熔融比例比较高，渗流能力也强。释压应力垂直作用于边界，并抵消部分垂直方向上的浮力。沿着边界层的斜坡方向，浮力驱动侧向熔融效应的产生（图 2-26），使得熔体沿边界层向上运移，流向扩张轴。

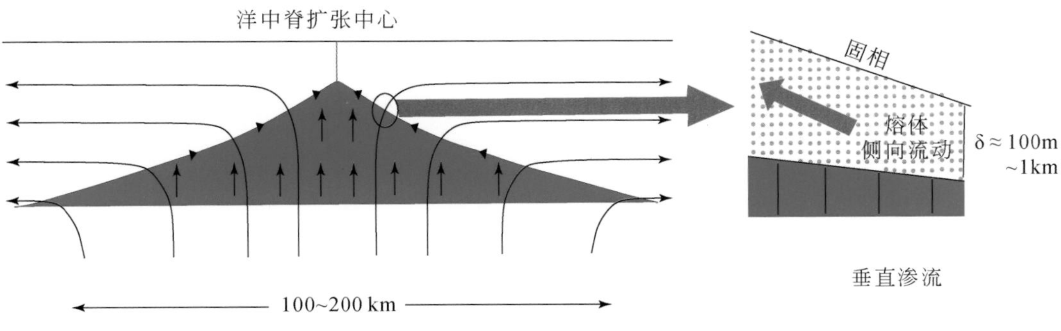


图 2-26　扩张中心处可以产生熔体的宽阔区域截面示意（Spiegelman，1993c）

实线为地幔流的流线；箭头指示了熔体流的流动方向。右上插图是一个熔融区顶部的富熔体层的放大，在这里，熔体向洋中脊方向侧向流动

在释压层中，熔体通量由与局部斜率成正比的侧向空隙流、熔融区域的熔体供应和释压层的固结作用这三个因素共同平衡控制。与之相一致的是，释压层的二维

稳态相关性揭示，在扩张中心之下，宽广的熔融区域会有显著比例的熔体形成。然后，这些熔体通过释压层内的空隙，流向扩张轴（Sparks and Parmentier，1991）。层内的侧向熔体流和随后发生在扩张轴的萃取作用，把层内的熔融比例降低到一定范围。当上升流速率和总熔融程度降低时，抽离出的熔体比例随着远离扩张轴减小。

Spiegelman（1993c）基于高分辨率二维空隙流模型的模拟，也提出了释压边界层的形成。在模型中，设定一个倾斜的固结边界，将产生相对较高熔融比例的熔体，生成的熔体沿该边界层直接流动（图 2-26）。一维分析也表明，熔体比例可能会以振荡的形式，朝着熔融区的上部边界方向增加（Fowler，1985）。

上述一维上升流模型需要联合考虑基质的剪切黏度和整体黏度。在黏度组合中，两种黏度可以在一定范围内变化，但在整个上升流中整体上总量保持不变。黏度是温度、压力、成分和熔体比例的复杂函数。在固结边界附近，这些参数中对黏度影响最大的是熔体比例，而其余因素对黏度的影响，则需在压实长度相对较长的情况下才能体现出来。层内基质黏度的降低将导致释压层厚度减薄［式（2-45）］，缩短压实长度以及减少沿层通量。然而，关于熔体比例对黏度影响的研究表明，即使只有很小比例的熔体产生，基质的黏度也只降低约一个数量级（Kohlstedt and Hirth，1992）。黏度变化的非线性效应可能导致有趣的、难以预测的现象出现，这些现象还需要进一步研究。

在二维和三维模型中研究熔融作用和固结作用的实际分布时，释压边界层的稳定性是一个至今尚未解决的基本问题。如果在该层的某些部位出现较大的局部熔体分离，熔体就会分离形成脉体。孤立的脉体可能会将熔体运移到亚固相的地幔中从而固结，也有可能会通过岩石圈向上运移，并且在离轴位置喷发，因此这些脉体需要形成一个连通的网络才能驱动熔体向轴部集中。

熔体在脉体中比在孔隙中分布更容易破坏化学平衡，使得脉体的形成对玄武岩的组分产生重要影响（Spiegelman and Kenyon，1992），因此需要对部分熔融地幔的特性和物理性质开展更多的研究，以判断脉体的形成规律。下面将要对熔融和熔体抽离的长期过程进行分析，所以假设熔体的抽离是一个稳态过程，用以研究最小平均时间尺度内的熔体行为。

（2）熔体生成和迁移过程的浮力驱动

A. 离轴浮力流的三维数值模拟

通过对偏离扩张中心（离轴）的浮力驱动地幔上升流进行三维数值模拟，以研究浮力驱动的地幔上升流在熔体生成和迁移过程中的影响。洋中脊扩张中心的几何形态在沿轴方向上是周期性重复的，因此模拟区域由两段扩张洋中脊组成，两者中间由一条转换断层分割（图 2-27）。

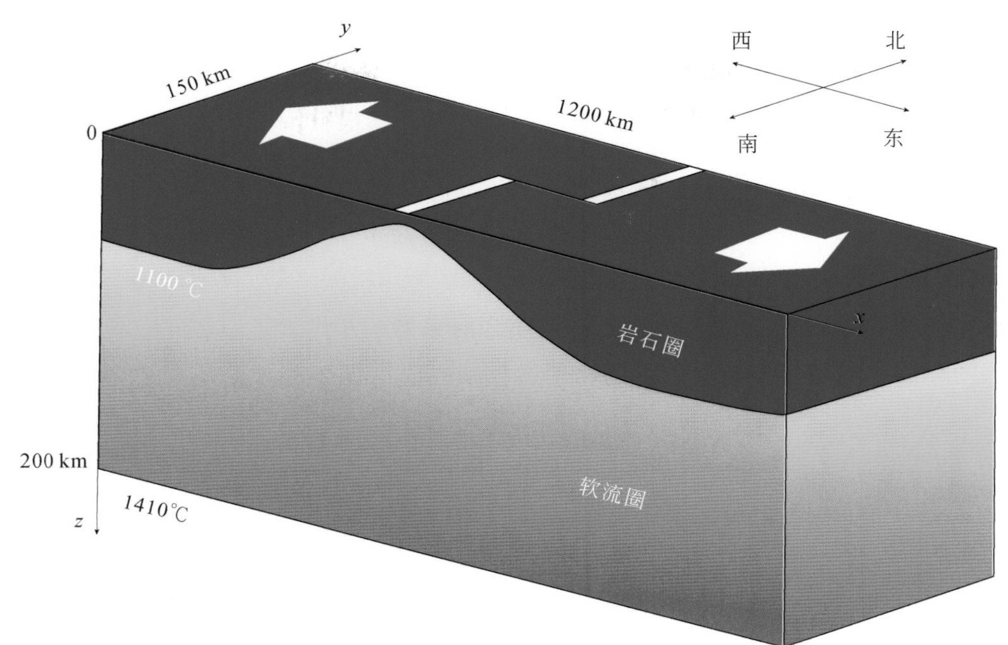


图 2-27　地幔浮力流三维数值模拟实验中地幔区域示意（Sparks and Parmentier，1994）

上部区域为刚性岩石圈，底界为 1100℃等温线。对流仅局限于软流圈（橙色区域）。离散板块边界的位置在洋中脊段为双线表示，而转换断层为单线表示。为了便于在后面的图形中引用区域的不同部分，见右上角箭头定义的定向系统

洋中脊段中部的几何形态是对称的，因此计算时只需要考虑每一段扩张轴的一半就可以。熔体上升流包括被动和主动的浮力两类。被动的上升流主要由两侧板块扩张驱动，因此模型中两侧板块的顶部被施加了一定的速度。被动的上升流将驱使深部地幔上涌进入岩石圈的底部，并流出顶部两个板块之间的拉张区域。

热膨胀和熔体抽离所致的成分变化产生了密度梯度，从而驱动了浮力流。如果熔体是从地幔中快速抽离出来的，那么熔体在熔融区域所占的比例会非常小。在大约 1km 厚度的释压层内，熔体相对富集，对整体密度的影响较小。因此，在计算浮力流时可以忽略熔融比例的影响。

地幔中熔体抽离过程会产生少量膨胀的流体组分，但当熔体分布区域很广时，这部分组分所占的比例将很小，也可以被忽略。因此，在三维数值模拟实验中，主要采用包括温度（$T$）、熔体消耗程度（$\xi$）、熔体生成速度（$\Gamma$）、地幔浮力流速度（$\mu$）的控制公式

$$\frac{\partial T}{\partial t}+u\cdot\nabla T=\kappa\,\nabla^2 T-\left(\frac{L}{C_{\mathrm{p}}}\right)\Gamma \tag{2-50}$$

$$\frac{\partial \xi}{\partial t}+u\cdot\nabla\xi=\Gamma \tag{2-51}$$

$$\Gamma = \frac{\mathrm{d}}{\mathrm{d}t}\left[\frac{(T-T_{\text{solidus}})}{600}\right] \tag{2-52}$$

$$T_{\text{solidus}} = 1100+4.0z \tag{2-53}$$

$$\nabla \cdot u = 0 \tag{2-54}$$

$$\mu_s \nabla^2 u - \nabla P - \rho g = 0 \tag{2-55}$$

$$\rho(T,\xi) = \rho_0(1-\alpha T-\beta\xi) \tag{2-56}$$

式中，$t$ 是时间；$z$ 是深度（km）；$P$ 是压力；$\kappa$ 为热扩散系数；$L$ 是熔体潜热；$C_p$是比热容（热容量）；$\rho$ 是地幔密度；$\alpha$ 是热膨胀系数；$\beta$ 代表了富铁熔体萃取后组分密度的降低。数值模拟中要用到的物理参数和数值见表 2-8。

**表 2-8　数值模拟中相关的物理参数和数值**

| 物理参数 | 典型地幔值 | 说明 |
|---|---|---|
| $L$ | $6\times10^5$J/kg | 熔体潜热 |
| $C_P$ | 1000J/(kg·℃) | 比热容 |
| $\kappa$ | $10^{-6}$/(m$^2$·s) | 热扩散系数 |
| $k_0$ | $10^{-7}\sim10^{-9}$m$^2$ | 渗透率关系常数，式（2-49） |
| $n$ | 2～3 | 渗透率关系指数，式（2-49） |
| $\rho$ | 3300kg/m$^3$ | 地幔密度 |
| $\rho_f$ | 2800kg/m$^3$ | 熔体密度 |
| $\alpha$ | $3\times10^{-5}$/℃ | 热膨胀系数 |
| $\beta$ | 0.024 | 组分密度参数，式（2-62） |
| $\zeta$ | $10^{19}\sim10^{21}$Pa·s | 固体熔体的体积黏度 |
| $\mu_s$ | $10^{19}\sim10^{21}$Pa·s | 地幔剪切黏度 |
| $\mu_f$ | 0.1～10Pa·s | 熔体黏度 |

资料来源：Spark 和 Parmentier，1994

地幔的黏度结构是影响浮力流模型的重要因素。通过将浮力流限定在一个顶部和底部均无滑动边界、具有均一黏度的软流圈内，使得温度和压力直接受控于软流圈黏度值的变化（图 2-27）。软流圈的上边界温度为一条等温线（温度设定为1100℃），对应岩石圈底部温度；软流圈的底部边界深度为 200km（温度约为1410℃）；两侧的垂直边界是相对于浮力流的对称平面。在模型中，设定垂直边界附近的温度场不依赖离轴距离而变化，从而限定浮力流的流动为二维的。这些边界被设置在远离扩张中心的离轴区域，以尽量减少对熔体生成区域流场的影响。

实验模型设定的模拟区域深度为200km，沿轴线方向的长度为150km，远离扩张中心距离为1200km内，离散板块边界位于设定区域顶部的中心位置（图2-27）。扩张脊段的长度为75～225km，转换断层长度为75km。将海底表面的温度设定为0℃，软流圈的底部温度设定为1410℃，软流圈的上涌量被设定可以产生约6km厚的洋壳。用有限差分方法近似求解式（2-50）和式（2-56）。将浮力流公式［式（2-54）和式（2-55）］转化为涡量-流函数方程，并使用多重网格迭代泊松求解程序求解。更详细的数值处理方法见Sparks和Parmentier（1993）及Sparks等（1993）的论述。

B. 三维地幔浮力流的结构

浮力流的结构对整个地幔流的模式有两个影响：一方面容易导致扩张脊分段之下上升流趋向增强和集中；另一方面容易导致地幔中形成不稳定的热边界，进而促进垂直轴向对流环的形成（图2-28），类似于无转换断层扩张中心下方的对流结构（Sparks and Parmentier，1993）。除此之外，局部的浮力上升流是由转换断层横向上

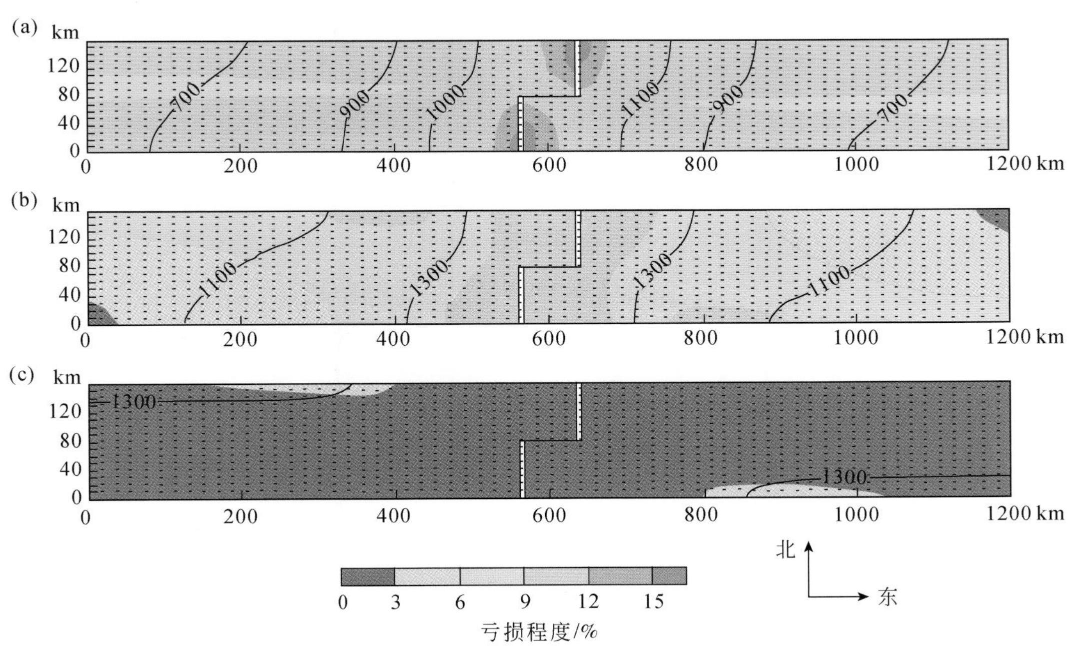


图2-28　地幔对流数值模拟中不同深度的水平切片图（Sparks and Parmentier，1994）

地幔不同深度：（a）25km；（b）43km；（c）100km。不同颜色代表了地幔亏损的程度不同，颜色比例尺的最小间隔为3%；温度等温线的最小间隔为200℃；在每一个平面上均标注了板块边界，双线表示洋中脊，单线表示转换断层；半扩张速率为2.7cm/a，地幔黏度为$5\times10^{19}$ Pa·s；在（a）和（b）两个较浅的剖面上，等温线用来表示随着与扩张轴的距离增大，熔体不断冷却的过程；在最深的剖面（c）上，线性的下降流区域将颜色更浅的亏损地幔物质带向深部

的温度梯度驱动的。当扩张中心快速扩张时，扩张轴下的上升流沿轴方向相对均匀，但是在靠近转换断层处则有不同。在转换断层处上升流会变弱，并且上部冷却作用同时通过热传导方式向深部传递。在扩张速度缓慢的脊段，浮力流比被动上升流更强，并且在扩张中心之下沿轴方向的上升流速率变化较大。

扩张轴处垂直轴向的环流是在沿轴方向、横跨破碎带的温度梯度作用下形成的。在大多数情况下，环流的上升流位于扩张轴的正下方，因此在扩张中心两侧存在相反的涡旋状态（图 2-29）。

热不平衡驱动垂直扩张轴的环流形成，将低密度亏损地幔通过平流的方式输送到软流圈中，同时也驱动了沿轴方向环流的发育（图 2-29），但是沿轴方向的环流并不连续，并且在垂直轴向的下降流位置上环流最为集中。垂直轴向环流最发育的位置与扩张轴的距离（图 2-30）是扩张速率和地幔黏度的函数（Sparks and Parmentier，1993）。

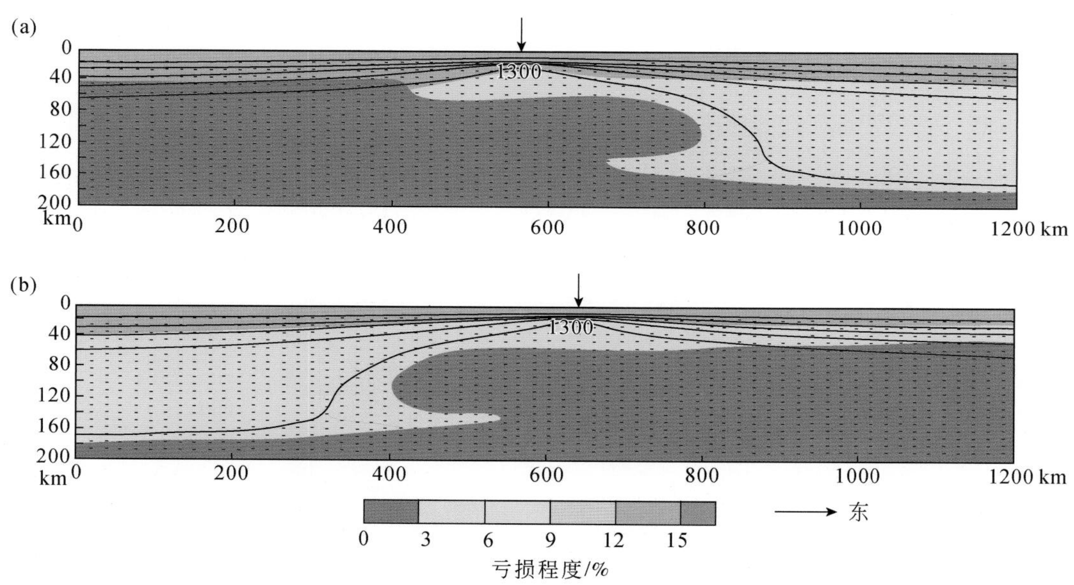


图 2-29　地幔对流数值模拟中垂直扩张轴的剖面（Sparks and Parmentier，1994）

（a）模拟区域的南部边界；（b）模拟区域的北部边界。颜色和等温线间隔规定与图 2-27 相同；图形顶部的箭头位置为扩张轴；两条剖面都切过了两个对流环，上升流在扩张轴位置，下降流在另一侧；从等温线向下挠曲和等值线的亏损可以明显显示出下降流的存在

当热边界层穿透低密度亏损地幔层时，热环流形成。因此，在黏度相同的情况下，扩张速率较慢的扩张中心相比扩张速率较快的扩张中心环流位置更靠近扩张轴。在下地幔，浮力流的黏度、强度相对于被动上升流都有所增加，而且形成的环流强度更大，也更靠近扩张轴。

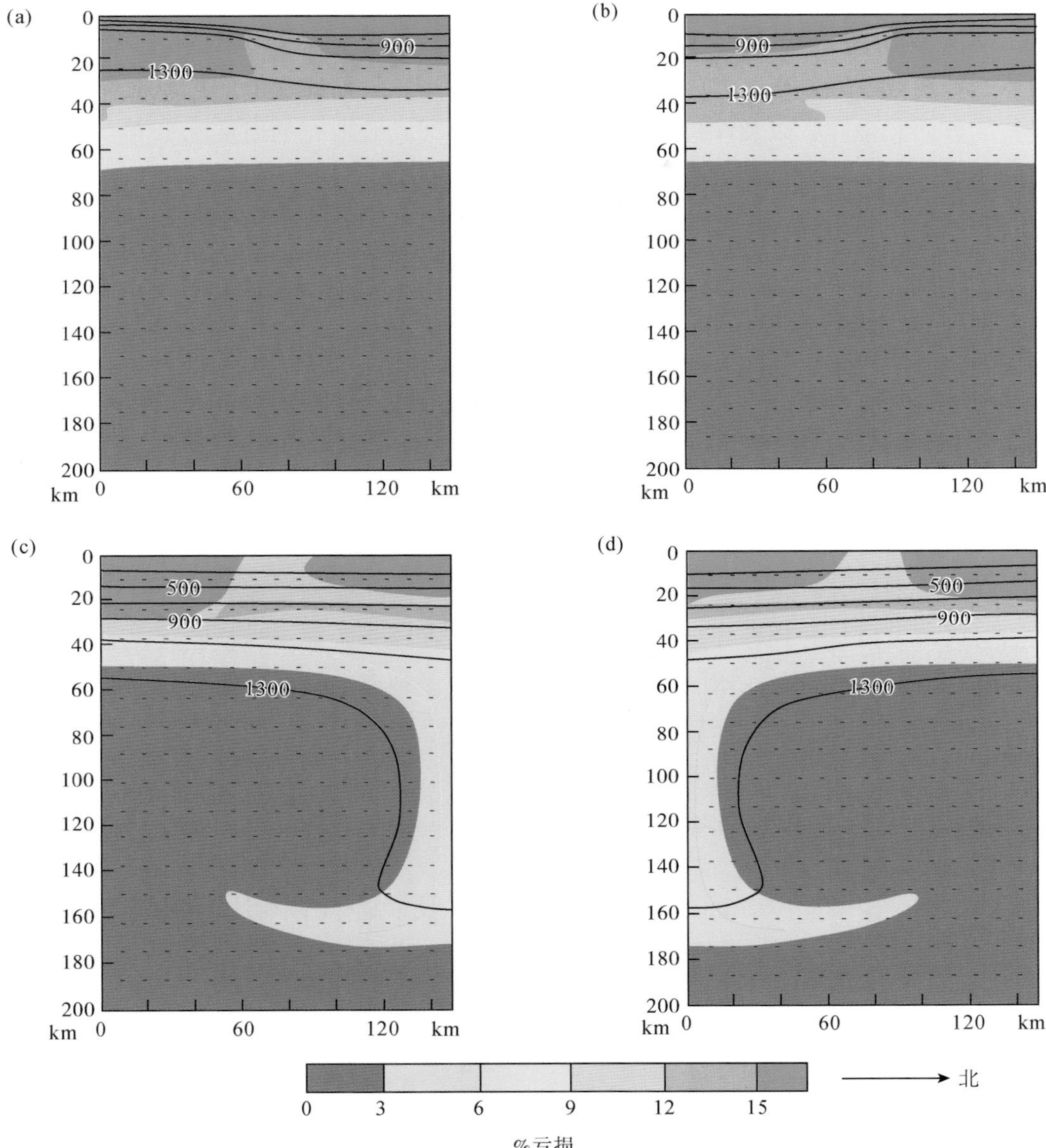


图 2-30　地幔对流数值模拟中平行扩张轴的垂直剖面（Sparks and Parmentier，1994）

（a）扩张脊南部的下方；（b）扩张段北部的下方；（c）在（a）以西 250km；（d）在（b）以东 250km。阴影和等温线间隔规定同图 2-27；在（a）（b）截面扩张轴下方没有对流，（c）（d）截面离轴位置有对流环形成

（3）轴部的熔体迁移

由于释压层一般形成于熔体固结的地方，各层的位置和斜率受温度分布控制。上述数值模拟中的上升流和温度分布决定了熔融作用的分布。由于释压作用发生的固结边界层位于在熔融区的顶部，所以可以通过熔融区域的形态估计固结边界层的出现位置和熔体迁移的方向。

对于熔融区的形态和层内孔隙流体的相似模型，可以利用熔体生成的范围和释压层厚度来描述（Sparks and Parmentier，1991）。这种方法可用来估计二维扩张轴熔体的抽离或萃取效率，但尚未扩展到三维应用。尽管如此，依然可以对侧向熔体迁移的方向和强度，以及在扩张轴上可能形成的玄武质地壳的组成和分布，作出简单的预测。

实验模拟结果显示，在垂直扩张轴的剖面上，熔融区域基本是三角形的。例如，各个模型的熔融深度大致相同，在离轴方向深度较深，而在扩张轴下方熔融深度则逐渐变浅（图 2-31）。随着远离扩张轴，通过热传导方式的冷却作用逐步向深部传递，导致离轴位置之下深部的熔融作用终止。

温度和组分诱发的浮力可以在一定程度上减少整个熔融区域的横向宽度，但不改变其基本形态（Sotin and Parmentier，1989）。如果在基质中出现显著的熔融比例（>5%），则上升流将更集中，熔融范围也将变的较窄，甚至在熔融区域的底部也是如此（Buck and Su，1989；Scott and Stevenson，1989；Jha et al.，1992）。

在纯被动扩张且［图 2-31（a）］2.7cm/a 的中等扩张速率条件下，洋中脊下方的熔融区域可以延伸到轴外接近 200km 的范围。在这个距离，转换断层带会稍微减弱，但是沿着轴向熔融区域的横截面积仍然保持相对恒定。当存在强烈的浮力流动时［图 2-31（b）］，对流环就会在熔融区域附近形成，熔融区域的宽度沿着轴向会有很大的变化。在一个对流环的下降流分支附近，熔融区域急剧的向轴线缩紧靠拢。在上升流分支，熔融区域沿扩张方向拓展，在轴外 300km 范围会伴随形成一个狭窄的深熔区域。

为了确定熔融区域顶部区域侧向熔体迁移的强度和方向，应更仔细地检查这个层的预期形状。熔融区域顶部的深度图（图 2-31）显示，一条转换断层的存在对层的形状有很大影响（图 2-32）。图 2-32（a）中箭头表明了在纯被动上升流中一个松散层局部倾斜的方向和量级。预测的方向大致指向最近的扩张轴，但是在转换断层带中心下面的层存在一个转折点。穿过这一转折点的线将熔融区域分为两部分，从而为每个扩张段提供熔体。如果熔融区域内的熔体迁移是垂向的，同时侧向迁移只沿着熔融区域顶部出现，那么在这一熔融区分割线某一侧形成的熔体不能被提取到另一侧的扩张段。当强的对流环形成时，熔融沿着上升流出现。

熔体沿轴向的生成和萃取变化可能会造成玄武质洋壳分布和组分的变化。为了根据这些数值模拟实验对洋壳分布做出预测，需要对熔体迁移做一些简单假设。熔体必须通过裂隙在固体岩石圈迁移。由于新火山区域非常狭窄，假设裂隙是竖直的而且局限于扩张轴的平面，那么熔体在熔融区域垂直迁移进入松散层。在松散层内，熔体向某一扩张轴平面侧向迁移，在这里，熔体从地幔中析出形成洋壳。熔融柱相对于熔融区的位置决定了熔体将在哪一段被提取。沿轴向分布的熔体生成量，

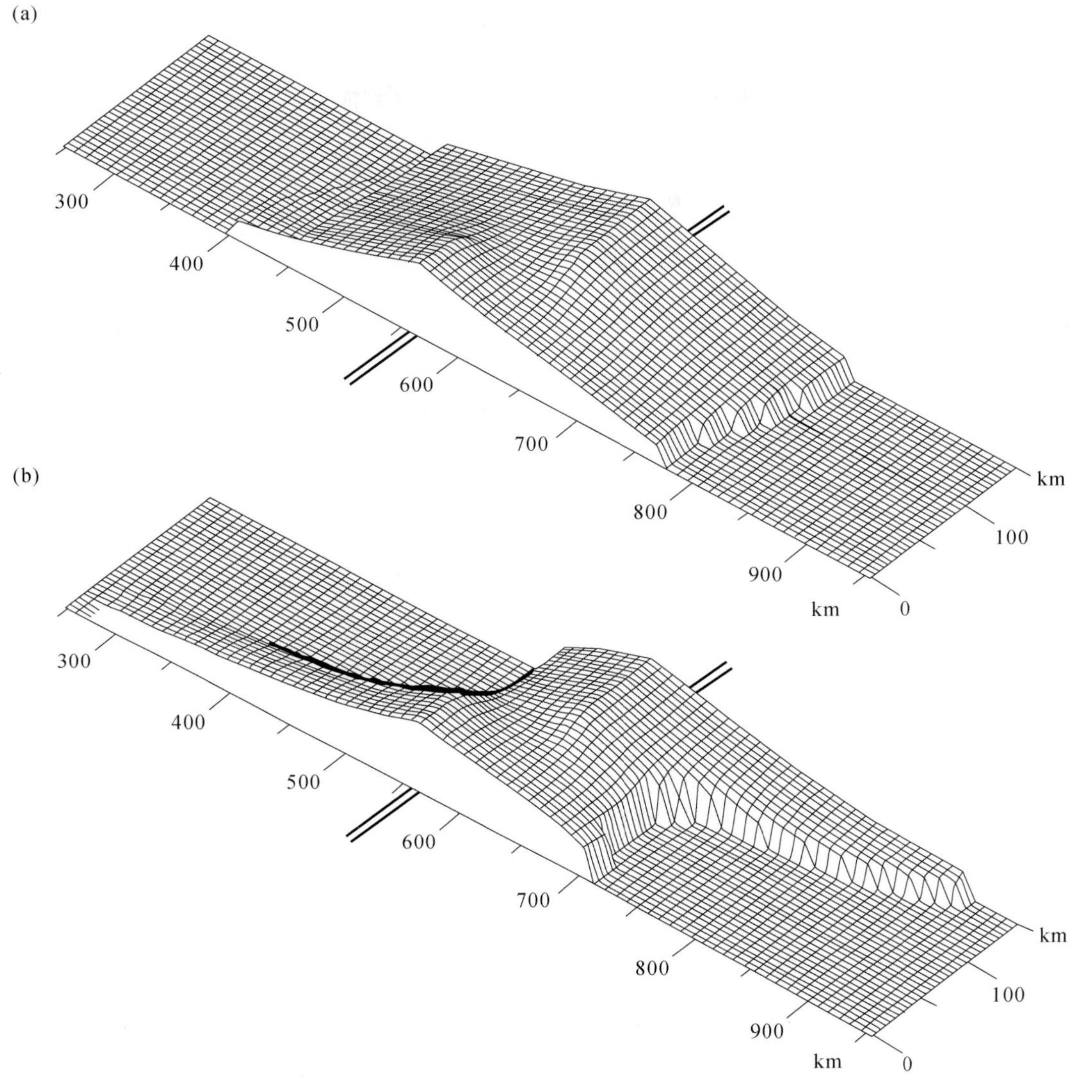


图 2-31　不同地幔黏性条件下地幔对流数值模拟实验中熔融区域顶部的三维形态

（Sparks and Parmentier，1994）

地幔黏度：(a) $2\times10^{20}$ Pa · s；(b) $5\times10^{20}$ Pa · s。区域的方位如图 2-27 所示。在这里只给出 1200km 长的部分区域，主要聚焦于扩张轴下的区域。表面没有发生熔融的区域在 120km 深度下降为一个平面。半扩张速率为 2.7cm/a。(b) 中形成的垂直于轴线的对流环造成了熔融区域的宽度沿轴向具有明显差异。在对流环的上升流的直线分支，远离轴线的相当大的范围内熔体都有出现，而在远离轴线下降流出现的地方，熔融作用停止，不再生成熔体

是通过对每一段垂直于轴平面内的熔体生成量求和所得到的。

（4）对洋壳厚度和重力的影响

A. 洋壳的厚度和组分

转换断层对熔体产生的影响如图 2-33 所示，其中熔体生成量通过玄武质地壳厚

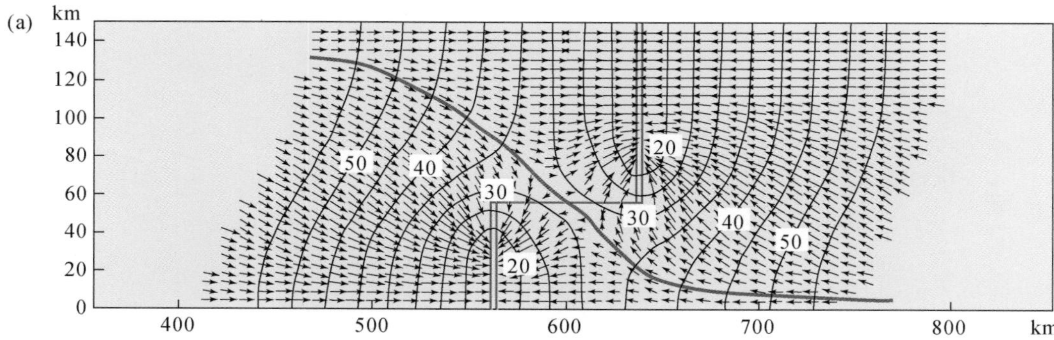


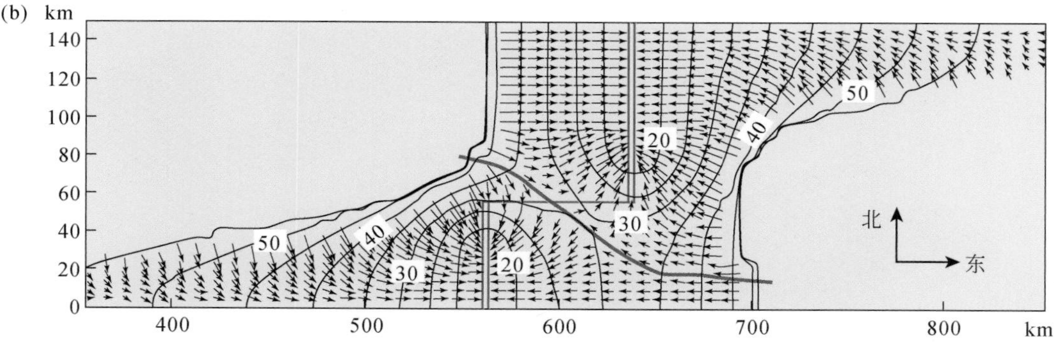


图 2-32 熔融区域顶部的深度切片图（Sparks and Parmentier，1994）

地幔黏度：（a）$2\times10^{20}$ Pa·s；（b）$5\times10^{20}$ Pa·s。等值线间隔 5km；箭头显示表面的局部斜率。粗灰线将区域分割成两个熔体提取区。在一边区域形成的熔体只能被相同区域内的扩张轴所提取。这两个模型和图 2-31 的实验条件一致

度来表示（扩张速率除以熔体生成速率）。曲线重叠的部分是当熔体到达扩张中心平面时的提取结果。熔融分割线位置的选取和图 2-32 类似。在重叠区域所产生的小离散性误差并不影响结果，因为这部分区域熔体的生成量很少。在高地幔黏性条件下，流动大多是被动的，熔体生成沿着扩张段中心基本保持恒定，而在转换断层附近熔体生成量减少二分之一［图 2-33（a）］；当黏性降低，浮力流动变得重要，沿轴向的变化幅度变大，而且在整个扩张段都有分布。地震观测表明，向转换断层方向地壳厚度减小了 50%（Cormier et al.，1984；Purdy and Detrick，1986）。很多破裂带附近的重力测量结果也和 50% 地壳减薄结果相一致（Kuo and Forsyth，1988；Lin et al.，1990；Blackman and Forsyth，1991；Morris and Detrick，1991）

在特定的岩浆黏度下，洋中脊的扩张速率越高，地壳生成量沿轴向的变化相对越平缓［图 2-33（b）］。这与地形和地幔布格异常沿轴向变化的幅度随着扩张速率降低而增加的观测结果相一致（Lin and Morgan，1992）。而在慢速扩张条件下，地壳厚度也更具变化性，更不稳定（Reid and Jackson，1981；Chen，1992；White et al.，1992）。

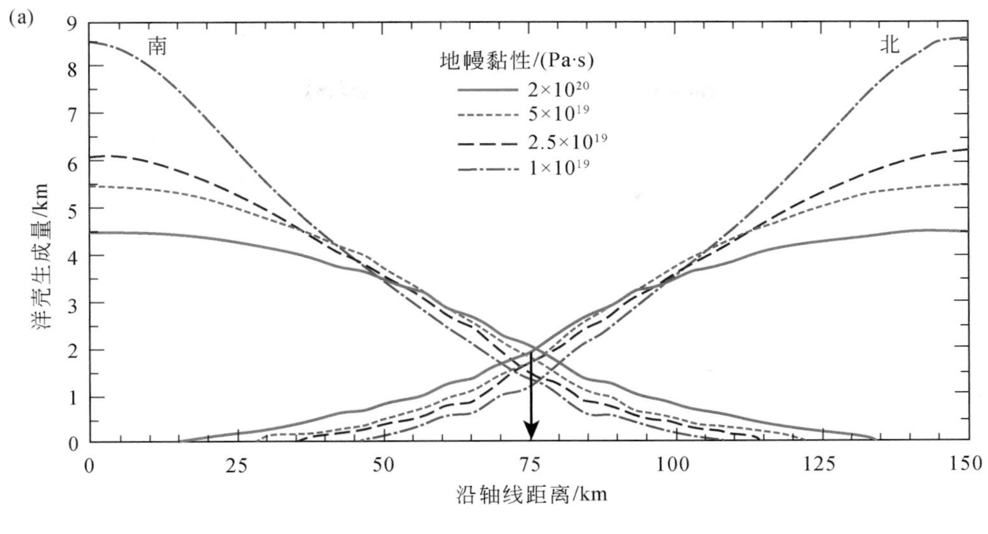


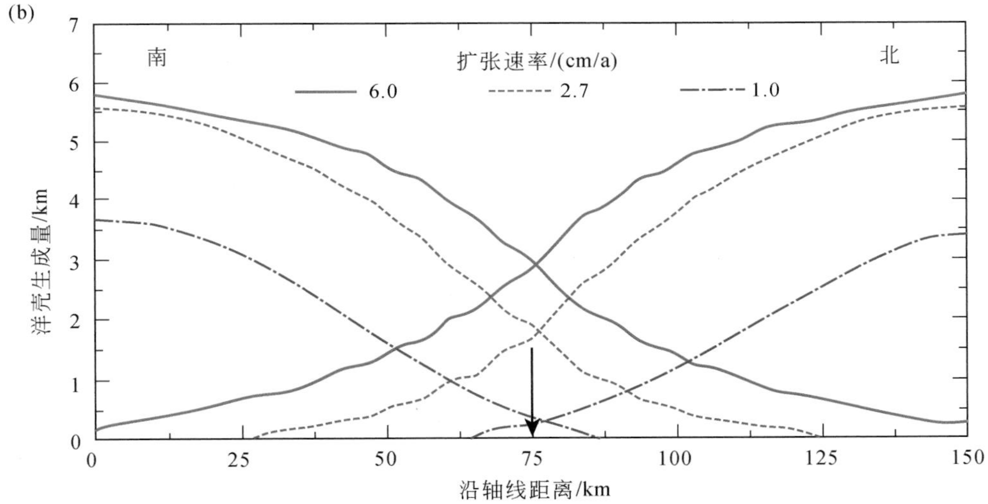


图 2-33　地幔黏度和扩张速率对地壳生成量的影响（Sparks and Parmentier，1994）

（a）不同地幔黏度时洋壳生成量与沿轴线距离之间的关系，扩张速率为 2.7cm/a。粗箭头表示转换断层的位置。（b）地幔黏度 $5\times10^{19}$ Pa · s 下不同扩张速率条件下的洋壳生成量

熔融区域的形状同样影响洋壳玄武岩的组分。橄榄质和玄武质熔体之间元素的配分系数对熔融压强及固体组分非常敏感。部分熔融组分的组成取决于熔融的瞬时深度和正在熔融的地幔包裹体的整体熔融作用。因此，在熔融区域的每一个点上都会有特定的熔体组分生成。通过对原始地幔的初始成分以及各元素分配系数的精确计算，可以确定该熔体的组成，并将其作为熔融深度和熔融程度的函数。实验岩石学为一些元素的特征提供了信息，这可以用来预测给定深度和熔融程度条件下所形成熔体的组分（Hanson and Langmuir，1978；Niu and Batiza，1991；Kinzler and

Grove，1992）。

在计算了洋壳的分布后，还可以计算出玄武岩形成时的平均熔融程度和平均熔融深度。对于每一个数值实验，每个网格节点的熔融程度和深度是由该节点的熔体产量加权得到的。熔体在垂直于轴线的平面内汇聚，采用与前文相同的熔体萃取区域来反演，从而得到平均熔融深度和平均熔融程度。在高黏度条件下，平均熔融深度和平均熔融程度沿扩张段相对恒定，而在转换断层附近所需的熔融深度更深、熔融程度更低（图 2-34）。当黏度降低时，转换断层附近平均熔融深度和平均熔融程度的梯度增加。同样，扩张中心段表现为高平均熔融深度、低平均熔融程度特征，类似于转换断层附近的特征，只是范围更宽阔。这一特征由远离轴线对流环的上升流导致的小规模深熔造成。

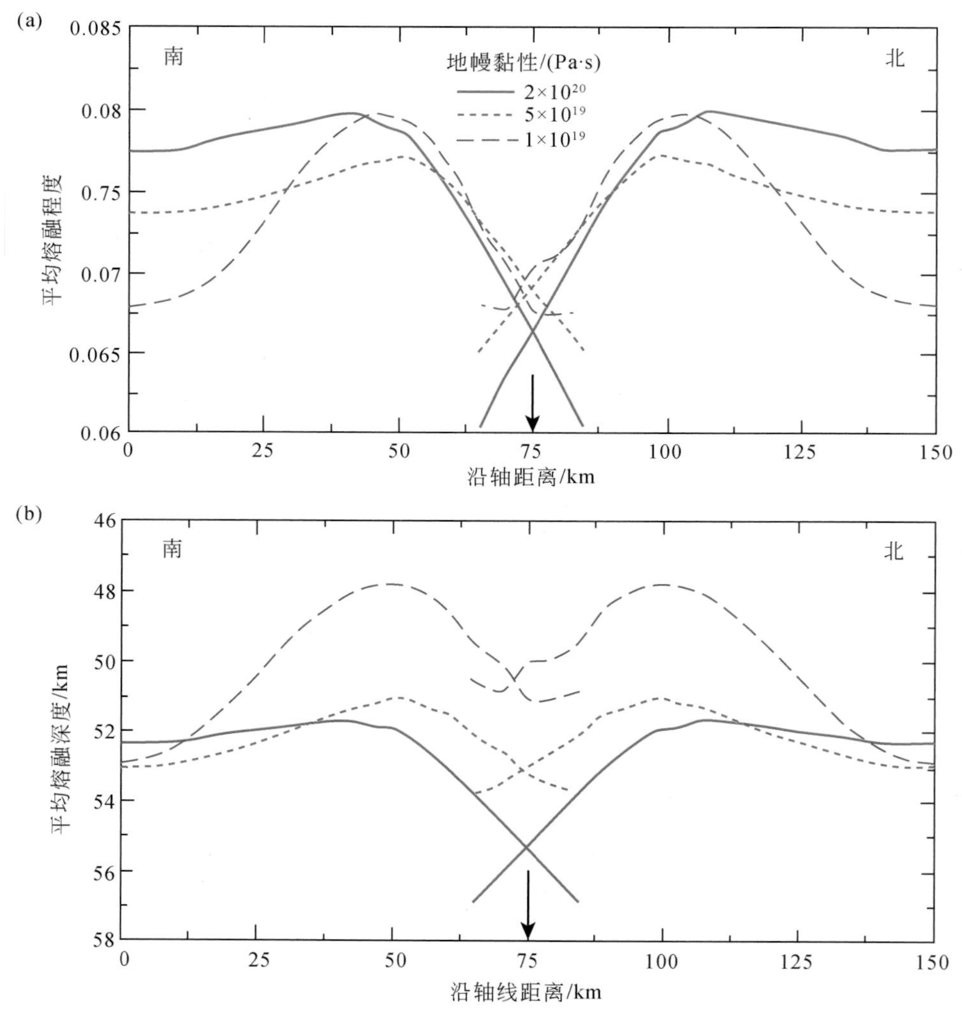


图 2-34　扩张速率 2.7cm/a 和不同黏度条件下，平均熔融程度（a）和平均熔融深度（b）沿轴线距离的变化（Sparks and Parmentier，1994）

转换断层位置如图中粗箭头所示。为了更清楚地表示，远离转换断层（箭头位置）区域的曲线被截断了

慢速扩张中心的数据显示，玄武岩中 NaO 和 FeO 含量具有正相关性（Brodholt and Batiza，1989）。这一相关性被认为是不同深度上形成的熔体不完全混合造成的，越深的熔体具有越高的 NaO 和 FeO 含量（Klein and Langmuir，1989）。数值模拟实验表明，转换断层下面形成的熔体应该具有熔融深度更深、熔体体积更小的特征，这在慢速扩张中心表现尤为明显。尽管这一特征在某些转换断层附近被观察到（Langmuir and Bender，1984；Batiza et al.，1988），但是熔体组分沿轴向的平缓变化并不常见。如果这种玄武岩化学变化不存在，那可能是由于洋壳侵位的某些过程造成的，例如，空间上重叠但组成略有不同的岩脉幕式侵位。为了解决这一问题，需要对更多的扩张中心进行系统的高空间分辨率采样。

B. 熔体析出效率和离轴对流环熔融

一个富熔体的释压层在提取对流环上升流的熔体方面是最无效的，因为在这一区域熔融程度较小，且该层的斜率相对较小。尽管这部分熔体在轴线上可能并不会被提取，但是可能会重新冷却进入地幔或者岩浆池，然后在远离轴线处喷发。在一些实验中，上升流边缘的熔融出现在离轴足够远的地方，它与轴下方的熔融区被亚固相不可渗透的地幔分隔开来。这其中没有在轴线处提取的熔体，很可能解释了离轴海山链的成因（Sparks and Parmentier，1993）。释压层的形成以及提取效率取决于层内熔体供应、沿层流动以及层内冷却之间的平衡。因此，熔体速度的大小并不完全由图 2-32 所示的层倾斜程度来决定。这里可以估算一个层内由熔体供应和层倾斜度变化所引起的层内流量空间变化。

如果忽略压缩率梯度引起的作用力，那么熔体在一个层内的流动可以看作一维达西流动。熔体上升的速度 $V$ 为

$$V=\frac{\kappa(\rho-\rho_{\mathrm{f}})}{\mu_{\mathrm{f}}\varphi_0}\sin\omega \tag{2-57}$$

式中，$\omega$ 是层的倾斜角度；$\varphi_0$是层内的熔体百分比；$\kappa$ 是热扩散系数。层内每一点的熔体百分比，由其下方地幔上升流的最大熔融程度所决定。如果将最大熔融程度代入式（2-57），那么最终熔体速率就反映了局部倾斜度和熔体供应的最大空间变化程度（图 2-35）。估算的层内熔体速率向熔融区域边缘逐渐降低，而在对流环内大概是层内最大速度的三分之一或更低。而层的厚度，如式（2-45）所估算，向熔融区域边缘也是逐渐降低的（图 2-35 等值线所示），因为它是上升速率和熔体生成量的函数。因此，形成于对流环的熔体对于轴线处的地壳生成很可能并没有贡献。

图 2-36 给出了单个数值实验中不同熔体提取宽度下的洋壳生成量。在扩张中心的大部分区域，熔融在离轴线超过 50km 范围都出现了，如图中 50km 和 100km 曲线的差异所示。扩张轴 100km 以外，熔融只局限于垂直脊轴的对流环的上升流处。

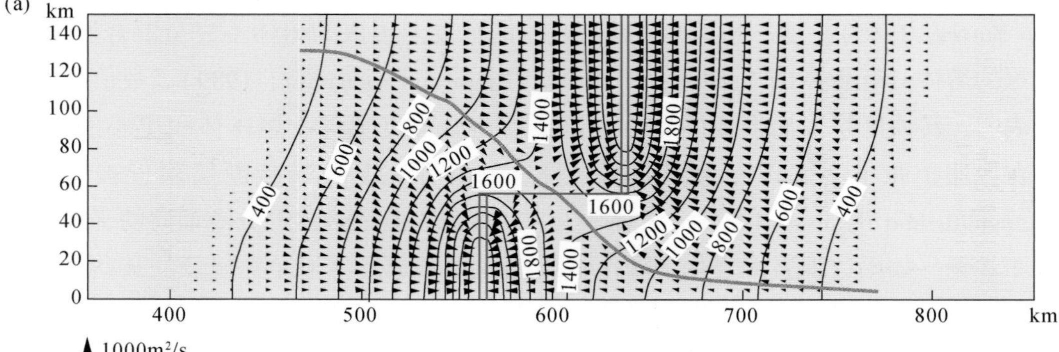


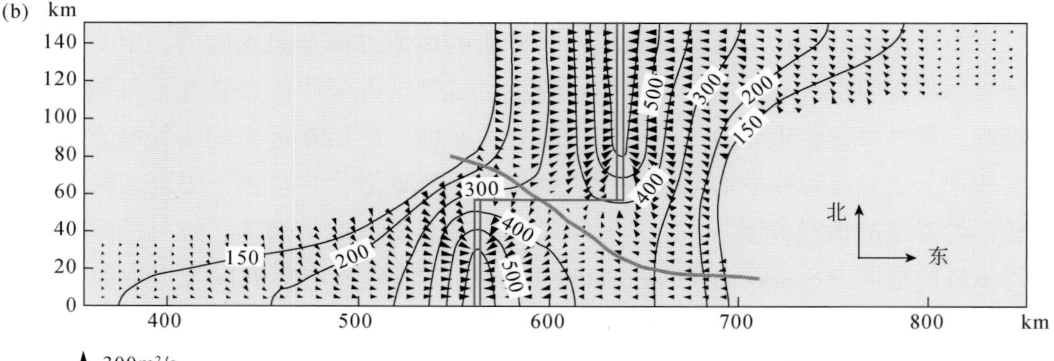


图 2-35　图 2-31 和图 2-32 所示两个实验的松散层厚度等值线（Sparks and Parmentier，1994）

等值线代表层的厚度，单位 m。箭头状符号代表层内熔体的通量。与图 2-32 一致，箭头指示了最陡的局部斜率方向，但是熔体的通量由熔体速率、孔隙度和层厚度给出。深灰色线代表两个提取区域的分割线

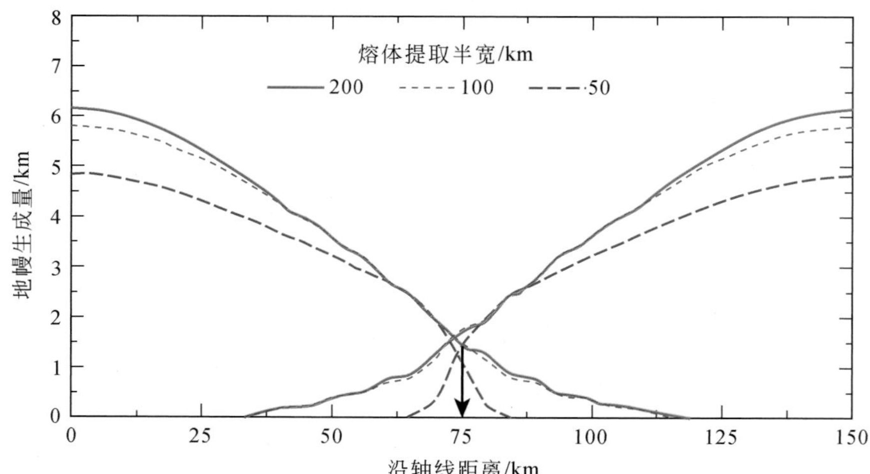


图 2-36　单个数值实验中熔体提取区域不同宽度下的洋壳生成量（Sparks and Parmentier，1994）

扩张速率为 2.7cm/a，黏度为 $2.5\times10^{19}$ Pa · s，转换断层位于箭头位置

C. 预测地形和重力异常

当从自由空气重力异常中减去洋壳-水和地幔-洋壳这两个主要密度界面的影响时，就得到地幔布格重力异常（MBA）。MBA 的存在由地幔密度变化所致，或者由偏离假定的恒定洋壳厚度变化所致（Kuo and Forsyth，1988）。椭圆状“牛眼”形负异常表明，地幔是低密度的或者洋壳在洋中脊中心处是更厚的。观测到的异常级别一般在 20mGal（凯恩破碎带；Morris and Detrick，1991）到 50mGal（亚特兰蒂斯破碎带：Lin et al.，1990）之间。地幔密度的变化并不足以解释观测到的 MBA 异常量，因为这只能造成最大 10mGal 的变化（Sparks et al.，1993）。在高黏度实验中产生的洋壳厚度的微小变化使这一数值增加了一倍，而在低黏度实验中，这一数值增加了 10 倍。因为熔融区域内的温度被潜热吸收所缓冲，所以沿轴线温度变化的幅度很小。这些小而深的密度变化对地表重力场的影响很小。然而，由于沿轴上涌速度的变化，即使温度场相对均匀，洋壳产出量的变化也可能很大。因此，洋壳厚度的变化控制着 MBA 数值。

当浮力流动不重要时，地形和 MBA 沿轴向没有很大的变化，除了在转换断层附近。当黏度降低时，出现类似于所观察到的“牛眼”形异常（图 2-37）。在中等黏度下，从扩张段中心到转换段，地幔布格异常增加 40 ~ 50mGal，轴向深度增加 500m 以上。在低黏度条件下，轴线附近形成的对流环则造成 100mGal 和 1.5km 的变化。数值实验中的均衡地形是在假设软流圈底部补偿的情况下逐列计算的。地形是根据 6km 洋壳和地幔密度为$\bar{\rho}$的 200km 地幔（温度 1410℃，无熔体亏损）来计算的。对于洋壳厚度 $h$，地幔密度取整个序列的平均地幔密度$\bar{\rho}$，其地形为

$$h=\frac{200(\tilde{\rho}-\bar{\rho})}{(\bar{\rho}-\rho_{w})}+\frac{(h_{c}-6)(\bar{\rho}-\rho_{c})}{(\bar{\rho}-\rho_{w})} \tag{2-58}$$

式中，$\rho_c$是洋壳密度，$\rho_w$是海水密度，分别为 2800kg/m$^3$和 1000kg/m$^3$。通过将每一个深度上水平的密度变化视为异常质量，来计算 MBA。二维快速傅里叶变换（FFT）将质量变化转换为波数场。一个异常质量薄层产生的表面重力异常的量级为

$$\Delta g=2\pi G\exp(-\sigma z)M \tag{2-59}$$

式中，$M$ 是量级；$\sigma$ 是波数；$z$ 是质量薄层的深度；$G$ 是重力常数［$6.67\times10^{-11}\,\mathrm{m^3/(kg\cdot S)}$］。

对网格中每个深度处的质量薄层的每个波数的贡献进行累加，然后通过反 FFT 计算，就可以得到地幔密度变化引起的总重力异常。壳幔边界被看作从海水表面到平均界面深度上的一个质量薄层，假设海水深度为 3km。洋壳厚度是距洋中脊轴线距离的函数，是在垂直脊轴的平面上生成的洋壳总量。

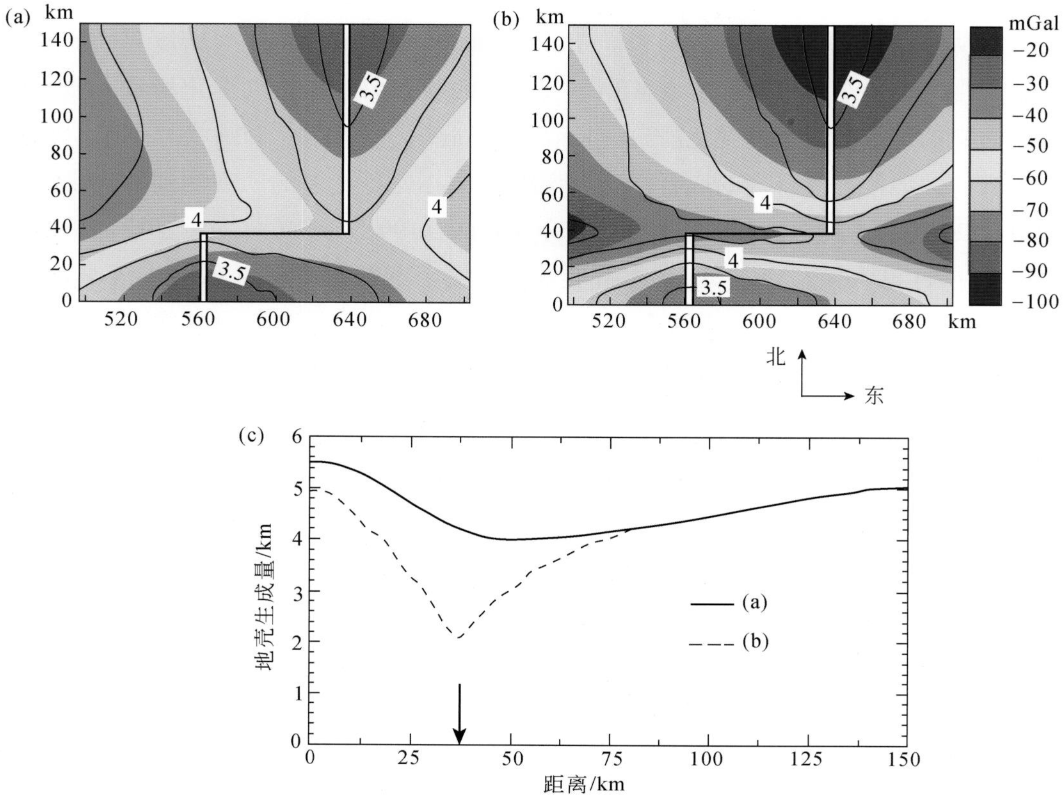

图 2-37　地幔布格异常和水深（Sparks and Parmentier，1994）

扩张速率2.7km/a，地幔黏性$5\times10^{19}$Pa·s，洋中脊长宽比为3∶1。（a）假设所有熔体都贡献给轴对称垂直平面内的洋壳厚度。（b）假设有两个熔体抽离区的洋壳厚度在变形结束后没有熔体的抽离。（c）洋壳厚度作为沿轴距离的函数，用于计算（a）和（b）中的重力和地形。在每种情况下，每个分段上都形成“牛眼”形重力异常，但（b）中的重力异常幅度更大

为了证明重力场对洋壳厚度的敏感性，在单个数值实验中，采用了两种不同的估算洋壳厚度的方法［图 2-37（c）］。第一种情况，洋壳生成量只是简单的在垂直于轴线的平面内被积分［图 2-37（a）］；在第二种情况下，区域被分成两个熔体抽离区，从而产生如图 2-37 所示的洋壳厚度曲线，然后忽略转换断层处形成的熔体。由于转换断层下面的洋壳相对较薄，因此重力和水深的变化也更加明显。图 2-37 同样显示了扩张段长度变化的影响。当熔融区域被分隔开，较长的扩张段会提取比原比例更多的熔体。

由此产生的更厚洋壳在更大的板块下产生更大的重力异常，正如在亚特兰蒂斯破碎带南部所观察到的那样（Lin et al.，1990）。要证实重力与洋壳厚度之间的关系，需要更多的沿轴地震折射剖面的详细研究。这些研究与地幔流动和熔体生成的模拟相结合，可以为熔体迁移的方式和路径提供重要的线索。

### 2.2.3.2 中性浮力控制的洋中脊岩浆运聚

为什么洋中脊岩浆房会存在？为什么顶部会形成相对平坦的席状岩墙杂岩？为什么新形成的洋壳能够在浅层捕获和保留岩浆，从而使玄武质熔体的长期储存和分异成为可能？本节结合洋中脊地震勘测得到的玄武质岩石和熔体的岩石物理性质、蛇绿岩套的岩性变化和纵波速度关系，为洋中脊岩浆房的形成和持续增大提供物理依据。这里先回顾洋中脊岩浆房的浮力分带结构，再讨论结晶分异在改变熔体浮力方面的作用，最后综述席状岩墙杂岩的岩浆动力学，并对比冰岛和夏威夷裂谷带岩浆动力学过程。

（1）原位密度-深度关系

Orcutt 等（1976）和 Christensen（1982）主要依据对地震剖面的研究以及玄武质、辉绿质和辉长质岩石的速度-密度关系，对东太平洋海隆的原位密度-深度关系进行了估算。Ryan（1994）基于 Orcutt 等（1976）和 Christensen（1982）的结果，展示了在 2.9Ma 和 5.0Ma 洋壳上地震折射测量的速度-深度剖面的原位密度与深度关系（图 2-38）。密度值是根据水饱和岩石样品在 200MPa 围压下的声学结果显示的

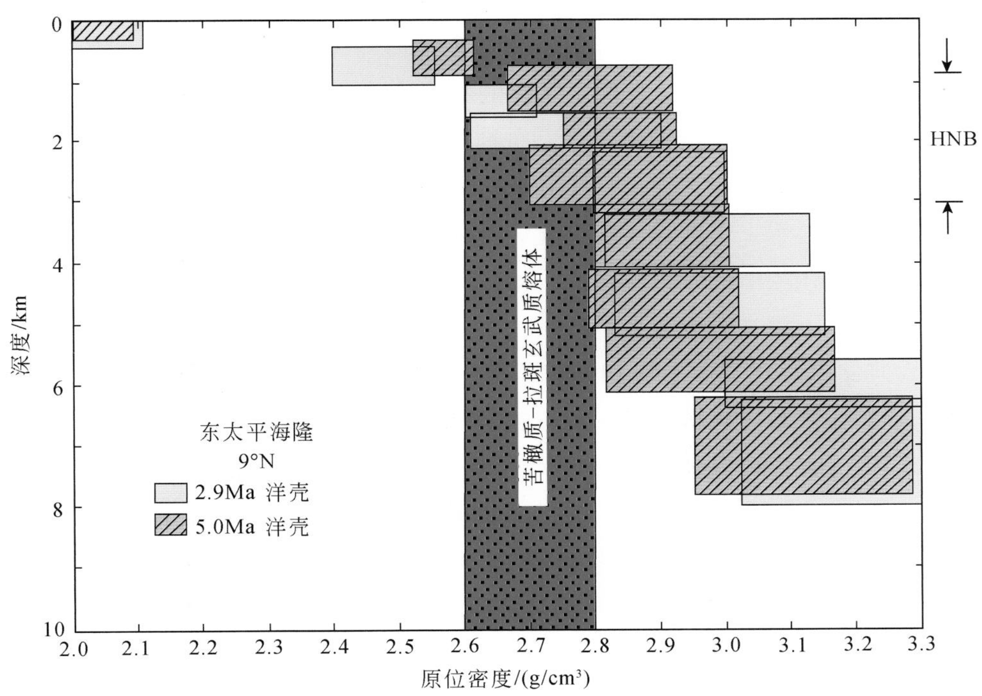


图 2-38 东太平洋海隆与拉斑玄武质和苦橄质熔体的原位密度-深度关系（Ryan，1994）

黄色和土黄色区域分别代表了 Orcutt 等（1976）地震剖面的密度范围和基性-超基性岩石的密度-速度分布范围。蓝色代表苦橄质—拉斑玄武质熔体的原位密度范围。在 1 ~ 3km 深度，洋壳和熔体密度存在交叉区域，代表了中性浮力层。密度延伸区相当于 Christensen（1982）实验声学测量得到的密度范围。每个盒子的深度范围相当于 Orcutt 等（1976）折射地震剖面中特定地震波速度的深度范围。HNB 为中性浮力层

密度差（Christensen，1982）确定的，这是洋壳岩浆房深度的适当条件。两条剖面都表现出近似相同的密度-深度特征：在0～8km深度范围内，密度呈非线性增长。在特定深度界面上推断的原位密度范围符合Christensen（1982）列表数据的$V_p$-$\rho$图中所展示的散点变化范围：密度范围反映了每条地震剖面对应的特定速度值下的总数据范围。图2-38中叠加的蓝色区域是Fujii和Kushiro（1977）实验测定的拉斑玄武质熔体的密度频带，也包含基于Stolper和Walker（1980）、Sparks等（1980）以及Sparks和Huppert（1984）研究推断的玄武岩熔体的总范围。拉斑玄武质熔体的密度频带范围从2.6g/cm$^3$到2.8g/cm$^3$，因此，覆盖了从拉斑玄武岩到苦橄岩的熔体组分。

图2-38还显示，3km深度以下熔体密度小于岩石密度，1km深度以上熔体密度大于岩石密度，并且在1～3km深度范围内原位原岩密度分布和熔体频带存在一个交叉切割关系。Ryan（1993）讨论了水和悬浮的橄榄质斑晶在改变岩浆密度方面的可能性。在图2-38中，中性浮力层（HNB）和1～3km深度间隔区相一致，在这里，原位熔体密度正好与围岩密度相平衡。在围岩与岩浆局部密度平衡的条件下，HNB代表了一个力学平衡位置：引起岩浆上升和下降的净综合力处于平衡状态，达到了长期的稳定状态。图2-39对比了夏威夷、洋中脊和冰岛地区的原位熔体-岩石密度交叉区。夏威夷和冰岛的密度范围是基于地震与重力调查的综合，原始参考文献见Ryan（1987b）的图例和讨论。所有的原岩密度都与压强校正了的拉斑玄武质熔体和苦橄质熔体密度进行了对比。三个地区的原岩密度与苦橄质和橄榄拉斑玄武质熔体密度的交叉区均出现在～1km到～7km的深度范围内。

三条剖面均显示：①随深度的变化，原位围岩密度呈现非线性增长特征；②随深度的变化，存在相似的浮力分带。

这里涉及以下定义：

1）岩浆储库。对于洋中脊和新生洋壳，本节中用到的岩浆储库是指能够储存和输送岩浆的充液基质区域。这包括单独的和多重连接的微观-宏观的岩浆充填腔。岩浆储库逻辑上来讲可以分为浅部的岩浆房和深部的较大范围的晶体-熔体混合区域（Sinton and Detrick，1992）。岩浆房是岩浆储库的顶部，相对来说富集流体，其几何形态呈席状，在席状岩墙杂岩底部存在一个岩浆储库的顶板。随着深度的增加，岩浆储库变得更加富含晶体，并向下分阶段的进入晶体-熔体区。从体积上来讲，这是岩浆储库最主要的组成部分。Morgan等（1994）称之为“岩浆透镜”。

2）中性浮力。$\rho_m=\rho_{is}$，其中$\rho_m$是熔体密度，$\rho_{is}$是原位原岩密度。引起熔体上升或下降的驱动力的局部贡献可忽略，熔融区域和周围的固态围岩区域之间存在一个局部力学平衡状态。

3）中性浮力层。用HNB表示，是一个在竖直方向上范围较小而在水平方向广

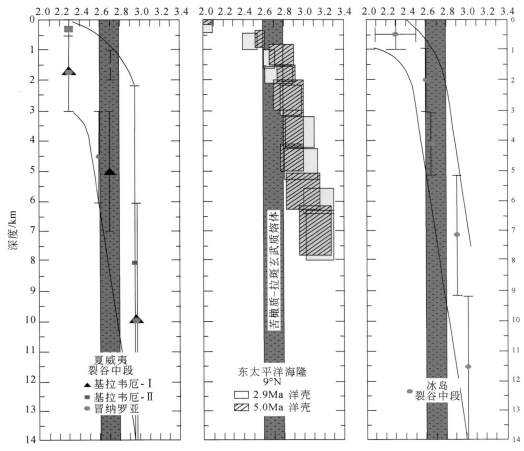


图 2-39　东太平洋海隆、夏威夷和冰岛裂谷带的原位密度–深度剖面（Ryan，1994）

夏威夷的原位密度值来自于 Zucca 等（1982）的重力反演和地震调查；冰岛的原位密度来源于 Palmason 和 Saemundsson（1974）

阔延伸的层状带，在这里，熔体达到力学平衡状态。HNB 相当于活动火山系统中浅火山喷口下岩浆稳定和浅部岩浆长期积累的深度范围，也相当于岩墙侧向侵位的深度。

4）负浮力。$\rho_m>\rho_{is}$，重力势能通过岩浆的下降被释放。负浮力区域位于洋壳中性浮力层之上，因此熔体包裹体可能会穿过这一区域而下沉到 HNB。地球的自由表面是负浮力区的顶部。

5）正浮力。$\rho_m<\rho_{is}$，系统的重力势能由于岩浆的上升而降低。正浮力区域的底面为岩浆生成的位置，而顶面为中性浮力层底部。

6）负膨胀。随着洋壳深度的增加，围压逐渐增加而使得宏观和微观孔隙空间逐渐减小。同时，密度、地震波速度（$V_p$，$V_s$）、体积模量（$K$）随之增大，而流体的渗透性（$K_f$）和可压缩性（$\beta$）降低。在外加荷载条件下，非弹性体积减小。这一过程可与在微分应力作用下非弹性体积的增大相对照。在活跃的玄武质岩浆活动地区，岩石收缩和基质压实作用与沸石相和绿片岩相热液成矿作用互相影响，形成了熔体和原岩密度的交叉区。

岩浆储库区域和中性浮力层。洋中脊处的低弹性波速度区和拉斑玄武质熔体的中性浮力层之间有什么样的对应关系？垂直和平行洋中脊进行的地震勘探为这个问题的回答提供了线索。地震学上定义的岩浆储库区域和中性浮力层，可以通过洋壳和苦橄质-拉斑玄武质熔体的原位岩石密度-深度剖面的交叉区域来进行对比。基于岩浆储库与洋中脊主要浮力区带的关系，下面讨论几个代表性研究成果。

在 *Webster's Third New International Dictionary of the English Language Unabridged*（Gove，1964）中，“区域”被定义为“一个物体或者其一部分可以从逻辑上被分割而形成的一个主要的部分”。遵循这一概念，这里定义了三个岩浆浮力区域：负浮力区域（海底到 ~1km 深度）；中性浮力区或中性浮力层（~1 ~3km 深度）；正浮力区（~3km 到二辉橄榄质熔体分离深度）。这里所定义的“区域”是有限的或者说是在垂直或水平方向的延伸是有限的。因此，中性浮力区域和岩浆储库的上层高度相一致。

名词“层”被定义为（Gove，1964）“地质柱状剖面内的一个地层面或位置、一个自然层。在一个竖直切面上的由于自然过程逐步演化形成的任何合理的显著不同的层”。在本节，名词“中性浮力区域”或中性浮力层（HNB）指的是竖直方向延伸有限的、相对于其横向延伸来说非常小的一个范围。HNB 大尺度的横向扩张，引导了相对快速的侧向岩浆侵入，这些侵入是单个岩墙的形成事件。因此，中性浮力层在侧向侵入过程的动力学中非常重要，它包含了中性浮力的活动区域，与洋中脊次级岩浆储库相一致。这种用法与 Ryan（1985，1987a，1987b）先前使用的术语一致。

图 2-40（a）和（b）显示了中性浮力层与岩浆储存和侧向注入的最佳深度之间的对应关系。东太平洋海隆、瓦鲁法海脊和劳海盆洋中脊下岩浆储库深度范围，与夏威夷的基拉韦厄火山和冒纳罗亚火山以及冰岛的克拉夫拉中央火山的岩浆深度范围对比，为这些深度范围的整体相似性提供了一个视角。当考虑到上述密度交叉关系时，数据表明了岩浆储库和侧向侵入的最佳深度与中性浮力层呈对应关系。图 2-40（b）对不同区域进行了细分，进一步对比了不同地区岩浆储库和侧向侵入最佳深度的差异。

Orcutt 等（1976）研究了东太平洋海隆（图 2-41）靠近 9°N 的地震折射剖面（图 2-41），结果显示：沿着波峰，纵波速度从海底较低的值（2.5 ~3.5km/s）变化，到洋中脊表面下 2km 深度低速区域的顶部时增加到了 6.7km/s（图 2-42）。在这一纵波低速区以下，$V_p$ 再次在 7km 深度的时候增加到 7.5km/s。而对年龄为 2.9Ma 和5.0Ma 与东太平洋海隆相平行的古老洋壳剖面调查结果显示，并没有发现低速区的存在，反而是表现为 $V_p$ 在整个洋壳底部是连续逐步增加的。图 2-42 中，负浮力和正浮力区域以及中性浮力层的纵波波速是相互重叠的。东太平洋海隆北部西格罗斯破裂带的多道反射地震剖面显示了一个纵波低速区，和海底以下 2km 深度的岩浆储库层位相一致（Herron et al., 1978）。在多道反射地震剖面上部，纵波速度增加到超过 6.5km/s，然后，在 2 ~ 3km 深度的区域，急剧掉到 ~4.5km/s，表明2 ~ 3km 深度富集岩浆。

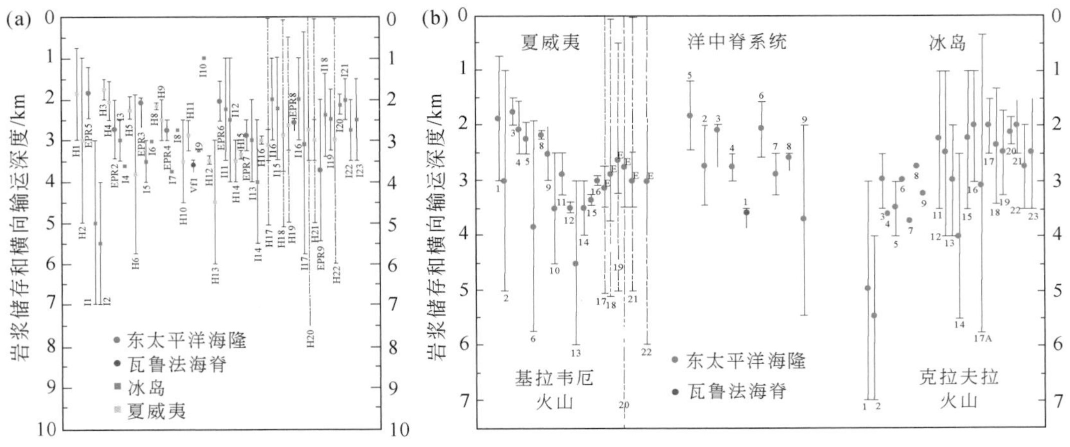


图 2-40　不同地区岩浆储库深度和横向岩墙侵入深度（Ryan, 1994）

（a）东太平洋海隆、瓦鲁法海脊、冰岛、夏威夷火山群岛。（b）基拉韦厄火山、东太平洋海隆、瓦鲁法海脊、克拉夫拉火山。“E”表示在一系列中性浮力波状摆动后的岩浆初始和最终的重力平衡位置，这一摆动是由于上升岩浆破裂前端的周期性停滞造成的。“E”位置上方的竖直虚线是横向侵位过程的瞬时非平衡偏移，而在侵入接近完成时，这一过程逐渐减慢。需要注意的是每一次瞬时侵入最终的停止位置总是在 HNB 深度

Hale 等（1982）以蛇绿岩样品的弹性波速度值为切入点，对东太平洋海隆 9°N 的多道地震反射剖面重新进行了检查。假设东太平洋海隆全扩张速率为 12.2cm/a，在此条件下预测温度分布（Sleep, 1975），结合 Sumail 蛇绿岩样品的纵波速度实验数据（Christensen and Smewing, 1981），计算脊轴的速度剖面和纵截面速度结构。图 2-43 展示了 Hale 等（1982）的 $V_p$-深度剖面结果，并和 Orcutt 等（1976）的结果进行对比，两者的结果均显示在中性浮力层 1 ~ 3km 的核心深度出现了一个明显的低速区。

岩浆储库顶部高速度梯度区域上部 0 ~ 2km 深度，在物质成分上，相当于严重破碎和多孔隙的枕状玄武岩与角砾岩，在这里，这些多孔岩石的原位密度要小于熔体的密度。相应的，这一区域上部（0 ~ 1km）的岩浆会在负浮力作用下下沉。在 ~3km深度以下，$\rho_m < \rho_{is}$，岩浆储库的熔体在正浮力的驱动下上升。图 2-44 给出了

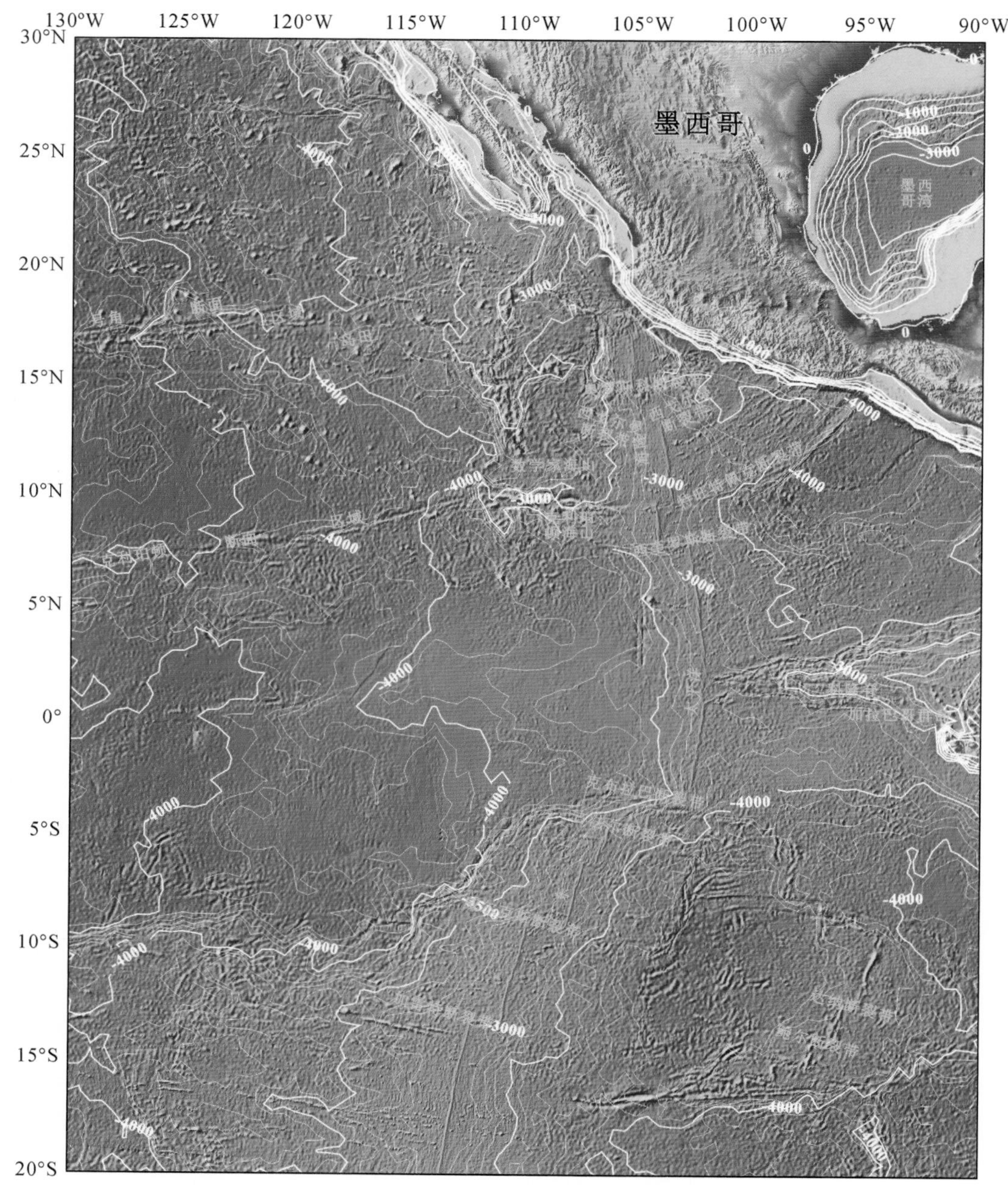


图 2-41　东太平洋海隆海平面等深线及磁条带（Mammerickx and Smith，1980）

东太平洋海隆的中性浮力层范围位于洋中脊下 1 ~3km 深度；控制了席状岩墙杂岩以横向岩墙方式注入的动力学过程，并调节岩浆房最顶部的岩浆储库

Hale 等（1982）垂直脊轴的速度模型及其与拉斑玄武质熔体主要浮力层的关系。Reid 等（1977）的地震折射剖面研究显示，东太平洋海隆 21°N 海底 2.5km 深度，也存在一个面波高衰减区。这一区域在本质上和 Orcutt 等（1976）确定的纵波低速

区是一致的，对应图2-38中的中性浮力层。Morton和Sleep（1985）对瓦鲁法洋中脊（劳海盆）进行的多道反射地震调查显示，在该洋中脊下方3.5km深度存在一个反射面。这个反射面被解释为岩浆房相对平坦的顶面，宽度2～3km。瓦鲁法洋中脊是一条弧后扩张中心，扩张速率为70mm/a（Weissel，1977）；其下方的岩浆房和苦橄质-拉斑玄武质熔体的中性浮力位置与东太平洋海隆的基本一致［图2-40（a）］。

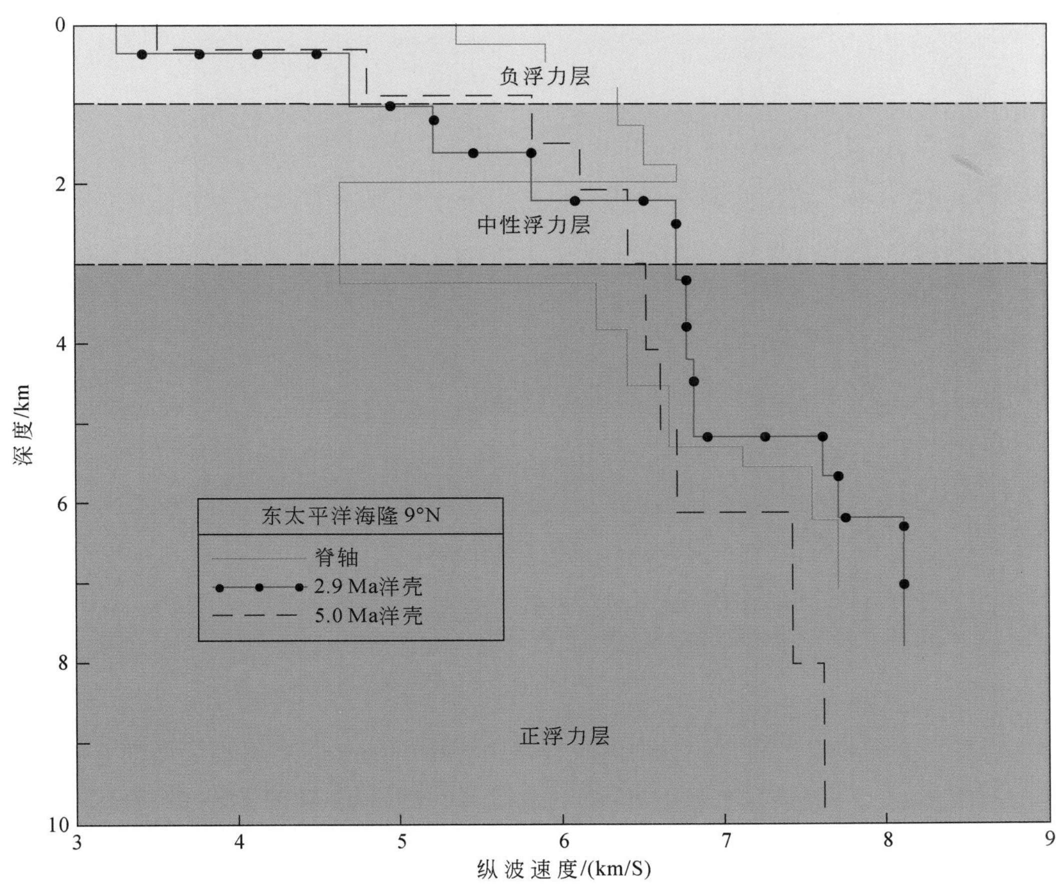


图2-42　东太平洋海隆9°N的地震折射纵波速度剖面（Orcutt et al.，1976）

1km和3km深度处的水平虚线代表了中性浮力区域的界限

（2）洋中脊岩浆房结构与中性浮力层的关系

Detrick等（1987）对8°50′N和13°30′N之间的东太平洋海隆进行了多道地震勘探，此项研究旨在解决沿轴向岩浆的连续性问题，并对轴向岩浆储库深度-宽度变化范围进行精确限定。

在岩浆房的顶部，储库宽度被认为是一个相对高速反射区，最大为2～3km。反射层相对平坦，表明岩浆房顶部为一个平顶的结构，从脊轴向外逐渐倾斜。来自莫霍面的反射结果显示，平坦的反射层在脊轴的两侧延伸到2～3km，这表明在4～

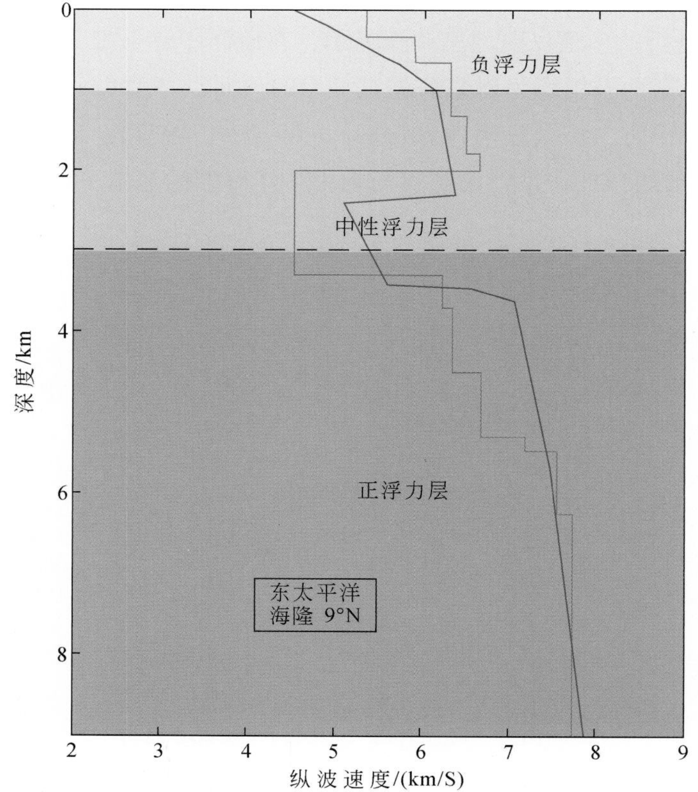


图 2-43　东太平洋海隆 9°N 的多道地震反射纵波速度剖面（Ryan，1994）

直角阶梯状的剖面（紫红色线）来自 Orcutt 等（1976），而分阶段线性的剖面（绿色线）则是 Hale 等（1982）重新检测的多道反射地震勘探结果

6km 存在一个岩浆房。岩浆房顶部的深度是由洋中脊的表面和岩浆房顶部之间双程走时所限定的，一般是在海底 1.2 ~ 2.4km 以下（图 2-42 和图 2-43）。岩浆房顶部厚度的最小估测值与海平面之下最浅的洋中脊轴位置相关。这些位置往往靠近板块扩张中心，具有相对较高的岩浆量，从而形成构造地形高点（Macdonald，1982）。

东太平洋海隆 8°50′N ~13°30′N 区域存在明显的叠接扩张中心，并存在几条偏离轴向的线性断裂。在 500km 长的洋中脊下发育长达 350km 沿轴连续展布的岩浆房（图 2-45），占了整个被观测洋中脊长度的 61%，亦可在垂直脊轴的横剖面上观测到长达 40 ~ 50km 的连续反射。大部分线性断裂都是相对于岩浆储库的浅表特征，储库顶部持续穿过约 70% 的线性断裂。

位于克利珀顿破碎带南侧的东太平洋海隆区域，上地壳具有较显著的反射能力（图 2-41），这表明其顶部具有密度较高的岩浆组分（图 2-45）（Vera et al.，1990），且位于一个发育较好的轴部地堑之下。Toomey 等（1990）的三维地震层析成像显示，沿轴部岩浆区域的纵波波速变化与地表构造以及新生洋壳中相对高速–低速物质的分布相关。在洋底到3km深度处，垂直和平行海隆中轴的剖面上，纵波传播时间的残差都出现了一系列纵波波速的分段。图2-46（a）和（b）揭示了洋中脊的低速核心区域与中性浮力层、正浮力层、负浮力层以及蛇绿岩套复杂岩性组合之间的关系（图2-47）。

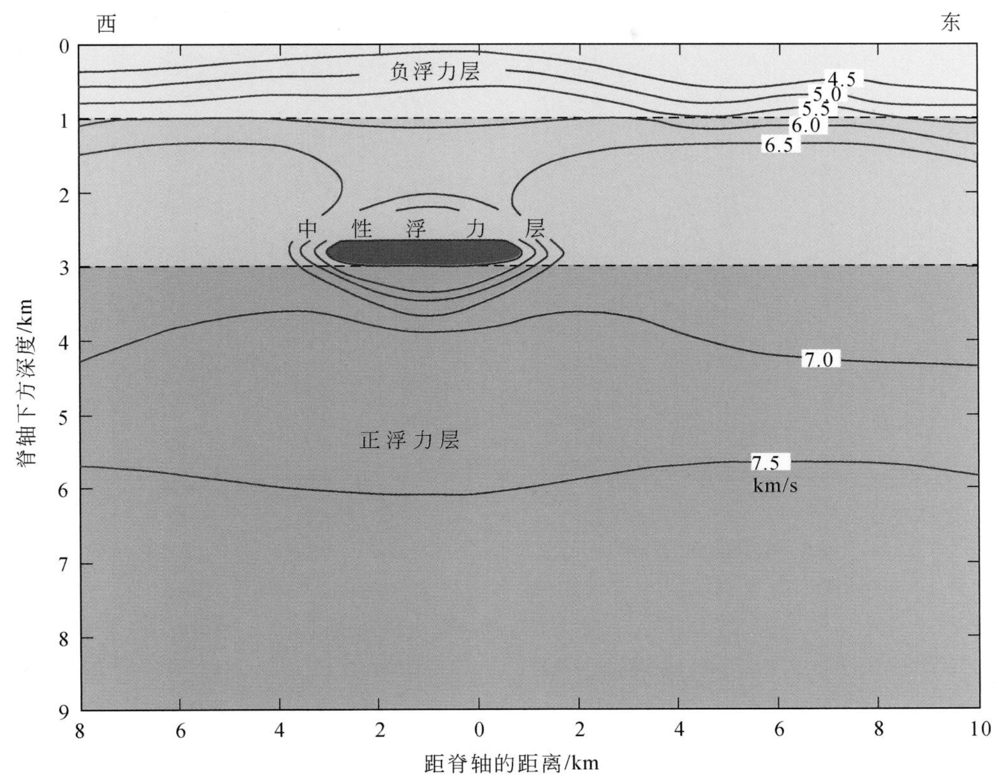


图2-44 东太平洋海隆9°N的地震纵波速度结构剖面（Hale et al.，1982；Sleep，1975）

从图2-45中可以看出，岩浆储库的范围包含岩浆房的同时，还向下延伸到具有高纵波波速的堆晶岩区域（$V_p$ = 5.5 ~ 6.0km/s）；堆晶岩的多孔性和可渗透性有利于熔体的聚积和运移。岩浆储库下半部分的岩浆通常是正浮力，而上半部分的岩浆则是中性浮力或者是正浮力，主要取决于悬浮晶体的负载和熔体的分异程度。

图2-46将洋中脊底部的低速核心区域与不同深度对应的负浮力层、中性浮力层和正浮力层联系起来。基于对蛇绿岩套的研究，结合活动洋中脊的密度分带，揭示了岩石类型和浮力分带之间的关系，即不同的浮力层分别对应蛇绿岩套中独特的火成岩组合。图2-47（a）和（b）分别展示了纽芬兰岛湾群岛和塞浦路斯特罗多斯地区两个代表性地区蛇绿岩套不同岩性的浮力层对应关系。

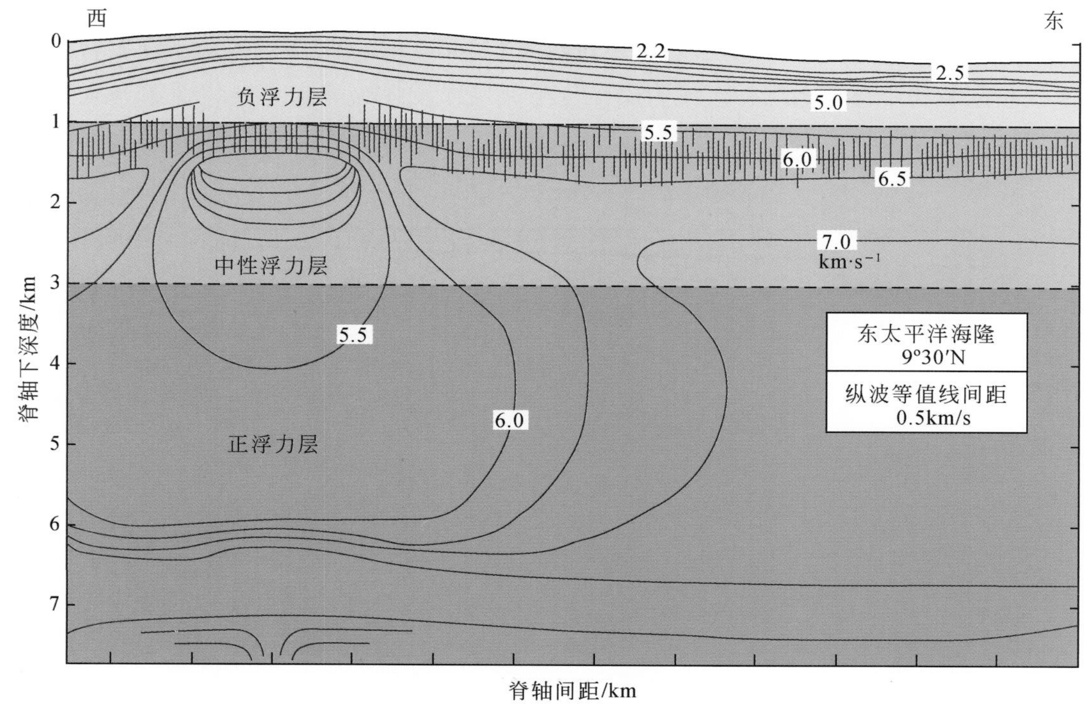


图 2-45 东太平洋海隆 9°N 的纵波速度等值线剖面（Vera et al.，1990；Ryan，1993）

纵波波速分布与中性浮力层、负浮力层和正浮力层之间的关系。最低波速中心全部落于中性浮力层。岩浆房对应该区域上部的最低波速，其熔体/岩石比最高，呈席状构造（Sinton and Detrick，1992）。离散的软流圈对流模式中在 7km 以下离散的箭头，与蛇绿岩套杂岩中莫霍面深度以下的方辉橄榄岩中的矿物线理一致。垂直的长短不一的线，表示席状岩墙杂岩。部分依据 Vera 等（1990）中的等高线分布，修改自 Ryan（1993）

枕状玄武岩和席状玄武岩是负浮力层的主要岩性。在该岩相区域广泛分布的宏观裂缝和微观孔隙造成了低的原位密度，由此产生的高流体渗透率（Nelig and Juteau，1988）促进了该层的水热渗透，流体偶尔进入下面的中性浮力层。在局部，角砾岩脉构成了负浮力层下部的一部分，证实了该层位热液爆炸（微地震）的不定时发生，其与席状岩墙群顶部的接触界面非常不平坦。例如，在阿曼蛇绿岩的“地质时代”火山岩之下（Lippard et al.，1986；Nicolas，1989），玄武岩与席状岩墙顶部的过渡区域可达几十米到一百米厚。因此，无论是垂直拓展的还是侧向拓展的岩脉，其上部都会在相对有限的过渡带内受到负浮力层（抑制岩浆向上运动的区域）的影响。这相当于负浮力层（多孔、断裂玄武岩）和中性浮力层（席状辉绿岩岩墙）之间的过渡带。

（3）中性浮力层

席状辉绿岩墙群和辉长岩复合体的最上部构成中性浮力层。在该层，上升的熔体开始横向拓展，并且各向同性的辉长岩经历了明显的沿轴方向熔体迁移从而给下

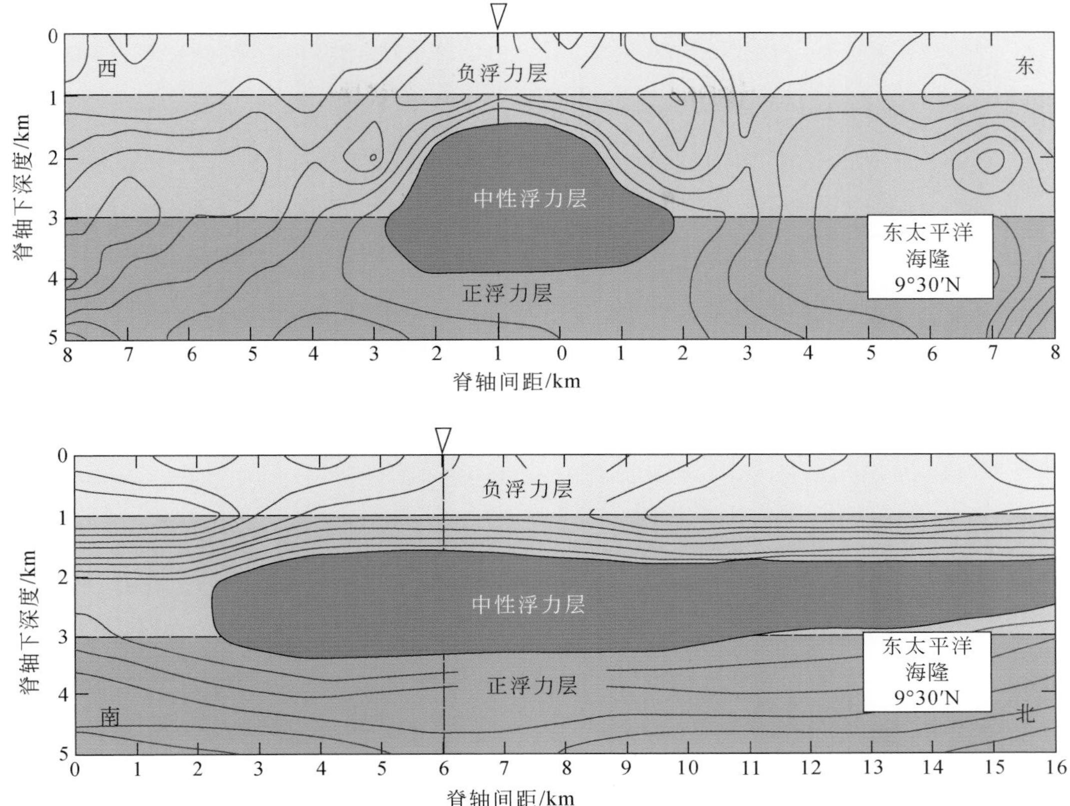


图 2-46 东太平洋海隆 9°N～10°N 的纵波速度结构与中性浮力层关系（Toomey et al.，1990；Ryan，1993）

$V_p$ 的等值线的间隔为 0.2km/s，且等值线从中性浮力层中心的最小值 3km/s 开始。A. 横剖面结构显示了最低速度的核心区域（深蓝色），且假定熔体富集以轴线为中心；岩浆房上方和下方两侧的速度降低区域，以及相对高速的新生洋壳。B. 纵剖面。对于横跨轴和沿轴的剖面，低速的中心区域近似的对应中性浮力层

方的熔体补给腾出空间。岩浆储库周期性的储库破裂产生了席状岩墙复合体，与冰岛克拉夫拉等有大量文献记载的岩墙中心相似，这些岩墙主要是在沿轴侧向侵位过程中形成的。在阿曼的 Maydan 向斜地区，可见 1m 厚的细粒辉绿岩岩墙的根部，表明这些岩墙能够向下延伸生长，与深部的辉长岩呈现贯穿生长关系，并且脉体可达到 15～20m 的宽度。继续向下，这些岩墙变成具有粗玄结构的微晶辉长岩和粗晶块状辉长岩（Rothery，1983）。因此，它们似乎代表了岩浆房的连接处，在这里近垂直的流动已经排空了下面超压的岩浆房熔体。在其他地区，岩墙群的基底部分并不扎根于侵入岩复合体中，而是横切下部的亚固相的辉长岩，并显示出真实的岩墙构造。这种关系应该比较普遍，是中性浮力（负浮力）引起的熔体从岩浆房横向流动的自然结果，这些关系会在平面上相互偏移。间歇性和小容量的岩浆房维持着较低的扩张速率，预计其会在裂谷的上下边缘处发生破裂（Ryan，1987b）。对于快速扩

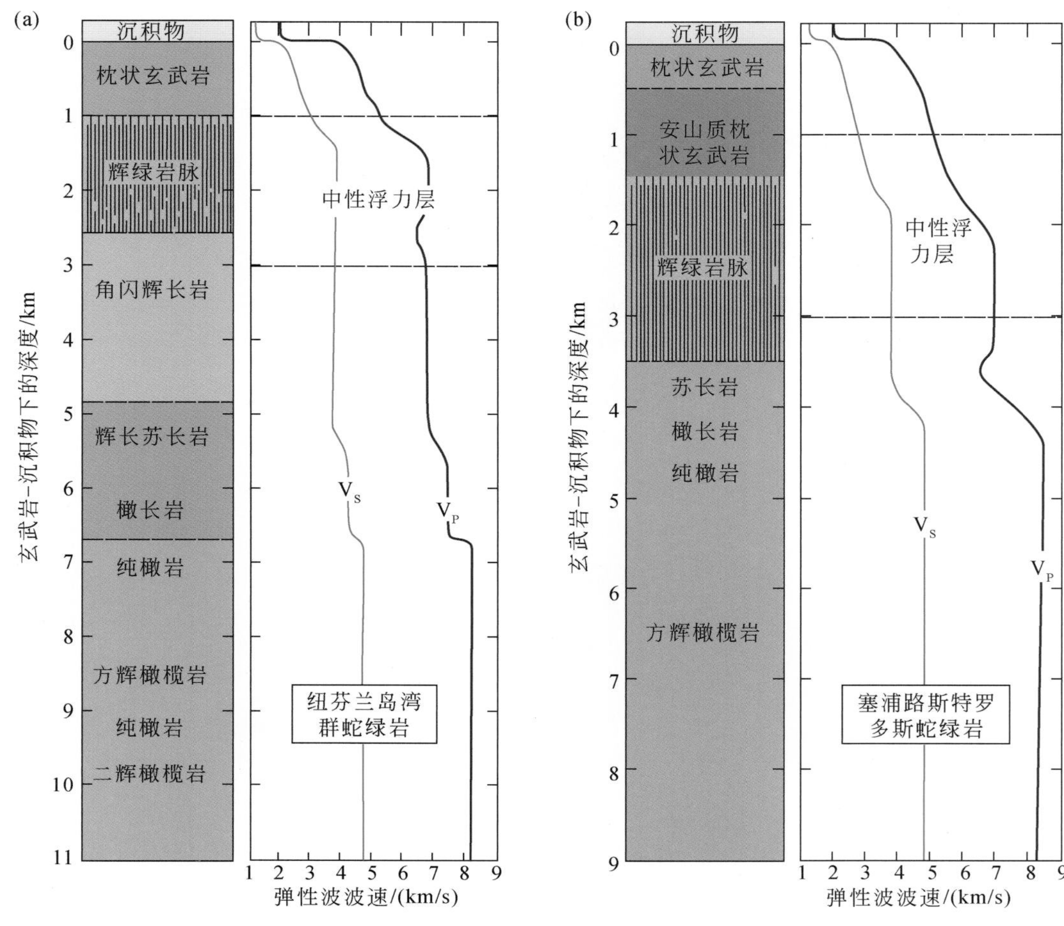


图 2-47　加拿大纽芬兰岛湾群和塞浦路斯特罗多斯蛇绿岩岩性序列与重建的中性浮力层对应关系（Ryan，1994）

（a）加拿大纽芬兰岛湾群蛇绿岩；（b）塞浦路斯特罗多斯地区蛇绿岩。负浮力范围位于席状岩墙之上，在枕状玄武岩范围内。纵波和横波的波速分布引自 Christensen（1978）

张的洋中脊，例如东太平洋海隆，席状岩墙复合体会连续地被新岩浆所覆盖，预计会在岩浆房的顶部发生破裂，破裂处应该直接位于中心位置的地幔补充源区之上（Whitehead et al.，1984；Ryan，1987b）。在这种情况下，岩墙会试图向上生长到负浮力层。但是负浮力会使得岩墙“翻滚”，以鸡冠状的形式沿着岩浆房顶部的轴发生横向生长。1977 年 9 月 8 日，在冰岛克拉夫拉发生多次岩浆侵入-喷发活动，观察到了早期通过岩浆房顶部垂直注入，随后发生翻滚转变为以横向水平注入为主（Brandsdottir and Einarsson，1979；Ryan，1987b）。

正如晶体-熔体相平衡研究所揭示的，洋中脊的拉斑质玄武岩是苦橄质岩浆分异的产物，也是蛇绿岩最晚期的结晶产物，更是位于壳幔边界或者之下超基性岩部分熔融的最终产物（Nicolas，1989）。那么苦橄质熔体的分离结晶是如何影响岩浆运移过程中流体密度的？熔体密度的变化如何与活动岩浆房的密度结构相互作用？

图 2-48 显示了苦橄质和拉斑质熔体密度的变化与橄榄石、斜长石、单斜辉石和钛铁矿的分离结晶呈函数关系。苦橄质熔体（三角形）密度的变化是基于岩石样品分析（Clarke，1970；Elthon，1979）和成分模拟（Irvine，1977）来限定的。根据

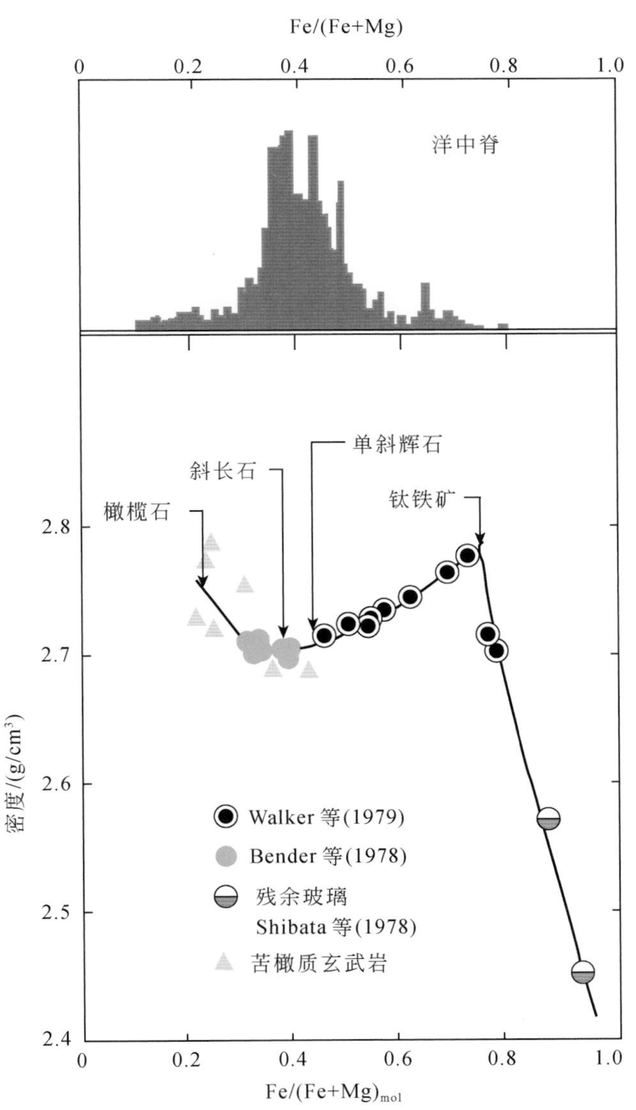


图 2-48 苦橄质和拉斑玄武质熔体分离结晶导致的熔体密度变化（Stolper and Walker，1980）

以 Fe-Mg 含量的变化表示分离结晶的程度。液相线矿物相出现的点用箭头指示。

洋中脊玄武岩的大量生成与岩浆早期橄榄石分离结晶导致的岩浆密度减小有直接关系

Roeder（1974）的实验方法和偏摩尔体积与密度之间的关系（Bottinga and Weill，1970），利用熔体的温度可推断熔体的密度值。在熔体分离结晶程度与密度变化的关系中（图2-48），Fe/(Fe+Mg）的摩尔比变化被当作结晶分异的指标。

Bender等（1978）和Walker等（1979）在一个大气压下的熔体实验表明，液相线下降的部分，Fe/(Fe+Mg）的值横跨0.3～0.8。在该曲线分离程度最强的部分，橄榄石、单斜辉石和斜方辉石组分的分离会降低剩余熔体的密度，然而斜长石组分的分离则会增加熔体的密度。这些结果与图2-48以及Stolper和Walker（1980）、Sparks等（1980）的研究结果是一致的。

分异密度被定义为从熔体中分离结晶出来的液相化学组分重量（g）与摩尔体积之比（Sparks and Huppert，1984）。因此，对于一个含有 $N$ 个化学组分的熔体来说（各组分摩尔分数为 $X_j$，$j=1$，2，3，…，$N$），最初的熔体密度为

$$\rho_i = \frac{\sum_{j=1}^{N} X_j M_j}{\sum_{j=1}^{N} X_j V_j} = \frac{\overline{M}}{\overline{V}} \tag{2-60}$$

式中，$X_j$为摩尔分数；$M_j$为重量（g）；$V_j$是第 $j$ 个组分的摩尔体积；$\overline{M}$和$\overline{V}$分别是熔体的相对分子量和摩尔体积。分离结晶的过程伴随着一些矿物组分的析出，其各组分的摩尔分数比为 $r_j$，其中$\sum r_j=1$。Sparks和Huppert（1984）将分离结晶过程析出组分在熔体中的密度表示为

$$\rho_c = \frac{\sum r_j M_j}{\sum r_j V_j} = \frac{M_c}{V_c} \tag{2-61}$$

式中，$M_c$和$V_c$分别为整体的克分子量和摩尔体积。

从初始熔体中结晶出来且被移除的矿物摩尔分数为 $X$，不断演化熔体的密度 $\rho_f$ 表示为

$$\rho_f = \frac{\sum (X_j - r_j X) M_j}{\sum (X_j - r_j X) V_j} \tag{2-62}$$

也可以转换为

$$\rho_f = \frac{\rho_i[1-(\rho_c \overline{V_c})/(\rho_i \overline{V_i})X]}{[1-(\overline{V_c}/\overline{V_i})X]} \tag{2-63}$$

图2-49显示了形成橄榄石、单斜辉石、斜方辉石和斜长石固熔体系列各组分分异密度的变化。其中 $\rho_c$ 是一个虚构的参数，与某个固熔体系列的化学组分相关，而与实际的矿物无关。

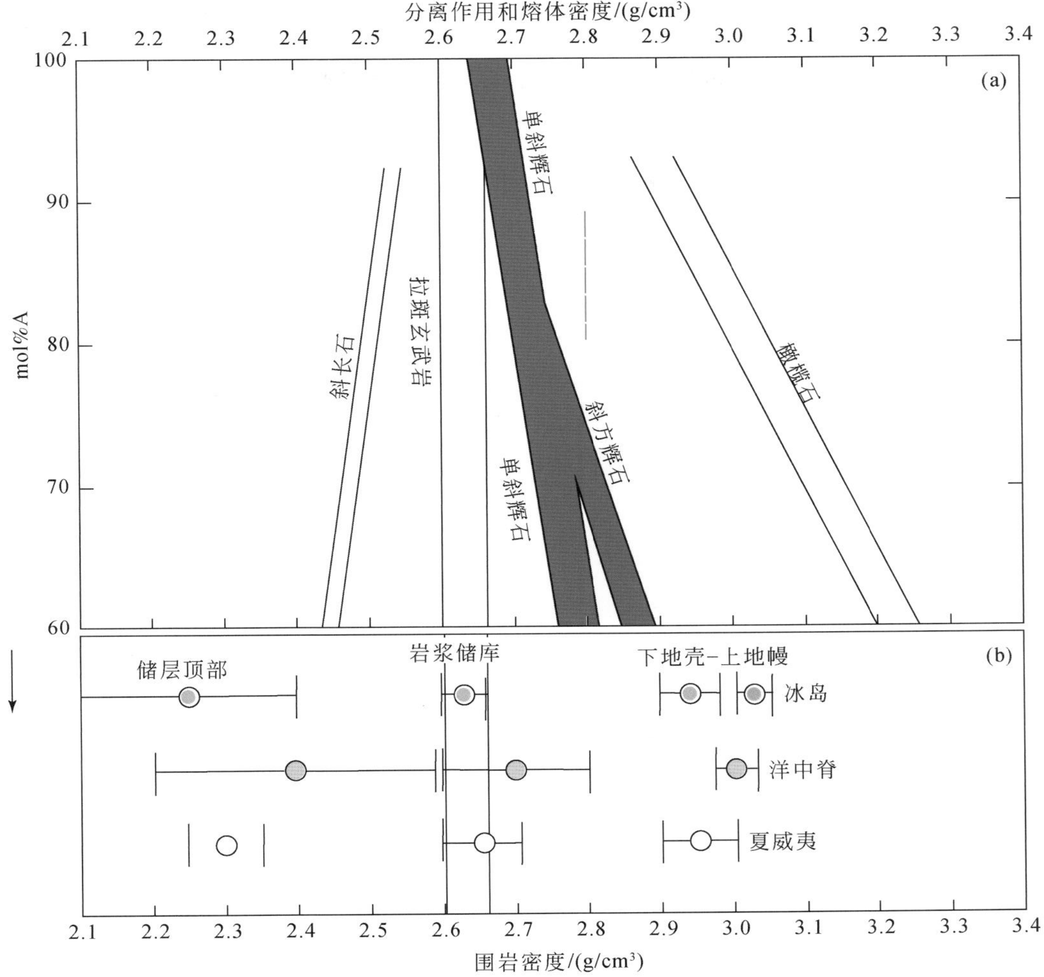


图 2-49　橄榄石、单斜辉石、斜方辉石和斜长石固溶体系列的分异密度（Sparks and Hupper，1984）

（a）分异密度是组分 A 摩尔百分含量消耗的函数。A 代表的是每种矿物固溶体系列中高温的组分，图中还给出了拉斑玄武质熔体的密度参考范围。垂直的红虚线代表的是苦橄质熔体的密度界限。（b）冰岛、洋中脊和夏威夷地区岩浆储库顶部围岩、洋壳和上地幔的原位密度范围

在富集流体的岩浆房上部，被动对流和自由对流均可以将橄榄石斑晶携带至可流动的悬浮熔体中。因此，苦橄质熔体和橄榄石晶体的整体（熔体+晶体）混合密度 $\rho_{b'}$ 在对中性浮力的界定中是需要考虑的。

将橄榄石渐增式的添加到苦橄质熔体中会逐渐提高其密度值，依次添加 5%、10%、15% 和 20% 的橄榄石会将苦橄质熔体的密度从无晶体时的 $\rho_m = 2.723g/cm^3$ 依次增加到 $2.746g/cm^3$、$2.770g/cm^3$、$2.795g/cm^3$ 和 $2.820g/cm^3$（Huppert and Sparks，1980；Ryan，1993）。因此，流动的悬浮熔体的整体密度能够达到 $\rho \approx 2.820g/cm^3$。

值得注意的是，纯熔体相的密度为 $2.723g/cm^3$，代表了 $\rho_m$ 参考点的最小值，因

此，熔体和20%橄榄石晶体组成的悬浮液高达2.82g/cm$^3$的密度值，应该是混合物密度的保守估计值。图2-49中苦橄质熔体的密度接近2.82g/cm$^3$，那么估算熔体和10%橄榄石混合物的整体密度将会接近2.847g/cm$^3$，而与20%的橄榄石晶体混合后的整体密度估计值$\rho_b$约为2.897g/cm$^3$。

苦橄质熔体和橄榄石晶体混合悬浮液的长期维持，取决于自由和/或被动对流中上升流体提供的浮力强度。这种浮力通过熔体的正浮力和橄榄石的斯托克斯沉淀之间的平衡来实现（Stommel，1949；Marsh and Maxey，1985）。

MORB熔体中橄榄石悬浮滞留时间（$t_r$）的范围大概为$10^{-2}$～10a（Martin and Nokes，1988），并且岩浆房内晶体生长的增加和温度差异度的降低（驱动对流）将会增加橄榄石沉降的可能性（Sparks et al.，1993）。随着岩浆的动态演化，岩浆浮力的状态也在负浮力和正浮力之间交替变化。因此，一轮又一轮的沉淀和分异作用可能会导致从中性到正浮力的渐进变化，而受影响的岩浆物质将会相应地向岩浆房顶部逐渐上升。拉斑玄武岩“最低密度”熔体的持续分化，可能与岩浆房顶部的裂隙事件和席状岩墙复合体的注入有关。

当MORB中的水含量相对较低时，$H_2O$的添加会导致MORB密度降低。Dixon等（1988）基于红外光谱研究认为，MORB（胡安·德富卡海岭的Endeavor分段）中的水含量为0.07%～0.48%，而Cobb偏位熔岩的水含量为0.15%～0.36%。将1.08%的水加入到无水玄武岩中会导致其密度降低约0.05g/cm$^3$。因此，图2-38和图2-39中的熔体密度带包含了由于洋中脊玄武岩中水的存在导致的所有可能密度。Hooft和Detrick（1993）基于上述密度计算原则，获得了东太平洋海隆0～1400m深度区间的岩石密度-深度剖面。

他们最初的方法采用了Christeson等（1992）和Vera等（1990）利用地震速度剖面发表的孔隙度-深度剖面（Berge et al.，1992），并利用了$\rho(Z)=\rho_g-\varnothing(Z)(\rho_g-\rho_w)$这一关系式，假定颗粒密度$\rho_g$为2.95g/cm$^3$。由此得出，200～500m深度高梯度剖面的密度估算值为2.75g/cm$^3$。采用深度和孔隙度之间的指数关系$\varnothing(Z)=\varnothing_0 e^{-\lambda z}$，得到500m深度处的密度估计值为2.75g/cm$^3$。最后，将Christensen和Shaw（1970）给出的速度与密度的经验性关系$\rho=1.85+0.165V_p$应用到Vera等（1990）的剖面中，得出1000m深度处的密度值为2.80g/cm$^3$，1200m深度处的密度值为2.85g/cm$^3$。随后，Hooft和Detrick（1993）假定东太平洋海隆下部岩浆储库的组分密度值可能为2.70±0.02g/cm$^3$，并与他们之前研究的剖面对比，得出中性浮力层位于海隆轴以下的100～400m深度处。这个假设隐晦地将注意力仅局限于拉斑玄武岩熔体的最小密度上，显然是不太完美的，因为MORB完整的成分范围还包括富Fe的玄武岩和苦橄岩。另外，悬浮晶体相（如橄榄石）的潜在贡献也不可忽略，因为晶体相的存在会影响熔体和晶体混合物的体积密度或堆晶体密度（Huppert and Sparks，1980；Ryan，1993）。

综合考虑东太平洋海隆岩浆的完整组分和密度范围，再回看 Hooft 和 Detrick（1993）的曲线，发现他们对于 Vera 等（1990）剖面不同深度的密度估算与在 1000～1200m 深度区间内苦橄质熔体和橄榄石晶体混合物的密度是一致的，也与在超过 1000m 深度拉斑玄武质熔体和橄榄石混合物的密度是一致的。

不同深度分离结晶的熔体和原位岩石密度之间的相互关系，与蛇绿岩套中的岩性序列以及洋中脊地震波速结构一致。图 2-50 示意性地给出了苦橄质和拉斑玄武质熔体的密度带与围岩密度分布之间的横切关系，并根据 d$\rho$/dz 值从高到低绘制了 3 条岩石剖面。需要注意的是，熔体的密度范围被限定在 2.6～2.8g/cm$^3$，因此根据洋壳的成熟度（低密度玄武岩层的厚度）、扩张速率和相关的热力学结构计算，岩

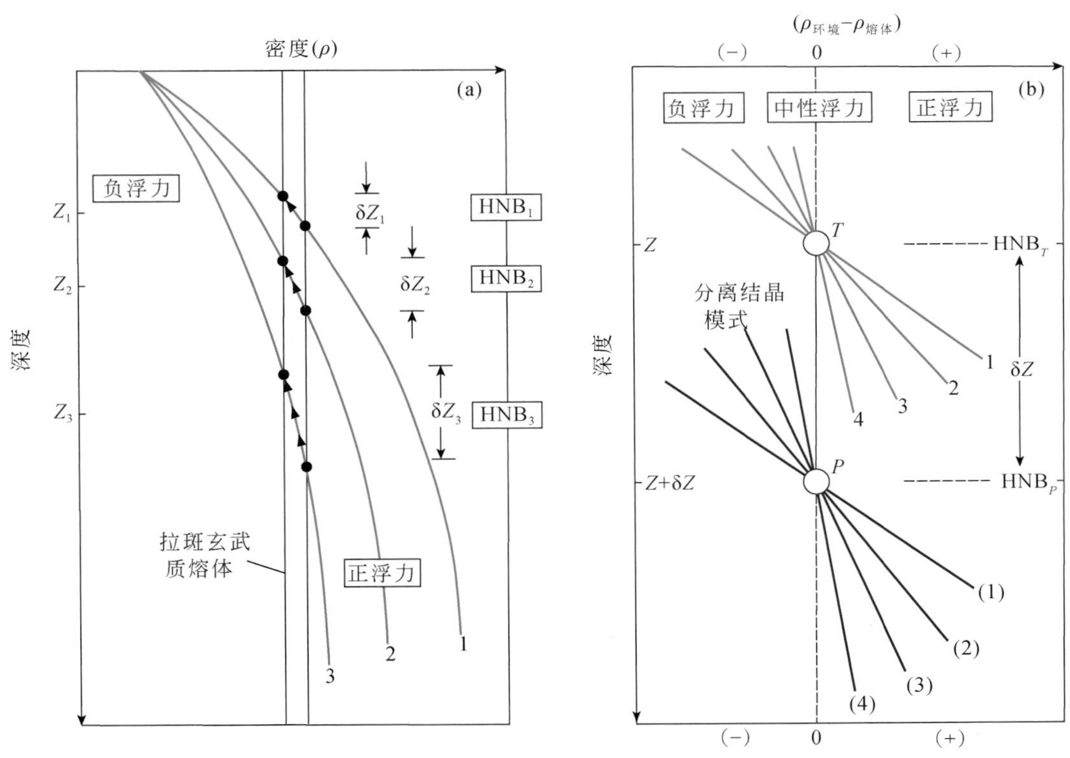


图 2-50　分离结晶作用演化模式示意

（a）三条围岩示意性剖面上基性和超基性熔体与围岩之间的密度-深度关系（Ryan，1994），对于每一条剖面，熔体和围岩之间的横切关系均为一个中性浮力层，其厚度和深度敏感地依赖于原位密度随深度梯度的变化。例如，$\delta Z_1$ 和 $HNB_1$ 对应着剖面 1 的中性浮力层的厚度和深度位置。沿着剖面的箭头将分离结晶作用中苦橄质的值（右圆点）和拉斑玄武质的值（左圆点）连接起来。（b）分离结晶的平衡熔体随深度演化的密度变化（Ryan，1994），潜在密度对比放射线来自苦橄质和拉斑玄武质中性浮力层之上和之下的潜在原位围岩的密度对比谱。图的中心线由（$\rho_{环境}-\rho_{熔体}$）- 0 定义的，为中性浮力线。右半部分的熔体为正浮力，而左侧的熔体是负浮力

浆储库的周围环境可能具有较高或较低的原位密度梯度。对于“高梯度”的洋壳（高 $d\rho/dz$ 值），其密度剖面在相对较浅的深度（$Z_1$）切割熔体密度带，并相应地具有一个较薄的中性浮力层［图 2-50（a）］。因此平衡岩浆房的深度相对较浅，并具有较小的从底到顶的高度。相反，对于“低梯度”的洋壳（低 $d\rho/dz$ 值），其密度剖面会在较大的深度处切割熔体密度带，并具有一个较厚的中性浮力层［图 2-50（a）］，更有助于形成一个垂直扩展的岩浆房。

正如前文中讨论的，苦橄质熔体的分离结晶会连续地改变剩余熔体的密度，因此，熔体与周围亚固相区的相互作用是可以估算的。图 2-50（b）是分离结晶的平衡熔体随深度演化的密度变化。苦橄质熔体平衡的位置是 $P$ 点处，位于苦橄质熔体中性浮力区域内。一系列潜在的密度对比线穿过点 $P$，这些线记录了从 $P$ 平衡位置向上或向下移动苦橄质熔体的正浮力或负浮力相对大小，是依次由围岩高的（线条 1）或低的（线条 4）$d\rho/dz$ 值产生的。

随着结晶分异的持续进行，熔体由苦橄质到拉斑玄武质的平衡路径直接沿着中性浮力线变化，且最终的平衡位置（深度 $Z$）位于拉斑玄武质的中性浮力层内。如前所述，有一系列潜在的密度对比线（1～4）穿过拉斑玄武质的位置，并且达到力学平衡，可能与任何一条线（但只有一条线）有关。每一条密度对比线都可能成为维持力学平衡的要素，但每次只能有一根。火山喷发被认为是非平衡事件，因为该过程需要将拉斑玄武质熔体抬升经过负浮力层并挤出至地表，应该是需要体积置换的，即需要更深部熔体的注入才可能完成。“峰期”喷发的第二个条件（直接位于补给点之上）是横向席状岩墙复合体前缘的裂缝宽度（$K_{1C}$）和垂直于侧向侵入通道的 $\rho_3$ 达到高值。因此，图 2-48 中密度最小的熔体（拉斑玄武质）是最常见和最先喷出的岩浆。

分离结晶作用随着液相线下矿物的依次出现持续进行，每一种矿物相的出现都会引起熔体密度的改变。图 2-50 是分离结晶作用的一种演化模式示意，在该模式中，分馏作用可以将一批熔体从其先前的重力平衡位置移离。例如，从苦橄质熔体中分离出橄榄石会降低剩余熔体的密度，从而产生密度减少量（$\delta\rho$）。这种密度的降低会使得熔体变得不稳定，并且会在更浅的深度寻求新的力学平衡（$\delta Z$）。持续分离结晶会导致熔体不停上升。但是，相对低密度组分的分离，例如斜长石的分离，会增加剩余熔体的密度并导致负浮力，阻碍熔体往上运移。

中性浮力的层位可以分为超基性和基性所对应的两部分。下半部分的重力平衡需要围压中的局部梯度 $\sigma_H$ 与苦橄质岩浆压力中的局部梯度 $P_p$ 相匹配。对于东太平洋海隆，非线性梯度 $\rho_{is}(Z)$ 可以近似地分为三个线性段：近地表约为 22.75MPa/km，中部为 22.75MPa/km，下部为 29MPa/km。与火山表面以下约 1400m 到 3000m 区间内的局部梯度（$P_p = 28$MPa/km）形成了均衡匹配。这一深度接近于苦橄质熔体与晶体

混合物的中性浮力层。因此，总结它们的关系如下所示

$$负浮力层\quad \nabla P_{p}^{-}>\nabla \sigma_{H}\quad 岩浆沿裂缝下降 \tag{2-64}$$

$$中性浮力层\quad \nabla P_{p}^{N}\cong \nabla \sigma_{H}\quad 岩浆填充裂缝 \tag{2-65}$$

$$正浮力层\quad \nabla P_{p}^{+}<\nabla \sigma_{H}\quad 岩浆沿裂缝上升 \tag{2-66}$$

在式（2-64）~式（2-66）中，上标（-，N，+）分别表示的是负浮力、中性浮力和正浮力环境下的岩浆压力梯度。在中性浮力层之上，$\nabla P_{p}^{-}>\nabla \sigma_{H}$，负浮力促进了苦橄质熔体和晶体混合物的下降，这一理论与洋壳中相对缺乏苦橄岩的地质事实一致。

对于最小密度的拉斑玄武质熔体来说（图 2-39），$P_T$为~27MPa/km，其重力平衡区域位于火山岩表面以下 600~1400m 的深度区间内，这个位置对应于席状岩墙群的就位位置，合理地解释了席状岩墙群的成因。因此，1000m 的深度代表的是密度范围为 2.6~2.8g/cm 的 MORB 负浮力层和中性浮力层之间的均匀过渡带。

（4）中性浮力控制的侧向侵入动力学：席状岩墙群的形成

图 2-51 展示了岩浆发生高层位的侧向侵入作用所处的结构和运动学背景。随着

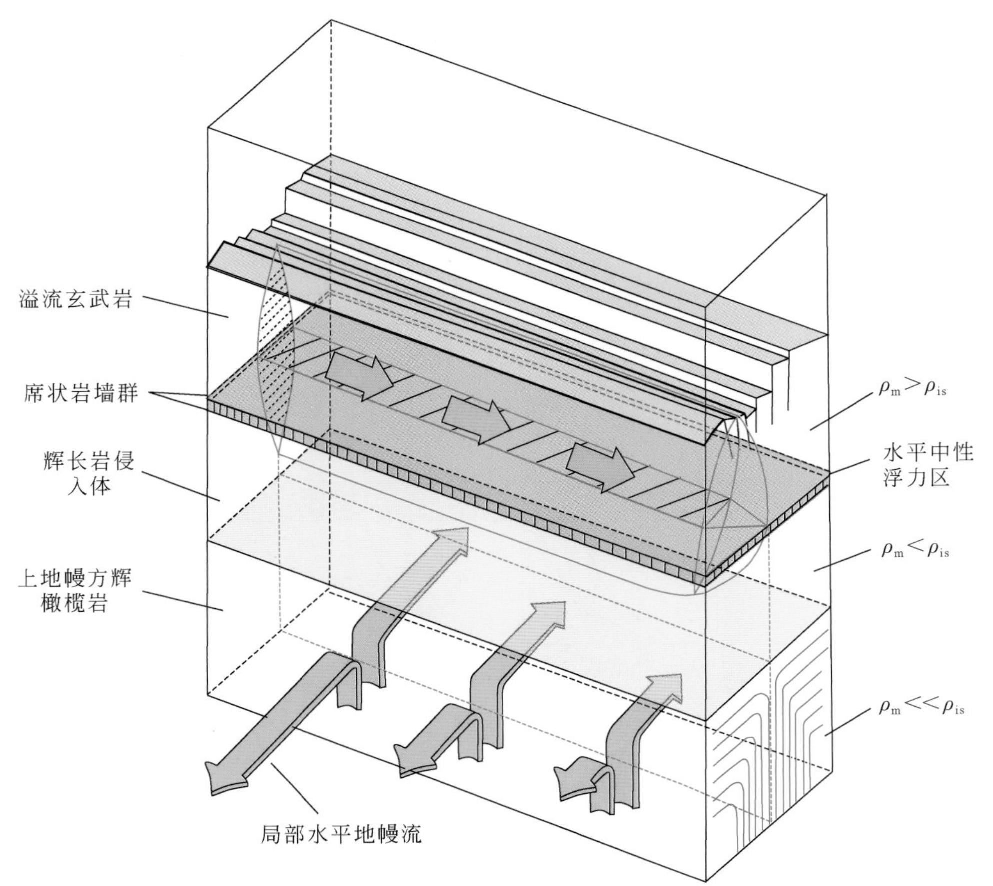


图 2-51　侧向岩浆侵入路径（短箭头）与洋中脊脊轴和中央裂谷结构的等比例示意（Ryan，1994）

岩浆侵入方向垂直于莫霍面下方辉橄榄岩的流动方向。海底面对应于该立方体的顶面

时间累积，这一过程生成席状岩墙群及其围岩，构成了一个中性浮力层。正如前面部分讨论的，这个区域内的岩浆是侧向侵入的。在中性浮力层之下，围压的持续增加以及超基性岩石岩性的逐渐改变，产生了正浮力层的上层部分。因此，图 2-51 中，基性喷出岩覆盖了席状岩墙群，而上地幔的层状辉长岩和方辉橄榄岩则形成了一个正浮力层。

图 2-52 展示了水平透视的侧向侵入体的三维坐标系，并展示了产生抛物线式岩浆侵入作用的熔体动力学范围，以及由岩浆早期侵入引起熔体高度的重要扰动。

以中性浮力层为对称平面，可以得到对称式的侵入模式。因此，中性浮力层上方流体的负浮力抵消了下方流体的正浮力对岩墙形成高度的贡献。当与来自底部岩浆储库的正压差相结合时，正压差推动熔体沿薄弱裂隙前移，这些对熔体浮力的正、负贡献在岩墙侧向生长过程中不断调节岩墙中心线的高度。因此，图 2-52 中剖面 1 和 2 对应的是一种无阻碍的、未受阻的正向生长模式。从图 2-52 中剖面 3 可以看出，如果沿着裂隙前进的路径局部具有较高的 $K_{1c}$ 值，将会阻止岩浆的侵入，岩浆随即滞留在此处，暂时停止侵入。从岩浆储库内持续地向外流出的熔体使得岩墙壁向外移动，岩墙开始膨胀并拓宽，因此重复的侧向侵入过程形成了席状岩墙群。在岩墙膨胀过程中，质量守恒定律还迫使原先岩墙顶部的岩浆向上流动，而后期新形

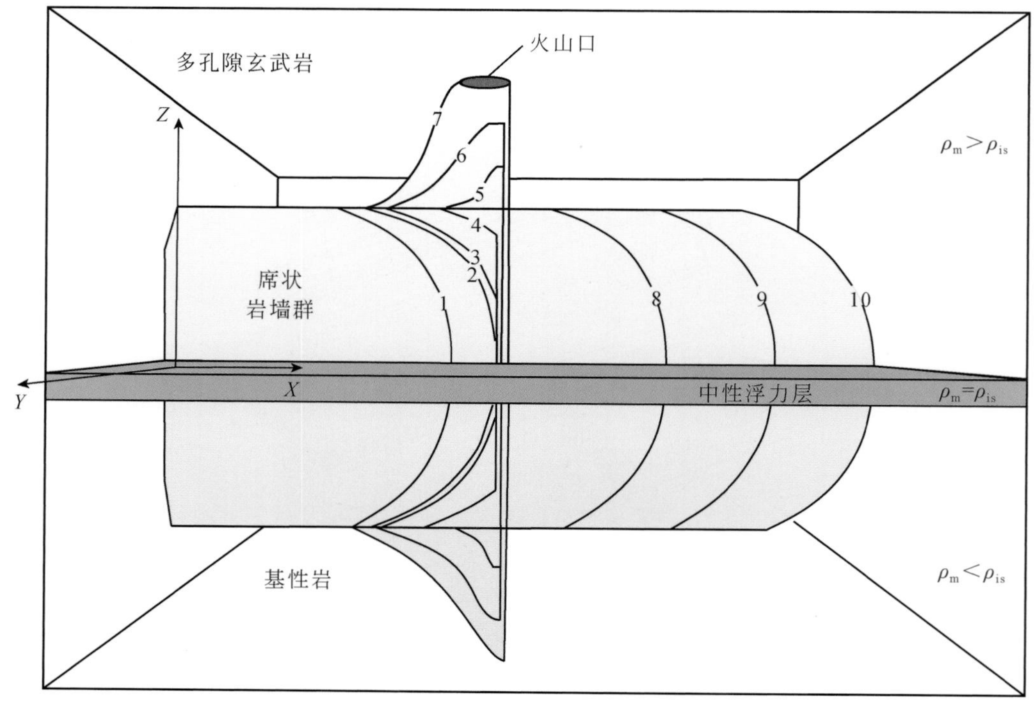


图 2-52　中性浮力域岩墙侧向侵位中岩浆侵入范围的对称性关系和时间演化（Ryan，1994）

中性浮力域在图中被示意性的压缩为一个对称面，但实际上，中性浮力区域的垂直范围要远大于图中所示意的

成岩墙的高度则开始下降，因此产生了图2-52中剖面4、5和6。岩浆侵位前缘持续地停滞，熔体被迫继续沿着图2-52中剖面7向上移动，随后切穿地表，产生一次喷发事件。岩浆在其上升停滞层往侧面的压力使得岩墙再一次发展，将熔体从中性浮力层之上的强负浮力区域向下拖动，同时终止了喷发事件，并将岩墙中心部位的相对正浮力熔体向上拖动。这一过程构建了抛物线式的岩浆侵入形态，图2-52中剖面8、9和10记录了侧向侵入持续减弱的过程。

偏应力状态在熔体裂隙式前进的通道中起重要的调节作用。这些调整可能包括裂隙面的曲折、侵入应力的分解–分叉、岩墙冷凝事件以及从岩墙到岩床的转变。每一处调整都是为了适应快速变化的最小压应力取向和/或非均匀分布的弹性模量的空间变化。

在一条被熔体填充的裂隙中，需要考虑各向同性和线性的弹性固体，其中的流动状态是层流，并在平行平面的围岩壁之间平衡流动。流动由流体内的主要压力差 $P$ 所驱动，裂隙宽度随着时间的演化过程由 Lister（1990）所定义

$$\frac{\mathrm{d}w}{\mathrm{d}t}=\frac{1}{3\eta}\nabla\cdot(w^3\nabla P) \tag{2-67}$$

式中，$\eta$ 为岩浆黏度；$w$ 为熔体填充裂缝的半宽度。Lister（1990）以及 Lister 和 Kerr（1990，1991）给出的固体中弹性压力关系式为

$$P=-m\mathcal{H}\left(\frac{\mathrm{d}w}{\mathrm{d}s}\right) \tag{2-68}$$

式中，$m=\mu/(1-\nu)$；$\mu$ 为围岩的剪切模量；$\nu$ 是泊松比；$s$ 为熔体充填的裂缝高度；$\mathcal{H}$ 为希尔伯特变换（Muskhelishvili，2009）。总压强包括岩浆储库熔体及其围岩之间密度差导致的浮力压强以及裂隙的弹性压强。沿垂直坐标轴 $Z$ 的压力变化为

$$P=-\Delta\rho gZ-m\mathcal{H}\left(\frac{\mathrm{d}w}{\mathrm{d}s}\right) \tag{2-69}$$

对于中性浮力层的侧向侵入，熔体和固体之间的静水压力差为

$$p=p_0(x)-\bar{\theta}(\rho_1-\rho_u)gZ \qquad (\text{HNB 以上}) \tag{2-70}$$

$$p=p_0(x)+\theta(\rho_1-\rho_u)gZ \qquad (\text{HNB 以下}) \tag{2-71}$$

式中，$\theta$ 为密度对比参数；$p_0$ 为熔体初始压力；共轭的密度对比参数 $\bar{\theta}$ 为

$$\bar{\theta}=1-\theta=\frac{\rho_m-\rho_u}{\rho_1-\rho_u} \tag{2-72}$$

式中，符号 $\rho_1$ 和 $\rho_u$ 分别代表中性浮力层以下和以上的围岩密度。

在中性浮力层之上，熔体比围岩密度更大，同时，$\rho_m-\rho_u>0$ 的条件有助于熔体沿着中性浮力层水平流动。同样，在中性浮力层之下，$\rho_1-\rho_m<0$ 则使得熔体往上流动，并沿着中性浮力层向外拓展。式（2-70）和式（2-71）两个条件结合起来调节

熔体的压力，并通过压力差以驱动岩浆的侧向侵入。除了岩浆房内主要熔体压力累积之外，沿着破碎带大量熔体的注入也会产生压力，主要是由地形凹陷产生的压力。

Lister 和 Kerr（1990，1991）以及 Lister（1990）给出了中性浮力控制岩墙拓展条件下相似一阶断裂参数的解释。这里利用这些解释，应用在洋中脊、冰岛、夏威夷裂谷体系和蛇绿岩中岩墙的侧向侵入。

在接近中性浮力流的条件下，岩脉和岩墙高度和宽度的关系如图 2-53 所示。这种关系是根据变化范围为 0.1 ~ 1.0g/cm$^3$ 的密度差（$\Delta\rho$）给出的。这些曲线从洋中脊岩浆房的基底正浮力区域（$\Delta\rho$ = 0.3 ~ 1.0g/cm$^3$），逐步向中性浮力区域（$\Delta\rho$ = 0.1g/cm$^3$）迁移，适用于岩浆储库和裂谷系统的最上部各向同性辉长岩及席状岩墙群。因为活跃的洋中脊系统中不存在这种大规模的席状岩墙出露，可以以夏威夷和冰岛的岩墙来代表中性浮力区域岩墙的宽度与高度。

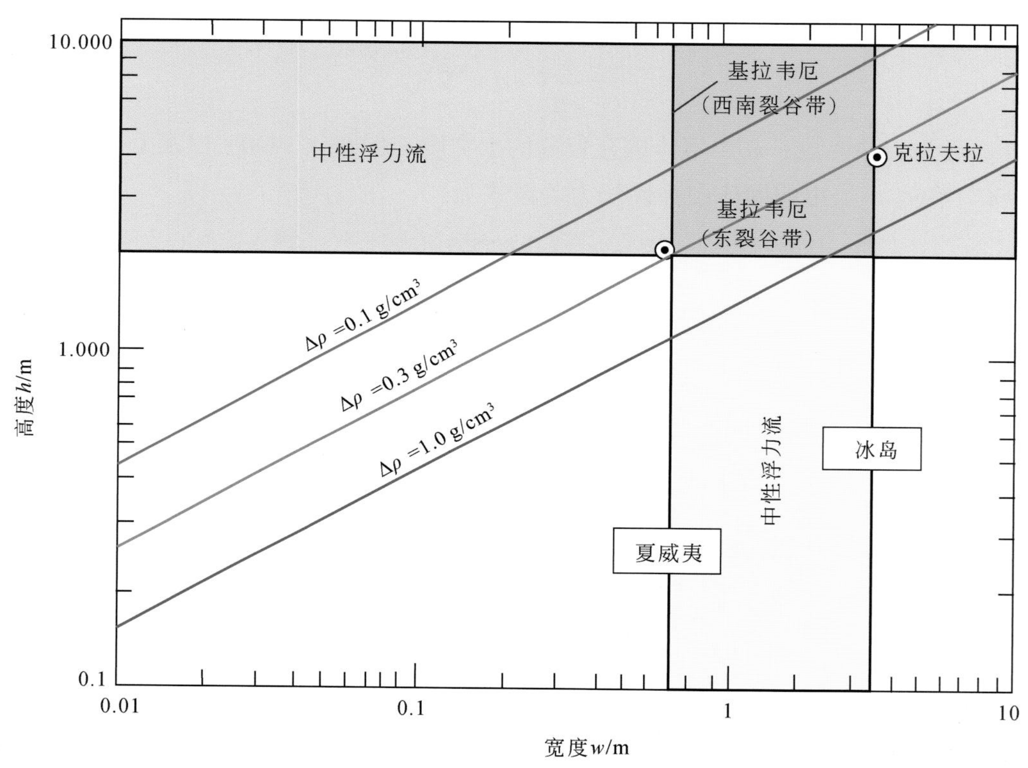


图 2-53　近中性浮力流条件下岩墙高度和宽度的关系（Ryan，1994）
夏威夷和冰岛的平均岩墙宽度以及岩墙高度的最大范围由阴影区给出

图 2-54 展示的是无量纲岩墙高度（$h$）和无量纲岩墙宽度（$w$）之间的关系，端元等级根据浮力参数 $\theta$ 划分。它们分别描绘了强正浮力、完全负浮力、中性浮力侵入模式下岩墙扩展横截面的纵横比。$\theta$ 反映了中性浮力层之上和之下的岩石密度

差，以及初始上升阶段熔体和围岩的密度差。Lister（1990）提出了相应的表达式如下

$$\theta=\frac{(\rho_{\mathrm{l}}-\rho_{\mathrm{m}})}{(\rho_{\mathrm{l}}-\rho_{\mathrm{u}})} \tag{2-73}$$

接近 1 的 $\theta$ 值代表强正浮力条件下岩墙上升模式，岩墙接近中性浮力层时，倾向于形成球状顶部，并且尾部被局部的围压分量逐渐挤压闭合。同样，$\theta$ 值接近 0 时，中性浮力层上方的岩墙可能会随着球状顶部下降，而尾部被局部有效应力挤压关闭。

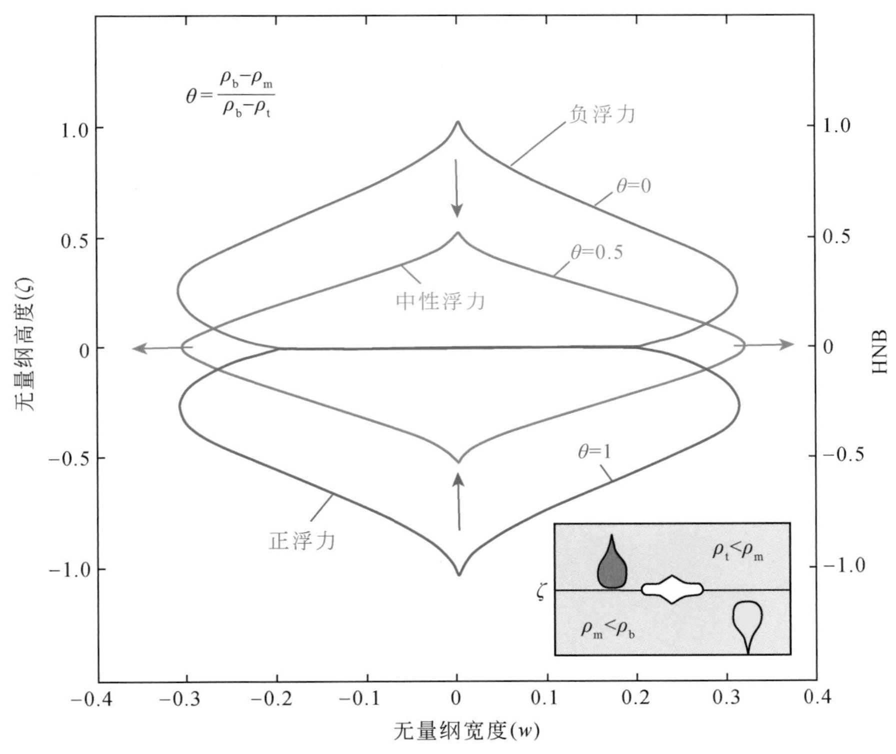


图 2-54　无量纲的岩墙高度和无量纲的岩墙宽度的关系（Ryan，1994）

给定密度差参数时，岩墙横截面的纵横比是无量纲高度（$\zeta$）和无量纲宽度（$w$）的函数

在中性浮力层中，$\theta\approx 0.5$ 代表了在该区域具有最大膨胀宽度的岩墙，主体和顶部共同受到有效应力水平分量的挤压而逐步对称关闭。图 2-54 中展示的是与 $\theta$ 有关的三种主要侵入模式，右下角小图中为岩墙几何形状示意图。该无量纲图结合一定的缩放比例，使横截面的缩放比保持准确和可信的比率（$\zeta$，$w$），同时夸大了膨胀宽度，以便说明相关趋势。

根据浮力驱动流的一般相似理论（Lister，1990），垂直方向的裂缝熔体填充高度通过下式给出

$$\frac{\mathrm{d}h^e}{\mathrm{d}t}=D\frac{\mathrm{d}}{\mathrm{d}x}\left[h^{d+e-c}\left(\frac{\mathrm{d}h}{\mathrm{d}t}\right)\right] \tag{2-74}$$

流量和沿长度积分的裂缝高度之间关系如下

$$\int_0^{x_n} h^e \mathrm{d}x = Q\,t^{\alpha} \tag{2-75}$$

式中，$c$、$d$ 和 $e$ 是常数；$Q$ 代表注入岩浆流量；$\alpha$ 代表时间指数；$D$ 是熔体和基质的复合参数。引入熔体常数 $C_1$

$$D=\frac{C_1[(\rho)_1-\rho_u)g]^3}{\eta[(\mu/(1-v))]^2} \tag{2-76}$$

在层状流动条件下，$c=1$，$e=3$，$d=5$。

对于沿着中性浮力层的侧向侵入，Lister 和 Kerr（1991）专门将岩墙高度与熔体及岩石的性质关联起来，提出如下表达式

$$h(x,t)=\psi_n^{2/5}\left[\frac{\eta[\mu/(1-v)]^4Q^2t^{2\alpha-1}}{c^1c_2^2[(\rho)_1-\rho_n)g]^5}\right]^{1/11}H(\psi) \tag{2-77}$$

其中，

$$\psi=\left[\frac{x}{\psi_n}\right]\left[\frac{c_2^5\eta^3[\mu/(1-v)]}{c_1^3[(\rho_1-\rho_n)g]^4Q^5t^{5\alpha+3}}\right]^{1/11} \tag{2-78}$$

$$\psi_n=\left[\int_0^1 H^3\mathrm{d}\psi\right]^{-5/11} \tag{2-79}$$

在式（2-79）中，$H$ 满足常微分公式

$$\alpha H^3-\frac{5\alpha+3}{11}[\psi H^3]'=(H^7H)'' \tag{2-80}$$

和边界条件

$$H(1)=0 \tag{2-81}$$

模型中的物理参数值来源于实验室测量和地球物理勘探结果。刚性值（$\mu=$ 20GPa）通过扭转共振谱学测定（Ryan，1987a），代表了局部岩墙侵入条件下的深部原位高温，泊松比为 0.25。拉斑玄武岩熔体的剪切黏度（$\eta=10^2$ Pa · s）通过 Couette 黏度计算方法得到（Ryan and Blevins，1987）。近地表岩石（0 ~ 2km 深）的原位密度（$\rho_u=2.3\mathrm{g/cm^3}$）根据 Ryan（1987b）总结的地震剖面（Zucca et al，1982）和重力研究（Ryan，1987b）推算而来，代表了中性浮力层密度的平均值。同样，更深处正浮力区域的密度（$\rho_1$）是 2.9g/cm$^3$；岩浆密度根据 Fujii 和 Kushiro（1977）测定的橄榄拉斑玄武岩密度推算而来，为 2.6g/cm$^3$。而岩浆房和席状岩墙群的熔体密度为 2.6 ~ 2.8g/cm$^3$，包括了苦橄岩和拉斑玄武岩的密度组成范围。这些值最早得到了 Lister（1990）与 Lister 和 Kerr（1990，1991）的认可。

图 2-55 比较了中性浮力条件下岩墙高度随着熔体供给的持续变化，以及基于冰

岛和夏威夷观测站实时监测数据计算的岩墙侵入高度。与岩墙宽度关系类似，恒定流量曲线显示，随着熔体的增加，岩墙高度逐渐增加，但熔体运移速度逐渐降低。同样，恒定容量体积条件表明岩墙的形成高度递减，这符合质量守恒定律。在中性浮力层，岩浆的持续横向拓展将相应地导致岩墙高度降低。在基拉韦厄和克拉夫拉地区测定的流动持续时间具有代表性，但是并非详尽无遗。因此，恒定流量和体积的预测至少与几乎所有观测岩墙高度的一部分是对应的。对于 Kilauea 地区，似乎只需要更低的流量和岩浆体量来匹配整个观测的高度范围。对阿曼（Christensen and Smewing，1981；Juteau et al.，1988）、纽芬兰群岛（Salisbury and Christensen，1978）和塞浦路斯特罗多斯（Christensen and Salisbury，1975）等地区辉绿岩墙的几何形态及岩浆流的参数，仅在岩墙高度上得到约束，在流动持续时间上不受限制。然而，在其底部岩浆底辟上升侵入之后，这些地区席状岩墙的高度与冰岛和夏威夷早期的形成速度一致。图 2-55 为初步绘制的不同地区岩墙形成过程的示意图。Ryan（1988）分别讨论了夏威夷和冰岛裂谷带沿着中性浮力层的侵入运动学。

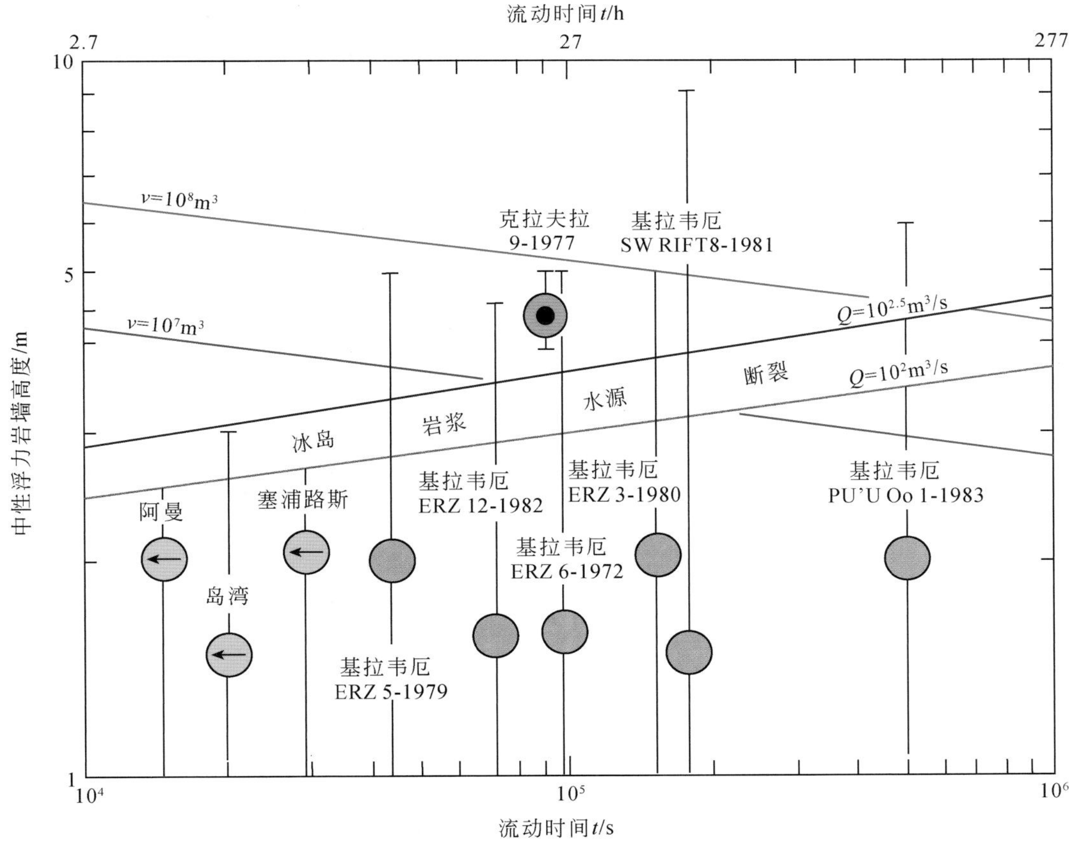

图 2-55 恒定流速和岩浆量条件下中性浮力层岩墙高度随时间的变化（Ryan，1994）

在中性浮力层，岩墙宽度作为流动持续时间的函数，与图 2-56 中的观测数据进行了比较。通过假定两种类型的“端元”流态，分别为恒定流量（$Q=10^2\sim10^{2.5}$ $m^3/s$）和恒定岩浆体量（$10^7m^3\leqslant V\leqslant10^8m^3$），来估计岩墙宽度。对基拉韦厄和克拉夫拉地区的长期观测表明，岩浆上涌速率为 $10^2\sim5\times10^2m^3/s$。因此，据此绘制的流速，适合于夏威夷、冰岛以及类似洋中脊系统中岩浆上涌形成岩墙的作用过程。然而，在岩浆喷发期间，将倾斜仪的信号绘制成曲线后，其结果明显表明，岩浆房顶部的熔体流速是时间的指数递减函数（Dvorak and Okamura，1987），因此，图 2-56 所示的恒定流速是一个高度理想化的状态，实际难以发生。恒定的间歇岩浆体量，在实际观测中，具有一定的物理基础：岩浆房中的岩浆在某些情况下突然爆发性溢出，此时可以将离散体积的岩浆熔体释放到裂谷系统中；在喷发之后，流体通道可能重新封闭，从而将有限的岩浆引入到席状岩墙群中。图 2-56 显示，基拉韦厄和克拉夫拉地区侵入熔体的持续时间，影响了夏威夷和冰岛裂谷体系的平均岩墙宽度，而苏美尔和阿曼蛇绿岩地区侵入熔体的持续时间则限定了活动的洋中脊地区席状岩墙的宽度。图 2-56 中的数据投点表明，苏美尔–阿曼蛇绿岩和夏威夷地区的宽度与

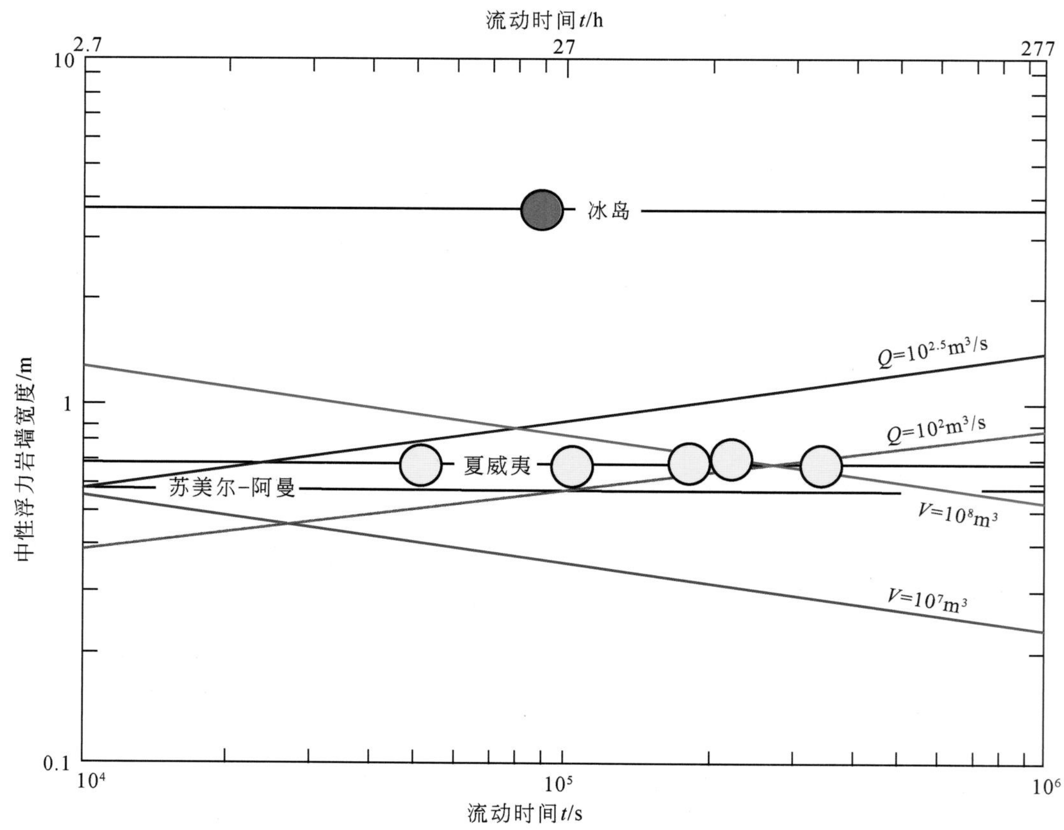


图 2-56　恒定流速和岩浆体量条件下中性浮力层的岩墙宽度随时间的变化（Ryan，1994）

恒定体积/流速之间存在广泛的对应关系，然而，要形成类似冰岛这种更大规模的岩墙，则需要更高的流速和更大的岩浆体积供应。恒定流速曲线反映了岩墙宽度随着流速增加而增加，但是在初始的27小时之后，增长速度大大降低。相反，恒定体量熔体侵入到生长的岩墙中时，岩墙的生长宽度随流动持续时间而减小，反映了沿着中性浮力层的横向扩展受质量守恒的约束。

图2-57中展示了中性浮力层岩墙长度作为流动持续时间的函数，并与冰岛及夏威夷实际监测的流动持续时间和岩墙长度变化进行对比。同样，观察值被认为是每个不同位置的代表，但对于整个观测区域来说，并不是完全详尽的。恒定流速条件下，预测的岩墙长度随时间不断增长；恒定体量同样表明，随着有限的体积沿着中性浮力层的优先厚度逐渐扩展和衰减，岩墙长度也在增长。在恒定体量和恒定流速条件下，基拉韦厄和克拉夫拉两个地区观测到的侵入体扩展情况一致。为了更简单地表示岩墙长度，可以假定岩墙长度与岩墙半段长度成比例，这与实际岩墙侵入体的形成相一致。在多个扩张中心的岩墙侵入体往往具有固定的起源位置（Ryan，1987b；Whitehead and Helfrich，1990）和可观测到的岩墙长度，如图2-57中的阿曼（Nicolas，1989）、胡安·德富卡（Nicolas，1989）、东太平洋海隆（Bonatti，1985）

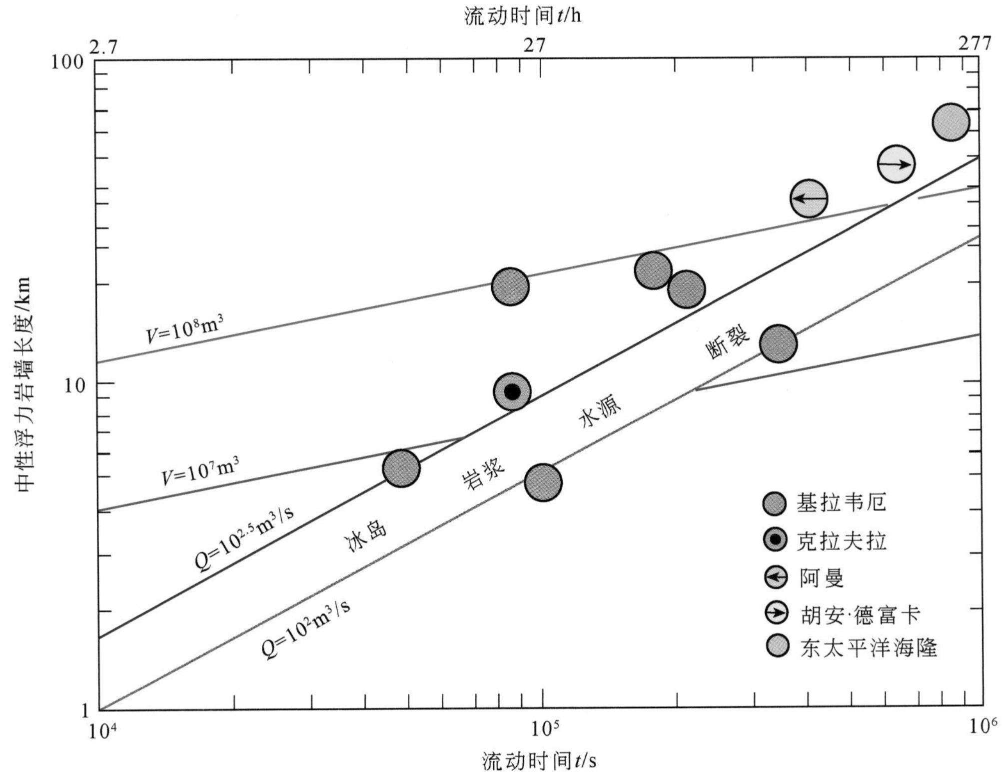


图2-57 恒定流速和岩浆体量条件下中性浮力层的岩墙长度随时间的变化（Ryan，1994）

三个地区，但是这些地方岩墙侵入体的持续流动时间是未知的。前边已经证实，冰岛和夏威夷的岩墙长度与持续时间具有很好的一致性置信度，那么，洋中脊下岩墙长度随时间的变化，应该也符合这一函数变化规律。如果这一假设是成立的，那么，以该时间函数为物理基础，可以对无法观测到的或古老的岩浆侵入，进行粗略的流动持续时间估计，就能够计算出上述图 2-57 中三个地区的岩浆侵入流动持续时间。

（5）洋壳演化与浮力分带的关系

在新生岩石圈中，负浮力层从海底开始延伸，一直到深度 1km 左右位置。该层的主要岩性为枕状玄武岩和沉积物以及最上部的角砾岩，对应洋壳层 1 和层 2A（图 2-58）。负浮力层原位密度低于拉斑玄武质熔体的密度，并且该层发育的深部断裂和岩石中大量晶粒尺度的空隙使得整个层保持了低密度。对于拉斑玄武质熔体，该区域为重力“无作用区”，岩浆为了喷出地表，必须穿过负浮力层，必须借助岩浆储库中正浮力熔体持续的补充和迁移，从而从深部为拉斑玄武质熔体提供垂直的上升力。

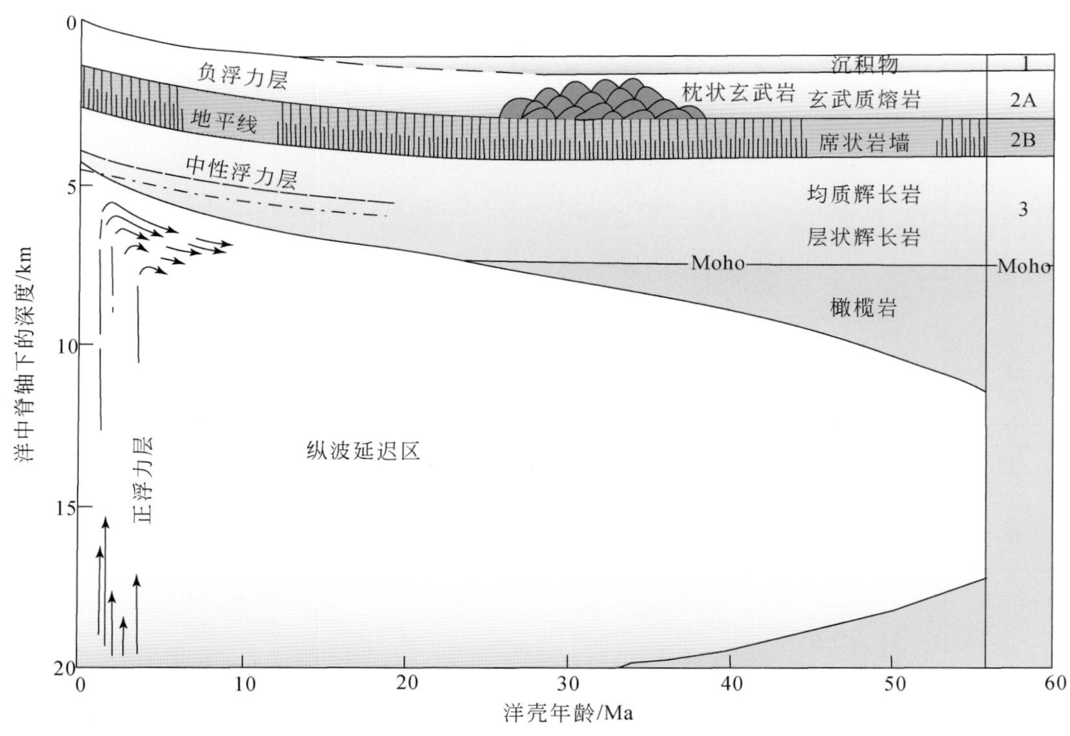


图 2-58　洋中脊处洋壳形成过程与中性浮力层和负浮力层的对应关系及岩浆产物

（Christensen and Salisbury，1975）

广义上，中性浮力层上界为海底 1km 左右，下界延伸到大约海底 3km 的深度。

岩性产物上，将形成席状岩墙群以及最上部各向同性的均质辉长岩，对应于洋壳层2B和洋壳层3的最上部（图2-58）。例如，从东太平洋海隆的地震剖面和折射地震数据中发现，中性浮力层与海隆轴部下方的低速区厚度比，近似为1∶1。在纵波层析成像中，中性浮力层对应于低速的核心区域，并且显示出极高的熔体/岩石比率。席状岩墙底部的中性浮力层位内，还可以含有斜长花岗岩等晚期分异体。正确的浮力分带划分必须依据完整的预期组分密度变化，即从苦橄质—拉斑玄武质—铁玄武质熔体变化，并且需要适当地考虑悬浮斑晶相的存在。

当洋壳冷却并漂浮在流动的软流圈上层时，负浮力层和中性浮力层也随之移动（图2-58）。沸石相和绿片岩相变质引起的热液蚀变，将逐渐增加玄武岩渗流单元的密度（Carlson and Raskin，1984；Nelig and Juteau，1988；Carlson and Herrick，1990）。然而，负浮力层原位密度低于拉斑玄武岩熔体密度的状况，应该要持续25～30Myr，与此同时，负浮力层的原位密度也在持续升高（Carlson and Herrick，1990）。因此，向上迁移的离轴熔体可以被困在洋壳中25～30Myr之久，并在最浅的深度很有可能出现岩床，所以，在离轴位置发育的海山之下相对浅的深度，可能存在规模较小的岩浆房。这些预测与Carlson和Herrick（1990）的井下声波测井研究结果一致，并证实110Ma大西洋洋壳DSDP 418A钻孔的200～450m处的原位密度与拉斑玄武质熔体相匹配。

综上所述，设想一个没有中性浮力的世界及其后果是很有趣的。在这样的世界中，洋壳岩石密度比穿过它们的熔体要大，因此只有一种普遍的正浮力机制存在——从地球表面到颗粒级熔体的活化。表2-9列出了没有中性浮力世界的若干后果，总体来说，这显示出了一幅与蛇绿岩套的岩石记录及洋中脊岩浆喷发、侵入和总地貌特征等十分不同的画面。

**表2-9　无中性浮力层时洋中脊岩浆储库和沿轴迁移的情况**（Ryan，1994）

| 序号 | 可能出现的地质情况 |
| --- | --- |
| 1 | 在熔体产生区和Moho面以下熔体集中区上方基本永恒不变的玄武质熔体自流式喷发 |
| 2 | 玄武质熔体挤出，仅在岩浆喷溢区上方发生，因此扩张中心过度集中 |
| 3 | 洋壳中无侧向岩浆注入 |
| 4 | 洋壳和蛇绿岩中不发育良好的席状岩墙群 |
| 5 | 洋中脊之下没有高熔体/结晶比的岩浆房 |
| 6 | 各向同性辉长岩无明显发育 |
| 7 | 海岭和蛇绿岩环境中喷出/侵入比率显著增加 |

### 2.2.4 洋中脊多次跃迁

地幔柱-洋中脊相互作用改变了洋中脊的结构和组成（Ito et al.，2003），同时影响了洋中脊的整体几何形状和位置（Canales et al.，2002；Hardarson et al.，1997）。通常，洋中脊位置的变化是由地幔柱“捕获”附近的洋中脊引起的（Hey，1977；Wilson and Hey，1995），它可能通过脊轴的离散式或间断式位移或“跃迁”开始（Hardarson et al.，1997）。大量观察结果表明，在洋中脊-地幔柱相互作用中反复出现洋中脊跃迁（Brozena and White，1990；Hardarson et al.，1997；Briais and Rabinowicz，2002；Sager et al.，2016），在板块构造的长期演化中，这个过程可能发挥了重要作用（Müller et al.，2008）。

据估计，距冰岛 ~10km 和沙茨基海隆≤800km 的距离处，曾发生过洋中脊向热点的跃迁（Hardarson et al.，1997；Garcia et al.，2003）。并且，当整个洋中脊脊轴的远端部分远离热点移动时，经常沿着单条脊段重复出现。例如，在过去的 16Myr 内，冰岛经历了至少 4 次向着假定的地幔柱中心的跃迁（Hardarson et al.，1997），此时，中大西洋洋中脊相对于热点向 NNW 方向发生了迁移（Torsvik et al.，2001；Jones，2003）。在加拉帕戈斯（Hey，1977）和东经 90°海岭（Krishna et al.，1995；Krishna and Rao，2000）也观察到了重复的洋中脊跃迁过程，前者很可能是路易斯维尔热点所致（Small，1995）。

洋中脊跃迁所需的两个主要因素是：轴外岩石圈减弱和促进裂解的应力场。岩石圈弱化的一种机制是，通过横向扩展的地幔柱（即板块“再生”）对岩石圈进行热和机械侵蚀（Ribe and Christensen，1994）。另一种弱化机制是，当岩浆通过时，加热岩石圈（Mittelstaedt et al.，2008）。目前岩浆热和机械侵蚀已被认为对亚丁湾裂谷的产生（Kendall et al.，2005）和微陆块的形成（Müller et al.，2001）具有重要意义，并在确定热点岛屿的位置方面发挥关键作用（Hieronymus and Bercovici，2001）。促进洋中脊跃迁的岩石圈应力，可能是来自远场的构造应力、地幔柱横向扩展引起的岩石圈底部的剪切牵引以及岩石圈上升浮力。

在前人工作中，Mittelstaedt 等（2008）研究了在近脊热点处的岩浆穿透对洋中脊跃迁所需的岩石圈热侵蚀效应。这里所述的方法是在固定宽度区域施加岩浆热，其速率与岩浆和岩石圈之间的温度差异成比例，而岩石圈应力场则由远场驱动板块扩张的张力控制。结果表明，仅岩浆热就可能导致洋中脊跃迁，但只限于年轻、缓慢移动的岩石圈。该模型的缺点是，当洋中脊从热点迁移出来时，无法预测重复的洋中脊跃迁。

下面的介绍主要侧重地幔柱上升流和岩浆热对洋中脊跃迁的贡献，同时涉及地幔熔融和熔体输送，目标是阐明控制与地幔柱相互作用相关的洋中脊跃迁的最基本力学过程。尽管自然发生的洋中脊跃迁有时具有独有的特征，但这里的目的是，检验所有与地幔柱相关的洋中脊跃迁起重要作用的可能因素，并量化特定地质变量的影响，主要量化了静止和迁移系统中的洋中脊跃迁行为、地幔柱-洋中脊间距、地幔柱温度和浮力通量、岩浆对岩石圈的加热速率。这些模型能够预测自发重复的洋中脊跃迁，以及其他动态行为，如单次跃迁、热点捕获洋中脊以及新老裂谷之间的争夺（dueling）。此外，这些模型预测的岩石圈岩浆加热也可能是板内地幔柱上方的岩石圈减薄，如夏威夷的另一种机制。

#### 2.2.4.1 概念和数学模型

（1）概念模型

图 2-59 说明了数值模型设置的概念框架。当一个离轴热地幔柱遇到岩石圈时，会上升、熔融并横向扩展。悬浮熔体垂直穿过上覆盖层，直至其到达熔融区顶部（即固相线），在那里，它积聚在较冷的低渗透岩石圈底部的高孔隙度层内。熔体沿着岩石圈底部向地幔柱上方流动并诱发局部侵蚀。随着熔体的积累，它会对上覆的岩石圈产生压力。当熔体压力很高时，岩石圈中的先存裂缝就会开裂，岩浆上侵进入海底。当岩浆通过并加热板块时，板块减薄并变弱。如果弱化作用足够，则与板块运动和地幔柱扩展相关的应力开始偏离脊轴线。最终，扩张作用从旧的脊轴，转移到新的脊轴。

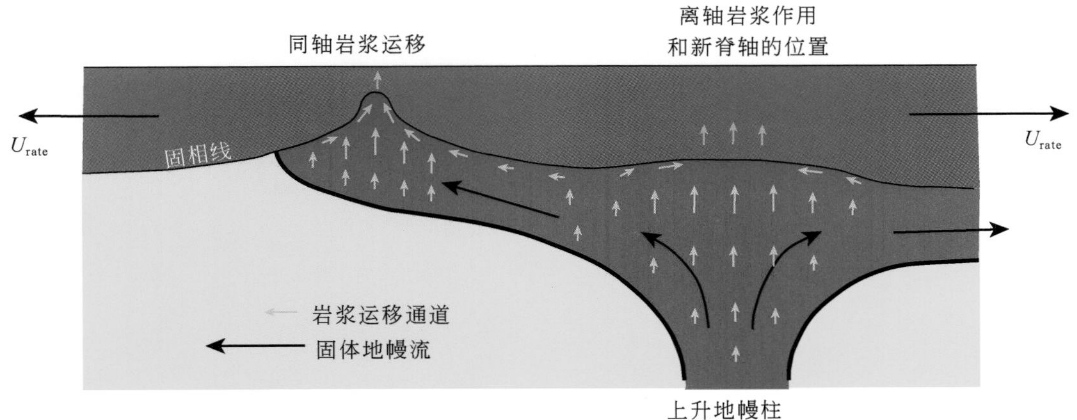


图 2-59　上升流、近脊地幔柱熔融、熔体输运和岩石圈岩浆加热的概念模型（Mittelstaedt et al., 2011）
地幔中产生的熔融（橙色，小箭头；所有箭头仅是说明性的）垂直输运，然后沿着岩石圈底部的固相线向固体深度的局部最小值输运，在那里收集熔体直至具有足够的压力以穿透岩石圈。由于上涌地幔柱的固态流动（黑色，大箭头），剪切应力施加在岩石圈上

（2）黏性地幔流动的数学和数值模型

有限元代码 Citcom（Moresi and Solomatov，1995；Zhong et al.，2000；van Hunen et al.，2005）是用来解决黏塑性地幔中能量、动量和质量守恒的二维方程。模型域横向为1200km，垂向为400km，网格化为512×128个元素。每个网格的高度和宽度介于1.5～3.2km，最高分辨率位于上部50km范围内以及地幔柱–洋中脊相互作用的区域。该模型的直立侧面在>80km深度处无牵引力，该处存在热的低黏度软流圈，在较浅处以水平速度移动，并作用于较冷和刚性的岩石圈，以驱动板块扩张（图2-60）。水平上表面无剪切牵引，垂直速度为零；底部边界也是无牵引力的（即开放边界）。热边界条件包括绝缘侧边界及分别在顶部和底部边界处施加的0℃和1300℃的潜热。在模型域内，初始温度条件与板块模型相关（Parsons and Sclater，1977），设定岩石圈在洋中脊处最薄，往两侧逐渐增加到最大厚度125km。

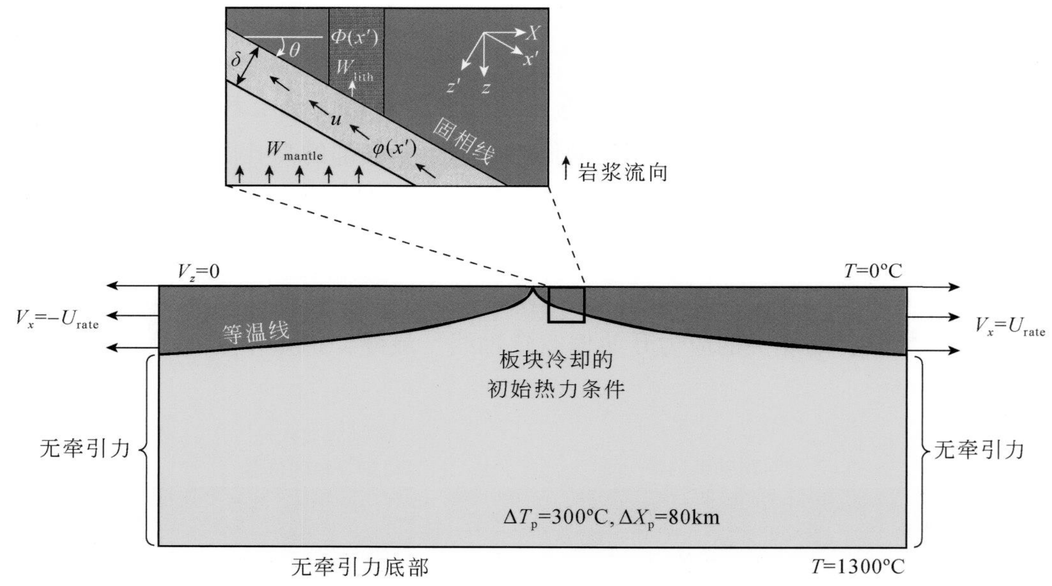


图2-60　模型边界和初始条件及熔体输运的几何模式（Mittelstaedt et al.，2011）

插图指示熔体垂直穿过地幔（$W_{mantle}$）直到其遇到固相线，在那里聚积并沿着岩石圈底面移动，岩石圈底面与水平面之间以$\theta$角向下倾斜。通过岩石圈（$W_{lith}$）的熔体流动速率由固相线下方的孔隙度（$\varphi$）和岩石圈的平均孔隙度（$\Phi$）控制

为了诱发地幔柱上升流，沿模型底部施加热，温度异常由$\Delta T=\Delta T_p \exp(-\Delta x^2/(\Delta x_p/2)^2)$约束，其中，$\Delta x$是距地幔柱中心的水平距离。假设地幔柱颈部为圆柱形，$\Delta T_p=300$℃的最大地幔柱与围岩温度差和$\Delta x_p=80$km的温度异常宽度，将导致～2000kg/s的地幔柱浮力通量，这与许多热点的估计值接近（Sleep，1990；Zhong and Watts，2002；van Hunen and Zhong，2003）。所有模型参数见表2-10。

**表 2-10　模型参数**

| 参数 | 说明 | 数值 | 单位 |
|---|---|---|---|
| $A_0$ | 岩石圈下部熔体的恒定压力 | — | Pa |
| $C_0$ | 熔体输送计算中的尺寸常数 | — | Pa |
| $C_p$ | 地幔在恒压下的热容 | 1250 | J/(℃·kg) |
| $D'$ | 熔体输运计算中的无量纲常数 | 0.625 | — |
| $E$ | 活化能 | 180 | kJ/mol |
| $F$ | 熔体分数 | — | — |
| $g$ | 重力加速度 | 9.81 | $m/s^2$ |
| $H$，$H_0$ | 分时积分岩浆流速，参考岩浆损失量 | —，1000 | m |
| $k_0$ | 参考渗透率 | $1\times10^{-10}$ | $m^2$ |
| $L_0$，$L_0'$ | 控制岩石圈孔隙度对岩浆损失敏感性的参数 | —，0.005 | Pa/m，— |
| $n$ | 渗透率中孔隙度指数 | 2 | — |
| $P$ | 压力 | — | Pa |
| $Pe$ | 佩克莱数 | 0.2 | — |
| $Q_{thin}$ | 当 $t=0$ 时扩散速率乘以热场数值在距离脊轴 $\phi_X=0$ 处的综合热损失 | — | J/(m·s) |
| $Q_{cool}$ | 扩散速率乘以半空间冷却模型的综合热损失，即距离脊轴的距离 $\phi_X$ | — | J/(m·s) |
| $q$ | 岩浆穿透岩石圈时的某一温度点的升温速率 | — | $J/(m^3 \cdot s)$ |
| $R$ | 理想气体常数 | 8.3 | J/(K·kg) |
| $S$ | 愈合速度比例 | $3\times10^{-4}$ | $m^3/s$ |
| $\Delta S$ | 固体转化为液体时的熵变 | 200 | J/(K·kg) |
| $t_{age}$ | 发生洋中脊跃迁的岩石圈年龄 | — | Myr |
| $t_{jump}$ | 岩浆开始升温到洋中脊跃迁完成之间的时间 | — | Myr |
| $T$，$T_{asth}$ | 位势温度，正常软流圈的位势温度 | —，1300 | ℃ |
| $\Delta T_p$ | 附加地幔柱流温度 | 300 | ℃ |
| $U_{rate}$ | 半扩张速率 | 10～30 | km/Myr |
| $u$，$w$ | 熔体平行（垂直）于固体线的流动速率 | — | m/s |
| $U$，$W$ | 固体矩阵的水平（垂直）速度 | — | m/s |
| $u_0$ | 侧向熔体流量规模 | — | m/s |
| $w_{l0}$，$w_{m0}$ | 岩石圈熔体流速比例尺，地幔熔体流速比例尺 | $7.9\times10^{-10}$，$4.9\times10^{-10}$ | m/s |
| $w_{mantle}$，$w_{lith}$ | 熔体从地幔流过的速度，熔体流过岩石圈的速度 | — | — |
| $w_{lith}^{max}$ | 在洋中脊跃迁之前，岩石圈的熔体最大流速 | — | — |

续表

| 参数 | 说明 | 数值 | 单位 |
| --- | --- | --- | --- |
| $w_{l0}/w_{m0}$ | 熔体流量比 | 1.6 | — |
| $X$，$Z$ | 绝对参考系中的水平和垂直坐标 | — | m |
| $x$，$z$ | 固相线平行和垂直的坐标方向 | — | m |
| $\Delta X$ | 初始裂隙与当前脊轴之间的距离 | — | m |
| $Z_{solidus}$，$Z_{max}$ | 熔融区域的顶部和底部深度 | — | m |
| $Z_{lith}$ | 热点上方岩石圈厚度 | — | m |
| $\Delta Z$ | 高孔隙度层厚度 | 1000 | m |
| $\alpha$ | 热膨胀系数 | $3.5\times10^{-5}$ | J/(℃·kg) |
| $\beta$ | 岩浆加热速率标尺 | $(0.9\sim10)\times10^{-5}$ | 1/m |
| $\gamma$ | 静摩擦系数 | 0.6 | — |
| $\delta$ | 熔体输送计算中的长度比例尺 | 1000 | m |
| $\varepsilon_p$，$\varepsilon_{crit}$ | 累积塑性应变，临界应变 | — | 1/s |
| $\varepsilon_1$，$\varepsilon_3$ | 最大和最小主应变率 | — | 1/s |
| $\eta$，$\eta_0$ | 地幔黏度，参考地幔黏度 | $10^{18-24}$，$2.2\times10^{19}$ | Pa·s |
| $\mu_m$ | 熔体黏度 | 1 | Pa·s |
| $\theta$ | 固相线与水平线的夹角 | — | — |
| $\kappa$ | 热扩散率 | $3\times10^{-6}$ | $m^2/s$ |
| $\rho$，$\rho_m$ | 固体密度，熔体密度 | 3300，2800 | $kg/m^3$ |
| $\Delta\rho$ | 固体和熔体密度差 | 500 | $kg/m^3$ |
| $\sigma_1$，$\sigma_3$ | 最大主应力，最小主应力 | — | Pa |
| $\sigma_p$ | 固体线以下的熔化压力 | — | Pa |
| $\sigma_{ys}$ | 屈服应力 | — | Pa |
| $\sigma_{coh}$，$\sigma_{coh}^{ref}$，$\sigma_c$ | 弱化中的黏聚力，黏聚力参考值，岩石圈固有强度（常数） | —，44，— | MPa |
| $\tau$ | 熔体输送计算中的时间尺度 | — | s |
| $\varphi$，$\varphi_0$ | 沿固相线的孔隙度，参考孔隙度 | —，0.1，2.2 | — |
| $\Phi$，$\Phi_{max}$ | 岩石圈特征孔隙度，岩石圈最大孔隙度 | — | — |

资料来源：Mittelstaedt 等，2011

模型中的韧性变形取决于黏度随温度变化的阿伦尼乌斯（Arrhenius）函数

$$\eta=\eta_0\exp\left[\frac{E}{R}\left(\frac{1}{T}-\frac{1}{T_0}\right)\right] \tag{2-82}$$

式中，$\eta_0$是在等于底部温度（$T_0=1300$℃）的温度$T$下定义的$2.2\times10^{19}$ Pa·s的参考黏度，该值类似于van Hunen等（2005）的联合建模和地震研究所预测的值；$R$是理想气体常数。设定活化能（$E=180$kJ/mol）小于实验值［橄榄石$E=540$kJ/mol

（Karato and Wu，1993），位错蠕变]，来模拟应力依赖性流变学的影响（van Hunen et al.，2005）。这里不考虑熔体分数（Hirtha and Kohlstedt，1995a，1995b）或水分离（Hirth and Kohlstedt，1996），因为它们对黏度具有相互影响的效应，其净效应在自然环境中尚不清楚。上述假设旨在解决洋中脊跃迁的主要原因。

为了模拟效果更贴近实际断层行为，通过一个额外黏度定律，模拟 Coulomb-Navier 可塑性（Davis and Selvadurai，2002），该定律取决于应变和应力历史。当最大主应力（最大拉力）$\sigma_1$和最小主应力（最小拉力）$\sigma_3$之间的差值，大于屈服应力时，则发生塑性屈服

$$(\sigma_1-\sigma_3)>\sigma_{ys} \tag{2-83}$$

这里，屈服应力由下面的等式确定：

$$\sigma_{ys}=\frac{1}{\sqrt{\gamma^2+1}}[2\sigma_{coh}(\varepsilon_p)\pm\gamma(\sigma_1+\sigma_3)] \tag{2-84}$$

式中，$\gamma$ 为静摩擦系数；$\sigma_{coh}$为黏聚力，是关于$\varepsilon_p$的一个函数。当不等式[式（2-83）]成立时，累积塑性应变等于应变之和减去线性愈合率（特征愈合时间 ~300ka）。可以通过数值迭代的方法，来调整剖分单元的黏度，从而实现式（2-83）中的标准

$$\eta=\frac{\sigma_{ys}}{(\dot{\varepsilon}_1-\dot{\varepsilon}_3)} \tag{2-85}$$

式中，$\dot{\varepsilon}_1$和$\dot{\varepsilon}_3$是最大和最小主应变率。同 Chen 和 Mogan（1990）所使用的方法类似，但也有着重要的区别，即黏聚力$\sigma_{coh}$会随着累积塑性应变$\varepsilon_p$的降低而下降，这种关系导致在板块边界会发生更局部化的形变。采用的弱化法则（weakening law）是

$$\sigma_{coh}=\sigma_{coh}^{ref}\left(1-\frac{\varepsilon_p}{\varepsilon_{crit}}\right) \tag{2-86}$$

式中，$\sigma_{coh}^{ref}$（=44MPa）是任何应变之前的参考黏聚力；$\varepsilon_{crit}=0.5$（Poliakov and Buck，1998）。由于$\varepsilon_p$是材料变量，可使用示踪粒子，追踪其水平流动的规律（Bianco et al.，2008）。这种方法会形成跨越 10 ~20 个单元的板块裂解区域，且具有更快的扩张速率，导致变形更局部化。因此，这种分辨率为 ~1.5km 的地幔柱-洋中脊相互作用模型，允许板边界宽度为 15 ~30km，半扩张速率在 10 ~30km/Myr。

（3）地幔熔融

使用干橄榄岩地幔减压熔融，来计算熔体生成率 $\partial F/\partial P$，其中，$F$ 是熔体分数，$P$ 是压力。熔融区由 Katz 等（2003）的橄榄岩固相线来限定（图 2-59）。在给定压力 $P$ 下，当潜在温度 $T$ 超过 $T_{solidus}$时，常数 $\partial T/\partial F$ 和熵 $\Delta S$ 的恒定变化，将与固体转化为熔体相关，用于计算 $\partial F/\partial P$（Ito and Mahoney，2005；Katz et al.，2003）

$$-\frac{\partial F}{\partial P}=\frac{\left(\frac{\partial T}{\partial P}\right)_{\mathrm{F}}-\frac{\alpha T}{\rho c_{\mathrm{p}}}}{\left(\frac{\partial T}{\partial F}\right)_{\mathrm{p}}+\frac{T\Delta S}{c_{\mathrm{p}}}} \tag{2-87}$$

式中，$\alpha$ 是热膨胀系数；$c_{\mathrm{p}}$是恒压下的热容；$\rho$ 是地幔密度。选择性设定 $\partial T/\partial F$ 和 $\Delta S$ 的值（参见表2-10中的符号列表），以便在无地幔柱存在的情况下，使得模型中正常洋中脊的洋壳厚度保持为6～7km。$F$ 的值被限定为～0.2，当单斜辉石（Cpx）完全熔融时，以使模拟 $\partial F/\partial P$ 强烈下降（Asimow et al.，1997，2004）。这些都是非常简单的参数化处理。$\partial F/\partial P$ 随深度的唯一变化与固相线的斜率相关，而不受其他因素影响，例如，水含量或其他矿物学特征。无需更加逼近真实环境，因为对于这类研究来说，最重要的是，当条件达到地幔温度和流量的局部波动时，足以模拟岩石圈底部固相线附近熔体流量的自洽变化。

（4）熔体运移与岩石圈的渗透作用

这里使用的熔体运移方程，是基于McKenzie（1984）引入的描述两相系统质量守恒和动量守恒的方程式。在熔融区的顶部（即固相线），当 $T\leqslant T_{\mathrm{solidus}}$ 时，熔融停止，并产生一个熔体无法渗透的边界，并且会形成一个高孔隙率通道（Sparks and Parmentier，1991；Spiegelman，1993c）。基于上述假设，只有与熔体浮力相关的压力梯度导致熔体在熔融区中垂直上升，并使其沿着岩石圈底部附近的倾斜固相线横向流动。

熔体沿岩石圈底部的横向运移和穿过岩石圈的垂直渗透过程，对模型结果至关重要。这里，横向熔体流动受固定边界以下高孔隙度通道中平均孔隙度（熔体体积分数）$\phi$ 的控制，而固定边界的熔体通量（通过岩石圈）受深度平均孔隙度 $\Phi$ 所控制。与时间相关的穿越固相线的熔体运移，可用以下等式表述

$$\frac{\partial \rho_{\mathrm{m}}\phi}{\partial t}+\rho_{\mathrm{m}}\left(\frac{\partial u}{\partial x}+\frac{\partial w}{\partial z}\right)=0 \tag{2-88}$$

$$u=\frac{-k_0\phi^n}{\mu_{\mathrm{m}}}(\rho_{\mathrm{s}}-\rho_{\mathrm{m}})g\left[\sin(\theta)+\Delta Z\,\frac{\partial\phi}{\partial x}\right] \tag{2-89}$$

$$w_{\mathrm{mantle}}=-\int_{Z_{\max}}^{Z_{\mathrm{solidus}}}\left(\frac{\mathrm{d}F}{\mathrm{d}P}\right)\rho_{\mathrm{s}}gW\mathrm{d}Z \tag{2-90}$$

$$w_{\mathrm{lith}}=\frac{-k_0\Phi^n}{\mu_{\mathrm{m}}}(\rho_{\mathrm{s}}-\rho_{\mathrm{m}})g\cos(\theta) \tag{2-91}$$

式中，$u$ 是达西（Darcy）熔体流动速率乘以与固相线平行时的孔隙度；$w$ 是垂直于固相线的熔体流动速率；$W$ 是矩阵的垂直速度（大写字母表示固体速度）；$\rho_{\mathrm{m}}$是熔体密度；$\rho_{\mathrm{s}}$是固体密度；$n=2$ 是孔隙度与渗透率相关的指数。有关其他变量的定义请参见表2-10。式（2-88）为熔体质量守恒公式，式（2-89）描述了熔体在平行于

固相线 $x$ 的方向上的达西流动（动量守恒）。熔体沿固相线一维运移的假设可用以解析高孔隙率通道以下地幔生成的熔体供给等式（2-90），并计算通道上方岩石圈内的熔体流动速度等式（2-91），其差异用于计算等式（2-89）中的 $\partial w/\partial z$。

为了独立控制通道中孔隙度的基本参数，将式（2-88）和式（2-89）结合，去掉变量量纲（用素数表示），推导出无量纲控制方程（所有变量的定义见表 2-10）

$$\frac{\partial\phi'}{\partial t'}-\frac{\partial}{\partial x'}\left[\phi'^{n}\frac{\partial\phi'}{\partial x'}\right]-Pe\left[\partial'^{n-1}\sin(\theta)\frac{\partial\phi'}{\partial x'}-\frac{\phi'^{n}}{n}\cos(\theta)\frac{\partial\theta}{\partial x'}\right]=w'_{\mathrm{mantle}}-\frac{w_{\mathrm{l0}}}{w_{\mathrm{m0}}}w'_{\mathrm{lith}} \tag{2-92}$$

两个输入参数控制了熔体传输：$Pe$，以及熔体通过岩石圈的速率和从地幔向上流动的流速之比 $w_{\mathrm{l0}}/w_{\mathrm{m0}}$。

岩浆运移模型比较重要的另一方面是模拟岩浆真正穿透岩石圈的时间和位置（即何时何地 $w'_{\mathrm{lith}}>0$）。式（2-91）描述了晶间多孔流动、熔体通道相互贯通和岩墙作用等常见机制共同影响下产生的通过岩石圈的熔体在平均深度下的岩浆通量（单位面积）。$w_{\mathrm{lith}}$ 取决于岩石圈中熔体的平均分数或孔隙度 $\Phi$。按照类似于 Hieronymus 和 Bercovici（2001）的方法，假设 $\Phi$ 的变化是由板块 $\sigma_{\mathrm{p}}$ 之下岩浆的超压变化以及岩浆穿过板块造成的岩石圈破坏（通常为包括化学、热和结构破坏）所引起

$$\Phi=\frac{\Phi_{\max}}{2}\left[1+\tanh\left(\frac{\sigma_{\mathrm{p}}-\sigma_{\mathrm{c}}+L_0H}{2\,C_0/\Phi_{\max}}\right)\right] \tag{2-93}$$

式中，$L_0$ 和 $C_0$ 是常数；$\sigma_{\mathrm{c}}$ 是岩石圈的固有（恒定）强度；$\Phi_{\max}$ 是岩石圈的最大孔隙度；$H$ 是分时积分岩浆流速，是衡量累积岩浆破坏的指标。

用一个成比例的 $\varphi_0$ 压力比例尺归一化 $\sigma_{\mathrm{p}}$ 和 $\sigma_{\mathrm{c}}$，并用 $H_0$ 归一化 $H$，推导出式（2-91）无量纲的形式

$$w'_{\mathrm{lith}}=\cos\theta\left[1+\tanh\left(\frac{\phi'\cos\theta}{D'}-\frac{\sigma'_{\mathrm{c}}}{D'}+\frac{L'_0H'}{D'}\right)\right]^{n} \tag{2-94}$$

式（2-94）描述了穿过固相线的垂向熔体通量，与沿固相线 $\varphi'$ 密闭孔隙率相平衡，该通量控制了高孔隙率通道中固相线以下的熔体压力、岩石圈的量纲强度（scaled strength）$\sigma'_{\mathrm{c}}$、岩浆破坏（magmatic damage）的敏感度 $L'_0$，其中，$L'_0H'$ 和影响因子 $D'$ 是在岩浆作用之前发生的岩石圈破坏的累积指标。破坏总量（total damage）不能超过岩石圈的强度（即 $L'_0H'<\sigma'_{\mathrm{c}}$）。实际上，对于选择 $L'_0$ 值（表 2-10），这种限定很难达到。三个自由参数 $\sigma'_{\mathrm{c}}$、$L'_{\mathrm{D}}$、$D'$ 共同控制了方程式（2-94）。

假设岩石圈通过热、化学或最新火山作用的岩浆物理机制等因素发生破坏，那么衡量该破坏的量是 $H$，可使用以下平流方程计算

$$\frac{\partial H}{\partial t}=w_{\mathrm{lith}}-\frac{\partial(HU_{\mathrm{rate}})}{\partial X}-\frac{S}{(H+H_0)^2} \tag{2-95}$$

式中，$X$ 是绝对参考系中的横向坐标，即不是沿着固相线。右侧的第一项只有一个

参数，$H$ 等于$\int w_{lith}dt$，代表了岩浆流经岩石圈给定部分在时间轴上的积分。等号右侧的第二项描述了平流运动，代表了以半扩张速率$U_{rate}$运移板块的破坏性水平迁移。而第三项描述了由于愈合（healing）作用导致破坏减少的量。有了这个等式，遭受更多破坏的岩石圈（较大的 $H$）比破坏少的岩石圈（较小的 $H$），愈合得更为缓慢。在混凝土压缩模拟实验中，可以看到类似的行为（Zhong and Yao，2008），且破坏作用在原始岩石圈中最初以最大速率$S/H_0^2$愈合。最大愈合率决定了开始累积的最小岩浆穿透率$w_{lith}$。等式（2-95）多引入了一个自由参数 $S$。

总之，式（2-92）、式（2-94）和式（2-95）控制了软流圈和岩石圈中的岩浆流动。将它们耦合到每一步的地幔熔融和温度的计算中，求解这些方程，过程如下：

首先，固相线的位置和斜率由固体流动和热传递参数求解确定；

接着，$w_{mantle}$之下熔体供应，可由式（2-90）计算得到；

当前一步计算得到了破坏变量 $H$ 值后，沿着固相线的每个质点的$w_{lith}$值，可以由式（2-94）计算得到；

式（2-92）可以解决沿固相线的流体运移问题；

最后，$H$ 由式（2-95）计算得出并更新；

式（2-92）的解析结果用于验证该方法。

这里自由参数是 $Pe$、$w_{l0}/w_{m0}$、$H_0$、$L_0'$、$D'$（见表 2-10）。

（5）岩浆加热

同 Mittelstaedt 等（2008）所使用的公式相似，将岩石圈中每个点的岩浆加热速率定义为

$$q=\rho c_p\beta w_{lith}[T_{asth}-T(X,Z,t)] \tag{2-96}$$
$$q_{max}=\rho c_p T_{asth}\beta w_{lith}^{max}$$

式中，$T_{asth}$表示无地幔柱软流圈和岩石圈中的岩浆温度（1300℃）；$\beta$（1/m）是一个控制加热速率的恒定比例常数；$w_{lith}$（m/s）是通过岩石圈的岩浆熔体流动速度（或每单位横截面积的体积通量），在洋中脊跃迁之前，达到最大值$w_{lith}^{max}$；$X$ 和 $Z$ 是质点在绝对参考系中的坐标；$q_{max}$是洋中脊跃迁之前的最大加热速率。与描述通过岩石圈熔体通量的式（2-94）一致，式（2-96）假设尽可能通用并且无需考虑岩石圈中特定熔体运移机制的影响。

下面用式（2-92）~式（2-95）所计算出来的$w_{lith}$和式（2-96）中设定的$\beta$（位于$9\times10^{-6}\sim10\times10^{-5}$/m）来检验一些模型。为了探索模型的一系列变化，以 10km/Myr、20km/Myr 和 30km/Myr 的半扩张速率运行模型，地幔柱上涌中心之上的年龄在 15~3Ma，个别模型改变了过高的地幔柱温度和过量的浮力通量。另外，一些模型也考虑了地幔柱和洋中脊相对于彼此迁移的情况。

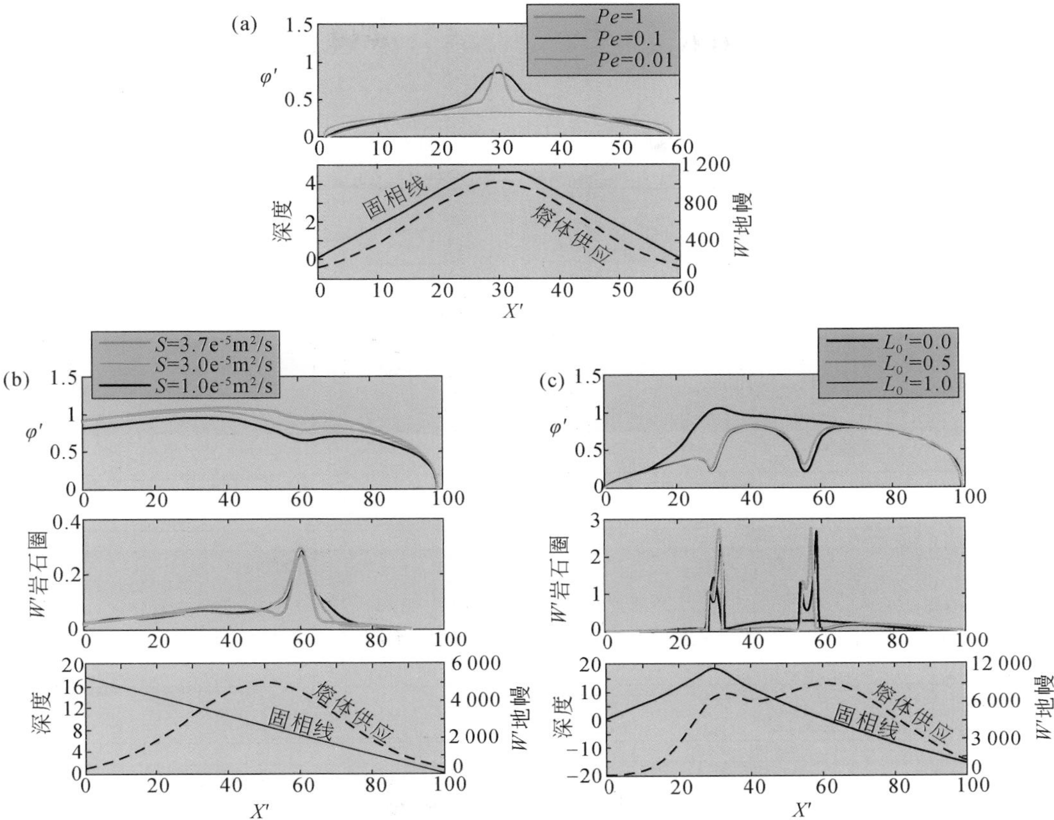


图 2-61　熔体输送计算中的三个主要自由参数（Mittelstaedt et al.，2011）

（a）*Pe*，（b）*S* 和（c）$L_0'$，以及固相线的形状（标记为实线）和地幔熔体供应（$w'_{\mathrm{mantle}}$；标记为虚线）控制通过岩石圈（$w'_{\mathrm{lith}}$）的熔体流动速率和固相线下方的孔隙度（$\phi'$）

### 2.2.4.2　洋中脊跃迁的控制因素

（1）控制熔体迁移的参数

6 个自由参数控制岩石圈内熔体输送。各种测试表明，多数模型对 $w_{l0}/w_{m0}$、$H_0$ 和 $D'$ 相对不敏感，但对 *Pe*、$L_0'$ 和 *S* 这三个参数最敏感。通过一系列初步计算探索了 *Pe*、$L_0'$ 和 *S* 的影响，这些计算仅涉及求解式（2-98）~式（2-101），无需 Citcom 软件即可计算地幔流量和温度（图 2-61）。

首先，应研究沿固相线的熔体流动如何受到 *Pe* 的影响，因为 *Pe* 控制了固相线斜率（solidus slope）与侧向变化，相对重要。为了探讨这个问题，需要考察固相线下方的稳态孔隙度。该固相线在 $X'=30$ 处最浅，并且远离该点倾斜加深，因为洋壳从洋中脊脊轴向外逐渐变厚［图 2-61（a）］（*X* 是水平方向，并且 $X'=X/d$ 是无量纲的），所以非常类似于大洋岩石圈板块下部。在这个测试模型中，来自下方的熔

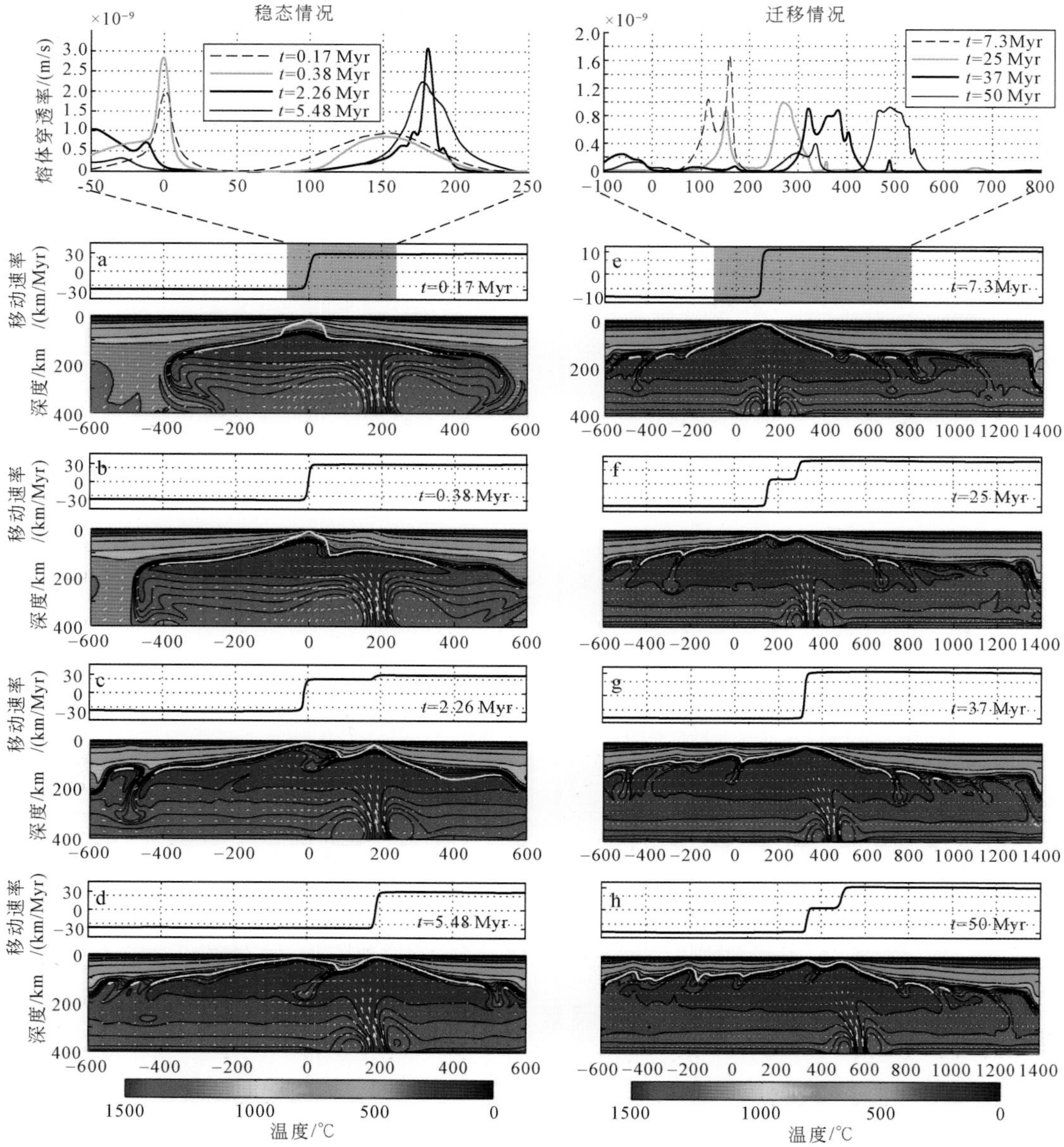

图 2-62　左侧图版中地幔柱位置固定（$X=200$km）和右侧图版中地幔柱迁移的两种情形下随时间演变过程（Mittelstaedt et al.，2011）

颜色显示潜热的轮廓（见底部色标），箭头表示地幔流动，白色轮廓标记熔融区顶部的固相线。模型顶部的水平速度（粗黑线）显示在每组温度轮廓上方。顶部的图（a）和（b）显示出对于每种情况，穿过固相线进入每种情况下相应区域中的岩石圈岩浆通量（线颜色/样式对应于每个图版标记的时间）

体供应是 $X'$ 的高斯函数，也以 $X'=30$ 为中心，$L_0'=0$（熔体在 $X'=30$ 时脱离洋中脊，而无破坏累积），$S=8\times10^{-5}\mathrm{m}^2/\mathrm{s}$，$\phi'=0$ 是域左侧和右侧的边界条件。较小的 $Pe$ 值能够降低横向孔隙度变化，而较大的 $Pe$ 值容易导致孔隙度（熔体积累）的局部峰值［图2-61（a）］。

其次，第二个测试模型［图2-61（b）］证明，愈合速度比例 $S$ 影响了岩浆穿透岩石圈的集中效应。大致模拟一个同轴热点和一个离轴热点，固相线以恒定的角度（10°）向外倾斜，直到偏离假想的脊轴（在 $X'=0$），下面的熔体供给在 $X'=50$ 处最高［图2-61（b）］。岩石圈的累积破坏 $H'$（与之成比例），以相对于板块的恒定速度（10km/Myr）向右推移，右边缘 $\phi'=0$，而左边缘 $\partial'\phi/\partial'X=0$。当 $Pe=0.022$ 且 $L_0'=0.17$ 时，岩浆渗透率的局部峰出现在（热点）岩浆通量峰的右侧，展示了时间 $t=1$Myr 处的情况。$S$ 值越大，导致破坏区域越集中，因为它限制了岩浆渗透大到足以引发破坏的距离［见式（2-94）和式（2-95），图2-61（b）］。

最后，这里讨论的第三种情况解答了破坏效应的敏感性（$L_0'$）如何影响岩浆穿透岩石圈的宽度和位置［式（2-94）］。类似于热点-洋中脊相互作用的情形，固相线随远离“脊轴”距离的平方而加深，该“脊轴”以 $X'=30$ 为中心；来自下部的熔体供应等于两个高斯 $\omega'$ 在 $X'=30$ 和 $X'=60$ 处峰值的总和（“洋中脊”和“地幔柱”熔融供应），并且在左边和右边施加 $\phi'=0$［图2-61（c）］、$Pe=0.1$、$S=6.5\times10^{-6}m^2/s$。一旦破坏开始积累，$L_0'$ 的较大值将导致更多的岩浆渗透岩石圈。较大的岩浆通量会导致更多的破坏累积并降低愈合速率，这些因素共同引起正反馈，使岩浆在两个窄峰处集中［图2-61（c）］，即脊轴和热点上。

集中到这些狭窄区域（如与热点宽度相当）的岩浆会被加热，从而弱化岩石圈，进而必然导致洋中脊发生跃迁。在该模型的全数值计算中，使用的 $Pe$、$L_0'$ 和 $S$ 的最终选择值（表2-10）决定了热点和洋中脊的喷发区域，在大多数情况下跨度为10～20km，并且在以下所有模型实例中保持相同。

（2）时间演化：固定地幔柱-洋中脊间距的完整模拟

在固定了上述控制熔体运移（melt transport）的参数之后，基于随时间变化的地幔柱-洋中脊相互作用和熔体运聚的完整模拟，来研究其余相关参数的地质影响。这些参数包括：$\beta$、扩张速率 $U_{rate}$、热点处初始岩石圈厚度 $Z_{lith}$（或者海底年龄 $t_{age}$）、海底和热点之间的相对运动。这些地质参数值的范围将结合各种自然实例加以讨论。

第一组计算模拟相对于固定地幔柱的洋中脊［图2-62（a）～（d），$U_{mig}=0$］。在地幔柱冲击岩石圈后，熔体运聚和岩石圈加热开始启动，并在整个实验箱中扩展，这时时间 $t=0$。同时模型底部的地幔柱（imposed plume）具有80km的高斯宽度，峰值温度超过300℃。对于图2-62所示的示例情况，半扩张速率 $U_{rate}$ 是30km/Myr，加热参数 $b=3.0\times10^{-5}$/m［式（2-96）］。熔融发生在脊轴下方和地幔柱柱头内。最早（$t=0.17$Myr）穿过脊轴部位岩石圈的岩浆来自地幔柱和洋中脊熔融区（产生～30～40km的熔体厚度），并集中到～15km宽的区域。但在轴外，在地幔柱上方的宽阔区域（~150km 宽），仅有低通量岩浆穿过未破坏的（undamaged）岩石圈［图 2-62（a），顶部］。经过数十万年后，随着岩石圈受到地幔柱和岩浆加热的影响，广泛的离轴岩浆渗透区聚集于较窄的区域（~90km），以响应累积破坏和固相线局部变平［图 2-62（b）］。该过程中增加的轴外岩浆通量使离轴岩石圈变薄，导致固相线在热点附近变浅，进一步增强了岩浆渗透量。岩石圈持续累积破坏和减薄，最终使轴外岩浆作用的宽度与脊轴的宽度相当。随着轴外岩浆通量的增加，洋中脊上的通量减小。随着时间推移（$t=2.3$Myr），岩浆开始越过热点，使得热的地幔物质上升到初始裂谷处，进一步弱化岩石圈并促进岩石圈加速裂解。在从老洋中脊到新洋中脊的拓展扩张期间（$t=2.0\sim2.9$Myr），裂谷之间的岩石圈形成微板块（微洋块），其表面具有非常小的、不明显的速度梯度［图 2-62（c）］。最后，所有的扩张都在新洋中脊的脊轴上进行，而老洋中脊停止扩张［$t=5.5$Myr，图 2-62（d）］。

（3）尺度分析：固定地幔柱–洋中脊的间距

主要模型结果是重要物理过程的基本量度（quantity），它们本身就是相关地质变量的函数。第一个量度表征岩浆加热岩石圈的速率。对于这个量度，使用 $q_{max}$［式（2-96）］，它也是加热速率因子 $\beta$ 和通过轴外岩石圈的最大岩浆流速最大值 $w_{lith}^{max}$（$1.5\times10^{-9}\sim3.0\times10^{-9}$m/s，如果在脊轴上喷发，会产生 5~40km 的过剩地壳，在 $U_{rate}=10\sim50$km/Myr 处扩张，并且岩浆增生区域宽 5km）的乘积。该量度类似于 Mittelstaedt 等（2008）使用的比例因子 $Q_{hotspot}$（$t=0$ 时的总加热速率）。

第二个量度是岩石圈热弹性的量度。Mittelstaedt 等（2008）将热弹性定义为热侵蚀岩石圈所需的加热速率

$$Q_{thin}(\Delta X) \equiv \rho c_p U_{rate}\left[\int_0^{Z_{lith}} (T_{asth} - T(\Delta X, Z))_{t=0} \mathrm{d}Z\right] \tag{2-97}$$

式中，$Z_{lith}$是距洋中脊脊轴的跃迁距离，或者在没有跃迁的情况下，发生在地幔柱中心上方，为 $\Delta X$ 处岩石圈的初始厚度。与 Mittelstaedt 等（2008）的研究结果相似，研究发现对于给定热回弹值 $Q_{thin}$，有一个最低岩浆加热速率 $q_{max}$，会引发洋中脊跃迁，并且该值随 $Q_{thin}$ 非线性增加［图 2-63（a）］，

$$q_{max} \geq a\,(Q_{thin})^b + c \tag{2-98}$$

其中，最小二乘法（squares regression）计算得出：$a=-0.23J^{(b-1)}m^{(b-3)}s^{(b-1)}$，$b=-0.5$，$c=0.0016\mathrm{J/(m^3\cdot s)}$。然而，岩石圈热弹性参数 $Q_{thin}$ 与通常的观测值（如海底年龄）没有直接关系。因此，对岩石圈热弹性的修正量度是扩张速率乘以冷却半空间表面热损耗的时间积分

$$Q_{cool} \equiv \int_0^{t_{age}} \frac{U_{rate}\rho c_p (T_{asth})\sqrt{\kappa\pi}}{\sqrt{t_{age}}} \mathrm{d}t = \frac{2U_{rate}\rho c_p T_{asth}}{\sqrt{\pi}}\sqrt{\kappa t_{age}} \tag{2-99}$$

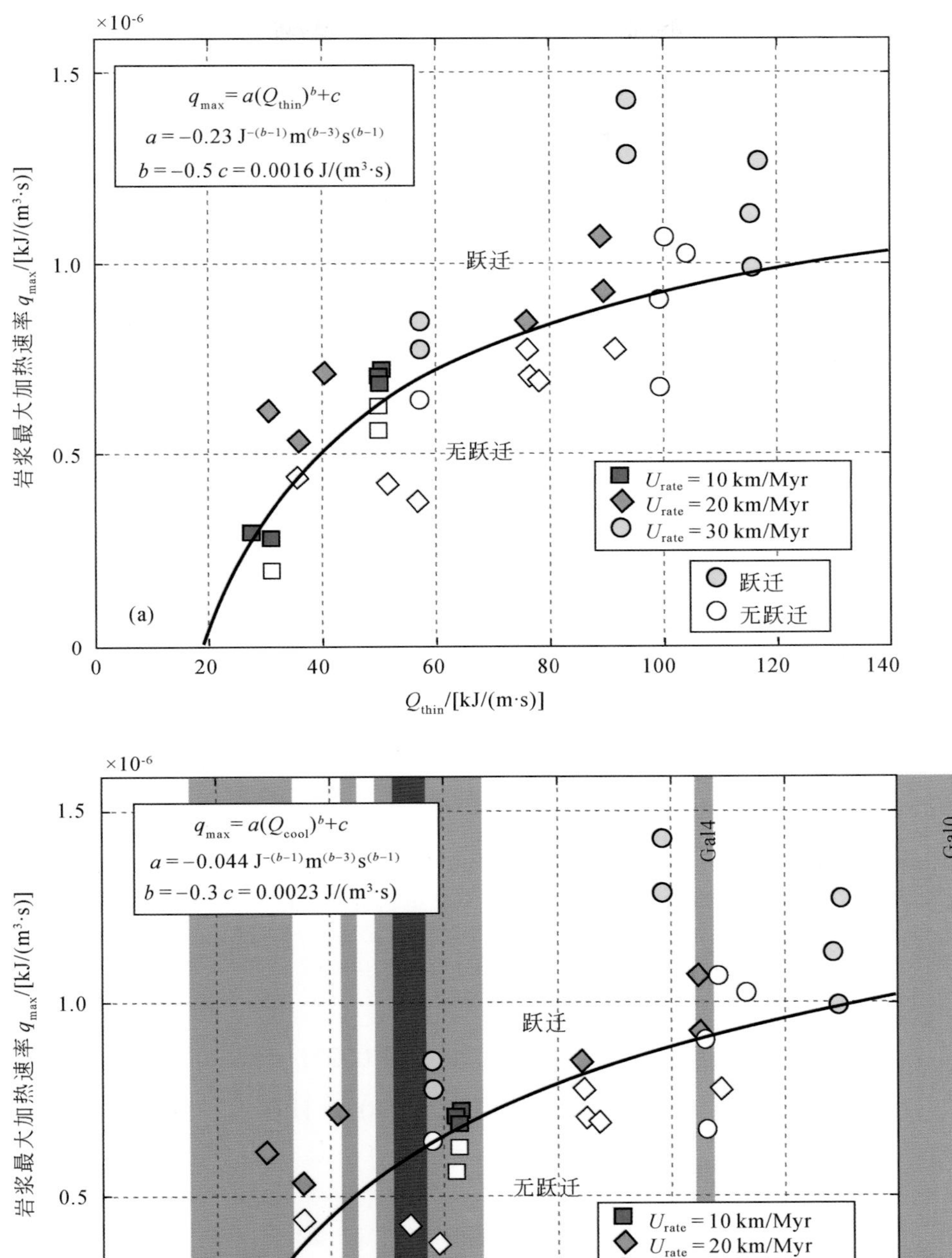

×10⁻⁶
$q_{max}=a(Q_{thin})^b+c$
$a=-0.23\ J^{-(b-1)}m^{(b-3)}s^{(b-1)}$
$b=-0.5\ c=0.0016\ J/(m^3·s)$
跃迁
无跃迁
$U_{rate}=10\ km/Myr$
$U_{rate}=20\ km/Myr$
$U_{rate}=30\ km/Myr$
跃迁
无跃迁
(a)
岩浆最大加热速率 $q_{max}$/[kJ/(m³·s)]
$Q_{thin}$/[kJ/(m·s)]
×10⁻⁶
$q_{max}=a(Q_{cool})^b+c$
$a=-0.044\ J^{-(b-1)}m^{(b-3)}s^{(b-1)}$
$b=-0.3\ c=0.0023\ J/(m^3·s)$
Gal4
Gal0
跃迁
无跃迁
$U_{rate}=10\ km/Myr$
$U_{rate}=20\ km/Myr$
$U_{rate}=30\ km/Myr$
跃迁
无跃迁
(b)
Ice
Asc
Lou
Gal10
岩浆最大加热速率 $q_{max}$/[kJ/(m³·s)]
$Q_{cool}$/[kJ/(m·s)]

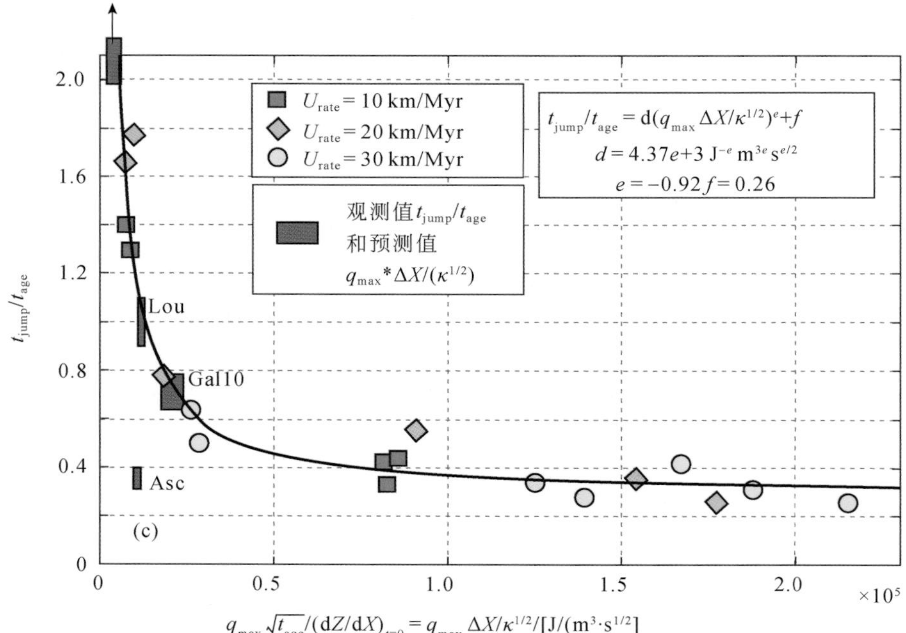


图 2-63　岩浆最大加热速率对洋中脊跃迁的影响（Mittelstaedt et al., 2011）

（a）当最大加热速率 $q_{max}$ 的值高于临界值（黑线）时，洋中脊跃迁（实心符号），但通常不会出现小于此值（空心符号）的情况。不同扩张速率标记为不同符号。（b）当对比 $Q_{cool}$ 时，模型结果与洋中脊迁移尺度配匹

式中，$t_{age}$ 是 $\Delta X$ 处的海底年龄。直观地，基于 $\sqrt{t_{age}}$，$Q_{cool}$ 与冷却半空间 $Z_{lith}=2\sqrt{\kappa\, t_{age}}$ 预测的岩石圈厚度成正比，通过这种热弹性测量方法，导致洋中脊跃迁所需的最小岩浆加热速率 $q_{max}$ 会增加，就像 $Q_{thin}$ 一样，

$$q_{max}\geqslant a\,(Q_{cool})^b+c \tag{2-100}$$

式中，$a=-0.044\mathrm{J}^{(b-1)}\mathrm{m}^{(b-3)}\mathrm{s}^{(b-1)}$；$b=-0.3$ 和 $c=0.0023\mathrm{J}/(\mathrm{m}^3\cdot\mathrm{s})$ [图 2-64（b）]。对于具有洋中脊跃迁的几个自然系统，使用式（2-100）计算 $U_{rate}$ 和 $t_{age}$ [式（2-99）]，以推断每个系统的最小 $q_{max}$ [图 2-63（b）和表 2-11]。

**表 2-11　图 2-63 和图 2-64 的观测结果**

| 热点 | $U_{rate}$/(km/Myr) | $U_{mig}$/(km/Myr) | $\Delta X$/km | $t_{jump}$/Myr | 推断的$q_{max}$ /[kJ/(m³·s)] |
|---|---|---|---|---|---|
| 阿森松 | 16.2～19.8 | 2.2～2.6 | 35 | 0.7 | $0.5\times10^{-6}\sim0.53\times10^{-6}$ |
| 加拉帕戈斯群岛，0Ma | 27～33 | 25.2～30.8 | 260 | — | — |
| 加拉帕戈斯群岛，4Ma | 25～27 | 25.2～30.8 | 150[a] | — | — |
| 加拉帕戈斯群岛，10Ma | 18～22 | 25.2～30.8 | 10～77[b] | 1.6～2.5 | $0.55\times10^{-6}\sim0.73\times10^{-6}$ |

续表

| 热点 | $U_{rate}$/(km/Myr) | $U_{mig}$/(km/Myr) | $\Delta X$/km | $t_{jump}$/Myr | 推断的$q_{max}$ /[kJ/(m³·s)] |
|---|---|---|---|---|---|
| 冰岛 | 9~11 | 4.5~5.5 | 10~40 | 8 | 0~0.38×10⁻⁶ |
| 路易斯维尔 | 30~36 | −520.7 | 33[3] | 1[c] | 0.62×10⁻⁶~0.66×10⁻⁶ |

[a]当前的地幔柱-洋中脊间距为负的4Myr乘以洋中脊迁移速率。

[b]参数$t_{jump}$乘以洋中脊迁移率。

[c]磁异常2A的估计宽度/年龄。

资料来源：Mittelstaedt等，2011

与地质观测密切相关的另一个模型输出量是，从岩浆加热开始到跃迁完成的时间$t_{jump}$的预测时间。如果以初始裂谷位置处的海底年龄将$t_{jump}$归一化，则该值非常合适［图2-63（c）］

$$\frac{t_{jump}}{t_{age}}=d\left(\frac{q_{max}\Delta X}{(\kappa)^{\frac{1}{2}}}\right)^{e}+f \tag{2-101}$$

式中，$\Delta X$（$=t_{age}U_{rate}$）是初始裂谷与初始洋中脊脊轴之间的距离，$d=4.37\times10^{3}\,J^{e}m^{3e}s^{e/2}$，$e=-0.92$，$f=0.26$。对于几种自然系统，可以依据方程（2-100）推断出这些系统的$t_{jump}/t_{age}$和$\Delta X$观测值以及最小$q_{max}$［图2-63（c）和表2-11］。可以将这些关系表示为

$$\frac{t_{jump}}{t_{age}}=d\left(\frac{q_{max}\sqrt{t_{age}}}{\frac{\partial Z_{lith}}{\partial X}}\right)^{e}+f \tag{2-102}$$

其中，$Z_{lith}=2\sqrt{\kappa t_{age}}=2\sqrt{\kappa\Delta X/u_{rate}}$和$\partial Z_{lith}/\partial X$是在$\Delta X$处沿岩石圈底部的坡度。因此，式（2-101）和式（2-102）的结果显示：在较老海盆中，洋中脊跃迁往往会花费更长的时间（$t_{jump}\propto t_{age}^{0.54}$），且热点岩浆作用强度较小（$t_{jump}\propto q_{max}^{-0.92}$）以及需要更大的岩石圈坡度（$t_{jump}\propto(\partial Z_{lith}/\partial X)^{0.92}$）。最后一个关系式表明，较大的固相线坡度倾向于将更多的岩浆引到初始脊轴上，并使岩浆穿透离轴岩石圈。这些结果表明，熔体运聚是控制洋中脊跃迁时间的重要机制。

（4）洋中脊跃迁过程

下一组计算，相对于模型边界的位置，通过将地幔柱温度异常以恒定速率$U_{mig}$移动，以模拟地幔柱和洋中脊之间的相对运动。在这些情况下，模型域宽度为2000km，均一单元宽度约为2km（1024个元素），其他模型条件不变。地幔柱最初在洋中脊脊轴下方保持静止状态，随后在岩石圈下方上升并横向扩展，直到洋中脊下方的热剖面处于稳定状态，即洋中脊下地幔被地幔柱物质代替，需要几个百万年。此时（$t\neq0$）激活了熔体运聚、岩浆加热和地幔柱迁移。

图2-62（e）~（h）显示，在洋中脊半扩张速率相对固定的情况下（$U_{rate}$ = 10km/Myr，$U_{mig}$ = 10km/Myr，$b$ = 3.0×10$^{-5}$/m），随时间演化地幔柱和原始脊轴的相对位置改变导致熔体运移演化的示例。最初，所产生的所有熔体都向脊轴移动，离轴的岩浆作用和加热作用可以忽略不计。$t$ = 7.3Myr 时，地幔柱迁移后的距离约为50~70km，熔体穿透的离轴区域在距洋中脊30~50km 处形成［图2-62（e）］。随着地幔柱继续相对于洋中脊运动，离轴的岩浆通量集中到一个狭窄的区域，上覆岩石圈减薄，裂谷作用促进热软流圈进一步弱化岩石圈，直到形成新的脊轴。与其他参数相同的非迁移情况相比，洋中脊跃迁发生的时间要长得多（$t_{jump}$ ≈ 27Myr）［图2-62（f）］。初始洋中脊跃迁完成后，由于当前地幔柱上方陡峭的岩石圈具有倾斜底面，所以大部分来自地幔柱的熔体流向新的洋中脊。穿过离轴岩石圈的峰值岩浆通量的位置，正好位于新脊轴的地幔柱方向［图2-62（g）］。这种偏移趋向于使洋中脊随地幔柱迁移，但速率比地幔柱本身稍慢。地幔柱基本上在短时间内“捕获”了洋中脊。地幔柱足够远离洋中脊后，离轴岩浆通量出现一个单独的新峰值。轴外岩石圈减薄和增强的熔体运聚之间的反馈重新开始，直到发生洋中脊第二次跃迁（$t$ = 50Myr）［图2-62（h）］。

除了多期的洋中脊跃迁，$U_{rate}$、$U_{mig}$和岩浆加热速率 $q_{max}$ 的不同值，还导致了地幔柱对洋中脊其他方面不同程度的影响，包括无跃迁（即最小影响）、“竞争性”裂谷（其中每支裂谷容纳随时间变化的总扩张速率的一部分）、单次跃迁和快速跃迁的形成。随后，脊轴与地幔柱继续迁移，最终导致完全“洋中脊捕获”（最大影响）。

不同级别的地质事件行为似乎主要取决于两个量：地幔柱扩散速率和迁移速率差（$U_{rate}-U_{mig}$）和岩浆加热速率与岩石圈 $Z_{lith}$ 单位厚度的热弹性的比率［$q_{max}/(Q_{cool}/Z_{lith})$］（图2-64）。$U_{rate}-U_{mig}$是当洋中脊从地幔柱中迁移出来时，地幔柱上的绝对板块运动速率。注意，由于 $Q_{cool}$ 与 $Z_{lith}$ 的比例，使得 $q_{max}/(Q_{cool}/Z_{lith}) = q_{max}\sqrt{\pi}/U_{rate}\rho c_p T_{asth}$ 独立于 $Z_{lith}$。在给定的相对板块运动（$U_{rate}-U_{mig}$）下，$q_{max}/(Q_{cool}/Z_{lith})$ 的大值会导致完全的洋中脊捕获，而 $q_{max}/(Q_{cool}/Z_{lith})$ 的小值会导致无洋中脊跃迁［图2-64（a）］。对于 $U_{rate}-U_{mig}\approx 0$，即地幔柱和上覆板块之间几乎无相对运动，$q_{max}/(Q_{cool}/Z_{lith})$ 的增大会导致地幔柱影响的增强，表现为无洋中脊跃迁时，$q_{max}/(Q_{cool}/Z_{lith})$ 为 ~0.1×10$^{-3}$，“竞争性”裂谷、单个跃迁、重复跃迁和洋中脊捕获的情况下，$q_{max}/(Q_{cool}/Z_{lith})$ 为 ~0.7×10$^{-3}$。地幔柱影响最强时，即洋中脊跃迁开始于最低的 $q_{max}/(Q_{cool}/Z_{lith})$ 和 $U_{rate}-U_{mig}$ = 0~10km/Myr［图2-64（a）中的灰色虚线］，并且在 $U_{rate}-U_{mig}$ 偏离 0~10km/Myr 附近的最大影响点时，通常需要更大的 $q_{max}/(Q_{cool}/Z_{lith})$。在 $q_{max}/(Q_{cool}/Z_{lith})$ 固定的情况下，如 $q_{max}/(Q_{cool}/Z_{lith})$ ≈0.2×10$^{-3}$/m、

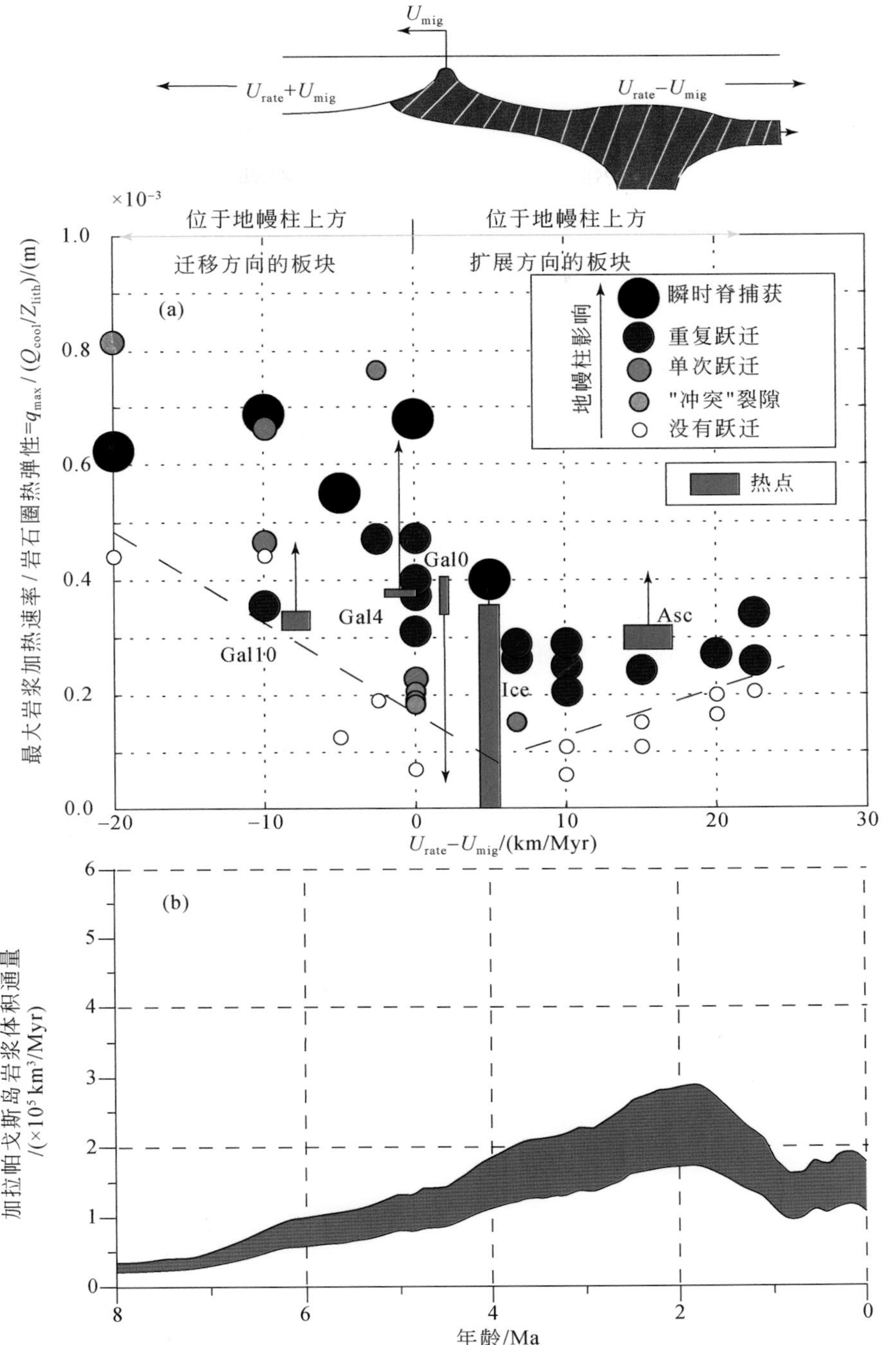


图 2-64　地幔柱作用对洋中脊跃迁的影响（Mittelstaedt et al., 2011）

(a) 地幔柱相对于脊轴移动的情况显示出各种行为，这些行为以地幔柱增加的顺序列出（符号大小增加）：无跃迁（白色圆圈），两支"竞争性"（dueling）的裂谷：两者之间存在离散扩张（浅蓝色圆圈），单次脊轴跃迁（深蓝色圆圈），多次洋中脊跃迁（青色圆圈）和瞬时洋中脊捕获（黑色圆圈）。岩石圈最大岩浆加热速率与岩石圈热弹性的比值 $q_{max}/(Q_{cool}/Z_{lith})$ 和半扩张速率与迁移速率 $U_{rate}-U_{mig}$之间的差异有效地描述了行为范围。结果表明，对于较小的 $U_{rate}-U_{mig}$（灰色，虚线）正值，地幔柱的影响最大。根据已发表的扩展和洋中脊扩张速率，沿着水平轴放置自然热点-洋中脊系统（红色框）的值，并且沿着垂直轴放置图 2-63（b）中跃迁所需的最小预测 $q_{max}$值。标记和参考文献如下：Asc，Ascension（Brozena and White，1990）；Gal0，Gal4，Gal10 分别为加拉帕戈斯在 0Ma、4Ma 和 10Ma 时的结构（Harpp and Geist，2002；Wilson and Hey，1995）；Ice，冰岛（Jones，2003；LaFemina et al.，2005；Torsvik et al.，2001）。有关使用的值请参见表 2-11。在观察到洋中脊跃迁的情况下，预期的 $q_{max}/(Q_{cool}/Z_{lith})$ 预计是最小的（向上的箭头）。对于无洋中脊跃迁的现今加拉帕戈斯（Gal0），预测的 $q_{max}/(Q_{cool}/Z_{lith})$ 预计是最大的（向下的箭头）。在加拉帕戈斯热点，$q_{max}/(Q_{cool}/Z_{lith})$ 预计在 10～5Ma 增加（多期洋中脊跃迁到洋中脊捕获），并且在～2.5～0Ma 减少（洋中脊捕获到无跃迁）。(b) $q_{max}/(Q_{cool}/Z_{lith})$ 的预测演化大致反映了加拉帕戈斯群岛岩浆体积通量的演变

$U_{rate}-U_{mig}\approx 0$ 的情况，会导致“竞争性”裂谷形成，$U_{rate}-U_{mig}\leqslant 2$km /Myr 的情况，不会导致洋中脊发生跃迁，$U_{rate}-U_{mig}$从 ~10km/Myr 增加到 ~20km/Myr 时，会导致多次洋中脊跃迁，随 $U_{rate}-U_{mig}\approx 20$km/Myr 以上，最终不再发生跃迁。

地幔柱的影响随 $q_{max}/(Q_{cool}/Z_{lith})$ 增加的趋势大多是直观的，而 $U_{rate}-U_{mig}$ 变化导致的行为变化不那么简单，但反映了不同的行为变化方式，其中，洋中脊跃迁受到熔体运聚和岩浆加热的影响。例如，$U_{rate}$的增加，通过减小给定距离 $\Delta X$ 处的岩石圈厚度和斜率 $\partial Z_{lith}/\partial X$，来促进洋中脊跃迁，即较少的熔体被输送到脊轴部。$U_{rate}-U_{mig}$绝对值的增加，是通过增加板块移动经过热点加热区的速率来抑制洋中脊跃迁，从而减少了岩石圈加热所需的时间。当 $U_{rate}-U_{mig}<0$ 时（图 2-64 左侧的绝对板块运动），被较少岩浆加热的较老、较厚的岩石圈迁移到岩浆加热区，但当 $U_{rate}-U_{mig}>0$ 时（绝对板块运动到图 2-64 中的右侧），被大量岩浆加热的较年轻、较薄的岩石圈迁移到岩浆加热区。上述效果有时会相互抵消，有时会在不同程度上相互加强。

（5）地幔柱温度和浮力流量的变化

图 2-65 显示了地幔柱过热温度 $\Delta T_p$ 和地幔柱宽度的变化如何影响 $t_{jump}$（恒定 $\Delta T_p$时宽度变化的效应，以浮力通量 $B$ 的最终变化表示，以便于与其他模型进行比较）。这里设定了两种不同模型来改变 $\Delta T_p$ 和 $B$。模型 1，对于 12km 宽的加热区域

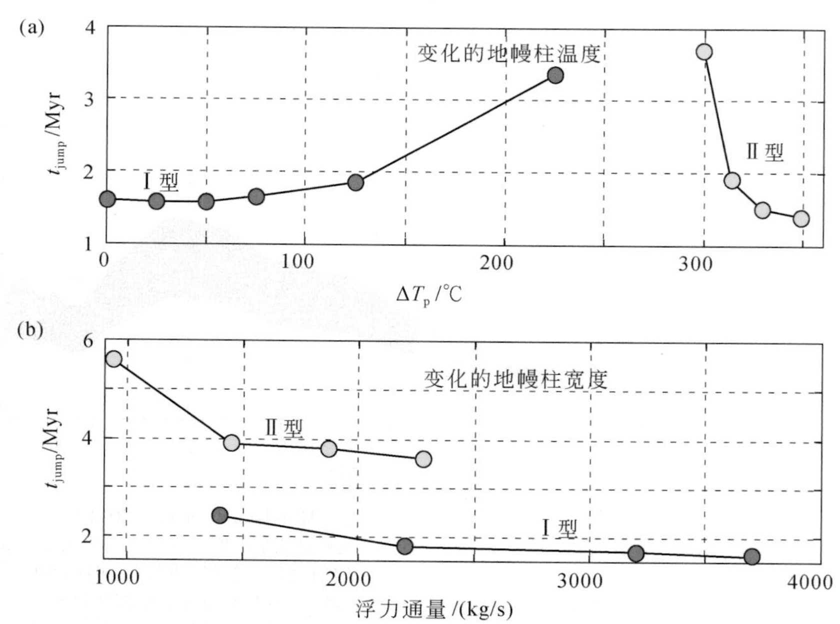


图 2-65 地幔柱温度和宽度与洋中脊跃迁时间的关系（Mittelstaedt et al.，2011）

（a）对于Ⅰ型的情况（通过岩石圈施加恒定的岩浆渗透率），增加地幔柱温度 $\Delta T_p$，会降低脊轴强度，并导致更大的 $t_{jump}$值。Ⅱ型中 $\Delta T_p$的增加（熔融控制岩浆渗透率），会导致由于热点处地幔熔体供应增加，而导致 $t_{jump}$值的急剧减少。（b）Ⅰ型和Ⅱ型的恒定 $\Delta T_p$（地幔柱宽度的变化）的浮力通量 $B$ 的增加，导致 $t_{jump}$值减小

内，人为地保持类型 $\beta$ 和 $w_{lith}$ 的值恒定（$\beta w_{lith}=1.5\times10^{-13}/s$），半扩张速率为 10km/Myr，并且假设地幔柱-洋中脊的间隔距离是 100km。对于模型 2，岩浆加热由式（2-98）~式（2-102）计算，$\beta=6.5\times10^{-5}/m$，$q_{max}=0.91\times10^{-6}J/(m^3\cdot s)$，离轴岩浆加热区的宽度在 15~100km 之间变化，半扩散速率为 20km/Myr，地幔柱-洋中脊的间隔距离为 200km。

对于模型 1，$\Delta T_p$ 和 $B$ 的变化仅影响地幔中的热传导和应力，但不会改变岩石圈中的（固定）岩浆加热速率。$t_{jump}$ 的值随着 $\Delta T_p$ 的增加而增加［图 2-65（a）］，但随着固定 $\Delta T_p$ 处 $B$ 的增加而减小［图 2-65（b）］。虽然较大的 $\Delta T_p$ 导致较大的 $B$，但是当 $\Delta T_p$ 增加时，控制 $t_{jump}$ 的主要因素是下伏地幔温度升高引起的脊轴减弱。当 $B$ 增加而 $\Delta T_p$（更大的体积通量）没有变化时，由于地幔柱物质和上覆板块之间的剪切增强，地幔柱上方的岩石圈张力增加，促进了 $t_{jump}$ 的减少。

对于模型 2，$\Delta T_p$ 和 $B$ 的变化不仅会引起地幔温度及应力场的变化，而且还会改变地幔柱的熔体供应。与模型 1 的情况不同，模型 2$\Delta T_p$ 和 $B$ 的增加都会导致 $t_{jump}$ 的减少［图 2-65（a）和（b）］。在所测算的 $\Delta T_p$ 范围内（300~350℃），由于通过岩石圈的岩浆流速值增加与更大的地幔柱熔融相关，因此 $t_{jump}$（~3Myr）大幅下降。事实上，对于图 2-65 所示的情况，$\Delta T_p\leqslant250$℃的值不会导致洋中脊跃迁。与模型 1 类似，模型 2 的预测 $t_{jump}$ 随着 $B$ 值的增大而减少，但是对 $B$ 的敏感性更大，可能是因为熔体生成对 $B$ 的依赖性增加。

#### 2.2.4.3 洋中脊跃迁的关键问题

（1）洋中脊跃迁：预测趋势和观测

在冰岛、加拉帕戈斯、阿森松、Shona、沙茨基、路易斯维尔以及沿东经 90°海岭等在内的许多热点的当前位置，和其先前位置附近，都观察到了与地幔柱-洋中脊相互作用相关的洋中脊跃迁。在图 2-63（c）中，将式（2-101）和式（2-102）预测的趋势，与 $t_{jump}/t_{age}$ 和 $\Delta X$ 的观测值以及 4 个热点的 $q_{max}$ 的推断值可以进行比较。这 4 个热点为阿森松、冰岛（自~16Ma）、加拉帕戈斯（10Ma）和路易斯维尔。$q_{max}$ 的推断值来自式（2-100）和 $Q_{cool}$ 的观测约束值［图 2-63（b）］。观测到的 $t_{jump}$ 值受到如下因素的约束：阿森松（~0.7Ma；Brozena and White，1990）磁性和测深观测结果、冰岛裂谷带熔岩的年代测定（~8Ma；Hardarson et al.，1997）、加拉帕戈斯的磁异常需要在 10~5Ma 之间跳跃 3~4 次的模型（每次~1.6~2.5Myr，Wilson and Hey，1995），以及路易斯维尔的磁异常 2A 的宽度（≤1Ma；Small，1995）。$t_{age}$ 的值来自图 2-64 中的参考值或如表 4-13 中所述计算。在图 2-63（c）中，冰岛、加拉帕戈斯和路易斯维尔的曲线图非常接近预测的趋势，表明这些热点的 $q_{max}$ 值可能接近于实际值。然而，热点的最小跳跃 $q_{max}$ 的预测值远小于等式（2-101）

所示的预测值，这意味着实际的 $q_{max}$ 大于推断值。热点显示与式（2-102）预测的趋势一致，表明该模型模拟到了涉及洋中脊跃迁（即岩石圈减弱）的主要过程，并且裂谷形成后洋中脊拓展的其他过程相对于 $t_{jump}$ 是短暂的。

图 2-66 显示了在洋中脊跃迁时的 $U_{rate}$ 观测值与 14 个记录洋中脊跃迁的 $t_{age}$ 之间的关系。图中还显示了一组基于模型结果［式（2-106）］获得的理论曲线，其中最大 $U_{rate}$ 和 $t_{age}$ 值限定 $q_{max}$ 值最大时，洋中脊发生跃迁（预测跃迁发生在曲线之下，而不是在曲线之上）。$U_{rate}$ 和 $t_{age}$ 的观测值来自图 2-66 中的参考值，或者使用误差条为异常宽度的磁异常数据进行估算。对于从已死亡的 Aegir 洋中脊跃迁到冰岛热点，并进入大陆岩石圈，最终形成 Kolbeinsey 脊（图 2-66 中标为 Kol）的这一特殊情况，$t_{age}$ 的值被视为具有相同深度综合屈服强度的大洋岩石圈的等效年龄。这个屈服强度是根据 Mjelde 等（2008）确定的 45Ma 热学、岩性和流变学参数来计算的，并估计岩石圈-软流圈边界深度为 30～40km。图 2-66 中的大跨度误差条反映了 Kolbeinsey 脊所使用的假设具有不确定性。对于较大的扩张速率值（对于给定的 $q_{max}$ 值），理论曲线预测洋中脊跃迁将限于较年轻的板块年龄。在给定的扩张速率下，跃迁到较年轻海底的 $q_{max}$ 理论值较小。曲线表明了模型预测结果，即较年轻的海底有利于洋中脊跃迁，而向较老海底发生洋中脊跃迁则需要较大的岩浆通量或较慢的扩张速率。

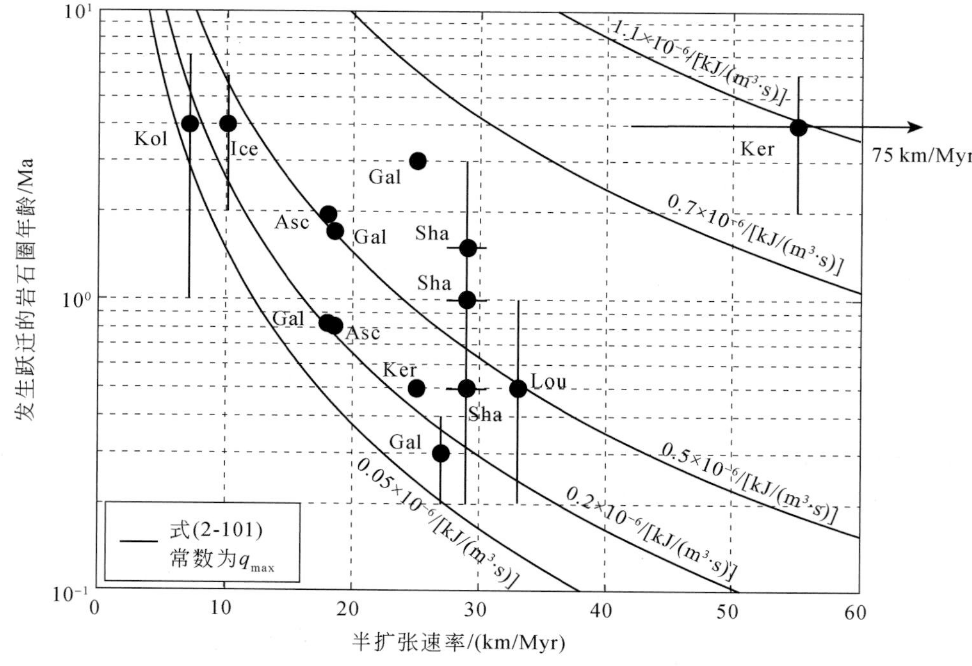


图 2-66 观察到的半扩张速率和发生跃迁的岩石圈年龄（Mittelstaedt et al.，2011）

显示了几个位置发生跃迁（黑色圆圈），包括阿森松热点（Asc）、加拉帕戈斯热点（Gal）、冰岛（Ice）、凯尔盖朗热点（Ker）、Kolbeinsey 脊（Kol）、路易斯维尔热点（Lou）和沙茨基海隆（Sha）。条形表示估计的观察误差。如果没有误差条，则表示误差小于符号或未知。不同最大加热速率 $q_{max}$［单位为 kJ/(m³·s)］的曲线来自式（2-101）和式（2-102）。对于给定的 $q_{max}$，预测洋中脊跃迁发生在任何一条曲线下方

实际上，尽管数据可能反映了 $q_{max}$ 和特定构造环境的一系列较差约束值，但上述位置显示，对于较大扩张速率值，观测到的 $t_{age}$ 会普遍降低，这与理论曲线是吻合的。在 14 次跃迁中，有 11 次跃迁发生在年龄≤3Ma 的年轻海底。对于 3Ma 以上海底的洋脊跃迁，如冰岛最近一次的跃迁和从死亡的 Aegir 洋中脊到 Kolbeinsey 脊的跃迁（图 2-66 标注为“Ice” 和 “Kol”），都发生在扩张非常缓慢的岩石圈中（半扩张速率≤10km/Myr）。与其他情况相比，沿着东经 90°海岭进入 ~8Ma 海底的残留大跃迁（Krishna and Rao，2000）的发生需要异常大的岩浆热速率。

（2）洋中脊多期跃迁

在许多地点，包括 16Ma 以来的冰岛、沙茨基海隆以及沿着东经 90°海岭在内的许多地方，当板块的其余部分从热点迁移出来时，近端脊段经常反复向热点跃迁。或者，热点可能通过不对称扩张捕获脊段，例如，在 5 ~2.5Ma 的加拉帕戈斯，其中洋中脊与热点保持固定距离，因而没有可分辨的扩张跃迁（Hey，1977；Wilson and Hey，1995）。最后，热点和洋中脊可以在没有跃迁的情况下分离，就像自 ~2.5Ma以来在加拉帕戈斯发生的那样（Wilson and Hey，1995）。虽然这些观察结果被广泛记录，但却没有获得控制洋中脊跃迁的机制。

以上模型预测：岩浆通量的动态演变和岩石圈的相应加热，是导致多次洋中脊跃迁的主要过程。Mittelstaedt 等（2008）的模型没有涉及岩浆供给计算，预测了从跃迁到捕获洋中脊，并使洋脊在加热区稳定地迁移，不会发生重复的洋中脊跃迁。然而，通过岩浆供给计算，可以预测到多期的洋中脊跃迁。关键是地幔柱远离脊轴，并且在先前倾斜的固相线、Shoals 和地幔柱上方变平之后，岩浆通量中出现了一个新的轴外峰值。因此，通过地幔柱熔体产生大致的稳定速率和稳定的迁移脊，上述模型预测了不断变化的熔体供给系统，其脊部几何形状发生间断变化。

在图 2-64 中，推断的最小跳跃 $q_{max}$ ［图 2-63（b）］和观测到的 $Q_{cool}/Z_{lith}$ 和 $U_{rate}-U_{mig}$ 值，被用于绘制一组自然热点-洋中脊系统，并涉及多期的洋中脊跃迁，如阿森松、冰岛和加拉帕戈斯。每个系统的 $U_{rate}-U_{mig}$ 的值由图 2-64 的参考值确定。表 2-11 统计了已发表扩张速率 ±10% 的变化。阿森松的 $U_{mig}$ 和 $U_{rate}$ 是现今值（Brozena and White，1990），冰岛的值为 11Ma（Jones，2003），加拉帕戈斯采用了三个不同时期的 $U_{rate}$ 值，分别为 10Ma、4Ma 和 0Ma（Wilson and Hey，1995）。加拉帕戈斯的三个值对应于观察到的多期洋中脊跃迁（10Ma）、洋中脊捕获（4Ma）和无跃迁（自 ~2.5Ma）（Wilson and Hey，1995）。对于阿森松、冰岛和加拉帕戈斯（10Ma 时），预测的 $q_{max}/(Q_{cool}/Z_{lith})$ 值均落在多期跃迁的范围内，与观察结果一致。

4Ma 的加拉帕戈斯明显被捕获，$q_{max}/(Q_{cool}/Z_{lith})$ 的推断值小于此行为的预测值。该结果与实际 $q_{max}$ 大于式（2-100）推断的［图 2-64（a）中的向上箭头］情况一致，这再次描述了跃迁所需的最小值。对于目前没有洋中脊跃迁的加拉帕戈斯（Gal0），推断的 $q_{max}/(Q_{cool}/Z_{lith})$ 似乎比没有跃迁的预测值更大。该结果意味着实际 $q_{max}$ 小于推断的值［图 2-64（a）中的向下箭头］。因此，加拉帕戈斯热点的变化行为意味着在 ~10Ma 和 ~5Ma 之间的岩浆加热增加（从多期跃迁到洋中脊捕获的转变）和 ~2.5Ma 的岩浆加热减少（从洋中脊捕获变为无跃迁）。这种演变类似于加拉帕戈斯群岛过去 ~8Myr 的估计岩浆体积通量的变化［图 2-64（b）］（Ito et al., 1997）。

（3）洋中脊跃迁与洋中脊相对于热点的位置

Jellinek 等（2003）最近的一项研究指出，与太平洋和非洲超大陆无关的热点，通常聚集在约 1000km 的缓慢扩张区，而不是快速扩张的洋中脊。他们提出，离轴热点是地幔柱物质在快速扩张脊处而不是慢速扩张脊处被吸入角流导致的。热点位于缓慢扩张洋中脊附近的另一个可能原因是，通过多期洋中脊跃迁和不对称扩展捕获洋中脊。预计通过缓慢扩张速率促进洋中脊跃迁［式（2-101）和图 2-63（c）和图 2-66］。此外，由于洋中脊和地幔柱是分开的，在某些模型条件下，洋中脊预计会长时间保持在地幔柱附近。随着时间的推移，在许多热点附近观察到多期洋中脊跃迁，导致不对称的增生（Müller et al., 1998, 2001），这可以很好地解释现今的热点和洋中脊分布。

（4）板内热点：岩浆加热对板块减薄的贡献

模型中的岩浆加热预测了地幔柱上方岩石圈的明显减薄，从最大减薄到引起洋中脊跃迁，再转换到减薄较大的宽阔区域。这种减薄可能有助于热点局部膨胀。这些预测结果与最近的地震观测结果一致，这表明夏威夷群岛下的岩石圈厚度从夏威夷岛下方 100 ~ 110km（正常 90Ma 的板块厚度）到瓦胡岛和考艾岛下 50 ~ 60km 变化（Li et al., 2004）。先前提出的夏威夷岩石圈减薄的地幔柱触发机制，包括通过热幔柱物质对板块进行传导加热、小尺度对流和固态岩石圈地幔侵蚀（Detrick and Crough, 1978; Moore et al., 1998; Ribe and Christensen, 1994; Li et al., 2004）。岩浆在穿透岩石圈时加热板块，这为夏威夷地幔柱和其他板内热点上方的岩石圈减薄提供了另一种机制。但现今也有人提出冷幔柱（或冷微幔块）也可导致大洋岩石圈减薄（Scco et al., 2020），这可能是另一类有待验证的机制，与此处讨论的机制完全相反。

总之，这里的系列实验探讨了岩石圈相互作用和岩石圈岩浆加热对洋中脊跃迁启动的综合影响。使用黏塑性地幔流的二维模型，与应变历史相关的屈服准则与熔融和熔体运聚模型相结合，用于计算岩浆通过岩石圈时的加热。熔体运聚方程模拟了在岩石圈下方固相线处的高孔隙度通道中的平均熔体流动。岩浆到达海底的能力取决于固相线的熔体压力、岩石圈强度和岩石圈累积岩浆破坏之间的平衡。计算结果预测，岩浆动态穿透和加热岩石圈，其宽度（10～20km）可与许多洋中脊上的新火山带宽度（Karsten et al.，1986）和热点岛屿宽度相比较。这种岩浆作用的集中对于发生洋中脊跃迁是至关重要的，并且预计是由与岩石圈减薄相关的固相线的局部变化，向局部浅的固相线熔体流动增强和积累岩浆破坏之间的正反馈所致。

模型结果表明，对于较大的岩浆加热速率和扩张速率值，以及较小的板块年龄，发育洋中脊跃迁的时间减少。熔体的运聚速度与扩张速率呈反比，因此熔体运聚速率增加将导致更大的固相线斜率；由于其较大的斜率，在较慢速扩张的岩石圈下方的脊状熔体运聚更快，导致更大的脊轴上方加热速率和更小的轴外加热速率（即更大的 $t_{jump}$）。炽热的热地幔柱上升流具有正反两种效应。虽然较大地幔柱的过热温度会通过弱化洋中脊脊轴来抑制洋中脊跃迁，但主要的作用是通过增加离轴的熔体供应来促进跃迁。由于熔体流量增加和板块底部较大剪切应力，地幔柱体积流量的增加也促进了洋中脊跃迁。

由于熔体运移、岩石圈岩浆渗透和岩石圈底部形状之间的动态相互作用，模型预测了 5 种主要行为，包括无跃迁、“竞争性”裂谷、单条洋中脊跃迁、多期洋中脊跃迁和完全的洋中脊捕获。地幔柱影响随着 $q_{max}/(Q_{cool}/Z_{lith})$ 的增加而增加，后者是岩石圈每单位厚度的最大岩浆加热速率与热弹性的比值。当 $U_{rate}-U_{mig}$ 的值略微偏正时，地幔柱影响达到最大值。从这个最大值来看，地幔柱影响通常会随着 $U_{rate}-U_{mig}$ 变得越来越负值而衰减得越来越快，而随着 $U_{rate}-U_{mig}$ 变得越来越正值而衰减得越来越慢。

模型预测结果显示，其与自然界地幔柱-洋中脊系统的观测结果吻合得很好。阿森松岛、冰岛、路易斯维尔和加拉帕戈斯的观测结果支持对跃迁时间尺度的预测趋势。上述模型预测了过去～10Myr 的加拉帕戈斯热点加热速率的变化，类似于对加拉帕戈斯岩浆体积通量变化的独立估计。此外，14 个洋中脊跃迁的观测支持对较慢、较年轻的海底促进洋中脊跃迁的预测。模型结果还表明，岩石圈的岩浆加热是岩石圈在夏威夷等板内热点上方减薄的潜在机制。最后，多期的洋中脊跃迁和洋中脊捕获过程可以解释观察到的缓慢扩张的大西洋洋中脊附近的热点群。

## 2.3 深海盆地系统动力学

### 2.3.1 小尺度对流与板内火山成因

尽管大洋盆地中的大多数板内火山活动都是用线性海山链表示的，但并非所有火山作用都与固定的热点有关（Morgan，1971）。热点假设是基于火山机构沿着海山链的线性年龄变化。然而，一些海岭，如马绍尔、莱恩（Line）和 Cook-Austral 群岛，显示出高度不规则的年龄-距离关系（Davis et al.，2002；Koppers et al.，2003；Bonneville et al.，2006），因此需要另一种机制给予解释。

另一个例子是小规模的普卡普卡（Pukapuka）和邻近的海岭，其年龄也难以用热点假说来解释（Sandwell et al.，1995），并具有波长为200km 的地形和线性重力异常（gravity lineations）（Haxby and Weissel，1986）。

前人已经提出了几种模型来解释线性重力异常和相关的火山活动。

首先，太平洋板块的离散扩张（Sandwell et al.，1995）或热驱动裂解（Gans et al.，2003）可导致岩石圈形成裂隙（cracks），进而先存的熔体被萃取。

其次，对于从土阿莫土和马克萨斯热点向东太平洋海隆的异常，橄榄岩湿热部分熔融（return flow）可能会诱发指压（fingering）和渠道流（channelling）（Weeraratne et al.，2007）的回流。

最后，岩石圈底部小尺度对流（small-scale sublithospheric convection）可能动态地产生熔融和相关线性重力异常（Buck and Parmentier，1986；Haxby and Weissel，1986；Marquart，2001）。

岩石圈破裂（cracking）假说假设软流圈中有一个部分熔融的岩浆房。这是为了解释它的流变特征（Anderson and Sammis，1970），但该流变特征受到了挑战（Karato and Jung，1998；Faul and Jackson，2005）。此外，该模型不能预测重力测量和局部地震层析成像观察到的软流圈中的负密度异常（Harmon et al.，2006，2007；Weeraratne et al.，2007）。尽管海山链的表面形态可能受到张性裂缝的影响（Lynch，1999），但它们不太可能控制岩浆的产生。相反，渠道化回流和岩石圈底部对流可以解释火山活动和相关的密度异常（Marquart，2001；Harmon et al.，2006）。

在地幔顶部，由于成熟大洋岩石圈底部增厚的热边界层具有不稳定性，大洋岩石圈底部对流很可能发育。它随板块运动而排列为对流管（convective rolls）（Richter and Parsons，1975）。较低的地幔黏度或横向密度不均一性（热或成分变化）导致岩石圈底部对流开始于年轻板块部位（Huang et al.，2003；Dumoulin et al.，2005），可能在岩石圈底部对流的上升流中发生部分熔融（Haxby and Weissel，1986）。

由于熔体滞留和残余物质的额外消耗，部分熔融改变了成分浮力（Oxburgh and Parmentier，1977；Schutt and Lesher，2006）。因此，它促进了上升流并允许发生后续熔融。这种自激机制，在熔融开始后，能够持续维持熔体形成达数百万年（Tackley and Stevenson，1993；Raddick et al.，2002）。

岩石圈底部对流的三维热-化学数值模型可以定量检验板内火山活动的岩石圈底部对流假说。其中，可通过改变关键参数，如地幔黏度和温度，来探索岩石圈底部对流相关的三维熔融模式、海底年龄以及熔体生产速率。这两个参数都只是弱约束，在熔体通过地幔时，可能发生强烈变化。最终，可用于解释特定板内火山链所在岩石圈底部的小尺度对流假说。

三维数值模型常用有限元代码 Citcom（Moresi and Gurnis，1996；Zhong et al.，2000；van Hunen et al.，2005），以求解具有扩展布西内克斯近似的不可压缩无限普朗特数流体的质量、动量和能量守恒方程。

密度是温度 $T$ 和成分的函数，通过熔融和再结晶过程进行修改为

$$\rho=\rho_{\mathrm{m}}(1-\alpha(T-T_{\mathrm{m}}))+F\Delta\rho_{\mathrm{depl}}+\varphi\Delta\rho_{\mathrm{melt}} \tag{2-103}$$

式中，$T_{\mathrm{m}}$、$\rho_{\mathrm{m}}$、$\alpha$、$F$、$\varphi$、$\rho_{\mathrm{depl}}$和$\rho_{\mathrm{melt}}$分别是参考温度、参考密度（3300kg/m$^3$）、热膨胀系数（3×10$^5$/K）、熔体耗散质量分数、地幔中熔体体积分数、耗散引起的密度变化（72. 6kg/m$^3$，Schutt and Lesher，2006）和熔体引起的密度变化（500kg/m$^3$）。

熔融模型来自 Katz 等（2003），并且对浅层上地幔中的含水橄榄岩熔融是有效的。假设地幔源的总体水含量为 0. 0125wt. %，与无水情况相比，可导致固相线降低 50℃。熔体-固体混合物的平衡水含量，会影响熔融模型中每个点的熔融温度（Katz et al.，2003），最大含水量使得固相线降低也最多，其中，熔体耗散 $F$ 最小（Hirth and Kohlstedt，2003）。

熔体因黏性地幔流而累积，并被动地发生平流，直到进入 1% 阈值的孔隙度，此时连通网络中的玄武质熔体变得可移动（Faul，2001）。然后，任何多余的熔体被瞬间萃取到表面，这可以保持 $\varphi=1\%$，相当于假设熔体萃取的时间尺度远小于地幔流动的时间尺度。

流变学取决于温度和深度，忽略任何成分效应时

$$\eta=\eta_{\mathrm{m}}\exp\left(\frac{E^{*}+\rho_{\mathrm{m}}gz\,V^{*}}{RT}-\frac{E^{*}}{RT_{\mathrm{m}}}\right) \tag{2-104}$$

式中，$R$、$g$、$z$、$\eta_{\mathrm{m}}$、$E^*$ 和 $V^*$ 分别是气体常数、重力加速度、深度、参考地幔黏度、活化能（120kJ/mol）和活化体积（5cm$^3$/mol）。$E^*$ 的低值用于模拟软流圈中位错蠕变的贡献（Christensen，1984），较高的 $E^*$ 值会低估岩石圈底部对流引起的岩石圈侵蚀（van Hunen et al.，2005），并高估海山附近的抗弯刚度（Watts and Zhong，2000）。

计算在笛卡儿（Cartesian）箱中进行，该笛卡儿箱从下方加热，并从上方冷却，其 384×96×48 的有限元代表 3000km×920km×400km。在侧面施加自由滑动边界条件，在顶部和底部无滑动，在顶部和底部分别施加+65km/Myr 和+10km/Myr（即相对于 55km/Myr 的下地幔板块运动）。流入边界表示与 4 ~ 20Myr 洋中脊脊轴平行的海底面。流入 $T$ 和 $F$ 剖面（inflow $T$-and $F$-profiles）是 2D 的洋中脊自洽模型。少量热随机噪声（±2℃）被添加到流入 $T$ 剖面中。继续计算，直到达到统计的稳态性

(statistical steady-state)。

简单的同质模型能够再现在上述洋中脊上观察到的总体特征。特别是，它们提供了一个框架，可以解释非热点（如年龄变化）的火山活动。但在预测火山活动持续时间>10Myr 以及下伏海底年龄<25Ma 和>55Ma 的情形时，存在局限性。

然而，一些轴外弱的热异常或一些岩性的更大熔融深度（Ito and Mahoney, 2005），可能会使年龄>55Ma 的海底也发生火山活动。侧向密度不均一性会局部降低岩石圈底部对流的起始年龄（Huang et al., 2003；Dumoulin et al., 2005），其允许在至少一个上升流中存在明显的熔融，并可能导致年龄<25Ma 的海底发生火山活动（如在普卡普卡东部海岭）。由于这种不均一性分布不规则，因此对流起始年龄可能随时间而变化。这种预测会使任何可能的年龄递变更加复杂，并且可以解释更长的持续时间（如在 Line 群岛）。

最终，由岩石圈底部对流引起的火山活动，或者需要大洋软流圈预测的下限 $\eta_{eff}$，或者需要大洋软流圈的上限 $T_m$。对于年轻海底来说，$\eta_{eff}$小到足以引起火山活动，而在中等年龄的海底产生大量火山活动则需要 $T_m$（1400℃）略微升高。然而，由地幔柱或岩石圈破裂引起的显著火山活动会引起更大的热异常（>100℃），沿着这些方向，其他几个火山链也可能起源于岩石圈底部的小尺度对流。

### 2.3.2 边缘对流与洋内俯冲启动

地球的岩石圈由具有不同年龄、厚度和成分组成。在这些地幔-岩石圈系统的顶部施加了不均一热和力学边界条件。这些边界条件（如大洋岩石圈厚度）虽然有一些变化，但总体平稳地发生变化（除了在破碎带），当然，在其他位置（如太古代克拉通的边缘）也可能存在大的不连续性。Elder（1976）指出，大陆边缘的热条件会导致强烈的不稳定流动。实验室实验结果也证实在大陆边缘附近会产生强烈脉动的热流体上升。在地幔对流研究中，则很少考虑表面边界条件的这些变化。

一些研究表明，岩石圈厚度的不连续性驱动着小尺度对流不稳定性，这是造成观测到的地表地形异常和/或构造特征的原因。Vogt（1991）提出，大陆-大洋岩石圈边界的岩石圈厚度变化产生了小尺度的对流不稳定性，其下降流（down-welling）稳定或固定在大陆和大洋岩石圈之间的边界处。这个下降流有一个相应的上升流，距离大陆边缘约 600km。这种机制可用于解释百慕大隆起，该隆起是一条长约 1500km、宽 500～1000km，比相同年龄的普通海底浅 1km 的狭长隆起。这个机制也可以解释阿巴拉契亚-拉布拉多隆起，该隆起是一条从阿巴拉契亚南部延伸至拉布拉多高地的宽约 500km 的地形抬升带。虽然百慕大隆起归因于地幔柱，但是该观测结果难以与地幔柱模型相协调，还存在许多问题（Vogt, 1991）。这导致人们提出这样的观点：地幔柱是高度偶然的、随机的，并且相对于其他热点移动，或者可能与北美板块一起运动。岩石圈板块运动产生的不稳定性，比北美板块大深度穿过地幔产生的不稳定性更容易发生。

地幔柱假说将高岩浆活动率归因于高地幔温度。地幔柱模型要求潜热高于背景地幔温度约300℃，以引发充分熔融，形成溢流玄武岩省。随着岩石圈的拉伸或变薄，热地幔柱物质被动地上升并熔融。Cordery 等（1997）讨论了当前地幔柱模型的一些问题。在对流部分熔融过程中，更多物质对流通过熔融区以增强熔融量。Keen 和 Boutilier（1995）表明，合理的参数可以提供被动上升地幔柱模型 3.5 倍以上的熔体，大约等同于300℃的升温。

小尺度对流在裂谷环境中的作用目前已被解决。在这些模型中，小尺度对流由水平温度梯度驱动，水平温度梯度随着岩石圈变薄而发展。Mutter 等（1988）研究表明，小尺度对流可能是产生大量岩浆所需的机制，以解释在北美大陆边缘地震观察到的巨厚火成岩地壳。Mutter 等（1988）还指出，火山型陆缘远离大陆边界发生减薄，与热点的距离无关，在某些情况下，其附近没有热点。这导致人们建议，地幔柱物质上升到地表附近，然后横向迁移数百甚至数千千米，以解释一些没有明显热点链的大火成岩省成因。研究表明，本质上，边缘驱动的对流（edge convection）是不稳定和脉动的，这是一些大火成岩省的特征。本质上，它是短暂的，特别是在新打开的大洋中。

前人研究描述了一种机制，它依赖于近地表热和力学条件的变化，能够解释大火成岩省与太古代克拉通边缘的密切相关性，如峨眉山玄武岩及西伯利亚大火成岩省。这种机制是基于较老的太古代克拉通与较年轻的大陆岩石圈之间边界附近岩石圈厚度的不连续性。特别是，大陆-大洋边界处不连续性实际早已存在，而不是通过裂谷过程才逐渐形成。

这里使用传统意义上的岩石圈这个术语，即地球的强硬外部圈层。由于低温或低挥发分含量，岩石圈可能很强。热边界层厚度约为岩石圈厚度的两倍，且热边界层的下部较弱。

因为之前的计算中对流模式与直观结果和其他结果相反，King 和 Anderson（1995）作了一个关键假设，即假定太古代克拉通下的地幔比减薄的克拉通边缘下的地幔更热，导致这些热异常的可能机制是大陆绝缘和缺乏冷却这个区域上地幔的俯冲物质。由于上地幔的长波热异常和克拉通边缘的小规模热异常相互作用，与等温流体中岩石圈不连续性的分析相比，不连续处的小尺度流动驱动了相反方向的流动。

重要的是，这种模型要考虑小尺度流动是较大动力系统的一部分，因为上地幔肯定不是等温系统，正如地幔柱假设和大多数边缘驱动模型通常所假设的那样。虽然地球的上边界层很明显是不均匀的，这导致地表的热力学和力学性质的不连续变化，但是由岩石圈变化所驱动的小尺度流动和由密度变化所驱动的大规模流动之间是相互作用的。

例如，如果厚岩石圈（即克拉通）区域下的上地幔温度比平均值更热，则与仅基于岩石圈不连续性的直观解决方案相比，岩石圈不连续处的小规模不稳定性的流动模式被逆转，也就是说，流体从厚层下方流向较薄的岩石圈并在岩石圈不连续处产生微弱上涌。厚岩石圈下的温度异常仅高30℃就可以逆转为小尺度的流动模式。一些关于超大陆形成和裂解的研究表明，在大而厚的大陆上，地幔可能比平均温度更高。长存的超大陆最有利于产生大陆隔热效应。一般来说，地幔的大规模流动很可能在薄的大洋岩石圈之下向下流动，在厚的克拉通之下向上流动，这与之前假设的初始条件相反。总之，这里只是简单说明了边缘驱动的对流本质，以及上地幔温度异常驱动的大规模流动与边缘驱动流动之间的相互作用。

# 第3章 洋底洋陆耦合模拟应用

大洋与大陆的耦合行为表现有多个尺度和多个层次。从尺度上，其可表现为全球，如超大洋与超大陆旋回、全球的动力地形与三分之二位于洋底之下深部的LLSVP之间耦合关系、全球地幔对流格局与全球洋陆动力地形的耦合；也可表现为区域尺度，如环太平洋俯冲系统中大洋板块俯冲使得洋陆过渡带岩石圈尺度地质过程的复杂性、多样性，无不与多样性俯冲诱发的多样性地幔楔对流有关。从层次上，洋陆耦合还表现为核幔边界LLSVP与浅层洋陆岩石圈之间的遥相关耦合、大洋大板块沿俯冲带分段碎片化过程诱发的洋陆过渡带之下大陆型微幔块和大洋型微幔块的复杂深部行为，以及这些深部微幔块随深部对流循环运移到大陆腹地或板块内部之下所诱发的诸如克拉通盆地沉降，等等。这些洋陆耦合过程根源都在洋底，因此本章选取一些经典实例，结合编者自身研究成果，以展示洋底洋陆耦合研究的广阔前景和实际应用价值。

## 3.1 地幔柱与超大陆动力学

板块构造理论为地球上两种类型玄武质火山作用的成因，即洋中脊和岛弧火山活动，提供了很好的解释。这两种作用都发生在板块离散边界或板块汇聚的洋-陆、洋-洋边界。洋中脊玄武岩沿着拉张区形成新的洋壳，在这一区域，相邻板块被逐渐拉开而作离散运动，而岛弧岩浆则沿着挤压区形成，在这里，板块下沉回返地幔中。

除此以外，在远离板块边界的情况下，还有第三种类型的板内（含陆内和洋内）火山作用出现，这就难以用板块构造理论来解释了。这一类型的火山活动最主要的表现就是大陆溢流玄武岩、巨型洋底高原以及无震海岭。大陆溢流玄武岩和洋底高原，它们共同的特点就是都有大量的玄武岩溢出，其喷发时间间隔在1～5Myr。它们的覆盖面积大，直径有2000～2500km（White and McKenzie，1989），所以，通常情况下，又被称为大火成岩省（LIPs）。无震海岭是横跨海底的一系列火山链。地幔柱假说将溢流玄武岩和洋底高原归因于大型球状地幔柱柱头的熔融（Richards et al.，1989；Campbell and Griffiths，1990），而将无震海岭归因于地幔柱柱尾的熔融（Wilson，1963；Morgan，1971）。

Wilson（1963）在研究夏威夷火山岛链的时候，首次提出了“热点”的概念。当时，人们发现夏威夷缺少形成褶皱带的构造挤压力，也没有强烈的地壳伸展，而且夏威夷火山链的火山年龄朝北西方向依次变老［图 3-1（a）］。在太平洋、大西洋

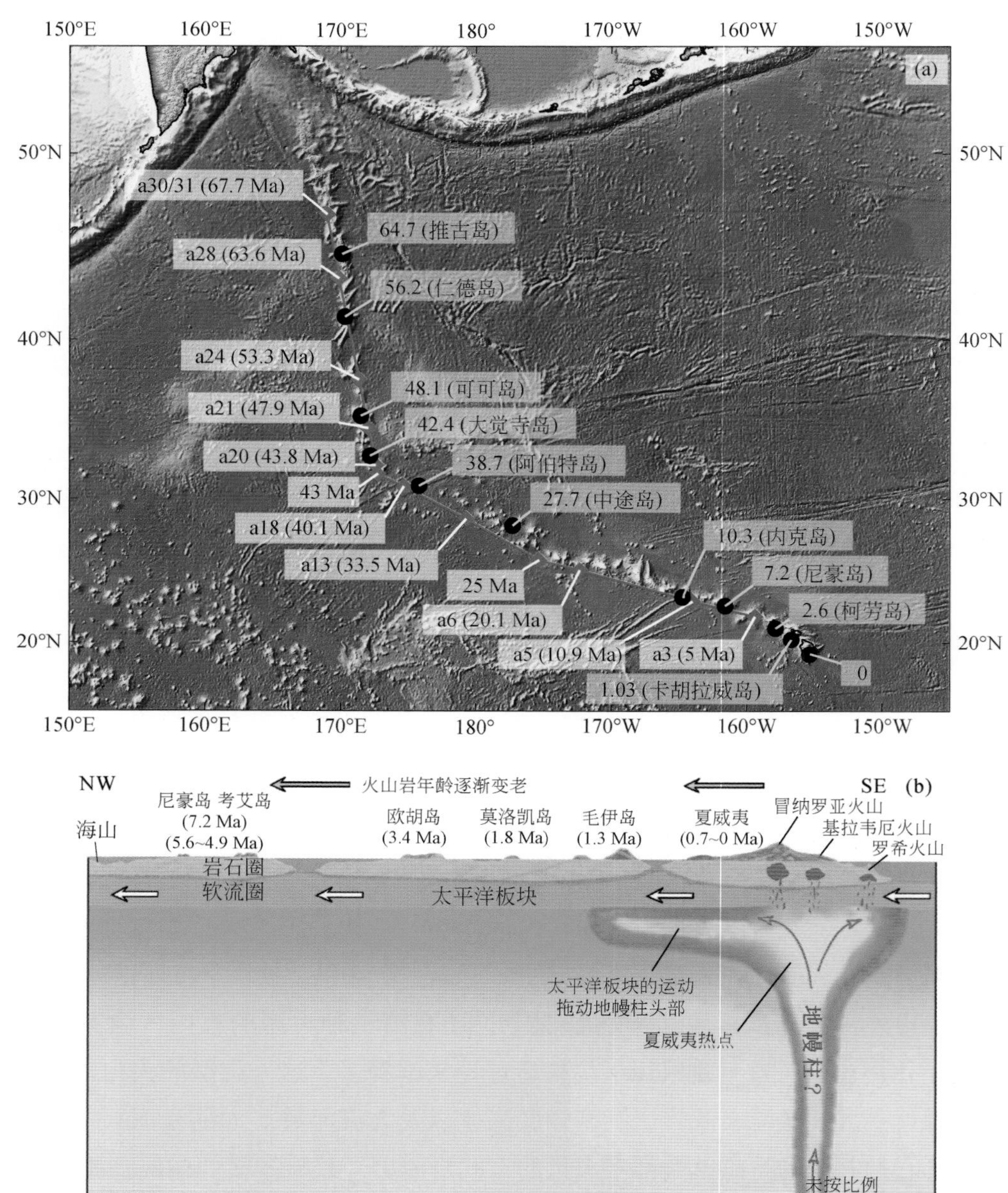


图 3-1　夏威夷火山岛链分布和垂向结构

（a）太平洋夏威夷火山岛链轨迹和年龄（Ma）。带注释的黑点代表沿着岛链的古老海山和海岛的位置及其年龄。带注释的红点代表重建修正后的太平洋热点（时代和年龄）运动轨迹（Raymond et al.，2000）。（b）夏威夷火山岛链形成机制示意，运动板块在固定热点上面通过，形成年龄由老变新的火山岛链（https://pubs.usgs.gov/imap/2800/）

和印度洋中的其他火山岛屿和海山，具有同样的线状展布，即在火山链的一端是活动的或年轻的火山，朝火山链的另一端，火山逐渐变老。Wilson（1963）将这些特征归因于上地幔深部的“固定”熔融区（称为热点），认为这些热点相对静止，所以，当岩石圈板块漂移经过这些热点时，就形成了链状火山岛屿［图3-1（b）］，但是，他并没有解释为什么夏威夷下面的地幔会异常的热。Morgan（1971）认为，这些热异常来自于源于核幔边界的上升热物质流，即地幔柱，热点是地幔柱在地表的表现。

地幔柱可以认为是由浮力所驱动的主要做垂直运动的流体。它是地幔对流运动中的两种主要对流作用之一，而另一种地幔对流的表现地带是俯冲带。这两种对流方式都是由地幔中某个边界层的浮力异常所驱动。地幔上部边界层相对较冷。大洋岩石圈在洋中脊处形成，逐渐冷却，最终变得密度大于下伏地幔，从而在俯冲带下沉，进入地幔。下沉的顶部边界层是板块构造运动的主要驱动力，它是洋中脊和岛弧玄武岩形成的间接原因。地幔的底部边界层相对较热，从地核传递过来的热量，持续加热上覆地幔并降低其密度，最终使其脱离形成地幔柱。

### 3.1.1 地幔柱结构

对热地幔柱的形成及其行为，已经有了比较好的认识，而且从物理学以及流体动力学角度进行了很好的定量化研究。目前普遍接受的观点是，地幔柱由两部分组成：巨大的蘑菇状柱头和细长的柱尾（图3-2）。一个新的热幔柱形成，首先要形成一个球状的块体，即“柱头”，当这个柱头有足够的浮力，脱离热边界层并在地幔中上升时，其直径在400～500km。热的物质会从热边界通过狭窄的通道不断向柱头供给，这一通道就是“柱尾”。柱尾比柱头要细，因为热幔柱物质的黏性要比周围地幔的黏性低。柱头的尺寸需要足够大，才能够使其在上升过程中挤开周围高黏性的地幔，而柱尾的物质则沿着已经建立好的通道在地幔中运动，一个狭窄的通道就足以使得低黏性的热柱物质达到很快的上升速率。

随着柱头的不断上升和柱尾物质的不断供给，柱头逐渐变大，同时，热幔柱柱头在长大过程中因热浮力会同化捕获温度较低的周边地幔，并在地幔柱柱头形成一种螺旋状构造（图3-3）。此时的柱头是热幔柱源区物质和较冷地幔裹挟物质混合而成的，其直径通常可达800～1200km。上升热幔柱柱头大小取决于它在地幔中上升所经过的距离。起源于核幔边界的热幔柱柱头的直径为1000km左右。当上升抵达冷而刚性的岩石圈底部时，其头部可横向拓展形成直径超过2000km、厚度为100～200km的蘑菇状热物质体。

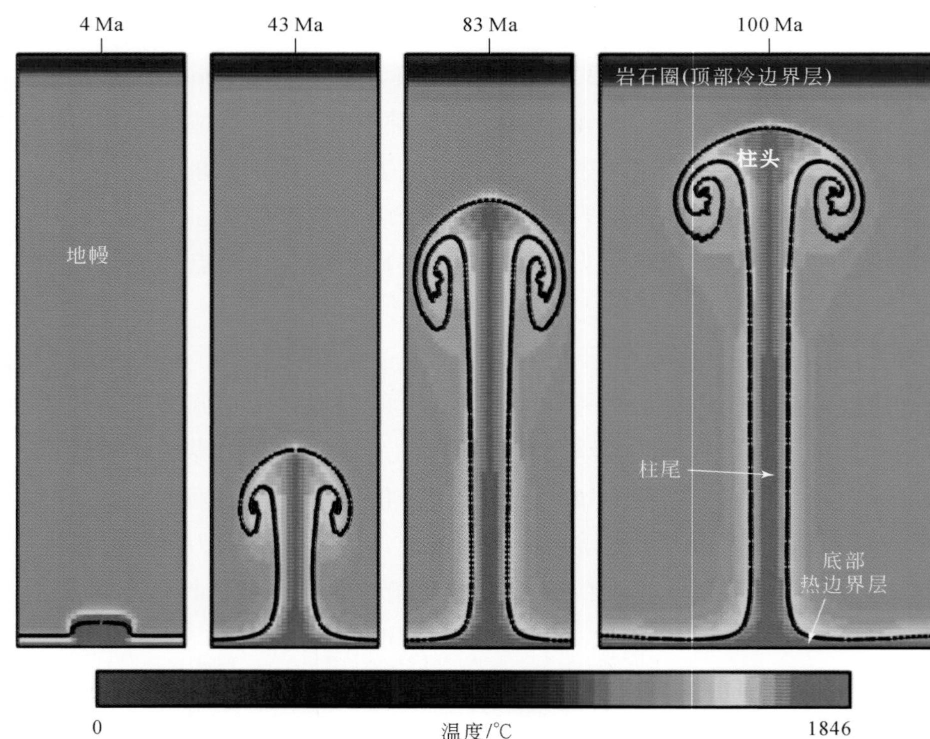


图 3-2　一个热的地幔柱从热边界层生长发育的过程及最终形成的典型“柱头-柱尾”结构（据 Davies，1999 修改）

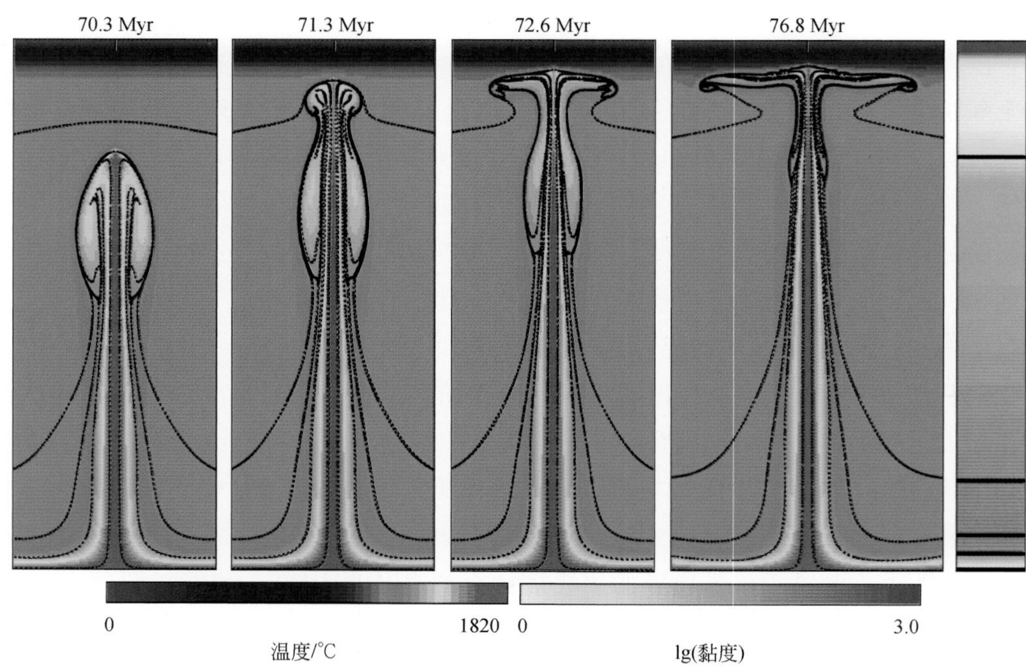


图 3-3　热幔柱柱头进入低黏性上地幔的演化过程（Davies，2005）

当柱头到达大陆岩石圈底部，相应的浮力异常会抬升岩石圈，使其处于拉张状态。这将导致逃逸性伸展以及新的大洋盆地形成（Hill，1991；Courtillot et al.，1999）。在大陆裂离初始阶段，下伏地幔柱柱头内的热地幔物质会卷入到初始洋盆的扩张中心，从而产生加厚的初始洋壳。因此，如果溢流火山活动后面跟随着逃逸性伸展作用，那么火山活动将会存在两个阶段（Campbell，1998）。第一个阶段是大规模伸展作用开始之前地幔柱柱头的熔融（Hooper，1990），这会形成大陆溢流玄武岩，而如果热幔柱是在一个洋盆下面上升，则会形成大洋型溢流玄武岩省，即洋底高原。第二个阶段是地幔柱柱头被卷入扩张中心后发生熔融，从而形成加厚的洋壳。第一个阶段和第二个阶段之间存在一个时间间隔，这个间隔的长短，取决于大陆裂离过程中岩石圈的强度，但是，一般来说，在几个百万年（Hill，1991）。第二个阶段生成的岩浆量要大于第一个阶段，因为伸展作用将地幔柱柱头抬升到了压力更低的位置，从而可以引发更广泛的减压熔融。

对铁镍合金熔点的高压实验研究表明，地核比地幔的温度高几百摄氏度（Boehler，1993）。这种程度的温度异常必然会在核幔边界形成一个不稳定的边界层，进而必然会诱发地幔柱。这一结论也被地核发电机理论所支持，因为发电机理论同样需要从地核输出大量热流，从而可以形成地球的地磁场（Gubbins et al.，2003）。地幔柱是唯一有能力传播这种大规模热流的机制。也就是说，从理论角度来讲，地幔柱是热的地核演化的必然结果（Davies，2005）。

通常地核比地幔热，那么从地核传导出来的热必然会加热上覆地幔，降低其密度。边界层内的物质就会比上覆地幔密度要低，从而开始上升，但是在它能够以一个显著的速度上升之前，还需要聚集足够的浮力，以克服阻止其上升的地幔黏滞阻力。这样造成的结果就是，新的地幔柱有一个大的头部（柱头），后面跟着一个相对较窄的尾部（柱尾）。柱尾或者说是供给通道，相对来说较为狭窄，因为沿着已有的柱尾通道，持续进入的热且相对低黏性物质，只需要较低的浮力就可以上升，而柱头由于要挤开冷的、高黏性的地幔，需要更大的浮力。当柱头在地幔中上升时，有两个原因会使得柱头逐渐变大（Griffiths and Campbell，1990）。

首先，在高温、低黏性的柱尾内物质的上升速度要大于柱头的，这样就使得柱尾以一个近乎恒定的岩浆通量向柱头不断地供给热的地幔物质。当这些物质到达柱头顶部的滞留点后，它们就会呈辐射状流动，从而使得柱头形成回旋状的特征（图3-3）。其次，地幔柱在上升过程中会向周围地幔不断传递热量。

柱头和柱尾邻近的边界层温度会逐渐升高，而它们的密度则会逐渐降低，因此，它们也会开始随着地幔柱一起上升。这些物质会成为地幔柱的一部分，由于柱头的对流运动，它们会被卷入到柱头的底部。因此，柱头是热柱源区物质和夹带的较冷地幔物质的混合体（图3-3）。柱头的平均温度介于柱尾的高温和冷的夹带地幔温度之间。当柱头到达其上升的顶点（岩石圈底部）后开始展平，最终可形成柱头直径两倍大小的圆盘状岩浆体。

需要注意的是，柱头在上升过程中的生长是因为柱尾的上升速度比柱头的上升速度快，而这是地幔黏性和温度强相关的直接结果。在等黏性的地幔对流模拟中，柱头在上升过程中并不会增长或夹带周围地幔物质，因为在这些模型中并没有考虑这一重要的物理事实（Houseman，1990）。考虑了地幔黏性和温度强相关的地幔柱数值模型的结果证实，实验研究所得到的地幔柱的基本物理性质是适用于实际地幔的（van Keken，1997）。

### 3.1.2 地幔柱理论的验证——预测与观测

（1）地幔柱包含大柱头和小柱尾

溢流玄武岩和洋底高原往往是新生地幔柱首次喷发的产物，它们通过一条无震海岭与现今地幔柱的位置相连接。溢流玄武岩或洋底高原与地幔柱现今热点位置相关联的代表性例子有：德干高原和非洲、北大西洋大火成岩省和冰岛、巴拉那州-埃塞内卡和特里斯坦-达库尼亚群岛、凯尔盖朗洋底高原和凯尔盖朗。

其中，北大西洋大火成岩省通过两条无震海岭与地幔柱现今的可能位置——冰岛相连接，这两条海岭分别为法罗-冰岛海岭和格陵兰-冰岛海岭（White and McKenzie，1989）。这主要是由于冰岛地幔柱处于一条扩张中心之下，板块的离散运动推动加厚的洋壳逐渐远离地幔柱，因此，在扩张中心的两侧形成了两条海岭。特里斯坦-达库尼亚和留尼汪地幔柱初始也是位于一条扩张中心的下面，从而使得南大西洋和卡尔斯博格-中印度洋洋中脊两侧都分别形成了无震海岭。

溢流玄武岩和洋底高原作为地幔柱产物，二者有着以下共同的特征：

1）都是新生地幔柱首次喷发的产物；

2）均喷发出巨量玄武岩，直径可达 2000 ~ 2500km；

3）喷发时间非常短，甚至短到 1 ~ 2Myr，喷发速率是地质记录最高的；

4）大多数是通过一条宽度 200 ~ 300km 的火山链与地幔柱现今位置相连接；

5）喷发速率比其现今地幔柱位置洋岛的要高一到两个量级。

以上这些观测结果与最初提出地幔柱的假设非常一致，高喷发速率和大范围溢流玄武岩的形成主要是由于巨大地幔柱柱头的熔融，而相对狭窄的火山链上岩浆的低喷发速率则归因于相对狭窄的地幔柱柱尾的熔融（Richards et al.，1989；Campbell and Griffiths，1990）。

（2）地幔柱柱头的直径和厚度

地幔柱假说一个最准确的预测就是，当柱头到达地幔顶部时，其直径应该在

1000～2000km。其直径（$D$）取决于地幔柱与周围地幔的残留温度（残留温度 $\Delta T$）、浮力通量（$Q$）、下地幔的动黏滞度（$v$）以及上升高度（$Z$），如式（3-1）所示

$$D=Q^{1/5}(v/g\alpha\Delta T)^{1/5}K^{2/5}Z^{3/5} \tag{3-1}$$

式中，$g$ 是重力加速度；$\alpha$ 是热膨胀系数；$K$ 是热传导率。地幔柱上升高度的指数是3/5，热传导率的指数是2/5，而其余大部分项的指数都是1/5。

地幔柱上升的高度，对地球来讲也就是地幔的厚度，对地幔柱柱头的大小起着最主要的影响。假设残留温度 $\Delta T$ 为300℃，浮力通量变化范围在 $3\times10^3$ ～$4\times10^4$ N/s，那么从核幔边界来源的地幔柱柱头的直径在1000～2000km，而当它抵达地幔顶部后，将会展平并形成直径～2000km到～2500km的圆盘状块体（Griffiths and Campbell，1990）。

被冰岛之下地幔柱柱头所分割的北大西洋两侧，加厚大洋岩石圈的长度（Hill，1991）可以用来检验以上推测。格陵兰岛与北欧的离散板块边界，即扩张中心，靠近地幔柱的轴线，被地幔柱柱头卷入扩张中心的热地幔物质导致洋壳加厚，因此，加厚洋壳的长度应该等于展平的地幔柱柱头直径。在北大西洋两侧，东格陵兰海岸和Rockall-Voring高原的加厚洋壳（厚度>16km）有～2400km长。这一观测证实了冰岛地幔柱柱头的直径在预测的范围之内。

另一个与之相关的推测是，地幔柱柱头或柱尾所在的洋盆无论什么时候形成，最初形成的洋壳应该都是加厚的。明确界定“加厚洋壳”是非常重要的，因为洋壳厚度一般都在一个常见范围内变化。White等（1992）计算了远离地幔柱和转换断层的洋壳平均厚度，结果显示其平均值为7.1±0.8km，变化范围在5.0～8.5km。因此，如果洋壳厚度超过10km就可以认为是加厚的，那么这种加厚的洋壳在前边对北大西洋的描述中已经提到。此外，巴拉那-Etendeka-Tristan da Cunha地幔柱之上的南美洲和非洲、留尼汪-德干高原地幔柱之上的印度洋，也都被认为发育加厚洋壳。格陵兰岛东海岸的加厚洋壳对应海倾反射体（White and McKenzie，1989）。在巴拉那-Etendeka-Tristan da Cunha地幔柱上的南美也发现了海倾反射体，同格陵兰类似，它们很可能也和加厚洋壳相关（White and McKenzie，1989）。

当洋壳形成于远离地幔柱和转换断层的环境时，即不再具有异常的厚度，如格陵兰岛西海岸大部分区域，就不发育加厚的洋壳。但是，格陵兰岛西海岸70°N处，发育的玄武岩和苦橄岩表明，拉布拉多海有很小一部分曾处于冰岛地幔柱头的影响半径内，并且仅处于地幔柱柱头的边缘。因为格陵兰岛早在62Myr以前就从拉布拉多海分离了，而地幔柱柱头最初到达冰岛的时间为61Ma（Hopper et al.，2003）。也就是说，在62Ma的时候，地幔柱柱头还没有上升到最高的部位，特别是地幔柱柱头边缘所处的层位更低，地幔柱柱头的热地幔物质并没有被卷入拉布拉多海扩张中心，因此，也就没有加厚洋壳的产生。

另外一种对加厚洋壳成因的解释认为，其来源于富集地幔的熔融（Foulger et al.，2005）。地幔对流的数值模拟研究显示，超过97%的地幔物质（包括上地幔和下地幔）都至少在洋中脊扩张中心存在过（Davies，2003）。因此，地幔可以看作是由富集型玄武岩和地幔部分熔融后残留的亏损方辉橄榄岩以不同比例混合而成。如果洋中脊玄武岩（MORB）是由15%的平均地幔部分熔融形成，那么，平均地幔就是由15%的富集型玄武岩和85%的亏损型方辉橄榄岩组成的。理论上来讲，卷入扩张中心的地幔富集程度不同会导致形成的洋壳厚度不同，但是，这并不能解释北大西洋打开过程中和现今冰岛之下大面积加厚洋壳的形成。简单地说，玄武质组分是地幔中密度最大的组成部分。如果一定体积的地幔大到足以形成这种大面积的加厚玄武质地壳，并具有高比例的玄武质成分，那么这样的地幔会变得比周围地幔密度大而下沉，也就不可能被带入扩张中心而产生加厚洋壳。

根据地幔柱柱头的体积以及其上升到达顶点后展平所形成的圆盘状块体的直径，可以大致计算圆盘的厚度，其大小为200±25km。预测的圆盘厚度可以通过测量加厚洋壳的宽度来进行验证。由于大部分进入扩张中心的热地幔物质都直接来自于扩张中心之下，而进入扩张中心的侧向地幔流相对有限，因此，加厚洋壳的发育主要受下伏热地幔柱圆盘体的厚度控制。Leitch 等（1998）的模拟显示，加厚洋壳区域的宽度近似等于地幔柱柱头的厚度。北大西洋打开时，在冰岛地幔柱上加厚地壳区域的宽度可以通过地震学来进行评估，由此得到加厚洋壳的宽度是~200km，并通过测算可以得到下伏卷入扩张中心的热地幔物质层厚度，二者数值一致。因此，热地幔物质圆盘厚度的测量和地幔柱理论的预测也非常吻合。

（3）地幔柱柱尾的直径

地幔柱柱尾的直径取决于地幔柱的浮力通量和残余温度。若残余温度为300℃，浮力通量介于$5\times10^4\sim1\times10^5$N/s，那么，计算的地幔柱柱尾在上地幔的直径为100~200km（Griffiths and Campbell，1991b）。对于残余温度只有100℃的冷柱尾，其直径可达300km，而更热的太古代地幔柱柱尾可以窄到30~70km。

地幔柱柱尾的宽度可以通过柱尾被卷入扩张中心时加厚洋壳的宽度来进行限定。Tristan da Cunha 地幔柱在中大西洋洋中脊下面上升时，所形成的沃尔维斯海脊就是一个很好的例子。沃尔维斯海脊下面的玄武岩宽度为~150km，在预期范围之内。通过这种方法得到的柱尾宽度是一个最大值，因为柱尾在其上升的顶部会发生一定程度的平面扩展。

（4）地幔柱导致的穹状隆起

地幔柱柱头抵达上地幔后会在表面产生穹状隆起，隆起幅度和平均温度成比例。对隆起的性质有两种定量化研究模型：第一种是 Griffiths 和 Campbell（1991a）基于 Griffiths 等（1989）的实验室模型；第二种是 Farnetani 和 Rachards（1994）的数值模型。Griffiths 和 Campbell（1991a）假设地幔柱柱头的平均残余温度为 100℃，根据选取的热膨胀系数不同，计算得到地幔柱轴线处隆起幅度为 500 ~ 1000m。当地幔柱柱头到达上地幔底部时，表面应该就可以出现显著抬升，而当地幔柱柱头顶部在 250km 深度时，轴线处抬升达到最大值。然而在这个深度位置，广泛的熔融不太可能发生，因此，地幔柱假说的一个明确的预测就是：大规模火山活动出现之前，应该有一段时间的抬升过程，但是最大抬升时期可能会伴随着早期高压、少量碱性火成岩和碳酸岩的生成。当地幔柱柱头接近其上升的顶点时，就开始展平成圆盘状，地幔柱轴线下的热异常厚度逐渐减小，而向边缘则逐渐增大。这就导致地幔柱柱头（半径约 400km，图 3-4）边缘方向的最大抬升，出现的时间要晚于其在地幔

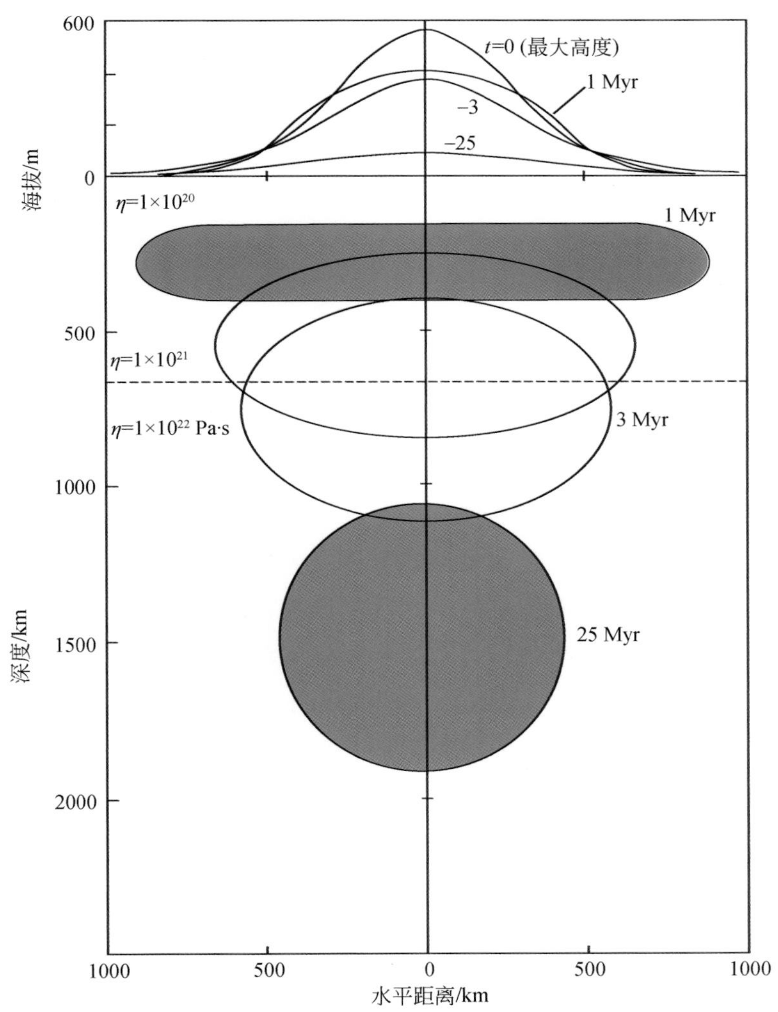


图 3-4　一个上升的地幔柱柱头所造成的隆升（Campbell，2001）

隆升开始于柱头到达下地幔顶部的时刻，而在柱头顶部到达 250km 深度时隆升达到最大。在柱头的边缘隆升进一步持续约 1Myr，并伴随着地幔柱轴线处小幅度的沉降。时间尺度取决于地幔顶部的黏性

柱中心出现的时间，地幔柱轴线处最大抬升之后伴随着沉降（图 3-4）。最大隆起区半径约为 200km，周围半径 400km 区域范围内的抬升依然比较显著（图 3-4）。Farnetani 和 Richards（1994）的数值模型结果证实了 Griffiths 和 Campbell（1991a）的预测。然而，有所不同的是，在前者的模型中，地幔柱的残余温度假设为 350℃，而不是后者假设的 100℃；地幔柱柱头直径为 800km，而不是 1000km。地幔柱温度越高将会导致抬升更大（2000～4000m），而地幔柱柱头直径更小则导致穹顶更为狭窄。如果将这些因素考虑进去的话，Griffiths 和 Campbell（1991a）与 Farnetani 和 Richards（1994）的研究就可以吻合得非常好。这两项研究结果表明，抬升幅度取决于地幔柱柱头的平均残余温度以及柱头顶部距离地壳底部的远近，而穹顶大小则受控于地幔柱柱头直径。在后面会看到和溢流玄武岩相关的隆起一般在 1000±500m，这意味着地幔柱柱头的平均残余温度接近 100℃，而不是 350℃。

由于地幔柱柱头的温度以及地幔柱顶部的上升高度（取决于岩石圈的厚度）是变化的，因此，要在一个狭小的有效范围内对抬升量进行预测是不可能的，这也是为什么估算抬升幅度时会存在一个±50% 的误差的原因。而穹顶大小则可以有比较确信的预测，因为它受控于地幔柱柱头的大小，而柱头大小又反过来主要受控于地幔厚度。由于地幔厚度是不变的，因此地幔柱柱头大小以及穹顶大小，就可以在 20% 的误差范围内给出预测。所以抬升的穹隆形状和大小，为地幔柱假说提供了最好的验证。

当上覆板块相对于地幔柱缓慢移动时，会出现一种重要的例外情况。这种情况下，在主要的火山活动期后，地幔柱柱尾会持续向柱头供给热地幔物质。相比于上覆板块拖曳地幔柱柱头远离柱尾的情况，这样会造成更高的抬升和更大的穹顶。而如果柱尾的地幔物质持续上升到达足够的高度再发生熔融，那么，这也将会导致在溢流玄武岩省形成更长时间的火山活动。两个比较典型的例子就是埃塞俄比亚玄武岩省和东非高原，它们是位于缓慢运动的非洲板块之上。

尽管 Griffiths 和 Campbell（1991a）与 Farnetani 和 Richards（1994）的工作有着很好的一致性，但是，更进一步的研究工作还是非常有必要的，因为以上的研究都忽略了地幔柱柱头的热结构。例如，Griffiths 和 Campbell（1991a）忽略了地幔柱柱尾在地幔柱轴线上产生的高温，而 Farnetani 和 Richards（1994）忽略了地幔柱柱头最边缘处所带来的冷却效应。其结果就是，实际地幔柱柱头的抬升在中心处要大于 Griffiths 和 Campbell（1991a）的预测，而在远离轴线处要小于 Farnetani 和 Richards（1994）的预测。尽管如此，这些只是细节上的差异，他们的模型为预测隆起的性质和幅度以及火山活动的发生提供了很好的基础。

如果溢流火山活动之后伴随着大陆裂解，那么还会有第二阶段抬升的出现，这与洋中脊处隆起出现的原因是相同的。在这里，热的软流圈地幔物质被卷入扩张中心，取代冷的岩石圈地幔并产生宽阔的、伸展的隆起，在扩张中心可达几千千米。此外，扩张中心在地幔柱之上的隆起程度，要大于在通常上地幔之上的程度，就像现今的冰岛一样，因为有高温的地幔物质被卷入到了扩张中心。因此，这一抬升隆起被认为和第二阶段的火山活动相关，而且它要比与第一阶段相关的隆起更为广泛，而且幅度更大。

关于隆起优先于火山活动出现的证据，不同的地质背景下其程度也不尽相同。对于年轻的溢流玄武岩，隆起程度可以通过大火成岩省与周围平原的相对地形来进行评估。溢流玄武岩在很多时候也会被称为高原玄武岩，因为年轻的大火成岩省通常都表现为抬升区域。然而，观测到的高原高程并不能作为抬升先于火山活动的直接衡量，其原因主要有两个：首先，高原的侵蚀作用会降低其海拔高度；其次，溢流玄武岩的喷发会提高高原的海拔高度，其提升量取决于：①玄武岩和提供熔体的地幔之间的密度差异；②溢流玄武岩以及相关的侵入体所覆盖的区域面积；③提供熔体的地幔柱的区域面积（Campbell，2001）。北非埃塞俄比亚溢流玄武岩省是年轻玄武岩省的一个很好例子。在这里，高原比周围平原高 2000m 以上，其穹顶半径约为 500km。Menzies 等（2001）也报道了从海相碳酸盐岩首先向河流相砂岩，再向米级厚古土壤的沉积相转变过程，这一转变时间早于埃塞俄比亚溢流玄武岩最早的喷发时间。Sengor（2001）估计穹顶轴线处的前火山隆起幅度至少有 1200m。

第二个由地幔柱柱头引起的穹状隆起的例子是 ~20Ma 维多利亚湖为中心的东非高原。在这里，隆起幅度约为 600m，覆盖面积接近 1000km×1700km。隆起与广泛的碱性火山活动相关，但是没有溢流火山活动。Griffiths 和 Campbell（1991a）提出隆起是由东非裂谷下面的一个地幔柱柱头引起的，而溢流火山活动缺失的原因是巨厚的非洲岩石圈阻止了柱头上升到达足够的高度以产生显著的熔融。

对于老的溢流玄武岩省，隆起的识别通常需要对玄武岩喷发区域之上的侵蚀面进行辨识。当地幔柱在一个浅海沉积盆地内上升的时候，可以得到最好的证据。地幔柱导致深度小于 500m 的盆地发生抬升，会使得盆地内的沉积物高于海平面，进而发生侵蚀。如果盆地的地层在大区域范围内是连续的，那么侵蚀量可以很容易测量，例如，中国的峨眉山大火成岩省。但是，侵蚀的最大深度并不能和最小的抬升量直接联系起来，因为抬升和侵蚀的时间尺度（1 ~ 10Myr），要远大于地壳均衡回弹的尺度（1000 ~ 10 000 年）。如果海平面下盆地的深度明显超过 1000m，那么地幔柱引起的抬升可能并不会将沉积物抬高到海面以上，因此在火山活动之前也就没有侵蚀。但是，沉积相改变应该还是会存在。要在一个洋底高原识别出喷发之前的隆起则更为困难。在这里，水深很可能超过 5000m，其喷发表面不会暴露在海面以上，因此也就不能被侵蚀。因此，火山活动前隆起的最好证据，即为火山岩下火山活动之前的侵蚀面，但这个侵蚀面很可能是不存在的。

大陆玄武岩的出露无法判断是否由地幔柱隆起所致，导致隆起的识别非常困难，因为当基底是结构复杂的结晶基底或风成沉积物时，侵蚀和夷平作用的影响很难识别。例如，巴拉那-Etendeka 是在一个沙漠环境下喷发到风成沉积物上，这就很难识别出隆起的变化（Peate，1997）。然而，陆相沉积相关的古土壤以及基底和玄武岩之间的侵蚀面已经证明，德干高原 Traps 地区隆起早于喷发（Widdowson，1997；Saunders et al.，2007）。

穹状隆起最好的实例是中国的晚二叠世峨眉山大火成岩省（He et al.，2003）。在这里，下伏茅口组的海相碳酸盐岩岩床向火成岩省的中心方向被侵蚀减薄。茅口组的等厚线表明，隆起正如预期的那样是穹状的。He 等（2003）识别出了三个区域：一个半径约为 200km 的内部区域，其抬升至少有 500m，很可能超过了 1000m；一个半径为 425km 的中间区域，抬升幅度约为 300m；还有一个半径 800km 的外部区域，抬升量最小。抬升过程的持续时间估计为 <3Myr，隆起的幅度和形状与 Griffiths 和 Campbell（1991a）的预测吻合较好（图 3-5）。

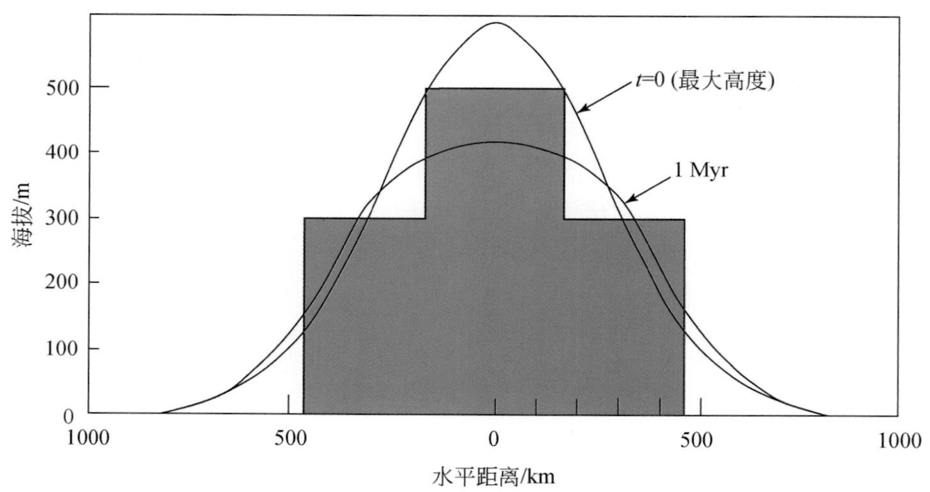


图 3-5　中国峨眉山大火成岩省中心抬升所反映的地幔柱柱头隆升（Campbell，2001）

另外一个抬升早于火山活动的很好的实例是西北加拿大和西南阿拉斯加的 200Ma Wrangellia 省（Richard et al.，1991）。在这里，地层层序是岛弧玄武岩被角岩所覆盖，而角岩又被一个 3000 ~ 6000m 的含陆上和枕状玄武岩的绿岩序列所覆盖。玄武岩被三叠纪石灰岩所覆盖。角岩在碳酸盐岩补偿深度 ~ 1000m 以下形成，而陆上玄武岩很明显是在海平面以上形成，这就要求火山活动之前应发生至少 1000m 的抬升过程。角岩和上覆石灰岩内的化石证据要求隆起和火山活动要发生在 5Myr 以内。

Ukstins 等（2003）发现在东格陵兰岛的康克鲁斯瓦格盆地存在一个从海相浊积岩和页岩到陆上河流砂岩和砾岩，再到岩浆喷发，最后到大量陆上溢流玄武岩的岩性转变。这一地层序列被用来说明北大西洋大火成岩省喷发前 ~400m 的快速隆升。火山活动前的隆升过程，同样也在西格陵兰边缘（Dam et al.，1998）和远离东格陵兰的深海钻探（Clift and Turner，1995）沉积物中被记录到。

和北大西洋大火成岩省相关的隆起也在不列颠群岛、北海以及法罗-设德兰盆地得到证实（Nadin et al.，1997；Saunders et al.，2007）。Saunders 等（2007）识别出了两期抬升。第一期是火山活动前的，记录在不列颠群岛周围的沉积盆地中，为次一级的抬升。北爱尔兰至少 400m 的抬升量，被认为是玄武岩下晚白垩世石灰岩喀斯特侵蚀的主要原因，而不列颠群岛邻近的盆地则只涉及小于 200m 的抬升量。第二期抬升无论是抬升幅度，还是其横向扩展规模比第一期抬升规模更大（Saunders et al.，2007）。其标志是在 56Ma 所有盆地的沉积物通量都同时增加。抬升幅度在北海南部估计小于 100m，而在洛卡尔海沟则有 1 ~ 2km。第二期的抬升很可能是由于冰岛地幔柱柱头上面北大西洋的裂解所造成的。抬升幅度，以及向着扩张中心抬升量从北海北部的 100m 到洛卡尔海沟的 1 ~ 2km 的这种增大趋势，都与上述这种解释相一致。

有研究认为，地幔柱理论不能解释西伯利亚盆地的形成，因为西伯利亚火山岩下面的沉积物中没有与热地幔柱隆起相关的证据（Czamanske et al.，1998）。尽管如此，西伯利亚盆地中沉积物与火山岩的界面依然被描述为是被“侵蚀”的，很多地点都有不整合面，也有两个地点被证实存在隆升，可能经历了 300 ~ 500m 的抬升（Czamanske et al.，1998）。此外，西西伯利亚盆地玄武岩下大量二叠纪沉积物的缺失，表明在此区域出现了大范围、火山喷发之前的隆升（Saunders et al.，2007）。

（5）隆升持续时间

抬升所需要的时间取决于上地幔顶部的黏性，而这可以从冰后回弹发生的区域得到很好确定。Kaufmann 和 Lambeck（2002）发现，上地幔黏性总体上随深度从顶部的 $2\times10^{20}$ Pa · s 逐渐增加到底部的 $10\times10^{20}$ Pa · s，而不同地区的黏性结构也会有显著的不同。对抬升时间的估算，德干高原为 10Myr，Wrangellia 为 5Myr，而峨眉山为 3Myr。使用这些估算结果需要注意的是，抬升的初始阶段是渐变的，因此，定义其开始时刻是非常困难的，使用这些估算的时间间隔需要特别小心。另外一个复杂之处就在于，玄武岩下的沉积序列可能并没有包含能够在精度要求范围用来对事件进行定年的化石或凝灰岩层，或者是玄武岩最下部的流体可能不包含适合定年的长石。如果可获得的抬升时间是依据表面值得到，那么它表明上地幔顶部的平均黏性为 $1\sim3\times10^{20}$ Pa · s，这要比 Kaufmann 和 Lambeck（2002）给出的 $7\times10^{20}$ Pa · s 的上地幔黏性小得多。但是，通过隆升速率得到的值落在 Lambeck 和 Chappell（2001）的平均值范围内，大陆地壳下的上地幔黏性为 $3\times10^{20}\sim5\times10^{20}$ Pa·s，大陆边缘下的上地幔黏性为 $1.5\times10^{20}\sim2.5\times10^{20}$ Pa·s，大洋地壳下的上地幔黏性为 $1\times10^{20}$ Pa·s。值得注意的是，大部分隆升出现在地幔柱接近地幔顶部的时候，而在这部分区域黏性是最低的，隆升时间和上地幔黏性的不确定度也最低。

（6）溢流火山活动的持续时间

地幔柱柱头由于减压会发生熔融，而只有当柱头顶部达到足够低的压力范围时，熔融才会开始。只要柱头持续上升展平，那么熔融也会持续进行。熔融开始与柱头最终展平之间的时间差，取决于展平发生时上地幔顶部的黏性。对这一高度的地幔，其黏性表现出显著的横向变化，因此在较高的精度范围内预测溢流玄武岩火山活动的时间尺度相当困难（Lambeck and Chappell，2001）。前面已经提到，除去早期少量的碱性玄武岩、晚期的长英质火山活动和扩展的第二期玄武质火山活动，玄武质火山活动主要阶段的喷发时限非常短暂，某些情况下小于 1Myr（White and McKenzie，1989；Hofmann et al.，2000；Coulie et al.，2003；Kamo et al.，2003）。玄武质火山主要活动时间太短，难以用现有的地质年代学手段来约束，埃塞俄比亚、德干高原和西伯利亚盆地的主要火山活动期，在误差范围内给出了相同的年龄（Hofmann et al.，2000；Coulie et al.，2003；Kamo et al.，2003）。德干高原和西伯利亚盆地的磁性地层学研究为相关事件给出了进一步的约束。西伯利亚盆地火山活动的主要阶段只包含了一次磁性倒转，而德干高原则有两次。这些玄武岩都是在一个快速磁性倒转期间喷发出来的，这就使得 Campbell 等（1992）和 Gallet 等（1989）推断西伯利亚盆地和德干高原 Traps 分别是在 1Myr 或更短的时间内喷发出来的。1Myr 的喷发时间要求上地幔顶部的黏性大约在 $1\times10^{20}$ Pa·s，要略小于预期的上地幔黏性值 $2\times10^{20}$ Pa·s，但仍在误差范围内（Kaufmann and Lambeck，2002）。这样一个冰后均衡回弹得到的更低上地幔黏性，与基于观测隆升时间所得到的结论一致。

然而，这里还有一个情况需要特别注意，巴拉那玄武岩省最初被认为是在小于 1Myr 内喷发的（Renne et al.，1992），但是，更多细致深入的研究表明，整个喷发时间有 10～12Myr（Stewart et al.，1996；Peate，1997），尽管大部分火山活动看起来是在 135～131Ma 的 4Myr 内发生的。Steward 等（1996）已经证实，岩浆活动存在一个南东方向的迁移，从陆内 500～1000km 向南大西洋移动。Peate（1997）的研究同样表明，南部的低 Ti 玄武岩在 135～131Ma 喷发，而北部的高 Ti 玄武岩直到 120～131Ma 才喷发。地幔柱假说中存在着一个预期结果，就是岩浆活动从溢流玄武岩省的中心向边缘迁移。当地幔柱柱头到达其上升的顶部时，其中心部位的岩浆活动会停止，但是向着玄武岩省的边缘会继续发展，因为在柱头展平的最终阶段，其外边缘还会继续上升。类似于在巴拉那开展的工作，地质年代学研究也可能增大德干高原和西伯利亚盆地的火山活动主要阶段的时间尺度。这样，增大的火山活动时间尺度，就可以与冰后回弹所确定的上地幔黏性相匹配（Lambeck and Chappell，2001）。

（7）地幔柱柱头和柱尾都喷发高温岩浆

结合其橄榄岩中镁橄榄石组分的含量，基性和超基性岩石的全岩组分可以用来计算熔体起源的地幔源区温度。这种方法假设岩浆在离开地幔时就有结晶的橄榄岩，并利用橄榄岩和熔体之间 Mg 和 Fe 的分配系数（Roeder and Emslie，1970），来计算熔体离开地幔源区时的 MgO 含量。利用这种方法，Putirka（2005）计算了夏威夷和冰岛岩浆源的地幔位温（$T_p$，绝热外推到 1bar 的温度），分别为 250±50℃和 165±60℃，比大洋中脊玄武岩（MORB）源区的温度要热。Herzberg 和 O'Hara（2002）利用地幔相位关系的参数化实验数据，计算了地幔柱苦橄岩的地幔位温。他们得到的结果是夏威夷、巴芬岛（$\Delta T \approx 250$℃）和西格陵兰为 1520 ~ 1570℃，而戈那岛则高达 ~ 1700℃，都要高于上地幔的 $T_p$ ~ 1300℃。另一方面，Green 等（2001）利用类似的方法研究提出，像夏威夷和冰岛这两种 MORB 与地幔柱源区并没有明显的温度差异（Putirka et al.，2007；Falloon et al.，2007）。不同之处主要在于分配系数的选择，以及它们是被假设为常数还是假设为随组分变化的。这种方法的另外一个复杂之处就在于，在很多研究中，橄榄石捕获晶被错认为斑晶，这会使得结果变得毫无价值。Nakamura 和 Tatsumoto（1988）就发现夏威夷熔岩中的很多大橄榄石晶体中含有一粒一粒的熔体包裹体，它们和样品的其余部分并没有达到同位素平衡态。他认为，这些橄榄石是岩浆在上升过程中捕获了岩石圈地幔的捕获晶。对夏威夷玄武岩的熔体包裹体进行仔细的同位素研究以区分捕获晶和斑晶是非常必要的。

需要记住的是，地幔柱产生的富 MgO 岩浆可能不会到达表面，即便它们到达了，也可能不被记录。高 MgO 岩浆比其他岩浆密度要大，通常被困在地壳内，主要是由于它们在岩浆房底部聚集形成岩浆池（Huppert and Sparks，1980），或者是由于低密度的地壳扮演着密度过滤器的角色，阻止它们到达地表（Walker and Stolper，1980）。此外，玄武岩中大部分苦橄岩是地幔柱柱头顶部的高温区域熔融所形成，这一高温区域代表了地幔柱柱头到达低压上地幔顶部时的早期熔融范围。因此，苦橄岩通常是地幔柱早期喷发产物，即便它们确实到达了地表，也会被随后的产物所覆盖。夏威夷地区苦橄岩的分布就说明了这个问题。在夏威夷地表露头中，苦橄岩并没有出露，但是包含高达 15% MgO 的苦橄质玻璃却在火山侧面的海泥样品中被发现。Garcia 等（1995）认为，苦橄质熔体在夏威夷火山岩浆房的底部构成了岩浆池。当火山喷发时，只有岩浆房顶部轻的岩浆到达表面，密度大的岩浆通过岩浆房侧面海面下的侧向喷口喷发，从来没有在海表面出现过（图 3-6）。

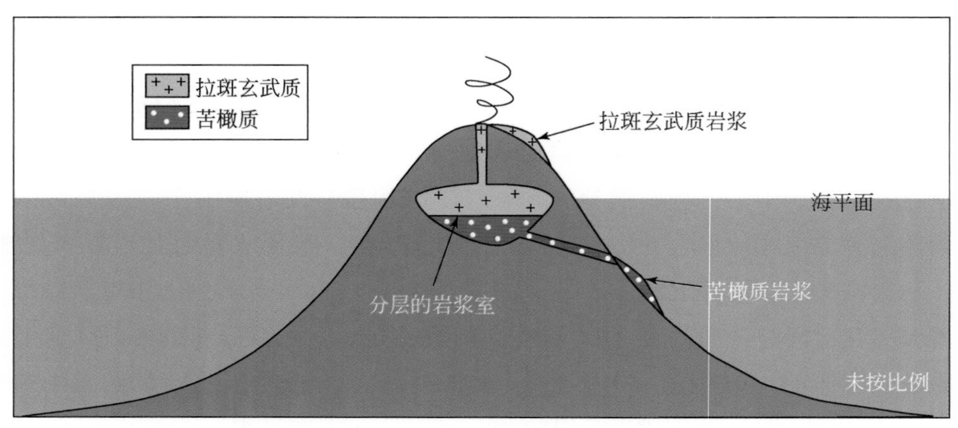


图 3-6　夏威夷火山的横截面示意（Campbell，2001）

用来说明夏威夷火山内一个区域性的岩浆房如何解释拉斑玄武质岩浆和苦橄质岩浆的分布特征

另外一种估算地幔柱温度的方法是，当地幔柱在扩张中心之下时，利用产生的玄武质地壳厚度来计算。前面已经提到，新的地幔柱抵达，通常促使大陆裂解开始，裂解中心处于或靠近地幔柱轴线。在很多情况下，地幔柱柱尾仍然会停留在扩张中心下面达几十个 Myr。通过对地幔柱柱尾之上扩张中心形成的两条无震海岭、冰岛和沃尔维斯海脊的地震学研究发现，玄武质地壳的最大厚度在冰岛为 30km，在沃尔维斯海脊为 26km。如果利用 McKenzie 和 Bickle（1988）的海脊形成模型，那么地幔柱卷入扩张中心所需要的地幔柱残余温度分别为 250℃和 200℃。

基于扩张中心玄武质地壳最大厚度估算的温度是一个最大值，其原因有两个。首先，地幔柱柱尾的主动上涌地幔，相对于被动上涌的情况，主动上涌会在扩张中心导致更多的熔融。这是因为地幔柱柱尾物质沿着其本身的高温、低黏性通道流动，结果就是其上升速度要快过上覆板块的分离速度。这就会导致高温物质在扩张中心下面积累，从而产生额外的熔融。但是额外的熔融并不一定等同于更厚的洋壳。沿着地幔柱轴线和垂直扩张方向的方向，卷入扩张中心的地幔物质量取决于扩张速率，而不是地幔柱通量。如果地幔柱通量补充地幔物质的速度快过其被卷入扩张中心的速度，也就是除了弱地幔柱以外的所有情况，多余的地幔物质会沿着垂直于扩张方向的方向横向流动。这些物质会在地幔柱两侧被卷入扩张中心，从而在两侧产生更多的熔融，但是并不会影响地幔柱轴线处的熔融。地幔柱通量相对于扩张速率越大，横向流体也越大，形成的无震海岭也越宽阔。地幔柱减压熔融主要出现在地幔柱的顶部。地幔柱轴线处的熔融主要受控于地幔柱温度，而和地幔柱通量无关。在这里，热地幔物质从熔融深度向下延伸很好，很可能延伸到核幔边界。流动到地幔柱轴线上面的额外物质并不能影响这一区域的熔融。很多额外熔融很可能是沿着垂直于扩张方向流动的热地幔物质所致。这种流体的速度垂向分量很小，熔融会在加厚的岩石圈下出现，因此，对熔融的任何额外贡献，都微不足道。

根据扩张中心洋壳厚度估算得到的温度是最大值的第二个原因，是因为它需要假设地幔柱内的地幔物质不包含异常含量的低熔融温度组分，如原岩为洋壳的深部物质（榴辉岩）。对于地幔柱而言，这样的假设并不能像对上地幔一样有相同的可信度，因为地幔柱比通常的上地幔要热，因此会携带更多的高密度玄武质组分。Cordery 等（1997）揭示，一个残余温度为 300℃的地幔柱，在变得比周围地幔密度更大而难以上升之前，可以含有多达 30% 的榴辉岩。如果地幔柱确实含有异常高比例的榴辉岩，正如大多数的地幔一样（Hofmann，1997），那么，根据扩张中心产生的玄武质地壳厚度得到的温度，要高于地幔柱源区的真实值，二者的差值是没法确定的。尽管如此，这种方法得到的温度与高 MgO 玄武岩得到的结果一致，也支持了之前的假设，即上地幔和地幔柱源区间的组分差异，相对于温度来说，在控制扩张中心形成的洋壳厚度上是次要的。

（8）地幔柱柱头中心残余温度高于边缘

当新洋壳在地幔柱柱头之上打开，产生的洋壳厚度主要取决于卷入洋中脊新扩张中心的地幔温度。地幔柱假说预测，地幔柱温度在轴线处是最高的，也就是柱尾穿过柱头中心上升的地方。在此区域，$\Delta T$ 预计为 300±100℃。地幔柱柱头的剩余部分，即来源于边界层的热物质与捕获的下地幔冷物质的混合物，其 $\Delta T$ 随着地幔柱浮力通量的变化而变化，但是一定小于中心的温度。对典型的地幔柱浮力通量而言，平均的 $\Delta T$ 约为 100℃（Griffiths and Campbell，1990）。Holbrook 等（2001）利用地震反射和折射数据，确定了北大西洋在冰岛地幔柱上打开时形成的初始洋壳厚度。据靠近地幔柱轴线的测线，他们得到的厚度为 30～33km，而在靠近柱头边缘，得到的厚度为 17～18km。根据 McKenzie 和 Bickle（1988）的研究，要产生这样的洋壳厚度所对应的柱头中心和边缘的 $\Delta T$ 分别为 260℃和 120℃，与地幔柱假说的预期相一致。同样，这些估算结果应该被认为是最大值，因为地幔柱源区很可能比平均地幔包含更多的榴辉质组分。

Holbrook 等（2001）提出，与远离格陵兰东海岸的加厚洋壳成因相关的地幔热异常，是由于冰岛地幔柱的横向扩张所致，而并不需要有地幔柱柱头。简单的质量守恒就可以证实这个观点是不正确的。从北大西洋大火成岩省加厚洋壳的长度和宽度以及溢流玄武岩的地理分布来看，产生火山活动的下伏热异常直径为～2400km，厚度为～200km，整个体积大约为 $9\times10^8$ km$^3$。冰岛地幔柱柱尾的质量通量为 1.5km$^3$/a（Sleep，1990），因此，这将要使得冰岛地幔柱花费 400Myr 从而产生所需要的热异常。很明显，单单冰岛地幔柱柱尾不可能产生北大西洋大火成岩省所需要的热异常。

Holbrook 等（2001）还提出，北大西洋大火成岩省下面的地幔热异常导致的主动上升流，不论是在中心还是在边缘，都是产生加厚洋壳的显著因素。前面已经讨论过，地幔柱柱尾内的主动上升流对地幔柱轴线处玄武质地壳厚度的影响很小。从地幔柱柱尾注入地幔柱柱头的热地幔物质流动，在时间尺度上，与东格陵兰加厚洋壳形成所需要的时间相比，可以忽略不计。假设冰岛地幔柱的质量通量为 1.5km$^3$/a（Sleep，1990），厚洋壳形成时间持续 10Myr，那么形成加厚洋壳所需要的地幔物质的体积为 1.5x10$^7$km$^3$，这只代表了<2% 的地幔柱柱头体积。因此，地幔柱柱头或柱尾内的主动上升地幔流不可能是影响加厚洋壳生成的显著因素。

（9）地幔柱柱头中心富集的早期火山喷发产物——苦橄岩

地幔夹带作用导致地幔柱柱头的温度分布并不均匀。柱头内最热的物质是来源于地幔柱源区的地幔物质，比夹带进来的地幔物质温度高 300±100℃。这种情况在地幔柱顶部向下到地幔柱轴线（尾部）均可出现。当地幔柱柱头熔融形成大火成岩省时，高温的柱头顶部会首先上升到熔融能够发生的低压区域范围。它会发生熔融，产生苦橄岩。如果开始的岩浆没有在地壳岩浆房内聚集分馏，那么苦橄岩就应该在地幔柱柱头的早期熔融产物中占主要部分，而当较冷的第二层夹带地幔物质上升到达能够发生熔融的水平后，苦橄岩含量开始降低（Campbell and Griffiths，1990）。热的层延伸到了整个地幔柱柱头的顶部，但是向着中心是逐渐加厚的。因此，苦橄岩可以在展平的地幔柱柱头的整个直径内形成，但是向着中心应该是最丰富的。

在大火成岩省中，并不常见地幔柱柱头的早期熔融产物，尤其是靠近中心区域，因为它们可能被后面的产物所覆盖了。它们只有在早期岩浆序列发生倾斜或者是被深切的区域才会出露。地幔柱早期的苦橄岩，在巴拉那-Etendaka、德干高原、峨眉山、北大西洋、加勒比海–哥伦比亚和卡鲁高原玄武岩中，都有出露。在北大西洋大火成岩省和加勒比海–哥伦比亚，它们延伸到了接近大火成岩省边缘的区域（Kerr et al.，1997；Holbrook et al.，2001）。大火成岩省在中心蕴含更丰富的苦橄岩而向边缘逐渐减薄的现象，可以在卡鲁高原沿 Lobombo 单斜岩层出露的 Letaba 苦橄岩带观测到（Bristow，1984），也可以在中国的峨眉山大火成岩省的深切谷地中观测到（Xu et al.，2004）。

（10）地幔柱必须来源于热边界层，很可能是核幔边界

证实地幔柱起源于核幔边界的最简单方法，就是利用地震学手段追踪从上地幔顶部到其源区的地幔柱柱尾。但是，地幔柱柱尾的直径小（100±50km），使得它们变得很难确定，因此，试图利用地震学方法对地幔柱柱尾成像，很少有成功的例子。一个例外是 Montelli 等（2003）的工作，他们开辟了一种新技术可以观测地幔柱柱尾。他们利用这种方法成功追踪了阿森松、亚速尔、加那利、复活节岛、萨摩

亚和塔希提岛地幔柱直到核幔边界。很多其他地幔柱，包括冰岛，在下地幔就消失了，而黄石地区也没有任何可解析的特征。Montelli 等（2003）注意到，在下地幔对地幔柱成像要比在上地幔更加困难，这也许解释了 Montelli 等（2003）的成像结果和地幔柱理论预测之间的差异。尽管如此，Montelli 等（2003）的方法提供了很大的希望，也许最终可以使得对地幔柱柱尾无论是在上地幔还是在下地幔的清晰成像成为现实。例如，Zhao（2004）的研究就很好地追踪冰岛地幔柱到了下地幔，Lei 和 Zhao（2006）的研究也可以追踪夏威夷地幔柱到核幔边界。

（11）地幔柱柱头的地震学探测

地幔柱柱头上升到达顶点后展平，形成直径为 2000km 的圆盘，厚度为 ~200km，残余温度为 100 ~ 300℃。根据厚度计算的地幔柱柱头热异常的冷却时间为 200Myr。因此，年轻的玄武岩省（<100Ma）和洋底高原应该下伏有可被地震学探测的热异常。此外，由于热异常体需保持有热浮力的时间为至少 200Myr，当板块运动带着玄武岩省远离地幔柱柱尾时，它会跟着上覆岩石圈一起移动（Campbell and Griffiths，1990）。

预测的热异常，在 65Ma 的德干高原（Kennett and Widiyantoro，1999）、132Ma 的巴拉那（van Decar and James，1995）和 122Ma 的翁通爪哇高原（Klosko et al.，2001）下，已被探测到，德干高原下的热异常尤其明显。Kennett 和 Widiyantoro（1999）在 Cambay 裂谷识别出了一个异常低速的圆形区域，他们把它解释为德干高原的供给通道或地幔柱柱尾。这与 Peng 和 Mahoney（1995）识别出的一个厚苦橄玄武岩序列区域是一致的。Kennett 和 Widiyantoro（1999）识别出的地震低速区，展布在大部分德干高原 Traps 的岩石圈之下，正如地幔柱假说所预测的那样。

翁通爪哇下面的地震低速异常区域的直径约 1200km，延伸深度约 300km（Klosko et al.，2001），如果假设岩石圈的厚度为 100km，那么热异常的厚度为 200km。这一结果在预测的展平地幔柱柱头厚度的误差范围内。柱头的直径要比预期的略小一些，但有研究表明，原始的翁通爪哇高原在形成之后不久，就被两条洋中脊扩张中心分裂了（Taylor，2006）。Ingle 和 Coffin（2004）认为 5% 的低剪切波低速异常所需要的残余温度为 700℃，这对一个地幔柱来说太高了。但是 Jackson 等（2002）的研究表明，黏弹性引起的剪切波速度对温度敏感性的增强，会导致温度导数变得和温度、频率强相关。忽略这一影响，将导致基于剪切波速度横向变化得到的地幔温度差异被高估 2 ~ 3 倍。因此，翁通爪哇下的剪切波速度异常，意味着温度残差应当为 300℃，只比预测值稍高。在阿法尔、东格陵兰下也应该可以探测到热异常。同样，如果 Griffiths 和 Campbell（1991a）所提出的东非高原的隆升来源于地幔柱柱头，那么在其下方也应该能探测到热异常。

（12）热点的固定位置

地幔柱理论本身并没有预测说地幔柱应该是固定的。如果地幔黏性没有随着深度变化的话，那么地幔柱应该以板块速度类似的速度运动。然而，通常认为，下地幔的黏性要比上地幔的平均黏性高30倍。这意味着和黏性成比例的对流速度在下地幔仅仅是上地幔的约1/10。下地幔中缓慢的对流运动稳定住了地幔柱进入上地幔的入口点，它预计要比上地幔顶部板块的运动速度慢10倍左右。地幔柱在上地幔顶部的位置同样可以在地幔柱上升穿过上地幔时被对流运动所移动（有时候也被称为地幔风）。因此，热点的相对运动是对固定的热点参考系的检验，而不是对地幔柱假说的检验。

假如上地幔流动并不会使得一个地幔柱相对另外一个发生移动，与上地幔板块运动相比，在下地幔中地幔柱相对缓慢的运动，意味着地幔柱在地幔顶部的位置可以认为是近似固定的。因此，由地幔柱相关火山链所描绘的轨迹，例如，夏威夷皇帝岛链和查戈斯拉克代夫海脊，应该是遵循板块运动所指示的方向。Morgan（1981）认为，在过去47Myr，太平洋板块的大部分地幔柱相关的火山链，确实遵循着板块构造运动所预期的路径。尤其是对于其中两条长的岛链，这一预测确实非常正确，即夏威夷皇帝岛链和路易斯维尔岛链，这两条岛链都产生了和板块运动一致的轨迹，并且在47Ma发生了60°的弯折。此外，沿着不同岛链的火山年龄演化，在某种程度上，呈单向性变化，与板块运动以及相互之间都是相一致的。在南太平洋，同样还有很多短的岛链，其年龄演化和运动方向，都与夏威夷和路易斯维尔岛链所确定的相一致。这些观测都通过地幔柱假说给出了令人信服的解释。目前还没有其他任何假说，能够对这些观测事实给出更为满意的解释。

但是，也发现了热点之间能够发生相对运动的证据。O'Neill等（2003）证实了印度洋热点的相对运动，但是移动的速率与板块运动速率相比仍然很小。例如，Koppers和Staudigel（2005）对两条短海山，吉尔伯特脊和托克劳海山的弯折时间进行了测定，得到的年龄分别为67Ma和57Ma，要老于夏威夷皇帝岛链和路易斯维尔岛链。Tarduno等（2003）观测到夏威夷皇帝岛链热点相对于古赤道的运动速度为40mm/a，远大于O'Neill等（2003）给出的印度洋热点之间的相对运动速度，但是，仍然小于~100mm/a的板块运动速度。Tarduno等（2003）将观测到的皇帝热点运动归因于上地幔的对流活动，但是弯折处年龄之间差异的意义还不是很清楚。

（13）地幔柱的地球化学性质

示踪元素和同位素比值经常被用来解释一套玄武岩是否来源于地幔柱。例如，如果玄武岩中含有高$^{86}Sr/^{87}Sr$和低$^{143}Nd/^{144}Nd$，并伴随轻微的REE富集，而且没有Nb亏损，那么，它通常被认为是来源于富集的洋岛或地幔柱源区；而轻微亏损REE、低$^{86}Sr/^{87}Sr$、高$^{143}Nd/^{144}Nd$的玄武岩，则来源于亏损的MORB型源区。这种解释一般情况下都被证实是正确的，但是也有一些例外情况，例如戈那岛和加勒比海轻微亏损 REE 的苦橄岩（Kerr et al.，1997）。这些苦橄岩中高的 MgO 含量说明它们具有高的液相线温度，意味着它们很可能是来源于地幔柱源区的岩浆。这显然不应该只靠示踪元素和同位素地球化学来判断玄武岩来源于哪种构造背景。

地幔柱假说并没有对地幔柱的成分做出任何预测。地幔柱柱尾代表了它们起源于边界层的成分。这很可能是覆盖在核幔边界上的地幔，但是如果 D″层是作为一个独立的耦合扩散层进行对流的话，那么地幔柱的边界层源区也可能位于 D″以上。无论起源的边界层是什么样的，不管是富集的还是亏损的地幔，地幔柱都会对它们进行取样。因为玄武质组分是地幔中最重的成分，它会集中在地幔的底部，所以通常认为地幔柱的边界层源区是地球化学上富集的地幔，但是正如前面所讲的，还是有一些特殊的情况。

由于地幔柱的边界层源区具有很高的温度梯度，而且地幔黏性与温度强相关，因此地幔柱柱尾的大部分物质来源于这个层底部 20km 的区域，也很可能就是核幔边界 20km 的地幔（Campbell，1998）。地幔柱柱头则代表了这部分物质和夹带的上覆地幔的混合物。几乎所有的这种夹带物质都是来自于下地幔的（Griffiths and Campbell，1990），夹带过程的精细计算模型显示，其大部分来自于地幔最底部 1/3 的区域（Davies，2005）。

尽管玄武岩和苦橄岩的地球化学特征不能用来明确指示一套玄武岩是否来自于地幔柱，但是玄武岩地球化学特征和地幔柱之间的关系可以反过来解释地幔的化学结构。如果一套玄武岩可以明确地归因于地幔柱柱尾或柱头的熔融，根据其构造背景（如夏威夷皇帝岛链是地幔柱柱尾，翁通爪哇是地幔柱柱头），那么玄武岩的地球化学特征结合对地幔柱结构的认识，可以用来解密地幔的化学结构（Campbell and Griffiths，1992）。地幔柱柱尾代表了地幔柱热边界层源区的物质，而地幔柱柱头代表了这种物质和边界层源区上面的下地幔混合物质。地幔柱柱尾内地幔的化学和同位素组成，例如洋岛玄武岩样品，是高度变化的（Hofmann，1997），这与地幔底部附近的源区相一致，这里也是俯冲残余物的汇集区。Hart 等（1992）研究表明，尽管 OIB 的成分多种多样，但不同 OIB 的同位素趋势都集中在同位素空间的一个特定区域，他们称之为 FOZO。他们将 FOZO 解释为从下地幔夹带进入地幔柱柱尾的物质。它具有如下特征：$\varepsilon_{Nd}$为+4～+8，$^{87}Sr/^{86}Sr$ 为 0.703～0.704，$^{206}Pb/^{204}Pb$ 为 18.5～19.5，$^{207}Pb/^{204}Pb$ 为 15.5～15.65，$^{208}Pb/^{204}Pb$ 为 38.8～39.3。另外一种对地幔柱热边界层源区上面的下地幔成分计算的方法是，分析来源于地幔柱柱头玄武岩的地球化学特征。在这种方法中，洋底高原要比溢流玄武岩省更具有优势，因为它们的化学特征不太可能被陆壳混染所影响。翁通爪哇和加勒比海-哥伦比亚高原玄武岩的化学组成基本类似，没有很大的不同。它们均具有平坦的 REE 样式，$\varepsilon_{Nd}$为+3～+7.5，$^{87}Sr/^{86}Sr$为 0.703～0.7044，$^{206}Pb/^{204}Pb$ 为 18.2～19.2，$^{207}Pb/^{204}Pb$ 为 15.5～15.6，

$^{208}Pb/^{204}Pb$ 为 38.2～39.0，与 OIB 和 MORB 的地球化学特征均不一致。翁通爪哇和加勒比海-哥伦比亚高原都是大火成岩省，因此应该是代表了一个大的地幔储库，Campbell 和 Griffiths（1992）认为它是下地幔。翁通爪哇和加勒比海-哥伦比亚源区的组成与 Hart 等（1992）提出的 FOZO 所描述的下地幔显著的类似。

如果高温岩浆、苦橄岩和科马提岩发育，那么就可以通过它们的高 MgO 含量，识别地幔柱是否存在。由于这些岩浆必须来自源于核幔边界的地幔柱，不同年龄的苦橄岩和科马提岩的化学成分变化，可以用来证明地核附近地幔的化学特征随时间的变化。Campbell 和 Griffiths（1992）利用这种方法提出，地核上面的热边界层物质，在太古代时期主要是亏损不相容元素的地幔，而在太古代-元古代过渡时期转变为 OIB 型为主的地幔。

（14）热化学地幔柱

热幔柱假说一个明显的弱势就是，它没能解释很多小的火山链，它们代表了延伸穿过洋盆的次海侵火山活动，不能和 LIPs 相关联。这些看起来像是没有柱头的地幔柱柱尾的产物。有些研究认为，与这些火山链相关的地幔柱来源于中地幔（Courtillot et al.，2003；Davies and Bunge，2006）。理论上来讲，地幔可以分为两个对流层，被 660km 地震不连续面的边界层所分割。这个边界层叫地幔转换带或地幔过渡带，是地幔柱的一个潜在来源，这样地幔柱只会上升一小段距离，从而产生小的柱头。但是地震学和数值模拟研究都表明，板片和地幔柱分别都可以穿过 660km 不连续面，这就使得以上的解释变得不太可能。Farnetani 和 Samuel（2005）的热化学地幔柱计算模型提供了一种可能的解决办法。他们的结果表明，如果一个弱的地幔柱含有高比例的地幔高密度组分，例如先前俯冲的玄武质地壳，那么，上升的地幔柱头可以停滞在 660km 不连续面，而且它会分离成高密度和低密度组分。只有轻的组分穿透不连续面，从而产生看起来像是起源于不连续面的次级地幔柱（图 3-7）。这其中暗含的地幔柱可能具有高于平均地幔含量的高密度，这与通常对 D″层的解释一致，即 D″层是地幔底部一个不均匀、具有地震波高速异常且厚度变化（300±300km）的层，也是俯冲板片堆聚的区域。这也与很多地幔柱来源岩浆的同位素（稳定、放射性）和示踪元素特征相一致，因为它们同样要求一个高于平均地幔的原岩为洋壳的密度（Hofmann and White，1982）。

如果热化学地幔柱柱头确实在 660km 不连续面停滞，那么相应的热异常将会小于到达地幔顶部的柱头所产生的热异常，但是地幔柱柱头将仍然具有直径>1500km、厚度>150km 的特征。这样一个异常的柱头，在 660km 不连续面应该能够很容易被地震层析成像所探测到。对该假设的一个最简单的检验，就是在现今的火山活动表现出无头地幔柱的区域下面寻找预期的热异常，例如吉尔伯特脊和托克劳海山。

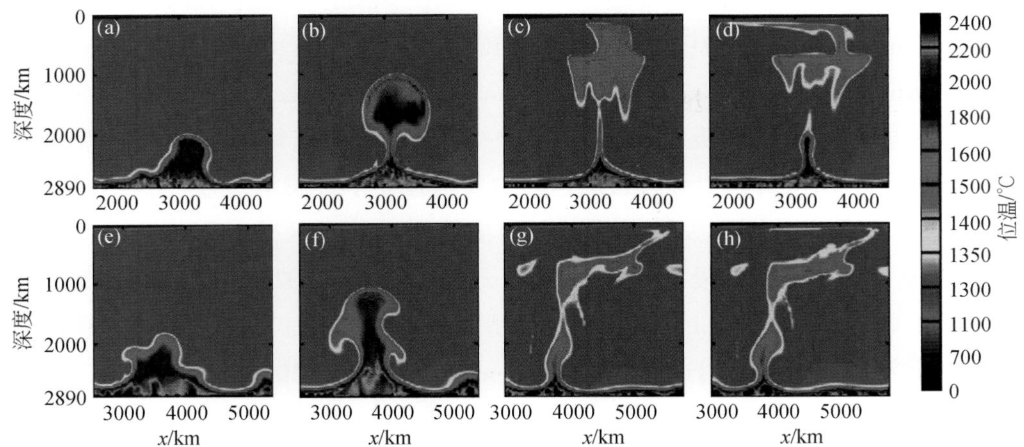


图 3-7　热化学地幔柱在三维数值模型中的剖面（Farnetani and Samuel，2005）

地幔柱在上升过程中被地幔过渡带中的相变面所截断，在某些情况下只有部分不规则的热地幔柱上升到达上地幔，这可能就解释了“无头”热点的成因

热化学地幔柱柱头假说也解释了为什么无头地幔柱的运动不同于有头地幔柱。如果无头地幔柱起源于停滞在 660km 不连续面的热化学地幔柱，那么这些地幔柱的运动就不会被高黏性的下地幔所限制，可能就会比深成的有头地幔柱运动得更快。这也就解释了与无头地幔柱相关的热点，例如吉尔伯特脊和托克劳海山，其运动与夏威夷和路易斯维尔这类深成地幔柱是相互独立的。

地幔柱理论的预测与 LIPs 的观测之间良好的吻合性，使得地幔柱假说的正确性得到了印证。地幔柱假说正确地预测了：

1）柱头引起的早期快速火山活动伴随着柱尾引起的减弱的火山活动；

2）展平的柱头在上地幔中的平面跨度大小为 2000～2500km；

3）溢流火山活动之前出现穹状隆起；

4）柱头和柱尾都会产生高温苦橄岩；

5）柱头温度在中心最高，向边缘逐渐降低；

6）柱尾应延伸到核幔边界；

7）地震学可探测的热异常在溢流玄武岩下应该存留至少 100Myr。

### 3.1.3　地幔柱生成区与超大陆旋回

（1）地幔柱生成区

中生代-新生代的热点火山活动，即地幔柱在地表的表现以及大火成岩省（LIPs），优先出现在远离俯冲带的两个大型横波低速异常区（即非洲 LLSVP 和中太平洋 LLSVP）周缘，即地幔柱生成区（GPE）（Anderson，1982；Hager et al.，1985；Weinstein and Olson，1989；Duncan and Richards，1991；Romanowicz and Gung，2002；Courtillot et al.，2003；Burke and Torsvik，2004；Burke et al.，2008）。这意味着下地幔地幔柱生成区和板块构造及全球一级尺度的海陆格局变迁有着紧密的联系，而不是像早期认为的“地幔柱的运转主要是独立于板块构造过程”（Hill et al.，1992）。有人认为，非洲和太平洋下面大型横波低速异常区（>6000km）意味着非洲和太平洋下面是超级地幔柱（Romanowicz and Gung，2002）。但是，地震学研究同样表明，非洲和太平洋 LLSVP 或者说是超级地幔柱不仅是热的，而且是具有化学特征的，起源于核幔边界附近（Su and Dziewonski，1997；Masters et al.，2000；Wen et al.，2001；Ni et al.，2002；Wang and Wen，2004；Garnero et al.，2007）。但也有学者提出，LLSVP 实际是高密度物质，难以上浮，不能称为超级地幔柱（Burke et al.，2008），但 LLSVP 周边确实是地幔柱形成的集中区。

其他一些证据同样表明，地幔对流的热幔柱模型和板块模型是相互联系的。长期以来，人们已认识到，板块构造运动影响着地幔柱的运动（Molnar and Stock，1987；Steinberger and O’Connell，1998；Gonnermann et al.，2004）。俯冲板片通过冷却地幔，并在下地幔引起绝热温度相对上升，促进了地幔柱在核幔边界的形成（Lenardic and Kaula，1994）。俯冲板片同样可能造成了地幔柱主要形成于核幔边界上部的板片堆积区域附近（Tan et al.，2002）。然而，大部分早期的地球动力学模型主要是基于简单几何形状的 2D 或 3D 模型，受模型的几何形状限制，常常迫使热的上涌地幔柱位于扩张中心的下面，而这就使得这些模型很难被用来研究多个地幔柱或地幔柱生成区的动力学过程。地幔柱和地幔柱生成区在板块构造框架下的关系，只是最近在考虑更为实际的板块结构 3D 模型中进行了探索，其中，包括了两种并不相互排斥的观点。

第一种观点中，一个地幔柱生成区代表了来自于核幔边界的一系列地幔柱（Schubert et al.，2004），或者是一个来源于核幔边界的热化学物质堆积体（Kellogg et al.，1999；McNamara and Zhong，2005；Tan and Gurnis，2005；Bull et al.，2009）。基于构造板块的全地幔对流模型，Zhong 等（2000）研究发现，地幔柱通常形成于核幔边界的滞流区域，而这一区域通常位于主板块中心区域的下面，取决于俯冲板片的分布。Schubert 等（2004）进一步指出，地幔柱生成区很可能只是被板块运动所组织到一起的一群地幔柱。McNamara 和 Zhong（2005）提出，非洲和太平洋 LLSVP 在核幔边界的地震低速异常，其更好的解释是被过去 120Ma 板块运动历史所组织的热化学物质堆积体。这也被 Bull 等（2009）所证实，他们利用地球动力学模型和地震学模型，在相同的分辨率尺度上进行了更为严格的对比，结果表明，下核幔边界附近的非洲和太平洋 LLSVP 更好的解释是热化学物质堆积体，而不是纯热的

"超级地幔柱"，应是热与化学成分的共同效应导致的地幔柱集群。

第二种观点中，主板块下的地幔很可能是热的，原因可能是其热状态的不完全均匀化（Davies，1999；King et al.，2002；Huang and Zhong，2005；Hoink and Lenardic，2008），或者是板块本身的绝热作用（Anderson，1982；Gurnis，1989；Zhong and Gurnis，1993；Lowman and Jarvis，1995，1996）。这会导致大范围的地震波低速异常，尤其是在相对较浅的深度，就像非洲和太平洋板块下部的异常。然而，局部出现的热点火山活动以及快速形成而短暂存在的大火成岩省，可能仍然需要地幔柱以及核幔边界附近的热边界层不稳定性；非洲和太平洋核幔边界之上大范围的LLSVP，可能仍然要求热-化学物质堆积体的存在（Bull et al.，2009）。需要指出的是，不完全热均匀化和热-化学物质堆积体上的地幔柱形成过程，在地幔中可能是同时出现的（Davies，1999；Jellinek and Manga，2004）。

因此，非洲和太平洋LLSVP周缘地幔柱生成区最好的特征就是，来源于核幔边界之上大范围的热-化学物质堆积体相关的地幔柱集群（Torsvik et al.，2006）。这些地幔柱生成区包括热-化学物质堆积体的位置受俯冲带的控制（McNamara and Zhong，2005）。热-化学物质堆积体很可能对地幔柱动力学过程起着重要的影响（Jellinek and Manga，2002），也应当是全球尺度的洋陆耦合作用的一个重要驱动因素（李三忠等，2019），它们面积上有三分之二位于洋底之下，因此，本书将其当作洋底洋陆耦合的重要内容，是全球性一级洋陆耦合的核心机制，并控制超大陆聚散。但是，在对地幔柱生成区的特征描述中，热-化学物质堆积体只是出于核幔边界区域地震学观测的需要而提出的（Masters et al.，2000；Wen et al.，2001；Ni et al.，2002；Wang and Wen，2004）。地幔柱生成区在地表的表现可能包括异常的高地形或超级隆起（McNutt and Judge，1990；Davies and Pribac，1993；Nyblade and Robinson，1994）、正重力异常（Anderson，1982；Hager et al.，1985）、热点火山活动（Anderson，1982；Hager et al.，1985；Duncan and Richards，1991；Courtillot et al.，2003；Jellinek and Manga，2004）以及大火成岩省（Larson，1991b；Burke and Torsvik，2004；Burke et al.，2008）。

目前提出的关于地幔柱生成区的形成机制，主要有以下4种，它们在某种程度上，都和构造板块的动力过程相关联，这与早期认为整个地幔柱都是核幔边界附近热不稳定过程的产物，而不受板块动力学所约束（Hill et al.，1992）的观点是相反的。

1）地幔柱生成区形成于超大陆的绝热过程（Anderson，1982；Zhong and Gurnis，1993；Evans，2003b；Coltice et al.，2007）（图3-8）。这一模型的主要缺陷包括，对一个地幔柱生成区来说，热积累不足（Korenaga，2007），以及太平洋地幔柱生成区的形成，是在没有超大陆绝热的情况下完成的（Zhong et al.，2007）。然而，虽然它与 Pangea 无关，但有可能与 Rodinia 有关。

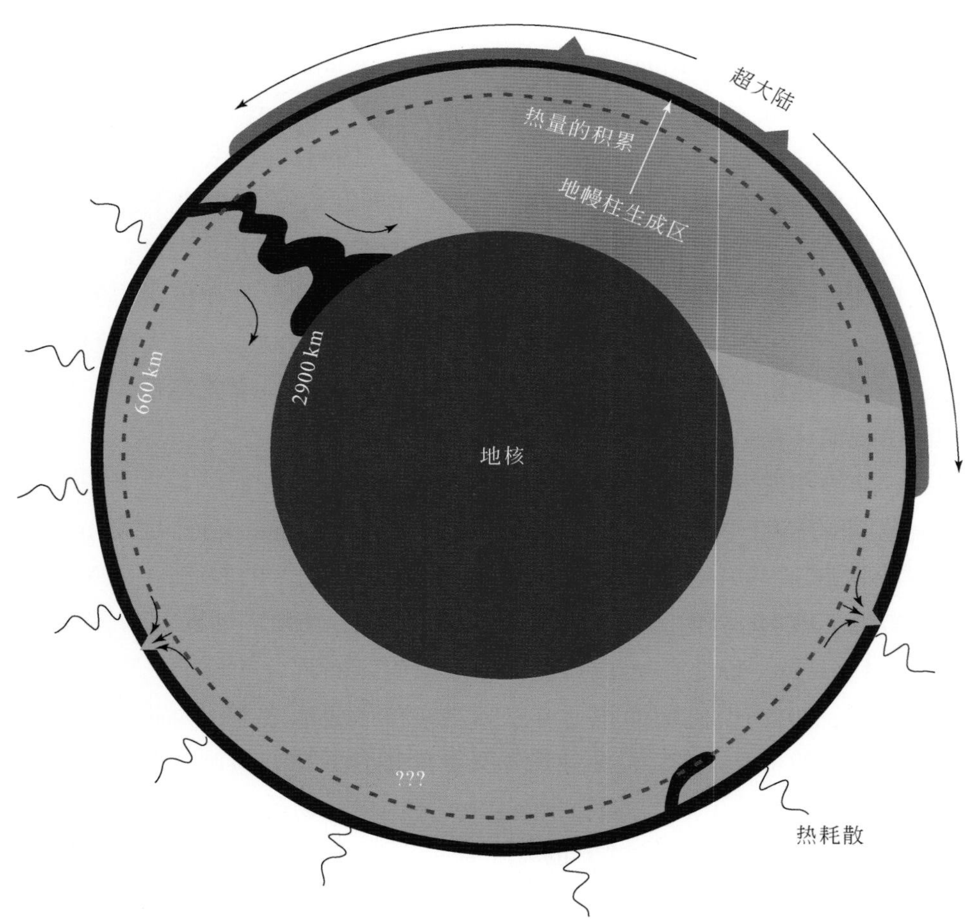


图 3-8 地幔柱生成区成因的绝热模型（Anderson，1982；Evans，2003b；Zhong and Gurnis，1993；Coltice et al.，2007）

2）“超级地幔柱”，来源于从地核传导出来的热引起的、一个新超大陆下面的板片“墓地”的熔融作用（Maruyama et al.，2007）（图 3-9）。这一模型的提出者表明，太平洋“超级地幔柱”是约 800Ma 形成于罗迪尼亚超大陆下面的“超级地幔柱”的残留。但是，这并没有解释“为什么这样一个老的超级地幔柱，表现得像年轻很多的非洲超级地幔柱（与 Pangea 有关）一样强壮？为什么更老的超大陆（如哥伦比亚）没有任何活动的超级地幔柱继承下来？非洲和太平洋超级地幔柱为什么位置正好相对？”（Rogers and Santosh，2002；Zhao et al.，2004）。

3）环超大陆板片崩塌的上推效应（Maruyama，1994；Li Z X et al.，2004，2008）（图 3-10）。这种机制着眼于板片崩塌在地幔柱生成区形成过程中的控制作用（Tackley et al.，1993），解释现今太平洋和非洲 LLSVP 位置相对分布的特征（作为

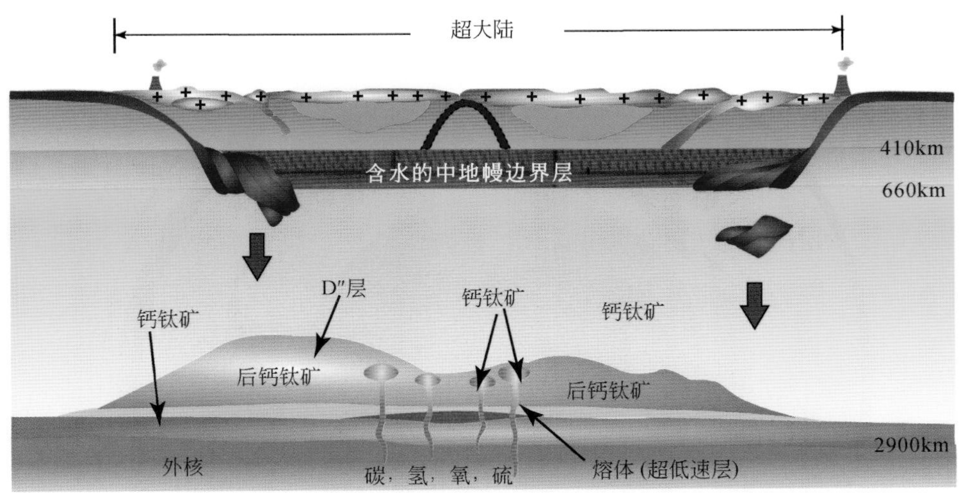


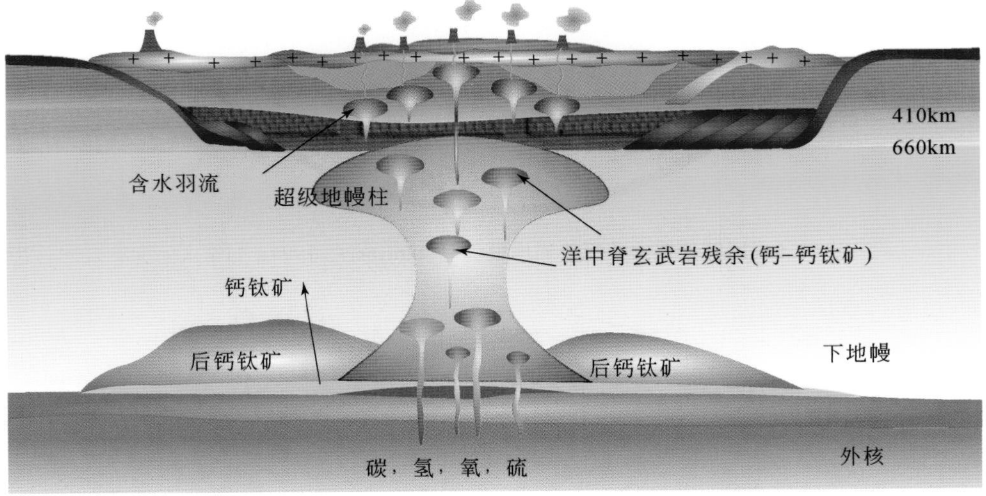


图 3-9　地幔柱生成区的“超级地幔柱”成因模型（Maruyama et al.，2007）

位置相对的古太平洋和潘吉亚地幔柱生成区的残留），而不需要在全地幔对流中涉及太多的下地幔物质。这与“Lava Lamp”的分层地幔模型是相一致的（Kellogg et al.，1999）。

4）超大陆旋回过程中动态自洽形成的一级地幔对流，即在一个半球形成一个主要的上升流系统，而在另外一个半球形成一个主要的下降流系统；或者是二阶地幔对流，即两个位置相对的上升流系统（Zhong et al.，2007）（图 3-11）。这个模型和模型三的主要区别在于，在这个模型中的下地幔，有很大一部分参与了对流；大洋范围内的地幔柱生成区，很可能在超大陆下部“超级地幔柱”形成之前，就已经被激活了。

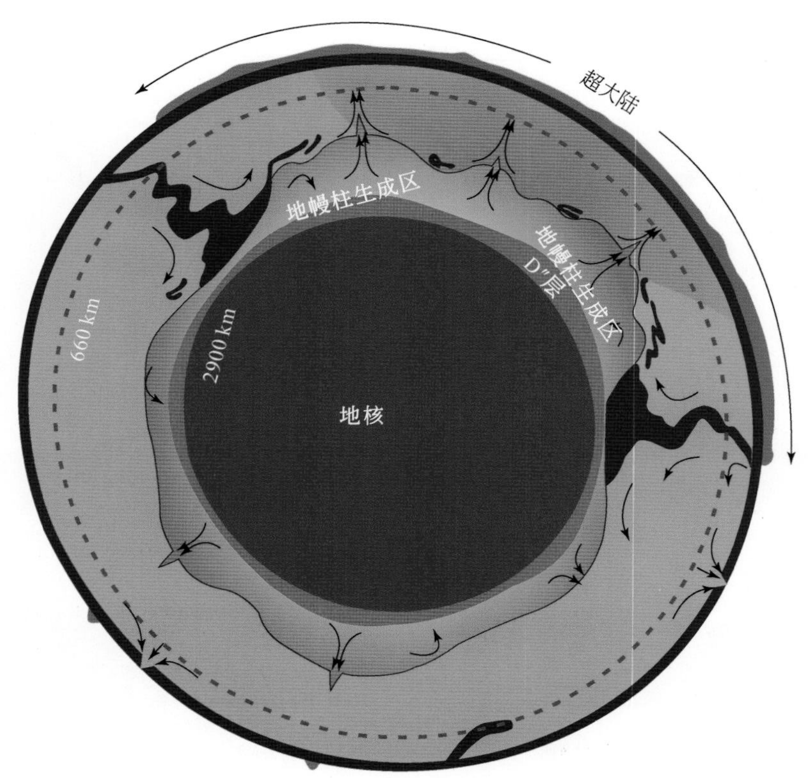


图 3-10　地幔柱生成区成因的环超大陆板片崩塌模型（Maruyama，1994；Li Z X et al.，2004，2008）

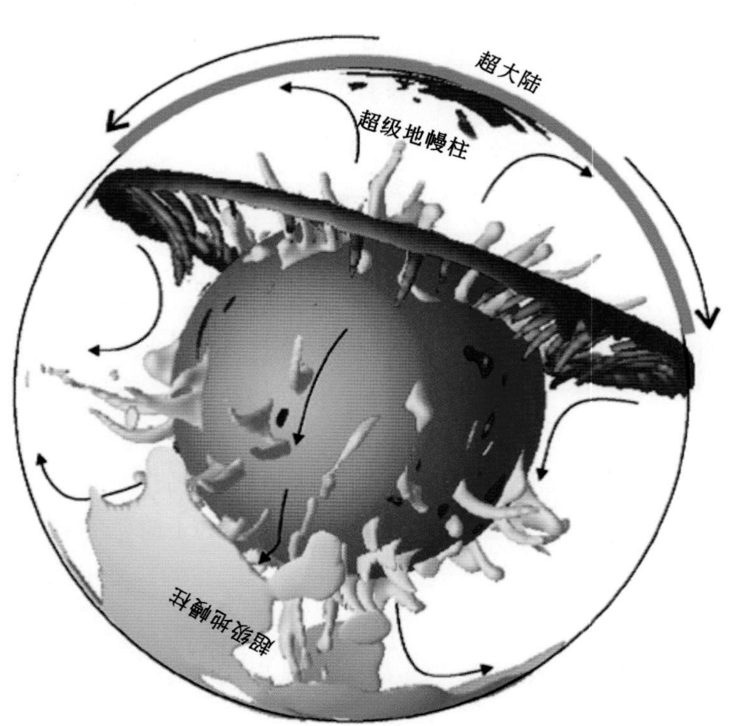


图 3-11　地幔柱生成区成因的地幔对流二阶模型（Zhong et al.，2007）

（2）地幔柱生成区与超大陆旋回

潘吉亚超大陆是最晚、最著名且包含几乎地球上所有大陆的超大陆（Wegener，1912）。潘吉亚超大陆的大部分形成于320Ma左右劳亚古陆（北美和格陵兰）和冈瓦纳古陆的碰撞作用，到早二叠纪，则有西伯利亚克拉通和中亚造山带内大量微陆块的增生加入以及东亚陆块群的集结（Li and Powell，2001；Scotese，2004；Torsvik and Cocks，2004；Veevers，2004；Zhao et al.，2018）。需要特别注意的是，潘吉亚超大陆大部分被俯冲带所包围（即环超大陆俯冲，图3-12），这一特征对其他超大陆来说，看起来也是真实的，很可能具有一级洋陆耦合的重要地球动力学意义。潘吉亚超大陆在~185Ma开始裂解（Veevers，2004），洋陆格局逐渐演变为现今海陆地理分布状态。

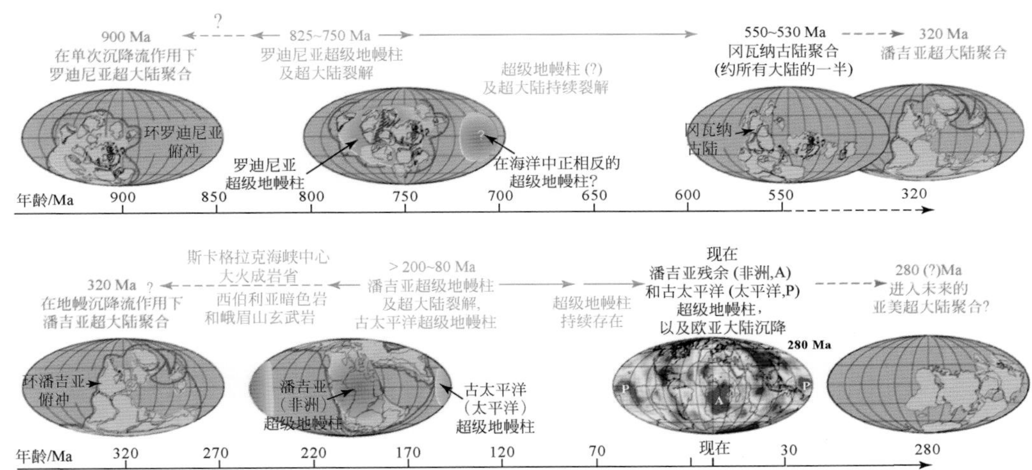


图3-12　过去1000Ma超大陆–超级地幔柱耦合示意以及可能存在的一个~600Myr的超大陆–超级地幔柱循环（Li and Zhong，2009）

目前，已经被广泛接受的是现今的非洲LLSVP周缘地幔柱生成区，于中生代或更早时，在潘吉亚超大陆下开始启动（Anderson，1982；Burke and Torsvik，2004）。地幔柱开始爆发时间不晚于约200Ma的中大西洋岩浆省（Marzoli et al.，1999；Hames et al.，2000），很可能会更早（Veevers and Tewari，1995；Doblas et al.，1998；Torsvik and Cocks，2004），根据是已被证实的地幔柱记录，包括约250Ma的西伯利亚玄武岩省（Renne and Basu，1991；Courtillot and Renne，2003；Reichow et al.，2009）、约260Ma峨眉山大火成岩省（Chung and Jahn，1995；He et al.，2007）、约275Ma巴楚大火成岩省（Zhang et al.，2008）以及约300Ma欧洲的环斯卡格拉克海峡（Skagerrak）大火成岩省（Torsvik et al.，2008a）。约320Ma（Veevers，2004）或250Ma（Zhao et al.，2018）潘吉亚超大陆的拼合时间与潘吉亚（或非洲）

地幔柱生成区开始时间之间存在20～120Myr的时间延迟，这对超大陆和地幔柱生成区的动力学有着重要的意义。与潘吉亚地幔柱生成区相关的地幔柱，不论是一级的还是次级的（Courtillot et al.，2003），都被认为是造成潘吉亚超大陆裂解的原因（Morgan，1971；Storey，1995）。

位于相对立位置的太平洋地幔柱生成区，其开始活动时间不晚于约125Ma（Larson，1991b）或144Ma。由于缺少170Ma前的大洋记录，太平洋地幔柱生成区的启动时间很难直接确定。但是，一些地质观测解释表明，三叠纪沿着华南的东南部存在一个>250Ma的洋底高原俯冲（Li Z X and Li X H，2007），反映了古太平洋范围内>250Ma的地幔柱活动。此外，如果Torsvik等（2008a）的模型正确，即华南位于太平洋地幔柱生成区之上，那么峨眉山大火成岩省所揭示的太平洋地幔柱生成区的开始时间，可以早到约260Ma。因此，非洲和太平洋LLSVP周缘地幔柱生成区的开始时间可能是具有可比性的。但是，本书不详述，详见《海底构造系统》（上、下册）。

（3）地幔柱生成区与罗迪尼亚旋回

至20世纪90年代，唯一被广泛认可的包含几乎所有已知大陆的超大陆是潘吉亚超大陆。众所周知的“超大陆”，Gondwana Land（或叫冈瓦纳古陆），自寒武纪时期，就已经存在（约530Ma；Meert and Van Der Voo，1997；Li and Powell，2001；Collins and Pisarevsky，2005），直到中石炭世时期，才与劳伦古陆拼合成为潘吉亚的一部分，其仅仅包含了一半的已知大陆，因此，并不是和潘吉亚同一级别的超大陆，有人称为巨大陆。

1991年的里程碑式工作（Dalziel，1991；Hoffman，1991；Moores，1991）引发了对一个在晚前寒武纪时期的潘吉亚级别的罗迪尼亚超大陆的广泛重视（McMenamin M A S and McMenamin D L S，1990）。尽管大多数早期的工作认为，罗迪尼亚存在于1100Ma之前，但是随后的研究证实，罗迪尼亚的拼合很可能直到约900Ma都还没有完成（Li et al.，2008）。迄今罗迪尼亚的精确框架仍存争论（Hoffman，1991；Weil et al.，1998；Pisarevsky et al.，2003；Torsvik，2003；Li et al.，2008）。

同潘吉亚超大陆的情况类似，“超级地幔柱”或地幔柱生成区也被用来说明导致罗迪尼亚在约750Ma裂解的一系列构造热事件（Li and Zhong，2009）（图3-13）。地幔柱活动的关键证据包括，非造山背景下大陆尺度的同源岩浆穹隆及紧随其后的裂谷作用（Li et al.，1999；Li et al.，2002；Li Z X et al.，2003；Wang and Li，2003）、放射状基性岩脉群和大火成岩省残存物（Zhao et al.，1994；Fetter and Goldberg，1995；Park et al.，1995；Wingate et al.，1998；Frimmel et al.，2001；Harlan et al.，2003；Li et al.，2008；Ernst et al.，2008；Wang et al.，2008）、对应一个大规模（直径>

6000km）稳定持续时间超过 100Myr 热源的广泛同步非造山岩浆活动（Li X H et al., 2003；Li Z X et al., 2003），以及岩石学证据证实的伴随着很多大火成事件>1500℃的地幔熔体。罗迪尼亚的最终拼合时间约在 900Ma，与第一次地幔柱爆发的主要时期（约 825Ma）的时间间隔为 75Myr。Li Z X 等（2003，2008）研究证实，罗迪尼亚裂解前，存在着两个地幔柱成因岩浆活动的高峰期：一个是 825 ~ 800Ma，另一个是 780 ~ 750Ma。地幔柱活动很可能在罗迪尼亚的长期裂解过程中一直持续存在（如 720Ma 的富兰克林火成岩事件）（Heaman et al., 1992；Li et al., 2008）。

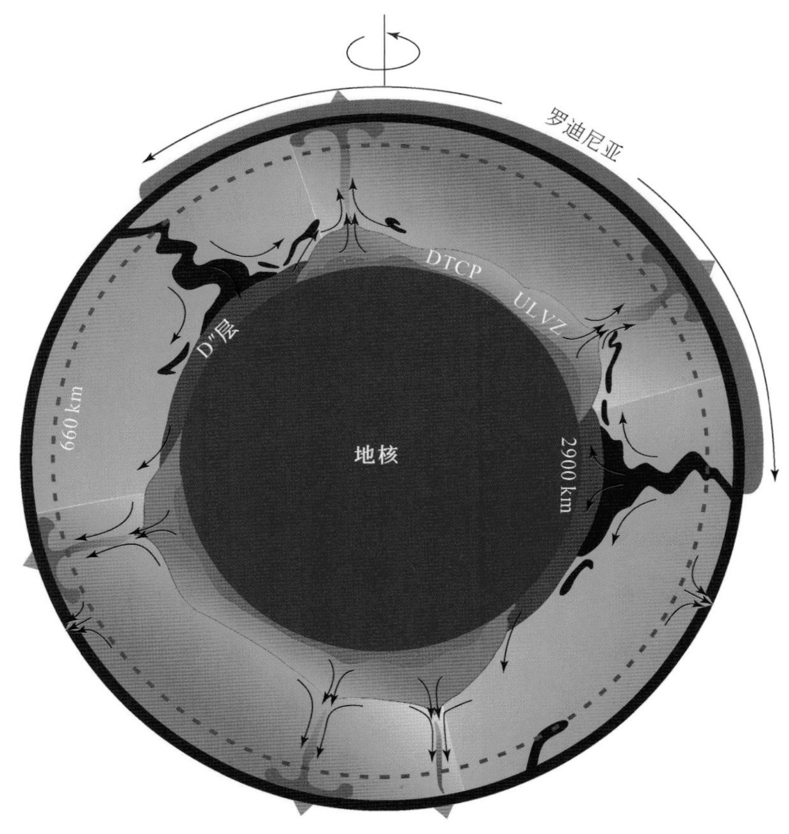


图 3-13　环超大陆俯冲带引起超级地幔柱和地幔柱形成（Li and Zhong, 2009）

DTCP 代表高密度热-化学物质堆积体，ULVZ 代表地震波超低速区

（4）超大陆-地幔柱生成区耦合地球动力学

如前所述，自 1800Ma 以来三个著名的超大陆，哥伦比亚、罗迪尼亚和潘吉亚从地幔柱生成区在超大陆周缘之下发育的角度来说，经历了类似的事件：

1）超大陆拼合完成后的 20 ~ 120Myr，在超大陆周缘下面出现了一个地幔柱生成区（即超大陆周缘广泛的地幔柱大爆发）；

2）罗迪尼亚和潘吉亚地幔柱生成区的大小都是>6000km；

3）每个地幔柱生成区都至少持续了几亿年，活动的峰期持续～100Myr（罗迪尼亚地幔柱生成区从>825Ma 到<750Ma，潘吉亚和太平洋地幔柱生成区从>200Ma 到<80Ma）；

4）地幔柱生成区与超大陆裂解。

很少有原位地质记录证明在泛罗迪尼亚大洋的中间，是否有一个可能的地幔柱生成区和罗迪尼亚地幔柱生成区正相对，就像太平洋地幔柱生成区正对于潘吉亚（现今的非洲）地幔柱生成区那样。但是，这一地幔柱生成区产生的任何洋底高原或海山的残留，或者是它们俯冲的记录，将会记录在新元古代到早古生代的造山带中，即洋底高原俯冲和拆沉的证据（Li Z X and Li X H，2007）。

超大陆最终拼合完成与超大陆下地幔柱生成区出现之间的时间延迟，暗示着超大陆形成与地幔柱生成区产生之间存在一种可能的因果关系。那么，在 1800Ma 之前的地质历史中，是否有类似的超大陆-地幔柱生成区耦合的地质记录呢？在罗迪尼亚的重建期间，人们还提出了很多更为古老的超大陆，对于这些超大陆的存在或是其构造框架，目前基本达成共识，且发现超大陆旋回和地幔柱活动强度变化之间存在一个一致的相关性（图 3-14）。前罗迪尼亚的潘吉亚级别的超大陆被不同的人称为努纳（Nuna）（Evans，2003a；Hoffman，1991；Bleeker，2003；Brown，2008）或哥伦比亚（Rogers and Santosh，2002；Zhao et al.，2002）超大陆。尽管地质学家证实，哥伦比亚超大陆的存在时间为 1.8～1.3Ga（Zhao et al.，2004），但是，现今的古地磁数据推测其形成年龄<1.77Ga（Meert，2002）。哥伦比亚超大陆的裂解同样被认为是和地幔柱活动的突然爆发相关的（Zhao et al.，2004；Ernst et al.，2008）。一个更具推测性的超大陆，称为肯诺兰（Kenorland；Williams et al.，1991），推测存在时间从>2.5Ga 到2.1Ga 之间（Aspler and Chiarenzelli，1998）。它的裂解也可能和广泛的地幔柱活动相关（Heaman，1997；Aspler and Chiarenzelli，1998）。

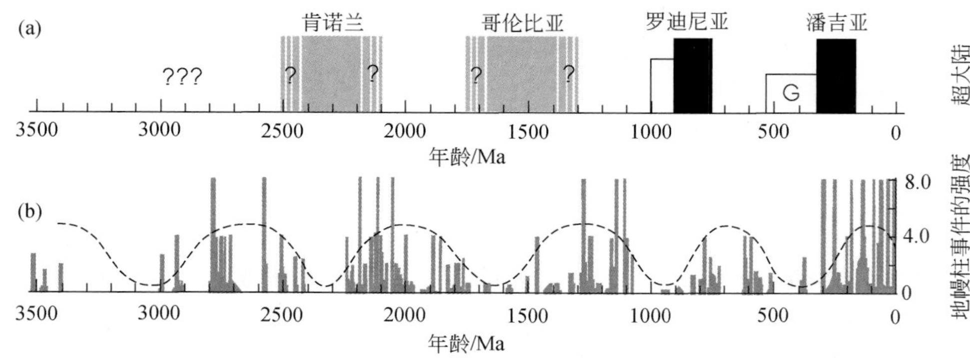


图 3-14 超大陆的聚散与地幔柱事件强度之间的关系（Li and Zhong，2009）

（a）地球历史中超大陆的分布时间，（b）自 3500Ma 以来可能的 154 个大火成岩省表明地幔柱活动可能存在一个 550～730Myr 的周期性。G 代表冈瓦纳古陆

图3-14给出了现今已知/推测的超大陆的时间分布［图3-14（a）］，以及Prokoph等（2004）总结的地幔柱活动事件标志（如大火成岩省、岩墙群等）［图3-14（b）］。Prokoph等（2004）报道了太古代以来的地幔柱活动，存在一个550～730Myr的周期性变化［图3-14（b）］。值得注意的是，这一周期性变化看起来在很大程度上近似之前提到的潘吉亚和罗迪尼亚旋回以外的超大陆旋回［图3-14（a）］。无论如何，地幔柱活动的新周期看起来都是开始于相对应的超大陆的生命周期内，而地幔柱活动的峰期则看起来是和超大陆裂解同时发生的。有人认为，哥伦比亚和肯诺兰超大陆的寿命要远长于潘吉亚和罗迪尼亚；这两个更古老的超大陆的开始时间似乎相当于前一个超级地幔柱周期的衰弱阶段，而不像潘吉亚和罗迪尼亚那样在地幔柱活动的低谷期。它们可能的～600Myr的周期，大体上类似但是要稍长于Nance等（1988）给出的400～500Myr的循环周期。但是，Zhong等（2007）模拟表明超大陆聚合过程需要350Myr，而Zhang等（2009）的模拟也表明超大陆裂解过程同样需要350Myr，李三忠等（2016）则依据超大陆全球聚合时间提出一个超大陆循环周期应准确为700Myr，这与上述理论模拟结果一致。

如果地史期间地幔柱事件和超大陆事件确实是耦合的，那么它们具有重要的全球洋陆耦合动力学意义。

1）地幔柱生成区的形成很可能和超大陆的形成、板块俯冲以及地幔对流是相关联的，而不是与衍生自核幔边界的自发式热边界层不稳定性相关。

2）地幔柱生成区的位置（无论是不是双极的）是和超大陆的位置相关的。除非超大陆在地理参考系下总是形成并停留在同样的位置或其相对立的位置，从罗迪尼亚的快速漂移来看，并不是这样的（Li Z X et al.，2004，2008）。否则，一般来说，地幔柱生成区并不会形成或停留在同样的地点，但移动很慢（Cao et al.，2020）。这与Maruyama（1994）、Burke等（2008）和Torsvik等（2008b）的推测不是很矛盾。

3）地幔柱生成区或地幔柱集群，导致了超大陆的裂解（Gurnis，1989；Li Z X et al.，2003）。

4）地幔柱生成区的寿命，很可能与超大陆旋回周期相关。潘吉亚地幔柱生成区开始于250～200Ma，并一直持续到未来的某个时间；罗迪尼亚地幔柱生成区开始于860～820Ma，并至少持续到了约600Myr（Ernst et al.，2008；Li et al.，2008）。但这不能称为长寿命的超级地幔柱（Maruyama，1994；Torsvik et al.，2008b）。太平洋地幔柱生成区的寿命更具不确定性，它可能和潘吉亚地幔柱生成区的年龄一样（Li et al.，2008），也可能更老（Zhong et al.，2007；Torsvik et al.，2008b）。

5）尽管太古代以来，地球的热梯度以及岩石圈/地壳的厚度可能经历了长期改变（Moores，2002；Brown，2007），但是一级地球动力学样式，即周期的、耦合的超大陆和地幔柱生成区时间，看起来没有显著地改变。

## 3.2 俯冲消减动力学

俯冲带是地球的主要构造特征。它们是俯冲地震和弧火山喷发形成的主要地带，是地幔深源地震的唯一发生地。从近地表观测和各种地球物理探测结果中，可以很好地理解俯冲带在板块构造框架中的作用。特别是大陆与大洋之间的洋-陆型俯冲带是大洋与大洋岩石圈耦合的关键地带，这里不仅发育丰富成因的微陆块、微洋块，而且俯冲的大型大洋板块也沿该带俯冲发生碎片化，形成了深地幔中的大量微幔块，进而导致弧后地幔楔对流循环格局复杂化。而浅表在深断裂作用影响下，海洋生物沉积、化学沉积和陆源碎屑沉积过程，以及弧后的热泉、冷泉过程，可以增加海洋化学多样性。一般认为，洋中脊俯冲则是周围俯冲带由于古老热衰减的岩石圈自身的重力作用，是板块运动的主要驱动力。地震带，如和达-贝尼奥夫地震带，其变形主要是由大洋岩石圈的褶曲和俯冲板片与上覆板块在深达 40km 的孕震带通过大型俯冲地震解耦形成的。这种深源地震主要发生在俯冲板片内部，而不是核幔边界。通常随板块下降，地震带呈平面特征，但在某些情况下，会出现双贝尼奥夫带，第二层贝尼奥夫带通常出现在第一层贝尼奥夫带下方 20～50km 处。从孕震区向下，俯冲板片通过黏性耦合，将上覆地幔以及仰冲板块之下的地幔向下拖曳。在俯冲板片和仰冲刚性板块之间的黏滞变形区定义为地幔楔。

除了动力学和构造意义之外，俯冲带在地球化学演化中也起着至关重要的作用。在俯冲时，洋壳的温度和压力会逐渐增加，并通过各种变质反应导致俯冲沉积物和洋壳脱水脱碳。脱出的水分进入上覆热的地幔楔中，降低了橄榄岩的熔融温度。俯冲沉积物和洋壳的部分熔融以及上覆地幔楔减压熔融，均可形成岩浆活动，并诱发弧火山活动和地壳的变形与增生。大洋板块的深俯冲，是将不同类型的物质输入地幔的主要方式。再循环的洋壳，在一定程度上解释了洋中脊玄武岩和洋岛玄武岩之间的地球化学不均一性。

### 3.2.1 俯冲消减系统分布

俯冲消减系统，特别是洋-陆型俯冲消减系统是洋陆耦合研究的核心对象，作为板块构造理论的核心研究内容之一，一直以来受到地球科学界的广泛关注。相对较冷的大洋岩石圈在俯冲带处俯冲到相对较热的地幔中去，与之相关的物理和化学过程导致了俯冲带处剧烈的构造、岩浆以及变质作用，包括以火山喷发为代表的岛弧岩浆活动、弧后盆地扩张以及俯冲带大地震的发生等一系列壮观的自然现象。

全球现今俯冲带主要分布于环太平洋地区，其中，西太平洋俯冲带的研究程度最高。西太平洋俯冲带位于欧亚大陆东缘，是欧亚板块、太平洋板块、菲律宾海板块以及鄂霍次克板块（属北美板块）彼此之间相互俯冲碰撞的产物。西太平洋俯冲带具有典型的“沟-弧-盆”体系，例如，菲律宾海板块俯冲到欧亚板块之下所形成的琉球俯冲带，由“琉球海沟”—“西南日本-琉球岛弧”—“日本海盆-冲绳海槽”这三部分所构成；太平洋板块俯冲到鄂霍次克板块以及欧亚板块之下所形成的日本俯冲带和千岛俯冲带则由“千岛-日本海沟”—“千岛-东北日本岛弧”—“日本海盆-鄂霍次克海盆”所构成；太平洋板块俯冲到菲律宾海板块之下所形成的马里亚纳俯冲带为洋-洋型俯冲消减系统组成，由“马里亚纳海沟”—“马里亚纳岛弧”—“马里亚纳海槽”所构成（图 3-15）。

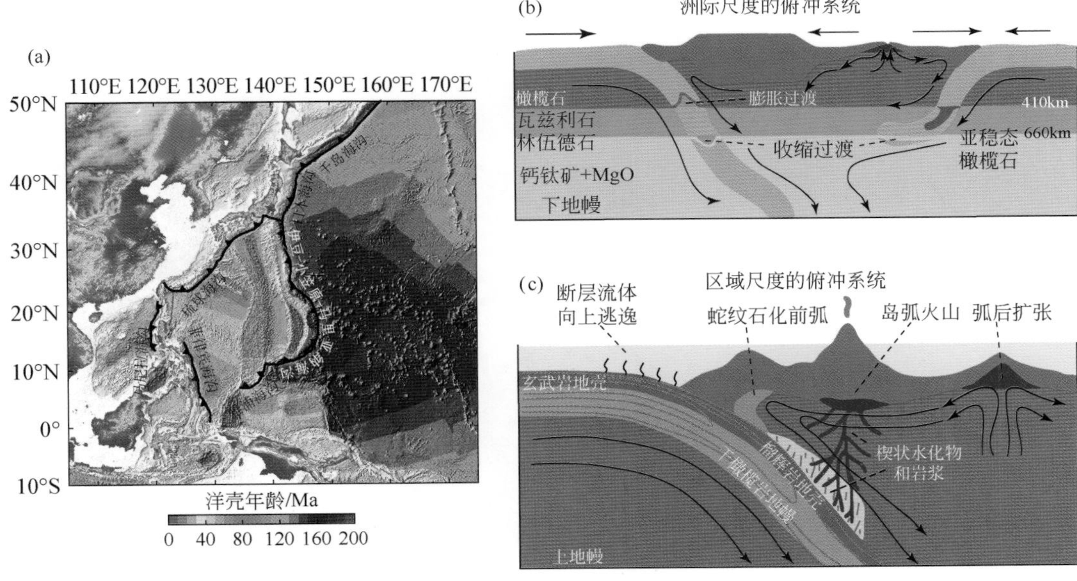


图 3-15　西北太平洋俯冲带大地构造背景及深部过程（据 Billen，2008；Liu et al.，2017 修改）

自 20 世纪末以来，基于地球科学理论及方法的不断进展，地球科学家不仅可以观测到西太平洋俯冲带现今的地表地质过程，还能探知其深部结构特征，并了解其在地质历史时期的演化历程及其相关的地球动力学过程。其中，地震层析成像方法及成果为识别俯冲板块形态、探讨地幔楔的物理化学性质、理解岛弧火山的起源以及相关的地球动力学过程，提供了极好的约束。本节聚焦于西太平洋洋陆过渡带的琉球俯冲系统、日本俯冲系统、马尼拉俯冲系统和班达俯冲系统，以此为例，展示俯冲系统相关的构造特征及其动力学过程。

### 3.2.2 俯冲消减系统结构

（1）琉球俯冲系统

在欧亚大陆东缘，菲律宾海板片俯冲到欧亚板块之下，形成了琉球俯冲带，其北部由“琉球海沟—西南日本-琉球岛弧—日本海盆-冲绳海槽”这一“沟-弧-盆”体系所构成，即北琉球俯冲带（图3-16）。该俯冲带内发育许多活火山，构成了一条显著的火山前线。地震活动也十分频繁，具有明显的分段性特征。在九州岛之下，地震从地壳延伸到约200km深处，而在四国岛以及西南本州岛之下，地震只延伸至约80km深处。此外，由于太平洋板块俯冲到欧亚板块以及菲律宾海板块之下，使得在该俯冲带更深部的地区也存在大量的地震，这些地震发生在俯冲的太平洋板片内部。

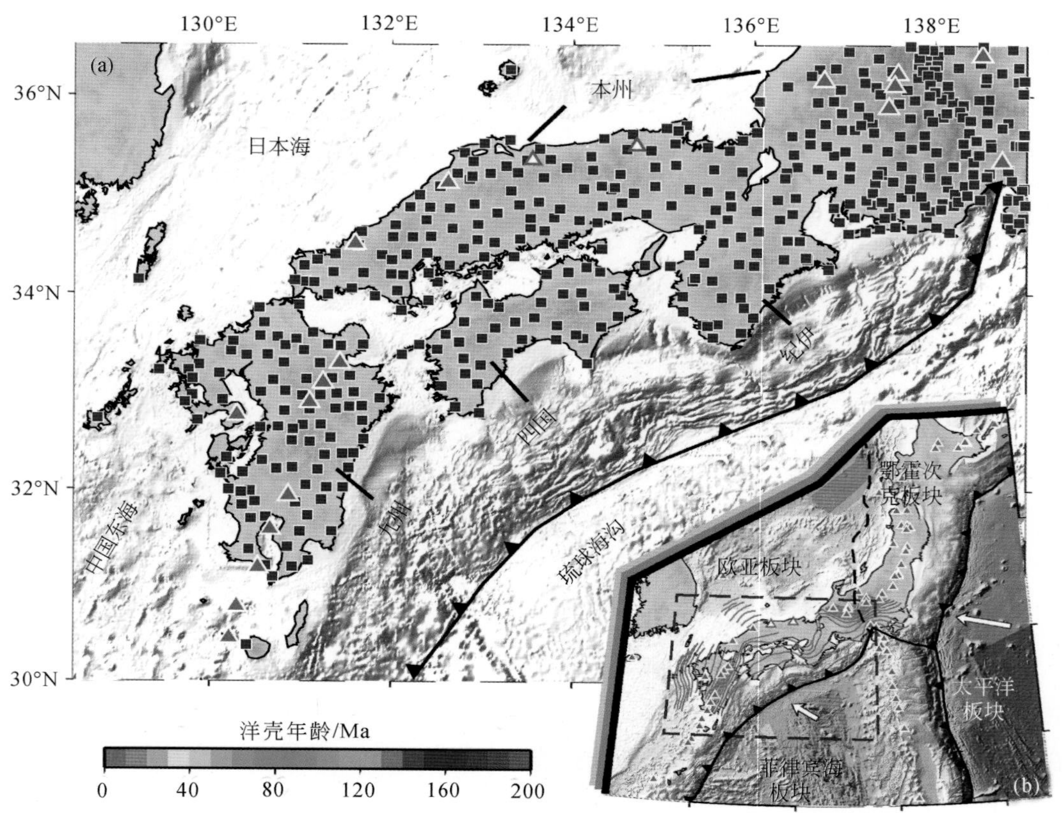


图3-16　北琉球俯冲带大地构造位置及451个地震台站（据Liu and Zhao，2015修改）

蓝色方块代表地震台站，红色三角代表活火山

该区远震-近震联合反演层析成像结果表明，尽管该区深部的菲律宾海板片内

的地震，只延伸至约200km深处，但在中国东海以及日本海之下，菲律宾海板片的前端已经俯冲到约430km深处（Zhao et al.，2012）。P波各向异性层析成像结果揭示出，九州岛之下的地幔楔，呈现出与海沟方向垂直的快波方向，这指示了菲律宾海板片俯冲到岛弧之下的地幔楔中，并形成了极向对流（Zhao et al.，2016）。这些层析成像结果主要针对北琉球俯冲带的陆上地区，而在菲律宾海之下的弧前地区，以及中国东海、日本海之下的弧后地区，由于只有少量的海底地震仪布设，无法使用常规的地震定位方法对这些地区发生的海底地震进行精确定位，在北琉球俯冲带的海城仅获得了一些二维地震反射剖面以及局部有限的三维地震反射数据。

为了对发生在地震台网之外的海底地震进行精确定位，可以使用对震源深度非常敏感的sP深度震相，这是因为sP深度震相的地表反射点非常靠近震中。通过sP深度震相精确定位过的海底地震可以应用到地震层析成像研究中，并以此求得地震台网之外、海底之下的三维地震波速度结构（Zhao et al.，2002）。在北琉球俯冲带地区，sP深度震相已经应用在海底地震定位以及地震层析成像中（Wang and Zhao，2006；Liu et al.，2013）。

采用台网外层析成像法（Zhao et al.，2002），针对北琉球俯冲带海底之下的弧前及弧后地区，利用sP深度震相，对发生在整个北琉球俯冲带的大量海底地震进行了精确定位，并获得了大量高质量的P波和S波到时数据，以此求出了从南海海槽到日本海盆整个北琉球俯冲带的高分辨率三维地震波速度层析成像结果，并在此基础上求得了三维地震波衰减层析成像结果（Liu et al.，2013；Liu and Zhao，2015）。

P波和S波的分辨率测试结果表明，层析成像结果在水平方向上的空间分辨率为30km，在深度上的空间分辨率为10～30km（Liu and Zhao，2015）。采用最佳的阻尼和平滑系数，得到了最终的层析成像结果（图3-17和图3-18）。使用的网格间距在水平方向上为0.33°，深度上为10～30km。成像结果显示，北琉球俯冲带的速度层析成像结果与衰减层析成像结果极为相似，在地壳和上地幔顶部存在十分明显的横向不均匀性。由于使用了大量经过sP深度震相精确定位的海底地震，所得到的结果，在菲律宾海之下的弧前地区以及中国东海和日本海之下的弧后地区，有了改善。

（2）日本俯冲系统

发生在2011年3月11日的东北日本大地震（Mw 9.0）及其引起的大海啸，将全世界的目光聚焦到位于欧亚大陆东缘的日本俯冲带。

日本俯冲带由“日本海沟—东北日本岛弧—日本海盆”这一典型的“沟-弧-盆”体系所构成，是太平洋板块俯冲到鄂霍次克板块以及欧亚板块之下的产物（图3-19）。该俯冲带内发育许多活火山，在东北日本岛弧之上构成了一条显著的岛弧火山前线。该俯冲带内地震活动非常频繁。地震主要发生在岛弧地壳内部、俯冲的太平洋板块中，以及太平洋板块与鄂霍次克板块相接触的巨大逆冲断层带上。上地幔中的地震，在东北日本岛弧之下延伸深度超过200km。

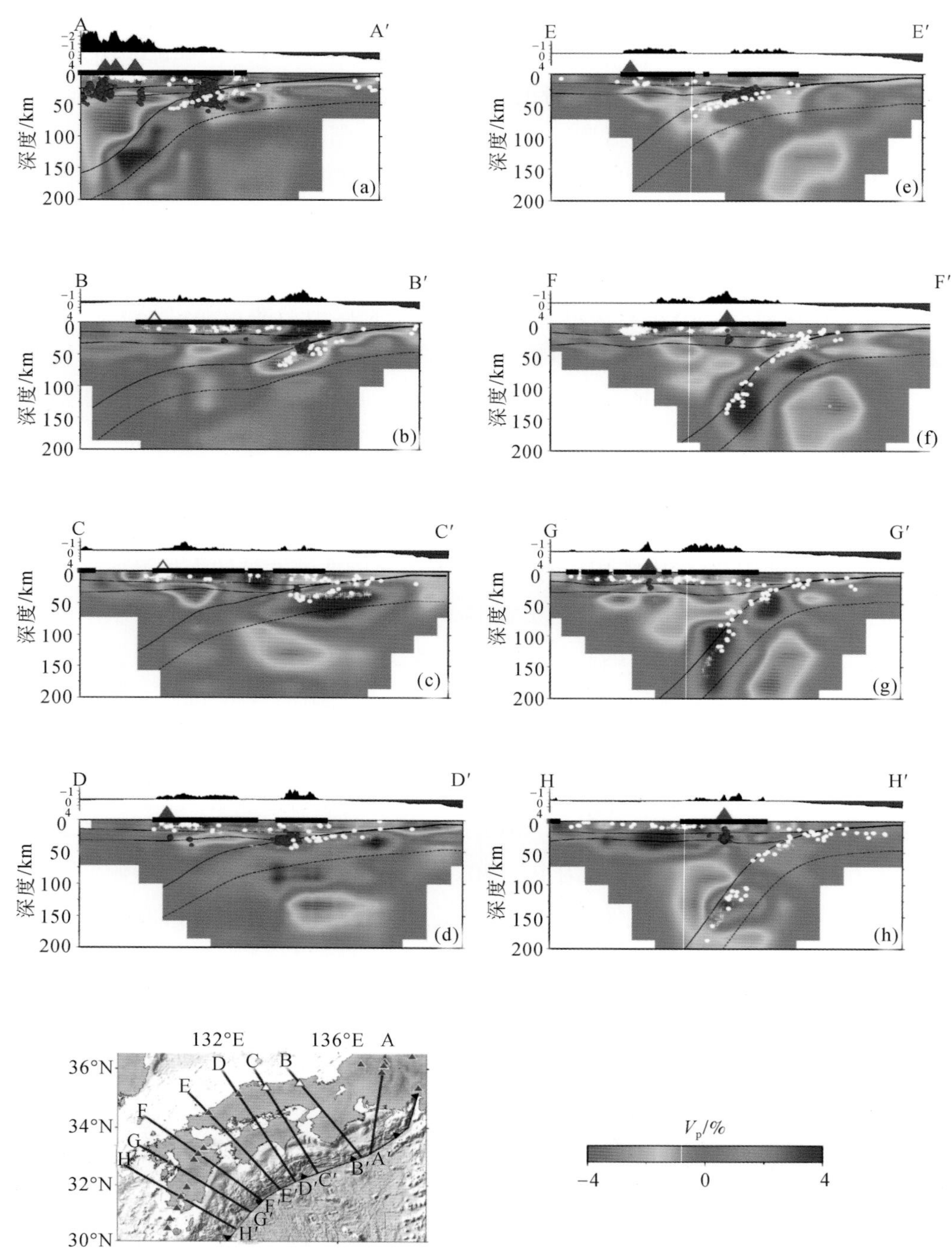


图3-17　北琉球俯冲带不同位置处P波速度层析成像剖面（据Liu and Zhao，2015修改）

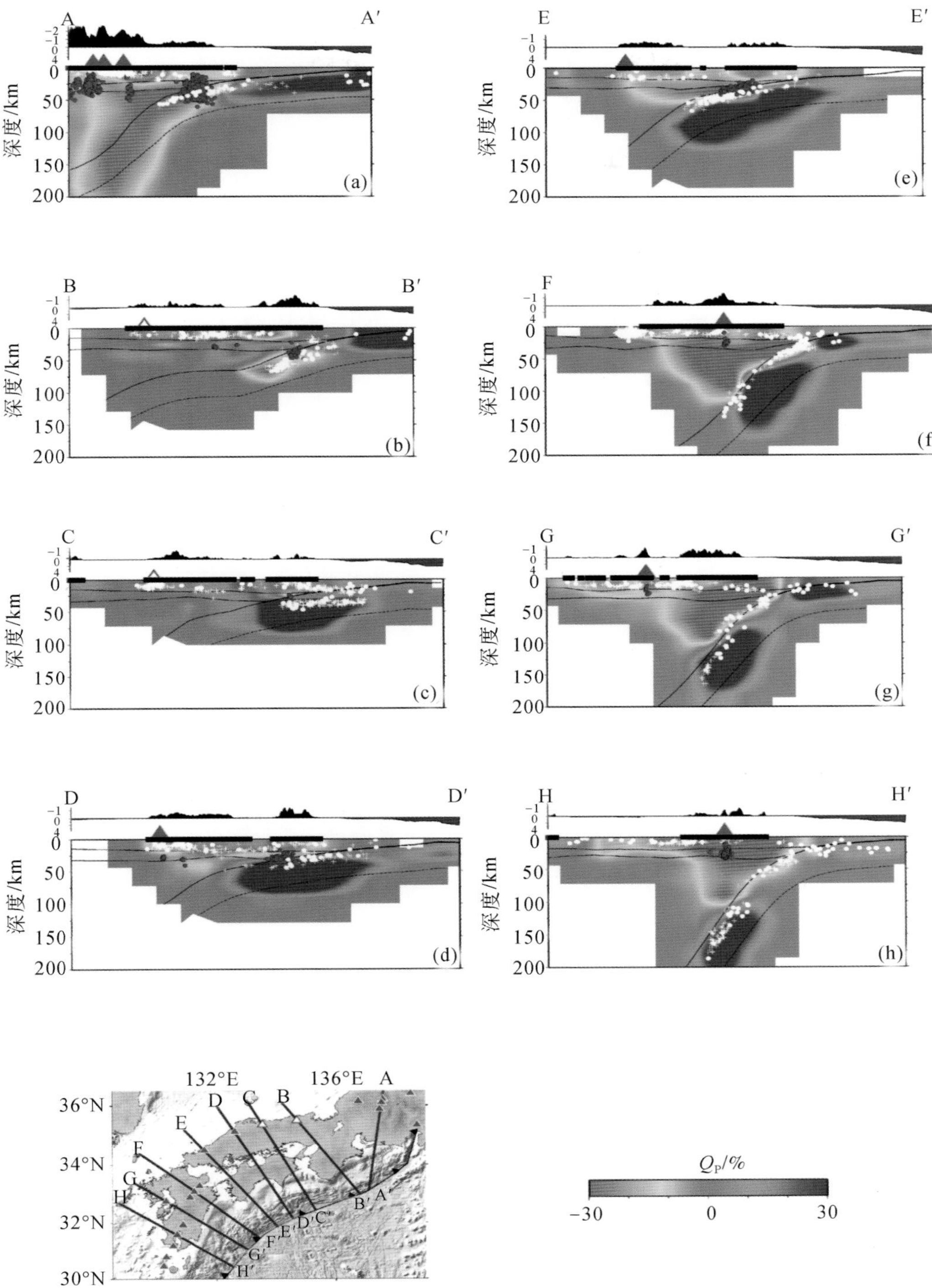


图 3-18　北琉球俯冲带不同位置处 P 波衰减层析成像剖面（据 Liu and Zhao，2015 修改）

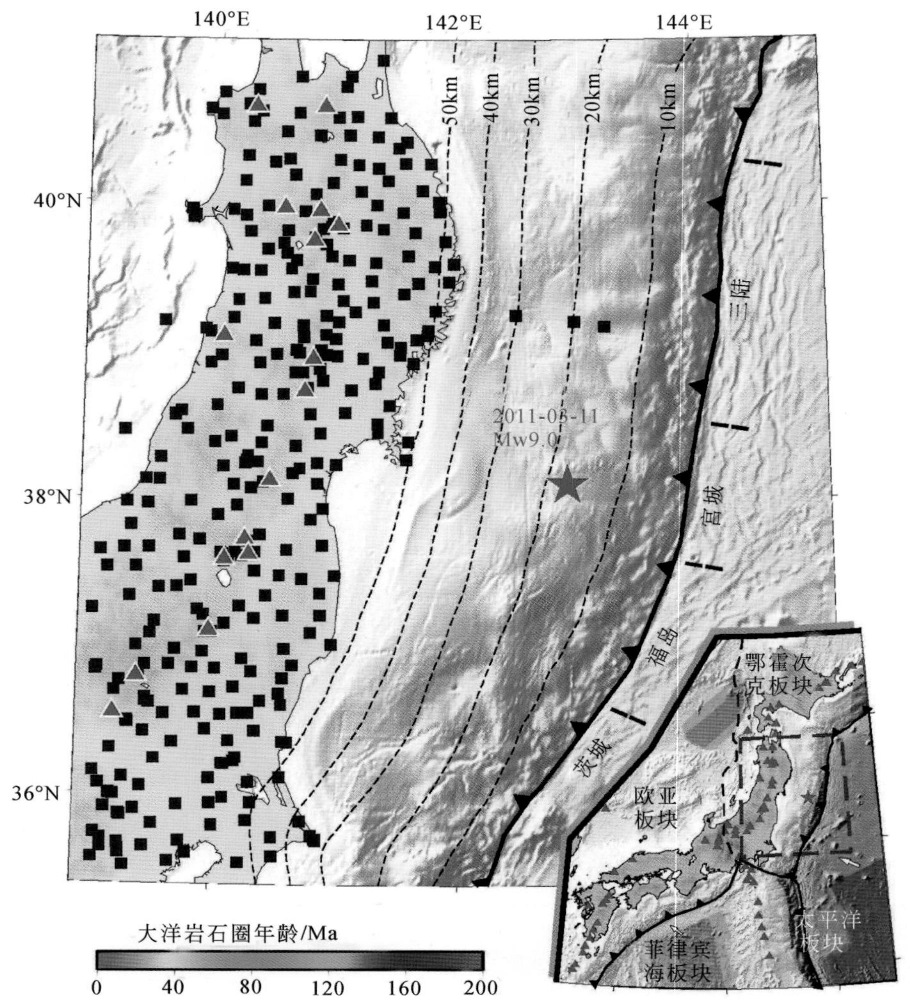


图 3-19　日本俯冲带地区地震台站分布情况及其大地构造背景（据 Liu et al., 2014 修改）
黑色方块代表地震台站，红色三角代表活火山

自20世纪中后期以来，在东北日本岛弧陆地之上逐步建立起了密集的固定地震台网，积累了大量高精度的地震观测数据，这为诸如俯冲板块中双层深发地震面的发现（Umino and Hasegawa，1975）、岛弧地幔楔中席状低速异常体的存在（Zhao et al., 1992）等一系列发现奠定了基础。这些发现有助于深入理解岛弧火山的起源、俯冲板块脱水过程、地幔楔水化以及俯冲动力学过程。尽管诸如2011年东北日本大地震（Mw 9.0）等地球上已知的所有巨大地震（$M$>8.5），都无一例外地发生在俯冲带弧前的海底之下，但是，由于受地震台站分布的限制，这些研究成果集中于东北日本岛弧陆地之下，而弧前及弧后海域中的构造特征，却没有得到很好的

约束。

日本俯冲带弧前海底地震（$M\approx3.0$）中 sP 深度震相的识别（Umino et al., 1995）及其在地震层析成像中的应用（Zhao et al., 2002），为理解俯冲带弧前构造特征以及板块边界型大地震的触发机制，提供了机会。自从使用重新精确定位后的弧前海底地震的 P 波到时数据，求得东北日本弧前海域之下的三维 P 波速度结构以来（Zhao et al., 2002），前人已对该弧前地区，进行了一系列的研究。尽管当时并没有预料到该地区会有 9 级巨大地震发生，但已经充分意识到了该弧前地区三维构造研究的重要性。应用台网外层析成像法，获得了日本俯冲带弧前海域之下的三维 P 波及 S 波速度结构的初步结果，求出了东北日本弧前以及南千岛弧前的三维 P 波、S 波速度结构，并明确地将此方法称为台网外层析成像法，以此，求得了日本俯冲带弧前的三维 P 波、S 波速度结构以及泊松比分布（Mishra et al., 2003；Wang and Zhao, 2005；Zhao et al., 2007）。

除速度层析成像结果外，Wang 和 Zhao（2010）还求出了日本俯冲带弧前的三维 P 波各向异性分布。随后，综合前期积累起来的大量海底地震数据，测定了从日本海沟到日本海盆整个日本俯冲带的三维地震波速度结构，以及 P 波各向异性特征（Huang et al., 2011）。这些层析成像结果表明，该俯冲带弧前地区的构造横向不均匀性，对 2011 年东北日本大地震（Mw 9.0）以及该弧前地区一百多年以来所发生的所有 7 级以上大地震的孕育和发生，都有极其重要的影响（Zhao et al., 2011）。

2011 年的 9 级巨大地震发生之后，利用大量海底余震数据，并结合前期积累起来的数据，进一步提高了 2011 年东北日本大地震（Mw 9.0）震源处及其周边地区速度层析成像结果的空间分辨率（Huang and Zhao, 2013）。同样，利用大量海底余震，并结合前人资料，确认了日本俯冲带弧前地区的三维地震波速度结构及 P 波各向异性特征，并在此基础上，求出了该区的泊松比、裂隙密度以及饱和率的三维分布（Tian and Liu, 2013）。

20 世纪 80 年代，Umino 和 Hasegawa（1984）求出了东北日本岛弧陆地之下的三维 S 波衰减结构。随后，获得了该地区的三维 P 波衰减结构（Tsumura et al., 1996, 2000）。由于地震波衰减结构研究，对地震波形数据要求严格，实际操作步骤繁琐，前提假设较多，因此，和地震波速度结构研究相比，地震波衰减结构的研究程度较弱，成像结果的分辨率也较低。然而，地震波衰减结构，对地球内部温度、流体等因素的变化，较地震波速度结构和各向异性特征而言，更加敏感。因此，地震波衰减结构的研究极其重要，长期以来一直备受关注。

由于俯冲洋壳中存在着的大量沉积物以及俯冲板块的脱水作用，会使得俯冲带弧前地区的巨大逆冲断层带中富含流体，而流体压力的变化是触发大地震的重要因素（Zhao et al., 2002, 2011）。为了深入理解日本俯冲带弧前地区的三维构造特征，以及2011年东北日本大地震（Mw 9.0）等板块边界型大地震的触发机制，采用台网外层析成像法（Zhao et al., 2002, 2007），求出了从日本海沟到日本海沿岸之下的日本俯冲带高精度三维地震波速度层析成像和衰减层析成像（图3-20和图3-21）。所得到的结果，有助于深入理解日本俯冲带的精细三维构造特征及其俯冲动力学过程（Liu et al., 2014）。

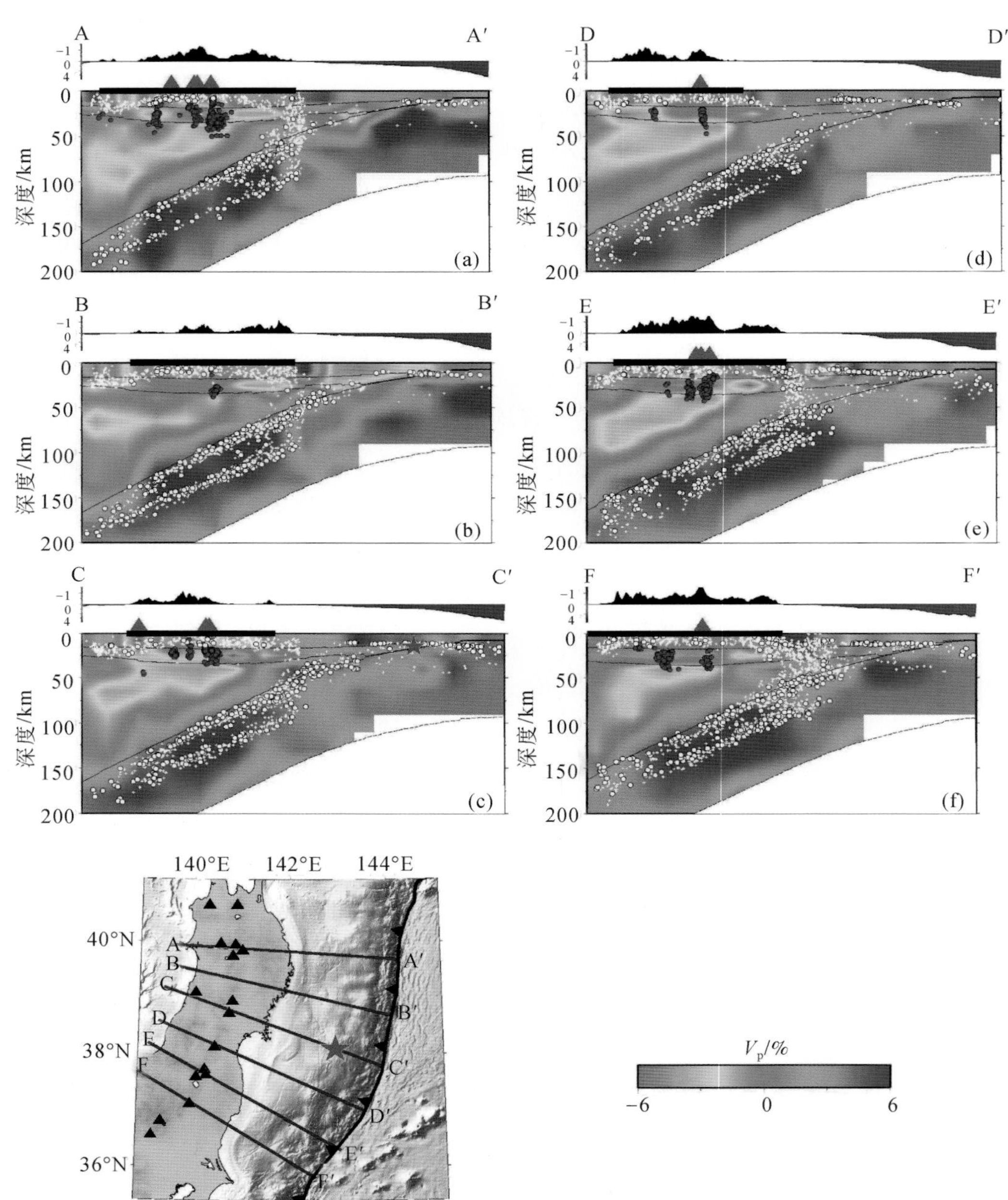


图3-20 日本俯冲带不同位置处P波速度层析成像剖面（据Liu et al., 2014修改）

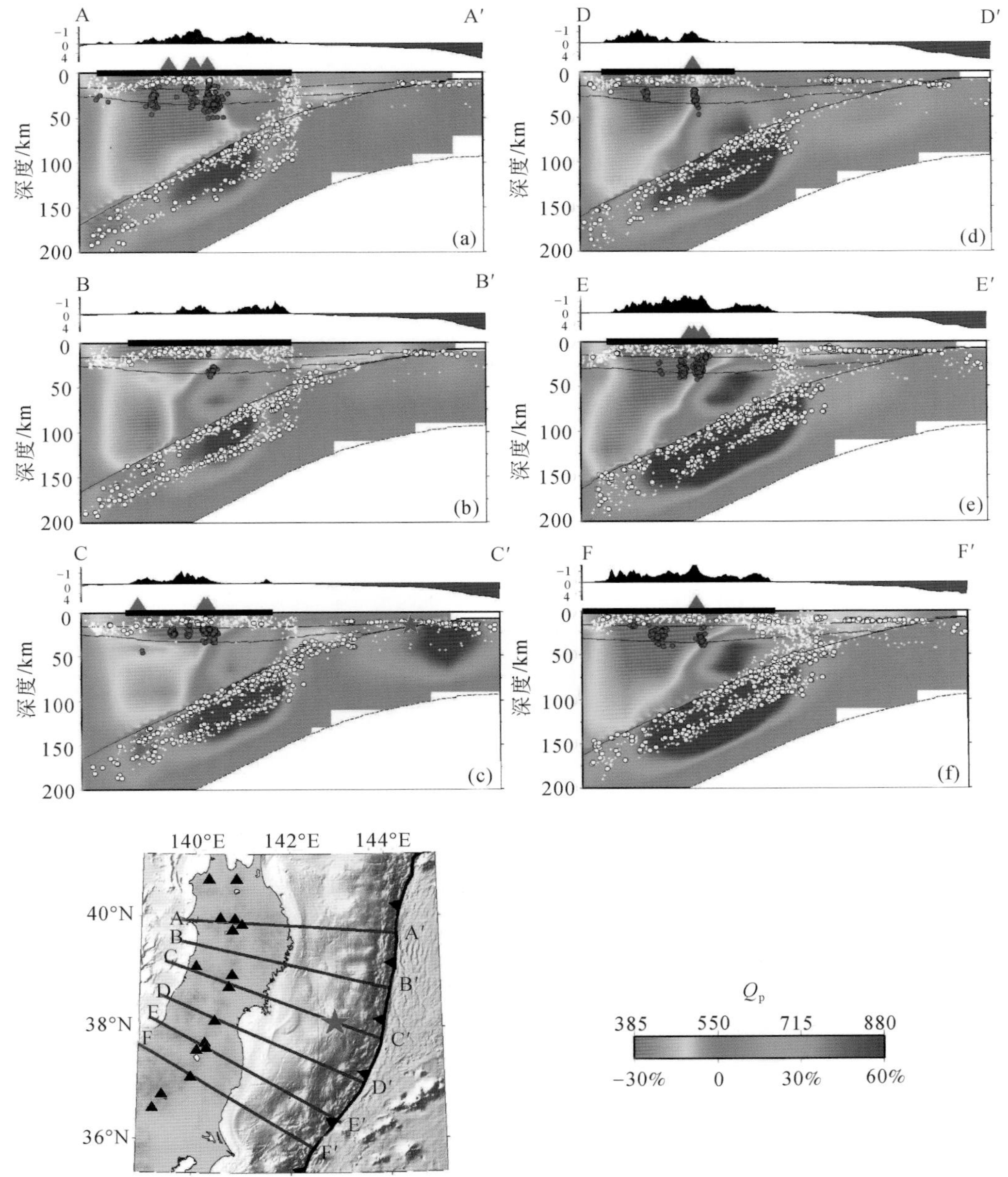


图 3-21　日本俯冲带不同位置处 P 波衰减层析成像剖面（据 Liu et al., 2014 修改）

分辨率测试表明，本节得到的层析成像结果在水平方向上的空间分辨率约为30km，在深度上的空间分辨率约为 10～30km。采用最佳的阻尼和平滑系数，得到了最终的层析成像结果。使用的网格间距在水平方向上为 0.33°，深度上为 10～30km。成像结果显示，日本俯冲带的速度层析成像结果与衰减层析成像结果极为相似，在地壳和上地幔顶部存在十分明显的横向不均匀性（Liu et al., 2014）。

俯冲板块呈现出高波速、低衰减的特征，而地幔楔中则存在低波速、高衰减异常体（Liu et al.，2014）。这一构造特征普遍存在于琉球俯冲系统和日本俯冲系统中，是由于俯冲板块脱水以及地幔楔中的对流，所导致的地幔楔水化以及部分熔融，并最终导致了岛弧岩浆作用。

地震波各向异性结果（Liu and Zhao，2016a）（图 3-22 和图 3-23）揭示出，俯冲的太平洋板片和菲律宾海板片主体表现出平行于海沟的快波方向，这可能指示了大洋板块中的各向异性矿物（如橄榄石），在洋中脊处形成时所具有的晶格优选方位特征，或者是由发育在海沟外缘隆起处的正断层所导致的各向异性特征。而在俯冲板片之上的地幔楔中，则揭示出垂直于海沟的快波方向。这一特征，可能指示了地幔楔中存在垂直于海沟的地幔对流样式。这一地幔对流样式，可能是由于板块俯冲以及俯冲板片的脱水作用所导致的。在北琉球地区之下，俯冲的菲律宾海板片中存在一个“空洞”，围绕这一“空洞”，存在有环形的快波方向和低速异常体。这一

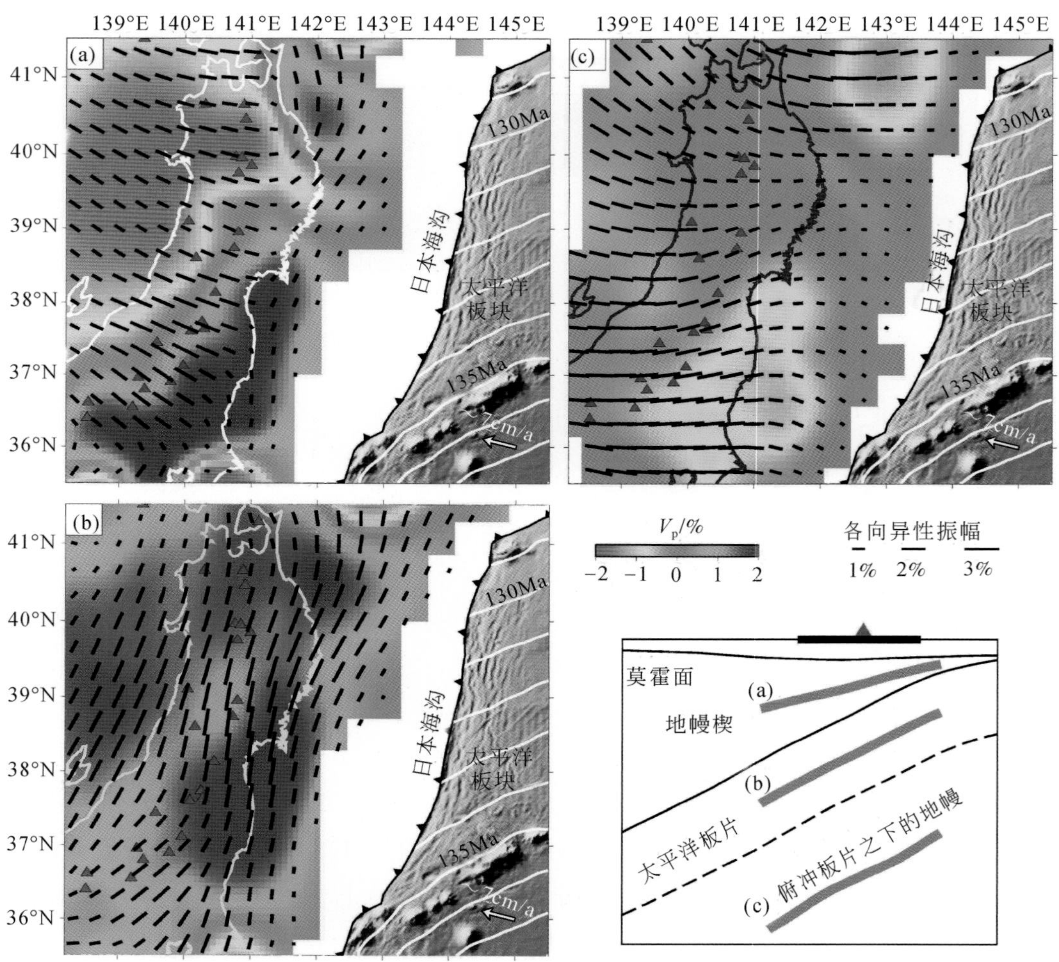


图 3-22　日本俯冲带不同位置处 P 波方位各向异性层析成像水平切片（据 Liu and Zhao，2016a 修改）

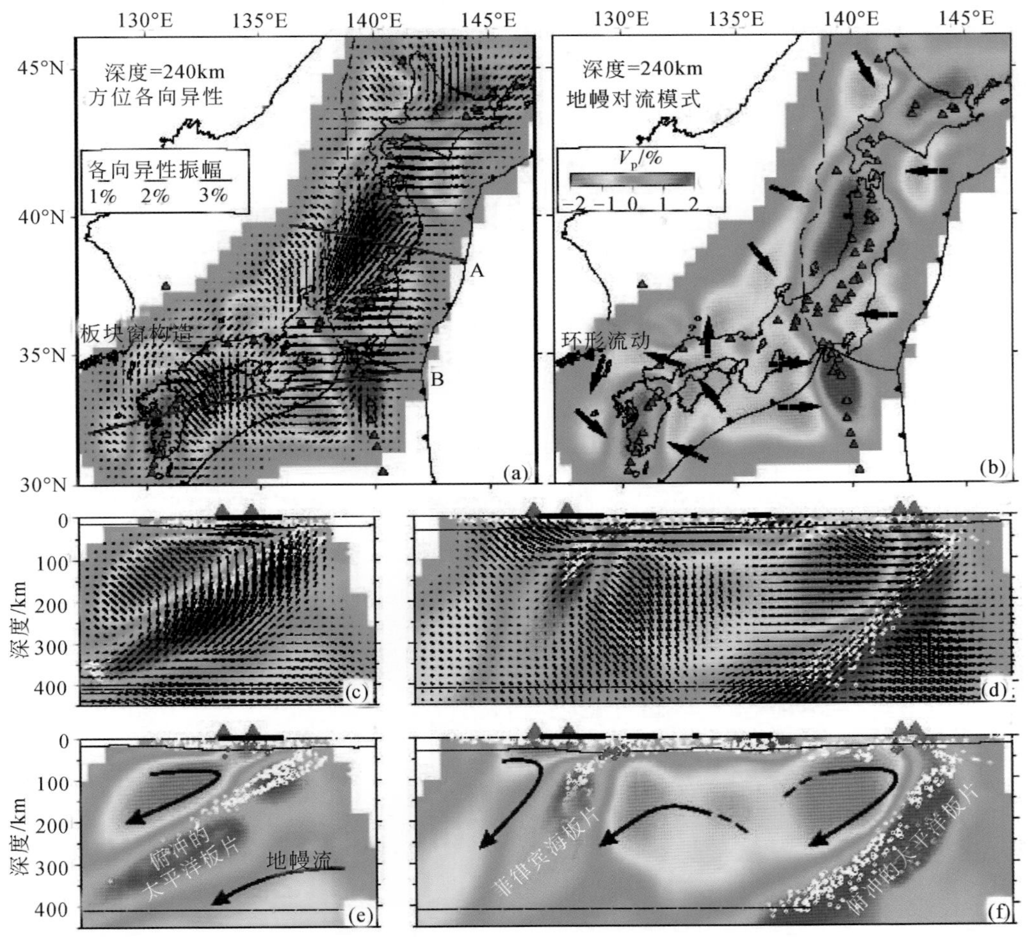


图 3-23　日本俯冲带不同位置处 P 波方位各向异性层析成像及其对应地幔对流样式示意（据 Liu 和 Zhao，2016a 修改）

特征可能指示了在俯冲的菲律宾海板片周边存在环形的地幔对流样式。造成这一环形地幔对流的原因可能有两个：一是由于深俯冲的太平洋板片脱水以及地幔楔中的对流，所导致的较热较湿的地幔发生上涌；二则是菲律宾海板片的形态较为复杂。此外，在俯冲的太平洋板片之下的地幔楔中，存在有垂直于海沟的快波方向和低波速异常体，这一特征，可能指示了俯冲的大洋软流圈地幔中的对流样式。这一对流样式，可能不仅受控于俯冲板片的形态，而且受到深部地幔上涌的影响。

面波层析成像的结果与体波层析成像的结果非常类似（Liu and Zhao，2016b）。在面波层析成像的结果中，俯冲的太平洋板片呈现为一个倾斜高波速带，并具有平行于海沟的快波方向，这可能指示了由发育在日本海沟外缘隆起处的正断层所导致的各向异性特征，这一个各向异性特征叠加在板片早期的各向异性特征之上。而地幔楔中则主要表现为低波速特征，并具有垂直于海沟的快波方向，这可能指示了与俯冲相关的角流与各向异性特征。在日本海之下的大地幔楔中，随深度变化的各向异性特征可能反映出欧亚板块中与发生在 21 ~ 15Ma 的弧后扩张相关的变形特征，以及软流圈中现今由于太平洋板片和菲律宾海板片俯冲所引起的复杂对流样式（图 3-24）。

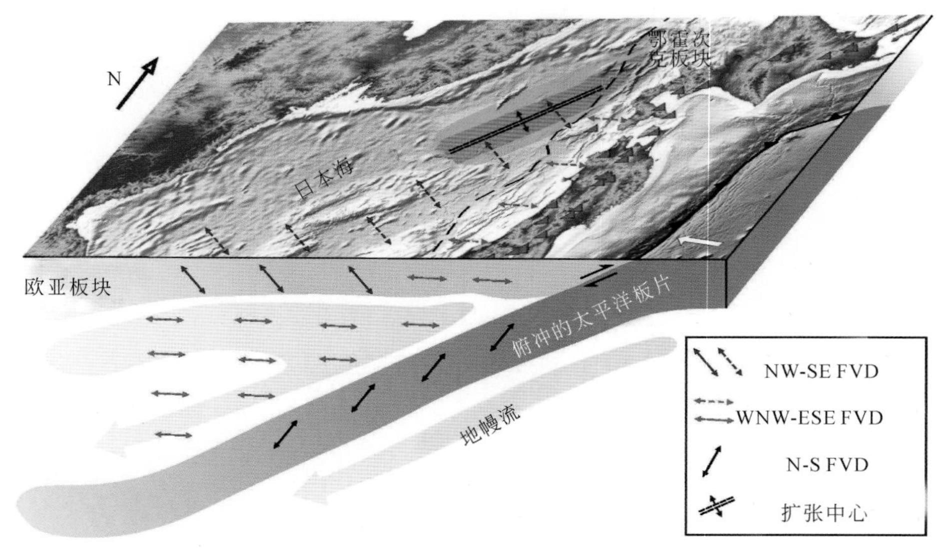


图 3-24　日本海之下随深度变化的各向异性特征示意（据 Liu and Zhao，2016b 修改）
FVD：快波速度方向

通过数值模拟（Faccenda and Capitanio，2012），建立起了发育在俯冲带中由应变导致的晶格优选方位的三维模型（图 3-25）。发现随着俯冲板片后撤，在俯冲板片边缘会出现地幔环流。三维模型合成的剪切波分裂结果表明，在弧前地幔楔中，

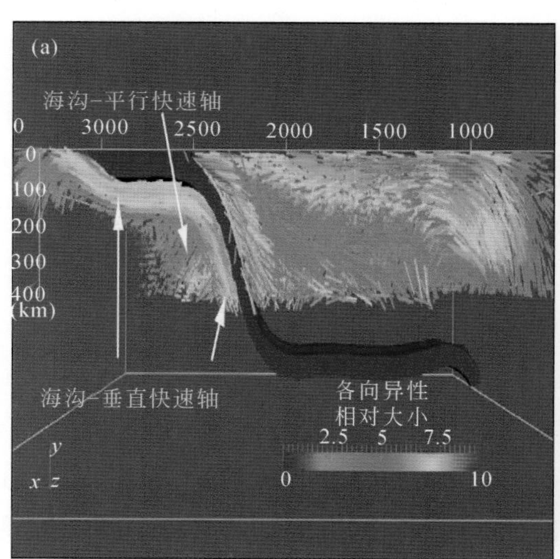


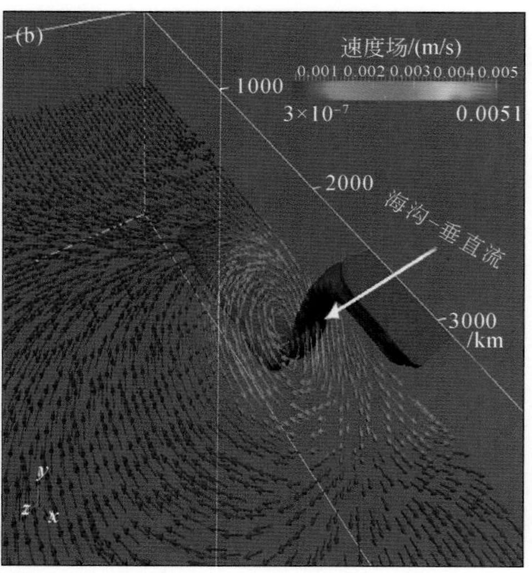


图 3-25　俯冲带地幔对流三维数值模型（据 Faccenda and Capitanio，2012 修改）

俯冲板片回卷会导致平行于海沟方向的快波偏振方向，而俯冲板片前进则会导致垂直于海沟方向的地震波各向异性特征。俯冲板片之下的地幔中，其地震波各向异性特征可能与俯冲板片后撤的程度相关。

（3）马尼拉俯冲系统

位于西太平洋地区的马尼拉俯冲系统（图 3-26），是由欧亚板块沿着马尼拉海沟向东俯冲到菲律宾海板块之下形成的。

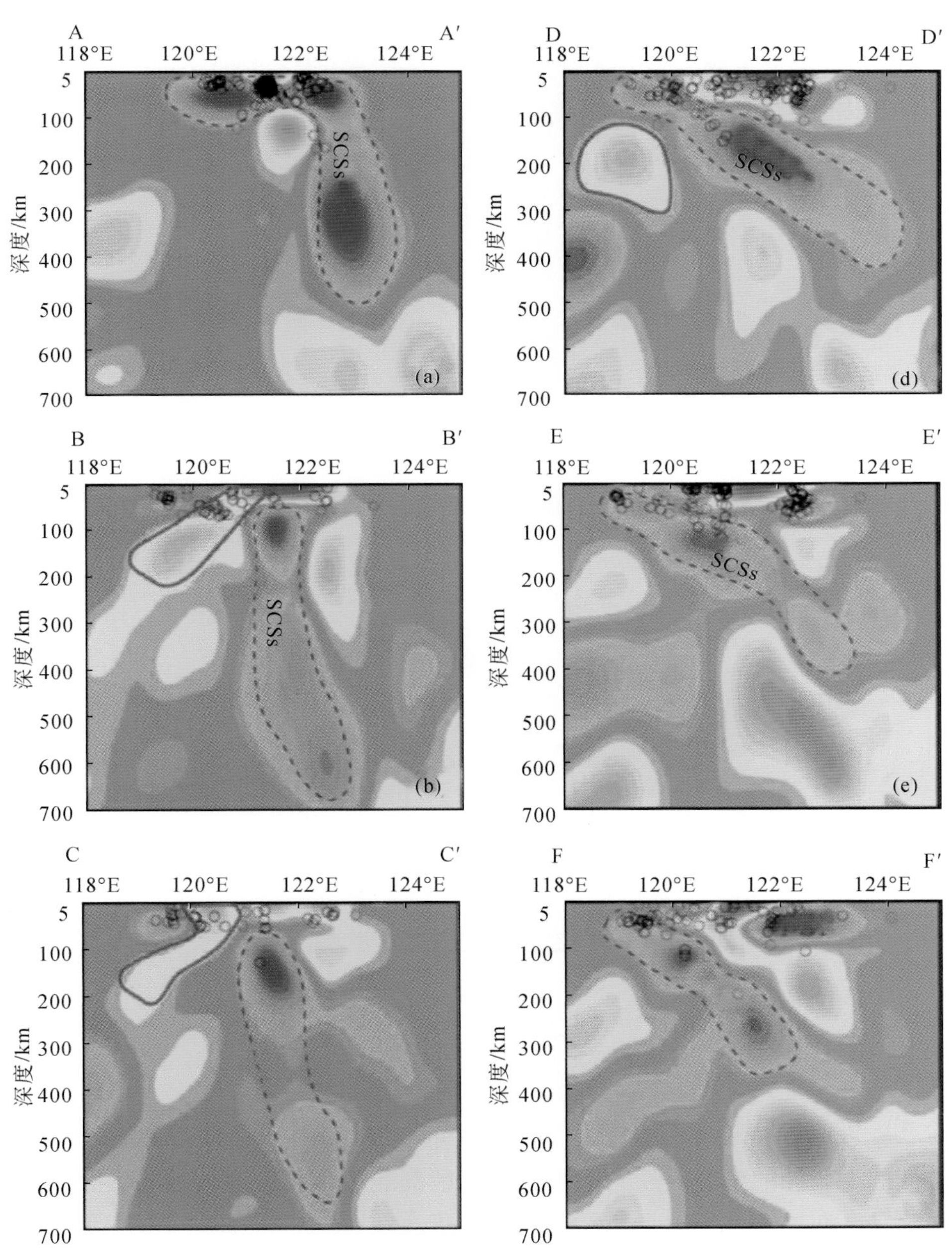

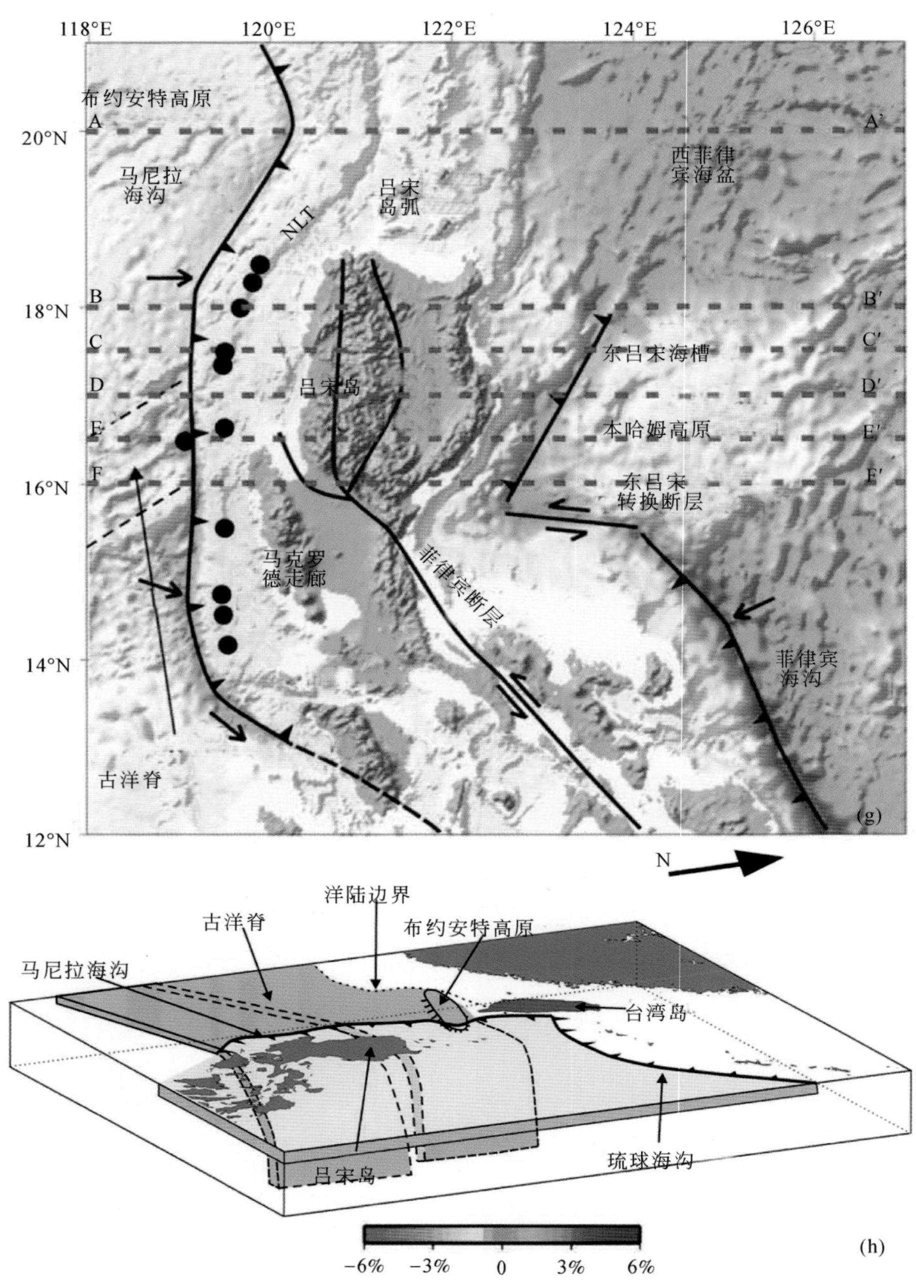


图 3-26　马尼拉俯冲带不同位置处 P 波速度层析成像剖面（据 Fan et al.，2015 修改）

SCSs：南海板片，PSP：菲律宾海板片，NLT：北吕宋海槽

地震层析成像结果（图 3-26）表明（Fan et al.，2015），俯冲的欧亚板片（此处也常被称为俯冲的南海板片）表现为连续的高速异常体，其俯冲角度自北向南存在显著差异。在该俯冲带 16°N 和 16.5°N 附近，在 20～250km 深度处，俯冲板片的俯冲角度较缓，为 24°～32°，而在 250～400km 深度处，俯冲角度变陡，约为 50°。

在该俯冲带17°N附近，约400km深度处的俯冲板片倾角较缓，约为32°。在该俯冲带17.5°N和18°N附近，俯冲板片在70～700km深度处近于直立。在该俯冲带20°N附近，俯冲板片从近水平展布突变为近于直立，延伸到约500km深度处。在该俯冲带17°N～17.5°N，俯冲板片的倾角存在着显著的差异，这可能指示了俯冲板片在该处发生了撕裂。俯冲板片的撕裂位置大致与南海死亡的洋中脊相对应。俯冲板片之上的地幔楔中，存在明显的低速异常体（图3-26）。这些低速异常体可能是由于俯冲板片脱水以及地幔楔对流过程所导致的。

（4）班达俯冲系统

班达俯冲系统主要包括弯曲的火山岛弧及其内围的年轻洋壳、弧前盆地以及平行于澳大利亚大陆边缘的海槽（图3-27）。班达地区上地幔强烈的地震活动，大致勾勒出了俯冲板块的形态（图3-28）。

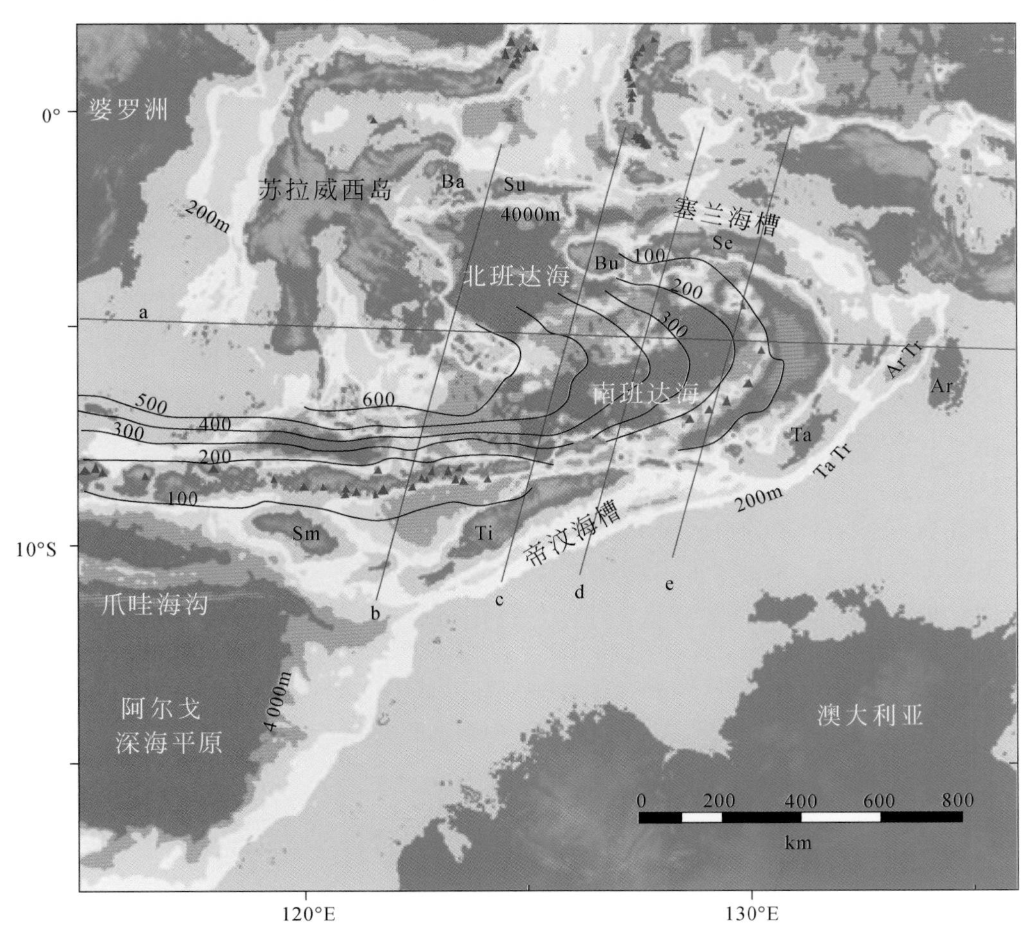


图3-27　班达俯冲系统及其周边地区构造简图（据Spakman and Hall，2010修改）

图中标示200m和4000m水深。标有数字的黑线是贝尼奥夫带等深线，单位为km。红色三角形是全新世火山。Ar：阿鲁（Aru），Ar Tr：阿鲁海槽，Ba：邦盖（Banggai）岛，Bu：布鲁（Buru），Se：塞兰（Seram）岛，Sm：松巴（Sumba）岛，Su：苏拉群岛（Sula Islands），Ta：Tanimbar，Ta Tr：塔宁巴尔（Tanimbar）海槽，Ti：帝汶（Timor）

通过将地震层析成像与该地区的板块构造演化相结合（Spakman and Hall，2010），推断出班达弧是由单一板块俯冲而产生的。随着澳大利亚板块向北以7cm/a的速度向北移动，班达洋板片向SSE向回卷，伴随活跃的构造分层，将地壳与密度较高的地幔分开，增加地幔对板块运动的阻力，逐步折叠板片，造成地壳强烈变形。班达弧是响应地壳、板片和周围地幔之间的耦合而发生的地壳大变形的一个突出例子（图3-28）。

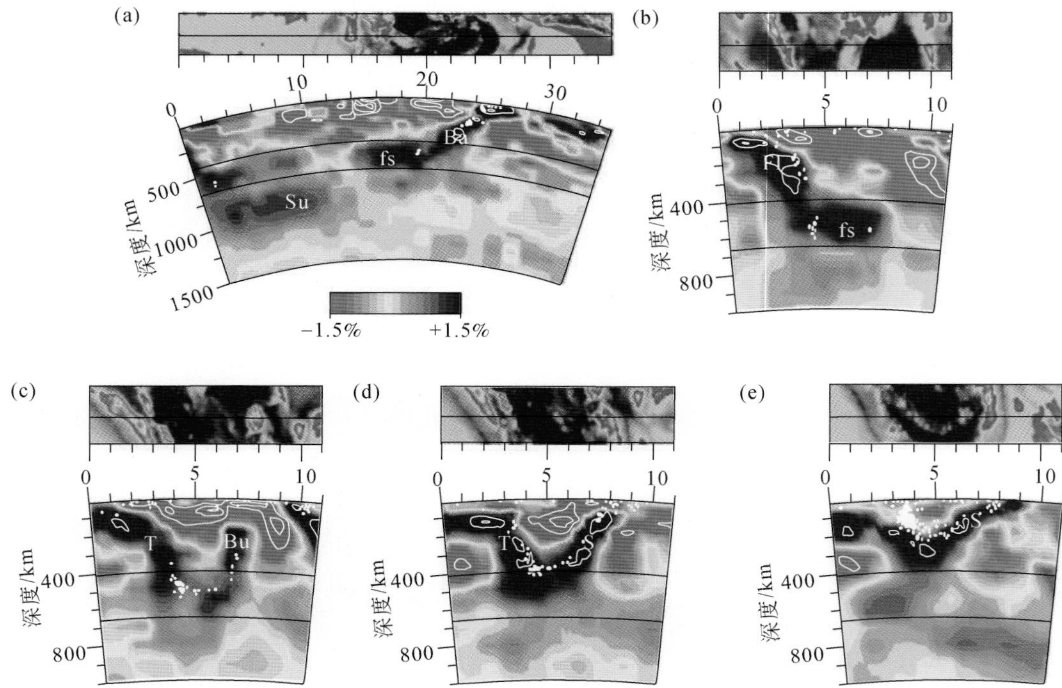


图3-28 班达俯冲带不同位置处P波速度层析成像剖面（据Spakman and Hall，2010修改）

剖面位置见图3-27。白点：距剖面位12km内的震源。黑色实线指示410km和660km相变带。标出的正异常是巽他（Su）和班达（Ba）板片，Bu：布鲁（Buru）之下的拆离板片，Fl：弗洛勒斯（Flores）之下的板片，S：塞兰岛（Seram）之下的板片，T：帝汶岛（Timor）之下的板片。（a）巽他板片进入下地幔，而班达整体在上地幔中，并在苏拉威西之下发生变化。（b）~（e）与澳大利亚板块运动平行的剖面中的班达板片形态表明，其从具有一段平的较陡的板片（fs）（b）转变成向东变浅的勺状（c~e）

## 3.2.3 俯冲系统中的岩浆作用

岛弧岩浆作用与洋中脊岩浆作用的形成和演化方式是完全不同的。岛弧岩浆作用中形成的火山、火山中心和周围地壳均可以长期保存下来（~1~10Myr），并且岩浆通量要低得多（~$10^{-2}$km$^3$/a）。此外，正是板块俯冲驱动了岛弧火山作用的形成，因此板块俯冲速率和岛弧火山作用强度之间存在着直接关系。尽管如此，岛弧岩浆作用和洋中脊岩浆作用还是有少量的相似之处，二者在地表空间导致的主要构造形态都是长而尖窄的山脊，所形成的岩浆岩中体积占比最大的也都是拉斑玄武岩和高铝玄武岩。但是，岛弧火山岩浆的岩浆源区比较复杂，与洋中脊岩浆基本固定的岩浆源区不同，主要由亏损的地幔楔（岛弧下岩石圈地幔和软流圈地幔）、俯冲洋壳析出流体和俯冲洋壳携带的陆源沉积物三个端元组成，三者常以不同比例的成分和组合变化。其中，陆源沉积物组分代表了陆壳成分，对岛弧岩浆的贡献可有可无，为非必要组分。

图 3-29 展示了全球俯冲带和火山弧的主要分布及空间关系，表明火山弧可以形成于不同的构造环境中。南美洲西缘的火山弧分布在其较厚的陆壳上，南美洲东南侧的斯科舍岛弧是位于洋壳之上，阿留申火山弧则横跨于陆壳和洋壳之上，堪察加半岛岛弧和日本岛弧则位于洋壳和新增生地壳之上。不同地区火山弧的形成时代也不尽相同，如阿留申岛弧形成于 40Ma 左右，而斯科舍岛弧则形成于 3Ma 左右。通常，火山弧并不是单次岩浆作用形成的，也不是在长时间内持续形成的，而是长时间内多期次、周期性形成的。沉积在火山弧周边海床上的火山碎屑岩年龄变化表明，火山弧地区的火山喷发活动具有明显的周期性，以太平洋地区为代表，平均间隔 2Myr 火山集中喷发一次（Hein et al., 1978；Scheidegger et al., 1980）。同时，长期持续俯冲作用的记录也表明，火山弧系统底部周期性聚集地岩浆，然后一次又一次地喷发。

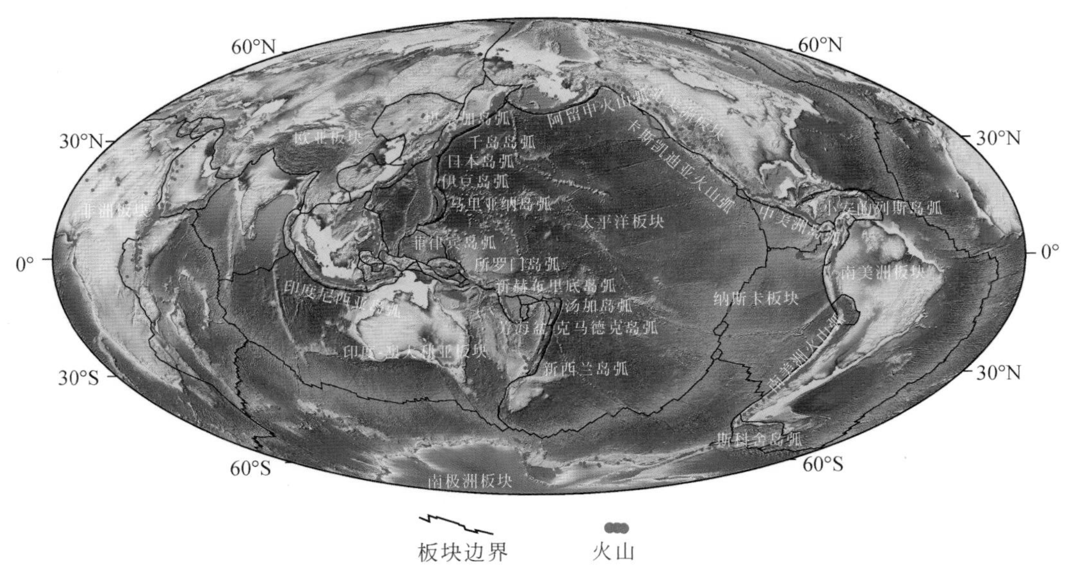


图 3-29　全球俯冲带和火山弧分布（Marsh, 2007）

在火山弧系统中，包括同一条火山弧的不同分段，火山作用的强度往往发生显著的变化，这取决于主导熔岩的岩浆性质。在南美洲西缘，沿火山弧走向，有些地段并没有火山作用，这主要是由于该处俯冲板片的俯冲角度较小所致。如果板片俯冲角度太缓，基本上是构造底垫在大陆岩石圈下部，那么，就不会有楔形软流圈地幔的形成，无法诱发火山作用。俯冲板片前缘的下插深度普遍为～125km，最深俯冲到150～160km。弧形火山前缘的详细构造通常都能反映出俯冲板片的结构形态。弧形火山前缘不是简单的连续弧，几乎总是被分割成一段一段的单个较短段落，整体上形成一条分段连续的弧。弧段之间通常被大型断裂带或结构不规则的俯冲板片所分割。

（1）火山弧的样式

火山弧的火山活动主要有两种独特的空间分布特征，即岛弧火山中心的规则间距和火山前缘的分段，使其不同于其他形式的火山活动。尽管处于陆壳上的火山弧形状可能相对不太规则，但它始终形成于大陆边缘地壳最年轻、构造最简单的区域。

A. 火山中心的间距

就火山中心的位置和形态而言，火山弧的基本结构非常清楚。火山弧最早形成于一条由火山排列而成的直线，被称为火山前锋（Sugimura，1968），是火山活动的主要地点。直线的锋面为一系列规则排列的火山中心，这些火山中心相距50～65km。现今比较年轻的斯科舍岛弧，非常清楚地展示了这种火山弧结构特征（图3-30）。在火

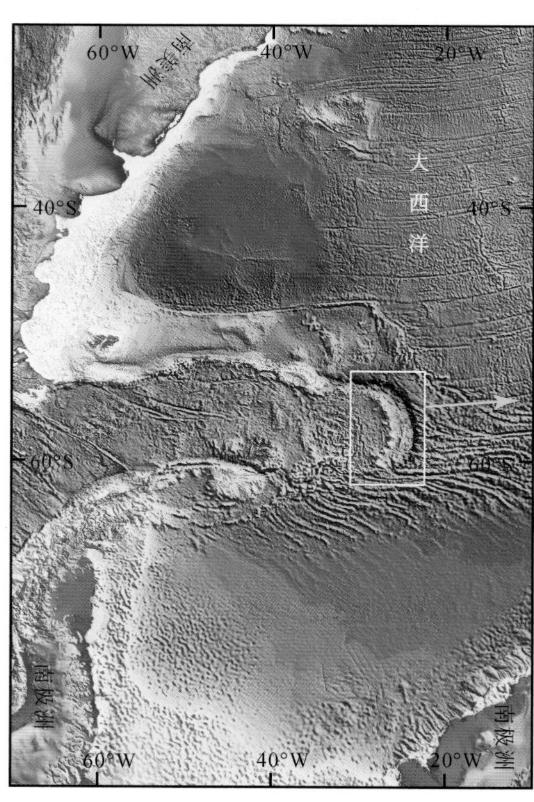


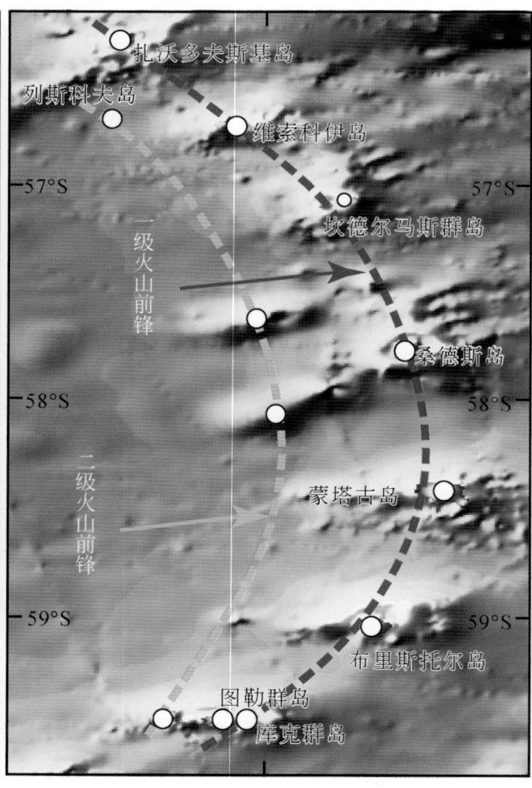


图3-30　斯科舍岛弧的火山中心近等间距分布特征（Marsh，2007）

山前锋形成约3Myr后，二级火山中心会出现在前锋的后面，形成弱的二级前锋，最早两条锋线之间火山中心间距为 $d$。以此规律，长期演化，最终形成平行排列的多条火山锋线。同时，新形成的锋线与前期锋线的二级间距［$d''=d\cos(\theta)$］会越来越小，这是由于随着俯冲作用的进行，俯冲板块的倾角（$\theta$）越来越大所导致的（Marsh，1979a，1979b）。苏格兰火山弧中的莱斯科夫岛、阿留申群岛中的阿马克和波哥斯洛夫群岛就是这些次级中心的典型例子。理论上，每条火山弧都会呈现出火山弧火山锋线平行排列的情况，然而，大陆火山弧的情况相对会比较复杂，并使得火山弧的变化复杂化，不易识别。在相似的时间尺度上，年轻的火山中心也可能会出现在大陆火山弧主要锋线上、较老初始火山中心或发育良好火山中心的中间位置上，这种火山中心的岩浆喷发强度始终达不到主要火山中心的强度，比如，阿留申群岛中的科尼乌吉–喀萨托奇（Koniuji-Kasatochi）群岛。

B. 火山弧分段

Stoiber 和 Carr（1971）发现，俯冲板片之上的弧形火山锋线可以被分解成连续的分段，并可以反映下伏俯冲带的相似结构。每条弧线都发育这一基本特征，在阿留申火山弧的火山线上显示得尤其清晰（图3-31）。需要明确的是，这些排列只存在于火山前部的“活动喷口”之间，而不存在于普通的火山中心之间，因为这些火山中心通常发育一系列衰退和上涌的火山口。虽然有些分段只包含两到三个火山口，但大多数分段包含许多火山口，这比地图上显示的相关性要复杂得多。如果从活跃火山口的顶部观察，它们的排列方式非常微妙，特别引人注目。如果把某个区段内的一个火山口向外移动10m，那么整个区段内的喷口就会失去对齐性，这种不对齐段的长度可以延伸200km。火山中心的主要活动火山口通常会慢慢地远离最初的火山锋线（~10km/Myr），这种排列方式的改变主要是由于更深层的物质流变化所致。

（2）火山中心的特点

不同的火山中心，从初始到最终形成规模，往往具有相似的进程，这种进程在任何阶段都可能停止。这些阶段可以被划分为年轻火山中心、成熟火山中心和超大火山中心形成阶段。火山中心的最终规模由火山中心的岩浆强度或体积所确定，这取决于火山中心所处的锋线位置以及在整个火山弧内部的位置。俯冲的速度越快，形成的火山中心就越大。俯冲带中间深度对应的火山中心通常比俯冲带底部和顶部两端的火山中心大。早期的火山中心往往呈多个大的穹隆，其内部的岩浆体积小、结晶度高、流动缓慢。火山中心的主形成阶段则表现为一系列高度流动性玄武质熔岩的溢流，这些熔岩还可以进入沉积层的薄弱位置形成低缓的火山盾。后续岩浆的持续供应使得火山盾体积增大、高度升高，然后，急剧转变成一个非常陡峭的主火山碎屑锥（50%~70%），并伴随少量的岩浆喷发。低结晶度的玄武质岩浆层厚很

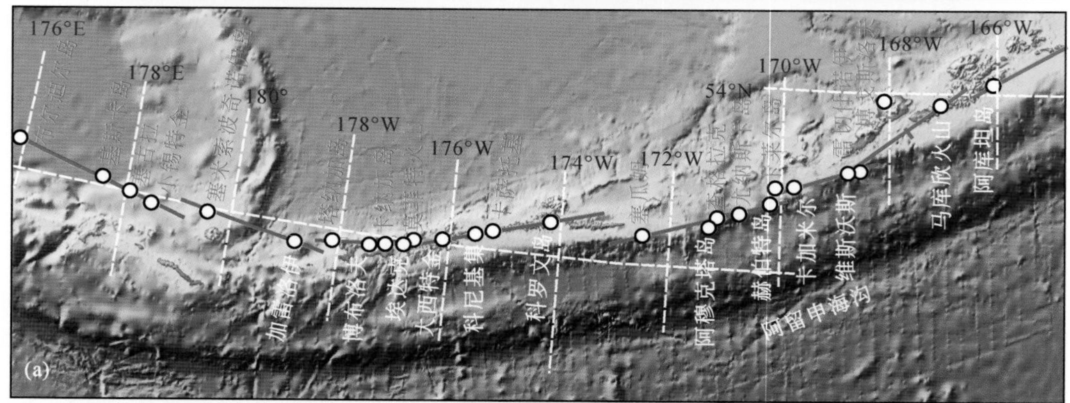


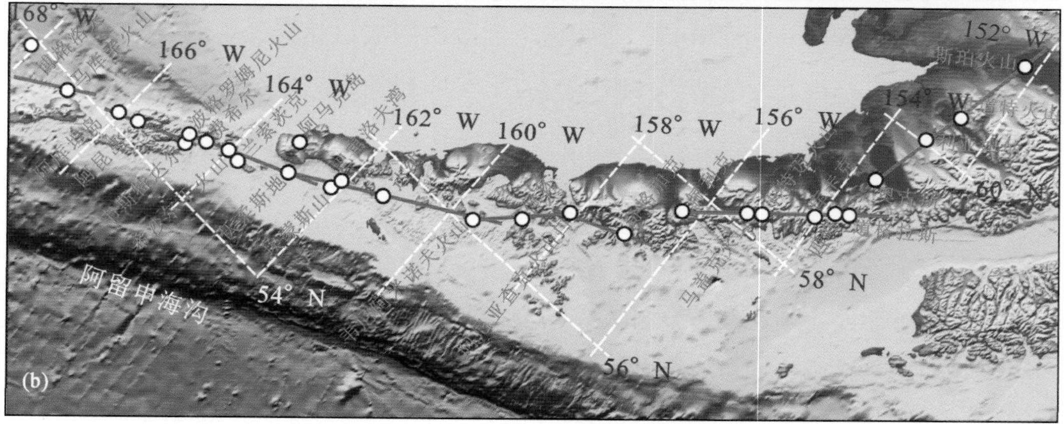


图 3-31　阿留申火山弧的弧形火山前锋分段特征（Marsh，2007）

其中，白色的圈点均为火山喷口

薄（~1m，特别是在排气口附近）、分布范围有限（几百米），而高结晶度的岩浆层厚是比较厚的（~100m），分布区域很大且广泛。这种从盾形结构到陡坡的基本转变形成了经典的岛弧型火山熔岩锥，并且在熔岩锥的上部还堆积了火山碎屑层。

许多火山锥暂时不再进一步发展，静止不动使得侵蚀作用深深地切割锥体；较高的层状火山口顶部，通常形成类似冰川的冰斗，侵蚀作用可以破坏火山口，并侵蚀出较深的U形山谷。到后期，锥状体的地形凹陷被熔岩和火山碎屑重新填充，使得整体接触关系更加复杂，逐渐发展成为一个成熟的火山中心。随后，进一步演化，通常会环绕火山锥产生一系列的穹隆和喷气孔，其高度约占火山锥地形高度的50%～70%。这通常是由于强烈的侵蚀作用，会使主火山口附近的火山锥变得脆弱，从而使停滞的、高结晶度的岩浆在横向上缓慢地侵位。这标志着岩浆活动的固结阶段，会形成一系列的卫星观测尺度可见的火山锥，代表了中心火山锥的初步形成。

当火山活动特别强烈时，层状堆积作用超过侵蚀作用时，超级火山中心就会形成，如日本富士山、阿留申群岛的雷纳山和希沙尔丁山（3000m）这样起伏规模异常巨大的火山。但是，地质过程超过这个临界点后，由于火山锥上部沉积物的厚层堆积和火山锥表面以下结构不稳定，经常发生大规模的塌陷，形成破火山口（Williams，1941）。大部分的火山锥因坍塌和猛烈的喷发而被摧毁，如在俄勒冈火山湖上，就残留了一个低起伏的独特火山口。进一步的岩浆活动，将在破火山口内重新形成穹隆和新的火山锥，一般不像原来的火山锥那么大，但有时也可以比原先的火山锥更大。这种火山锥生长和崩塌的循环，可能会重复多次，直到火山活动的轨迹迁移到附近的新位置。

与夏威夷和冰岛裂隙式火山喷发的方式不同，火山弧的岩浆常常通过火山口中心式喷发。这些火山口中心高度集中，呈圆柱状，在岩浆喷发的过程中，会被岩浆不断地填充和喷出。在阿留申群岛中部的科罗文地区（图3-32），有个大概500m宽的火山口，深达1.5km，底部充满了岩浆，可以溢出地表形成火山熔岩。底部的岩浆向上运移时，在火山口会发生爆破式喷发，引起的声音回响可以传达数百千米。高爆破性的中心式喷发方式是火山弧岩浆喷发的特点，可以使相对黏稠的、高结晶度的岩浆喷出地表，与大量挥发份为主要组分的火山喷发相区别。区域性大型岩脉并不常见，只有少数情况下会在岩浆缓慢侵入或破火山口坍塌的过程中形成。局部小型岩脉在火山口附近较常见，强烈侵蚀的岩锥底部也可以围绕火山通道形成辐射状的岩脉。这些岩脉与层状的火山碎屑混合在一起，有时形成侧面圆顶和熔岩的管道。

类似大陆火山喷发和破火山口坍塌，在火山弧的火山活动中，也经常形成火山灰泥流和火山岩沉积。然而，由于这些火山活动产物后期的高不稳定性和弱抗风化能力，使得这些火山产物往往很难被找到和追踪，尤其是在动荡的海洋环境中。

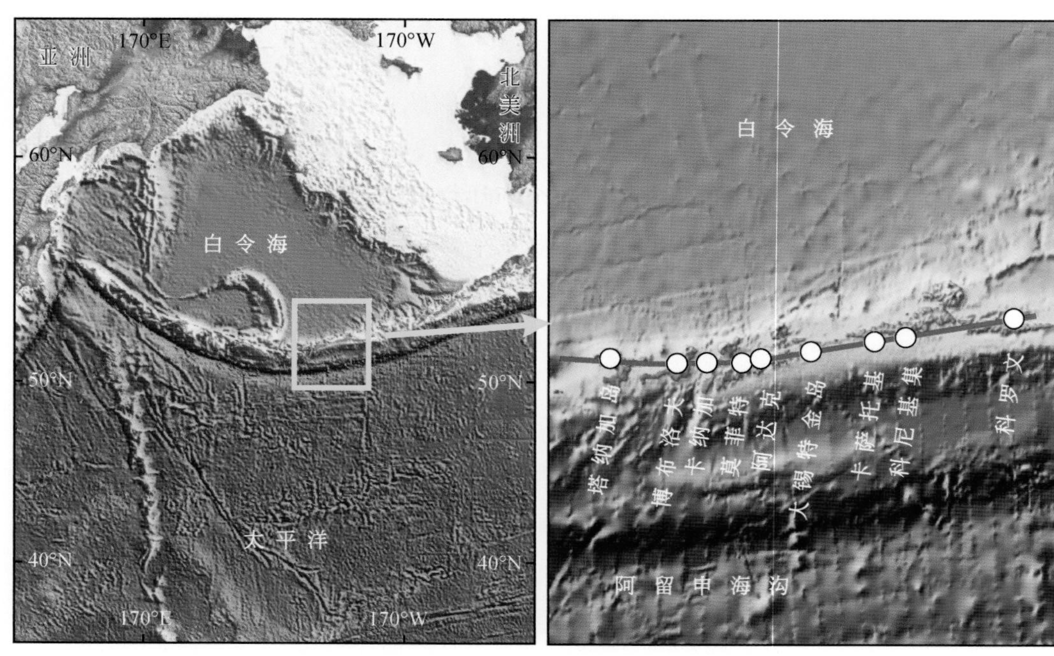


图 3-32　阿留申火山弧前缘中心火山口的等距分布特征（Marsh，2007）

（3）岩浆运移

数百万年来，火山弧火山的高度集中分布和火山口上部缺乏火山岩，表明深部岩浆运移主要是通过底辟侵位作用来完成的，并不是借助脉状扩展来运移的。强烈剥蚀区的地质特征也显示火山弧底部存在巨大的有根深成岩体，而脉状岩体非常少。大陆火山弧底部的地壳中，多个深成岩体线性分布组成巨大的岩基，如内华达山脉就是在地壳下部岩浆侵位和地壳上部岩浆喷发作用下共同形成的。岩浆的喷出成分（岩浆类型）也受到地壳密度的影响。大陆火山弧的岩石类型主要是安山质的（$SiO_2$含量约为 60%），大洋岛弧的岩石类型则主要为高铝玄武岩（$SiO_2$含量约为 50%）。由于岩浆的上升受控于岩浆的浮力，因此，岩浆的密度变化在岩浆的底辟运移作用中起着决定性作用，而在岩墙侵位过程中则不那么重要。

（4）俯冲机制

火山弧岩浆的独特之处就在于，其主要起源于俯冲板块驱动的具有楔形对流的深部软流圈地幔（图 3-33）。在浅部，俯冲的岩石圈与相邻的火山弧岩石圈以断层为界，两种岩石圈在 70～100km 深的部位成为一体，但在大陆火山弧的底部，这个融合深度要深得多，主要是由于大陆岩石圈古老且较厚的性质，使得俯冲深度较深所致，比如，南美洲西岸俯冲带的部分地区。在大多数地区，火山弧岩石圈的性质也并不清楚。在分界断层消失的深度，俯冲板片前缘与地幔楔软流圈接触。在这里的岩石呈固相熔融状态，也就是所谓的地震波“低速带”。这个楔形区域的软流圈黏附在弧形岩石圈的上边界上，同时，顺着俯冲板片的运动向下流动。图3-33流线的方向描绘了相应物质的质量传递，其倾向与拖拽方向垂直。可通过求解纳维-斯托克斯双调和方程的黏性流，得到楔形区域软流圈的流场（Marsh，2007）。这种流动的一个关键特征是，相关的应力场在两个板块之间产生牵引力或耦合力，并实际上沿着软流圈-岩石圈断层接触，将它们焊接在一起，这个连接处实际上为与地表火山中心到俯冲海沟所对应的三角形区域。

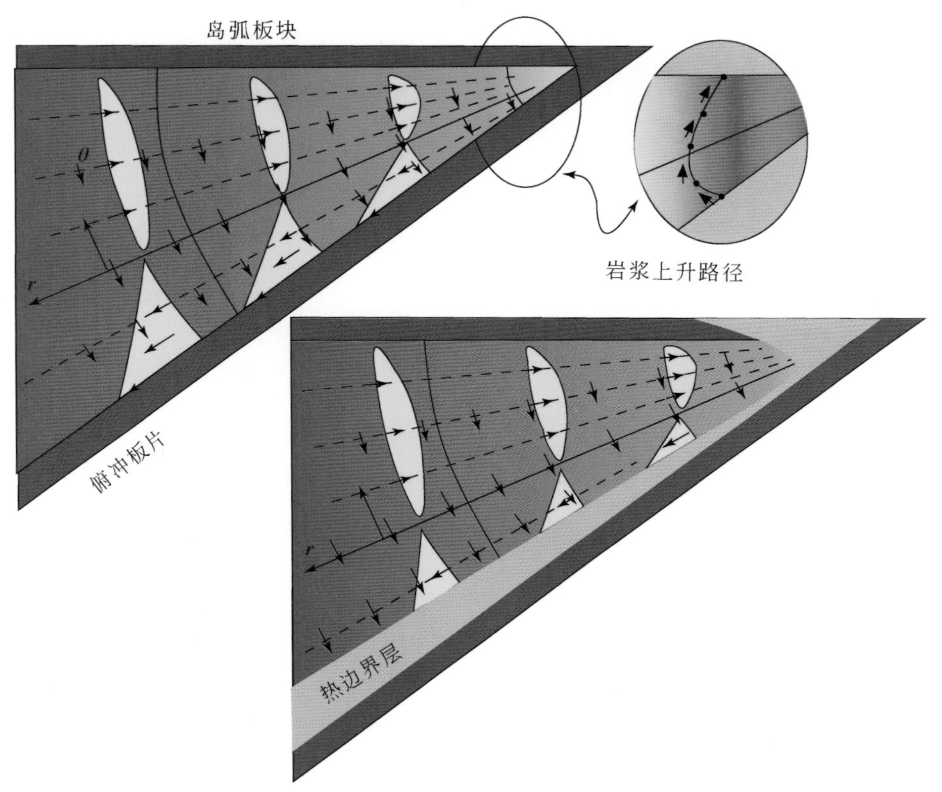


图3-33　俯冲板片驱动的楔形深部地幔流流场特征（Marsh，2007）

从多个方面来看，这都是一种不同寻常的流动。首先，从中心向外，不同距离处的流动状态都是一样的。上半部分基本上是平行板块之间的抛物线流动，下半部分是剪切流动。遵循质量守恒，上半部分的所有流体必须旋转流过下半部分的流场，并且在下半部分的流场中流体沿着对称平面从一边流动到另一边（图3-33）。大多数时候，流体离板块边界距离较远，但是，在靠近两个板块交界的角顶时，流体的流动比较集中，在这个角顶的上方，会形成火山前锋。其次，由于下盘板块是冷的，其上方的流动大多是剪切流，流线与板块平行，是冷的热边界层在角顶附近发展并沿板片增厚。它的厚度 $\delta_T$ 可以依据其远离角顶的距离 $x(x=t/V)$ 并遵循

公式（3-2）来计算，其中，$t$ 是时间，$V$ 是俯冲速度。公式（3-2）如下

$$\delta T = C\sqrt{K}\left[\frac{x}{V}\right]^{1/2} \tag{3-2}$$

式中，$C$ 是 1 阶常数；$K$ 是热扩散系数。边界层沿板片向下增厚（图 3-33）的厚度为 $x^{1/2}$，增厚的厚度与 $V^{1/2}$ 成反比。在距离两个板块连接处一定的距离处，慢速俯冲的板片比快速俯冲的板片有更厚的边界层。这种行为非常类似于岩石圈本身的生长，因为它远离洋中脊。这个构造环境的第三个独特特征是，运动从受摩擦控制的断层界面转移到受剪切流控制的流固界面，摩擦力也参与其中，但参与程度较小。同时，在火山弧板块处，随着接近表面，有效的热边界厚度变得非常大。

因此，在这个体系中有两个关键特征从根本上影响岩浆的产生。其一是，角流不断地将更深处、更热的地幔物质带入楔形区，这些物质不断地与俯冲板片接触。它不断地覆盖在板片之上，而且绝不允许旧的热边界层变得异常大。其二是，热边界层在楔形区拐角附近被挤压，拐角处的流动转变为剪切流动。这种热压恰好位于火山前锋的下方，将前锋的空间位置与板片位置紧密地联系在一起。因此，俯冲板片内部的热状态也是了解岩浆如何产生的关键。

（5）俯冲板片的内部状态

在俯冲板片下插过程中，影响岩浆生成的两个关键过程是：热状态改变和热液流体的运移。板片上部的洋壳与岛弧玄武岩的化学成分非常相似，因此俯冲洋壳应该是产生岩浆的潜在地点。但正如前面提到的，早前的研究通常认为它太冷而不能熔融。这种观点源于早期的热模型（Toksoz and Bird，1977），认为海底的板片界面是岩石圈中最冷的部分。

A. 热状态

一般来讲，如果两个具有不同温度 $T_1$ 和 $T_2$ 的固体突然接触的话，则二者的界面温度（$T_i$）立即变为两个初始温度的平均值，即 $T_i = 0.5(T_1 + T_2)$（Turcotte and Schubert，1982）。因此，形成 0℃ 海底岩石的岩浆，起源于地幔楔时为 1300℃，在到达地壳界面时，其温度会下降到 650℃，低于岩浆的固相线温度。那么，热的岩浆从离开地幔并到达地壳的长距离（约 125km）运移过程中，热变化路径是什么样的呢？两个板块在断层接触的部位是个特殊的界面，在这里主要是由摩擦作用产生的热量。同时，强有力的证据表明，浅部（0～50km）地震主要发生在这个断层接触面上，从该界面往下 10～20km 的深度，俯冲板片引发的地震强度显著增强。因此，这里计算的初始界面温度应该是最低的，而随后的摩擦加热会预热俯冲的大洋地壳，当它进入软流圈时，温度会显著升高。而且，对于断层接触界面温度的实时估算，必须考虑地幔楔软流圈中的流体。整个系统的温度计算是相当复杂的，Kincaid 和 Sacks（1997）对该问题的研究比较系统，同时，也对相关的地震和构造

变化进行了描述。Marsh（2007）基于他们的这一发现绘制了图 3-33 所示剖面，在右上方的角顶，俯冲板片-软流圈界面处存在 80～100℃ 的温度正异常；在该界面很薄（可能只有几十米）的地方，温度高达 1350℃，当洋壳俯冲到这一深度的时候开始熔融，而这个地点正好位于火山弧前缘下部。这个点也与汇聚板块交界处相连，因此，很可能决定了火山前缘的位置。

B. 热液流体

俯冲板片作为一种固体，其内部的热变化通常认为由热传导引起，如果一级近似看，这确实正确。但脱水也会引起水热循环，这体现在从洋中脊处就开始的广泛热液循环以及海水和洋壳之间广泛的蚀变和成分交换。这种交换持续了数千万年，主要作用是将原始矿物质改变为热液，从而使洋壳部分水化。例如，橄榄石部分变为蛇纹石，斜长石变为绢云母，而斜方辉石则变为角闪石。尽管这种变化在局部地区可能很广泛，但总体而言，这些变化影响的范围不到洋壳体积的 15%～20%。同位素的交换则更加普遍，如氧（$^{18}O/^{16}O$）和锶（$^{87}Sr/^{86}Sr$）的变化，在高温下，几乎不会留下任何可见的痕迹。洋中脊喷出的新鲜玻璃质 MORB 的初始$^{87}Sr/^{86}Sr$ 通常在 0.7025 附近，而海水的$^{87}Sr/^{86}Sr$ 为 0.7090，30～40Myr 之后，这些 MORB 已迁移到距洋中脊很远，现在的$^{87}Sr/^{86}Sr$ 接近 0.7040，这些显著变化在蛇绿岩中十分常见（Gregory and Taylor，1981）。蛇绿岩记录的这种早期 MORB 岩石$^{87}Sr/^{86}Sr$ 比值的升高，是因为低温交代引起了洋壳顶部的 $\delta^{18}O$ 增加（～+12/mil①），但是洋壳底部由于高温交换反而降低了，因此，综合效应为 5.8/mil，为新鲜 MORB 的正常值。因此，老的洋壳整体没有 $\delta^{18}O$ 的净交代。

随着板片俯冲和温度升高，一个新的热液循环系统因脱水相关的相变而建立。洋壳巨大的水平温度梯度，使得热液系统的流动形式表现为螺旋状（图 3-34）。这种流动仅限于板片内有足够的渗透性并具有流动性的部分。在分布有许多深成岩体的区域，也进行了类似的热液流动的研究，这些流动的模式和基本力学已被熟知。

渗透性与岩石的温度和脆性直接相关，岩石的封闭温度通常在 700℃ 以上，因此，这种热液流动局限在俯冲板片中最冷、脆性强的洋壳中。此外，该地区已经或正在遭受因地震造成的极端破坏，每立方千米板片在俯冲期间大约经历 10 000 次地震事件，这使得俯冲洋壳具有很强的渗透性。此外，由于同样的原因，俯冲板片上覆地幔楔形体中软流圈是紧密封闭的，它又热又软，渗透性为零。板片释放出的热液不会进入上覆地幔楔，而是向上运动并反复循环穿过洋壳（图 3-34），出现水锤效应（An，2018）。这种流动对俯冲板块的化学性质有着至关重要的影响。

① 1mil = $10^{-3}$ L。

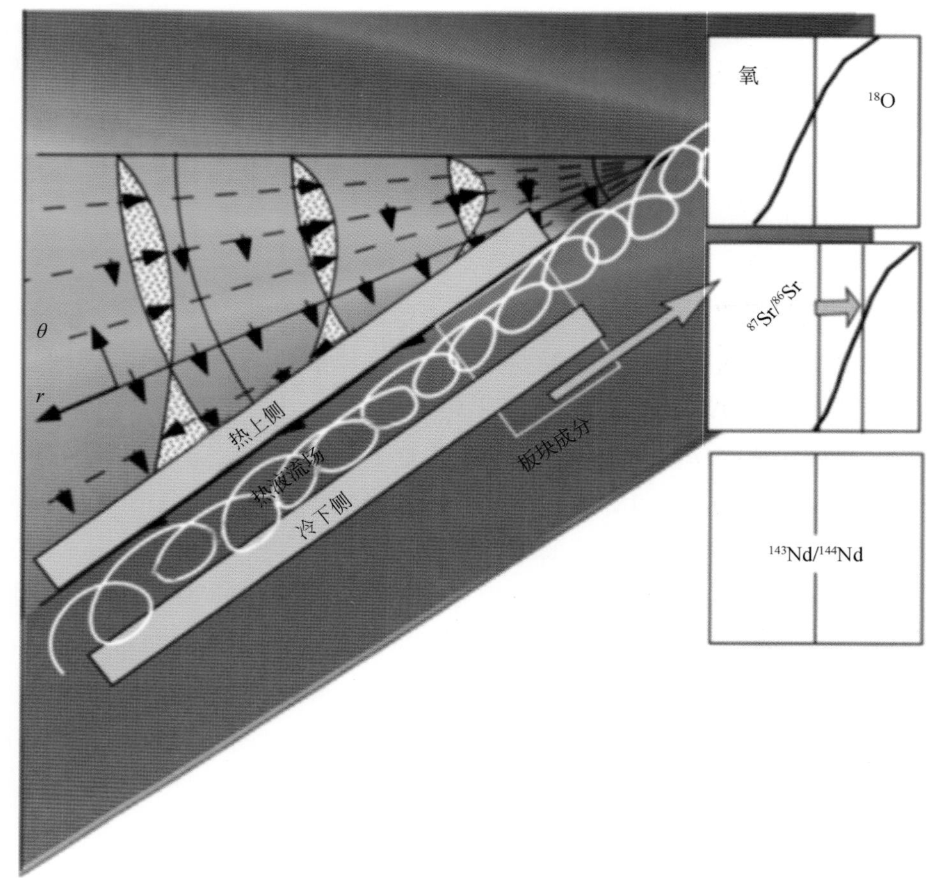


图 3-34　螺旋状热液流向俯冲板片最冷、最脆、渗透性最强的部分（Marsh，2007）

强烈的内部封闭流动使得 $\delta^{18}$O 和$^{87}$Sr/$^{86}$Sr 的初始值发生了变化。由于与海水的相互作用，$\delta^{18}$O 没有净增量，因此，将其重置为 5.8 的正常值。但是，由于洋壳从海水中获得了$^{87}$Sr，所以，$^{87}$Sr/$^{86}$Sr 在整个洋壳的值增大为 0.7040。但是，这种流动最显著和最容易忽视的影响是：当它与板片–地幔界面接触时，产生了一种异常的夕卡岩。热液不能穿透地幔，但是由于持续产生的断层和不断的剪切作用，在该界面形成了两种类型的角砾岩，即 MORB 的高压变质岩（石英榴辉岩）和石榴橄榄岩。热液流动与 MORB 近似处于化学平衡状态，但是与橄榄岩的平衡状态相差甚远。一旦接触到这种热的非均质岩石，它就会表现为析出相，使其更趋于平衡状态。尽管这种“板状夕卡岩”组合的性质尚不清楚，但它富含诸如 Ba、Rb 等痕量元素以及具有相似地球化学亲和力的元素。因此具有类似块状 MORB 的成分，并在富含一些微量元素的区域最有可能产生岩浆。

（6）岛弧岩浆的来源

俯冲板片逸出的挥发份造成软流圈地幔楔橄榄岩的熔融，被认为是岛弧岩浆的普遍来源，但由于几个根本原因，这种可能性并不大。首先，由于其高温，地幔楔被密封以阻止热液流动；其次，在岛弧中发现的玄武岩成分与俯冲的 MORB 有极其密切的化学亲和力，而与地幔楔橄榄岩几乎没有化学亲和力；最后，岛弧火山中心在地表非常集中，在数百万年中几乎没有分散，将其与一个岩浆源区联系起来，相对于板块-板块俯冲构造而言，岩浆源区实际上是静止的。这不能通过楔形流动区内的岩浆产生来实现。

岩浆中的主量元素决定岩浆的性质，它的改变需要很大的能量，因此可以反映岩浆源区的特征。通过将高铝玄武质熔体与来自板片和地幔楔的熔体进行比较，可以看出高铝玄武质（岛弧母岩浆）熔体与板片有较强的化学相似性。如图 3-35 所示，其中熔体组成显示为在 30～40kbar① (3～4GPa) 压力下石英榴辉岩和地幔岩在不同程度熔融时的熔体组分变化。每条线上都有代表高铝玄武岩组成的水平线，并显示了多个源岩的熔点或匹配点。从楔形体中橄榄岩没有发现相匹配的熔融物质，但是与板片熔体的主要元素几乎完全匹配。值得注意的是，板片熔体中 MgO 含量很低。这反映了源岩的基本化学性质，即 MgO 含量不能超过 7.5%，这也是高铝玄武

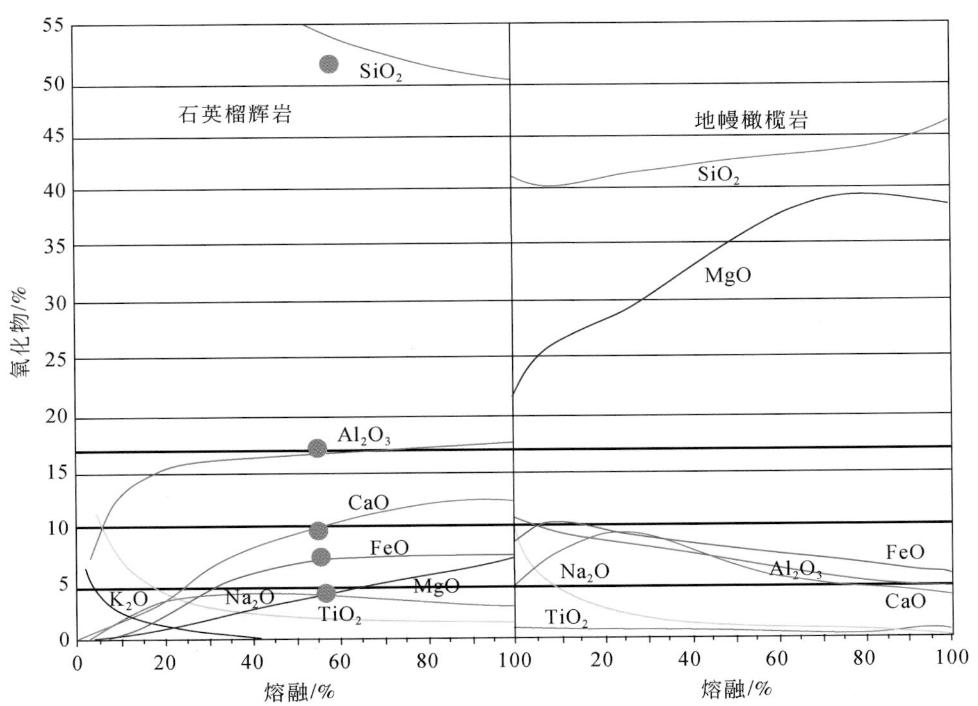


图 3-35　石英榴辉岩和地幔橄榄岩不同程度熔融的熔体氧化物变化（Marsh，2007）

直线水平线表示岛弧高铝玄武岩的组成，大点表示观察到的高铝玄武岩与计算的熔融物之间的匹配点

① 1bar = $10^5$Pa。

岩的一个基本性质。也就是说，岛弧玄武岩具有低 MgO 的特征。对于 $SiO_2$ 为 50% 的成熟火山中心的高铝玄武岩，MgO 含量一般在 4% ~5%。有些岛弧玄武岩的 MgO 值也很高，但这些玄武岩几乎普遍被岩石圈中的橄榄石包体所混染。此外，这些玄武岩几乎均来自岛弧中喷发量非常大的超级中心。大型喷发熔岩流会使岩石圈岩石被剧烈加热，从而弱化其结构导致崩塌，并通过岛弧高铝玄武岩的上升而夹带橄榄岩捕虏体，如基拉韦厄火山喷发流。对 MgO 和（或）Ni 含量升高的玄武岩进行岩石学鉴定，通常会发现岩石圈中未划分的、伴有些许应变的、含有高镁橄榄石的橄榄石捕虏体。根据固有的假设，即 MgO 含量高的岩浆是原始岩浆，是较低 MgO 岩套的母岩浆，因此，经常误认为这些受混染的玄武岩是岛弧岩浆系统的基础。岛弧高铝玄武岩第二个显著的化学特征是，$Al_2O_3$ 含量升高（16% ~20%），这反映在深成岩体和熔岩中斜长石的高含量上。这些斜长石高含量赋予了岛弧玄武岩特有的灰色外观。

以下将讨论俯冲作用过程中高压岩石——含石英榴辉岩的地球化学特征。在 2 ~3GPa 的压力下，MORB 矿物组合中的斜长石、橄榄石、单斜辉石和 Fe-Ti 氧化物可以转变为高压石英、石榴石、硬玉、金红石、透长石和蓝晶石，形成典型的高压石英榴辉岩组合。与围岩——地幔橄榄岩相比，这种含石英的源区岩石是非常少见的。这种矿物组合发生熔融，将形成典型的岛弧高铝玄武岩，同时，该组合的另一个显著特征是含有较高的石榴子石，这将使得部分熔融出来的熔体亏损重稀土元素。长期以来，在岛弧高铝玄武岩中并没有发现石榴石的存在，因此俯冲板片本身不可能是高铝玄武岩的岩浆源区。

在岩浆源区，岩浆相对于其周围岩石是浮力上升的。要使其具备浮力或重力不稳定，必须要使得源岩发生足够程度的熔融，才能使熔融混合物比周围岩石的密度小。在熔融混合物上升的过程中，才能发生进一步的大面积熔融。要达到一定程度的熔融，并萃取或提取不含固体的熔体，需要 50% 以上的岩石发生部分熔融。伴随着压实作用，在熔融程度较低的情况下，熔融提取也是可能的（Mckenzie，1984），但由于板片中所涉及的材料厚度非常有限，使得压实变弱，所以在这种情况下，可能是不起作用的。仅在 10% ~15% 体积的熔融之后，重力不稳定性可能发生，然后，再额外熔融以使固体形成新的矿物组合，并释放几乎无晶体熔体，熔体可以上升 20 ~30km。在 2 ~2. 5GPa 的压力下，石榴石仍然能够存在，但是已经是一个相对较少的矿物相，此时的稀土元素分布型式与岛弧高铝玄武岩的地球化学特征一致。这个熔融过程中涉及一个非常重要的物理现象，即含石英榴辉岩的液相线与固相线之间的温度差非常狭窄，可能小到 50 ~70℃。这意味着，一旦温度达到固相线以上，含石英榴辉岩中的低熔点组分就会部分熔融，熔体会迅速形成，体系很快不稳定；一旦达到熔点，则可能会自发产生岩浆。这与俯冲板片界面周围地幔橄榄岩的部分熔融过程形成鲜明的对比，因为地幔橄榄岩的熔融温度范围宽达 500 ~ 600℃，且熔融是逐渐发生的。

这种深部相平衡演化到最后，将演变出岛弧高铝玄武岩的平衡矿物相。图 3-36 显示了 2GPa 压力下阿留申群岛高铝玄武岩的相图（Baker and Eggler，1983）。这个相图最显著的特点是，在 2GPa 压力下，斜长石、石榴石和单斜辉石的相分布呈玫瑰花状。这些矿物相在石英榴辉岩中也很常见，这表明此时这两种岩石（即高铝玄武岩和含石英榴辉岩）处于平衡状态。这也表明，岛弧高铝玄武岩的岩浆组分可能提取自含石英榴辉岩，并因浮力而上升。

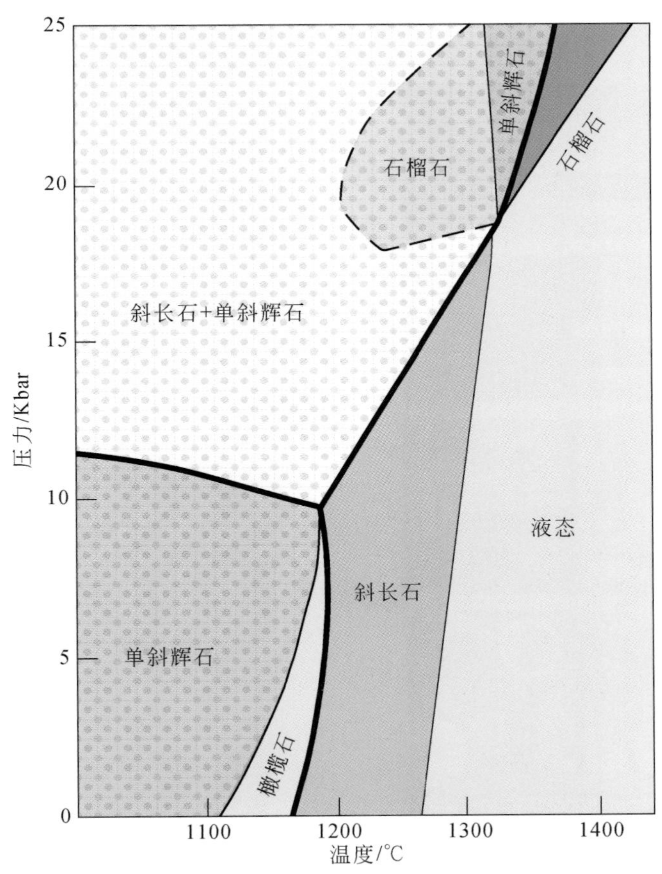


图 3-36　2GPa 压力下阿留申群岛高铝玄武岩的相图（Baker and Eggler，1983）

（7）底辟作用、瑞利–泰勒不稳定性以及火山间距

在板片表面温度达到临界点所引发的岩浆作用过程中，岛弧下俯冲板片表面会产生薄薄的带状或环状的浮性熔融物质。在高密度物质下面的低密度物质层会引发整体的重力不稳定性，理想情况下会形成一系列均匀分布的悬浮物质，并形成地幔柱或底辟构造（图 3-37）。底辟构造之间的距离为

$$d=\frac{2\pi\ h_2}{2.15}\left(\frac{\mu_1}{\mu_2}\right)^{1/3} \tag{3-3}$$

式中，$h_2$是浮力层厚度；$\mu_1$和$\mu_2$分别是上覆地幔和熔融物质的黏度。底辟构造的间隔为

$$a=0.53h_2\left(\frac{\mu}{\mu}\right)^{1/4} \tag{3-4}$$

如果将这些公式与质量守恒定律和岛弧火山中心的观测间距结合起来使用，就可以大致判断出岩浆源区的性质。源区厚度很薄（50～100m），黏性很高（～$10^{10}$Pa·s），底辟半径为3km。这里得到的结果不仅非常合理，而且这一过程的动力学特征也与通常观测到的岩浆作用类型非常吻合，或是具有很高的相关性。

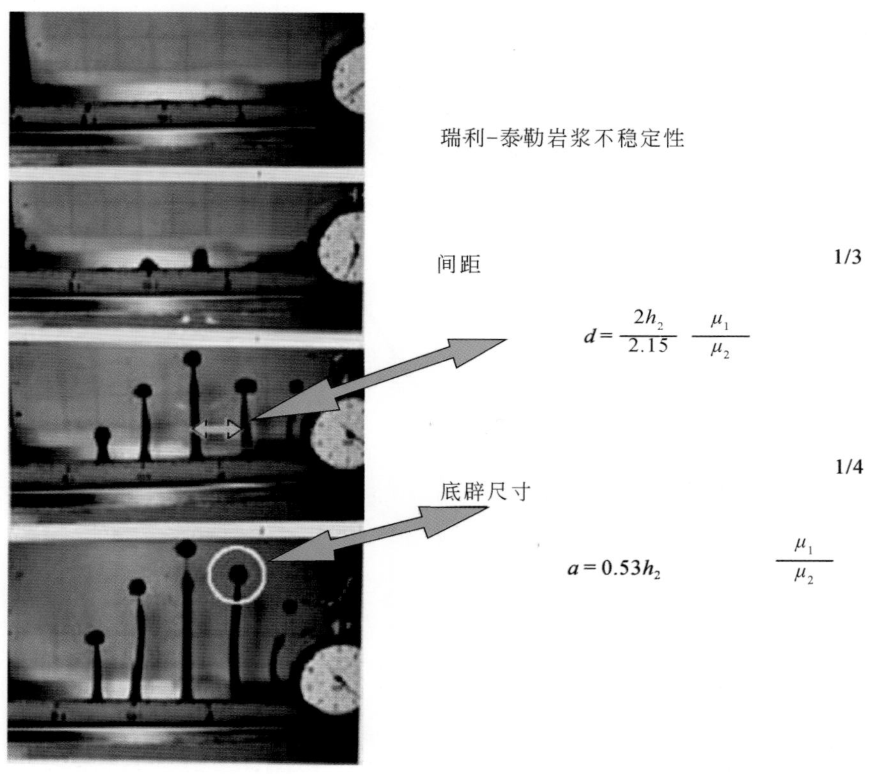

瑞利-泰勒岩浆不稳定性
间距
1/3
$d=\frac{2h_2}{2.15}\ \frac{\mu_1}{\mu_2}$
底辟尺寸
1/4
$a=0.53h_2\ \frac{\mu_1}{\mu_2}$


图3-37　当密度较小的流体（黑色）位于密度较大的流体（清澈的）下面时会诱发瑞利-泰勒岩浆不稳定性过程（Marsh，2007）

底辟体作为最有效的流体传输形式自动形成；右边的方程表明了底辟体间距和底辟体根与流体黏度及源区厚度（$h_2$）之间的关系

整个岩浆作用过程由产生的浮性熔融物质驱动，将体系加载到不稳定时，会相对迅速且一遍又一遍地卸载体系。这仅是由于板片界面处的温度达到石英榴辉石的固相线以上所致。均匀分布的熔融物质底辟到对流的地幔楔中，进而穿过地幔楔，

并在上覆的岩石圈上熔蚀出一个洞。热底辟作用弱化了围岩，使其能够在底辟构造周围流动。早期的底辟物质在到达地表之前，毫无疑问会发生停滞，但后期持续的底辟作用最终会形成一条通向地表的通道。这一过程从化学和热力学上隔离了这条通道，使后来的岩浆能够到达地表，而不会受到过度热混合和化学混染。在上升过程中，标准岛弧高铝玄武岩会发生富集。任何以恒定速度上升的底辟物质，在某一个边界上进入这个流动区域，将在相反边界上完全相同的垂直点离开流动区域。但对于在“楔形区”内产生的岩浆来说，情况就不一样了。俯冲板片表面的熔融带将以俯冲速度向下扩展。一旦熔融带达到一定距离 $d$ 的下倾区，体系则会变得不稳定。对于典型的俯冲带，这将发生在第一次不稳定之后的 3Myr 左右，也就是岛弧中次级火山零星出现的时间，如斯科塔岛弧中的莱斯科夫火山和阿留申群岛中的阿玛克火山。可观察到当不稳定层倾斜的角度为 $\theta$ 时，其中心的间距将为 $d\cos\theta$。

（8）弧后碱性玄武岩

大多数岛弧的后缘都会发育同期碱性玄武岩。在成分和空间分布上，这些岩浆都与岛弧岩浆非常不同，它们的分布范围更广，相对更贫硅、富碱，常含有超镁铁质包体，而超镁铁质包体具有与地幔橄榄岩密切相关的同位素特征。与岛弧高铝玄武岩不同，碱性玄武岩的岩浆直接起源于对流地幔楔的地幔，而没有上下板块物质的参与。在对流的地幔楔中，随着流体进入俯冲板片上方的区域，地幔楔中的流线向上倾斜，使得地幔岩石达到熔融温度，随着对流作用的加强进一步熔融，导致弧后区域形成零星的、散乱分布的火山活动。

## 3.2.4 俯冲动力系统模拟

### 3.2.4.1 深俯冲板片行为

俯冲板片增厚通常被认为是，俯冲岩石圈通过上地幔向较黏的下地幔俯冲时，因其不稳定性造成的。这一过程类似于黏性流体倾泻到刚性表面上时的周期性褶皱（Ribe，2003）。深俯冲和板片增厚的动力学已有较多的研究，其中大部分都基于数值模拟。Gaherty 和 Hager（1994）使用了一个简单的双层结构模型，即成分分层的板片垂直下沉到地幔中。他们首次证明：在上、下地幔界面处因黏度增加 30 ~ 100 倍，可导致板片增厚 5 倍，原因是，在黏滞不连续面处发生了纯剪切，并在不连续面下部发生了褶皱作用。他们还指出，与热效应相比，在岩石圈地幔之上，负浮力榴辉岩造成的成分影响是第二因素，这就说明了大尺度的深俯冲动力学在很大程度上是由热浮力控制的。在数值模拟实验中，有充分的证据表明，黏度差异对于不稳定性至关重要（Guillou-Frottier et al.，1995；Christensen，1996）。此外，这些研究还表明，不稳定性也可以通过海沟处的板片回卷形成，而这又反过来导致了板片的停滞（Enns et al.，2005；Billen，2010；Yoshioka and Naganoda，2010）。

Ribe 等（2007）重新分析了板片挠曲的问题，认为从俯冲到爪哇岛之下的澳大利亚板块的层析成像中，可以推测出板片的增厚量，另外，通过 Ribe（2003）基于薄板理论进行的数值模拟，推测俯冲到中美洲之下的科科斯板片也发生了周期性挠曲和再造。Běhounková 和 Čížková（2008）完成了更复杂的下地幔俯冲模拟实验，他们用二维坐标来模拟一个大洋板块俯冲的过程，计算出在 410km 和 660km 深度的两个主要相变，以及通过混合的流变公式来计算线性、非线性和拜耳（Peierl）蠕变。他们证实，在 660km 的界面上，黏度的突变对于俯冲板片的不稳定性是必要的。然而，也观察到，黏度突变既需要考虑 410km 边界向上挠曲所提供的负浮力，也需要相对低的屈服应力（100MPa），以便使板片更容易变形。Lee 和 King（2011）也进行了类似的计算，发现当板片回卷速率较慢，而且在 660km 黏度突变相对较大时（至少 30 倍），在俯冲到下地幔的板片动力学中，板片挠曲是非常普遍的。以上所有的研究都依赖于恒定的热力学参数假设。然而，热膨胀系数（$\alpha$）和热导率（$k$）随压力和温度变化很大。

深俯冲涉及整个地幔深度的大规模变形，在地幔对流的全球模型中，热膨胀率和热传导率的变化比较常见（Hansen et al.，1993；Zhong et al.，2006；Nakagawa et al.，2010；Tosi et al.，2010；Tosi and Yuen，2011；Miyauchi and Kameyama，2013），因此在建模过程中，它们的可变性尤为重要，但却很少关注压力和温度的综合效应。为此，Hauck 等（1999）基于 Hofmeister（1999）建立了上地幔中俯冲岩石圈的温度分布模型，分析了压力、温度和相变相关的热导率。使用简单的热传导稳态模型，Hauck 等（1999）指出，相变引发的传导不连续性会影响板内的热场，并可能对亚稳态的橄榄石向尖晶石的转变有潜在的影响。Maierová 等（2012）则展示了大量以更复杂的矿物学传导率分布为基础的运动学数值模型。但是，他们发现，尽管特定成分会对板片温度分布产生显著影响，但其对伴随的热浮力影响较小，这表明传导率的变化在控制大尺度俯冲板片的动力学方面起着次要的作用。

在完全动态模型的框架下，Schmeling 等（2003）和 Ghias 与 Jarvis（2008）分别在二维笛卡儿、圆柱几何坐标下，进行了等黏度的热对流简单模拟，这解释了橄榄石实验数据下热膨胀系数（$\alpha$）对压力和温度的依赖关系。特别是，两项研究都强调了热膨胀系数（$\alpha$）依赖温度的重要性，它导致了表面热流和速度的显著增加，这与恒温的或只依赖压力的膨胀率模型有关。

Tosi 等（2013）提出了一种模型，考虑了在黏塑性流变和多重相变的全球热对流中，膨胀率和传导率与压力、温度和相变的依赖关系。在使用变量 $\alpha$ 和 $k$ 时，他们观察到“局部分层的增加，有利于地幔过渡带的板片滞留和随后的下地幔增厚”。

在此基础上，下面的模拟延伸了 Tosi 等（2013）的工作，详细地研究了压力、温度、相变、热膨胀率和传导率对下地幔中俯冲动力学的影响。在平面几何中，采用二维纯热的洋壳俯冲模型，重点讨论了在主要相变和上下地幔黏度差作用下，导致挠曲不稳定的发生和伴随的板片增厚所需的条件。

（1）方法和模型

A. 方程式

使用扩展的布西内斯克（Boussinesq）逼近法（Christensen and Yuen，1985），已经解决了长宽比为 4 的 2D 矩形盒中具有两个相变的质量、线性动量和热能守恒方程。以无量纲形式，这些表达为

$$\nabla \cdot \boldsymbol{u}=0 \tag{3-5}$$

$$-\nabla p+\nabla \cdot \boldsymbol{\tau}=\mathrm{Ra}\left(\alpha T-\sum_{i=1}^{2} \frac{\mathrm{Rb}_i}{\mathrm{Ra}} \Gamma_i\right) e_z \tag{3-6}$$

$$\frac{\mathrm{d}T}{\mathrm{d}t}=\nabla \cdot (k \nabla T)+\mathrm{Di}u_z(T+T_s)+\frac{\mathrm{Di}}{\mathrm{Ra}}\Phi+\sum_{i=1}^{2}\mathrm{Di}\frac{\mathrm{Rb}_i}{\mathrm{Ra}}\frac{\mathrm{d}\Gamma_j}{\mathrm{d}t}\gamma_i(T+T_s) \tag{3-7}$$

式中，$\boldsymbol{u}$ 是速度矢量；$u_z$ 是速度的垂直分量；$p$ 动态压力；$\boldsymbol{\tau}\equiv \eta(\nabla \boldsymbol{u}+\nabla u^t)$ 是应力张量；$\eta$ 是黏度；$T$ 是温度；$T_s$ 为表面温度值；$t$ 为时间；$e_z$ 为垂直方向的单位矢量；$\alpha$ 为热膨胀系数；d/d$t$ 为实际时间导数；$k$ 是导热系数；$\boldsymbol{\Phi}\equiv\boldsymbol{\tau}:\nabla \boldsymbol{u}$ 是黏滞扩散；$\boldsymbol{\Gamma}_i$ 和 $\gamma_i$（$i$=1，2）为 $i$ 相变的相函数和克拉珀龙斜率；Ra 和 $\mathrm{Rb}_i$ 为热和相的瑞利数；Di 为耗散系数。连续性方程（3-5）描述了不可压缩流体的质量守恒定律。在动量方程（3-6）中，无限的普朗特数为假定的，在右边的第一项和第二项分别说明了由于温度差异和相位边界的变形所引起的浮力。

考虑了两种相变：410km 深度处从橄榄石向尖晶石转变（$i$=1），及在 660km 深度处尖晶石向钙钛矿和方镁石转变（$i$=2）。通过 Christensen 和 Yuen（1985）传统方法中相位函数考虑 $i$ 相变的影响

$$\Gamma_j=\frac{1}{2}\left(1+\tanh\left(\frac{z-z_i\ (T)}{w}\right)\right) \tag{3-8}$$

式中，$z$ 是深度；$w$ 是相变宽度；$z_i(T)$ 是发生相变时与温度相关的深度，即

$$z_i(T)=z_i^0+\gamma_i(T-T_i^0) \tag{3-9}$$

式中，$z_i^0$ 和 $T_i^0$ 是 $i$ 相变的参考深度和参考温度。在热能量方程（3-7）中，左边的热对流通过热扩散、绝热加热/冷却、黏性耗散以及右侧由于相变而产生的潜热释放/吸收而被平衡掉。所有相关参数和变量的定义和赋值见表 3-1。为解方程（3-5）~（3-7），用有限体积代码 YACC（对流代码，https://bitbucket.org/7nic9/yacc-yet-another-convection-code），其已被广泛作为布西内斯克热对流（King et al.，2010）和黏塑性流变学热对流

(Tosi et al., 2015) 的基准，并用于其他研究 (Tosi et al., 2010, 2013)。

**表 3-1　模型相关参数和变量的定义和赋值**

| 符号 | | 说明 | 数值/单位 |
|---|---|---|---|
| 各种参数 | $\rho_0$ | 参考密度 | $3300kg/m^3$ |
| | $\alpha_0$ | 参考热膨胀系数 | $3\times10^{-5}/K$ |
| | $k_0$ | 参考热导率 | 2.5W/(m·K) |
| | $\eta_0$ | 参考黏度 | $2.7\times10^{20}$ Pa·s |
| | $T_0$ | $\eta_0$的参考温度 | 1600K |
| | $P_0$ | $\eta_0$的参考压力 | $3\times10^6$ Pa |
| | $T_s$ | 表面温度 | 273K |
| | $T_p$ | 潜在温度 | 1623K |
| | $C_p$ | 热容 | 1200J/(kg·K) |
| | $g$ | 重力加速度 | $9.8m/s^2$ |
| | $D$ | 长度范围 | 2890km |
| | $\Delta T$ | 温标 | 1390K |
| | $R$ | 气体常数 | 8.314J/(K·mol) |
| 相变参数 | $W$ | 相变宽度 | 20km |
| | $Z_0^1$ | 过渡带 1 的参考深度 | 410km |
| | $T_0^1$ | 过渡带 1 的参考温度 | 1794K |
| | $\gamma_1$ | 过渡带 1 的克拉珀龙斜率 | $3\times10^6$ Pa/K |
| | $\Delta\rho_1$ | 过渡带 1 的跃迁密度 | $273kg/m^3$ |
| | $Z_0^2$ | 过渡带 2 的参考深度 | 660km |
| | $T_0^2$ | 过渡带 2 的参考温度 | 1908K |
| | $\gamma_2$ | 过渡带 2 的克拉珀龙斜率 | $-2.5\times10^6$ Pa/K |
| | $\Delta\rho_2$ | 过渡带 2 的跃迁密度 | $342kg/m^3$ |
| 上地幔流变参数 | $A_{df}$ | 扩散蠕变的前因子 (Prefactor) | $1.92\times10^{-10}$/(Pa·s) |
| | $E_{df}$ | 扩散蠕变的活化能 | $3\times10^5$ J/(mol·Pa) |
| | $V_{df}$ | 扩散蠕变的活化体积 | $6\times10^{-6}m^3/mol$ |
| | $A_{ds}$ | 位错蠕变的前因子 | $2.42\times10^{-16}$/($Pa^n$·s) |
| | $E_{ds}$ | 位错蠕变的活化能 | $5.4\times10^5$J/(mol·Pa) |
| | $V_{ds}$ | 位错蠕变的活化体积 | $15\times10^{-6}m^3/mol$ |
| 下地幔的流变参数 | $A_{df}$ | 扩散蠕变的前因子 | $3.65\times10^{-15}$/(Pa·s) |
| | $E_{df}$ | 扩散蠕变的活化能 | $2.08\times10^5$J/(mol·Pa) |
| | $V_{df}$ | 扩散蠕变的活化体积 | $2.5\times10^{-6}m^3/mol$ |
| | $A_{ds}$ | 位错蠕变的前因子 | $6.63\times10^{-32}$/($Pa^n$·s) |
| | $E_{ds}$ | 位错蠕变的活化能 | $2.85\times10^5$J/(mol·Pa) |
| | $V_{ds}$ | 位错蠕变的活化体积 | $1.37\times10^{-6}m^3/mol$ |

续表

| 符号 | | 说明 | 数值/单位 |
|---|---|---|---|
| 流变参数（全地幔相同） | $n$ | 压力指数 | 3.5 |
| | $\sigma_y$ | 韧性强度 | $5\times10^8$ Pa |
| | $C$ | 内聚力 | $10^6$ Pa |
| | $\varphi$ | 内摩擦角 | 30° |
| 无量纲数 | Ra | 热瑞利数 | $\rho_0^2 C_p \alpha_0 g \Delta T D^3/(\eta_0 k_0)$ |
| | $Rb_i$ | 瑞利数相 | $\rho_0^2 C_p g \Delta\rho_i D^3/(\eta_0 k_0)$ |
| | Di | 损耗数量 | $\alpha_0 g D/C_p$ |

资料来源：Tosi 等，2016

B. 模型设定

下面模拟了整个地幔深度的大洋板块俯冲。图 3-38（a）是模型设置的示意图。使用了一个深度为 2890km，宽度为 11 560km 的笛卡儿坐标盒。侧壁可自由滑动。

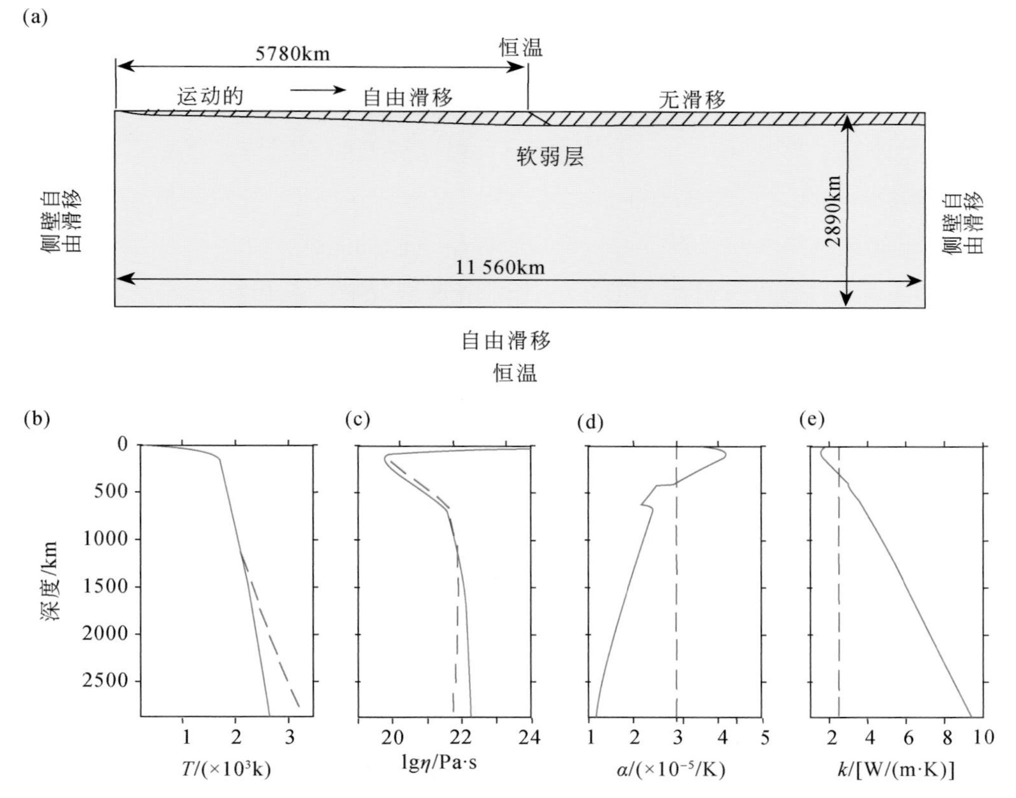


图 3-38 大洋板块俯冲模型设置示意

（a）模型域的示意；（b）结合绝热温度曲线的上部热传导边界层，假定恒定（绿色虚线）和可变（红色实线）的热膨胀系数；（c）沿着图版（b）的温度分布计算的扩散和位错蠕变产生的黏度曲线，（d）恒定的热膨胀系数（绿色虚线）和沿着图版（b）的温度分布计算的热膨胀系数曲线（红色实线），（e）恒定的导热系数（绿色虚线）和沿图版（b）的温度分布计算的导热系数（红色实线）（Tosi et al.，2016）

底界是等温的，且可自由滑动。上界是等温的，右半部分设定为不可滑动，以模拟一个静态的上覆板块，并且在左半部分设定了运动学或自由滑动的条件。前者用于初始俯冲，并设定一个在4Myr的时间间隔内恒定的表面速度5cm/a。之后，在假定俯冲板块具有可自由滑动的上表面时，板片在自身重力的作用下下沉。海沟被认为是低黏度薄弱带，向下可延伸至150km，倾角为30°，宽度为20km。俯冲板块被认为是在该域上部的一个洋中脊上形成的，并且在到达海沟位置时已存在120Myr；其初始温度分布是半空间冷却模型（Turcotte and Schubert，2002）。这也适用于仰冲板块，其厚度与120Ma的老岩石圈一致。

在浅地幔中，初始温度分布由从地表到俯冲和仰冲板块底部的传导剖面组成，其下面是一个绝热剖面 $T_a(z)$，满足以下方程

$$\frac{\mathrm{d}T_a}{\mathrm{d}z}=\frac{\alpha g T}{C_p} \tag{3-10}$$

式中，$g$ 是重力加速度；$C_p$是热容。当热膨胀系数 $\alpha$ 恒定时，方程（3-10）的解简单表示为

$$T_a=T_p\exp\left(\frac{\alpha g z}{C_p}\right) \tag{3-11}$$

式中，$T_p$是位温［图3-38（b）中的虚线］。根据模型的不同，热膨胀系数可以是温度和/或深度的函数［式（3-16）］。在这些情况下，通过对式（3-10）的数值积分可以得到绝热曲线［图3-38（b）］的热边界层下面的实线。

这里用一个具有可变分辨率的结构化网格来划分域。其可以从侧壁附近最大值28km变化到海沟区域的最小值5km，这保证能完全解决薄弱带问题。通过将中部网格点的数量加倍来进行模拟，结果显示，板片下沉没有显示出显著的差异。此外，尽管薄弱带的有效黏度在控制俯冲和仰冲板块间的耦合方面很重要（Androvičová et al.，2013），但使用不同黏度值进行的测试表明，选择 $10^{20}$ Pa 这一足够低的压力可确保必要的解耦。

C. 传导和热力学参数

将地幔作为一种黏性流体，其复合流变性导致了扩散和位错蠕变，以及贝尔利（Byerlee）型塑性屈服。因此，有效黏度是温度、深度和应变速率的函数，得到了与单个变形机制相对应的黏度谐和平均值

$$\eta=\left(\frac{l}{\eta_{df}}+\frac{l}{\eta_{ds}}+\frac{l}{\eta_{pl}}\right)^{-1} \tag{3-12}$$

扩散蠕变黏度 $\eta_{df}$，位错蠕变黏度 $\eta_{ds}$ 和塑性黏度 $\eta_{pl}$ 的表达式（空间形式）分别为

$$\eta_{df}=A_{df}^{-1}\exp\left(\frac{E_{df}+PV_{df}}{RT}\right) \tag{3-13}$$

$$\eta_{ds}=A_{ds}^{-1/n}\varepsilon_{\mathrm{II}}^{(1-n)/n}\exp\left(\frac{E_{ds}+PV_{ds}}{nRT}\right) \tag{3-14}$$

$$\eta_{p1}=\frac{\min(\sigma_y,C+\sin(\varphi)P)}{2\varepsilon_{\mathrm{II}}} \tag{3-15}$$

式中，$A_*$、$E_*$和$V_*$分别为前因子（prefactor）、活化能和活化体积，使得扩散和位错蠕变以及上下地幔变得不同；$n$ 是压力指数；$P=\rho_0 gz$ 是静水压力，$R$ 是气体常数；$\varepsilon_{\mathrm{II}}$为第二个不变的应变率张量。在式（3-15）中，$\sigma_y$是韧性强度，而 $C+\sin(\varphi)P$ 则代表了脆性强度，其中 $C$ 是内聚力，$\varphi$ 是摩擦角，$z$ 是深度。表 3-1 中列出了所有相关参数值。特别要注意的是，本模拟采用了与 Běhounková 和 Čížková（2008）相同的活化参数，在 Karato 和 Wu（1993）工作基础上，对上下地幔分别采用不同的参数值。在图 3-38（c）中，基于图 3-38（b）的温度剖面，绘制了两条黏度曲线，假设应变速率是 $10^{-15}$/s，在上下地幔界面之间没有黏性突变，并考虑了扩散和位错蠕变。当黏度超过 $10^{26}$ Pa · s 和低于 $10^{18}$ Pa · s 时，作为上限和下限是适合的。根据 Tosi 等（2013），考虑了热膨胀系数和传导系数的温度和深度因素

$$\alpha(T,z)=(a_0+a_1T+a_2T^{-2})\exp(-a_3z) \tag{3-16}$$

式中，$T$ 为绝对温度，单位为 K；$z$ 为深度，单位为 m；$a_i$（$i=0$，…，3）是相变相关系数，其数值在表 3-2 中列出。参数化通过对第一原则准谐波计算的拟合结果得出（Wentzcovitch et al.，2010），可通过明尼苏达大学编译的 VLab 开源数据库在线访问（http://vlab. msi. umn. edu/resources/thermodynamics/）。对于橄榄岩-尖晶石界面之上的上地幔，使用了镁橄榄石的数据。与 Tosi 等（2013）相比，并没有把瓦兹利石（wadsleyite）与尖晶橄榄石区分开来，因为它们有着非常相似的膨胀系数。因此，这里使用了瓦兹利石数据，作为整个地幔过渡带的数据。进行下地幔热膨胀系数的计算时，假设下地幔由 80% 的镁钙钛矿和 20% 的方镁石组成。图 3-38（d）的实线显示了与图版（b）（实线）的绝热温度分布相对应的轮廓，与 $3\times10^{-5}$/K（虚线）值相比较，在模拟中使用恒定的膨胀系数。

**表 3-2　参数化的热膨胀系数［式（3-17）］和热导率［式（3-18）］的相变相关系数**

| 系数 | | 上地幔 | 地幔过渡带 | 下地幔 |
|---|---|---|---|---|
| 热膨胀系数 | $a_0$/(K$^{-1}$) | $3.15\times10^{-5}$ | $2.84\times10^{-5}$ | $2.68\times10^{-5}$ |
| | $a_1$/(K$^{-2}$) | $1.02\times10^{-8}$ | $6.49\times10^{-9}$ | $2.77\times10^{-9}$ |
| | $a_2$/K | −0.76 | −0.88 | −1.21 |
| | $a_3$/(m$^{-1}$) | $1.27\times10^{-6}$ | $9.16\times10^{-7}$ | $3.76\times10^{-7}$ |
| 热导率 | $C_0$/[W(m · K)] | 2.47 | 3.81 | 3.48 |
| | $C_1$/[W(m$^2$ · K)] | $1.15\times10^{-5}$ | $1.19\times10^{-5}$ | $5.17\times10^{-6}$ |
| | $C_2$ | 0.48 | 0.56 | 0.31 |

资料来源：Tosi 等，2016

热导率是根据以下参数计算得出的（Tosi et al.，2013）

$$k(T,z)=(c_0+c_1z)\left(\frac{300}{T}\right)^{c_2} \tag{3-17}$$

在表 3-2 中列出了相变相关系数 $c_i$（$i=0$，…，2）。式（3-17）适合于 Xu 等（2004）的热扩散系数的测量。至于下地幔，它符合 Manthilake 等（2011）的实验数据，该数据考虑了钙钛矿中 3mol% $FeSiO_3$ 和方镁石中 20mol% FeO。与热膨胀系数相似，对整个地幔过渡区使用了瓦兹利石的传导性。与这里的模拟中使用恒定的电导率 2.5W/(m · K)（虚线）相比较，图 3-38（e）的实线显示了与图版（b）组（实线）绝热温度分布相一致的 $k$ 剖面。应该注意的是，式（3-16）和式（3-17）中出现的系数，都是在给定的温度和压强下进行计算（在 $\alpha$ 的情况下）和测量（在 $k$ 的情况下）得来的，而不是温度和深度。正如 Tosi 等（2013）所讨论的那样，根据初始参考地球模型（Dziewonski and Anderson，1981），压力、密度和重力加速度均与深度有关。在许多方面，这里采用的设置与 Běhounková 和 Čížková（2008）及 Lee 和 King（2011）的模拟相似，主要的区别在于这两个研究中对恒定热力学参数的使用。此外，与 Běhounková 和 Čížková（2008）相反，他们使用追踪粒子来解释润滑低黏度的地壳层，这类似 Lee 和 King（2011）提出的纯热的、基于网格的模型。然而，与后一项研究相比，这里在热能式（3-7）中考虑了非布西内斯克（non-Boussinesq）术语，及其在浮力方程（3-6）相变中扮演的角色。

（2）深俯冲行为的热导率与膨胀率控制

为了更详细地研究深俯冲中变量 $\alpha$ 和 $k$ 的特征，将 v10_azT_kzT 模型（表 3-3）作为参考。这个模型的详细信息如图 3-39 所示，它展示了在经历 121Myr 的演化过程之后，不同要素特征的分布。在地幔过渡带上方的上地幔中，与下地幔相比，板片保持较高的黏性［图 3-39（c）］，最大值相差高达 6 个数量级（Billen and Hirth，2007）。随着板片下沉到地幔过渡带和下地幔，其逐渐扩展和变热，只有一层薄薄的高黏性核依然保存，而大量的增厚板片变得较弱，黏度仅高于周围的地幔约两个数量级。通过分析俯冲带重力场可知，其与下地幔板片有限强度一致（Moresi and Gurnis，1996；Tosi et al.，2009）。在上地幔中，塑性屈服在冷板片的核部占主导地位。位错蠕变发生在上地幔中的板片中，温度相对较高，但剪切应力也很重要（Billen and Hirth，2005）。类似的情况也发生在深部下地幔及周围，而扩散蠕变在 660km 处的不连续面下扮演着重要的角色，远离了压力较低的板块。热膨胀率和热导率在大部分地幔中随着深度增加而分别表现为减小和增加。然而，由于温度的变化，它们也表现出了显著的变化。在岩石圈之下的上地幔和俯冲板片中，这些变化大多是明显的，特别是，在 410km 之上的冷板片和地幔过渡带底部，冷物质往往形成挠曲［图 3-39（e）（f）］。

不稳定的挠曲的形成完全不同于恒定的膨胀系数和传导率的情况。图 3-40 和图 3-41 显示了俯冲随时间的演变，$\alpha$ 和 $k$ 是恒定的（模型 v10_ac_kc，上部图版），取决于深度和温度（参考模型 v10_azT_kzT，下部图版）。在后一种情况下，初始俯冲速度大约是板片末端到达上下地幔界面时的两倍。之后，板片在那里挠曲，就好像它被倾倒在一个坚硬的表面上，然后，作为一个厚的褶皱块体，开始下沉到下地幔中。相反，在 v10_ac_kc 模型中（表 3-3），俯冲物质永远不会到达 660km。尽管在观察板尖的弯曲形状时，挠曲不稳定性很明显，但这些并不会导致像 v10_azT_kzT 模型（表 3-3）那样形成一个很厚的团块。一方面，在使用变量 $\alpha$ 和 $k$ 时，挠曲持续稳定，褶皱的板片由于深度的增加而 $\alpha$ 降低，不断下沉穿过下地幔；另一方面，当使用常数 $\alpha$ 和 $k$ 时，当板片下沉到更深的深度时，褶皱的波幅就会减弱，而板下地幔部分的负浮力，实际上作用于未褶皱的上地幔部分。

**表 3-3　模型列表**

| 模型名称 | 410km | 660km | $\Delta\eta_{LU}$ | $\alpha(z)$ | $\alpha(T)$ | $k(z)$ | $k(T)$ |
|---|---|---|---|---|---|---|---|
| v1_ac_kc | 是 | 是 | 1 | 否 | 否 | 否 | 否 |
| v10_ac_kc | 是 | 是 | 10 | 否 | 否 | 否 | 否 |
| v30_ac_kc | 是 | 是 | 30 | 否 | 否 | 否 | 否 |
| v10_ac_kc-410 | 否 | 是 | 10 | 否 | 否 | 否 | 否 |
| v30_ac_kc-410 | 否 | 是 | 30 | 否 | 否 | 否 | 否 |
| v10_ac_kc-660 | 是 | 否 | 10 | 否 | 否 | 否 | 否 |
| v30_ac_kc-660 | 是 | 否 | 30 | 否 | 否 | 否 | 否 |
| v10_ac_kc-410-660 | 否 | 否 | 10 | 否 | 否 | 否 | 否 |
| v30_ac_kc-410-660 | 否 | 否 | 30 | 否 | 否 | 否 | 否 |
| v1_azT_kzT | 是 | 是 | 1 | 是 | 是 | 是 | 是 |
| v10_azT_kzT | 是 | 是 | 10 | 是 | 是 | 是 | 是 |
| v30_azT_kzT | 是 | 是 | 30 | 是 | 是 | 是 | 是 |
| v10_azT_kzT-410 | 否 | 是 | 10 | 是 | 是 | 是 | 是 |
| v30_azT_kzT-410 | 否 | 是 | 30 | 是 | 是 | 是 | 是 |
| v10_azT_kzT-660 | 是 | 否 | 10 | 是 | 是 | 是 | 是 |
| v30_azT_kzT-660 | 是 | 否 | 30 | 是 | 是 | 是 | 是 |
| v10_azT_kzT-410-660 | 否 | 否 | 10 | 是 | 是 | 是 | 是 |
| v30_azT_kzT-410-660 | 否 | 否 | 30 | 是 | 是 | 是 | 是 |
| v10_ac_kzT | 是 | 是 | 10 | 否 | 否 | 是 | 是 |
| v10_azT_kc | 是 | 是 | 10 | 是 | 是 | 否 | 否 |
| v10_az_kzT | 是 | 是 | 10 | 是 | 否 | 是 | 是 |
| v10_azT_kz | 是 | 是 | 10 | 是 | 否 | 是 | 否 |

注意：410km 和 660km 表示是否考虑相应的相变，$\Delta\eta_{LU}$ 表示上地幔和下地幔之间施加的黏度跃变，$a(z)$、$\alpha(T)$、$k(z)$、$k(T)$ 表示是否考虑热膨胀系数和热导率对压力和温度的依赖。

资料来源：Tosi 等，2016

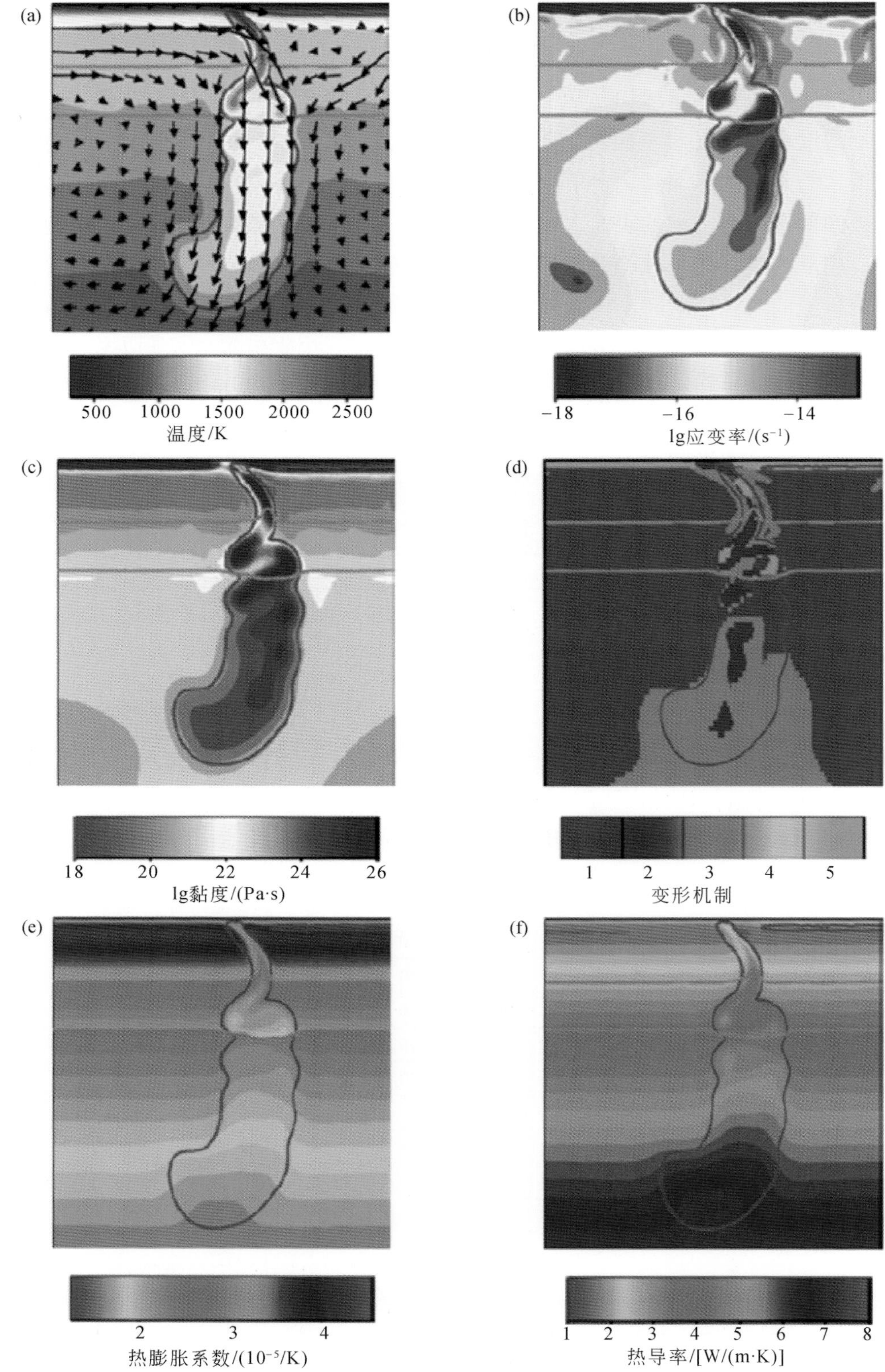


图 3-39 考虑压力和温度的热膨胀系数和热导率的典型俯冲模型（v10_azT_kzT）（Tosi et al., 2016）相变在 410km 和 660km 深度，上下地幔之间的黏度比为 10。(a) 温度，(b) 第二个不变的应变率张量，(c) 黏度，(d) 变形机制（1-扩散蠕变，2-塑性屈服，3-位错蠕变，4-黏度下限，5-黏度上限），(e) 热膨胀系数，(f) 热导率

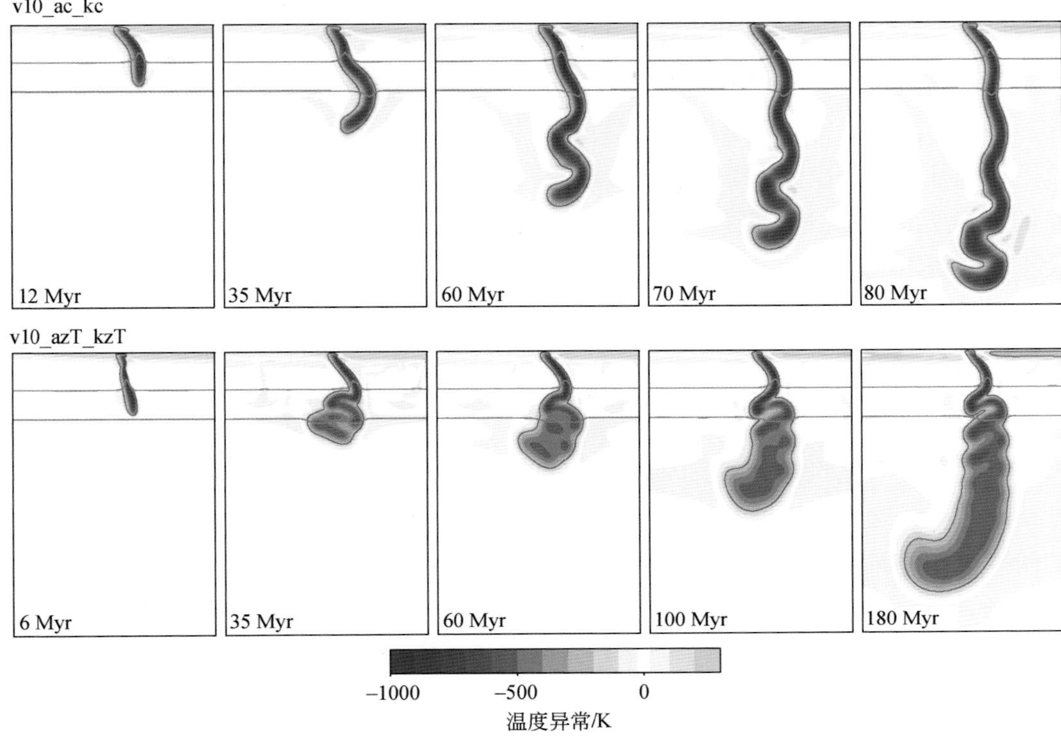


图 3-40　使用常数（模型 v10_ac_kc，上部图版）和可变热膨胀率与热导率（模型 v10_azT_kzT，下部图版）时获得的板片温度异常随时间演化的比较（Tosi et al.，2016）

所显示的域的大小是 2000km×2890km

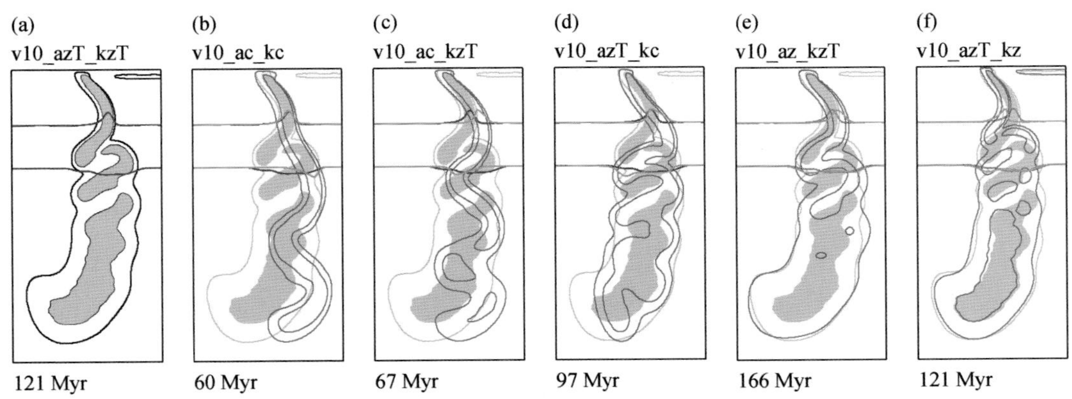


图 3-41　v10_azT_kzT 参考模型（Tosi et al.，2016）

（a）v10_azT_kzT 和（b）v10_ac_kc、（c）v10_ac_kzT、（d）v10_azT_kc、（e）v10_az_kzT 与（f）v10_azT_kz 的比较。粗线和细线分别表示-600K 和-200K 异常等温线。黑色/灰色线和灰色阴影区域是指模型 v10_azT_kzT 的温度异常和相位边界的轮廓，而红线指的是其他模型。每个图版下面所标示的时间是板片达到相同深度所需要的时间。显示域的大小是 1000km×2000km

### 3.2.4.2 俯冲带动力：板拉力还是脊推力

大洋岩石圈的热力学包括垂直扩散和水平对流，其决定了密度和厚度的横向变化。尽管这些变化引起了热沉降，但它们不能被认为是导致古老大洋岩石圈不稳定并开始俯冲的最终原因。事实上，由板块冷却模型（Plate Cooling Model，PCM）提供的大洋板块热历史是最可靠的图像，预测了渐近热和地壳均衡为 $t \to \infty$。此外，关于大洋岩石圈密度结构的详细岩石学和地球物理分析表明，在 $t = 90$Ma 时，深度平均值 $\rho$［包括 7km 厚低密度（$\rho = 2900\text{kg/m}^3$）地壳］介于 3310 ~ $3312\text{kg/m}^3$（Afonso et al.，2007）。在这种情况下，对周围软流圈的密度差为 $\Delta\rho = 35.5\text{kg/m}^3$，小于通常的假定值，但更有趣的是，预测的深度平均密度将略低于补偿深度 $z_c$ 下软流圈的密度 $\rho_a \approx 3330\text{kg/m}^3$）。因此，假设的古老大洋岩石圈重力不稳定很难解释俯冲初始启动，这个过程仍然是不清楚的。然而，与未俯冲的岩石圈不同，上地幔中的俯冲板片比周围地幔更冷，密度差可达 $200\text{kg/m}^3$，尽管俯冲到接近 660km 的不连续部分可能达到流体静力平衡（Ganguly et al.，2009）。有趣的是，Ganguly 等（2009）的模型预测，在下地幔最上部的俯冲岩石圈碎片，可能具有正浮力（即方向向上）。实际上，在深度明显大于 660km 的古老俯冲板片中，尖晶石橄榄岩吸热相变为钙钛矿和镁铝石。在这个例子中，与周围地幔的矿物学差异，可导致 9% 的密度负异常以及正浮力，其作用明显强于热异常。

俯冲岩石圈密度的增加，主要归因于洋壳在高温和高压下的变质作用，以及上地幔中相变的影响。事实上，俯冲洋壳向下弯曲后不久，含水玄武岩和辉长岩转变为高压榴辉岩，在几个百万年之内，随着大量的 $H_2O$ 释放，洋壳密度可增加到 $3500\text{kg/m}^3$ 以上（Ahrens and Schubert 1975；Peacock and Wang 1999）。关于相变的影响，橄榄岩中橄榄石相变到瓦兹利石，密度可增加 6%。在 410km 深度不连续面之上的俯冲板片中的橄榄石会相变为瓦兹利石。因此，在这个深度上，密度差和板片负浮力将进一步增加。Schubert 和 Turcotte（1971）假设浅部相变施加在下沉板片上的力，与由于热收缩施加在板片上的力，几乎一样大。Tassara 等（2006）研究推测，纳斯卡板块下软流圈的平均密度差为 $\Delta\rho = \rho_1 - \rho_a \approx 90\text{kg/m}^3$，而 Ganguly 等（2009）提出，在古老板块的情况下，深部软流圈上方的过渡区此值更大。总而言之，以目前对俯冲板片进入地幔过程复杂的热化学过程的了解，一旦俯冲开始，由于平板的负浮力和被动下沉，这个过程至少在“俯冲工厂”就可以自动进行。

现今大多数地球科学家都接受这样一种观点，即俯冲板片的板拉力是驱动板块运动的主要驱动力。这一概念最初是由 Richter（1973）基于理论论证提出的。对构造板块不同扭矩的重要性进行的实证分析，证实了板片的负浮力起了主要作用

(Forsyth and Uyeda, 1975),它逐渐发展成为一个被广泛接受的理论。

Forsyth 和 Uyeda (1975) 认为,板片拉力是一种静水压力,其大小由阿基米德原理表达为:$f_{SP}(z)=[\rho_l(z)-\rho_m(z)]g$,$\rho_m$ 和 $g$ 分别是地幔密度和重力加速度。图 3-42 列出了对板块施加的应力和力。

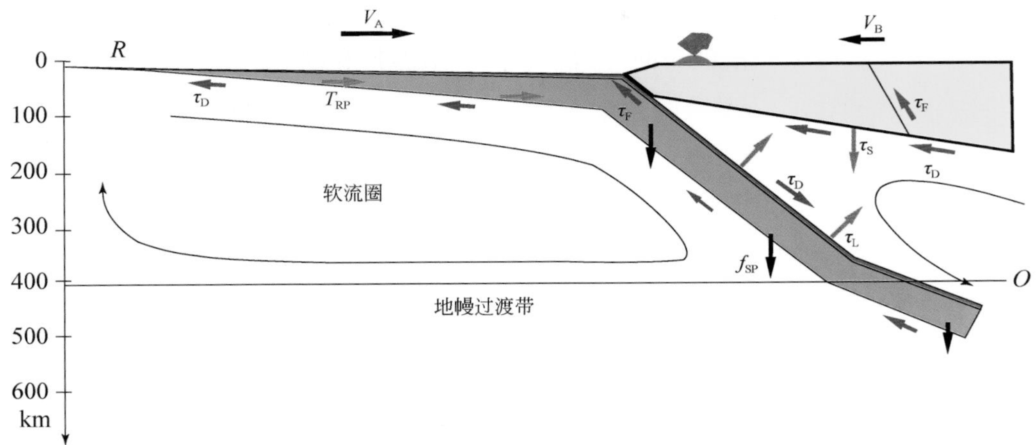


图 3-42 施加在板块上的主要应力和作用力(Schettino,2015)

黑色箭头表示板拉力($f_{SP}$);紫色箭头表示黏性阻力($\tau_D$);红色箭头表示洋中脊推力($T_{RP}$);蓝色箭头表示摩擦应力($\tau_F$),棕色箭头表示抬升力($\tau_L$)和吸力($\tau_S$)。速度 $V_A$ 和 $V_B$ 与地幔过渡带顶部($O$)有关。假设洋中脊 $R$ 相对于地幔过渡带静止

根据 Forsyth 和 Uyeda (1975) 的分析,它们可以被划分为驱动板块运动的正应力和阻力。前者最重要的元素是板拉力 $f_{SP}$,板片下行及应力起源于地球内部大洋岩石圈的横向厚度变化。后者通常指洋中脊的推力,决定因素是岩石圈增厚而不是洋中脊海拔(Lister,1975;Hager and O'Connell,1981;Harper,1984)。根据 Harper (1984) 的分析,洋中脊推力的牵引公式为

$$T_{PR}(r)=g\rho_a\alpha(T_a-T_0)\kappa\nabla t\equiv p\nabla t(r) \tag{3-18}$$

这里,$\nabla t$ 为在 $r$ 处海底年龄的空间梯度。因此,在缓慢扩张的洋中脊处,牵引力与板块增厚有关。洋中脊上,与板块增厚相关的牵引力更高。这个表达式可以计算出由于大洋板块冷却而产生的总扭矩。在板块表面 $S$ 上进行积分,并应用 Stokes 定理,得到了一个总扭矩为

$$N_{RP}=\int_S r\times T_{RP}\mathrm{d}S=-pR\int_S\nabla t\times\mathrm{d}S=-pR\oint_{C(S)}t\mathrm{d}r \tag{3-19}$$

式中,$p$ 为驱动板块的正应力。

Stokes 定理中,$S$ 为具有边界 $C(S)$ 的参数表面。那么,对每个矢量场 $\boldsymbol{A}=\boldsymbol{A}(r)$ 来说,它导致

$$\int_S\nabla\times\boldsymbol{A}\cdot\mathrm{d}S=\oint_{C(S)}\boldsymbol{A}\cdot\mathrm{d}r \tag{3-20}$$

式中，$R$ 是地球的半径；$C(S)$ 是 $S$ 的边界，积分路径是顺时针的。最后一个积分方程（3-20）表明，尽管洋中脊的推力最终是静水压力（水头）的结果，但它可以被计算成一个边界力，实际上也经常把它考虑成边界力。“脊推力”一词来自于洋中脊产生的力，因为很明显最年轻的洋中脊总是扩张的。

下面分析图 3-42 所示的阻力。本质上有两种力阻止板块运动。其中，最重要的是由软流圈施加的基本阻力，即 $\tau_D$，它与岩石圈相对速度矢量总是相反的。这种剪切应力的大小随相对软流圈的速度、黏度和水平压力梯度呈线性增长。人们普遍认为，基本阻力在大陆下面更大（Forsyth and Uyeda，1975），但一些学者认为，大陆具有很深的克拉通岩石圈根，这种力量可能会占据主导地位。例如，在“大陆底流”模型（continental undertow）中，Alvarez（2010）用软流圈产生的应力解释了阿尔卑斯–喜马拉雅造山带的持续碰撞。另一类阻力是沿着走滑和汇聚板块边界产生的摩擦阻力，这一类型还包括增生楔之下岩石圈挠曲产生的摩擦阻力，这些力很小（Forsyth and Uyeda，1975），因此，在数值模拟中，它们通常被忽略。

Forsyth 和 Uyeda（1975）没有考虑到，但在总体力平衡中具有重要意义的一种力，是由于周围地幔的动态压力变化而产生的板片上、下表面的正交力。在现实中，Forsyth 和 Uyeda（1975）通过比较分析，加入了另一种与软流圈的动态压力变化有关的力。这就是存在于增生楔下部的低压区，并施加于仰冲板块上的吸引力 $\tau_S$（图 3-42 和图 3-43）。正如 Tovish 等（1978）指出的那样，尽管板片的重力作用倾向于垂直，在俯冲岩石圈中（图 3-42），流体升力 $\tau_L$ 的作用对于解释为什么俯冲角度比 90°小得多非常必要。就像洋中脊的推动力，对水动力升力的定量研究需要流体动力学。Tovish 等（1978）所做的理论模型的主要结果如图 3-43 所示，在俯冲带中与角流相关联的等压力场显示，低压从尚未俯冲的板块底部吸引力增加，到沿俯冲板片下部压缩。相反，在弧角上压力要高得多，并且决定了对上部板块和上升板片的强吸引力，两者都在拐角处增加。

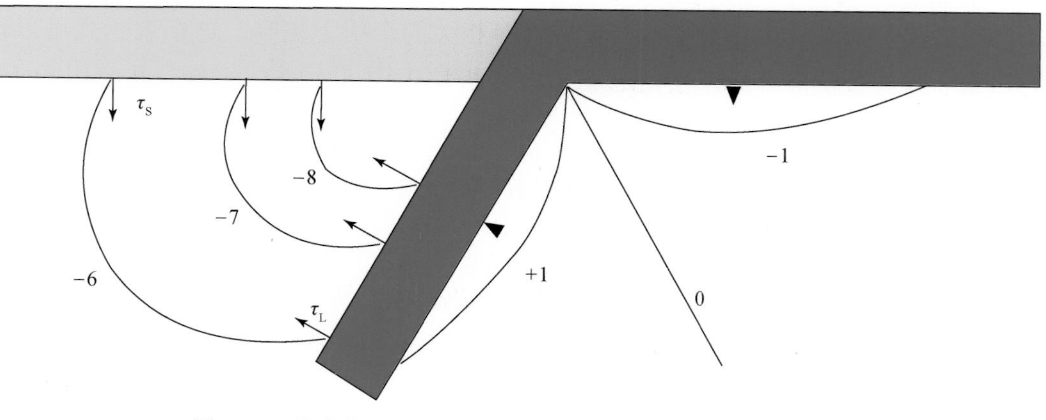


图 3-43　俯冲带内的等压线和压力分布（Tovish et al.，1978）

### 3.2.4.3 地幔楔动力学

俯冲板块上方的地幔楔与许多重要的过程有关，其中，包括熔体和挥发份的传输。目前，对地幔楔动力学的理解是不全面的，对俯冲板片上方的三维地幔流场仍然知之甚少。由于地震各向异性是变形的结果，剪切波分裂的测量可以限定地幔流的几何形状。为了识别出楔形流模式的主因，人们汇编了一组世界各地地幔楔的局部S波分裂测量数据。分裂参数变化很大，平均延迟时间从~0.1~0.3s到~1.0~1.5s，在快速方向上也有很大的变化。同时，测试了分裂参数和俯冲过程相关的各种参数之间的关系，并还明确地测试了10个不同模型的预测结果，这些模型被用来解释地幔楔的分裂模式。研究发现，没有单一的模型可以解释在全球数据集中观察到的所有趋势。地幔楔流可能是由板片的向下运动、海沟迁移、周围地幔流、小尺度对流、板缘和板块形态等因素综合控制，在任何给定的俯冲运动学和地幔流变学控制的俯冲系统中，这些因素均起到了一定的作用。在许多俯冲带中，S波分裂也有可能来自B型橄榄石和/或蛇纹石结构的贡献，它们受局部热结构和挥发份分布的影响。

在讨论分裂参数和其他俯冲参数之间可能存在的相关性时，通常会使用板块速度（如汇聚速度或海沟迁移速度），作为板片驱动地幔流产生的有限应变的替代物。需要强调的是，用板块速度粗略地代表有限应变和各向异性的强度是有缺陷的（Long and Silver，2008）。像橄榄石这样的地幔矿物的晶格优选方位、强度和几何形状，实际上是由有限应变控制的（Zhang and Karato，1995），在评价各向异性的强度时，应变量比板块速度本身更重要（Faccenda and Capitanio，2012）。然而，由板块驱动产生的地幔应变量间接地与板块速度有关，在快速移动的板块中更有可能导致地幔中更大的有限应变。与地幔的有限应变相比，虽然板块速度可以直接观测到，但用板块速度来代替有限应变和各向异性强度必然是不完美的。

地幔楔中最简单的模型是二维角流［图3-44（a）］，板片和上覆地幔之间的黏性耦合，会导致板片之上、平行于板片的地幔流和仰冲板块之下、平行于汇聚方向的水平流。这样的角流有一个简单的分析解决方案（McKenzie，1979），并用来模拟地幔楔的热结构以及弧火山岩的位置。地幔楔角流的简单数值模拟可以追踪地幔楔有限应变的演化，并可以简单预测各向异性（Hall et al.，2000；Long et al.，2007）。对于简单的橄榄石晶格优选方位发育（如A型或类似组构），以及假设局部几何各向异性与有限应变轴保持一致的情况下，简单角流模型可以预测出主导的垂直海沟的快速方向。然而，重要的是，角流运动学涉及流速的快速横向转变，在这种情况下，橄榄石晶格优选方位可能会“滞后”于有限应变椭圆（Kaminski and Ribe，2002）。各向异性模型以及由此产生的“楔形”各向异性剪切波分裂，如那些可能来自简单的二维角流的结果表明，即使对于简单的流变和晶格优选方位发育，剪切波分裂模式也可能会表现出一些复杂的情况（Levin et al.，2007）。

不过，如果简单角流结合 A 型或类似的橄榄石结构，在大多数地幔楔地区是占主导地位的，且如果 $V_c$ 值（板块速度或汇聚速度）可以粗略代替二维流场的结构和强度（图 3-44），则可以预测：占主导的垂直海沟的快速方向，以及各向异性强度会随着汇聚速率增加而增加（Long and Silver，2008）。

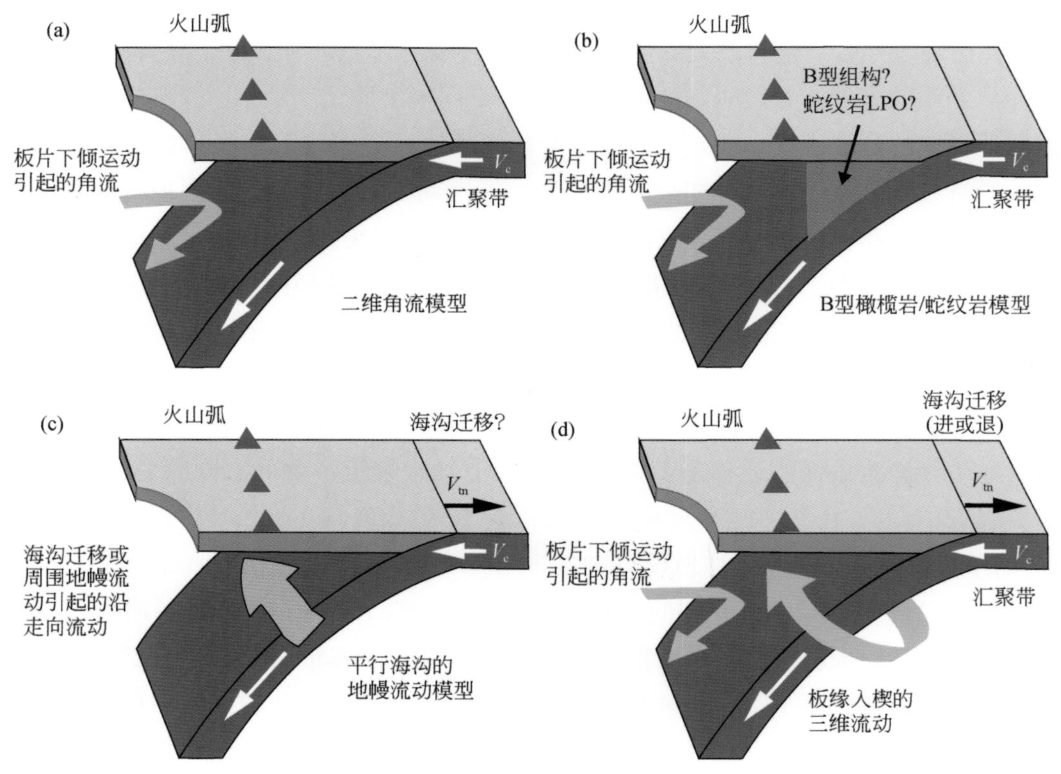


图 3-44　地幔楔各向异性的示意模式（Long and Wirth，2013）

（a）二维角流模型；（b）B 型橄榄岩/蛇纹岩晶格优选方位模型，LPO 为晶格优选方位；（c）沿走向流动模型；（d）Long 和 Silver（2008）的模型

在地幔楔中，平行于海沟的观察并不支持简单模型，而支持地幔楔各向异性的模型。其中，一种模型使用了 B 型橄榄石组构［图 3-44（b）］，它改变了张力和快速分裂方向之间的关系。Jung 和 Karato（2001）以及 Jung 等（2006）的实验研究表明，在地幔楔的较浅部位，B 型组构可能占主导地位，即低温、高应力和大量的水。地球动力学模拟证明，在许多弧前地幔楔中，这些条件可能占主导地位（Kneller et al.，2005，2007），在剩余的地幔楔部位，从弧前 B 型橄榄石向 A 型、C 型、或 E 型橄榄石转变，可能与几条俯冲带中剪切波分裂模式一致（Nakajima and Hasegawa，

2004；Long and van der Hilst，2006；Lassak et al.，2006；Kneller et al.，2008）。一些研究还显示，如果 B 型橄榄石组构存在于地幔楔中，可能会在很大程度上受限于俯冲板片之上的薄层（Tasaka et al.，2008；Katayama，2009）。由 B 型结构模型预测，应该存在从弧前区域平行海沟到弧后区域垂直海沟的转变。

除橄榄石以外，本节对各向异性矿物对剪切波分裂的影响也进行探索。蛇纹石矿物可能对分裂有作用（Kneller et al.，2008），当挥发份被释放出来时，俯冲板片之上的地幔发生蚀变（Hilairet and Reynard，2008）。蛇纹石类矿物，如叶蛇纹石，可能有很强的单晶体各向异性，高达 40% 或更大（Kern，1993；Mookherjee and Capitani，2011）。从实验中（Katayama et al.，2009）或自然界岩石中（Dewandel et al.，2003；Bezacier et al.，2010；Jung，2011；Nishii et al.，2011）获得的关于蛇纹石晶格优选方位的研究已经开始建立一个框架，用于关联蛇纹石矿物的变形几何形状和剪切波分裂观测。就像 Katayama 等（2009）争论的那样，在俯冲板片上方的变形层中，即使是相对较薄的层（10 ~ 20km），蛇纹石晶格优选方位也可能平行海沟走向并具有相对较长的延迟时间（ ~ 1s）。如果叶蛇纹石晶格优选方位代表大多数地幔楔各向异性的主导机制，也许可以预测：

1）从平行海沟走向向垂直海沟方向的转变，可以被广泛观测到（B 型模型），过渡带的位置对应于叶蛇纹石不稳定区域；

2）延迟时间和影响板片水化（hydration）程度的俯冲参数之间的关系，如俯冲板片的年龄（进而温度）以及俯冲角度，可能影响外缘隆起处的弯曲应力，该处可能发生大洋岩石圈的蛇纹石化（Ranero et al.，2003）。然而，重要的是要记住，许多不同的参数可能会影响板片水化的程度，并且大洋岩石圈的水化过程尚未被完全了解。

另一类模型被提出用来解释平行海沟的快波方向的观测结果，其触发了与 A 型、C 型或 E 型橄榄石组构有关的平行于海沟方向的原地幔流［图 3-44（c）］。这种模型可以预测在地幔楔上方占主导地位且平行于海沟走向的地幔流，并被用来解释单一俯冲系统中的剪切波分裂模式（Smith et al.，2001；Pozgay et al.，2007；Abt et al.，2009）和地球动力学趋势（Turner and Hawkesworth，1998；Hoernle et al.，2008；Heyworth et al.，2011）。地幔楔中平行于海沟走向的地幔对流已经被建模研究（Conder and Wiens，2007），研究结果表明，如果低黏度区域存在，或许由于海沟迁移或环绕的地幔对流，沿走向的压力梯度可以在低黏度地区产生平行于海沟的对流。在板片边缘，快速地幔对流可以在一些地区产生平行于海沟的对流（Jadamec and Billen，2010；Faccenda and Capitanio，2012）。如果由平行海沟对流产生的海沟迁移是地幔楔各向异性的主要机制，那么 $\delta_t$，即代表平行海沟对流的强度/一致性以及由此产生的各向异性，与海沟迁移速率（$V_t$ 或 $|V_t|$）之间可能存在关联。据此，

还可以研究 $\delta_t$ 是否与周围地幔流沿走向的分量存在关系，以验证平行海沟的对流是由全球尺度地幔对流场所驱动的这一假说。在这种情况下，下行板片从地幔楔中解耦，它们本身并不能代表地幔楔对流的主要驱动力。

“平行海沟的地幔楔对流”这一术语可能存在略有不同的理解，例如，有人认为，在地幔楔的浅部，斜向俯冲和转换挤压可能会导致平行海沟的快波方向（Mehl et al.，2003）。如果转换挤压模型在全球范围内对地幔楔各向异性起主导作用，那么，可以预测各向异性强度和平行海沟板片运动量之间的相关性，即要么是斜向俯冲角度，要么是汇聚速率 $V_c$ 平行海沟的分量。对于几乎没有俯冲角度的或者斜向俯冲角度很小的系统，如果 2D 角流的影响很小，这个模型可以预测弱各向异性，或与简单角流区域一致的各向异性。

另一种地幔楔中平行于海沟对流相关的模型是复杂的三维板片形态。Kneller 和 van Keken（2007，2008）的地球动力学模型研究证明，复杂板片形态可以引起局部平行于海沟的伸展，从而导致地幔楔的各向异性。Kneller 和 van Keken（2007）为马里亚纳和南美的俯冲系统建立了模型，这些模型详细考虑了板片形状，并认为即使下盘的运动是垂直/近垂直于海沟的，复杂板片形态也可以导致局部平行海沟的地幔楔流动。这些模型的一个关键预测是，在地幔楔的某些部分，占主导的平行海沟特征与地理上板片的复杂性相一致。Long 和 Silver（2008）提出了一个模型［图 3-44（d）］，它考虑了 2D 角流和因海沟迁移而导致的平行于海沟走向的对流。在这个模型中，地幔楔中的对流受控于由板片下行产生的 2D 对流（汇聚速度 $V_c$）和由海沟迁移产生的平行海沟对流（海沟迁移速度 $V_t$）。该模型预测，由汇聚（低 $V_{norm}=|V_t|/V_c$）主导或由海沟迁移（高 $V_{norm}$）主导的俯冲系统，将会有很大的时间延迟，而具有中等 $V_{norm}$ 值的俯冲系统，会倾向于表现微弱的剪切波（或横波）分裂。

另一类被提出用来描述俯冲带地幔楔中地幔对流场的模型，考虑了在相对较小的尺度上对流场沿走向的变化。在大洋岩石圈冷却的背景下，小尺度对流的概念得到了广泛的探索，其中在岩石圈之下发育小尺度的动力不稳定性（Richter and Parsons，1975；Buck，1985；Korenaga and Jordan，2003；Landuyt and Ierley，2012）。尽管前人进行了一些数值模拟研究（Honda and Yoshida，2005；Honda，2011；Wirth and Korenaga，2012），但在什么条件下，俯冲板片上方的地幔楔中可能发生小尺度对流，还是不太为人所知。Wirth 和 Korenaga（2012）的研究表明，无论小尺度对流是否发育，地幔楔黏度对任何俯冲参数都起到主导作用。不幸的是，黏度是地幔楔中最不受约束的参数之一，它可能受到温度（俯冲板片的年龄、倾角和俯冲速度，以及其他参数）、挥发份含量和部分熔融程度的影响。

尽管 Morishege 和 Honda（2011）的研究预测了小尺度对流模型的 P 波各向异性，但小尺度对流对地幔楔中剪切波分裂模式的影响，尚未得到详细的探讨。

为此，以同样的方式，Behn 等（2007）提出了一种地幔楔各向异性的模型，该模型将岛弧下方的下地壳物质的重力不稳定性作为地幔楔对流的主要控制因素。这个模型中，在地幔楔黏度较低而下地壳物质具有明显的密度异常的地方，地幔楔对流可能由小尺度下降流控制，由此可能产生复杂的各向异性，在岛弧下方，有限应变方向通常是平行于海沟方向的，但在弧后转为平行于汇聚方向。

模拟小尺度对流过程的模型，其模拟结果显示，在地慢楔中距离很短的尺度内，各向异性变化较为明显。特别是，对于较大的 Fresnel 地区的长周期波来说，其复杂的各向异性，或许在与地震波相关的长度尺度上表现为各向同性，或仅有微弱的各向异性。如果小尺度对流或者地壳拆沉是全球多数俯冲带中地幔楔流的主要机制，那么，一般看到的较短时间延迟可以反映弱的各向异性。

迄今为止，所描述的模型都是用来探讨地幔楔中的固态流体的，其与地幔矿物（主要为橄榄石或蛇纹石，如叶蛇纹石）的晶格优选方位结合，可作为地幔楔各向异性的主控因素。然而，这种观点的一些替代观点被提出，这些模型以形态优选方位的形式出现。例如，地幔楔中存在一些局部熔融，而且这些熔体由于变形而发生定向，熔体的形态优选方位（shape-preferred orientation）使熔融的物质在地震波长相关的尺度上表现出有效的各向异性（Zimmerman et al.，1999；Vauchez et al.，2000；Holtzman and Kendall，2010）。

有一些实验证据表明，熔体的存在除了可提供一些形态优选方位的影响效应，或许也会影响周围基质中橄榄石晶格优选方位的几何学特征（Holtzman et al.，2003）。虽然对这些实验结果的地球动力学解释尚存争议，但这种模型可以预测从弧前到弧后剪切波分裂行为中的急剧转化，推测弧下区域是局部熔融最为发育的地区。这种转变可能会直接在岛弧处采取长时间延迟的形式，而在地幔楔的其他位置则会产生较弱的或者可忽略的分裂行为。如果各向异性被其他过程所控制，如角流，横波分裂就会很明显。熔体的形态优选方位模型同样可预测平均延迟时间，这或许和各个地幔楔中局部熔融的数量有关。每个岛弧的火山–岩浆产量，是地幔楔中熔融量合理但非完美的代替。另一个模型通过模拟形态优选方位机制来解释俯冲带各向异性。Faccenda 等（2008）指出，俯冲板片浅部普遍的蛇纹石化，或许可以产生形态优选方位和晶格优选方位的联合效应，用以解释俯冲系统中 SKS 波分裂的一级模式，即主要平行海沟走向，时间延迟 1.0～1.5s。这种模型或许和地幔楔模式中的横波分裂相关；如果一些 S 波分裂引发地震，且它在俯冲板片中足够深，在双和达–贝尼奥夫带地区的深部就可以简化各向异性。

热液通过岩石圈会使软流圈地幔局部冷却，形成一个重力不稳定的热边界层。当这个热边界层中瑞利数超过临界值时，就会发生对流。小尺度对流一般发生在相比全球地幔对流的较小尺度上（数百千米，Richter and Parson，1975），然而，对于地球物理观测而言，它却意义重大。

“地幔对流可能出现在两个不同尺度上”这一观点第一次被 Richter（1973）提出。在存在剪切应力时，如大洋岩石圈底部，横向涡流（与剪切应力平行的回卷运动）这种形式的小尺度对流是不稳定的，此现象可以很好地解释上述观点。然而，纵向涡流（垂直于剪切应力的循环运动）保持稳定，并且成为垂直热运动的一种可行机制。

大洋岩石圈底部的小尺度对流在过去被多次研究，但是，俯冲背景下的小尺度对流鲜有关注。先前的研究已经证实了小尺度重力不稳定性在俯冲带弧后区产生高热流值和减薄上覆岩石圈的作用。另外，日本东北部地幔楔底部的小尺度对流也得到了广泛关注，被认为可以用来解释第四纪火山分布、地幔楔低重力区及负布格重力异常间的关系（通常被称为热指裂“hot fingers”）。现今学术界缺少对地幔楔中小尺度对流更为普遍的、系统的研究。数值模拟结果可以通过用几个变量（板片下插角度、汇聚速率、俯冲板片年龄、地幔楔黏度）的函数式来预测地幔楔中小尺度对流的可能性，并由此得到关于俯冲带小尺度对流事件的相关结论。这里的模型刻意简化，作为一个易理解的简单地球动力学系统，可以得到关于更多现实状态的普适性结论。

由于对俯冲动力学的描述并不完整，许多学者着眼于研究可描述的板块运动学、地幔楔动力学、上覆板块的几何学模型。通过许多简化的模拟得出，温度在俯冲带中是一个重要因素。随着定量化需求的增长，数值模拟变得越来越普遍，例如有限元法、差分法使地幔楔中的热传导方程式和动力学方程更为精确。

将地幔楔动力学与角流模型相结合的方法越来越普遍，这样的模型称为地幔楔动力学的角流模型。该模型主要的特点是：孕震区下部俯冲板片的黏性耦合，使地幔楔物质中的平流向更深处运动，最终导致地幔流从仰冲板块底部到达仰冲板块岩石圈基底与俯冲板片顶部之间的位置。假设地幔流的边界平直，并且地幔楔流等黏度，这种理想状态更便于分析，并应用于俯冲带热-构造多种模型当中。

等黏度角流模型在概念上是成立的，但是由于其几何学、驱动力及流变学的理想化假设而显得过于简单化。许多物理过程应该考虑进来，才能更好地理解地幔楔动力学。需考虑的因素包括：

1）板片参数，如几何形态、年龄及运动速度；

2）板片演化过程，特别注意以下几点的时间变化，如板片年龄和速度、海沟迁移、板片撕裂和板片边缘幔源物质加入的三维效应；

3）仰冲板块的性质，特别是地壳和地幔顶部的流变学和浮力特征；

4）地幔楔流变学特征，其受温度、压力、应变速率及组成成分（含水矿物、水及熔融物质的配比）影响；

5）地幔楔的浮力，在地幔楔黏度足够小时变得非常重要。

许多研究开始应用俯冲带运动学或者动力学模型来解决问题。例如，地幔楔流变模型已经很好地涵盖了板片和地幔楔环境中热–构造的主要控制因素。由于地幔硅酸盐类对温度的强烈依赖性，相比于等黏度数值模拟，对地幔流模型而言，温度有着更为显著的影响。等黏度地幔楔显示，来自于弧后的热物质流入地幔楔顶部，与温度相关的黏度效应，很大程度促进了热物质以非线性但是又具有一定规律性地流入地幔楔顶部，并导致热异常区黏度降低。板片与地幔楔界面处温度的升高，导致板片沉积物和洋壳形成高温梯度。这或许可以解释来源于沉积物熔融产生的板片高温与硼（B）释放后的低温之间的矛盾，此处假设硼（B）从俯冲洋壳的脱水反应中释放出来。

这些稳态显示，朝向板片方向的地幔楔中的热平流输送，与地幔楔顶部及板片边部的冷却相平衡。在这个模型中，地幔楔中的热流浮力影响可忽略不计。由于高温、高应变率及高挥发份含量，大量的低黏度区域相继产生，这种情况下，地幔楔中的热流浮力及与时间有关的对流变得重要起来。地幔流中显著向上的组分，朝向地幔楔的海沟一侧运动，促进了弧后火山岩浆的减压熔融。

近年来，板片不是运动学驱动而是自身重力作用驱动的俯冲带模型，得到很好的发展。提供几种俯冲板片和仰冲板块之间的脱耦作用方式，对于诱发单向俯冲很必要。近期大多数工作主要是，在多种模型中应用薄弱带或者特殊有限元公式来考虑这个脱耦作用。

动力学模型可以用来调查驱动力和阻滞力之间的平衡，以及俯冲带随时间的演化过程。例如，俯冲带的启动模型表明，俯冲达到500～600km深度，板片表面温度趋于稳定状态，并且可变的黏度可以引起板片地幔楔从初始状态冷却，进而导致运动停滞，尽管地幔楔挥发份效应可以抵消流变学的影响。洋底高原的俯冲可提供额外的化学浮力。除非被转化成榴辉岩相的致密洋壳所抵消，否则这或许可引起平板俯冲。可被观测的平板俯冲，以安第斯或四国海盆北部的南海海槽为例，研究表明，榴辉岩相稳态下，玄武岩肯定保持在亚稳定状态，这与日本的地震观测值一致。由于海沟后撤导致板片开始运动的板片驱动力表明，弧后涡流的形成致使浅部板片增生到仰冲板块上。最新的研究鲜有支持地幔楔变弱的观点。

相比于运动学驱动力的角流模型，这些动力学模型也用来计算动力地形，通过模型可以观测地形地貌和大地水准面变化。汤加俯冲带的3D地幔流模型显示，地幔楔是动力平衡的产物。黏度的大幅度减小，对于解释重力及大地水准面，是非常必要的，同时，也可用来解释弧后扩张、板片浅部压缩等。

近年来，观测、实验及理论的综合运用，使地幔楔环境研究方面有了重大的进展。在未来关于水的重要作用研究中，可以识别出一些关键区域。

1）水通过板片脱水而进入到地幔楔中。这个过程包含了在产生地震和火山作用过程中的变质反应效应，相比于板片或者减压熔融，以及水运输到深部地幔的能力，流体熔融量得以定量化。

2）水和熔体从板片运输到火山前缘。熔体是否通过断裂、底辟构造或者渗流场运输等问题依然不清楚，尽管近期的实验模型已经综合了地震观测，考虑到地幔浅部的速度结构与火山作用的关联性，这或许暗示了底辟作用迁移模型的复苏。

3）水在改变流变学和地震学性能中起到的作用。在水的作用研究及改进俯冲动力学模型方面，懂得如何应用好地球物理学方法是很必要的。

4）3D 俯冲带时间演化模型的未来发展，包含了大地构造演化史。这需要大数据来检测动力学的假设是否合理，例如，地幔流体对于俯冲的响应。

#### 3.2.4.4 全球及区域俯冲动力学

地幔动力学模型，可通过观测板块构造运动所产生的地表效应，来进行验证。这也是行星动力学模拟常用的做法。对地球而言，这些分析所涉及的问题，包括板块驱动力本质、地幔–板块耦合程度、岩石圈及软流圈地幔的强度。一些证据表明，板块俯冲是产生这些问题的关键，并强调板片动力学模型可以更好地为认识板块构造理论提供重要线索。斯托克斯流体中致密物质下沉，可以涵盖俯冲带的大部分观测，但是弯曲的大洋岩石圈中的显著耗散、海沟迁移及横向黏度变化（LVVs）导致海沟运动学较为复杂。然而，对于这些影响的综合性、理论性描述，显然依然认识不足，本书总结现有知识，并为未来的分析提供一些理论基础。

迄今为止，俯冲模型聚焦于互补的两个方面：第一方面是全球性的，聚焦一级观测现象的重新加工整合，包括板块运动的力学平衡、大地水准面、地形测绘及深部板片异常。虽然全球地幔流动的远程效应可以被解释，但是数值模型在区域板块边界动力学细节分析上没有足够优势来模拟这个问题。因此，第二方面工作的开展是必要的，“区域”方法致力于研究一个孤立的板片如何进入到地幔中，其直接或间接作用于所依附板块上的力是怎样的。除了分析俯冲带内的细节及过程，区域性方法还最适于分析特定的地质环境。

在此，从两种方法中希望提供关于俯冲动力学的一些概括，首先回顾一些关于表面速度观测，以及表面速度矢量特征和空间梯度的意义。如果分别单独考虑相对运动、区域性板块边缘以及板片几何形态，那么，地球就可以看成一个天然实验室。然而，特征的俯冲实验中，不同参数，如板块年龄，多大程度上可代表不同的普适性的理想俯冲作用实验，尚存一些疑问。全球或者区域动力学是否导致了总体趋势的局部偏差，也不是很清晰。

此外，全球性模型应评估板片在驱动板块运动中所起到的作用。横向黏度变化的作用非常重要，例如，在大陆板块重建过程中，大陆岩石圈根会影响板块速度和绝对参考系；如果区域性板块边界动力学是从运动学参数中推导出来的，那么板块速度、绝对参考系二者是相关的。之后，应探讨这个区域性模型，一方面要考虑当今技术的局限性，另一方面要把这些模型纳入现在的全球板块构造版图中检验。

考虑到这些受控因素，人们不得不主观地去选择素材，但是也要综合考虑各方面关于俯冲的观点。简单起见，这里将“岩石圈”等同于“板块”，当然，这是相对包含软流圈的更软弱“地幔”而言的。这节运用表 3-4 和表 3-5 中的缩写和符号。模拟过程中，有必要区分高黏度和高密度的流体与低黏度和低密度的流体，以避免热-化学等影响而产生复杂性。在实验中，这些因素往往被忽略不计，如在研究中非必要因素可以不予考虑；或者为方便数值模拟，某些因素可省略。现实系统与模型应遵从同样的规律，只要它们的平均性能与连续统一体及有效行为相匹配。最后，将数值模拟与物理模拟结合为一体化“实验”，当它们非常理想化地遵从同一基本物理规律（如质量、动量、能量守恒），这两种模拟就会被应用于发现新现象，或者用来探索更高级别的系统行为规则。

**表 3-4　本节常用参数符号**

| 参数 | 符号 |
|---|---|
| 板片俯冲角度 | $\delta$ |
| 斯托克斯球体半径 | $a$ |
| 弯曲半径 | $R$ |
| 板片/板块宽度 | $W$ |
| 地幔中沿板片长度 | $L$ |
| 地表板块范围 | $l$ |
| 对流尺度（地幔厚度） | $H$ |
| 面积系数 | $A=\frac{2\sqrt{HW}+\sqrt{Wl}}{H}$ |
| 速度矢量 | $\vec{v}$ |
| 图 3-47 确定的海沟移动速度 | $V_T$，$V_P$，$V_{OP}$，$V_C$，$V_B$，$V_S$ |
| 斯托克斯速度 | $V_{Stokes}$ |
| 斯托克斯（弯曲）修正速度 | $V'$ |
| $V_T/V_P$ 负相关斜率 | $\alpha$ |
| 斯托克斯减慢因数 | $s$ |
| 梯度算子 | $\vec{\nabla}$ |
| 压力 | $p$ |
| 偏应力张量 | $\tau$ |
| 重力加速度 | $g=\lvert\vec{g}\rvert$ |

续表

| 参数 | 符号 |
|---|---|
| 密度 | $\rho$ |
| 密度异常 | $\Delta\rho$ |
| 黏度 | $\eta$ |
| 地幔黏度 | $\eta_m$ |
| 板片/斯托克斯球体黏度（sphere viscosity） | $\eta_s$ |
| 板片/地幔黏度比 | $\eta' = \frac{\eta_s}{\eta_m}$ |
| 下/上地幔黏度比 | $\eta_l = \frac{\eta_{lm}}{\eta_{um}}$ |
| 有效黏塑性黏度 | $\eta^{eff}$ |
| 球谐阶数 | $l$ |

资料来源：Backer 和 Faccenna，2009

**表 3-5　本节常用缩写词**

| 缩写 | 含义 |
|---|---|
| APM | 绝对板块运动 |
| FE | 有限元法 |
| GSRM | 全球应变率模型（Kreemer et al.，2003，此处用到了 NNR 表面速度） |
| HS-3 | 刚性板块模型中热点参考系速度（Gripp and Gordon，2002） |
| LVVs | 横向黏度变化 |
| NR | 表面速度的净旋转分量 |
| NNR | 无净旋转参考系 |
| TPR | 环形极性速度场分量，$l \geq 2$ 的 RMS 比 |

资料来源：Backer 和 Faccenna，2009

（1）板块构造的运动学约束

从动力学角度来讲，岩石圈板块的运动是地幔对流的一部分，也就是说，岩石圈板块可视为地幔对流的顶部边界层。然而，这个顶部边界层并不仅仅是冷的，而且在板块边界处也是硬的、可弱化的。因此，板块构造运动不可能是等化学和等黏度的对流运动。

简化的板块观点认为，热边界似乎更接近大洋板块事实。较大的大陆板块存在差异，一部分原因是其为更厚的、浮力更强的陆壳，一部分原因与其下伏构造圈层有关（Jordan，1978）。地史期间，由于地壳分异熔融而造成的陆壳挥发份缺失，在增加板块强度方面，相较于大洋板块内部，或许在大陆板块中更为重要（Lee et al.，2005）。

地球的长期冷却贯穿于整个大洋板块系统，反过来又被俯冲过程所控制。然而，大洋板块对流由大陆形成和构造运动的周期共同决定（Lenardic et al.，2005；Zhong et al.，2007）。例如，大洋板块下部最显著的相互作用为硬的岩石圈与软的洋底软流圈之间的侧向黏度变化。这可以影响相对板块速度，其观测结果被用于推测板片力的传递。另外，横向黏度变化也诱发了相对于岩石圈地幔的净旋转。这些全球性的绝对运动参照系，反过来又对区域俯冲运动来说相当重要。

A. 全球板块运动

图 3-45 指示了现今全球地壳运动速率的两个极端。Gripp 和 Gordon（2002）的 HS-3 模型［图 3-45（a）］是一个基于 McKenzie 和 Parker（1967）以及 Morgan（1968）观点的刚性板块构造模型。其通过欧拉矢量的约束，将地表划分为 15 个主要板块。将速度值落入图 3-45 中可发现，有板片黏附着的板块，其运动速率明显快于没有板片黏附着的板块。此外，附着板片的海沟，其速度和长度之间的关联性，与板块周长相比，要强于其与大陆地区的负相关关系（Forsyth and Uyeda，1975）。对于驱动板块俯冲的重要性而言，这是最显著的标志之一。

HS-3 模型中的相对运动在过去 5.8Ma 中是具有代表性的，其通过 NUVEL-1A 获得（DeMets et al.，1994）。当大陆区主动变形难以确定时，可应用最近大约 25 年的大地测量学结果，并近似地服从于欧拉系数（Sella et al.，2002）。然而，这些地质学和大地测量学数据仅可约束相关运动，要定义一个绝对运动参考系还需要更深层次的假设。HS-3 模型为基于一种热点的运动模型，是依据 10 个太平洋岛屿年龄推断的（Gripp and Gordon，2002）。这个热点参考系背后的观点是，大洋岛屿或许是由从地幔深部升上来的热幔柱所引起（Morgan，1971；Wilson，1973）。最常见的方法中，固定热点定义了一个与下地幔相关的运动参考系（Minster and Jordan，1978）。热点间的相对运动实际上是一种小规模的板块运动（Molnar and Stock，1987；Tarduno et al.，2003）。如果由于高黏度使得下地幔对流慢于上地幔对流，那么这些运动在数量上与地幔柱一致（Steinberger et al.，2004；Boschi et al.，2007）。

假设刚性板块匀速运动所得到的时空误差，如板内变形，可以更容易地被卫星大地测量方法所约束。如果选择大板块细分为微板块来代表速度，通常需要区域大地测量的充分描述（McClusky et al.，2000），但是许多微板块的欧拉系数依然没有被很好地约束。图 3-45（b）中提供了一种可供选择的方法，是由 Kreemer 等（2003）提出的 GSRM 模型。在一些情况下，板内变形是被允许的，例如数据丰富的地区［对比图 3-45（a）和（b）中的东南亚地区］，它可以根据大地测量学方法和地质上断层错断速率推断出来。介质黏度、持续的变形、地壳应变速率都可用来推测岩石圈和地幔的流变学（England and Molnar，1997）。

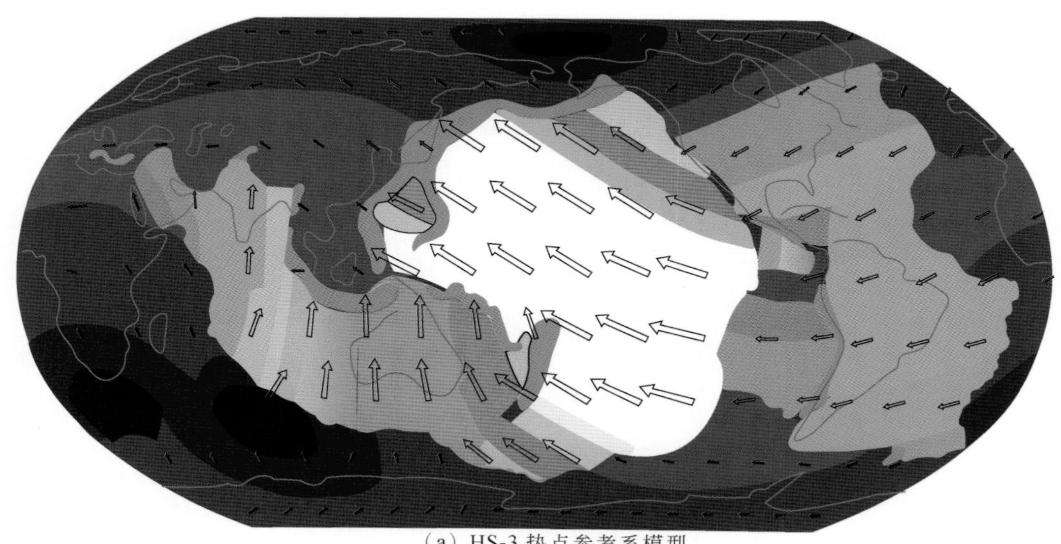

（a）HS-3,热点参考系模型

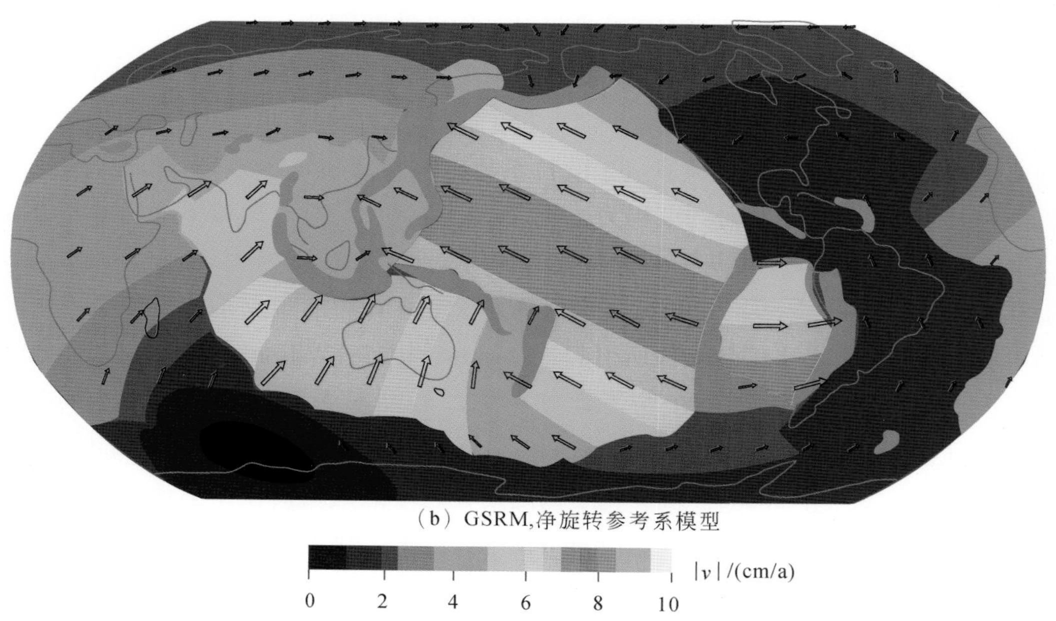

（b）GSRM,净旋转参考系模型



图 3-45　地壳速度大小（阴影部分）及方向（箭头）（Becker and Faccenna，2009）

（a）刚性板块的、热点参考系模型 HS-3（Gripp and Gordon，2002）（扩展范围 0. 25°×0. 25°网格）；（b）变形的净旋转参考系模型 GSRM（Kreemer et al.，2003）（1°×1°网格）。绿色轮廓线指示 Gudmundsson 和 Sambridge（1998）提出的板片地震活动

B. 极向和环向速度及参考系

将速度场分解为极向的 $\vec{v}_p$ 和环向的 $\vec{v}_t$ 两部分是非常有必要的。极向流动符合单一来源并拓展到水平面（$\vec{\nabla}\times\vec{\nabla}_p=\vec{0}$），并与垂向质量输运相联系。环向运动相当于

涡流和刚性体旋转（$\vec{\nabla}\times\vec{v}_t=0$）。

极向和环向速度最大处的板块边界类型分别为扩张中心和俯冲带及转换断层（Dumoulin et al.，1998；Tackley，2000a）。在最小的黏度耗散结构中，笛卡儿等黏度对流只包含极向流。然而，球面几何学及横向黏度变化都明确表明会产生大量环向流分量（Olson and Bercovici，1991）。如果板块速度依据极向和环向流场用球谐函数来表示，一个环形谐波代表整个岩石圈盖子刚性块体的平均运动［包括净旋转、表面速度的净旋转分量（NR）两个组分］。在图 3-45（b）中，全球应变率模型（GSRM）的速度，在无净旋转参考系（NNR）中要求表面速度的净旋转分量为零。热点参考系通常显示非零的净旋转分量，HS-3 模型中显示相当强的净旋转分量［图 3-45（a）］。

净旋转分量相当于平均速度为 3.8cm/a，最大值可达到 4.9cm/a，增强了太平洋板块向西运动的速度，并降低了非洲板块的运动速度。热点参考系中的几个净旋转分量组成显示在图 3-46 中，所有模型中，运动方向基本相似，但是大小依赖于参数，例如，运动缓慢的板块中的欧拉极点，同时，较为重要的一点是不同地理位置热点的选择（Ricard et al.，1991；O'Neill et al.，2005）。图 3-46 中 HS-3 模型显示了较强的净旋转分量值，可将其认定为一个聚焦于西太平洋热点的端元例子，或许该模型将净旋转分量估计过高了。SB04 模型显示了热点间的相互运动，与 HS-3 模型相比，整体旋转减弱了。SB04 模型中的净旋转分量值稍微高于 GJ86 模型的值（Gordon and Jurdy，1986），但跟 R91h 模型中的相近（Ricard et al.，1991）。净旋转的激发机制尚未达成共识（Doglioni et al.，2007），但是横向黏度变化（LVVs）是其中一个必要条件（Ricard et al.，1991）。最可能的解释是几何学薄弱带和次大陆及大洋软流圈之间的应力差共同作用导致净旋转分量。全球对流计算（Zhong，2001；Becker，2006）显示，如果结果能合理解释横向黏度变化和克拉通的强度，那么正确的运动方式就可被预测（图 3-46 中蓝色符号）。从动力学角度讲，板块运动特征受参考系影响是显而易见的。对于 $l=1$NR 分量来说，全部极向-环向的分解都不重要。

$l\geqslant2$ 时，所有 NUVEL 型全球环向力和极向力的均方根（RMS）比值≈0.53，如 HS-3，全球应变模型中≈0.57（图 3-45）。从 120Ma 开始，环向到极向处于一个可对比的层次（0.49～0.64）（Lithgow-Bertelloni et al.，1993）。进一步说，大洋和大陆地区的平均速度比值依赖于净旋转分量。例如对于 HS-2（Gripp and Gordon，1990）、HS-3 和 GSRM-NNR 模型来说，数值分别为～2.55、2.05 和 1.55。这个比值，或者在主要的大洋和大陆板块中的比值，被用来推断板片拉力和板块驱动力（Forsyth and Uyeda，1975；Conrad and Lithgow-Bertelloni，2002；Becker，2006）。

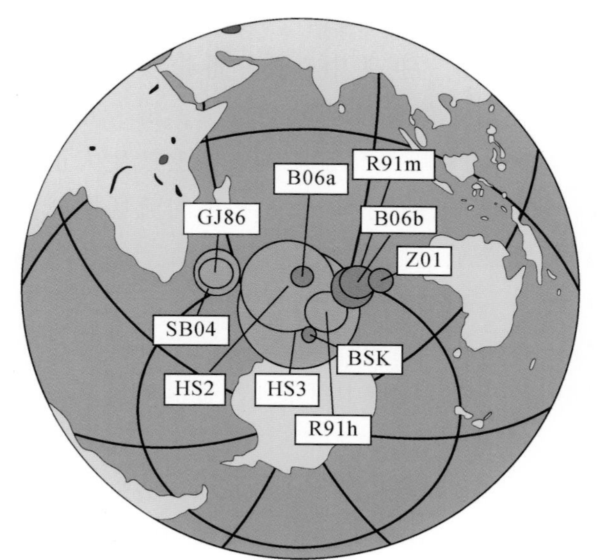


| 模型 | 经度 (°E) | 纬度 (°N) | 速率 (°/Ma) |
|---|---|---|---|
| HS3 | 70 | −56 | 0.44 |
| HS2 | 65 | −49 | 0.33 |
| SB04 | 38 | −40 | 0.17 |
| GJ86 | 37 | −40 | 0.12 |
| R91h | 84 | −56 | 0.15 |
| R91m | 93 | −47 | 0.15 |
| Z01 | 103 | −42 | 0.09 |
| B06a | 71 | −46 | 0.08 |
| B06b | 94 | −45 | 0.13 |
| BSK | 76 | −63 | 0.06 |

图 3-46 净旋转分量为欧拉旋转极圆的半径尺度（Becker and Faccenna，2009）

粉红色记号是来源于假设热点固定的板块重建方案（其中 GJ86：Gordon and Jurdy，1986；R91h：Ricard et al.，1991；应用 NUVEL 模型，HS2：Gripp and Gordon，1990；HS3：Gripp and Gordon，2002），并涉及流体可对流的地幔柱通道［SB04：Steinberger et al.（2004）］。蓝色记号来源于 Ricard 等（1991）的简化陆壳或洋壳模型和净旋转模型；Z01：由 Zhong（2001）提出的深部克拉通架构的全球板块模型，B06a 和 B06b：分别利用浅层构造、层析成像异常、相关温度、幂律和基础实验、扩散/位错蠕变流变学，BSK：一种无大陆根或脊状龙骨（keels）和整个地幔板片的估算。对于 B 模型，NR 组分被缩减，以便 NNR 速度与 NUVEL-1 *RMS* 的数值相符

C. 区域性俯冲运动及海沟迁移规律

因为层状地幔可使深部板片产生一个固定的力，模拟俯冲过程时要求选择一个绝对参考系。具有代表性的是考虑相对于稳定不动的下地幔的绝对板块运动速度，此时需要运用热点参考系。这个运动学参数用来描述俯冲是非常必要的，同时，也被用来解释弧前断裂的运动，这些弧前断裂往往携带海沟的运动学信息。分析不同俯冲带内多种运动学和几何学之间的依赖性，可用来检验俯冲运动如何受板片拖曳、俯冲板片年龄等参数影响（图 3-47）。

现在认为，仰冲板块、俯冲板片及地幔流共同控制俯冲过程（Heuret and Lallemand，2005）。虽然只有少数实例，但动力学、运动学及几何学之间确实存在较强的关联性（Carlson and Melia，1984；Jarrard，1986；Cruciani et al.，2005；Heuret and Lallemand，2005；Lallemand et al.，2005）。一种较为极端的观点认为，这些伴生效应提供了足够的证据来说明板片拖曳力不是板块俯冲的驱动力（Doglioni et al.，2007）。相反，这些从简化的板片行为规律中伴生的效应，指示了实际的俯冲带比简化的条件和恒定俯冲速率要复杂（McKenzie，1969；Stevenson and Turner，

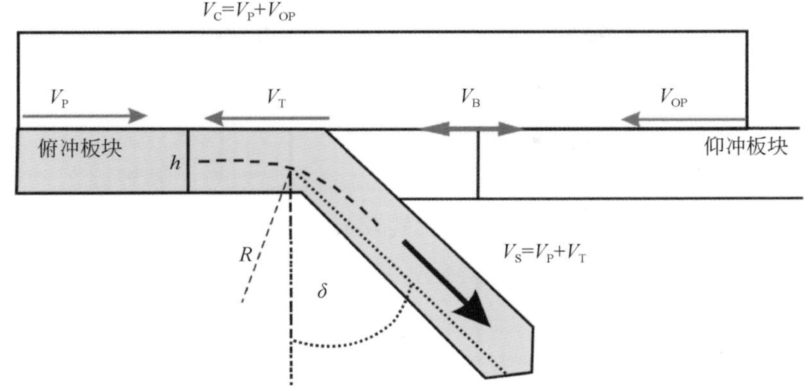


图 3-47　区域俯冲带运动学参数和板片几何学参数（Becker and Faccenna，2009）

假设所有的板内变形都处于弧后变形范围内，$V_B$（对伸展来说是正值）和所有的速度都为垂直于海沟的分量。板块移动速度（$V_P$）、海沟移动速度（$V_T$，对板片后撤来说是正值）和上覆板块速度（$V_{OP}$，向海沟方向为正值）全部在绝对参考系中计算。海沟汇聚速度 $V_C$ 规定为 $V_P+V_{OP}$，板片下沉速度 $V_S$ 被分为 $V_P$ 和 $V_T$（假设 $V_T=V_{OP}+V_B$，则 $V_S=V_P+V_{OP}+V_B$）。这里同时指出了板片及板块宽度 $h$ 和海沟近似挠曲半径 $R$，以及板片俯冲角度 $\delta$。关于更为详尽的俯冲角度描述可参考 Jarrard（1986）和 Lallemand 等（2005）的论述

1972；Forsyth and Uyeda，1975）。下面将展示更多有关俯冲的现实模型，为更普遍的演化趋势提供物理解释。

海沟不是稳定的，而是通常相对于下地幔向俯冲板片后退（图 3-47 中 $V_T>0$；Spence，1977；Chase，1978；Garfunkel et al.，1986）。人们已经在马里亚纳-伊豆-小笠原等地区发现了这种现象，在所有参考系中，海沟也朝向俯冲板片一侧前进（$V_T<0$；Carlson and Melia，1984；Jarrard，1986；Heuret and Lallemand，2005；Faccenna et al.，2007）。任何海沟迁移都会对大地构造产生重要影响，如弧后扩张，同样，对大尺度上地幔动力学也会产生重要影响。大洋板块和海沟位置改变，都会影响长期地幔对流的热运输和混合效应。区域上，海沟迁移也会对地幔流细节产生影响。地幔内部板片迁移所包含的环向流分量，对弧后温度、火山作用以及各向异性的观测会产生重要影响。

如图 3-48 中所示，$V_T$ 可以通过减去弧后变形速率来估算，$V_B$ 代表上覆板块速度，$V_{OP}$假设海沟的侵蚀和增生忽略不计（Carlson and Melia，1984；Heuret and Lallemand，2005）。$V_T$ 的误差可以检验这个假设是否合理（Clift and Vannucchi，2004），或者这个误差来自不确定的 $V_B$ 值，这个 $V_B$ 值一般只用来确定海底扩张（Sdrolias and Müller，2006）。安第斯山脉是一个典型例子，依照平衡技术得到其缩短率变化非常显著（Kley，1999）。依照这些地质伴生现象，$V_B$ 值也可通过大地测量学来获得（Heuret and Lallemand，2005；Doglioni et al.，2007），虽然相关的时间

间隔并不一致，但是 $V_T$ 值仅在几个百万年（Myr）内变化（Sdrolias and Müller，2006；Schellart et al.，2007）。

对海沟迁移最直接的影响因素是参考系（图 3-48）。Funiciello 等（2008）分析了海沟迁移规律，发现几乎所有太平洋海沟都受到表面速度的净旋转分量（NR）的强烈影响（图 3-46）。依照 $V_T$ 值的趋势，俯冲带行为的一般规律需谨慎处理。下地幔参考系或许接近具有显著净旋转分量的热点模型，这或许是研究俯冲后撤最合适的选择，无净旋转参考系为表面速度减少的净旋转分量（NR）提供了一种速度谱分析。

HS-3 模型中的全球 $V_T$ 平均值和标准差在 6±40mm/a 范围内变化，无净旋转参考系模型中在 11±30mm/a 范围内变化（图 3-48，俯冲后撤为主导因素）。显然，$V_T$ 值的分布较为分散，平均值或许意义不大［图 3-48（b）中数据显示双峰或者偏态分布］。海沟向俯冲板片的迁移速度的几何学平均比值，在 HS-3 模型中为 0.48，在无净旋转参考系模型中为 0.3（数据来自 Heuret and Lallemand，2005），也就是说，海沟迁移速率不会超过汇聚速率的 50%。

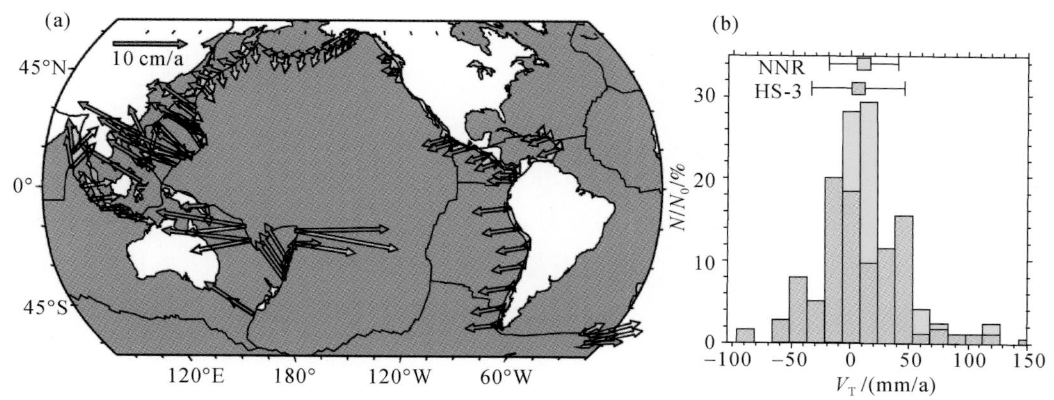


图 3-48　海沟迁移速度及分布（Becker and Faccenna，2009）

（a）海沟迁移，HS-3 和无净旋转参考系中的 $V_T$ 值（平均 7.5°×7.5°）；（b）$V_T$ 直方图，直方图上部展示了平均标准偏差。两个图都基于 Heuret 和 Lallemand（2005）的等长（even-length）海沟采样

（2）全地幔对流和俯冲动力学

地幔对流的物理模型如何来解释所观测到的地表运动学现象？即使板块和俯冲是地幔系统的简单要素，但在区分将板块划分为不同组分的驱动力时，仍然有众多重要科学问题值得探究（“力学模型”，Solomon and Sleep，1974；Forsyth and Uyeda，1975；Chapple and Tullis，1977）。

另一种方法是自下而上（bottom up）的速度模型，可以根据给定的密度分布及地幔流变学特征，推断板块底部所受的牵引力，进而解决地幔流问题。板片密度异常可以通过地震活动（Hager，1984）、俯冲历史（Ricard et al.，1993；Lithgow-Bertelloni and Richards，1995；Steinberger，2000）或者层析成像（Hager and Clayton，1989；Forte and Peltier，1987）推断出来。在讨论全球流动模型及其对板块构造中板片和俯冲的影响之前，首先对地幔流体动力学做一个简短的说明。

A. 斯托克斯流及对流模式

忽略地幔中的惯性力不计［无限普朗特（Prandtl）数限制］，动量的连续性可简化为斯托克斯方程。对于非压缩流体，力学平衡可表示为

$$\vec{\nabla}_{p}-\vec{\nabla}\cdot\tau=\vec{g}\Delta\rho \tag{3-21}$$

一个重要的层流问题的解决方案，为黏性圈层（黏度 $\eta_{s}$）嵌入到一个无限介质中（黏度为 $\eta_{m}$），这个斯托克斯下沉速度，表示为

$$V_{\text{Stokes}}=C\frac{\Delta\rho g a^{2}}{\eta_{m}} \tag{3-22}$$

黏度比为

$$C=\frac{2+2\eta'}{6+9\eta'}，其中，\eta'=\frac{\eta_{s}}{\eta_{m}} \tag{3-23}$$

对于一个刚性圈层（$\eta'\to\infty$），$C=2/9$；对于软弱斑块（weak bubble）（$\eta'\to0$），$C=1/3$，表明 $V_{\text{Stokes}}$主要受控于 $\eta_{m}$ 而不是 $\eta'$。一条狭长沉降带的不同方向，同样影响 $C$ 值，但不会超过2（Batchelor，1967）。在 $V_{\text{Stokes}}$中 $\eta_{m}/(\Delta\rho g a)$ 为任何浮力占主导的俯冲问题都设置了一个时间尺度，$V\propto\Delta\rho a^{2}/\eta_{m}$ 和 $\tau\propto\Delta\rho a$ 的尺度分析也可预测。对于一些特殊值 $\Delta\rho=50\text{kg/m}^{3}$，$a=100\text{km}$，$\eta_{m}=10^{21}\text{ Pa}\cdot\text{s}$（Turcotte and Suchubert，2002），$V_{\text{Stokes}}\approx4\text{cm/a}$。一个牛顿流体常数 $\eta$ 简化为

$$\vec{\nabla}_{p}-\eta\nabla^{2}\vec{v}=\vec{g}\Delta\rho \tag{3-24}$$

式中，可得压力梯度$\vec{\nabla}_{p}$ 和黏性阻力 $\eta\nabla^{2}\vec{v}$在浮力 $\vec{g}\Delta\rho$ 作用下保持平衡状态。无惯性力的情况下，机械浮力条件加上密度决定了一个瞬时速度（“对流模式”）。没有横向黏度变化时，斯托克斯流体问题是线性的，其允许叠加点状浮力源的流场（Batchelor，1967）。对于超临界瑞利数，在等黏度对流元中，俯冲速度可以从下沉地幔柱的流动回路分析中估算出来（Turcotte and Oxburgh，1967；Turcotte and Schubert，2002）。任何对流系统均维持流体中潜能变化速率和黏性耗散（应力乘以应变速率）之间的平衡。流体会分隔地幔和板块，进而可能会影响板块运动速度。

如果规定好表面流速度和内部黏度异常，那么，在地幔黏度为唯一径向变量的球面几何学中，就可以简单地计算出速度和牵引力（Hager and O'Connell，1981；Forte and Peltier，1987；Hager and Clayton，1989）。这些半定量模型可用现代计算机在很短时间内做出来，并且其空间分辨率很大程度上被输入的黏度模型所限制

(Becker and Boschi，2002)。

早期尝试来探讨横向黏度变化（LVVs）在地幔流中的作用，往往被模型的局限性所影响（Zhang and Christensen，1993；Wen and Anderson，1997)。Zhang 和 Christensen（1993）的迭代方法，通常局限于较小的横向黏度变化（约小于 3 个量级)，而且分辨率的提升受限于计算机内存（Forte and Peltier，1994)，然而，不断增加的计算机内存为这种局面带来了一定的改善。

并行化和改进的算法催生了许多利用速度谱（Moucha et al.，2007）及有限体积或者有限元法（Tackley et al.，1994；Zhong et al.，2000）的且更为接近实际的全球模型。有限元法，例如，CitcomS（Moresi and Solomatov，1995；Zhong et al.，2000)，已经成为很好的标杆，如今可方便地通过 CIG（地球动力学网址）下载使用。

全球模型的空间分辨率，现在通常是应用 CitcomS 并以约 25km 为单元，例如，是在几分钟内还是几小时内得到初始速度，这依赖于分辨率、CPU 数量、横向黏度变化大小以及算法的运用。然而，较大的横向黏度变化，例如薄弱带处，利用迭代法，可以引起缓慢的对流。在这些实例中，应当注意避免误差以及一些看起来并不明显的错误。将来这些问题随着多重网格技术以及变量细化方法的改进，都会随之解决。

B. 板块运动中板片的作用

这些模型功能最重要的一个进展是，Ricard 和 Vigny（1989）利用板块运动速度观测值，检验对流模式中牵引力的稳定性。在他们的公式中，假设板块是刚性的薄壳块体，并且边界不受作用力，边界几何学特征是被定义好的。通过黏滞阻力，可以很快计算出一个板块的运动，然后解决自由板块运动，至此，由于体积力加载而致使力矩平衡。

一些研究已经应用于实例，例如，速度谱模型用来检验力的分解（Deparis et al.，1995；Lithgow-Bertelloni and Richards，1995)，其在板块运动中适用性很好(观测值与预测欧拉矢量之间的线性相关系数约为 0.9)。约 70% 的驱动力来自于板片，剩下的主要受重力驱动（洋中脊脊推力)(Lithgow-Bertelloni and Richards，1998)。Becker 和 O'Connell（2001）发现，约 40% 的板片驱动力来源于下地幔典型的黏度剖面。

牵引力的尺度及密度异常受化学成分及热量的共同影响（Forte and Mitrovica，2001)，并且依赖于层析成像中的反演。速度谱模型中的另一个关键问题是，从地幔流传输到岩石圈（板块耦合）的应力大小，取决于径向黏度结构。在地幔过渡带，岩石圈下黏度的适度减小这一情况（在 $100<z\leqslant410$km 深度，黏度为 $\eta\approx10^{19}\sim10^{20}$ Pa · s，而在深度为 $410<z\leqslant660$km 时，黏度为 $\sim10^{21}$ Pa · s)，在重力势能和冰期后弹性回跳的数据中，这确实很明显（Hager and Clayton，1989；Mitrovica and

Forte，2004）。

然而，Lithgow-Bertelloni 和 Richards（1998）以及 Becker 和 O'Connell（2001）指出，即使地幔过渡带黏度很低，也能达到 $10^{18} \sim 10^{19}$ Pa · s，大部分板块驱动力来源于地幔。换句话说，地幔贡献是必需的，岩石圈的重力势能的变化并不能单独驱动板块运动。Becker 等（2003）进一步探讨了软流圈低黏度通道，发现地震各向异性显示全球软流圈黏性相当强，不低于上地幔标准黏度的约千分之一。

C. 边界受力及地幔拖曳力

这里可以利用速度谱模型来精细化检验板块边缘动力学吗？Becker 和 O'Connell（2001）将力学模型和速度谱模型结合起来，利用了力学模型中模拟板块边界的剪切应力和正应力的方法，以及速度谱模型中计算地幔牵引力的方法。许多学者探索了应力的各种组合，并指出板块运动速度与边界应力的相关性不大。横向黏度变化（LVVs）缺失时，增加板片的不对称拉力，与在仰冲板块和俯冲板片中对称地施加下沉板片所提供的牵引力模型相比，这种模型并没有改进很多［“板片引力”这个术语由 Conrad 和 Lithgow-Bertelloni（2002）提出］。图 3-49 显示了应力出现歧义的

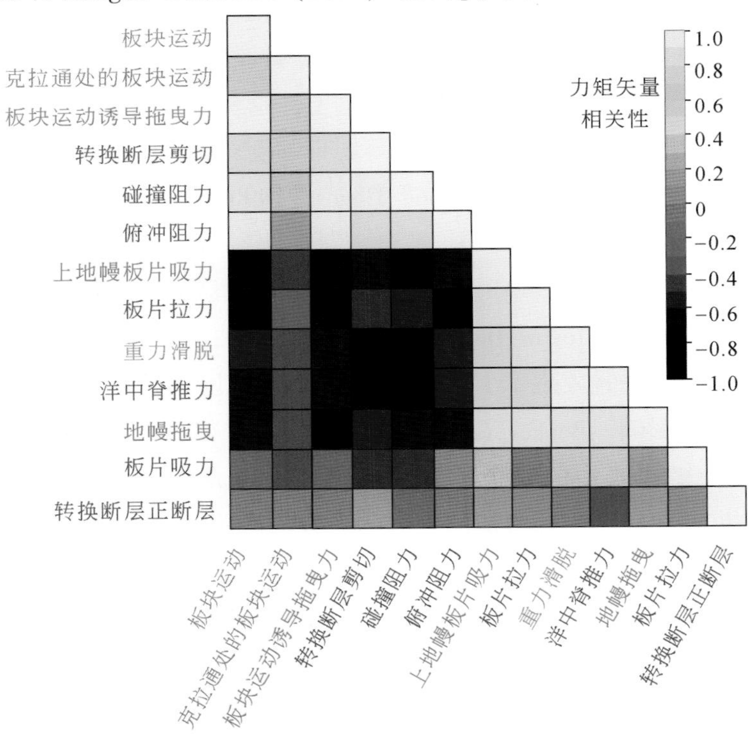


图 3-49　所有主要岩石圈板块的力矩矢量与几种驱动力和阻力的相关性（Becker and Faccenna，2009）

蓝色字体标注的边缘应力是根据 Forsyth 和 Uyeda（1975）的方法划分，红色字体标注的力是根据全球对流模型计算所得（“板片吸力”指高密度板片诱发的下降牵引力，“地幔拖曳”指包括地幔上涌的层析成像推测模型）。“重力滑脱”指岩石圈的重力势能模型，包括分布的半空间冷却力，与只适用于扩张中心的“洋中脊推力”形成了鲜明对比。所有的板块速度均在 NNR 参考系中计算，详细方法可参见 Becker 和 Connell（2001）

原因：板块驱动力和阻力有着高度相关性或负相关性（Forsyth and Uyeda，1975）。这是源于从洋中脊到俯冲带的板块几何学和运动学：任何板块边缘受力诱发的力矩，是基于板块边缘的分段性，这个边缘分段大致垂直于板块运动方向，因而力矩会产生相似的作用力方向。一个例外是仅作用于克拉通根部之下的板块运动拖曳力（图3-49中“克拉通处的板块运动”）。

Conrad和Lithgow-Bertelloni（2002）提出了一个相似的联合应力分析，其关注于板片引力和板片拉力之间的区别。对比Becker和O'Connell（2001）的发现，这些学者指出，合并的板片拉力并不能明显增强板片运动。Conrad和Lithgow-Bertelloni（2002）通过板片的应力诱导行为，推测出屈服压力约为500MPa，并将这些分析应用到过去的对流背景场（Conrad and Lithgow-Bertelloni，2004）与推覆界面耦合中（Conrad et al.，2004）。关于板块边界几何学的不同假设及其导致的合力，或许是造成不同结论的原因。

D. 横向黏度变化以及板块耦合变量

板块–地幔耦合的横向变化对于这种速度比可能很重要，特别是当人们考虑了与约200km深度处较热且成分不同的洋底软流圈相比较硬的克拉通区域时，这种重要性更明显。这里可以通过规定沿板块边界的薄弱带来推断横向黏度变化模型的板块运动（Zhong and Davies，1999）。在概念上，这种计算类似于Ricard和Vigny（1989）的方法，并且有一些局限性（如薄弱带黏度对板块速度的影响）。但是，这些都已经被解决的相当好（King and Hager，1990；King et al.，1992；Han and Gurnis，1999；Yoshida et al.，2001）。

基于Zhong和Davies（1999）所做的工作，一些算法对全球板块动力学有了更深入的理解。Conrad和Lithgow-Bertelloni（2006）评估了3D横向黏度变化的作用，包括耦合的大陆根，并且发现牵引力大小在很大程度上受横向黏度变化的影响，而牵引力方向并不受影响。Becker（2006）应用“现实”流变学来计算全球流动，并得到了上地幔干橄榄岩中的联合扩散/位错蠕变（Karato，1998）。Becker（2006）发现，横向黏度变化模型中地幔流的方向，大致与所推测的全球尺度径向变化的流变学特征相似，但是局部存在偏差，尤其是在大洋板块底部。重要的一点是，洋底的低黏度软流圈增加了那里的板块速度，因此，强烈影响了大洋/大陆的速度比（图3-50）。

Ricard和Vigny（1989）的模型设定了板块边界及板块自由运动，并由密度异常所驱动，该模型很好地解释了所能观测到的板块运动现象（Lithgow-Bertelloni and Richards，1998）。这意味着，在地表，表面运动的计算方法设定好后，密度异常可驱动额外的流动（Hager and O'Connell，1981），这些算法中的众多参数保持动态平衡。这种正向模型并没有回答板块边缘的成因问题，但是可以被用来探索板块构造

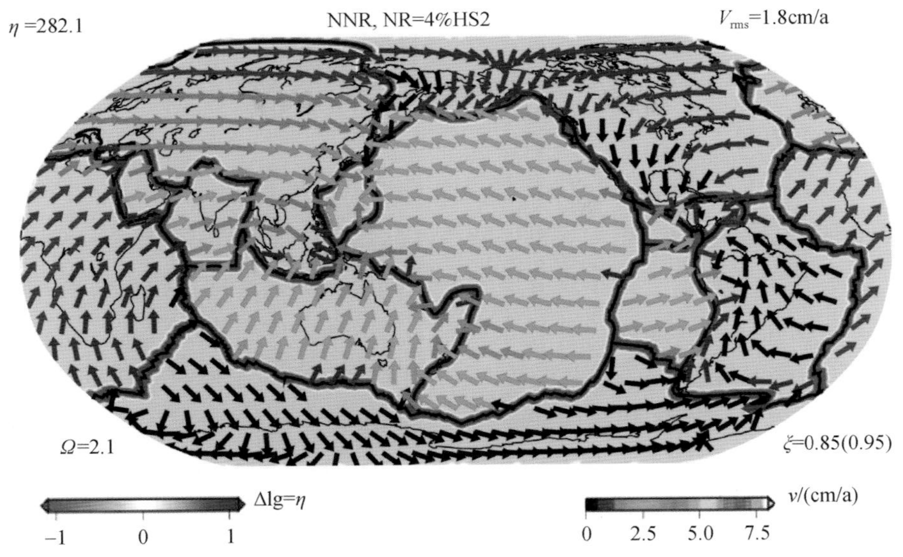


图 3-50 Zhong（2001）计算预测的无净旋转分量（NNR）参考系下的表面速度（Becker and Faccenna，2009）

流变学和模型设置类似于 Becker（2006）的$\eta_{eff}$模型（图 3-46 中的 B06b），但没有考虑硬的克拉通根，仅使用 Steinberger（2000）平板模型的密度异常来驱动对流。将板块运动显示为矢量（固定长度，阴影表示振幅）和岩石圈黏度（规定了薄弱带几何形状，总体黏度平均值（$\eta$）是参考值的约 280 倍，$10^{21}$ Pa · s）。流量计算仅预测少量的净旋转分量（NR）对流（校正均方根速度后为 HS-3 的 10%，图 3-46 中的 BSK）。速度在 $\xi$=0. 85（速度加权为 0. 95）水平处与 NUVEL-1 相关。大洋板块与大陆板块之间的均方根比值（$\Omega$=2. 1）与观测值非常相似，而总体均方根速度（1. 8cm/a）太低；可以通过取消薄弱带建模或密度模型来调整

与横向黏度变化之间的关系。与单纯的径向黏度变化相比，横向黏度变化模型可能更匹配一些全球板块构造要素（速度比、关联性、板块本身、环形极性速度场分量比率）（Zhong，2001；Becker，2006）。低黏度软流圈有利于大洋板块移动，依赖于温度的流变学减少了板内变形，这与图 3-45（b）中 GSRM 的发现类似（Moresi and Solomatov，1998）。即使简单的模型，如 Becker（2006）的模型，虽然与板块运动不能完全匹配，并且无额外的边界应力，但也可以与运动方向（加权统计数为 ~0. 9）以及大陆和大洋地区相关板块运动速度大小吻合起来（图 3-50）。

对于板块驱动力中板片所起的作用，这些相互矛盾、冲突的观点，意味着全球板块运动或许仅仅受板块边界力变化的适量影响，虽然人们清楚地知道，未来还需要更切合实际的区域模型（Billen and Gurnis，2003）。另一些全球数据集，如地壳应力场，在考虑到深部板片作用时，也同样显示相似的不唯一性（Steinberger et al.，2001；Lithgow-Bertelloni and Guynn，2004），而区域模型，为地震各向异性和压力所指示的俯冲板片导致的地幔对流，提供了更清楚的指示（Becker et al.，2006；

Humphreys and Coblentz，2007）。

E. 岩石圈根（keel）和板片引起的净旋转

横向黏度变化对流模型的另一个俯冲相关的预测为净旋转，这与区域性运动学相关（图 3-46 和图 3-48）。环向流（toroidal flow）在软流圈中由于横向黏度变化而变得活跃（Tackley，2000a，2000b）及表面速度的净旋转分量（NR）= 1 时，大陆-大洋软流圈黏度不同（Ricard et al.，1991）。硬的岩石圈根作用的研究首先由 Zhong（2001）提出。在 Becker（2006）应用的幂律流变学和大尺度层析成像各向异性中，净旋转是活跃的，比 Zhong（2001）发现的要更活跃一些，即使在较浅的大陆根中依然如此（图 3-46），其运动方向（极点位置）和热点参考系中的非常接近。然而，净旋转分量的振幅与 HS-3 相比，并不能被所有已知的地球动力学模型所预测。

考虑到建立热点参考系时所给定的不确定性，HS-3 中的净旋转分量或许被高估了。此外，流体和方位角投影地震各向异性的地球动力学正演模型表明，仅有少量净旋转分量剪切流（图 3-46 中的 GJ86 或 SB04）与地震学相吻合（Becker，2008）。然而，Becker（2006）指出，接受一个从基于岩石圈根对流模式中可预测的净旋转分量，或许是区域性板片动力学、活跃的上升流及大陆岩石圈根的联合效应，可导致比简化流动模型预测的更高净旋转分量。Zhong（2001）率先进行了全球尺度板片诱发的净旋转分量对流研究，计算分辨率很低。Enns 等（2005）通过一个区域性二维模型探讨了作为源于净旋转分量的 660km 深处黏度差与板片的相互作用，这也为 Faccenna 等（2007）的成功预测做了铺垫。Becker 和 Faccenna（2009）通过包含板片构造的模型，计算了横向黏度变化的幂律对流，对这些观点进行了更进一步的验证。

图 3-50 显示一个对流模型的速度，该模型基于小板片平流模型（Steinberger，2000）到温度异常（Zhong and Davies，1999）之间的转化。该模型应用 Becker（2006）提出的幂律流变学（图 3-46 中的 B06b），但是未设定任何大陆岩石圈根。由板片单独产生的净旋转分量相对较小（图 3-46 中 BSK），但是与 HS-3 中欧拉极点的位置吻合得非常好。所有的净旋转分量大小均由预测的无净旋转分量均方根标准化，因为其他参数在这些测试中并没有优化。如果考虑大陆岩石圈根的额外影响，可加倍诱发净旋转分量，不同的全地幔板片模型（Lithgow-Bertelloni and Richards，1998）均可得到相似的结果，这也证实了 Zhong（2001）的结论。这里用从地震活动中推测出的板片异常现象来代替上地幔层析成像（Becker and O'Connell，2001），在这些上地幔板片模型中，大陆岩石圈根的作用发生了颠倒，无岩石圈根的对流与有岩石圈根的对流相比，能产生更高的净旋转分量。然而，任何这些板片对流模型中的净旋转分量都小于 Becker（2006）提出的初始模型的 40%（Becker，2006；图 3-46 中的 B06a 和 B06b），该模型包含从地震层析成像中推断出来的上升流和下降

流。这些发现或许意味着在净旋转分量触发方面，偏离岩石圈根的上升流比下降流更为有效，但是还需要在不同板片及代表性薄弱带进行确证。

F. 对流约束与重力场

尽管板片及板块诱发的对流与重力观测值非常吻合，横向黏度变化也需要更进一步的探索（Moresi and Gurnis，1996；Chen and King，1998；Zhong and Davies，1999；Billen and Gurnis，2001）。不考虑横向黏度变化的大部分全球对流模型，要设定一种自由滑动（零剪切力）的表面边界条件，即沿板块边界无薄弱带，以此来较好地匹配大地水准面，并且因为没有环流，所以板块运动很差。

如果板块运动设定为“无滑动”边界条件，且所有的速度都是恒定的，那么，这些模型与大地水准面并不匹配（Thoraval and Richards，1997）。通过研究横向黏度变化的板片诱导对流，Zhong 和 Davies（1999）发现，当板片比地幔更硬时，与大地水准面的吻合程度变差，而 Čadek 和 Fleitout（2003）却认为，在660km 深度处对流所受的阻力，正是横向黏度变化模型所需要的。然而，Moucha 等（2007）推断，相比于地震模型中的诸多不确定性，对基于层析成像的大地水准面模型，横向黏度变化的影响很小。

这些不同的观点作为不同的数据，应用到这里的地球动力学反演中，因为速度相关的变量比压力相关的变量更易受横向黏度变化的影响，但需要改进球面对流计算中板块边界条件的设定。改进的模型实现了更好的动态地形和压力梯度演化（Phipps Morgan et al.，1995；Husson and Ricard，2004），其或许通过“板片阻力”阻断部分地幔流。Husson 等（2008）专门研究了美洲板块运动对太平洋中不对称板块速度的影响。这些板片给对流增加阻力，或许暂时性地降低了热量混合，进而致使大洋板块对流和大陆岩石圈地幔的热量平衡之间发生耦合作用（Lenardic et al.，2005）。随后，对重力势能、各向异性及板块运动速度之间一致性的认识有了新突破，对全球模型中薄弱的扩张中心、热-化学强度、塑性屈服、汇聚大陆边缘等，获得了新认识，同样，更全面地理解了区域动力学，且比之前的模型更好。然而，需要注意的是，要基于区域性模型来解释全球性现象。

G. 大尺度地幔风及区域性板片对流

图3-51 显示了两种数值计算的俯冲带流线（Hager and O'Connell，1978）。这些例子并不是实际的，仅用于说明问题。图3-51（a）是一个区域性的立体模型，其边界条件为自由滑动表面，显示了典型的小尺度对流运动，该运动由板片浮力所诱发，和斯托克斯拆沉体（sinker）相似。另外，很明显这个立体模型不够大，不足以消除侧向边缘的影响。重要的是，这些流线指示了基于地震学推导的板片倾角，基本上排成不同的线条。显然，仰冲板块的参考系和海沟运动需要合适的类比（Olbertz et al.，1997），但是，在图3-51（a）中板块构造和对流之间的不协调现象，

即使在很精细的区域性模型中，依然较为典型。

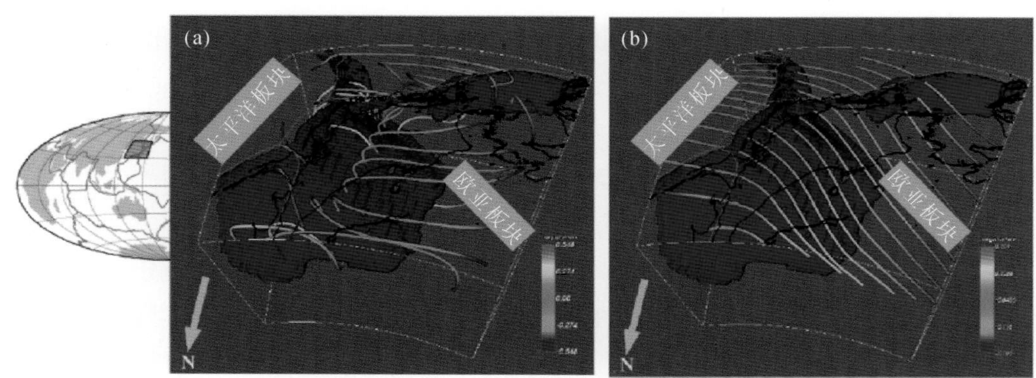


图 3-51　大尺度对流对俯冲带观测的潜在重要性说明（Becker and Faccenna，2009）

环流模型包括根据日本–千岛系统（蓝色表面）中的地震活动（Gudmundsson and Sambridgc，1998）推断的上地幔板片，这些地幔板片转换为温度异常，并且比地幔 $\eta'$ 还要硬约200倍。对流通过假定速度稳定并且跟随示踪剂在时间上向前和向后（着色是积分时间）可视化。(a) 来自具有自由滑移边界条件的区域计算。(b) 取自全球计算，它具有与（a）相同的区域密度贡献，但假定表面上到处都有板块运动

如果设定全球对流模型中，表面板块运动如图 3-50 所示，区域性对流样式就变得非常简单。图 3-51（b）显示了全球计算的一部分，但是使用一个嵌入式的高分辨率区域模型也得到了相似的结果。这些嵌套模型最近被应用于单向模式，在这种模式中，大尺度对流决定了更小立体模型边缘的速度（Miháłffy et al.，2008），并且在更精细化研究中相互作用可以有两种方式（Tan et al.，2006）。然而，净旋转分量运动并未被完全理解，这种大尺度流动对于横向黏度变化模型来说是唯一的，应该用来解释嵌套模型中的方法，但是至今一直被忽略。例如，图 3-51（b）中俯冲涡旋被抑制，和图 3-51（a）中相比，对流要简单得多。这并不是说真实的地幔对流需要简化，而是在全球计算中，小尺度对流的影响或许被平均化了。此外，地震活动获得的倾角与流线吻合，正如 Hager 等（1983）进行的全球性展示那样，但其并未考虑横向黏度变化。严格来说，图 3-51（b）中的计算，并不适合定量化对比，因为应使用一个设定自由表面条件和薄弱带的全球性俯冲模型来探讨一致性。既然这些模型的板块速度和观测到的结果吻合很好，那它们的结果应该非常相似。

俯冲是一个与时间高度相关的过程（Ita and King，1998；Becker et al.，1999；Faccenna et al.，2001a；Billen and Hirth，2007），板片倾角不必一直与瞬时对流对应（Garfunkel et al.，1986；Lallemand et al.，2005）。然而，关于全球对流的早期工作和图 3-51 显示，如果将区域性模型中得到的结果应用到全球性观测中，例如，板片

倾角变化，那么至少评价大尺度对流的作用是非常重要的。带着这种观点，本节进而转向孤立板片模型的研究。

（3）区域性板片动力学

多数区域性俯冲模型为二维的，现今模型已得到了改进，更关注深部动力学、660km 深处板片堆聚（slab ponding）、热构造（van Keken，2003）以及流变学（Billen，2008）。最新进展涉及用实验室流变学来检测温度与黏度的依存关系，并结合塑性屈服应力来解释板片形态学（Billen and Hirth，2007），这些过程或许可以帮助探讨俯冲启动问题（Toth and Gurnis，1998；Faccenna et al.，1999；Regenauer-Lieb et al.，2001；Hall et al.，2003）。然而，对于板片成因的问题，依然存在合适的减薄机制、应变历史依赖程度以及 3D 板块重建和大陆盖等问题。

因此，需要继续讨论板片流变学，探讨区域性的孤立板片模型内部的一些普遍性假设，以及这些假设与数值模拟中相关问题的复杂关系，需要关注那些探讨实际控制板块和板块边缘运动因素的俯冲对流模型。特别是，需要探讨这些海沟的自发运动（“自由海沟”）模型，致力于解决引起海沟运动的机制，而不是海沟运动的影响。

A. 自由的以及设定的海沟运动

地震层析成像技术使得海沟迁移在俯冲板片形态变化中所起的作用被重新重视，许多研究发现，多变的海沟运动可以解释 660km 相变导致的似流体板片的“堆聚”（Griffiths et al.，1995；Gouillou-Frottier et al.，1995；Christensen，1996）。虽然上地幔和下地幔之间的黏度增加也可以引起板片拆沉、变平或者挠曲（Gurnis and Hager，1988；Zhong and Gurnis，1995；Enns et al.，2005），但是，橄榄石-钙钛矿/镁-方铁矿转化过程中的负克拉珀龙斜率或许可以暂时抑制俯冲过程（Christensen and Yuen，1984；Kincaid and Olson，1987）。较薄弱的板块和大规模的俯冲后撤，会促进板片“堆聚”的形成，然而，静止的较强硬板片更容易穿透到下地幔中（Davies，1995；Christensen，1996）。

地幔中板片的迁移是地幔对流的重要一环，所受阻力来自于板片和地幔两方面（Garfunkel et al.，1986；Conrad and Hager，1999a）。在这个前提下，最近的几项研究将海沟迁移视为推断俯冲动力学的方法（proxy），而不是设定的 $V_T$。这些自由海沟模型中，$V_T$是动态演变的，Jacoby 和 Schmeling（1981）是这方面模拟的先驱。Kincaid 和 Olson（1987）关注于一个孤立的俯冲板片，并指出俯冲和后撤速率可受板片间相互作用影响，板片的黏度和密度随深度变化。Shemenda（1994）提供了一个较宽范围的非黏性地幔中弹性-塑性板片实验，重点关注软流圈变形和弧后扩张。Zhong 和 Gurnis（1995）讨论了二维圆柱形的数值模拟实验，模型包括了一个采用有限元光滑节点实现的活动断裂边缘（Melosh and Williams，1989）。数值模拟结果显示，板块运动学或许强烈依赖于深部板片动力学。Faccenna 等（1996）介绍了另一种不同的物理实验模型，其中，黏性及应变速率合适的硅胶和葡萄糖浆分别代表软流圈和地幔。

B. 模型假设的影响

岩石发生弹性、黏性、塑性形变，取决于载荷和外界条件的时间尺度，并且数值模拟和实验室的俯冲实验均表现出弹性—塑性、黏性—弹性—塑性、黏性—塑性，以及纯粹的黏性流变学。在这里，将集中讨论后两者。

a. 流变学和黏性板片

事实上，弹性在控制板片相关变形中的作用仍然存在些许争议。俯冲带的几个大规模构造形态中，包括前缘隆起（Melosh and Raefsky，1980；McAdoo et al.，1985；Zhong and Gurnis，1994；Hall and Gurnis，2005）、海沟几何形态（Morra et al.，2006；Schellart et al.，2007）以及板片形态（Hassani et al.，1997），可以用弹性—塑性运动或黏性—塑性运动来解释。这些结果表明，单凭宏观上的观察，如海沟几何形态，不可用于推测板块流变学。大规模的运动，如板片折返，应与诸如板块硬化等参数之间有所权衡（Billen and Hirth，2007）。

根据俯冲动力学，弹性在俯冲开始阶段发挥了重要作用（Kemp and Stevenson，1996），即形成不稳定性或剪切局部化（Muhlhaus and Regenauer-Lieb，2005；Kaus and Podladchikov，2006），并且可能增强了板片的折返（Moresi et al.，2002）。然而，这种模型中通常同时存在着不同的流变规律，而且弹性所起的具体作用尚不清楚。因此，Kaus 和 Becker（2007）评估的是一个理想化的问题，即黏性和黏性—弹性流变学的瑞利–泰勒不稳定性的发展。

不稳定性会因为包含了弹性而加快，尽管这仅针对那些可能不适用于地球的参数值。对于 PREM（Dziewonski and Anderson，1981）中的典型弹性值，预测应力场不同，但岩石圈不稳定性的短暂运动与黏性和黏性—弹性情况非常相似。虽然假定的弹性核的作用可能需要进一步研究，但 Schmeling 等（2008）的研究结果也表明，弹性不会显著地影响俯冲动力学。

在这里，将作出一个共同的假设，即大时间尺度下，所有板块运动可以通过一个黏性—塑性流体来很好地描述。这个假设由几个证据来支撑：根据和达–贝尼奥夫带地震活动性推断出的板内变形，与从地幔对流中地震活动性所预期板内变形具有相同的量级（Bevis，1986，1988；Holt，1995），板内伸展和挤压之间的转换（Isacks and Molnar，1971）可以用流体板片遭遇黏性跃升（viscocity jump）来解释（Vassiliou and Hager，1988；Tao and O'Connell，1993），地震活动度（Giardini and Woodhouse，1984，1986；Fischer and Jordan，1991）和层析成像（van der Hilst and Seno，1993；Widiyantoro and van der Hilst，1997）都表现出强烈的板片挠曲，使人们联想起流体运动（Christensen，1996；Tan et al.，2002；Ribe et al.，2007）。

b. 数值模型和模拟实验

为了研究流体板片（fluid slab），现在可以常规地以相对较高的分辨率去运行区域 3D 数值模拟（Billen and Gurnis，2003；Piromallo et al.，2006；Stegman et al.，2006）。图 3-52 显示了典型的黏塑性数值模型快照。使用 CitcomCU（Zhong et al.，1998），其标准分辨率约为 20km（~4 000 000 单元），每个单元具有约 80 个材料示踪迹，这些计算用几个小时（使用 54 个 CPU）就能得到包含几千个时间步骤、演化超过十个百万年的典型模型。然而，从实验室蠕变规律推断的大型横向黏度变化，仍然会造成一些数值问题，特别是在全球性的、球形的情况下，诸如夹带（entrainment）等热-化学问题，仍是个挑战。因此，考虑实验室模型也是非常有用的。

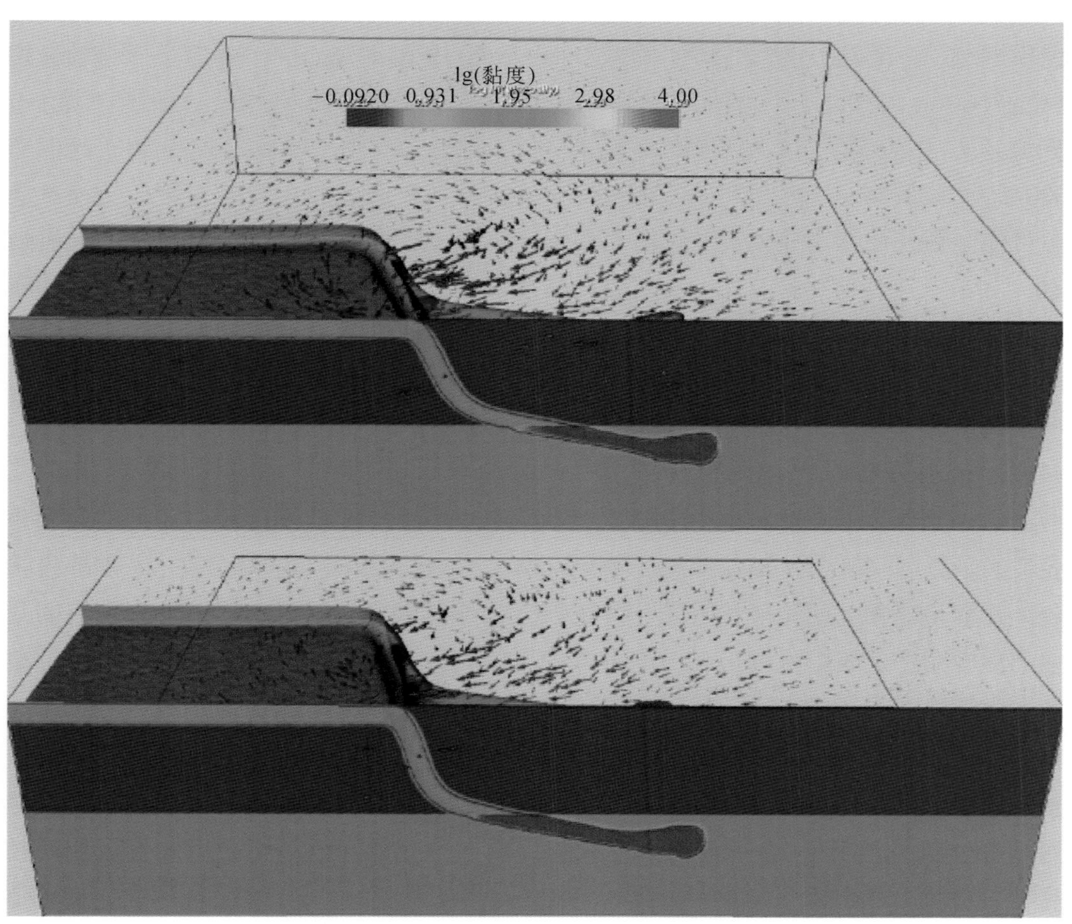


图 3-52　侧重于了解海沟运动学的区域性的、自由海沟模型计算示例（Becker and Faccenna，2009）

黏塑性板片（绿色，成分等值面）拆沉进入黏度分层的地幔中（黏度 $\eta_{eff}$ 的 lg 见阴影）；黑色矢量表示流速。板片的硬度为 $\eta'=500$，下/上地幔黏度比为 $\eta_1=100$，俯冲板片被安装在框左侧［“固定洋中脊”，请参阅 Enns 等，（2005）］。下图是最小化黏塑性［式（3-26）］，上图是相同的模型设置和时间步长，但使用平均黏度公式［式（3-25）］

许多构造过程都可以用物理模拟实验进行研究，只要确保材料参数可模拟自然物质，满足缩放比例即可（Weijermars and Schmeling，1986）。用物理模拟和数值模型去模拟俯冲的动机之一是，使每种方法的弱点和优势能够相互补充完善。对于物理模拟方法而言，流变学的压力和温度相关性、可重复性以及量化信息的提取都是挑战，但肉眼可见以及分辨率较高。数值模拟的优点是，所有相关的定量测量都可以很容易地提取出来，计算机模拟实验可以以完美的可重复性去探索参数空间。

物理模拟实验和分析或数值方法的联合研究，在流体动力学方面有着悠久的历史（Ribe，2003）。对俯冲问题的应用包括 Kincaid 和 Olson（1987）的工作，他们将物理实验结果与板片“堆聚”与 Christensen 和 Yuen（1984）的计算机实验进行了比较。Hassani 等（1997）评估了 Shemenda（1994）的弹塑性板片（elasto-plastic slab）的数值模型，Becker 等（1999）将数值模型与 Faccenna 等（1999）的物理模拟模型做了比较。为了进一步减少复杂性并理解孤立俯冲岩石圈的作用（Christensen，1996），许多后续的物理模拟实验集中在单一（刚性、致密、流态）板块上，并去除了上覆板块（Funiciello et al.，2004，2006；Schellart，2004a，2004b）。假设 Moore（1965）的规律继续被认可，人们可能会预期，增加的计算能力可能会很快使物理模拟实验过时。然而，实验室也一直在利用不断提升的分析技术（如粒子速度计、聚合物温度可视化技术）来追赶。除了方法学问题外，通常还有隐含的假设，例如，就边界条件而言，其相关性只有在比较不同方法时才会变得更明显。这是使用不同工具解决同一问题的进一步动机，接下来将讨论这类问题的一个例子，具有讽刺意味的是，这些问题源自试图重现简化的单一板片实验。

c. 表面边界条件和黏塑性

大多数计算是在具有自由滑动顶部界面为边界条件的欧拉框架中进行的。如果在流态域顶部引入一个孤立致密的物体，那么很难将黏稠流体从顶部边界以平板状分离，而是以相反的滴落状下降。这是因为在顶部只允许水平运动，并且角流的几何形状在楔形区域中形成了一个应力奇点（Batchelor，1967）。对于俯冲运动学模型存在类似的楔状体问题，温度解敏感地依赖于板片耦合的离散化和选择（van Keken，2003）。

为规避楔状体造成的复杂性，使用了一些技巧，包括增加柔软的浮力表层。然而，由于软层夹带（entrainment）造成的伪影，可能会导致不同的方法仅在相对较高的分辨率下产生趋于相同的结果（Schmeling et al.，2007）。Schmeling 等（2008）还提出，靠近材料界面的有效流变学的平均方法会导致截然不同的结果。如果选择（最弱）谐波平均值，欧拉代码只与拉格朗日函数、自由曲面数值或实验室结果相匹配。这两种流体黏度的平均值对应于两个串联的减震器，这对于简单剪切是合适的；对于纯剪切，减震器将进行平行运算（算术平均值）。哪种平均值方案适用于俯冲尚不清楚（Schmeling et al.，2008）。

在自由滑动计算中，另一种分离板片的方法是使用“Byerlee（1978）”型塑性体，在局部产生一个强硬的板片（图 3-52）。以此（伪）塑料工具为例，Enns 等（2005）认为，塑性黏度 $\eta_p$ 的引入，是通过将经过适当调整的与深度相关的屈服应力除以局部应变率计算出来的，其在不强烈影响其流体行为的情况下允许板片分离。这种近似的塑性运动曾用于俯冲带（Christensen，1996；Tetzlaff and Schmeling，2000），并且通常也用于板块生成研究（Moresi and Solomatov，1998）。这引出了另一个次要的问题：是否能将塑性“黏度”和规则蠕变黏度 $\eta_c$ 视为有效黏度（调和平均值）

$$\eta_1^{eff}=\frac{\eta_p\eta_c}{\eta_p+\eta_c} \tag{3-25}$$

或者，使用两种黏度的最小值

$$\eta_2^{eff}=\min(\eta_p,\eta_c) \tag{3-26}$$

一方面，微观上材料表现出塑性或黏性，这支持公式（3-26）。另一方面，数值分辨率通常比韧性剪切带更低，这支持公式（3-25）。图 3-52 显示了两个俯冲模型，这些模型只是因实现这种黏塑性的方式不同而不同。如果使用足够的分辨率，在较短的模拟时间内，差异是可见的，但不是很大。然而，诸如 $\eta^{eff}$ 等不同选择的细微之处，可能部分解释了为什么 Stegman 等（2006）无法精确再现 Enns 等（2005）的结果。

在 Enns 等（2005）的模型中，黏性运动在塑性屈服方面占主导地位的程度并不完全清晰。目前正在为自由滑动和自由表面边界条件测试真正的黏性和黏塑性板片行为。Stegman 等（2006 年）的黏塑性模型强调了这些问题，其中，俯冲板片在整个海沟区域被弱化，以致没有板内应力传递。因此，挠曲耗散并不重要。Schellart 等（2007）的方法将屈服限制在地壳层，这提高了板片的连贯性。

在自然界中，根据岩石流变学可以知道，脆性和韧性破裂会减弱岩石圈浅层的强度（Brace and Kohlstedt，1980；Burov and Diament，1995）。此外，在板块挠曲（McAdoo et al.，1985；Billen and Gurnis，2005）和地震（Ranero et al.，2003）的研究中，观察到的板内朝向海沟的浅层弱化和断层增加，以及板片深部变形，也需要脱离纯温度相关的黏度（Čížková et al.，2002）。然而，在自信地将模型结果对应自然现象前，需要更好地理解数值和物理实验结果的流变控制。Royden 和 Husson（2006）也强调了海沟公式（trench formulation）的重要性。他们使用半解析公式来处理大规模地幔流动的影响，并发现海沟迁移受深部动力学（如地幔流动）的影响较小，而对上覆板块的密度结构更为敏感（Shemenda，1994）。

C. 区域性海沟的动力学推断

以前关于方法论的大多数说明都适用于模型间的比较。如果参数在一个固定设置内变化，仍然可以获得关于整体动力学的有用见解。这里继续讨论由流体板片的物理实验得出的区域性运动学解释。

a. 弧后变形和下沉速率

靠近海沟处，上覆板块通常或者发生强烈拉伸变形（通过弧后扩张，“马里亚纳型”，$V_B>0$），或者发生挤压变形（有时与造山运动相关，“智利型”，$V_B<0$）（Uyeda and Kanamori，1979）。在 Lallemand 等（2005）的文章中，可以找到弧后运动的概述、运动学参数与变形类型的相关性。

Chase（1978）认为，在热点参考系中，大多数板片要么是固定的，要么发生回卷。然后，独立的上覆板块运动将会控制弧后变形的类型，并且在回卷（$V_T$）和弧后伸展（$V_B$）之间存在一个强相关性。尽管可以找到多参数描述（Jarrard，1986），但真正的俯冲带看起来更加复杂（Carlson and Melia，1984），并且观察到的海沟运动和弧后变形随时间发生变化（Sdrolias and Müller，2006；Doglioni et al.，2007）。因此，可以预期，基于地质或大地测量观测的数据之间会有差异。较新的数据证实，尽管 $V_B$ 与利用 GPS 大地测量推断的弧后变形所获得的上覆板块运动（Heuret and Lallemand，2005）具有较大的离散性，但两者之间存在相关性。至于弧后变形的原因，还有几个过程有待论证，包括大规模的地幔流与板片通过不同的方式耦合，并通过逆冲断面与板块耦合（Dvorkin et al.，1993；Russo and Silver，1994；Iaffaldano et al.，2006；Schellart et al.，2007），尽管如 Doglioni（1990）所认为的那样，变形模式的多样性，不可能被单个净旋转分量的流动分量的影响所解释。

Heuret 等（2007）通过层析技术和地震活动，提供了一个关于全球板块运动、弧后变形和深部板片形状的新分析（Heuret and Lallemand，2005）。在俯冲（$V_P$）到仰冲板块（$V_{OP}$）的速度图中，地球上所有俯冲带都呈负值趋势，相当于总体收敛速率约为 5cm/a（波动幅度大约为±50%）。靠近大的 $V_P>0$ 和 $V_{OP}<0$，观察到弧后扩张和陡倾角俯冲，而对于 $V_P>0$ 和 $V_{OP}>0$，则观察到挤压和缓倾角俯冲。

参考系的选择会影响地球上这些运动参数的精确值（图 3-48），例如，如果使用比 Heuret 和 Lallemand（2005）所使用的 HS-3 框架更少的净旋转分量，那么对于更广泛的结论来说，考虑 $V_C$ 的整体斜率更有用。因此，就出现了一个一般性的解释：如果板块以每年大于 5cm 的速率俯冲，那么上覆板块就会缩短；它的汇聚速率小于 5cm/a。因此，这显示出存在一个优先的局部俯冲速率 $V'$，它由区域板块动力学确定并沉入地幔。如果大尺度板块运动导致 $V_{OP}$ 和 $V_P$ 的值合计为 $V'$ 的偏差，那么将会导致弧后变形。板块的这种“锚定”效应，在实验室的活塞驱动板块和刚性板片（$\eta'\approx1000$）实验中得到了证实，在实验中，$V_{OP}$ 和 $V_P$ 可以随意改变（Heuret et al.，2007）。

如果板片持续回卷，Heuret 等（2007）的观察结果将与 Chase（1978）的初始观点相一致，即上覆板块运动控制弧后变形。然而，板块会前进，也会后撤［图 3-48（b）］，并且对于刚性板片来说，这种行为更加复杂（Bellahsen et al.，2005）。Sdrolias 和 Müller（2006）使用 O'Neill 等（2005）的热点参考系和年龄重建分析了弧后扩张的时间演变。他们发现，弧后扩张仅限于古老洋壳俯冲，并始终先于上覆板块从海沟后撤。伸展开始后，回卷和区域板片动力学似乎发挥着作用，这符合 Heuret 等（2007）基于物理模拟实验提出的论点。

b. 斯托克斯拆沉体（sinkers）和层析成像

如果弧后变形受下沉速度 $V'$控制，那么是什么控制着这种能够导致中性变形行为的优先俯冲速度呢？任何速度尺度的第一个适用者是 $V_{\text{Stokes}'} \propto \nabla\rho/\eta_{\text{m}}$［式（3-22）］，这反映在 Capitanio 等（2007）对于密度决定或年龄决定板块速度的研究中。然而，大家对于这种常见的斯托克斯比例的起源和变化程度，产生了不同的看法。诸如在边缘的逆冲界面耦合、大规模的地幔流动和岩石圈挠曲等过程中，可能会额外影响实际的俯冲速度（Conrad and Hager，1999a；Becker et al.，1999；Buffett and Rowley，2006），还有深部板片的相互作用，例如在 660km 深度处的相变会导致情况变得更加复杂（Zhong and Gurnis，1996；Faccenna et al.，2001b）。然而，假设地幔拖曳作用是最重要的控制因素（$V' \approx V_{\text{Stokes}}$），并且板片较弱，那么探索斯托克斯行为可以解释全球俯冲动力学的哪些其他方面是非常有益处的。地震层析成像技术可以快速反映下地幔的异常，这种异常可以解释为连续的、至少到达 1200km 深度的冷板片，并且相关的海沟运动对板片形态有强烈的控制作用。因此，Ricard 等（1993）及 Lithgow-Bertelloni 和 Richards（1998）通过在一个重建的有过去 120Ma 历史的海沟点位放置“小板片”（slablets）（多个斯托克斯拆沉体的叠加），建立了一个地幔结构的正演模型。Lithgow-Bertelloni 和 Richards（1998）发现，如果下地幔中小板片的沉降速度减小，$s$ 因子 ~4，那么层析成像中的大尺度模式可以很好地与这种模型相匹配。预期 $s \approx \ln(\eta_1)$，其中，$\eta_1$ 是下地幔与上地幔之间的黏度比，因为降低沉降速度［源于式（3-22）］伴随着下地幔中的板片增厚（Gurnis and Davies，1986）。最佳拟合减速因子 $s \approx 4$，与大地水准面模型 $\eta_1 \approx 50$ 的估计一致（Hager and Clayton，1989）。

小板片模型和层析成像之间的相关性，大多局限于最长的空间波长，当计算到 $l=8$ 时，空间波长只有 ~0.4，但这种匹配度支持了其与现今的层析成像图所做的比较（Becker and Boschi，2002）。使用与 Ricard 等（1993）相同的俯冲模型，但考虑了变化的板块运动和密度异常（Steinberger，2000）触发的地幔流会导致小板片的横向平流，致使到目前为止未能与层析成像形成更好的匹配（Becker and Boschi，

2002）。这意味着，可能需要更实际的全球性正演俯冲模型，这个模型中包含了横向黏度变化，比如，地幔楔中的衰减。

从区域角度看，成图的板片结构和来自小板片预测之间的匹配，可以通过拆沉体更实际的解或者使用更详细的板块重建来改进（Bunge and Grand，2000；Tan et al.，2002）。Kárason（2002）表明，在几条俯冲带中获得的复杂板片成像图像，例如，沿巽他弧的走向变化可以用小板片模型和指定的海沟运动来解释。在这样的模型中，为了简化它，假定板片与地幔具有相同的黏度，即 $\eta'=1$。如果黏稠的沉降流遭遇了黏性的上升流，例如在 660km 处，会形成一个颠倒的蘑菇体并加宽。然而，需要相对较大的 $\eta_1>200$ 的黏度跃迁才能重现巽他弧下地幔板片异常的成像增宽（Kárason，2002）。

在 $\eta_1$ 黏度差异降低的情况下，层析成像结构的另一种解释是相对较硬板片的褶皱不稳定性（Ribe et al.，2007）。在这种情况下，地幔被视为非黏性的（$\eta'\to\infty$），并且仅考虑板片的流态形变（fluid deformation，Houseman and Gubbins，1997；Ribe，2003）。现实是介于这些 $\eta'$ 流变学端元之间的某些地方，使用 Morra 等（2006）和 Capitanio 等（2007）的联合方案，在这些地方，俯冲岩石圈用有限元数值进行模拟，而地幔组分以半分析方式处理，这可能会使得解释对全球对流贡献的区域模型有所改进。

c. 岩石圈挠曲和黏性耗散的划分

Conrad 和 Hager（1999a）考虑断陷边缘、挠曲岩石圈和地幔之间的黏性耗散，并进行详细划分，利用有限元计算，测试了它们的比例关系，改进了先前对俯冲速度的流体回路（fluid loop）分析。这些模型使得人们能更好地研究弱和强的板片力学之间的参数空间。对于固定板片弯曲几何形状的实验，Conrad 和 Hager 发现，黏性板片的弯曲，包含了大部分的黏性耗散，由此可以推导出一个尺度关系来预测板片速率，它是 $h$、$R$ 和 $\eta'$ 的函数。Becker 等（1999）能够在动态演化模型中，拟合不同强度板片俯冲过程的（指数）速率，作为 $\eta'$ 的函数，其中，假设所有黏性耗散发生在板片中。然而，他们也指出，这只有在 $R$ 的时间相关性被考虑时才有效。

此外，海沟运动类型（前进与后撤）显示出受到浮力数（buoyancy number）的影响，浮力数能够测量板片拉力相对于板片强度的大小（Houseman and Gubbins，1997）。Becker 等（1999）发现，俯冲板片不能发展成为具有两个板块和指定的远场汇聚速度 $\eta'\geqslant 750$ 的系统，这与 Conrad 和 Hager（1999a）的板块速度分析一致。Faccenna 等（2001a）提出了一个俯冲速度规则的构造应用实例，其基于 Becker 等（1999）提出的海洋和陆地物质俯冲进入海沟的研究。如果考虑到大陆和海洋岩石圈混合导致俯冲岩石圈的浮力变化，则地中海中部不同海沟段的俯冲速率可以用单一的简单标度定律来拟合（Royden and Husson，2006）。

Bellahsen 等（2005）进一步测试了弯曲标度定律的适用性，并且使用单个孤立的而且刚度比 $\eta'>\sim 1\ 000$ 的板片，对物理模拟实验中的回卷和俯冲速度进行了综合性分析。这种刚性大板片在沉入层状地幔时的动态运动可以分为三种类型：第一类总是显示回卷，第二类显示海沟后撤和前进交替发生（Enns et al.，2005），第三类总是前进（Funiciello et al.，2004）。特别是第二类运动受到了板片与相当于 660km 深度相互作用的控制。其与深部岩石圈的回弹有关（Hassani et al.，1997；Čížková et al.，2002）。这种深部动力学，可以通过幕式弧后盆地张开而形成地质学记录，这很可能与不同数量的横向流动约束有关（Faccenna et al.，2001b，2004）。

俯冲是与时间有相关性的，特别是，在初始下降还没有达到 660km 不连续面的瞬态阶段。但是，Bellahsen 等（2005）能够拟合流体板片达到 660km 相互作用后处于堆聚（ponding）阶段［图 3-53（a）中的阶段Ⅲ］的近似稳态行为。这使用了基于 Conrad 和 Hager（1999a）的简化力平衡，忽略了所有上覆板块或断裂带等。如果测量了某个确定俯冲阶段的参数，则俯冲速度为

$$V'\propto\frac{\Delta\rho ghL}{(2\eta'(h/R)^3+3A)\eta_m} \tag{3-27}$$

俯冲速度与实验测得的 $V_C$ 成线性比例关系（表 3-4 中的符号）。很明显，很强的 $(h/R)^3$ 相关性，会使式（3-27）对自然界的应用复杂化，并且弯曲几何形状可能会随着时间和沿着走向而变化。

通过比较 $V_{Stokes}$［式（3-22）］和俯冲速度 $V'$［式（3-27）］，可以看出，岩石圈黏度（$\eta'$）的作用被改变了，表现在：对斯托克斯速度影响很小的 $\eta'$，其作用得到显著提升。事实上，$V'$可以通过典型斯托克斯速度来标准化，以评估板块在地表发生挠曲和诱发剪切中的作用（Faccenna et al.，2007），其与孤立板片沉降体的垂直沉降相反。将从式（3-27）中调用 $V'$，作为“修正的斯托克斯”速度，来强调（年龄相关）板片拉力（$\Delta\rho$ 型项）的作用。Bellahsen 等（2005）和 Funiciello 等（2008）分析了力是如何分别在式（3-27）中的岩石圈挠曲和地幔流体组分中划分的［分别是公式（3-27）中的 $(h/R)^3\eta'$ 和 $3A$ 项］。与早期的结果一致，在大多数情况下，主要控制因素是岩石圈的挠曲。俯冲动力学观点认为，相对较强的板片是板块速度的重要控制因素，在 Buffett 和 Rowley（2006）的分析中，这也得到支持，即某些板块运动的方向可能是挠曲力平衡的结果。然而，Bellahsen 等（2005）的结果与 Stegman 等（2006）的分析不同，并且与 Schellart（2004b）的结论也不一致。大多数已发表成果之间的差异，可能在于选择了板块刚度有关的不同参数。黏性耗散的不同，很大程度上取决于海沟中板片的流变性，而现实对此知之甚少。

通过修改挠曲几何形态和海沟运动的相对速率，动态演化板片可被调整为最小黏性耗散构造（Enns et al.，2005）。基于 3D 建模动态演化俯冲模型中的黏性耗散的

划分工作表明（图 3-52），在 40% 和 50% 之间（分别为后撤或前进板块），可能是由于挠曲造成的。可见，挠曲可能不是唯一的主要耗散机制，但它可能非常重要。更广泛的意义是，板块构造可能受到岩石圈强度的更强烈影响，正如等黏度的对流系统所预期的那样。然而，由 Conrad 及 Hager（1999b）及 Korenaga（2003）提出的热流标定，可能高估了岩石圈的作用，因为他们是基于恒定的挠曲几何形态得出的结论。

D. 海沟迁移的不同模式：后撤和前进

由于地幔中的诱导流动，黏性耗散的另一个分量被划分为类似于斯托克斯拆沉体的极向部分，以及与海沟迁移相关的环向流（Garfunkel et al., 1986）和在板块周围的涡旋状运动（Buttles and Olson, 1998；Kincaid and Griffith, 2003；Funiciello et al., 2004, 2006；Schellart, 2004a；Piromallo et al., 2006）。

a. 环流和板片宽度的作用

像岩石圈弯曲一样，环流取决于流变学，并且与被观测的表面速度相比，可以使用环向与极向流比值来判断理论对流模型的特征。对于区域俯冲模型，速度场的分解可以很好地用来理解板片沉入上地幔的时间演化。尽管大量的对流被记录下来（“地幔流量的 95% ~100%”；Schellart et al., 2007），在强回卷期间仅适用于上地幔的受限层，但最好区分散度和涡度的大小，而不是分解极向和环向速度（Tackley, 2000a）。但在这里，后者优先。

通过分析如图 3-52 所示的俯冲模型，特别是对于缺乏显著的稳态回卷阶段的“自由洋中脊”模型而言，可以发现环向极性速度场分量（TPRs）具有高度的时间相关性（图 3-53）。当 $\eta'=500$ 时，平均 TPR 比率在模型空间域上进行平均时为 0.5 ~0.9，其中的高值由需要发生回卷的固定洋中脊设置产生（Enns et al., 2005）。这样的整体 TPR 值与 Piromallo 等（2006）对单个板片快照的详细测试可以进行比较。对于它们的几何示例［类似于图 3-53（a）的阶段Ⅱ］，Piromallo 等（2006）研究表明，环流本身随着板块宽度 $W$ 的增大而增加。然而，TPR 并不强烈依赖于 $W$，而是随着 $\eta'$增加而增加，从 $\eta'=1$ 时的 0 到 $\eta'=100$ 时的 0.5，$\eta'\gtrsim 1000$ 时约为 0.7。如果地幔对流可以独立地约束俯冲环境，如根据地震各向异性，那么这种关系可以用来得出 $\eta'$的间接约束。

尽管 TPR 比率是一种运动学要素，但环流分量确实可以评估回卷引起的动态压力分量，Royden 和 Husson（2006）提出了这种流动分量的分析估计。预期回卷压力的增加与 $W$ 成正比。这意味着，回卷速率 $V_T$ 可能与 $W$ 成反比，正如 Dvorkin 等（1993）所认为的那样，而且这在 Bellahsen 等（2005）的物理模拟实验中也发现了。同样，Stegman 等（2006）能够通过在地幔中作为 $W$ 的函数的极向和环向黏性

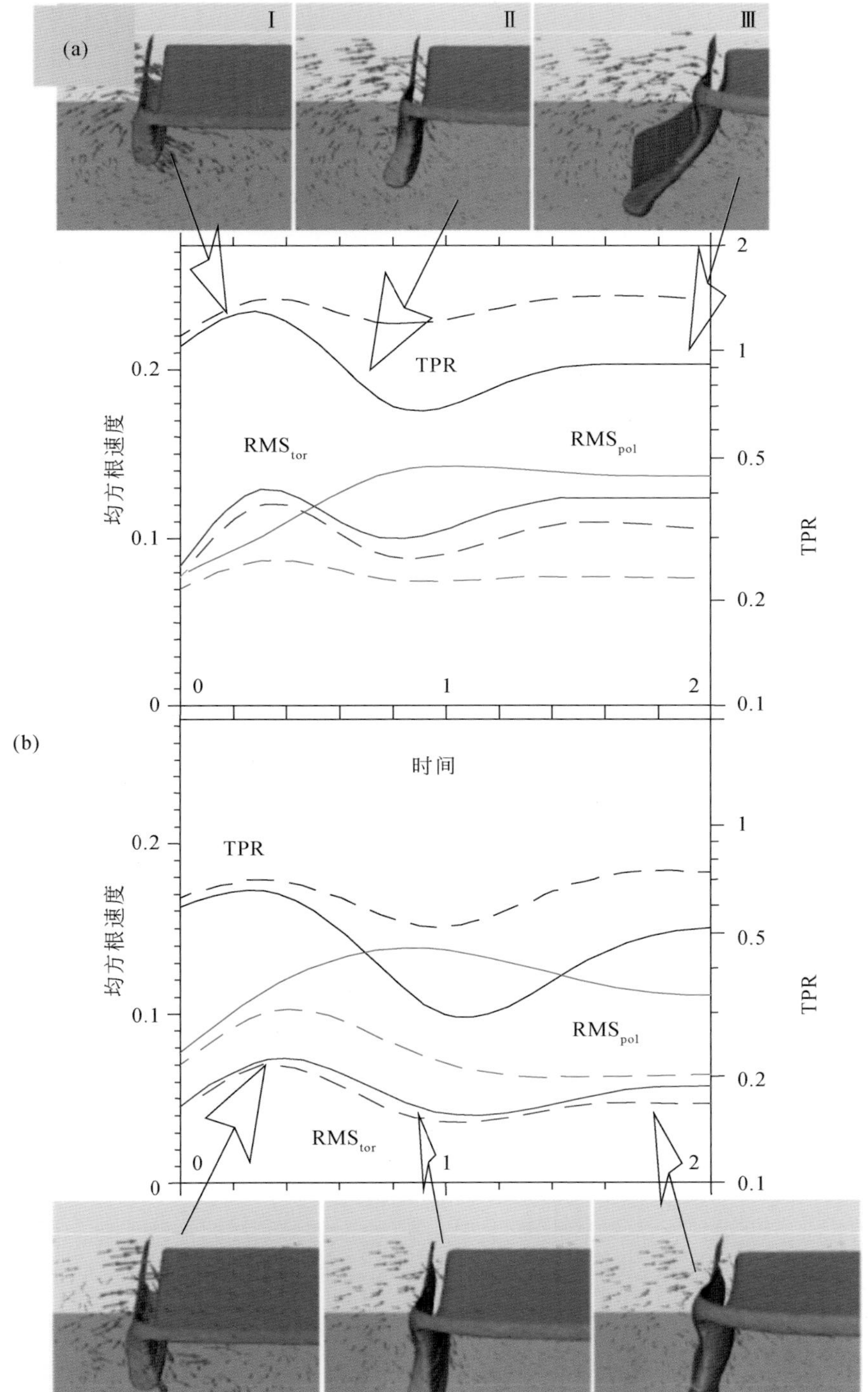


图 3-53　极向（红色）和环向（蓝色）均方根速度 RMS 的时间演化（Becker and Faccenna，2009）整个区域（实线）和仅上地幔（虚线）的 TPR 比率（粗黑线）。(a) 图中展示了一个“固定洋中脊”模型的结果。(b) 如图 3-52 所示，并且对于“自由洋中脊”，其中的板块可以自由地前进［图 3-56（b）；参见 Enns 等（2005）］。无量纲单位，统一时间对应于约 15Myr，小图显示的是如图 3-52 所示的指定时间的快照

耗散，产生一个完整的海沟区域，从而在其数值模型中参数化 $V_T$，并且还发现了 $V_T$ 与 $W$ 成反比。Schellart 等（2007）指出，在他们的一个实验应用中，自然界中的回卷速率和海沟曲率都可以通过板块宽度来控制。斯科舍弧等窄板片，显示出快速回卷和凸弧形海沟的形态。如智利这样的宽板片，则回卷很慢或停止回卷（图 3-48）。而它们的海沟形成凹弧形的几何形状，在中心可能存在滞留点（stagnation point）（Russo and Silver，1994）。但是，Stegman 等（2006）和 Schellart 等（2007）的结果对于 $V_P$ 而言，均是超出规模的，其比观察到的板块扩张速率约低一个数量级。这可能会高估 $V_T$ 对俯冲带动力学的作用。

b. 区域俯冲动力学和板块前进

Bellahsen 等（2005）的研究表明，某些参数可以用来粗略预估基于 $V'$［(式（3-27)］的整体汇聚 $V_C$，而划分成 $V_T$ 和 $V_P$ 仍然有些难以捉摸。回卷情况有可能遵循最小黏性耗散原理，其中，对于 Stokes-Sinker 流，地表板块的剪切和回卷引起的剪切之间存在平衡（Enns et al.，2005）。虽然目前有几个团队正在对这一想法进行测试，但尚未出现共识或全面的理论描述。

然而，从经验角度来看，Faccenna 等（2007）认为，Bellahsen 等（2005）得出的俯冲速度标度存在以下趋势：海沟迁移 $V_T$ 与板块速度 $V_P$ 成反比。由于 $V_S=V_T+V_P$（图 3-47），这意味着有从外部控制 $V_S$ 的锚定效应，这类似于 Heuret 等（2007）对弧后变形研究的结果。作为预估俯冲速度 $V'$ 的函数，在物理模拟实验中，随着 $V'$ 增加，海沟运动 $V_T$ 增加，板块速度 $V_P$ 减小［图 3-54（a)］。因此，由 $V'$（或其标准化形式，图 3-54 的俯冲速度数）测量出的一个增加的俯冲趋势，由于锚定而转换成增加的回卷 $V_T$。在自然界中的俯冲带中也发现了类似的 $V_T$、$V_P$ 和 $V'$ 标度［图 3-54（b)］。虽然明显有些分散，但 Faccenna 等（2007）认为，区域俯冲带参数（Heuret and Lallemand，2005；基于 HS-3）和图 3-54 的经验关系可以充分预测 $V_P$ 和 $V_T$ 垂直于海沟的分量。

将简化的 Faccenna 等（2007）的结果应用于实际情况，已经在他们的论文中被深入讨论过。例如，对于没有地幔风带来复杂性的区域，以及那些没有陆源物质进入海沟的地区，期望其行为最接近基于单一俯冲板块模型的预期行为。因此，巽他弧和澳大利亚板块不能很好地匹配，而其他俯冲带则能更好地匹配。然而，图 3-55 提供了 Faccenna 等（2007）的区域动力学分析的全球测试结果。根据欧拉向量的最小方差估计值，澳大利亚、太平洋和纳斯卡板块的刚性板块运动计算结果，与 Faccenna 等（2007）垂直于海沟的局部速度最匹配。显然，具有俯冲带的主要大洋板块的整体运动，可以由比例关系拟合，该比例关系是从孤立的、高度理想化的俯冲模型中得出的，即模型中没有仰冲板块。

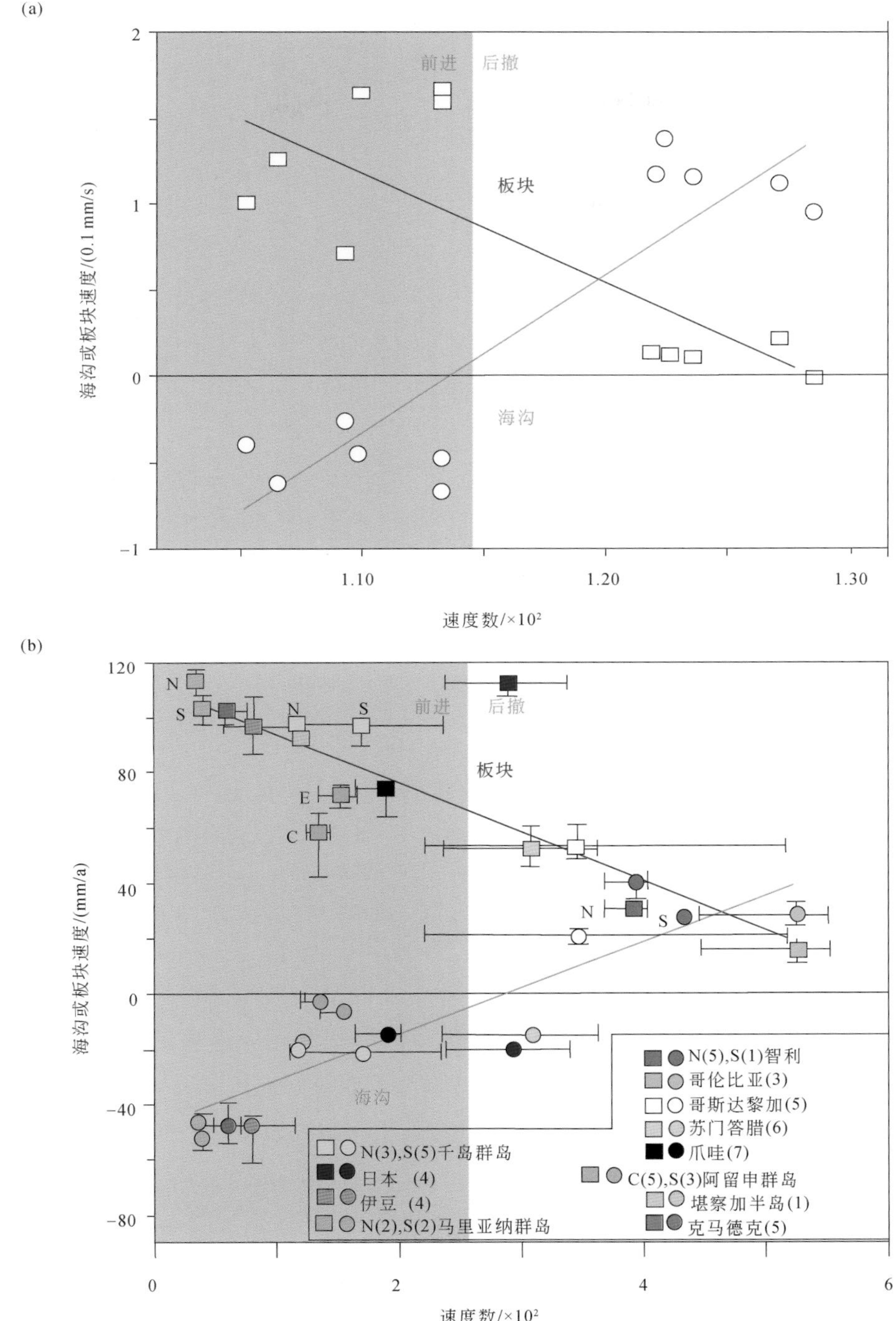


图 3-54　俯冲板块/海沟速度对速度数的信赖性及相关参数（Becker and Faccenna，2009）

（a）俯冲板块速度 $V_{\mathrm{P}}$（正方形）和海沟运动 $V_{\mathrm{T}}$（圆圈，参见图 3-47）对"俯冲速度数"（subduction velocity number）的依赖性，即通过对 Bellahsen 等（2005）做的刚性（$\eta'\approx1000$）板片实验设定的斯托克斯速度（$C=1$ 和 $a^2=Lh$）来归一化［式（3-27）］。（b）自然界中不同海沟的俯冲带参数（Heuret and Lallemand，2005）。图例列出了具有地理分区的彩色编码的海沟区域，误差条显示了每条海沟平均速度的标准偏差（Lallemand and Funiciello，2009）。N=北，S=南，E=东，C=中央

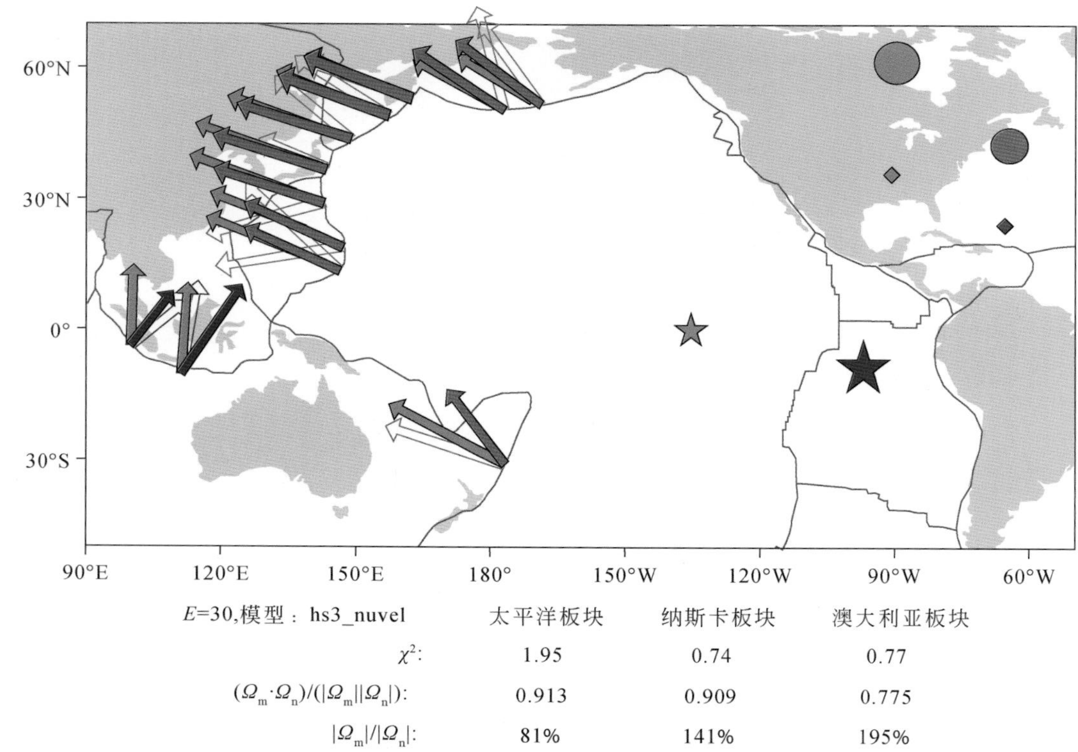


图 3-55　刚性板块欧拉矢量的最佳拟合板块运动（纯色矢量）（Becker and Faccenna，2009）

基于与 Faccenna 等（2007）预测的垂直于海沟的速度（空心矢量）相匹配，并与基于 NUVEL 的 HS-3 模型（灰色向量，在热点参考系下）进行比较。在计算欧拉极点之前，允许估算的海沟分段法线的方位角误差为 30°（星形：澳大利亚板块；圆圈：太平洋板块；菱形：纳斯卡板块）。图下的数字代表$\chi^2$误差，标准化的欧拉矢量相关性［$(\Omega_m \cdot \Omega_n)/(|\Omega_m||\Omega_n|)$］和幅度比（$|\Omega_m|/|\Omega_n|$，大于单位的值表示大小被高估了）

这里面部分令人惊讶的结果由指定板块几何形状和相应高度的驱动力矩所造成（图 3-49）。虽然底部具有黏性耦合的全球性模型可以很好地预测板块运动（图 3-50），但在可预期的情况下，位于右侧板块边界的拉力也可以提供良好的匹配。

然而，鉴于该板块模型包括净旋转，可以大致估测 HS-3 的 $V_P$ 值正确大小。这意味着，区域板块运动确实可能被用来触发净旋转。起初，这看起来可能违背直觉，但考虑到附着在太平洋板块上的板片可能产生强烈的影响，这一发现值得进一步研究，而不仅仅是前述的全球初步测试。

c. 板片强度对回卷的影响

前文强调，区域俯冲实验中的板片运动强烈依赖于板片的黏度 $\eta'$，特别是在海沟区域。Bellahsen 等（2005）和 Stegman 等（2006）分别进行的强、弱板片实验是两个端元案例。Funiciello 等（2008）因此进行了另外的实验，并且能够将俯冲运动

描述为 $\eta'$和 $V'$的函数。图 3-56 显示，一方面，强板片机制中的模型（$\eta' \gtrsim 10\ 000$，相空间“C”）被观察到始终会发生回卷。这是因为黏性弯曲占据了主导地位，而很少发生板内变形和伸展，并且俯冲更倾向于使海沟处的变形最小化。在 C 机制下，以板块运动或岩石圈运动为主。另一方面，弱板片（$\eta' \lesssim 100$，相空间“A”）则显示出微弱的海沟运动，但是会在内部变形，并形成瑞利–泰勒式的黏性沉降。在这种机制下，强地幔控制着运动。

在 A 和 C 两种极端情况之间，是增加俯冲速度，从而减小 $V_P$ 并增加 $V_T$ 的相空间“B”的多样俯冲运动。这是 Faccenna 等（2007）使用的这个范围的高 $\eta'$末端，并在图 3-53 中进行了讨论。只有在这个中间 $\eta'$场，观察到具有较大俯冲速度的模型发生后撤和具有较小俯冲速度的模型发生前进（图 3-55）。尽管中间 $\eta'$体系可能很有意思，但它与实际情况是否相关尚不清楚。然而，考虑到其他对有效板片黏度的约束，$\eta'$比值似乎是合理的。此外，在自然界中，均观察到板块前进和后撤［图 3-48（b）］，弧后变形以及 $V_P$ 和 $V_T$ 俯冲速度遵循了在刚性机制中可基于孤立板片实验解释的趋势。考虑到具有中等净旋转分量的板块速度（$V_P$），可以用没有区域板片动力学精确表示的全球流动模型（图 3-46 和图 3-50）来解释，所以弧后变形与 $V_T$ 的联合匹配，令人鼓舞。

因此，黏性板片模型是理解全球俯冲运动的有用手段，$V_T$ 主要受深部板片动力学控制。然后，人们可以绕过这个论点，探求 $V_T$ 与 $V_P$ 之间的逆相关性作为 $\eta'$和参考系的函数。Funiciello 等（2008）总结了现有模型，并用孤立的黏性板片创建了新的、自由的后缘俯冲模型（图 3-56）。研究表明，两个运动学参数之间的相关性，适用于具有图 3-56 中间区域内 $\eta'$范围的实验。最佳拟合斜率 $\alpha = V_T/V_P$ 从 $\eta' \approx 100$ 时的 $\alpha \approx 0.5$，增加到 $\eta' \approx 15\ 000$ 时的 $\alpha \approx 1.75$。在自然界，$V_P$ 与 $V_T$ 之间的反相关强度和 $\alpha$ 的大小取决于参考系（图 3-48）；$\alpha$ 从无净旋转分量的 ~0.25，变化到 HS-3 的 ~0.75（Funiciella et al.，2008）。

因此，在自然界没有观察到最大 $\eta'$的 $\alpha$ 斜率，因为海沟运动通常小于板块速度；相反，观察到的 $\alpha$ 值可能表明，存在兼容 $\eta'$值在 ~150 和 ~350 之间的相对较弱的板块（Funiciello et al.，2008）。利用这一推理，认为 Bellahsen 等（2005）的实验可能是在 $\eta'$值太高的情况下进行的，而 Shemenda（1994）及 Houseman 和 Gubbins（1997）的具有 $\eta' \to \infty$ 的无黏性流体模型，可能做了一个忽略地幔流动的极端假设。Schellart（2004a）的实验更接近于 Funiciello 等（2007）研究所暗示的 $\eta'$值，但是处于低端。Schellart 等（2007）的实验是前后矛盾的，因为它们的 $\alpha$ 比率明显高于在自然界观察到的值。

如上所述，正如所预期的，黏度比 $\eta'$约为 100，这与流体板片俯冲能力（Conrad and Hager，1999a；Becker et al.，1999）、重力势和板内力的传递（Moresi and Gurnis，

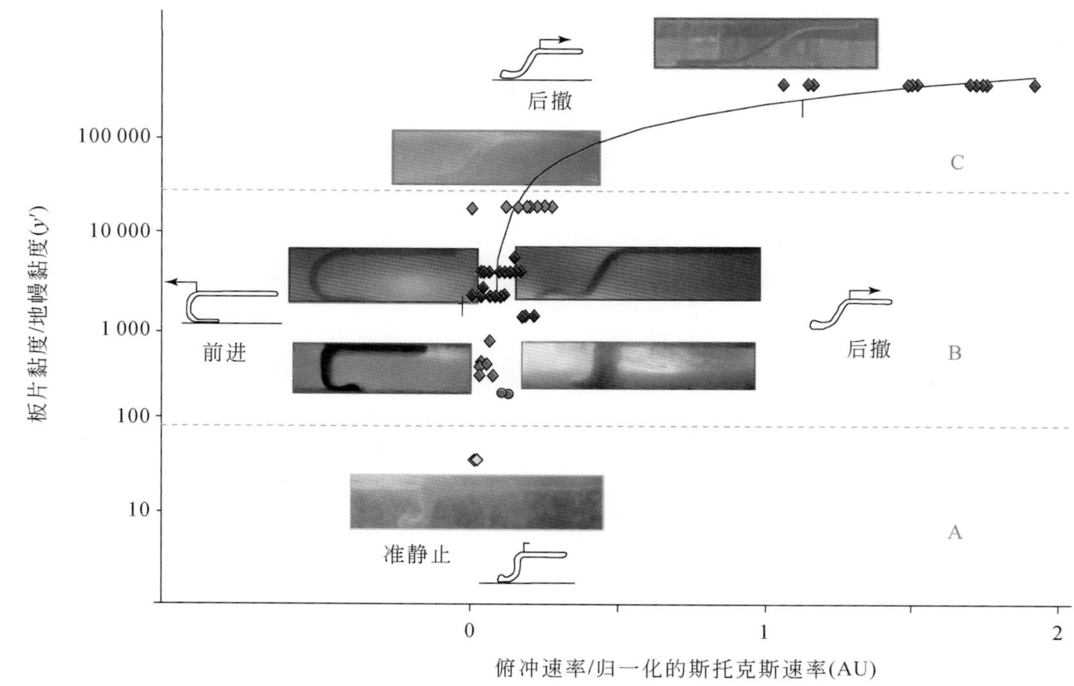


图 3-56　具有不同板片/地幔比率 $\eta'$ 和归一化俯冲速度的自由洋中脊模型的物理模型行为（Becker and Faccenna，2009）

式（3-28）的 $V'$，除以归一化的斯托克斯速度，以消除恒定地幔黏度下浮力变化的影响。模型来自 Bellahsen 等（2005）、Funiciello 等（2008）（菱形）、Schellart（2004b）（圆圈）。虚线是模型行为的近似划分

1996；Zhong and Davies，1999）以及 Billen 和 Gurnis（2005）的挠曲研究相符合。因此，一系列的观测结果表明，俯冲的大洋岩石圈以比上地幔黏度高约 500 倍的流体形式，有效发生运动。那有效黏度是一个有意义的概念吗？实际上，温度和压力相关的扩散与位错蠕变机制，以及最大偏应力约束的塑性屈服机制，一起控制着板块变形（Kirby and Kronenberg，1987；Riedel and Karato，1997）。即使对橄榄岩而言，若干蠕变定律参数在自然界中也不好去测量（如活化体积）、约束（如挥发份含量），或可能发生动态演变（如晶体粒度）。然而，一些研究确定了哪类黏塑性型橄榄岩流变能导致在上地幔发生“似板片状”俯冲。前人研究了现在（Tetzlaff and Schmeling，2000；van Hunen et al.，2000；Billen and Hirth，2007）及过去（van Hunen and van den Berg，2007）位温的地球动力学模型。从这些实验中可以看出，板片形状和平均黏度都是动态演变的。然而，海沟外侧板片处 $y'\approx 10^4\sim10^5$，似乎是合理的，靠近海沟则显著减弱，降至 $\eta'\approx10^2\sim10^3$。因此，热力学机制模型采用从实验中获得的流变，与这里的简化模型中使用的 $\eta'$ 的范围一致。

总之，板片运动学可以理解为流体板片沉入一个黏性分层的地幔中的动力过

程。区域模型表明，就海沟区域的有效黏度而言，回卷、海沟弯曲和弧后变形，与比地幔刚性强 250 ~ 500 倍的板片一致。动力学受控于板片弯曲、地幔拖曳及其与较高黏度的下地幔相互作用。

岩石圈的净旋转源于区域板块动力学、浮力上涌和大陆岩石圈根的共同影响，尽管那些仅基于板片的全球模型在诱导净旋转方面，不具有像热点模型那么大的效果。然而，这种具有薄弱带和其他横向黏度变化的全球模型，可以很好地弥合其他的板块构造难题（plate tectonic sores），如板内变形以及大洋板块对大陆板块的速度比。

尽管取得了很大的进展，但若干重要问题仍未完全解决，例如，随时间变化的回卷和俯冲板块速度的物理分布。同样清楚的是，关于俯冲动力学的结论，在某种程度上取决于板块运动学模型的选择以及和板块流变学有关的假设。这是一个问题，因为板片的强度不能很好地被大型模型推断或实验室测量所约束。

在全球俯冲模型中，改进薄弱带和板块边界的施加条件，似乎是至关重要的。在全球对流中，对板片进行更复杂的流变处理，也可以提升地球动力学正演模型和地震层析成像之间的匹配程度。此外，板块边界处理方面的进展，将有助于评估数值模型中上部力学边界条件所起到的作用，以及在实验室模拟模型和数值模型之间进行真正的定量比较。

大多数结果表明，上覆板块在控制俯冲动力学方面的作用可能很小。然而，这也需要通过岩石圈-地幔联合模型来进行评估，特别是在上覆巨厚大陆板块的情况下。

### 3.2.4.5 俯冲板片形态动力学

地表构造板块的运动方向和由地震各向异性推断出的地幔流场在全球范围内具有很好的相关性，这表明地幔与地表板块（surface plates）之间存在大规模耦合。二者在俯冲带处拟合度通常很差，然而，对地震各向异性进行的区域观测表明，地幔流动方向不平行于板块运动方向，且可能比板块运动速度快几倍。Jadamec 和 Billen（2010）为阿拉斯加俯冲转换系统提供了具有实际板片几何形状的浮力驱动变形的三维数值模型，并使用它们来确定这种区域性流体解耦的起源。他们发现，在俯冲带边缘附近，地幔流动速度的大小可能是板片运动速度的十倍以上，而地表板块速度与板片运动是一致的，且复杂的地幔流场与地震各向异性的观测结果是一致的。地震各向异性的观测结果约束了阿拉斯加东部板片边缘的形状，因此需要非牛顿地幔流变学。引入非牛顿黏度会导致在高应变率（$10^{-12}$/s）区域中的地幔黏度为 $10^{17}$ ~ $10^{18}$ Pa · s，并且这种低黏度使地幔流场能够部分地与地表板块运动分离。这些结果指示，通过俯冲带进行局部快速运输，并且板块的内部变形降低了可用于驱动俯冲板块的板拉力。

在阿拉斯加中南部海岸附近，观测到太平洋板块相对于北美的运动为沿 N16°W 方向，速度为 5.2cm/a。在具有牛顿黏度和 $Slab_{E115}$ 的模型中，预测的太平洋板块运动为沿 N27°W 方向，速度为 1.9cm/a（图 3-57）。在使用复合流变学的模型中，由于板片的黏性支撑减少以及板块界面的减弱和加宽，预计的太平洋板块运动偏北，且速度稍快（速度为 4.4cm/a，方向约为 N20°W）。沿东部边界的较深板片（$Slab_{E325}$）会增加板片牵引力，从而使太平洋板块运动偏北，且速度稍快（速度为 5.3cm/a，方向约为 N14°W）。对于 $Slab_{E115}$ 和 $Slab_{E325}$ 而言，将板块边界剪切带黏度从 $10^{20}$Pa·s 增加到 $10^{21}$Pa·s，会使太平洋板块的速度降低 ~2.5cm/a。因此，具有复合黏度、板块边界剪切带黏度为 $10^{20}$Pa·s 及具有任意板片形状的模型都可以与观察到的太平洋板块运动很好地吻合。更重要的是，没有一种具有快速地幔流动的复合黏度模型会产生与表面观测结果不一致的板块运动。

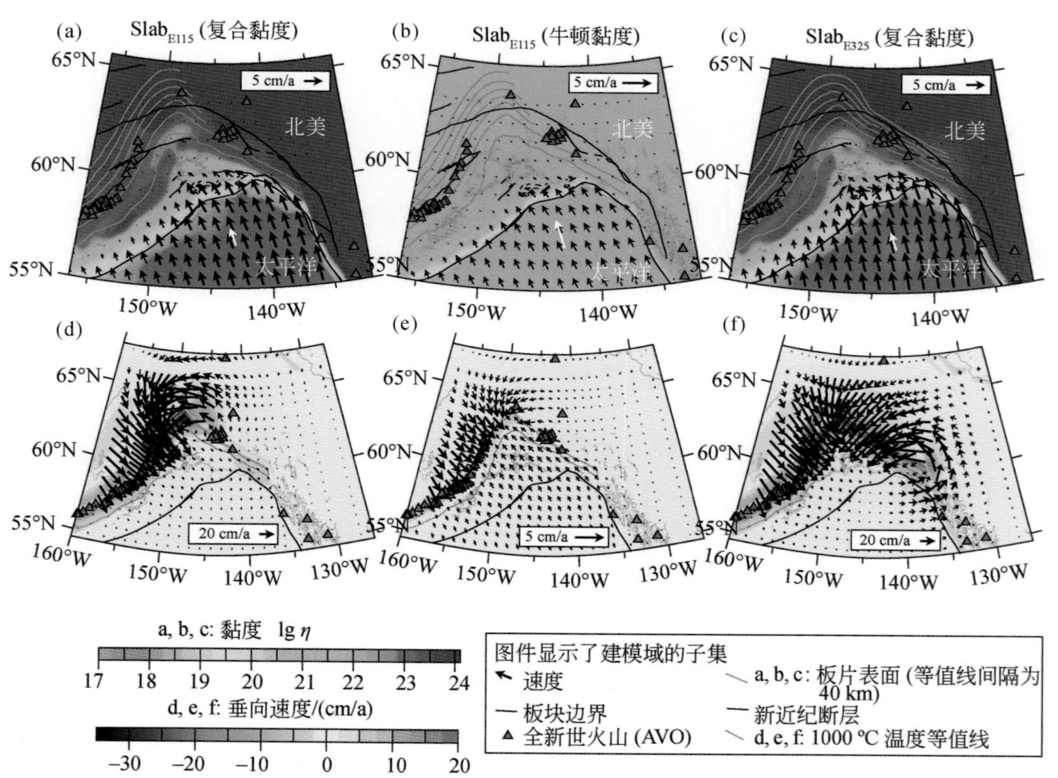


图 3-57　流场图（Jadamec and Billen，2010）

（a）~（c）三种模型（$\sigma_y$=500MPa；板块边界剪切带黏度，$10^{20}$Pa·s）的表面速度场和黏度（色标）。假设北美固定，观测到的 NUVEL-1A 太平洋运动板块矢量用白色箭头指示。AVO：阿拉斯加火山观察站（Alaska Volcano Observatory）。（d）~（f）100km 深度处的地幔速度场和垂向速度大小（色标）。推测的强烈垂向速度梯度说明了上覆板块与地幔流的显著解耦

在阿拉斯加南部之下，太平洋板块的俯冲引起了空间上变化的地幔流和局部流速，该流速可能是地表板块运动速度的十倍以上（图3-57）。在$\sigma_y=500$MPa的复合黏度流模型中，靠近板片的地幔速度可以达到90cm/a。这些高流速发生在应变率较高（$10^{-13}\sim10^{-12}$/s）的地方，黏度由于非牛顿流变学而较低（$10^{17}\sim10^{18}$Pa·s）。对于牛顿黏度模型，靠近板片的地幔流速为1.0~5.0cm/a。在所有模型中，远离板片边缘和下沉板片的驱动力处，地幔速度都会下降，并且与板块运动相当。

地幔中的流动模式在很大程度上取决于板片的形状、屈服强度和地幔黏度。致密板片的下沉将流动向板片方向的地幔楔拖曳，形成流动的极向分量（图3-58）。板片和地幔中的速度矢量比板片倾斜得更陡，这表明板片随时间或板片后撤运动而变陡。板片的变陡将物质从板片下面绕板片边缘推入上覆的地幔楔，形成逆时针环流（图3-58）。强度更高的板片（$\sigma_y=1000$MPa）会更缓慢地变陡，从而产生按比例减小的环形分量。环流的轨迹取决于板片边缘的深度和地幔的流变性（图3-57）。对于具有复合黏度的模型，环形分量的强度明显更高。通常，最高速度发生在受楔形流动和环流同时影响的地幔楔区域中。

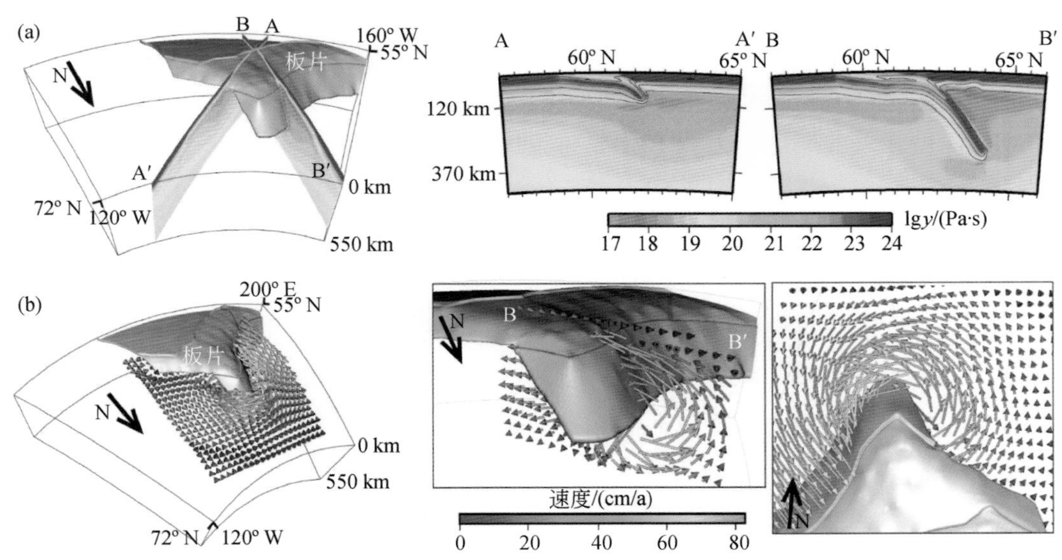


图3-58 3D地幔流场和黏性结构（Jadamec and Billen，2010）

使用具有$Slab_{E115}$和复合流变性（$\sigma_y=500$MPa；板块边界剪切带黏度，$10^{20}$Pa·s）的模型进行计算。该图显示了建模域的子集。(a) 通过复合黏度的等值面和剖面（AA′和BB′）显示出强硬的板片和地幔楔中以及板片下方的低黏度区域。低黏度区域与高应变率区域相关。(b) 黏度等值面在速度场中显示倾斜的剖面径向切片。剖面BB′显示了极向流动和沿走向流动。平面图显示了逆时针环向流动以及板片边缘东部的向上流动

远离俯冲带处，大洋板块的表面运动与地幔流动方向具有很好的相关性，这是由地震各向异性得出的。然而，这种相关性在俯冲带附近不再适用，而剪切波分裂

研究表明，地幔流动方向在空间上是可变的，通常与板块运动不平行。这意味着地幔流动与板块运动的局部解耦，但是这种解耦的幅度目前很难约束。Jadamec 和 Billen（2012）使用阿拉斯加东部俯冲-转换板块边界系统的三维数值模型，从方向和幅度上进一步探讨了这种解耦。具体来说，他们研究了板片几何形状和流变学对板片边缘地幔流速的影响。俯冲板块的几何形态基于和达-贝尼奥夫带的地震活动性和层析成像技术得出，俯冲板块和上覆板块的三维热结构受地质及地球物理观测的约束。在使用复合黏度的模型中，由于地幔流动和应变率的横向变化，出现了侧向变化的地幔黏度。可以预测出在空间上发生变化的地幔速度的大小，靠近板片为局部较快速度（大于 80cm/a），在这个位置，板片的负浮力驱动对流。与观察到的板块运动相当，相同模型产生的板块运动速度小于 10cm/a。这些结果表明，幂律流变学（power law rheology），即包括位错蠕变变形机理的影响，既可以解释地震各向异性的观测结果，又可以解释地幔流动与地表运动的解耦。

将现实中的板片几何形状合并到俯冲的三维模型中，会导致地幔中复杂的波状和环形流动，而地幔流动分量的空间位置对板片的几何形状是敏感的。图 3-59（a）~（f）展示了三种代表性模型的复杂流场：具有 $Slab_{E325}$ 和复合流变学的模型 A1c［图 3-59（a）（d）］、具有 $Slab_{E115}$ 和复合流变学的模型 B1c［图 3-59（b）和（e）］以及具有 $Slab_{E115}$ 和牛顿流变学的模型 B1n［图 3-59（c）（f）］。这三个模型使用 500MPa 深度相关的屈服应力和 $10^{20}$Pa·s 的弱区黏度。

图 3-59（a）~（c）和图 3-60（a）~（c）显示了地幔中的逆时针环形流动，其中板片下方存在围绕板片边缘进入地幔楔的回流，而板片边缘为其提供了开口。在此，低黏度的地幔围绕较高黏度的板片流动。在具有 $Slab_{E325}$ 的模型中，环流的中心是 138°W［图 3-59（a）］，而在具有 $Slab_{E115}$ 的模型中，环流的中心是经度 148°W［图 3-59（b）（c），图 3-60（b）（c）］。发生这种情况的原因是，在具有 $Slab_{E115}$ 的模型中，148°W 以东的板片深度与上覆岩石圈底部的深度相当，因此距离太短而无法在 148°W 以东的地幔中引起环流［图 3-59（b）］。因此，$Slab_{E115}$ 与 $Slab_{E325}$ 的作用之一是将环形单元的轨迹向西移动约 10°，从而将其聚焦在板片的最北部。对于具有 $Slab_{E115}$ 的模型，这将导致在阿拉斯加中南部岩浆间隙以下向西的海沟平行流的分量更大。

图 3-59（d）~（f）显示了流动的极向分量（poloidal component），其中板片的下沉将物质拉向板片的地幔楔中。在太平洋板块之下，在地幔中诱发了较宽的极向流区域，在那里，太平洋板块的表面部分被拉入俯冲带。穿过地幔楔中的极向流的剖面 AA′显示出比板片倾角更陡的速度矢量［图 3-59（d）~（f）］，这表明板片倾角随时间而变陡。但是，在对于具有 $Slab_{E115}$ 的模型中的剖面 BB′中，在板片上方的地幔楔中基本上没有极向流分量［图 3-59（e）（f）］。这是因为 $Slab_{E115}$ 在模型的该区域中太短，无法引起地幔物质的极向运动。

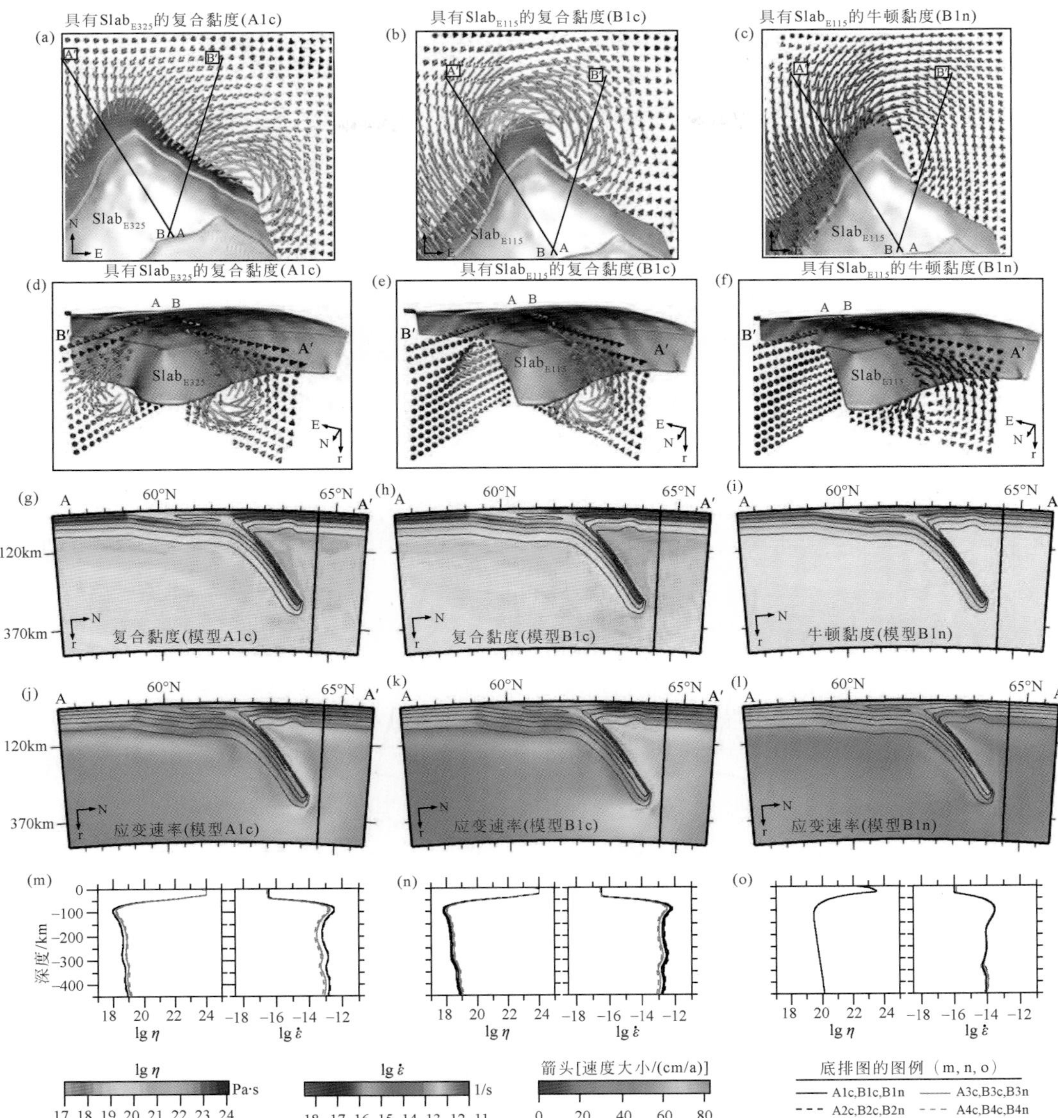


图 3-59　使用具有复合黏度的 $Slab_{325}$（左），具有复合黏度的 $Slab_{115}$（中）和具有牛顿黏度的 $Slab_{E115}$（右）模型的流场、黏度和应变速率（Jadamec and Billen，2012）

（a，d）模型 A1c，（b，e）模型 B1c 和（c，f）模型 B1n 的黏度等值面和速度切片。（g，j）模型 A1c，（h，k）模型 B1c 和（i，l）模型 B1n 的黏度和应变速率张量的第二个不变量的剖面。（m）A1c-A4c 模型，（n）B1c-B5c 模型和（o）B1n-B5n 模型在 64.5°N 处的剖面图（图 g～l 中的垂线位置）

俯冲带周围地幔中的环向流和极向流不是独立的。图 3-59（a）～（c）显示，存在与极向流相关的平行海沟走向的运动，以及与环向流相关的垂直海沟方向的运动。例如，在所有模型中，剖面 AA′的极向流在地幔楔中包含一个向西的与海沟平行的速度分量，表明物质从板鼻（slab nose）向弧形的阿留申俯冲带中央流动［图 3-59（d）~（f）］。在具有 $Slab_{E115}$ 的模型中，围绕板片最北端的与海沟平行的流动分量更强，这是因为环向流的中心更向西，即在 148°W 处而非在 138°W 处。

此外，在所有模型中，围绕板片边缘的环向流，无论是以 148°W 还是 138°W 为中心，都与向上的流动有关［图 3-59（a）~（c）和图 3-60（a）~（c）］。这种向上的流动分量发生在环向流从板片下方出现的地方，即在阿拉斯加的逆时针流动样式的东侧。向上流动的幅度取决于板片的形状、板片的强度和地幔的流变性，其值可以大于 10cm/a［图 3-60（a）~（c）］。剖面 BB′对于使用具有复合黏度的 $Slab_{E325}$［图 3-60（d）］，具有复合黏度的 $Slab_{E115}$［图 3-60（e）］和具有牛顿黏度的 $Slab_{E115}$［图 3-60（f）］的模型，均显示了 100km 深度处的向上流动分量。请注意，与板片边缘相关的向上流动分量形成了一个三维透镜状特征，因此其大小在横向和深度上均发生变化，最大垂直分量出现在大约 200km 深度处。

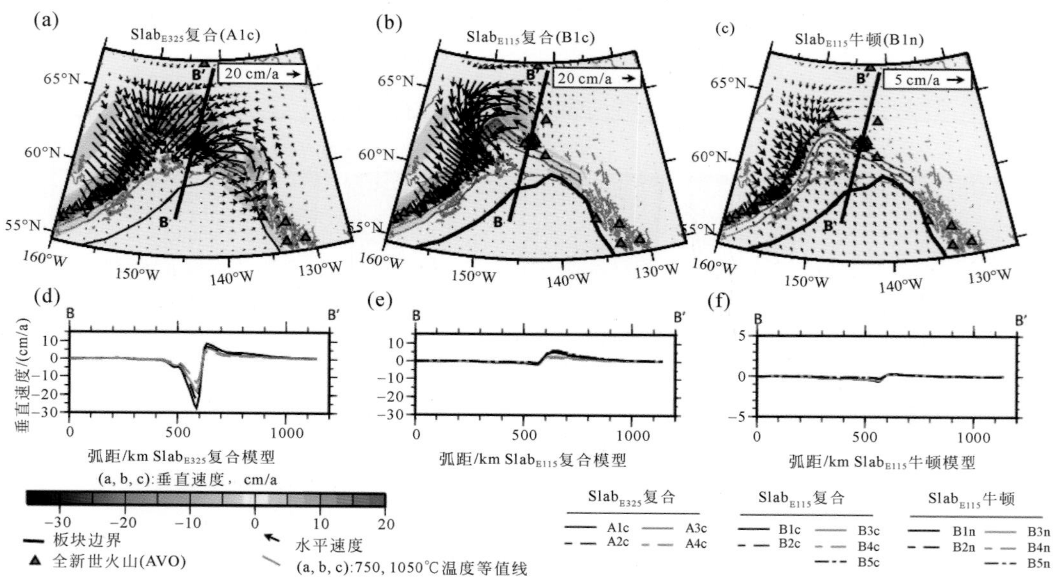


图 3-60　100km 深度处的水平和垂直速度（Jadamec and Billen，2012）

水平速度箭头显示了（a）使用具有复合黏度的 $Slab_{325}$ 的模型 A1c，（b）使用具有复合黏度的 $Slab_{115}$ 的模型 B1c 和（c）使用具有牛顿黏度的 $Slab_{E115}$ 的模型 B1n 的环流的位置。（d）模型 A1c-A4c，（e）模型 B1c-B5c 和（f）模型 B1n-B5n 沿剖面 BB′的垂直速度。此处显示的是在 100km 深度处提取的结果，但请注意，三维模型中垂直上升流的大小以及水平速度随深度而变化

在过去 20 年中收集的大量地震观测资料引起了有关俯冲带附近地幔流场三维性质的讨论，并为板块几何形状如何影响靠近板片的地幔流提供了有价值的约束。在地球动力学中，俯冲带模拟有了新的方向，它探索了板片驱动地幔流的三维特征，部分是来自剪切波分裂的观测结果，也有全球范围内观测到的板片几何形状变化的结果。高性能计算的进步现在允许将前所未有的细节水平整合到俯冲过程的数值模

型中。Jadamec（2016）总结了三维地球动力学模型的最新进展，揭示了板片驱动的地幔流的复杂性质，包括海沟平行流、板片边缘周围的环向流、板片侧面边缘的地幔上涌以及地幔楔内的小尺度对流。这意味着板片驱动的地幔变形区出现在靠近板片的软流圈中，其中地幔的流动方向和速率通常与地表板块的运动方向和速率不同，这意味着横向上可变的板块-地幔耦合。三维板片驱动的地幔流可以部分解释俯冲带中地球化学信号的横向传输。此外，在缺乏地震数据的情况下，高分辨率的地理参考模型可以为板片结构的解释提供依据。将复杂的板块边界合并到高分辨率的三维数值模型中，为在模型构建、数据同化和建模工作流程中的研究新途径打开了大门，并使三维沉浸式可视化在科学发现中发挥了新作用。

近期在地理参考系中，局部分辨率为 2.5km 的阿拉斯加俯冲带的三维区域模型测试了高分辨率板片几何形状对阿拉斯加大陆下方，包括 Wrangell 火山附近的地幔流场的影响（图 3-61）（Jadamec and Billen，2010，2012）。这些三维瞬时数值模型预

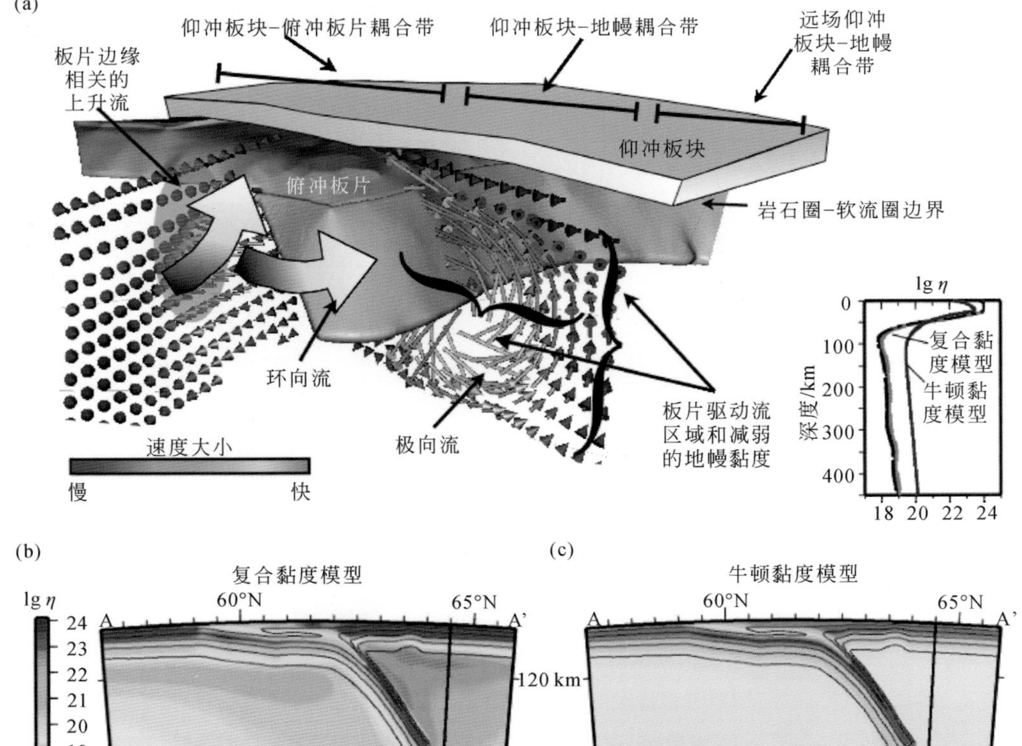


图 3-61　阿拉斯加俯冲转换系统的高分辨率三维数值模型的板片驱动地幔变形带（Jadamec，2016）

（a）板片驱动的环流、与板片边缘有关的上升流以及地幔中围绕板片的极向流动。（b）通过模型域子集的黏度剖面显示了复合黏度模型中围绕板片的横向出露的低黏度区域。（c）牛顿模型的黏度曲线［即在黏度流定律（viscosity flow law）中不依赖应变率］。插图显示了复合黏度模型（黑色线，灰色线）和牛顿黏度模型（蓝色线）的黏度曲线

测了与东部板片边缘周围的环向流相关的上升流，其中热的地幔物质以三维向上的流动模式被夹带，Wrangell 火山的位置在三维流场的上涌处的上方［图 3-61（a）］（Jadamec and Billen，2010，2012）。此外，在地理参考系中，科科斯-纳斯卡板片窗的三维高分辨率（局部分辨率约为 3km）模型还显示了与板片边缘相关的上升流，其与环向流的弯曲相关，该环向流围绕着科科斯南部和纳斯卡北部的板片边缘（图 3-62）（Jadamec and Fischer，2014）。这种向上的运动带动了软流圈地幔和板片边缘物质的向上加热，因此可能导致了中美洲南部观测到的异常火山活动。

图 3-62　加勒比板块区域高分辨率区域板片模型揭示的通过科科斯-纳斯卡板片窗的三维地幔流（Jadamec，2016）

视图为向西南看。模型显示了围绕科科斯板片南部边缘的逆时针环流和围绕纳斯卡板片北部边缘的顺时针环流。三维热结构是用俯冲发生器（Subduction Generator）（Jadamec and Billen，2012）构建的。模型域在经度、纬度和径向上分别离散为 897×865×113 个节点，网格分辨率范围为 2.35～25km，最高分辨率以板片间隙（slab gap）为中心（Jadamec and Fischer，2014）。使用具有自由滑移边界条件的开源地幔对流代码 CitcomCU（Zhong，2006），在 384 个处理器上运行模型 24 小时（约 9000 个核心小时），并使用基于实验得出的橄榄石流动定律的复合黏度公式（Hirth and Kohlstedt，2003）由 Jadamec 和 Billen（2010）实现。尺寸和流量定律参数与 Jadamec 和 Billen（2010）中使用的参数相同

三维高分辨率区域模型做出贡献的另一个研究领域是约束板片和上地幔的黏度，以及约束板块–地幔耦合的横向变化（图 3-61）。尽管根据冰川后回弹和整体速度模型确定的平均上地幔黏度约为 $10^{20}$Pa · s，但实验研究表明，地幔楔中的黏度可能要低几个数量级，约为 $10^{18}$Pa · s。地幔楔黏度的局部降低可能归因于许多因素，包括升高的温度、水含量、熔体分数（melt-fraction）和应变率。

数字数据量的增加，再加上可视化的发展，使得可以进行现代俯冲系统的三维（3D）概念化。Jadamec 等（2018）使用 ShowEarthModel 程序呈现了地球上的现今板片形态。这些穿越地球内部的虚拟航行为板块构造的四维演化提供了快照，并被板片结构的现今状态捕获。结果表明，与现今的洋中脊系统不同，现今的俯冲系统在横向上是不连续的，这使得横向板片边缘普遍存在。三维可视化图表明了板片相交和重叠的方式（图 3-63），这种过程至少发生在地球上 6 个主要的俯冲带处。在给定的俯冲带内观察到的变化以及相交板片的存在状态表明，板片间隙和板片窗是很常见的。三维渲染显示了弧形板片的曲率半径的相对差异，以及给定俯冲区域内倾角的变化。以这种方式解决俯冲岩石圈的复杂几何形状能够为俯冲动力学的突出问题提供约束，包括板片强度、地幔流变学、地幔流环向流和板块–软流圈耦合。

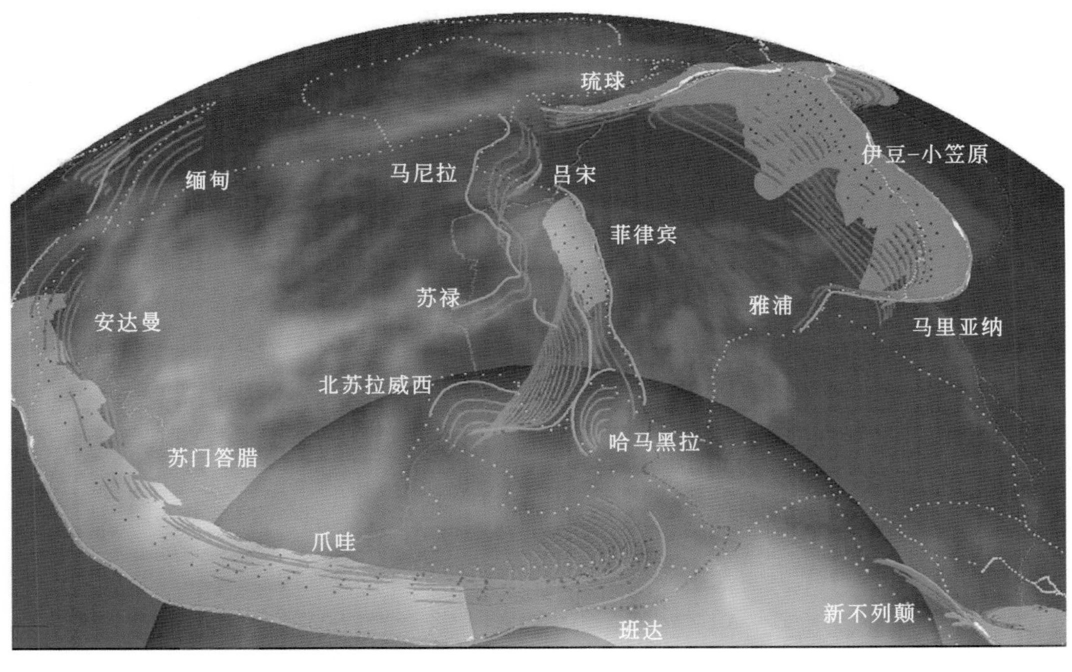


图 3-63 在 ShowEarthModel 中渲染的菲律宾–印度尼西亚地区的板片几何形状（Jadamec et al., 2018）

图像展示了概念化沿板片走向变化和复杂板片相互作用所需的 3D 透视图。板片几何形状引自 Gudmundsson 和 Sambridge（1998）（蓝色轮廓），Syracuse 和 Abers（2006）（紫红色点），Hayes 等（2012）（白色表面），以及 Bird（2003）（黄点）的板块边界。深橙色和浅橙色区域分别是地核内部和外部

图 3-63 显示了菲律宾俯冲带和附近的印度尼西亚板片的状态。通过 Gudmundsson 和 Sambridge（1998）描绘的 5 个不同的俯冲板片，包括马尼拉-内格罗斯（Manila-Negros）、哥打巴托（Cotabato）、北苏拉威西（North Sulawesi）、桑吉河（Sangihe）和哈马黑拉（Halmahera），它们从菲律宾俯冲带向苏门答腊和爪哇交界处分叉，可以看到俯冲带数据的独特部分（图 3-63）。板片交叉处也可以以多个板片的形式出现，这些板片在复杂的方向上相向倾斜或相背倾斜，例如印度尼西亚-菲律宾地区（图 3-63）。

就具有侧向板片边缘的俯冲带的影响而言，三维地球动力学模拟研究表明，其引起了所产生流场的重大变化。三维流体动力学模型表明，当板片通过地幔发生回卷或变陡时，在板片的侧向边缘周围会产生环向流（图 3-64）。从上方观察时，这会在板片的侧向边缘周围产生环形的地幔流。板片边缘在地幔中的横扫运动（sweeping motion）会在地幔楔中产生更高的温度，并在地幔楔中产生更高的流速，邻近于板片侧向边缘的地幔上升流会形成孤立区域，并能导致变化的海沟弯曲（curvature）。

由于结合了地球动力学和剪切波分裂研究的多学科性质，仅仅就地幔动力学对剪切波分裂信号的贡献而言，即使是在二维地幔流框架中，仍然有很多需要理解的方面。MacDougall 等（2017）研究了浮力驱动俯冲模型的黏性流动和晶格优选方位（LPO）的演化，并预测了剪切波分裂，该模型使用非线性流变学揭示了板片驱动的软流圈和板块-地幔耦合的性质。板片驱动的地幔中，晶格优选方位组构的影响区域以及由此产生的总分裂（synthetic splitting）对板片强度和板片初始倾角是敏感的。非线性黏度公式会导致软流圈黏度的动态降低，延伸到地幔楔中超过 600km，在海沟后方超过 300km，在较弱板片和中等板片倾角的模型中会出现峰值流速。随着靠近板片，软流圈中的橄榄石型晶格优选方位的组构通常会提高定向强度（alignment strength），但在较小的长度尺度上可能是瞬态的并且在空间上可变。结果表明，初始俯冲过程中形成的晶格优选方位可能会持续进入稳态俯冲状态。软流圈中的垂直流场会产生背向方位角的剪切波分裂变化，其偏离均匀的海沟法向各向异性的预测，这一结果证明了在真实俯冲带中观察到的剪切波分裂的复杂性。

图 3-65 描绘了浮力驱动的俯冲模型产生的软流圈流场。流场以速度矢量为特征：①在地幔楔内为近水平到倾斜；②在最下部的地幔楔中，板片端部的前面和下面，以及在板片内部和板片之下的地幔（subslab mantle）中接近垂直方向；③在下行板块的未俯冲部分之下为近水平至倾斜（图 3-65）。在下地幔楔和紧邻的板片之下的地幔中，倾斜到垂直的流动矢量与板片的温度等值线呈高角度相交，这表明板片将随时间变陡（图 3-65）。之前已经在浮力驱动模型中显示了这种板片的变陡和后撤运动，并说明了由角流与浮力驱动俯冲模型预测的流场中的显著差异，特别是浮力驱动模型预测板片之下的地幔流场的能力。

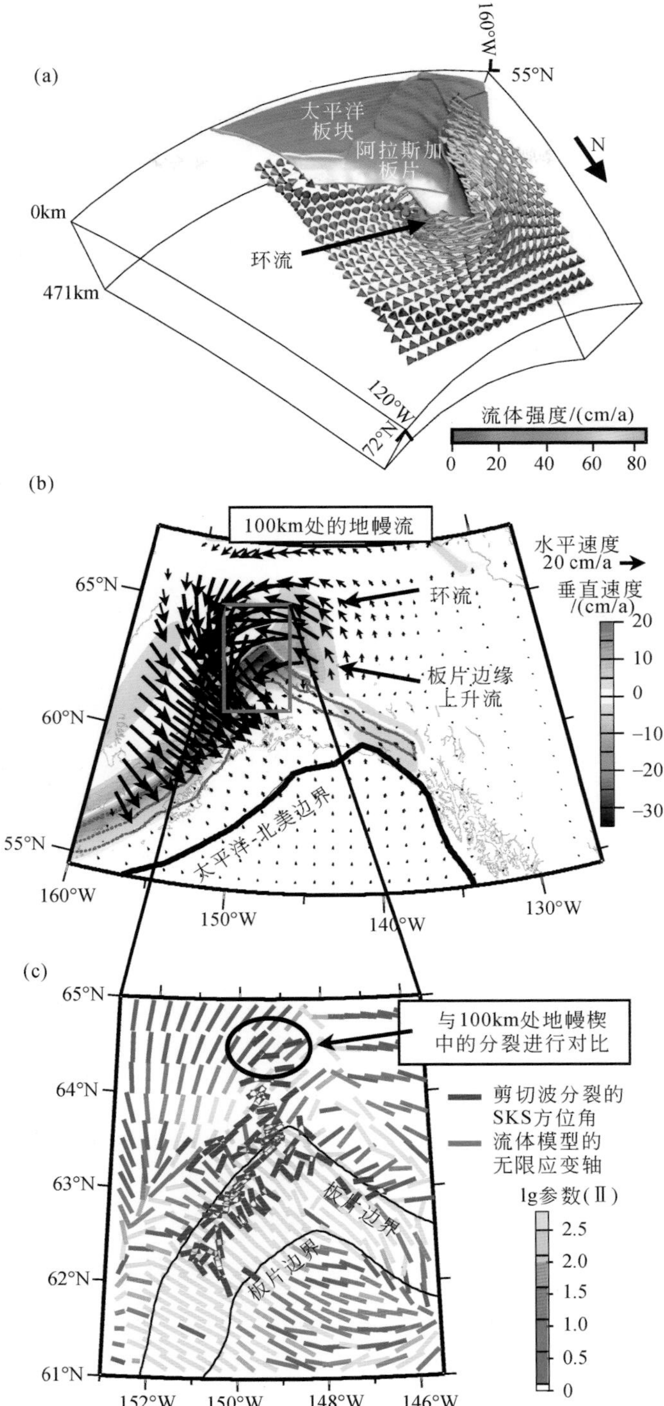


图 3-64 俯冲模型使用地理参考系中的板片并与剪切波分裂进行比较（Jadamec et al.，2018）

（a）Jadamec 和 Billen（2010，2012）的三维地球动力学模型中获得的阿拉斯加东部板片边缘附近的地幔流。（b）100km 深度处的地幔流显示 Jadamec 和 Billen（2010，2012）模型中阿拉斯加板片边缘附近的环流。（c）将阿拉斯加地球动力学模型中的流场中的无限应变轴（Jadamec and Billen，2010，2012）与剪切波分裂数据库（Christensen and Abers，2010）进行比较。Jadamec 和 Billen（2010）进行了 SKS 比较。注意，仅显示子区域。三维地球动力学模型跨越 75°W～120°W，45°N～72°N，深度 0～1500km（Jadamec and Billen，2010，2012）

由浮力驱动俯冲模型所引起的流动的位置和类型的检验，显示了板片对软流圈地幔的影响区域。影响区域的最大水平宽度和垂直深度由5cm/a的流量等值线表示（图3-65）。

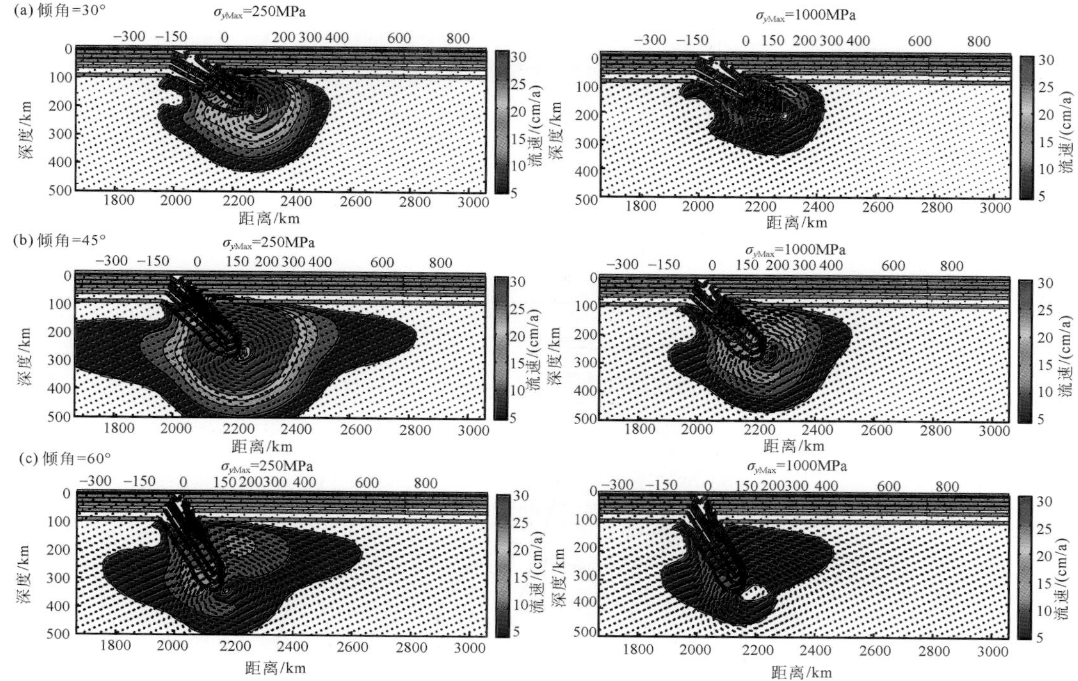


图3-65 浮力驱动俯冲模型的流场和速度大小（MacDougall et al.，2017）

最大屈服应力为250 MPa（左列）和1000 MPa（右列），初始倾角为（a）30°，（b）45°和（c）60°，其显示了板片的影响区域。灰线是温度等值线，间隔为200℃。粉色虚线勾勒出5cm/a等值线的最大范围。粉色实线勾画出板片端部附近的“对流胞”（circulation cell）的中心位置。色标最高值为30cm/a

科学家们早期研究俯冲带中剪切波分裂的观测结果时，曾提出板片驱动的地幔变形带这个概念（Russo and Silver，1994）。MacDougall等（2017）测试了板片倾角和强度对地幔变形带的影响范围和强度，发现其影响区域在概念上如图3-66所示。该影响区域可以深入到地幔楔内600km以上，并波及海沟后方达300km以上。因此，就海沟后面的地幔楔方向和板片之下的方向而言，该区域的净距离可以约为1000km。在三维模型中，板片引起的地幔变形带的长度尺度和组构发育可能更大，这取决于地幔和板片之间的驱动力和黏度对比。

在浮力驱动的俯冲模型中对流场的检查表明，板片倾角和强度对软流圈地幔中所产生的流动的大小和强度起着一级控制效果。较小到中等倾角的薄弱板片会产生更多的垂直流，这是因为小角度倾角的板片的扭矩较大，倾向于使板片向垂直方向旋转，并使薄弱板片抵抗弯曲的能力降低。因此，总体而言，较弱的板片和具有较

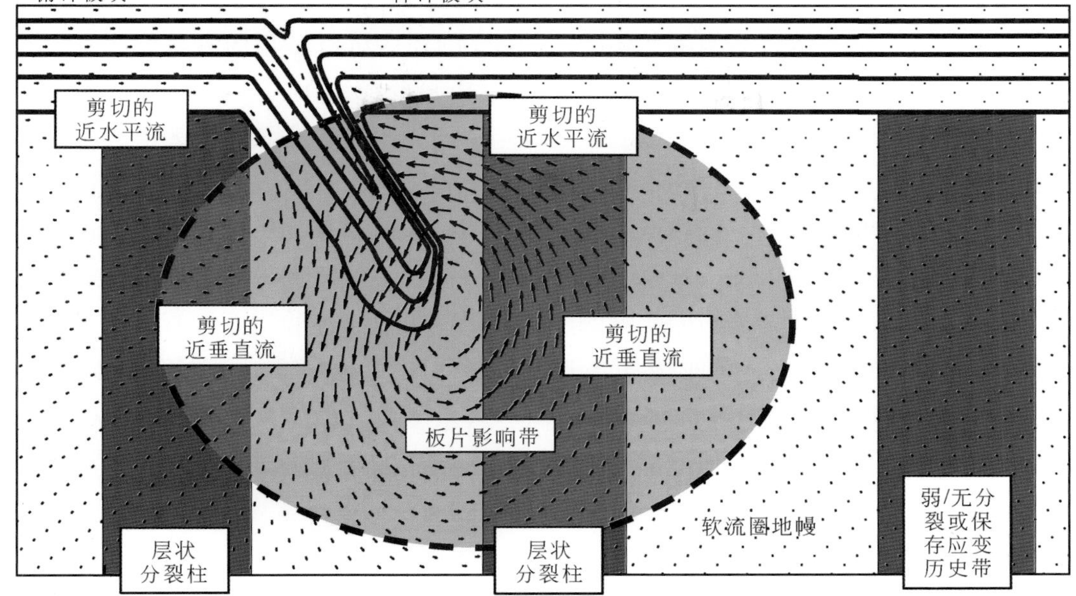


图 3-66 俯冲板片对软流圈地幔影响区域的示意（MacDougall et al.，2017）

小至中度倾角的板片在板片周围的软流圈地幔中，无论是在地幔楔中还是在板片之下的地幔中，都产生了更剧烈的流动。

## 3.3 动力地形模拟

### 3.3.1 动力地形

一般说来，均衡作用引起的地形差异，与地壳以及岩石圈地幔的厚度和密度差异有关。大陆和大洋地区平均地形高程相差 4.5km，这主要是由于岩石圈均衡作用引起的，控制着地球上板块尺度的一级洋陆地形差异。如果地球不受任何动力学过程的影响，大陆地形将均匀高出深海平原 4.5km，然而，一系列动力学过程，在不同时空尺度上，强烈影响着现今地形。例如，大陆板块碰撞拼合作用形成造山带，而板块边缘或内部裂解形成裂谷，这些板块构造以及地形的变化显然受复杂动力学过程的控制。控制均衡地形中的质量异常处于准平衡状态，与均衡地形不同，动力地形是“动态的”，影响动力地形的质量异常在不断发生移动（Flament et al.，2013）。当然，即使在活跃的地质构造带，地形也明显受均衡补偿控制，例如，在大陆造山带，地壳一般较厚、地形高，而在裂陷盆地，地壳比较薄、地形低。

海底地形和大洋岩石圈年龄密切相关，且随着远离洋中脊而不断加深（McKenzie，1978）。大洋岩石圈年龄小于 80Ma 的地区可以结合均衡原理和半无限空间冷却模型（half-infinite space cooling model）来解释（Davis and Lister，1974）。半无限空间冷却模型预测的海底地形，随着年龄增大不断加深，然而大洋岩石圈年龄超过 80Ma 的地区地形整体偏平坦。老的洋壳地区地形不平坦的原因目前还有较大的争议，有些学者认为，受热点影响（Smith and Sandwell，1997），也有人认为与小尺度地幔对流相关（Afonso et al.，2008）等。在这个偏差无法用物理过程解释的情况下，海底深度同大洋岩石圈年龄的变化，仍然可以用经验模型解释，例如，板块模型（Plate Model）较好地描述了这种变平坦的趋势（Crosby and McKenzie，2009）。在大陆地区，由于漫长而复杂的构造演化历史，目前，还没有构造模型来解释大陆地形。海底和陆地地形都受岩浆活动影响，尤其是海洋地区，岩浆活动控制海底高原和海山的形成。

岩石圈之下的地幔流动引起地表地形的升降，被称为动力地形（dynamic topography），最早由 Pekeris（1935）提出。由于地球动力过程的复杂性，目前对于动力地形还没有统一明确的概念。例如，海底地形可以用半无限空间冷却模型来解释，而大洋岩石圈可以被当作是地幔对流的上部热边界层（thermal boundary layer），因此，这应该也算是动力地形的范畴。然而，大陆地区的复杂地形，尚不能用边界层理论来解释，因此，现今动力地形模型，通常忽略上部热边界层的影响，仅考虑边界层之下地幔流动引起的地形变化（Flament et al.，2013）。一般在地幔上升流位置（如洋中脊），动力地形为正值，地幔下降流地区（如俯冲带），动力地形为负值(图 3-67，图 3-68)。

### 3.3.2 残留地形

动力地形自提出以来经历了快速的发展，其中，最重要的是寻找动力地形在地表的存在证据。分析动力地形，首先要去除均衡地形，在现今地形基础上，去除沉积物、冰川、地壳以及岩石圈的均衡贡献，剩下的地形则为非均衡部分，叫作残留地形（residual topography，Crough，1983）。而残留地形很可能是由于地幔对流引起，可以用来跟动力地形进行对比。

在计算大洋板块残留地形时，必须从半空间冷却模型和板块模型中选择一个进行校正。而在陆地上，通常的方法是，去除不同厚度的陆壳形成的均衡地形(Steinberger et al.，2004)，然而，仅仅去除这一部分，会导致大陆整体存在 1 ~ 2km 的异常下沉或抬升（Gurnis，1993）。研究表明，现今地形高度与陆壳厚度并不存在明确的关系，仅基于陆壳厚度均衡模型计算的地形高度过高，可能是因为大陆岩石

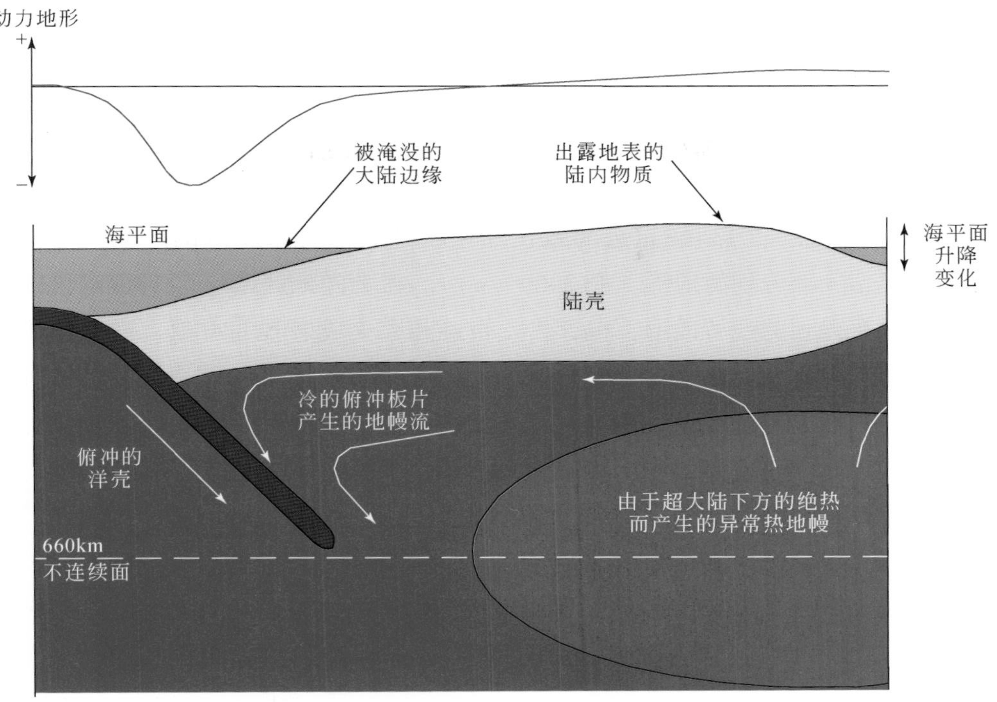


图 3-67　地幔对流对地表地形的影响（Burgess et al.，1997）

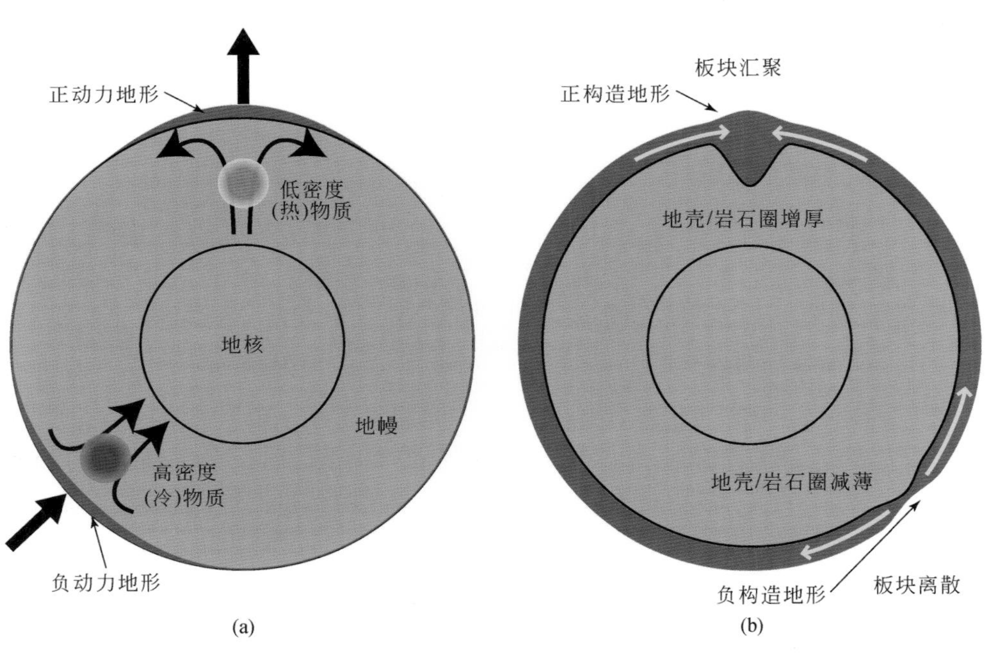


图 3-68　动力地形（Braun，2010）

（a）简单示意图说明地幔对流如何引起动力地形变化。红色和蓝色圆圈分别表示地幔中低密度（热）和高密度（冷）的异常体。黑色箭头表示密度异常诱发的地幔流动，同时简示了地幔流变化引起的动力地形变化。（b）板块运动（黄色箭头）引起的地壳和岩石圈厚度变化，从而形成的均衡补偿的构造地形。板块汇聚处地壳增厚，并形成山脉（或正地形）。板块离散处地壳减薄，并形成盆地。两个示意图都放大了地表挠曲的幅度。真实地球的地形变化只有几千米，与地球半径（6371km）公里相比很小

圈强烈亏损、密度比较低（Zoback and Mooney，2003）。在计算残留地形时，一些研究去除了地壳和岩石圈均衡贡献（如 Kaban et al.，2003），然而，计算过程中需要对岩石圈的热-化学状态进行假设，引入较大的不确定性。由于大陆岩石圈热-化学结构的不确定性，还有一些研究在计算陆地残留地形时去除平均大陆海拔（Flament et al.，2013），这会导致在陆壳较厚地区（如喜马拉雅地区）的残留地形中，包括一部分均衡地形［图 3-69（a）］。在大洋地区基于半空间冷却模型或板块模型计算得到的残留地形，包含热点轨迹和大火成岩省的贡献。这部分并不属于残留地形，应该去除。

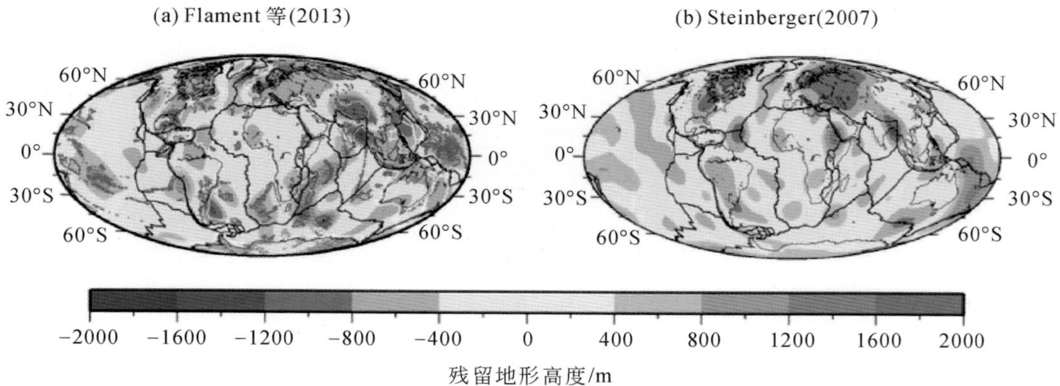


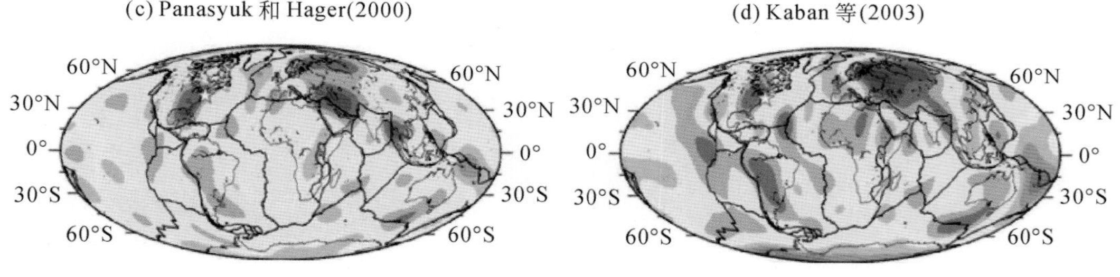


图 3-69　现今残留地形模型（Flament et al.，2013）

4 个模型在大洋地区均用板块模型校正。陆地地区，（a）去除陆地平均海拔（529m），（b）去除地壳的均衡贡献，（c）和（d）去除了地壳和岩石圈的均衡贡献

尽管在计算过程中用了不同的均衡模型，然而，通常的残留地形场都有一些共同点。负残留地形都出现于北美东部、南美西部、欧洲中部以及大洋地区的南美南部阿根廷盆地和大西洋中西部，正残留地形出现于非洲南部、北美西部以及大洋中的西南太平洋地区、冰岛附近和北大西洋洋中脊附近。特别是，中国东部在 Flament 等（2013）模型中表现为负残留地形，而在其他三个模型中都为正残留地形（图 3-69）。

### 3.3.3　动力地形提取

在构造活跃地区，地表地形的变化明显受岩石圈变形的影响，岩石圈变形导致的地形变化和下部地幔流导致的动力地形会叠加在一起，难以将其各自分离出来。动力地形特点是波长长、振幅小，而岩石圈变形（伸展或缩短）引起的地形变化通常波长短、振幅大。尽管如此，构造变形弱的大陆克拉通地区是寻找动力地形的最佳地区（Gurnis，1992）。因为岩石圈之下的地幔流动状态是不断变化的，所以地表动力地形也随着不断变化。动力沉降事件通常跟随着动力抬升，反之亦然。所以，这种长期的变化，使动力地形相关地质记录的保存变得困难。在动力沉降地区容易有沉积记录，然而，由于动力沉降一般持续时间短，后期常会跟随抬升，因此，快速俯冲事件引起的动力沉降，通常会与前期剥蚀面之间形成不整合面（Burgess et al.，1997）。长期以动力沉降为主的地区容易有地层保存，例如，北美西部白垩纪地层记录了晚白垩世期间，动力沉降的向东推进，使盆地沉积中心向东迁移（图 3-70）。长期动力抬升地区难以有地层记录，一般可以通过低温热年代学，如磷灰石裂变径迹、磷灰石（U-Th）/He 等分析陆地抬升的时间和尺度，以间接分析其动力过程。相关研究已经被用于卡普瓦尔（Kaapvaal）克拉通（Flowers and Schoene，2010）和大奴（Slave）克拉通（Ault et al.，2009）等。

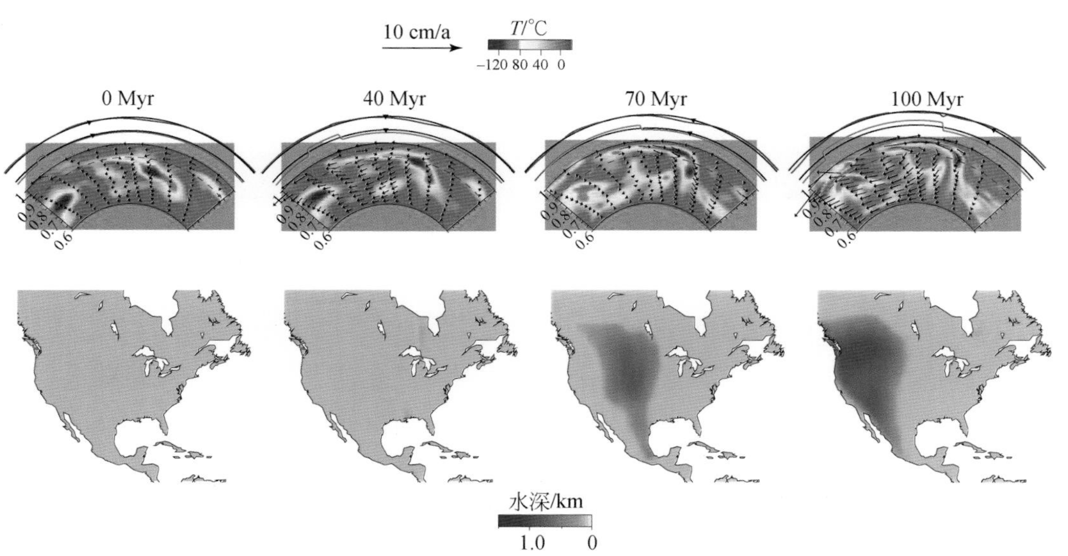


图 3-70　时间倒序的地幔流模型（Spasojevic et al.，2009）

地幔对流模型结果显示了北美地区过去 100Myr 地幔的温度场和速度场（上）以及动力地形变化（下）。上部 4 个图中蓝色曲线显示模型沿着剖面预测的动力地形，红色曲线表示预测的板块运动速度

由于动力地形起源于深部地幔，数值模拟一直是其主要的研究手段，近年来的计算机技术的发展也促进了动力地形的研究。时空上连续、板块边界连续封闭，而且包括板块变形的板块重建，也已经被用于约束地球动力学地表速度场和俯冲带位置（Bower et al.，2015），并已经用于计算全球动力地形（图 3-71）（Flament et al.，2013）。动力地形被用来解释均衡效应或岩石圈变形无法解释的地形变化，例如，大西洋洋中脊两侧的不对称地形（Flament et al.，2014）、被动大陆边缘山脉的形成（Müller et al.，2016）等。动力地形分析也开启了从深部动力研究更广泛类型洋陆耦合机制的一扇新"窗口"。

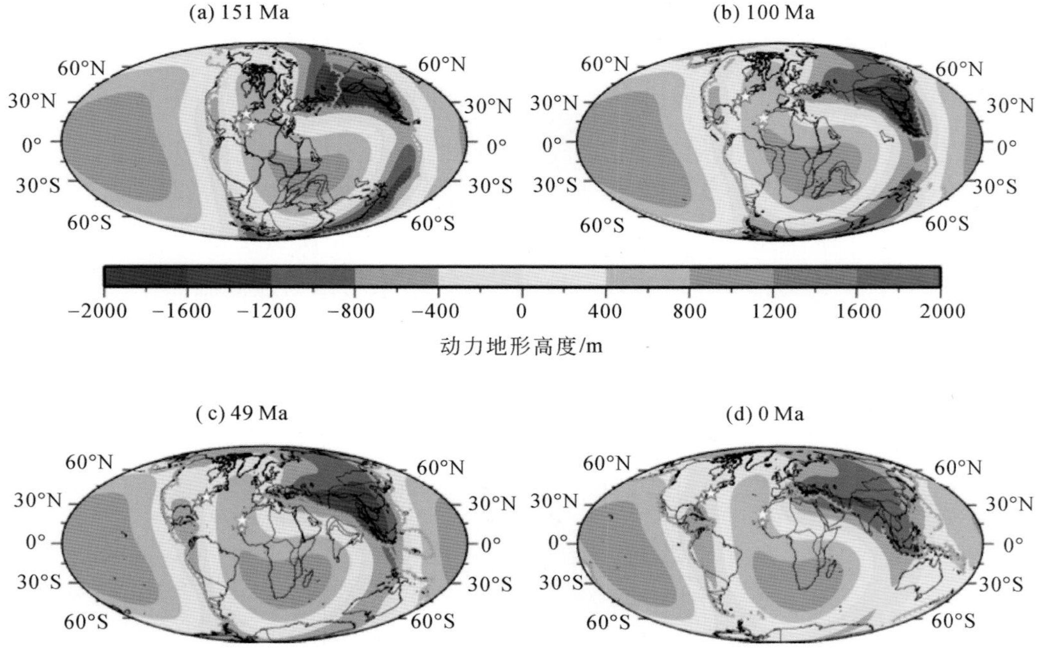


图 3-71　全球动力地形演化（Flament et al.，2013）

（1）大西洋洋中脊两侧的不对称地形

洋陆耦合研究离不开对洋底机制的深入探讨，洋底动力地形研究相对陆地来说比较容易，因为不存在长期复杂的板内变形。南大西洋洋中脊两侧具有明显的地形不对称性，尤其是在南大西洋南部，西侧地形较深并形成阿根廷海盆，而在北侧巴西东部形成高原；东侧地形浅，而且在南非大陆形成高原。针对这些问题，不同学者提出了多种模型，例如，Morgan 和 Smith（1992）认为，大西洋两翼地形的不对称性是由于软流圈地幔流动绝对速度在洋中脊两侧显著不同引起；Doglioni 等（2003）认为，岩石圈的整体向西移动，导致软流圈地幔向东流动，因此，大西洋东侧下部软流圈严重亏损、密度低，从而形成东高西低的地形格局。这些模型并没有解释大西洋两侧的陆地地形特征（巴西东部和非洲南部的高原）。

Flament 等（2014）结合板块重建模型，分别计算了动力地形和总模型地形（total model topography，为动力地形+均衡地形），计算的总模型地形结果同 ETOPO1 模型数据吻合较好，大西洋东侧地形比西侧高约 1000m。通常，海水深度与岩石圈随着年龄冷却下沉而变深。根据半空间冷却模型，相同年龄的大洋岩石圈应该有相似的海水深度，因此，该地形的非对称性主要受深部地幔流控制。在大西洋两岸陆地地区，巴西东部和非洲南部表现为高原，和模型结果比较一致（图 3-72）。南非高地形的形成主要由于处于非洲地幔柱上部，而且巴西东部处于该地幔柱的西侧边缘，两个地区的隆升明都受地幔上升流的影响。而非洲地区新生代以来的不断抬升，是由于大西洋不断扩张生长，使其不断远离南美俯冲带地幔下降地区。

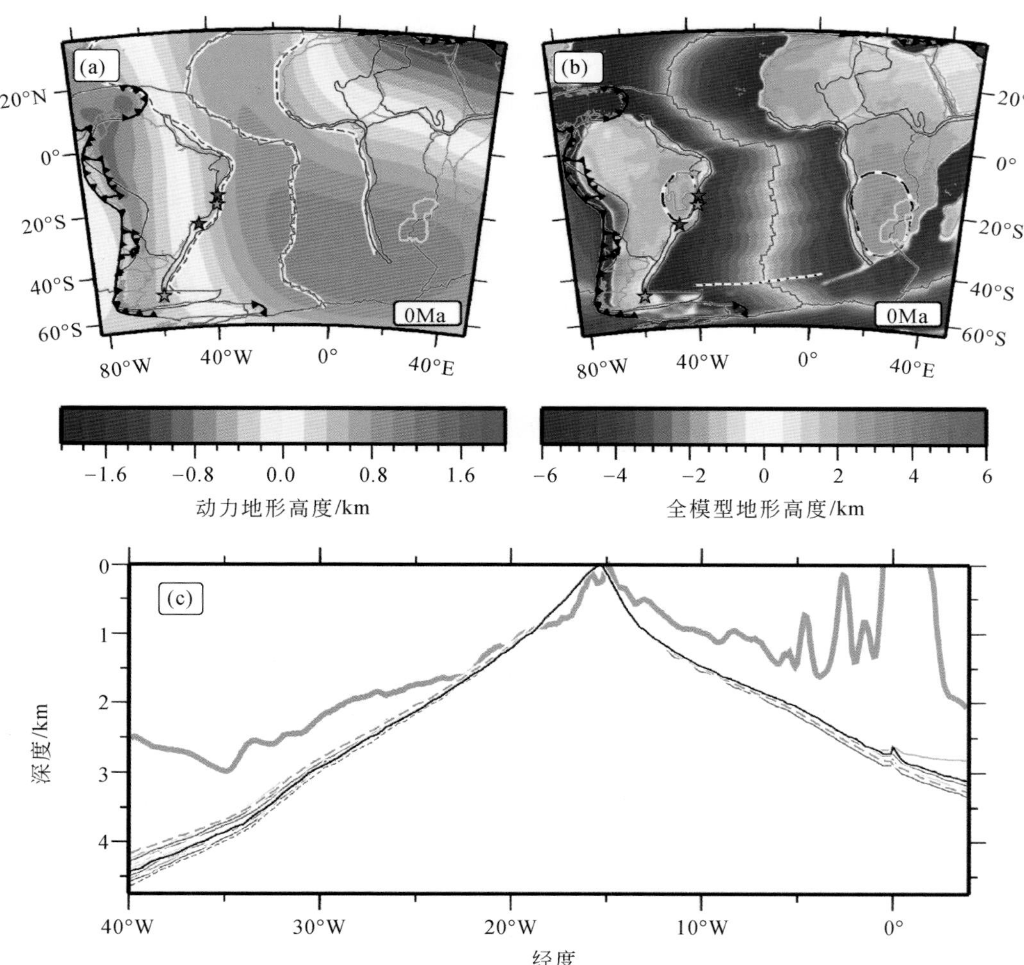


图 3-72　大西洋地区地形和动力地形对比（Flament et al.，2014）

（a）现今动力地形，（b）总模型地形，（c）不同黏度参数模型计算的总模型地形剖面（彩色线条）和 ETOPO1 地形剖面（灰色粗线条），剖面位置见（b）中大西洋南侧近东西向虚线

(2) 澳大利亚东缘山脉的形成

被动大陆边缘山地的形成机制也存在争议，因为不同于大部分地区构造挤压形成的山地，被动大陆边缘变形以伸展为主。Weissel 和 Karner (1989) 认为，这些山地是板块发生挠曲形成的。Japsen 等 (2012) 的研究认为，被动大陆边缘山地一般横向跨度宽，无法用板块挠曲作用解释，而是可能与克拉通边缘发生岩石圈尺度的褶皱有关。然而，目前并没有支持这种大尺度褶皱的明显证据。澳大利亚东部山地是研究被动陆缘山地的理想地区。

澳大利亚记录的沉积演化和全球海平面变化在时间上存在差异，主要海侵发生于 120 ~ 110Ma，然后逐渐海退。在 80 ~ 70Ma 时期，陆地暴露面积最大，而此时几乎为全球海平面最高时期，这表明了当时澳大利亚大陆反而经历抬升。白垩纪末，澳大利亚比现今高出 250m (Bond, 1978)。Czarnota 等 (2014) 研究表明，澳大利亚东部山地分别在晚白垩世和新生代中晚期存在两期隆升。Müller 等 (2016) 通过建立地幔对流模型，对比动力地形和澳大利亚沉积、剥蚀历史，认为澳大利亚东部山地的抬升历史受地幔流控制。100Ma 之前，澳大利亚东侧为长期的俯冲带，处于地幔下降流的上方，动力地形为负值 (图 3-73)。120 ~ 100Ma，澳大利亚大陆向东运动，逐渐移动至前期俯冲的板片之上，俯冲板片的沉降使澳大利亚中东部大区域形成负地形。100Ma 之后，澳大利亚停止向东漂移，且东侧俯冲带经历短暂的俯冲间歇，致使澳大利亚动力沉降减弱，开始了动力回升。新生代澳大利亚东部再次经历抬升剥蚀，这是由于新生代中晚期以来不停地向东北方向移动，慢慢移动至太平洋地幔上升区 (Jason 的 LLSVP) 的西侧边缘。

(3) 巽他地块晚中生代以来的动力升降

东南亚地区分布大量岛屿，其中，巽他地块为全球最低的陆地地区之一，几乎一半的地区被海水覆盖。这是由于该地区长期被俯冲带包围，地幔中累积大量的俯冲板片，引起现今地表动力沉降 (Lithgow-Bertelloni, 1997)。不过在巽他地块存在一个 $K_2$ ~ $E_2$ 的区域不整合面 (Afonso et al., 2008)，表明当时该地区发生海退事件，但是当时海平面远高于现今 (图 3-74)。在始新世时期，只有不到 1/5 的陆地在海平面以下，当时的全球海平面比现今高 200m (Haq and Al-Qahtani, 2005)。最新的板块重建表明，在大约 75Ma，沃伊拉 (Woyla) 地体和西苏拉威西-东爪哇地块拼贴在巽他地块南侧，之后，经历了大约 15Myr 的俯冲间断，其间该地区开始快速的动力抬升。60Ma 左右再次开始俯冲，约 40Ma 该地区开始再次沉降。所以，$K_2$ ~ $E_2$ 时期的区域不整合面的形成是由于俯冲停止、动力沉降减弱，使地表动力抬升形成的 Zahirovic 等 (2016a)。

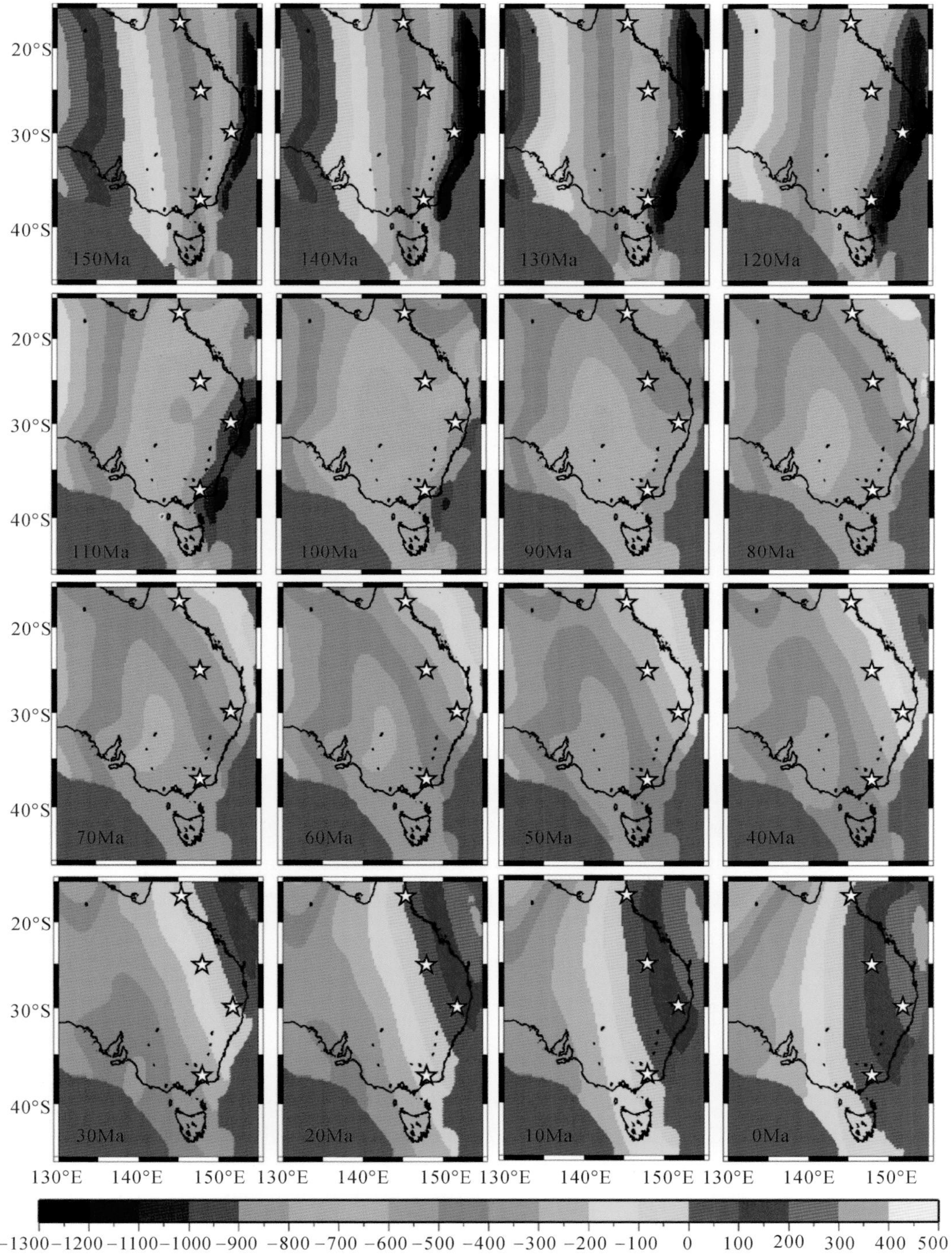


图 3-73　澳大利亚东部动力地形演化（Müller et al., 2016）

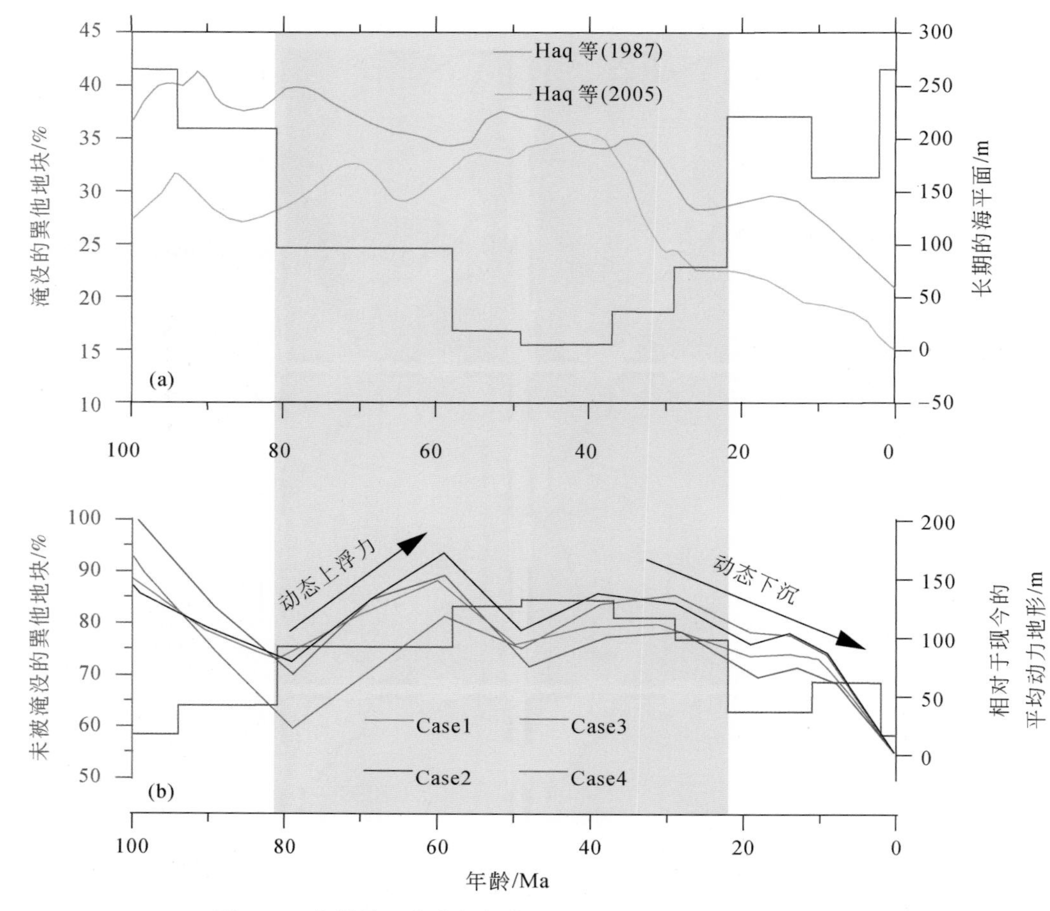


图 3-74　与巽他地块海侵相关的过程（Zahirovic et al.，2016a）

（a）海平面变化无法解释巽他地块的海侵过程，深蓝色和浅蓝色线条指示海平面变化曲线，紫色为海水覆盖陆地占比；（b）动力地形与巽他地块暴露趋势一致。棕色线为暴露出海平面陆地部分占比，其他颜色线条为不同地幔对流模型（黏度参数以及板块重建模型不完全相同）计算的动力地形

## 3.3.4　动力地形演化

以中国东部为例，中生代以来，中国东部受两个相邻的构造域的影响：太平洋构造域和特提斯构造域，两侧大洋板块的快速俯冲，必然会影响中国东部地幔对流和动力地形。基于 Zahirovic 等（2016b）的板块重建模型，Cao 等（2018）分析了中国东部在 160Ma 以来的动力地形演化历史。在 160Ma 前后，中国东部为广泛的动力沉降带，动力地形走向东西，向南倾，在南部低至-2000m，北部低至-600m，在华北地区是-800～-600m，华南地区-1200～-800m。此后地形开始缓慢地逆时针旋转，到 120Ma 时，变为走向北东、倾向东南（图 3-75）。同时，在 160～80Ma，中

国东部快速动力沉降。动力地形向东南倾斜，反映依泽奈崎板块的影响持续增加。80Ma 以来，动力地形的特点是两条北东—南西向的动力地形沉降带，西部沉降带覆盖了大部分的华北地块和华南地块，东部沉降带在俯冲带后侧，覆盖黄海和东海地区。伴随俯冲带的向东后撤，东部沉降带持续向东迁移。

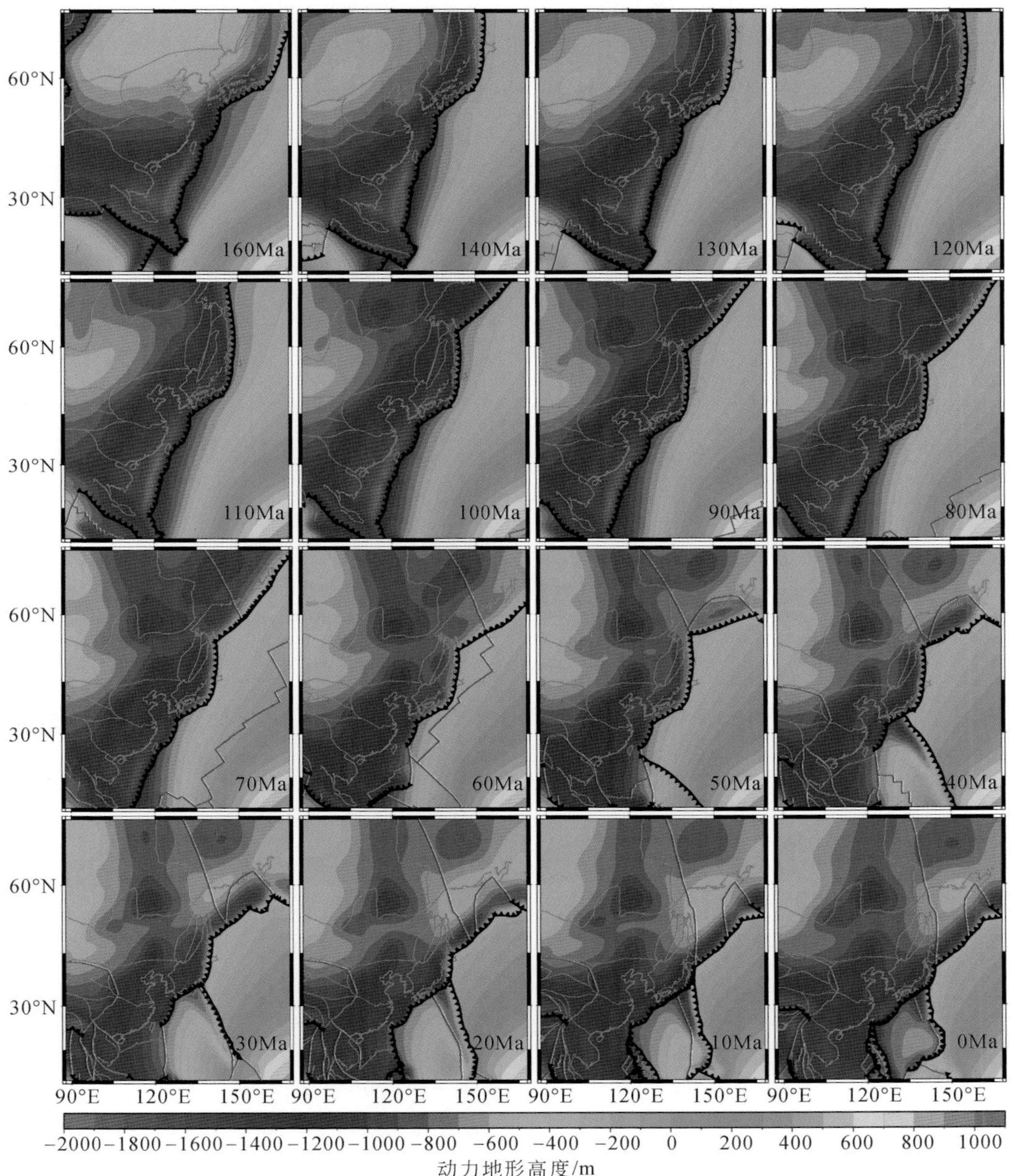


图 3-75　中国东部动力地形演化（Cao et al.，2018）

动力地形振幅的变化，反映了其对俯冲大洋岩石圈年龄的依赖性（Flament

et al., 2014)。160 ~ 90Ma 中国东部动力地形为强烈的负值，因为老的大洋岩石圈在俯冲，而在 60Ma 时动力地形负值较弱，是由于依泽奈崎-太平洋洋中脊不断靠近俯冲带，年轻的大洋岩石圈在俯冲（Cao et al., 2018）。

（1）动力地形控制侏罗纪古河流流向

古地理重建可以用来约束古动力地形，其中，陆源沉积物物源分析可以有效地用于古地理重建（Dickinson, 1988）。鲁西隆起在华北地块东部，现今被新生代裂陷包围，侏罗纪沉积物在该地区保存较好。通过砂岩碎屑锆石 U-Pb 年龄及碎屑模式，Xu 等（2013）提出，在鲁西隆起，晚侏罗世沉积物主要来自华北地块北缘，其次来自北侧中亚造山带，这表明当时华北北部海拔较高，为华北地块南部提供物源。Xu 等（2013）重建了一个由北向南的古河流网，这些河流将碎屑搬运至华北内部。而当时的动力地形为北高南低，穿过中亚造山带和鲁西地区的南北向的动力地形剖面，揭示了北高南低的动力地形（Cao et al., 2018）。这说明当时的古河流很可能受动力地形的控制。

低温热年代学方法中的磷灰石裂变径迹热年代学已广泛用于确定山体剥蚀速率、沉积盆地的热历史以及物源分析等。山脉的剥露历史可以用来与动力地形对比，进而可揭示深部地幔对地表地形演化的影响。

A. 华北太行山地区

太行山位于华北地块中部，是南北走向的山脉，根据前寒武纪基底划分，属于华北中部构造带（Zhao et al., 2005）。Cao 等（2015）进行了太行山脉中部和南部的取样，以及磷灰石裂变径迹年龄测试和分析［图 3-76（a）（b）］。8 个样品热历史模拟结果表明，其剥露历史可以分为 4 个阶段：①140Ma 之前快速剥蚀（剥蚀的起始时间不清楚，因为在温度高于 110℃时，磷灰石热历史模型不能约束）；②140 ~ 60Ma 缓慢剥蚀阶段；③60 ~ 32Ma，再次快速剥露事件；④32Ma 到现今的模拟结果分为两组，一组结果为几乎没有剥蚀，另一组结果为快速剥蚀到 20Ma，然后无剥蚀至现今，或者从 32Ma 一直快速剥蚀至现今。第一组来自太行山西侧，第二组来自太行山东翼。东翼样品可能受中新世早期以来渤海湾盆地热沉降的影响，而该沉降对远离盆地西侧的样品影响不大。因此，跟动力地形演化相对比时，只考虑西侧样品。

同样，动力地形预测的太行山区运动历史也可以分为 4 个阶段：①180 ~ 160Ma，持续动力抬升约 150m；②然后动力沉降至 68Ma，下沉幅度约 600m（80Ma 之后几乎没有沉降）；③68 ~ 35Ma，50 ~ 100m 的动力抬升；④再次动力沉降直到现今（100 ~ 200m）。

动力地形表明，在阶段①和阶段③为动力抬升，对应的磷灰石裂变径迹数据显示为快速剥蚀，阶段②和阶段④为动力沉降，对应磷灰石裂变径迹数据为弱的去顶剥蚀。两者的一致性说明，太行山地区地形的演化很可能受深部地幔流的控制。不过，两者的演化过程存在时间差，例如，动力地形揭示的阶段①到阶段②过渡时间比磷灰石裂变径迹早 20Myr，阶段②到阶段③转换时间早 10Myr。可见，磷灰石裂变径迹揭示的剥露历史滞后于动力地形演化，可能的原因是动力地形由上升转为沉降时，由于前期形成的地形差尚未被剥蚀夷平，因此，剥蚀还会继续进行；而当动力地形由沉降转为抬升的时候，需要时间形成一定的地形差，剥蚀作用才会开始变强，并被样品记录下来。所以，剥蚀作用会滞后于动力地形的转变。还需要注意的是，剥露厚度值比动力地形抬升大几倍，这是因为剥蚀去顶作用会导致额外的均衡抬升，并引起再次剥蚀（Flowers et al., 2012）。在动力地形抬升幅度和剥蚀厚度之间缺少明确关系的情况下，动力抬升对应快速剥蚀、动力沉降对应缓慢剥蚀的关联说明了地幔流对地表地形变化的影响。

B. 华南安徽地区

在安徽地区，两个样品 cj106 和 cj141 磷灰石热历史模拟结果（Ketcham, 2005）显示出类似的冷却历史：80～60Ma 快速剥蚀，以及之后相对慢速的剥蚀。动力地形显示 80～60Ma 快速动力抬升，60～40Ma 相对较慢的动力抬升，40Ma 之后动力沉降。40Ma 之前，动力地形结果与剥蚀历史相吻合［图 3-76（c）（d）］。然而，40Ma 以来的动力沉降与磷灰石揭示的持续侵蚀存在矛盾，这可能反映了前期快速隆起形成的地形差，引起后期持续剥蚀。

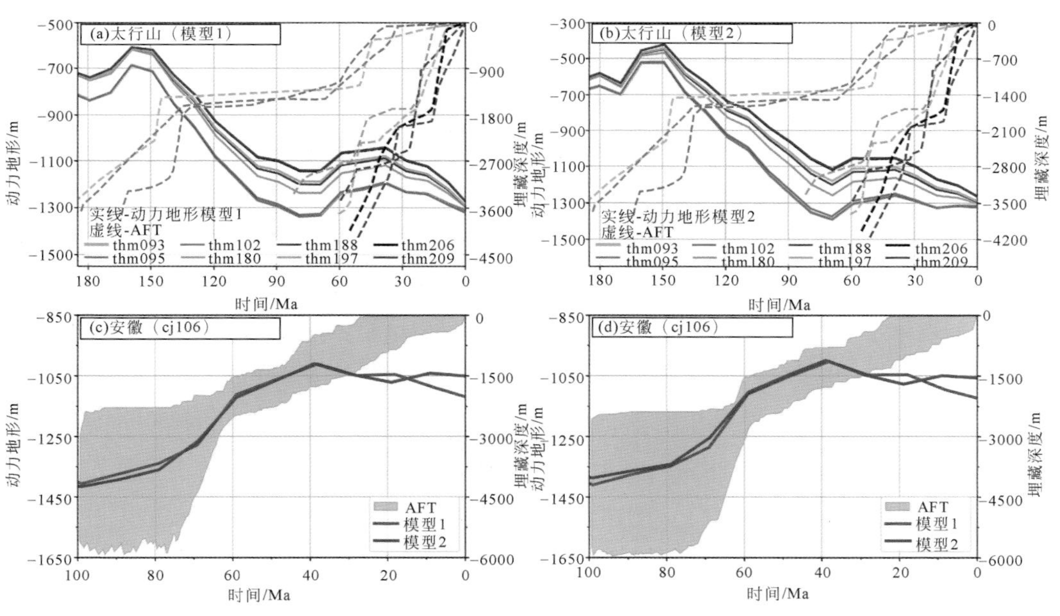


图 3-76　中国东部动力地形与山脉剥蚀历史对比（Cao et al., 2018）

(2) 动力地形与盆地沉降

盆地沉降历史分析可以用来追踪沉积盆地的演化历史（McKenzie，1978）。构造沉降曲线是一个理想的盆地沉降史分析方法，它提供了一种将不同盆地经历了不同的沉降历史标准化的方法。构造伸展一般会导致明显的岩石圈减薄、快速构造沉降、岩浆作用和正的热异常。裂陷作用停止后，热异常会因热再平衡而减弱，裂陷盆地之下的地幔逐渐冷却，导致盆地进入热沉降阶段。整个沉降过程可以用半空间冷却模型约束（White，1993）。在理想情况下，总沉降量与盆地的伸展强度直接相关，然而，盆地沉降可能还受其他因素的控制，例如，动力地形的影响。

中—新生代晚期以来，亚洲东部经历了多期复杂的构造变形以及构造转换，形成了大量的构造性质不同的盆地，包括中生代鄂尔多斯盆地等挠曲盆地，以及松辽盆地等陆内裂陷盆地，新生代冲绳海槽等弧后盆地或边缘海盆，从根本上改变了东亚区域地形地貌的格局。

对于该区域构造演变，大量研究表明，其与周缘大洋板块的俯冲密切相关。通过对比盆地的沉降与动力地形演化，可以分析深部地幔流对地表地形演变的影响。钻井资料和其他一些数据（如地震剖面）揭示了这些盆地的演化历史（如前裂谷阶段、同裂谷期和裂谷后阶段）。对于未经受构造变形的盆地（如鄂尔多斯盆地），其沉降历史可以直接和动力地形对比；而对于裂陷盆地，Cao 等（2018）利用 White（1993）的方法，计算了各主要盆地的理论构造沉降历史。如果钻井数据得出的沉降历史与理论构造沉降历史存在差异，那么就表明盆地沉降过程受其他因素控制，这个差异沉降被称作异常沉降（anomalous subsidence）(Flament et al.，2013)。异常沉降通常为钻孔揭示的构造沉降量减去理论沉降量，它可以跟动力地形直接进行对比，因为异常沉降很可能是由于地幔流动引起（Flament et al.，2013）。

A. 鄂尔多斯盆地的异常沉降

鄂尔多斯盆地位于华北地块西部地区，岩石圈厚度超过 200km（Chen et al.，2009)，现今仍然具有“克拉通”属性。该盆地经历了多期的隆升和沉降，形成了厚层的沉积物，包括早古生代碳酸盐岩台地、晚古生代海相到陆相地层、中生代内陆湖相地层和新生代厚层黄土。盆地内部构造稳定，然而盆地周边被不同构造性质和方向的构造带所包围（Zhang et al.，2007）。Xie 和 Heller（2009）分析了盆地西南部的构造沉降史（图 3-77)，构造沉降曲线表明，盆地在 160 ~ 148Ma 几乎没有构造沉降，148Ma 之后盆地构造沉降速率增加，一直持续到 100Ma，之后盆地沉降速率略有下降，持续到 70Ma。在 148 ~ 70Ma，盆地经历的沉陷幅度约为 300m。动力地形结果绝大部分的时间内与构造沉降曲线吻合较好，除 165 ~ 160Ma 和 80 ~ 70Ma 有小幅度差异。

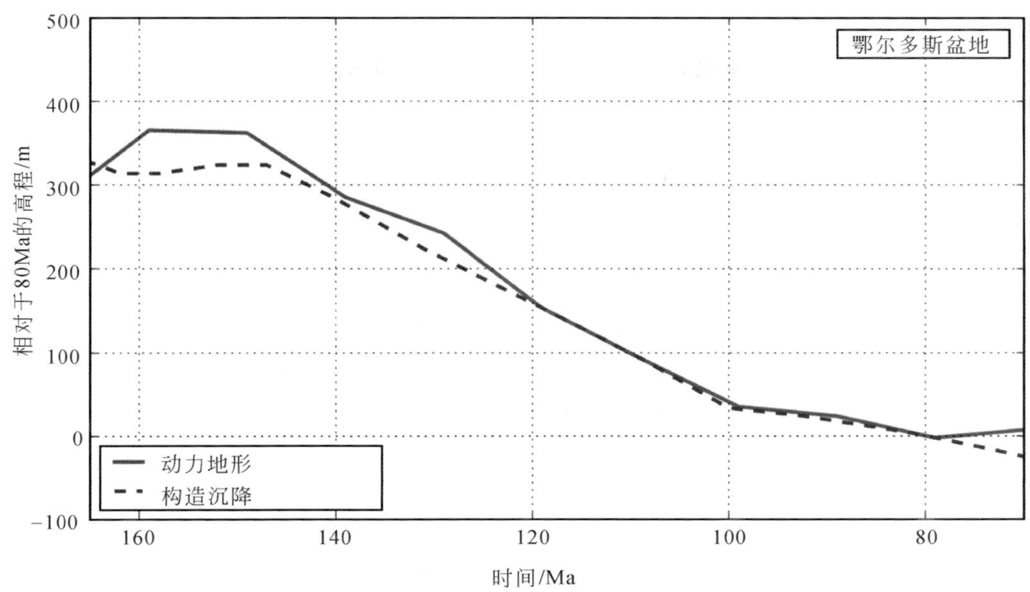


图 3-77　动力地形演化（绿线）与鄂尔多斯盆地沉降历史（蓝色虚线）（Cao et al., 2018）

B. 松辽盆地断陷后异常沉降

松辽盆地位于中国东北。松辽盆地的基底是由几个块体于晚古生代初步缝合在一起，在二叠纪末沿着索伦缝合带与华北地块最终拼贴。钻孔数据表明，盆地裂陷作用发生于150～103Ma（Wang et al., 2016），裂谷盆地内堆积了大量沉积物和岩浆物质。裂谷后阶段的热沉降速率高，并伴有玄武岩喷发。在裂陷盆地，由于裂陷时期沉降主要由断层作用控制，因此，一般只分析裂陷后的热沉降阶段有没有异常沉降。在103～80Ma，松辽盆地异常沉降超过400m（图3-78）。经过80～79Ma的地形快速异常升降后，在79～72Ma发生约20m的异常抬升，然后异常沉降至64Ma，沉降量约50m，随后异常抬升至55Ma左右。动力地形与103～80Ma的快速异常沉降、80Ma的快速异常沉降终止以及64～55Ma的缓慢隆起相吻合。然而，在80～64Ma，两者存在一些差异。整体来说，预测的动力地形与松辽盆地的异常沉降是相吻合的。因此，松辽盆地的裂陷后的异常沉降，很可能受地幔流控制。

以上中国或东亚动力地形的实例表明，俯冲系统影响下的洋陆耦合机制不仅对洋陆过渡带影响显著，如中国东部两条沉降带的宏观现象始终难以解释；而且对陆内或大陆板块内部克拉通盆地沉积沉降中心也有控制作用，如北美克拉通中生代盆地沉积沉降中心东迁，中国鄂尔多斯及四川克拉通盆地中生代沉积沉降中心西迁。这种洋陆耦合过程在传统板块构造理论中是难以解释的，是宏观大尺度洋底动力过程诱发的宏观洋陆耦合现象。

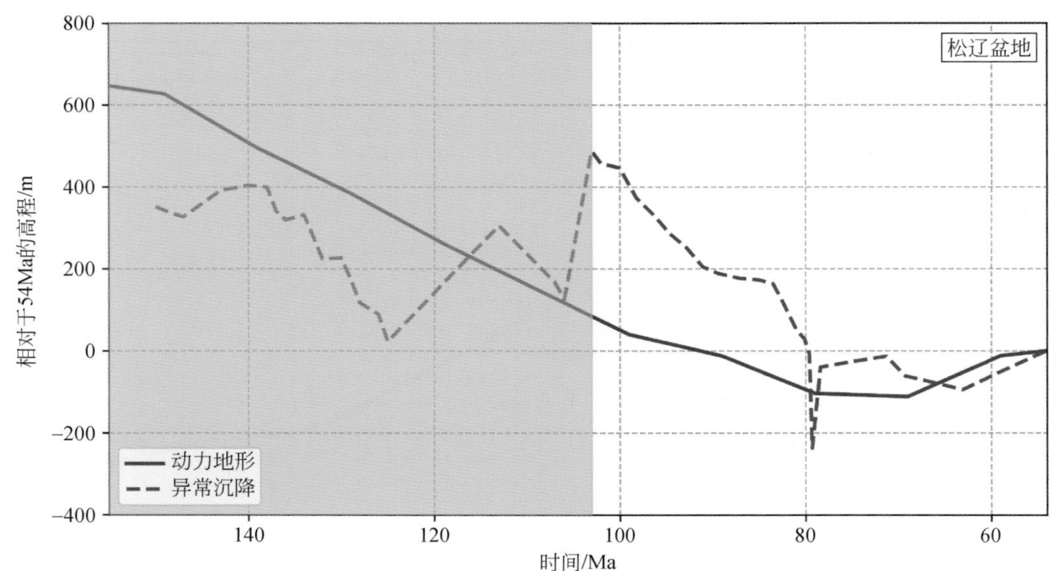


图 3-78　动力地形演化（绿线）与松辽盆地异常沉降历史（蓝色虚线）（Cao et al.，2018）

### 3.3.5　动力地形计算实例

上述动力地形研究是以板块运动历史为边界条件，计算深部地幔流对上覆板块的作用力，来推算动力地形。这里选择 Schiffer 和 Nielsen（2016）提供的北大西洋构造域（North Atlantic Realm）的应力和动力地形计算实例来说明通过模拟岩石圈应力场来计算动力地形的方法。

北大西洋构造域的构造演化包括至少两期完整的威尔逊旋回。最近一期起始于亚匹特斯洋的关闭，终结于奥陶纪至早泥盆世的加里东造山运动（Roberts，2003）。随后的约 340Myr 的加里东造山带持续发生造山后的垮塌和伸展（Andersen et al.，1991），转变为主动裂谷，最终在新生代早期开始大陆裂解和海底扩张（Nielsen et al.，2007）。北大西洋的裂解伴随着大规模岩浆爆发和北大西洋大火成岩省的形成（Saunders et al.，1997）。这种岩浆事件通常与地幔柱有关（Fitton et al.，1997），但也有学者提出了较浅部的板块构造成因（Korenaga，2004）。

这种复杂的历史塑造了北大西洋区及其不同构造域（大洋、过渡带、造山带、克拉通）（图 3-79），表现为年龄、岩石圈结构、成分和热状态都发生了显著变化（Darbyshire et al.，2004；Grad et al.，2009；Artemieva and Thybo，2013）。岩浆型被动大陆边缘处于大洋型岩石圈到北美和欧洲大陆型岩石圈的过渡地带，这些大陆岩石圈以具有较厚地壳和岩石圈的稳定前寒武纪克拉通为核心。显生宙期间，中欧和西欧为均匀的薄地壳和岩石圈，活跃的阿尔卑斯造山带下则有着加厚的地壳。然而，北大西洋表现出明显的复杂性，包括冰岛附近的高异常海拔和厚地壳、裂解成因的大陆碎片（rifted continental slivers）、不对称的大陆架和不活跃的扩张脊。

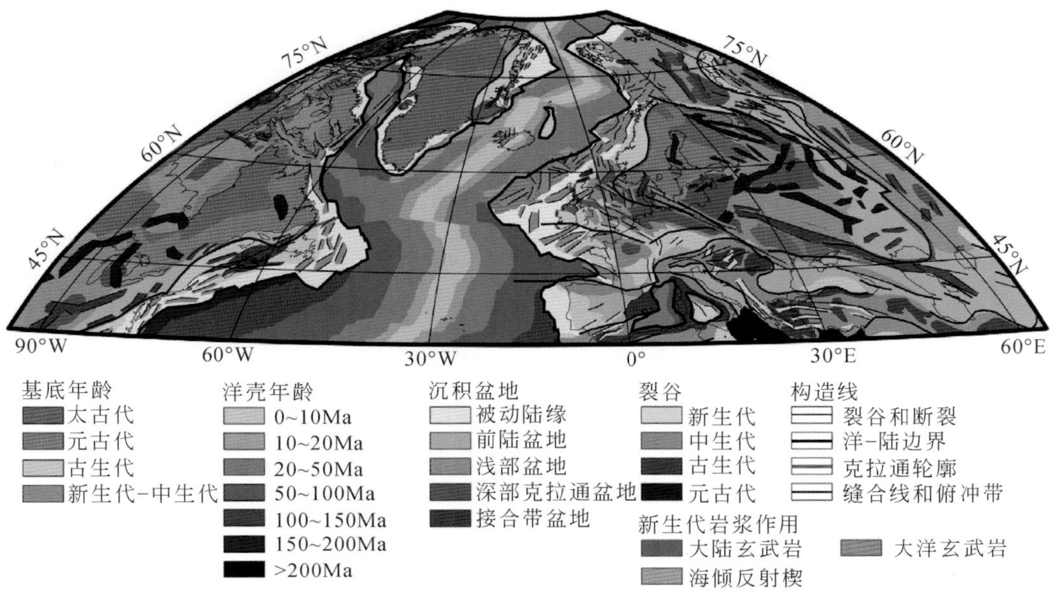


图 3-79 北大西洋区的构造格架（Schiffer and Nielsen，2016）

图中显示了克拉通基底和大洋岩石圈、盆地、裂谷、岩浆产量和主要构造线的年龄等特征。该图采用等面积 Hammer-Aitoff 投影

北大西洋被动陆缘在东格陵兰岛和斯堪的纳维亚半岛发育独特的高海拔和低起伏地形，其起源尚有争议（Anell et al.，2009；Pascal and Olesen，2009）。这些现象可能解释为新近纪斯堪的纳维亚半岛抬升到现今高度所致（Japsen and Chalmers，2000），但其他观点认为，这些现象是加里东山脉的遗迹，受气候控制的侵蚀作用改造所致，而并非被最近的冰川和冰缘过程改造所致（Egholm et al.，2009；Pedersen et al.，2010）。

在斯堪的纳维亚半岛西部，地壳与岩石圈的地壳均衡补偿以及其年龄和组成，为长期存在的地形假说提供了有力的支持（Ebbing et al.，2012）。还有人提出了东格陵兰新近纪隆升的说法（Bonow et al.，2014），无疑，东格陵兰南部和中部受到新生代裂解早期岩浆作用的严重影响，尤其是在 Scoresbysund 地区，但这早于新近纪。但是，东格陵兰加里东造山系（Caledonides）的其他地区地壳较厚（Artemieva and Thybo，2013），这支持该地区地形是造山运动形成的观点。在格陵兰东北部，磷灰石裂变径迹模拟表明，除了冰后均衡回弹隆起以外，中生代和新生代大部分时间都没有极端的垂直运动（Pedersen et al.，2012）。显然，海湾的冰川掏蚀（glacial craving）和相关的均衡回弹隆升也对所有陆缘产生了影响（Medvedev and Hartz，2015）。

（1）全球应力与动力地形模拟方法

"世界应力图"（图3-80）可以用来约束岩石圈结构和地幔压力异常的控制方程和分析方法。这里的模拟是全球的，但仅展示北大西洋区的模型和图形。

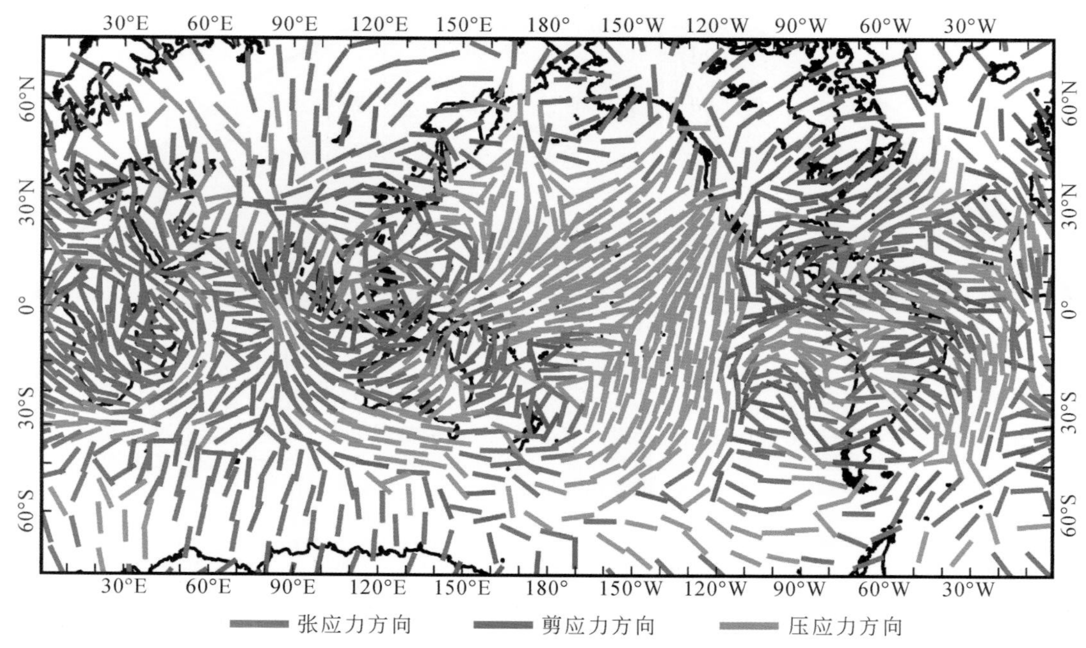


图3-80　世界应力分布（Bird et al.，2008）

基于有限元模型Earth5-049得到的水平挤压主应力方向

A. 薄板近似和应力预测

重力势能（GPE）的水平梯度是偏应力的来源。相对于参考岩石圈，重力势能本身是垂向密度异常 $\Delta\rho$ 积分的第一分量（first moment）：

$$\mathrm{GPE} = \int_{-E}^{L} (L - z)\,\Delta\rho \times g\mathrm{d}z \tag{3-28}$$

式中，$L$ 是参考深度；$E$ 是地形高程；$g$ 是重力加速度。

地幔压力异常导致的岩石圈的垂向位移改变了重力势能。假设岩石圈结构的水平梯度很小，就会导致岩石圈的薄板近似（Bird and Piper，1980），这表明重力势能水平梯度会导致岩石圈水平偏应力。通用做法采用Neves et al.（2014）提出的类似方法，控制方程如下

$$\begin{cases} \dfrac{\partial\bar{\tau}_{xx}}{\partial_x}+\dfrac{\partial\bar{\tau}_{xy}}{\partial_y}+\dfrac{\partial\bar{\tau}_{xz}}{\partial_z}-\dfrac{\partial\bar{\tau}_{zz}}{\partial_x}=-\dfrac{1}{L}\left(\dfrac{\partial \mathrm{GPE}}{\partial_x}\right) \\ \dfrac{\partial\bar{\tau}_{yx}}{\partial_x}+\dfrac{\partial\bar{\tau}_{yy}}{\partial_y}+\dfrac{\partial\bar{\tau}_{yz}}{\partial_z}-\dfrac{\partial\bar{\tau}_{zz}}{\partial_y}=-\dfrac{1}{L}\left(\dfrac{\partial \mathrm{GPE}}{\partial_y}\right) \end{cases} \tag{3-29}$$

式中，$x$ 和 $y$ 是局部平面坐标；$\bar{\tau}$代表深度积分的偏应力；$\bar{\tau}_{xx}$；$\bar{\tau}_{yy}$，$\bar{\tau}_{xy}$ 是水平偏应

力；$\bar{\tau}_{zz}$是在岩石圈下部垂向作用于岩石圈底部的压力异常（径向牵引力，radial tractions）。

假设地面的水平牵引力为零，因此$\bar{\tau}_{xz}$的积分会导致$\tau_{xz}(L)$ 和$\bar{\tau}_{yz}$的积分会导致$\tau_{yz}(L)$

$$\left\{\begin{aligned}\frac{\partial\bar{\tau}_{xx}}{\partial_x}+\frac{\partial\bar{\tau}_{xy}}{\partial_y}=\frac{1}{L}\left(\frac{\partial \mathrm{GPE}}{\partial_x}+L\frac{\partial\bar{\tau}_{zz}}{\partial_x}\right)-\tau_{xz}(L)\\ \frac{\partial\bar{\tau}_{yx}}{\partial_x}+\frac{\partial\bar{\tau}_{yy}}{\partial_y}=\frac{1}{L}\left(\frac{\partial \mathrm{GPE}}{\partial_y}+L\frac{\partial\bar{\tau}_{zz}}{\partial_y}\right)-\tau_{yz}(L)\end{aligned}\right. \tag{3-30}$$

因此，岩石圈底部的水平牵引力源于式（3-30）右侧。它们是岩石圈之下地幔动力过程和对流模式的结果，但要求岩石圈和对流之间存在机械耦合。数值模拟表明，基于岩石圈强度和岩石圈-软流圈耦合，且对不同流动模式皆有效。在软流圈中，由压力梯度驱动的流动，具有短波长的停滞盖（stagnant lid）（泊肃叶流，Poiseuille flow），与活跃的长波长活动盖（moving lid）的流动模式（库艾特流，Couette flow）形成对比（Höink and Lenardic，2010）。北大西洋区在没有俯冲板片拉力分量的情况下，更可能存在压力驱动的泊肃叶流。地幔水平牵引力的估算必须基于地幔对流模式、黏度模型和岩石圈-软流圈耦合的假设（Ghosh et al.，2008）。这些量中的任何一个都有相当大的误差，并且为了最大限度地减少未知数和潜在的误差源，这里决定忽略岩石圈底部的地幔水平牵引力（$\tau_{xz}(L)=0$，$\tau_{yz}(L)=0$），因此这里的分析中使用简化的方程为

$$\left\{\begin{aligned}\frac{\partial\bar{\tau}_{xx}}{\partial_x}+\frac{\partial\bar{\tau}_{xy}}{\partial_y}=-\frac{1}{L}\left(\frac{\partial \mathrm{GPE}}{\partial_x}+L\frac{\partial\bar{\tau}_{zz}}{\partial_x}\right)\\ \frac{\partial\bar{\tau}_{yx}}{\partial_x}+\frac{\partial\bar{\tau}_{yy}}{\partial_y}=-\frac{1}{L}\left(\frac{\partial \mathrm{GPE}}{\partial_y}+L\frac{\partial\bar{\tau}_{zz}}{\partial_y}\right)\end{aligned}\right. \tag{3-31}$$

尽管式（3-31）中明确了径向地幔牵引力$\bar{\tau}_{zz}$，但这里还是按照 Ghosh 等（2008）的讨论，将其包括在岩石圈密度模型中，作为圆柱状岩石圈动力地形的来源。计算出的动态（dynamic）重力势能 $\mathrm{GPE}_{\mathrm{dyn}}$是圆柱状岩石圈上升的重力势能，它等于等均衡补偿岩石圈的重力势能，再加上代表压力异常的项$\bar{\tau}_{zz}$，使得 $\mathrm{GPE}_{\mathrm{dyn}}=\mathrm{GPE}+\bar{\tau}_{zz}\times L$。$\mathrm{GPE}_{\mathrm{dyn}}$通过从地表位置$-E$ 到 $L=100\mathrm{km}$ 的深度开始积分而确定［式（3-31）］，这也是通常采用的方法（Ghosh et al.，2008）。

虽然 Bird 等（2008）使用了略微不同的方法和假设，发表了一些板块边界的应力场、区域性和全球性应力场成果。但是，这里的假设和近似的应力平衡方程［式（3-31）］使用了有限元方法（FEM），并通过以下方法来解决：球形地球表示为弹性流变的平直且较厚的三角形单元密实网格。每个三角形都有由三个角节点产生的 15 个自由度，每个角节点具有三个空间坐标（9 个自由度），通过每个节点的

垂直轴都有两个角自由度（6 个自由度）。该轴最初指向球体的中心。加载后，该轴可能会略微偏离垂直方向。Zienkiewicz（1977）指定了这个厚单元的应变和应力关系。每个单元的材料参数包括杨氏模量、泊松比和均一的厚度 $L$。弹性壳的厚度可变，但是，全球弹性厚度的横向变化模型目前约束性还很差。为了避免额外的和不可预测的误差源，假定全球弹性厚度恒定。此外，均一壳的绝对厚度不会引起应力场方向的任何变化，仅会引起振幅的变化。由于仅将应力场方向与世界应力图进行比较，因此厚度大小在模型中没有影响。在全球笛卡儿三维坐标系中，采用三维有限元方法求解应力方程。求解后，应力将转换为具有局部水平坐标轴和指向球体中心的垂直轴的局部坐标系。这样就可以将主应力方向与世界应力图进行比较。

B. 建模程序

式（3-31）中重力势能（GPE 或 $GPE_{dyn}$）的计算，要求建立岩石圈结构模型。这里使用 CRUST 1.0 模型作为地壳结构的初始参考，该模型是一种既适用于基于地震学的大陆 LAB 深度模型，也适用于依赖于标准大洋年龄的大洋岩石圈板块模型（Gung et al.，2003）。使用这种与标准洋中脊（在海平面以下 2500m 的绝热地幔）（Lachenbruch and Morgan，1990）均衡平衡的参考岩石圈结构，会导致地形失配（misfit），称为残留地形。考虑到残留地形和动力地形的不同定义，这种残留地形来源基本上有三个可能：地幔压力异常、不正确的参考岩石圈模型、挠曲效应等显著时导致的局部均衡假设失效。

首先放弃第二种和第三种的可能性，这里使用残留地形来定义地幔压力和 LAB 深度变化，从而改善了观测地形和预测地形之间的吻合性。用球谐函数表示地幔压力异常和 LAB 的变化，并将它们约束为相对选定的长波长最大振幅［本节（1）中 C 描述］。剩余的地形残差可以通过其他决定岩石圈模型的参数（地壳层厚、密度和热参数）的局部微小变化来调节。这里使用最小二乘法反演和正向热-均衡岩石圈模型［本节（1）中 C 描述］，对给定参数进行这些局部调整。表面热流取自 Pollack 和 Chapman（1977）的相关论述。

一旦岩石圈模型满足地形高程，就将其用于计算该岩石圈势能的水平梯度。将产生的全球应力预测与世界应力图进行比较。通过迭代测试压力和 LAB 深度的不同模型组合，可以改善全球应力预测，并确定最合适的模型组合。

总之，该建模过程包括以下步骤：

1）通过与标准洋中脊均衡的参考地壳（CRUST 1.0）和 LAB 模型的平衡，来确定残留地形。

2）使用该残留地形，来确定 16 个 LAB 深度模型和 16 个压力模型 P，每个模型具有不同的最大振幅和波长组合［本节（1）中 C 描述］。

3）这些不同的模型由于它们的波长相对较长，因此无法精确复制地形。为了实现最终的地形预测，针对每一个 LAB 和 P 组合，调整剩余的自由参数，这些参数主要是 CRUST 1.0 的密度和层厚。对于每一个 LAB 和 P 模型，最终的地形预测都在几米之内才算准确（有关如何构建 16 个初始模型的信息，［本节（1）中 D 描述］）。

4）为每个模型计算 $GPE_{dyn}$。

5）为每个 $GPE_{dyn}$ 计算应力方向。

6）将计算出的应力方向与世界应力图进行比较。一些模型比其他模型更好，最后一步是迭代，其中：

7）通过组合 16 种压力模型和 16 种 LAB 模型中的最佳模型，产生新的 P 和 LAB 模型。合并并平滑不同定义区域（45°个经度和纬度区域）中的最佳拟合模型。

重新计算并更新应力场，并重复步骤（4）~(7)。这种“测试”“合并”“优化”的方式，是针对 LAB 进行三次迭代，针对压力进行五次迭代，直到在应力场预测不再改变为止。

建模过程的更多详细信息如下。

C. 热–均衡岩石圈模型

与标准洋中脊均衡平衡的层状一维热模型，可用于预测每个圆柱状岩石圈的地形和表面热流。根据以下公式，参数恒定情形下，计算从表面到 LAB 深度的每层稳态地热

$$T(z)=-\frac{A}{2\lambda}z^2+\frac{q_0}{\lambda}z+T_0 \tag{3-32}$$

式中，$A$ 为产热率（W/kg）；$\lambda$ 为导热系数［W/(m·K)］；$q_0$ 为上部界面的热流（$W/m^2$）；$T_0$ 为每一层上部界面的温度（℃）；$T_{LAB}$ 为 LAB 深度处的温度；$T_S$ 为表面的温度，允许求解线性方程组。LAB 深度对 $T_{LAB}$ 的影响可以通过使用标准地幔绝热梯度$[\partial T/\partial z]_a=0.6$℃/km（McKenzie and Bickle，1988）和参考位温 $T_P=1315$℃（McKenzie et al.，2005）进行调节。地表温度 $T_S$ 为 0℃。参考文献中给出的热导率和产热量，赋予海洋和大陆地壳层、沉积物和地幔岩石圈。假设热导率取决于温度，并据此进行调整（McKenzie et al.，2005）。

莫霍面和 LAB 之间的壳下岩石圈密度由估计的一维稳态地热状态下橄榄岩热膨胀来确定（McKenzie et al.，2005）。密度状态方程为

$$\rho(\Delta T)=\rho_{ref}(1-\alpha\Delta T) \tag{3-33}$$

该方程描述了参考密度 $\rho_{ref}=3350km/m^3$ 随温度变化 $\Delta T$(℃) 的变化，温度变化取决于热膨胀系数 $\alpha(K^{-1})$（Turcotte and Schubert，2002），$\alpha$ 也依赖于温度。沉积和地壳密度的先验值基于 CRUST 1.0，此处假设无热膨胀。

参考密度结构的均衡补偿（包括动态分量）（Lachenbruch and Morgan，1990），

由海平面2500m以下的绝热软流圈（“自由软流圈表面”）来确定，其可以估算在岩石圈以下压力异常$\tau_{zz}$状态下的地形［式（3-31）］。根据 $q_s = \Delta T/\Delta z \times \lambda$，使用近地表温度梯度和热导率计算表面热流。

地球化学研究表明，较高的地幔压力与地幔温度略微升高有关（Brown and Lesher，2014）。因此，在压力异常与每25MPa的位温为50℃之间建立了弱线性耦合，并得出了负相关关系，据此，使 $T_p = 1315℃ + 50℃ \times \Delta P/25\text{MPa}$。这大致对应于分布在上地幔中的热浮力异常（thermal buyoancy anomaly）。

D. LAB深度和岩石圈下压力的调整

为了解释全球残留地形的长波分量，这里定义初始地幔压力异常和LAB深度变化，其特征是不同的波长和振幅。

岩石圈厚度也还不清楚，它对测绘方法有一定的依赖性（接收函数、地震层析成像、面波、地幔捕虏体、热和电磁模拟以及弹性）。这些方法通常解析更长的波长结构。在LAB深度中这种不确定性可以允许存在，这可解释一些初始残留地形。这样可以通过在模型的每个点上，应用相对于LAB深度变化的地形（Δtopo/ΔLAB），更改全球性LAB深度。由于原则上所有残留地形都可以通过LAB深度的变化来消除，并且由于该端元模型不是真实的，将LAB深度的变化约束为最大变化为10%或20%。为了获得长波长的调整，这些变化通过勒让德（Legendre）函数，转换为最小二乘球面谐波模型（least squares spherical harmonic models），在不同的最大度数（18、24、30和36）处具有截止值（cut-off）（图3-81，“平滑”）。因此，在所有模型中都存在最长的波长（度数<18），而短波长含量却有所不同。这种方法产生了8个新的LAB深度模型。通过使用洋壳年龄模型（Müller et al.，2008），用标准板块模型（Stein C A and Stein S，1992）对估计的大洋岩石圈取平均值，从而创建了另外8个模型，这是为了在洋陆边界（COB）保持较陡的坡度（图3-81，不“平滑”）。

这16个初始定义的模型充当了岩石圈密度模拟的单个初始模型，然后将得到的重力势能模型用于计算合成地势应力场。根据与世界应力图之间的不匹配差异（misfit），使全球不同地区都更好地拟合模型。这里定义了一个45°×45°的区域，以评估每个模型。使每个区域处于最佳拟合模型中，并使用先前使用的4个谐波度（harmonic degrees）范围（在18、24、30或36处截止）再次进行平滑。通过使用定义的区域，生成了另一组模型，其与以前的模型相比偏移了22.5°，这接连改善了应力场的全球吻合性。但是，在第二次迭代之后，没有发现进一步的改进，因此，在进行了三次迭代和总共72个测试模型之后，该过程终止了（图3-82）。

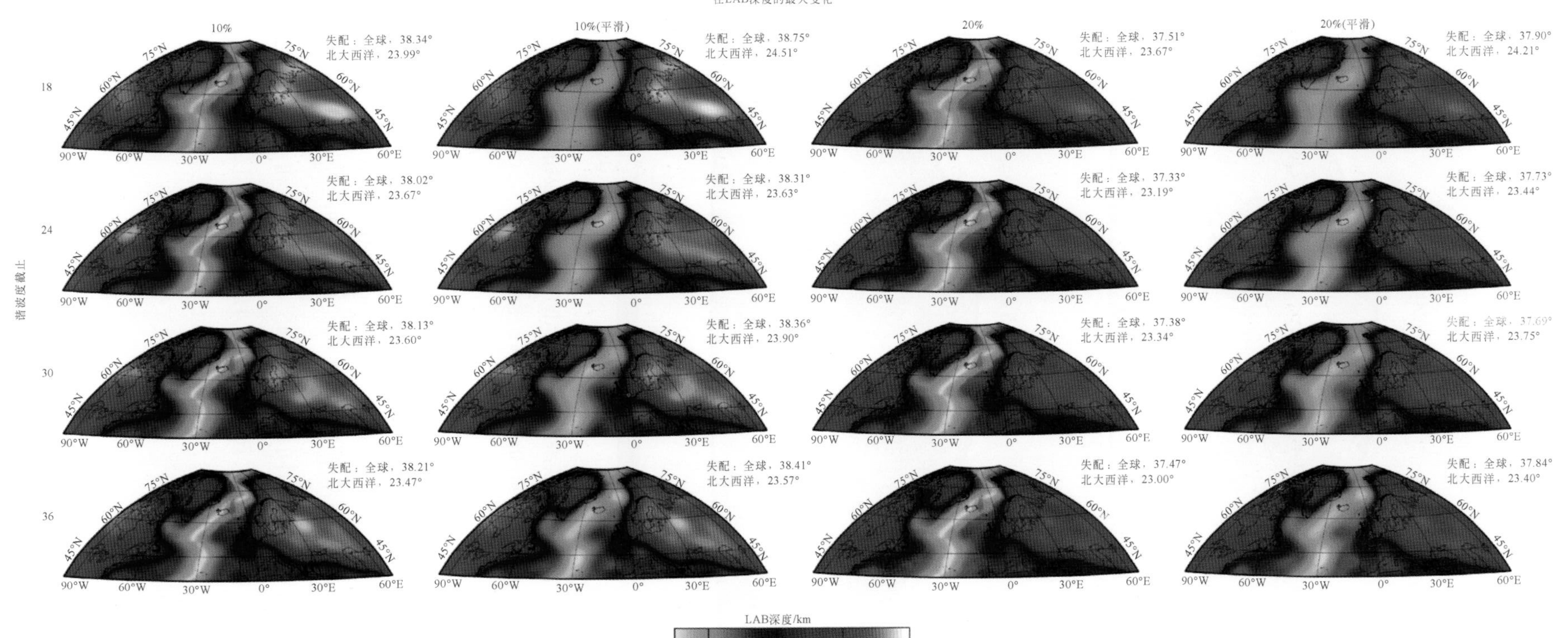


图 3-81　16个LAB深度初始模型（Schiffer and Nielsen, 2016）

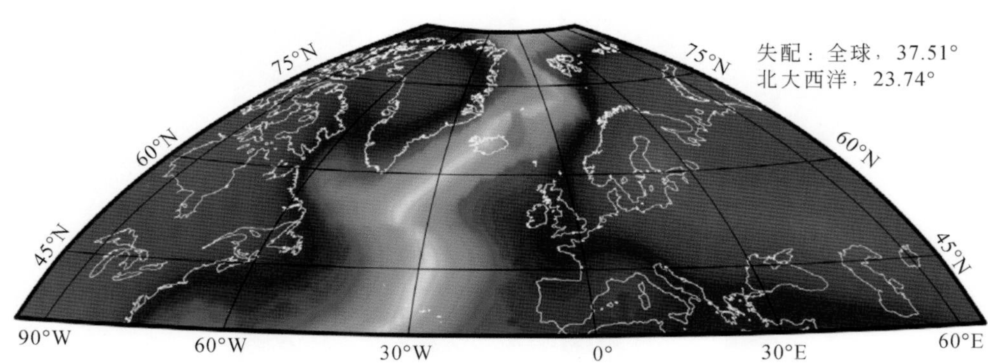


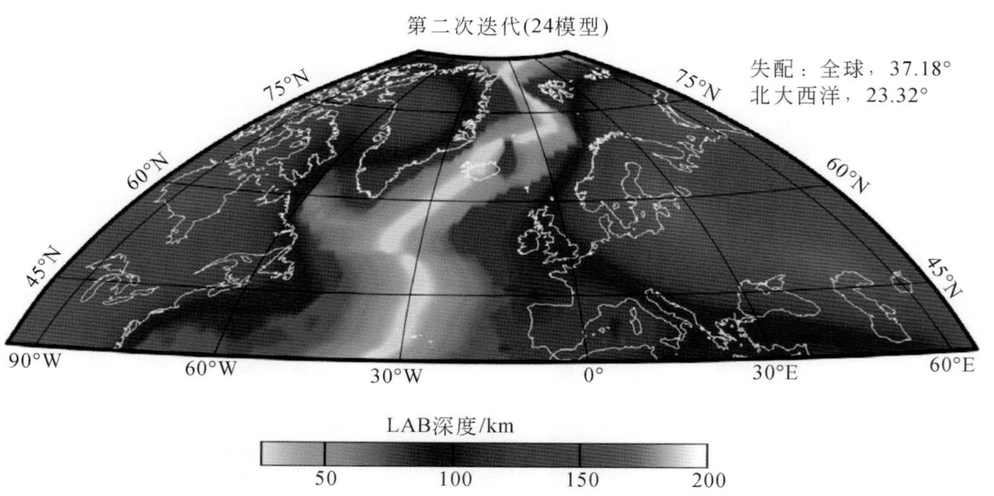


图 3-82 第一次和第二次迭代后的最佳拟合 LAB 深度模型（Schiffer and Nielsen，2016）
第三次迭代未得到更好的拟合结果

地幔压力异常以类似的方式确定，以消除剩余的长波残留地形（使用 $\Delta P/\Delta topo$）。为此，创建了稍大的波长，由基本模型的谐波度之和表示，直到最大谐波度为 12、16、20 和 24，并且将振幅约束为 250m、500m、1000m 和 2000m 的最大动力地形，得到了 16 个单独的模型（图 3-83）。根据与世界应力图的吻合性，对模型进行分析，并在与 LAB 模型相同的区域（45°×45°区域和一组偏移 22. 5°的区域）中重新组合和平均。再进行五次迭代（共有 120 个测试模型）。然而，在第三次迭代之后，应力场没有进一步改善，这表明它已经收敛到唯一解（图 3-84），由此确定义最拟合的全球模型。

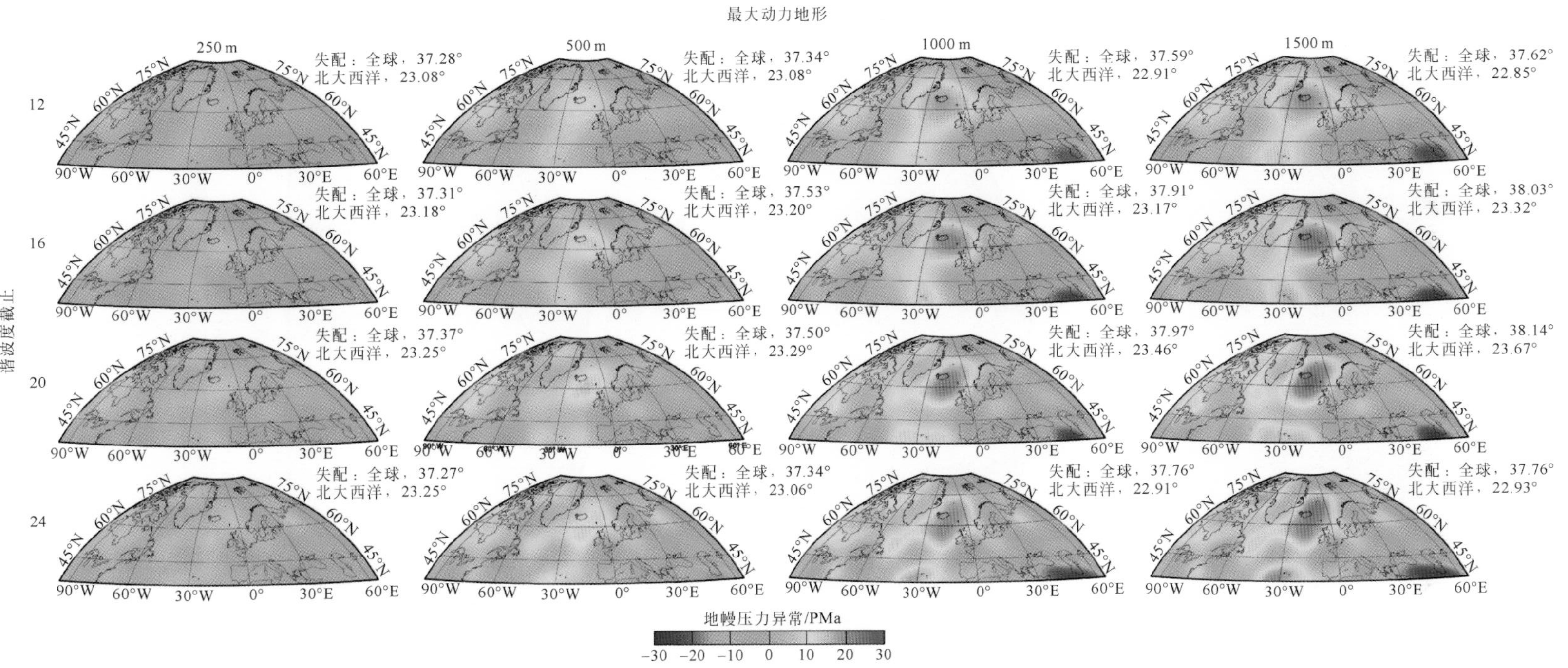


图3-83 16个岩石圈底部压力初始模型（SchifferandNielsen，2016）

所有模型都基于观察到的残余地形创建。通过约束所引起的动力地形振幅（$x$方向）和谐波扩展的波长或最大度数（$y$方向）来创建不同的变化

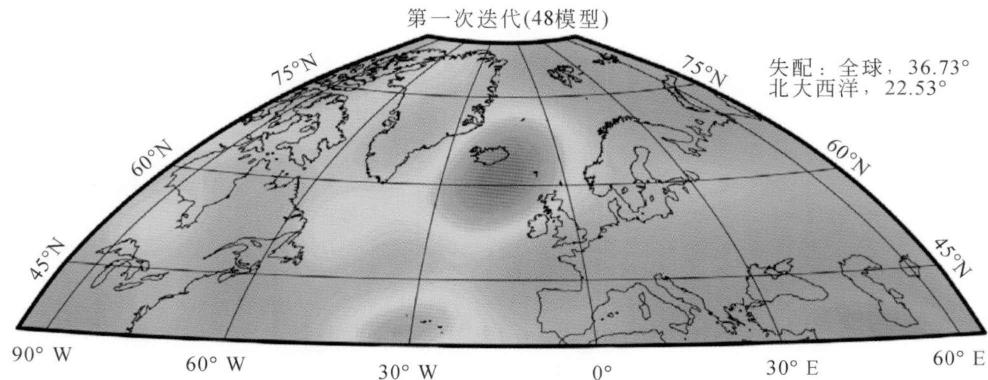


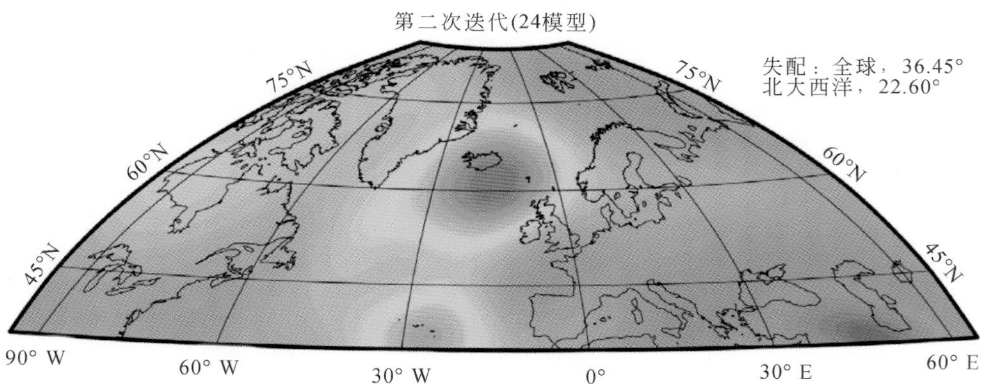


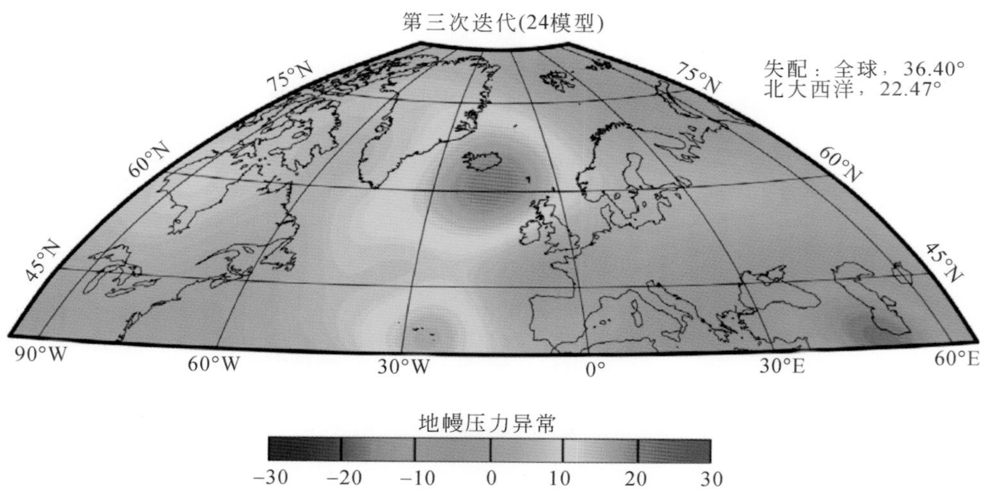


图 3-84　第一次到第三次迭代后的最佳拟合岩石圈底部压力模型（Schiffer and Nielsen，2016）

第四次和第五次迭代没有得到更好的拟合结果

这种探索新的LAB模型和压力模型的简单迭代优化方法非常有效，并且增加了计算应力场与世界应力图之间的吻合性。必须强调的是，所有模型均基于初始计算的残留地形。由于初始残留地形模型是基于所选的均衡正向模型（isostatic forward model）和地壳和岩石圈的参考模型而建立的，因此它将包含误差。这里假设通过模拟岩石圈底部的压力，来优化与世界应力图相对比的计算应力场，这样能够恢复动力地形变化的真实图像，并将其作为残留地形的一部分。

作为北大西洋区的进一步改进，在东格陵兰边缘、冰岛、斯堪的纳维亚加里东造山系和波罗的海地盾下方的确定的全球压力模型上，叠加振幅为-10MPa、-5MPa、5MPa和10MPa的局部压力异常。在残留地形的误差范围内，可以进行高达10MPa的小调整（并且地形响应小于500m），因此，这里认为这一额外的建模步骤有效。这与幅度为-20km、-10km、10km和20km的局部LAB深度变化相结合，以减少北大西洋区中的进一步局部应力失配。在挪威陆缘、波罗的海地盾和北海之下的局部调整，这些能够大大改善模拟的应力方向与世界应力图观测值之间的吻合性［本节（2）中A描述］。

岩石圈厚度和地幔压力的全球模型完全基于一组初始模型，这些初始模型从观察到的残留地形得出，这些模型根据各自在定义区域中的拟合度，来进行迭代组合和平均，从而进行优化。拟合差的模型被去除，保留了拟合良好的模型，而通过组合和平均被保留的模型生成新模型。最后，对北大西洋的目标进行类似的局部迭代优化。

在迭代优化过程中，LAB深度模型的平均变化约为18km（15%），地壳厚度约为340m（2.8%）。地形的全球平均误差为2m（0.08%），这得到了很好的恢复，地表热流显示平均失配为10.3mW/m$^2$（14.4%），这完全处于全球不确定性范围之内。

在洋陆边界处保持相对较陡的LAB深度梯度，对解释被动陆缘的整体应力场非常重要。但是，明确洋陆边界位置的不确定性，可以解释相当大的均衡误差（isostatic errors）和应力场中的失配。在欧洲和格陵兰的例子中，这些失配几乎可以完全消除。

E. 世界应力图

世界应力图（WSM）可用作LAB模型和压力模型的直接验证。因此，与计算的应力场相比，世界应力图是一项有助于约束岩石圈和上地幔结构的观测结果。世界应力图的观测分布不均。阿尔卑斯山等一些陆地地区的观测资料密度很高，而广阔海区以及格陵兰和北极的偏远地区则缺乏数据。为了促进模型结果与观测值之间的比较，使用每个网格点半径从50km到250km的平均圆盘（disks），将世界应力图观测值转移到模型网格点。分配给网格点的值是圆盘内所有应力方位角的平均值，并按距中心的反距离进行加权。这在高数据密度区域给出了相当局部的平均值（<50km），而在数据点不足的区域，应力场测量原则上可以进行外推和内插至250km的距离。仅在当前圆盘中至少有3个应力测量值与世界应力图观测值的标准偏差小于30°时，才取平均值。因此，许多网格点将没有可插值的世界应力图值。这种方法类似于Heidbach等（2010）提出的方法。Lithgow-Bertelloni和Guynn（2004）所采用的方法的不同之处在于，允许平均应力方位角存在不确定性，且可选择不同半径圆盘的平均值。

（2）应力场模拟结果和动力地形

将预测的最大水平应力方向与世界应力图进行定量比较。研究区域限定为从50°N到85°N，45°W到45°E。初始全球LAB深度调整能够将计算应力场的失配从40.06°改善到36.57°（北大西洋区从25.05°改善到23.32°），残留地形从1006m改善到646m。全球岩石圈下的压力调整，进一步改善了应力场，使其达到了全球平均水平36.40°（北大西洋为22.47°），残留地形平均降低至568m。

对北大西洋地区测试了不同的压力模型。特别关注的是格陵兰加里东造山系、冰岛、斯堪的纳维亚加里东造山系和波罗的海地盾下面的额外正、负压力异常。该模型显然倾向于在北大西洋和斯堪的纳维亚加里东造山系之间存在明显的压力差。这些小规模的调整，进一步将计算出的应力方向与观察到的应力方向之间的失配，从22.47°减少到21.58°。LAB深度模型的类似局部调整，进一步将失配降低到20.71°。由于北大西洋区的小规模调整不是基于残留地形，而是利用了残留地形的不确定性，因此与全球模型相比，其具有略高的地形失配结果。

这里的模拟过程产生了最佳拟合模型和首选模型。模拟过程看起来非常有说服力，第一次迭代概述了异常的一般形状和幅度，随后的迭代贡献了一些较小的局部复杂性。

考虑到初始模型，参数空间是真实的且充分确定的，包括不同波长的宽光谱和不同的振幅。因此，具有较大振幅和较短波长的模型会系统地产生较大的失配，而对于LAB模型和压力模型，谐波模型的较大振幅和较高截止度（cut-off degrees）会产生更好的模型。

A. 应力场

北大西洋区中计算出的地势应力场（geopotential stress field）（图3-85和图3-86）与世界应力图（图3-86，红色）非常吻合。通常，最大水平应力方向与整个研究区中的观测值一致。与此相反，欧洲南部存在很大的失配，主要集中在阿尔卑斯山褶皱带上，因为这里没有考虑的板块边界力会改变地势应力场并引起失配。

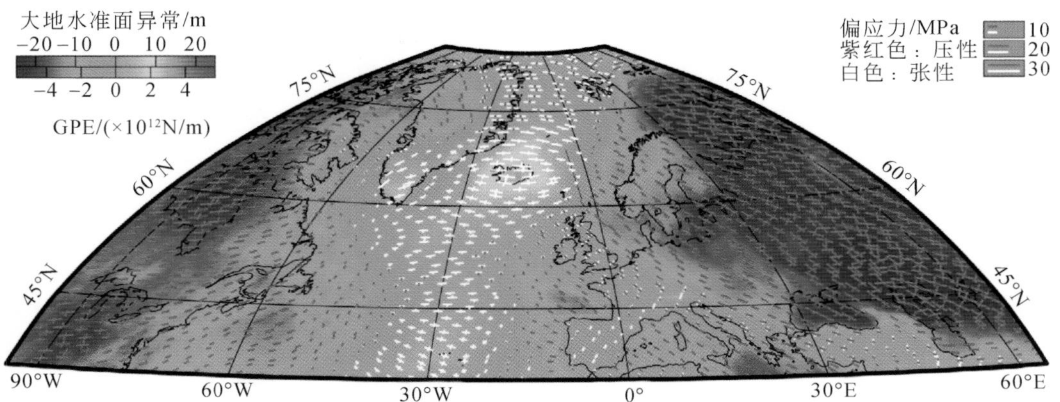


图 3-85　岩石圈模型上部 100km 的合成大地水准面和相应的重力势能及叠加的主应力水平分量（Schiffer and Nielsen，2016）

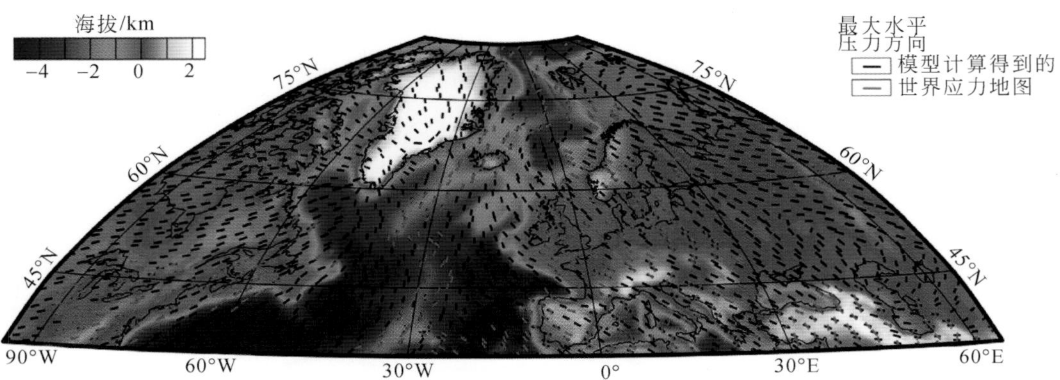


图 3-86　计算出的地形和应力场（黑色）最大应力水平分量（在每第 4 个网格点）及世界应力图（红色）比较（Schiffer and Nielsen，2016）

每根红色短线都有一根与之关联的黑色条。多情况下，红色短线完全遮盖了下面的黑色

最大偏斜水平应力与洋中脊的轴线对齐，该轴线在垂直于扩张轴的延伸范围内。尽管某些观测到的复杂性无法恢复，但在应力场中可以清晰地看到亚速尔（Azores）三节点。冰岛的熔体异常导致了北大西洋裂谷轴向格陵兰—苏格兰—洋中脊方向扰动。深海盆地处于受压状态，其最大压应力方向通常指向相应的裂谷轴。欧洲总体上受到 NNW-SSE 方向的挤压偏应力，这是由于阿尔卑斯褶皱带中的高重力势能和大西洋洋中脊系统中的高重力势能引起的。斯堪的纳维亚也表现出类似的趋势，而应力场则沿着挪威边缘沿 NWW-SEE 向展布，这是对北大西洋洋中脊推力和斯堪的纳维亚加里东造山系地形的响应。在北海北部，应力场明显不同于 W-E 方向上的其他一致应力场（Pascal and Cloetingh，2009）。东格陵兰主要表现为与海岸平行的应力。仅在海岸山脉的内陆，格陵兰的应力场在北部转为 NNW-SSE 方向，在南部转为 NW-SE 方向，这反映了东格陵兰的高地形。一些大陆边缘显示出失配

的区域，尤其是北拉布拉多陆缘和纽芬兰陆缘以及西巴伦支海陆缘。这可能归因于地壳和岩石圈结构的不确定性，尤其是洋陆过渡带的位置。在中欧，在喀尔巴阡山脉（Carpathians）以北的波兰盆地南-东部和Pannonian盆地发现了较大的失配区域。此处应力场的不同方向可能也与盆地结构的不确定性有关，但也可能与靠近活动板块边界有关。

在北海北部（图3-87中A）和斯堪的纳维亚中部（图3-87中B），确定了预测和观测值之间有两个特别大的偏差区域。在这里，导致这种偏差的潜在原因同样可能是有效的：构造活动，或错误的岩石圈密度模型或岩石圈底部压力导致的重力势能模型不足。A区位于该地区最活跃的地震带内，位于Møre Trøndelag断层杂岩（MTFC）、Great Glen断层（GGF）和Walls Boundary断层（WBF）南部。这种复杂背景的数值模型表现出应力场中的扰动模式相似。可以假设该地区的沉积、地壳和岩石圈结构很复杂，很可能无法通过模型解析。不能排除存在错误的岩石圈底部压力。最后，应力场的其他改变可能来自冰后回弹的隆升。然而，确切的构造影响还需要讨论。因此，这里认为该断层系统很可能是引起区域应力场扰动的原因，但可能是应力场扰动的几种来源的叠加。斯堪的纳维亚中部的B区距离任何活动断层和地震活动都很远，因此，不太可能发生构造造成的应力失配。但是，该区域位于受冰后回弹影响区域的中心（图3-87，红色点划线），所以，B区的失配至少部分是冰后回弹隆升的影响所致，并可能由于东欧克拉通西缘岩石圈和地壳结构的不确定性而增强。

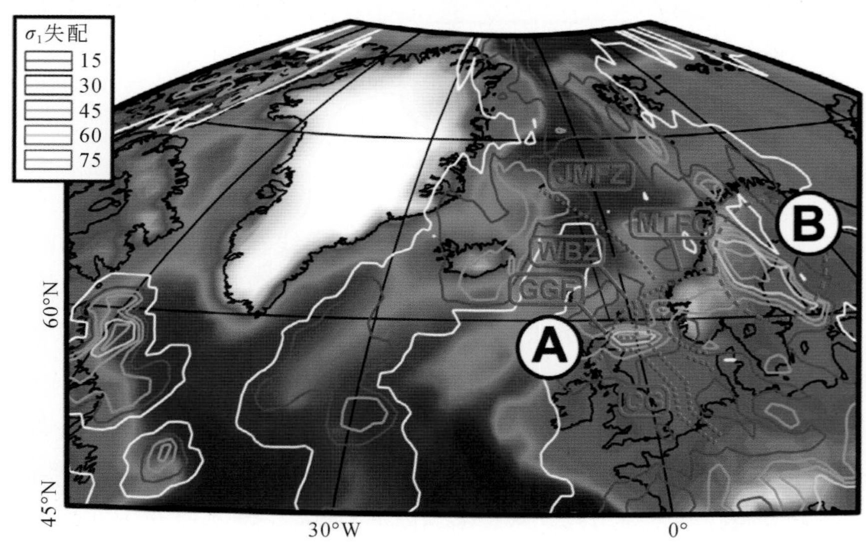


图3-87 地形和应力场失配轮廓线（度）（Schiffer and Nielsen，2016）

红色虚线：主断层（JMFZ：Jan Mayen破碎带；GGF：Great Glen断层；WBZ：Walls Boundary断层；MTFC：Møre Trøndelag断层杂岩；CG：Fossen（2010）的中央地堑（Central Graben），数字为构造活动性；红色点划线：5mm/a冰后回弹等值线

B. 岩石圈和岩石圈底部压力模型

全球优化方法需要对地壳结构（图 3-88）和 LAB 深度（图 3-89）进行一些更改。岩石圈正向模型中使用的一些物理量约束较弱，因此选择了文献值来描述热导率、热膨胀系数和产热量。而且，耦合层（incorporated layers）的参考密度可能约束不好。因此，这里不会评估这些参数的任何细微变化，但是，可以将莫霍面深度和 LAB 深度与观测值进行比较。LAB 深度平均改变了大约 18km（15%），地壳厚度改变了约 340m（2.8%），这完全在观察分辨率之内。值得一提的是，必须在洋陆过渡带处保持相对较陡的 LAB 梯度。为了改善应力场，也需要在 Vøring 陆缘和北海之下增加一个局部较厚的岩石圈，而与其他大陆地区相比，扬马延（Jan Mayen）地区所需的岩石圈厚度要薄一些。岩石圈密度和热结构的四条剖面分别展示在图 3-90 和图 3-91 中。

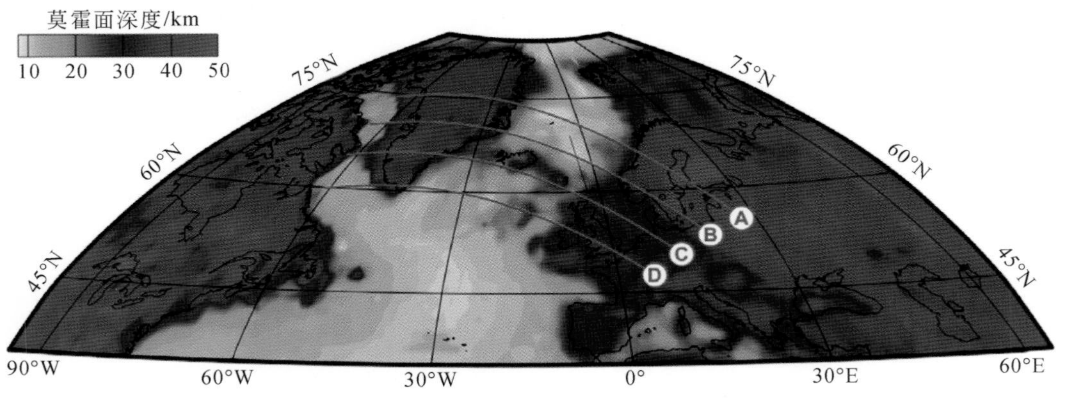


图 3-88　莫霍面深度和 4 条岩石圈剖面的位置（A ~ D）（Schiffer and Nielsen，2016）

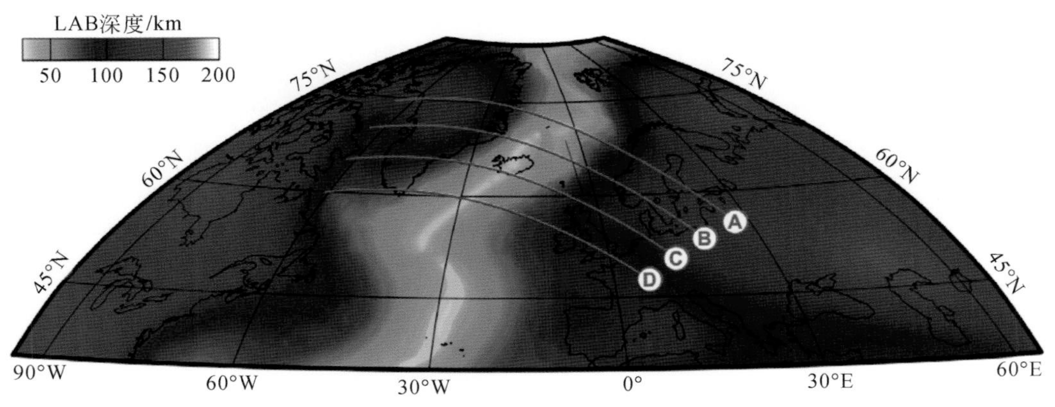


图 3-89　LAB 深度和 4 条岩石圈剖面的位置（A ~ D）（Schiffer and Nielsen，2016）

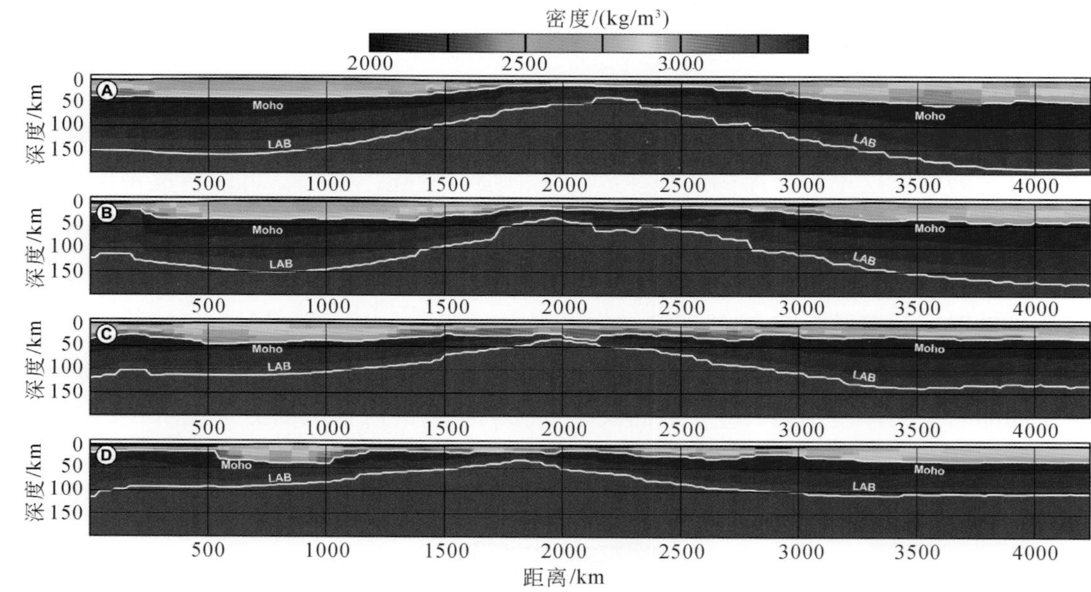


图 3-90　岩石圈密度剖面（Schiffer and Nielsen，2016）

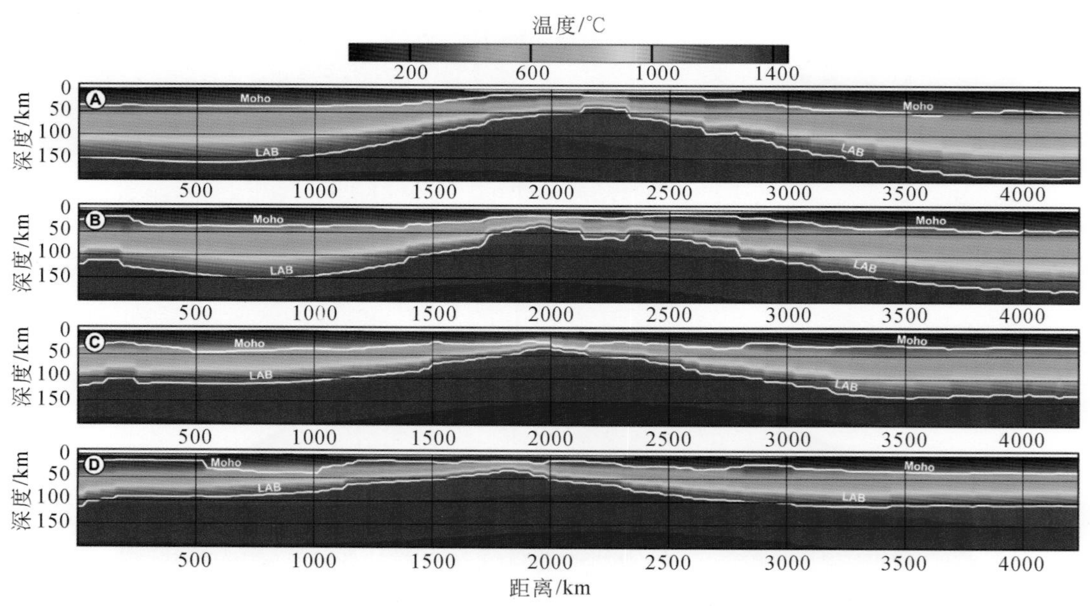


图 3-91　岩石圈温度剖面（Schiffer and Nielsen，2016）

北大西洋区的岩石圈下压力异常（图 3-92）显示出一个明显的局部异常，其峰值在冰岛以下，为 ~25MPa，该异常终止于东格陵兰、Faroe 岛和扬马延的东南陆缘。亚速尔三节点下方有一个类似的但小得多的压力异常，其最大值为 15MPa。大陆似乎受压力异常的影响要小得多。但是，北美和格陵兰大多显示为多达 10MPa 的正压，而欧洲的压力要低得多，异常低至-10MPa。

在北大西洋的动力地形模型中（图 3-93），对应于最终的岩石圈下压力异常（图 3-92），冰岛熔体异常正好坐落在显著由动态支撑约 1000m 高的一个区域，并随着距离的增加而减小，衰减到亚速尔熔体异常支撑的约 600m 高区域。这种动力支撑似乎对北大西洋共轭边缘的影响大不相同。沿欧洲大陆边缘，动力地形从北部的最小约-70m，到挪威南部约 100m，到苏格兰北部约 300m，表现为平稳增加。东格陵兰陆缘显示出更强的 250～350m 的动力支撑，包括奥斯卡国王峡湾（King Oscar Fjord）地区、中央峡湾系统（Central Fjord System）直到 Danmarkshavn 南部也都有重要支撑。

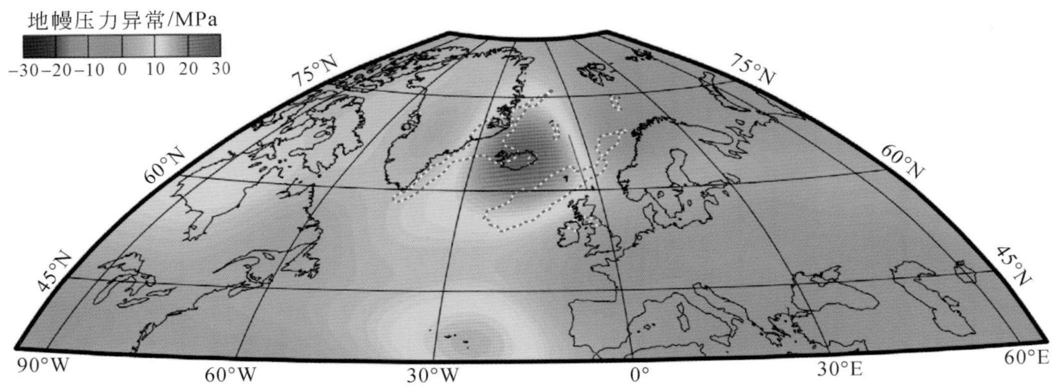


图 3-92　北大西洋区中的最终优化地幔压力异常和古新世—早始新世裂解相关的岩浆产量（magmatic products）的轮廓（红白线）（Schiffer and Nielsen，2016）

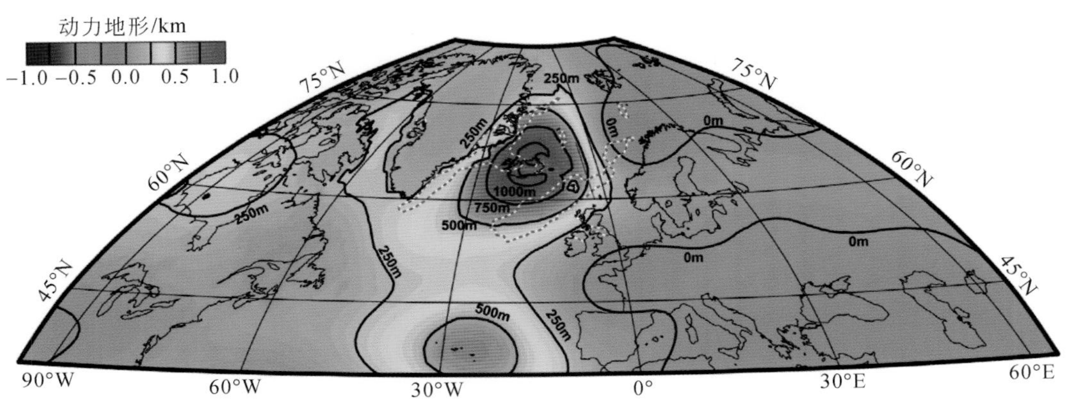


图 3-93　北大西洋区中的动力地形（Schiffer and Nielsen，2016）

根据局部均衡假设获得的优化岩石圈压力最终模型，展示了古新世—早始新世裂解相关的岩浆产量的轮廓（红白线）

所有模型都基于观察到的残留地形创建。通过约束参考LAB深度（$x$方向）的10%（左）或20%（右）的最大变化，来创建不同的模型变化。一组8个模型是原始谐波扩展模型，另外8个模型部分地维持了大洋岩石圈基于大洋年龄的理论深度，从而维持了地形较陡的洋陆过渡带。这些模型还显示，不同波长的LAB深度变化可用谐波扩展的最大度数（$y$方向）表示。

# 参 考 文 献

鲍献文，褚芹芹，于华明 . 2013. 海啸数值预报模型研究进展 . 中国海洋大学学报，43（3）：1-6.

陈颙 . 2002. 海啸的成因与预警系统 . 自然杂志，27：4-7.

陈运泰 . 2014. 从苏门答腊—安达曼到日本东北特大地震及其引发的超级海啸的启示 . 地学前缘，21：120-131.

窦国仁 . 1963. 潮汐水流中的悬沙运动及冲淤计算 . 水利学报，（4）：13-24.

窦国仁 . 1974. 330 工程坝区模型设计 . 南京水利科学研究院河港研究所报告，南京 .

范宝山 . 1995. 泥沙输移的理论研探 . 泥沙研究，（3）：72-78.

方欣华，王景明 . 1986. 海洋内波研究现状简介 . 力学进展，16：321-329.

高建恩 . 1993. 推移质输沙规律的再探讨 . 水利学报，（4）：62-69.

高抒 . 2011. 海洋沉积地质过程模拟：性质与问题及前景 . 海洋地质与第四纪地质，31（5）：1-7.

郭俊克 . 1989. 一个推移质输沙率经验公式的推导 . 水利学报，（4）：62-63，69.

何将启，周祖翼，江兴歌 . 2002. 优化孔隙度法计算地层剥蚀厚度：原理及实例 . 石油实验地质，（6）：79-83.

何生，王青玲 . 2012. 关于用镜质体反射率恢复地层剥蚀厚度的问题讨论 . 地质论评，35（2）：119-126.

侯京明，李涛，范婷婷，等 . 2013. 全球海啸灾害事件统计及预警系统简述 . 海洋预报，30（4）：87-92.

胡圣标，汪集旸，张容燕 . 1999. 利用镜质体反射率数据估算地层剥蚀厚度 . 石油勘探与开发，26（4）：42-45.

黄才安，奚斌 . 2000. 推移质输沙率公式的统一形式 . 水利水运科学研究，（2）：72-78.

黄继钧，王国芝 . 2014. 构造应力场控岩控矿 . 北京：地质出版社 .

姜辉 . 2010. 浊流沉积的动力学机制与响应 . 石油与天然气地质 . 31（4）：428-435.

蒋有录，查明 . 2006. 石油天然气地质与勘探 . 北京：石油工业出版社 .

李广雪，杨子赓，刘勇 . 2005. 中国东部海域海底沉积环境成因研究（附 1∶200 万海底沉积物成因环境图说明书）. 北京：科学出版社 .

李明诚，李伟 . 1996. 利用平衡浓度研究天然气的扩散——扩散量模拟的一种新方法 . 天然气工业，16（1）：1-4.

李思田 . 2004. 大型油气系统形成的盆地动力学背景 . 地球科学－中国地质大学学报，29（5）：505-512.

李四光 . 1999. 地质力学概论 . 北京：科学出版社 .

李三忠，杨朝，赵淑娟，等 . 2016. 全球早古生代造山带（Ⅳ）：板块重建与 Carolina 超大陆 . 吉林大学学报，46（4）：1026-1041.

李三忠，张国伟，王光增，等. 2019. 板块驱动力：问题本源与本质. 大地构造与成矿学，43（004）：605-643.

刘桦，赵曦，王本龙，等. 2015. 海啸数值模拟与南海海啸预警方法. 力学季刊，36（3）：351-369.

刘景彦，林畅松，喻岳钰，等. 2000. 用声波测井资料计算剥蚀量的方法改进. 石油实验地质，22（4）：302-306.

刘世东，乔璐璐，李广雪，等. 2018. 东海内陆架悬浮体输运、通量及季节变化. 海洋与湖沼，49（1）：24-39.

陆永军，季荣. 2009. 潮汐通道系统动力地貌演变的数值模拟研究进展. 水利水运工程学报，2：93-104.

牟中海，罗仁泽. 2001. 塔西南地区二叠系剥蚀厚度恢复. 天然气工业，21（2）：41-43.

牟中海，陈志勇，陆廷清，等. 2000. 柴达木盆地北缘中生界剥蚀厚度恢复. 石油勘探与开发，27（35）：35-37.

牟中海，唐勇，崔炳富，等. 2002. 塔西南地区地层剥蚀厚度恢复研究. 石油学报，23（1）：40-44.

庞雄奇. 1993. 含油气盆地地史、热史、生留排烃史数值模拟研究与烃源岩定量评价. 北京：地质出版社.

庞雄奇. 1995. 排烃门限控油气理论与应用. 北京：石油工业出版社.

庞雄奇. 2003. 地质过程定量模拟. 北京：石油工业出版社.

钱宁，万兆惠. 1991. 泥沙运动力学. 北京：科学出版社.

乔璐璐，史经昊，高飞，等. 2014. 我国陆架泥质区沉积动力数值模拟研究进展. 海洋地质与第四纪地质，34（3）：155-165.

任智源. 2015. 南海海啸数值模拟研究. 上海：上海交通大学博士学位论文.

施比伊曼，张一伟，金之钧，等. 1994. 波动地质学在黄骅拗陷演化分析中的应用——再论地壳波状运动. 石油学报，15：19-26.

汤艳芬，张才国. 1997. 水面小振幅波的分析. 五邑大学学报，11：75-78.

佟彦明，宋立军，曾少军，等. 2005. 利用镜质体反射率恢复地层剥蚀厚度的新方法. 古地理学报，7（3）：417-424.

王成金，王义强. 1995. 构造应力场控矿原理及控矿规律的实验研究. 地质力学学报，1（2）：28-34.

王青春. 2005. 内波与内潮汐沉积作用的方式. 海洋地质动态，21：10-13.

王瑞，何幼斌，乔俊欢. 2013. 内波沉积中双向交错层理形成机理的探讨. 地球科学前沿，3：79-85.

王世夏. 1979. 论底沙的开动流速和输沙率. 华东水利学院学报，（1）：88-105.

王星星，王英民，高胜美，等. 2018. 深水重力流模拟研究进展及对海洋油气开发的启示. 中国矿业大学学报，47（3）：512-526.

吴超羽，任杰，包芸，等. 2006. 珠江河口三角洲及网河形成演变的数值模拟与地貌动力学分析：6000-25000aBP. 海洋学报，28（4）：64-80.

谢东风，高抒，潘存鸿，2010. 潮汐汉道系统地貌演化的数值模拟研究. 海洋学报，32（5）：152-159.

杨作升，李云海 . 2007. 太平洋悬浮体特征及近底雾状层（雾浊层）探讨，海洋学报，29（2）：74-81.

余祖成，刘承志 . 1988. 异源共化型矿床——四川拉拉铜矿成因探讨 . 岩石学报，4（2）：80-91.

袁玉松，郑和荣，涂伟 . 2008. 沉积盆地剥蚀量恢复方法 . 石油实验地质，30（6）：636-642.

翟裕生 . 1993. 矿田构造学 . 北京：地质出版社 .

张瑞瑾 . 1961. 河流动力学 . 北京：中国工业出版社 .

赵连白，袁美琦 . 1995. 沙波运动与推移质输沙率 . 泥沙研究，（04）：65-71.

赵联大，于福江，滕骏华 . 2015. 南海定量海啸预警系统 . 海洋预报，32（2）：1-6.

赵曦，王本龙，刘桦 . 2007. 海沟内海底地震激发的表面波动 . 力学季刊，28（2）：195-202.

赵秀峰 . 2015. 海底大弯曲渠道中浊流流动和沉积特征的研究 . 合肥：安徽工业大学硕士学位论文 .

郑永飞，陈仁旭，徐峥，等 . 2016. 俯冲带中的水迁移 . 中国科学：地球科学（D 辑），46（3）：5-38.

周济元 . 1994. 四川松潘东北寨微细浸染型金矿床的构造动力成因特征 . 火山地质与矿产，15（1）：11-20.

周济元，余祖成 . 1983. 浙江建德铜矿矿床特征及矿液运移理论的研究 . 成都理工大学学报（自科版），（4）：4-25.

周瑶琪 . 2000. 地层间断面的时间结构研究 . 北京：地质出版社 .

周祖翼，李春峰 . 2008. 大陆边缘构造与地球动力学 . 北京：科学出版社 .

朱传庆，邱楠生，曹环宇，等 . 2017. 四川盆地东部构造-热演化：来自镜质体反射率和磷灰石裂变径迹的约束 . 地学前缘，24（3）：94-104.

朱玉荣. 2001. 近百年来渤、黄、东海陆架冲淤作用强度数值研究 . 海洋科学，25（6）：35-38.

Abt D L, Fischer K M, Abers G A, et al. 2009. Shear wave anisotropy beneath Nicaragua and Costa Rica: Implications for flow in the mantle wedge, Geochemistry, Geophysics, Geosystems, 10: Q05S15.

Ackers P, White W R. 1973. Sediment transport: new approach and analysis. Journal of the Hydraulics Division, 99 (11): 2041-2060.

Acocella V. 2008. Transform faults or overlapping spreading centers? Oceanic ridge interactions revealed by analogues models. Earth and Planetary Science Letters, 265: 379-385.

Afonso J C, Ranalli G. 2004. Crustal and mantle strengths in continental lithosphere: is the jelly sandwich model obsolete? Tectonophysics, 394: 221-232.

Afonso J C, Ranalli G, Fernúndez M. 2007. Density structure and buoyancy of the oceanic lithosphere revisited. Geophysical Research Letters, 34: L10302.

Afonso J C, Zlotnik S, Fernandez M. 2008. Effects of compositional and rheological stratifications on small-scale convection under the oceans: Implications for the thickness of oceanic lithosphere and seafloor flattening. Geophysical Research Letters, 35: L20308.

Aharonov E, Whitehead J A, Kelemen P B, et al. 1995. Channeling instability of upwelling melt in the mantle. Journal of Geophysical Research, 100 (B10): 20433.

Ahern J L, Turcotte D L. 1979. Magma migration beneath an ocean ridge. Earth and Planetary Science Letters, 45 (1): 115-122.

Ahrens T J, Schubert G. 1975. Rapid formation of eclogite in a slightly wet mantle. Earth and Planetary Science Letters, 27 (1): 90-94.

Aki K, 1967. Scaling law of seismic spectrum. Journal of Geophysical Research, 72: 1217-1231.

Allken V, Huismans R S, Thieulot C. 2011. Three-dimensional numerical modeling of upper crustal extensional system. Journal of Geophysical Research, 116: 1-15.

Allken V, Huismans R, Thieulot C. 2012. Factors controlling the mode of rift interaction in brittle-ductile coupled systems: a 3D numerical study. Geochemistry, Geophysics, Geosystems, 13 (5): 1-18.

Alvarez W. 1982. Geological evidence for the geographical pattern of return flow and the driving mechanism of plate tectonics. Journal of Geophysical Research, 87: 6697-6710.

Alvarez W. 2010. Protracted continental collisions argue for continental plates driven by basal traction. Earth and Planetary Science Letters, 296: 434-442.

Ammann N, Liao J, Gerya T, et al. 2018. Oblique continental rifting and long transform fault formation based on 3D thermomechanical numerical modeling. Tectonophysics, 746: 106-120.

Ammon C J, Kanamori H, Lay T, et al. 2006. The 17 July 2006 Java tsunami earthquake. Geophysical Research Letters, 33: 194-199.

An Y. 2018. Water hammers tremors during plate convergence. Geology, 46 (2): 1031-1034.

Andersen T B, Jamtveit B, Dewey J F, et al. 1991. Subduction and eduction of continental crust: major mechanisms during continent-continent collision and orogenic extensional collapse, a model based on the south Norwegian Caledonides. Terra Nova, 3 (3): 303-310.

Anderson D L. 1982. Hotspots, polar wander. Mesozoic convection and the geoid. Nature, 297: 391-393.

Anderson D L, Sammis C. 1970. Partial melting in the upper mantle. Physics of the Earth and Planetary Interiors, 3 (70): 41-50.

Anderson E M. 1951. The Dynamics of Faulting and Dyke Formation: with Applications to Britain. London: Oliver and Boyd.

Androvičová A, Čížková H, van den Berg A. 2013. The effects of rheological decoupling on slab deformation in the Earth's upper mantle. Studia Geophysica Et Geodaetica, 57 (3): 460-481.

Anell I, Thybo H, Artemieva I M. 2009. Cenozoic uplift and subsidence in the North Atlantic region: geological evidence revisited. Tectonophysics, 474 (1-2): 78-105.

Antony J. 2011. Earthquake Monitoring for Early Tsunami Warnings (M) //Antony J. Tsunamis: Detection, Monitoring, and Early-Warning Technologies. Amsterdam: Elsevier, Academic Press.

Artemieva I M, Thybo H. 2013. EUNAseis: a seismic model for Moho and crustal structure in Europe Greenland, and the North Atlantic region. Tectonophysics, 609: 97-153.

Asimow P D, Hirschmann M M, Stolper E M. 1997. Analysis of variations in isentropic melt productivity. Philosophical Transactions of the Royal Society of London, 355: 255-281.

Asimow P D, Dixon J E, Langmuir C H. 2004. A hydrous melting and fractionation model for mid-ocean ridge basalts: Application to the Mid-Atlantic Ridge near the Azores. Geochemistry, Geophysics, Geosystems, 5: Q01E16, doi: 10.1029/2003GC000568.

Aspler L B, Chiarenzelli J R. 1998. Two neoarchean supercontinents? Evidence from the paleoproterozoic. Sedimentary Geology, 120 (1-4): 75-104.

Ault A K, Flowers R M, Bowring S A. 2009. Phanerozoic burial and unroofing history of the western Slave craton and Wopmay orogen from apatite (U-Th) /He thermochronometry. Earth and Planetary Science Letters, 284: 1-11.

Auzanneau E, Schmidt M W, Vielzeuf D, et al. 2009. Titanium in phengite: a geobarometer for high temperature eclogites. Contributions to Mineralogy and Petrology, 159: 1-24.

Babcock J M, Harding A J, Kent G M, et al. 1998. An examination of along-axis variation of magma chamber width and crustal structure on the East Pacific Rise between 13 degrees 30′N and 12 degrees 20′N. Journal of Geophysical Research, 103 (B12): 30451-30467.

Bachler D, Kohl T, Rybach L. 2003. Impact of graben-parallel faults on hydrothermal convection-rhine graben case study. Physics and Chemistry of the Earth, 28: 431-441.

Bagnold R A. 1966. An approach to the sediment transport problem from general physics. Washington D. C. Geological Survey.

Bagnold R A. 1981. An empirical correlation of bedload transport rates in flumes and natural rivers. Proceedings of the Royal Society of London. A. Mathematical and Physical Sciences, 372 (1751): 453-473.

Baker B H, Morgan P. 1981. Continental rifting: Progress and outlook. Eos Transactions American Geophysical Union, 62: 585-586.

Baker D R, Eggler D H. 1983. Fractionation paths of Atka (Aleutians) high-alumina basalts: Constraints from phase relations. Journal of Volcanology & Geothermal Research, 18 (1): 387-404.

Bangs N L, Christeson G L, Shipley T H. 2003. Structure of the Lesser Antilles subduction zone backstop and its role in a large accretionary system. Journal of Geophysical Research-Solid Earth, 108: B72358, doi: 10. 1029/2002JB002040.

Bangs N L, Gulick S P S, Shipley T H. 2006. Seamount subduction erosion in the Nankai Trough and its potential impact on the seismogenic zone. Geology, 34: 701-704.

Bangs N, Moore G, Gulick S, et al. 2009. Broad weak regions of the Nankai Megathrust and implications for shallow coseismic slip. Earth and Planetary Science Letters, 284: 44-49.

Barcilon V, Richter E M. 1986. Non-linear waves in compacting media. Earth and Planetary Science Letters, 164: 429-448.

Barekyan A S. 1962. Discharge of channel forming sediments and elements of sand waves. Soviet Hydrol, Selected Papers (Transactions of AGU n 2), 128-130.

Barnouin J K, Parmentier E M. 1997. Buoyancy mantle upwelling and crustal production at oceanic spreading centers: on-axis segmentation and off-axis melting. Journal of Geophysical Research, 102: 11979-11989.

Barret T J, Anderson G M. 1988. The solubility of sphalerite and galena in 1-5m NaCl solutions to 300℃. Geochimica et Cosmochimica Acta, 52: 813-820.

Bassett D, Sandwell D T, Fialko Y, et al. 2016. Upper-plate controls on co-seismic slip in the 2011 magnitude 9. 0 Tohoku-oki earthquake. Nature, 531: 92-96.

Batchelor GK. 1967. An introduction to fluid dynamics. Cambridge UK: Cambridge University Press.

Bates C C. 1953. Rational theory of delta formation. Bulletin of American Association of Petroleum Geology, 37 (9): 2119-2162.

Batiza R, Melson W G, O'Hearn T. 1988. Simple magma supply geometry inferred beneath a segment of the Mid-Atlantic Ridge. Nature, 335: 428-431.

Bebout G E. 1995. The impact of subduction-zone metamorphism on mantle-ocean chemical cycling. Chemical Geology, 126: 191-218.

Beck R A, Burban D W K, Sercombe W J, et al. 1995. Khan Organic carbon exhumation and global warming during the early Himalayan collision. Geology, 23: 387-390.

Becker T W. 2006. On the effect of temperature and strain-rate dependent viscosity on global mantle flow, net rotation, and plate-driving forces. Geophysical Journal International, 167: 943-957.

Becker T W. 2008. Azimuthal seismic anisotropy constrains net rotation of the lithosphere. Geophysical Research Letters, 35: doi: 10.1029/2008GL033946.

Becker T W, Boschi L. 2002. A comparison of tomographic and geodynamic mantle models. Geochemistry, Geophysics, Geosystems, 3: 2001GC000168.

Becker T W, Faccenna C. 2009. A Review of the Role of Subduction dynamics for regional and global plate motions//Lallemand S, Funiciello F. Subduction zone geodynamics. Heidelberg: Springer-Verlag.

Becker T W, O'Connell R J. 2001. Predicting plate velocities with geodynamic models. Geochemistry, Geophysics, Geosystems, 2: 2001GC000171, doi: 10.1029/200/GC000/7/.

Becker T W, Faccenna C, O'Connell R J, et al. 1999. The development of slabs in the upper mantle: insight from numerical and laboratory experiments. Journal of Geophysical Research, 104: 15207-15225.

Becker T W, Kellogg J B, Ekström G, et al. 2003. Comparison of azimuthal seismic anisotropy from surface waves and fi nite-strain from global mantle-circulation models. Geophysical Journal International, 155: 696-714.

Becker T W, Schulte-Pelkum V, Blackman D K, et al. 2006. Mantle flow under the western United States from shear wavesplitting. Earth and Planetary Science Letters, 247: 235-251.

Behn M D, Hirth G, Kelemen P B. 2007. Trench-parallel anisotropy produced by foundering of arc lower crust. Science, 317: 108-111.

Bell R, Sutherland R, Barker D H N, et al. 2010. Seismic reflection character of the Hikurangi subduction interface, New Zealand, in the region of repeated Gisborne slow slip events. Geophysical Journal International, 180: 34-48.

Bellahsen N, Faccenna C, Funiciello F. 2005. Dynamics of subduction and plate motion in laboratory experiments: insights into the plate tectonics behavior of the Earth. Journal of Geophysical Research, 110: doi: 10.1029/2004JB002999.

Bender J E, Hodges E N, Bence A E. 1978. Petrogenesis of basalts from the project FAMOUS area: Experimental study from 0 to 15 Kbars. Earth and Planetary Science Letters, 41: 277-302.

Berge P A, Fryer G J, Wilkens R H. 1992. Velocity-porosity relationships in the upper oceanic crust: Theoretical considerations. Journal of Geophysical Research Solid Earth, 97 (B11): 15239-15254.

Bernard E N. 2005. National tsunami hazard mitigation program: a successful state-federal partnership. Natural Hazard, 35: 5-24.

Berner R A. 1999. A new look at the long-term carbon cycle. GSA Today, 9 (11): 1-6.

Berner R A. 2003. The long-term carbon cycle, fossil fuels and atmospheric composition. Nature, 426 (6964): 323-326.

Berner R A, Raiswell R. 1983. Burial of organic carbon and pyrite sulfur in sediments over phanerozoic time: A new theory. Geochimica Et Cosmochimica Acta, 47 (5): 855-862.

Berner R A, Berner E K. 1997. Silicate weathering and climate//Ruddiman W F. Tectonic Uplift and Climate Change. New York: Springer.

Bevis M. 1986. The curvature of Wadati-Benioff zones and the torsional rigidity of subducting plates. Nature, 323: 52-53.

Bevis M. 1988. Seismic slip and down dip strain rate in Wadati-Benioff zones. Science, 240: 1317-1319.

Bezacier L, Reynard B, Bass J D, et al. 2010. Elasticity of antigorite, seismic detection of serpentinites, and anisotropy in subduction zones. Earth and Planetary Science Letters, 289: 198-208.

Bianco T A, Ito G, van Hunen J, et al. 2008. Geochemical variation at the Hawaiian hot spot caused by upper mantle dynamics and melting of a heterogeneous plume. Geochemistry, Geophysics, Geosystems, 9: Q11003, doi: 10. 1029/2008GC002111.

Bickle M J. 1996. Metamorphic decarbonation, silicate weathering and the long-term carbon cycle. Terra Nova, 8 (3): 270-276.

Bilek S L. 2007. Influence of subducting topography on earthquake rupture//Dixon, Moore J C. The Seismogenic Zone of Subduction Thrust Faults. Columbia: Columbia University Press.

Bilek S L, Lay T. 2002. Tsunami earthquakes possibly widespread manifestations of frictional conditional stability. Geophysical Research Letters, 29: 181-184.

Billen M I. 2008. Modeling the dynamics of subducting slabs. Annual Review of Earth and Planetary Sciences, 36: 325-356.

Billen M I. 2010. Slab dynamics in the transition zone. Physics of the Earth and Planetary Interiors, 183: 296-308.

Billen M I, Gurnis M. 2001. A low viscosity wedge in subduction zones. Earth and Planetary Science Letters, 193: 227-236.

Billen M I, Gurnis M. 2003. Multiscale dynamics of the Tonga-Kermadec subduction zone. Geophysical Journal International, 153: 359-388.

Billen M I, Gurnis M. 2005. Constraints on subducting plate strength within the Kermadec trench. Journal of Geophysical Research 110, doi: 10. 1029/2004JB003308.

Billen M I, Hirth G. 2005. Newtonian versus non-Newtonian upper mantle viscosity: Implications for subduction initiation. Geophysical Research Letters, 32 (19): 312-321.

Billen M I, Hirth G. 2007. Rheologic controls on slab dynamics. Geochemistry, Geophysics, Geosystems 8: Q08012, doi: 10. 1029/2007GC001597.

Billen M, Cowgill E, Buer E. 2007. Determination of fault friction from reactivation of abyssal-hill faults in subduction zones. Geology, 35 (9): 819-822.

Bird E. 1979. Continental delamination and the Colorado Plateau. Journal of Geophysical Research, 87: 10557-10568.

Bird P. 2003. An updated digital model of plate boundaries. Geochemistry, Geophysics, Geosystems, 4 (3): doi: 10. 1029/200/gc000252.

Bird P, Piper K. 1980. Plane-stress finite-element models of tectonic flow in southern California. Physics of the Earth & Planetary Interiors, 21 (2-3): 158-175.

Bird P, Liu Z, Rucker W K. 2008. Stresses that drive the plates from below: definitions, computational path, model optimization, and error analysis. Journal of Geophysical Research Atmospheres, 113: B11406.

Biscaye P E, Eittreim S L. 1977. Suspended particulate loads and transports in the nepheloid of the abyssal Atlantic Ocean. Marine Geology, 23: 155-172.

Bittner D, Schmeling H. 1995. Numerical modeling of melting processes and induced diapirism in the lower crust. Geophysical Journal International, 123: 59-70.

Blackman D K, Forsyth D W. 1991. Isostatic compensation of tectonic features of the Mid-Atlantic Ridge: 25-27°30′S. Journal of Geophysical Research, 96: 11741-11758.

Bleeker W. 2003. The late Archean record: a puzzle in ca. 35 pieces. Lithos, 71 (2-4): 99-134.

Blumberg A F. 1996. An estuarine and coastal ocean version of POM. Proceeding of the Princeton Ocean Model Users Meeting (POM96), Princeton.

Blumberg A F, Mellor G L. 1987. A Description of a Three-Dimensional Coastal Ocean Circulation Model// Heaps N. Three-Dimensional Coastal Ocean Models. 1-16, American Geophysical Union.

Blundy J D, Dalton J. 2000. Experimental comparison of trace element partitioning between clinopyroxene and melt in carbonate and silicate systems, and implications for mantle metasomatism. Contributions to Mineralogy and Petrology, 139: 356-371.

Boccaletti M, Bonini M, Mazzuoli R, et al. 1999. Plio-Quaternary volcanotectonic activity in the northern sector of the Main Ethiopian Rift: Relationships with oblique rifting. Journal of African Earth Sciences, 29: 679-698.

Boehler R. 1993. Temperature in the Earth's core from the melting point measurements of iron at high static pressures. Nature, 363: 534-536.

Boettcher M S, Jordan T H. 2004. Earthquake scaling relations for mid-ocean ridge transform faults. Journal of Geophysical Research, 109 (B12302): 1-21.

Bolfan-Casanova N. 2005. Water in the Earth's mantle, MineralogicalMagazine, 69 (3): 229-258.

Bonatti E. 1985. Punctiform initiation of seafloor spreading in the Red Sea during transition from a continental to an oceanic rift. Nature, 316: 33-37.

Bonow J M, Japsen P, Nielsen T F. 2014. High-level landscapes along the margin of southern East Greenland-A record of tectonic uplift and incision after breakup in the NE Atlantic. Global and Planetary Change, 116: 10-29.

Bond G. 1978. Speculations on real sea-level changes and vertical motions of continents at selected times in the cretaceous and tertiary periods. Geology, 6: 247-250.

Bond G C, Kominz M A. 1984. Construction of tectonic subsidence curves for the early Paleozoic miogeocline, southern Canadian Rocky Mountains: Implications for subsidence mechanisms, age of breakup, and crustal thinning. Geological Society of America Bulletin, 95 (2): 9-22.

Bonev I. 1977. Primary fluid inclusions in galena crystals. 1. Morphology and origin. Mineralium Deposita, 12: 64-76.

Bonev I. 1984. Mechanisms of the hydrothermal ore deposition in the Madan lead-zinc deposits, central Rhodopes, Bulgaria. Proceedings of the 6th quadrennial IAGOD symposium, 69-73.

Bonev I, Kouzmanov K. 2002. Fluid inclusions in sphalerite a negative crystals: a case study. European Journal of Mineralogy, 14: 607-620.

Bonneville A, Dosso L, Hildenbrand A. 2006. Temporal evolution and geochemical variability of the South Pacific superplume activity. Earth and Planetary Science Letters, 244 (1-2): 251-269.

Boschi L, Becker T W, Steinberger B. 2007. Mantle plumes: dynamic models and seismic images. Geochemistry, Geophysics, Geosystems, 8: Q10006, doi: 10.1029/2007GC001733.

Bott M H P. 1995. Mechanisms of rifting: Geodynamic modeling of continental rift systems//Olsen K H. Continental rifts: Evolution, structure, tectonics. Amsterdam: Elsevier.

Bottinga Y, Weill D E. 1970. Densities of liquid silicate systems calculated from partial molar volumes of oxide components. American Journal of Science, 269: 169-182.

Bower D J, Gurnis M, Flament N. 2015. Assimilating lithosphere and slab history in 4-D Earth models. Physics of the Earth and Planetary Interiors, 238: 8-22.

Brace W F, Kohlstedt D L. 1980. Limits on lithospheric stress imposed by laboratory experiment. Journal of Geophysical Research, 85: 6248-6252.

Bradley R. 2013. H2O subduction beyond arcs. Geochemistry Geophysics Geosystems, 9 (3): Q03001.

Brandsdottir B, Einarsson P. 1979. Seismic activity associated with the September 1977 deflation of the Krafla central volcano in northeastern Iceland. Journal of Volcanological and Geothermal Research, 6: 197-212.

Bratton J F. 1999. Clathrate eustasy: methane hydrate melting as a mechanism for geologically rapid sea-level fall. Geology, 27 (10): 915.

Braun J. 2010. The many surface expressions of mantle dynamics. Nature Geoscience, 3: 825-833.

Braun J, Beaumont C. 1989. Dynamic models of the role of crustal shear zones in asymmetric continental extension. Earth and Planetary Science Letters, 265: 379-385.

Briais A, Rabinowicz M. 2002. Temporal variations of the segmentation of slow to intermediate spreading mid-ocean ridges: 1. Synoptic observations based on satellite altimetry data. Journal of Geophysical Research, 107 (B5): 2098.

Bristow J W. 1984. Picritic rocks of the Northern Lebombo and south-east Zimbabwe. Geological Society of South Africa, Special Publication, 13: 105-124.

Brodholt J P, Batiza R. 1989. Global systematics of unaveraged mid-ocean ridge basalt compositions: Comment on " Global correlations of ocean ridge basalt chemistry with axial depth and crustal thickness" by E. M

Klein and C. H. Langmuir. Journal of Geophysical Research, 94: 4231-4239.

Brown C B. 1950. Sediment Transportation//Rouse H. Engineering Hydraulics. New York: John Wiley and Sons, Inc., Chapter 12.

Brown E L, Lesher C E. 2014. North Atlantic magmatism controlled by temperature, mantle composition and buoyancy. Nature Geoscience, 7 (11): 820-824.

Brown M. 2007. Metamorphic conditions in orogenic belts: a record of secular change. International Geology Review, 49 (3): 193-234.

Brown M. 2008. Characteristic thermal regimes of plate tectonics and their metamorphic imprint throughout Earth history: When did earth first adopt a plate tectonics model of behavior//Condie K C, Pease V. When Did Plate Tectonics Begin on Planet Earth? Geological Society of America, Special Paper, 440: 97-128.

Brozena J M, White R. 1990. Ridge jumps and propagations in the South Atlantic Ocean. Nature, 348: 149-152.

Brune S. 2014. Evolution of stress and fault patterns in oblique rift systems: 3-d numerical lithospheric? Scale experiments from rift to breakup. Geochemistry, Geophysics, Geosystems, 15 (8): 3392-3415.

Brune S, Autin J. 2013. The rift to break-up evolution of the Gulf of Aden: Insights from 3d numerical lithospheric-scale modelling. Tectonophysics, 607: 65-79.

Brune S, Popov A A, Sobolev S V. 2012. Modeling suggests that oblique extension facilitates rifting and continental break-up. Journal of Geophysical Research, 117: 1-16.

Buck W R. 1985. When does small-scale convection begin beneath oceanic lithosphere? Nature, 313: 775-777.

Buck W R. 1991. Models of continental lithospheric extension. Journal of Geophysical Research, 96: 20161-20178.

Buck W R. 2006. The role of magma in the development of the Afro-Arabian rift system. Geological Society, London, Special Publications, 259: 43-54.

Buck W R, Parmentier E M. 1986. Convection beneath young oceanic lithosphere: Implications for thermal structure and gravity. Journal of Geophysical Research, 91 (B2): 1961-1974.

Buck W R, Su W. 1989. Focused mantle upwelling below mid-ocean ridges due to feedback between viscosity and melting. Geophysical Research Letters, 16 (7): 641-644.

Buck W R, Lavier L L, Poliakov A N B. 1999. How to make a rift wide. Philosophical Transactions of the Royal Society A, 357: 671-693.

Buck W R, Lavier L L, Pollakov A N B. 2005. Models of faulting at mid-ocean ridges. Nature, 434: 719-723.

Buffett B A, Rowley D B. 2006. Plate bending at subduction zones: Consequences for the direction of plate motions. Earth and Planetary Science Letters, 245: 359-364.

Bull A L, McNamara A K, Ritsema J. 2009. Synthetic tomography of plume clusters and thermochemical piles. Earth and Planetary Science Letters, 278: 152-162.

Bullard E C. 1936. Gravity measurements in East Africa. Philosophical Transactions of the Royal Society of London, 235: 445-531.

Bunge H P, Grand S P. 2000. Mesozoic plate-motion history below the northeast Pacific Ocean from seismic images of the subducted Farallon slab. Nature, 405: 337-340.

Buono A S, Dasgupta R, Lee C T A, et al. 2013. Siderophile element partitioning between cohenite and liquid in the Fe-Ni-S-C system and implications for geochemistry of planetary cores and mantles. Geochimica et Cosmochimica Acta, 120: 239-250.

Burban P Y, Xu Y, McNeil J, et al. 1990. Settling Speeds of Flocs in Fresh and Sea Waters. Journal of Geophysical Research Oceans, 95 (C10): 18213-18220.

Burgess P M, Gurnis M, Moresi L. 1997. Formation of sequences in the cratonic interior of North America by interaction between mantle, eustatic, and stratigraphic processes. Geological Society of America Bulletin, 109: 1515-1535.

Burgmann R, Dresen G. 2008. Rheology of the lower crust and upper mantle: Evidence from rock mechanics, geodesy, and field observations. Annual Review of Earth and Planetary Sciences, 36: 531-567.

Burke K. 1977. Aulacogens and continental breakup. Annual Review Earth Planetary Science, 5: 371-396.

Burke K, Dewey J F. 1973. Plume generated triple junctions: Key indicators in applying plate tectonics to old rocks. Journal of Geology, 81: 406-433.

Burke K, Torsvik T H. 2004. Derivation of large igneous provinces of the past 200 million years from long-term heterogeneities in the deep mantle. Earth and Planetary Science Letters, 227: 531-538.

Burke K, Steinberger B, Torsvik T H, et al. 2008. Plume generation zones at the margins of large low shear velocity provinces on the core-mantle boundary. Earth and Planetary Science Letters, 265 (1-2): 49-60.

Burov E. 2011. Rheology and strength of the lithosphere. Marine and Petroleum Geology, 28: 1402-1443.

Burov E B, Diament M. 1995. The effective elastic thickness (Te) of continental lithosphere: What does it really mean? Journal of Geophysical Research-Solid Earth, 100: 3905-3927.

Burov E B, Watts A B. 2006. The long-term strength of continental lithosphere: "jelly sandwich" or "crème brûlée"? GSA Today, 16: 4-10.

Burov E, Gerya T. 2014. Asymmetric three-dimensional topography over mantle plumes. Nature, 513: 85-103.

Butterfield D, Massoth G, McDuff R, et al. 1990. Geochemistry of hydrothermal fluids from axial seamount hydrothermal emissions study vent field, Juan de Fuca Ridge: Subseafloor boiling and subsequent fluid-rock interaction. Journal of Geophysical Research, 95 (B8): 12895-12921.

Butterfield D, McDuff R, Mottl M, et al. 1994. Gradients in the composition of hydrothermal fluids from the endeavour segment vent field: Phase separation and brine loss. Journal of Geophysical Research, 95 (B8): 9561-9583.

Byerlee J. 1978. Friction of rock. Pure and Applied Geophysics, 116: 615-626.

Buttles J, Olson P. 1998. A laboratory model of subduction zone anisotropy. Earth and Planetary Science Letters, 164: 245-262.

Běhounková M, Čížková H. 2008. Long-wavelength character of subducted slabs in the lower mantle. Earth and Planetary Science Letter, 275: 43-53.

Calahorrano A, Sallares V, Collot J Y, et al. 2008. Nonlinear variations of the physical properties along the southern Ecuador subduction channel: Results from depth-migrated seismic data. Earth and Planetary Science Letters, 267: 453-467.

Caldeira K, Rampino M R. 1991. The Mid-Cretaceous Super Plume, carbon dioxide, and global warming. Geophysical Research Letters, 18 (6): 987-990.

Campbell C C, Bowers T S, Measures C I, et al. 1988. A time series vent fluid composition from 21°N East Pacific Rise (1979, 1981, 1985) and the Guaymas Basin, Gulf of California (1982, 1985). Journal of Geophysical Research, 93 (B5): 4537-4549.

Campbell I H. 1998. The mantle's chemical structure: Insights from the melting products of mantle plumes// Jackson. The Earth's Mantle: Composition, Structure and Evolution. New York: Cambridge University Press, 259-310.

Campbell I H. 2001. Identification of ancient mantle plumes. Geological Society of America, Special Publication, 352: 5-22.

Campbell I H, Griffiths R W. 1990. Implications of mantle plume structure for the evolution of flood basalts. Earth and Planetary Science Letters, 99: 79-93.

Campbell I H, Griffiths R W. 1992. The changing nature of mantle hotspots through time-implications for the chemical evolution of the mantle. Journal of Geology, 100: 497-523.

Campbell I H, Kerr A C. 2007. The great plume debate: testing the plume theory. Chemical Geology, 241 (3-4): 149-152.

Campbell I H, Czamanske G K, Fedorenko V A, et al. 1992. Synchronism of the Siberian traps and the Permian-Triassic boundary. Science, 258: 1760-1763.

Canales J P, Ito G, Detrick R, et al. 2002. Crustal thickness along the western Galápagos Spreading Center and the compensation of the Galápagos hotspot swell. Earth and Planetary Science Letters, 203: 311-327.

Cao X, Li S, Xu L, et al. 2015. Mesozoic-Cenozoic evolution and mechanism of tectonic geomorphology in the central North China Block: Constraint from apatite fission track thermochronology. Journal of Asian Earth Science, 114: 41-53.

Cao X, Flament N, Müller D, et al. 2018. The dynamic topography of eastern China since the latest Jurassic Period. Tectonics, 37 (5): 1274-1291.

Capitanio F A, Morra G, Goes S. 2007. Dynamic models of downgoing plate-buoyancy driven subduction: Subduction motions and energy dissipation. Earth and Planetary Science Letters, 262: 284-297.

Caristan Y. 1982. The transition from high temperature creep to fracture in Maryland diabase. Journal of Geophysical Research: Solid Earth, 87: 6781-6790.

Carlson R L, Melia P J. 1984. Subduction hinge migration. Tectonophysics, 102: 1-16.

Carlson R L, Raskin G S. 1984. Density of the ocean crust. Nature, 311: 555-558.

Carlson R L, Herrick C N. 1990. Densities and porosities in the oceanic crust and their variations with depth and age. Journal of Geophysical Research, 95: 9153-9170.

Carlson R L, Hilde T W C, Uyeda S. 1983. The driving mechanism of plate tectonics: Relation to age of the lithosphere at trench. Geophysical Research Letters, 10: 297-300.

Cathles L M. 1977. An analysis of the cooling of intrusives by ground-water convection which includes boiling. Economic Geology, 72: 804-826.

Cathles L M. 1983. An analysis of the hydrothermal system responsible for massive sulfide deposition in the Hokuroko Basin of Japan. Economic Geology Monograph, 5: 439-487.

Cathles L M. 1990. Scales and effects of fluid-flow in the upper crust. Science, 248: 323-329.

Cathles L M. 1993. A capless 350℃ flow zone model to explain megaplumes, salinity variations, and hightemperature veins in ridge axis hydrothermal systems. Economic Geology, 88: 1977-1988.

Ceuleneer G. 1992. Distribution of melt-migration structures in the mantle peridotites of Oman: Implications for magma supply processes at mid-ocean ridges. EOS, Transactions American Geophysical Union, 73: 537.

Chapp E, Taylor B, Oakley A, et al. 2008. A seismic stratigraphic analysis of Mariana forearc basin evolution. Geochemistry, Geophysics, Geosystems, 9: doi: 10.1029/2008GC001998.

Chapple W M, Tullis T E. 1977. Evaluation of the forces that drive the plates. Journal of Geophysical Research, 82: 1967-1984.

Chase C G. 1978. Extension behind island arcs and motion relative to hot spots. Journal of Geophysical Research, 83: 5385-5387.

Cheadle M. 1989. Properties of Texturally Equilibrated Two-Phase Aggregates. Ph. D. thesis. University of Cambridge.

Chen J, King S D. 1998. The influence of temperature and depth dependent viscosity on geoid and topography profiles from models of mantle convection. Physics of the Earth and Planetary Interiors, 106: 75-91.

Chen L, Cheng C, Wei Z. 2009. Seismic evidence for significant lateral variations in lithospheric thickness beneath the central and western North China Craton. Earth and Planetary Science Letters, 286: 171-183.

Chen Y. 1992. Oceanic crustal thickness versus spreading rate. Geophysical Research Letters, 19: 753-756.

Chen Y, Morgan W J. 1990. A nonlinear rheology model for midocean ridge axis topography. Journal of Geophysical Research, 95 (B11): 17583-17604.

Cheng B, Zhao D, Zhang G. 2011. Seismic tomography and anisotropy in the source area of the 2008 Iwate-Miyagi earthquake (M 7.2). Physics of the Earth and Planetary Interiors, 184: 172-185.

Cherkaoui A S M, Wilcock W S D. 1999. Characteristics of high Rayleigh number two-dimensional convection in an open-top porous layer heated from below. Journal of Fluid Mechanics, 394: 241-260.

Cherkaoui A S M, Wilcock W S D. 2001. Laboratory studies of high Rayleigh number circulation in an open-top Hele-Shaw cell: An analog to mid-ocean ridge hydrothermal systems. Journal of Geophysical Research, 106 (B6): 10983-11000.

Cherkaoui A S M, Wilcock W S D, Baker E T. 1997. Thermal fluxes associated with the 1993 diking event on the coaxial segment, Juan de Fuca ridge: A model for the convective cooling of a dike. Journal of Geophysical Research, 102 (B11): 24887-24902.

Chiba H, Masuda H, Lee S Y, et al. 2001. Chemistry of hydrothermal fluids at the TAG active mound, MAR 26N, in 1998. Geophysical Research Letters, 28 (15): 2919-2922.

Choi E, Gurnis M. 2008. Thermally induced brittle deformation in oceanic lithosphere and the spacing of fracture zones. Earth and Planetary Science Letters, 269: 259-270.

Choi E, Lavier L, Gurnis M. 2008. Thermomechanics of mid-ocean ridge segmentation. Physics of the Earth and Planetary Interiors, 171: 374-386.

Chopin C. 2003. Ultrahigh-pressure metamorphism: Tracing continental crust into the mantle. Earth and Planetary Science Letters, 212 (1): 1-14.

Chouke R L, van Meurs P, van der Poel C. 1959. The instability of slow, immiscible, viscous liquid-liquid displacements in permeable media. Transactions of the American Institute of Mining and Metallurgical Engineering, 216 (1959): 188-194.

Christensen D H, Abers G A. 2010. Seismic anisotropy under central Alaska from SKS splitting observations. Journal of Geophysical Research, 115: B04315.

Christensen N I. 1978. Ophiolites, seismic velocities and oceanic crustal structure. Tectonophysics 47: 131-157.

Christensen N I. 1982. Seismic velocities//Carmichael R S. Handbook of Physical Properties of Rocks. Boca Raton: Chemical Rubber Company Press, 1-228.

Christensen N I, Shaw G H. 1970. Elasticity of mafic rocks from the mid-Atlantic ridge. Geophysical Journal Royal Astronomical Society, 20: 271-284.

Christensen N I, Salisbury M H. 1975. Structure and constitution of the lower oceanic crust. Reviews of Geophysics, 13: 57-86.

Christensen N I, Smewing J D. 1981. Geology and seismic structure of the northern section of the Oman ophiolite. Journal of Geophysical Research: Solid Earth, 86 (B4): 2545-2555.

Christensen U R. 1984. Convection with pressure and temperature dependent non-Newtonian rheology. Geophysical Journal of the Royal Astronomical Society, 77: 343-384.

Christensen U R. 1996. The influence of trench migration on slab penetration into the lower mantle. Earth and Planetary Science Letters, 140: 27-39.

Christensen U R, Yuen D A. 1984. The interaction of a subducting lithospheric slab with a chemical or phase boundary. Journal of Geophysical Research, 89: 4389-4402.

Christensen U R, Yuen D A. 1985. Layered convection induced by phase transitions. Journal of Geophysical Research, 90 (B12): 10291-10300.

Christeson G L, Purdy G M, Fryer G J. 1992. Structure of young upper crust at the East Pacific Rise near 9°30′N. Geophysical Research Letters, 19 (10): 1045-1048.

Christeson G L, McIntosh K, Shipley T H. 2000. Seismic attenuation in the Costa Rica margin wedge: Amplitude modeling of ocean bottom hydrophone data. Earth and Planetary Science Letters, 179: 391-405.

Chung S L, Jahn B M. 1995. Plume-lithosphere interaction in generation of the Emeishan flood basalts at the Permian-Triassic boundary. Geology, 23 (10): 889-892.

Cizkova H, Jeroen van H, Arie P, et al. 2002. The influence of rheological weakening and yield stress on the interaction of slabs with the 670km discontinuity. Earth and Planetary Science Letters, 199: 447-457.

Clarke D B. 1970. Tertiary basalts of Baffin Bay: Possible primary magma from the mantle. Contributions to Mineralogy and Petrology, 25: 203-224.

Clarke G L, Powell R, Fitzherbert J A. 2006. The lawsonite paradox: A comparison of field evidence and mineral equilibria modelling. Journal of Metamorphic Geology, 24 (8): 715-725.

Clauser C, Huenges E. 1995. Thermal conductivity of rocks and minerals//Ahrens T J. Rock Physics and Phase Relations. Washington D. C.: American Geophysical Union.

Clift P, Vannucchi P. 2004. Controls on tectonic accretion versus erosion in subduction zones: Implications for the origin and recycling of the continental crust. Reviews of Geophysics, 42, RG2001: 1-31.

Clift P D, Turner J. 1995. Dynamic support by the Iceland plume and its effect on the subsidence of the northern Atlantic margins. Journal of the Geological Society, 152: 935-941.

Cochran J R, Martinez F. 1988. Evidence from the northern Red Sea on the transition from continental to oceanic rifting. Tectonophysics, 153: 25-53.

Coffin M F, Eldholm O. 1994. Large igneous provinces: Crustal structure, dimensions, and external consequences. Reviews of Geophysics, 32: 1-36.

Collins A S, Pisarevsky S A. 2005. Amalgamating eastern Gondwana: the evolution of the Circum-Indian Orogens. Earth-Science Reviews, 71 (3-4): 229-270.

Collot J Y, Agudelo W, Ribodetti A, et al. 2008. Origin of a crustal splay fault and its relation to the seismogenic zone and underplating at the erosional north Ecuador-south Colombia oceanic margin. Journal of Geophysical Research—Solid Earth, 113, doi: 10. 1029/2008JB005691.

Coltice N, Phillips B R, Bertrand H, et al. 2007. Global warming of the mantle at the origin of flood basalts over supercontinents. Geology, 35 (5): 391-394.

Conder J A, Wiens D A. 2007. Rapid mantle flow beneath the Tonga volcanic arc. Earth and Planetary Science Letters, 264: 299-307.

Condie K C. 2000. Episodic continental growth models: Afterthoughts and extensions. Tectonophysics, 322 (1): 153-162.

Condie K C. 2016. The Supercontinent Cycle. Earth as an Evolving Planetary System (Third Edition). New York USA: Academic Press.

Connolly J A D. 2005. Computation of phase equilibria by linear programming: A tool for geodynamic modeling and its application to subduction zone decarbonation. Earth and Planetary Science Letters, 236: 524-541.

Connolly J A D. 2009. The geodynamic equation of state: what and how. Geochemistry Geophysics Geosystems, 10: Q10014.

Connolly J A D. Trommsdorff V. 1991. Petrogenetic grids for metacarbonate rocks: pressure-temperature phase-diagram projection for mixed-volatile systems. Contributions to Mineralogy & Petrology, 108 (1): 93-105.

Conrad C P, Bilek S, Lithgow-Bertelloni C. 2004. Great earthquakes and slab-pull: Interaction between seismic coupling and plate-slab coupling. Earth and Planetary Science Letters, 218: 109-122.

Conrad C P, Hager B H. 1999a. The effects of plate, bending and fault strength at subduction zones on plate dynamics. Journal of Geophysical Research, 104: 17551-17571.

Conrad C P, Hager B H. 1999b. The thermal evolution of an Earth with strong subduction zones. Geophysical Research Letters, 26: 3041-3044.

Conrad C P, Lithgow-Bertelloni C. 2002. How mantle slabs drive plate tectonics. Science, 298: 207-209.

Conrad C P, Lithgow-Bertelloni C. 2004. The temporal evolution of plate driving forces: Importance of "slab suction" versus "slab pull" during the Cenozoic. Journal of Geophysical Research, 109: doi: 10. 1029/2004JB002991.

Conrad C P, Lithgow-Bertelloni C. 2006. Influence of continental roots and asthenosphere on plate-mantle coupling. Geophysical Research Letters, 33: doi: 10. 1029/2005GL02562.

Contreras-Reyes E, Carrizo D. 2011. Control of high oceanic features and subduction channel on earthquake ruptures along the Chile-Peru subduction zone. Physics of the Earth and Planetary Interiors, 186 (1): 49-58.

Cook-Kollars J, Bebout G E, Collins N C, et al. 2014. Subduction zone metamorphic pathway for deep carbon cycling: I. Evidence from HP/UHP metasedimentary rocks, Italian Alps. Chemical Geology, 386: 31-48.

Cooper R E, Kohlstedt D L. 1986. Rheology and structure of olivine-basalt partial melts. Journal of Geophysical Research, 91: 9315-9323.

Cordery M J, Morgan J P. 1992. Melting and mantle flow beneath a mid-ocean spreading center. Earth and Planetary Science Letters, 111: 493-516.

Cordery M J, Morgan J P. 1993. Convection and modeling at mid-ocean ridges. Journal of Geophysical Research, 98: 19477-19503.

Cordery M J, Davies G F, Campbell I H. 1997. Genesis of flood basalts from eclogite-bearing mantle plumes. Journal of Geophysical Research, 101: 20179-20197.

Cormier M H, Detrick R S, Purdy G M. 1984. Anomalously thin crust in oceanic fracture zones: New seismic constraints from the Kane fracture zone. Journal of Geophysical Research, 89 (10): 249-10266.

Corti G. 2008. Control of rift obliquity on the evolution and segmentation of the main Ethiopian rift. Nature Geoscience, 1: 258-262.

Corti G. 2009. Continental rift evolution: From rift initiation to incipient break-up in the Main Ethiopian Rift, East Africa. Earth-Science Reviews, 96: 1-53.

Corti G. 2012. Evolution and characteristics of continental rifting: Analog modeling inspired view and comparison with examples from the East African Rift System. Tectonophysics, 522-523: 1-33.

Corti G, van Wijk J W, Cloetingh S, et al. 2007. Tectonic inheritance and continental rift architecture: Numerical and analogue models of the east African rift system. Tectonics, 26: 1-13.

Coulie E, Quidelleur X, Gillot P Y, et al. 2003. Comparative K-Ar and Ar/Ar dating of Ethiopian and Yemenite Oligocene volcanism: Implications for timing and duration of the Ethiopian traps. Earth and Planetary Science Letters, 206: 477-492.

Coumou D, Driesner T, Geiger S, et al. 2006. The dynamics of mid-ocean ridge hydrothermal systems: Splitting plumes and fluctuating vent temperatures. Earth and Planetary Science Letters, 245: 218-231.

Coumou D, Driesner T, Weis P, et al. 2009. Phase separation, brine formation, and salinity variation at Black Smoker hydrothermal systems. Journal of Geophysical Research, 114: B03212, doi: 10. 1029/2008JB03212.

Courtillot V E, Renne P R. 2003. On the ages of flood basalt events. Comptes Rendus Geosciences, 335 (1): 113-140.

Courtillot V, Davaille A, Besse J, et al. 2003. Three distinct types of hotspots in the Earth's mantle. Earth and Planetary Science Letters, 205: 295-308.

Courtillot V, Jaupart C, Manighetti I, et al. 1999. On causal links between flood basalts and continental breakup. Earth and Planetary Science Letters, 166: 177-195.

Cowie P A, Underhill J R, Behn M D, et al. 2005. Spatio-temporal evolution of strain accumulation derived from multi-scale observations of Late Jurassic rifting in the northern North Sea: A critical test of models for lithospheric extension. Earth and Planetary Science Letters, 234: 401-419.

Crameri F, Schmeling H, Golabek G J, et al. 2012. A comparison of numerical surface topography calculations in geodynamic modelling: an evaluation of the 'sticky air' method. Geophysical Journal International, 189: 38-54.

Crane K. 1985. The spacing of rift axis highs: Dependence upon diapiric processes in the underlying asthenosphere? Earth and Planetary Science Letters, 72: 405-414.

Crosby A G, McKenzie D. 2009. An analysis of young ocean depth, gravity and global residual topography. Geophysical Journal International, 178: 1198-1219.

Crough S T. 1983. Hotspot swells. Annual Reviews of Earth and Planetary Science, 11: 165-193.

Cruciani C, Carminati E, Doglioni C. 2005. Slab dip vs. lithosphere age: No direct function. Earth and Planetary Science Letters, 238: 298-310.

Czamanske G K, Gurevitch A B, Fredorenko V, et al. 1998. Demise of the Siberian plume: Palaeogeographic and paleotectonic reconstruction from the prevolcanic and volcanic record, northcentral Siberia. International Geological Review, 40: 95-115.

Czarnota K, Roberts G G, White N J, et al. 2014. Spatial and temporal patterns of Australian dynamic topography from river profile modeling. Journal of Geophysical Research-Solid Earth, 119: 1384-1424.

Čadek O, Fleitout L. 2003. Effect of lateral viscosity variations in the top 300km of the mantle on the geoid and dynamic topography. Geophysical Journal International, 152: 566-580.

Čadek O, Ricard Y, Martinec Z, et al. 1993. Comparison between Newtonian and non-Newtonian flow driven by internal loads. Geophysical Journal International, 112: 103-114.

Čížková H, Adek O, Slancová A. 1998. Regional correlation analysis between seismic heterogeneity in the lower mantle and subduction in the last 180Myr: Implications for mantle dynamics and rheology. Pure and Applied Geophysics, 151: 527-537.

Čížková H, van Hunen J, van den Berg A P, et al. 2002. The influence of rheological weakening and yield stress on the interaction of slabs with the 670 km discontinuity. Earth and Planetary Science Letters, 199: 447-457.

d'Acremont E, Leroy S, Maia M, et al. 2010. Volcanism, jump and propagation on the Sheba ridge, eastern Gulf of Aden: Segmentation evolution and implications for oceanic accretion processes. Geophysical Journal International, 180: 535-551.

Dahlberg E C. 1995. Applied Hydrodynamics in Petroleum Exploration. New York: Springer Science Business Media.

Daines M J, Richter E M. 1989. An experimental method for directly determining the interconnectivity of melt in a partially molten system. Geophysical Research Letters, 15: 1459-1462.

Dalou C, Koga K T, Hammouda T, et al. 2009. Trace element partitioning between carbonatitic melts and mantle transition zone minerals: Implications for the source of carbonatites. Geochimica et Cosmochimica Acta, 73 (1): 239-255.

Dalziel I W D. 1991. Pacific margins of Laurentia and East Antarctica-Australia as a conjugate rift pair: Evidence and implications for an Eocambrian supercontinent. Geology, 19: 598-601.

Dam G, Larsen M, Sønderholm M. 1998. Sedimentary response to mantle plumes: Implications from Paleocene onshore successions, West and East Greenland. Geology, 26 (3): 207.

Dan M K. 1978. Some remarks on the development of sedimentary basins. Earth and Planetary Science Letters, 40 (1): 25-32.

Darbyshire F A, Larsen T B, Mosegaard K, et al. 2004. A first detailed look at the Greenland lithosphere and upper mantle, using Rayleigh wave tomography. Geophysical Journal International, 158 (1): 267-286.

Davies G F. 1995. Penetration of plates and plumes through the mantle transition zone. Earth and Planetary Science Letters, 133: 507-516.

Davies G F. 1999. Dynamic Earth: Plates, Plumes and Mantle Convection. New York: Cambridge University Press.

Davies G F. 2003. Stirring geochemistry in mantle models with stiff plates and slabs. Geochimica et Cosmochimica Acta, 66: 3125-3142.

Davies G F. 2005. A case for mantle plumes. Chinese Science Bulletin, 50: 1541-1554.

Davies G F, Pribac F. 1993. Mesozoic seafloor subsidence and the Darwin rise, past and present. Mesozoic Pacific Geology Tectonics and Volcanism, 77: 39-52.

Davies J H, Bunge H P. 2006. Are splash plumes the origin of minor hotspots? Geology, 34: 349-352.

Davis A S, Gray L B, Clague D A, et al. 2013. The Line Islands revisited: New $^{40}Ar/^{39}Ar$ geochronologic evidence for episodes of volcanism due to lithospheric extension. Geochemistry Geophysics Geosystems, 3 (3): 1-28.

Davis E E, Lister C R B. 1974. Fundamentals of ridge crest topography. Earth and Planetary Science Letters, 21: 405-413.

Davis R O, Selvadurai A P S. 2002. Plasticity and Geomechanics. New York: Cambridge University Press.

Davy B, Wood R. 1994. Gravity and magnetic modeling of the Hikurangi Plateau. Marine Geology, 118: 139-151.

DeMets C, Gordon R G, Argus D F, et al. 1994. Effect of recent revisions to the geomagnetic reversal time scale on estimates of current plate motions. Geophysical Research Letters, 21: 2191-2194.

DeMets C, Gordon R G, Argus D F. 2010. Geologically current plate motions. Geophysical Journal International, 181: 1-80.

Deparis V, Legros H, Ricard Y. 1995. Mass anomalies due to subducted slabs and simulations of plate motion since 200 My. Earth and Planetary Science Letters, 89: 271-280.

Desa M, Ramana M V, Ramprasad T. 2006. Seafloor spreading magnetic anomalies south of Sri Lanka. Marine Geology, 229: 227-240.

Deschamps A, Lallemand S. 2002. The West Philippine Basin: An Eocene to early Oligocene back arc basin opened between two opposed subduction zones. Journal of Geophysical Research, 107: 2322.

Detrick R, Crough S T. 1978. Island subsidence, hot spots, and lithospheric thinning. Journal of Geophysical Research, 83: 1236-1244.

Detrick R S, Buhl P, Vera E, et al. 1987. Multi-channel seismic imaging of a crustal magma chamber along the East Pacific Rise. Nature, 326 (6108): 35-41.

Dewandel B, Boudier F, Kern H, et al. 2003. Seismic wave velocity and anisotropy of serpentinized peridotite in the Oman ophiolite. Tectonophysics, 370: 77-94.

Dewey J F. 1980. Episodicity, sequence and style at convergent plate boundaries//Strangway D. The Continental Crust and Its Mineral Deposits. Geological Association of Canada Special Paper, 20: 553-573.

Di Giuseppe E, van Hunen J, Funiciello F, et al. 2008. Slab stiffness controls trench motion: Insights from numerical models. Geochemistry, Geophysics, Geosystems, 9: doi: 10. 1029/2007GC001776, Q02014.

Dick H J B, Lin J, Schouten H. 2003. Anultraslow-spreadingclass of ocean ridge. Nature, 426: 405-412.

Dickinson W R. 1982. Compositions of sandstones in circum-Pacific subduction complexes and fore-arc basins. AAPG Bulletin, 66: 121-137.

Dickinson W R. 1988. Provenance and sediment dispersal in relation to paleotectonics and paleogeography of sedimentary basins. New York: Springer.

Dickinson W R, Seely D R. 1979. Stratigraphy and structure of forearc regions. AAPG Bulletin, 63: 2-31.

Dixon J E, Stolper E, Delaney J R. 1988. Infrared spectroscopic measurements of $CO_2$ and $H_2O$ in Juan de Fuca Ridge basaltic glasses. Earth and Planetary Science Letters, 90 (1): 87-104.

Doblas M, Qyarzun R, López-Ruiz J, et al. 1998. Permo-Carboniferous volcanism in Europe and Northwest Africa: A superplume exhaust valve in the centre of Pangaea? Journal of African Earth Sciences, 26 (1): 89-99.

Doglioni C. 1990. The global tectonic pattern. Journal of Geodynamics, 12: 21-38.

Doglioni C. 1993. Geological evidence for a global tectonic polarity. Journal of the Geological Society, London, 150: 991-1002.

Doglioni C, Carminati E, Bonatti E. 2003. Rift asymmetry and continental uplift. Tectonics, 22 (3): 1-13.

Doglioni C, Carminati E, Cuffaro M, et al. 2007. Subduction kinematics and dynamic constraints. Earth Science Reviews, 83: 125-175.

Dominguez S, Lallemand S, Malavieille J, et al. 1998. Upper plate deformation associated with seamount subduction. Tectonophysics, 293: 207-224.

DormanL R M, Lewis B T R. 1972. Experimental isostasy: 3. Inversion of the isostatic Green function and lateral density changes. Journal of Geophysical Research, 77 (17): 3068-3077.

Dow W G. 1977. Kerogen studies and geological interpretations. Journal of Geochemical Exploration, 7 (2): 79-99.

Driesner T, Geiger S. 2007. Numerical simulation of multiphase fluid flow in hydrothermal systems. Reviews in Mineralogy and Geochemistry, 65: 187-212.

Driesner T, Heinrich C A. 2007. The system $H_2O$-NaCl. Part I: Correlation formulae for phase relations in temperature-pressure-composition space from 0 to 1000 C, 0 to 5000 bar, and 0 to 1 XNaCl. Geochimica et

Cosmochimica Acta, 71 (20): 4880-4901.

Driesner T, Geiger S, Heinrich C A. 2006. Modeling multiphase fluid flow of $H_2O$-NaCl fluids by combining CSP5.0 with SoWat2.0. Geochimica et Cosmochimica Acta, 70: A147.

Du Boys M P. 1879. Le rhone et les riviers a Lit affouillable. Annales de Ponts et Chausses, 18 (5): 141-195.

Dumoulin C, Bercovici D, Wessel P. 1998. A continuous plate tectonic model using geophysical data to estimate plate-margin widths, with a seismicity-based example. Geophysical Journal International, 133: 379-389.

Dumoulin C, Doin M P, Arcay D, et al. 2005. Onset of small-scale instabilities at the base of the lithosphere: Scaling laws and role of pre-existing lithospheric structures. Geophysical Journal of the Royal Astronomical Society, 160 (1): 344-356.

Dunbar J A, Sawyer D S. 1988. Continental rifting at pre-existing lithospheric weaknesses. Nature, 333: 450-452.

Duncan R A, Richards M A. 1991. Hotspots, mantle plumes, flood basalts, and true polar wander. Review of Geophysics, 29 (1): 31-50.

Dvorak J, Okamura A. 1987. A Hydraulic Model to Explain the Variations in Summit Tilt Rate at Kilauea and Mauna Loa Volcanoes. U. S. Geological Survey Professional, 1350: 1281-1296.

Dvorkin J, Nur A, Mavko G. 1993. Narrow subducting slabs and the origin of backarc basins. Tectonophysics, 227: 63-79.

Dziewonski A M, Anderson D L. 1981. Preliminary reference Earth model. Physics of the Earth and Planetary Interiors, 25: 297-356.

Ebbing J, England R W, Korja T, et al. 2012. Structure of the Scandes lithosphere from surface to depth. Tectonophysics, 536-537: 1-24.

Ebinger C J, Casey M. 2001. Continental breakup in magmatic provinces: An Ethiopian example. Geology, 29: 527-530.

Edmonds H, German C, Green D, et al. 1996. Continuation of the hydrothermal fluid chemistry time series at TAG, and the effect of ODP drilling. Geophysical Research Letters, 23 (23): 3487-3489.

Eggler D H. 1976. Does $CO_2$ cause partial melting in the low-velocity layer of the mantle? Geology, 4: 69-72.

Egholm D L, Nielsen S B, Pedersen V K, et al. 2009. Glacial effects limiting mountain height. Nature, 460 (7257): 884-887.

Egiazaroff I V. 1965. Calculation of non-uniform sediment concentrations. Journal of the Hydraulics Division, 91 (4): 225-247.

Einsele G. 1992. Sedimentary basins: Evolution, facies and sediment budget. Berlin: Springer-Verlag.

Einstein H A. 1950. The bed-load function for sediment transportation in open channel flows. US Department of Agriculture.

Elder J. 1976. The Bowels of the Earth. Oxford: Oxford University Press.

Elthon D. 1979. High magnesia liquids as the parental magma for ocean floor basalts. Nature, 278: 514-518.

Emmanuel S, Berkowitz B. 2007. Phase separation and convection in heterogeneous porousmedia: Implications for seafloor hydrothermal systems. Journal of Geophysical Research, 112: B05210, doi: 10.1029/2006JB05210.

Engelund F, Fredsøe J. 1976. A sediment transport model for straight alluvial channels. Hydrology Research, 7 (5): 293-306.

Engen O, Eldholm O, Bungum H. 2003. The arctic plate boundary. Journal of Geophysical Research, 108: 2075-2092.

England P. 1983. Constraints on extension of continental lithosphere. Journal of Geophysical Research, 88: 1145-1152.

England P C, Molnar P. 1997. Active deformation of Asia: from kinematics to dynamics. Science, 278: 647-650.

England W A, Mackenzie A S, Mann D M, et al. 1987. The movement and entrapment of petroleum fluids in the subsurface. Journal of the Geological Society, 144 (2): 327-347.

Enns A, Becker T W, Schmeling H. 2005. The dynamics of subduction and trench migration for viscosity stratifi cation. Geophysical Journal International, 160: 761-775.

Erkek C. 1967. Beitrag zur Berechnung des Geschiebebetriebes in offenen Gerinnen mit beweglicher Sohle unter besonderer Berücksichtigung der Flachlandflüsse. Technische Hochschule.

Ernst R E, Wingate M T D, Buchan K L, et al. 2008. Global record of 1600-700Ma Large Igneous Provinces (LIPs): Implications for the reconstruction of the proposed Nuna (Columbia) and Rodinia supercontinents. Precambrian Research, 160 (1-2): 159-178.

Escartin J, Smith D K, Cann J, et al. 2008. Central role of detachment faults in accretion of slow-spreading oceanic lithosphere. Nature, 455: 792-794.

Evans B, Goetze C. 1979. Temperature variation of hardness of olivine and its implication for polycristalline yield stress. Journal of Geophysical Research: Solid Earth, 84: 5505-5524.

Evans D A D. 2003a. A fundamental Precambrian-Phanerozoic shift in earth's glacial style? Tectonophysics, 375 (1-4): 353-385.

Evans D A D. 2003b. True polar wander and supercontinents. Tectonophysics, 362: 303-320.

Faccenda M, Capitanio F. 2012. Development of mantle seismic anisotropy during subduction-induced 3-D flow. Geophysical Research Letters, 39: L11305.

Faccenda M, Burlini L, Gerya T V, et al. 2008a. Faultinduced seismic anisotropy by hydration in subducting oceanic plates. Nature, 455: 1097-1100.

Faccenda M, Gerya T V, Chakraborty S. 2008b. Styles of post-subduction collisional orogeny: influence of convergence velocity, crustal rheology and radiogenic heat production. Lithos, 103: 257-287.

Faccenda M, Gerya T V, Burlini L. 2009. Deep slab hydration induced by bending-related variations in tectonic pressure. Nature Geoscience, 2 (11): 790-793.

Faccenda M, Gerya T V, Mancktelow N S, et al. 2012. Fluid flow during slab unbending and dehydration: implications for intermediate-depth seismicity, slab weakening and deep water recycling. Geochemistry, Geophysics, Geosystems, 13 (1): Q01010.

Faccenna C, Davy P, Brun J P, et al. 1996. The dynamics of back-arc extension: An experimental approach to the opening of the Tyrrhenian Sea. Geophysical Journal International, 126: 781-795.

Faccenna C, Giardini D, Davy P, et al. 1999. Initiation of subduction at Atlantic type margins: Insights from laboratory experiments. Journal of Geophysical Research, 104: 2749-2766.

Faccenna C, Becker T W, Lucente F P, et al. 2001a. History of subduction and back-arc extension in the central Mediterranean. Geophysical Journal International, 145: 809-820.

Faccenna C, Funiciello F, Giardini D, et al. 2001b. Episodic back-arc extension during restricted mantle convection in the Central Mediterranean. Earth and Planetary Science Letters, 187: 105-116.

Faccenna C, Piromallo C, Crespo Blanc A, et al. 2004. Lateral slab deformation and the origin of the arcs of the western Mediterranean. Tectonics, 23: TC1012. doi: 10.1029/2002TC001488.

Faccenna C, Heuret A, Funiciello F, et al. 2007. Predicting trench and plate motion from the dynamics of a strong slab. Earth and Planetary Science Letters, 257: 29-36.

Falloon T J, Danyushevsky L V, Ariskin A, et al. 2007. The application of olivine geothermometry to infer crystallization temperatures of parent liquids: Implications for the temperature of MORB magmas. Chemical Geology, 241: 207-233.

Fan J, Wu S, Spence G. 2015. Tomographic evidence for a slab tear induced by fossil ridge subduction at Manila Trench, South China Sea. International Geology Review, 57: 998-1013.

Farnetani C G, Richards M A. 1994. Numerical investigations of the mantle plume initiation model for flood-basalt events. Journal of Geophysical Research-Solid Earth, 99: 13813-13833.

Farnetani C G, Samuel H. 2005. Beyond the thermal plume paradigm. Geophysical Research Letters, 32: 303-341.

Faul U H. 2001. Melt retention and segregation beneath mid-ocean ridges. Nature, 410: 920-923.

Faul U H, Jackson I. 2005. The seismological signature of temperature and grain size variations in the upper mantle. Earth and Planetary Science Letters, 234: 119-134.

Faure K, De Wit M J, Willis J P. 1995. Late permian global coal hiatus linked to 13c-depleted co2 flux into the atmosphere during the final consolidation of pangea. Geology, 23 (6): 507.

Faust C R, Mercer J W. 1979a. Geothermal reservoir simulation 1. Mathematical models for liquid-and vapor-dominated hydrothermal systems. Water Resources Research, 15: 23-30.

Faust C R, Mercer J W. 1979b. Geothermal reservoir simulation 2. Numerical solution techniques for liquid-and vapor-dominated hydrothermal systems. Water Resources Research, 15: 31-46.

Fetter A H, Goldberg S A. 1995. Age and geochemical characteristics of bimodal magmatism in the Neoproterozoic Grandfather Mountain rift basin. Journal of Geology, 103 (3): 313-326.

Fischer K M, Jordan T H. 1991. Seismic strain rate and deep slab deformation in Tonga. Journal of Geophysical Research, 96: 14429-14444.

Fisher A T. 1998. Permeability within basaltic oceanic crust. Reviews of Geophysics, 36: 143-182.

Fisher M A. 1979. Structure and tectonic setting of continental shelf southwest of Kodiak Island, Alaska. AAPG Bulletin, 63: 301-310.

Fitton J G, Saunders A D, Norry M J, et al. 1997. Thermal and chemical structure of the Iceland plume. Earth and Planetary Science Letters, 153 (3-4): 197-208.

Fitzsimmons J N, John S G, Marsay C M, et al. 2017. Iron persistence in a distal hydrothermal plume supported by dissolved-particulate exchange. Nature Geoscience, 10 (3): 195-201.

Flament N, Gurnis M, Müller R D. 2013. A review of observations and models of dynamic topography. Lithosphere, 5: 189-210.

Flament N, Gurnis M, Williams S, et al. 2014. Topographic asymmetry of the South Atlantic from global models of mantle flow and lithospheric stretching. Earth and Planetary Science Letters, 387: 107-119.

Fletcher R C, Hallet B. 1983. Unstable extension of the lithosphere: A mechanical model for Basin-and-Range structure. Journal of Geophysical Research, 88: 7457-7466.

Florence F P, Spear F S, Kohn M J. 1993. P-T paths from northwestern New Hampshire; metamorphic evidencefor stacking in a thrust/nappe complex. American Journal of Science, 293 (9): 939-979.

Flowers R M, Schoene B. 2010. (U-Th) /He thermochronometry constraints on unroofing of the eastern Kaapvaal craton and significance for uplift of the southern African plateau. Geology, 38: 827-830.

Flowers R M, Ault A K, Kelley S A, et al. 2012. Epeirogeny or eustasy? Paleozoic-Mesozoic vertical motion of the North American continental interior from thermochronometry and implications for mantle dynamics. Earth and Planetary Science Letters, 317: 436-445.

Font Y, Lallemand S. 2009. Subducting oceanic high causes compressional faulting in southernmost Ryukyu forearc as revealed by hypocentral determinations of earthquakes and reflection/refraction seismic data. Tectonophysics, 466: 255-267.

Fontaine F J, Wilcock W S D. 2007. Two-dimensional numerical models of open-top hydrothermal convection at high Rayleigh and Nusselt numbers: Implications for mid-ocean ridge hydrothermal circulation. Geochemistry, Geophysics, Geosystems, 8: Q07010, doi: 10. 1029/2007GC001601.

Fornari D J, Shank T, von Damm K L, et al. 1998. Time-series temperature measurements at high-temperature hydrothermal vents, East Pacific Rise 9°49′-51′N: Evidence for monitoring a crustal cracking event. Earth and Planetary Science Letters, 160 (3-4): 431-491.

Forsyth D W, Uyeda S. 1975. On the relative importance of the driving forces of plate motion. Geophysical Journal of the Royal Astronomical Society, 43: 163-200.

Forsyth D W, Wilson B. 1984. Three-dimensional temperature structure of a ridge-transform-ridge system. Earth and Planetary Science Letters, 70: 355-362.

Forte A, Peltier W R. 1994. The kinematics and dynamics of poloidal-toroidal coupling in mantle flow: The importance of surface plates and lateral viscosity variations. Advances in Geophysics, 36: 1-119.

Forte A M, Peltier W R. 1987. Plate tectonics and aspherical earth structure: The importance of poloidal-toroidal coupling. Journal of Geophysical Research, 92: 3645-367.

Forte A M, Mitrovica J X. 2001. Deep-mantle high-viscosity flow and thermochemical structure inferred from seismic and geodynamic data. Nature, 410: 1049-1056.

Foulger G R, Natland J H, Anderson D L. 2005. A source for Icelandic magmas in remelted Iapetus crust. Journal of Volcanology and Geothermal Research, 141: 23-44.

Fournier R O. 1999. Hydrothermalprocesses related to movement of fluid from plastic into brittle rock in the magmatic-epithermal environment. Economic Geology, 94: 1193-1211.

Fowler A C. 1985. A Mathematical model of magma transport in the asthenosphere. Geophysical, Astrophysical Fluid Dynamics, 33: 63-69.

Frank E C. 1968. Two-component flow model for convection in the Earth's upper mantle. Nature, 220: 350-352.

Franke D, Hinz K, Oncken O. 2001. The Laptev Sea Rift. Marine and Petroleum Geology, 18: 1083-1127.

Frimmel H E, Zartman R E, Spath A. 2001. The Richtersveld Igneous Complex, South Africa: U-Pb zircon and geochemical evidence for the beginning of Neoproterozoic continental breakup. Journal of Geology, 109 (4): 493-508.

Fuhrman M L, Lindsley D H. 1988. Ternary-feldspar modeling and thermometry. American Mineralogist, 73: 201-215P118.

Fujii T, Kushiro I. 1977. Density, viscosity, and compressibility of basaltic liquid at high pressures. Carnegie lnst, Washington Yearbook, 76: 419-424.

Fuller C W, Willett S D, Brandon M T. 2006. Formation of forearc basins and their influence in subduction zone earthquakes. Geology, 34: 65-68.

Fumagalli P, Stixrude L, Poli S, et al. 2001. The 10Å phase: A high-pressure expandable sheet silicate stable during subduction of hydrated lithosphere. Earth and Planetary Science Letters, 186 (2): 125-141.

Funiciello F, Faccenna C, Giardini D. 2004. Flow in the evolution of subduction system: Insights from 3-D laboratory experiments. Geophysical Journal International, 157: 1393-1407.

Funiciello F, Moroni M, Piromallo C, et al. 2006. Mapping flow during retreating subduction: Laboratory models analyzed by Feature Tracking. Journal of Geophysical Research, 111: doi: 10. 1029/ 2005JB003792.

Funiciello F, Faccenna C, Heuret A, et al. 2008. Trench migration, net rotation and slab-mantle coupling. Earth and Planetary Science Letters, 271: 233-240.

Funiciello R, Giordano G, Rita D D. 2003. The Albano maar lake (Colli Albani Volcano, Italy): Recent volcanic activity and evidence of pre-Roman Age catastrophic lahar events. Journal of Volcanology and Geothermal Research, 123 (1-2): 43-61.

Fuhrman M L, Lindsley D H. 1988. Ternary-feldspar modeling and thermometry. American Mineralogist, 73: 201-215.

Fyfe W S, Price N J, Thompson A B. 1978. Fluids in the Earth's crust. Their significance in metamorphic tectonic and chemical transport processes. New York: Elsevier Scientific Publishing Company.

Gaherty J B, Hager B H. 1994. Compositional vs. thermal buoyancy and the evolution of subducted lithosphere. Geophysical Research Letters, 21 (2): 141-144.

Gailani J, Ziegler C K, Lick W. 1991. The transport of sediments in the Fox River. Journal of Great Lakes Research, 17: 479-494.

Gallant R M, Von Damm K L. 2006. Geochemical controls on hydrothermal fluids from the Kairei and Edmond Vent Fields, 23-25S, Central Indian Ridge. Geochemistry, Geophysics, Geosystems, 7: Q06018, doi: 10. 1029/2005GC001067.

Gallet Y, Weeks R, Vandamme D, et al. 1989. Duration of Deccan trap volcanism—a statistical approach.

Earth and Planetary Science Letters, 93: 273-282.

Galperin B, Kantha L H, Hassid S, Rosati A. 1988. A Quasi-equilibrium Turbulent Energy Model for Geophysical Flows. Journal of the Atmospheric Sciences, 45: 55-62.

Ganguly J, Freed A M, Saxena S K. 2009. Density profiles of oceanic slabs and surrounding mantle: Integrated thermodynamic and thermal modeling, and implications for the fate of slabs at the 660km discontinuity. Physics of the Earth and Planetary Interiors, 172 (3): 257-267.

Gans K D, Wilson D S, Macdonald K C. 2003. Pacific Plate gravity lineaments: Diffuse extension or thermal contraction? Geochemistry Geophysics Geosystems, 4 (9): doi: 10. 1029/2002GC000465.

Gao F, Qiao L, Li G. 2016. Modelling the dispersal and depositional processes of the suspended sediment in the central South Yellow Sea during the winter. Geological Journal, 51 (S1): 35-48.

Gao X, Wang K. 2014. Strength of stick-slip and creeping subduction megathrusts from heat flow observations. Science, 345: 1038-1041.

Garcia M O, Hulsebosch T, Rhodes J. 1995. Olivine-rich submarine basalts from the southwest rift zone ofMauna Loa Volcano: Implications for magmatic processes and geochemical evolution. American Geophysical Union Monograph, 92: 219-239.

Garcia S, Arnaud N, Angelier J, et al. 2003. Rift jump processes in Northern Iceland since 10Ma from $^{40}Ar/^{39}Ar$ geochronology. Earth and Planetary Science Letters, 214: 529-544.

Garfunkel Z, Anderson C A, Schubert G. 1986. Mantle circulation and the lateral migration of subducted slabs. Journal of Geophysical Research, 91: 7205-7223.

Garnero E J, Thorne M S, McNamara A K, et al. 2007. Fine-scale ultra-low velocity zone layering at the core-mantle boundary and superplumes//Yuen D A, Maruyama S, Karato S, et al. Super plumes: Beyond Plate Tectonics. Dordrecht: Springer, 139-157.

Geiger S. 2004. Numerical Simulation of the Hydrodynamics and Thermodynamics of NaCl-$H_2O$ Fluids. PhD thesis, ETH Zurich, Switzerland.

Geiger S, Roberts S, Matthäi S K, et al. 2004. Combining finite element and finite volume methods for efficient multiphase flow simulations in highly heterogeneous and structurally complex geologic media. Geofluids, 4 (4): 284-299.

Geiger S, Driesner T, Heinrich C A, et al. 2005a. On the dynamics of NaCl-$H_2O$ fluid convection in the Earth's crust. Journal of Geophysical Research, 110: B07101.

Geiger S, Driesner T, Heinrich C A, et al. 2005b. Coupled heat and salt transport around cooling magmatic intrusions. Geochimica et Cosmochimica Acta, 69: A739.

Geiger S, Driesner T, Matthai S K, et al. 2006a. Multiphase thermohaline convection in the Earth's crust: I. A novel finite element-finite volume solution technique combined with a new equation of state for NaCl-$H_2O$. Transport in Porous Media, 63 (3): 399-434.

Geiger S, Driesner T, Matthai S K, et al. 2006b. Multiphase thermohaline convection in the Earth's crust: II. Benchmarking and application of a finite element-finite volume solution technique with a NaCl-$H_2O$ equation of state. Transport in Porous Media, 63 (3): 435-461.

Gelci R, Cazale H, Vassal J. 1956. Utilization des diagrammes de propagration'a la prevision energetique de la houle, Bulletin dinformation du Comite Central doceanographie et detudes des cotes, 8: 160-197.

German C R, Lin J. 2005. The thermal structure of the oceanic crust, ridge-spreading and hydrothermal circulation: How well do we understand their inter-connections? //German C R, Lin J, Parson L M. Mid-ocean Ridges: Hydrothermal Interactions between the Lithosphere and Oceans. Geophysical Monograph, 148: 1-18.

Gerritsen M G, Durlofsky L J. 2005. Modeling fluid flow in oil reservoirs. Annual Review of Fluid Mechanics, 37: 211-238.

Gerya T V. 2010. Dynamical instability produces transform faults at mid-ocean ridges. Science, 329: 1047-1050.

Gerya T V. 2012. Origin and models of oceanic transform faults. Tectonophysics, 522-533: 34-54.

Gerya T V. 2013a. Initiation of transform faults at rifted continental margins: 3d petrological-thermomechanical modeling and comparison to the Woodlark basin. Petrology, 21 (6): 550-560.

Gerya T V. 2013b. Three-dimensional thermomechanical modeling of oceanic spreading initiation and evolution. Physics of the Earth and Planetary Interiors, 214: 35-52.

Gerya T V, Yuen D A. 2003a. Characteristics-based marker-in-cell method with conservative finite-differences schemes for modeling geological flows with strongly variable transport properties. Physics of the Earth and Planetary Interiors, 140: 293-318.

Gerya T V, Yuen D A. 2003b. Rayleigh-Taylor instabilities from hydration and melting propel cold plumes at subduction zones. Earth and Planetary Science Letters, 212: 47-62.

Gerya T V, Yuen D A. 2007. Robust characteristics method for modelling multiphase visco-elasto-plastic thermo-mechanical problems. Physics of the Earth and Planetary Interiors, 163: 83-105.

Gerya T V, Meilick F I. 2011. Geodynamic regimes of subduction under an active margin: Effects of rheological weakening by fluids and melts. Journal of Metamorphic Geology, 29 (1): 7-31.

Gerya T V, Stoeckhert B, Perchuk A L. 2002. Exhumation of high-pressure metamorphic rocks in a subduction channel-a numerical simulation. Tectonics, 21: 6-1-6-15 (article number: 1056).

Gerya T V, Yuen D A, Sevre E O D. 2004. Dynamical causes for incipient magma chambers above slabs. Geology, 32: 89-92.

Gerya T V, Connolly J A D, Yuen D A, et al. 2006. Seismic implications of mantle wedge plumes. Physics of the Earth and Planetary Interiors, 156: 59-74.

Gerya T V, Connolly J A D, Yuen D A. 2008. Why is terrestrial subduction one-sided? Geology, 36: 43-46.

Ghias S R, Jarvis G T. 2008. Mantle convection models with temperature and depth-dependent thermal expansivity. Journal of Geophysical Research, 113: B08408.

Ghosh A, Holt W E. 2012. Plate motions and stresses from global dynamic models. Science, 335 (6070): 838-843.

Ghosh A, Holt W E, Wen L, et al. 2008. Joint modeling of lithosphere and mantle dynamics elucidating lithosphere-mantle coupling. Geophysical Research Letters, 35 (16): L16309.

Giardini D, Woodhouse J H. 1984. Deep seismicity and modes of deformation in Tonga subduction zone. Nature, 307: 505-509.

Giardini D, Woodhouse J H. 1986. Horizontal shear flow in the mantle beneath the Tonga arc. Nature, 319: 551-555.

Girdler R W. 1964. Geophysical studies of rift valleys. Physics and Chemistry of the Earth, 5: 121-156.

Goes S, Capitanio F A, Morra G, et al. 2011. Signatures of downgoing plate-buoyancy driven subduction in Cenozoic plate motions. Physics of The Earth and Planetary Interiors, 184 (1-2): 1-13.

Goncharov V N. 1938. Sediments transport by uniform flow. ONTI, Leningrad-Moscow, Russia (in Russian).

Gonnermann H M, Jellinek A M, Richards M A, et al. 2004. Modulation of mantle plumes and heat flow at the core mantle boundary by plate-scale flow: Results from laboratory experiments. Earth and Planetary Science Letters, 226 (1-2): 53-67.

Gonzaleza C M, Gorczyk W, Gerya T V. 2016. Decarbonation of subduction slabs: Insight from petrological-thermomechanical modeling. Gondwana Research, 36: 314-332.

Gorczyk W, Gerya T V, Connolly J A D, et al. 2007. Growth and mixing dynamics of mantle wedge plumes. Geology, 35 (7): 587-590.

Gordon R G, Jurdy D M. 1986. Cenozoic global plate motions. Journal of Geophysical Research, 91: 12389-12406.

Gove P B. 1964. Webster's Third New International Dictionary of the English Language, Unabridged. Massachusetts, Merriam Webster Mass Market.

Grad M, Tiira T, Working Group E S C. 2009. The Moho depth map of the European Plate. Geophysical Journal of the Royal Astronomical Society, 176 (1): 279-292.

Graf W H, Acaroglu E R. 1968. Sediment transport in conveyance systems (Part 1) /A physical model for sediment transport in conveyance systems. Hydrological Sciences Journal, 13 (2): 20-39.

Grant M S, Sorey M L. 1979. The compressibility and hydraulic diffusivity of a water-steam flow. Water Resources Research, 15: 684-686.

Grant W D, Madsen O S. 1979. Combined Wave and Current Interaction with a Rough Bottom. Journal of Geophysical Research, 84 (C4): 1797-1808.

Green D H, Falloon T J, Eggins S M, et al. 2001. Primary magmas and mantle temperatures. European Journal of Mineralogy, 13: 437-451.

Gregg P M, Behn M D, Lin J, et al. 2009. Melt generation, crystallization, and extraction beneath segmented oceanic transform faults. Journal of Geophysical Research, 114: 1-16.

Gregory R T, Taylor H P. 1981. An oxygen isotope profile in a section of Cretaceous oceanic crust, Samail Ophiolite, Oman: Evidence for $\delta^{18}O$ buffering of the oceans by deep (>5km) seawater-hydrothermal circulation at mid-ocean ridges. Journal of Geophysical Research, 86 (B4): 2737-2755.

Griffiths R W, Campbell I H. 1990. Stirring and structure in mantle plumes. Earth and Planetary Science Letters, 99: 66-78.

Griffiths R W, Campbell I H. 1991a. Interaction of mantle plume heads with the Earth's surface and the onset of small-scale convection. Journal of Geophysical Research, 96: 18295-18310.

Griffiths R W, Campbell I H. 1991b. On the dynamics of long-lived plume conduits in the convecting mantle. Earth and Planetary Science Letters, 103: 214-227.

Griffiths R W, Gurnis M, Eitelberg G. 1989. Holographic measurements of surface-topography in laboratory models of mantle hotspots. Geophysical Journal International, 96: 477-495.

Griffiths R W, Hackney R I, van der Hilst R D. 1995. A laboratory investigation of effects of trench migration on the descent of subducted slabs. Earth and Planetary Science Letters, 133: 1-17.

Gripp A E, Gordon R G. 1990. Current plate velocities relative to the hotspots incorporating the NUVEL-1 global plate motion model. Geophysical Research Letters, 17: 1109-1112.

Gripp A E, Gordon R G. 2002. Young tracks of hotspots and current plate velocities. Geophysical Journal International, 150: 321-361.

Gubbins D, Alfe D, Masters G, et al. 2003. Can the Earth's dynamo run on heat alone? Geophysics Journal International, 155: 609-622.

Gudmundsson O, Sambridge M. 1998. A regionalized upper mantle (RUM) seismic model. Journal of Geophysical Research, 103: 7121-7136.

Guidish T M, Kendall C G S C, Lerche I, et al. 1985. Basin evaluation using burial history calculation: An overview. Aapg Bulletin, 69 (1): 92-105.

Guillou-Frottier L, Buttles J, Olson P. 1995. Laboratory experiments on the structure of subducted lithosphere. Earth and Planetary Science Letters, 133: 19-34.

Gulick S P S, Meltzer A M, Clarke S H. 1998. Seismic structure of the southern Cascadia subduction zone and accretionary prism north of the Mendocino triple junction. Journal of Geophysical Research-Solid Earth, 103: 27207-27222.

Gulick S P S, Bangs N L B, Shipley T H, et al. 2004. Three-dimensional architecture of the Nankai accretionary prism's imbricate thrust zone off Cape Muroto, Japan: Prism reconstruction via en echelon thrust propagation. Journal of Geophysical Research-Solid Earth, 109: B02105.

Gulick S P S, Austin J A, McNeill L C, et al. 2011. Updip rupture of the 2004 Sumatra earthquake extended by thick indurated sediments. Nature Geoscience, 4: 453-456.

Gung Y, Panning M, Romanowicz B. 2003. Global anisotropy and the thickness of continents. Nature, 422 (6933): 707-711.

Gurnis M. 1989. A reassessment of the heat-transport by variable viscosity convection with plates and lids. Geophysical Research Letters, 16 (2): 179-182.

Gurnis M. 1992. Long-term controls on eustatic and epeirogenic motions by mantle convection. GSA Today, 2: 141-157.

Gurnis M. 1993. Comment on "Dynamic surface topography: a new interpretation based upon mantle flow models derived from seismic tomography" by A M Forte, W R Peltier, A M Dziewonski and R L Woodward. Geophysical Research Letters, 20: 1663-1664.

Gurnis M, Davies G F. 1986. The effect of depth-dependent viscosity on convective mixing in the mantle and the possible survival of primitive mantle. Geophysical Research Letters, 13: 541-544.

Gurnis M, Hager B H. 1988. Controls of the structure of subducted slabs. Nature, 335: 317-321.

Gutscher M A, Kukowski N, Malavieille J, et al. 1998. Episodic imbricate thrusting and underthrusting: Analog experiments and mechanical analysis applied to the Alaskan accretionary wedge. Journal of

Geophysical Research, 103: 10161-10176.

Géli L, Aslanian D, Olivet J, et al. 1998. Location of the Louisville hotspot and origin of Hollister Ridge: Geophysical constraints. Earth and Planetary Science Letters, 164: 31-40.

Haar L, Gallagher J S, Kell G S. 1984. NBS/NRC Steam Tables. Washington D. C. : Hemisphere Publishing Corporation.

Hacker B R, Mehl L, Kelemen P B, et al. 2008. Reconstruction of the Talkeetna intraoceanic arc of Alaska through thermobarometry. Journal of Geophysical Research Solid Earth, 113 (B3): B03204.

Hager B H. 1984. Subducted slabs and the geoid: Constraints on mantle rheology and flow. Journal of Geophysical Research, 89: 6003-6015.

Hager B H, O'Connell R J. 1978. Subduction zone dip angles and flow derived by plate motion. Tectonophysics, 50: 111-133.

Hager B H, O'Connell R J. 1981. A simple global model of plate dynamics and mantle convection. Journal of Geophysical Research, 86 (B6): 4843-4867.

Hager B H, Clayton R W. 1989. Constraints on the structure of mantle convection using seismic observations, flow models, and the geoid//Peltier W R, Mantle convection: Plate tectonics and global dynamics. New York: Gordon and Breach Science Publishers.

Hager B H, O'Connell R J, Raefsky A. 1983. Subduction, backarc spreading and global mantle flow. Tectonophysics, 99: 165-189.

Hager B H, Clayton R W, Richards M A, et al. 1985. Lower mantle heterogeneity, dynamic topography and the geoid. Nature, 313: 541-545.

Hale L D, Morton C J, Sleep N H. 1982. Reinterpretation of seismic reflection data over the East Pacific Rise. Journal of Geophysical Research, 87: 7707-7717.

Hall C, Fischer K M, Parmentier E M, et al. 2000. The influence of plate motions on three-dimensional back arc mantle flow and shear wave splitting. Journal of Geophysical Research, 105: 28009-28033.

Hall C E, Gurnis M. 2005. Strength of fracture zones from their barymetric and gravitational evolution. Journal of Geophysical Research, 110: doi: 10.1029/2004JB003312.

Hall C E, Gurnis M, Sdrolias M, et al. 2003. Catastrophic initiation of subduction following forced convergence at transform boundaries. Earth and Planetary Science Letters, 212: 15-30.

Hames W E, Renne P R, Ruppel C. 2000. New evidence for geologically instantaneous emplacement of earliest Jurassic Central Atlantic magmatic province basalts on the North American margin. Geology, 28 (9): 859-862.

Han L, Gurnis M. 1999. How valid are dynamical models of subduction and convection when plate motions are prescribed? Physics of the Earth and Planetary Interiors, 110: 235-246.

Hansen U, Yuen D A, Kroening S E, et al. 1993. Dynamical consequences of depth-dependent thermal expansivity and viscosity on mantle circulations and thermal structure. Physics of the Earth and Planetary Interiors, 77: 205-223.

Hanson G N, Langmuir C H. 1978. Modelling of major elements in mantle-melt systems using trace element approaches. Geochimica et Cosmochimica Acta, 42: 725-742.

Hanson R B. 1995. The hydrodynamics of contact metamorphism. Geological Society of America Bulletin, 107: 595-611.

Hanson R B. 1996. Hydrodynamics of magmatic and meteoric fluids in the vicinity of granitic intrusions. Transactions of the Royal Society of Edinburgh Earth Sciences, 87: 251-259.

Haq B U. 1998. Gas hydrates: Greenhouse nightmare? Energy panacea or pipe dream? GSA Today, 8 (11): 1-6.

Haq B U, Al-Qahtani A M. 2005. Phanerozoic cycles of sea-level change onthe Arabian platform. GeoArabia, 10: 127-160.

Haq B U, Hardenbol J, Vail P R. 1987. Chronology of fluctuating sea levels since the triassic. Science, 235 (4793): 1156.

Hardarson B S, Fitton J G, Ellam R M, et al. 1997. Rift relocation-a geochemical and geochronological investigation of a paleo-rift in northwest Iceland. Earth and Planetary Science Letters, 153: 181-196.

Harlan S S, Heaman L, LeCheminant A N, et al. 2003. Gunbarrel mafic magmatic event: A key 780Ma time marker for Rodinia plate reconstructions. Geology, 31 (12): 1053-1056.

Harmon N, Forsyth D W, Lamm R. 2007. P and S wave delays beneath intraplate volcanic ridges and gravity lineations near the East Pacific Rise. Journal of Geophysical Research, 112: B03309, doi: 10. 1029/2006JB004392.

Harmon N, Forsyth D W, Scheirer D S. 2006. Analysis of gravity and topography in the GLIMPSE study region: Isostatic compensation and uplift of the Sojourn and Hotu Matua Ridge systems. Journal of Geophysical Research, 111: B11406, doi: 10. 1029/2005JB004071.

Harper J F. 1984. Mantle flow due to internal vertical forces. Physics of the Earth and Planetary Interiors, 36 (3): 285-290.

Harpp K, Geist D. 2002. Wolf-Darwin lineament and plume-ridge interaction in northern Galapagos. Geochemistry, Geophysics, Geosystems, 3 (11): 8504.

Hart S R, Zindler A. 1986. In search of a bulk-Earth composition. Chemical Geology, 57 (3-4): 247-267.

Hart S R, Hauri E H, Oschmann L A, et al. 1992. Mantle plume and entrainment—isotopic evidence. Science, 256: 517-520.

Hashimoto C, Noda A, Sagiya T, et al. 2009. Interplate seismogenic zones along the Kuril-Japan trench inferred from GPS data inversion. Nature Geoscience, 2: 141-144.

Hassani R, Jongmans D, Chéry J. 1997. Study of plate deformation and stress in subduction processes using twodimensional numerical models. Journal of Geophysical Research, 102: 17951-17965.

Hasselmann K. 1962. On the non-linear transfer in a gravity wave spectrum, part 1. general theory. Journal of Fluid Mechanics, 12: 481-500.

Hasselmann K, Olbers D. 1973. Measurements of wind-wave growth and swell decay during the Joint North Sea Wave Project (JONSWAP), Ergänzung zur Deut. Hydrogr. Z., Reihe A (8), 12: 1-95.

Hauck S A, Phillips R J, Hofmeister A. 1999. Variable conductivity: Effects on the thermal structure of subducting slabs. Geophysical Research Letters, 26 (21): 3257-3260.

Haxby W F, Weissel J K. 1986. Evidence for small-scale mantle convection from Seasat altimeter data. Journal of Geophysical Research Solid Earth, 91: 3507-3520.

Haxby W F, Parmentier E M. 1988. Thermal contraction and the state of stress in the oceanic lithosphere. Journal of Geophysical Research: Solid Earth, 93 (B6): 6419-6429.

Hayba D O, Ingebritsen S E. 1994. The computer model HYDROTHERM, a three-dimensional finite-difference model to simulate ground-water flow and heat transport in the temperature range of 0 to 1200°C. U. S. Geological Survey Water-Research Investigte Report: 94-4045.

Hayba D O, Ingebritsen S E. 1997. Multiphase groundwater flow near cooling plutons. Journal of Geophysical Research, 102: 12235-12252.

Hayes G, Wald D, Johnson R. 2012. Slab 1.0: A three-dimensional model of global subduction zone geometries. Journal of Geophysical Research, 117: B01302.

He B, Xu Y G, Chung S L, et al. 2003. Sedimentary evidence for a rapid crustal doming prior to the eruption of the Emeishan flood basalts. Earth and Planetary Science Letters, 213: 389-403.

He B, Xu Y G, Huang X L, et al. 2007. Age and duration of the Emeishan flood volcanism, SW China: geochemistry and SHRIMP zircon U-Pb dating of silicic ignimbrites, post-volcanic Xuan wei Formation and clay tuff at the Chao tian section. Earth and Planetary Science Letters, 255 (3-4): 306-323.

Heaman L M. 1997. Global mafic magmatism at 2.45 Ga: remnants of an ancient large igneous province? Geology, 25 (4): 299-302.

Heaman L M, LeCheminant A N, Rainbird R H. 1992. Nature and timing of Franklin igneous events, Canada: implications for a late Proterozoic mantle plume and the break-up of Laurentia. Earth and Planetary Science Letters, 109 (1-2): 117-131.

Heasler H P. 1996. Analysis of sonic well logs applied to erosion estimates in the Bighorn Basin, Wyoming. Aapg Bulletin, 80 (5): 630-646.

Hedenquist J W, Reyes A G, Simmons S F, et al. 1992. The thermal and geochemical structure of geothermal and epithermal systems-a framework for interpreting fluid inclusion data. European Journal of Mineralogy, 4: 989-1015.

Heezen B C. 1960. The rift in the Ocean floor. Scientific American, 203: 98-110.

Heidbach O, Tingay M, Barth A, et al. 2010. Global crustal stress pattern based on the World Stress Map database release 2008. Tectonophysics, 482 (1-4): 3-15.

Hein J R, Scholl D W, Miller J. 1978. Episodes of Aleutian Ridge Explosive Volcanism. Science, 199 (4325): 137-141.

Heinrich C A. 2007. Fluid-fluid interactions in magmatic-hydrothermal ore formation. Reviews in Mineralogy and Geochemistry, 65: 363-387.

Heinrich C A, Driesner T, Stefansson A, et al. 2004. Magmatic vapor contraction and the transport of gold from the porphyry environment to epithermal ore deposits. Geology, 32: 761-764.

Hellinger S J, Sclater J G. 1983. Some comments on two-layer extensional models for the evolution of sedimentary basins. Journal of Geophysical Research, 88 (B10): 8251-8269.

Henry P H. 1996. Analysis of sonic well logs applied to erosion estimates in the Bighorn basin, Wyoming. AAPG Bulletin, 1996, 80: 630-647.

Hermann J, Rubatto D. 2009. Accessory phase control on the trace element signature of sediment melts in subduction zones. Chemical Geology 265 (3-4): 512-526.

Herron T J, Ludwig W J, Stoffa P L, et al. 1978. Structure of the East Pacific Rise crest from multichannel seismic reflection data. Journal of Geophysical Research, 83 (B2): 798.

Herzberg C, O'Hara M J. 2002. Plume-associated ultramafic magmas of Phanerozoic age. Journal of Petrology, 43: 1857-1883.

Hess P C. 1989. Origin of Igneous Rocks. London, UK: Harvard University Press.

Heuret A, Lalemand S. 2005. Plate motions, slab dynamics and back-arc deformation. Physics of the Earth and Planetary Interiors, 149: 31-51.

Heuret A, Funiciello F, Faccenna C, et al. 2007. Plate kinematics, slab shape and back-arc stress: A comparison between laboratory models and current subduction zones. Earth and Planetary Science Letters, 256: 473-483.

Hey R N. 1977. Tectonic evolution of the Coco-Nazca spreading center. Geological Society of America Bulletin, 88: 1404-1420.

Heyworth Z, Knesel K M, Turner S P, et al. 2011. Pb-isotopic evidence for rapid trench-parallel mantle flow beneath Vanuatu. Journal of Geological Society, 168: 265-271.

Hicks S P, Rietbrock A, Haberland C A, et al. 2012. The 2010 Mw 8.8 Maule, Chile earthquake: Nucleation and rupture propagation controlled by a subducted topographic high. Geophysical Research Letters, 39: L19308.

Hieronymus C F, Bercovici D. 2001. A theoretical model of hotspot volcanism: Control on volcanic spacing and patterns via magma dynamics and lithospheric stresses. Journal of Geophysical Research, 106 (B1): 683-702.

Hilairet N, Reynard B. 2008. Stability and dynamics of serpentinite layer in subduction zone. Tectonophysics, 465: 24-29.

Hill I R. 1991. Starting plumes and continental break-up. Earth and Planetary Science Letters, 104: 398-416.

Hill R I, Campbell I H, Davies G F, et al. 1992. Mantle plumes and continental tectonics. Science, 256 (5054): 186-193.

Hilton P. 2002. Trials of surgery for stress incontinence—thoughts on the 'Humpty Dumpty principle'. BJOG An International Journal of Obstetrics and Gynaecology, 109 (10): 1081-1088.

Hinte J E V. 1978. Geohistory Analysis-Application of Micropaleontology in Exploration Geology. Aapg Bulletin, 62 (2): 201-222.

Hirschmann M M. 2000. Mantle solidus: Experimental constraints and the effects of peridotite composition. Geochemistry Geophysics Geosystems, 1: 1-21 (article number: 1042).

Hirschmann M M. 2010. Partial melt in the oceanic low velocity zone. Physics of the Earth and Planetary Interiors, 179 (1-2): 60-71.

Hirschmann M M. 2012. Magma ocean influence on early atmosphere mass and composition. Earth and Planetary Science Letters, 341-344: 48-57.

Hirth G, Kohlstedt D L. 1995a. Experimental constraints on the dynamics of the partially molten upper mantle:

2. Deformation in the dislocation creep regime. Journal of Geophysical Research, 100: 15441-15449.
Hirth G, Kohlstedt D L. 1995b. Experimental constraints on the dynamics of the partially molten upper mantle: 1. Deformation in the diffusion creep regime. Journal of Geophysical Research, 100: 1981-2001.
Hirth G, Kohlstedt D L. 1996. Water in the oceanic upper mantle: Implications for rheology, melt extraction, and the evolution of the lithosphere. Earth and Planetary Science Letters, 144: 93-108.
Hirth G, Kohlstedt D L. 2003. Rheology of the upper mantle and mantle wedge: A view from the experimentalists, in Inside the Subduction Factory, Geophys. Monogr. Ser., vol. 138, edited by J. Eiler, pp. 83-105. Washington D C: American Geophysical Union (AGU).
Holland T, Powell R. 1996. Thermodynamics of order-disorder in minerals: II. Symmetric formalism applied to solid solutions. American Mineralogist, 81: 1425-1437.
Hoernle K, Abt D L, Fischer K M, et al. 2008. Geochemical and geophysical evidence for arc-parallel flow in the mantle wedge beneath Costa Rica and Nicaragua. Nature, 451: 1094-1098.
Hoffman P F. 1991. Did the breakout of Laurentia turn Gondwanaland inside-out? Science, 252: 1409-1412.
Hofmann A W. 1997. Mantle geochemistry: The message from oceanic volcanism. Nature, 385: 219-229.
Hofmann A W, White W M. 1982. Mantle plumes from ancient oceanic crust. Earth and Planetary Science Letters, 57: 421-436.
Hofmann C, Féraud G, Courtillot V. 2000. $^{40}Ar/^{39}Ar$ dating of mineral separates and whole rocks from the Western Ghats lava pile: Further constraints on duration and age of the Deccan traps. Earth and Planetary Science Letters, 180: 13-27.
Hofmeister A M. 1999. Mantle values of thermal conductivity and the geotherm from phonon lifetimes. Science, 283: 1699-1706.
Hoink T, Lenardic A. 2008. Three-dimensional mantle convection simulations with a low-viscosity asthenosphere and the relationship between heat flow and the horizontal length scale of convection. Geophysics Research Letters, 35 (10): L10304.
Holbrook W S, Larsen H C, Korenaga J, et al. 2001. Mantle thermal structure and active upwelling during continental breakup in the North Atlantic. Earth and Planetary Science Letters, 190: 251-262.
Holland T J B, Powell R. 1998. An internally consistent thermodynamic data set for phases of petrological interest. Journal of Metamorphic Geology, 16 (3): doi: 10.1111/j.1525-1314.1998.00140.x.
Holt A F, Becker T W, Buffett B A. 2015. Trench migration and overriding plate stress in dynamic subduction models. Geophysical Journal International, 201: 172-192.
Holt W E. 1995. Flow fields within the Tonga slab determined from the moment tensors of deep earthquakes. Geophysical Research Letters, 22: 989-992.
Holtzman B K, Kendall J M. 2010. Organized melt, seismic anisotropy, and plate boundary lubrication. Geochemistry, Geophysics, Geosystems, 11: Q0AB06, doi: 10.1029/2010GC003296.
Holtzman B K, Kohlstedt D L, Zimmerman M E, et al. 2003. Melt segregation and strain partitioning: Implications for seismic anisotropy and mantle flow. Science, 301: 1227-1230.
Homsy G M. 1987. Viscous fingering in porous media. Annual Review of Fluid Mechanics, 19: 271-311.
Honda S, Yoshida T. 2005. Application of the model of small-scale convection under the island arc to the NE

Honshu subduction zone. Geochemistry, Geophysics, Geosystems 6: Q01002, doi: 10.1029/2004GC000785.

Honda S. 2011. Planform of small-scale convection under the island arc. Geochemistry, Geophysics, Geosystems, 12: Q11005, doi: 10.1029/2011GC003827.

Hooft E E, Detrick R S. 1993. The role of density in the accumulation of basaltic melts at mid-ocean ridges. Geophysical Research Letters, 20: 423-426.

Hooper P R. 1990. The timing of continental extension and the eruption of continental flood basalts. Nature, 345: 246-249.

Hopper J R, Dahl-Jensen T, Holbrook W S, et al. 2003. Structure of the SE Greenland margin from seismic reflection and refraction data: Implications for nascent spreading centre subsidence and asymmetric crustal accretion during North Atlantic opening. Journal of Geophysical Research, 108 (B5): 2269.

Houseman G, England P. 1986. A dynamical model of lithosphere extension and sedimentary basin formation. Journal of Geophysical Research, 91: 719-729.

Houseman G A. 1990. The thermal structure of mantle plume: axisymmetric or triple-junction? Geophysical Journal International, 102: 15-24.

Houseman G A, Gubbins D. 1997. Deformation of subducted oceanic lithosphere. Geophysical Journal International, 131: 535-551.

Höink T, Lenardic A. 2010. Long wavelength convection Poiseuille-Couette flow in the low-viscosity asthenosphere and the strength of plate margins. Geophysical Journal International, 180 (1): 23-33.

Hu D X. 1984. Upwelling and sedimentation dynamics: The role of upwelling in sedimentation in the Huanghai Sea and East China Sea-A description of general features. Chinese Journal of Oceanology and Limnology, 2 (1): 12-19.

Huang J, Zhong S van, Hunen J. 2003. Controls on sublithospheric small-scale convection. Journal of Geophysical Research, 108 (B8): doi: 10.1029/2003JB002456.

Huang J S, Zhong S J. 2005. Sublithospheric small-scale convection and its implications for residual topography at old ocean basins and the plate model. Journal of Geophysical Research, 110: B05404, doi: 10.1029/2004JB003153.

Huang Z, Zhao D. 2013. Mechanism of the 2011 Tohoku-oki earthquake (Mw 9.0) and tsunami: Insight from seismic tomography. Journal of Asian Earth Sciences, 70-71: 160-168.

Huang Z, Zhao D, Wang L. 2011. Seismic heterogeneity and anisotropy of the Honshu arc from the Japan Trench to the Japan Sea. Geophysical Journal International, 184: 1428-1444.

Hubbert M K. 1940. The theory of ground water motion. Journal of Geology, 48: 785-944.

Huerta A D, Nyblade A A, Reusch A M. 2009. Mantle transition zone structure beneath Kenya and Tanzania: More evidence for a deep-seated thermal up welling in the mantle. Geophysical Journal International, 177: 1249-1255.

Huismans R, Beaumont C. 2011. Depth-dependent extension, two-stage breakup and cratonic underplating at rifted margins. Nature, 473: 74-79.

Huismans R S, Beaumont C. 2003. Symmetric and asymmetric lithospheric extension: Relative effects of frictional-plastic and viscous strain softening. Journal of Geophysical Research, 108: 1-13.

Humphreys E D, Coblentz D. 2007. North American dynamics and western U. S. tectonics. Reviews of Geophysics, 45: RG3001, doi: 10.1029/2005RG000181.

Huppert H E, Sparks R S J. 1980a. Restrictions on the compositions of mid-ocean ridge basalts: A fluid dynamical investigation. Nature, 286: 46-48.

Huppert H E, Sparks R S J. 1980b. The fluid-dynamics of magma chamber replenishment by influx of hot, dense ultrabasic magma. Contributions to Mineralogy and Petrology, 75: 270-289.

Hurwitz S, Kipp K L, Ingebritsen S E, et al. 2003. Groundwater flow, heat transport, and water tableposition within volcanic edifices: Implications for volcanic processes in the Cascades Range. Journal of Geophysical Research, 108: 2557.

Husson L, Ricard Y. 2004. Stress balance above subduction: Application to the Andes. Earth and Planetary Science Letters, 222: 1037-1050.

Husson L, Conrad C P, Faccenna C. 2008. Tethyan closure, Andean orogeny, and westward drift of the Pacific basin. Earth and Planetary Science Letters, 271: 303-318.

Hyndman R D. 1972. Plate motions relative to the deep mantle and the development of subduction zones. Nature, 238: 263-265.

Iaffaldano G, Bunge H P, Dixon T H. 2006. Feedback between mountain belt growth and plate convergence. Geology, 34: 893-896.

Ide S, Baltay A, Beroza G C. 2011. Shallow dynamic overshoot and energetic deep rupture in the 2011 M (w) 9. 0 Tohoku-Oki earthquake. Science, 332: 1426-1429.

Ingebritsen S E, Hayba D O. 1994. Fluid flow and heat transport near the critical point of $H_2O$. Geophysical Research Letters, 21 (20): 2199-2202.

Ingle S, Coffin M F. 2004. Impact origin for the greater Ontong Java Plateau? Earth and Planetary Science Letters, 218: 123-134.

Iona M. 1992. Water waves. The Physics Teacher, 30: 32.

Irifune T, Isshiki M. 1998. Iron partitioning in a pyrolite mantle and the nature of the 410-km seismic discontinuity. Nature, 392 (6677): 702-705.

Irvine T N. 1977. Definition of primitive liquid compositions for basic magmas. Carnegie Institute, Washington Yearhook, 76: 454-461.

Isacks B, Molnar P. 1971. Distribution of stresses in the descending lithosphere from a global survey of focal-mechanism solutions of mantle earthquakes. Reviews of Geophysics and Space Physics, 9: 103-175.

Ita J, King S D. 1998. The influence of thermodynamic formulation on simulations of subduction zone geometry and history. Geophysical Research Letters, 25: 1463-1466.

Ito G, Mahoney J. 2005. Flow and melting of a hetero generous mantle: 1. Method and importance to the geo-chemistry of ocean island and mid-ocean ridge basalts. Earth and Planetary Science Letters, 230: 29-46.

Ito G, Lin J, Gable C W. 1997. Interaction of mantle plumes and migrating mid-ocean ridges: Implications for the Galapagos plume-ridge system. Journal of Geophysical Research, 102 (B7): 15403-15417.

Ito G, Lin J, Graham D. 2003. Observational and theoretical studies of the dynamics of mantle plume-mid-ocean ridge interaction. Reviews of Geophysics, 41 (4): 1017.

IUGG/IOC. 1997. Time Project: Numerical Method of Tsunami Simulation With The Leap-Frog Scheme.

Jackson I, Faul U, Fitz Gerald J D, et al. 2002. Systematics in the seismic wave attenuation of partially molten olivine aggregates. Geochimica et Cosmochimica Acta, 66: A359.

Jacoby W R, Schmeling H. 1981. Convection experiments and driving mechanism. Geologische Rundschau, 70: 207-230.

Jadamec M A. 2016. Insights on slab-driven mantle flow from advances in three-dimensional modelling. Journal of Geodynamics, 100: 51-70.

Jadamec M A, Billen M I. 2010. Reconciling surface plate motions with rapid three-dimensional mantle flow around a slab edge. Nature, 465: 338-342.

Jadamec M A, Billen M I. 2012. The role of rheology and slab shape on rapid mantle flow: Three-dimensional numerical models of the Alaska slab edge, Journal of Geophysical Research, 117: B02304.

Jadamec M A, Wallace W K. 2014. Thrust-breakthrough of asymmetric anticlines: Observational constraints from surveys in the Brooks Range, Alaska. Journal of Structural Geology, 62: 109-124.

Jadamec M A, Kreylos O, Chang B, et al. 2018. A visual survey of global slab geometries with Show Earth Model and implications for a three-dimensional subduction paradigm. Earth and Space Science, 5: 240-257.

James R, Elderfield H, Palmer M. 1995. The chemistry of hydrothermal fluids from the Broken Spur site, 29°N, Mid-Atlantic Ridge. Geochimica et Cosmochimica Acta, 59: 651-659.

Japsen P, Chalmers J A. 2000. Neogene uplift and tectonics around the North Atlantic: overview. Global & Planetary Change, 24 (3-4): 165-173.

Japsen P, Chalmers J A, Green P F, et al. 2012. Elevated, passive continental margins: Not rift shoulders, but expressions of episodic, post-rift burial and exhumation. Global and Planetary Change, 90: 73-86.

Jarrard R D. 1986. Relations among subduction parameters. Reviews of Geophysics, 24: 217-284.

Jarrard R D. 2003. Subduction fluxes of water, carbon dioxide, chlorine, and potassium. Geochemistry Geophysics Geosystems, 4 (5): doi: 10.1029/2002GC000392.

Jarvis G T, McKenzie D P. 1980. Sedimentary basin formation with finite extension rates. Earth and Planetary Science Letters, 48: 42-52.

Jellinek A M, Manga M. 2002. The influence of a chemical boundary layer on the fixity, spacing and lifetime of mantle plumes. Nature, 418: 760-763.

Jellinek A M, Manga M. 2004. Links between long-lived hot spots, mantle plumes, D″, and plate tectonics. Reviews of Geophysics, 42 (3): doi: 10.1029/2003RG000144.

Jellinek A M, Gonnermann H M, Richards M A. 2003. Plume capture by divergent plate motions: Implications for the distribution of hotspots, geochemistry of mid-ocean ridge basalts, and heat flux at the core-mantle boundary. Earth and Planetary Science Letters, 205: 361-378.

Jha K, Parmentier E M, Phipps Morgan J. 1992. Mantle flow beneath spreading centers due to mantle depletion and melt retention buoyancy. EOS, Transactions American Geophysical Union, 73: 173-291.

Johannes W. 1985. The significance of experimental studies for the formation of migmatites//Ashworth J.

Migmatites. Blackie, Glasgow, UK, pp. 36-85.

Johnson H P, Hutnak M, Dziak R P, et al. 2000. Earthquake-induced changes in a hydrothermal system on the Juan de Fuca mid-ocean ridge. Nature, 407: 174-177.

Johnson K T, Dick H J B, Shimizu N. 1990. Melting in the oceanic upper mantle: An ion microprobe study of diopsides in abyssal peridotites. Journal of Geophysical Research, 95 (26): 612-678.

Johnston F K B, Turchyn A V, Edmonds M. 2011. Decarbonation efficiency in subduction zones: Implications for warm Cretaceous climates. Earth and Planetary Science Letters, 303: 143-152.

Jones S M. 2003. Test of a ridge-plume interaction model using oceanic crustal structure around Iceland. Earth and Planetary Science Letters, 208 (3-4): 205-218.

Jordan T H. 1978. Composition and development of the continental tectosphere. Nature, 274: 544-548.

Jung H. 2011. Seismic anisotropy produced by serpentine in mantle wedge. Earth and Planetary Science Letters, 307: 535-543.

Jung H, Karato S. 2001. Water-induced fabric transitions in olivine. Science, 293: 1460-1463.

Jung H, Katayama I, Jiang Z, et al. 2006. Effect of water and stress on the lattice-preferred orientation of olivine. Tectonophysics, 421: 1-22.

Jupp T, Schultz A. 2000. A thermodynamic explanation for black smoker temperatures. Nature, 403: 880-883.

Jupp T, Schultz A. 2004. Physical balances in subseafloor hydrothermal convection cells. Journal of Geophysical Research, 109: B05101.

Juteau T, Beurrier M, Dahl R, Nehlig P. 1988. Segmentation at a fossil spreading axis: The plutonic sequence of the Wadi Haymiliyab area (Haylayn Block, Sumail Nappe, Oman). Tectonophysics, 151: 167-197.

Kaban M K, Schwintzer P, Artemieva I M, et al. 2003. Density of the continental roots: Compositional and thermal contributions. Earth and Planetary Science Letters, 209: 53-69.

Kaminski É, Ribe N M. 2002. Timescales for the evolution of seismic anisotropy in mantle flow. Geochemistry, Geophysics, Geosystems, 3: 1-17.

Kamo S L, Czamanske G K, Amelin Y, et al. 2003. Rapid eruption of Siberian flood volcanic rocks and evidence for coincidence with the Permian-Triassic boundary and mass extinction at 251Ma. Earth and Planetary Science Letters, 214: 75-91.

Kanamori H, Kikuchi M. 1993. The 1992 Nicaragua earthquake-a slow tsunami earthquake associated with subducted sediments. Nature, 361: 714-716.

Karato S, Wu P. 1993. Rheology of the upper mantle: A synthesis. Science, 260 (5109): 771-778.

Karato S, Jung H. 1998. Water, partial melting and the origin of the seismic low velocity and high attenuation zone in the upper mantle. Earth and Planetary Science Letters, 157: 193-207.

Karato S. 1992. On the Lehmann discontinuity. Geophysical Research Letters, 19: 2255-2258.

Karato S. 1998. Seismic anisotropy in the deep mantle, boundary layers and the geometry of convection. Pure and Applied Geophysics, 151: 565-587.

Karato S. 2010. Rheology of the deep upper mantle its implications for the preservation of the continental roots:

A review. Tectonophysics, 481: 82-98.

Karsten J L, Hammond S R, Davis E E, et al. 1986. Detailed geomorphology and neotectonics of the Endeavour Segment, Juan de Fuca Ridge: New results from Seabeam swath mapping. Geological Society of America Bulletin, 97 (2): 213-221.

Kasting J F, Catling D. 2003. Evolution of a habitable planet. Geochimica Et Cosmochimica Acta, 41 (1): 429-463.

Katayama I, Karato S. 2008. Low-temperature, high-stress deformation of olivine under water-saturated conditions. Physics of the Earth and Planetary Interiors, 168: 125-133.

Katayama I. 2009. Thin anisotropic layer in the mantle wedge beneath northeast Japan. Geology, 37: 211-214.

Katayama I. Hirauchi K I, Michibayashi K, et al. 2009. Trench-parallel anisotropy produced by serpentine deformation in the hydrated mantle wedge. Nature, 461: 1114-1117.

Katz R F, Spiegelman M, Langmuir C H. 2003. A new parameterization of hydrous mantle melting. Geochemistry, Geophysics, Geosystems, 4: 1-19.

Kaufmann G, Lambeck K. 2002. Glacial isostatic adjustment and the radial viscosity profile from inverse modelling. Journal of Geophysical Research: Solid Earth, 107: B11 (Art. No. 2280).

Kaus B J P, Podladchikov Y Y. 2006. Initiation of localized shear in visco-elasto-plastic rocks. Journal of Geophysical Research, 111: doi: 10. 1029/2005JB003652.

Kawada Y S, Yoshida S, Watanabe S. 1998. Numerical simulations of mid-ocean ridge hydrothermal circulationincluding the phase separation of seawater. Earth Planets Space, 56: 193-215.

Kawada Y S, Yoshida S, Watanabe S. 2004. Numerical simulations of mid-ocean ridge hydrothermal circulation including the phase separation of seawate. Earth Planets Space, 56: 193-215.

Keen C E. 1985. The dynamics of rifting: Deformation of the lithosphere by active and passive driving forces. Geophysical Journal of the Royal Astronomical Society, 80: 95-120.

Keen C E. 1987. Dynamical extension of the lithosphere during rifting: Some numerical model results//Fuchs K, Froidevaux C. Composition, structure and dynamics of the lithosphere-asthenosphere system. Geodynamics Series, American Geophysical Union, 16: 189-203.

Keen C E, Boutilier R R. 1995. Lithosphere-asthenosphere ineteractions below rifts//Banda E, et al. Rifted Ocean-Continent Boundaries. Dordrecht: Kluwer, pp. 17-30.

Kelemen P B, Shimizu N, Salters V J M. 1995a. Extraction of mid-ocean-ridge basalt from the upwelling mantle by focused flow of melt in dunite channels. Nature, 375: 747-753.

Kelemen P B, Whitehead J A, Aharonov E, et al. 1995b. Experiments on flow focusing in soluble porous media, with applications to melt extraction from the mantle. Journal of Geophysical Research, 100 (B1): 475.

Kelemen P B, Dick H J B. 1995. Focused melt flow and localized deformation in the upper mantle: juxtaposition of replacive dunite and ductile shear zones in the Josephonie peridotite, SW Oregon. Journal of Geophysical Research, 100: 423-438.

Kelemen P B, Manning C E. 2015. Reevaluating carbon fluxes in subduction zones, what goes down, mostly comes up. Proceedings of the National Academy of Sciences, 112 (30): E3997-E4006.

Keller G R, Morgan P, Seager W R. 1990. Crustal structure, gravity anomalies and heat flow in the southern Rio Grande rift and their relationship to extensional tectonics. Tectonophysics, 174: 21-37.

Kelley S K, Baross J A, Delaney J R. 2002. Volcanoes, fluids, and life at mid-ocean ridge spreading centers. Annual Review of Earth and Planetary Sciences, 30: 385-491.

Kellogg L H, Hager B H, Van der Hilst R D. 1999. Compositional stratification in the deep mantle. Science, 283 (5409): 1881-1884.

Kemp D V, Stevenson D J. 1996. A tensile, flexural model for the initiation of subduction. Geophysical Journal International, 125: 73-94.

Kendall J M, Stuart G W, Ebinger C J, et al. 2005. Magma-assisted rifting in Ethiopia. Nature, 433: 146-148.

Kennett B L N, Widiyantoro S. 1999. A low seismic wave speed anomaly beneath northwestern India: A seismic signature of the Deccan plume? Earth and Planetary Science Letters, 165: 145-155.

Keranen K, Klemperer S L. 2008. Discontinuous and diachronous evolution of the Main Ethiopian Rift: Implications for development of continental rifts. Earth and Planetary Science Letters, 265: 96-111.

Kern H. 1993. P-and S-wave anisotropy and shear-wave splitting at pressure and temperature in possible mantle rocks and their relation to the rock fabric. Physics of the Earth and Planetary Interiors, 78: 245-256.

Kerr A C, Tarney J, Marriner G F, et al. 1997. The Caribbean-Colombian Cretaceous Igneous Province: the internal anatomy of an oceanic plateau//Mahoney J J, Coffin M. Large Igneous Provinces; Continental, Oceanic and Planetary Flood Volcanism. American Geophysical Union Monograph, 100: 45-95.

Kerr A C, Tarney J, Nivia A, et al. 1998. The internal structure of oceanic plateaus: Inferences from obducted Cretaceous terranes in western Colombia and the Caribbean. Tectonophysics, 292: 173-188.

Kessler D A, Levine H. 1986. Theory of Saffman-Taylor finger. I and II. Physical Review, 33: 3625-3627.

Ketcham R A. 2005. Computational methods for quantitative analysis of three-dimensional features in geological specimens. Geosphere, 1: 32-41.

Kincaid C, Olson P. 1987. An experimental study of subduction and slab migration. Journal of Geophysical Research, 92: 13832-13840.

Kincaid C, Sacks I S. 1997. Thermal and dynamical evolution of the upper mantle in subduction zones. Journal of Geophysical Research, 102 (B6): 12295-12315.

Kincaid C, Griffith R W. 2003. Laboratory models of the thermal evolution of the mantle during rollback subduction. Nature, 425: 58-62.

King S D, Hager B H. 1990. The relationship between plate velocity and trench viscosity in Newtonian and power-law subduction calculations. Geophysical Research Letters, 17: 2409-2412.

King S D, Anderson D L. 1995. An alternative mechanism of flood basalt formation. Earth and Planetary Science Letters, 136: 269-279.

King S D, Gable C W, Weinstein S A. 1992. Models of convection-driven tectonic plates: a comparison of methods and results. Geophysical Journal International, 109: 481-487.

King S D, Lowman J P, Gable C W. 2002. Episodic tectonic plate reorganization driven by mantle convection.

Earth and Planetary Science Letters, 203 (1): 83-91.

King S D, Lee C, van Keken P, et al. 2010. A community benchmark for 2D Cartesian compressible convection in the Earth's mantle. Geophysical Journal International, 180: 73-87.

Kinzler R J, Grove T L. 1992. Primary magmas of mid-ocean ridge basalts. I. Experiments and methods. Journal of Geophysical Research, 97: 6885-6906.

Kirby S H, Kronenberg A K. 1987. Rheology of the lithosphere: Selected topics. Reviews of Geophysics, 25: 1219-1244.

Kirby S. 2006. Great Earthquake Tsunami Sources: Empiricism and Beyond. USGS Tsunami Sources Workshop, Menlo Park, California, USA.

Kissling W M. 2005a. Transport of three-phase hypersaline brines in porous media: Theory and code implementation. Transport Porous Media, 61: 25-44.

Kissling W M. 2005b. Transport of three-phase hypersaline brines in porous media: Examples. Transport Porous Media, 61: 141-157.

Klein E M, Langmuir C H. 1989. Local versus global variations in ocean ridge basalt composition: A reply. Journal of Geophysical Research, 94: 4241-4252.

Kley J. 1999. Geologic and geometric constraints on a kinematic model of the Bolivian orocline. Journal of South American Earth Sciences, 12: 221-235.

Klosko E R, Russo R M, Okal E A, et al. 2001. Evidence for a rheologically strong chemical mantle root beneath the Ontong-Java Plateau. Earth and Planetary Science Letters, 186: 347-361.

Kneller E A, van Keken P E. 2007. Trench-parallel flow and seismic anisotropy in the Marianas and Andean subduction systems. Nature, 450: 1222-1225.

Kneller E A, van Keken P E, Karato S, et al. 2005. B-type olivine fabric in the mantle wedge: Insights from high-resolution non-Newtonian subduction zone models. Earth and Planetary Science Letters, 237: 781-797.

Kneller E A, Long M D, van Keken P E. 2008. Olivine fabric transitions and shear-wave anisotropy in the Ryukyu subduction system. Earth and Planetary Science Letters, 268: 268-282.

Kodaira S, Takahashi N, Nakanishi A, et al. 2000. Subducted seamount imaged in the rupture zone of the 1946 Nankaido earthquake. Science, 289: 104-106.

Kodaira S, Kurashimo E, Park J, et al. 2002. Structural factors controlling the rupture process of a megathrust earthquake at the Nankai trough seismogenic zone. Geophysical Journal International, 149: 815-835.

Koepke J, Feig S, Snow J. 2005. Late stage magmatic evolution of oceanic gabbros as a result of hydrous partial melting: Evidence from the Ocean Drilling Program (ODP) leg 153 drilling at the Mid-Atlantic ridge. Geochemistry, Geophysics, Geosystems, 30: 385-491.

Kohlstedt D L, Hirth G. 1992. The effect of melt fraction on the strength of olivine aggregates deformed in the diffusion creep regime. EOS, Transactions American Geophysical Union, 73: 517.

Kohlstedt D L, Evans B, Mackwell S J. 1995. Strength of the lithosphere: constraints imposed by laboratory experiments. Journal of Geophysical Research: Solid Earth, 100: 17587-17602.

Koketsu K, Yokota Y, Nishimura N, et al. 2011. A unified source model for the 2011 Tohoku earthquake.

Earth and Planetary Science Letters, 310: 480-487.

Kopp H K. 2013. The control of subduction zone structural complexity and geometry on margin segmentation and seismicity. Tectonophysics, 589: 1-16.

Kopp H K, Weinzierl W, Becel A, et al. 2011. Deep structure of the central Lesser Antilles island arc: Relevance for the formation of continental crust. Earth and Planetary Science Letters, 304: 121-134.

Kopp H, Kukowski N. 2003. Backstop geometry and accretionary mechanics of the Sundamargin. Tectonics, 22: 1072, doi: 10. 1029/2002tc001420.

Kopp H, Weinrebe W, Ladage S, et al. 2008. Lower slope morphology of the Sumatra trench system. Basin Research, 20: 519-529.

Koppers A A P, Staudigel H, Pringle M S, Wijbrans J R. 2003. Short-lived and discontinuous intraplate volcanism in the South Pacific: Hot spots or extensional volcanism? Geochemistry, Geophysics, Geosystems, 4 (10): 1089, doi: 10. 1029/2003gc000533.

Koppers A P, Staudigel H. 2005. Asynchronous bends in the Pacific seamount trails: a case for extensional volcanism? Science, 307: 904-907.

Koptev A, Calais E, Burov E, et al. 2015. Dual continental rift systems generated by plume-lithosphere interaction. Nature Geoscience, 8: 388-392.

Koptev A, Burov E, Calais E, et al. 2016. Contrasted continental rifting via plume-craton interaction: applications to Central East African rift. Geoscience Frontiers, 7: 221-236.

Koptev A, Burov E, Geryab T, et al. 2018. Plume-induced continental rifting and break-up in ultra-slow extension context: Insights from 3D numerical modeling. Tectonophysics, 746: 121-137.

Korenaga J. 2003. Energetics of mantle convection and the fate of fossil heat. Geophysical Research Letters, 30: doi: 10. 1029/2003GL016.

Korenaga J. 2004. Mantle mixing and continental breakup magmatism. Earth and Planetary Science Letters, 218 (3-4): 463-473.

Korenaga J. 2007. Eustasy, supercontinental insulation, and the temporal variability of terrestrial heat flux. Earth and Planetary Science Letters, 257 (1-2): 350-358.

Korenaga J, Jordan T H. 2003. Physics of multiscale convection in Earth's mantle: Onset of sublithospheric convection. Journal of Geophysical Research, 108: 2333, doi: 10. 1029/2002JB001760.

Kostova B, Pettke T, Driesner T, et al. 2004. LA ICP-MS study of fluid inclusions in quartz from the Yuzhna Petrovitsa deposit, Madan ore field, Bulgaria. Schweiz Mineral Petrograph Mitt, 84: 25-36.

Kowalik Z, Knight W, Logan T, et al. 2005. Numerical modeling of the global tsunami: Indonesian tsunami of 26 December 2004. Science of Tsunami Hazards, 23 (1): 40-56.

Kreemer C, Holt W E, Haines A J. 2003. An integrated global model of present-day plate motions and plate boundary deformation. Geophysical Journal International, 154: 5-34.

Krishna K S, Rao D G. 2000. Abandoned Paleocene spreading center in the northeastern Indian Ocean: Evidence from magnetic and seismic reflection data. Marine Geology, 162: 215-224.

Krishna K S, Rao D G, Ramana M V, et al. 1995. Tectonic model for the evolution of oceanic crust in the northeastern Indian Ocean from the Late Cretaceous to the early Tertiary. Journal of Geophysical Research,

100 (B10): 20011-20024.

Kuo B Y, Forsyth D W. 1988. Gravity anomalies of the ridge-transform system in the South Atlantic between 31 and 34° S: Upwelling centers and variations in crustal thickness. Marine Geophysical Researches, 10: 205-232.

Kuramoto K. 1997. Accretion, core formation, H and C evolution of the Earth and Mars. Physics of the Earth and Planetary Interiors, 100: 3-20.

Kusznir N J, Park R G. 1984. Intraplate lithosphere deformation and the strength of the lithosphere. Geophysical Journal of the Royal Astronomical Society, 79: 513-538.

Kusznir N J, Park R G. 1987. The extensional strength of the continental lithosphere: Its dependence on geothermal gradient, and crustal composition and thickness. Geological Society London Special Publication, 28: 35-52.

Kvenvolden K A. 1999. Potential effects of gas hydrate on human welfare. Proceedings of the National Academy of Sciences of the United States of America, 96 (7): 3420-3426.

Kárason H. 2002. Constraints on mantle convection from seismic tomography and flow modeling. Cambridge MA: Massachusetts Institute of Technology Ph. D. thesis.

Lachenbrych A H. 1976a. A simple mechanical model for ocean spreading centers. Journal of Geophysical Research, 78: 3395-3417.

Lachenbrych A H. 1976b. Dynamics of a passive spreading centers. Journal of Geophysical Research, 81: 1883-1902.

Lachenbruch A H, Morgan P. 1990. Continental extension, magmatism and elevation; formal relations and rules of thumb. Tectonophysics, 174 (1-2): 39-62.

LaFemina P C, Dixon T H, Malservisi R, et al. 2005. Geodetic GPS measurements in south Iceland: Strain accumulation and partitioning in a propagating ridge system. Journal of Geophysical Research, 110: B11405, doi: 10.1029/2005JB003675.

Lal D. 1991. Cosmic ray labeling of erosion surfaces: In situ nuclide production rates and erosion models. Earth and Planetary Science Letters, 104 (91): 424-439.

Lallemand S. 1998. Possible inter action between mantle dynamics and high rates of consumption by subduction process in circum Pacific area. Geodynamics, 27: 1-9.

Lallemand S, Funiciello F. 2009. Subduction Zone Geodynamics, Frontiers in Earth Sciences, Berlin, Heidelberg; Springer.

Lallemand S, Malavieille J, Calassou S. 1992. Effects of oceanic ridge subduction on accretionary wedges: experimental modeling and marine observations. Tectonics, 11: 1301-1313.

Lallemand S, Heuret A, Boutelier D. 2005. On the relationships between slab dip, back-arc stress, upper plate absolute motion, and crustal nature in subduction zones. Geochemistry, Geophysics, Geosystems, 6: doi: 10.1029/2005GC000917.

Lambeck K, Chappell J. 2001. Sea level change through the last glacial cycle. Science, 292: 679-686.

Landuyt W, Ierley G. 2012. Linear stability analysis of the onset of sublithospheric convection. Geophysical Journal International, 189: 19-28.

Langmuir C H, Bender J E. 1984. Petrological and tectonic segmentation of the East Pacific Rise, 5°30′14° 30′. Earth and Planetary Science Letters, 69: 107-127.

Larson R L. 1991b. Latest pulse of Earth: Evidence for a Mid-Cretaceous super plume. Geology, 19 (6): 547-550.

Laslett G M, Green P F, Duddy I R, et al. 1987. Thermal annealing of fission tracks in apatite 2. A quantitative analysis. Chemical Geology Isotope Geoscience, 65 (1): 1-13.

Lassak T M, Fouch M J, Hall C E, et al. 2006. Seismic characterization of mantle flow in subduction systems: Can we resolve a hydrated mantle wedge? Earth and Planetary Science Letters, 243: 632-649.

Lau A Y A, Switzer A D, Dominey-Howes D, et al. 2010. Written records of historical tsunamis in the northeastern South China Sea: Challenges associated with developing a new integrated database. Natural Hazards and Earth System Sciences, 10: 1793-1806.

Laursen E M. 1958. The total sediment load of streams. Journal of the Hydraulics Division, 84 (1): 1-36.

Lawrie A, Hey R. 1981. Geological and geophysical variations along the western margin of Chile near lat 33° to 36°S and their reaction to Nazca plate subduction//Kulm L D, Dymond J, Dasch E J, et al. Nazca Plate: Crustal Formation and Andean Convergence: Memoir-Geological Society of America, 741-754.

Lay T. 2011. Earthquakes: A Chilean surprise. Nature, 471: 174-175.

Lay T. 2012. Why giant earthquakes keep catching us out. Nature, 483: 149-150.

Lay T, Bilek S L. 2007. Anomalous earthquake ruptures at shallow depths on subduction zone megathrusts//Dixon T, Moore J C. The Seismogenic Zone of Subduction Thrust Faults. Columbia University Press, New York, 476-511.

Lay T, Kanamori H, Ammon C J, et al. 2012. Depth-varying rupture properties of subduction zone megathrust faults. Journal of Geophysical Research, 117: B04311, doi: 04310. 01029/02011JB009133.

Lee C, King S D. 2011. Dynamic buckling of subducting slabs reconciles geological and geophysical observations. Earth and Planetary Science Letters, 312 (3): 360-370.

Lee C T A, Lenardic A, Cooper C M, et al. 2005. The role of chemical boundary layers in regulating the thickness of continental and oceanic thermal boundary layers. Earth and Planetary Science Letters, 230: 379-3950.

Lei J, Zhao D. 2006. A new insight into the Hawaiian plume. Earth and Planetary Science Letters, 241: 438-453.

Leitch A M, Yuen D A, Sewell G. 1991. Mantle convection with internal heating and pressure-dependentthermal expansivity. Earth and Planetary Science Letters, 102: 213-232.

Leitch A M, Davies G F, Wells M. 1998. A plume head melting under a rifting margin. Earth and Planetary Science Letters, 161: 161-177.

Lenardic A, Kaula W M. 1994. Tectonic plates, D″ thermal structure, and the nature of mantle plumes. Journal of Geophysical Research, 99 (15): 697-15708.

Lenardic A, Moresi L N, Jellinek A M, et al. 2005. Continental insulation, mantle cooling, and the surface area of oceans and continents. Earth and Planetary Science Letters, 234: 317-333.

Leroy S, Lucazeau F, d′Acremont E, et al. 2010. Contrasted styles of rifting in the eastern Gulf of Aden: A combined wide-angle, multichannel seismic, and heat flow survey. Geochemistry, Geophysics, Geosystems, 11: 1-14.

Levin V, Okaya D, Park J. 2007. Shear wave birefringence in wedge-shaped anisotropic regions. Geophysical Journal International, 168: 275-286.

Lewis K, Lowell R. 2004. Mathematical modeling of phase separation of seawater near an igneous dike. Geofluids, 4: 197-209.

Li G, Qiao L L, Dong P, et al. 2016. Hydrodynamic condition and suspended sediment diffusion in the Yellow Sea and East China Sea. Journal of Geophysical Research Oceans, 121: 1-19.

Li X, Kind R, Yuan X, et al. 2004. Rejuvenation of the lithosphere by the Hawaiian plume. Nature, 427: 827-829.

Li X H, Li Z X, Zhou H, et al. 2002. U-Pb zircon geochronology, geochemistry and Nd isotopic study of Neoproterozoic bimodal volcanic rocks in the Kangdian Rift of South China: implications for the initial rifting of Rodinia. Precambrian Research, 113 (1-2): 135-154.

Li X H, Li Z X, Ge W C, et al. 2003. Neoproterozoic granitoids in South China: Crustal melting above a mantle plume at ca. 825Ma? Precambrian Research, 122 (1-4): 45-83.

Li Z X, Powell C M. 2001. An outline of the Palaeogeographic evolution of the Australasian region since the beginning of the Neoproterozoic. Earth-Science Reviews, 53: 237-277.

Li Z X, Li X H. 2007. Formation of the 1300-km-wide intracontinental orogen and postorogenic magmatic province in Mesozoic South China: A flat-slab subduction model. Geology, 35 (2): 179-182.

Li Z X, Zhong S J. 2009. Supercontinent-superplume coupling, true polar wander and plume mobility: Plate dominance in whole-mantle tectonics. Physics of the Earth and Planetary Interiors, 176: 143-156.

Li Z X, Li X H, Kinny P D, et al. 1999. The breakup of Rodinia: Did it start with a mantle plume beneath South China? Earth and Planetary Science Letters, 173 (3): 171-181.

Li Z X, Li X H, Kinng P D, et al. 2003. Geochronology of Neoproterozoic syn-rift magmatism in the Yangtze Craton, South China and correlations with other continents: Evidence for a mantle superplume that broke up Rodinia. Precambrian Research, 122 (1-4): 85-109.

Li Z X, Evans D A D, Zhang S. 2004. A 90° Spin on Rodinia: Possible causal links between the Neoproterozoic supercontinent, superplume, true polar wander and low-latitude glaciation. Earth and Planetary Science Letters, 220: 409-421.

Li Z X, Bogdanova S V, Collins A S, et al. 2008. Assembly, configuration, and break-up history of Rodinia: A synthesis. Precambrian Research, 160 (1-2): 179-210.

Liao J, Gerya T. 2014. Influence of lithospheric mantle stratification on craton extension: Insight from two-dimensional thermo-mechanical modeling. Tectonophysics, 631: 50-64.

Liao J, Gerya T. 2015. From continental rifting to seafloor spreading: Insight from 3d thermo-mechanical modeling. Gondwana Research, 28: 1329-1343.

Lick W, Lick J, Ziegler C K. 1994. The Resuspension and Transport of Fine-Grained Sediments in Lake Erie, Journal of Great Lakes Research, 20 (4): 599-612.

Liebscher A, Heinrich C. 2007. Fluid-fluid interactions in the Earth lithosphere, in Fluid-Fluid Interactions.

Reviews in Mineralogy and Geochemistry, 65: 1-13.

Ligi M, Bonatti E, Bortoluzzi G, et al. 2012. Birth of an ocean in the Red Sea: Initial pangs. Geochemistry, Geophysics, Geosystems, 13: 1-29.

Lin J, Parmentier E M. 1986. Implications of gravity and topography for the transient thermal and mechanical structure of mid-ocean ridges (abstract). Eos Transactions, AGU, 67: 362.

Lin J, Morgan J P. 1992. The spreading rate dependence of three-dimensional mid-ocean ridge gravity structure. Geophysical Research Letters, 19: 13-16.

Lin J, Purdy G M, Schouten H, et al. 1990. Evidence from gravity data for focused magmatic accretion along the Mid-Atlantic Ridge. Nature, 344 (6267): 627-632.

Lippard S J, Shelton A W, Gass I G. 1986. The ophiolite of Northern Oman. Geological Society London Memoirs, 11.

Lister C R B. 1974. On the penetration of water into hot rock. Geophysical Journal of the Royal Astronomical Society, 39: 465-509.

Lister C R B. 1975. Gravitational drive on oceanic plates caused by thermal contraction. Nature, 257 (5528): 663-665.

Lister G S, Etheridge M A, Symonds P A. 1986. Detachment faulting and the evolution of passive continental margins. Geology, 14: 246-250.

Lister G S, Etheridge M A, Symonds P A. 1991. Detachment models for the formation of passive continental margins. Tectonics, 10: 1038-1064.

Lister J R. 1990. Buoyancy-driven fluid fracture: Similarity solutions for the horizontal and vertical propagation of fluid-filled cracks. Journal of Fluid Mechanics, 217: 213-239.

Lister J R, Kerr R. 1990. Fluid-mechanical models of dyke propagation and magma transport. Mafic Dykes and Emplacement Mechanisms, 69-80.

Lister J R, Kerr R. 1991. Fluid-mechanical models of crack propagation and their application to magma transport in dykes. Journal of Geophysical Research Solid Earth, 96: 10049-10077.

Litasov K D, Ohtani E. 2007. Effect of water on the phase relations in Earth's mantle and deep water cycle. Geological Society of America Special Papers, 421: 115-156.

Lithgow-Bertelloni C. 1997. Cenozoic subsidence and uplift of continents from time-varying dynamic topography. Geology, 25: 735-738.

Lithgow-Bertelloni C, Richards M A. 1995. Cenozoic plate driving forces. Geophysical Research Letters, 22: 1317-1320.

Lithgow-Bertelloni C, Richards M A. 1998. The dynamics of Cenozoic and Mesozoic plate motions. Reviews of Geophysics, 36: 27-78.

Lithgow-Bertelloni C, Guynn J H. 2004. Origin of the lithospheric stress field. Journal of Geophysical Research: Solid Earth, 109 (B1): B01408.

Lithgow-Bertelloni C, Richards M A, Ricard Y, et al. 1993. Toroidal-poloidal partitioning of plate motions since 120Ma. Geophysical Research Letters, 20: 375-378.

Liu P L F, Woo S B, Cho Y S. 1998. Computer Programs for Tsunami Propagation and Inundation. Technical

Report, Cornell University.

Liu X, Zhao D P. 2014. Structural control on the nucleation of megathrust earthquakes in the Nankai subduction zone. Geophysical Research Letters, 41: 8288-8293.

Liu X, Zhao D P. 2015. Seismic attenuation tomography of the Southwest Japan arc: New insight into subduction dynamics. Geophysical Journal International, 201: 135-156.

Liu X, Zhao D P. 2016a. Seismic velocity azimuthal anisotropy of the Japan subduction zone: Constraints from P and S wave traveltimes. Journal of Geophysical Research, 121: 5086-5115.

Liu X, Zhao D P. 2016b. Backarc spreading and mantle wedge flow beneath the Japan Sea: Insight from Rayleigh-wave anisotropic tomography. Geophysical Journal International, 207: 357-373.

Liu X, Zhao D P. 2017. Depth-varying azimuthal anisotropy in the Tohoku subduction channel. Earth and Planetary Science Letters, 473: 33-43.

Liu X, Zhao D P, Li S Z. 2013. Seismic imaging of the Southwest Japan arc from the Nankai trough to the Japan Sea. Physics of the Earth and Planetary Interiors, 216: 59-73.

Liu X, Zhao D P, Li S Z. 2014. Seismic attenuation tomography of the Northeast Japan arc: Insight into the 2011 Tohoku earthquake (Mw 9.0) and subduction dynamics. Journal of Geophysical Research, 119: 1094-1118.

Liu X, Zhao D P, Li S Z, et al. 2017. Age of the subducting Pacific slab beneath East Asia and its geodynamic implications. Earth and Planetary Science Letters, 464: 166-174.

Long M D, van der Hilst R D. 2006. Shear wave splitting from local events beneath the Ryukyu arc: Trench-parallel anisotropy in the mantle wedge. Physics of the Earth and Planetary Interiors, 155: 300-312.

Long M D, Silver P G. 2008. The subduction zone flow field from seismic anisotropy: A global view. Science, 319: 315-318.

Long M D, Wirth E A. 2013. Mantle flow in subduction systems: The mantle wedge flow field and implications for wedge processes. Journal of Geophysical Research: Solid Earth, 118: doi: 10. 1002/jgrb. 50063.

Long M D, Hager B H, de Hoop M V, et al. 2007. Two-dimensional modeling of subduction zone anisotropy and application to southwestern Japan. Geophysical Journal International, 170: 839-856.

Low H S. 1989. Effect of sediment density on bed-load transport. Journal of Hydraulic Engineering, ASCE, 115 (1): 124-137.

Lowell R, Xu W. 2000. Sub-critical two-phase seawater convection near a dike. Earth and Planetary Science Letters, 174: 385-396.

Lowman J P, Jarvis G T. 1995. Mantle convection models of continental collision and breakup incorporating finite thickness plates. Physics of the Earth and Planetary Interiors, 88 (1): 53-68.

Lowman J P, Jarvis G T. 1996. Continental collisions in wide aspect ratio and high Rayleigh number two-dimensional mantle convection models. Journal of Geophysical Research, 101 (B11): 25485-25497.

Luschen E, Muller C, Kopp H, et al. 2011. Structure, evolution and tectonic activity of the eastern Sunda forearc, Indonesia, from marine seismic investigations. Tectonophysics, 508: 6-21.

Lynch M A. 1999. Linear ridge groups: Evidence for tensional cracking in the Pacific Plate. Journal of Geophysical Research, 104: 29321-29334.

Mainprice D. 2007. Seismic Anisotropy of the Deep Earth from a Mineral and Rock Physics Perspective. Treatise on Geophysics, 2: 437-491.

Macdonald C K. 1982. Mid-Ocean Ridges: Fine Scale Tectonic, Volcanic and Hydrothermal Processes Within the Plate Boundary Zone. Annual Review of Earth and Planetary Sciences, 10 (1): 155-190.

MacDougall J C, Jadamec M A, Fischer K M. 2017. The zone of influence of the subducting slab in the asthenospheric mantle. Journal of Geophysical Research: Solid Earth, 122: 6599-6624.

Madsen P A, Bingham H B, Liu H. 2002. A new Boussinesq method for fully nonlinear waves from shallow to deep water. Journal of Fluid Mechanics, 462: 1-30.

Magara K. 1976. Thickness of removed sediments, paleopore pressure and paleotemperature, southwestern part of Western Canada Basin. AAPG Bulletin, 60 (4): 554-565.

Magara K. 1978. Compaction and Fluid Migration. Journal of Biochemistry, 84 (4): 989-992.

Mahatsente R, Ranalli G. 2004. Time evolution of negative buoyancy of an oceanic slab subducting with varying velocity. Journal of Geodynamics, 38 (2): 117-129.

Maierová P, Chust T, Steinle-Neumann G, et al. 2012. The effect of variable thermal diffusivity on kinematic models of subduction. Journal of Geophysical Research, 117: B07202.

Mainprice D. 2015. Seismic Anisotropy of the deep Earth from a mineral and rock physics perspective. Treatise on Geophysics, 2: 487-538.

Mammerickx J, Smith S M. 1980. General bathymetric chart of the oceans (GEBCO). Mercator Projection. Scale: I: 10, 000, 000 at equator. Ottawa: Canadian Hydrographic Service.

Mann P, Taira A. 2004. Global tectonic significance of the Solomon Islands and Ontong Java Plateau convergent zone. Tectonophysics, 389: 137-190.

Mansinha L, Smylie D E. 1971. The displacement fields of inclined faults. Bulletin of the Seismological Society of America, 61 (5): 1433-1440.

Manthilake G M, de Koker N, Frost D J, et al. 2011. Lattice thermal conductivity of lower mantle minerals and heat flux from Earth's core. Proceedings of the National Academy of Sciences, 108 (44): 17901-17904.

Marais D J D, Strauss H, Summons R E, et al. 1992. Carbon isotope evidence for the stepwise oxidation of the proterozoic environment. Nature, 359 (6396): 605-609.

Marquart G. 2001. On the geometry of mantle flow beneath drifting lithospheric plates. Geophysical Journal International, 144 (2): 356-372.

Marques F O. 2012. Transform faults orthogonal to rifts: insights from fully gravitational physical experiments. Tectonophysics, 526: 42-47.

Marques F, Cobbold P, Lourenço N. 2007. Physical models of rifting and transform faulting, due to ridge push in a wedge-shaped oceanic lithosphere. Tectonophysics, 443 (1): 37-52.

Marsh B D. 1979a. Island Arc Development: Some Observations, Experiments, and Speculations. The Journal of Geology, 87 (6): 687-713.

Marsh B D. 1979b. Island-Arc Volcanism. American Scientist, 67 (67): 161-172.

Marsh B D. 2007. Magmatism, magma, and magma chambers. Treatise on Geophysics, 6: 275-333.

Marsh B D, Maxey M R. 1985. On the distribution and separation of crystals in convecting magma. Journal of Volcanological and Geothermal Research, 24: 95-105.

Martin D, Nokes R. 1988. Crystal settling in a vigorously convecting magma chamber. Nature, 332: 534-536.

Maruyama S. 1994. Plume tectonics. Journal of Geological Society of Japan, 100 (1): 24-49.

Maruyama S, Okamoto K. 2007. Water transportation from the subducting slab into the mantle transition zone. Gondwana Research, 11 (1-2): 148-165.

Maruyama S, Santosh M, Zhao D. 2007. Superplume, supercontinent, and post-perovskite: mantle dynamics and anti-plate tectonics on the core-mantle boundary. Gondwana Research, 11 (1-2): 7-37.

Marzoli A, Reme P R, Piccirillo E M, et al. 1999. Extensive 200-million-year-old continental flood basalts of the Central Atlantic magmatic province. Science, 284 (5414): 616-618.

Massoth G J, Butterfield D A, Lupton J E, et al. 1989. Submarine venting of phase-separated hydrothermal fluids at Axial Volcano, Juan de Fuca ridge. Nature, 340: 702-705.

Masters G, Laske G, Bolton H, et al. 2000. The relative behavior of shear velocity, bulk sound speed, and compressional velocity in the mantle: implications for chemical and thermal structure. Washington D. C.: Geophysical Monograph Series AGU, 63-87.

Matthai S, Geiger S, Roberts S G, et al. 2007. Numerical simulation of multi-phase fluid flow in structurally complex reservoirs. Geological Society, London, Special Publications, 292: 405-429.

Maureen D L, Erin A W. 2013. Mantle flow in subduction systems: The mantle wedge flow field and implications for wedge processes. Journal of Geophysical Research, Solid Earth, 118: 1-24.

McAdoo D C, Martin C F, Polouse P. 1985. Seasat observations of flexure: Evidence for a strong lithosphere. Tectonophysics, 116: 209-222.

McClusky S, Bassanian S, Barka A, et al. 2000. Global Positioning System constraints on plate kinematics and dynamics in the eastern Mediterranean and Caucasus. Journal of Geophysical Research, 105: 5695-5719.

McIntosh K, Silver E, Ahmed I, et al. 2007. The Nicaragua convergent margin: Seismic reflection imaging of the source of a tsunami earthquake//Dixon T, Moore J C. The Seismogenic Zone of Subduction Thrust Faults. New York: Columbia University Press.

McKenzie D P. 1969. Speculations on the consequences and causes of plate motions. Geophysical Journal of the Royal Astronomical Society, 18: 1-32.

McKenzie D P. 1984. The generation and compaction of partially molten rock. Journal of Petrology, 25 (3): 713-765.

McKenzie D P, Parker R L. 1967. The North Pacific: An example of tectonics on a sphere. Nature, 216: 1276-1280.

McKenzie D. 1978. Some remarks on the development of sedimentary basins. Earth and Planetary Science Letters, 40: 25-32.

McKenzie D. 1979. Finite deformation during fluid flow. Geophysical Journal of the Royal Astronomical Society, 58: 689-715.

McKenzie D. 1984. The generation and compaction of partially molten rock. Journal of Petrology, 25: 713-765.

McKenzie D, Bickle M J. 1988. The volume and composition of melt generated by extension of the lithosphere. Journal of Petrology, 29 (3): 625-679.

McKenzie D, Jackson J, Priestley K. 2005. Thermal structure of oceanic and continental lithosphere. Earth and Planetary Science Letters, 233 (3-4): 337-349.

McMenamin M A S, McMenamin D L S. 1990. The Emergence of Animals: The Cambrian Breakthrough. New York: Colombia University Press.

McNamara A K, Zhong S J. 2005. Thermochemical structures beneath Africa and the Pacific Ocean. Nature, 437 (7062): 1136-1139.

McNeill L C, Goldfinger C, Kulm L D, et al. 2000. Tectonics of the Neogene Cascadia forearc basin: Investigations of a deformed late Miocene unconformity. GSA Bulletin, 112: 1209-1224.

McNutt M K, Judge A V. 1990. The superswell and mantle dynamics beneath the South Pacific. Science, 248 (4958): 969-975.

Medvedev S, Hartz E H. 2015. Evolution of topography of post-Devonian Scandinavia: effects and rates of erosion. Geomorphology, 231: 229-245.

Meert J G. 2002. Paleomagnetic evidence for a Paleo-Mesoproterozoic supercontinent Columbia. Gondwana Research, 5: 207-215.

Meert J G, Van Der Voo R. 1997. The assembly of Gondwana 800-550Ma. Journal of Geodynamics, 23 (3-4): 223-235.

Mehl L, Hacker B R, Hirth G, et al. 2003. Arc-parallel flow within the mantle wedge: Evidence from the accreted Talkeetna arc, south central Alaska. Journal of Geophysical Research, 108: 2375.

Melezhik V A, Fallick A E, Medvedev P V, et al. 1999. Extreme 13Ccarb enrichment in ca. 2.0 Ga magnesite-stromatolite-dolomite- ‘red beds’ association in a global context: A case for the world-wide signal enhanced by a local environment. Earth-Science Review, 48 (1-2): 71-120.

Mellor G L, Yamada T. 1974. A hierarchy of turbulence closure models for planetary boundary layers. Journal of the Atmospheric Science, 31: 1791-1806.

Mellor G L, Yamada T. 1982. Development of a Turbulence Closure Model for Geophysical Fluid Problems. Review of Geophysics and Space Physics, 20: 851-875.

Melnick D, Moreno M, Motagh M, et al. 2012. Splay fault slip during the Mw 8.8 2010 Maule Chile earthquake. Geology, 40: 251-254.

Melosh H J, Raefsky A. 1980. The dynamical origin of subduction zone topography. Geophysical Journal of the Royal Astronomical Society, 60: 333-354.

Melosh H J, Williams C A. 1989. Mechanics of graben formation in crustal rocks: A finite element analysis. Journal of Geophysical Research, 94: 13961-13973.

Menzies M A, Baker J, Chazot G. 2001. Cenozoic plume evolution and flood basalts in Yemen: A key to understanding older examples. Geological Society of America, Special Publication, 352: 23-36.

Meyer-Peter E, Müller R. 1948. Formulas for bed-load transport. Proceedings of the 2nd Meeting of the

International Association for Hydraulic Structures Research, 39-64.

Meyer-Peter E, Favre H, Einstein H A. 1934. Neuere Versuchsresultate über den Geschiebetrieb. Schweizerische Bauzeitung, 103 (13): 147-150 (in German).

Mihálffy P, Steinberger B, Schmeling H. 2008. The effect of the large-scale mantle flow field on the Iceland hotspot track. Tectonophysics, 447: 5-18.

Milanovsky E E. 1981. Aulacogens of ancient platforms: Problems of their origin and tectonic development. Tectonophysics, 73: 213-248.

Miller K G, KominzM A, Browning J V, et al. 2005. The Phanerozoic Record of Global Sea-Level Change. Science, 310: 1293-1298.

Minster L B, Jordan T H. 1978. Present-day plate motions. Journal of Geophysical Research 83: 5331-5354.

Mishra O, Zhao D, Umino N, et al. 2003. Tomography of northeast Japan forearc and its implications for interplate seismic coupling. Geophysical Research Letters, 30: 1850.

Mitrovica J X, Forte A M. 2004. A new inference of mantle viscosity based upon joint inversion of convection and glacial isostatic adjustment data. Earth and Planetary Science Letters, 225: 177-189.

Mittelstaedt E, Ito G, Behn M. 2008. Mid-ocean ridge jumps associated with hotspot magmatism. Earth and Planetary Science Letters, 266 (3-4): 256-270.

Mittelstaedt E, Ito G, van Hunen J. 2011. Repeat ridge jumps associated with plume-ridge interaction, melt transport, and ridge migration. Journal of Geophysical Research, 116 (B01102): 1-20.

Miyauchi A, Kameyama M. 2013. Influences of the depth-dependence of thermal conductivity and expansivity on thermal convection with temperature-dependent viscosity. Physics of the Earth and Planetary Interiors, 223: 86-95.

Mjelde R, Breivik A J, Raum T, et al. 2008. Magmatic and tectonic evolution of the North Atlantic. Journal of the Geological Society, 165: 31-42.

Mohr P. 1982. Musings on continental rifts//Páilmason G. Continental and Oceanic Rifts. AGU Geodynamics Series, 8: 293-309.

Molnar P, Atwater T. 1978. Interarc spreading and Cordilleran tectonics as alternates related to the age of subducted oceanic lithosphere. Earth and Planetary Science Letters, 41: 330-340.

Molnar P, Stock J. 1987. Relative motions of hotspots in the pacific, Atlantic and Indian oceans since late cretaceous time. Nature, 327 (6123): 587-591.

Montelli R, Nolet G, Dahlem F A, et al. 2003. Finite-frequency tomography reveals a variety of plumes in the mantle. Science, 303: 338-343.

Mookherjee M, Capitani G C. 2011. Trench parallel anisotropy and large delay times: Elasticity and anisotropy of antigorite at high pressures. Geophysical Research Letters, 38: L09315, doi: 10. 1029/2011GL047160.

Moore G E. 1965. Cramming more components onto integrated circuits. Electronics, 38: 114-117.

Moore J C. 1989. Tectonics and hydrogeology of accretionary prisms-role of the decollement zone. Journal of Structural Geology, 11: 95-106.

Moore J C, Saffer D. 2001. Updip limit of the seismogenic zone beneath the accretionary prism of southwest Japan: An effect of diagenetic to low-grade metamorphic processes and increasing effective stress. Geology,

29: 183-186.

Moore W B, Schubert G, Tackley P. 1998. Three-dimensional simulations of plume-lithosphere interaction at the Hawaiian swell. Science, 279: 1008-1011.

Moores E M. 1991. Southwest U. S. East Antarctic (SWEAT) connection: A hypothesis. Geology, 19: 425-428.

Moores E M. 2002. Pre-1 Ga (pre-Rodinian) ophiolites: Their tectonic and environmental implications. Geological Society of America Bulletin, 114 (1): 80-95.

Moresi L N, Solomatov V S. 1995. Numerical investigation of 2D convection with extremely large viscosity variations. Physics of Fluids, 7 (9): 2154-2162.

Moresi L N, Gurnis M. 1996. Constraints on the lateral strength of slabs from three-dimensional dynamic flow models. Earth and Planetary Science Letters, 138: 15-28.

Moresi L N, Solomatov V S. 1998. Mantle convection with a brittle lithosphere: Thoughts on the global tectonic styles of the Earth and Venus. Geophysical Journal International, 133: 669-682.

Moresi L N, Dufour F, Muehlhaus H B. 2002. Mantle convection modeling with viscoelastic/brittle lithosphere: numerical modeling and plate tectonic modeling. Pure and Applied Geophysics, 159: 2335-2356.

Moretti I, Froidevaux C. 1986. Thermomechanical models of active rifting. Tectonics, 5: 501-511.

Morgan J P. 1987. Melt migration beneath mid-ocean spreading centers. Geophysical Research Letters, 14 (12): 1238-1241.

Morgan J P, Parmentier E M. 1984. Ridge axis morphology: Due to mantle deformation? (abstract). Eos Transactions, AGU, 65: 1088.

Morgan J P, Parmentier E M. 1985. Causes and rate limiting mechanisms of ridge propagation: A fracture mechanics model. Journal of Geophysical Research, Part B: Solid Earth, 90 (B6): 6405-6417.

Morgan J P, Ramberg L B. 1987. Physical changes in the lithosphere associated with thermal relaxation after rifting. Tectonophysics, 143: 1-11.

Morgan J P, Forsyth D W. 1988. Three-dimensional flow and temperature perturbations due to a transform offset: Effects on oceanic crustal and upper mantle structure. Journal of Geophysical Research, 93: 2955-2966.

Morgan J P, Smith W H F. 1992. Flattening of the Sea-Floor Depth Age Curve as a Response to Asthenospheric Flow. Nature, 359: 524-527.

Morgan J P, Parmentier E M, Lin J. 1987. Mechanisms for the origin of mid-ocean ridge axial topography: Implications for the thermal and mechanical structure of accreting plate boundaries. Journal of Geophysical Research: Solid Earth, 92 (B12): 12823-12836.

Morgan J P, Morgan W J, Zhang Y S, et al. 1995. Observational hints for a plume-fed, suboceanic asthenosphere and its role in mantle convection. Journal of Geophysical Research, 100: 12753-12767.

Morgan P, Baker B H. 1983. Introduction processes of continental rifting. Tectonophysics, 94: 1-10.

Morgan P, Seager W R, Golombeck M P. 1986. Cenozoic thermal, mechanical and tectonic evolution of the Rio Grande rift. Journal of Geophysical Research, 91: 6263-6276.

Morgan W J. 1968. Rises, trenches, great faults, and crustal blocks. Journal of Geophysical Research, 73: 1959-1982.

Morgan W J. 1971. Convection plumes in the lower mantle. Nature, 230: 42-43.

Morgan W J. 1981. Hotspot tracks and the opening of the Atlantic and Indian Oceans//Emiliani C. The Sea. New York: Wiley, 443-487.

Morishege M, Honda S. 2011. Three-dimensional structure of P-wave anisotropy in the presence of small-scale convection in the mantle wedge. Geochemistry, Geophysics, Geosystems, 12: Q12010, doi: 10.1029/2011GC003866.

Morra G, Regenauer-Lieb K, Giardini D. 2006. Curvature of oceanic arcs. Geology, 34: 877-880.

Morris E, Detrick R S. 1991. Three-dimensional analysis of gravity anomalies in the MARK area, Mid-Atlantic Ridge 23°N. Journal of Geophysical Research, 96: 4355-4366.

Morton J L, Sleep N H. 1985. Seismic reflections from a Lau Basin magma chamber//Scholl D W, Vallier T L. Geology and Offshore Resources of Pacific Island Arcs-Tonga Region. Circum-Pacific Council for Energy and Mineral Resources, Earth Sciences Series, 2: 441-453.

Moucha R, Forte A M, Mitrovica J X, et al. 2007. Lateral variations in mantle rheology: Implications for convection related surface observables and inferred viscosity models. Geophysical Journal International, 169: 113-135.

Muhlhaus H B, Regenauer-Lieb K. 2005. Towards a self-consistent plate mantle model that includes elasticity: Simple benchmarks and application to basic modes of convection. Geophysical Journal International, 163: 788-800.

Mulder T, Syvitski J. 1995. Turbidity current generated at river mouths during exceptional discharges to the world oceans. Journal of Geology, 103 (3): 285-299.

Mulder T, Syvitski J, Migeon S, et al. 2003. Marine hyperpycnal flows: Initiation, behavior and related deposits. A review. Marine and Petroleum Geology, 20 (6/8): 861-882.

Murty T, Aswathanarayana U, Nirupama N. 2004. The Indian Ocean Tsunami. Taylor and Francis/Balkema, London, UK.

Muskhelishvili N I. 2009. Some Basic Problems of the Mathematical Theory of Elasticity. Springer Netherlands.

Mutter J C, Buck S R, Zehnder C. M. 1988. Convective partial melting, 1: A model for the formation of thick basaltic sequences during the initiation of spreading. Journal of Geophysical Research, 93 (1988): 1031-1048.

Métois M, Socquet A, Vigny C. 2012. Interseismic coupling, segmentation and mechanical behavior of the central Chile subduction zone. Journal of Geophysical Research, 117: B03406, doi: 10.1029/2011JB008736.

Müller R D, Roest W R, Royer J. 1998. Asymmetric seafloor spreading caused by ridge-plume interactions. Nature, 396: 455-459.

Müller R D, Gaina C, Roest W R, et al. 2001. A recipe for microcontinent formation. Geology, 29 (3): 203-206.

Müller R D, Sdrolias M, Gaina C, et al. 2008. Age, spreading rates, and spreading asymmetry of the world's ocean crust. Geochemistry, Geophysics, Geosystems, 9: 18-36.

Müller R D, Flament N, Matthews K J, et al. 2016. Formation of Australian continental margin highlands driven by plate-mantle interaction. Earth and Planetary Science Letters, 441: 60-70.

Nadin P, Kusznir N, Cheadle M. 1997. Early Tertiary plume uplift of the North Sea and Faroe-Shetland basins. Earth and Planetary Science Letters, 148: 109-127.

Nakagawa T, Tackley P J, Deschamps F, et al. 2010. The influence of MORB and harzburgite composition on thermo-chemical mantle convection in a 3-D spherical shell with self-consistently calculated mineral physics, Earth and Planetary Science Letters, 296: 403-412.

Nakajima J, Hasegawa A. 2004. Shear-wave polarization anisotropy and subduction-induced flow in the mantle wedge of northern Japan. Earth and Planetary Science Letters, 225: 365-377.

Nakanishi M, Sager W W, Klaus A. 1999. Magnetic lineations within Shatsky Rise, northwest Pacific Ocean: Implications for hotspot triple junction interaction and oceanic plateau formation. Journal of Geophysical Research, 104 (B4): 7539-7556.

Nance R D, Worsley T R, Moody J B. 1988. The supercontinent cycle. Scientific America, 259: 44-52.

Narasimhan T N, Witherspoon P A. 1976. An integrated finite difference method for analyzing fluid flow in porous media. Water Resources Research, 12: 57-65.

Negredo A M, Valera J L, Carminati E. 2004. TEMSPOL: A MATLAB thermal model for deep subduction zones including major phase transformations. Computers and Geosciences, 30 (3): 249-258.

Nelig P, Juteau T. 1988. Flow porosities permeabilities and preliminary data on fluid inclusions and fossil thermal gradients in the crustal sequence of the Sumail ophiolite (Oman). Tectonophysics, 151: 199-221.

Nelson K D. 1981. A simple thermal-mechanical model for mid-ocean ridge topographic variation. Geophysical Journal of the Royal Astronomical Society, 65 (1): 19-30.

Nelson T H, Temple P G. 1972. Main stream mantle convection: A geologic analysis of plate motion. American Association of Petroleum Geologists Bulletin, 56: 226-246.

Neumann E R, Ramberg I B. 1978. Petrology and Geochemistry of Continental Rifts. Dordrecht: Riedel.

Neves M C, Fernandes R M, Adam C. 2014. Refined models of gravitational potential energy compared with stress and strain rate patterns in Iberia. Journal of geodynamics, 81: 91-104.

Ni S, Tan E, Gurnis M, et al. 2002. Sharp sides to the African Super plume. Science, 296 (5574): 1850-1852.

Nicolas A. 1989. Structures of ophiolites and dynamics of oceanic lithosphere. New York, Kluwer Academic Publishers.

Nielsen S B, Stephenson R, Thomsen E. 2007. Dynamics of Mid-Palaeocene North Atlantic rifting linked with European intra-plate deformations. Nature, 450 (7172): 1071-1074.

Nielsen T K, Hopper J R. 2004. From rift to drift: Mantle melting during continental breakup. Geochemistry, Geophysics, Geosystems, 5: 1-24.

Nishii A, Wallis S R, Mizukami T. 2011. Subduction related antigorite CPO patterns from forearc mantle in the Sanbagawa belt, southwest Japan. Journal of Structural Geology, 33: 1436-1445.

Nishizawa A, Kaneda K, Watanabe N, et al. 2009. Seismic structure of the subducting seamounts on the trench axis: Erimo Seamount and Daiichi-Kashima Seamount, northern and southern ends of the Japan Trench. Earth Planets Space, 61: 5-8.

Niu Y, Batiza R. 1991. An empirical method for calculating melt compositions produced beneath mid-ocean ridges: Application for axis and off-axis (seamounts) melting. Journal of Geophysical Research, 96: 21753-21777.

Norton D, Knight J. 1977. Transport phenomena in hydrothermal systems: Cooling plutons. American Journal of Science, 277: 937-981.

Nunes F, Norris R. 2006. Abrupt reversal in ocean overturning during the Palaeocene/Eocene warm period. Nature, 439: 60-63.

Nyblade A A. 2011. The upper-mantle low-velocity anomaly beneath Ethiopia, Kenya, and Tanzania: Constraints on the origin of the African superswell in eastern Africa and plate versus plume models of mantle dynamics. Geological Society of America Special Paper, 478: 1-14.

Nyblade A A, Robinson S W. 1994. The African superswell. Geophysical Research Letters, 21 (9): 765-768.

Nyblade A A, Brazier R A. 2002. Precambrian lithospheric controls on the development of the east African rift system. Geology, 30: 755-758.

Obara K, Kato A. 2016. Connecting slow earthquakes to huge earthquakes. Science, 353: 253-257.

Ohtani E, Litasov K, Hosoya T, et al. 2004. Water transport into the deep mantle and formation of a hydrous transition zone. Physics of the Earth and Planetary Interiors, 143: 255-269.

Okaya D A, Thompson G A. 1985. Geometry of Cenozoic extensional faulting: Dixie Valley, Nevada. Tectonics, 4: 107-125.

Okaya D A, Thompson G A. 1986. Involvement of deep crust in extension of Basin and Range Province. Geological Society of America Special Paper, 208: 15-22.

Okino K, Ohara Y, Kasuga S, et al. 1999. The Philippine Sea: New survey results reveal the structure and the history of the marginal basins. Geophysical Research Letters, 26: 2287-2290.

Olbertz D, Wortel MJR, Hansen U. 1997. Trench migration and subduction zone geometry. Geophysical Research Letters, 24: 221-224.

Oliver N H S, Rubenach M J, Fu B, et al. 2006. Granite related overpressure and volatile release in the mid crust: Fluidized breccias from the Cloncurry District, Australia. Geofluids, 6: 346-358.

Olsen K H, Morgan P. 1995. Introduction: Progress in understanding continental rifts//Olsen K H. Continental rifts: Evolution, structure, tectonics. Amsterdam: Elsevier.

Olson P, Bercovici D. 1991. On the equipartition of kinematic energy in plate tectonics. Geophysical Research Letters, 18: 1751-1754.

Oosting S, Von Damm K. 1996. Bromide/chloride fractionation in seafloor hydrothermal fluids from 9-10N East Pacific Rise. Earth and Planetary Science Letters, 144: 133-145.

Orcutt J A, Kennett B L N, Dorman L M. 1976. Structure of the East Pacific Rise from an ocean bottom seismometer survey. Geophysical Journal Royal Astronomical Society, 45: 305-320.

Otsuki K. 1989. Empirical relationships among the convergence rate of plates, rollback rate of trench axis and island-arc tectonics: Laws of convergence rates of plates. Tectonophysics, 159: 73-94.

Oxburgh E R, Parmentier E M. 1977. Compositional and density stratification in oceanic lithosphere; causes and consequences. London, Journal of the Geological Society, 133: 343-355.

O'Neill C, Muller D, Steinberger B. 2003. Geodynamic implications of moving Indian Ocean hotspots. Earth and Planetary Science Letters, 215: 151-168.

O'Neill C, Müller D, Steinberger B. 2005. On the uncertainties in hot spot reconstructions and the signifi cance of moving hot spot reference frames. Geochemistry Geophysics Geosystems, 6: Q04003, doi: 10. 1029/2004GC000784.

O'Sullivan M J, Pruess K, Lippmann M J. 2001. State of the art of geothermal reservoir simulation. Geothermics, 30: 395-429.

Padron-Navarta J A, Sanchez-Vizcaino V L, Hermann J, et al. 2013. Tschermak's substitution in antigorite and consequences for phase relations and water liberation in high-grade serpentinites. Lithos, 178: 186-196.

Pacheco-Ceballos R. 1989. Transport of sediments: Analytical solution. Journal of Hydraulic Research, 27 (4): 501-518.

Palmason G, Saemundsson K. 1974. Iceland in relation to the mid-Atlantic ridge. Annual Review of Earth and Planetary Sciences, 2 (1): 25-50.

Palliser C, McKibbin R. 1998a. A model for deep geothermal brines, I: T-P-X state-space description. Transport Porous Media, 33: 65-80.

Palliser C, McKibbin R. 1998b. A model for deep geothermal brines, II: Thermodynamic properties-density. TransportPorous Media, 33: 129-154.

Palliser C, McKibbin R. 1998c. A model for deep geothermal brines, III: Thermodynamic properties-enthalpy and viscosity. Transport Porous Media, 33: 155-171.

Panasyuk S V, Hager, B H. 2000. Models of isostatic and dynamic topography, geoid anomalies, and their uncertainties. Journal of Geophysical Research, 105: 28199-28209.

Park J, Moore G, Tsuru T, et al. 2004. A subducted oceanic ridge influencing the Nankai megathrust earthquake rupture. Earth and Planetary Science Letters, 217: 77-84.

Park J K, Buchan K L, Harlan S S. 1995. A proposed giant radiating dyke swarm fragmented by the separation of Laurentia and Australia based on paleomagnetism of ca. 780Ma mafic intrusions in western North America. Earth and Planetary Science Letters, 132: 129-139.

Park J O, Tsuru T, Takahashi N, et al. 2002. A deep strong reflector in the Nankai accretionary wedge from multichannel seismic data: Implications for underplating and interseismic shear stress release. Journal of Geophysical Research—Solid Earth, 107: doi: 10. 1029/2001JB000262.

Parmentier E M. 1987. Dynamic Topography in Rift Zones: Implications for Lithospheric Heating (Extended Abstract). Philosophical Transactions of The Royal Society B Biological Sciences, 321 (1557): 23-25.

Parmentier E M, Forsyth D W. 1985. Three-dimensional flow beneath a slow spreading ridge axis: A dynamic contribution to the deepening of the Median Valley toward fracture zones. Journal of Geophysical Research, 90 (B1): 678.

Parmentier E M, Haxby W F. 1986. Thermal stresses in the oceanic lithosphere: Evidence from geoid anomalies at fracture zones. Journal of Geophysical Research, 91 (B7): 7193.

Parmentier E M, Morgant J P. 1990. The spreading rate dependence of three-dimensional structure in oceanic spreading centres. Nature, 348 (6299): 325-328.

Parmentier E M, Morgan J P, Lin J. 1985. Axial morphlogy of slow spreading mid-ocean ridges: Steady state necking of a ductile lithosphere (abstract). Eos Transactions, AGU, 66: 1091.

Parsons B, Sclater J G. 1977. An analysis of the variation of ocean floor bathymetry and heat flow with age. Journal of Geophysical Research, 82: 803-827.

Parsons J D, Bush J, Syvitski J. 2001. Hyperpycnal flow formation with small sediment concentrations. Sedimentology, 48 (2): 465-478.

Pascal C, Cloetingh S A P L. 2009. Gravitational potential stresses and stress field of passive continental margins: insights from the south-Norway shelf. Earth and Planetary Science Letters, 277 (3-4): 464-473.

Pascal C, Olesen O. 2009. Are the Norwegian mountains compensated by a mantle thermal anomaly at depth? Tectonophysics, 475 (1): 160-168.

Peacock S M. 2001. Are the lower planes of double seismic zones caused by serpentine dehydration in subducting oceanic mantle? Geology, 29: 299-302.

Peacock S M, Wang K. 1999. Seismic consequences of warm versus cool subduction metamorphism: examples from southwest and northeast Japan. Science, 286 (5441): 937-939.

Peate D W. 1997. The Parana-Etendeka Province. In: Mahoney J, Coffin M. (Eds. ), Large Igneous Provinces: Continental, Oceanic and Planetary Flood Volcanism. AGU Monograph, 100: 217-245.

Pedersen V K, Egholm D L, Nielsen S B. 2010. Alpine glacial topography and the rate of rock column uplift: a global perspective. Geomorphology, 122 (1-2): 129-139.

Pedersen V K, Nielsen S B, Gallagher K. 2012. The post-orogenic evolution of the Northeast Greenland Caledonides constrained from apatite fission track analysis and inverse geodynamic modelling. Tectonophysics, 530-531: 318-330.

Pekeris C L. 1935. Thermal convection in the interior of the Earth. Geophysical Journal International, 3: 343-367.

Pelletier B, Calmant S, Pillet R. 1998. Current tectonics of the Tonga-New Hebrides region. Earth and Planetary Science Letters, 164: 263-276.

Peng Z X, Mahoney J J. 1995. Drillhole lavas from the northwestern Deccan Traps, and the evolution of Reunion hotspot mantle. Earth and Planetary Science Letters, 134: 169-185.

Pernecker L, Vollmers H J. 1965. Neve Betrachtungsmoglichkeiten des Feststoff-transportes in offenen Gerinnen. Die Wasserwirtschaft, 55 (12): 386-391.

Petit C, Deverchere J. 2006. Structure and evolution of the Baikal rift: A synthesis. Geochemistry, Geophysics, Geosystems, 7: 1-26.

Piperov N B, Penchev N B, Bonev I. 1977. Primary fluid inclusions in galena crystals. 2. Chemical composition of the liquid and gas phase. Mineralium Deposita, 12: 77-89.

Piromallo P, Becker T W, Funiciello F, et al. 2006. Three dimensional instantaneous mantle flow induced by subduction. Geophysical Research Letters, 33: doi: 10. 1029/2005GL025390.

Pisarevsky S A, Wingate M T D, Powell C M, et al. 2003. Models of Rodinia assembly and fragmentation//Yoshida M, Windley Dasgupta B F S. Proterozoic East Gondwana: Supercontinent Assembly and Breakup. Geological Society London Special Publications, 206: 35-55.

Planert L, Kopp H, Lueschen E, et al. 2010. Lower plate structure and upper plate deformational segmentation at the Sunda-Banda arc transition, Indonesia. Journal of Geophysical Research-Solid Earth, 115: B08107, doi: 10.1029/2009JB006713.

Plank T. Langmuir C H. 1998. The chemical composition of subducting sediment and its consequences for the crust and mantle. Chemical Geology, 145 (3): 325-394.

Poli S, Schmidt M W. 2002. Petrology of subducted slabs. Annual Review of Earth and Planetary Sciences, 30: 207-235.

Poliakov A N B, Buck W R. 1998. Mechanics of stretching Elastic-Plastic-Viscous layers: Applications to slow-spreading mid-ocean ridges, Geophysical Monograph Seris, 106: 305-323.

Pollack H N, Chapman D S. 1977. On the regional variation of heat flow, geotherms, and lithospheric thickness. Tectonophysics, 38 (3-4): 279-296.

Polonia A, Torelli L, Brancolini G, et al. 2007. Tectonic accretion versus erosion along the southern Chile trench: Oblique subduction and margin segmentation. Tectonics, 26: TC3005, doi: 10.1029/2006TC001983.

Pozgay S H, Wiens D A, Conder J A, et al. 2007. Complex mantle flow in the Mariana subduction system: Evidence from shear wave splitting. Geophysical Journal International, 170: 371-386.

Prokoph A, Ernst R E, Buchan K L. 2004. Time-series analysis of large igneous provinces: 3500Ma to present. Journal of Geology, 112 (1): 1-22.

Pruess K. 1990. Modeling geothermalreservoirs: Fundamental processes, computer simulation and field applications. Geothermics, 19: 3-25.

Purdy G M, Detrick R S. 1986. Crustal structure of the Mid-Atlantic Ridge at 23°N from seismic refraction studies. Journal of Geophysical Research, 91: 3739-3762.

Putirka K D. 2005. Mantle potential temperatures at Hawaii, Iceland, and the mid-ocean ridge system, as inferred from olivine phenocrysts: Evidence for thermally driven mantle plumes. Geochemistry Geophysics, Geosystems, 6: Q05L08.

Putirka K D, Perfit M, Ryerson F J, et al. 2007. Ambient and excess mantle temperature. Olivine thermometry, and active vs passive upwelling. Chemical Geology, 241: 177-206.

Püthe C, Gerya T. 2014. Dependence of mid-ocean ridge morphology on spreading rate in numerical 3d models. Gondwana Research, 25: 270-283.

Qu T D, Hu D X. 1993. Upwelling and sedimentation dynamics: A simple model. Chinese Journal of Oceanology and Limnology, 11 (4): 289-295.

Rabinowicz M, Nicolas A, Vigneresse J L. 1984. A rolling mill effect in asthenosphere beneath oceanic spreading centers. Earth and Planetary Science Letters, 67: 97-108.

Rabinowicz M, Sempr J, Genthon P. 1999. Thermal convection in a vertical permeable slot: Implications for hydrothermal circulation along mid-ocean ridges. Journal of Geophysical Research, 104: 29275-29292.

Rainbird R H, Ernst R E. 2001. The sedimentary record of mantle-plume uplift//Ernst R E, Buchan K L.

Mantle Plumes, Their Identification Through Time. Geological Society of America Special Paper, 352: 227-245.

Raddick, M J, Parmentier E M, Scheirer D S. 2002. Buoyant decompression melting: A possible mechanism for intraplate volcanism. Journal of Geophysical Research, 107 (B10): 2228.

Raju K G R. 1981. Flow through open channels. Tata McGraw-Hill.

Ramberg I B, Neumann E R. 1978. Tectonics and Geophysics of Continental Rifts. Dordrecht: Riedel.

Ramberg I B, Morgan E. 1984. Physical characteristics and evolutionary trends of continental rifts. Proceedings of the 27th Intemat. Geology Congress, 7: 165-216.

Ranalli G. 1995. Rheology of the Earth. London: Chapman and Hall.

Ranalli G. 2000. Rheology of the crust and its role in tectonic reactivation. Journal of Geodynamics, 30 (1): 3-15.

Ranalli G, Murphy D C. 1987. Rheological stratification of the lithosphere. Tectonophysics, 132: 281-295.

Ranero C R, Phipps Morgan J, McIntish K, et al. 2003. Bending-related faulting and mantle serpentinization at the Middle America trench. Nature, 425: 367-373.

Ranero C R, Grevemeyer I, Sahling H, et al. 2008. Hydrogeological system of erosional convergent margins and its influence on tectonics and interplate seismogenesis. Geochemistry, Geophysics, Geosystems, 9: doi: 10.1029/2007gc001679.

Ranga Raju K, Garde R J, Bhardwaj R C. 1981. Total load transport in alluvial channels. Journal of the Hydraulics Division, 107 (2): 179-191.

Raymond C A, Stock J M, Cande S C. 2000. Fast Paleogene Motion of the Pacific Hotspots from Revised Global Plate Circuit Constraints. Geophysical Monography Series, 12: 359-375.

Regenauer-Lieb K, Yuen D A, Branlund J. 2001. The initiation of subduction, criticality by addition of water? Science, 294: 578-580.

Reichow M K, Pringle M S, Al'Mukhamedov A I, et al. 2009. The timing and extent of the eruption of the Siberian Traps large igneous province: Implications for the end-Permian environmental crisis. Earth and Planetary Science Letters, 277 (1-2): 9-20.

Reid I, Jackson H R. 1981. Oceanic spreading rate and crustal thickness. Marine Geophysical Researches, 5: 165-172.

Reid I, Orcutt J A, Prothero W A. 1977. Seismic evidence for a narrow zone of partial melting underlying the East Pacific Rise at 21°N. Geological Society of America Bulletin, 88: 678-682.

Renne P R, Basu A R. 1991. Rapid eruption of the Siberian traps flood basalts at the permo-triassic boundary. Science, 253 (5016): 176-179.

Renne P R, Ernesto M, Pacca I G, et al. 1992. The age of Parana flood volcanism, rifting of Gondwanaland and the Jurassic-Cretaceous boundary. Science, 258: 975-979.

Ribe N M. 1985. The deformation and compaction of partially molten zones. Geophysical Journal Royal Astronomical Society, 83: 487-501.

Ribe N M. 2003. Periodic folding of viscous sheets. Physical Review E, 86: 036305.

Ribe N M, Christensen U R. 1994. Three-dimensional modelling of plume-lithosphere interaction. Journal of

Geophysical Research, 99: 669-682.

Ribe N M, Stutzmann E, Ren Y, et al. 2007. Buckling instabilities of subducted lithosphere beneath the transition zone. Earth and Planetary Science Letters, 254: 173-179.

Ricard Y, Froidevaux C. 1986. Stretching instabilities and lithospheric boudinage. Journal of Geophysical Research, 91: 8314-8324.

Ricard Y, Vigny C. 1989. Mantle dynamics with induced plate tectonics. Journal of Geophysical Research, 94: 17543-17559.

Ricard Y, Doglioni C, Sabadini R. 1991. Differential rotation between lithosphere and mantle: A consequence of lateral mantle viscosity variations. Journal of Geophysical Research, 96: 8407-8415.

Ricard Y, Richards M A, Lithgow-Bertelloni C, et al. 1993. A geodynamic model of mantle density heterogeneity. Journal of Geophysical Research, 98: 21895-21909.

Richards M A, Duncan R A, Courtillot V E. 1989. Flood basalts and hotspot tracks: plume heads and tails. Science, 246: 103-107.

Richards M A, Jones D L, Duncan R A, et al. 1991. A mantle plume initiation model for the Wrangellia Flood Basalt and other oceanic plateaus. Science, 254: 263-267.

Richter F M, Parsons B. 1975. On the interaction of two scales of convection in the mantle. Journal of Geophysical Research, 80: 2529-2541.

Richter F M, McKenzie D. 1984. Dynamical models for melt segregation from a deformable matrix. The Journal of Geology, 92: 729-740.

Richter F. 1973. Dynamical models for sea-floor spreading. Reviews of Geophysics and Space Physics, 11: 223-287.

Riedel M R, Karato S. 1997. Grain-size evolution in subducted oceanic lithosphere associated with the olivine-spinel transformation and its effects on rheology. Earth and Planetary Science Letters, 148: 27-43.

Roberts D. 2003. The Scandinavian Caledonides: event chronology, palaeogeographic settings and likely modern analogues. Tectonophysics, 365 (1-4): 283-299.

Roeder P L. 1974. Activity of iron and olivine solubility in basaltic liquids. Earth and Planetary Science Letters, 23: 397-410.

Roeder P L, Emslie R F. 1970. Olivine-liquid equilibrium. Contributions to Mineralogy and Petrology, 29: 275-289.

Roelvink J A. 2006. Coastal morphodynamic evolution techniques. Coastal Engineering, 53: 277-287.

Rogers J J W, Santosh M. 2002. Configuration of Columbia, a Mesoproterozoic supercontinent. Gondwana Research, 5 (1): 5-22.

Romanowicz B, Gung Y C. 2002. Superplumes from the core-mantle boundary to the lithosphere: Implications for heat flux. Science, 296 (5567): 513-516.

Rosenberg N D, Spera F J, Haymon R M. 1993. The relationship between flow and permeability field in seafloor hydrothermal systems. Earth and Planetary Science Letters, 116: 135-153.

Rosendahl B R. 1987. Architecture of continental rifts with special reference to East Africa. Annual Review Earth Planetary Science, 15: 445-503.

Rothery D A. 1983. The base of a sheeted dyke complex, Oman ophiolite: Implications for magma chambers at oceanic spreading centers. The Journal of Geology, 140: 287-296.

Rowley D B, Sahagian D. 1986. Depth-dependent stretching: A different approach. Geology, 14 (1): 32-35.

Royden L H, Husson L. 2006. Trench motion, slab geometry and viscous stresses in subduction systems. Geophysical Journal International, 167: 881-905.

Royden L, Keen C E. 1980. Rifting process and thermal evolution of the continental margin of Eastern Canada determined from subsidence curves. Earth and Planetary Science Letters, 51 (2): 343-361.

Russo R M, Silver P G. 1994. Trench-parallel flow beneath the Nazca plate from seismic an isotropy. Science, 263: 1105-1111.

Ryan M P. 1985. The contractancy mechanics of magma reservoir and rift system evolution. EOS, Transactions American Geophysical Union, 66 (46): 854.

Ryan M P. 1987a. The elasticity and contractancy of Hawaiian olivine tholeiite, and its role in the stability and structural evolution of sub-calderamagma reservoirs and rift systems//Decker R W, Wright T L, Stauffer P H. Volcanism in Hawaii. Geological Survey Professional Paper, 1350.

Ryan M P. 1987b. Neutral buoyancy and the mechanical evolution of magmatic systems//Mysen B O. Magmatic Processes: Physicochemical Principles. Geochemical Society Special Publication, 1: 259-287.

Ryan M P. 1988. The mechanics and three-dimensional internal structure of active magmatic systems: Kilauea Volcano, Hawaii. Journal of Geophysical Research, 93: 3213-4248.

Ryan M P. 1993. Neutral buoyancy and the structure of mid-ocean ridge magma reservoirs. Journal of Geophysical Research, 98 (B12): 22321.

Ryan M P. 1994. Neutral-buoyancy controlled magma transport and storage in mid-ocean ridge magma reservoirs and their sheeted-dike complex: A summary of basic relationships//Ryan M P. Magmatic Systems. San Diego: Academic Press.

Ryan M P, Blevins J Y K. 1987. The Viscosity of Synthetic and Natural Silicate Melts and Glasses at High Temperatures and One Bar ($10^5$ Pascals) Pressure and at Higher Pressures. U. S. Geological Survey Bulletin, 1764.

Rüpke L H, Morgan J P, Hort M, et al. 2004. Serpentine and the subduction zone water cycle. Earth and Planetary Science Letters, 223 (1-2): 17-34.

Sadofsky S J, Bebout G E. 2003. Record of forearc devolatilization in low-T, high-P/T metasedimentary suites: Significance for models of convergent margin chemical cycling. Geochemistry, Geophysics, Geosystems, 4 (4): doi: 10. 1029/2002gc000412.

Saffman P G, Taylor G. 1958. The penetration of a fluid into a porous medium or Hele-Shaw cell containing a more viscous liquid. Proceedings of The Royal Society A, 245 (1242): 312-329.

Sager W W, Sano T, Geld macher J. 2016. Formation and evolution of shat sky Rise oceanic plateau: Insights from IODP Expedition 324 and recent geophysical cruises. Earth-Science Reviews, 159: 306-336.

Salisbury M H, Christensen N I. 1978. The seismic velocity structure of a traverse through the Bay of Islands Ophiolite Complex, Newfoundland, An exposure of oceanic crust and upper mantle. Journal of Geophysical

Research Solid Earth, 83 (B2): doi: 10.1029/JB083i2p00805.

Sambridge M, Gudmundsson O. 1998. Tomography with irregular cells. Journal of Geophysical Research, 103: 773-781.

Sandwell D. 1986. Thermal stress and the spacings of transform faults. Journal of Geophysical Research, 91 (B6): 6405-6417.

Sandwell D T, Winterer E L, Mammerickx J, et al. 1995. Evidence for diffuse extension of the Pacific Plate from Pukapuka ridges and cross-grain gravity lineations. Journal of Geophysical Research, 100 (B8): 15087-15100.

Sano Y, Marty B. 1995. Origin of carbon in Fumarolic gas from island arcs. Chemical Geology, 119 (1): 265-274.

Saraf A K, Choudhury S, Dasgupta S, et al. 2004. Satellite detection of pre-earthquake thermal anomaly and sea water turbidity associated with the great Sumatra earthquake//Murty T, Aswathanarayana U, Nirupama N. 2004. The Indian Ocean Tsunami. Taylor and Francis/Balkema, London, UK.

Saunders A D, Jones S M, Morgan L A, et al. 2007. Regional uplift associated with continental large igneous provinces: The roles of mantle plumes and the lithosphere. Chemical Geology, 241: 282-318.

Scambelluri M, Bebout G E, Belmonte D, et al. 2016. Carbonation of subduction-zone serpentinite (high-pressure ophicarbonate; Ligurian Western Alps) and implications for the deep carbon cycling. Earth and Planetary Science Letters, 441: 155-166.

Scheidegger K F, Corliss J B, Jezek P A, et al. 1980. Compositions of deep-sea ash layers derived from north pacific volcanic arcs: Variations in time and space. Journal of Volcanology & Geothermal Research, 7 (1): 107-137.

Schellart W P. 2004a. Kinematics of subduction and subduction induced flow in the upper mantle. Journal of Geophysical Research, 109: doi: 10.1029/2004JB002970.

Schellart W P. 2004b. Quantifying the net slab pull force as a driving mechanism for plate tectonics. Geophysical Research Letters, 31: doi: 10.1029/2004GL019528.

Schellart W P, Moresi L. 2013. A new driving mechanism for backarc extension and backarc shortening through slab sinking induced toroidal and poloidal mantle flow: results from dynamic subduction models with an overriding plate. Journal of Geophysical Research: Solid Earth, 118: 221-3248.

Schellart W P, Freeman J, Stegman D R, et al. 2007. Evolution and diversity of subduction zones controlled by slab width. Nature, 446: 308-311.

Schettino A. 2015. Quantitative Plate Tectonics. Switzerland: Springer International Publishing.

Schiffer C, Nielsen S B. 2016. Implications for anomalous mantle pressure and dynamic topography from lithospheric stress patterns in the North Atlantic Realm. Journal of Geodynamics, 98: 53-69.

Schmeling H, Babeyko A Y, Enns A, et al. 2008. A benchmark comparison of spontaneous subduction models-towards a free surface. Physics of the Earth and Planetary Interiors, 171: 198-223.

Schmeling H, Marquart G, Ruedas T. 2003. Pressure-and temperature-dependent thermal expansivity and the effect on mantle convection and surface observables. Geophysical Journal International, 154: 2224-229.

Schmidt M W, Poli S. 1998. Experimentally based water budgets for dehydrating slabs and consequences for arc magma generation. Earth and Planetary Science Letters, 163: 361-379.

Schmidt W. 1925. Gefügestatistik. Zeitschrift für Kristallographie. Maineralogie und Petrographie, 38 (1): 392-423.

Schoklitsch A. 1934. Der geschiebetrieb und die geschiebefracht. Wasserkraft Wasserwirtschaft, 4: 1-7.

Schoklitsch A. 1950. Das Summenlinienverfahren und die Bemessung von Speichern. In Handbuch des Wasserbaues Springer, Vienna.

Schoofs S, Hansen U. 2000. Depletion of a brine layer at the base of the ridge-crest hydrothermal system. Earth and Planetary Science Letters, 180 (3-4): 341-353.

Schubert G, Turcotte D L. 1971. Phase changes and mantle convection. Journal of Geophysical Research, 76 (5): 1424-1432.

Schubert G, Masters G, Olson P, et al. 2004. Superplumes or plume clusters? Physics of the Earth and Planetary Interiors, 146: 147-162.

Schutt D L, Lesher C E. 2006. Effects of melt depletion on the density and seismic velocity of garnet and spinel lherzolite. Journal of Geophysical Research, 111: B05401.

Scotese C. 2004. A continental drift flipbook. The Journal of Geology, 112 (6): 729-741.

Scott B, Price S. 1988. Earthquake-induced structures in young sediments. Tectonophysics, 147 (1-2): 165-170.

Scott D R, Stevenson D J. 1986. Magma ascent by porous flow. Journal of Geophysical Research, 91: 9283-9296.

Scott D R, Stevenson D J. 1989. A self-consistent model of melting, magma migration and buoyancy-driven circulation beneath a mid-ocean ridge. Journal of Geophysical Research, 94: 2973-2988.

Sdrolias M, Müller R D. 2006. Controls on back-arc basin formation. Geochemistry Geophysics Geosystems, 7, Q04016, doi: 10. 1029/2005GC001090.

Sella G F, Dixon T H, Mao A. 2002. REVEL: A model for recent plate velocities from space geodesy. Journal of Geophysical Research, 107: doi: 10. 1029/2000JB000033.

Sengör A M C. 2001. Elevation as an indicator of mantle-plume activity//Ernst R E, Buchan K L. Mantle Plumes, Their Identification Through Time. Geological Society of America, Special Publication, 352: 183-225.

Sengör A M C, Burke K. 1978. Relative timing of rifting and volcanism on Earth and its tectonic implications. Geophysical Research Letters, 5: 419-421.

Seyfried W E Jr, Seewald J S, Berndt M E, et al. 2003. Chemistry of hydrothermal vent fluids from the Main Endeavour field, northern Juan de Fuca ridge: Geochemical controls in the aftermath of June 1999 seismic events. Journal of Geophysical Research, 108 (B9): 2429.

Shao G, Li X, Ji C, et al. 2011. Focal mechanism and slip history of the 2011 Mw 9. 1 off the Pacific coast of Tohoku Earthquake, constrained with teleseismic body and surface waves. Earth, Planets and Space, 63 (7): 559-564.

Shemenda A I. 1994. Subduction: Insights from Physical Modelling. Modern Approaches in Geophysics. Dordrecht: Kluwer Academic Publishers.

Shen Y, Forsyth D W. 1992. The effects of temperature and pressure-dependent viscosity on three-dimensional passive flow of the mantle beneath a ridge-transform system. Journal of Geophysical Research, 97: 19717-19728.

Shields A. 1936. Application of similarity principles and turbulence research to bed-load movement. Mitteilunger der Preussischen Versuchsanstalt für Wasserbau und Schiffbau, 26: 5-24 (in German).

Shinohara K. 1959. On the characteristics of sand waves formed upon the beds of open channels. Reports of Research Institute of Applied Mech., Kyushu University, 7 (25): 15-45.

Shouten H, White R S. 1980. Zero offset fracture zones. Geology, 8: 175-179.

Simmons S F, Gemmell J B, Sawkins F J. 1988. The Santo Nino silver-lead-zinc vein, Fresnillo district, Zacatecas, Mexico: Part II. Physical and chemical nature of ore-forming solutions. Economic Geology, 83: 1619-1641.

Simons M, Minson S, Sladen A, et al. 2011. The 2011 Magnitude 9.0 Tohoku-Oki Earthquake: Mosaicking the Megathrust from Seconds to Centuries. Science, 332: 1421-1425.

Sinton J M, Detrick R S. 1992. Mid-Ocean ridge magma chambers. Journal of Geophysical Research, 97: 197-216.

Sleep N H. 1969. Sensitivity of heat flow and gravity to the mechanism of sea-floor spreading. Journal of Geophysical Research, 74 (2): 542-549.

Sleep N H. 1974. Segregation of magma from a mostly crystalline mush. Geological Society of America Bulletin, 85: 1225-1232.

Sleep N H. 1975. Formation of oceanic crust: Some thermal constraints. Journal of Geophysical Research, 80: 4037-4042.

Sleep N H. 1984. Tapping of magmas from ubiquitous mantle heterogeneities: An alternative to mantle plumes? Journal of Geophysical Research, 89: 10029-10041.

Sleep N H. 1988. Tapping of melt by veins and dikes. Journal of Geophysical Research, 93: 10255-10272.

Sleep N H. 1990. Hotspots and mantle plumes: Some phenomenology. Journal of Geophysical Research, 95: 6715-6736.

Small C. 1995. Observations of ridge-hotspot interactions in the Southern Ocean. Journal of Geophysical Research, 100: 17931-17946.

Smart G M. 1984. Sediment transport formula for steep channels. Journal of Hydraulic Engineering, 110 (3): 267-276.

Smith D K, Cann J R, Escartin J. 2006. Widespread active detachment faulting and core complex formation near 13°N on the Mid-Atlantic Ridge. Nature, 442: 440-443.

Smith G P, Wiens D A, Fischer K M, et al. 2001. A complex pattern of mantle flow in the Lau Backarc. Science, 292: 713-716.

Smith W H, Sandwell D. 1997. Global Sea Floor Topography from Satellite Altimetry and Ship Depth Soundings. Science, 277: 1956-1962.

Sohn R A, Fornari D J, Von Damm K L, et al. 1998. Seismic and hydrothermal evidence for a cracking event on the East Pacific Rise crest 9°50′N. Nature, 396: 159-161.

Sokoutis D, Corti G, Bonini M, et al. 2007. Modeling the extension of heterogeneous hot lithosphere. Tectonophysics, 444: 63-79.

Solomon S C, Sleep N H. 1974. Some simple physical models for absolute plate motions. Journal of Geophysical Research, 79: 2557-2567.

Sonder L J, England P C. 1989. Effects of a temperature-dependent rheology on large-scale continental extension. Journal of Geophysical Research, 94: 7603-7619.

Sotin C, Parmentier E M. 1989. Dynamical consequences of compositional and thermal density stratification beneath spreading centers. Geophysical Research Letters, 16: 835-838.

Spakman W, Hall R. 2010. Surface deformation and slab-mantle interaction during Banda arc subduction rollback. Nature Geoscience, 3: 562-566.

Sparks D W, Parmentier E M. 1991. Melt extraction from the mantle beneath spreading centers. Earth and Planetary Science Letters, 105: 368-377.

Sparks D W, Parmentier E M. 1993. The structure of three-dimensional convection beneath oceanic spreading centres. Geophysical Journal International, 112: 81-91.

Sparks D W, Parmentier E M. 1994. The generation and migration of partial melt beneath oceanic spreading centers Ryan M P. Magmatic System. San Diego: Academic Press.

Sparks R S J, Huppert H E. 1984. Density changes during the fractional crystallization of basaltic magmas: Fluid dynamic implications. Contributions to Mineralogy and Petrology, 85 (3): 300-309.

Sparks R S J, Meyer P, Sigurdsson H. 1980. Density variation amongst mid-ocean ridge basalts: Implications for magma mixing and the scarcity of primitive lavas. Earth and Planetary Science Letters, 46: 419-430.

Sparks R S J, Huppert H E, Koyaguchi T, et al. 1993. Origin of modal and rhythmic igneous layering by sedimentation in a convecting magma chamber. Nature, 361: 246-249.

Spasojevic S, Liu L, Gurnis M. 2009. Adjoint models of mantle convection with seismic, plate motion, and stratigraphic constraints: North America since the Late Cretaceous. Geochemistry, Geophysics, Geosystems, 10: Q05W02.

Spence D A, Turcotte D L. 1985. Magma-driven propagation of cracks. Journal of Geophysical Research, 90: 575-580.

Spence W. 1977. Aleutian arc-tectonic blocks, episodic subduction, strain diffusion, and magma generation. Journal of Geophysical Research, 82: 213-230.

Spiegelman M. 1993a. Flow in deformable porous media. I. Simple analysis. Earth and Planetary Science Letters, 247: 17-38.

Spiegelman M. 1993b. Flow in deformable porous media. II. Numerical analysis-The relationship between shock waves and solitary waves. Earth and Planetary Science Letters, 247: 39-63.

Spiegelman M. 1993c. Physics of melt extraction: Theory, implications and applications. Philosophical Transactions: Physical Sciences and Engineering, 342: 23-41.

Spiegelman M, McKenzie D. 1987. Simple 2-D models for melt extraction at mid-ocean ridges and island arcs. Earth and Planetary Science Letters, 83: 137-152.

Spiegelman M, Kenyon P. 1992. The requirements for chemical disequilibrium during magma migration. Earth and Planetary Science Letters, 109: 611-620.

Stegman D R, Freeman J, Schellart W P, et al. 2006. Influence of trench width on subduction hinge retreat rates in 3-D models of slab rollback. Geochemistry Geophysics Geosystems, 7: doi: 10.1029/2005 GC001056.

Stein C A, Stein S. 1992. A model for the global variation in oceanic depth and heat flow with lithospheric age. Nature, 359 (6391): 123-129.

Steinberger B. 2000. Slabs in the lower mantle-results of dynamic modelling compared with tomographic images and the geoid. Physics of the Earth and Planetary Interiors, 118: 241-257.

Steinberger B. 2007. Effects of latent heat release at phase boundaries on fl ow in the Earth's mantle, phase boundary topography and dynamic topography at the Earth's surface. Physics of the Earth and Planetary Interiors, 164: 2-20.

Steinberger B, O'Connell R J. 1998. Advection of plumes in mantle flow: implications for hotspot motion, mantle viscosity and plume distribution. Geophysical Journal International, 132 (2): 412-434.

Steinberger B, Schmeling H, Marquart G. 2001. Large-scale lithospheric stress field and topography induced by global mantle circulation. Earth and Planetary Science Letters, 186: 75-91.

Steinberger B, Sutherland R, O'Connell R J. 2004. Prediction of Emperor-Hawaii seamount locations from a revised model of global plate motion and mantle flow. Nature, 430: 167-173.

Stern R J. 2002. Subduction Zones. Reviews of Geophysics, 40 (4): **3**-1-**3**-38.

Stevenson D J. 1989. Spontaneous small-scale melt segregation in partial melts undergoing deformation. Geophysical Research Letters, 9: 1064-1070.

Stevenson D J, Turner J S. 1972. Angle of subduction. Nature, 270: 334-336.

Stewart K, Turner S, Kelley S, et al. 1996. 3-D, $^{40}$Ar-$^{39}$Ar geochronology in the Parana continental flood basalt province. Earth and Planetary Science Letters, 143: 95-109.

Stoddard R, Stein S. 1988. A kinematic model of ridge-transform geometry evolution. Marine Geophysical Researches, 10: 181-190.

Stoiber R E, Carr M J. 1971. Lithospheric plates, Benioff zones, and Volcanoes. Geological Society of America Bulletion, 82: 515-522.

Stokes G G. 1950. On the effect of the internal friction of fluids on the motion of pendulums. Transactions of the Cambridge Philosophical Society, 9 (2): 38.

Stolper E, Walker D. 1980. Melt density and the average composition of basalt. Contributions to Mineralogy and Petrology, 74: 7-12.

Stommel H. 1949. Trajectories of small bodies sinking slowly through convection cells. Journal of Marine Researches, 8: 24-29.

Storey B C. 1995. The role of mantle plumes in continental breakup: Case histories from Gondwanaland. Nature, 377: 301-308.

Straus J M, Schubert G. 1977. Thermal convection of water in a porous medium: Effects of temperature and pressure-dependent thermodynamic and transport properties. Journal of Geophysical Research, 82 (2): 325-332.

Stueben K. 2001. A review of algebraic multigrid. Journal of Computational and Applied Mathematics, 128 (1-2): 281-309.

Stuben K. 2002. SAMG user's manual. Fraunhofer Institute SCAI. Schloss Birlinghoven, St. Augustin, Germany.

Su W J, Dziewonski A M. 1997. Simultaneous inversion for 3-D variations in shear and bulk velocity in the mantle. Physics of the Earth and Planetary Interiors, 100 (1-4): 135-156.

Suess E. 1891. Die Brüche des östlichen Afrika. Beitrage zur geologischen Kenntniss des östlichen Afrika: Denkschriften Kaiserlichen Akademie Wissenschaften, Wien, Mathematisch-Naturwissen Klasse, 58: 555-584.

Sugimura A. 1968. Spatial relations of basaltic magmas in island arcs//Hess H H, Poldervart A. Basalts The Poldervaart Treatise on Rocks of Basaltic Composition. New York: Interscience Publishers, 2: 537-572.

Sun L, Zhou X, Huang W, et al. 2013. Preliminary evidence for a 1000-year-old tsunami in the South China Sea. Scientific Reports, 3: 1655.

Suo Y H, Li S Z, Cao X Z. 2020. Large-scale asymmetry in thickness of crustal accretion at the Southeast Indian Ridge due to deep mantle anomalies. Geological Society of America Bulletion, doi: 10.1130/B35673.1.

Suwa Y, Miura S, Hasegawa A, et al. 2006. Interplate coupling beneath NE Japan inferred from three-dimensional displacement field. Journal of Geophysical Research, 111: B04402, doi: 10.1029/2004JB003203.

Syracuse E M, Abers G A. 2006. Global compilation of variations in slab depth beneath arc volcanoes and implications. Geochemistry, Geophysics, Geosystems, 7: Q05017.

Tackley P J. 2000a. Self-consistent generation of tectonic plates in time-dependent, three-dimensional mantle convection simulations 1. Pseudoplastic yielding. Geochemistry, Geophysics, Geosystems, 1: 2000GC000036.

Tackley P J. 2000b. Self-consistent generation of tectonic plates in time-dependent, three-dimensional mantle convection simulations 2. Strain weakening and asthenosphere. Geochemistry Geophysics Geosystems, 1: 2000GC000043.

Tackley P J, Stevenson D J. 1993. A mechanism for spontaneous self-perpetuating volcanism on the terrestrial planets//Stone D B, Runcorn S K. Flow and Creep in the Solar System: Observations. Modeling and Theory. New York: Kluwer.

Tackley P J, Stevenson D J, Glatzmaier G A, et al. 1993. Effects of an endothermic phase-transition at 670km depth in a spherical model of convection in the Earth's mantle. Nature, 361 (6414): 699-704.

Tackley P J, Stevenson D J, Glatzmaier G A, et al. 1994. Effects of multiple phase transitions in a three-dimensional spherical model of convection in Earth's mantle. Journal of Geophysical Research, 99: 15877-15901.

Tajčmanoá L, Connolly J A D, Cesare B. 2009. A thermodynamic model for titanium and ferric iron solution in biotite. Journal of Metamorphic Geology, 27 (2): 153-165.

Tan C T, Homsy G M. 1986. Stability of miscible displacements in porous media: Rectilinear flow. Physics of

Fluids, 29 (11): 3549-3556.

Tan C T, Homsy G M. 1998. Simulation of non-linear viscous fingering in miscible displacement. Physics of Fluids, 31 (6): 1330-1338.

Tan E, Gurnis M. 2005. Metastable superplumes and mantlecompressibility, Geophysical, Research Letters, 32 (20): L20307.

Tan E, Gurnis M, Han L J. 2002. Slabs in the lower mantle and their modulation of plume formation. Geochemistry, Geophysics, Geosystems, 3 (1067): 1-24.

Tan E, Choi E, Thoutireddy P, et al. 2006. GeoFramework: Coupling multiple models of mantle convection within a computational framework. Geochemistry, Geophysics, Geosystems, 7: doi: 10.1029/2005 GC001155.

Tao W C, O'Connell R J. 1993. Deformation of a weak subducted slab and variation of seismicity with depth. Nature, 361: 626-628.

Tarduno J A, Duncan R A, Scholl D W, et al. 2003. The Emperor Seamounts: Southward motion of the Hawaiian hotspot plume in Earth's mantle. Science, 301: 1064-1069.

Tasaka M, Michibayashi K, Mainprice D. 2008. B-type olivine fabrics developed in the fore-arc side of the mantle wedge along a subducting slab. Earth and Planetary Science Letters, 272: 747-757.

Tassara A, Götze H J, Schmidt S, et al. 2006. Three-dimensional density model of the Nazca plate and the Andean continental margin. Journal of Geophysical Research, 111: B09404.

Taylor B. 2006. The single largest oceanic plateau: Ontong Java-Manihiki-Hikurangi. Earth and Planetary Science Letters, 241: 372-380.

Taylor B, Goodliffe A M, Martinez F. 1999. How continents break up: Insights from Papua New Guinea. Journal of Geophysical Research, 104: 7497-7512.

Taylor G. 1950. The Instability of Liquid Surfaces when Accelerated in a Direction Perpendicular to their Planes. I. Proceedings of the Royal Society A: Mathematical, Physical and Engineering Sciences, 201 (1065): 192-196.

Team T M S. 1998. Imaging the Deep Seismic Structure Beneath a Mid-Ocean Ridge: The MELT Experiment. Science, 280 (5367): 1215-1218.

Terry Plank, Charles H, Langmuir. 1998. The chemical composition of subducting sediment and its consequences for the crust and mantle. Chemical Geology, 145 (3-4): 325-394.

Tetzlaff M, Schmeling H. 2000. The influence of olivine metastability on deep subduction of oceanic lithosphere. Physics of the Earth and Planetary Interiors, 120: 29-38.

Thoraval C, Richards M A. 1997. The geoid constraint in global geodynamics: Viscosity structure, mantle heterogeneity models and boundary conditions. Geophysical Journal International, 131: 1-8.

Tian Y, Liu L. 2013. Geophysical properties and seismotectonics of the Tohoku forearc region. Journal of Asian Earth Sciences, 64: 235-244.

Titov V V, Synolakis C. 1998. Numerical modeling of tidal wave run up. Journal of Waterway, Port, Coastal, and Ocean Engineering, 124 (4): 157-171.

Tivey M A, Johnson H P. 2002. Crustal magnetization reveals subsurface structure of Juan de Fuca Ridge hydrothermal vent fields. Geology, 30 (11): 979-982.

Toksoz M N, BirdP. 1977. Modelling of temperatures in continental convergence zones. Tectonophysics, 41 (1-3): 181-193.

Tong P, Zhao D, Yang D. 2012. Tomography of the 2011 Iwaki earthquake (M 7.0) and Fukushima nuclear power plant area. Solid Earth, 3: 43-51.

Toomey D R, Purdy G M, Solomon S C, et al. 1990. The three-dimensional seismic velocity structure of the East Pacific Rise near latitude 9° 30′ N. Nature, 347 (6294): 639-645.

Torsvik T H. 2003. The Rodinia jigsaw puzzle. Science, 300: 1379-1381.

Torsvik T H, Cocks L R M. 2004. Earth geography from 400 to 250Ma: A palaeomagnetic, faunal and facies review. Journal of the Geological Society, 161: 555-572.

Torsvik T H, Mosar J, Eide E A. 2001. Cretaceous-Tertiary geodynamics: A North Atlantic exercise. Geophysical Journal International, 146: 850-866.

Torsvik T H, Smethurst M A, Burke K, et al. 2006. Large igneous provinces generated from the margins of the large low-velocity provinces in the deep mantle. Geophysical Journal International, 167 (3): 1447-1460.

Torsvik T H, Smethurst M A, Burke K, et al. 2008a. Long term stability in deep mantle structure: Evidence from the ~300Ma Skagerrak-Centered Large Igneous Province (the SCLIP). Earth and Planetary Science Letters, 267 (3-4): 444-452.

Torsvik T H, Steinberger B, Cocks L R M, et al. 2008b. Longitude: Linking earth's ancient surface to its deep interior. Earth and Planetary Science Letters, 276: 273-282.

Tosi N, Yuen D A. 2011. Bent-shaped plumes and horizontal channel flow beneath the 660km discontinuity. Earth and Planetary Science Letters, 312: 348-359.

Tosi N, Čadek O, Martinec Z. 2009. Subducted slabs and lateral viscosity variations: Effects on the long-wavelength geoid. Geophysical Journal International, 179: 813-826.

Tosi N, Yuen D A, Čadek O. 2010. Dynamical consequences in the lower mantle with the post-perovskite phase change and strongly depth-dependent thermodynamic and transport properties. Earth and Planetary Science Letters, 298: 229-243.

Tosi N, Yuen D A, de Koker N, et al. 2013. Mantle dynamics with pressure-and temperature-dependent thermal expansivity and conductivity. Physics of the Earth and Planetary Interiors, 217: 48-58.

Tosi N, Stein C, Noack L, et al. 2015. A community benchmark for viscoplastic thermal convection in a 2D square box. Geochemistry, Geophysics, Geosystems, 16 (7): 2175-2196.

Tosi N, Maierová P, Yuen D. 2016. Influence of variable thermal expansivity and conductivity on deep subduction//Morra G, Yuen D, King S D, et al. Subduction dynamics: From mantle flow to mega disasters. New York: John Wiley & Sons, Inc.

Toth J, Gurnis M. 1998. Dynamics of subduction initiation at pre-existing fault zones. Journal of Geophysical Research, 103: 18053-18067.

Tovish A, Schubert G, Luyendyk B P. 1978. Mantle flow pressure and the angle of subduction: Non-Newtonian corner flows. Journal of Geophysical Research, 83 (B12): 5892-5898.

Travis B J, Janecky D R, Rosenberg N D. 1991. Three-dimensional simulation of hydrothermal circulation at mid-ocean ridges. Geophysical Research Letters, 18 (8): 1441-1444.

Tsumura N, Hasegawa A, Horiuchi S. 1996. Simultaneous estimation of attenuation structure, source parameters and site response spectra-application to the northeastern part of Honshu, Japan. Physics of the Earth and Planetary Interiors, 93: 105-121.

Tsumura N, Matsumoto S, Horiuchi S, et al. 2000. Three-dimensional attenuation structure beneath the northeastern Japan arc estimated from spectra of small earthquakes. Tectonophysics, 319: 241-260.

Tumiati S, Fumagalli P, Tiraboschi C, et al. 2013. An experimental study on CHO-bearing peridotite up to 3. 2 GPa and implications for crust-mantle recycling. Journal of Petrology, 54 (3): 453-479.

Turcotte D L, Oxburgh E R. 1967. Finite amplitude convective cells and continental drift. Journal of Fluid Mechanics, 28: 29-42.

Turcotte D L, Ahern J L. 1978. A porous flow model for magma migration in the asthenosphere. Journal of Geophysical Research, 83: 767-772.

Turcotte D L, Schubert G. 1982. Geodynamics: Applications of Continuum Physics to Geological Problems. EOS Transactions American Geophysical Union, 64: doi: 10. 1029/EO064i011p00106-01.

Turcotte D L, Emmerman S H. 1983. Mechanisms of active and passive rifting. Tectonophysics, 94: 39-50.

Turcotte D L, Schubert G. 2002. Geodynamics: Application of Continuum Physics to Geological Problems. Cambridge: Cambridge University Press.

Turner S, Hawkesworth C. 1998. Using geochemistry to map mantle flow beneath the Lau Basin. Geology, 26: 1019-1022.

Ukstins Peate I, Larsen M, Lesher C E. 2003. The transition from sedimentation to flood volcanism in the Kangerlussuaq Basin, East Greenland: Basaltic pyroclastic volcanism during initial Palaeogene continental break-up. Journal of the Geological Society, 160: 759-772.

Umino N, Hasegawa A. 1975. On the two-layered structure of deep seismic plane in Northeastern Japan Arc. Journal of the Seismological Society of Japan, 28: 125-139.

Umino N, Hasegawa A. 1984. Three-dimensional Qs structure in the northeastern Japan arc. Zisin, 2: 217-228.

Umino N, Hasegawa A, Matsuzawa T. 1995. sP depth phase at small epicentral distances and estimated subducting plate boundary. Geophysical Journal International, 120: 356-366.

Uyeda S, Kanamori H J. 1979. Back-arc opening and the mode of subduction. Journal of Geophysical Research, 84: 1049-1061.

van Avendonk H, Worthington L L, Christeson G L, et al. 2011. Seismic structure of sediments and basement of the Yakutat Terrane offshore southern Alaska from a combined OBS and MCS tomography inversion. AGU Fall Meeting. AGU Fall Meeting Abstracts.

van Decar J C, James D E. 1995. Seismic evidence for a fossil mantle plume beneath South America and implications for plate driving forces. Nature, 378: 25-31.

van der Hilst R D, Seno T. 1993. Effects of relative plate motion on the deep structure and penetration depth of slabs below the Izu-Bonin and Mariana island arcs. Earth and Planetary Science Letters, 120: 395-407.

van Hunen J, Zhong S. 2003. New insight in the Hawaiian plume swell dynamics from scaling laws. Geophysical Research Letters, 30 (15): 1785.

van Hunen J, van den Berg A. 2007. Plate tectonics on the early Earth: Limitations imposed by strength and buoyancy of subducted lithosphere. Lithos, 103: 217-235.

van Hunen J, van den Berg A P, Vlaar N J. 2000. A thermomechanical model of horizontal subduction below an overriding plate. Earth and Planetary Science Letters, 182: 157-169.

van Hunen J, Zhong S, Shapiro N, et al. 2005. New evidence for dislocation creep from 3-D geodynamic modeling of the Pacific upper mantle structure. Earth and Planetary Science Letters, 238: 146-155.

van Keken P E. 2003. The structure and dynamics of the mantle wedge. Earth and Planetary Science Letters, 215: 323-338.

van Keken P. 1997. Evolution of a starting plume: A comparison between numerical and laboratory models. Earth and Planetary Science Letters, 148: 1-11.

van Rijn L C. 1984. Sediment transport, part Ⅱ: Suspended load transport. Journal of Hydraulic Engineering, 110 (11): 1613-1638.

van Roermund P M, Marijnissen A C A, Lafeber F P J G. 2002. Joint distraction as an alternative for the treatment of osteoarthritis. Foot and Ankle Clinics, 7 (3): 515-527.

van Wijk J W. 2005. Role of weak zone orientation in continental lithosphere extension. Geophysical Research Letters, 32: 1-4.

van Wijk J W, Blackman D K. 2005. Dynamics of continental rift propagation: The end-member modes. Earth and Planetary Science Letters, 229: 247-258.

Vassiliou M S, Hager B H. 1988. Subduction zone earthquakes and stress in slabs. Pure and Applied Geophysics, 128: 547-624.

Vauchez A, Tommasi A, Barruol G, et al. 2000. Upper mantle deformation and seismic anisotropy in continental rifts. Physics and Chemistry of the Earth A, 25: 111-117.

Veevers J J. 2004. Gondwanaland from 650-500Ma assembly through 320Ma merger in Pangea to 185-100Ma breakup: Supercontinental tectonics via stratigraphy and radiometric dating. Earth-Science Reviews, 68 (1-2): 1-132.

Veevers J J, Tewari R C. 1995. Permian-Carboniferous and Permian-Triassicmagmatism in the rift-zone bordering the Tethyan margin of southern Pangea. Geology, 23 (5): 467-470.

Vening-Meisnez F A. 1950. Les grabens Africains résultants de compression ou de tension de la croûte terrestre? Memoires. Institut Royal Colonial Belge, 21: 539-552.

Vera E E, Mutter J C, Buhl P, et al. 1990. The structure of 0-to 0. 2-m. y. -old oceanic crust at 9°N on the East Pacific Rise from expanded spread profiles. Journal of Geophysical Research: Solid Earth, 95: B10.

Vikre P G. 1985. Precious metal vein system in the National District, Humboldt County, Nevada. Economic Geology, 80: 360-393.

Vogt P R. 1991. Bermuda and Appalachian-Labrador rises. Geology, 19: 41-44.

von Damm K L. 1990. Seafloor hydrothermal activity: Black smoker chemistry and chimneys. Annual Review of Earth and Planetary Sciences, 18: 173-204.

von Damm K L. 2005. Evolution of the Hydrothermal System at the East Pacific Rise 9°50′N: Geochemical Evidence for Changes in the Upper Oceanic Crust//German C R, Lin J, Parson L M. Mid-ocean Ridges: Hydrothermal Interactions between the Lithosphere and Oceans. Geophysical Monograph, 148: 285-304.

von Damm K L, Oosting S E, Buttermore L G, et al. 1995. Evolution of East Pacific Rise hydrothermal vent fluids following a volcanic eruption. Nature, 375: 47-50.

von Damm K L, Buttermore L G, Oosting S E, et al. 1997. Direct observation of the evolution of a seafloor 'black smoker' from vapor to brine. Earth and Planetary Science Letters, 149 (1-4): 101-111.

von Damm K L, Lilley M D, Shanks W C, et al. 2003. Extraordinary phase separation and segregation in vent fluids from the southern East Pacific Rise. Earth and Planetary Science Letters, 206: 365-378.

von Huene R. 2008. Geophysics—when seamounts subduct. Science, 321: 1165-1166.

von Huene R, Ranero C R, Scholl D. 2009. Convergent margin structure in high quality geophysical images and current kinematic and dynamic models//Lallemand S, Funiciello F. Subduction Zone Geodynamics. Berlin, Heidelberg: Springer.

Wada I, Wang K L. 2009. Common depth of slab-mantle decoupling: Reconciling diversity and uniformity of subduction zones. Geochemistry Geophysics Geosystems, 10: 2-6.

Waff H S, Bulau J R. 1979. Equilibrium fluid distribution in an ultramafic partial melt under hydrostatic stress conditions. Journal of Geophysical Research, 84: 6109-6114.

Walker D, Stolper E. 1980. Melt density and the average composition of basalt. Contributions to Mineralogy and Petrology, 74: 7-12.

Walker D, Shibata T, DeLong S E. 1979. Abyssal tholeiites from the oceanographer fracture zone. II. Phase equilibria and mixing. Contributions to Mineralogy and Petrology, 70: 111-125.

Wang B, Liu H. 2013. Space-time behaviour of magnetic anomalies induced by tsunami waves in open ocean. Proceedings of the Royal Society A: Mathematical, Physical and Engineering Science, 469: 1-17.

Wang B L, Liu H. 2006. Solving a fully nonlinear highly dispersive Boussinesq model with mesh-less least square-based finite difference method. International Journal for Numerical Methods in Fluids, 52 (2): 213-235.

Wang J, Li Z X. 2003. History of Neoproterozoic rift basins in South China: Implications for Rodinia break-up. Precambrian Research, 122 (1-4): 141-158.

Wang J, Zhao D. 2010. Mapping P-wave anisotropy of the Honshu arc from Japan Trench to the back-arc. Journal of Asian Earth Sciences, 39: 396-407.

Wang K, Bilek S L. 2011. Do subducting seamounts generate or stop large earthquakes? Geology, 39: 819-822.

Wang K, Bilek S L. 2014. Fault creep caused by subduction of rough seafloor relief. Tectonophysics, 610: 1-24.

Wang P J, Mattern F, Didenko N A, et al. 2016. Tectonics and cycle system of the Cretaceous Songliao Basin: An inverted active continental margin basin. Earth-Science Reviews, 159: 82-102.

Wang X C, Li X H, Li W X, et al. 2008. The Bikou basalts in the northwestern Yangtze block, South China: Remnants of 820- 810Ma continental flood basalts. Geological Society of America Bulletin,

120 (11): 1478-1492.

Wang X H, Andutta F P. 2013. Sediment Transport Dynamics in Ports, Estuaries and Other Coastal Environments//Andrew J M. Sediment Transport. Hamilton: INTECH.

Wang Y, Wen L X. 2004. Mapping the geometry and geographic distribution of a very low velocity province at the base of the Earth's mantle. Journal of Geophysical Research-Solid Earth, 109 (B10): B10305.

Wang Z, Zhao D. 2005. Seismic imaging of the entire arc of Tohoku and Hokkaido in Japan using P-wave, S-wave and sP depth-phase data. Physics of the Earth and Planetary Interiors, 152: 144-162.

Wang Z, Zhao D. 2006. $V_P$ and $V_S$ tomography of Kyushu Japan: New insight into arc magmatism and forearc seismotectonics. Physics of the Earth and Planetary Interiors, 157: 269-285.

Wanless V D, Shaw A M. 2012. Lower crustal crystallization and melt evolution at mid-ocean ridges. Nature Geoscience, 5: 651-655.

Watson E B. 1982. Melt infiltration and magma evolution. Geology, 10: 236-240.

Watts A B. 2010. Lithospheric flexure due to prograding sediment loads: Implications for the origin of offlap/onlap patterns in sedimentary basins. Basin Research, 2 (3): 133-144.

Watts A B, Zhong S. 2000. Observations of flexure and the rheology of oceanic lithosphere. Geophysical Journal International, 142 (3): 855-875.

Watts A B, Schubert G. 2007. Crust and lithosphere dynamics. Armsterdam: Elsevier Science.

Watts A B, Karner G D, Steckler M S. 1982. Lithospheric flexure and the evolution of sedimentary basins. Philosophical Transactions of the Royal Society of London, 305: 249-281.

Weeraratne D S, Forsyth D W, Yang Y, et al. 2007. Rayleigh wave tomography beneath intraplate volcanic ridges in the South Pacific. Journal of Geophysical Research, 112 (B6): B06303.

Wegener A. 1912. The origins of continents. Geologische Rundschau, 3: 276-292.

Wei C, Powell R. 2003. Phase relations in high-pressure metapelites in the system KFMASH ($K_2O$-FeO-MgO-$Al_2O_3SiO_2$-$H_2O$) with application to natural rocks. Contributions to Mineralogy and Petrology, 301-315.

Wei C J, Clarke G L. 2011. Calculated phase equilibria for MORB compositions: A reappraisal of the metamorphic evolution of lawsonite eclogite. Journal of Metamorphic Geology, 29 (9): 939-952.

Weijermars R, Schmeling H. 1986. Scaling of Newtonian and non-Newtonian fluid dynamics without inertia for quantitative modelling of rock flow due to gravity (including the concept of rheological similarity). Physics of the Earth and Planetary Interiors, 43: 316-330.

Weil A B, Van der Voo R, Mac Niocaill C, et al. 1998. The Proterozoic supercontinent Rodinia: Paleomagnetically derived reconstructions for 1100 to 800Ma. Earth and Planetary Science Letters, 154: 13-24.

Weinstein S A, Olson P L. 1989. The proximity of hotspots to convergent and divergent plate boundaries. Geophysical Research Letters, 16 (5): 433-436.

Weissel J K. 1977. Evolution of the Lau Basin by the growth of small plates//Talwani M, Pitman W C Ⅲ. Island Arcs, Deep Sea Trenches and Back-Arc Basins. American Geophysical Union, Maurice Ewing Series I, 429-436.

Weissel J K, Karner G D. 1989. Flexural uplift of rift flanks due to mechanical unloading of the lithosphere during extension. Journal of Geophysical Research, 94: 13919-13950.

Wen L, Anderson D L. 1997. Present-day plate motion constraint on mantle rhelogy and convection. Journal of Geophysical Research, 102: 24639-24653.

Wen L X, Silver P, James D, et al. 2001. Seismic evidence for a thermochemical boundary at the base of the Earth's mantle. Earth and Planetary Science Letters, 189 (3-4): 141-153.

Wentzcovitch R M, Wu Z, Carrier P. 2010. First principles quasiharmonic thermoelasticity of mantle minerals. Reviews in Mineralogy and Geochemistry, 71: 99-128.

Wernicke B. 1985. Uniform-sense normal simple shear of the continental lithosphere. Canadian Journal of Earth Sciences, 22: 108-125.

Wessel P, Haxby W F. 1990. Thermal stresses, differential subsidence, and flexure at oceanic fracture zones. Journal of Geophysical Research: Solid Earth, 95 (B1): 375-391.

White N. 1993. Recovery of strain rate variation from inversion of subsidence data. Nature, 366: 449-452.

White R S, McKenzie D. 1989. Magmatism at rift zones: the generation of volcanic continental margins and flood basalts. Journal of Geophysical Research, 94: 7685-7729.

White R S, McKenzie D, O'Nions R K. 1992. Oceanic crust thickness from seismic measurements and rare-earth element inversions. Journal of Geophysical Research, 97: 19683-19715.

Whitehead J A, Helfrich K R. 1990. Magma waves and diapiric dynamics//Ryan M P. Magma Transport and Storage Chichester/Sussex: Wiley.

Whitehead J A, Dick H J B, Schouten H. 1984. A mechanism for magnetic accretion under spreading centers. Nature, 312: 146-148.

Widdowson M. 1997. Tertiary paleosurfaces of the SW Deccan, Western India: implications for passive margin uplift. Geological Society (London) Special Publication, 120: 221-248.

Widiyantoro S, van der Hilst R D. 1997. Mantle structure beneath Indonesia inferred from high-resolution tomographic imaging. Geophysical Journal International, 130: 167-182.

Wilcock W S D. 1998. Cellular convection models of mid-ocean ridge hydrothermal circulation and the temperatures of black smoker fluids. Journal of Geophysical Research, 103 (B2): 2585-2596.

Williams H. 1941. Calderas and their origin. Bulletin of the Department of Geological Sciences, University of California, 25 (6): 239-346.

Williams H, Hoffman P F, Lewry J F, et al. 1991. Anatomy of North America: thematic portrayals of the continent. Tectonophysics, 187: 117-134.

Willis B. 1937. East African Plateaus and Rift Valleys. Journal of Geology, 45: 216-219.

Wilson D S, Hey R N. 1995. History of rift propagation and magnetization intensity for the Cocos-Nazca spreading center. Journal of Geophysical Research, 100 (B6): 10041-10056.

Wilson J T. 1963. A possible origin of the Hawaiian Islands. Canadian Journal of Physics, 41: 863-870.

Wilson J T. 1966. Did the Atlantic close and then re-open? Nature, 211: 676-681.

Wilson J T. 1973. Mantle plumes and plate motions. Tectonophysics, 19: 149-164.

Wilson T. 1965. Initiation of transform faults and their bearing on continental drift. Nature, 207 (4995): 343-347.

Wingate M T D, Campbell I H, Compston W, et al. 1998. Ion microprobe U-Pb ages for Neoproterozoic basaltic magmatism in south-central Australia and implications for the breakup of Rodinia. Precambrian Research, 87 (3-4): 135-159.

Wirth E A, Korenaga J. 2012. Small-scale convection in the subduction zone mantle wedge. Earth and Planetary Science Letters, 357-358: 111-118.

Wright L D, Yang Z S, Bornhold B D, et al. 1986. Hyperpycnal plumes and plumes front over the Huanghe delta front. Geo-marine Letters, 6: 97-105.

Wright L D, Wiseman W J, Bornhold B D, et al. 1988. Marine dispersal and deposition of Yellow River silts by gravity-driven under flows. Nature, 332: 629-632.

Wunder B, Schreyer W. 1997. Antigorite: High-pressure stability in the system $MgO-SiO_2-H_2O$ (MSH). Lithos, 41 (1): 213-227.

Wyllie P J. 1977. Peridotite-$CO_2$-$H_2O$, and carbonatitic liquid in the upper asthenosphere. Nature, 266: 45-47.

Xie X, Heller P L. 2009. Plate tectonics and basin subsidence history. Geological Society of America Bulletin, 121: 55-64.

Xu J, Li Z, Shi Y. 2013. Jurassic detrital zircon U-Pb and Hf isotopic geochronology of Luxi Uplift, eastern North China, and its provenance implications fortectonic-paleogeographic reconstruction. Journal of Asian Earth Science, 78: 184-197.

Xu Y G, He B, Chung S L, et al. 2004. Geologic, geochemical, and geophysical consequences of plume involvement in the Emeishan flood basalt province. Geology, 32: 917-920.

Xu Y, Shankland T J, Linhardt S, et al. 2004. Thermal diffusivity and conductivity of olivine, wadsleyite and ringwoodite to 20 GPa and 1373 K. Physics of the Earth and Planetary Interiors, 143-144: 321-336.

Yalin M S. 1963. An expression for bed-loadtransportation. Journal of the Hydraulics Division, 89 (3): 221-250.

Yamashita Y, Shimizu H, Goto K. 2012. Small repeating earthquake activity interplate quasi-static slip and interplate coupling in the Hyuga-nada southwestern Japan subduction zone. Geophysical Research Letters, 39: L08304.

Yang C T. 1984. Unit stream power equation for gravel. Journal of Hydraulic Engineering, 110 (12): 1783-1797.

Yoshida M, Honda S, Kido M, et al. 2001. Numerical simulation for the prediction of the plate motions: Effects oflateral viscosity variations in the lithosphere. Earth Planets Space, 53: 709-721.

Yoshioka S, Naganoda A. 2010. Effects of trench migration on fall of stagnant slabs into the lower mantle. Physics of the Earth and Planetary Interiors, 183: 321-329.

Young R. 1993. Two-phase geothermal flows with conduction and the connection with Buckley-Leverett theory. Transport Porous Media, 12: 231-278.

Zahirovic S, Flament N, Dietmar Müller R, et al. 2016a. Large fluctuations of shallow seas in low-lying Southeast Asiadriven by mantle flow. Geochemistry Geophysics Geosystems, 17: 3589-3607.

Zahirovic S, Matthews K J, Flament N, et al. 2016b. Tectonic evolution and deep mantle structure of the eastern Tethys since the latest Jurassic Earth-Science Reviews, 162: 293-337.

Zellmer G F, Edmonds M, Straub S M. 2015. Volatiles in subduction zone magmatism. Geological Society London Special Publications, 410 (1): 1-17.

Zhang C L, Li X H, Li Z X, et al. 2008. A Permian layered intrusive complex in the western tarim block, northwestern China: Product of a Ca. 275-Ma mantle plume? Journal of Geology, 116 (3): 269-287.

Zhang S, Christensen U. 1993. Some effects of lateral viscosity variations on geoid and surface velocities induced by density anomalies in the mantle. Geophysical Journal International, 114: 531-547.

Zhang S, Karato S. 1995. Lattice preferred orientation of olivine aggregates deformed in simple shear. Nature, 415: 777-780.

Zhang Y, Changzhen L, Wei S H I, et al. 2007. Jurassic Deformation in and Around the Ordos Basin, North China. Earth Science Frontiers, 14: 182-196.

Zhao D. 2004. Global tomographic images of mantle plumes and subducting slabs: Insight into deep Earthdynamics. Physics of Earth and Planetary Interiors, 146: 3-34.

Zhao D, Hasegawa A, Horiuchi S. 1992. Tomographic imaging of P and S wave velocity structure beneath northeastern Japan. Journal of Geophysical Research, 97: 19909-19928.

Zhao D, Kanamori H, Negishi H, et al. 1996. Tomography of the Source Area of the 1995 Kobe Earthquake: Evidence for Fluids at the Hypocenter? Science, 274: 1891-1894.

Zhao D, Asamori K, Iwamori H. 2000. Seismic structure and magmatism of the Young Kyushu Subduction Zone. Geophysical Research Letter, 27: 2057-2060.

Zhao D, Mishra O, Sanda R. 2002. Influence of fluids and magma on earthquakes: Seismological evidence. Physics of the Earth and Planetary Interiors, 132: 249-267.

Zhao D, Wang Z, Umino N, et al. 2007. Tomographic Imaging outside a Seismic Network: Application to the Northeast Japan Arc. Bulletin of the Seismological Society of America, 97: 1121-1132.

Zhao D, Huang Z, Umino N, et al. 2011. Structural heterogeneity in the megathrust zone and mechanism of the 2011 Tohoku-oki earthquake (Mw 9.0). Geophysical Research Letters, 38: L17308.

Zhao D, Yanada T, Hasegawa A, et al. 2012. Imaging the subducting slabs and mantle upwelling under the Japan Islands. Geophysical Journal International, 190: 816-828.

Zhao D, Yu S, Liu X. 2016. Seismic anisotropy tomography: New insight into subduction dynamics. Gondwana Research, 33: 24-43.

Zhao G, Sun M, Wilde S A, et al. 2005. Late Archean to Paleoproterozoic evolution of the North China Craton: Key issues revisited. Precambrian Research, 136: 177-202.

Zhao G, Wang Y, Huang B, et al. 2018. Geological reconstructions of the East Asian blocks: From the breakup of Rodinia to the assembly of Pangea. Earth-Science Reviews, 186: 262-286.

Zhao G C, Sun M, Wilde S A, et al. 2004. A Paleo-Mesoproterozoic supercontinent: Assembly, growth and breakup. Earth-Science Reviews, 67 (1-2): 91-123.

Zhao J X, Malcolm M T, Korsch R J. 1994. Characterisation of a plume-related ~800Ma magmatic event and its implications for basin formation in central southern Australia. Earth and Planetary Science Letters, 121: 349-367.

Zhang N, Zhong S, Mcnarmara A K. 2009. Super continent formation from stochastic collision and mantle convection models. Gondwana Research, 15 (3-4): 267-275.

Zheng Y F. 2012. Metamorphic chemical geodynamics in continental subduction zones. Chemical Geology, 328: 5-48.

Zhong S J, Gurnis M. 1993. Dynamic feedback between a continent-like raft and thermal-convection. Journal of Geophysical Research-Solid Earth, 98 (B7): 12219-12232.

Zhong S J, Zuber M T, Moresi L, et al. 2000. Role of temperature-dependent viscosity and surface plates in spherical shell models of mantle convection. Journal of Geophysical Research-Solid Earth, 105 (B5): 11063-11082.

Zhong S. 2001. Role of ocean-continent contrast and continental keels on plate motion, net rotation of lithosphere, and the geoid. Journal of Geophysical Research, 106: 703-712.

Zhong S. 2006. Constraints on thermochemical convection of the mantle from plume heat flux, plume excess temperature, and upper mantle temperature. Journal of Geophysical Research, 111 (B04409): doi: 10. 1029/2005JB003972.

Zhong S, Gurnis M. 1994. Controls on trench topography from dynamic models of subducted slabs. Journal of Geophysical Research, 99: 15683-15695.

Zhong S, Gurnis M. 1995. Mantle convection with plates and mobile, faulted plate margins. Science, 267: 838-842.

Zhong S, Gurnis M. 1996. Interaction of weak faults and non-newtonian rheology produces plate tectonics in a 3D model of mantle flow. Nature, 383: 245-247.

Zhong S, Davies G F. 1999. Effects of plate and slab viscosities on geoid. Earth and Planetary Science Letters, 170: 487-496.

Zhong S, Watts A B. 2002. Constraints on the dynamics of mantle plumes from uplift of the Hawaiian Islands. Earth and Planetary Science Letters, 203: 105-116.

Zhong S, Gurnis M, Moresi L. 1998. Role of faults, nonlinear rheology, and viscosity structure in generating plates from instantaneous mantle flow models. Journal of Geophysical Research, 103: 15255-15268.

Zhong S, Zuber M T, Moresi L, et al. 2000. Role of temperature dependent viscosity and surface plates in spherical shell models of mantle convection. Journal of Geophysical Research, 105 (B5): 11063-11082.

Zhong S, Zhang N, Li Z X, et al. 2007. Supercontinent cycles, true polar wander, and very long-wavelength mantle convection. Earth and Planetary Science Letters, 261: 551-564.

Zhong W, Yao W. 2008. Influence of damage degree on self-healing of concrete. Construction and Building Materials, 22: 1137-1142.

Zienkiewicz, 1977. The Finite Element Method. Berkshire: McGraw-Hill.

Zimmerman M E, Zhang S, Kohlstedt D L, et al. 1999. Melt distribution in mantle rocks deformed in simple shear, Geophysical Research Letters, 26: 1505-1508.

Zoback M Lou, Mooney W D. 2003. Lithospheric buoyancy and continental intraplate stresses. International Geology Review, 45: 95-118.

Zuber M T, Parmentier E M. 1986. Lithospheric necking: A dynamic model for rift morphology. Earth and

Planetary Science Letters, 77: 373-383.

Zuber M T, Parmentier E M, Fletcher R C. 1986. Extension of continental lithosphere: A model for two scales of Basin and Range deformation. Journal of Geophysical Research, 91: 4826-4838.

Zucca J J, Hill D P, Kovach R L. 1982. Crustal structure of Mauna Loa Volcano, Hawaii, from seismic refraction and gravity data. Bulletin of the Seismological Society of America, 72 (5): 1535-1550.

Шпилвман В И. 1982. Количественый прогноз нефтегазононосности. м. : Недра.

# 索　　引

S



T



W



X



Y



Z



其他

# 后　记

大海的浩瀚激起了人类的好奇心，触发了人类的惊奇感。无垠的深海不断丰富着人类的想象力，海底更是蕴藏着人类的新需求。抱着一颗深入认识了解洋底的心，我们耗时多年编撰了这套《洋底动力学》。《洋底动力学》第一批5本书试图带领读者深度“认识海洋”，其中第一册《系统篇》的编著目的是：一本书通览地球系统。为此，编者们耗费大量时间、精力去完成这项艰巨的任务。自2016年动笔至今，历时5年，其间多次大幅调整书稿目录，不断开拓新视野、不断补充学习新理论、不断吸纳新技术、不断融合国内外新成果、不断凝练这套书的新内容、不断收集及清绘成果新图件，希望通过不断的修改、完善、补充，呈现给读者一些能传递更多信息的图文。

《洋底动力学：系统篇》这一册全部初稿首先由主编本人初步构架、整理、初编完成，最终经过本书其他作者的系统补充、修改和完善，总体上明确了从洋底动力学角度入手，围绕统一的地球系统过程，按不同圈层（大气圈与气候系统、水圈与河海系统、冰冻圈与冰川系统、土壤圈与地球关键带、生物圈与生态系统、人类圈与人地系统、岩石圈与板块系统、对流圈与地幔系统、地磁圈与跨圈层系统）层层深入、逐步展开内容，最后以物质、能量循环为纽带贯穿各圈层系统，强调从占地球三分之二的大洋的洋底动力过程，以窥整体地球系统的运行规律和运作模式。《洋底动力学》这套书坚持万事万物都是关联的理念，试图将与洋底动力过程有联系的一切过程，包括人类影响，合理并逻辑性地纳入。然而，撰稿过程中发现，本套书内容涉及宇宙科学、行星科学、大气科学、海洋科学、流体力学、极地科学、土壤学、环境科学、生命科学、地理科学、固体力学、地球化学、地球物理学、技术科学、数据科学、哲学等近20门学科，考虑涉及学科跨度之大、涉猎之广，个人能力所限，不好把握全部内容，不得不邀请相关专家先后加盟本套书的修改、补充和完善，《洋底动力学》编著者队伍也不断壮大，教授、副教授有30多人。值得欣慰的是，这些专家不断交流对话，互为借鉴，也逐渐融为了一个多学科交叉的研究队伍，不仅增进了友谊，还不断交流产生了一些新的学术思想，切实开始了以洋底动力学为核心，开展海–陆耦合、流–固耦合、深–浅耦合的综合集成研究。

地球科学博大精深，地球就像一个生命体，每个生长阶段有每个生长阶段的特征，每个圈层好比人体的一个系统，每个系统又关联着各种器官或组织，各自功能独特，却又协调作用，各分支系统合作共同支撑整个系统，协调系统的整体行为，而这种整体系统行为又不为任何一个分支系统所拥有。因此，迄今依然无法从某个单一学科用几句话来概括说清地球系统的本质过程和机理，难以找到类似物理学界那样的爱因斯坦方程、量子力学中的量子纠缠、遗传学中的DNA 双螺旋结构等简洁表达。地球各个圈层都遵循的而非单个圈层才有的或只有系统才有的根本机制是什么，这个问题涉及的知识无比宽广。我自己边写书也边琢磨，要建立“地球系统理论”到底从何入手？地球系统的本质内涵在哪里？思考中的深切体会是：很难做到“只言片语，能通万物；究其一理，能察万端”。

书中也涉及各种各样关键过程的计算公式，但实际上很多公式、反应式都以物质、能量守恒为根本出发点。编写这些公式和反应式时，常让我回忆起研究生期间我的老师授课的场景。讲授“计算方法”的王老师、“固体力学”的常老师在讲授时一黑板一黑板地推导公式；讲授“物理化学”的李老师面对面教我们三位博士生基元反应时的复杂计算推导，也是一张纸写满接着另一张。当时的感觉是：公式好复杂啊！好麻烦啊！如今，编撰这套书的过程中，重新捡起丢失多年的数学、物理、化学、生物知识，串联起多学科知识之后，我对公式有了新的认识与感受，特别是将公式与地质现象结合理解后，更是对前人钦佩有加。尽管本套书所列公式之外还有更多重要公式未能纳入，但我深刻地感受到公式是解释、解决科学问题的利器！随着现代科学技术发展，地球科学各分支学科定量化发展、大数据驱动的发展态势越来越显著，为此，考虑到未来一代创新型人才培养需要，本套书也列举了上千个关键公式和反应式，权作引导式量化思维。

类似地，在编写生物圈部分时，各种（古）生物名称涌现。虽然读大学时，“古生物学”“地史学”两门课程的老师兢兢业业教授，我也为记忆各种拉丁名称、地层名称努力过，但实在太多了，且实在拗口，之后也不从事这方面专门研究，因此几乎忘光了，现在也只有 *Trilobite*、*Fusulina* 两个还记得住。但是，编撰本套书过程中让我重新捡起了这些知识，对于枯燥的生物种类划分，若建立起它们与重大地史事件之间的联系后，从“进化”道理上理解了，才发现原来当年老师们教授的“枯燥”知识也这么有趣，不用死记硬背，趣味中就记牢了。基于这些体会，我在编写时也想着如何让编写的内容更有趣，而不是枯燥的灌输式、刻板的章节化。所以，本套书希望做到的是：从头到尾“讲理”、道法自然“过程”、顺应时空“流转”。

地球的运行是复杂的，实际不同圈层因物质构成和属性不同，运行时间尺度千差万别，不同时间跨度长短、不同空间跨度大小的过程复杂交错，导致不同领域专家难以跨界解释地球系统如何协同耦合发展进化至今。我们当前能做的就是将人类对整个地球系统现有的理解和知识先整合到一起，以地球系统过程为编撰脉络，试图让读者感受到各个圈层内部和之间各种过程的自然发生、各种作用和进程的相互协调。我们翻阅了国内外很多教材和专著，虽然不乏各个圈层独立的系统论述，但从地球 46 亿年以来全面且科学地介绍某个圈层的书籍寥若晨星。例如，很多气象学的书都会讲大气圈，但全面介绍从太古代到现今的大气圈物质组成、演化的几乎没有，因此，我们在书中以“深时”理念贯穿整体。对其他圈层，也是如此组织的：例如，对于生物圈，我们把古生物内容浓缩了纳入其中，给读者一个从生命起源到智慧初现的整体全面认知；对于冰冻圈，我们将地史冰期也纳入其中。最为关键的是，我们以自己的理解，试图构建各个圈层在不同地史时期之间协同演变导致的重大地史事件，试图洞察地球系统的进化历程和核心机制。我也试图以个人对地球的研究经验，来阐明对自然界结构、过程、机制的探索心得，例如，当前构造地质学专业的研究生们，他们接受的教育存在很多缺失，诸如固体力学、弹性力学、塑性力学、物理化学等基本没有为他们开设，这大大约束了他们对变形的力学分析、地球动力学运行机制的理解，就是他们比较熟悉的构造地质学也不能灵活运用。比如，研究含油气盆地，必然涉及地震剖面解释，他们在解释断层时，从地震剖面上能识别出不同几何样式的断裂就很满足了。但实际上，这是远远不够的，因为这样看到的只是一条“死”的断层或静止的影像，没有揭示断裂如何运动和演化。含油气断陷盆地构造研究的灵魂在于将各层 $T_0$ 构造图上的断裂合理组合成体系，分清期次，进而构建出立体形态来，并从不同地震剖面的各种地质标志反复对比后，让断裂“活动”起来，在脑海中闪现或深刻理解其成核、拓展、链接、生长、死亡过程，乃至其控盆、控烃、控源、控圈效应。虽然俗话说，眼见为实，但科学研究中，真实的世界不是眼见的世界时，才是独具慧眼之时，才是创新开启之始。为此，本套丛书也始终强调五项基本内容：时空格架、运动过程、演化历史、微观机制、宏观效应。万事万物都在纷繁复杂地“流”动、进化中，宇宙、地球、生命、人类、社会、思想、宗教、科学、技术、知识等都在不断演替，这些都综合体现在地球系统过程中，地球系统的进化更是难以一时认透，难以全面把握。本套丛书只好赶海拾贝，在此拮取人类浩如烟海的部分相关知识，遗漏不可避免。

这套书的编撰实在艰辛，团队成员和科学出版社周杰编辑都付出了巨大辛劳。特别是，老师们首先要带着学生从软件的使用学起，教导学生如何甄别图件的核心内容，如何突出呈现要表达的学术思想，对书中的大多数图件，都耐心对比多家类似图件，并绘制了多次，定稿前反复修改图线、配色等以期达到科学艺术化。尽管还未达到《中国科学》或《科学通报》封面插图专家的水平，但最后竟意外地培养、锻炼、提升了学生的作图能力，更是加深了他们对每张图件内涵的理解。

如今这套书即将付梓出版，长期压在我脑海中的任务得以完成，内心倍感轻松。回顾这套书的写作和编撰，也不免有些感慨。2009 年"洋底动力学"两篇姊妹篇论文发表后，2010 年我就开始着手成书的构架、资料的收集、知识的系统整理、初稿的编辑和融合，乃至相关人才的培养，直到 2016 年《洋底动力学》书稿才初步完成。2017 年 11 月，我受国家留学基金委员会资助，到澳大利亚昆士兰大学做高级访问学者，在南半球焦金流石的炎炎夏日，我利用难得的"封闭"时段静心修整书稿，一度伏案到"扶然而起、杖然而行"的地步。回到国内至今又过去了 3 年，这期间许多的专家学者又加入作者队伍，因此更希望《洋底动力学》能编著得好一些，能超越国际上一些经典著作，在国际上能独具特色。2020 年初突如其来的新冠肺炎疫情暴发，我们都不能出门。对我来说，真是难得的整块时间，所以，2020 年 1～6 月集中修改了此套书初稿，并陆陆续续提交给出版社。希望我们的付出能让读者们收获一二。

为使书稿系统性，书中纳入了多个学科的内容，其中难免有些不是我们本行的内容，考虑系统地重建视野、重构知识、重识地球、重塑框架、重新定位的必要，确保知识的科学性，我们也一一去查找、追踪了大量原始文献的出处，其中，仅国际专著，就查阅了 2000 多本；也根据关键词下载阅读了大量最新相关国际论文，篇数已经是无法准确说清。考虑太多的引用可能导致书的可读性太差，我们只是选择性地列举了一些重要的参考文献。因此，如有特别重要的引用遗漏，还请原作者和读者谅解。

本丛书立足多层次读者需求，部分内容在中国海洋大学崇本学院的本科拔尖人才班、未来海洋学院拔尖研究生班试讲，基于学生反馈信息，也作了调整，但依然保留了很多深入的内容。所以，在基础知识和前沿研究进展方面作了一些平衡。

当我写完这 5 本书后，心里无比轻松，因而再回头集中精力准备理顺南海海盆打开模式的研究。2020 年 5 月我正好承担了一个课题，利用油田大量的地震剖面全面研究珠江口盆地的构造成因，因为"珠江口盆地"（我认为它是成因密切相关的多个独立盆地构成，可称为盆地群）耗费几代人的努力仍未明确其构造演化的前世今生，而这个盆地正是开启"南海海盆打开之谜"的金钥匙。于是，2020 年 7 月 8 日，我们团队核心成员来到深圳检查了核酸后，迫不及待地跑去了南山书城买书。这次收获巨大，我发现了四本新书：第一本是德国畅销书作家、作曲家和音乐制作人弗兰克·施茨廷（Frank Schätzing）著、丁君君和刘永强翻译的《海——另一个未知的宇宙》（四川人民出版社，2018 年 7 月出版，德语书名为：*Nachrichten aus einem unbekannten Universum-Ein Zeitreise durch die Meere*）；第二本是美国著名生物学家马伦·霍格兰（Mahlon Hoagland）和画家伯特·窦德生（Bert Dodson）合著、洋洲和玉茗翻译的《生命的运作方式》（北京联合出版公司，2018 年 12 月出版，英文

书名为 *The Way Life Works*）；第三本是英国生物化学家尼克·莱恩（Nick Lane）著、免疫学研究员梅麦芒翻译的《生命进化的跃升——40 亿年生命史上 10 个决定性突变》（文汇出版社，2020 年 5 月出版，英文书名：*Life Ascending- The Ten Great Inventions of Evolution*）；第四本是英国古生物和地层学教授理查德·穆迪（Richard Moody）、俄罗斯科学院古生物研究所首席科学家安德烈·茹拉夫列夫（Andrey Zhuravlev）、英国著名科普作家杜戈尔·迪克逊（Dougal Dixon）及英国古脊椎动物和比较解剖学家伊恩·詹金斯（Ian Jenkins）合著，由古生物和地层学博士王烁及生物化学和分子生物学硕士王璐翻译的《地球生命的历程》（人民邮电出版社，2016 年 5 月出版，英文书名 *The Atlas of Life on Earth- The Earth, Its Landscape and Life Forms*）。我如饥似渴地花了 20 天时间一个字不漏地读完了。真是相见恨晚，万万没想到：这四本书正是我们《洋底动力学：系统篇》的科普版，非常通俗易懂，特此，激动地建议读者阅读《洋底动力学：系统篇》之前，阅读这四本科普书及国际著名大学都开设的公共课参考书——美国的大卫·克里斯蒂安、辛西娅·斯托克斯·布朗、克雷格·本杰明的《大历史——虚无与万物之间》一书，这非常有助于理解我们在这套书中对复杂自然系统的科学解读。

迄今，欣慰地看到《海底科学与技术》丛书中的 11 本在 5 年内一一付梓，这也是我们团队 20 年科研教学实践的结晶。今后，海底科学与探测技术教育部重点实验室将持续支持这套丛书其他教材或教学参考书的建设，本套丛书也作为科研反哺教学的一个成果，更希望能满足新时代国家海洋强国的人才急需，提供给学生或读者一些营养，期盼对大家有所启发。

主编：

2020 年 7 月 29 日于深圳